ELECTRONIC PRINCIPLES
전자회로 9TH EDITION

Electronic Principles, 9th Edition

1 2 3 4 5 6 7 8 9 10 HT 20 22

Original: Electronic Principles, 9th Edition © 2021
   By Albert Malvino, David Bates, Patrick Hoppe
   ISBN 978-1-25-985269-5

This authorized Korean translation edition is jointly published by McGraw-Hill Education Korea, Ltd. and Hantee Edu. This edition is authorized for sale in the Republic of Korea.

This book is exclusively distributed by Hantee Edu.

When ordering this title, please use ISBN 979-11-9001-720-6

Printed in Korea.

ELECTRONIC PRINCIPLES

전자회로 9TH EDITION

Albert Malvino | David J. Bates | Patrick E. Hoppe

권기영 · 김남호 · 김봉환 · 류근관 · 박진현 · 이우철 · 정연호 · 진경복 옮김

McGraw Hill

(주)한티에듀

역자 소개

권기영	공주대학교 전기전자제어공학부	(9, 10, 23장, 부록)
김남호	부경대학교 전기공학부 제어계측공학전공	(3, 4, 5장)
김봉환	대구가톨릭대학교 전자전기공학부	(14, 15, 16장)
류근관	한밭대학교 전자공학과	(역자서문, 서문, Guide, 1, 2장)
박진현	경상국립대학교 메카트로닉스공학부	(17, 18, 19장)
이우철	한경대학교 전자전기공학부 전기공학전공	(20, 21, 22장)
정연호	한밭대학교 전자공학과	(6, 7, 8장)
진경복	한국기술교육대학교 메카트로닉스공학부	(11, 12, 13장)

전자회로 9TH EDITION

ELECTRONIC PRINCIPLES

발 행 일	2022년 08월 31일 초판 1쇄
지 은 이	Albert Malvino, David J. Bates, Patrick E. Hoppe
옮 긴 이	권기영 김남호 김봉환 류근관 박진현 이우철 정연호 진경복
펴 낸 이	김준호
펴 낸 곳	(주)한티에듀 ㅣ 서울시 마포구 동교로 23길 67 Y빌딩 3층
등 록	제2018-000145호 2018년 5월 15일
전 화	02) 332-7993~4 ㅣ 팩 스 02) 332-7995
I S B N	979-11-90017-20-6 (93560)
가 격	42,000원

마 케 팅	노호근 박재인 최상욱 김원국 김택성
편 집	김은수 유채원
관 리	김지영 문지희
인 쇄	갑우문화사

이 책에 대한 의견이나 잘못된 내용에 대한 수정정보는 아래의 한티미디어 홈페이지나 이메일로 알려주십시오.
독자님의 의견을 충분히 반영하도록 늘 노력하겠습니다.

홈페이지 www.hanteemedia.co.kr ㅣ **이메일** hantee@hanteemedia.co.kr

Albert P. Malvino는 1950년에서 1954년까지 미국 해군에서 전자기술자로 재직하였다. 그는 1959년에 산타클라라대학교의 전기공학과 학부과정을 졸업하였다. 이후 1964년에 산호세주립대학교에서 석사학위를 받을 때까지 5년간 Hewlett-Packard사와 Microwave Laboratories에서 전자공학 엔지니어로 일하였다. 그 후에는 4년간 풋힐대학에서 강의하였으며, 1968년에는 국립과학재단(National Science Foundation)으로부터 연구비를 지원받기도 하였다. 1970년에 스탠포드대학교에서 전자공학 박사학위를 받은 이후 Malvino 박사는 전문 저술가로서의 길을 걷기 시작하여 20개 이상의 언어로 번역된 10권의 교재와 108편의 개정판을 저술하였다. Malvino 박사는 컨설턴트로 SPD-Smart™ Windows용 마이크로컨트롤러 회로를 디자인했을 뿐 아니라, 전자공학 기술자와 엔지니어를 위한 교육용 소프트웨어를 제작하였다. 또한 그는 연구혁신화 법인(Research Frontiers Incorporated) 이사회도 역임하였다. 그의 웹사이트는 www.malvino.com이다.

David J. Bates는 위스콘신의 라크로스에 위치한 서부 위스콘신 기술대학의 전자기술학과 강사이다. 전자공학 서비스 기술자 및 전기공학 엔지니어링 기술자로서의 경력과 더불어 그는 30년 이상의 강의 경력을 가지고 있다.

산업 전자공학 기술전문 학사, 산업교육 학사 및 직업/기술교육 석사학위를 보유하고 있으며, 자격증은 컴퓨터 하드웨어 기술자 A+ 자격증 및 국제공인 전자공학 기술인협회(ISCET)에서 제공하는 공인 전자공학 기술인(CET)으로서의 기능인 수준 인증을 가지고 있다. Bates는 현재 ETA-I의 인증관리자(CA)이며 플로리다주 티투스빌에 있는 SpaceTEC Partners사의 교육 및 기술 프로그램 코디네이터로 일하고 있다.

또한 Bates는 Zbar, Rockmaker와 함께 「기본 전기공학」 실험교재 매뉴얼을 공동 저술하였다.

Patrick E. Hoppe는 미국 위스콘신주 커노샤에 있는 게이트웨이 기술대학의 전기공학 전임강사이자 석좌교수이다. 게이트웨이에 입사한 이후 그는 전자공학 프로그램을 개정하고 전기공학 기술 프로그램을 개발하였다. Pat은 NISOD Teaching Excellence 상을 포함하여 지역, 주, 국가에서 주는 교육상들을 수상하였다.

Pat의 교육 준비는 MATC(Milwaukee Area Technical College)에서 시작되었는데, 그는 그곳에서 1985년에 의전자공학 분야의 A.A.S. 학위를 취득하였다. 졸업 후에 의료기기 관련 일을 하면서 그의 전자공학 경력은 시작되었다. Pat은 풀타임으로 일하는 동안 밀워키 공과대학에서 교육 여정을 계속해 나갔다. Pat은 생명공학 학사, 관류학 석사 학위를 받고 졸업하였다. Pat은 1999년 게이트웨이 기술대학 교수직을 수락할 때까지 의료분야에서 계속 일했다.

Patrick E. Hoppe는 본 교재의 실험 매뉴얼의 공동 저자이기도 하다.

역자 서문 Translator's Preface

전자공학의 핵심이라 할 수 있는 전자회로에 관한 책은 다양하게 출판되어 있다. 이렇게 많은 책들 가운데서 우리가 「Electronic Principles」를 번역하게 된 동기는 이 책이 수식 중심의 이론 전개를 지양하고 독자의 이해를 돕기 위하여 가능하면 원리를 언어로 설명하고자 시도하였다는 점이다. 따라서 역자들은 이 책을 번역함에 있어서도 용어나 단어의 선택에서 원저자의 의도를 살리기 위하여 되도록 이해하기 쉬운 우리말 용어와 단어를 사용하도록 노력하였다.

전자회로에 대한 전문지식을 습득하기 위한 해결방법 중의 하나는 원리를 이해하기 위하여 회로값을 공식에 대입하는 예제를 풀어 보고, 머릿속으로 풀이과정을 다시 제시된 회로의 각 지점에 적용해 보는 것을 습관화하는 것이다. 이렇게 하면 빠른 시간 안에 회로해석에 대한 자신감을 얻을 수 있다. 그러나 Malvino는 발전하는 산업사회의 현실을 감안하여, 공식을 이용하는 수학적인 방법보다 원리를 논리적으로 검토하는 접근방법을 권장하고 있다. 이 제안은 요즘 계산기나 컴퓨터에 익숙해져 있는 우리 학생들이 산업사회에 적응하기 위하여 그리고 전자회로에 대한 전문지식을 원리 중심으로 이해하기 위하여 좋은 제안임에 역자들도 공감한다.

이 책을 공부하기 위해서는 선수 필수요건으로 dc/ac 회로과정, 대수학 및 약간의 삼각함수에 대한 예비지식이 필요하다. 이 책에 있는 대부분의 회로들은 복잡한 법칙이나 정리를 이용하지 않고도 옴의 법칙, 키르히호프 법칙, 테브난의 정리 등 극히 간단한 법칙과 정리만을 이용하여 회로의 해석, 설계 및 고장점검을 할 수 있다는 점이 두드러진 특징이고 장점이다.

이번 9판에서는 원저자가 서문에서 밝힌 바와 같은 개정 내용 외에도 문제의 회로들에 대한 MultiSim 시뮬레이션을 대폭 확대함으로써 계산결과는 물론 실제 회로 실험결과에 대한 고찰과 응용에 유익하도록 하고 있다. 또한 예제마다 새롭게 연습문제를 풀어 보도록 하여 독자 스스로 확인학습에 도움이 되도록 하였고, 소자들의 데이터시트를 그때그때 제시하여 소자의 특성을 곧바로 알아볼 수 있도록 하는 등 이 책의 편제를 독자의 입장에서 구성함으로써 학습효과가 극대화될 수 있게 하였다.

이 책을 번역함에 있어서 원래의 내용이 훼손되지 않는 범위에서 이해하기 쉽게 번역하기 위하여 심혈을 기울였음에도 불구하고 미흡한 부분이나 오류가 다소 있을 것이라 생각되며 이 점은 앞으로 수정 및 보완해 갈 것을 약속드린다. 번역과정에서 발견된 오탈자 등 약간의 원서 오류는 역자들이 바로잡았음을 밝힌다.

끝으로 이 책이 출간되기까지 원고의 검토와 편집에 최선을 다해 주신 (주)한티에듀 출판사 관계자분들께 감사를 드리며, 이 책으로 공부하는 독자들에게 무궁한 발전이 있기를 기원한다.

역자 일동

저자 서문 Preface

「전자회로」9판은 반도체 전자 소자, 회로 및 이들의 시스템 응용에 대한 넓고 깊은 소개로 분명하게 설명하는 전통을 이어가고 있다. 이 교재는 선형 전자공학을 첫 번째 과정으로 수강하는 학생들을 대상으로 한 것이지만 2학기 및 3학기 고체전자공학 코스에서도 포괄적으로 사용할 수 있다. 선수 필수요건으로는 dc/ac 회로과정, 대수학 및 약간의 삼각함수에 대한 예비지식이 필요하다. 「전자회로」9판은 Mitchel Schultz가 쓴 「기초전자공학」의 훌륭한 후속 교재가 될 것이다.

「전자회로」는 반도체 소자 특성, 테스트 및 사용되고 있는 실용적인 회로에 대한 근본적인 이해에 도움이 된다. 이 교재는 전자시스템의 동작과 고장점검을 이해하는 데 필요한 기초를 확립하도록 읽기 쉬운 대화체로 써서 분명하게 개념을 설명하고 있다. 각 장에는 실용적인 회로 예제, 응용 및 고장점검 문제가 있다. MultiSim 회로 시뮬레이션 파일은 "회로에 생명 불어넣기" 및 고장점검 기술 개발에 도움을 주기 위해 사용된다. 이러한 시뮬레이션 파일은 http://mhhe.com/malvino9e의 온라인학습센터(OLC)에서 다운로드할 수 있다. 본 교재의 내용을 동반된 전자회로 실험 매뉴얼과 일치시키기 위한 광범위한 작업이 수행되었다.

1장 "서론"은 이 책의 나머지 장에 대한 틀을 정한다. 일부 주제는 복습이지만, 이 장은 모든 학생들이 전압원, 전류원, 테브난 정리, 노튼 정리의 기초를 이해하도록 하기 위해 사용되며, 전자공학에 적용되는 근사값 사용을 소개한다. 고장점검 개념은 dc 및 ac 고장점검 기법 검토로 확장되었다.

2장부터 10장까지는 반도체 구조, 다이오드 이론, 전력 공급 응용 다이오드 회로, 제너 다이오드를 포함한 특수목적 다이오드, 광전자 소자, 바이폴라 접합 트랜지스터(BJT) 도입, BJT 바이어싱, BJT 증폭기, 다단계 및 BJT 전력 증폭기의 기본 사항을 다룬다.

11장부터 13장까지는 전계효과 트랜지스터(FET)와 사이리스터를 조사한다. 여기에는 질화갈륨(GaN)과 실리콘카바이드(SiC)를 사용하는 WBG 전력 트랜지스터의 도입과 접합 전계효과 트랜지스터(JFET) 및 MOSFET의 소자특성, 회로, 응용이 포함된다. 전력 하프-브리지 및 H-브리지 회로의 개념도 설명된다. 사이리스터에서는 SCR, 다이악, 트라이악, UJT 및 IGBT가 포함된다.

14장부터 17장까지는 증폭기 주파수응답, 보드선도, 대역폭, 차동증폭기의 기본 개념, 연산증폭기(op-amp)의 전기적 특성 및 동작, 부귀환 개념을 다룬다.

18장부터 22장까지는 연산증폭기 응용을 탐구한다. 선형 연산증폭기 응용, 능동필터, 비선형 연산증폭기 응용, 발진기 및 전원공급장치가 포함된다.

우리는 4차 산업혁명에 들어섰고 그것을 "인더스트리 4.0"이라고 부른다. Pat Hoppe가 쓴 23장은 이 교재의 새로운 내용이다. 스마트 센서, 수동센서, 능동센서, 데이터 변환 및 데이터 교환과 같은 다음 혁명을 가능하게 하는 관련 기술에 대한 통찰력과 인더스트리 4.0에 대한 개요를 제공한다. 이 장에서 사용된 예제는 앞의 장들에서 다룬 반도체 부품 및 회로에 대한 실제적인 응용을 제공하는 교재 전체의 개념과 관련이 있다.

이번 판의 새로운 것들

- 몇몇 장의 여백에 추가된 "전자공학 혁신가" 코너는 학생들에게 전자공학 분야의 발전과 중요한 발견의 정보를 제공한다.
- 확장된 "참고사항" 항목은 반도체 소자와 응용분야에 대한 추가적이고 흥미로운 사실을 제시한다.
- 전자장치 사진이 더 추가되었다.
- 각 장의 마지막 부분에 연관성 있는 실험 목록을 나열하였다. 통일된 지식 및 수행능력 패키지로 교재와 실험 매뉴얼이 함께 작동하도록 많은 노력을 기울였다.
- 오실로스코프 신호추적 기술과 절반분할 고장점검 기법을 설명한 1-7절 "교류회로 고장점검"을 새롭게 제시하였다. 이는 관련 실험 매뉴얼의 새로운 고장점검 절차를 반영한다.
- 5장의 "광전자 소자" 절에 라이다(light detection and ranging: LiDAR) 시스템의 응용예제를 추가하였다.
- 이전에 부록 C에 있던 MultiSim 입문서가 관련 온라인학습센터(OLC)로 이동되었다.
- 실리콘카바이드(SiC) 및 질화갈륨(GaN)의 와이드 밴드갭 반도체 소개.
- 신호추적 및 절반분할 고장점검 기법을 사용하여 다단 증폭기 고장점검에 대한 확정된 재료.
- AB급 전력 증폭기의 확장된 고장점검.
- GaN과 SiC 고전자 이동성 트랜지스터(HEMT)의 물질 특성, 구조, 동작 등을 12-12절 "와이드 밴드갭 MOSFET"에 새롭게 포함하였다.
- 새로운 23장 "인더스트리 4.0"은 4차 산업혁명의 개념을 소개한다. 앞의 장들에서 다룬 반도체 소자와 회로를 연결하는 예로 센서 및 데이터 변환의 광범위한 적용 범위는 전체 교재를 하나로 묶는 종합적인 챕터 역할을 한다.

가이드 둘러보기 Guided Tour

학습 기능

「전자회로」9판은 많은 다양한 학습 기능을 갖추었다. 각 장의 학습 기능들은 다음과 같다.

장 소개
각 장은 무엇에 대하여 배우게 될 것인지에 대한 간략한 소개로 시작한다.

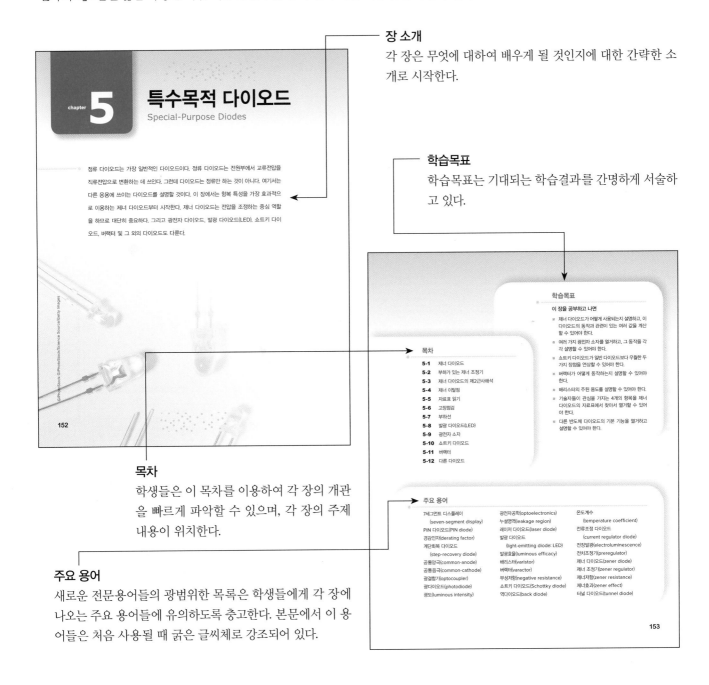

chapter **5** **특수목적 다이오드**
Special-Purpose Diodes

정류 다이오드는 가장 일반적인 다이오드이다. 정류 다이오드는 전원부에서 교류전압을 직류전압으로 변환하는 데 쓰인다. 그런데 다이오드는 정류만 하는 것이 아니다. 여기서는 다른 응용에 쓰이는 다이오드를 설명할 것이다. 이 장에서는 항복 특성을 가장 효과적으로 이용하는 제너 다이오드부터 시작한다. 제너 다이오드는 전압을 조정하는 중심 역할을 하므로 대단히 중요하다. 그리고 광전자 다이오드, 발광 다이오드(LED), 쇼트키 다이오드, 버랙터 및 그 외의 다이오드도 다룬다.

152

학습목표
학습목표는 기대되는 학습결과를 간명하게 서술하고 있다.

학습목표

이 장을 공부하고 나면

- 제너 다이오드가 어떻게 사용되는지 설명하고, 이 다이오드의 동작과 관련이 있는 여러 값을 계산할 수 있어야 한다.
- 여러 가지 광전자 소자를 열거하고, 그 동작을 각각 설명할 수 있어야 한다.
- 쇼트키 다이오드가 일반 다이오드보다 우월한 두 가지 장점을 연상할 수 있어야 한다.
- 버랙터가 어떻게 동작하는지 설명할 수 있어야 한다.
- 배리스터의 주된 용도를 설명할 수 있어야 한다.
- 기술자들이 관심을 가지는 4개의 항목을 제너 다이오드의 자료표에서 찾아서 열거할 수 있어야 한다.
- 다른 반도체 다이오드의 기본 기능을 열거하고 설명할 수 있어야 한다.

목차
학생들은 이 목차를 이용하여 각 장의 개관을 빠르게 파악할 수 있으며, 각 장의 주제 내용이 위치한다.

목차

주요 용어
새로운 전문용어들의 광범위한 목록은 학생들에게 각 장에 나오는 주요 용어들에 유의하도록 충고한다. 본문에서 이 용어들은 처음 사용될 때 굵은 글씨체로 강조되어 있다.

주요 용어

7세그먼트 디스플레이
　(seven-segment display)
PIN 다이오드(PIN diode)
경감인자(derating factor)
계단회로 다이오드
　(step-recovery diode)
공통양극(common-anode)
공통음극(common-cathode)
광결합기(optocoupler)
광다이오드(photodiode)
광도(luminous intensity)

광전자공학(optoelectronics)
누설영역(leakage region)
레이저 다이오드(laser diode)
발광 다이오드
　(light-emitting diode: LED)
발광효율(luminous efficacy)
배리스터(varistor)
버랙터(varactor)
부성저항(negative resistance)
쇼트키 다이오드(Schottky diode)
역다이오드(back diode)

온도계수
　(temperature coefficient)
전류조정 다이오드
　(current regulator diode)
전장발광(electroluminescence)
전치조정기(preregulator)
제너 다이오드(zener diode)
제너 조정기(zener regulator)
제너저항(zener resistance)
제너효과(zener effect)
터널 다이오드(tunnel diode)

153

예제

각 장에는 회로 해석, 응용, 고장점검 및 기본적인 설계 등 중요한 개념이나 회로 동작에 대한 문제와 풀이가 있는 예제들이 있다.

연습문제

각 예제 아래에 곧바로 이어지는 연습문제를 풀어 봄으로써 최종적인 점검학습 효과를 얻을 수 있다. 이 문제들에 대한 해답은 각 장 끝에 있다.

MultiSim

학생들은 각 장에 있는 여러 회로들을 "실험"해 볼 수 있다. http://mhhe.com/malvino9e의 온라인학습센터(OLC)의 교수 자료 섹션에는 본 교재와 함께 사용할 수 있는 MultiSim 파일이 포함되어 있다. 350개 이상의 업데이트된 MultiSim 파일과 이미지는 본 판에서 이용이 가능하다. 이 파일을 통해 학생들은 회로 부품들의 값을 바꾸어 즉각적으로 그 결과를 실물과 같은 Tektronix 및 Agilent 모의 장비를 이용하여 확인할 수 있다. 고장점검 기술은 회로를 고장 내어 고장회로를 측정해 봄으로써 발전시킬 수 있다. 컴퓨터 모의실험 소프트웨어를 처음 접하는 학생들은 http://mhhe.com/malvino9e의 OLC에 서 MultiSim 입문을 참고하라.

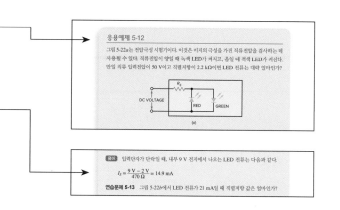

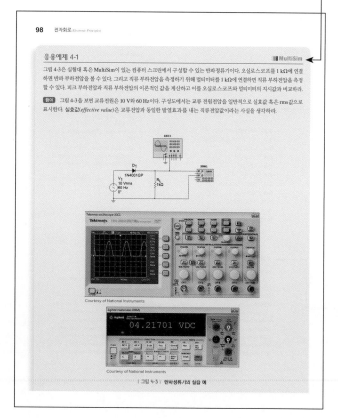

데이터시트

많은 반도체 소자들에 대한 부품의 전체적이거나 부분적인 데이터시트가 주어져 있으며, 핵심적인 사양들을 시험하여 설명해 놓았다. 이 소자들의 완전한 데이터시트는 http://mhhe.com/malvino9e의 OLC에 있는 교수 자료 섹션에서 찾을 수 있다.

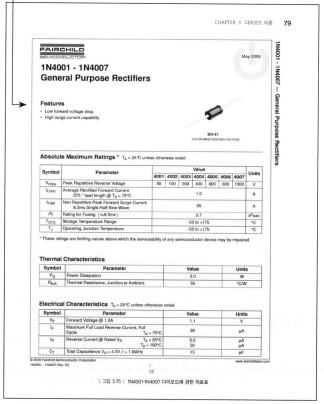

참고사항

여백에 있는 "참고사항" 코너는 현재 설명
하고 있는 내용에 대한 흥미로운 보충 지
식을 제공한다.

7세그먼트 디스플레이

그림 5-28a는 7개(A에서 G)의 사각형 LED가 들어 있는 **7세그먼트 디스플레이**(seven-segment display)이다. 표시되는 문자의 각 부분이 LED로 되어 있기 때문에 각 LED를 **세그먼트**(segment)라 부른다. 그림 5-28b는 7세그먼트 디스플레이의 구성이다. 전류를 안전수준 이내로 제한하기 위해 외부에 적당한 저항을 직렬로 연결하였다. 1개 혹은 그 이상의 저항을 접지하여 0에서 9까지의 숫자를 만들 수 있다. 예를 들면 A, B와 C를 접지하면 7이 되고, A, B, C, D와 G를 접지하면 3이 된다.

7세그먼트 디스플레이는 대문자 A, C, E, F와 소문자 b, d도 디스플레이할 수 있다. 마이크로프로세서 훈련생들은 보통 0에서 9까지의 모든 숫자와 A, b, C, d, E와 F를 보여 주는 7세그먼트 디스플레이를 사용한다.

그림 5-28b의 7세그먼트 지시기는 모든 양극이 함께 연결되어 있기 때문에 **공통양극**(common-anode)형이라 부르고, 모든 음극이 함께 연결된 **공통음극**(common-cathode)

> **참고사항**
> LED의 주된 단점은 다른 영상표시 소자에 비해 큰 전류를 끌어온다는 것이다. LED는 정상적인 구동전류보다 고속으로 온/오프하는 펄스 전류를 공급받는 경우가 대부분이다. LED는 눈으로 보기에는 연속이고, 정상전류가 흐를 때 보다 전력소모가 적다.

전자공학 혁신가

학생들이 전자산업의 발전과 몇 가지 중요
한 발견을 이해하는 데 도움을 주기 위해
"전자공학 혁신가" 코너가 추가되었다.

5-1 제너 다이오드

소신호 다이오드나 정류 다이오드는 항복영역에서 손상을 받을 수 있으므로 고의적으로 이 영역에서 동작시키면 안 된다. 그러나 **제너 다이오드**(zener diode)는 다르다. 제너 다이오드는 항복영역에서 가장 효과적으로 동작하도록 특별히 만들어진 실리콘 다이오드이다. 제너 다이오드는 선전압과 부하저항이 크게 변하더라도 부하전압을 거의 일정하게 유지하는 회로, 즉 전압조정기의 중추적인 역할을 한다.

I-V 그래프

그림 5-1a는 제너 다이오드의 도식적 기호이고, 그림 5-1b는 제너 다이오드의 다른 기호이다. 기호에서 z를 닮은 선은 "zener"를 상징한다. 실리콘 다이오드의 도핑 수준을 변화시키면 약 2~1,000 V 이상까지 항복전압을 갖는 제너 다이오드를 만들 수 있다. 제너 다이오드는 순방향, 누설, 항복의 세 영역 중 어느 영역에서도 동작이 가능하다.

> **전자공학 혁신가**
> 클라렌스 멜빈 지너(제너)(1905~1993)는 역바이어스된 p-n 다이오드의 제너 효과에 대한 연구로 제너 다이오드를 발명한 공로를 인정받고 있다.

부품 사진

학습할 소자를 친숙하게 느끼도록 전자 소
자의 실물 사진을 수록하였다.

요점정리 표

요점정리 표에는 여러 장에 있는 중요한 사항들이 포
함되어 있다. 학생들은 이 표를 중요한 내용에 대한 훌
륭한 복습과 편리한 학습정보 자료로 활용하면 좋다.

---

274 전자회로/Electronic Principles

| 그림 7-8 | 포토트랜지스터 (a) 베이스 개방은 최대감도를 보임; (b) 가변 베이스저항은 감도를 변화시킴; (c) 전형적인 포토트랜지스터

Brian Moeskau Photography

포토트랜지스터와 포토다이오드

포토트랜지스터와 포토다이오드의 중요한 차이점은 전류이득 β_{dc}에 있다. 두 소자에 동일한 양의 빛이 충돌하면, 포토트랜지스터가 포토다이오드보다 β_{dc}배 더 많은 전류를 생성시킨다. 포토트랜지스터의 큰 장점은 포토다이오드보다 감도가 높다는 것이다.

그림 7-8a는 포토트랜지스터의 도식적인 기호이다. 포토트랜지스터를 동작시키기 위한 일반적인 방법은 그림과 같이 베이스를 개방하는 것이다. 그림 7-8b와 같은 가변 베이스저항으로 감도를 조절할 수 있으나, 빛에 대한 감도를 최대로 하기 위하여 보통 베이스는 개방시켜 놓는다.

증가된 감도에 대한 대가는 속도가 감소하는 것이다. 포토트랜지스터는 포토다이오드보다 감도에서는 우수하나, 스위칭(on/off) 속도는 늦다. 포토다이오드의 전형적인 출력전류는 mA, 스위칭 속도는 ns인 데 반해, 포토트랜지스터의 전형적인 출력전류는 mA, 스위칭 속도는 ms이다. 전형적인 포토트랜지스터를 그림 7-8c에 나타내었다.

광결합기

그림 7-9a는 포토트랜지스터를 구동시키는 LED를 나타내며, 이는 앞에서 검토했던 LED-포토다이오드보다 훨씬 더 민감한 광결합기이다. 이 회로의 동작 개념은 간단하다. V_s의 변화는 LED 전류를 변화시켜 포토트랜지스터에 흐르는 전류를 변화시킨다. 이로 인해 컬렉터-이미터 양단전압이 변화하므로 신호전압 변화는 입력회로로부터 출력회로로 직접 연동된다.

다시 한번 강조하면, 광결합기의 큰 장점은 입·출력 회로 사이의 전기적인 절연이다. 달리 말하여 입력회로에 대한 공통점과 출력회로에 대한 공통점이 다르기 때문에 두 회로 사이에는 어떠한 도전 통로도 존재하지 않는다. 이는 회로의 한쪽은 접지시키고 나머지 한쪽은 접지시키지 않을 수 있음(float)을 의미한다. 예를 들어 입력회로는 전자장치의 섀시에 접지될 수 있는 반면 출력회로의 공통점은 접지하지 않는다. 그림 7-9b는

> **참고사항**
> 광결합기는 실제로 기계적인 릴레이를 대신하기 위하여 반도체로 설계되었고, 기능적으로 광결합기는 입력전자와 출력전자 사이의 절연이나 높기 때문에 이전의 기계적인 릴레이와 유사하다. 기계적인 릴레이에 비하여 광결합기를 사용하는 몇 가지 이점으로는 더욱 빠른 동작 속도, 접점의 튀지 않음, 소형, 스위치 구동부가 없고 마이크로프로세서 회로에 적합하다는 것이다.

---

560 전자회로/Electronic Principles

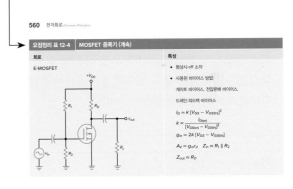

요점정리 표 12-4 | MOSFET 증폭기 (계속)

회로	특성

E-MOSFET
 	
$+V_{DD}$
	• 평상시-off 소자
	• 사용원 바이어스 방법
	  게이트 바이어스, 전압분배 바이어스,
	  드레인-피드백 바이어스
	$I_D = k \, [V_{GS} - V_{GS(th)}]^2$
	$k = \dfrac{I_{D(on)}}{[V_{GS(on)} - V_{GS(th)}]^2}$
	$g_m = 2k \, [V_{GS} - V_{GS(th)}]$
	$A_v = g_m r_d \quad Z_{in} \approx R_1 \parallel R_2$
	$Z_{out} \approx R_D$

표 12-4는 D-MOSFET와 E-MOSFET 증폭기와 그들의 기본적인 특성 및 관계식을 보여 준다.

12-12 와이드 밴드갭 MOSFET

1950년대 후반에 게르마늄으로 만들었던 반도체는 실리콘으로 만든 반도체로 대체되었다. 실리콘은 역방향 바이어스 전류를 감소시키고 반도체가 온도 변화로 인한 변화에 덜 취약하게 하는 물질적 특성을 가지고 있다. 현재는 실리콘으로 만든 반도체를 능가하는 새로운 반도체 소자들이 생산되고 있다. 이러한 새로운 반도체를 와이드 밴드갭 (wide bandgap: WBG) 소자라고 한다.

재료 특성

2장에서 논의한 바와 같이 반도체 물질의 궤도를 도는 전자는 원자핵 주위에 에너지 대역을 형성한다. 반도체 재료의 종류에 따라 가전자대역과 전도대역 사이의 폭이 다양하다. **와이드 밴드갭 반도체**(wide bandgap semiconductor)로 여겨지는 재료는 전자가 가전자대역에서 전도대역으로 이동하는 데 더 많은 양의 에너지를 필요로 한다. 에너지가 1 또는 2 전자볼트(eV)보다 크면 와이드 밴드갭(WBG) 재료라고 할 수 있다.

SiC(탄화규소)와 GaN(질화갈륨)은 와이드 밴드갭 특성을 가진 화합물 반도체이다. 표 12-5는 실리콘(Si)과 비교하여 SiC 및 GaN의 중요한 재료 속성과 대략적인 물성치를 보여 준다. 이러한 속성들은 소자의 성능 특성에 큰 영향을 미친다. 표 12-5의 전

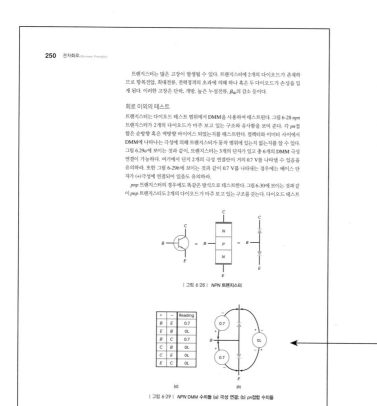

부품 시험

디지털 멀티미터(DMM)와 같은 일반적인 장비를 사용하여 개별적인 전자부품들을 시험하는 방법에 대한 명확한 설명을 보게 될 것이다.

요점

시험준비를 위해 복습하거나 핵심적인 개념을 빠뜨리지 않는지 확인할 때 요약문을 이용할 수 있다. 학습결과를 확실히 할 수 있도록 돕기 위하여 중요한 회로의 유도와 정의들을 적어 놓았다.

고장점검표

고장점검은 학생들이 각각의 고장에 대해 회로 접속점의 측정값이 나타내는 것이 무엇인지를 쉽게 확인할 수 있게 한다. MultiSim과 함께 사용하여 고장점검 기술을 습득할 수 있다.

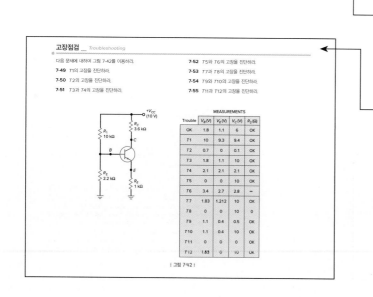

문제

각 장의 끝부분에는 회로해석, 고장점검, 응용문제, 직무 면접 문제를 포함하는 다양한 종류의 문제들이 있다.

직무 면접 문제 __ *Job Interview Questions*

1. 증폭기의 세 가지 증폭 방식에 대하여 말해 보라. 또 컬렉터전류 파형을 그려서 증폭 방식을 설명하라.

2. 증폭단 사이에 이용되는 세 가지 결합 방식을 간단한 도식도 (schematic)로 그려라.

3. VDB 증폭기를 그리고, 그런 다음 직류 부하선과 교류 부하선을 그려라. Q점이 교류 부하선의 중앙에 있다고 가정하면, 교류 포화전류와 교류 차단전압 및 최대 피크-피크 전압은 얼마인가?

4. 2단 증폭기 회로를 그리고, 전원장치에 의한 전체 전류 흐름을 구하는 방법에 대하여 설명하라.

5. C급 동조 증폭기를 그리고, 공진주파수를 계산하는 방법과 베이스에서 교류신호에 무슨 일이 일어나는지를 말해 보라. 또 짧은 펄스의 컬렉터전류가 공진 탱크회로에서 어떻게 정현파 전압을 발생시키는 것이 가능한지를 설명하라.

6. C급 증폭기의 가장 일반적인 응용은 무엇인가? 이 형태의 증폭기가 오디오 응용에 이용될 수 있는가? 이용될 수 없으면, 그 이유는 무엇인가?

7. 방열판의 사용 목적을 설명하라. 또한 트랜지스터와 방열판 사이에 절연 와셔를 끼워 놓는 이유는 무엇인가?

8. 듀티사이클은 무엇을 의미하며, 신호원에 의해 공급되는 전력과 어떤 관계가 있는가?

9. Q를 정의하라.

10. 어느 증폭기의 증폭 방식이 효율이 가장 높은가? 그 이유를 설명하라.

11. 트랜지스터와 방열판을 교체하는데 방열판 박스 안에 흰색 물질이 들어 있는 패키지가 있다. 이것이 무엇인가?

12. A급 증폭기와 C급 증폭기를 비교하고, 이들 중 어느 것의 충실도(fidelity)가 더 탁월한가? 그 이유는 무엇인가?

13. 단지 좁은 주파수 범위만 증폭하고자 할 때, 어떤 형태의 증폭기를 이용하는가?

14. 여러분이 많이 다루어 본 다른 형태의 증폭기에는 어떤 것이 있는가?

복습문제 해답 __ *Self-Test Answers*

1.	b	4.	a	7.	d	10.	d
2.	b	5.	d	8.	b	11.	c
3.	c	6.	d	9.	b	12.	d

기본문제 __ *Problems*

8-1 베이스 바이어스 증폭기

8-1 **MultiSim** 그림 8-31에서 양호한 결합이 되는 최저주파수는 얼마인가?

8-2 **MultiSim** 그림 8-31에서 부하저항을 1 kΩ으로 바꾸면, 양호한 결합이 되는 최저주파수는 얼마인가?

8-3 **MultiSim** 그림 8-31에서 커패시터를 100 μF으로 바꾸면, 양호한 결합이 되는 최저주파수는 얼마인가?

8-4 그림 8-31의 최저 입력주파수가 100 Hz인 경우, 양호한 결합에 필요한 C값은 얼마인가?

| 그림 8-31 |

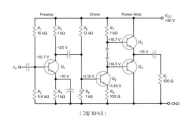

| 그림 10-43 |

10-39 그림 10-44에서 출력전압이 50 V_{p-p}인 경우, 출력전력은 얼마인가?

10-40 그림 10-44에서 최대 교류 출력전력은 얼마인가?

10-41 그림 10-44에서 전류 흐름이 0.5 mA인 경우, 직류 입력전력은 얼마인가?

10-42 그림 10-44에서 전류 흐름이 0.4 mA이고 출력전압이 30 V_{p-p}인 경우, 효율은 얼마인가?

10-43 그림 10-44에서 인덕터의 Q가 125인 경우, 증폭기의 대역폭은 얼마인가?

10-44 그림 10-44(Q = 125)에서 최악의 경우의 트랜지스터 소비전력은 얼마인가?

10-10 트랜지스터 정격전력

10-45 그림 10-44에 2N3904를 사용한다. 만일 회로가 0~100°C의 주위온도 범위에서 동작해야 한다면, 최악의 경우 트랜지스터의 최대 정격전력은 얼마인가?

10-46 트랜지스터가 그림 10-34와 같은 경감곡선을 갖는다. 주위온도 100°C에 대한 최대 정격전력은 얼마인가?

10-47 2N3055의 데이터시트에 케이스 온도 25°C에 대한 정격전력이 115 W로 적혀 있다. 경감계수가 0.657 W/°C인 경우, 케이스 온도가 90°C일 때는 $P_{D(max)}$은 얼마인가?

응용문제 __ *Critical Thinking*

10-48 정현파 입력에 대한 증폭기의 출력이 구형파이다. 이를 어떻게 설명하겠는가?

10-49 그림 10-36에 있는 것과 같은 전력 트랜지스터가 증폭기로 이용된다. 누군가가 여러분에게 케이스가 접지되었으니까 안심하고 케이스를 만질 수 있다고 말해 준다면, 이에 대해 어떻게 생각하는가?

10-50 여러분이 서점에 있고 전자공학 책에서 "어떤 전력 증폭기가 125%의 효율을 갖는다."라는 내용을 읽는다면, 이 책을 사겠

10-51 보통 교류 부하선이 직류 부하선보다 좀 더 수직적이다. 학급친구가 회로의 교류 부하선이 직류 부하선보다 덜 수직적으로 그릴 수 있다고 네게 말하면, 네가 할 대답은 무엇인가? 설명하라.

는가? 대답의 이유를 설명하라.

10-52 그림 10-38에 대한 직류 부하선과 교류 부하선을 그려라.

학습자료 Resources

교수용 학습자료

- **교수용 매뉴얼**은 해답집과 이 교재에 대한 강의용 제안 및 실험 매뉴얼을 제공한다.
- 교재에 있는 모든 장에 대한 **PowerPoint** 슬라이드와 각 장의 추가된 복습 질문이 있는 **Electronic Test-banks**는 http://mhhe.com/malvino9e의 온라인학습센터(OLC)에 있는 교수용 학습자료 섹션에서 찾을 수 있다.
- 교재와 관련된 실험 후속 정보를 담고 있는 전자회로용 **실험 매뉴얼**은 http://mhhe.com/malvino9e의 온라인학습센터(OLC)의 교수용 학습자료 섹션에 포함되어 있다.

학생용 학습자료

- 교재와 관련된 전자회로 **실험 매뉴얼**은 매우 다양한 실질적인 실험을 제공한다.
- MultiSim "prelab"은 컴퓨터 시뮬레이션을 통합시키기 원하는 사람들을 위해 포함되었다. 이러한 파일은 http://mhhe.com/malvino9e의 온라인학습센터(OLC)의 학생용 학습자료 섹션에 있다.
- 컴퓨터 시뮬레이션 소프트웨어를 처음 접하는 학생들은 http://mhhe.com/malvino9e의 온라인학습센터(OLC) 학생용 학습자료 섹션에서 MultiSim 입문서를 찾을 수 있다.

감사의 말 Acknowledgments

다음은 이번 판을 포괄적이고 관련성 있게 만드는 데 도움을 준 검토자 목록이다.

9판을 감수해 주신 분들

Vahe Caliskan

University of Illinois—Chicago

Allen Dickenson

Michigan Technical Education Center

Larry Flatt

Motlow State Community College

Byron Garry

South Dakota State University

David Hartle

SUNY Canton College

차례 Contents

Chapter 6　BJT 기초 지식

Chapter 7　BJT 바이어싱

Chapter 8　기본 BJT 증폭기들

Chapter 9　다단, CC 및 CB 증폭기

Chapter 10　전력 증폭기

Chapter 11 접합 전계효과 트랜지스터

Chapter 12 금속산화물 반도체 트랜지스터

Chapter 13 사이리스터

Chapter 14 주파수 효과

Chapter 15 차동증폭기

Chapter 22 안정된 전원공급장치

Chapter 23 인더스트리 4.0

1

서론
Introduction

이 책은 다양한 응용분야에 적용되는 반도체 소자, 회로 및 시스템에 대한 기본적인 교재이다. 이 장은 교재의 나머지 부분에 대한 프레임워크(framework)로서의 역할을 하므로 중요하다. 이 장에 나오는 논제들은 수식, 전압원, 전류원, 2개의 회로정리, 직류회로 고장점검 및 교류회로 고장점검이다. 비록 어떤 설명은 복습이지만, 반도체 소자를 좀 더 쉽게 이해하고 회로의 근사해석과 같은 새로운 개념을 공부하게 될 것이다.

이 장을 공부하고 나면

- 정확한 수식 대신 근사해석이 자주 쓰이는 이유를 설명할 수 있어야 한다.
- 이상적인 전압원과 이상적인 전류원의 정의를 내릴 수 있어야 한다.
- 안정 전압원과 안정 전류원을 인지하는 방법을 제시할 수 있어야 한다.
- 테브난 정리를 설명하고 이 정리를 회로에 적용할 수 있어야 한다.
- 노튼 정리를 설명하고 이 정리를 회로에 적용할 수 있어야 한다.
- 개방소자와 단락소자에서 일어나는 두 가지 사실들을 각각 열거할 수 있어야 한다.
- 직류 고장점검 기술을 적용할 수 있어야 한다.
- 교류 고장점검 기술을 적용할 수 있어야 한다.

목차

주요 용어

개방소자(open device)

고장점검(troubleshooting)

노튼 저항(Norton resistance)

노튼 전류(Norton current)

단락소자(shorted device)

솔더 브리지(solder bridge)

수식(formula)

신호추적(signal tracing)

쌍대성 원리(duality principle)

안정 전류원(stiff current source)

안정 전압원(stiff voltage source)

이상적인 근사해석(ideal approximation)

절반분할 고장점검(split-half troubleshooting)

정리(theorem)

제1근사해석(first approximation)

제2근사해석(second approximation)

제3근사해석(third approximation)

콜드 솔더 조인트(cold solder joint)

테브난 저항(Thevenin resistance)

테브난 전압(Thevenin voltage)

1-1 근사해석

우리는 일상생활에서도 항상 근사해석을 이용한다. 어떤 사람이 나이를 물으면 스물 한 살(이상적)이라고 대답하거나 혹은 스물 한 살에서 스물 두 살로 넘어가고 있다고 대답 하거나(제2근사해석) 혹은 21년 9개월(제3근사해석) 혹은 더 상세하게 대답하고 싶으 면 21년 9개월 2일 6시간 23분 42초(정확)라고 대답할 것이다.

앞의 대답들은 근사해석의 수준이 다르다는 것을 보여 준다. 이상적 근사해석, 제2 근사해석, 제3근사해석 그리고 정확 등이 있다. 근사해석의 사용은 사정에 따라 달라 진다. 전자공학에서도 마찬가지이다. 회로해석을 할 때에 상황에 알맞은 근사해석을 선 택할 필요가 있다.

이상적인 근사해석

섀시(chassis)로부터 1인치 떨어져 있고, 길이가 1피트 되는 AWG 22 도선의 저항은 0.016 Ω, 인덕턴스가 0.24 μH, 그리고 커패시턴스가 3.3 pF이라는 사실을 알고 있는 가? 전류를 계산할 때마다 저항이나 인덕턴스, 커패시턴스의 영향을 고려한다면 계산 을 할 때 시간이 너무 많이 걸릴 것이다. 그러므로 연결도선의 저항, 인덕턴스, 커패시턴 스를 대부분 무시한다.

이상적인 근사해석(ideal approximation)—가끔 **제1근사해석**(first approximation)이 라 부른다—은 소자에 대한 가장 간단한 등가회로이다. 예를 들어 도선의 이상적인 근사 해석은 저항이 0인 도체이다. 이상적인 근사해석은 전자공학 작업 시에 항상 적용된다.

고주파에서는 예외적으로 도선의 인덕턴스와 커패시턴스를 고려해야 한다. 1인치 도선에 0.24 μH의 인덕턴스와 3.3 pF의 커패시턴스가 있다고 가정하면, 10 MHz 에서 유도성 리액턴스는 15.1 Ω, 그리고 용량성 리액턴스는 4.82 kΩ이다. 이 경우 도선 은 이상적일 수 없다. 회로의 나머지 부분에 따라 연결도선의 유도성과 용량성 리액턴 스가 중요해질 수 있다.

지침으로서, 도선은 1 MHz 이하의 주파수에서 이상적이다. 통상적인 경험에 의하면 이와 같이 결정해도 전혀 문제는 없다. 그러나 배선을 아무렇게나 해도 된다는 뜻은 아 니다. 일반적으로 연결도선은 가능한 한 짧게 하라. 그렇지 않으면 어느 주파수 눈금에 서 회로의 성능저하가 나타나기 시작할 것이다.

고장점검은 정상적인 전압과 전류를 기준하여 편차가 심한 곳을 찾기 때문에 일반 적으로 이상적인 근사해석이 적당하다. 이 책에서는 반도체 소자를 간단한 등가회로로 단순화하기 위해 이상화할 것이다. 이상적인 근사해석으로 반도체 회로의 동작을 보다 쉽게 해석하고 또 이해하게 될 것이다.

제2근사해석

회중전등 전지의 이상적인 근사해석은 1.5 V의 전압원이다. **제2근사해석**(second approx-imation)은 이상적인 근사해석에 1개 이상의 성분을 추가한다. 예를 들면 회중전등 전 지의 제2근사해석은 1.5 V의 전압원과 1 Ω의 직렬저항이다. 이 직렬저항을 전지의 **전원**

저항(*source resistance*) 혹은 내부저항(*internal resistance*)이라 부른다. 만약 부하저항이 10 Ω 이하이면 전원저항의 전압강하 때문에 부하전압은 1.5 V보다 훨씬 작을 것이다. 이러한 경우 정확한 계산은 전원저항을 반드시 포함시켜야 한다.

제3근사해석과 고차근사해석

제3근사해석(third approximation)은 소자의 등가회로에 또 다른 성분이 포함된다. 3장의 반도체 다이오드 설명에서 제3근사해석에 대한 예제가 나온다.

고차적인 근사해석은 소자의 등가회로에 더 많은 성분들이 포함된다. 고차적인 근사해석의 경우 수작업 계산은 매우 힘들고 시간이 많이 걸리기 때문에 주로 컴퓨터를 이용한다. 예를 들면 NI(National Instruments)의 MultiSim과 PSpice는 반도체 회로를 고차근사해석으로 해석하는 유용한 상업적 컴퓨터 프로그램이다. 이 책에 있는 많은 회로와 예제들도 이런 유형의 소프트웨어에 의해 해석되고 논증된 것이다.

결론

근사해석은 무엇을 하려고 하는가에 따라 달라진다. 만일 고장점검이라면 일반적으로 이상적 근사해석이 적절하다. 대부분은 제2근사해석을 선택한다. 그 이유는 사용하기 쉽고 또 컴퓨터가 필요 없기 때문이다. 고차근사해석인 경우 컴퓨터와 MultiSim과 같은 프로그램을 사용해야 한다.

1-2 전압원

이전의 공부에서 기억하듯이 수식은 양과 관련된 규칙이다. 규칙은 방정식, 부등식 또는 다른 수학적 설명일 수 있다. 수식은 다음 세 부류 중의 하나로 분류할 수 있다.

정의: 새로운 개념을 위해 고안된 수식
법칙: 자연계의 상관관계를 기술하는 수식
유도: 수학적 관계식으로 유도된 수식

이 분류들은 다음 주제와 교재 전반에 사용될 것이다.

이상적인 직류전압원(*ideal dc voltage source*)은 일정한 부하전압을 공급한다. 이상적인 직류전압원의 가장 간단한 예는 내부저항이 0인 전지이다. 그림 1-1*a*는 이상적인 전압원에 1 Ω에서 1 MΩ까지 가변되는 부하저항을 연결한 것이다. 전압계는 전원전압과 동일한 10 V를 지시한다.

그림 1-1*b*는 부하저항에 대한 부하전압의 그래프이다. 그림에서 볼 수 있듯이, 부하저항이 1 Ω에서 1 MΩ까지 변할 때, 부하전압은 10 V에 고정되어 있다. 다른 말로 표현하면, 이상적인 직류전압원은 부하저항의 대소에 관계없이 일정한 부하전압을 공급한다. 이상적인 전압원은 부하저항이 변할 때 단지 부하전류만 변한다.

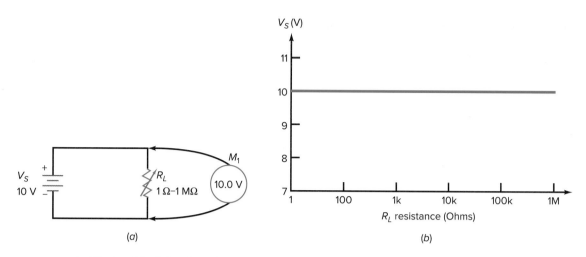

| 그림 1·1 | (a) 이상적인 전압원과 가변 부하저항; (b) 부하전압은 모든 부하저항에서 일정하다.

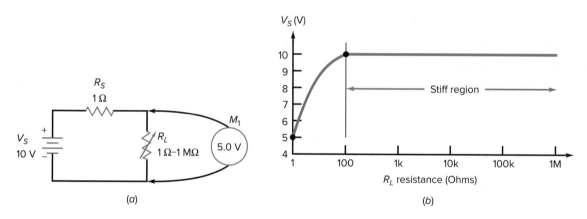

| 그림 1·2 | (a) 제2근사해석은 전원저항을 포함한다; (b) 부하저항이 크면 부하전압은 일정하다.

제2근사해석

이상적인 전압원은 현실적으로 불가능한 이론적인 소자이다. 왜냐하면 부하저항이 0으로 접근하면 부하전류는 무한대로 접근하기 때문이다. 실질적인 전압원은 언제나 약간의 내부저항을 가지고 있으므로 무한대 전류를 공급할 수 없다.

그림 1-2*a*에서 그 개념을 설명한다. 1 Ω의 전원저항 R_S가 이상적인 전지와 직렬로 연결되어 있다. R_L이 1 Ω일 때 전압계는 5 V를 지시한다. 왜 그럴까? 부하전류는 10 V를 2 Ω으로 나눈 5 A가 되고, 이 5 A가 1 Ω의 전원저항을 흐를 때 내부에서 5 V의 전압강하가 발생한다. 내부저항에서 강하된 5 V 때문에 부하전압은 이상전압의 1/2이 된다.

그림 1-2*b*는 부하저항에 대한 부하전압의 그래프이다. 이 경우 부하저항이 전원저항보다 훨씬 더 크면 부하전압은 이상적인 값에 접근한다. 그런데 훨씬 더 크다(*much greater*)라는 의미는 무엇인가? 다른 말로 표현하면, 전원저항을 언제 무시할 수 있는가?

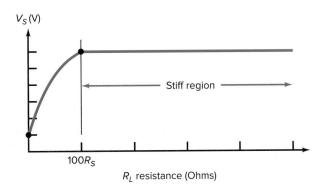

| 그림 1-3 | 안정영역은 부하저항이 충분히 클 때 생긴다.

안정 전압원

새로운 정의를 적용해야 할 시점이다. 정의를 하나 더 고안해 보자. 전원저항이 부하저항보다 최소 백분의 일 이하이면 전원저항을 무시할 수 있다. 이러한 조건을 만족하는 전원이 **안정 전압원**(stiff voltage source)이다. 정의에 따라

안정 전압원: $R_S < 0.01R_L$　　　　　　　　　　　　　　　　　　(1-1)

이 수식은 우리가 의미하는 내용을 **안정 전압원**으로 정의한 것이다. 부등식의 경계(여기서 가 =로 바뀐다)에서 다음 방정식이 된다.

$$R_S = 0.01R_L$$

부하저항에 대해 풀이하면 안정 전압원 상태에서 사용할 수 있는 최소 부하저항이 구해진다.

$R_{L(min)} = 100R_S$　　　　　　　　　　　　　　　　　　(1-2)

말로 표현하면, 최소 부하저항은 전원저항의 100배와 같다.

식 (1-2)는 유도이다. 안정 전압원의 정의에서 출발해서 이를 다시 정리하여 안정 전압원에서 사용할 수 있는 최소 부하저항을 구하였다. 부하저항이 $100R_S$보다 크면 전압원은 안정하다. 부하저항이 최악인 경우의 값이 되었을 때 전원저항을 무시하고 계산하면 오차는 1%이다. 이 오차는 제2근사해석에서 무시할 수 있을 정도로 매우 작다.

그림 1-3은 안정 전압원을 시각적으로 요약한 것이다. 전압원이 안정하려면 부하저항은 $100R_S$ 이상이 되어야 한다.

참고사항

잘 조정된 전원공급장치는 안정 전압원의 좋은 예이다.

예제 1-1

안정 전압원의 정의를 직류전원과 마찬가지로 교류전원에 적용한다. 교류전압원이 $50\,\Omega$의 전원저항을 가지고 있다고 가정한다. 부하저항이 얼마일 때 전원이 안정한가?

풀이 최소 부하저항을 구하기 위해 100을 곱한다.

$$R_L = 100R_S = 100(50\ \Omega) = 5\ \mathrm{k\Omega}$$

부하저항이 5 kΩ 이상이면 교류전압원은 언제나 안정적이고, 전원의 내부저항을 무시할 수 있다.

최종 힌트. 교류전압원에서 제2근사해석의 적용은 저주파에서만 유효하다. 고주파에서는 도선의 인덕턴스나 부유 커패시턴스 같은 추가 인자의 영향이 있다. 이와 같은 고주파 영향은 뒷장에서 다룰 것이다.

연습문제 1-1 만약 예제 1-1에서 교류 전원저항이 600 Ω이라면, 부하저항이 얼마일 때 전원이 안정적인가?

1-3 전류원

직류전압원은 부하저항이 변해도 일정한 부하전압을 공급한다. **직류전류원**(*dc current source*)은 다르다. 이것은 부하저항이 변해도 일정한 부하전류를 공급한다. 직류전류원의 예로서 전원저항이 큰 전지가 있다(그림 1-4*a*). 이 회로에서 전원저항은 1 MΩ이고, 부하전류는 다음과 같다.

참고사항

정전류원의 출력단자에서, 부하전압 V_L은 부하저항에 정비례하여 증가한다.

$$I_L = \frac{V_S}{R_S + R_L}$$

그림 1-4*a*에서 R_L이 1 Ω이므로 부하전류는

$$I_L = \frac{10\ \mathrm{V}}{1\ \mathrm{M\Omega} + 1\ \Omega} = 10\ \mu\mathrm{A}$$

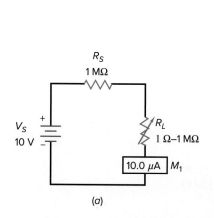

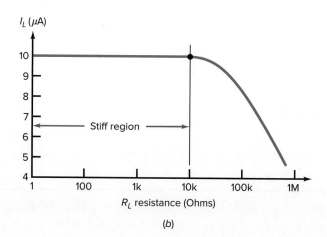

| **그림 1-4** | (a) 직류전압원과 큰 지항으로 된 전류원의 시뮬레이션; (b) 부하진류는 부하저항이 작을 때 일정하다.

이다. 이 계산에서 부하저항이 작으면 부하전류에 거의 영향을 주지 않는다.

그림 1-4b는 부하저항을 1 Ω에서 1 MΩ까지 변화시킬 때 나타나는 결과를 보인 것이다. 이 경우 부하전류는 10 μA로 넓은 범위에서 일정하다. 부하저항이 10 kΩ 이상이면 부하전류는 눈에 보일 정도로 크게 떨어진다.

안정 전류원

특히 반도체 회로에서 유용하게 쓰이는 또 다른 정의가 있다. 전류원의 전원저항이 부하저항보다 최소 100배 이상이면 전류원의 전원저항을 무시할 것이다. 이 조건을 만족하는 전원이 **안정 전류원**(stiff current source)이다. 정의에 따라

안정 전류원: $R_S > 100R_L$ (1-3)

경계보다 훨씬 더 높으면 최악의 경우이다. 경계에서

$R_S = 100R_L$

이다. 부하저항에 대해 풀이하면 안정 전류원 상태에서 사용할 수 있는 최대 부하저항이 구해진다.

$R_{L(max)} = 0.01R_S$ (1-4)

말로 표현하면, 최대 부하저항은 전원저항의 $^1/_{100}$과 같다.

식 (1-4)는 유도이다. 왜냐하면 안정 전류원의 정의에서 출발해서 이를 다시 정리하여 최대 부하저항을 구하였기 때문이다. 부하저항이 최악인 경우의 값이 되었을 때 계산오차는 1%이고, 제2근사해석에서 무시할 정도로 작다.

그림 1-5는 안정영역을 나타낸 것이다. 부하저항이 $0.01R_S$ 미만이면 전류원은 언제나 안정하다.

그림기호

그림 1-6a는 전원저항이 무한대인 이상적인 전류원의 그림기호이다. 이와 같은 이상적인 근사해석은 실제로 존재할 수 없지만 수학적으로는 가능하다. 따라서 우리는 고장점 검과 같이 회로해석을 빨리 할 필요가 있을 때 이상적인 전류원을 사용한다.

그림 1-6a는 시각적인 정의, 즉 전류원의 기호이다. 이 기호는 소자가 일정 전류 I_S를 공급한다는 것을 의미한다. 전류원은 매초 일정량의 쿨롱을 밖으로 밀어내는 펌프와 같다고 생각하면 도움이 될 것이다. 그래서 "전류원은 1 kΩ의 부하저항으로 5 mA를 소모시킨다"라고 볼 수 있다.

그림 1-6b는 제2근사해석을 보인 것이다. 이상적인 전압원과 내부저항이 직렬연결이었던 것과는 달리, 이상적인 전류원에서는 내부저항이 병렬연결이다. 이 장의 뒷부분에서 설명되는 노튼 정리에서 내부저항이 왜 전류원과 병렬이 되어야 하는가를 알게 될 것이다. 표 1-1은 전압원과 전류원의 차이를 이해하는 데 도움이 될 것이다.

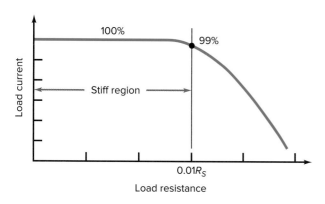

| 그림 1·5 | 안정영역은 부하저항이 매우 작을 때 생긴다.

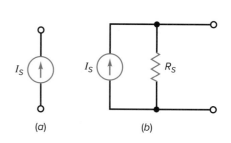

| 그림 1·6 | (a) 전류원의 그림기호; (b) 전류원의 제2근사해석

요점정리 표 1-1	전압원과 전류원의 특성	
양	**전압원**	**전류원**
R_S	기본적으로 작다	기본적으로 크다
R_L	$100R_S$ 이상	$0.01R_S$ 이하
V_L	일정	R_L에 의존
I_L	R_L에 의존	일정

예제 1-2

2 mA의 전류원이 10 MΩ의 내부저항을 가지고 있다. 부하저항이 어느 범위에 있을 때 전류원은 안정한가?

풀이 전류원이므로 부하저항은 전원저항에 비해 작아야 한다. 100:1의 법칙에 의해 최대 부하저항은

$$R_{L(max)} = 0.01(10 \text{ MΩ}) = 100 \text{ kΩ}$$

이다. 전류원의 안정범위는 부하저항이 0에서 100 kΩ까지이다.

그림 1-7은 풀이를 요약한 것이다. 그림 1-7a에서 2 mA의 전류원은 10 MΩ과 가변저항 1 Ω과 병렬연결이다. 전류계로

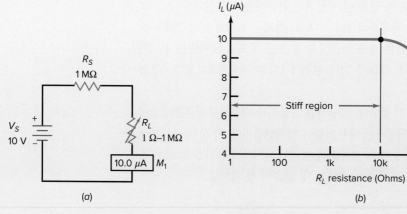

| 그림 1·7 | 풀이

측정하면 부하전류는 2 mA이다. 부하저항이 1 Ω에서 1 MΩ까지 변할 때, 그림 1-7b와 같이 전원은 100 kΩ까지 안정을 유지하고, 이 점에서 부하전류는 이상적인 값보다 약 1% 낮다. 다르게 표현하면, 전원전류의 99%는 부하저항으로 흐르고 나머지 1%는 전원저항으로 흐른다. 부하저항이 계속 증가하면 부하전류는 계속 감소한다.

연습문제 1-2　그림 1-7a에서 부하저항이 10 kΩ일 때 부하전압은 얼마인가?

응용예제 1-3

트랜지스터 회로를 해석할 때, 트랜지스터는 전류원이라고 가정한다. 고급으로 설계된 회로에서 트랜지스터는 안정 전류원처럼 동작하므로 내부저항을 무시할 수 있다. 그러면 부하전압을 계산할 수 있다. 예를 들어 만약 트랜지스터가 10 kΩ의 부하저항으로 2 mA를 내보낸다고 하면, 부하전압은 20 V이다.

1-4 테브난 정리

가끔 어떤 사람은 공학분야에서 위대한 업적을 쌓아 우리들을 새로운 경지로 이끈다. 프랑스의 공학자 L. C. 테브난은 자기 이름을 따서 붙인 회로이론, 즉 테브난 정리 (Thevenin's theorem)를 유도했을 때 한 단계 도약이 되었다.

테브난 전압과 저항의 정의

정리(theorem)는 수학적으로 증명할 수 있는 서술문이다. 정리는 정의나 법칙이 아니므로 유도로 분류한다. 초급과정에서 배운 테브난 정리를 다음과 같은 개념으로 다시 생각해 보라. 그림 1-8a에서 **테브난 전압**(Thevenin voltage) V_{TH}는 부하저항이 개방되었을 때 부하단자 사이의 전압으로 정의된다. 이러한 이유로 테브난 전압을 가끔 **개방회로 전압**(*open-circuit voltage*)이라 부른다. 정의에 따라

테브난 전압: $V_{TH} = V_{OC}$　　　　　　　　　　　(1-5)

이다.

테브난 저항(Thevenin resistance)은 모든 전원을 0으로 감소시키고 부하저항을 개방하고, 그림 1-8a의 부하양단에서 저항계로 측정한 저항으로 정의된다. 정의에 따라

테브난 저항: $R_{TH} = R_{OC}$　　　　　　　　　　　(1-6)

이다. 위의 두 정의로 테브난은 그의 이름을 딴 유명한 정리를 유도할 수 있었다.

테브난 저항을 구할 때 애매한 점이 있다. 전원을 0으로 감소시킨다는 것은 전압원과 전류원에서 의미가 다르다. 전압원을 0으로 감소시킬 때는 전압원을 단락으로 대체한

전자공학 혁신가

프랑스의 전기통신 기술자인 샤를 테브난(Charles Thevenin, 1857~1926)은 직류 저항회로에 적용되던 옴의 법칙과 키르히호프의 법칙을 기반으로 복잡한 회로를 간단한 테브난 등가회로로 단순화하는 방법을 개발했다.

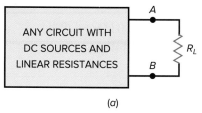

(a)

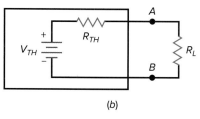

(b)

| 그림 1·8 | (a) 검은 상자의 내부에는 선형 회로가 있다; (b) 테브난 회로

다. 왜냐하면 전압원으로 전류가 흐를 때 틀림없이 전압이 0이 되기 때문이다. 전류원을 0으로 감소시킬 때는 전류원을 개방으로 한다. 왜냐하면 전류원에 전압이 있을 때 틀림없이 전류가 0이 되기 때문이다. 요약하면

전압원을 0으로 하려면, 전압원을 단락으로 하라.
전류원을 0으로 하려면, 전류원을 개방으로 하라.

유도

테브난 정리란 무엇인가? 그림 1-8a를 보라. 이 검은 상자는 직류전원과 선형저항으로 구성된 어떤 회로를 내포하고 있다. (선형저항*(linear resistance)*은 전압이 증가해도 변하지 않는다.) 테브난은 그림 1-8a의 검은 상자 안에 있는 회로가 아무리 복잡해도 이 회로에서 공급하는 부하전류는 그림 1-8b의 간단한 회로에서 공급하는 부하전류와 같다는 것을 증명하였다. 유도에 따라

$$I_L = \frac{V_{TH}}{R_{TH} + R_L} \tag{1-7}$$

이다.

이제 그 중요성을 되새겨 보자. 테브난 정리는 강력한 도구이다. 공학자와 기술자들은 이 정리를 자주 사용한다. 테브난 정리가 없었다면 전자공학이 이와 같이 발전하지 못했을 것이다. 이 정리를 이용하면 계산이 간단할 뿐만 아니라, 키르히호프 방정식으로 설명할 수 없었던 회로동작이 설명될 수 있다.

예제 1-4   ▮▮▮ **MultiSim**

그림 1-9a에서 테브난 전압과 저항은 얼마인가?

풀이   첫째로, w 전압의 계산을 위해 부하저항을 개방한다. 부하저항의 개방은 그림 1-9b와 같이, 회로에서 부하저항을 제거하는 것과 같다. 6 kΩ과 3 kΩ의 직렬연결을 통해 8 mA가 흐르므로 3 kΩ 양단에 24 V가 나타난다. 4 kΩ에는 전류가 흐르지 않으므로 AB 양단은 24 V가 된다. 그러므로 다음과 같다.

$$V_{TH} = 24 \text{ V}$$

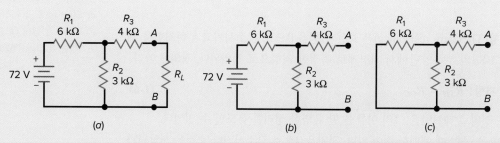

| 그림 1·9 | (a) 원회로; (b) 테브난 전압을 구하기 위해 부하저항 개방; (c) 테브난 저항을 구하기 위해 전원을 0으로 감소시킨다.

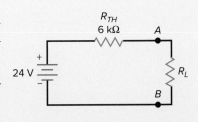

| 그림 1-10 | 그림 1-9a의 테브난 회로

둘째로, 테브난 저항을 구한다. 직류전원을 0으로 감소시키는 것은 그림 1-9c에서 보인 것처럼 전원을 단락으로 바꾸는 것과 같다. 만약 그림 1-9c의 AB 단자에 저항계를 연결한다면 얼마가 되겠는가?

6 kΩ이 될 것이다. 왜냐하면 AB 단자에서 전지를 단락한 쪽을 들여다보면, 3 kΩ과 6 kΩ이 병렬연결되어 있고 이것이 다시 4 kΩ과 직렬연결되어 있기 때문이다. 즉,

$$R_{TH} = 4 \text{ k}\Omega + \frac{3 \text{ k}\Omega \times 6 \text{ k}\Omega}{3 \text{ k}\Omega + 6 \text{ k}\Omega} = 6 \text{ k}\Omega$$

이다. 3 kΩ과 6 kΩ의 곱을 두 저항의 합으로 나누면 2 kΩ이 되고, 이 값을 4 kΩ에 더하면 6 kΩ이 된다.

여기서 다시 새로운 정의가 필요하다. 병렬연결은 전자공학에서 꽤 많이 나타나기 때문에 대부분의 사람들은 속기기호를 사용한다. 앞으로는 다음과 같은 기호를 사용할 것이다.

∥ = 병렬연결

방정식에서 2개의 수직선이 보이면 이것은 **병렬연결**(*in parallel with*)을 의미한다. 산업체에서는 앞에서 설명한 테브난 저항의 식을 다음과 같이 쓰고 있다.

$$R_{TH} = 4 \text{ k}\Omega + (3 \text{ k}\Omega \parallel 6 \text{ k}\Omega) = 6 \text{ k}\Omega$$

대부분의 공학자와 기술자들은 두 수직선이 **병렬연결**을 의미한다는 것을 알고 있다. 그러므로 이들은 자동적으로 3 kΩ과 6 kΩ을 곱하고 합으로 나누어서 등가저항을 구한다.

그림 1-10은 부하저항이 있는 테브난 회로이다. 간단한 이 회로와 그림 1-9a의 원회로를 비교해 보라. 부하저항이 바뀔 때 부하전류 계산이 훨씬 쉬워진다는 것을 알 수 있을 것이다. 아래 연습문제를 통해 이 점을 더 명확히 알 수 있을 것이다.

연습문제 1-4 그림 1-9a에서 R_L의 값이 2 kΩ, 6 kΩ, 18 kΩ이다. 테브난 정리를 이용하면 부하전류는 얼마인가?

만약 테브난 정리의 효능을 평가해 보고 싶으면 그림 1-9a의 원회로를 사용하거나 아니면 다른 방법으로 앞의 전류를 계산해 보라.

응용예제 1-5 ▐▐▐ MultiSim

설계된 회로를 검증하기 위해 **실험용 기판**(*breadboard*)에 회로를 조립한다. 구성품의 최종배치는 고려하지 않고, 연결할 때 납을 사용하지 않는다. 그림 1-11a의 회로가 실험대 위의 실험용 기판에 조립되어 있다고 하자. 테브난 전압과 저항을 어떻게 측정하는가?

풀이 먼저 그림 1-11b와 같이 부하저항 대신 멀티미터를 연결하라. 전압을 읽을 수 있도록 멀티미터를 조정하면 9 V를 지시할 것이다. 이것이 테브난 전압이다. 다음, 직류전원을 단락으로 바꾸어라(그림 1-11c). 저항을 읽을 수 있도록 멀티미터를 조정하면 1.5

kΩ을 지시할 것이다. 이것이 테브난 저항이다.

앞의 측성에서 전원에 의한 오차가 있는가? 그렇다. 전압을 측정할 때 멀티미터의 입력임피던스를 주의해야 한다. 왜냐하면 이 입력임피던스는 측정되는 단자 사이에 있으므로 멀티미터를 통해 미소전류가 흐르기 때문이다. 예를 들어 사용하는 멀티미터가 가동코일형이면 표준감도는 볼트당 20 kΩ이다. 전압계는 10 V 범위에서 200 kΩ의 입력저항을 갖는다. 이 때문에 회로의 부하가 약간 작아져서 부하전압이 9에서 8.93 V로 떨어진다.

지침으로서 전압계의 입력임피던스는 테브난 저항보다 적어도 100배 이상 커야 한다. 그러면 부하성(loading) 오차는 1% 이하로 된다. 부하성 오차를 피하려면 가동코일형 멀티미터 대신 디지털 멀티미터(*DMM*)를 사용하라. 이 계기들의 입력임피던스는 최

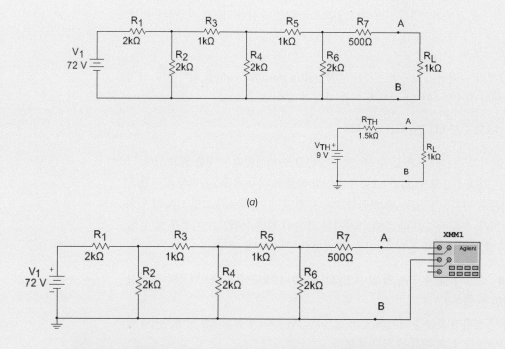

(a)

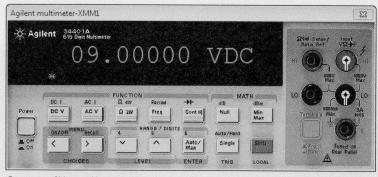

Courtesy of National Instruments

(b)

| **그림 1·11** | (a) 실험대 위의 회로; (b) 테브난 전압 측정; (c) 테브난 저항 측정

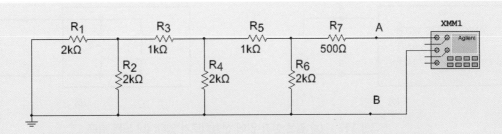

Courtesy of National Instruments

(c)

| 그림 1-11 | (계속)

소 10 MΩ이므로 일반적으로 부하성 오차가 없어진다. 오실로스코프를 사용하여 측정할 때에도 부하성 오차는 발생한다. 이런 이유로 고임피던스(high-impedance) 회로에서 10× 프로브(probe)를 사용해야 한다.

1-5 노튼 정리

초급과정에서 배운 노튼 정리에 대한 개념을 다시 한번 생각해 보자. 그림 1-12*a*에서 노튼 전류는 부하저항이 단락될 때 흐르는 부하전류로 정의된다. 이 때문에 **노튼 전류**(Norton current)를 가끔 단락회로 전류(*short-circuit current*)라 부른다. 정의에 따라

$$\textbf{노튼 전류: } I_N = I_{SC} \qquad\qquad (1\text{-}8)$$

이다. **노튼 저항**(Norton resistance)은 모든 전원을 0으로 감소시키고 부하저항을 개방할 때 부하양단에서 측정한 저항이다. 정의에 따라

$$\textbf{노튼 저항: } R_N = R_{OC} \qquad\qquad (1\text{-}9)$$

이다. 테브난 저항 역시 R_{OC}와 같기 때문에 다음과 같이 쓸 수 있다.

$$R_N = R_{TH} \qquad\qquad (1\text{-}10)$$

참고사항

노튼 정리는 테브난 정리와 같이 인덕터, 커패시터와 저항이 있는 교류회로에 적용될 수 있다. 교류회로에서 노튼 전류 I_N은 일반적으로 극좌표형의 복소수로 서술되고, 반면에 노튼 임피던스 Z_N은 일반적으로 직각좌표형의 복소수로 표현된다.

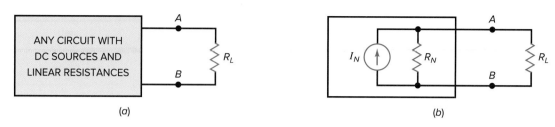

| 그림 1·12 | (a) 검은 상자 안에 선형회로가 있다; (b) 노튼 회로

이 유도는 노튼 저항이 테브난 저항과 같다는 것을 의미한다. 테브난 저항이 10 kΩ으로 계산되면, 노튼 저항도 10 kΩ이라는 것을 바로 알 수 있다.

기본 개념

노튼 정리란 무엇인가? 그림 1-12a를 보라. 검은 상자 안에 직류전원과 선형저항으로 구성된 어떤 회로가 들어 있다. 노튼은 그림 1-12a의 검은 상자 안의 회로에서 공급하는 부하전압과 그림 1-12b의 간단한 회로에서 공급하는 부하전압이 같다는 것을 증명하였다. 유도에 따르면 노튼의 정리는 다음과 같다.

$$V_L = I_N(R_N \| R_L)\tag{1-11}$$

말로 표현하면, 부하전압은 노튼 전류에 노튼 저항과 부하저항의 병렬값을 곱한 것과 같다.

앞에서 노튼 저항과 테브난 저항이 같다고 하였다. 그러나 저항의 위치가 다르다는 것을 유의해야 한다. 즉, 테브난 저항은 전압원과 직렬연결이고, 노튼 저항은 전류원과 항상 병렬연결이다.

주: 만일 전자 흐름을 이용하면 다음 사항을 명심해야 한다. 산업체에서는 전류원 속의 화살표의 방향을 거의 대부분 관습적인 전류방향으로 표시한다. 예외가 있다면, 전류원을 실선 화살표 대신 점선 화살표로 나타낸다. 이 경우 전원은 점선 화살표 방향으로 전자를 보낸다.

유도

노튼 정리는 **쌍대성 원리**(duality principle)에서 유도할 수 있다. 이것은 전기회로 해석에서 어떤 정리는 본래의 양을 쌍대량으로 바꾸면 쌍대(상반)정리가 될 수 있다는 것을 의미한다. 몇 가지 간단한 쌍대량은 다음과 같다.

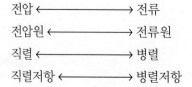

그림 1-13은 테브난과 노튼 회로에 쌍대성 원리를 적용하고, 이를 요약한 것이다. 이것은 계산할 때 어느 회로를 이용해도 무방하다는 것을 의미한다. 뒤에서 알게 되겠지만,

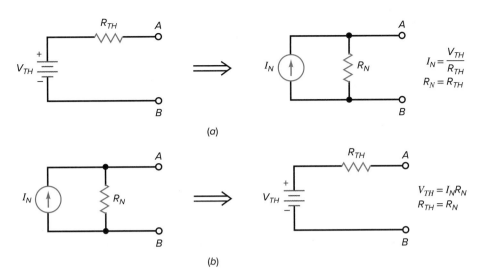

| 그림 1·13 | 쌍대성 원리: 테브난 정리는 노튼 정리를 암시하고 그 역도 가능하다. (a) 테브난을 노튼으로 변환; (b) 노튼을 테브난으로 변환

요점정리 표 1-2	테브난과 노튼 값	
과정	**테브난**	**노튼**
단계 1	부하저항을 개방한다.	부하저항을 단락한다.
단계 2	개방회로 전압을 계산 혹은 측정한다. 이것이 테브난 전압이다.	단락회로 전류를 계산 혹은 측정한다. 이것이 노튼 전류이다.
단계 3	전압원을 단락하고, 전류원을 개방한다.	전압원을 단락하고, 전류원을 개방하고, 부하저항을 개방한다.
단계 4	개방회로 저항을 계산 혹은 측정한다. 이것이 테브난 저항이다.	개방회로 저항을 계산 혹은 측정한다. 이것이 노튼 저항이다.

두 등가회로를 많이 이용한다. 어떤 경우에는 테브난을 이용하는 것이 더 쉽고, 또 다른 경우에는 노튼을 이용하는 것이 더 쉽다. 이것은 주어진 문제에 따라 결정된다. 표 1-2 는 테브난 양과 노튼 양을 구하는 단계를 보인 것이다.

테브난과 노튼 회로 간의 관계

이미 우리는 테브난과 노튼 저항의 크기는 같고, 연결은 다르다는 사실을 알고 있다. 즉 테브난 저항은 전압원과 직렬연결이고, 노튼 저항은 전류원과 병렬연결이다.

여기서 다음과 같은 두 가지 관계를 더 유도할 수 있다. 그림 1-13a와 같이 테브난 회로를 노튼 회로로 변환할 수 있다. 증명은 간단하다. 테브난 회로의 *AB* 단자를 단락하면 노튼 전류가 구해진다.

$$I_N = \frac{V_{TH}}{R_{TH}} \tag{1-12}$$

이 유도는 노튼 전류는 테브난 전압을 테브난 저항으로 나눈 것과 같다는 것을 의미한다.

마찬가지 방법으로 그림 1-13b와 같이 노튼 회로를 테브난 회로로 변환할 수 있다. 개방회로 전압은 다음과 같다.

$$V_{TH} = I_N R_N \tag{1-13}$$

이 유도는 테브난 전압이 노튼 전류와 노튼 저항의 곱과 같다는 것을 의미한다.

그림 1-13은 어떤 회로를 다른 회로로 변환하기 위한 방정식을 요약한 것이다.

예제 1-6

어떤 복잡한 회로가 그림 1-14a와 같은 테브난 회로로 간단화되었다고 가정하자. 이 회로를 노튼 회로로 어떻게 변환하는가?

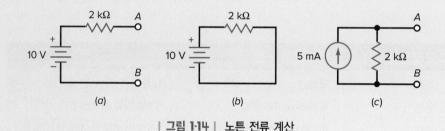

| 그림 1·14 | 노튼 전류 계산

풀이 식 (1-12)를 사용하면

$$I_N = \frac{10 \text{ V}}{2 \text{ k}\Omega} = 5 \text{ mA}$$

이다. 그림 1-14c는 노튼 회로이다.

대부분의 공학자와 기술자들은 학교를 졸업하면 식 (1-12)는 곧바로 잊어버리지만 이러한 문제를 옴의 법칙으로 해결하는 방법은 항상 기억하고 있다. 이들이 하는 방법은 다음과 같다. 그림 1-14a를 보고 *AB* 단자를 단락시켜 그림 1-14b처럼 생각한다. 단락회로 전류는 노튼 전류와 같다.

$$I_N = \frac{10 \text{ V}}{2 \text{ k}\Omega} = 5 \text{ mA}$$

테브난 회로에 옴의 법칙을 적용하여 계산했지만 계산결과는 같다. 그림 1-15는 이 개념을 요약한 것이다. 이렇게 기억해 두면 테브난 회로가 주어졌을 때 노튼 전류를 쉽게 계산할 수 있을 것이다.

연습문제 1-6 만약 그림 1-14a에서 테브난 저항이 5 kΩ이면 노튼 전류 값은 얼마인가?

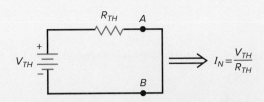

| 그림 1·15 | 노튼 전류를 구하는 데 도움이 되는 기억

1-6 직류회로 고장점검

고장점검(troubleshooting)이란 회로가 정상적으로 동작하지 않는 이유를 찾는 것을 말한다. 가장 일반적인 고장은 개방과 단락이다. 트랜지스터 같은 소자는 여러 가지 방식으로 개방이나 단락이 될 수 있다. 최대 전력정격을 초과하여 트랜지스터가 파괴되기도 한다.

저항은 전력소모가 과대할 때 개방된다. 그러나 다음과 같이 저항이 간접적으로 단락되는 경우도 있다. 프린트된 회로기판을 납땜할 때 잘못되어 납이 튀어서 인접한 두 도선을 연결해 버리는 경우가 있는데 이를 **솔더 브리지**(solder bridge)라 부른다. 이 경우 두 도선 사이에 소자가 있으면 결과적으로 단락된다. 한편 납땜의 접촉이 불완전하여 연결이 전혀 안된 경우가 있는데 이를 **콜드 솔더 조인트**(cold solder joint)라 하며 이는 소자가 개방되었음을 의미한다.

개방이나 단락 이외의 현상도 있을 수 있다. 예를 들어 저항에 일시적으로 너무 많은 열을 가하면 저항값이 영구적으로 몇 % 정도 변할 수 있다. 만약 그 저항값이 중요하면 심한 열을 받은 후 회로는 정상적으로 동작하지 않을 수 있다.

그리고 고장 점검자는 악몽과 같은 상황도 경험한다. 즉 간헐적인 고장이다. 이런 종류의 고장은 나타났다가 없어졌다가 하기 때문에 찾아내기가 매우 어렵다. 접촉과 비접촉이 교대로 나타나는 콜드 솔더 조인트 혹은 헐렁한 케이블 접속기, 나타났다가 곧 사라지는 동작을 하는 어떤 유사한 고장들이 모두 이에 포함될 수 있다.

개방소자

개방소자(open device)에 대해서는 다음 두 가지 사실을 항상 기억하고 있어야 한다.

> **개방소자를 흐르는 전류는 0이다.**
> **개방소자의 전압은 알 수 없다.**

개방소자는 저항이 무한대이므로 첫 번째 문장은 맞다. 저항이 무한대이면 전류가 흐를 수 없다. 두 번째 문장은 옴의 법칙

$$V = IR = (0)(\infty)$$

때문에 맞다. 이 식에서 0에 무한대를 곱하면 수학적으로 부정이다. 이러한 경우 전압은

회로의 나머지 부분에서 구해야 된다.

단락소자

단락소자(shorted device)는 정반대 현상이다. 단락소자라면 다음 두 가지 사실을 항상 기억하고 있어야 한다.

단락소자 전압은 0이다.
단락소자를 흐르는 전류는 알 수 없다.

단락소자는 저항이 0이기 때문에 첫 번째 문장의 내용은 맞다. 저항이 0이면 전압은 있을 수 없다. 두 번째 문장은 옴의 법칙

$$I = \frac{V}{R} = \frac{0}{0}$$

때문에 입증된다. 0을 0으로 나누는 것은 수학적으로 아무런 뜻이 없다. 이러한 경우 전류는 회로의 나머지 부분에서 구해야 된다.

절차

일반적으로 접지를 기준으로 잡고 전압을 측정한다. 이 측정치와 전기에 관한 기초지식으로 고장을 추적해 간다. 가장 의심스러운 부품이 찾아지면 납땜을 떼거나 혹은 그 부품을 분리한다. 그리고 저항계 또는 다른 계기를 사용한다.

정상전압

그림 1-16에서 R_1과 R_2로 구성된 안정 전압 분배기가 직렬의 저항 R_3와 R_4를 구동한다. 이 회로의 고장점검 전에 먼저 정상전압이 얼마인가를 알아야 한다. 그러므로 먼저 해야 할 일은 V_A와 V_B 값을 구하는 것이다. 전자는 A와 접지 사이의 전압이고, 후자는 B와 접지 사이의 전압이다. R_1과 R_2는 R_3와 R_4에 비하여 대단히 작기 때문에(10 Ω 대 100 kΩ) A의 안정 전압은 대략 +6 V이다. 그리고 R_3와 R_4가 같기 때문에 B의 전압은 대략 +3 V이다. 이 회로에 고장이 없으면, A와 접지 사이에서 6 V, B와 접지 사이에서 3 V가 측정될 것이다. 이 두 전압이 표 1-3의 첫 번째 칸에 있다.

R_1 개방

R_1이 개방일 때 두 전압은 어떻게 될까? 개방된 R_1에는 전류가 흐를 수 없으므로 R_2에도 전류가 흐를 수 없다. 옴의 법칙에 의해 R_2 양단전압은 0이다. 따라서 표 1-3에서 R_1이 개방일 때 $V_A = 0$과 $V_B = 0$이다.

R_2 개방

R_2가 개방일 때 두 전압은 어떻게 될까? 개방된 R_2에는 전류가 흐를 수 없으므로 A의 전압은 전원전압 쪽으로 상승한다. R_1은 R_3와 R_4에 비해 매우 작기 때문에 A의 전압은 대략 12 V가 된다. R_3와 R_4가 같기 때문에 B의 전압은 6 V가 된다. 그러므로 표 1-3에서 R_2가 개방일 때, $V_A = 12$ V와 $V_B = 6$ V이다.

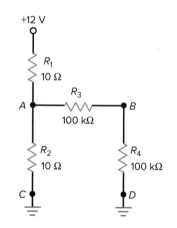

| 그림 1·16 | 고장점검 설명에 이용된 전압분배기와 부하

요점정리 표 1-3	고장과 단서(clue)	
고장	V_A	V_B
회로 정상	6 V	3 V
R_1 개방	0	0
R_2 개방	12 V	6 V
R_3 개방	6 V	0
R_4 개방	6 V	6 V
C 개방	12 V	6 V
D 개방	6 V	6 V
R_1 단락	12 V	6 V
R_2 단락	0	0
R_3 단락	6 V	6 V
R_4 단락	6 V	0

나머지 고장

만약 접지 C가 개방이면 R_2에는 전류가 흐를 수 없다. 이것은 R_2가 개방인 경우와 같기 때문에 표 1-3에서 C가 개방일 때, V_A = 12 V와 V_B = 6 V이다.

표 1-3의 나머지 값들을 모두 구하고, 주어진 고장에 따라 전압이 왜 이렇게 되는가를 확실하게 이해해야 한다.

예제 1-7

그림 1-16에서 V_A = 0과 V_B = 0이 측정되었다. 어떤 고장인가?

풀이 표 1-3을 보면 두 가지 고장, 즉 R_1이 개방되었거나 R_2가 단락되었을 가능성이 있다. 두 고장 모두 A와 B에서 전압이 0이다. 고장을 확인하기 위해 R_1을 분리하여 측정한다. 만약 측정결과가 개방이면 고장을 찾은 것이고, 정상이면 R_2가 고장이다.

연습문제 1-7 만약 그림 1-16에서 V_A = 12 V, V_B = 6 V이면 어떤 고장이 있을 수 있는가?

1-7 교류회로 고장점검

교류(ac) 고장점검할 때 오실로스코프를 사용하여 회로를 통과하는 교류신호를 따라가거나 추적할 수 있다. 이러한 고장점검을 **신호추적**(signal tracing)이라고 한다. 입력 전압원은 일반적으로 기존의 ac 전압이거나 신호발생기에 의해 공급되는 전압이다.

듀얼 트레이스 오실로스코프를 사용하여 채널 1을 입력 전압원에 연결한다. 이를 통해 입력 전압원이 올바르고 일정하게 유지됨을 확인할 수 있다. 채널 1을 오실로스코프의 트리거 소스로 사용하면 채널 2를 회로 내 다양한 테스트 포인트에 연결하여 회로가 정상적으로 동작하는지 확인할 수 있다. 모든 측정은 회로의 접지점을 기준으로 수행된다. 오실로스코프에 의한 회로부하를 줄이려면 필요시 10× 프로브를 사용한다. 고장점검 예제에서 오실로스코프의 채널 2가 포인트 B에서 포인트 C로 이동한 다음 포인트 D로 연속적으로 이동하여 잘못된 값을 찾는다.

정상값

그림 1-17에서 2 Vp 또는 4 Vp-p의 교류 입력 전압원은 커패시터 C_1과 병렬인 R_4를 포함한 1 kΩ 저항의 $R_1 - R_4$ 직렬체인을 구동한다. 커패시터 C_1은 회로동작에 어떤 영향을 미치는가? 교류 입력 주파수가 1 kHz이므로 X_C는 다음과 같다.

$$X_C = \frac{1}{2\pi fC} = \frac{1}{2\pi(1 \text{ kHz})(0.001 \mu\text{F})} = 159 \text{ k}\Omega$$

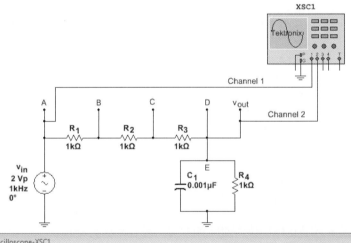

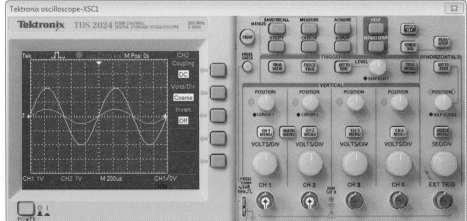

Courtesy of National Instruments

| 그림 1-17 | 교류회로 고장점검

요점정리 표 1-4	고장과 단서(clue) (Vp-p)			
고장	V_A	V_B	V_C	$V_D(v_{out})$
회로 정상	4 V	3 V	2 V	1 V
R_1 개방	4 V	0 V	0 V	0 V
R_2 개방	4 V	4 V	0 V	0 V
R_3 개방	4 V	4 V	4 V	0 V
R_4 개방	4 V	4 V	4 V	4 V
C_1 단락	4 V	2.67 V	1.33 V	0 V
R_2 10k	4 V	3.69 V	0.62 V	0.31 V
D-E 개방	4 V	4 V	4 V	4 V

커패시터 C_1의 관점에서 회로의 테브난 등가저항을 구하면 다음과 같다.

$$R_{TH} = R_4 \parallel (R_1 + R_2 + R_3)$$
$$R_{TH} = 1 \text{ k}\Omega \parallel 3 \text{ k}\Omega = 0.75 \text{ k}\Omega$$

X_C가 R_{TH}(159 kΩ > 0.75 kΩ)보다 매우 크기 때문에 C_1은 정상값을 구할 때 개방(open)으로 간주할 수 있다.

뿐만 아니라 R_1에서 R_4가 모두 1 kΩ 저항이기 때문에 단순한 전압분배 기법으로 각 포인트에서의 교류전압을 찾을 수 있다. 따라서 V_A = 4 Vp-p, V_B = 3 Vp-p, V_C = 2 Vp-p이고 포인트 D의 출력전압은 1 Vp-p이다. 오실로스코프를 이용하여 채널 1은 테스트 포인트(TP) A인 입력 전압원에 연결하고 채널 2는 각각의 테스트 포인트에서의 전압값을 측정하라. 표 1-4는 회로가 고장 나지 않은 경우 정상적인 전압값을 보여 준다.

R_2 개방

납땜연결 불량으로 R_2가 개방되면 교류전류는 이 직렬회로를 통해 흐르지 않는다. R_1에 걸친 전압강하가 없으므로 V_A = 4 Vp-p, V_B = 4 Vp-p, V_C = 0 Vp-p, v_{out} = 0 Vp-p가 된다. 이를 표 1-4에 요약하였다. 다시 한번 오실로스코프의 채널 1을 사용하여 입력전압을 측정하고 채널 2를 사용하여 나머지 테스트 포인트에서 전압을 측정한다.

R_2 10 kΩ

회로를 구축하는 과정에서 R_2가 1 kΩ 대신 10 kΩ 저항으로 잘못 삽입되면 회로 전압은 어떻게 되는가? 이 경우 R_2에서 대부분 전압강하가 일어나므로 전압분배 동작은 큰 영향을 받는다. 결과는 표 1-4에 요약되어 있다.

C_1 단락

커패시터 C_1이 내부적으로 단락되거나 납땜 덩어리 때문에 단락되면 출력전압은 접지로 당겨진다. 그러면 V_A = 4 Vp-p, V_B = 2.67 Vp-p, V_C = 1.33 Vp-p, V_D = 0 Vp-p가 된다.

나머지 고장

표 1-4에서 나타낸 나머지 고장 문제를 해결하라. MultiSim과 같은 회로 시뮬레이션 소프트웨어가 있는 경우 이 회로를 구축하고 각 고장을 한 번에 하나씩 넣는다.

마지막 고려할 점

여기서 보여 준 교류 고장점검 방법은 포인트 B에서 포인트 C와 출력까지 신호추적을 하는 것이다. 신호체인이 훨씬 더 길어질 때도 이 방법이 가장 효율적일까? 또 다른 신호추적 방법은 **절반분할 고장점검**(split-half troubleshooting)이라고 하는 것이다. 채널 2 프로브를 포인트 B에서 시작하는 대신 전체 회로의 중간지점에 프로브를 배치한다. 중간지점에서 측정이 올바르면 결함은 이 지점과 출력 사이에 있는 것이다. 이제 출력 쪽의 다음 중간점을 결정하고 신호를 측정한다. 첫 번째 중간점 측정이 올바르지 않으면 입력 쪽의 다음 중간점을 결정한다. 절반분할 고장점검 방법은 회로고장을 찾는 데 필요한 측정횟수를 줄일 수 있다.

고장점검 과정에서 부품의 어느 쪽도 접지에 연결되어 있지 않은 경우 부품을 오실로스코프로 측정해야 한다면 어떻게 해야 할까? 오실로스코프의 프로브를 부품의 한쪽에 연결하고 다른 한쪽은 오실로스코프의 접지 리드에 연결하면 회로 또는 오실로스코프가 손상될 수 있다. 이러한 경우는 오실로스코프의 두 채널을 모두 사용해야 한다. 예를 들어, 그림 1-17의 R_2에서 교류전압을 측정해야 하는 경우, 채널 1을 TP B에, 채널 2를 TP C에, 그리고 두 프로브의 접지를 회로의 접지 포인트에 연결한다. 그런 다음 수직 입력 스위치를 빼기 함수로 설정된 연산모드 또는 추가모드로 변경한다. 그 결과 채널 1에서 채널 2를 뺀 신호가 표시되고 정확한 전압값을 얻을 수 있다.

마지막으로, 그림 1-17의 회로는 단순한 저항열로 보여진다. 하지만 각 저항이 다음 회로의 입력을 구동하는 자체 회로라면 어떠한가? 동일한 신호추적 기술이 사용될 수 있는가?

요점 __ *Summary*

1-1 근사해석

근사해석은 산업계에서 널리 쓰인다. 이상적인 근사해석은 고장점검에 유용하고, 제2근사해석은 회로를 임시로 해석할 때 편리하다. 고차적인 근사해석은 컴퓨터를 이용한다.

1-2 전압원

이상적인 전압원은 내부저항이 없다. 전압원의 제2근사해석은 전원과 내부저항의 직렬연결이다. **안정 전압원**은 내부저항이 부하저항의 1/100 이하인 전압원으로 정의된다.

1-3 전류원

이상적인 전류원은 내부저항이 무한대이다. 전류원의 제2근사해석은 전원과 대단히 큰 내부저항의 병렬연결이다. **안정 전류원**은 내부저항이 부하저항보다 100배 이상인 전류원으로 정의된다.

1-4 테브난 정리

테브난 **전압**은 개방 부하 양단전압으로 정의된다. 테브난 **저항**은 모든 전원을 0으로 감소시키고, 개방 부하에서 저항계로 측정한 저항으로 정의된다. 테브난은 여러 개의 전원과 선형저항으로 구성된 어떤 회로의 부하전류가 테브난 등가회로에서 흐르는 부하전류와 같다는 것을 증명하였다.

1-5 노튼 정리

노튼 저항은 테브난 저항과 같다. 노튼 전류는 부하가 단락되었을 때 흐르는 부하전류와 같다. 노튼은 여러 개의 전원과 선형저항으로 구성된 어떤 회로의 부하전압이 노튼 등가회로에서 발생한 부하전압과 같나는 것을 증명하였다. 노튼 전류는 테브난 전압을 테브난 저항으로 나눈 것과 같다.

1-6 직류회로 고장점검

가장 많이 발생하는 고장은 단락, 개방 그리고 간헐적인 고장이다. 단락이 되면 그 양단전압은 항상 0이다. 단락으로 흐르는 전류는 회로의 나머지 부분을 조사해서 계산해야 된다. 개방이 되면 전류는 항상 0이다. 개방 양단전압은 회로의 나머지 부분을 조사해서 계산해야 된다. 간헐적인 고장은 켜졌다 꺼졌다 하는 고장으로서, 이것을 수리하려면 참을성이 있고, 논리적이어야 한다.

1-7 교류회로 고장점검

교류회로 고장을 효과적으로 해결하기 위해서 일반적으로 신호추적 기술이 사용된다. 채널 1을 입력 신호원에 놓고, 채널 2를 사용하여 다른 테스트 점에서 전압 파형을 측정한다. 측정값을 알고 있는 정상값과 비교한다.

중요 수식 __ *Important Formulas*

(1-1) 안정 전압원:

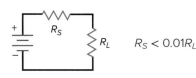

$$R_S < 0.01 R_L$$

(1-2) 안정 전압원:

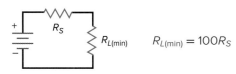

$$R_{L(min)} = 100 R_S$$

(1-3) 안정 전류원:

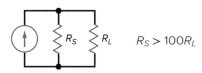

$$R_S > 100 R_L$$

(1-4) 안정 전류원:

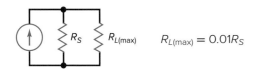

$$R_{L(max)} = 0.01 R_S$$

(1-5) 테브난 전압:

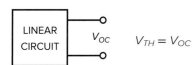

$$V_{TH} = V_{OC}$$

(1-6) 테브난 저항:

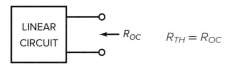

$$R_{TH} = R_{OC}$$

(1-7) 테브난 정리:

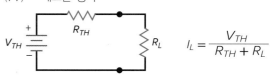

$$I_L = \frac{V_{TH}}{R_{TH} + R_L}$$

(1-8) 노튼 전류:

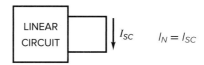

$$I_N = I_{SC}$$

(1-9) 노튼 저항:

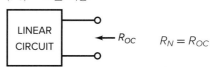

$$R_N = R_{OC}$$

(1-10) 노튼 저항:

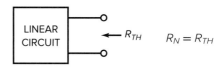

$$R_N = R_{TH}$$

(1-11) 노튼 정리:

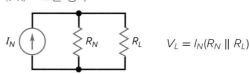

$$V_L = I_N(R_N \parallel R_L)$$

(1-12) 노튼 전류:

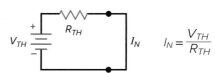

$$I_N = \frac{V_{TH}}{R_{TH}}$$

(1-13)   테브난 전압:

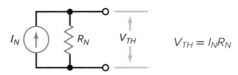

$$V_{TH} = I_N R_N$$

연관 실험 __ *Correlated Experiments*

실험 1
전압원과 전류원

실험 2
테브난 정리와 노튼 정리

실험 3
고장점검

복습문제 __ *Self-Test*

1. 이상적인 전압원은?
   a. 내부저항이 0이다.
   b. 내부저항이 무한대이다.
   c. 부하 종속 전압이다.
   d. 부하 종속 전류이다.

2. 실질적인 전압원은?
   a. 내부저항이 0이다.
   b. 내부저항이 무한대이다.
   c. 내부저항이 작다.
   d. 내부저항이 크다.

3. 부하저항이 100 Ω이면, 안정 전압원의 저항은 얼마인가?
   a. 1 Ω 이하
   b. 최소 10 Ω
   c. 10 kΩ 이상
   d. 10 kΩ 이하

4. 이상적인 전류원은?
   a. 내부저항이 0이다.
   b. 내부저항이 무한대이다.
   c. 부하 종속 전압이다.
   d. 부하 종속 전류이다.

5. 실질적인 전류원은?
   a. 내부저항이 0이다.
   b. 내부저항이 무한대이다.
   c. 내부저항이 작다.
   d. 내부저항이 크다.

6. 부하저항이 100 Ω이면, 안정 전류원의 저항은?
   a. 1 Ω 이하
   b. 10 Ω 이하
   c. 10 kΩ 이하
   d. 10 kΩ 이상

7. 테브난 전압과 같은 것은?
   a. 단락 부하전압
   b. 개방 부하전압
   c. 이상적인 전원전압
   d. 노튼 전압

8. 테브난 저항은 _____의 크기와 같다.
   a. 부하저항
   b. 부하저항의 1/2
   c. 노튼 회로의 내부저항
   d. 개방 부하저항

9. 테브난 전압을 구하려면?
   a. 부하저항을 단락해야 한다.
   b. 부하저항을 개방해야 한다.
   c. 전압원을 단락해야 한다.
   d. 전압원을 개방해야 한다.

10. 노튼 전류를 구하려면?
    a. 부하저항을 단락해야 한다.
    b. 부하저항을 개방해야 한다.
    c. 전압원을 단락해야 한다.
    d. 전류원을 개방해야 한다.

11. 노튼 전류를 가끔 _____라 부른다.
    a. 단락 부하전류
    b. 개방 부하전류
    c. 테브난 전류
    d. 테브난 전압

12. 솔더 브리지(solder bridge)는?
    a. 단락이 될 수 있다.
    b. 개방의 원인이 될 수 있다.
    c. 어떤 회로에 사용한다.
    d. 항상 고저항이다.

13. 콜드 솔더 조인트(cold solder joint)는?
    a. 항상 저저항이다.
    b. 훌륭한 납땜 기법이다.
    c. 일반적으로 개방된다.
    d. 단락회로의 원인이다.

14. 개방저항은?
    a. 무한대 전류가 흐른다.
    b. 전압이 0이다.
    c. 무한대 전압이 나타난다.
    d. 전류가 0이다.

15. 단락저항은?
    a. 무한대 전류가 흐른다.
    b. 전압이 0이다.
    c. 무한대 전압이 나타난다.
    d. 전류가 0이다.

16. 이상적인 전압원과 내부저항의 예는 _____이다.
    a. 이상적인 근사해석
    b. 제2근사해석
    c. 고차근사해석
    d. 정밀 모형

17. 연결도선을 저항이 0인 도체로 취급하는 것은?
    a. 이상적인 근사해석
    b. 제2근사해석
    c. 고차근사해석
    d. 정밀 모형

18. 이상적인 전압원에서 나오는 전압은?
    a. 0이다.
    b. 일정하다.
    c. 부하저항값에 따라 달라진다.

19. 이상적인 전류원에서 나오는 전류는?
    a. 0이다.
    b. 일정하다.
    c. 부하저항값에 따라 달라진다.
    d. 내부저항에 따라 달라진다.

20. 테브난 정리는 부하에서 바라본 복잡한 회로를 _____으로 치환한다.
    a. 이상전압원과 병렬저항
    b. 이상전류원과 병렬저항
    c. 이상전압원과 직렬저항
    d. 이상전류원과 직렬저항

21. 노튼 정리는 부하에서 바라본 복잡한 회로를 _____으로 치환한다.
    a. 이상전압원과 병렬저항

d. 내부저항에 따라 달라진다.

b. 이상전류원과 병렬저항
c. 이상전압원과 직렬저항
d. 이상전류원과 직렬저항

22. 소자가 단락되는 경우는?
    a. 콜드 솔더 조인트
    b. 솔더 브리지
    c. 소자분리
    d. 소자개방

23. 오실로스코프로 교류 고장점검하는 방법을 _____라 부른다.
    a. 대체
    b. 임피던스 측정
    c. 신호추적
    d. 측정 유도

기본문제 __ _Problems_

1-2 전압원

1-1 전압원이 12 V의 이상전압과 0.1 Ω의 내부저항으로 이루어져 있다고 가정한다. 전압원이 안정하려면 부하저항값은 얼마인가?

1-2 부하저항이 270 Ω에서 100 kΩ까지 가변되는 동안, 안정 전압원을 유지하기 위한 전원의 최대 내부저항은 얼마인가?

1-3 함수 발생기의 내부 출력저항이 50 Ω이다. 발생기가 안정이 되기 위한 부하저항값은 얼마인가?

1-4 자동차 전지의 내부저항이 0.04 Ω이다. 자동차 전지가 안정이 되기 위한 부하저항값은 얼마인가?

1-5 전압원의 내부저항이 0.05 Ω이다. 흐르는 전류가 2 A일 때, 내부저항에서 강하되는 전압은 얼마인가?

1-6 그림 1-18에서 이상전압이 9 V, 내부저항이 0.4 Ω이다. 만약 부하저항이 0이라면 부하전류는 얼마인가?

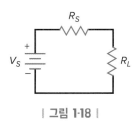

| 그림 1-18 |

1-3 전류원

1-7 전류원이 10 mA의 이상전류와 10 MΩ의 내부저항으로 구성되어 있다고 가정한다. 전류원이 안정하려면 부하저항값은 얼마인가?

1-8 부하저항이 270 Ω에서 100 kΩ까지 가변되는 동안 이 부하저항을 안정 전류원으로 구동한다고 가정하면, 전원의 내부저항은 얼마가 되어야 하는가?

1-9 내부저항이 100 kΩ인 전류원이 있다. 전류원이 안정하려면 최대 부하저항은 얼마인가?

1-10 그림 1-19에서 이상전류가 20 mA이고, 내부저항이 200 kΩ이다. 만약 부하저항이 0이면 부하전류는 얼마인가?

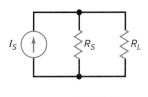

| 그림 1-19 |

1-11 그림 1-19에서 이상전류가 5 mA이고, 내부저항이 250 kΩ이다. 만약 부하저항이 10 kΩ이면 부하전류는? 이것은 안정 전류원인가?

1-4 테브난 정리

1-12 그림 1-20에서 테브난 전압은 얼마인가? 테브난 저항은?

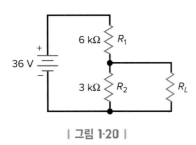

| 그림 1·20 |

1-13 그림 1-20에서 부하저항이 0.1 kΩ, 2 kΩ, 3 kΩ, 4 kΩ, 5 kΩ, 6 kΩ인 경우, 테브난 정리로 부하전류를 각각 계산하라.

1-14 그림 1-20의 전압원이 18 V로 감소된다. 테브난 전압과 테브난 저항은 어떻게 되는가?

1-15 그림 1-20의 모든 저항이 2배가 되면 테브난 전압과 테브난 저항은 어떻게 되는가?

1-5 노튼 정리

1-16 어떤 회로의 테브난 전압이 12 V이고 테브난 저항이 3 kΩ이다. 노튼 회로는 어떻게 되는가?

1-17 노튼 전류가 10 mA이고, 노튼 저항이 10 kΩ인 회로가 있다. 테브난 회로는 어떻게 되는가?

1-18 그림 1-20에 대한 노튼 회로를 구하라.

1-6 직류회로 고장점검

1-19 그림 1-20에서, 부하전압이 36 V이면 R_1은 어떤 고장인가?

1-20 그림 1-20에서 부하전압이 0이고, 전지와 부하저항은 모두 정상이다. 있을 수 있는 2개의 고장은 각각 무엇인가?

1-21 만약 그림 1-20에서 부하전압이 0이고 모든 저항이 정상이라면, 어느 부분이 고장인가?

1-22 그림 1-20에서 R_L을 전압계로 바꾸고 R_2 양단전압을 측정한다. 계기의 부하성(loading)을 방지하려면 전압계의 입력저항은 얼마가 되어야 하는가?

응용문제 __ *Critical Thinking*

1-23 전압원의 부하단자를 잠시 동안 단락한다고 가정하자. 만약 이상전압이 12 V이고 단락 부하전류가 150 A이면, 전원의 내부저항은 얼마인가?

1-24 그림 1-18에서 이상전압이 10 V이고 부하저항이 75 Ω이다. 만약 부하전압이 9 V이면, 내부저항은 얼마인가? 전압원은 안정한가?

1-25 노출된 부하단자에 2 kΩ의 저항이 연결된 검은 상자 하나를 어떤 사람으로부터 받았다. 테브난 전압을 어떻게 측정하는가?

1-26 문제 1-25의 검은 상자에는 내부 전압원과 전류원을 모두 0으로 줄일 수 있는 노브(knob)가 달려 있다. 테브난 저항을 어떻게 측정하는가?

1-27 문제 1-13을 풀어 보라. 그리고 이 문제를 테브난 정리를 적용하지 말고 풀어 보라. 풀이가 끝나면 테브난 정리에 대해 공부한 것을 말해 보라.

1-28 실험실에서 그림 1-21과 같은 회로를 점검하고 있다. 누군가가 부하저항을 구동하는 테브난 회로를 구해 보라고 하였다. 테브난 전압과 테브난 저항을 측정하기 위한 실험상의 절차를 설명하라.

1-29 전지와 저항을 사용하여 가상적인 전류원을 설계하라. 전류원은 다음 명세조건을 만족해야 한다. 즉, 전류원은 0과 1 kΩ 사이의 부하저항에서 1 mA의 안정전류를 공급해야 한다.

1-30 다음 명세조건을 만족하는 전압분배기(그림 1-20과 비슷하다)를 설계하라. 즉, 이상적인 전원전압이 30 V, 개방 부하전압이 15 V, 그리고 테브난 저항이 2 kΩ과 같거나 혹은 이 값보다 작다.

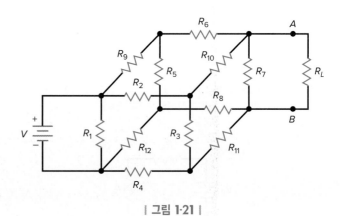

| 그림 1·21 |

1-31 그림 1-20과 같은 전압분배기를 설계하라. 그런데 이 전압분배기는 모든 부하저항이 1 MΩ 이상이면 10 V의 안정전압을 공급한다. 이상전압은 30 V를 사용하라.

1-32 어떤 사람으로부터 D셀 회중전등 전지와 디지털 멀티미터(DMM)를 받았다. 이것 외에는 아무것도 없다. 회중전등 전지의 테브난 등가회로를 구하기 위한 실험적인 방법을 설명 하라.

1-33 D셀 회중전등 전지와 DMM, 그리고 여러 개의 저항이 들어 있는 상자 하나가 있다. 그 저항 중 1개를 사용하여 전지의 테브난 저항을 구하는 방법을 설명하라.

1-34 그림 1-22에서 부하저항이 0, 1 kΩ, 2 kΩ, 3 kΩ, 4 kΩ, 5 kΩ, 6 kΩ일 때 부하전류를 각각 계산하라.

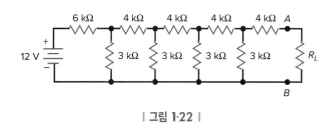

| 그림 1·22 |

고장점검 __ _Troubleshooting_

1-35 그림 1-23 및 고장점검표를 이용하여 상태 1에서 8까지의 회로고장을 진단하라. 고장들은 저항 중 1개가 개방, 저항 중 1개가 단락, 접지 개방 혹은 전원전압이 공급되지 않는 경우이다.

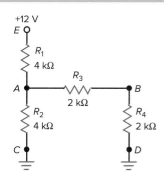

| 그림 1·23 | 고장점검

상태	V_A	V_B	V_E	상태	V_A	V_B	V_E
정상	4 V	2 V	12 V	고장 5	6 V	3 V	12 V
고장 1	12 V	6 V	12 V	고장 6	6 V	6 V	12 V
고장 2	0 V	0 V	12 V	고장 7	0 V	0 V	0 V
고장 3	6 V	0 V	12 V	고장 8	3 V	0 V	12 V
고장 4	3 V	3 V	12 V				

MultiSim 고장점검 문제 __ _MultiSim Troubleshooting Problems_

멀티심 고장점검 파일들은 http://mhhe.com/malvino9e의 온라인학습센터(OLC)에 있는 멀티심 고장점검 회로(MTC)라는 폴더에서 찾을 수 있다. 이 장에 관련된 파일은 MTC01-36~MTC01-40으로 명칭되어 있고 모두 그림 1-23의 회로를 바탕으로 한다.

각 파일을 열고 고장점검을 실시한다. 결함이 있는지 결정하기 위해 측정을 실시하고, 결함이 있다면 무엇인지를 찾아라.

1-36 MTC01-36 파일을 열어 고장점검을 실시하라.

1-37 MTC01-37 파일을 열어 고장점검을 실시하라.

1-38 MTC01-38 파일을 열어 고장점검을 실시하라.

1-39 MTC01-39 파일을 열어 고장점검을 실시하라.

1-40 MTC01-40 파일을 열어 고장점검을 실시하라.

직무 면접 문제 __ *Job Interview Questions*

면접관은 여러분의 학식이 얕건 혹은 전자공학을 많이 이해하고 있건 상관하지 않고 말을 빨리 한다. 면접관은 항상 조리있고 명쾌하게 질문하지 않는다. 그들은 질문에 어떻게 대처하는지 알아보기 위해 데이터를 가끔 빠뜨리기도 한다. 여러분이 직업을 얻기 위해 면접을 할 때 면접관이 다음과 같은 질문을 할지도 모른다.

1. 전압원과 전류원의 차이점은 무엇인가?

2. 부하전류를 계산할 때 전원저항은 언제 포함시키는가?

3. 만일 소자가 전류원의 모형이면 부하저항을 어떻게 설명할 것인가?

4. 안정전원이란 무슨 의미인가?

5. 실험대에 놓인 실험용 기판에 회로가 꾸며져 있다. 테브난 전압과 테브난 저항을 구하는 측정법을 설명해 보라.

6. 50 Ω 전압원이 600 Ω 전압원에 비해 좋은 점은 무엇인가?

7. 테브난 저항과 자동차 전지의 "cold cranking amperes"는 어떤 관계가 있는가?

8. 어떤 사람이 말하기를 전압원이 과부하라고 한다. 이 말의 뜻이 무엇인가?

9. 기사들이 고장점검 절차를 수행할 때 초기에 주로 사용하는 근사해석은 어떤 것인가?

10. 전자시스템을 고장점검할 때, 도면상 10 V로 표시된 검사지점에서 9.5 V의 직류전압이 측정되었다면, 이 측정치로 무엇을 추측할 수 있는가? 그 이유는?

11. 테브난 혹은 노튼 회로를 사용하는 이유는 무엇인가?

12. 실험실에서 테스트할 때 테브난과 노튼 정리는 얼마나 유용한가?

13. 일반적인 신호추적과 비교하여 절반분할 고장점검의 이점을 설명하라.

복습문제 해답 __ *Self-Test Answers*

1.	a	5.	d	9.	b	13.	c	17.	a	21.	b
2.	c	6.	d	10.	a	14.	d	18.	b	22.	b
3.	a	7.	b	11.	a	15.	b	19.	b	23.	c
4.	b	8.	c	12.	a	16.	b	20.	c		

연습문제 해답 __ *Practice Problem Answers*

1-1 60 kΩ

1-2 V_L = 20 V

1-4 R_L = 2 kΩ일 때 3 mA;
R_L = 6 kΩ일 때 2 mA;
R_L = 18 kΩ일 때 1 mA

1-6 I_N = 2 mA

1-7 R_2 개방, C 개방이거나 혹은 R_1 단락

chapter 2

반도체
Semiconductors

다이오드나 트랜지스터 그리고 집적회로의 동작을 이해하려면 먼저 반도체, 즉 도체도 아니면서 절연체도 아닌 재료를 공부해야 한다. 반도체는 약간의 자유전자를 가지고 있다. 그러나 정공 때문에 자유전자는 보통 때와 다른 동작을 한다. 이 장에서는 반도체, 정공, 그리고 이와 관련이 있는 여러 논제들을 배우게 될 것이다.

학습목표

이 장을 공부하고 나면

- 원자 수준에서 양도체와 반도체의 특징을 알아볼 수 있어야 한다.
- 실리콘 결정 구조를 설명할 수 있어야 한다.
- 두 유형의 캐리어를 열거하고, 다수캐리어를 형성하고 있는 불순물 유형을 각각 거명할 수 있어야 한다.
- 바이어스되지 않은 다이오드, 순방향 바이어스된 다이오드, 그리고 역방향 바이어스된 다이오드의 *pn*접합에 대해 설명할 수 있어야 한다.
- 다이오드에 가해지는 과잉 역방향 전압에 의해 생기는 항복전류의 유형을 설명할 수 있어야 한다.

목차

주요 용어

*n*형 반도체(*n*-type semiconductor)

*pn*접합(*pn* junction)

*p*형 반도체(*p*-type semiconductor)

공유결합(covalent bond)

공핍층(depletion layer)

다수캐리어(majority carrier)

다이오드(diode)

도핑(doping)

반도체(semiconductor)

소수캐리어(minority carrier)

순방향 바이어스(forward bias)

실리콘(silicon)

애벌랜치 효과(avalanche effect)

역방향 바이어스(reverse bias)

열에너지(thermal energy, heat energy)

외인성 반도체(extrinsic semiconductor)

자유전자(free electron)

전위장벽(barrier potential)

재결합(recombination)

전도대역(conduction band)

접합 다이오드(junction diode)

접합온도(junction temperature)

정공(hole)

주위온도(ambient temperature)

진성 반도체(intrinsic semiconductor)

포화전류(saturation current)

표면누설전류(surface-leakage current)

항복전압(breakdown voltage)

2-1 도체

구리는 양도체이다. 그 이유는 구리의 원자구조를 보면 명백해진다(그림 2-1). 원자의 핵은 29개의 양자(양전하)를 가지고 있다. 구리원자는 중성전하일 때 29개의 전자(음전하)가 마치 태양 주위의 행성처럼 핵 주위를 돈다. 전자는 정해진 궤도(*orbit*)(각(*shell*)이라고도 함)를 따라 움직인다. 첫 번째 궤도에 2개, 두 번째에 8개, 세 번째에 18개, 그리고 외부 궤도에 1개의 전자가 있다.

안정궤도

그림 2-1에서 양의 핵은 선회하는 전자들을 끌어당긴다. 이 전자들이 핵 쪽으로 끌려들어가지 않는 이유는 원운동으로 나타나는 원심(외향)력 때문이다. 이 원심력과 핵이 당기는 인력이 정확하게 같기 때문에 궤도는 안정하다. 지구 주위에서 궤도를 따라 돌고 있는 인공위성도 마찬가지 개념이다. 속도와 높이가 정확하면 인공위성은 지구 위의 안정궤도에 계속 머물 수 있다.

　　전자의 궤도가 클수록 핵의 인력은 감소한다. 궤도가 크면 전자가 더 느리게 움직이고, 원심력도 줄어든다. 그림 2-1에서 외부 궤도의 전자는 매우 느리게 움직이고, 이 전자는 핵의 인력을 거의 느끼지 못한다.

코어

전자공학에서 물질의 본성은 **가전자 궤도**(*valence orbit*)라 불리는 외부 궤도에 있다. 이 궤도가 원자의 전기적 성질을 조절한다. 가전자 궤도의 중요성을 강조하기 위하여, 핵과 모든 내부 궤도를 원자의 **코어**(*core*)라고 정의한다. 구리원자인 경우 코어는 핵(+29)과 세 번째까지의 궤도(−28)이다.

　　구리원자의 코어는 29개의 양자와 28개의 내부 전자로 형성되어 있기 때문에 순전하는 +1이다. 그림 2-2는 코어와 가전자 궤도를 가시화한 것이다. 가전자는 단지 +1의 순전하를 가진 코어 주위의 큰 궤도에 있으므로 가전자가 느끼는 내향 인력은 미약하다.

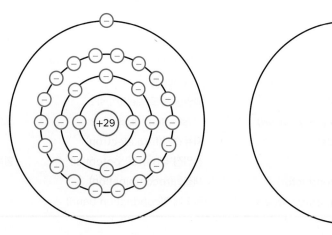

| 그림 2-1 | 구리원자　　　　　　　| 그림 2-2 | 구리원자의 코어 도형

자유전자

코어와 가전자 사이의 인력이 매우 약하기 때문에, 외부에서 어떤 힘이 작용하면 가전자는 구리원자에서 쉽게 이탈할 수 있다. 이 때문에 가전자를 **자유전자**(free electron)라 부른다. 물론 이 때문에 구리가 양도체이다. 매우 낮은 전압도 자유전자를 한 원자에서 인접 원자로 흐르게 할 수 있는 원인이 된다. 가장 좋은 도체는 은, 구리와 금이고, 이것들은 모두 그림 2-2와 같은 코어 도형을 갖는다.

예제 2-1

외부의 힘에 의해 그림 2-2의 가전자가 구리원자로부터 떨어져 나간다고 가정하자. 구리원자의 순전하는 얼마인가? 만약 1개의 전자가 외부에서 그림 2-2의 가전자 궤도로 들어오면 순전하는 얼마인가?

풀이 가전자가 떨어져 나가면 원자의 순전하는 +1이 된다. 원자가 가지고 있는 전자 중에서 1개를 잃으면 양으로 대전된다. 양으로 대전된 원자를 **양이온**(*positive ion*)이라 부른다.

외부에서 전자가 그림 2-2의 가전자 궤도로 들어오면 원자의 순전하는 −1이 된다. 원자가 가전자 궤도에 여분의 전하를 가질 때, 음으로 대전된 원자를 **음이온**(*negative ion*)이라 부른다.

2-2 반도체

가장 좋은 도체(은, 구리, 금)는 1개의 가전자를 가지며, 반대로 가장 좋은 절연체는 8개의 가전자를 갖는다. **반도체**(semiconductor)는 도체와 절연체 사이의 전기적 성질을 가진 원소이다. 예상이 되겠지만, 가장 좋은 반도체는 4개의 가전자를 갖는다.

게르마늄

게르마늄은 반도체의 일종으로 가전자 궤도에 4개의 전자가 있다. 옛날에는 게르마늄이 반도체 소자에 적합한 유일한 재료였다. 그런데 게르마늄 소자는 기술자들이 해결할 수 없는 중대한 결함(과잉 역전류, 다음 장에서 설명)이 있다. 결국 **실리콘**(silicon)이라 불리는 다른 반도체가 실용화되면서 게르마늄은 대부분의 전자응용에서 사라지게 되었다.

실리콘

실리콘은 지구상에서 산소 다음으로 가장 풍족한 원소이다. 그러나 반도체를 개발하던 초기에는 정제상의 문제 때문에 실리콘을 사용하지 않았다. 이 문제가 해결되자마자 실리콘은 여러 가지 장점(뒤에서 설명한다) 때문에 즉시 반도체로 선정되었다. 실리콘이

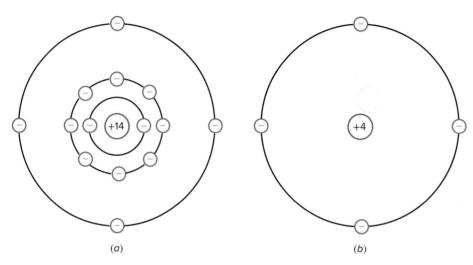

| 그림 2·3 | (a) 실리콘원자; (b) 코어 도형

없었다면 현대의 전자공학, 통신과 컴퓨터는 불가능하였을 것이다.

하나의 실리콘원자는 14개의 양자와 14개의 전자를 가지고 있다. 그림 2-3a와 같이 첫 번째 궤도에 2개의 전자, 그리고 두 번째 궤도에 8개의 전자가 있으며, 나머지 4개의 전자는 가전자 궤도에 있다. 그림 2-3a에서 핵 안에는 14개의 양자가 있고, 두 번째 궤도까지 모두 10개의 전자가 있으므로 이 코어의 순전하는 +4이다.

그림 2-3b는 실리콘원자의 코어 도형이다. 가전자가 4개이므로 실리콘이 반도체임을 알 수 있다.

예제 2-2

그림 2-3b에서, 실리콘원자가 가전자 1개를 잃어버리면 순전하는 얼마인가? 만약 가전자 궤도에 여분의 전자를 얻으면 어떻게 되는가?

풀이 만일 전자 1개를 잃어버리면 +1의 전하를 가진 양이온이 되고, 여분의 전자 1개를 얻으면 −1의 전하를 가진 음이온이 된다.

2-3 실리콘 결정

실리콘원자가 고체를 형성하기 위해 결합할 때, 원자들은 스스로 **결정**(*crystal*)이라 불리는 규칙적인 패턴으로 정렬한다. 각 실리콘원자는 인접한 4개의 원자와 전자를 공유하여 가전자 궤도에 8개의 전자를 가진 것처럼 보인다. 예로서 그림 2-4a는 중앙 원자와 4개의 인접 원자를 나타낸 것이다. 색이 칠해져 있는 원은 실리콘의 코어이다. 중앙 원자의 가전자 궤도에는 본래 4개의 전자가 있었지만, 지금은 8개의 전자를 가졌다.

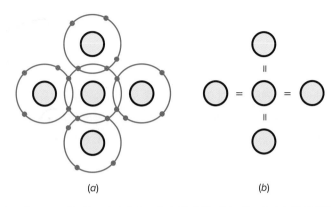

(a)   (b)

| 그림 2·4 | 원자는 결정에서 4개의 인접 원자를 갖는다; (b) 공유결합

공유결합

각 인접 원자는 중앙 원자와 전자를 1개씩 공유하므로 마치 중앙 원자는 4개의 전자를 더 가진 것처럼 보인다. 따라서 가전자 궤도에는 모두 8개의 전자가 존재한다. 이 전자들은 어느 한 원자의 소유가 아니며 중앙 원자와 그 인접 원자들의 공유물이다. 이러한 개념은 다른 모든 실리콘원자에도 적용된다. 다른 말로 표현하면, 실리콘 결정 안의 모든 원자는 4개의 인접 원자를 갖는다.

그림 2-4*a*에서 각 코어는 +4의 전하를 가지고 있다. 중앙 코어와 우측 코어를 살펴보자. 두 코어는 그 사이에 놓여 있는 2개의 전자를 같은 크기의 힘으로 서로 반대방향으로 끌어당긴다. 실리콘원자를 결합시키는 힘은 반대방향으로 작용하는 이 인력이다. 이것은 마치 줄다리기하는 팀이 줄을 잡아당기는 것과 같은 이치이다. 서로 반대방향으로 잡아당기는 두 팀의 힘이 같을 때 결합이 유지된다.

그림 2-4*a*에서 공유전자는 각각 반대방향으로 힘을 받기 때문에, 전자가 두 코어를 결합시킨다. 이러한 형태의 화학적 결합을 **공유결합**(covalent bond)이라 한다. 그림 2-4*b*는 공유결합의 개념을 더욱 간략하게 표현한 것이다. 실리콘 결정에는 각각 8개의 가전자를 가진 수많은 실리콘원자들이 있다. 이 가전자들이 공유결합으로 결정을 유지하여 단단하게 한다.

가전자 포화

실리콘 결정에서 각 원자는 가전자 궤도에 8개의 전자를 가지고 있다. 이 8개의 전자가 화학적 안정상태를 만들어 결과적으로 단단한 실리콘 재료가 형성된다. 모든 원소는 외부 궤도에 8개의 전자를 가지려 하는데, 그 이유를 아는 사람은 아무도 없다. 어떤 원소의 전자가 최초에 8개가 안 되면 이 원소는 외부 궤도에 8개의 전자를 가지기 위해 다른 원자와 결합하여 전자를 공유하려고 한다.

물리학을 보면 여러 재료에서 8개의 전자가 화학적 안정상태를 형성하는 이유를 부분적으로 설명한 고급 수식이 있다. 그러나 8이라는 숫자가 그러한 특수성을 왜 나타내는지 아는 사람은 아무도 없다. 이것은 중력의 법칙, Coulomb의 법칙, 그리고 관찰은 되지만 완전하게 설명이 안 되는 여러 법칙들 중의 하나에 해당된다.

가전자 궤도에 8개의 전자가 있으면, 이 궤도에는 전자가 더 들어갈 수 없으므로 포화된다(*saturated*). 법칙으로 표현하면

가전자 포화: *n* = 8   (2-1)

말로 표현하면, 가전자 궤도는 8개 이상의 전자를 보유할 수 없다. 더욱이 원자들이 8개의 가전자를 단단히 붙들고 있기 때문에 이 가전자들을 **속박전자**(*bound electron*)라 부른다. 이러한 속박전자 때문에 실리콘 결정은 실온, 대략 25°C에서 거의 완벽한 절연체이다.

정공

주위온도(ambient temperature)는 에워싸고 있는 공기의 온도를 말한다. 주위온도가 절대 0(−273°C) 이상이면, 이 공기의 열에너지에 의해 실리콘 결정에 있는 원자들이 진동한다. 주위온도가 높을수록 기계적인 진동은 더욱 강해진다. 우리가 따뜻한 물건을 집어 올릴 때 진동하는 원자의 영향으로 따뜻함을 느낀다.

실리콘 결정에서 원자의 진동 때문에 전자가 가전자 궤도를 이탈하는 경우가 가끔 있다. 이런 일이 일어나면 방출된 전자는 충분한 에너지를 얻어 그림 2-5*a*에 보인 바와 같이 더 큰 궤도로 이동한다. 이 큰 궤도에서 전자는 자유전자로 된다.

그러나 이것으로 끝나는 것이 아니다. 전자가 떠나면 가전자 궤도에 빈자리가 생기는데 이것을 **정공**(hole)이라 한다(그림 2-5*a* 참조). 이 정공은 전하를 잃고 양이온이 되었기 때문에 양전하처럼 행동한다. 그러므로 정공은 바로 옆에 있는 전자를 끌어당겨 포획할 것이다. 도체와 반도체의 중요한 차이점은 정공의 유무이다. 반도체는 정공 때문에 도체가 할 수 없는 많은 것들을 할 수 있다.

실온에서 열에너지에 의해 생성되는 정공과 자유전자는 극소수이다. 정공과 자유전자의 수를 증가시키려면 결정을 **도핑**(*doping*)해야 한다. 더 상세한 것은 다음 절에서 설명한다.

재결합과 수명

순수 실리콘 결정인 경우 **열에너지**(thermal energy, heat energy)에 의해 생성되는 자유전자와 정공의 수는 동일하다. 자유전자는 결정에서 불규칙적으로 이리저리 계속 이동한다. 자유전자는 가끔 정공과 가까워질 수 있고, 그러면 끌려서 정공 안으로 떨어진다. **재결합**(recombination)은 1개의 자유전자와 1개의 정공이 합병하는 것이다(그림 2-5*b* 참조).

자유전자가 생성되어 소멸되기까지 걸리는 시간을 **수명**(*lifetime*)이라 한다. 수명은 결정의 견고함과 기타 요인에 따라 수 나노초(nanosecond)에서 수 마이크로초(microsecond)까지 다양하다.

중요한 개념

매 순간 실리콘 결정 내부에서 다음의 일들이 일어난다.

1. 열에너지에 의해 약간의 자유전자와 정공이 생성된다.
2. 다른 한편에서는 자유전자와 정공이 재결합한다.
3. 어떤 자유전자와 정공은 일시적으로 존속하면서 재결합을 기다린다.

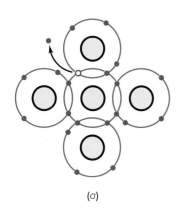

(*a*)

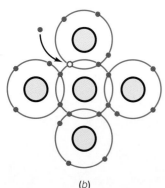

(*b*)

| 그림 2-5 | (a) 열에너지가 전자와 정공을 생성한다; (b) 자유전자와 정공의 재결합

예제 2-3

만약 순수 실리콘 결정의 자유전자가 100만 개이면 정공은 몇 개인가? 만약 주위온도
가 상승하면 자유전자와 정공의 개수는 어떻게 되는가?

풀이   그림 2-5*a*를 보라. 열에너지에 의해 자유전자가 생성되면 동시에 정공도 자동적
으로 생성되므로, 순수 실리콘 결정에서 정공 수와 자유전자 수는 항상 동일하다. 만약
자유전자가 100만 개이면 정공도 100만 개이다.

온도가 상승하면 원자 수준에서 진동도 증가한다. 이것은 자유전자와 정공이 더 많
이 생성된다는 것을 의미한다. 그러나 온도가 어떻게 되더라도 순수 실리콘 결정의 자
유전자와 정공의 수는 항상 동일하다.

2-4 진성 반도체

진성 반도체(intrinsic semiconductor)는 순수 반도체를 의미한다. 만약에 결정을 이
루는 모든 원자가 실리콘원자이면 실리콘 결정은 순수 반도체이다. 실온에서, 실리콘
결정은 열에너지에 의해 생성되는 자유전자와 정공이 극소수이기 때문에 거의 절연체
처럼 동작한다. 그림 2-6*a*는 실리콘 결정체 덩어리와 얇게 썰어진 웨이퍼를 보여 준다.

자유전자의 흐름

그림 2-6*b*는 대전된 금속판 사이에 놓여 있는 실리콘 결정의 일부분이다. 열에너지에
의해 자유전자와 정공이 각각 1개씩 생성되었다고 가정하자. 자유전자는 결정의 우측
끝부분의 큰 궤도에 있다. 극판이 음으로 대전되어 있으므로 자유전자는 좌측으로 힘
을 받는다. 이 자유전자는 양의 극판에 도달할 때까지 현재의 큰 궤도에서 다음의 큰 궤
도로 움직일 수 있다.

Johnrandallalves/Getty Images

(*a*)   (*b*)

| **그림 2·6** | 진성 반도체 (a) 4인치 실리콘 덩어리와 웨이퍼; (b) 반도체에서 정공의 흐름

정공의 흐름

그림 2-6*b*의 좌측에 있는 정공을 주시해 보자. 이 정공이 점 *A*에 있는 가전자를 끌어당긴다. 이로 인해 가전자가 정공 안으로 들어온다.

점 *A*에 있는 가전자가 좌측으로 이동하고 나면 점 *A*에는 새로운 정공이 생긴다. 이것은 마치 원래의 정공이 우측으로 이동한 것처럼 보인다. 점 *A*에 있는 새로운 정공은 또 다른 가전자를 끌어당겨 포획할 수 있다. 이와 같은 방법으로 가전자는 화살표로 표시된 경로를 따라 움직일 수 있다. 이것은 정공이 *A-B-C-D-E-F*의 경로를 반대방향으로 이동할 수 있고, 따라서 양전하처럼 행동한다는 것을 의미한다.

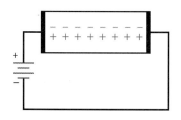

| 그림 2-7 | 진성 반도체는 자유전자와 정공의 수가 같다.

2-5 두 유형의 흐름

그림 2-7은 진성 반도체를 나타낸 것으로서 자유전자와 정공의 수가 같다. 이것은 열에너지에 의해 자유전자와 정공이 쌍으로 생성되기 때문이다. 인가전압 때문에 자유전자는 왼쪽으로, 그리고 정공은 오른쪽으로 이동할 것이다. 자유전자가 결정의 왼쪽 끝에 도달하면 외부 도선으로 들어가서 전지의 양의 단자까지 이동한다.

한편 전지의 음의 단자에 있는 자유전자는 결정의 오른쪽 끝까지 이동할 것이다. 여기서 자유전자는 결정 안으로 들어가서 결정의 오른쪽 끝에 도달해 있는 정공과 재결합한다. 이와 같은 방법으로 반도체 안에서 자유전자와 정공의 정상적인 흐름이 형성된다. 정공은 반도체 밖으로 나가지 않는다는 것을 주의하라.

그림 2-7에서 **자유전자와 정공은 반대방향으로 이동한다.** 지금부터 반도체에 흐르는 전류를 두 유형의 흐름, 즉 어느 한 방향의 자유전자 흐름과 그 반대방향의 정공 흐름의 영향이 결합된 것으로 나타낼 것이다. 자유전자와 정공은 한 장소에서 다른 장소로 전하를 운반하기 때문에 이들을 가끔 **캐리어**(*carrier*)라 부른다.

● FREE ELECTRON

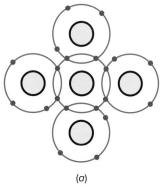

(*a*)

(*b*)

| 그림 2-8 | (a) 자유전자를 많게 하는 도핑; (b) 정공을 많게 하는 도핑

2-6 반도체의 도핑

반도체의 도전율을 증가시키기 위한 하나의 방법으로 **도핑**(doping)이 있다. 이것은 전기적 도전율을 변화시키기 위해 진성 결정에 불순물 원자를 첨가시키는 것을 의미한다. 도핑된 반도체를 **외인성 반도체**(extrinsic semiconductor)라 부른다.

자유전자의 증가

실리콘 결정을 어떻게 도핑하는가? 첫 단계로 먼저 순수 실리콘 결정을 녹인다. 그러면 공유결합이 깨져서 실리콘은 고체에서 액체로 변한다. 자유전자의 수를 증가시키기 위해 녹은 실리콘에 5가 원자(*pentavalent atoms*)를 첨가한다. 5가 원자는 가전자 궤도에 5개의 전자를 가지고 있다. 비소, 안티몬, 인 등이다. 이 재료들은 실리콘 결정에 여분의 전자를 제공하기 때문에 종종 도너 불순물(*donor impurity*)이라 한다.

그림 2-8*a*는 도핑된 실리콘 결정이 식어서 고체 결정 구조로 재형성된 것을 나타낸 것이다. 중앙의 5가 원자는 4개의 실리콘원자에 에워싸여 있다. 앞에서와 마찬가지로 인접 원자들은 중앙의 원자와 전자 1개씩을 공유한다. 이때 전자 1개가 여분으로 남는다. 5가 원자에는 5개의 가전자가 있다는 사실을 기억할 것이다. 가전자 궤도에는 오직 8개의 전자만 채워질 수 있으므로 여분의 전자는 큰 궤도에 머문다. 다시 말하면, 자유전자가 된다.

실리콘 결정에 있는 5가 혹은 도너 원자들은 각각 자유전자를 1개씩 생성한다. 따라서 제조업자는 도핑된 반도체의 도전율을 조정할 수 있다. 불순물을 많이 첨가할수록 도전율은 증가한다. 이와 같이 반도체를 저농도 혹은 고농도로 도핑할 수 있으며, 저농도로 도핑된 반도체는 고저항을 갖고, 고농도로 도핑된 반도체는 저저항을 갖는다.

정공 수의 증가

어떻게 하면 순수 실리콘 결정에서 과잉 정공을 얻을 수 있을까? 3가 불순물(*trivalent impurity*)을 사용한다. 3가 불순물 원자는 3개의 가전자를 가지고 있으며, 알루미늄, 붕소, 갈륨이 여기에 속한다.

그림 2-8*b*는 중앙에 3가 원자가 있고, 그 주위를 4개의 실리콘원자가 에워싸고, 가전자 1개씩을 각각 공유하고 있다. 3가 원자는 원래 가전자가 3개뿐이지만 각 인접 원자와 전자 1개씩을 공유하여 가전자 궤도의 전자는 7개가 된다. 이것은 3가 원자의 가전자 궤도에 정공이 1개 있다는 것을 의미한다. 정공은 재결합 동안에 자유전자를 받아들일 수 있으므로 3가 원자를 **억셉터 원자**(*acceptor atom*)라 한다.

알아 두어야 할 내용

제조업자는 반도체를 도핑하기 전에 순수 반도체 결정을 만들고, 그런 다음 불순물 양을 조절하여 반도체의 특성을 정밀하게 조절한다. 역사적으로, 순수 실리콘 결정보다 순수 게르마늄 결정을 더 쉽게 만들 수 있었기 때문에, 초기의 반도체 소자는 게르마늄으로 제조되었다. 제조기술의 향상으로 결국 순수 실리콘 결정을 이용할 수 있게 되었다. 실리콘 결정은 장점이 많기 때문에 여러 분야에서 가장 많이 사용하는 반도체 재료이다.

예제 2-4

도핑된 반도체가 100억 개의 실리콘원자와 1,500만 개의 5가 원자를 가지고 있다. 주위 온도가 25°C이면, 반도체 내의 자유전자와 정공은 몇 개인가?

풀이 5가 원자 1개당 자유전자가 1개씩 생성된다. 그러므로 반도체는 도핑으로 1,500만 개의 자유전자가 생성된다. 반도체에서 정공은 오직 열에너지에 의해 생성되므로 자유전자에 비하면 정공은 거의 없는 것과 같다.

연습문제 2-4 예제 2-4에서, 만약 5가 원자 대신 3가 원자 500만 개를 첨가하였다면, 반도체 내의 정공은 몇 개인가?

2-7 두 유형의 외인성 반도체

과잉 자유전자나 과잉 정공을 얻기 위해 반도체를 도핑한다. 따라서 도핑된 반도체는 두 유형으로 분류된다.

n형 반도체

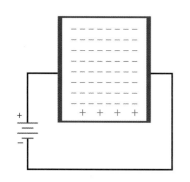

| 그림 2-9 |　n형 반도체는 많은 자유전자를 갖는다.

5가 불순물로 도핑된 실리콘을 **n형 반도체**(n-type semiconductor)라 부르며, 여기서 n은 음(−)을 의미한다. 그림 2-9는 n형 반도체를 나타낸 것이다. n형 반도체는 자유전자의 수가 정공의 수보다 많기 때문에 자유전자를 **다수캐리어**(majority carrier), 그리고 정공을 **소수캐리어**(minority carrier)라 부른다.

전압을 인가하면 자유전자는 왼쪽으로 이동하고 정공은 오른쪽으로 이동한다. 정공이 결정의 오른쪽 끝에 도달하면 외부회로에서 자유전자 1개가 반도체 안으로 들어가서 정공과 재결합한다.

그림 2-9의 자유전자는 결정의 왼쪽 끝까지 흘러 도선 안으로 들어가서 전지의 양의 단자까지 흐른다.

p형 반도체

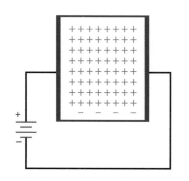

| 그림 2-10 |　p형 반도체는 많은 정공을 갖는다.

3가 불순물로 도핑된 실리콘을 **p형 반도체**(p-type semiconductor)라 하며, 여기서 p는 양(+)을 의미한다. 그림 2-10은 p형 반도체를 나타낸 것이다. 정공의 수가 자유전자의 수보다 많기 때문에, 정공이 다수캐리어 그리고 자유전자가 소수캐리어이다.

인가 전압 때문에 자유전자는 왼쪽으로 이동하고 정공은 오른쪽으로 이동한다. 그림 2-10에서 결정의 오른쪽 끝에 도달한 정공은 외부회로에서 들어온 자유전자와 재결합한다.

그림 2-10에서 소수캐리어의 흐름도 있다. 반도체 안에서 자유전자는 오른쪽에서 왼쪽으로 흐른다. 소수캐리어는 그 수가 매우 적기 때문에 이 회로에 거의 영향을 미치지 않는다.

2-8 바이어스되지 않은 다이오드

1개의 n형 반도체는 거의 탄소저항기와 같다. p형 반도체도 마찬가지이다. 그러나 결정의 반을 p형 그리고 나머지 반을 n형으로 도핑하면 새로운 성질이 나타난다.

p형과 n형 사이의 경계를 **pn접합**(pn junction)이라 한다. pn접합으로 많은 것들이 발명되었는데, 그중에는 다이오드, 트랜지스터와 집적회로가 있다. pn접합을 이해하면 많은 반도체 소자들을 이해할 수 있다.

바이어스되지 않은 다이오드

앞 절에서 설명한 것처럼 도핑된 실리콘 결정에서 3가 원자들은 정공을 각각 1개씩 생성한다 이 때문에 1개의 p형 반도체를 그림 2-11의 왼쪽과 같이 나타낼 수 있다. 원으로 된 −부호는 3가 원자이고, +부호는 가전자 궤도에 있는 정공이다.

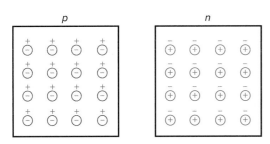

| 그림 2-11 | 두 유형의 반도체

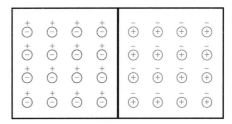

| 그림 2-12 | *pn*접합

마찬가지로 *n*형 반도체의 5가 원자와 자유전자들은 그림 2-11의 오른쪽 그림과 같이 나타낼 수 있다. 원으로 된 +부호는 5가 원자를 나타내고, −부호는 반도체에 기여하는 자유전자이다. 반도체 재료의 각 부분은 +와 −의 수가 동일하므로 전기적으로 중성임을 유의해야 한다.

제조업자는 그림 2-12와 같이 한 쪽에는 *p*형 재료, 또 다른 쪽에는 *n*형 재료로 된 단결정을 만들 수 있다. 접합은 *p*형과 *n*형 영역이 만나는 경계이며, *pn* 결정을 다른 이름으로 **접합 다이오드**(junction diode)라 한다. **다이오드**(diode)라는 단어는 두 전극(two electrodes)의 축소형이고, 여기서 *di*는 two를 의미한다.

공핍층

그림 2-12에서 *n*측에 있는 자유전자들은 서로 반발하기 때문에 사방으로 확산하려고 하며, 일부는 접합 쪽으로 확산한다. 자유전자가 *p*영역으로 들어가면 소수캐리어가 된다. 그 주위에 많은 정공이 있기 때문에 이 소수캐리어는 수명이 짧다. 자유전자가 *p*영역으로 들어가면 곧바로 정공과 재결합한다. 이런 일이 발생하면 정공은 소멸하고 자유전자는 가전자로 된다.

전자 1개가 접합으로 확산할 때마다 한 쌍의 이온이 생긴다. 전자가 *n*쪽을 떠나면 남아 있는 5가 원자는 음전하 1개가 부족하여 양이온이 된다. 확산하는 전자가 *p*쪽에서 정공 안으로 떨어지면 전자를 포획한 3가 원자는 음이온이 된다.

그림 2-13*a*는 접합 양쪽의 이온을 나타낸 것이다. 원으로 된 +부호는 양이온이고, 원으로 된 −부호는 음이온이다. 이온들은 공유결합으로 결정구조에 고정되고 자유전

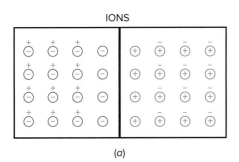

| 그림 2-13 | (a) 접합에서 이온 생성; (b) 공핍층

자나 정공처럼 사방으로 이동할 수 없다.

접합에 있는 양이온과 음이온 한 쌍을 **쌍극자**(*dipole*)라 부른다. 쌍극자 1개가 생긴 다는 것은 자유전자와 정공이 각각 1개씩 없어진다는 것을 의미한다. 쌍극자가 많이 쌓이면 접합 근처에 캐리어가 없는 영역이 나타난다. 이와 같은 전하 공백영역을 **공핍층**(depletion layer)이라 부른다(그림 2-13*b* 참조).

전위장벽

쌍극자는 양이온과 음이온 사이에 전기장이 형성된다. 그러므로 만일 어떤 자유전자가 공핍층 안으로 들어가면 전기장이 이 전자를 *n*영역으로 되돌려 보내려고 할 것이다. 전기장의 세기는 접합을 넘어가는 전자와 함께 증가하다가 결국 평형에 도달한다. 제1근사해석으로, 이 말은 결과적으로 접합에서 전기장이 전자의 확산을 정지시킨다는 것을 의미한다.

그림 2-13*a*에서, 이온 사이의 전기장은 **전위장벽**(barrier potential)이라는 전위차와 같다. 25°C에서 게르마늄 다이오드의 전위장벽은 대략 0.3 V이며, 실리콘 다이오드의 경우는 약 0.7 V이다.

2-9 순방향 바이어스

그림 2-14는 다이오드에 직류전원을 연결한 것이다. *n*형 재료에 전원의 음의 단자를 연결하고 *p*형 재료에 양의 단자를 접속하였다. 이와 같은 연결을 **순방향 바이어스**(forward bias)라 한다.

자유전자의 흐름

그림 2-14에서 전원이 정공과 자유전자를 접합 쪽으로 민다. 만약 전원전압이 전위장벽보다 낮으면 자유전자는 공핍층에 도달할 수 있을 정도의 에너지를 얻지 못하므로, 자유전자가 공핍층으로 들어갈 때 이온이 자유전자를 *n*영역 쪽으로 밀어 버릴 것이다. 이 때문에 다이오드에 전류가 흐르지 않는다.

직류전압원이 전위장벽보다 높으면 전원은 정공과 자유전자를 접합 쪽으로 다시 민

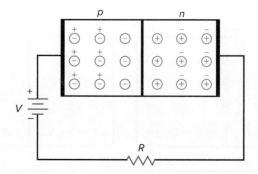

|||| MultiSim | 그림 2-14 | 순방향 바이어스

다. 이 경우 자유전자는 충분한 에너지를 얻기 때문에 공핍층을 통과하여 정공과 재결합한다. p영역에 있는 모든 정공이 오른쪽으로 이동하고 모든 자유전자가 왼쪽으로 이동하는 것을 상상해 보면 기본 개념이 떠오를 것이다. 접합 근처의 어느 곳에서는 이들 반대 극성의 전하들이 재결합한다. 자유전자가 계속해서 다이오드의 오른쪽 끝부분으로 들어가고, 왼쪽 끝에서는 계속해서 정공이 생성되기 때문에 다이오드를 통해 전류가 연속적으로 흐른다.

전자 1개의 흐름

전체 회로를 통과하는 1개의 전자를 따라가 보자. 자유전자가 전원의 음의 단자를 떠나 다이오드의 오른쪽으로 들어간다. 접합에 도달할 때까지 n영역을 이동해 간다. 전원전압이 0.7 V 이상이면 자유전자는 충분한 에너지를 얻어 공핍층을 지날 수 있다. 자유전자가 p영역으로 들어가면 곧 정공과 재결합한다.

다른 말로 표현하면, 자유전자는 가전자가 된다. 가전자 상태에서 다이오드의 왼쪽 끝에 도달할 때까지 한 정공에서 다음 정공으로 옮겨 가면서 왼쪽으로 계속 이동한다. 다이오드의 왼쪽 끝을 떠날 때 새로운 정공이 생기고, 이 과정은 다시 시작된다. 수많은 전자들이 모두 동일한 과정을 밟기 때문에 다이오드에는 연속적인 전류가 흐른다. 순방향 전류의 크기를 제한하기 위해 직렬저항을 사용한다.

알아 두어야 할 내용

다이오드가 순방향 바이어스이면 전류는 쉽게 흐른다. 인가전압이 전위장벽보다 높으면 회로에 많은 전류가 연속적으로 흐른다. 다른 말로 표현하면, 전원전압이 0.7 V 이상이면, 실리콘 다이오드는 순방향으로 연속적인 전류가 흐른다.

2-10 역방향 바이어스

직류전원을 반대로 연결하면 그림 2-15가 된다. 이때 전지의 음의 단자는 p쪽에 연결

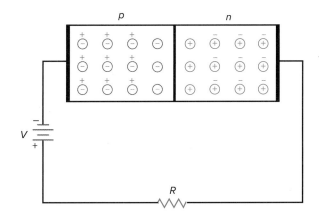

||| MultiSim | 그림 2·15 | 역방향 바이어스

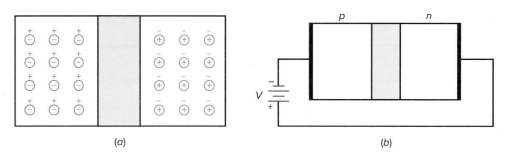

| 그림 2·16 | (a) 공핍층; (b) 역방향 바이어스가 증가하면 공핍층이 넓어진다.

되고, 전지의 양의 단자는 n쪽에 연결된다. 이와 같은 연결을 **역방향 바이어스**(reverse bias)라 부른다.

공핍층 확대

전원의 음의 단자가 정공을 끌어당기고, 전원의 양의 단자가 자유전자를 끌어당긴다. 이 때문에 정공과 자유전자는 접합을 떠나게 되므로 공핍층은 점점 확대된다.

그림 2-16a에서 공핍층은 얼마나 확대되는가? 정공과 전자가 접합을 떠나면, 이온이 새로 생기므로 공핍층의 전위차가 증가한다. 공핍층이 넓어질수록 전위차는 더욱 증가한다. 공핍층의 전위차와 인가된 역방향 전압이 같을 때, 공핍층의 확대가 정지된다. 이런 일이 일어나면 전자와 정공이 접합을 떠나는 것도 멈춘다.

흔히 공핍층을 그림 2-16b와 같이 음영 영역으로 나타낸다. 이 음영 영역의 폭은 역방향 전압에 비례한다. 역방향 전압이 증가하면 공핍층이 더 넓어진다.

소수캐리어 전류

공핍층이 안정된 후에도 전류가 흐르는가? 물론이다. 역바이어스에서 미소전류가 흐른다. 열에너지에 의해 자유전자와 정공이 계속적으로 생성된다는 사실을 떠올려 보면, 접합의 양쪽에 소수캐리어가 약간 있다는 것을 짐작할 것이다. 이 소수캐리어는 대부분 다수캐리어와 재결합한다. 그러나 소수캐리어가 공핍층 안에서 오래도록 존속하는 것은 접합을 넘어갈 수 있다. 이런 일이 일어나면 외부회로에 미소전류가 흐른다.

그림 2-17은 그 개념을 설명한다. 열에너지에 의해 접합 근처에 자유전자와 정공이 각각 1개씩 생성되었다고 하자. 공핍층이 자유전자를 오른쪽으로 밀면 결정의 오른쪽 끝에서 전자 1개가 강제적으로 밀려 나간다. 공핍층에서 정공은 왼쪽으로 밀린다. p쪽으로 들어온 이 정공 때문에 결정의 왼쪽 끝에서 전자 1개가 들어와서 정공 속으로 떨어진다. 열에너지에 의해 전자-정공 쌍이 공핍층에서 계속 생성되기 때문에 미소전류가 외부회로에 계속 흐른다.

열적으로 생성된 소수캐리어에 기인한 역방향 전류를 **포화전류**(saturation current)라 부른다. 수식에서 포화전류는 I_S로 표기한다. 포화(*saturation*)라는 이름은 열에너지에 의해 생성되는 것보다도 더 큰 소수캐리어 전류를 얻을 수 없다는 것을 의미한다. 다른 말로 표현하면, 역방향 전압이 증가해도 열적으로 생성된 소수캐리어의 수는 증가

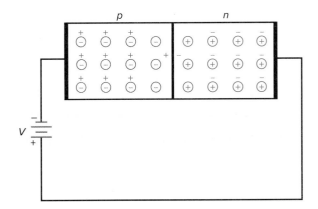

| 그림 2-17 | 공핍층에 있는 자유전자와 정공의 열적 생성이 역방향 소수 포화전류를 생성한다.

하지 않는다.

표면누설전류

역방향으로 바이어스된 다이오드에서 열적으로 생성된 소수캐리어 전류 외에 또 다른 전류가 있는가? 그렇다. 결정의 표면을 흐르는 미소전류가 있다. **표면누설전류**(surface-leakage current)로 알려진 이 전류는 표면의 불순물과 결정구조의 결함 때문에 생긴다.

알아 두어야 할 내용

다이오드에서 역방향 전류는 소수캐리어 전류와 표면누설전류로 구성되어 있다. 일반적인 경우, 실리콘 다이오드에 흐르는 역방향 전류는 감지할 수 없을 정도로 매우 적다. 기억해야 할 중요한 개념은 다음과 같다: 역방향으로 바이어스된 실리콘 다이오드의 전류는 대략 0이다.

2-11 항복현상

다이오드는 최대 전압정격이 있다. 이것은 다이오드가 파괴되기 전에 견딜 수 있는 역방향 전압의 한계를 말한다. 역방향 전압을 계속 증가시키면 결국 다이오드의 **항복전압**(breakdown voltage)에 도달한다. 많은 다이오드의 경우 항복전압은 최소 50 V이다. 항복전압은 다이오드의 데이터시트(*data sheet*)에 주어져 있다. 다이오드 제조사가 만든 데이터시트는 소자의 중요한 정보와 전형적인 응용을 나열하고 있다.

항복전압에 도달하는 순간 공핍층에 대단히 많은 소수캐리어가 갑자기 나타나서 다이오드는 강렬하게 도전한다.

캐리어는 어디에서 오는가? 역방향 전압이 높으면 **애벌랜치 효과**(avalanche effect)가 나타나고, 이 효과에 의해 소수캐리어가 생성된다(그림 2-18 참조). 그 현상은 다음과 같다. 일반적으로 역방향 소수캐리어 전류는 적게 흐른다. 역방향 전압이 증가하면 소수캐리어는 더욱 빠르게 이동하면서 결정의 원자와 충돌한다. 이 소수캐리어가 충분한 에

참고사항

다이오드의 항복전압을 넘으면 다이오드가 반드시 파손된다는 의미는 아니다. 역방향 전압과 역방향 전류의 곱이 다이오드의 전력정격을 넘지 않으면 다이오드는 완전하게 회복될 것이다.

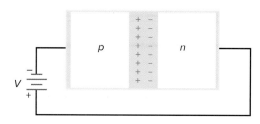

| 그림 2-18 | 애벌랜치는 공핍층에 많은 자유전자와 정공을 생성한다.

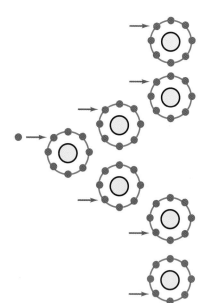

| 그림 2-19 | 애벌랜치 과정은 1, 2, 4, 8, …과 같이 기하급수적으로 진행된다.

너지를 가질 때 세게 부딪쳐서 가전자를 분리시킬 수 있다. 즉 자유전자가 생성된다. 생성된 새로운 소수캐리어는 기존의 소수캐리어와 함께 다른 원자와 충돌한다. 자유전자 1개가 가전자 1개를 유리시키면 자유전자는 모두 2개가 되고, 이 과정은 기하급수적이다. 2개의 자유전자는 다시 2개의 자유전자를 더 만들기 때문에 자유전자는 4개가 된다. 이러한 과정이 지속되면 마침내 역방향 전류는 대단히 증가한다.

그림 2-19는 공핍층을 확대한 것이다. 역방향 바이어스이므로 자유전자는 오른쪽으로 움직인다. 자유전자는 움직이면서 속력을 얻는다. 역방향 바이어스가 증가할수록 전자는 더욱 빨리 움직인다. 만일 고속의 전자가 충분한 에너지를 가지면, 첫 번째 원자의 가전자를 큰 궤도로 밀어 올릴 수 있다. 결과적으로 2개의 자유전자가 된다. 두 전자는 다시 가속되어 2개의 전자를 더 분리시킨다. 이와 같은 방법으로 소수캐리어의 수가 대단히 증가하므로 다이오드는 강렬하게 도전한다.

다이오드의 항복전압은 다이오드의 도핑농도에 따라 달라진다. 정류 다이오드 (가장 일반적인 형)는 일반적으로 항복전압이 50 V 이상이다. 표 2-1은 순방향과 역방향으로 바이어스된 다이오드의 차이점에 관한 설명이다.

2-12 에너지 준위

근사해석을 잘 하기 위해 전자의 전체 에너지와 궤도의 크기를 동일시할 수 있다. 즉, 그림 2-20*a*의 반경과 그림 2-20*b*의 에너지 준위를 동일한 것으로 생각할 수 있다. 가장 작은 궤도에 있는 전자들은 첫 번째 에너지 준위에 있고, 두 번째 궤도의 전자들은 두 번째 에너지 준위에 있으며 다른 궤도의 전자들도 마찬가지이다.

궤도가 클수록 에너지는 증가한다

전자는 핵의 인력을 받기 때문에 전자가 큰 궤도로 진입하려면 별도의 에너지가 필요하다. 전자가 첫 번째 궤도에서 두 번째 궤도로 이동하면, 전자는 핵에 대하여 포텐셜 에너지를 얻는다. 전자를 더 높은 에너지 준위로 올릴 수 있는 외부의 힘은 열, 빛 그리고 전압이다.

예를 들어 그림 2-20*a*에서 외부의 힘에 의해 전자가 첫 번째 궤도에서 두 번째 궤도로 이동했다고 가정하자. 이 전자는 핵에서 더 멀어졌기 때문에 포텐셜 에너지가 증가한다(그림 2-20*b*). 이것은 지상의 물체와 마찬가지이다. 즉, 물체가 더 높이 올라갈수록 지구에 대하여 포텐셜 에너지는 더욱 증가한다. 여기서 물체를 놓아 버리면 떨어지는 거

요점정리 표 2-1	다이오드 바이어스

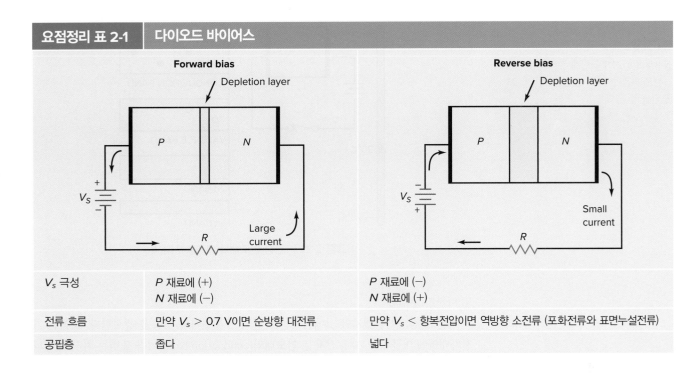

	Forward bias	Reverse bias
V_S 극성	P 재료에 (+) N 재료에 (−)	P 재료에 (−) N 재료에 (+)
전류 흐름	만약 $V_s >$ 0.7 V이면 순방향 대전류	만약 $V_s <$ 항복전압이면 역방향 소전류 (포화전류와 표면누설전류)
공핍층	좁다	넓다

리가 더 멀기 때문에 지구와 부딪칠 때 더 많은 일을 한다.

떨어지는 전자는 빛을 발한다

전자가 큰 궤도로 옮겨 간 후 낮은 에너지 준위로 다시 떨어질 수도 있다. 만약 이런 일이 일어나면, 전자는 별도의 에너지를 열이나 빛 또는 다른 방사 형태로 소모한다.

발광다이오드(*light-emitting diode* : *LED*)에서 전압이 인가되면 전자는 더 높은 에너지 준위로 올라간다. 이 전자가 다시 낮은 에너지 준위로 떨어질 때 빛을 발한다. 사용되는 재료에 따라 붉은색, 초록색, 오렌지색 혹은 청색이 나온다. 어떤 발광다이오드는 적외선(눈에 보이지 않음)을 복사하며, 이것은 도난경보 시스템에 이용된다.

에너지대역

실리콘원자가 단독으로 있을 때 전자의 궤도는 오로지 이 원자의 전하에 의한 영향만 받는다. 이것은 결과적으로 그림 2-20b의 선과 같은 에너지 준위가 된다. 그러나 실리콘원자가 결정으로 있을 때는 각 전자의 궤도는 다른 많은 실리콘원자의 전하에 의한 영향을 모두 받는다. 전자는 결정 안에서 서로 다른 위치에 있으므로, 전자를 둘러싸고 있는 주변의 전하 환경이 같은 것은 하나도 없다. 이 때문에 전자마다 궤도가 다르다. 다른 방법으로 표현하면, 전자의 에너지 준위는 각각 다르다.

그림 2-21은 에너지 준위에서 어떤 일이 일어나는가를 보여 주는 것이다. 첫 번째 궤도에 있는 모든 전자들은 똑같은 전하 환경을 가질 수 없으므로 에너지 준위가 약간씩 다르다. 첫 번째 궤도에 많은 전하가 있으므로 약간씩 차이가 나는 에너지 준위들이 집단 혹은 에너지의 대역(*band*)을 형성한다. 마찬가지로 두 번째 궤도의 많은 전자도 약간씩 다른 에너지 준위를 가지며 이들이 두 번째 에너지대역을 형성한다. 나머지 대역

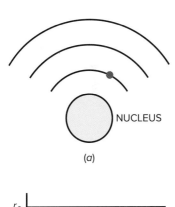

NUCLEUS

(*a*)

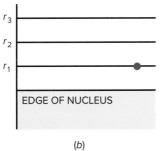

(*b*)

| 그림 2-20 | (a) 에너지 준위는 궤도의 크기에 비례한다; (b) 에너지 준위

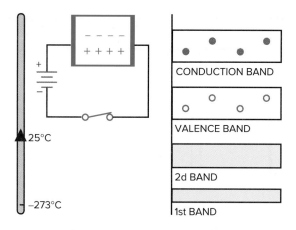

| 그림 2·21 | 진성 반도체와 그 에너지대역

도 마찬가지이다.

　다른 관점: 잘 알겠지만 열에너지는 약간의 자유전자와 정공을 생성한다. 정공은 가전자대역에 머물지만, 자유전자는 **전도대역**(conduction band)이라 불리는 차상위 에너지 준위로 간다. 그림 2-21에서 전도대역에 약간의 자유전자, 가전자대역에 약간의 정공이 있는 이유도 이 때문이다. 스위치가 닫히면 자유전자는 전도대역에서 이동하고 정공은 가전자대역에서 이동하여 순수 반도체에는 미소전류가 흐른다.

n형 에너지대역

그림 2-22는 n형 반도체의 에너지대역을 나타낸 것이다. 예상한 대로 다수캐리어는 전도대역에 있는 자유전자이고, 소수캐리어는 가전자대역에 있는 정공이다. 그림 2-22에서 스위치가 닫혀 있기 때문에 다수캐리어는 왼쪽으로 흐르고 소수캐리어는 오른쪽으로 흐른다.

p형 에너지대역

그림 2-23은 p형 반도체의 에너지대역이다. 여기서 캐리어는 반대역할임을 알 수 있다. 다수캐리어는 가전자대역에 있는 정공이고, 소수캐리어는 전도대역에 있는 전자이다. 그림 2-23에서 스위치가 닫혀 있으므로 다수캐리어는 오른쪽으로 흐르고 소수캐리어는 왼쪽으로 흐른다.

2-13 전위장벽과 온도

접합온도(junction temperature)는 다이오드 내부, 정확히 pn접합온도이다. 주위온도(*ambient temperature*)는 다르다. 이것은 다이오드 외부의 공기온도, 즉 다이오드를 에워싸고 있는 공기의 온도이다. 접합온도는 주위온도보다 더 높다. 왜냐하면 다이오드가 도전할 때 재결합으로 열이 발생하기 때문이다.

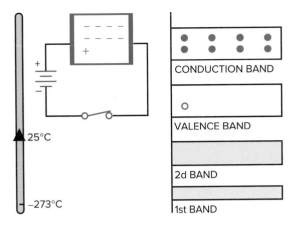

| 그림 2-22 | n형 반도체와 그 에너지대역

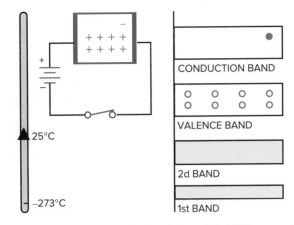

| 그림 2-23 | p형 반도체와 그 에너지대역

전위장벽은 접합온도에 따라 다르다. 접합온도가 올라가면 도핑영역에서 자유전자와 정공이 더 많이 생긴다. 이 전하들이 공핍층 안으로 확산하므로 폭이 더 좁아진다. 이것은 **접합온도가 증가하면 전위장벽이 감소한다**는 것을 의미한다.

여기서 부호를 정의할 필요가 있다.

$$\Delta = \text{~의 변화} \tag{2-2}$$

그리스 문자 Δ(델타)는 "~의 변화"를 의미한다. 예를 들면, ΔV는 전압의 변화, ΔT는 온도의 변화를 의미한다. 비율 $\Delta V / \Delta T$는 전압의 변화를 온도의 변화로 나눈 것을 의미한다.

전위장벽의 변화를 추정하는 규칙은 다음과 같다: 실리콘 다이오드의 전위장벽은 섭씨 1도 상승할 때마다 2 mV씩 감소한다.

유도로서

$$\frac{\Delta V}{\Delta T} = -2\ \text{mV/°C} \tag{2-3}$$

이를 다시 정리하면

$$\Delta V = (-2\ \text{mV/°C})\,\Delta T \tag{2-4}$$

이다. 이 식으로 우리는 어떤 접합온도에 대한 전위장벽을 계산할 수 있다.

예제 2-5

주위온도가 25°C일 때 전위장벽이 0.7 V라 가정한다. 접합온도가 100°C일 때 실리콘 다이오드의 전위장벽은 얼마인가? 0°C일 때는?

풀이 접합온도가 100°C일 때, 전위장벽의 변화는

$$\Delta V = (-2\ \text{mV/°C})\,\Delta T = (-2\ \text{mV/°C})(100°C - 25°C) = -150\ \text{mV}$$

이것은 전위장벽이 실온일 때의 값에서 150 mV 감소한다는 의미이므로

$$V_B = 0.7 \text{ V} - 0.15 \text{ V} = 0.55 \text{ V}$$

이다.

접합온도가 0°C일 때 전위장벽의 변화는 다음과 같다.

$$\Delta V = (-2 \text{ mV/°C}) \, \Delta T = (-2 \text{ mV/°C})(0°C - 25°C) = 50 \text{ mV}$$

이것은 전위장벽이 실온일 때의 값에서 50 mV 증가한다는 의미이므로 다음과 같다.

$$V_B = 0.7 \text{ V} + 0.05 \text{ V} = 0.75 \text{ V}$$

연습문제 2-5 예제 2-5에서 접합온도가 50°C일 때 전위장벽은 얼마인가?

2-14 역방향 바이어스된 다이오드

역방향 바이어스된 다이오드에 대하여 몇 가지 고급 개념을 설명한다. 우선 역방향 전압이 변할 때 공핍층의 폭이 변하는데, 이것에 대한 의미를 알아보자.

과도전류

역방향 전압이 증가할 때 정공과 전자들은 접합에서 물러간다. 자유전자와 정공이 접합에서 물러가면 양이온과 음이온이 남는다. 그러므로 공핍층이 확대된다. 역방향 바이어스가 증가할수록 공핍층은 더욱 확대된다. 공핍층이 새로운 폭까지 조정되는 동안 외부회로에 전류가 흐른다. 공핍층의 확대가 중지되면 이 과도전류는 0이 된다.

과도전류가 흐르는 전체 시간은 외부회로의 *RC*시정수에 따라 달라지며, 일반적으로 대략 수 나노초(nanosecond) 정도이다. 그러므로 대략 10 MHz 이하이면 과도전류의 영향을 무시할 수 있다.

역포화전류

앞에서 설명한 바와 같이 순방향 바이어스된 다이오드는 공핍층의 폭이 감소하고 자유전자가 접합을 넘어가게 한다. 역방향 바이어스이면 반대의 영향이 나타난다. 즉, 정공과 자유전자가 접합으로부터 멀어져 공핍층이 늘어난다.

그림 2-24에 나타낸 것과 같이 역방향 바이어스된 다이오드의 공핍층 안에 정공과 자유전자가 1개씩 생성되었다고 가정하자. *A*에 있는 자유전자와 *B*에 있는 정공은 역방향 전류의 원인이 된다. 역방향 바이어스 때문에 자유전자가 오른쪽으로 이동할 것이므로 결과적으로 다이오드의 오른쪽 끝으로 전자 1개가 밀려 나간다. 마찬가지로 정공은 왼쪽으로 이동할 것이다. *p*쪽에 있는 이 정공이 결정의 왼쪽 끝에서 전자 1개를 끌어들인다.

접합온도가 높을수록 포화전류는 증대한다. 기억해 두어야 할 유용한 근사해석은 다음과 같다. 즉, 10°C 상승할 때마다 I_S는 2배가 된다. 유도로서

$$\text{퍼센트 } \Delta I_S = \text{10°C 상승마다 100\%} \tag{2-5}$$

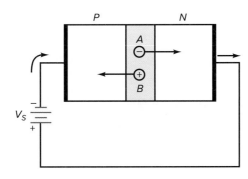

| 그림 2·24 | 열에너지는 공핍층 안에 자유전자와 정공을 생성한다.

말로 표현하면, 온도가 10°C 상승할 때마다 포화전류는 100% 변한다. 만약 온도의 변화가 10°C보다 작으면, 다음의 등가 규칙을 이용할 수 있다.

$$\text{퍼센트 } \Delta I_S = °C마다 \text{ } 7\% \qquad\qquad (2\text{-}6)$$

말로 표현하면, 1°C 상승할 때마다 포화전류는 7% 변한다. 이 7% 해석은 10°규칙에 가까운 근사해석이다.

실리콘 대 게르마늄

실리콘원자에서 가전자대역과 전도대역 사이의 간격을 **에너지 갭**(*energy gap*)이라 부른다. 열에너지에 의해 자유전자와 정공이 생성될 때 가전자는 전도대역으로 뛰어오를 수 있을 정도의 충분한 에너지를 얻어야 한다. 에너지 갭이 크면 클수록 열에너지에 의한 전자-정공 쌍의 생성이 더 어렵다. 다행스럽게도 실리콘은 에너지 갭이 크다. 이것은 정상온도에서 열에너지에 의해 생성되는 전자-정공 쌍이 많지 않다는 것을 의미한다.

게르마늄원자의 경우 가전자대역은 전도대역에 대단히 가깝다. 다시 말하면 게르마늄은 실리콘보다 훨씬 더 좁은 에너지 갭을 지니고 있다. 이 때문에 게르마늄 소자에서는 열에너지에 의해 매우 많은 전자-정공 쌍이 생성된다. 이것은 앞에서 언급한 치명적인 결함이다. 과잉 역방향 전류가 현대의 컴퓨터, 가전제품과 통신회로에서 게르마늄 소자의 광범위한 사용을 막고 있다.

실리콘 반도체가 대부분의 게르마늄 소자를 대체한 것처럼, 실리콘 소자를 대체할 실리콘카바이드(SiC)와 질화갈륨(GaN)으로 만든 복합 반도체의 제조산업이 새롭게 발전하고 있다. 이 새로운 반도체는 WBG(wide band gap) 소자로 불리며 더 높은 전자이동성, 더 낮은 누설전류, 더 높은 항복전압의 특성을 갖는다. 이러한 새로운 반도체 소자와 그 적용에 대해서는 뒤의 장들에서 더 자세히 논의한다.

표면누설전류

2-10절에서 표면누설전류를 간단하게 설명하였다. 결정의 표면에서 역방향 전류를 다시 생각해 보자. 표면누설전류가 생기는 원인을 설명하면 다음과 같다. 그림 2-25*a*에서 상단과 하단에 있는 원자는 결정의 표면에 있다고 가정한다. 이 원자들은 이웃 원자들이 없기 때문에 가전자 궤도에 단지 6개의 전자를 가지며, 이것은 각 표면 원자들이 2개의

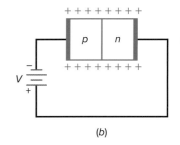

| 그림 2·25 | (a) 결정의 표면에 있는 원자들은 이웃 원자들이 없다; (b) 결정 표면에는 정공이 있다.

정공을 갖는다는 것을 암시한다. 이 정공을 그림 2-25*b*와 같이 결정의 표면에 나타내었다. 결정의 표면이 *p*형 반도체처럼 보이기 때문에 전자가 결정의 왼쪽 끝으로 들어가면 표면의 정공을 따라 이동하여 결정의 오른쪽 끝으로 빠져나갈 수 있다. 이와 같은 방법으로 표면에는 소량의 역방향 전류가 흐른다.

표면누설전류는 역방향 전압에 정비례한다. 예를 들어 역방향 전압이 2배이면 표면누설전류 I_{SL}도 2배이다. 표면누설저항을 다음과 같이 정의할 수 있다.

$$R_{SL} = \frac{V_R}{I_{SL}}$$

(2-7)

예제 2-6

실리콘 다이오드의 포화전류가 25°C에서 5 nA이다. 100°C일 때 포화전류는 얼마인가?

풀이   온도의 변화는 다음과 같다.

$$\Delta T = 100°C - 25°C = 75°C$$

식 (2-5)에 의하면, 25°C와 95°C는 7배수가 있으므로

$$I_S = (2^7)(5 \text{ nA}) = 640 \text{ nA}$$

식 (2-6)과 같이 95°C와 100°C의 편차 5°를 더하면

$$I_S = (1.07^5)(640 \text{ nA}) = 898 \text{ nA}$$

연습문제 2-6   예제 2-6의 다이오드를 사용한다. 80°C일 때 포화전류는 얼마인가?

예제 2-7

25 V의 역방향 전압에서 표면누설전류가 2 nA이면, 역방향 전압이 35 V일 때 표면누설전류는 얼마인가?

풀이   이 문제를 푸는 데는 두 방법이 있다. 첫 번째 방법은 표면누설저항을 계산하는 것이다.

$$R_{SL} = \frac{25 \text{ V}}{2 \text{ nA}} = 12.5(10^9) \text{ } \Omega$$

그리고 35 V에 대한 표면누설전류를 계산한다.

$$I_{SL} = \frac{35 \text{ V}}{12.5(10^9) \text{ } \Omega} = 2.8 \text{ nA}$$

두 번째 방법은, 표면누설전류와 역방향 전압의 비례관계를 이용한다.

$$I_{SL} = \frac{35 \text{ V}}{25 \text{ V}} 2 \text{ nA} = 2.8 \text{ nA}$$

연습문제 2-7   예제 2-7에서, 역방향 전압이 100 V일 때 표면누설전류는 얼마인가?

요점 __ *Summary*

2-1 도체

중성의 구리원자는 바깥 궤도에 1개의 전자를 갖는다. 이 외톨이 전자는 원자에서 쉽게 떨어져 나갈 수 있으므로 **자유전자**라 부른다. 매우 낮은 전압이라도 자유전자는 한 원자에서 인접 원자로 흐르므로 구리는 양도체이다.

2-2 반도체

실리콘은 가장 광범위하게 사용되는 반도체 재료이다. 하나의 실리콘원자는 바깥 궤도 혹은 가전자 궤도에 4개의 가전자가 있다. 가전자 궤도에 있는 전자의 수와 도전율은 밀접한 관계가 있다. 도체는 1개의 가전자를 가지며, 반도체는 4개의 가전자를, 그리고 절연체는 8개의 가전자를 갖는다.

2-3 실리콘 결정

결정에서 각 실리콘원자는 4개의 가전자 외에 이웃하는 원자들과 공유된 4개의 전자를 더 갖는다. 순수 실리콘 결정은 실온에서 열적으로 생성되는 소수의 자유전자와 정공을 갖는다. 자유전자와 정공의 생성부터 재결합까지의 시간을 **수명**이라 한다.

2-4 진성 반도체

진성 반도체는 순수 반도체이다. 외부 전압이 진성 반도체에 인가될 때, 자유전자는 전지의 양의 단자 방향으로 흐르고, 정공은 전지의 음의 단자 방향으로 흐른다.

2-5 두 유형의 흐름

진성 반도체는 두 유형의 캐리어 흐름이 있다. 하나는 큰 궤도(전도대역)를 흐르는 자유전자의 흐름이고, 다른 하나는 작은 궤도(가전자대역)를 흐르는 정공의 흐름이다.

2-6 반도체의 도핑

도핑을 하면 반도체의 도전율이 증가한다. 도핑 된 반도체를 **외인성 반도체**라 부른다. 진성 반도체에 5가(도너) 원자로 도핑하면 정공보다 자유전자가 더 많아지고, 진성 반도체를 3가(억셉터) 원자로 도핑하면 자유전자보다 정공이 더 많아진다.

2-7 두 유형의 외인성 반도체

n형 반도체는 자유전자가 다수캐리어이고 정공이 소수캐리어이다. p형 반도체는 정공이 다수캐리어이고 자유전자가 소수캐리어이다.

2-8 바이어스되지 않은 다이오드

바이어스되지 않은 다이오드는 pn접합에 공핍층이 있다. 공핍층에서 이온은 전위장벽을 만든다. 실온에서 실리콘 다이오드의 전위장벽은 약 0.7 V. 그리고 게르마늄 다이오드의 전위장벽은 0.3 V이다.

2-9 순방향 바이어스

외부전압과 전위장벽이 반대일 때, 다이오드는 순방향 바이어스이다. 인가전압이 전위장벽보다 높으면 전류는 많이 흐른다. 다른 말로 표현하면, 다이오드가 순방향 바이어스이면 전류는 쉽게 흐른다.

2-10 역방향 바이어스

외부전압이 전위장벽을 도와줄 때, 다이오드는 역방향 바이어스이다. 역방향 전압이 증가하면, 공핍층의 폭도 증가한다. 전류는 대략 0이다.

2-11 항복현상

역방향 전압이 과대하면 애벌랜치 혹은 제너 효과가 나타난다. 그러면 큰 항복전류가 흘러 다이오드가 파손된다. 일반적으로 다이오드는 절대로 항복영역에서 동작시키지 않는다. 제너 다이오드는 예외이다. 제너 다이오드는 추후 특수목적 다이오드에서 설명될 것이다.

2-12 에너지 준위

궤도가 클수록 전자의 에너지 준위는 높다. 만일 외부 힘에 의해 전자가 더 높은 에너지 준위로 올라가면, 원래 궤도로 떨어질 때 전자는 에너지를 방출할 것이다.

2-13 전위장벽과 온도

접합온도가 상승할 때, 공핍층은 좁아지고 전위장벽은 감소한다. 1°C 증가할 때마다 약 2 mV씩 감소한다.

2-14 역방향 바이어스된 다이오드

다이오드에 흐르는 역방향 전류는 세 성분이 있다. 첫째, 역방향 전압이 변할 때 생기는 과도전류가 있고, 둘째, 소수캐리어 전류가 있다. 이 전류는 역방향 전압과 무관하기 때문에 **포화전류**라 부른다. 셋째, 표면누설전류가 있다. 역방향 전압이 증가할 때 표면누설전류도 증가한다.

중요 수식 __ *Important Formulas*

(2-1) 가전자 포화: $n = 8$

(2-2) $\Delta = \sim$의 변화

(2-3) $\dfrac{\Delta V}{\Delta T} = -2 \text{ mV/°C}$

(2-4) $\Delta V = (-2 \text{ mV/°C}) \, \Delta T$

(2-5) 퍼센트 $\Delta I_S = 10°C$ 상승마다 100%

(2-6) 퍼센트 $\Delta I_S = °C$마다 7%

(2-7) $R_{SL} = \dfrac{V_R}{I_{SL}}$

연관 실험 __ Correlated Experiments

실험 4

반도체 다이오드

복습문제 __ Self-Test

1. 구리원자의 핵은 몇 개의 양자를 내 포하고 있는가?

a. 1

b. 4

c. 18

d. 29

2. 중성인 구리원자의 순전하는 얼마인 가?

a. 0

b. +1

c. −1

d. +4

3. 구리원자에서 가전자가 떨어져 나갔 다고 가정하자. 원자의 순전하는 얼 마인가?

a. 0

b. +1

c. −1

d. +4

4. 구리원자의 가전자는 핵으로부터 어느 정도의 인력을 느끼는가?

a. 느끼지 못한다.

b. 약하다.

c. 강하다.

d. 말할 수 없다.

5. 실리콘원자의 가전자는 몇 개인가?

a. 0

b. 1

c. 2

d. 4

6. 가장 광범위하게 사용되는 반도체 는?

a. 구리

b. 게르마늄

c. 실리콘

d. 위의 보기에는 없다.

7. 실리콘원자의 핵은 몇 개의 양자를 내포하고 있는가?

a. 4

b. 14

c. 29

d. 32

8. 실리콘원자들은 _____(이)라고 하 는 질서정연한 패턴으로 결합한다.

a. 공유결합

b. 결정

c. 반도체

d. 가전자 궤도

9. 실온에서 진성 반도체는 약간의 정 공을 갖는다. 이 정공이 생기는 원인 은?

a. 도핑

b. 자유전자

c. 열에너지

d. 가전자

10. 전자가 더 높은 궤도 준위로 이동할 때, 핵에 대한 에너지 준위는?

a. 증가한다.

b. 감소한다.

c. 그대로 유지한다.

d. 원자의 형에 따라 다르다.

11. 자유전자와 정공의 병합을 무엇이라 하는가?

a. 공유결합

b. 수명

c. 재결합

d. 열에너지

12. 실온에서 진성 실리콘 결정은 거의 _____처럼 동작한다.

a. 건전지

b. 도체

c. 절연체

d. 구리선의 일부분

13. 정공의 생성과 소멸 사이의 전체 시 간을 무엇이라 부르는가?

a. 도핑

b. 수명

c. 재결합

d. 가전자

14. 도체의 가전자를 무엇이라 하는가?

a. 속박전자

b. 자유전자

c. 핵

d. 양자

15. 도체는 몇 종류의 흐름이 있는가?

a. 1

b. 2

c. 3

d. 4

16. 반도체는 몇 종류의 흐름이 있는가?

a. 1

b. 2

c. 3

d. 4

17. 반도체에 전압이 인가될 때, 정공 은?

a. 음전위에서 멀어진다.

b. 양전위를 향하여 흐른다.

c. 외부회로에서 흐른다.

d. 위의 보기는 모두 해당 없다.

18. 반도체 재료에서, 가전자 궤도는 다음 중 어느 것을 내포할 때 포화되는가?
    a. 전자 1개
    b. 등가 (+)와 (−) 이온
    c. 전자 4개
    d. 전자 8개

19. 진성 반도체에서 정공의 수는?
    a. 자유전자 수와 같다.
    b. 자유전자 수보다 많다.
    c. 자유전자 수보다 적다.
    d. 위의 보기에는 없다.

20. 절대온도 0도는 _____와 같다.
    a. −273°C
    b. 0°C
    c. 25°C
    d. 50°C

21. 절대온도 0도에서 진성 반도체가 가지고 있는 것은?
    a. 소수의 자유전자
    b. 다수의 정공
    c. 다수의 자유전자
    d. 정공 혹은 자유전자가 없다.

22. 실온에서 진성 반도체가 가지고 있는 것은?
    a. 소수의 자유전자와 정공
    b. 다수의 정공
    c. 다수의 자유전자
    d. 정공이 없다.

23. 온도가 _____ 할 때 진성 반도체의 자유전자와 정공 수는 감소한다.
    a. 감소
    b. 증가
    c. 불변
    d. 위의 보기에 없다.

24. 가전자가 오른쪽으로 흐르는 것은 정공이 _____으로 흐르는 것을 의미한다.
    a. 왼쪽
    b. 오른쪽
    c. 어느 한 방향

    d. 위의 보기에는 없다.

25. 정공은 _____처럼 동작한다.
    a. 원자
    b. 결정
    c. 음전하
    d. 양전하

26. 3가 원자는 몇 개의 가전자를 가지고 있는가?
    a. 1
    b. 3
    c. 4
    d. 5

27. 억셉터 원자는 가전자가 몇 개인가?
    a. 1
    b. 3
    c. 4
    d. 5

28. 만일 p형 반도체를 제조하고 싶으면 다음 중 어느 것을 사용해야 하는가?
    a. 억셉터 원자
    b. 도너 원자
    c. 5가 불순물
    d. 실리콘

29. 소수캐리어가 전자인 반도체 형은?
    a. 외인성
    b. 진성
    c. n형
    d. p형

30. p형 반도체에 들어 있는 자유전자의 수는?
    a. 많다.
    b. 없다.
    c. 오직 열에너지에 의해 생성된다.
    d. 정공 수와 같다.

31. 은(silver)은 가장 좋은 양도체이다. 가전자가 몇 개인가?
    a. 1
    b. 4
    c. 18

    d. 29

32. 실온에서 진성 반도체가 10억 개의 자유전자를 가지고 있다고 가정하자. 만일 온도가 0°C로 떨어지면 정공은 몇 개인가?
    a. 10억 개 이하
    b. 10억 개
    c. 10억 개 이상
    d. 말할 수 없다.

33. p형 반도체에 외부 전압원을 인가한다. 만일 결정의 왼쪽 끝이 양이라면, 다수캐리어는 어느 방향으로 흐르는가?
    a. 왼쪽
    b. 오른쪽
    c. 어느 방향도 아니다.
    d. 말할 수 없다.

34. 다음 중 무리(그룹)로 적합하지 않은 것은?
    a. 도체
    b. 반도체
    c. 가전자 4개
    d. 결정구조

35. 다음 중 실온과 거의 같은 것은?
    a. 0°C
    b. 25°C
    c. 50°C
    d. 75°C

36. 결정 안에서 실리콘원자의 가전자 궤도에는 몇 개의 전자가 있는가?
    a. 1
    b. 4
    c. 8
    d. 14

37. 음이온은 _____ 원자이다.
    a. 양자를 얻은
    b. 양자를 잃은
    c. 전자를 얻은
    d. 전자를 잃은

38. 다음 중 *n*형 반도체를 설명한 것은?

   a. 중성이다.

   b. 양으로 대전되어 있다.

   c. 음으로 대전되어 있다.

   d. 정공이 많다.

39. *p*형 반도체는 정공과 _____ 을(를) 가지고 있다.

   a. 양이온

   b. 음이온

   c. 5가 원자

   d. 도너 원자

40. 다음 중 *p*형 반도체를 설명한 것은?

   a. 중성이다.

   b. 양으로 대전되어 있다.

   c. 음으로 대전되어 있다.

   d. 자유전자가 많다.

41. 게르마늄 다이오드와 비교할 때, 실리콘 다이오드의 역방향 포화전류는?

   a. 고온에서 같다.

   b. 보다 적다.

   c. 저온에서 같다.

   d. 보다 많다.

42. 공핍층이 생기는 원인은?

   a. 도핑

   b. 재결합

   c. 전위장벽

   d. 이온

43. 실온에서 실리콘 다이오드의 전위장벽은?

   a. 0.3 V

   b. 0.7 V

   c. 1 V

   d. 1°C마다 2 mV

44. 게르마늄과 실리콘원자의 에너지 갭을 비교할 때, 실리콘원자의 에너지 갭은?

   a. 거의 같다.

   b. 보다 작다.

   c. 보다 크다.

   d. 예측할 수 없다.

45. 실리콘 다이오드에서 역방향 전류는 일반적으로?

   a. 매우 적다.

   b. 매우 많다.

   c. 0이다.

   d. 항복영역에 있다.

46. 온도를 일정하게 유지하면서 실리콘 다이오드의 역방향 바이어스 전압을 증가시켰다. 이 다이오드의 포화전류는?

   a. 증가

   b. 감소

   c. 같은 크기 유지

   d. 표면누설전류와 동일

47. 애벌랜치를 일으키는 전압은?

   a. 전위장벽

   b. 공핍층

   c. 무릎전압

   d. 항복전압

48. 다이오드에서 *pn*접합의 에너지 언덕은 다이오드가 _____ (일) 때 감소한다.

   a. 순방향 바이어스

   b. 처음 만들어질

   c. 역방향 바이어스

   d. 도전하지 않을

49. 역방향 전압이 10 V에서 **5 V**로 감소할 때, 공핍층은?

   a. 더 좁아진다.

   b. 더 넓어진다.

   c. 영향을 받지 않는다.

   d. 파괴된다.

50. 다이오드가 순방향 바이어스일 때, 자유전자와 정공의 재결합으로

   a. 열이 난다.

   b. 빛이 난다.

   c. 복사(radiation)한다.

   d. 위의 보기 모두 나타난다.

51. 다이오드에 10 V의 역방향 전압이 걸려 있다. 공핍층에 걸리는 전압은 얼마인가?

   a. 0 V

   b. 0.7 V

   c. 10 V

   d. 위의 보기에는 없다.

52. 실리콘원자에서 에너지 갭은 가전자 대역과 _____ 간의 거리이다.

   a. 핵

   b. 전도대역

   c. 코어

   d. 양이온

53. 접합온도가 _____ 증가할 때 역포화전류는 2배가 된다.

   a. 1°C

   b. 2°C

   c. 4°C

   d. 10°C

54. 역방향 전압이 _____ 증가할 때 표면누설전류는 2배가 된다.

   a. 7%

   b. 100%

   c. 200%

   d. 2 mV

기본문제 __ Problems

2-1 만일 구리원자가 2개의 전자를 얻는다면, 이 원자의 순전하는 얼마인가?

2-2 만일 실리콘원자가 3개의 가전자를 얻는다면, 이 원자의 순전하는 얼마인가?

2-3 다음을 도체 혹은 반도체로 분류하라.

a. 게르마늄

b. 은

c. 실리콘

d. 금

2-4 만약 순수 실리콘 결정이 그 내부에 500,000개의 정공을 가지고 있으면, 이 결정이 가지고 있는 자유전자는 몇 개인가?

2-5 다이오드는 순방향 바이어스이다. 만약 5 mA의 전류가 n쪽을 흐른다면, 다음을 흐르는 전류는 각각 얼마인가?

a. p쪽

b. 외부의 연결도선

c. 접합

2-6 다음을 n형 혹은 p형 반도체로 분류하라.

a. 억셉터 원자로 도핑하였다.

b. 5가 불순물이 있는 결정

c. 다수캐리어가 정공이다.

d. 도너 원자가 결정에 첨가되었다.

e. 소수캐리어가 자유전자이다.

2-7 실리콘 다이오드가 0～75℃의 온도범위에서 사용되도록 설계되어 있다. 전위장벽의 최소값과 최대값은 각각 얼마인가?

2-8 실리콘 다이오드의 포화전류가 25℃에서 10 nA이다. 만일 0～75℃의 온도범위에서 동작한다고 하면, 포화전류의 최소값과 최대값은 각각 얼마인가?

2-9 역방향 전압이 10 V일 때 다이오드의 표면누설전류가 10 nA이다. 만일 역방향 전압이 100 V로 증가되면 표면누설전류는 얼마인가?

응용문제 __ _Critical Thinking_

2-10 실리콘 다이오드의 역방향 전류가 25℃에서 5 μA, 그리고 100℃에서 100 μA이다. 25℃에서 포화전류와 표면누설전류 값은 얼마인가?

2-11 컴퓨터를 만들 때, pn접합이 있는 소자들을 사용한다. 이 컴퓨터의 속도는 다이오드가 얼마나 빨리 단속 전환될 수 있는가에 달려 있다. 역방향 바이어스에 대해 배운 지식을 바탕으로, 어떻게 하면 컴퓨터의 속도를 증가시킬 수 있는가?

MultiSim 고장점검 문제 __ _MultiSim Troubleshooting Problems_

멀티심 고장점검 파일들은 http://mhhe.com/malvino9e의 온라인학습센터(OLC)에 있는 멀티심 고장점검 회로(MTC)라는 폴더에서 찾을 수 있다. 이 장에 관련된 파일은 MTC02-12～MTC02-16으로 명칭되어 있다.

각 파일을 열고 고장점검을 실시한다. 결함이 있는지 결정하기 위해 측정을 실시하고, 결함이 있다면 무엇인지를 찾아라.

2-12. MTC02-12 파일을 열어 고장점검을 실시하라.

2-13. MTC02-13 파일을 열어 고장점검을 실시하라.

2-14. MTC02-14 파일을 열어 고장점검을 실시하라.

2-15. MTC02-15 파일을 열어 고장점검을 실시하라.

2-16. MTC02-16 파일을 열어 고장점검을 실시하라.

직무 면접 문제 __ _Job Interview Questions_

전자공학의 한 전문가팀이 이 질문들을 만들었다. 모든 질문에 답할 수 있는 충분한 내용이 교재에 대부분 들어 있다. 가끔 익숙하지 않은 용어를 접할 수도 있을 것이다. 그럴 때는 기술사전에서 용어를 찾아보라. 그리고 이 교재에서 취급되지 않은 것에 대한 질문도 있을 수 있다. 이럴 때는 도서관에서 조사하기 바란다.

1. 구리가 전기의 양도체가 되는 이유를 말해 보라.

2. 반도체와 도체가 다른 점은 무엇인가? 스케치하면서 설명하라.

3. 정공에 대해 아는 바를 모두 설명하고, 자유전자와 다른 점은 무엇인지, 스케치하면서 설명하라.

4. 도핑한 반도체의 기본 개념을 말해 보라. 설명에 도움이 되는 것을 스케치하라.

5. 순방향 바이어스된 다이오드에 전류가 흐르는 이유와 그 동작을 스케치하고 설명하라.

6. 역방향 바이어스된 다이오드에 흐르는 전류가 적은 이유는 무엇인가?

7. 역방향 바이어스된 반도체 다이오드가 어떤 조건에 이르면 항복이 일어난다. 애벌랜치에 대해 내가 충분히 이해할 수 있도록 상세하게 설명해 보라.

8. 발광다이오드가 빛을 내는 이유를 알고 싶다. 설명해 보라.

9. 정공이 도체에서 흐르는가? 흐르거나 혹은 흐르지 않는다면 그 이유는? 정공이 반도체의 끝에 도달할 때, 어떤 일이 일어나는가?

10. 표면누설전류란 무엇인가?

11. 다이오드에서 재결합이 왜 중요한가?

12. 외인성 실리콘과 진성 실리콘의 차이점은 무엇인가? 그리고 이 차이점이 중요한 이유는?

13. *pn*접합이 처음 만들어질 때 일어나는 동작을 설명해 보라. 공 핍층의 형성도 포함시켜 설명하라.

14. *pn*접합 다이오드에서, 이동하는 캐리어의 전하는 정공인가 혹은 자유전자인가?

복습문제 해답 __ *Self–Test Answers*

1. d	**10.** a	**19.** a	**28.** a	**37.** c	**46.** c
2. a	**11.** c	**20.** a	**29.** d	**38.** a	**47.** d
3. b	**12.** c	**21.** d	**30.** c	**39.** b	**48.** a
4. b	**13.** b	**22.** a	**31.** a	**40.** a	**49.** a
5. d	**14.** b	**23.** a	**32.** a	**41.** b	**50.** d
6. c	**15.** a	**24.** a	**33.** b	**42.** b	**51.** c
7. b	**16.** b	**25.** d	**34.** a	**43.** b	**52.** b
8. b	**17.** d	**26.** b	**35.** b	**44.** c	**53.** d
9. c	**18.** d	**27.** b	**36.** c	**45.** a	**54.** b

연습문제 해답 __ *Practice Problem Answers*

2-4 대략적으로 500만 개의 정공

2-5 $V_B = 0.65$ V

2-6 $I_S = 224$ nA

2-7 $I_{SL} = 8$ nA

다이오드 이론

Diode Theory

이 장은 다이오드 공부의 연속이다. 다이오드 곡선을 설명한 후 다이오드의 근사해석을 알아본다. 정확한 해답을 얻으려면 대부분의 경우 시간이 많이 걸리고 지루하기 때문에 근사해석이 필요하다. 예를 들면 이상적 근사해석은 일반적으로 고장점검에 적합하고, 제 2근사해석은 빠르고 쉬운 해답을 주는 경우가 많다. 이 외에도 더 정밀하거나 혹은 정답과 거의 같은 컴퓨터 해석을 위해 제3근사해석도 이용할 수 있다.

학습목표

이 장을 공부하고 나면

- 다이오드 기호를 그리고 양극과 음극의 명칭을 부여할 수 있어야 한다.
- 다이오드 곡선을 그리고 모든 중요한 점과 영역의 명칭을 부여할 수 있어야 한다.
- 이상적인 다이오드를 설명할 수 있어야 한다.
- 제2근사해석을 설명할 수 있어야 한다.
- 제3근사해석을 설명할 수 있어야 한다.
- 데이터시트에 있는 다이오드의 네 가지 기본 특성을 열거할 수 있어야 한다.
- DMM과 VOM으로 다이오드를 검사하는 방법을 설명할 수 있어야 한다.
- 부품, 회로 및 시스템 사이의 관계를 설명할 수 있어야 한다.

목차

주요 용어

무릎전압(knee voltage)

벌크저항(bulk resistance)

부하선(load line)

비선형 소자(nonlinear device)

선형 소자(linear device)

양극(anode)

옴성 저항(ohmic resistance)

음극(cathode)

이상적인 다이오드(ideal diode)

전력정격(power rating)

전자시스템(electronic systems)

최대 순방향 전류
(maximum forward current)

전자공학 혁신가

1874년, 독일의 물리학자 페르디난트 브라운(Ferdinand Braun, 1850~1918)은 금속과 특정한 결정 물질 사이의 점접촉의 전기적 정류 효과를 발견했다. 또한 브라운은 최초의 음극선관(CRT)을 만든 공로를 인정받고 있다.

3-1 기본 개념

일반 저항은 전압 대 전류의 그래프가 직선이기 때문에 **선형 소자**(linear device)이다. 다이오드는 다르다. 다이오드는 전압 대 전류의 그래프가 직선이 아니기 때문에 **비선형 소자**(nonlinear device)이다. 이유는 전위장벽 때문이다. 다이오드 전압이 전위장벽보다 낮을 때 다이오드 전류는 적고, 전위장벽보다 높으면 다이오드 전류는 가파르게 증가한다.

그림기호와 용기 모형

그림 3-1a는 pn구조와 다이오드의 그림기호이다. p쪽을 **양극**(anode), n쪽을 **음극**(cathode)이라 부른다. 다이오드 기호는 p쪽에서 n쪽으로, 즉 양극에서 음극으로 향하는 화살표처럼 보인다. 그림 3-1b는 많은 표준 다이오드의 용기 모형의 일부를 보인 것이다. 전부는 아니지만 많은 다이오드는 음극 선(K)을 색깔 띠로 표시한다.

기본 다이오드 회로

그림 3-1c는 다이오드 회로이다. 이 회로에서 다이오드는 순방향 바이어스이다. 어떻게 알 수 있는가? 전지의 양의 단자가 저항을 통해 p쪽을 구동하고, 전지의 음의 단자가 n쪽에 연결되어 있기 때문이다. 이와 같이 연결되면 회로는 정공과 자유전자를 접합 쪽으로 밀려고 한다.

회로가 더 복잡해지면 다이오드가 순방향 바이어스인가를 결정하는 것이 어려울지도 모른다. 여기에 지침이 있다. '외부회로가 전류를 흐르기 쉬운 방향(*easy direction*)

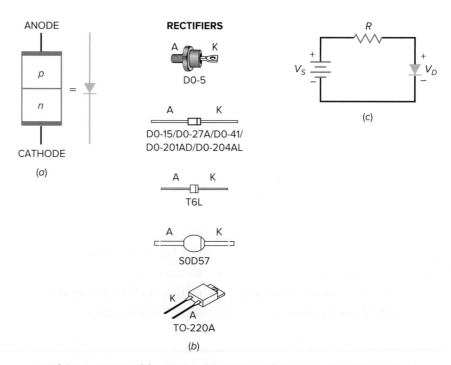

| 그림 3-1 | 다이오드 (a) 그림기호; (b) 다이오드의 용기 모형; (c) 순방향 바이어스

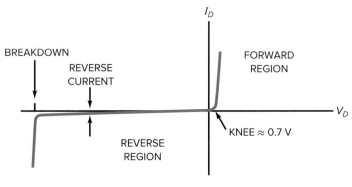

| 그림 3·2 | **다이오드 곡선**

으로 밀고 있는가?'라고 자문해 보라. 만약 긍정적인 답이 나오면 다이오드는 순방향 바이어스이다.

흐르기 쉬운 방향은 어느 쪽인가? 만약 관습적 전류를 이용하면 흐르기 쉬운 방향은 다이오드 화살과 같은 방향이고, 전자 흐름을 선호하면 흐르기 쉬운 방향은 그 반대방향이다.

다이오드가 복잡한 회로의 일부분일 때, 테브난 정리를 이용하여 순방향 바이어스를 판단할 수 있다. 예를 들어 어떤 복잡한 회로를 테브난 정리로 간략화하여 그림 3-1c를 얻었다고 가정하자. 다이오드가 순방향 바이어스임을 알게 될 것이다.

순방향 영역

그림 3-1c는 실험실에서 구성할 수 있는 회로이다. 이 회로를 연결한 뒤에 다이오드 전류와 전압을 측정할 수 있다. 마찬가지로 극성을 반대로 하고 역방향 바이어스에서 다이오드 전류와 전압을 측정할 수 있다. 다이오드 전압 대 다이오드 전류를 좌표로 표시하면 그림 3-2와 같은 그래프가 만들어질 것이다.

이것은 앞 장에서 설명한 개념을 잘 이해할 수 있도록 요약한 것이다. 예를 들면 다이오드가 순방향 바이어스일 때, 다이오드 전압이 전위장벽에 이를 때까지 전류는 매우 적게 흐른다. 이와 반대로 다이오드가 역방향 바이어스일 때, 다이오드 전압이 항복전압에 도달할 때까지 역방향 전류는 거의 흐르지 않는다. 그다음에 애벌랜치로 역방향 전류가 많이 흐르고 다이오드는 파손된다.

무릎전압

순방향 영역에서 전류가 가파르게 증가하기 시작하는 전압을 다이오드의 **무릎전압** (knee voltage)이라 한다. 무릎전압은 전위장벽과 같다. 일반적으로 다이오드의 회로해석은 결국 다이오드 전압이 무릎전압보다 높은가 혹은 낮은가를 결정하는 것에 귀착한다. 만약 높으면 다이오드는 쉽게 도전하고, 낮으면 어렵게 겨우 도전한다. 실리콘 다이오드의 무릎전압을 다음과 같이 정의한다.

$$V_K \approx \textbf{0.7 V} \tag{3-1}$$

(주: 기호 ≈는 "대략 같다"는 뜻이다.)

최근의 설계에서는 게르마늄 다이오드를 거의 사용하지 않지만 특수 회로 혹은 오래된 기기에서 게르마늄 다이오드를 보게 될지도 모른다. 그러므로 게르마늄 다이오드의 무릎전압이 대략 0.3 V라는 것을 알고 있어야 한다. 낮은 무릎전압이 이점이 되어 게르마늄 다이오드를 사용하는 곳도 있다.

벌크저항

무릎전압을 지나면 다이오드 전류는 가파르게 증가한다. 이것은 다이오드 전압이 약간 증가하면 다이오드 전류가 대단히 증가한다는 것을 의미한다. 전위장벽을 극복하고 나면 전류를 방해하는 것은 p와 n영역의 **옴성 저항**(ohmic resistance)뿐이다. 다른 말로 표현하면, 만약 p와 n영역을 분리된 반도체라고 하면, 각 조각은 일반 저항기와 마찬가지로, 저항계로 측정이 되는 저항이 있다.

옴성 저항의 합을 다이오드의 **벌크저항**(bulk resistance)이라 하며, 다음과 같이 정의한다.

$$R_B = R_P + R_N \tag{3-2}$$

벌크저항은 p와 n영역의 크기와 도핑수준에 의해 결정되고, 흔히 1 Ω 미만이다.

최대 직류 순방향 전류

만약 다이오드 전류가 너무 많이 흐르면, 과열로 인해 다이오드가 파손될 수 있다. 이 때문에 제조업자가 작성한 데이터시트에는 수명단축이나 특성의 열화 없이 다이오드를 안전하게 취급할 수 있는 최대전류가 명시되어 있다.

최대 순방향 전류(maximum forward current)는 데이터시트에 명기된 최대정격 중의 하나이다. 이 전류는 제조업자에 따라 I_{max}, $I_{F(max)}$, I_O 등으로 표기되어 있다. 예를 들면 1N456은 최대 순방향 전류정격이 135 mA이다. 이것은 1N456이 안전하게 처리할 수 있는 연속적인 순방향 전류가 135 mA임을 의미한다.

전력소모

우리는 저항에서 계산했던 것과 같은 방법으로 다이오드의 전력소모를 계산할 수 있다. 전력소모는 다이오드 전압과 전류의 곱과 같다. 수식으로는

$$P_D = V_D I_D \tag{3-3}$$

전력정격(power rating)은 다이오드가 수명단축이나 특성의 열화 없이 안전하게 소모할 수 있는 최대전력이다. 기호로 정의하면

$$P_{max} = V_{max} I_{max} \tag{3-4}$$

여기서 V_{max}는 I_{max}에 대응하는 전압이다. 예를 들어서 만약 다이오드의 최대 전압과 전류가 1 V와 2 A이면 이 다이오드의 전력정격은 2 W이다.

예제 3-1   ‖‖‖MultiSim

그림 3-3*a*의 다이오드는 순방향 바이어스인가 혹은 역방향 바이어스인가?

풀이 R_2의 전압이 양이므로 회로는 흐르기 쉬운 방향으로 전류를 밀려고 한다. 만약 이것이 분명하지 않으면 그림 3-3*b*와 같이 다이오드를 바라보는 테브난 회로를 상상해 보라. 테브난 등가회로를 결정하기 위해 $V_{TH} = \frac{R_2}{R_1 + R_2}(V_S)$와 $R_{TH} = R_1 \| R_2$임을 기억하라. 이 직렬회로에서 직류전원이 전류를 흐르기 쉬운 방향으로 밀려고 한다는 것을 알 수 있을 것이다. 그러므로 다이오드는 순방향 바이어스이다.

의심스러우면 언제라도 회로를 직렬회로로 간단하게 만들어라. 그러면 직류전원이 전류를 쉬운 방향으로 밀려고 하는지 혹은 그렇지 않은지 분명히 알 수 있을 것이다.

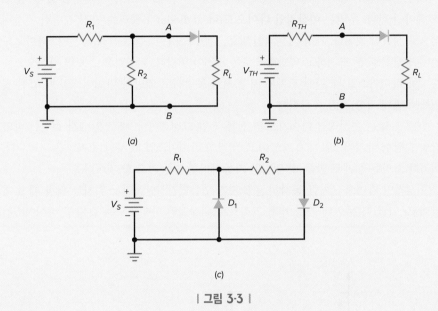

| 그림 3·3 |

연습문제 3-1 그림 3-3*c*의 다이오드들은 순방향 바이어스인가 혹은 역방향 바이어스인가?

예제 3-2

전력정격이 5 W인 다이오드가 있다. 만약 다이오드 전압이 1.2 V이고 다이오드 전류가 1.75 A이면 전력소모는 얼마인가? 다이오드는 파손되는가?

풀이

$$P_D = (1.2\text{ V})(1.75\text{ A}) = 2.1\text{ W}$$

이것은 전력정격보다 작다. 그러므로 다이오드는 파손되지 않을 것이다.

연습문제 3-2 예제 3-2와 관련하여 만약 다이오드 전압이 1.1 V이고 다이오드 전류가 2 A이면, 다이오드의 전력소모는 얼마인가?

3-2 이상적인 다이오드

그림 3-4는 다이오드의 순방향 영역을 상세하게 나타낸 그래프이다. 다이오드 전압 대 다이오드 전류에서 다이오드 전압이 전위장벽과 비슷해질 때까지 전류가 거의 0이라는 사실을 잊어서는 안 된다. 0.6~0.7 V 근처에서 다이오드 전류가 증가한다. 다이오드 전압이 0.8 V 이상일 때 다이오드 전류는 상당히 증가하고 그래프는 거의 직선이 된다.

다이오드는 도핑 정도와 실제 크기에 따라 최대 순방향 전류, 전력정격과 기타 특성이 서로 다르다. 만약 정확한 해석이 필요하면 특정 다이오드의 그래프를 이용해야 할 것이다. 비록 여러 다이오드의 전류와 전압 점들이 정확히 일치하지는 않지만 대체적으로 그림 3-4와 비슷한 그래프가 될 것이다. 모든 실리콘 다이오드는 무릎전압이 대략 0.7 V이다.

대부분의 경우 정확한 해석이 필요 없기 때문에 다이오드도 근사해석을 할 수 있고, 또 해야만 한다. 우리는 **이상적인 다이오드**(ideal diode)라 불리는 가장 간단한 근사해석으로 시작할 것이다. 가장 기본적인 말로, 다이오드는 어떤 동작을 하는가? 다이오드는 순방향으로 잘 도전하고 역방향으로는 도전이 어렵다. 이상적으로 보면 다이오드는 순방향 바이어스일 때 완전 도체(0 저항)처럼 동작하고 역방향 바이어스일 때 완전 절연체(무한대 저항)처럼 동작한다.

그림 3-5a는 이상적인 다이오드의 전류-전압 그래프이다. 바로 앞에서 설명한 바와 같이 순방향 바이어스일 때 0 저항이고, 역방향 바이어스일 때 무한대 저항을 나타낸다. 이러한 소자는 실제로 만들 수 없지만 가능하다면 만들려고 할 것이다.

이상적인 다이오드처럼 동작하는 소자가 있는가? 일반적인 스위치는 닫힐 때 0 저항이고, 열릴 때 무한대 저항이다. 그러므로 이상적인 다이오드는 순방향 바이어스일

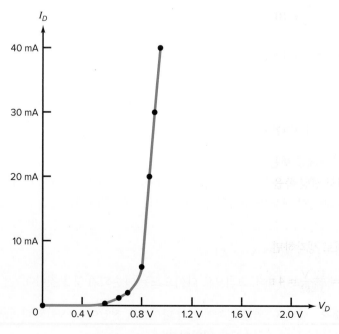

| 그림 3·4 | 순방향 전류의 그래프

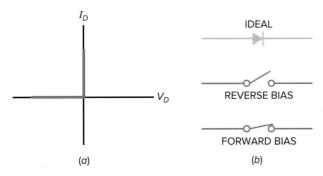

| 그림 3-5 | (a) 이상적인 다이오드 곡선; (b) 이상적인 다이오드는 스위치처럼 동작한다.

때 닫히고, 역방향 바이어스일 때 열리는 스위치처럼 동작한다. 그림 3-5*b*는 스위치 개념을 요약한 것이다.

예제 3-3

그림 3-6*a*에서 이상적인 다이오드일 때, 부하전압과 부하전류를 계산하라.

풀이 다이오드는 순방향 바이어스이므로 닫힌 스위치와 같다. 다이오드를 닫힌 스위치로 생각하면 전원전압이 모두 부하저항에 나타난다는 것을 알 수 있다.

$$V_L = 10 \text{ V}$$

옴의 법칙에 의해 부하전류는 다음과 같다.

$$I_L = \frac{10 \text{ V}}{1 \text{ k}\Omega} = 10 \text{ mA}$$

연습문제 3-3 그림 3-6*a*에서 전원전압이 5 V이면 이상적인 부하전류는 얼마인가?

예제 3-4

그림 3-6*b*는 이상적인 다이오드를 사용한다. 부하전압과 부하전류를 계산하라.

풀이 이 문제를 푸는 한 가지 방법은 다이오드의 왼쪽 회로를 테브난화하는 것이다. 다이오드에서 전원 쪽을 뒤돌아보면 6 kΩ과 3 kΩ의 전압분배기로 보인다. 테브난 전압은 12 V이고, 테브난 저항은 2 kΩ이다. 그림 3-6*c*는 다이오드를 구동하는 테브난 회로이다.

여기서 직렬회로이므로 다이오드는 순방향 바이어스임을 알 수 있다. 다이오드를 닫힌 스위치로 생각하면, 남아 있는 계산은 다음과 같다.

$$I_L = \frac{12 \text{ V}}{3 \text{ k}\Omega} = 4 \text{ mA}$$

그리고

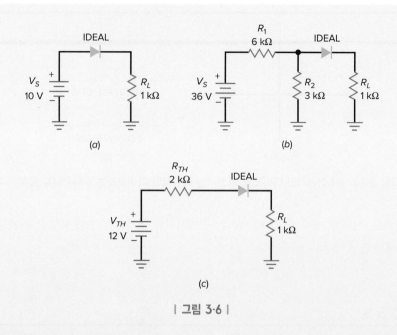

| 그림 3·6 |

$$V_L = (4 \text{ mA})(1 \text{ k}\Omega) = 4 \text{ V}$$

테브난 정리를 이용하지 않아도 된다. 그림 3-6*b*에서 다이오드를 닫힌 스위치로 생각해도 풀이가 가능하다. 이 경우 3 kΩ과 1 kΩ이 병렬이므로 등가적으로 750 Ω이다. 옴의 법칙을 이용하면 6 kΩ의 전압강하는 32 V이다. 나머지 해석에 의해 위와 같은 부하전압과 부하전류가 계산된다.

연습문제 3-4　그림 3-6*b*에서 36 V전원을 18 V로 바꾸고 이상적인 다이오드일 때 부하전압과 부하전류를 구하라.

3-3 제2근사해석

고장 점검 환경이면 대부분 이상적인 근사해석이 적합하다. 그렇지만 우리는 항상 고장점검만 하는 것이 아니다. 우리는 가끔 더 정확한 부하전류값이나 부하전압값이 필요할 때도 있다. 여기에 **제2근사해석**(*second approximation*)이 적용된다.

그림 3-7*a*는 제2근사해석에 대한 전압 대 전류의 그래프이다. 그래프를 보면 다이오드는 0.7 V가 될 때까지 전류가 흐르지 않다가 이 전압에서 도전하고 그 이후 다이오드는 전류와 상관없이 0.7 V를 유지한다.

그림 3-7*b*는 실리콘 다이오드의 제2근사해석의 등가회로이다. 다이오드를 0.7 V의 전위장벽과 직렬인 스위치처럼 생각한다. 만일 다이오드를 바라보는 테브난 전압이 0.7 V 이상이면 스위치는 닫힐 것이다. 도진이 되면 다이오드 진압은 순방향 전류의 크기에 관계없이 0.7 V이다.

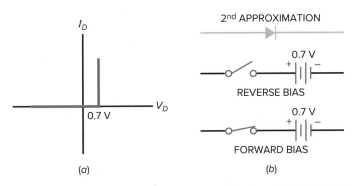

| 그림 3·7 | (a) 제2근사해석용 다이오드 곡선; (b) 제2근사해석용 등가회로

한편 테브난 전압이 0.7 V 미만이면 스위치는 열릴 것이다. 이 경우 다이오드를 흐르는 전류는 없다.

예제 3-5

그림 3-8에서 제2근사해석으로 부하전압, 부하전류와 다이오드 전력을 계산하라.

풀이 다이오드는 순방향 바이어스이므로 등가적으로 0.7 V의 전지와 같다. 그러므로 부하전압은 전원전압에서 다이오드 전압강하를 뺀 것과 같다.

$$V_L = 10\ V - 0.7\ V = 9.3\ V$$

옴의 법칙을 이용하면, 부하전류는

$$I_L = \frac{9.3\ V}{1\ k\Omega} = 9.3\ mA$$

이고, 다이오드 전력은 다음과 같다.

$$P_D = (0.7\ V)(9.3\ mA) = 6.51\ mW$$

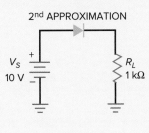

| 그림 3·8 |

연습문제 3-5 그림 3-8에서 전원전압을 5 V로 바꾸고, 이에 대한 부하전압과 전류, 그리고 다이오드 전력을 구하라.

예제 3-6

그림 3-9a에서 제2근사해석으로 부하전압, 부하전류와 다이오드 전력을 계산하라.

풀이 여기서 다이오드의 왼쪽 회로를 테브난화한다. 앞에서와 마찬가지로 테브난 전압은 12 V이고, 테브난 저항은 2 kΩ이다. 그림 3-9b는 간략화된 회로이다.

다이오드 전압이 0.7 V이므로 부하전류는

$$I_L = \frac{12\ V - 0.7\ V}{3\ k\Omega} = 3.77\ mA$$

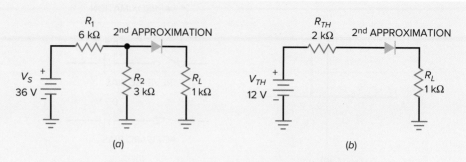

| 그림 3-9 | (a) 원회로; (b) 테브난의 정리로 간략화된 회로

이다. 부하전압은

$$V_L = (3.77 \text{ mA})(1 \text{ k}\Omega) = 3.77 \text{ V}$$

이며, 다이오드 전력은 다음과 같다.

$$P_D = (0.7 \text{ V})(3.77 \text{ mA}) = 2.64 \text{ mW}$$

연습문제 3-6 전압원 값을 18 V로 하고 예제 3-6을 다시 풀어라.

3-4 제3근사해석

다이오드의 제3근사해석(*third approximation*)에서는 벌크저항 R_B가 포함된다. 그림 3-10*a*는 R_B의 영향을 고려한 다이오드 곡선이다. 실리콘 다이오드가 동작하면 전압은 전류의 증가에 따라 직선적으로 증가한다. 전류가 많이 흐를수록 다이오드 전압은 벌크저항의 전압강하 때문에 더욱 증가한다.

제3근사해석을 위한 등가회로는 0.7 V의 전위장벽과의 R_B의 저항이 직렬인 스위치이다(그림 3-10*b* 참조). 다이오드 전압이 0.7 V 이상일 때, 다이오드는 도전한다. 도전하는 동안 다이오드의 전체 전압은

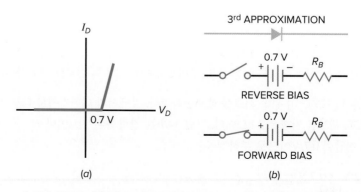

| 그림 3-10 | (a) 제3근사해석용 다이오드 곡선; (b) 제3근사해석용 등가회로

$$V_D = 0.7 \text{ V} + I_D R_B \tag{3-5}$$

이다. 벌크저항은 1 Ω 미만이므로, 계산할 때 가끔 무시할 수 있다. 다음 정의는 벌크
저항을 무시할 때 적용되는 지침이다.

벌크 무시: $R_B < 0.01 R_{TH}$ (3-6)

이것은 벌크저항이 다이오드를 바라보는 테브난 저항의 1/100 미만일 때, 벌크저항을
무시할 수 있다는 뜻이다. 이 조건이 만족되면 오차는 1% 미만이다. 회로를 설계할 때
대부분 식 (3-6)을 충족하기 때문에 기술자들은 제3근사해석을 거의 사용하지 않는다.

응용예제 3-7

그림 3-11*a*의 1N4001은 0.23 Ω의 벌크저항을 가지고 있다. 부하전압, 부하전류와 다이오드 전력은 얼마인가?

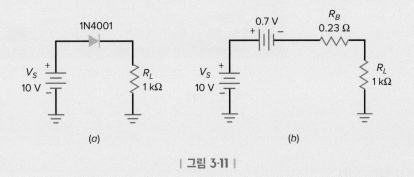

| 그림 3·11 |

풀이 다이오드를 제3근사해석으로 표현하면 그림 3-11*b*가 된다. 벌크저항은 부하저항의 1/100 미만이므로, 무시할 수
있을 정도로 작은 양이다. 이런 경우 제2근사해석으로 문제를 풀 수 있다. 이에 관한 것은 이미 예제 3-6에서 다루었다. 구
하는 부하전압, 부하전류와 다이오드 전력은 9.3 V, 9.3 mA, 그리고 6.51 mW이다.

응용예제 3-8   ▌▌▌ MultiSim

부하저항이 10 Ω인 경우 위의 예제를 반복하라. 이 경우 R_B를 무시해서는 안 된다는 점에 유의하라.

풀이 그림 3-12*a*는 등가회로이다. 전체 저항은

$$R_T = 0.23 \text{ Ω} + 10 \text{ Ω} = 10.23 \text{ Ω}$$

이다. R_T의 전체 전압은

$$V_T = 10 \text{ V} - 0.7 \text{ V} = 9.3 \text{ V}$$

이므로, 부하전류는

$$I_L = \frac{9.3 \text{ V}}{10.23 \text{ Ω}} = 0.909 \text{ A}$$

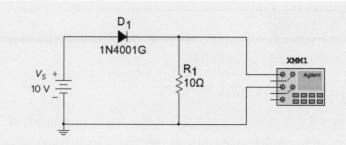

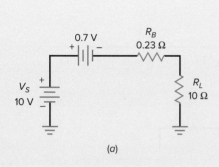

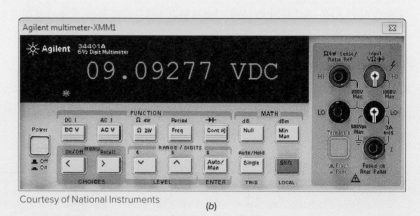

Courtesy of National Instruments

(a)   (b)

| 그림 3·12 |

이고, 부하전압은 다음과 같다.

$$V_L = (0.909 \text{ A})(10 \text{ }\Omega) = 9.09 \text{ V}$$

다이오드 전력을 계산하기 위해 다이오드 전압을 알 필요가 있다. 두 가지 방법 중 어느 것을 사용해도 된다. 전원전압에서 부하전압을 뺀다.

$$V_D = 10 \text{ V} - 9.09 \text{ V} = 0.91 \text{ V}$$

혹은 식 (3-5)를 이용한다.

$$V_D = 0.7 \text{ V} + (0.909 \text{ A})(0.23 \text{ }\Omega) = 0.909 \text{ V}$$

마지막 두 해답에서 약간 차이가 있는 것은 반올림 때문이다. 다이오드 전력은 다음과 같다.

$$P_D = (0.909 \text{ V})(0.909 \text{ A}) = 0.826 \text{ W}$$

두 가지 추가 사항. 첫째, 1N4001은 최대 순방향 전류가 1 A, 전력정격이 1 W이다. 그리고 다이오드는 10 Ω의 부하저항에서 한계 수준까지 올라간다. 둘째, 제3근사해석으로 계산된 부하전압은 9.09 V이다. 이것은 MultiSim 부하전압과 거의 일치한다(그림 3-12b 참조).

표 3-1은 다이오드의 세 가지 근사해석의 차이점에 대한 설명이다.

연습문제 3-8 전압원 값을 5 V로 하고 응용예제 3-8을 다시 풀어라.

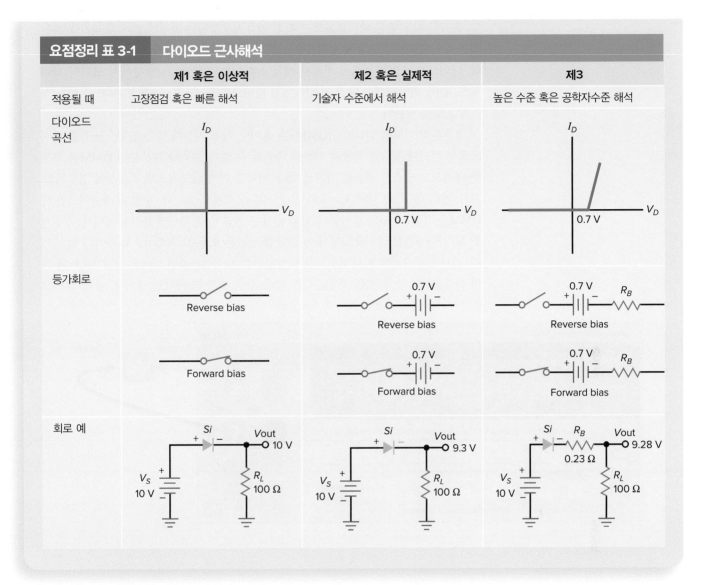

요점정리 표 3-1	다이오드 근사해석		
	제1 혹은 이상적	**제2 혹은 실제적**	**제3**
적용될 때	고장점검 혹은 빠른 해석	기술자 수준에서 해석	높은 수준 혹은 공학자수준 해석
다이오드 곡선			
등가회로	Reverse bias / Forward bias	0.7 V Reverse bias / 0.7 V Forward bias	0.7 V R_B Reverse bias / 0.7 V R_B Forward bias
회로 예	10 V	9.3 V	9.28 V / 0.23 Ω

3-5 고장점검

저항계 중에서 고저항 범위를 가진 저항계를 사용하면 다이오드의 상태를 빨리 점검할 수 있다. 다이오드의 직류저항을 어떤 방향으로 측정하고, 그런 다음 리드선을 반대로 하고 직류저항을 다시 측정하라. 순방향 전류는 사용하는 저항계의 측정범위와 관련이 있을 것이다. 이것은 범위가 다르면 지시값도 달라진다는 것을 의미한다.

그런데 주요한 것은 순방향 대 역방향 저항의 높은 비율이다. 전자제품에 사용되는 표준 실리콘 다이오드는 그 비가 1000:1 이상이다. 혹시 있을지도 모를 다이오드의 손상을 피하려면 상당히 높은 저항 범위를 사용해야 한다는 사실을 잊어서는 안 된다. 일반적으로 R × 100 혹은 R × 1K 범위에서 측정하면 안전할 것이다.

저항계를 이용하여 다이오드를 점검하는 하나의 보기로서 도통/비도통 시험이 있다. 솔직히 이 시험은 다이오드의 정확한 직류저항값에는 관심이 없다. 우리가 원하는 것은 다이오드가 순방향에서 저저항, 그리고 역방향에서 고저항인가를 알아보는 것이다. 다이오드는 양방향에서 지극히 저저항(다이오드 단락), 양방향에서 고저항(다이오드 개방), 역방향에서 약간 저저항(누설 다이오드(*leaky diode*)라 부른다) 중 어느 한 가지 고장을 갖는다.

대부분의 디지털 멀티미터(DMM)는 옴이나 저항 기능에 맞추어지면 *pn*접합 다이오드의 검사에 필요한 전압과 전류를 출력할 수 없다. 그러나 대부분의 DMM은 특별한 다이오드 테스트 범위를 가지고 있다. 미터를 이 범위에 놓으면 리드선에 연결된 소자가 어떤 것이라도 대략 1 mA의 일정 전류가 소자로 흐른다. 순방향 바이어스일 때 DMM은 그림 3-13a와 같이 *pn*접합의 순방향 전압 V_F를 화면에 표시할 것이다. 정상적인 실리콘 *pn*접합 다이오드에서 이 순방향 전압은 보통 0.5 V와 0.7 V 사이가 될 것이다. 검사용 리드선으로 다이오드를 역방향으로 바이어스하면 미터는 그림 3-13b와 같이 디스플레이상에 "OL" 혹은 "1"과 같은 범위 초과를 나타낼 것이다. 단락 다이오

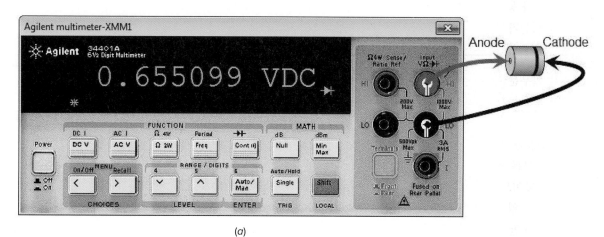

(a)

Courtesy of National Instruments

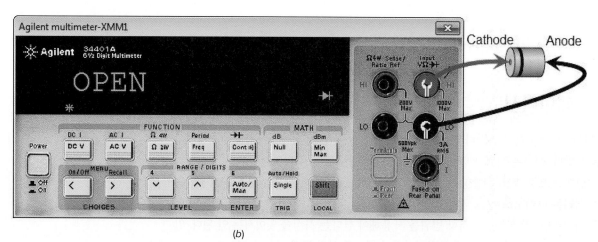

(b)

Courtesy of National Instruments

| 그림 3·13 | (a) DMM 다이오드 순방향 검사; (b) DMM 다이오드 역방향 검사

드는 양방향에서 0.5 V 이하의 전압을 화면에 표시하고, 개방 다이오드는 양방향에서 범위 초과를 표시할 것이다. 누설 다이오드는 양방향에서 2.0 V 이하의 전압을 화면에 표시할 것이다.

예제 3-9

그림 3-14는 앞에서 해석한 다이오드 회로이다. 어떤 원인으로 다이오드가 타버렸다고 가정하자. 어떤 징후가 나타나겠는가?

풀이 다이오드가 타버리면 회로는 개방된다. 따라서 전류는 영으로 떨어지고, 부하 전압을 측정하면 전압계는 영을 지시할 것이다.

예제 3-10

그림 3-14의 회로가 동작하지 않는다고 가정한다. 만일 부하가 단락이 아니라면 어떤 고장이 있을 수 있는가?

풀이 여러 가지 고장이 있을 수 있다. 첫째, 다이오드의 개방, 둘째, 공급전압이 0, 셋째, 연결도선의 일부분 개방도 있을 수 있다.

고장은 어떻게 찾는가? 결함이 있는 부품을 찾기 위해 전압을 측정하라. 그리고 의심스러운 부품을 분리해서 저항을 검사하라. 예를 들어서 먼저 전원전압을 측정하고 그다음에 부하전압을 측정한다. 만일 전원전압은 정상인데 부하전압이 없으면 다이오드가 개방일지도 모른다. 저항계 혹은 DMM 검사로 확인할 수 있다. 만일 저항계 혹은 DMM 검사에서 다이오드가 이상이 없으면 연결점을 체크해 보라. 왜냐하면 전원전압은 있고 부하전압이 없는 이유가 있을 수 없기 때문이다.

만일 전원전압이 안 나오면 전원에 결함이 있거나 혹은 전원과 다이오드 사이의 연결이 끊어진 경우이다. 전원 고장은 자주 일어난다. 전자장비가 동작하지 않을 때 전원이 고장인 경우가 가끔 있다. 그래서 고장 점검자는 대부분 전원전압부터 먼저 측정한다.

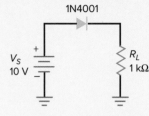

| 그림 3·14 | **회로 고장점검**

3-6 데이터시트 읽기

데이터시트 혹은 명세표에는 반도체 소자에 관한 주요 파라미터와 동작 특성이 나열되어 있다. 한편 용기 모형, 핀 아웃, 검사 절차, 그리고 대표적인 응용과 같은 중요 정보는 구성품의 데이터시트에서 얻을 수 있다. 반도체 제조업체는 일반적으로 이러한 정보를 참고 자료집 혹은 그들의 웹사이트를 통해 제공한다. 이런 정보는 각 제조업체들의 정보를 서로 비교하거나 혹은 부품 교환을 전문으로 취급하는 회사에서 인터넷으로 찾을 수 있다.

제조업체가 제공하는 데이터시트상의 정보는 대부분 불분명하지만 회로설계자에게는 중요하다. 그러므로 이 책에서는 물리량을 설명한 데이터시트의 기재사항들만 논할 것이다.

역방향 항복전압

전원(교류전압을 직류전압으로 변환하는 회로)에 사용되는 정류 다이오드 1N4001에 관한 데이터시트에서 시작하자. 그림 3-15는 다이오드 1N4001에서 1N4007까지의 계열 데이터시트이다. 이 계열의 7개 다이오드는 순방향 특성은 같지만 역방향 특성이 다르다. 이 계통의 1N4001 멤버를 살펴보자. "최대정격"항의 첫 번째 기재사항은 다음과 같다.

	기호	1N4001
피크 반복 역방향 전압	V_{RRM}	50 V

이 다이오드의 항복전압은 50 V이다. 이와 같은 항복은 수많은 캐리어가 갑자기 공핍층에 나타날 때 다이오드가 애벌랜치되어 나타난다. 항복은 1N4001과 같은 정류 다이오드에 통상적으로 피해를 준다.

1N4001에서 역방향 전압 50 V는 모든 동작조건에서 설계자가 피해야 할 파괴적인 수준을 의미한다. 이 때문에 설계자는 **안전계수**(*safety factor*)를 고려한다. 안전계수는 너무나 많은 설계계수와 관련이 있기 때문에, 안전계수를 정하는 절대적인 규칙은 없다. 보수적인 설계는 안전계수 2를 적용하는데, 이것은 1N4001에서 역방향 전압이 25 V를 초과해서는 결코 안 된다는 것을 의미한다. 1N4001에서 안전성이 다소 부족한 설계는 40 V까지 허용한다.

다른 데이터시트에는 역방향 항복전압을 *PIV*, *PRV*, 혹은 *BV*로 표기하기도 한다.

최대 순방향 전류

정류된 평균 순방향 전류 역시 관심이 있는 기재사항으로 데이터시트에 다음과 같이 표기되어 있다.

	기호	값
정류된 평균 순방향 전류 @ T_A = 75℃	$I_{F(AV)}$	1 A

이 기재사항은 1N4001이 정류기로 사용될 때 순방향으로 1 A까지 처리할 수 있다는 것을 의미한다. 정류된 평균 순방향 전류는 다음 장에서 상세히 배울 것이다. 다만 여기서는 과다한 전력소모 때문에 다이오드가 탈 때 순방향 전류의 수준이 1 A라는 사실만 알고 있으면 된다. 다른 데이터시트에서는 평균전류를 I_o로 표기한다.

다시 말하자면 설계자는 1 A가 1N4001의 절대 최대정격으로서, 결코 접근해서는 안 되는 순방향 전류 수준이라고 생각한다. 이 때문에 안전계수(가능한 2배)를 고려한다. 다르게 말하자면 신뢰성이 있는 설계에서는 순방향 전류를 모든 동작조건에서 0.5 A 이하가 되도록 한다. 수명 연구 결과 최대정격에 가깝게 사용할수록 소자의 수명이 단축된다는 것이 판명되었다. 그러므로 어떤 설계자는 안전계수를 10:1로 한다. 매우 보수적인 설계에서는 1N4001의 최대 순방향 전류를 0.1 A 혹은 그 이하가 되도록 한다.

참고사항

중대한 안전상의 이유로, 회로 내에 파손된 반도체는 일반적으로 정확한 규격의 부품으로 교체되어야 한다.

May 2009

1N4001 - 1N4007
General Purpose Rectifiers

Features

- Low forward voltage drop.
- High surge current capability.

DO-41
COLOR BAND DENOTES CATHODE

Absolute Maximum Ratings * $T_A = 25°C$ unless otherwise noted

Symbol	Parameter	Value							Units
		4001	4002	4003	4004	4005	4006	4007	
V_{RRM}	Peak Repetitive Reverse Voltage	50	100	200	400	600	800	1000	V
$I_{F(AV)}$	Average Rectified Forward Current .375 " lead length @ $T_A = 75°C$	1.0							A
I_{FSM}	Non-Repetitive Peak Forward Surge Current 8.3ms Single Half-Sine-Wave	30							A
I^2t	Rating for Fusing (t<8.3ms)	3.7							A^2sec
T_{STG}	Storage Temperature Range	-55 to +175							°C
T_J	Operating Junction Temperature	-55 to +175							°C

* These ratings are limiting values above which the serviceability of any semiconductor device may by impaired.

Thermal Characteristics

Symbol	Parameter	Value	Units
P_D	Power Dissipation	3.0	W
$R_{\theta JA}$	Thermal Resistance, Junction to Ambient	50	°C/W

Electrical Characteristics $T_A = 25°C$ unless otherwise noted

Symbol	Parameter		Value	Units
V_F	Forward Voltage @ 1.0A		1.1	V
I_{rr}	Maximum Full Load Reverse Current, Full Cycle	$T_A = 75°C$	30	μA
I_R	Reverse Current @ Rated V_R	$T_A = 25°C$	5.0	μA
		$T_A = 100°C$	50	μA
C_T	Total Capacitance V_R = 4.0V, f = 1.0MHz		15	pF

www.fairchildsemi.com

(a)

| 그림 3-15 | 1N4001-1N4007 다이오드에 관한 데이터시트

1N4001 - 1N4007 — General Purpose Rectifiers

Typical Performance Characteristics

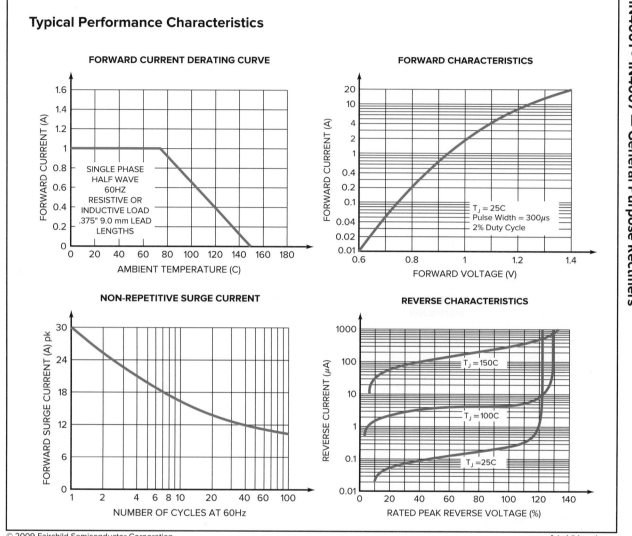

www.fairchildsemi.com

(b)

| 그림 3-15 | (계속)

순방향 전압강하

그림 3-15에서 "전기적 특성" 첫 번째 기재사항을 보면 다음과 같은 데이터가 주어져 있다.

특성과 조건	기호	최대값
순방향 전압강하 (i_F) = 1.0 A, T_A = 25℃	V_F	1.1 V

그림 3-15에서 제목이 "순방향 특성"으로 되어 있는 도표를 보면 전류가 1 A, 접합온도가 25℃일 때 대표적인 1N4001의 순방향 전압강하는 0.93 V이다. 많은 1N4001을 시

험해 보면, 그중 일부는 전류가 1 A일 때 1.1 V 되는 것도 있을 것이다.

최대 역방향 전류

데이터시트에서 다음과 같은 다른 기재사항도 검토해 볼 만하다.

특성과 조건	기호	최대값
역방향 전류	I_R	
$T_A = 25°C$		10 μA
$T_A = 100°C$		50 μA

이것은 최대 역방향 직류 정격전압(1N4001은 50 V)일 때의 역방향 전류이다. 25°C에서 대표적인 1N4001의 최대 역방향 전류는 10 μA이다. 그러나 100°C일 때는 50 μA까지 증가한다는 사실을 기억하라. 이 역방향 전류에는 열적으로 생성된 포화전류와 표면누설전류가 포함된다는 것을 알아야 한다. 이 숫자를 보면 온도가 매우 중요하다는 것을 알 수 있을 것이다. 대표적인 1N4001은 역방향 전류가 10 μA 이하로 설계되면 25°C에서 잘 동작할 것이다. 그러나 만일 접합온도가 100°C에 도달하면 대량생산에 실패할 것이다.

3-7 벌크저항 계산법

다이오드 회로를 정확하게 해석하려면 다이오드의 벌크저항을 알아야 할 것이다. 일반적으로 제조업자들은 벌크저항을 데이터시트에 별도로 기입하지 않지만, 벌크저항을 계산할 수 있는 충분한 정보를 제공한다. 벌크저항에 대한 유도는 다음과 같다.

$$R_B = \frac{V_2 - V_1}{I_2 - I_1} \tag{3-7}$$

여기서 V_1과 I_1은 무릎전압 또는 그보다 약간 위에 있는 어떤 점의 전압과 전류이고, V_2와 I_2는 다이오드 곡선에서 그보다 더 위에 있는 어떤 점의 전압과 전류이다.

예로서 1N4001의 데이터시트를 보면, 전류가 1 A일 때 순방향 전압이 0.93 V이다. 그리고 실리콘 다이오드이기 때문에 무릎전압은 대략 0.7 V이고, 전류는 거의 영이다. 그러므로 $V_2 = 0.93$ V, $I_2 = 1$ A, $V_1 = 0.7$ V, $I_1 = 0$을 위 식에 대입하면 벌크저항이 구해진다.

$$R_B = \frac{V_2 - V_1}{I_2 - I_1} = \frac{0.93 \text{ V} - 0.7 \text{ V}}{1 \text{ A} - 0 \text{ A}} = \frac{0.23 \text{ V}}{1 \text{ A}} = 0.23 \text{ } \Omega$$

설명을 더 하자면, 다이오드 곡선은 전압 대 전류의 그래프이다. 벌크저항은 무릎 윗부분에서 기울기의 역수와 같다. 다이오드 곡선의 기울기가 클수록 벌크저항은 더 작아진다. 다시 말하면 다이오드 곡선은 무릎 윗부분에서 수직이 되면 될수록 벌크저항은 더 작아진다.

3-8 다이오드의 직류저항

전체 다이오드 전압 대 전체 다이오드 전류의 비를 다이오드의 **직류저항**(*dc resistance*)이라 한다. 이 직류저항은 순방향에서 R_F, 역방향에서 R_R로 표기한다.

순방향 저항

다이오드는 비선형 소자이므로 흐르는 전류에 따라 다이오드의 직류저항이 변한다. 예를 들면 1N914의 순방향 전류와 전압이 각각 다음과 같다: 0.65 V에서 10 mA, 0.75 V에서 30 mA 그리고 0.85 V에서 50 mA. 첫 번째 점에서 직류저항은

$$R_F = \frac{0.65 \text{ V}}{10 \text{ mA}} = 65 \text{ } \Omega$$

이고, 두 번째 점에서

$$R_F = \frac{0.75 \text{ V}}{30 \text{ mA}} = 25 \text{ } \Omega$$

이며, 세 번째 점에서

$$R_F = \frac{0.85 \text{ mV}}{50 \text{ mA}} = 17 \text{ } \Omega$$

이다. 전류가 증가할수록 직류저항은 감소한다는 사실이 중요하다. 어떤 경우라도 순방향 저항은 역방향 저항보다 작다.

역방향 저항

마찬가지로 1N914의 역방향 전류와 전압이 각각 다음과 같다: 20 V에서 25 nA, 그리고 75 V에서 5 μA. 첫 번째 점의 직류저항은

$$R_R = \frac{20 \text{ V}}{25 \text{ nA}} = 800 \text{ M}\Omega$$

이고, 두 번째 점에서

$$R_R = \frac{75 \text{ V}}{5 \text{ } \mu\text{A}} = 15 \text{ M}\Omega$$

이다. 항복전압(75 V)에 가까워지면 직류저항은 감소한다.

벌크저항 대 직류저항

다이오드의 직류저항은 벌크저항과 다르다. 다이오드의 직류저항은 벌크저항에 전위장벽 효과를 더한 것과 같다. 다르게 말하자면 다이오드의 직류저항은 다이오드의 전체 저항이고, 반면에 벌크저항은 오직 p와 n영역만의 저항이다. 이 때문에 다이오드의 직류저항은 벌크저항보다 항상 더 크다.

3-9 부하선

이 절은 다이오드의 전류값과 전압값을 정확하게 구하려고 할 때 이용하는 **부하선** (load line)에 대한 설명이다. 부하선은 트랜지스터에서 활용된다. 그러므로 상세한 것은 차후 트랜지스터를 논할 때 설명될 것이다.

부하선에 관한 방정식

그림 3-16a에서 정확한 다이오드 전류와 전압을 어떻게 구하는가? 저항으로 흐르는 전류는

$$I_D = \frac{V_S - V_D}{R_S} \qquad (3\text{-}8)$$

이다. 직렬회로이므로, 이 전류가 다이오드 전류이다.

예제

그림 3-16b와 같이 전원전압이 2 V이고 저항이 100 Ω이면, 식 (3-8)은 다음과 같다.

$$I_D = \frac{2\ \text{V} - V_D}{100} \qquad (3\text{-}9)$$

식 (3-9)에서 전류와 전압은 선형관계이다. 만약 이 식을 좌표로 나타내면 직선이 될 것이다. 예를 들어 V_D를 0이라 하면 전류는 다음과 같다.

$$I_D = \frac{2\ \text{V} - 0\ \text{V}}{100\ \Omega} = 20\ \text{mA}$$

이 점($I_D = 20$ mA, $V_D = 0$)을 좌표로 표시하면, 그림 3-17에서 수직축상의 한 점으로 주어진다. 이 점은 100 Ω에 2 V로서 최대전류를 나타내기 때문에 이 점을 **포화**(satu-ration)라 부른다.

다른 한 점은 다음과 같이 구한다. V_D를 2 V라 한다. 그러면 식 (3-9)는 다음과 같다.

$$I_D = \frac{2\ \text{V} - 2\ \text{V}}{100\ \Omega} = 0$$

이 점($I_D = 0$, $V_D = 2$ V)을 좌표로 표시하면, 그림 3-17에서 수평축상의 한 점으로 주어지고, 최소전류를 나타내기 때문에 이 점을 **차단**(cutoff)이라 부른다.

몇 개의 전압을 더 정해서 이를 계산하면 점을 더 추가할 수 있다. 식 (3-9)는 선형이므로 모든 점들은 그림 3-17의 직선 위에 놓일 것이다. 이 직선을 **부하선**(load line)이라 한다.

Q점

그림 3-17은 부하선과 다이오드 곡선을 보인 것이다. Q점으로 알려져 있는 교차점은 다이오드 곡선과 부하선 간의 연립해를 나타낸다. 다른 말로 표현하면, Q점은 다이오드와 회로의 동작을 동시에 만족하는 그래프상의 유일한 점이다. Q점의 좌표를 읽으면 전류는 12.5 mA, 다이오드 전압은 0.75 V이다.

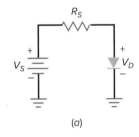

(a)

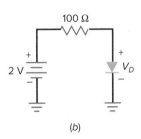

(b)

| **그림 3·16** | 부하선 해석

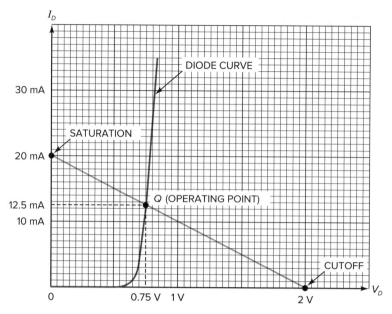

| 그림 3·17 | *Q*점은 다이오드 곡선과 부하선의 교차점이다.

설명을 더 하자면, *Q*점은 코일의 성능지수와 전혀 관계가 없다. 여기서 말하는 *Q*는 "정적인"이라는 뜻을 가진 quiescent의 약자이다. 반도체 회로의 *Q*점은 차후의 장에서 설명할 것이다.

3-10 표면부착형 다이오드

표면부착형(SM) 다이오드는 다이오드를 응용하는 곳이라면 어디서나 쉽게 발견된다. SM 다이오드는 작고, 효율적이며, 비교적 시험과 이동이 용이하고 또 회로기판에서 교체하기도 쉽다. SM 패키지의 모형은 여러 가지가 있지만 회사에서는 기본적인 두 모형, 즉 SM(surface mount)과 SOT(small outline transistor)를 주로 사용한다.

SM 패키지는 2개의 L-벤드 리드선이 붙어 있고, 몸체의 한쪽 끝에는 음극 리드선을 표시하는 유색 띠가 있다. 그림 3-18은 일련의 대표적인 치수이다. SM 패키지의 길이와 폭은 소자의 전류정격과 연관이 있다. 표면적이 넓을수록 전류정격은 더 크다. 그러므로 정격이 1 A인 SM 다이오드의 표면적은 0.181 × 0.115인치인 반면에 정격이 3 A이면 0.260 × 0.236인치의 크기를 갖는다. 두께는 모든 전류정격에서 약 0.103인치를 유지한다.

SM형 다이오드의 표면적이 증가하면 열 발산 능력이 향상되고, 부착하는 단자의 폭이 증가하면 솔더 조인트, 마운팅 면과 회로기판으로 구성된 가상 방열체로 열전도가 더 잘된다.

SOT-23 패키지는 3개의 갈매기 날개 모양의 단자가 붙어 있다(그림 3-19 참조). 단자는 위에서부터 반시계방향으로 번호가 매겨져 있으며, 핀 3은 한쪽에 따로 있다. 그러나 두 단자 중 어느 것을 음극과 양극으로 사용해야 하는가를 알려 주는 기준 표식은 없

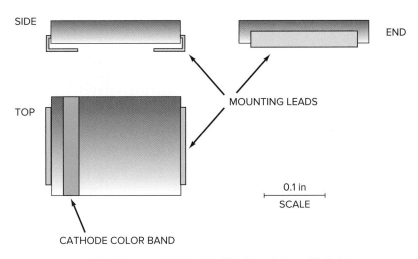

SIDE

END

MOUNTING LEADS

TOP

0.1 in
SCALE

CATHODE COLOR BAND

| 그림 3-18 | SM 다이오드에 사용되는 2단자 SM형 패키지

다. 다이오드의 내부 연결을 결정하려면, 회로기판에서 프린트된 단서를 찾거나, 구성도를 점검하거나, 혹은 다이오드 제조업자의 자료집을 참고할 수밖에 없다. 어떤 SOT형 패키지 안에는 2개의 다이오드가 들어 있는데, 여러 단자 중의 한 단자가 양극공통혹은 음극공통 연결이다.

SOT-23 패키지 안에 있는 다이오드는 작고, 치수는 0.1인치보다 작다. 크기가 작기때문에 많은 양의 열을 소산할 수 없는 어려움이 있다. 그래서 일반적으로 다이오드의정격을 1 A 이하로 한다. 크기가 작으므로 역시 그 위에 인식부호를 써 놓기도 어렵다.작은 SM 소자가 많이 들어 있으면 회로기판상의 여러 단서와 구성도를 보고 핀을 결정해야 한다.

3-11 전자시스템 소개

이 책에서는 다양한 전자 반도체 소자가 소개될 것이다. 각 소자들에는 고유한 속성과

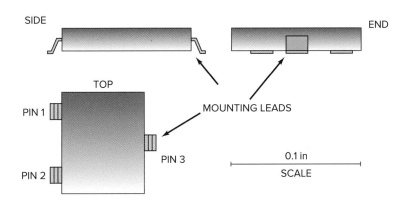

SIDE

END

TOP

PIN 1

MOUNTING LEADS

PIN 3

PIN 2

0.1 in
SCALE

| 그림 3-19 | SOT-23은 주로 SM 다이오드에 사용되는 3단자 트랜지스터 패키지이다.

특성이 있다. 이러한 개별적인 부품의 기능을 아는 것은 매우 중요하다. 그러나 이는 시작에 불과하다.

이러한 전자소자들은 일반적으로 스스로 그 기능을 하지는 못한다. 대신 저항, 커패시터, 인덕터 및 다른 반도체 소자와 같이 다른 전자 부품을 추가하여 상호연결될 때 전자회로를 형성한다. 이러한 전자회로는 종종 아날로그회로와 디지털회로 또는 증폭기, 변환기, 정류기 등과 같은 특별한 응용회로로 분류된다. 아날로그회로는 무한하게 변화하는 양(quantities)으로 동작하여 종종 선형 전자공학으로 언급되는 반면, 디지털회로는 일반적으로 논리값이나 숫자값을 표시하는 2개의 구별된 상태인 신호로 동작한다. 변압기, 다이오드, 커패시터 및 저항을 사용하는 기본적인 다이오드 정류회로가 그림 3-20a에 나와 있다.

다른 형태의 회로가 함께 연결되면 무슨 일이 발생하는가? 다양한 회로와 결합하여 기능 블록이 형성될 수 있다. 다단으로 구성될 수 있는 이러한 블록은 특별한 형태의 입력신호를 갖도록 설계되어 원하는 출력을 생산한다. 예를 들어 그림 3-20b는 10 mVp-p 입력으로 10 Vp-p 출력까지 신호레벨을 증가시키는 데 사용한 2단 증폭기이다.

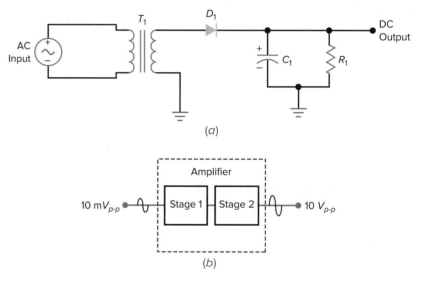

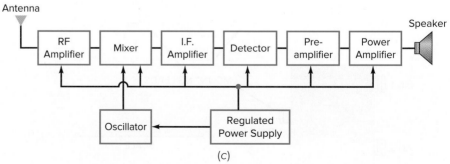

| 그림 3-20 | (a) 기본적인 다이오드 정류회로; (b) 증폭기 기능 블록; (c) 통신 수신기 구성도

CHAPTER 3 다이오드 이론

전자 기능 블록은 상호연결될 수 있는가? 당연히 된다. 전자공학 연구는 다양하고 동적이기 때문이다. 이렇게 상호연결된 전자 기능 블록은 기본적으로 전자시스템을 만든다. **전자시스템**(electronic system)은 자동화, 산업용 제어, 통신, 컴퓨터 정보, 보안시스템 등 다양한 영역에서 찾을 수 있다. 그림 3-20c는 기본적인 통신 수신기 시스템을 기능 블록으로 분해한 구성도이다. 이러한 구성도는 시스템을 고장점검할 때 매우 유용하다.

요약하면 반도체 부품은 회로를 형성하기 위해 다른 부품들과 결합된다. 회로들은 기능 블록이 되기 위해 결합될 수 있다. 기능 블록은 전자시스템을 형성하기 위해 상호연결될 수 있다. 한발 더 나아가 전자시스템은 복합 시스템을 형성하기 위해 종종 연결된다.

이러한 개념들이 어떻게 함께 동작하는지 이해를 돕기 위해 이 장에서는 디지털/아날로그 실습 시스템을 소개한다. 이 실습기는 아날로그와 디지털 회로의 제작, 시험 및 시제품을 만드는 데 사용된다. 이후 장들에서 나오는 많은 전자 소자들이 이 실습기에서 사용된다. 이 책의 몇몇 장들은 장 말미에 실습기 시스템과 관련된 문제가 있다. 개별적인 전자 부품은 어떻게 함께 동작하고 회로들은 어떻게 함께 기능을 하는지 경험하게 될 것이다.

이 실습 시스템의 회로도는 책 마지막 부분에 있는 부록 C에 수록되어 있다.

요점 __ *Summary*

3-1 기본 개념
다이오드는 비선형 소자이다. 무릎전압은 실리콘 다이오드인 경우 약 0.7 V. 순방향 곡선이 위로 구부러지는 곳이다. 벌크저항은 p와 n영역의 옴성 저항이다. 다이오드는 최대 순방향 전류와 전력정격을 갖는다.

3-2 이상적인 다이오드
이것은 다이오드의 제1근사해석으로서 등가회로는 순방향 바이어스일 때 닫힌 스위치, 역방향 바이어스일 때 열린 스위치이다.

3-3 제2근사해석
이 근사해석은 실리콘 다이오드를 0.7 V의 무릎전압과 직렬인 스위치로 생각한다. 만약 다이오드를 바라보는 테브난 전압이 0.7 V 이상이면 스위치는 닫힌다.

3-4 제3근사해석
이 근사해석은 벌크저항이 무시할 수 있을 정도로 매우 작기 때문에 드물게 사용된다. 이근사해석에서 다이오드는 무릎전압과 벌크저항이 직렬로 연결된 스위치라고 생각한다.

3-5 고장점검
다이오드가 고장인가 의심스러우면 회로에서 다이오드를 분리하여 저항계로 양방향의 저항을 측정하라. 어떤 방향에서 고저항 그리고 반대방향에서 저저항이 적어도 1000 : 1의 비율이 되어야 한다. 다이오드를 검사할 때 다이오드의 손상을 예방하기 위해 저항 범위를 충분히 높게 해야 된다는 것을 기억하라. DMM은 다이오드가 순방향 바이어스일 때 0.5∼0.7 V, 역방향 바이어스일 때 범위 초과 표시를 화면에 나타낼 것이다.

3-6 데이터시트 읽기
데이터시트는 회로 설계자에게 유익하고, 가끔 있는 일이지만 수리기사가 대용 소자를 고를 때 도움이 될 것이다. 여러 제조업자들이 각각 만든 다이오드 데이터시트의 정보는 거의 비슷하다. 그렇지만 동작조건들을 나타내는 기호는 각각 다르다. 다이오드 데이터시트에는 다음의 사항들이 기입되어 있다: 항복전압(V_R, V_{RRM}, V_{RWM}, PIV, PRV, BV), 최대 순방향 전류($I_{F(max)}$, $I_{F(av)}$, I_0), 순방향 전압강하($V_{F(max)}$, V_F), 그리고 최대 역방향 전류($I_{R(max)}$, I_{RRM}).

3-7 벌크저항 계산법
제3근사해석의 순방향 영역에서 두 점이 필요하다. 한 점은 영 전류와 0.7 V가 될 수 있고, 다른 한 점은 전압과 전류가 주어져 있는 데이터시트에서 순방향 전류가 큰 지점으로 정한다.

3-8 다이오드의 직류저항
직류저항은 어떤 동작점에서 다이오드 전압을 다이오드 전류로 나눈 값이다. 이 저항은 저항계로 측정이 된다. 직류저항은 순방향일 때 작고, 역방향일 때 크다는 것조차도 응용이 안 된다.

3-9 부하선

다이오드 회로에서 전류와 전압은 다이오드 곡선과 부하저항에서 옴의 법칙을 만족해야 한다. 이 두 요구사항을 그래프 적으로 해석해 보면 다이오드 곡선과 부하선의 교점이다.

3-10 표면부착형 다이오드

표면부착형 다이오드는 최근에 전자회로 기판에서 자주 보인다. 이 다이오드는 작고, 효율적이고, 대표적으로 SM 혹은 SOT(small outline transistor) 패키지형이 발견된다.

3-11 전자시스템 소개

반도체 부품들은 회로를 형성하기 위해 연결된다. 회로는 기능 블록을 위해 연결될 수 있고, 기능 블록은 전자시스템을 형성하기 위해 서로 연결될 수 있다.

중요 수식 __ *Important Formulas*

(3-1) 실리콘 무릎전압:

$V_K \approx 0.7\ \text{V}$

(3-2) 벌크저항:

$R_B = R_P + R_N$

(3-3) 다이오드 전력소모:

$P_D = V_D I_D$

(3-4) 최대 전력소모:

$P_{max} = V_{max} I_{max}$

(3-5) 제3근사해석:

$V_D = 0.7\ \text{V} + I_D R_B$

(3-6) 벌크 무시:

$R_B < 0.01 R_{TH}$

(3-7) 벌크저항:

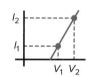

$R_B = \dfrac{V_2 - V_1}{I_2 - I_1}$

연관 실험 __ *Correlated Experiments*

실험 5

　다이오드 곡선

실험 6

　다이오드 근사해석

시스템 응용 1

　입력단 보호

복습문제 __ *Self-Test*

1. 전압 대 전류의 그래프가 직선일 때 그 소자는 _____적이라고 한다.
　a. 능동　　　　b. 선형
　c. 비선형　　　d. 수동

2. 저항은 어떤 소자인가?
　a. 단방향　　　b. 선형
　c. 비선형　　　d. 쌍극

3. 다이오드는 어떤 소자인가?
　a. 양방향　　　b. 선형
　c. 비선형　　　d. 단극

4. 다이오드가 도전하지 않는 바이어스는?
　a. 순방향　　　b. 역방향(inverse)
　c. 부족　　　　d. 역방향(reverse)

5. 다이오드 전류가 많이 흐를 때, 바이어스는?
　a. 순방향　　　b. 역방향(inverse)
　c. 부족　　　　d. 역방향(reverse)

6. 다이오드의 무릎전압은 대략 _____과 같다.
　a. 인가전압　　b. 전위장벽

c. 항복전압   d. 순방향 전압

7. 역방향 전류는 소수캐리어 전류와 _____로 구성된다.
   a. 애벌랜치 전류
   b. 순방향 전류
   c. 표면누설 전류
   d. 제너 전류

8. 순방향 바이어스일 때, 제2근사해석에서 실리콘 다이오드의 전압은?
   a. 0   b. 0.3 V
   c. 0.7 V   d. 1 V

9. 역방향 바이어스일 때, 제2근사해석에서 실리콘 다이오드의 전류는?
   a. 0
   b. 1 mA
   c. 300 mA
   d. 위의 보기에 없음

10. 다이오드의 이상적 근사해석에서 순방향 다이오드의 전압은?
    a. 0   b. 0.7 V
    c. 0.7 V 이상 d. 1 V

11. 1N4001의 벌크저항은?
    a. 0   b. 0.23 Ω
    c. 10 Ω   d. 1 kΩ

12. 벌크저항이 0이면, 무릎 윗부분의 그래프는?
    a. 수평이 된다.
    b. 수직이 된다.
    c. 45°로 기울어진다.
    d. 위의 보기는 모두 틀린 답이다.

13. 일반적으로 이상적인 다이오드는 어떤 경우에 적합한가?
    a. 고장점검할 때
    b. 정밀한 계산을 할 때
    c. 전원전압이 낮을 때
    d. 부하저항이 작을 때

14. 제2근사해석은 언제 적합한가?
    a. 고장점검할 때
    b. 부하저항이 클 때
    c. 전원전압이 높을 때
    d. 위의 모든 경우

15. 제3근사해석을 적용하지 않으면 안 되는 경우는?
    a. 부하저항이 낮을 때
    b. 전원전압이 높을 때
    c. 고장점검할 때
    d. 위의 보기에 없음

16. **|||MultiSim** 그림 3-21에서 다이오드가 이상적일 때 부하전류는?
    a. 0
    b. 11.3 mA
    c. 12 mA
    d. 25 mA

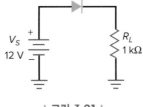

| 그림 3-21 |

17. **|||MultiSim** 그림 3-21에서 제2근사해석을 적용할 때 부하전류는?
    a. 0
    b. 11.3 mA
    c. 12 mA
    d. 25 mA

18. **|||MultiSim** 그림 3-21에서 제3근사해석일 때 부하전류는?
    a. 0   b. 11.3 mA
    c. 12 mA   d. 25 mA

19. **|||MultiSim** 그림 3-21에서 다이오드가 개방일 때 부하전압은?
    a. 0   b. 11.3 V
    c. 20 V   d. −15 V

20. **|||MultiSim** 그림 3-21에서 저항을 비접지하고, DDM으로 저항의 상단과 접지 사이를 측정한 전압에 가장 가까운 값은?
    a. 0   b. 12 V
    c. 20 V   d. −15 V

21. **|||MultiSim** 그림 3-21에서 측정한 부하전압이 12 V이다. 고장은?
    a. 다이오드 단락
    b. 다이오드 개방
    c. 부하저항 개방
    d. 공급전압 과다

22. 그림 3-21에 제3근사해석을 적용한다. 다이오드의 벌크저항을 고려할 때, R_L은 얼마가 되어야 하는가?
    a. 1 Ω   b. 10 Ω
    c. 23 Ω   d. 100 Ω

기본문제 __ *Problems*

3-1 기본 개념

3-1 다이오드가 220 Ω과 직렬 연결되어 있다. 저항 양단전압이 6 V이면, 다이오드를 흐르는 전류는 얼마인가?

3-2 다이오드의 전압이 0.7 V, 전류가 100 mA이다. 다이오드 전력은 얼마인가?

3-3 2개의 다이오드가 직렬 연결되어 있다. 첫 번째 다이오드는 전압이 0.75 V이고, 두 번째 다이오드는 전압이 0.8 V이다. 첫 번째 다이오드에 흐르는 전류가 400 mA이면, 두 번째 다이오드에 흐르는 전류는 얼마인가?

3-2 이상적인 다이오드

3-4 그림 3-22*a*에서 부하전류, 부하전압, 부하전력, 다이오드 전력과 전체 전력을 계산하라.

3-5 만약 그림 3-22*a*에서 저항이 2배이면, 부하전류는?

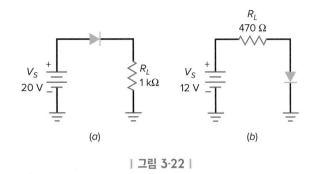

| 그림 3·22 |

3-6 그림 3-22b에서 부하전류, 부하전압, 부하전력, 다이오드 전력과 전체 전력을 계산하라.

3-7 만약 그림 3-22b에서 저항이 2배이면, 부하전류는?

3-8 그림 3-22b에서 다이오드 극성이 반대이면 다이오드 전류는 얼마인가? 그리고 다이오드 전압은?

3-3 제2근사해석
3-9 그림 3-22a에서 부하전류, 부하전압, 부하전력, 다이오드 전력과 전체 전력을 계산하라.

3-10 만약 그림 3-22a에서 저항이 2배이면, 부하전류는?

3-11 그림 3-22b에서 부하전류, 부하전압, 부하전력, 다이오드 전력과 전체 전력을 계산하라.

3-12 만일 그림 3-22b에서 저항이 2배이면, 부하전류는?

3-13 만약 그림 3-22b에서 다이오드 극성이 반대이면, 다이오드 전류는 얼마인가? 그리고 다이오드 전압은?

3-4 제3근사해석
3-14 그림 3-22a에서 부하전류, 부하전압, 부하전력, 다이오드 전력과 전체 전력을 계산하여라(R_B = 0.23 Ω).

3-15 만약 그림 3-22a에서 저항이 2배이면, 부하전류는(R_B = 0.23 Ω)?

3-16 그림 3-22b에서 부하전류, 부하전압, 부하전력, 다이오드 전력과 전체 전력을 계산하여라(R_B = 0.23 Ω).

3-17 만약 그림 3-22b에서 저항이 2배이면, 부하전류는(R_B = 0.23 Ω)?

3-18 그림 3-22b에서 다이오드 극성이 반대이면, 다이오드 전류는 얼마인가? 그리고 다이오드 전압은?

3-5 고장점검
3-19 그림 3-23a에서 다이오드 전압이 5 V라고 가정한다. 다이오드는 개방인가 혹은 단락인가?

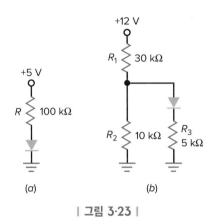

| 그림 3·23 |

3-20 그림 3-23a에서 어떤 원인으로 R이 단락되었다. 다이오드 전압은 얼마인가? 다이오드는 어떻게 되는가?

3-21 그림 3-23a에서 다이오드에 걸리는 전압은 0 V이었다. 그리고 전원전압을 체크했더니 접지 기준 +5 V이었다. 회로 고장은 무엇인가?

3-22 그림 3-23b에서 R_1과 R_2의 연결점에서 측정한 전위가 +3 V이다. (전위는 항상 접지를 기준하고 있음을 기억하라.) 그리고 다이오드와 5 kΩ 저항의 연결점에서 측정한 전위가 0 V이다. 예상되는 고장을 모두 열거하라.

3-23 DMM으로 다이오드를 검사한 값이 순방향과 역방향에서 0.7 V와 1.8 V이다. 이 다이오드는 양호한가?

3-6 데이터시트 읽기
3-24 피크 반복 역방향 전압 300 V를 견딜 수 있게 하려면 1N4000 계열 중에서 어느 다이오드를 선택해야 하는가?

3-25 데이터시트를 보면 다이오드의 한쪽 끝에 띠가 있다. 이 띠의 이름이 무엇인가? 그림기호의 화살표는 이 띠를 향하고 있는가, 아니면 반대방향을 향하고 있는가?

3-26 끓는 물의 온도는 100°C이다. 만일 끓는 물이 들어 있는 항아리 안으로 1N4001을 떨어뜨리면 다이오드가 파손되는지 아닌지 답하라.

응용문제 __ *Critical Thinking*

3-27 어떤 다이오드가 최악인 경우 특성이 다음과 같다.

다이오드	I_F	I_R
1N914	1 V일 때 10 mA	20 V일 때 25 nA
1N4001	1.1 V일 때 1 A	50 V일 때 10 μA
1N1185	0.95 V일 때 10 A	100 V일 때 4.6 mA

각 다이오드에 대한 순방향과 역방향 저항을 계산하라.

3-28 그림 3-23a에서, 대략 20 mA의 다이오드 전류를 흘리려면 R값은?

3-29 그림 3-23b에서, 0.25 mA의 다이오드 전류를 흐르게 하려면 R_2값은?

3-30 실리콘 다이오드는 1 V에서 순방향으로 500 mA의 전류가 흐른다. 제3근사해석에서 벌크저항을 계산하라.

3-31 실리콘 다이오드의 역방향 전류가 25°C에서 5 μA, 그리고 100°C에서 100 μA이다. 표면누설전류를 계산하라.

3-32 그림 3-23b에서 전원을 끄고 R_1의 윗부분을 접지시킨다. 그리고 저항계로 다이오드의 순방향 저항과 역방향 저항을 측정한다. 두 측정치가 같다. 저항계의 지시값은 얼마인가?

3-33 도난경보기나 컴퓨터 같은 시스템은 주 전원 전력이 고장 난 경우 백업전지를 사용한다. 그림 3-24의 회로가 어떻게 작동하는지 설명하라.

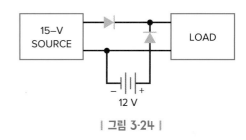

| 그림 3-24 |

MultiSim 고장점검 문제 __ *MultiSim Troubleshooting Problems*

멀티심 고장점검 파일들은 http://mhhe.com/malvino9e의 온라인학습센터(OLC)에 있는 멀티심 고장점검 회로(MTC)라는 폴더에서 찾을 수 있다. 이 장에 관련된 파일은 MTC03-34~MTC03-38로 명칭되어 있고 모두 그림 3-23b의 회로를 바탕으로 한다.

각 파일을 열고 고장점검을 실시한다. 결함이 있는지 결정하기 위해 측정을 실시하고, 결함이 있다면 무엇인지를 찾아라.

3-34 MTC03-34 파일을 열어 고장점검을 실시하라.

3-35 MTC03-35 파일을 열어 고장점검을 실시하라.

3-36 MTC03-36 파일을 열어 고장점검을 실시하라.

3-37 MTC03-37 파일을 열어 고장점검을 실시하라.

3-38 MTC03-38 파일을 열어 고장점검을 실시하라.

디지털/아날로그 실습 시스템 __ *Digital/Analog Trainer System*

문제 3-39에서 3-43은 부록 C에 있는 디지털/아날로그 실습 시스템의 회로도에 대한 것이다. 모델 XK-700 실습기용 전체 설명 매뉴얼은 www.elenco.com에서 찾을 수 있다.

3-39 D_1은 어떤 종류의 다이오드인가?

3-40 D_1은 1N4002 다이오드로 대체될 수 있는가? 그렇다면 왜 그런지, 혹은 왜 그렇지 않은지 설명하라.

3-41 다이오드 D_5와 D_6의 어느 부분이 함께 연결되어 있는가? 애노드 혹은 캐소드?

3-42 일반적으로 D_{14}는 순방향 바이어스 되는가 혹은 역방향 바이어스 되는가?

3-43 일반적으로 D_{15}는 순방향 바이어스 되는가 혹은 역방향 바이어스 되는가?

직무 면접 문제 __ *Job Interview Questions*

다음 질문에 대해 대답하는 데 도움이 된다면 언제든지 회로, 그래프, 혹은 어떤 다른 그림들을 그려도 된다. 만약 말과 그림을 연결하여 설명할 수 있으면 본인이 그 내용을 잘 이해하고 있다는 것이다. 만약 주위에 다른 사람들이 없다면 실제 면접이라고 생각하고 큰 소리로 말하라. 이렇게 연습하면 차후 실제로 면접을 할 때 마음이 편안할 것이다.

1. 이상적인 다이오드라는 말을 들어 본 적이 있는가? 만약 들어보았다면 그것은 무엇이며 또 언제 사용하는지 말하라.

2. 다이오드의 근사해석 중에 제2근사해석이 있다. 등가회로가 무엇인지 설명하고 실리콘 다이오드가 도전할 때의 등가회로를 설명하라.

3. 다이오드 곡선을 그리고 곡선의 특이한 부분을 설명하라.

4. 실험대 위에 있는 회로에 다이오드를 꽂을 때마다 다이오드가 계속 파손된다. 이 다이오드의 데이터시트가 있다면 점검해야 할 내용은 무엇인가?

5. 다이오드가 순방향 바이어스일 때와 역방향 바이어스일 때 다이오드는 무엇처럼 동작하는가? 가장 기본적인 용어로 말하라.

6. 게르마늄 다이오드와 실리콘 다이오드의 대표적인 무릎전압의 차이는 얼마인가?

7. 기술자들이 회로를 절단하지 않고 다이오드에 흐르는 전류를 결정하기 위해 사용하는 좋은 기술은 무엇인가?

8. 회로기판에서 다이오드가 결함이 있다고 의심이 되면, 실제로 결함 유무를 알아보기 위해 어떤 절차를 밟아야 하는가?

9. 다이오드를 사용하려면 역방향 저항이 순방향 저항보다 얼마나 더 커야 하는가?

10. 오락용 자동차에서 2차 전지의 방전을 예방하려면 다이오드를 어떻게 연결해야 하는가? 그리고 어떤 방법으로 계속 교류 발전기에서 충전되도록 할 것인가?

11. 회로에 꽂혀 있는, 혹은 회로 밖에 있는 다이오드를 검사하는 장비는 어떤 것이 있는가?

12. 다수와 소수 캐리어를 포함하여 다이오드의 동작을 상세히 설명하라.

복습문제 해답 __ *Self-Test Answers*

1.	b	**5.**	a	**9.**	a	**13.**	a	**17.**	b	**21.**	a
2.	b	**6.**	b	**10.**	a	**14.**	d	**18.**	b	**22.**	c
3.	c	**7.**	c	**11.**	b	**15.**	a	**19.**	a		
4.	d	**8.**	c	**12.**	b	**16.**	c	**20.**	b		

연습문제 해답 ___ *Practice Problem Answers*

3-1 D_1은 역방향 바이어스; D_2는 순방향 바이어스

3-2 $P_D = 2.2$ W

3-3 $I_L = 5$ mA

3-4 $V_L = 2$ V; $I_L = 2$ mA

3-5 $V_L = 4.3$ V; $I_L = 4.3$ mA; $P_D = 3.01$ mW

3-6 $I_L = 1.77$ mA; $V_L = 1.77$ V; $P_D = 1.24$ mW

3-8 $R_T = 10.23\ \Omega$; $I_L = 420$ mA; $V_L = 4.2$ V; $P_D = 335$ mW

chapter 4

다이오드 회로

Diode Circuits

대부분의 전자시스템이 제대로 작동하려면 직류전압원이 필요하다. 이 직류전압원은 충전된 배터리 또는 공급된 교류전압에서 생성될 수 있다. 전력선전압은 교번적이고 일반적으로 너무 높은 값이기 때문에 교류 선전압을 낮추고, 상대적으로 일정한 직류 출력전압으로 변환해야 한다. 이 직류전압을 생성하는 전자시스템의 일부분을 전원공급장치라 부른다. 전원공급장치에는 전류가 한 방향으로만 흐르게 하는 회로가 있다. 이 회로를 **정류기**(rectifier)라 한다. 그 외의 회로는 직류출력을 필터 및 조정한다. 이 장에서는 정류기 회로, 필터, 전압조정기 소개, 클리퍼, 클램퍼 및 전압 배율기에 대해 설명한다.

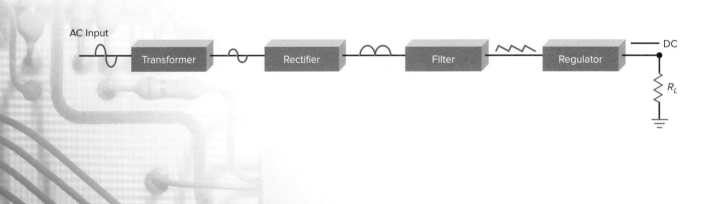

학습목표

이 장을 공부하고 나면

- 반파정류기의 도형을 그리고 그 동작을 설명할 수 있어야 한다.
- 전원에서 입력 변압기의 역할을 기술할 수 있어야 한다.
- 전파정류기의 도형을 그리고 그 동작을 설명할 수 있어야 한다.
- 브리지정류기의 도형을 그리고 그 동작을 설명할 수 있어야 한다.
- 커패시터입력 필터와 이 필터의 서지전류를 해석할 수 있어야 한다.
- 정류기 데이터시트에서 찾은 세 가지 중요한 특성을 열거할 수 있어야 한다.
- 클리퍼 동작을 설명하고 파형을 그릴 수 있어야 한다.
- 클램퍼 동작을 설명하고 파형을 그릴 수 있어야 한다.
- 전압 배율기의 동작을 기술할 수 있어야 한다.
- 전원의 고장점검을 할 수 있어야 한다.

목차

주요 용어

IC 전압조정기
(IC voltage regulator)

단방향 부하전류
(unidirectional load current)

리플(ripple)

반파정류기(half-wave rectifier)

브리지정류기(bridge rectifier)

서지저항(surge resistor)

서지전류(surge current)

수동필터(passive filter)

스위칭 레귤레이터
(switching regulator)

신호의 직류값(dc value of signal)

유극 커패시터
(polarized capacitor)

전압 배율기(voltage multiplier)

전원(power supply)

전파정류기(full-wave rectifier)

정류기(rectifier)

집적회로(integrated circuit)

초크입력 필터(choke-input filter)

커패시터입력 필터
(capacitor-input filter)

클램퍼(clamper)

클리퍼(clipper)

피크 검출기(peak detector)

피크 역전압
(peak inverse voltage)

필터(filter)

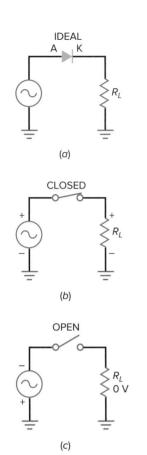

| 그림 4-1 | (a) 이상적인 반파정류기; (b) 양의 반사이클일 때; (c) 음의 반사이클일 때

4-1 반파정류기

그림 4-1a는 **반파정류기**(half-wave rectifier) 회로이다. 교류전원은 정현전압을 발생한다. 이상적인 다이오드이면 전원전압이 양의 반사이클일 때 다이오드는 순방향 바이어스가 될 것이다. 그림 4-1b와 같이 스위치가 닫히므로 전원전압의 양의 반사이클이 부하저항에 나타난다. 음의 반사이클일 때 다이오드는 역방향 바이어스가 된다. 이 경우 이상적인 다이오드는 그림 4-1c와 같이 열린 스위치로 보일 것이므로 부하저항에는 아무런 전압도 나타나지 않는다.

이상적인 파형

그림 4-2a는 입력전압 파형이다. 이것은 순시값 v_{in}과 피크값 $V_{p(in)}$을 가진 정현파이다. 이와 같은 순수한 정현파는 순시전압이 반사이클마다 크기는 같고 극성이 반대이므로 한 사이클의 평균값은 0이다. 만일 이 전압을 직류전압계로 측정하면, 직류전압계는 평균값을 지시하기 때문에 0을 지시할 것이다.

그림 4-2b의 반파정류기에서 다이오드는 양의 반사이클 동안 도전하고, 음의 반사이클 동안에는 도전하지 않는다. 이 때문에 그림 4-2c와 같이 회로가 음의 반사이클을 잘라 없애 버린다. 이와 같은 파형을 **반파신호**(*half-wave signal*)라 한다. 이 반파전압으로 **단방향 부하전류**(unidirectional load current)가 발생한다. 이것은 전류가 단지 한 방향으로 흐른다는 것을 의미한다. 만약 다이오드가 역방향이면 출력펄스는 음이 될 것이다.

반파신호는 그림 4-2c와 같이 최대까지 증가한 후 0으로 떨어져서 음의 반사이클 동안 계속 0에서 머무는 맥동성의 직류전압이다. 이 신호는 전자장비에 필요한 직류전압의 유형이 아니다. 우리가 필요한 것은 전지에서 얻는 것과 같은 일정 전압이다. 이런

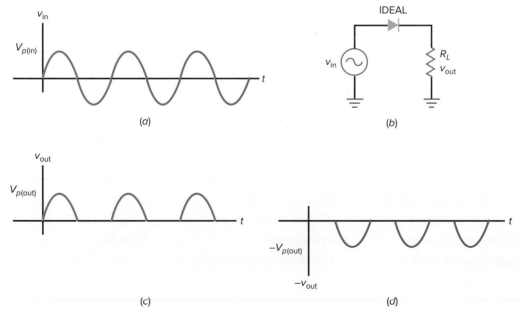

| 그림 4-2 | (a) 반파정류기의 입력; (b) 회로; (c) 반파정류기의 양의 출력; (d) 반파정류기의 음의 출력

종류의 전압을 얻으려면 반파신호를 **여과**(filter)해야 한다(이 장의 뒷부분에서 설명).

　　고장점검 시 반파정류기의 해석에 이상적인 다이오드를 사용할 수 있다. 이것은 피크 출력전압이 피크 입력전압과 같다고 기억하면 된다.

$$\text{이상적인 반파: } V_{p(\text{out})} = V_{p(\text{in})} \tag{4-1}$$

반파신호의 직류값

신호의 직류값(dc value of a signal)은 평균값과 같다. 만일 신호를 직류전압계로 측정하면 평균값을 지시할 것이다. 기초과정에서 반파신호의 직류값을 유도하였다. 수식은 다음과 같다.

$$\text{반파: } V_{\text{dc}} = \frac{V_p}{\pi} \tag{4-2}$$

이 유도를 증명하려면 한 사이클의 평균값을 구해야 하므로 미적분이 필요하다.

　$1/\pi \approx 0.318$이므로, 식 (4-2)를 다음과 같이 쓸 수 있다.

$$V_{\text{dc}} \approx 0.318 V_p$$

수식을 이렇게 표현하면 직류 혹은 평균값은 피크값의 31.8%와 같다는 것을 알 수 있다. 예를 들어 반파신호의 피크전압이 100 V이면 직류전압 혹은 평균전압은 31.8 V이다.

출력주파수

출력주파수는 입력주파수와 같다. 이것은 그림 4-2*c*를 그림 4-2*a*와 비교하면 이해될 것이다. 입력전압의 매 사이클에서 출력전압 한 사이클이 생긴다. 그러므로

$$\text{반파: } f_{\text{out}} = f_{\text{in}} \tag{4-3}$$

이 유도는 뒤의 필터 부분에서 사용될 것이다.

제2근사해석

부하저항에서는 완벽한 반파전압이 얻어지지 않는다. 다이오드는 전위장벽 때문에 교류 전원전압이 대략 0.7 V가 될 때까지 동작하지 않는다. 피크 전원전압이 0.7 V보다 훨씬 클 때 부하전압이 반파신호를 닮는다. 예를 들어 만일 피크 전원전압이 100 V이면 부하전압은 완벽한 반파전압에 매우 가까운 파형이 될 것이다. 만약 피크 전원전압이 5 V이면 부하전압은 4.3 V의 피크를 가질 것이다. 보다 좋은 답을 얻으려고 한다면 다음 유도를 이용하라.

$$\text{제2근사해석 반파: } V_{p(\text{out})} = V_{p(\text{in})} - 0.7 \text{ V} \tag{4-4}$$

고차근사해석

대부분의 설계자들은 벌크저항이 다이오드를 바라보는 테브난 저항보다 더 작다고 알고 있다. 이런 이유 때문에 거의 모든 경우에 벌크저항을 무시한다. 제2근사해석으로 얻을 수 있는 것보다 더 정밀한 답이 필요하면 컴퓨터나 MultiSim 같은 회로 시뮬레이터를 사용해야 한다.

응용예제 4-1   ‖‖ MultiSim

그림 4-3은 실험대 혹은 MultiSim이 있는 컴퓨터 스크린에서 구성할 수 있는 반파정류기이다. 오실로스코프를 1 kΩ에 연결하면 반파 부하전압을 볼 수 있다. 그리고 직류 부하전압을 측정하기 위해 멀티미터를 1 kΩ에 연결하면 직류 부하전압을 측정할 수 있다. 피크 부하전압과 직류 부하전압의 이론적인 값을 계산하고 이를 오실로스코프와 멀티미터의 지시값과 비교하라.

풀이 그림 4-3을 보면 교류전원은 10 V와 60 Hz이다. 구성도에서는 교류 전원전압을 일반적으로 실효값 혹은 rms값으로 표시한다. **실효값**(*effective value*)은 교류전압과 동일한 발열효과를 내는 직류전압값이라는 사실을 생각하라.

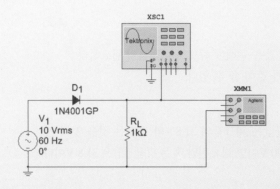

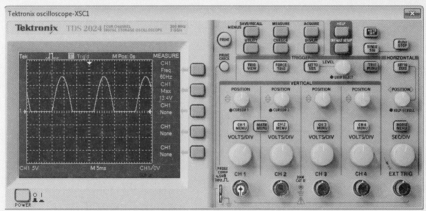

Courtesy of National Instruments

Courtesy of National Instruments

| 그림 4-3 | 반파정류기의 실습 예

전원전압이 10 V_rms이므로 먼저 교류전원의 피크값부터 계산해야 한다. 사인파의 실효값은 초기과정에서 이미 알고 있다. 즉

$$V_{rms} = 0.707 V_p$$

따라서 그림 4-3에서 피크 전원전압은

$$V_p = \frac{V_{rms}}{0.707} = \frac{10 \text{ V}}{0.707} = 14.1 \text{ V}$$

이다. 이상적인 다이오드이면 피크 부하전압은

$$V_{p(out)} = V_{p(in)} = 14.1 \text{ V}$$

이고, 직류 부하전압은 다음과 같다.

$$V_{dc} = \frac{V_p}{\pi} = \frac{14.1 \text{ V}}{\pi} = 4.49 \text{ V}$$

제2근사해석이면 피크 부하전압은

$$V_{p(out)} = V_{p(in)} - 0.7 \text{ V} = 14.1 \text{ V} - 0.7 \text{ V} = 13.4 \text{ V}$$

이고, 직류 부하전압은 다음과 같다.

$$V_{dc} = \frac{V_p}{\pi} = \frac{13.4 \text{ V}}{\pi} = 4.27 \text{ V}$$

그림 4-3을 보면 오실로스코프와 멀티미터의 지시값들이 나와 있다. 오실로스코프의 채널 1은 주요 눈금당 5 V(5 V/Div)이다. 반파신호의 피크값이 13과 14 V 사이에 있으므로 이것은 제2근사해석의 결과와 같다. 멀티미터 역시 지시값이 약 4.22 V이므로 이론적인 값과 잘 일치한다.

연습문제 4-1　그림 4-3을 사용하고, 교류 전원전압을 15 V로 바꾸어라. 제2근사해석으로 직류 부하전압 V_{dc}를 계산하라.

4-2 변압기

미국의 전력회사는 공칭 선전압 120 V_rms와 주파수 60 Hz를 공급한다. 전력단자에서 나오는 실제 전압은 그 날의 시간, 장소와 또 다른 요인에 따라 105~125 V_rms까지 변한다. 선전압은 전자장비의 회로에 사용하기에는 너무 높다. 그러므로 거의 모든 전자장비의 전원공급부에 변압기가 쓰인다. 변압기는 선전압을 다이오드, 트랜지스터, 그리고 다른 반도체 소자에 사용할 수 있도록 더 안전하고 더 낮은 레벨로 강하한다.

기본 개념

기초과정에서 변압기를 상세히 설명하였다. 이 장은 간단한 복습이다. 그림 4-4에 변압기가 있다. 변압기의 1차 권선에 선전압이 인가된다. 전원 플러그에는 장비의 접지를 위

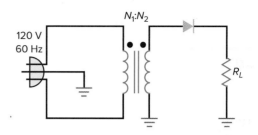

| 그림 4·4 | 변압기가 있는 반파정류기

한 제3의 뾰족한 날(a third prong)이 있다. 권선비 N_1/N_2 때문에, 2차 전압은 N_1이 N_2보다 더 클 때 떨어진다.

위상 점표식

권선 위의 두 단자에 보이는 위상 점표식(dot)의 의미를 다시 생각해 보라. 점표식이 있는 두 단자는 순간적으로 동일 위상을 갖는다. 다른 말로 표현하면 양의 반사이클이 1차에 나타나면 2차에도 양의 반사이클이 나타난다. 만약 2차의 점표식이 접지 쪽에 있으면 2차 전압은 1차 전압과 180°의 위상차가 있다.

 1차 전압이 양의 반사이클일 때, 2차 권선은 양의 반사인파가 되고 다이오드는 순방향 바이어스된다. 1차 전압이 음의 반사이클이면, 2차 권선은 음의 반사이클이 되고 다이오드는 역방향 바이어스이다. 이상적인 다이오드이면 반파 부하전압이 얻어진다.

권선비

초급과정에서 배운 다음 유도를 다시 생각해 보라.

$$V_2 = \frac{V_1}{N_1/N_2} \tag{4-5}$$

2차 전압은 1차 전압을 권선비로 나눈 것과 같다는 것을 의미한다. 가끔 이 식이 다음과 같이 표현된다.

$$V_2 = \frac{N_2}{N_1} V_1$$

2차 전압은 권선비의 역수에 1차 전압을 곱한 것과 같다는 것을 의미한다.

 이 수식은 실효값, 피크값, 순시전압 어느 경우라도 적용할 수 있다. 거의 대부분 교류 전원전압을 실효값으로 표시하므로 식 (4-5)도 주로 실효값으로 사용할 것이다.

 변압기를 취급할때 승압(*step-up*)과 강압(*step-down*)이라는 용어를 자주 접하게 된다. 이 용어는 항상 2차 전압을 1차 전압과 결부시킨다. 승압변압기는 1차보다 더 높은 2차 전압이 발생하고, 강압변압기는 1차보다 더 낮은 2차 전압이 발생한다.

예제 4-2

그림 4-5에서 피크 부하전압과 직류 부하전압은 얼마인가?

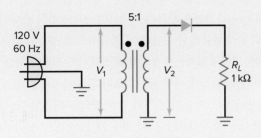

| 그림 4-5 | **변압기의 예**

풀이 변압기의 권선비가 5 : 1이다. 이것은 2차 전압의 실효치가 1차 전압의 1/5임을 의미한다.

$$V_2 = \frac{120 \text{ V}}{5} = 24 \text{ V}$$

그리고 피크 2차 전압은 다음과 같다.

$$V_p = \frac{24 \text{ V}}{0.707} = 34 \text{ V}$$

이상적인 다이오드이면 피크 부하전압은

$$V_{p(\text{out})} = 34 \text{ V}$$

이고, 직류 부하전압은

$$V_{\text{dc}} = \frac{V_p}{\pi} = \frac{34 \text{ V}}{\pi} = 10.8 \text{ V}$$

이다. 제2근사해석이면 피크 부하전압은

$$V_{p(\text{out})} = 34 \text{ V} - 0.7 \text{ V} = 33.3 \text{ V}$$

이며, 직류 부하전압은 다음과 같다.

$$V_{\text{dc}} = \frac{V_p}{\pi} = \frac{33.3 \text{ V}}{\pi} = 10.6 \text{ V}$$

연습문제 4-2 그림 4-5에서 변압기의 권선비를 2 : 1로 바꾸고, 이상적인 직류 부하전압을 구하라.

4-3 전파정류기

그림 4-6*a*는 **전파정류기**(full-wave rectifier) 회로이다. 2차 권선에 접지된 중간 탭이 있다. 전파정류기는 2개의 반파정류기와 등가이다. 중간 탭 때문에 각 반파정류기는 2차 전압의 반에 해당하는 입력전압을 갖는다. 다이오드 D_1은 양의 반사이클에서 도전하고, 다이오드 D_2는 음의 반사이클에서 도전한다. 결과적으로 정류된 부하전류는 두 반사이클 동안 계속 흐른다. 전파정류기는 2개의 반파정류기가 직접 결합된 것처럼 동작한다.

그림 4-6*b*는 양의 반사이클에 대한 등가회로이다. 보다시피 D_1은 순방향 바이어스이므로 부하저항에 + − 극성으로 표시된 것과 같은 양의 부하전압이 나타난다. 그림 4-6*c*는 음의 반사이클에 대한 등가회로이다. 이 경우 D_2는 순방향 바이어스되어, 역시 양의 부하전압이 나타난다.

두 반사이클 동안 부하전압은 같은 극성을 가지므로 부하전류는 같은 방향으로 흐른다. 이 회로를 **전파정류기**(*full-wave rectifier*)라 부른다. 왜냐하면 교류 입력전압이 그림 4-6*d*와 같은 맥동성의 직류 출력전압으로 변환되기 때문이다. 이 파형의 주요 특성들을 여기에서 설명한다.

직류 혹은 평균값

전파신호는 반파신호보다 양의 사이클이 2배이므로 직류 혹은 평균값도 2배이다.

$$\text{전파: } V_{dc} = \frac{2V_p}{\pi} \tag{4-6}$$

$2/\pi = 0.636$이므로 식 (4-6)을 다음과 같이 쓸 수 있다.

$$V_{dc} \approx 0.636 V_p$$

이 식에서 직류 혹은 평균값은 피크값의 63.6%임을 알 수 있다. 예를 들어 만일 전파신호의 피크전압이 100 V이면, 직류전압 혹은 평균값은 63.6 V이다.

출력주파수

반파정류기인 경우 출력주파수는 입력주파수와 같다. 그러나 전파정류기는 출력주파수에서 이상한 일이 생긴다. 교류 선전압은 주파수가 60 Hz이다. 그러므로 입력주기는 다음과 같다.

$$T_{in} = \frac{1}{f} = \frac{1}{60 \text{ Hz}} = 16.7 \text{ ms}$$

전파정류이므로, 전파신호의 주기는 입력주기의 반이다.

$$T_{out} = 0.5(16.7 \text{ ms}) = 8.33 \text{ ms}$$

(만일 의심스러우면 그림 4-6*d*와 그림 4-2*c*를 비교해 보라.) 출력주파수는 다음과 같이 계산된다.

$$f_{out} = \frac{1}{T_{out}} = \frac{1}{8.33 \text{ ms}} = 120 \text{ Hz}$$

참고사항

전파신호의 실효값은 $V_{rms} = 0.707 V_p$이고, 이것은 완전한 사인파의 V_{rms}와 같다.

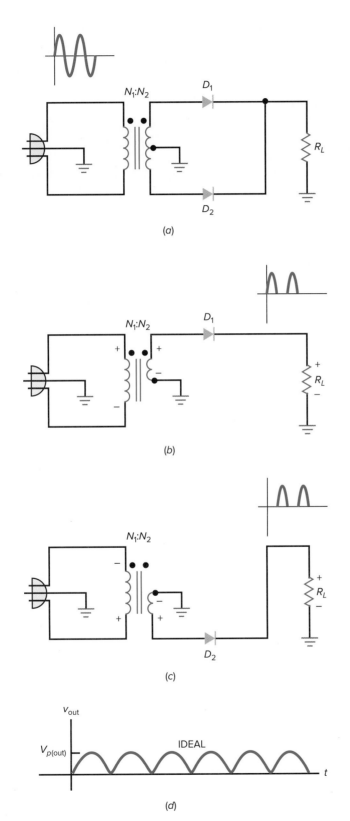

| 그림 4-6 | (a) 전파정류기; (b) 양의 반사이클에 대한 등가회로; (c) 음의 반사이클에 대한 등
가회로; (d) 전파 출력

전파신호의 주파수는 입력주파수의 2배이다. 이렇게 생각할 수 있다. 전파출력은 사인파 입력보다 사이클이 2배 많다. 전파정류기는 음의 반사이클을 모두 뒤집는다. 그러므로 양의 반사이클 수가 2배로 된다. 결과적으로 주파수가 2배로 된다. 유도에 따라

$$\text{전파: } f_{\text{out}} = 2f_{\text{in}} \tag{4-7}$$

제2근사해석

전파정류기는 2개의 반파정류기가 직접 결합된 것과 같기 때문에 앞에서 설명한 제2근사해석이 가능하다. 이 개념은 이상적 피크 출력전압에서 0.7 V를 빼는 것이다. 다음 예를 통하여 그 개념을 설명한다.

응용예제 4-3 |||||**MultiSim**

그림 4-7은 실험대 혹은 MultiSim이 있는 컴퓨터 스크린 위에서 구성할 수 있는 전파정류기이다. 오실로스코프의 채널 1은 1차 전압(사인파)이고, 채널 2는 부하전압(전파신호)이다. 양의 입력 트리거(trigger) 점으로 채널 1을 설정하라. 대부분의 오실로스코프는 더 높은 입력전압을 측정하기 위해 10× 프로브(probe)가 필요하다. 피크 입력과 출력 전압을 계산하라. 그리고 이론값과 측정값을 비교해 보라.

풀이 피크 1차 전압은 다음과 같다.

$$V_{p(1)} = \frac{V_{\text{rms}}}{0.707} = \frac{120 \text{ V}}{0.707} = 170 \text{ V}$$

10:1의 강압변압기이므로 피크 2차 전압은 다음과 같다.

$$V_{p(2)} = \frac{V_{p(1)}}{N_1/N_2} = \frac{170 \text{ V}}{10} = 17 \text{ V}$$

전파정류기는 2개의 반파정류기가 직접 결합된 것처럼 동작한다. 중간 탭 때문에 각 반파정류기의 입력전압은 2차 전압의 반이다.

$$V_{p(\text{in})} = 0.5(17 \text{ V}) = 8.5 \text{ V}$$

이상적이면, 출력전압은

$$V_{p(\text{out})} = 8.5 \text{ V}$$

이고, 제2근사해석을 적용하면

$$V_{p(\text{out})} = 8.5 \text{ V} - 0.7 \text{ V} = 7.8 \text{ V}$$

이론값과 측정값을 비교해 보자. 채널 1의 감도는 50 V/Div이다. 사인파 입력이 약 3.4 Div이므로 그 피크값은 대략 170 V이다. 채널 2는 감도가 5 V/Div이고, 전파출력이 대략 1.4 Div이므로 피크값은 대략 7 V이다. 입력과 출력의 두 지시치는 이론값과 어느정도 일치한다.

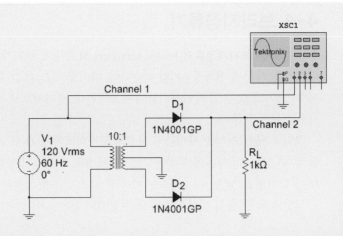

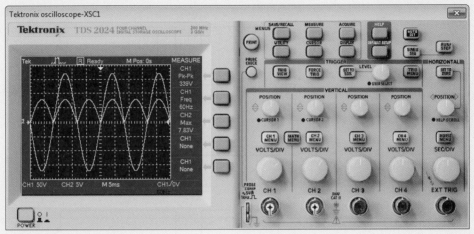

Courtesy of National Instruments

| 그림 4-7 | 전파정류기의 실습 예

제2근사해석을 적용하면 해답이 매우 조금 개선된다는 것을 다시 한번 유념하라. 만일 고장점검 중이면 개선은 별 의미가 없다. 만약 회로가 이상이 있으면 이때 전파출력은 이상적인 값 8.5 V와 아주 다를 가능성이 있다.

연습문제 4-3   그림 4-7에서 변압기의 권선비를 5 : 1로 바꾸고, $V_{p(\text{in})}$과 제2근사해석 값 $V_{p(\text{out})}$을 계산하라.

응용예제 4-4   ▌▌▌ **MultiSim**

만약 그림 4-7에서 다이오드 1개가 개방이면, 전압은 차이가 있는가?

풀이   만일 다이오드 1개가 개방되면, 회로는 반파정류기로 돌아간다. 이 경우 2차 전압의 반은 8.5 V와 변함이 없고, 부하전압은 전파신호가 아닌 반파신호가 될 것이다. 이 반파전압은 피크 8.5 V(이상적) 혹은 피크 7.8 V(제2근사해석)가 될 것이다.

4-4 브리지정류기

그림 4-8a는 **브리지정류기**(bridge rectifier) 회로이다. 브리지정류기는 전파 출력전압이 나오기 때문에 전파정류기와 비슷하다. 다이오드 D_1과 D_2는 양의 반사이클에서 도전하고, D_3와 D_4는 음의 반사이클에서 도전한다. 결과적으로 정류된 부하전류는 두 반사이클 동안 흐른다.

그림 4-8b는 양의 반사이클인 경우의 등가회로이다. D_1과 D_2는 순방향 바이어스임을 알 수 있다. 이 때문에 부하저항에 +−극성으로 표시된 양의 부하전압이 나타난다. D_2가 단락이면, 남아 있는 회로는 이미 잘 알고 있는 반파정류기이다.

그림 4-8c는 음의 반사이클에 대한 등가회로이다. 여기서 D_3와 D_4는 순방향 바이

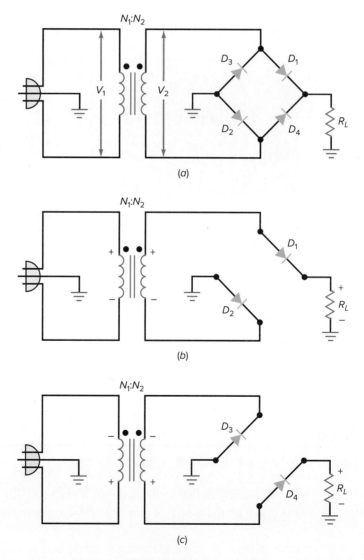

| 그림 4-8 | (a) 브리지정류기; (b) 양의 반사이클에 대한 등가회로; (c) 음의 반사이클에 대한 등가회로; (d) 전파출력; (e) 브리지정류기 패키지

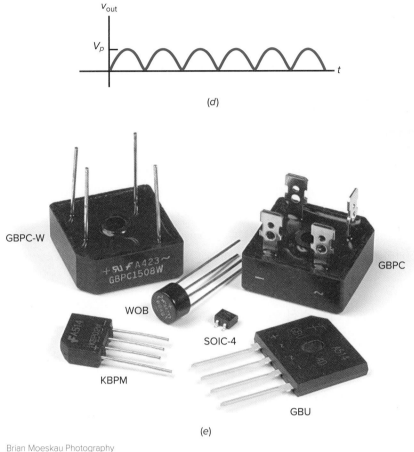

(d)

(e)

Brian Moeskau Photography

| **그림 4-8** | (계속)

어스이므로 역시 양의 부하전압이 나타난다. 만일 D_3가 단락이면 회로는 반파정류기처럼 보인다. 그래서 브리지정류기는 반파정류기 2개가 직접 결합된 것처럼 동작한다.

두 반사이클 동안에 부하전압은 같은 극성을 가지며, 부하전류는 같은 방향으로 흐른다. 이 회로는 교류 입력전압을 그림 4-8d와 같은 맥동성의 직류 부하전압으로 변환한다. 이런 형의 전파정류기가 앞 절에서 설명한 중간 탭 형보다 나은 점은 **2차 전압의 전체**를 이용할 수 있다는 것이다.

그림 4-8e는 모두 4개의 다이오드가 들어 있는 브리지정류기 패키지들이다.

평균값과 출력주파수

브리지정류기에서 전파출력이 발생하므로 평균값과 출력주파수에 관한 수식은 전파정류기에서 주어진 식과 같다.

$$V_{dc} = \frac{2V_p}{\pi}$$

그리고

$$f_{out} = 2f_{in}$$

평균값은 피크값의 63.6%이고, 선주파수가 60 Hz이면 출력주파수는 120 Hz이다.

브리지정류기의 한 가지 장점은 2차 전압 전체를 정류기의 입력으로 사용할 수 있다는 것이다. 동일한 변압기가 주어졌을 때 브리지정류기는 전파정류기에 비해 피크전압과 직류전압이 각각 2배이다. 다이오드를 2개 더 사용하지만 그 대신에 직류 출력전압이 2배로 보상된다. 대체적으로 전파정류기보다 브리지정류기를 더 많이 사용한다는 것을 알게 될 것이다.

설명을 더 하자면, 브리지정류기도 전파출력을 내지만 전파정류기는 브리지정류기가 사용되기 훨씬 이전부터 사용되고 있었기 때문에 **전파정류기**(*full-wave rectifier*)라는 이름을 그대로 쓰고 있다. 전파정류기와 브리지정류기를 구별하기 위해 어떤 문헌에서는 전파정류기를 **전통적 전파정류기**(*conventional full-wave rectifier*), **2-다이오드 전파정류기**(*two-diode full-wave rectifier*), 혹은 **중간 탭 전파정류기**(*center-tapped full-wave rectifier*)라 부르기도 한다.

제2근사해석과 다른 손실

브리지정류기는 전도 경로에 2개의 다이오드가 있으므로 피크 출력전압은 다음과 같다.

제2근사해석 브리지: $V_{p(out)} = V_{p(in)} - 1.4\text{ V}$ (4-8)

잘 아는 바와 같이, 좀 더 정확한 피크 부하전압값을 구하려면 피크에서 두 다이오드의 전압강하를 빼야 한다. 표 4-1은 세 정류기와 이들의 특징을 비교한 것이다.

요점정리 표 4-1	여과되지 않는 정류기*		
	반파	**전파**	**브리지**
다이오드 수	1	2	4
정류기 입력	$V_{p(2)}$	$0.5\,V_{p(2)}$	$V_{p(2)}$
피크출력(이상적)	$V_{p(2)}$	$0.5\,V_{p(2)}$	$V_{p(2)}$
피크출력(제2근사해석)	$V_{p(2)} - 0.7\text{ V}$	$0.5\,V_{p(2)} - 0.7\text{ V}$	$V_{p(2)} - 1.4\text{ V}$
직류출력	$V_{p(out)}/\pi$	$2V_{p(out)}/\pi$	$2V_{p(out)}/\pi$
리플주파수	f_{in}	$2f_{in}$	$2f_{in}$

* $V_{p(2)}$ = 피크 2차 전압; $V_{p(out)}$ = 피크 출력전압

응용예제 4-5 ||||MultiSim

그림 4-9에서 피크 입력과 출력 전압을 계산하라. 그리고 이론값과 측정값을 비교하라. 회로는 브리지정류기 패키지를 사용한다.

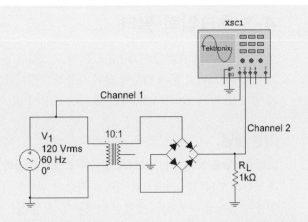

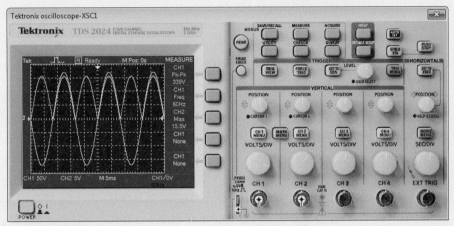

Courtesy of National Instruments

| 그림 4-9 | 브리지정류기의 실습 예

풀이 피크 1차와 2차 전압은 응용예제 4-3과 같다.

$$V_{p(1)} = 170 \text{ V}$$

$$V_{p(2)} = 17 \text{ V}$$

브리지정류기는 2차 전압 전체가 정류기의 입력으로 사용된다. 이상적인 경우, 피크 출력전압은

$$V_{p(\text{out})} = 17 \text{ V}$$

이고, 제2근사해석이면 다음과 같다.

$$V_{p(\text{out})} = 17 \text{ V} - 1.4 \text{ V} = 15.6 \text{ V}$$

이론값과 측정값을 비교해 보자. 채널 1의 감도는 50 V/Div이다. 사인파 입력이 대략 3.4 Div이므로 그 피크값은 약 170 V이다. 채널 감도는 5 V/Div이다. 반파출력이 대략 3.2 Div이므로 그 피크값은 약 16 V이다. 두 입출력 지시는 이론값과 대략 같다.

연습문제 4-5 응용예제 4-5에서 변압기 권선비를 5:1로 하고, 이상적 그리고 제2근사해석의 $V_{p(\text{out})}$을 계산하라.

4-5 초크입력 필터

한때는 정류기의 출력을 여과(filter)할 때 초크입력 필터를 많이 사용하였다. 최근에는 가격, 부피, 그리고 무게 때문에 많이 사용하지 않지만, 이런 형태의 필터는 교육적 가치가 있고 또 다른 필터를 이해하는 데 많은 도움이 될 수 있다.

기본 개념

그림 4-10*a*를 보자. 이런 형태의 필터를 **초크입력 필터**(choke-input filter)라 부른다. 교류전원은 인덕터와 커패시터 그리고 저항에 전류를 공급한다. 각 소자에 흐르는 교류전류는 유도성 리액턴스, 용량성 리액턴스, 저항 성분에 의해 결정된다. 인덕터는 다음과 같은 리액턴스를 갖는다.

$$X_L = 2\pi f L$$

커패시터는 다음과 같은 리액턴스를 갖는다.

$$X_C = \frac{1}{2\pi f C}$$

초급과정에서 배운 바와 같이 초크(혹은 인덕터)는 흐르는 전류의 변화를 방해하는 근원적인 성질을 가지고 있다. 그러므로 초크입력 필터는 이상적으로 부하저항에 흐르는 교류전류를 영으로 감소시킨다. 제2근사해석인 경우, 이 필터의 교류 부하전류를 대단히 작은 값으로 감소시킨다. 그 이유를 찾아보자.

잘 설계된 초크입력 필터의 첫 번째 요구사항은 입력주파수에서 X_C를 R_L보다 훨씬 작게 하는 것이다. 이 조건이 만족되면 부하저항을 무시할 수 있으며 등가회로는 그림 4-10*b*와 같다. 잘 설계된 초크입력 필터의 두 번째 요구사항은 입력주파수에서 X_L을 X_C보다 훨씬 크게 하는 것이다. 이 조건이 만족되면 교류 출력전압이 영에 가까워진다. 한편 초크는 0 Hz에서 근사적으로 단락회로가 되고, 커패시터는 0 Hz에서 근사적으로 개방되므로 직류전류는 최소의 손실 상태에서 부하저항을 통과할 수 있다.

그림 4-10*b*에서 회로는 리액턴스 전압분배기처럼 동작한다. X_L이 X_C보다 훨씬 크면 교류전압은 거의 대부분 초크에서 강하된다. 이 경우 교류 출력전압은 다음과 같다.

$$v_{\text{out}} \approx \frac{X_C}{X_L} v_{\text{in}} \tag{4-9}$$

예를 들어, 만약 $X_L = 10 \text{ k}\Omega$, $X_C = 100 \ \Omega$, 그리고 $v_{\text{in}} = 15 \text{ V}$이면 교류 출력전압은

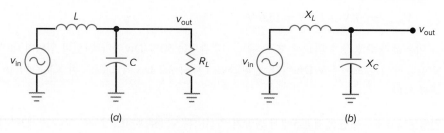

| 그림 4-10 | (a) 초크입력 필터; (b) 교류 등가회로

$$v_{\text{out}} \approx \frac{100\ \Omega}{10\ \text{k}\Omega}\ 15\ \text{V} = 0.15\ \text{V}$$

이다. 이 예에서 초크입력 필터는 교류전압을 100분의 1로 감소시킨다.

정류기의 출력여과

그림 4-11a를 보면 정류기와 부하 사이에 초크입력 필터가 들어 있다. 정류기는 반파, 전파, 혹은 브리지형이 될 수 있다. 초크입력 필터가 부하전압에 어떤 영향을 미치는가? 중첩의 정리를 적용하면 이 문제를 가장 쉽게 해결할 수 있다. 중첩의 정리를 다시 생각해 보자. 만약 2개 이상의 전원이 있을 때, 각 전원에 대해 회로를 개별적으로 해석하고 이 개별 전압을 더하여 전체 전압을 구할 수 있다.

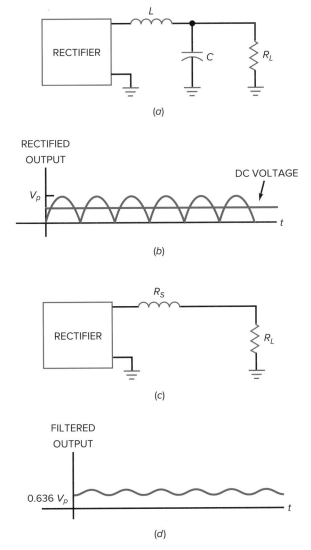

| 그림 4·11 | (a) 초크입력 필터가 있는 정류기; (b) 정류기 출력은 직류와 교류 성분을 갖는다; (c) 직류 등가회로; (d) 필터출력은 작은 리플이 있는 직류전류이다.

정류기 출력은 서로 다른 두 성분, 즉 그림 4-11b에서 보는 것과 같이 직류전압 (평균값)과 교류전압(파동 부분)으로 되어 있다. 이 전압은 각각 개별 전원처럼 작용한다. 교류전압만 생각하면 X_L이 X_C보다 훨씬 크므로 부하저항에 대단히 낮은 교류전압이 나타난다. 비록 교류성분이 순수한 사인파가 아니라 하더라도 교류 부하전압을 구할 때, 근사적으로 식 (4-9)를 이용한다.

직류전압만 생각하면 회로는 그림 4-11c처럼 동작한다. 0 Hz에서 유도성 리액턴스는 0이고, 용량성 리액턴스는 무한대이다. 인덕터 권선의 직렬저항만 남는다. R_S를 R_L보다 훨씬 작게 하면 직류성분의 대부분이 부하저항에 나타난다.

초크입력 필터의 동작은 다음과 같다: 직류성분은 거의 대부분 부하저항으로 가고 교류성분은 거의 대부분 차단된다. 이러한 방법으로 우리는 거의 완벽한 직류전압, 즉 전지에서 나오는 전압과 거의 같은 일정 전압을 얻을 수 있다. 그림 4-11d는 전파신호를 여과한 출력이다. 완벽한 직류전압과의 편차는 그림 4-11d와 같은 미소 교류 부하전압이다. 이 작은 교류 부하전압을 **리플**(ripple)이라 부른다. 오실로스코프를 이용하면 리플의 피크-피크값을 측정할 수 있다. 리플값을 측정하려면 오실로스코프의 수직 입력 결합을 dc 대신 ac로 설정한다. 이렇게 하면 dc 또는 평균값을 차단하면서 파형의 ac성분을 볼 수 있다.

중요한 결점

전원(power supply)은 교류 입력전압을 거의 완벽한 직류 출력전압으로 변환하는 전자장치를 내장한 회로이다. 전원에는 정류기와 필터가 포함된다. 최근에는 저전압, 고전류 전원으로 나가는 추세이다. 선주파수가 60 Hz이므로 여과처리를 적절히 하려면 충분한 리액턴스를 얻을 수 있도록 큰 인덕턴스를 사용해야 한다. 그러나 인덕터가 크면 권선저항이 커지므로 부하전류가 많이 흐르는 경우 심각한 설계문제가 야기된다. 다시 말하면 초크저항에서 너무 큰 직류전압이 강하된다. 더욱이 최근에는 무게를 가볍도록 설계하므로 부피가 큰 인덕터는 반도체 회로에 적합하지 않다.

스위칭 레귤레이터

초크입력 필터에서 중요하게 응용될 수 있다. **스위칭 레귤레이터**(switching regulator)는 컴퓨터, 모니터, 그리고 점점 더 다양해지는 장비에 사용되는 특수형의 전원이다. 스위칭 레귤레이터에서 사용하는 주파수는 60 Hz보다 훨씬 더 높다. 대표적으로 여과된 주파수는 20 kHz 이상이다. 훨씬 더 높은 주파수에서는 훨씬 더 작은 인덕터를 사용하여 효율적인 초크입력 필터를 설계할 수 있다. 상세한 것은 뒤의 장에서 설명할 것이다.

4-6 커패시터입력 필터

초크입력 필터에서는 정류된 전압의 평균값에 해당하는 직류 출력전압이 나온다. **커패시터입력 필터**(capacitor-input filter)에서는 정류된 전압의 피크값과 같은 직류 출력전압이 발생한다. 이런 유형의 필터는 전원에서 가장 광범위하게 사용된다.

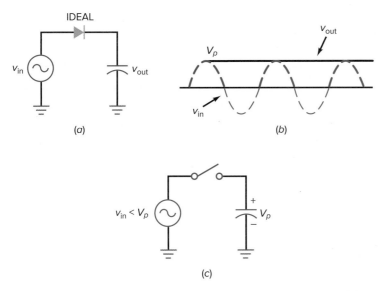

| 그림 4-12 | (a) 무부하 커패시터입력 필터; (b) 출력은 순수한 직류전압이다; (c) 다이오드가 차단일 때 커패시터는 충전상태를 유지한다.

기본 개념

그림 4-12a에 교류전원, 다이오드, 그리고 커패시터가 있다. 커패시터입력 필터를 이해하려면 첫 번째 1/4 사이클 동안 이 간단한 회로가 하는 일을 이해하는 것이 가장 중요하다.

초기에 커패시터는 비충전 상태에 있다. 그림 4-12b의 첫 번째 1/4 사이클 동안 다이오드는 순방향 바이어스이다. 이상적인 경우 다이오드는 닫힌 스위치처럼 동작하기 때문에 커패시터는 충전되고, 커패시터 전압은 첫 번째 1/4 사이클의 각 순간의 전원전압과 같다. 입력이 최대값에 도달할 때까지 충전은 계속된다. 최대점에서 커패시터전압은 V_p이다.

입력전압이 피크에 도달하면 감소하기 시작한다. 입력전압이 V_p보다 작아지는 순간부터 다이오드는 차단된다. 이 경우 그림 4-12c와 같이 다이오드는 열린 스위치처럼 동작한다. 잔여 사이클에서 커패시터는 완전충전 상태를 유지하고, 다이오드는 열린 상태가 지속된다. 따라서 출력전압은 그림 4-12b와 같이 V_p로 일정하다.

이상적인 경우 첫 번째 1/4 사이클 동안 커패시터입력 필터가 하는 일은 커패시터를 피크값까지 충전하는 것이다. 이 피크전압은 일정하고 전자장비에 필요한 완벽한 직류전압이다. 단지 한 가지 문제점은 부하저항이 없다는 것이다.

부하저항의 영향

커패시터입력 필터로 실용되려면 그림 4-13a와 같이 커패시터에 부하저항을 연결해야 한다. $R_L C$ 시정수가 주기보다 훨씬 크면 커패시터는 거의 완전충전 상태를 유지하고 부하전압은 대략 V_p이다. 완벽한 직류전압과의 편차는 그림 4-13b와 같은 작은 리플이다. 이 리플의 피크-피크값이 작으면 작을수록 출력은 점점 더 완벽한 직류전압에 가까워진다.

피크와 피크 사이에서 다이오드는 차단되고, 커패시터는 부하저항을 통해 방전한다. 다르게 말하자면, 커패시터가 부하전류를 공급한다. 피크와 피크 사이에서 커패시터는

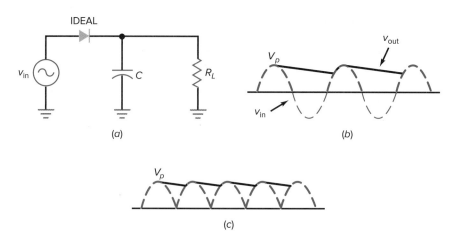

| 그림 4-13 | (a) 부하가 있는 커패시터입력 필터; (b) 출력은 작은 리플이 포함된 직류이다; (c) 전파출력은 더 작은 리플을 갖는다.

아주 조금 방전하므로, 피크-피크 리플이 작다. 인접 피크에 도달할 때 다이오드는 잠시 도전하고, 커패시터를 피크값까지 재충전한다. 중요한 질문: 적절한 동작을 하려면 커패시터의 크기는 어느 정도 되어야 하는가? 커패시터의 크기를 설명하기 전에, 다른 정류회로에서 어떤 일이 일어나는가를 생각해 보자.

전파 여과

만일 전파 혹은 브리지정류기를 커패시터입력 필터에 연결하면 피크-피크 리플이 반으로 잘린다. 그림 4-13c에서 그 이유를 알 수 있다. 전파전압이 RC회로에 인가될 때 커패시터의 방전시간은 반파정류의 반이다. 그러므로 피크-피크 리플의 크기는 반파정류기일 때의 반이 된다.

리플 수식

어떤 커패시터입력 필터에서 발생하는 피크-피크 리플 추정에 이용되는 유도는 다음과 같다.

$$V_R = \frac{I}{fC} \tag{4-10}$$

여기서 V_R = 피크-피크 리플전압
   I = 직류 부하전류
   f = 리플주파수
   C = 커패시턴스

이것은 정확한 유도가 아니고 근사적이다. 이 수식을 피크-피크 리플 추정에 이용할 수 있다. 더 정밀한 답을 원할 때는 MultiSim과 같은 회로 시뮬레이터가 준비된 컴퓨터를 이용해야 한다.

예를 들어 직류 부하전류가 10 mA이고 커패시턴스가 200 μF이면 브리지정류기와 커패시터입력 필터에서 리플은 다음과 같다.

$$V_R = \frac{10 \text{ mA}}{(120 \text{ Hz})(200 \text{ }\mu\text{F})} = 0.417 \text{ V}_{\text{p-p}}$$

이 유도를 사용함에 있어 두 가지 사실을 기억해야 한다. 첫째, 리플은 피크-피크(p-p) 전압이다. 리플전압은 보통 오실로스코프로 측정하기 때문에 이 수식이 편리하다. 둘째, 수식은 반파와 전파전압에서 성립한다. 반파는 60 Hz 그리고 전파는 120 Hz를 사용한다.

리플은 가능하다면 오실로스코프로 측정해야 한다. 만약 오실로스코프가 없으면 어느 정도의 오차는 있지만 교류전압계를 사용할 수 있다. 대부분의 교류전압계는 사인파의 실효값을 읽도록 교정되어 있다. 리플은 사인파가 아니므로 교류전압계는 설계에 따라 25%까지 측정오차가 발생할 수 있다. 그러나 고장점검 시에는 리플이 심하게 변하는 것을 찾는 것이므로 이것은 문제가 되지 않는다.

만일 리플을 교류전압계로 측정했다면 사인파의 경우 식 (4-10)에서 구한 피크-피크 값을 다음 수식을 사용하여 실효값으로 변환할 수 있다.

$$V_{\text{rms}} = \frac{V_{\text{p-p}}}{2\sqrt{2}}$$

피크-피크값을 2로 나누면 피크값이 되고, 다시 $\sqrt{2}$로 나누면 리플전압과 같은 피크-피크값을 갖는 사인파의 실효값이 된다.

정확한 직류 부하전압

커패시터입력 필터가 있는 브리지정류기에서 직류 부하전압을 정확하게 계산하는 것은 어렵다. 먼저 피크전압에서 두 다이오드의 강하를 뺀다. 다이오드 강하 외에 다음과 같은 추가 전압강하가 생긴다. 커패시터를 재충전할 때 다이오드는 각 사이클에서 짧은 시간 동안 동작하기 때문에 다이오드는 강하게 도전한다. 이와 같이 짧고 강한 전류가 변압기 권선과 다이오드의 벌크저항을 통해 흘러야 한다. 다음 예제에서 다이오드의 이상적인 출력이나 제2근사해석의 출력을 계산하고 직류전압은 실질적으로 약간 낮아진다고 기억한다.

예제 4-6

그림 4-14에서 직류 부하전압과 리플은 얼마인가?

풀이 실효 2차 전압은

$$V_2 = \frac{120 \text{ V}}{5} = 24 \text{ V}$$

이고, 피크 2차 전압은

$$V_p = \frac{24 \text{ V}}{0.707} = 34 \text{ V}$$

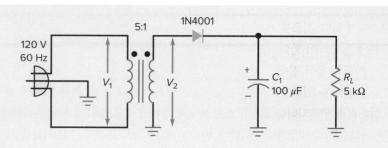

| 그림 4-14 | 반파정류기와 커패시터입력 필터

이다. 다이오드가 이상적이고 리플이 작다고 가정하면 직류 부하전압은

$$V_L = 34 \text{ V}$$

이다. 리플을 계산하기 위해 먼저 직류 부하전류를 구할 필요가 있다.

$$I_L = \frac{V_L}{R_L} = \frac{34 \text{ V}}{5 \text{ k}\Omega} = 6.8 \text{ mA}$$

식 (4-10)을 이용하면

$$V_R = \frac{6.8 \text{ mA}}{(60 \text{ Hz})(100 \text{ }\mu\text{F})} = 1.13 \text{ V}_{\text{p-p}} \approx 1.1 \text{ V}_{\text{p-p}}$$

이것은 근사해석으로서 정밀급 오실로스코프로 정확하게 측정된 것이 아니기 때문에 리플을 두 자리 유효숫자에서 반올림하였다.

다음은 해답을 약간 개선시키는 방법이다. 실리콘 다이오드는 도전할 때 약 0.7 V이다. 그러므로 부하의 피크전압은 34 V보다 33.3 V에 더 가깝다. 리플 역시 직류전압을 약간 낮게 해 준다. 그래서 실제 직류 부하전압은 34 V보다 33 V에 더 근접할 것이다. 그러나 이것도 조그마한 차이일 뿐이다. 이상적인 해답은 일반적으로 고장점검과 예비 해석에 적당하다.

회로에 관한 마지막 힌트: 필터 커패시터에 있는 플러스(+)와 마이너스(−) 기호는 **유극 커패시터**(polarized capacitor)임을 의미한다. 플러스 쪽은 양의 정류기 출력에 연결되어야 한다. 그림 4-15에서 커패시터 용기에 있는 플러스 기호는 양의 출력전압에 바르

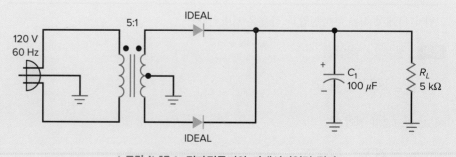

| 그림 4-15 | 전파정류기와 커패시터입력 필터

게 연결되어 있다. 회로를 조립하거나 수리할 때 커패시터 용기를 조심스럽게 살펴서 극성의 유무를 찾아야 한다.

전원은 흔히 유극 전해 커패시터를 사용하는데, 그 이유는 작은 패키지로 큰 커패시턴스값을 얻을 수 있기 때문이다. 기초과정에서 설명한 바와 같이, 전해 **커패시터는 극성이 올바르게 연결되어야** 산화막이 형성된다. 만일 전해 커패시터가 반대 극성으로 연결되면, 뜨거워지고 파열될 수 있다.

예제 4-7 ▌▌▌ MultiSim

그림 4-15에서 직류 부하전압과 리플은 얼마인가?

풀이 변압기는 앞의 예제와 같이 5 : 1의 강압이므로 피크 2차 전압은 34 V이다. 이 전압의 1/2이 각 반파 구간의 입력이다. 다이오드가 이상적이고 리플이 작다고 가정하면 직류 부하전압은

$$V_L = 17 \text{ V}$$

이다. 직류 부하전류는

$$I_L = \frac{17 \text{ V}}{5 \text{ k}\Omega} = 3.4 \text{ mA}$$

이므로, 식 (4-10)에서 계산하면 다음과 같다.

$$V_R = \frac{3.4 \text{ mA}}{(120 \text{ Hz})(100 \text{ } \mu\text{F})} = 0.283 \text{ V}_{\text{p-p}} \approx 0.28 \text{ V}_{\text{p-p}}$$

도전하는 다이오드는 0.7 V이므로 실제 직류 부하전압은 17 V보다 16 V에 더 근접할 것이다.

연습문제 4-7 그림 4-15에서 R_L을 2 kΩ으로 바꾸고 이상적인 직류 부하전압과 리플을 계산하라.

예제 4-8 ▌▌▌ MultiSim

그림 4-16에서 직류 부하전압과 리플은 얼마인가? 계산된 답을 앞의 두 예제의 답과 비교하라.

풀이 변압기는 앞의 예제와 같이 5 : 1의 강압이므로 피크 2차 전압은 34 V이다. 다이오드가 이상적이고 리플이 작다고 가정하면 직류 부하전압은

$$V_L = 34 \text{ V}$$

이다. 직류 부하전류는

$$I_L = \frac{34 \text{ V}}{5 \text{ k}\Omega} = 6.8 \text{ mA}$$

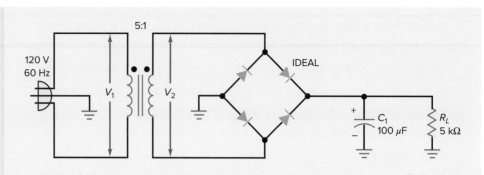

| 그림 4·16 | 브리지정류기와 커패시터입력 필터

이므로, 식 (4-10)에서 계산하면 다음과 같다.

$$V_R = \frac{6.8 \text{ mA}}{(120 \text{ Hz})(100 \ \mu\text{F})} = 0.566 \text{ V}_{\text{p-p}} \approx 0.57 \text{ V}_{\text{p-p}}$$

도전하고 있는 두 다이오드의 1.4 V와 리플 때문에 실제 직류 부하전압은 34 V보다 32 V에 더 가까워질 것이다. 세 정류기에 대한 직류 부하전압과 리플의 계산 결과는 각각 다음과 같다.

반파: 34 V와 1.13 V

전파: 17 V와 0.288 V

브리지: 34 V와 0.566 V

주어진 변압기에서, 브리지정류기는 리플이 작기 때문에 반파정류기보다 우수하고, 그리고 출력전압이 2배로 크기 때문에 전파정류기보다 우수하다. 세 정류기 중에서 브리지정류기가 가장 인기 있는 것으로 판명되었다.

응용예제 4-9   ‖‖‖ MultiSim

그림 4-17은 MultiSim으로 측정된 값을 보여 주고 있다. 부하전압과 리플의 이론값을 구하고 이를 측정치와 비교하라.

풀이 변압기는 15 : 1의 강압이다. 그래서 실효 2차 전압은

$$V_2 = \frac{120 \text{ V}}{15} = 8 \text{ V}$$

이고, 피크 2차 전압은 다음과 같다.

$$V_p = \frac{8 \text{ V}}{0.707} = 11.3 \text{ V}$$

다이오드에 제2근사해석을 적용하고, 직류 부하전압을 구한다.

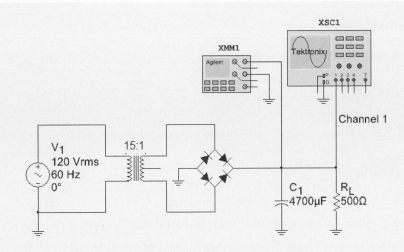

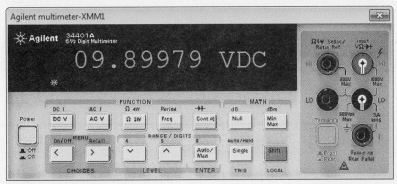

Courtesy of National Instruments

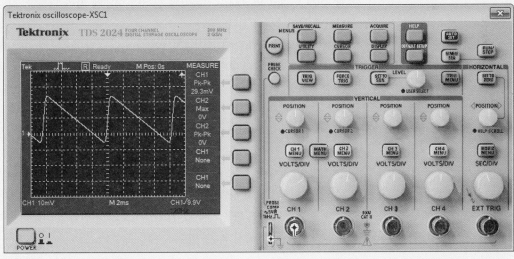

Courtesy of National Instruments

| 그림 4-17 | 브리지정류기와 커패시터입력 필터의 실습 예

$$V_L = 11.3 \text{ V} - 1.4 \text{ V} = 9.9 \text{ V}$$

리플을 계산하기 위해 먼저 직류 부하전류를 구한다.

$$I_L = \frac{9.9 \text{ V}}{500 \text{ }\Omega} = 19.8 \text{ mA}$$

식 (4-10)을 이용하면 다음과 같다.

$$V_R = \frac{19.8 \text{ mA}}{(120 \text{ Hz})(4700 \text{ }\mu\text{F})} = 35 \text{ mV}_{\text{p-p}}$$

그림 4-17에서 멀티미터가 지시하는 직류 부하전압은 9.9 V이다.

오실로스코프의 채널 1은 10 mV/Div에 설정되어 있다. 피크-피크 리플은 대략 2.9 Div이고, 측정된 리플은 29.3 mV이다. 이것은 이론값 35 mV보다 작다. 리플을 추정할(*estimating*) 때 식 (4-10)을 사용한다. 만약 더 정확한 값이 필요하면 컴퓨터 시뮬레이션 소프트웨어를 이용하라.

연습문제 4-9 그림 4-17에서 커패시터값을 1,000 μF으로 바꾸고 V_R값을 구하라.

4-7 피크 역전압과 서지전류

피크 역전압(peak inverse voltage: PIV)은 정류기의 차단 다이오드에 걸리는 최대전압이다. 이 전압은 다이오드의 항복전압보다 작아야 한다. 그렇지 않으면 다이오드가 파손될 것이다. 피크 역전압은 정류기와 필터의 형태에 따라 다르다. 최악의 경우는 커패시터입력 필터에서 생긴다.

앞에서 설명한 바와 같이, 데이터시트에 적혀 있는 다이오드의 최대 역방향 전압정격의 기호는 제조업자에 따라 다르다. 이 기호들은 간혹 측정조건이 다른 것도 있다. 데이터시트에 있는 최대 역방향 전압정격의 기호들은 PIV, PRV, V_B, V_{BR}, V_R, V_{RRM}, V_{RWM}, $V_{R(\text{max})}$이다.

커패시터입력 필터가 있는 반파정류기

그림 4-18a는 반파정류기의 중요 부분을 나타낸 것이다. 이것은 다이오드에 걸리는 역방향 전압의 크기를 결정하는 회로의 일부분이다. 회로의 나머지 부분은 영향이 없으므로 간단히 하기 위해 생략하였다. 최악의 경우 피크 2차 전압은 음의 피크에 있고, 커패시터 전압은 V_p까지 완충되어 있다. 키르히호프의 전압법칙을 적용하면 차단 다이오드의 피크 역전압을 즉시 알 수 있다.

$$\textbf{PIV} = \textbf{2}\textbf{\textit{V}}_\textbf{\textit{p}} \tag{4-11}$$

예를 들어 만일 피크 2차 전압이 15 V이면, 피크 역전압은 30 V이다. 다이오드의 항복전압이 이 전압보다 높지 않으면 다이오드는 손상을 입지 않을 것이다.

커패시터입력 필터가 있는 전파정류기

그림 4-18*b*는 피크 역전압 계산에 이용되는 전파정류기의 중요한 부분이다. 마찬가지로 2차 전압은 음의 피크이다. 이 경우 아래 다이오드는 단락(닫힌 스위치)처럼 동작하고 위의 다이오드는 개방이다. 키르히호프 법칙에 의하면 다음과 같다.

$$\text{PIV} = V_p \tag{4-12}$$

커패시터입력 필터가 있는 브리지정류기

그림 4-18*c*는 브리지정류기의 일부분으로, 피크 역전압 계산에 필요한 것들이다. 위의 다이오드는 단락이고, 아래 다이오드는 개방이기 때문에, 아래 다이오드의 피크 역전압은 다음과 같다.

$$\text{PIV} = V_p \tag{4-13}$$

브리지정류기의 또 다른 장점은 주어진 부하전압에서 가장 낮은 피크 역전압을 갖는다는 것이다. 동일한 부하전압을 얻으려면 전파정류기는 2차 전압이 2배가 되어야 한다.

서지저항

전원을 켜기 전 필터 커패시터는 비충전 상태에 있었다. 전원을 켜는 순간 이 커패시터는 마치 단락과 같다. 그러므로 초기에는 충전전류가 대단히 많이 흐른다. 충전경로에서 전류를 방해하는 성분은 변압기의 권선저항과 다이오드의 벌크저항이다. 전원이 인가될 때 초기에 나타나는 전류의 갑작스런 돌출을 **서지전류**(surge current)라 부른다.

일반적으로 전원 설계자는 서지전류를 충분히 견딜 수 있는 정도의 전류정격을 가진 다이오드를 선택할 것이다. 서지전류에서 가장 중요한 것은 필터 커패시터의 크기이다. 설계자는 임시로 다른 다이오드를 고르는 대신에 오히려 **서지저항**(surge resistor)을 사용하려고 할 것이다.

그림 4-19에서 개념을 설명한다. 브리지정류기와 커패시터입력 필터 사이에 작은 저항이 끼어 있다. 저항이 없으면 서지전류 때문에 다이오드가 파손될지도 모른다. 설계자는 서지저항을 추가하여 서지전류를 안전레벨까지 감소시킨다. 서지저항은 이와 같이 전원에 사용되는 경우 외에 별로 쓰이지 않는다.

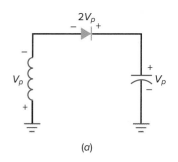

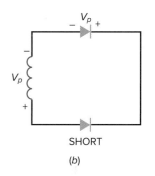

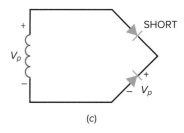

| 그림 4-18 | (a) 반파정류기에서 피크 역전압; (b) 전파정류기에서 피크 역전압; (c) 브리지정류기에서 피크 역전압

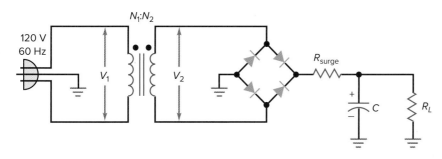

| 그림 4-19 | 서지저항은 서지전류를 제한한다.

예제 4-10

그림 4-19에서 권선비가 8 : 1이면 피크 역전압은 얼마인가? 1N4001은 항복전압이 50 V이다. 1N4001을 이 회로에 사용해도 안전한가?

풀이 실효 2차 전압은

$$V_2 = \frac{120\ V}{8} = 15\ V$$

이고, 피크 2차 전압은

$$V_p = \frac{15\ V}{0.707} = 21.2\ V$$

이다. 따라서 피크 역전압은 다음과 같다.

$$PIV = 21.2\ V$$

피크 역전압이 항복전압 50 V보다 훨씬 낮기 때문에, 1N4001은 안전하다.

연습문제 4-10 그림 4-19에서 변압기의 권선비를 2 : 1로 바꾸어라. 1N4000 계열에서 어느 다이오드를 사용해야 하는가?

4-8 전원에 관한 다른 논제

전원회로 동작에 대한 기초개념은 가지고 있다. 앞 절에서 교류 입력전압이 어떻게 정류되고 여과되어 직류전압으로 되는지 알아보았다. 알아두어야 할 개념이 몇 개 더 있다.

상용 변압기

변압기의 권선비는 오직 이상적인 변압기에만 적용된다. 철심 변압기는 다르다. 다른 말로 표현하면, 부품상점에서 구입한 변압기는 이상적일 수 없다. 왜냐하면 권선에 저항이 있어 전력손실이 발생하기 때문이다. 더욱이 성층철심에는 와류가 있고, 이 와류에서도 전력손실이 더 발생한다. 이와 같은 원치 않는 전력손실 때문에 권선비는 단지 근사적이다. 실제로 변압기의 데이터시트에는 거의 대부분 권선비가 기재되어 있지 않다. 통상적으로 전류정격에 대한 2차 전압만 주어져 있다.

예를 들어 그림 4-20*a*는 산업용 변압기인 F-25X이다. 데이터시트에는 다음의 내용만 있다: 1차 전압이 교류 115 V이고, 2차 전류가 1.5 A일 때 2차 전압은 교류 12.6 V이다. 만일 그림 4-20*a*에서 2차 전류가 1.5 A 이하이면, 권선과 성층철심에서 발생하는 전력손실이 감소하기 때문에 2차 전압은 교류 12.6 V보다 더 높아질 것이다.

만약 1차 전류를 알 필요가 있으면 다음 정의에서 실제 변압기의 권선비를 추정할 수 있다.

참고사항

변압기가 무부하일 때, 2차 전압은 일반적으로 정격 값보다 5~10% 높은 값으로 측정된다.

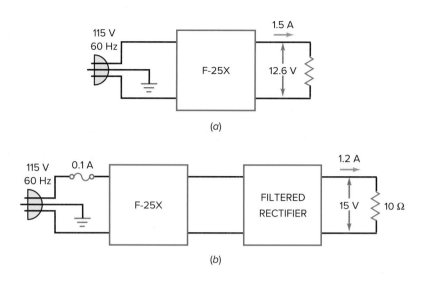

| 그림 4-20 | (a) 실제 변압기의 정격; (b) 퓨즈전류 계산

$$\frac{N_1}{N_2} = \frac{V_1}{V_2} \tag{4-14}$$

예를 들면 F-25X는 $V_1 = 115$ V 그리고 $V_2 = 12.6$ V이다. 정격 부하전류가 1.5 A일 때 권선비는 다음과 같다.

$$\frac{N_1}{N_2} = \frac{115}{12.6} = 9.13$$

부하전류가 감소하면 계산된 권선비도 감소하기 때문에 이것은 근사값이다.

퓨즈전류 계산

고장점검 시 퓨즈가 적당한가 혹은 적당하지 않은가를 판단하기 위해 1차 전류를 계산해 볼 필요가 있을 것이다. 실제 변압기에서 1차 전류를 가장 쉽게 구하는 방법은 입력전력과 출력전력을 같다고 가정하는 것이다. 즉 $P_{in} = P_{out}$이다. 예를 들어 그림 4-20b는 퓨즈가 달린 변압기가 여과된 정류기를 구동시키는 그림이다. 0.1 A 퓨즈를 사용할 수 있는가?

고장점검을 할 때 1차 전류를 다음과 같이 추정한다. 출력전력은 직류 부하전력과 같다.

$$P_{out} = VI = (15 \text{ V})(1.2 \text{ A}) = 18 \text{ W}$$

정류기와 변압기의 전력손실을 무시하라. 입력전력은 출력전력과 같기 때문에

$$P_{in} = 18 \text{ W}$$

이다. $P_{in} = V_1 I_1$이므로 1차 전류를 구할 수 있다.

$$I_1 = \frac{18 \text{ W}}{115 \text{ V}} = 0.156 \text{ A}$$

이것은 변압기와 정류기의 전력손실을 무시하였기 때문에 추정된 값이다. 실제로 이와 같은 손실이 있기 때문에 1차 전류는 약 5~20% 정도 더 증가할 것이다. 어느 경우라도 퓨즈는 부적합하다. 적어도 0.25 A는 되어야 한다.

Slow-Blow 퓨즈

그림 4-20*b*에서 커패시터입력 필터를 사용한다고 가정하자. 그림 4-20*b*에서 일반적인 0.25-A 퓨즈를 사용하면 전원을 켤 때 퓨즈가 끊어질 것이다. 그 이유는 앞에서 설명한 서지전류 때문이다. 대부분의 전원은 전류가 흐를 때 과부하를 순간적으로 견딜 수 있는 slow-blow 퓨즈를 사용한다. 예를 들면 0.25 A slow-blow 퓨즈는

> 2 A는 0.1초
> 1.5 A는 1초
> 1 A는 2초
> 기타

를 견딜 수 있다. slow-blow 퓨즈를 사용하면 회로가 커패시터를 충전한 다음 퓨즈가 아무런 이상이 없는 상태에서 1차 전류는 정상레벨로 떨어진다.

다이오드 전류 계산

반파정류기는 여과에 상관없이 전류의 통로가 하나뿐이기 때문에, 다이오드를 흐르는 평균전류는 직류 부하전류와 같다. 유도에 따라

$$\text{반파: } I_{diode} = I_{dc} \tag{4-15}$$

반대로 전파정류기는 회로에 2개의 다이오드가 있고, 각각 부하를 공유하기 때문에 다이오드를 흐르는 평균전류는 직류 부하전류의 1/2이다. 마찬가지로 브리지정류기의 각 다이오드는 직류 부하전류의 1/2의 평균전류를 견디어야 한다. 유도에 따라

$$\text{전파: } I_{diode} = 0.5 I_{dc} \tag{4-16}$$

표 4-2는 세 가지의 커패시터입력 여과 정류기의 특성을 비교한 것이다.

데이터시트 읽기

3장의 그림 3-15에 있는 1N4001의 데이터시트를 참고하라. 데이터시트에서 최대 피크반복 역방향전압 V_{RRM}은 앞에서 설명한 피크 역전압과 같다. 데이터시트에 의하면 1N4001은 역방향으로 50 V의 전압을 견딜 수 있다.

정류된 평균 순방향 전류—$I_{F(av)}$, $I_{(max)}$, 혹은 I_0—는 다이오드를 흐르는 직류 혹은 평균전류이다. 반파정류기에서 다이오드 전류는 직류 부하전류와 같고, 전파 혹은 브리지정류기에서 다이오드 전류는 직류 부하전류의 1/2과 같다. 데이터시트에 의하면 1N4001은 1 A의 직류전류를 갖는다. 이것은 브리지정류기에서 직류 부하전류가 2 A 만큼 될 수 있다는 것을 의미한다. 서지전류 정격 I_{FSM}을 주의하라. 데이터시트를 보면 1N4001은 전원을 켤 때, 첫 번째 사이클 동안 30 A를 견딜 수 있다.

요점정리 표 4-2	커패시터입력 여과 정류기*		
	반파	**전파**	**브리지**
다이오드 수	1	2	4
정류기 입력	$V_{p(2)}$	$0.5\,V_{p(2)}$	$V_{p(2)}$
직류출력(이상적)	$V_{p(2)}$	$0.5\,V_{p(2)}$	$V_{p(2)}$
직류출력(제2근사해석)	$V_{p(2)} - 0.7\,V$	$0.5\,V_{p(2)} - 0.7\,V$	$V_{p(2)} - 1.4\,V$
리플주파수	f_{in}	$2f_{in}$	$2f_{in}$
PIV	$2\,V_{p(2)}$	$V_{p(2)}$	$V_{p(2)}$
다이오드 전류	I_{dc}	$0.5\,I_{dc}$	$0.5\,I_{dc}$

* $V_{p(2)}$ = 피크 2차 전압; $V_{p(out)}$ = 피크 출력전압; I_{dc} = 직류 부하전류

RC 필터

1970년대 이전에는 정류기와 부하저항 사이를 **수동필터**(passive filter)(R, L, C 소자)로 연결하였다. 요즘은 반도체 전원에서 수동필터를 사용하는 것을 거의 볼 수 없다. 그러나 가청 전력증폭기와 같은 특수 응용부분에서 사용하고 있을 것이다.

그림 4-21a는 브리지정류기와 커패시터입력 필터이다. 일반적으로 필터 커패시터에서 피크-피크 리플이 10% 정도 되도록 설계한다. 리플을 더 작게 하지 않는 이유는 필터 커패시터가 너무 커지기 때문이다. 그리고 필터 커패시터와 부하저항 사이의 RC구간에서 여과가 추가적으로 이루어진다.

RC구간은 단지 R, L, C 소자를 사용한 수동필터의 일례이다. 잘된 설계라면 리플 주파수에서 R은 X_C보다 훨씬 더 크다. 그러므로 리플은 부하저항에 도달하기 전에 감소된다. 대표적으로 R은 X_C보다 최소 10배 더 크다. 이것은 리플이 각 구간마다 최소 1/10씩 감쇠(감소)한다는 것을 의미한다. RC필터는 R에서 직류전압의 손실이 발생하는 결점이 있다. 이 때문에 RC필터는 대단히 가벼운 부하(작은 부하전류 혹은 큰 부하저항)에 알맞다.

LC 필터

그림 4-21b의 LC필터는 부하전류가 클 때, RC필터보다 더 좋은 성능을 갖는다. 여기서도 마찬가지로 직렬 소자 즉 인덕터에서 리플을 강하시킨다. X_L을 X_C보다 훨씬 더 크게 하면 리플을 대단히 낮은 레벨까지 감소시킬 수 있다. 인덕터는 권선 저항성분이 적기 때문에 인덕터에서 직류전압강하는 RC구간에서 저항의 직류전압강하보다 훨씬 작다.

LC필터는 한때 대단히 인기가 있었지만, 지금은 인덕터의 크기와 가격 때문에 일반적인 전원에서는 구식이 되어 버렸다. 저전압 전원의 경우 LC필터 대신 **집적회로**(integrated circuit: IC)로 대치되었다. 집적회로는 다이오드, 트랜지스터, 저항과 기타 부품들을 소형화된 용기 안에 수용한 소자로서 특수기능을 수행한다.

그림 4-21c에서 개념을 설명한다. 집적회로의 일종인 **IC 전압조정기**(IC voltage

참고사항

두 커패시터 사이에 인덕터를 배치한 필터를 가끔 파이(π)필터라 부른다.

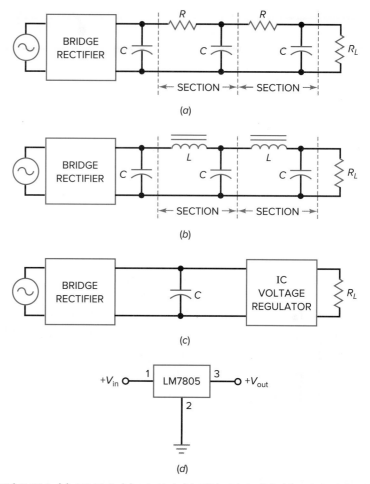

| 그림 4-21 | (a) *RC* 여과; (b) *LC* 여과; (c) 전압조정기 여과; (d) 3단자 전압조정기

regulator)가 필터 커패시터와 부하저항 사이에 들어 있다. 이 소자는 리플을 감소시킬 뿐만 아니라 출력전압을 일정하게 유지한다. 이후의 장에서 IC 전압조정기를 설명할 것이다. 그림 4-21*d*는 3단자 전압조정기의 예를 보여 준다. LM7805 IC는 요구되는 출력전압보다 입력전압이 적어도 2 V에서 3 V 더 크다면 5 V의 고정된 양의 출력전압을 제공한다. 78XX 계열의 다른 전압조정기는 9 V, 12 V, 15 V와 같은 출력값의 범위를 조절할 수 있다. 79XX 계열은 음의 조절된 출력값을 제공한다. IC 전압조정기는 가격이 저렴하기 때문에 현재 리플을 감소시키는 데 사용되는 표준방법이다.

표 4-3은 전원을 기능별 블록으로 분류한 것이다.

4-9 고장점검

거의 모든 전자장비는 전원을 구비하고 있으며, 전원은 일반적으로 커패시터를 구동하는 정류기 뒤에 진압조정기(뒤에 설명한다)가 달려 있다. 이 전원은 트랜지스터나 다른 소자에 필요한 직류전압을 공급한다. 만일 전자장비가 동작하지 않으면, 전원을 먼저

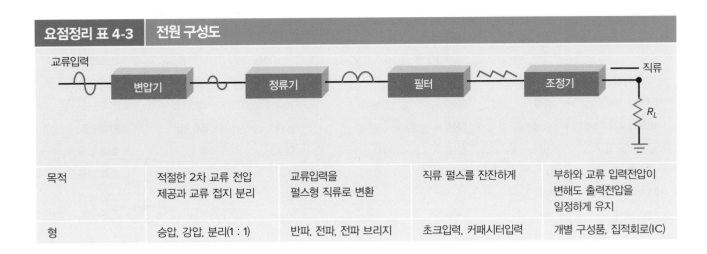

요점정리 표 4-3	전원 구성도			
목적	적절한 2차 교류 전압 제공과 교류 접지 분리	교류입력을 펄스형 직류로 변환	직류 펄스를 잔잔하게	부하와 교류 입력전압이 변해도 출력전압을 일정하게 유지
형	승압, 강압, 분리(1 : 1)	반파, 전파, 전파 브리지	초크입력, 커패시터입력	개별 구성품, 집적회로(IC)

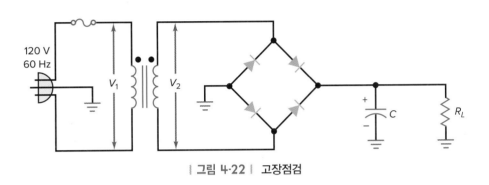

| 그림 4-22 | 고장점검

확인하라. 장비의 고장은 전원의 문제 때문에 종종 발생한다. 전원공급장치의 고장점검을 할 때 표 4-3과 같이 회로를 기능별 블록으로 나누는 것을 기억하라. 그런 다음 입력 및 출력을 측정하고 문제를 찾기 위해 분할 고장점검 기술을 사용할 수 있다.

절차

그림 4-22의 회로에 대해 고장점검을 한다고 가정하자. 직류 부하전압 측정부터 시작할 것이다. 이 전압은 피크 2차 전압과 거의 같아야 한다. 만약 그렇지 않으면 두 코스를 점검할 필요가 있다.

첫째, 만약 부하전압이 없으면 VOM 혹은 DMM으로 2차 전압(교류 범위)을 측정한다. 이 지시값은 2차 권선의 실효치 전압이다. 이 값을 피크값으로 전환하라. 실효값에 40%를 더하면 피크값을 측정할 수 있다. 만약 피크값이 정상이라면, 다이오드에 결함이 있을 수 있다. 만일 2차 전압이 없으면 퓨즈가 끊어졌거나 혹은 변압기에 결함이 있을 수 있다.

둘째, 직류 부하전압이 있는데 예상보다 낮으면 오실로스코프로 직류 부하전압을 조사하고 리플을 측정하라. 피크-피크 리플이 이상적인 부하전압의 10% 정도이면 정상이다. 리플은 설계에 따라 이보다 약간 높거나 낮을 수 있다. 더욱이 전파 혹은 브리지 정류기인 경우 리플주파수는 120 Hz가 되어야 한다. 만일 리플이 60 Hz이면, 다이오

요점정리 표 4-4	커패시터입력 여과 브리지정류기의 대표적인 고장					
	V_1	V_2	$V_{L(dc)}$	V_R	f_{ripple}	스코프 출력
퓨즈 끊어짐	0	0	0	0	0	출력 없음
커패시터 개방	정상	정상	낮다	높다	120 Hz	전파신호
다이오드 1개 개방	정상	정상	낮다	높다	60 Hz	반파리플
모든 다이오드 개방	정상	정상	0	0	0	출력 없음
부하 단락	0	0	0	0	0	출력 없음
커패시터 누설	정상	정상	낮다	높다	120 Hz	낮은 출력
단락된 권선	정상	낮다	낮다	정상	120 Hz	낮은 출력

드 중 1개가 개방일 수 있다.

일반적인 고장

커패시터입력 필터가 있는 브리지정류기에서 발생하는 가장 일반적인 고장은 다음과 같다.

1. 만일 퓨즈가 끊어지면 회로의 어디에도 전압이 있을 수 없다.
2. 만일 필터 커패시터가 개방되면 출력은 여과되지 않은 전파신호이므로 직류 부하 전압이 낮아진다.
3. 만일 다이오드 중 1개가 개방되면 반파정류만 되기 때문에 직류 부하전압은 낮아 지고 리플주파수는 120 Hz에서 60 Hz로 바뀐다. 만일 다이오드가 모두 개방이 면 출력이 전혀 나오지 않는다.
4. 만일 부하가 단락되면 퓨즈가 끊어질 것이다. 그리고 다이오드가 1개 또는 그 이 상 파손되거나 혹은 변압기에 손상이 올지도 모른다.
5. 가끔 필터 커패시터의 노후로 누설이 나타나고, 이 때문에 직류 부하전압이 낮아 지는 경우도 있다.
6. 때에 따라서는 변압기에서 권선이 단락되어 직류 출력전압이 감소한다. 이 경우 변 압기에 손을 대어 보면 상당히 따뜻한 느낌이 온다.
7. 이 고장 외에 솔더 브리지, 콜드 솔더 조인트 접속불량 등이 있을 수 있다.

표 4-4는 일반적인 고장과 그 증상들을 나열한 것이다.

예제 4-11

그림 4-23의 회로가 정상적으로 동작할 때, 실효 2차 전압이 12.7 V, 부하전압이 18 V, 그리고 피크-피크 리플이 318 mV이 다. 만일 필터 커패시터가 개방이면, 직류 부하전압은 어떻게 되는가?

풀이 필터 커패시터가 개방되면 회로는 필터 커패시터가 없는 브리지정류기로 바뀐다. 여과가 없기 때문에 오실로스코프 는 부하에서 피크값이 18 V인 전파신호를 나타낼 것이다. 평균값은 18 V의 63.6%, 즉 11.4 V이다.

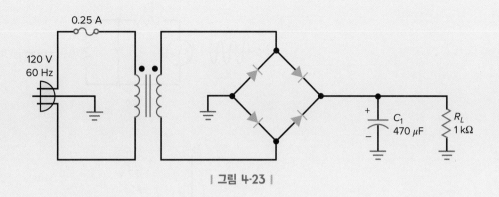

| 그림 4-23 |

예제 4-12

그림 4-23의 부하저항이 단락되었다고 가정하자. 증상을 설명하라.

풀이 부하저항이 단락되면 전류가 대단히 증가하므로, 이로 인해 퓨즈가 끊어질 것이다. 더욱이 퓨즈가 끊어지기 전에 1개 혹은 그 이상의 다이오드가 파손될 가능성도 있다. 흔히 1개의 다이오드가 단락될 때, 이것이 원인이 되어 다른 정류기 다이오드도 단락될 수 있다. 퓨즈가 끊어졌기 때문에 전압을 측정하면 모두 0이다. 퓨즈를 직접 보거나 또 저항계로 점검하면 끊어진 것을 확인할 수 있을 것이다.

전원을 끄고 어느 다이오드가 파손되었는가를 알아보려면 저항계로 다이오드를 검사해야 한다. 그리고 저항계로 부하저항을 측정해야 된다. 만일 측정 결과가 0이거나 혹은 대단히 낮으면 고장이 더 있을 것이다.

이 고장은 부하저항의 솔더 브리지, 잘못된 배선, 혹은 다른 어떤 고장일 수 있다. 퓨즈는 부하가 완전히 단락되지 않아도 끊어지는 경우가 있다. 그러므로 퓨즈가 끊어져 있을 때, 손상 가능성이 있는 다이오드와 단락의 가능성이 있는 부하저항을 점검해 보라.

이 장의 마지막 부분에 있는 고장점검 연습에서는 다이오드 개방, 필터 커패시터, 부하 단락, 퓨즈 끊어짐, 접지 개방을 포함한 8개의 고장을 알아본다.

4-10 클리퍼와 리미터

저주파 전원에 사용되는 다이오드는 **정류 다이오드**(*rectifier diode*)이다. 정류 다이오드는 60 Hz에서 최적으로 활용되고, 전력정격은 0.5 W 이상이다. 대표적인 정류 다이오드는 순방향 전류정격이 암페어 단위이다. 정류 다이오드는 전원 이외 다른 곳에서는 거의 사용되지 않는다. 왜냐하면 전자장비에 내장되어 있는 회로는 대부분 이보다 훨씬 더 높은 주파수에서 동작하기 때문이다.

소신호 다이오드

이 절에서는 **소신호 다이오드**(*small-signal diode*)를 사용할 것이다. 소신호 다이오드는 높은 주파수에서 최적으로 활용되고, 전력정격은 0.5 W 이하이다. 대표적인 소신호 다이오드는 전류정격이 밀리암페어 단위이다. 다이오드는 동작주파수가 높을수록 크기는 더 작고 가볍다.

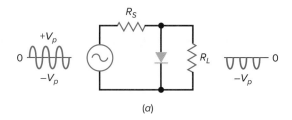

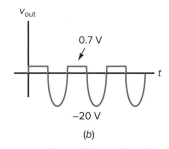

| 그림 4-24 | (a) 양 클리퍼; (b) 출력파형

양 클리퍼

클리퍼(clipper)는 파형의 양(+) 혹은 음(−)의 부분 중에서 한 부분을 제거하는 회로 이다. 이러한 처리는 신호정형, 회로보호, 통신에서 활용된다. 그림 4-24*a*는 양 클리퍼 (*positive clipper*)이다. 이 회로는 입력신호의 양의 부분을 모두 제거한다. 이 때문에 출 력신호는 음의 반사이클만 남는다.

회로 동작은 다음과 같다: 양의 반사이클 동안 다이오드가 도전하고, 출력단자는 마 치 단락된 것처럼 보인다. 이상적인 경우에 출력전압은 0이다. 음의 반사이클에서 다이 오드는 개방된다. 이 경우 음의 반사이클이 출력으로 나타난다. 직렬저항이 부하저항 보다 훨씬 더 작아지도록 설계를 잘 한다. 그림 4-24*a*에서 음의 출력피크가 $-V_p$로 보이 는 것은 이 때문이다.

제2근사해석에서 도전할 때 다이오드 전압은 0.7 V이다. 그러므로 클리핑 레벨은 영 이 아닌 0.7 V이다. 예를 들어 만일 입력신호의 피크전압이 20 V이면 클리퍼 출력은 그 림 4-24*b*와 같다.

정의 조건

소신호 다이오드는 높은 주파수에서 효과적으로 동작하도록 되어 있기 때문에 정류 다이오드보다 접합 면적이 더 작다. 결과적으로 벌크저항이 크다. 1N914와 같은 소신 호 다이오드의 데이터시트를 보면 1 V에서 순방향 전류가 10 mA이다. 그러므로 벌크 저항은 다음과 같다.

$$R_B = \frac{1\text{ V} - 0.7\text{ V}}{10\text{ mA}} = 30\text{ V}$$

벌크저항은 왜 중요한가? 왜냐하면 직렬저항 R_S가 벌크저항보다 훨씬 더 크지 않으 면 적절하게 동작을 하지 않기 때문이다. 게다가 클리퍼는 직렬저항 R_S가 부하저항보

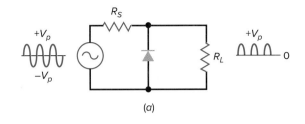

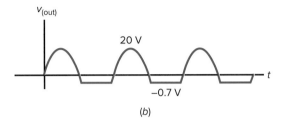

| 그림 4-25 | (a) 음 클리퍼; (b) 출력파형

다 매우 작아야 잘 동작한다. 클리퍼의 적절한 동작을 위해 다음의 정의를 사용한다.

안정 클리퍼: $100R_B < R_S < 0.01R_L$ (4-17)

이 정의는 직렬저항이 벌크저항보다 100배 이상 커야 하고 또 부하저항보다 100배 이하 작아야 한다는 것을 뜻한다. 클리퍼가 이 조건을 만족할 때 **안정 클리퍼**(*stiff clipper*)라 부른다. 예를 들어 다이오드의 벌크저항이 30 Ω이면, 직렬저항은 적어도 3 kΩ, 그리고 부하저항은 적어도 300 kΩ이 되어야 할 것이다.

음 클리퍼

만일 그림 4-25a와 같이 다이오드의 극성을 반대로 하면 **음 클리퍼**(*negative clipper*) 가 된다. 예상한 대로 이 회로는 신호의 음의 부분을 제거한다. 이상적인 경우, 출력파 형은 양의 반사이클만 있다.

클리핑은 완벽하지 않다. 다이오드의 **오프셋 전압**(*offset voltage*)(다른 표현으로는 **전위장벽**) 때문에 클리핑 레벨은 −0.7 V이다. 만약 입력신호가 20 V이면 출력신호는 그 림 4-25b와 같이 될 것이다.

리미터 혹은 다이오드 클램프

클리퍼는 파형 정형에 쓰인다. 그러나 같은 회로를 전혀 다른 용도로 쓸 수 있다. 그림 4-26a를 보라. 이 회로의 정상적인 입력은 피크가 15 mV인 신호이다. 사이클 동안 도전 하는 다이오드가 없기 때문에 정상적인 출력은 입력과 같은 신호이다.

이 회로에서 다이오드가 도전하지 않으면 좋은 점은 무엇인가? 입력에 민감한 회로 (이 회로는 너무 큰 입력을 가질 수 없다)가 있을 때는 언제든지 그림 4-26b와 같이 입 력 보호용으로 양-음 **리미터**(*limiter*)를 사용한다. 만일 입력신호가 0.7 V 이상으로 올 라가면 출력은 0.7 V로 제한되고, 반대로 입력신호가 −0.7 V 이하로 내려가면 출력은 −0.7 V로 제한된다. 이와 같은 회로는 입력신호가 어느 극성에서도 항상 0.7 V보다 작

참고사항

음 다이오드 클램프는 디지털 TTL(Transistor-Transistor Logic) 논리 게이트 의 입력에 자주 사용된다.

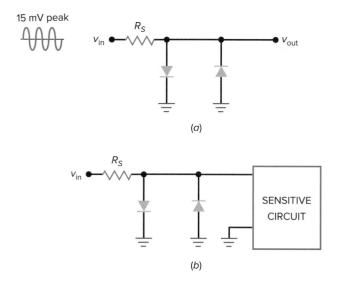

| 그림 4-26 | (a) 다이오드 클램프; (b) 입력에 민감한 회로 보호

아야 정상동작을 한다.

　입력에 민감한 회로의 일례를 들면, 뒤의 장들에서 설명이 될 IC인 **연산증폭기**(*op amp*)가 있다. 연산증폭기의 대표적인 입력전압은 15 mV보다 작다. 15 mV보다 높은 전압은 거의 없고, 0.7 V보다 더 높은 전압은 비정상적이다. 비정상으로 인가되는 과대한 입력전압을 연산증폭기의 입력 쪽에 있는 리미터가 막아 준다.

　가동 코일형 미터는 더 잘 알려져 있는 입력 민감 회로이다. 리미터가 내장되어 있기 때문에 미터의 가동부분이 과대 입력 전압과 전류로부터 보호된다.

　그림 4-26a의 리미터를 **다이오드 클램프**(*diode clamp*)라 부른다. 이 용어는 전압을 특정 범위에 고정하거나 혹은 제한한다는 뜻을 지니고 있다. 다이오드 클램프가 정상적으로 동작할 때 다이오드는 차단상태를 유지하고, 신호가 비정상적이거나 너무 과대할 때 다이오드는 도전한다.

바이어스된 클리퍼

양 클리퍼의 기준레벨(클리핑 레벨과 같다)은 이상적인 경우 0이고, 제2근사해석이면 0.7 V이다. 어떻게 하면 이 기준레벨을 변경할 수 있는가?

　전자공학에서 **바이어스**(*bias*)는 회로의 기준레벨을 변경하기 위해 외부에서 전압을 인가하는 것을 말한다. 그림 4-27a는 양 클리퍼의 기준레벨을 변경하기 위해 바이어스를 사용한 일례이다. 다이오드와 직류전압원을 직렬로 연결하면 클리핑 레벨을 변경할 수 있다. 정상동작이 되려면 전압 V는 V_p보다 작아야 된다. 다이오드가 이상적이면 입력전압이 V보다 더 커지는 순간 다이오드는 도전을 시작한다. 제2근사해석이면, 입력전압이 $V + 0.7$ V보다 더 클 때 도전을 시작한다.

　그림 4-27b는 음 클리퍼를 바이어스하는 방법이다. 다이오드와 전지가 반대방향인 것을 주목하라. 이 때문에 기준레벨이 $-V - 0.7$ V로 바뀐다. 출력파형은 바이어스 레벨에서 음으로 잘린다.

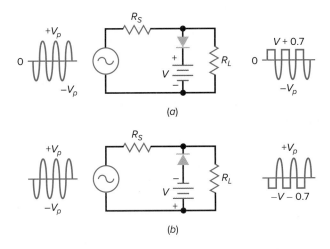

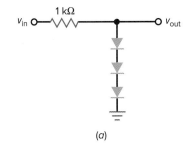

(a)

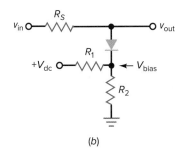

(b)

| 그림 4-27 | (a) 바이어스된 양 클리퍼; (b) 바이어스된 음 클리퍼

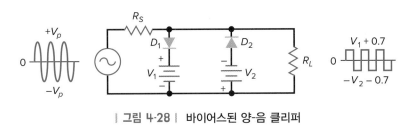

| 그림 4-28 | 바이어스된 양-음 클리퍼

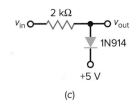

(c)

결합클리퍼

바이어스된 클리퍼 2개를 그림 4-28과 같이 결합한다. 다이오드 D_1은 양 바이어스 레벨 이상의 양의 부분을 자르고, D_2는 음 바이어스 레벨 이하의 부분을 자른다. 입력전압이 바이어스 레벨에 비해 대단히 클 때 출력신호는 그림 4-28과 같이 **구형파**(*square wave*)가 된다. 이것은 클리퍼로 할 수 있는 신호정형의 다른 예이다.

변형

클리핑 레벨을 설정할 때 전지를 사용하는 것은 비현실적이다. 한 가지 근사적인 방법은 실리콘 다이오드에서 제공되는 0.7 V의 바이어스를 여러 개 더하는 것이다. 예를 들어 그림 4-29a는 양 클리퍼를 3개의 다이오드로 구성한 것이다. 다이오드마다 약 0.7 V의 오프셋이 있으므로 3개의 다이오드는 약 +2.1 V의 클리핑 레벨을 만든다. 이 방법을 클리퍼(파형 정형)에 적용하면 안 된다. 이 회로를 다이오드 클램프(제한)로 사용하면, 2.1 V보다 더 높은 입력을 받아들일 수 없는 입력 민감 회로를 보호할 수 있다.

그림 4-29b는 전지를 사용하지 않고 클리퍼를 바이어스하는 다른 방법이다. 여기서는 바이어스 레벨을 정하기 위해 전압분배기(R_1과 R_2)를 사용하고 있다. 바이어스 레벨은 다음과 같다.

$$V_{bias} = \frac{R_2}{R_1 + R_2} V_{dc}$$

(4-18)

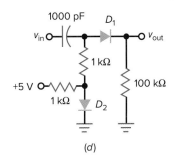

(d)

| 그림 4-29 | (a) 세 오프셋 전압이 있는 클리퍼; (b) 전압분배기로 클리퍼를 바이어스한다; (c) 다이오드 클램프는 5.7 V 이상을 보호한다; (d) 다이오드 D_1의 오프셋 전압을 제거하기 위해 D_2로 바이어스한다.

이 경우, 입력이 V_{bias} + 0.7 V보다 클 때 출력전압이 잘리거나 제한된다.

그림 4-29c는 바이어스된 다이오드 클램프이다. 이 회로는 입력에 민감한 회로의 과대 입력전압을 방지하는 데 사용될 수 있다. 바이어스 레벨은 보는 바와 같이 +5 V이다. 바이어스 레벨은 원하는 대로 정할 수 있다. 이러한 회로가 있으면 파괴력이 있는 +100 V의 높은 전압도 결코 부하에 도달할 수 없다. 왜냐하면 다이오드에 의해 출력전압이 최대 +5.7 V로 제한되기 때문이다.

리미터 다이오드 D_1의 오프셋을 없애기 위해 그림 4-29d와 같은 변형을 가끔 사용한다. 개념은 다음과 같다: 다이오드 D_2가 순방향으로 도전하여 약하게 바이어스되어 대략 0.7 V를 갖는다. 이 0.7 V가 1 kΩ과 D_1과 직렬인 100 kΩ에 인가된다. 이것은 다이오드 D_1이 도전 직전의 상태임을 의미한다. 그러므로 신호가 들어오면 다이오드 D_1은 0 V 근처에서 도전한다.

4-11 클램퍼

앞 절에서 설명한 다이오드 클램프는 입력에 민감한 회로를 보호한다. **클램퍼**(clamper)는 다르다. 발음이 비슷한 두 이름을 혼동해서는 안 된다. 클램퍼는 신호에 직류전압을 더한다.

양 클램퍼

그림 4-30a는 양 클램퍼의 기본 개념을 나타낸 것이다. 사인파 입력이 들어올 때 양 클램퍼는 사인파에 양의 직류전압을 더한다. 표현을 바꾸면, 양 클램퍼는 교류 기준레벨(정상적인 경우 영)을 직류레벨까지 위로 이동시킨다. 교류전압의 중심을 직류레벨에 두는 것과 같은 취지이다. 이것은 사인파의 각 점이 출력파형처럼 위로 이동하는 것을 의미한다.

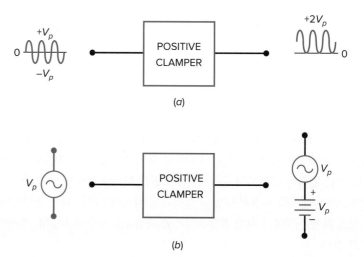

| 그림 4-30 | (a) 양 클램퍼는 파형을 위로 이동한다; (b) 양 클램퍼는 신호에 직류성분을 더한다.

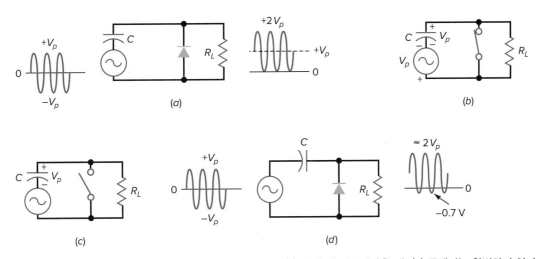

| 그림 4-31 | (a) 이상적인 양 클램퍼; (b) 양의 피크일 때; (c) 양의 피크를 지났을 때; (d) 클램퍼는 완벽하지 않다.

그림 4-30b는 양 클램퍼의 결과를 상상할 수 있도록 등가화한 것이다. 교류전원이 클램퍼의 입력 쪽을 구동한다. 클램퍼 출력에서 테브난 전압은 직류전원과 교류전원의 중첩이다. 교류신호가 들어오면 출력은 이 교류신호에 직류전압 V_p가 더해진다. 이 때문에 그림 4-30a의 사인파 전체가 위로 이동하여 양의 피크는 $2V_p$가 되고, 음의 피크는 영이 된다.

그림 4-31a는 양 클램퍼이다. 이상적인 경우, 그 동작은 다음과 같다. 처음에는 커패시터가 충전되어 있지 않다. 입력전압의 첫 번째 음의 반사이클에서 다이오드는 도전하고(그림 4-31b), 교류전원의 음의 피크에서 커패시터는 완전 충전하여 전압은 V_p가 되고 극성은 그림의 표시와 같다.

음의 피크를 약간 지나면 다이오드는 개방된다(그림 4-31c). R_LC 시정수를 신호의 주기 T보다 훨씬 더 크게 해 준다. 훨씬 더 크다(*much larger*)는 최소 100배 이상 큰 것으로 정의한다.

안정 클램퍼: $R_LC > 100T$ (4-19)

이 때문에 커패시터는 다이오드가 개방되어 있는 동안 거의 완전충전 상태를 유지한다. 제1근사해석에 의하면, 커패시터는 V_p 볼트의 전지처럼 동작하므로 출력전압은 그림 4-31a와 같이 양으로 클램프된 신호가 된다. 식 (4-19)를 만족하는 클램퍼를 안정 클램퍼(*stiff clamper*)라 한다.

이 개념은 커패시터입력 필터를 가진 반파정류기의 동작과 비슷하다. 커패시터는 처음 1/4 사이클에서 완전 충전한 다음, 계속 이어지는 사이클 동안 충전을 거의 대부분 유지한다. 사이클과 사이클 사이에서 잃어버린 약간의 충전은 다이오드의 도전으로 회복된다.

그림 4-31c에서 충전된 커패시터는 마치 V_p의 전압을 가진 전지처럼 보인다. 이것이 신호에 더해지는 직류전압이다. 처음 1/4 사이클 이후, 출력전압은 기준레벨이 영이고, 양으로 클램프된 사인파형이다. 즉 출력전압은 0 V의 레벨 위에 앉는다.

그림 4-31d는 통상적인 방법대로 그린 회로이다. 다이오드가 도전할 때 0.7 V의 강하가 있으므로 커패시터 전압은 정확하게 V_p가 되지 않는다. 그러므로 클램핑이 완벽하지

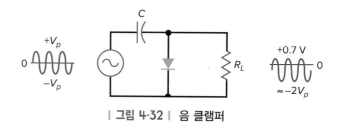

| 그림 4-32 | 음 클램퍼

않고, 음의 피크는 −0.7 V의 기준레벨을 갖는다.

음 클램퍼

그림 4-31*d*에서 다이오드의 방향을 반대로 하면 어떤 일이 일어날까? 그림 4-32와 같은 음의 클램퍼가 된다. 보다시피 커패시터의 전압은 역방향이고, 회로는 음 클램퍼가 된다. 한편 양의 피크가 0 V 대신 0.7 V의 기준레벨을 가지므로 클램핑 역시 완벽하지 않다.

기억을 돕는 의미에서 다이오드는 이동방향을 가리킨다고 생각하라. 그림 4-32를 보면 다이오드는 아래 방향을 가리키고, 이것은 이동방향과 같다. 이것은 음 클램퍼를 표현한 것이다. 그림 4-31*a*를 보면 다이오드는 위로 향하고, 파형도 위로 이동한다. 그러므로 이 회로는 양 클램퍼이다.

양, 음 클램퍼 모두 광범위하게 쓰인다. 예를 들어 텔레비전 수상기는 비디오 신호의 기준레벨을 변경하기 위해 클램퍼를 사용한다. 클램퍼는 레이더와 통신회로에도 쓰인다.

최종 힌트. 지금까지 설명한 완벽하지 않은 클리핑과 클램핑은 문제가 되지 않는다. 연산증폭기를 설명한 후에 다시 클리퍼와 클램퍼를 살펴볼 것이다. 그때 전위장벽 문제를 쉽게 제거하는 방법을 알게 될 것이다. 다시 말하면 거의 완벽한 회로를 보게 될 것이다.

피크-피크 검출기

커패시터입력 필터를 가진 반파정류기는 입력신호의 피크와 거의 같은 직류 출력전압을 발생한다. 같은 회로에 소신호 다이오드를 사용할 때, 이것을 **피크 검출기**(peak detector)라 부른다. 대표적으로 피크 검출기는 60 Hz보다 더 높은 주파수에서 동작한다. 피크 검출기의 출력은 측정, 신호처리, 통신에서 쓰인다.

클램프와 피크 검출기를 종속으로 접속하면 **피크-피크 검출기**(*peak to peak detector*)가 된다(그림 4-33 참조). 클램퍼의 출력이 피크 검출기의 입력으로 사용됨을 알 수 있

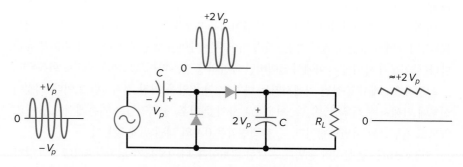

| 그림 4-33 | 피크-피크 검출기

다. 사인파가 양으로 클램프되기 때문에 피크 검출기의 입력은 $2V_p$이다. 이 때문에 피크 검출기의 출력은 직류전압 $2V_p$와 같다.

통상적으로 RC시정수는 신호의 주기보다 훨씬 더 커야 된다. 이 조건이 만족되면 클램핑 동작과 피크 검출은 양호하게 이루어지고, 따라서 출력리플은 작아진다.

이것은 비정현 신호 측정에 응용된다. 교류전압계는 대부분 교류신호의 실효값을 읽도록 되어 있다. 만일 이 교류전압계로 비정현 신호를 측정한다고 하면 올바른 값이 읽혀지지 않을 것이다. 그러나 만일 피크-피크 검출기의 출력을 직류전압계의 입력으로 사용하면, 이 전압계는 피크-피크 전압을 지시할 것이다. 만일 비정현 신호가 −20∼+50 V까지 스윙하면, 지시값은 70 V이다.

4-12 전압 배율기

피크-피크 검출기는 소신호 다이오드를 사용하고, 높은 주파수에서 동작한다. 정류 다이오드를 사용하고 60 Hz에서 동작하면 **배압기**(*voltage doubler*)라 불리는 새로운 방식의 전원을 만들 수 있다.

배압기

그림 4-34a는 배압기(*voltage doubler*)이다. 정류 다이오드를 사용하고 60 Hz에서 동작한다는 것을 제외하면, 회로 구성은 피크-피크 검출기와 같다. 클램퍼 구간에서 2차 전압에 직류성분이 더해진다. 피크 검출기는 2차 전압의 2배가 되는 직류 출력전압을 만든다.

출력전압을 높이기 위해 권선비를 바꾸려고 할 때, 배압기의 사용을 왜 생각해 보지 않는가? 전압이 낮을 때는 배압기를 사용할 필요가 없지만 대단히 높은 직류 출력전압을 얻으려고 할 때 문제가 생긴다.

예를 들면 선전압이 120 V_{rms} 혹은 피크 170 V이다. 만일 직류 3,400 V를 얻으려면 1 : 20의 승압 변압기를 사용해야 할 것이다. 여기에 문제점이 있다. 2차 전압을 매우 높이려면, 덩치가 큰 변압기를 사용해야 한다. 이 경우 배압기와 소형 변압기를 사용하는 것이 더 간단한 방법이 될 수 있다.

3배압기

한 구간을 더 연결하면 그림 4-34b와 같은 **3배압기**(*voltage tripler*)가 된다. 처음 두 구간은 배압기처럼 동작한다. 음의 반사이클의 피크에서 D_3는 순방향 바이어스가 되어 C_3을 그림 4-34b와 같은 극성으로 $2V_p$까지 충전한다. 3배압 출력은 C_1과 C_3에 나타난다. 부하저항을 3배압 출력에 연결하면, 시정수가 클 때 출력은 대략 $3V_p$가 된다.

4배압기

그림 4-34c는 4구간이 **종속**(*cascade*)(차례대로)인 **4배압기**(*voltage quadrupler*)이다. 처음 3구간은 3배압기이고, 네 번째 구간이 전체 회로를 4배압으로 만든다. 첫 번째 커패시터는 V_p까지 충전하고, 그 외에 다른 커패시터는 $2V_p$까지 충전한다. 4배압 출력은

C_2와 C_4의 직렬연결 양단에서 나온다. 부하저항을 4배압 출력에 연결하면, $4V_p$의 출력을 얻을 수 있다.

　이론적으로 구간을 한없이 연결할 수 있지만, 구간이 더 늘어나면 리플이 악화된다. 저전압 전원에서 **전압 배율기**(voltage multiplier)(2배압, 3배압, 4배압)를 사용하지 않는 또 다른 이유는 리플의 증가 때문이다. 앞에서 설명한 바와 같이 전압 배율기는 수백 혹은 수천 볼트의 고전압을 생산할 때 주로 사용한다. 텔레비전 수상기, 오실로스코프와 컴퓨터 모니터에 사용되는 음극선(CRT)과 같은 고전압 저전류 설비는 당연히 전압 배율기를 사용한다.

변형

그림 4-34의 모든 전압 배율기는 **부동**(*floating*) 부하저항을 사용한다. 이것은 부하의 어느 한 끝도 접지되지 않았다는 것을 의미한다. 그림 4-35의 a, b, c는 전압 배율기의 변형이다. 그림 4-35a는 그림 4-34a에 접지를 추가하였다. 한편 그림 4-35의 b와 c는 3배

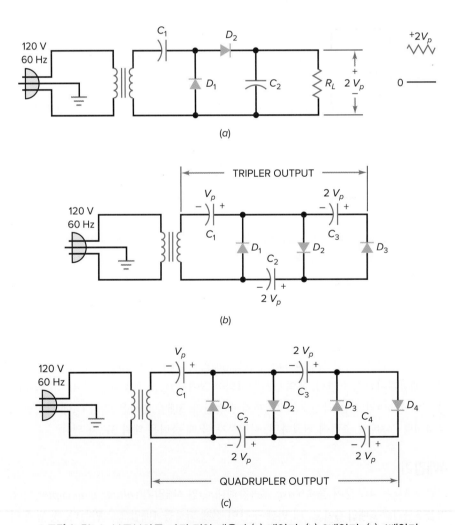

| 그림 4·34 | 부동부하를 가진 전압 배율기 (a) 배압기; (b) 3배압기; (c) 4배압기

압(그림 4-34b)과 4배압(그림 4-34c)을 재설계한 것이다. 응용분야에서 부동부하 설계
(CRT에서처럼) 혹은 접지부하 설계가 사용되는 것을 볼 수 있을 것이다.

전파 배압기

그림 4-35d는 전파 배압기이다. 전원의 양의 반사이클에서 위의 커패시터가 표시된 극성

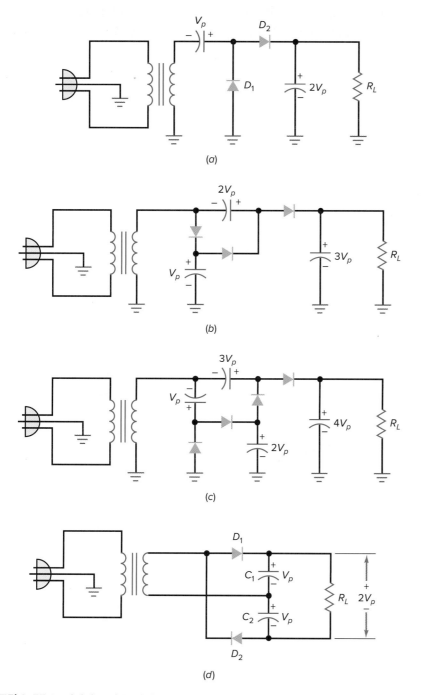

(a)

(b)

(c)

(d)

| 그림 4·35 | 접지된 부하를 가진 전압 배율기. 전파 배압기는 제외 (a) 배압기; (b) 3배압기;
(c) 4배압기; (d) 전파 배압기

으로 피크전압까지 충전한다. 음의 반사이클에서 아래의 커패시터가 표시된 극성으로 피크전압까지 충전한다. 가벼운 부하일 때 최종 출력전압은 대략 $2V_p$가 된다.

앞에서 설명한 전압 배율기는 반파 설계이다. 즉 출력 리플주파수가 60 Hz이다. 한 편 그림 4-35d의 회로는 반사이클 동안에 출력 커패시터 중에서 1개가 충전하기 때문에 **전파 배압기**(*full-wave voltage doubler*)라 불린다. 이 때문에 출력리플은 120 Hz이다. 이 리플주파수는 여과가 쉽기 때문에 장점에 속한다. 전파 배압기의 또 다른 장점은 필요한 다이오드의 PIV 정격이 단지 V_p 이상이면 된다는 것이다.

요점 __ Summary

4-1 반파정류기
반파정류기는 다이오드와 부하저항이 직렬 연결이다. 부하전압은 반파출력이다. 반파 정류기에서 나오는 평균 또는 직류전압은 피크전압의 31.8%와 같다.

4-2 변압기
입력 변압기는 일반적으로 전압은 낮추고 전류는 높이는 강압변압기이다. 2차 전압은 1차 전압을 권선비로 나눈 것과 같다.

4-3 전파정류기
전파정류기는 2개의 다이오드와 부하저항 이 연결된 중간 탭 변압기가 있다. 부하전 압은 전파신호이고 그 피크값은 2차 전압 의 반이다. 전파정류기에서 나오는 평균 또 는 직류전압은 피크전압의 63.6%와 같고, 리플주파수는 60 Hz 대신 120 Hz이다.

4-4 브리지정류기
브리지정류기는 4개의 다이오드를 가지 고 있다. 부하전압은 전파신호이고 그 피 크값은 2차 전압과 같다. 브리지정류기에 서 나오는 평균 또는 직류전압은 피크전압 의 63.6%이고, 리플주파수는 120 Hz이다.

4-5 초크입력 필터
초크입력 필터는 유도성 리액턴스가 용량 성 리액턴스보다 훨씬 더 큰 LC 전압 분배 기이다. 이런 필터에서는 정류된 신호의 평 균값이 부하저항을 통과한다.

4-6 커패시터입력 필터
이런 유형의 필터에서는 정류된 신호의 피 크값이 부하저항을 통과한다. 커패시터가 크면 리플은 작아진다. 대표적으로 직류전 압의 10%보다 더 작다. 커패시터입력 필 터는 전원에서 가장 광범위하게 사용된다.

4-7 피크 역전압과 서지전류
피크 역전압은 정류기 회로의 차단 다이오 드에 나타나는 최대전압이다. 이 전압은 다 이오드의 항복전압보다 분명히 작아야 한 다. 서지전류는 전원이 맨 처음 켜질 때 나 타나는 짧고 큰 전류이다. 필터 커패시터는 첫 번째 사이클, 혹은 많아야 처음의 몇 사 이클 동안에 피크전압까지 충전되어야 하 므로 짧고 큰 전류가 흐른다.

4-8 전원에 관한 다른 논제
일반적으로 실질적인 변압기는 정격 부하 전류에 대한 2차 전압이 주어진다. 1차 전 류를 계산할 때, 입력전력과 출력전력이 같 다고 가정한다. 서지전류로부터 회로를 보 호하기 위해 일반적으로 slow-blow 퓨즈 를 사용한다. 반파정류기에 흐르는 평균 다 이오드 전류는 직류 부하전류와 같다. 전파 혹은 브리지정류기에서 다이오드를 흐르는 평균전류는 직류 부하전류의 반이다. RC필 터와 LC필터는 정류된 출력을 여과하는 데 가끔 사용된다.

4-9 고장점검
커패시터입력 필터에서 측정할 수 있는 것 은 직류 출력전압, 1차 전압, 2차 전압, 그 리고 리플이다. 이 측정값으로 고장을 추 론할 수 있다. 다이오드가 개방되면 출력 전압이 0으로 감소한다. 필터 커패시터가 개방되면 출력은 정류된 신호의 평균값으 로 줄어든다.

4-10 클리퍼와 리미터
클리퍼는 신호를 정형한다. 이것은 신호의 양 혹은 음의 부분을 잘라낸다. 리미터 혹은 다이오드 클램프는 너무 큰 입력으로부터 입력 민감 회로를 보호한다.

4-11 클램퍼
클램퍼는 신호에 직류전압을 더하여 그 신호 를 양 혹은 음으로 이동한다. 피크-피크 검출 기는 피크-피크값과 같은 부하전압이 발생 한다.

4-12 전압 배율기
배압기는 피크-피크 검출기를 재설계한 것 이다. 소신호 다이오드 대신 정류 다이오드 를 사용한다. 배압기는 정류된 신호의 피크 값의 2배가 되는 출력을 발생한다. 3배압기 와 4배압기는 입력 피크값에 각각 3과 4를 곱한다. 전압 배율기를 주로 사용하는 곳은 대단히 높은 전압전원이다.

중요 수식 __ *Important Formulas*

(4-1) 이상적인 반파:

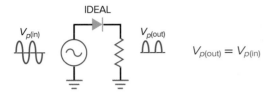

$$V_{p(out)} = V_{p(in)}$$

(4-2) 반파:

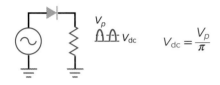

$$V_{dc} = \frac{V_p}{\pi}$$

(4-3) 반파:

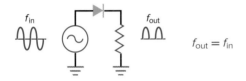

$$f_{out} = f_{in}$$

(4-4) 세2근사해석 반파:

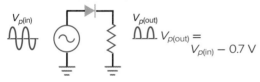

$$V_{p(out)} = V_{p(in)} - 0.7 \text{ V}$$

(4-5) 이상적인 변압기:

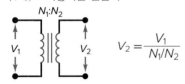

$$V_2 = \frac{V_1}{N_1/N_2}$$

(4-6) 전파:

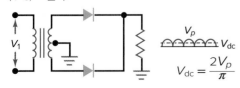

$$V_{dc} = \frac{2V_p}{\pi}$$

(4-7) 전파:

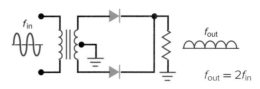

$$f_{out} = 2f_{in}$$

(4-8) 제2근사해석 브리지:

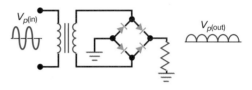

$$V_{p(out)} = V_{p(in)} - 1.4 \text{ V}$$

(4-9) 초크입력 필터:

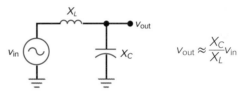

$$v_{out} \approx \frac{X_C}{X_L} v_{in}$$

(4-10) 피크-피크 리플:

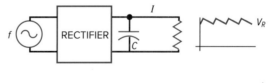

$$V_R = \frac{I}{fC}$$

(4-11) 반파:

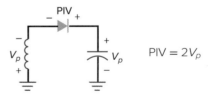

$$PIV = 2V_p$$

(4-12) 전파:

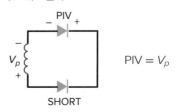

$$PIV = V_p$$

(4-13) 브리지:

$$PIV = V_p$$

(4-14) 권선비:

$$\frac{N_1}{N_2} = \frac{V_1}{V_2}$$

(4-15) 반파:

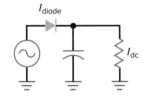

$$I_{diode} = I_{dc}$$

(4-16) 전파와 브리지:

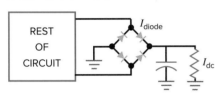

$$I_{diode} = 0.5 I_{dc}$$

(4-17) 안정 클리퍼:

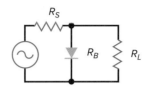

$$100R_B < R_S < 0.01R_L$$

(4-18) 바이어스된 클리퍼:

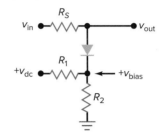

$$V_{bias} = \frac{R_2}{R_1 + R_2} V_{dc}$$

(4-19) 안정 클램퍼:

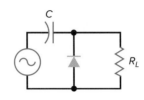

$$R_L C > 100T$$

연관 실험 __ *Correlated Experiments*

실험 7
정류기 회로

실험 8
커패시터입력 필터

실험 10
직류 클램퍼 및 피크-피크 검출기

고장점검 1
다이오드 회로

실험 9
리미터 및 피크 검출기

실험 11
배압기

복습문제 __ *Self-Test*

1. 만약 $N_1/N_2 = 4$, 그리고 1차 전압이 120 V이면, 2차 전압은?
  a. 0 V
  b. 30 V
  c. 60 V
  d. 480 V

2. 강압변압기에서 어느 것이 더 큰가?
  a. 1차 전압
  b. 2차 전압
  c. 없다.
  d. 대답할 수 없다.

3. 변압기의 권선비가 2 : 1이다. 1차 권선에 115 V_{rms}가 인가되면, 2차 피크 전압은?
  a. 57.5 V
  b. 81.3 V
  c. 230 V
  d. 325 V

4. 부하저항에 반파 정류전압이 나타나면, 부하전류는 한 사이클의 얼마 동안 흐르는가?

a. 0°

b. 90°

c. 180°

d. 360°

5. 반파정류기에서 선전압이 105 V$_{rms}$만큼 낮아지거나 혹은 125 V$_{rms}$만큼 높아질 수 있다고 가정한다. 5 : 1의 강압변압기이면 최소 피크 부하전압은?

a. 21 V   b. 25 V

c. 29.7 V   d. 35.4 V

6. 브리지정류기의 출력전압은 어떤 신호인가?

a. 반파신호

b. 전파신호

c. 브리지 정류된 신호

d. 사인파

7. 만약 선전압이 115 V$_{rms}$이면, 권선비 5 : 1일 때 실효 2차 전압은?

a. 15 V

b. 23 V

c. 30 V

d. 35 V

8. 만일 전파정류기에서 2차 전압이 20 V$_{rms}$이면, 피크 부하전압은 얼마인가?

a. 0 V

b. 0.7 V

c. 14.1 V

d. 28.3 V

9. 브리지정류기에서 40 V의 피크 부하전압을 얻으려고 할 때, 2차 전압의 근사적인 실효값은?

a. 0 V

b. 14.4 V

c. 28.3 V

d. 56.6 V

10. 부하저항에 전파 정류된 전압이 나타나면, 부하전류는 한 사이클의 얼마 동안 흐르는가?

a. 0°   b. 90°

c. 180°   d. 360°

11. 2차 전압이 12.6 V$_{rms}$이면, 브리지정류기의 피크 부하전압은 얼마인가? (제2근사해석을 이용하라.)

a. 7.5 V

b. 16.4 V

c. 17.8 V

d. 19.2 V

12. 만일 선주파수가 60 Hz이면, 반파정류기의 출력주파수는?

a. 30 Hz

b. 60 Hz

c. 120 Hz

d. 240 Hz

13. 만일 선주파수가 60 Hz이면, 브리지정류기의 출력주파수는?

a. 30 Hz

b. 60 Hz

c. 120 Hz

d. 240 Hz

14. 2차 전압과 필터가 동일한 경우, 리플이 가장 많은 것은?

a. 반파정류기

b. 전파정류기

c. 브리지정류기

d. 말할 수 없다.

15. 2차 전압과 필터가 동일한 경우, 부하전압이 최소인 것은?

a. 반파정류기

b. 전파정류기

c. 브리지정류기

d. 말할 수 없다.

16. 여과된 부하전류가 10 mA일 때, 다이오드전류가 10 mA인 것은?

a. 반파정류기   b. 전파정류기

c. 브리지정류기   d. 말할 수 없다.

17. 만일 부하전류가 5 mA이고 필터 커패시턴스가 1,000 μF이면, 브리지정류기의 출력에서 피크-피크 리플은?

a. 21.3 pV   b. 56.3 nV

c. 21.3 mV   d. 41.7 mV

18. 브리지정류기에 있는 다이오드의 최대 직류전류정격이 각각 2 A이다. 이때 최대직류 부하전류는?

a. 1 A   b. 2 A

c. 4 A   d. 8 A

19. 브리지정류기에서 2차 전압이 20 V$_{rms}$이면, 각 다이오드의 PIV는?

a. 14.1 V   b. 20 V

c. 28.3 V   d. 34 V

20. 만일 커패시터입력 필터가 있는 브리지정류기에서 2차 전압이 증가하면, 부하전압은?

a. 감소할 것이다.

b. 변함없을 것이다.

c. 증가할 것이다.

d. 위 보기에는 해답이 없다.

21. 만일 필터 커패시턴스가 증가하면, 리플은?

a. 감소할 것이다.

b. 변함없을 것이다.

c. 증가할 것이다.

d. 위 보기에는 해답이 없다.

22. 파형의 양 혹은 음의 부분을 제거하는 회로는?

a. 클램퍼   b. 클리퍼

c. 다이오드 클램프   d. 리미터

23. 입력 사인파에 양 혹은 음의 직류전압을 더하는 회로는?

a. 클램퍼   b. 클리퍼

c. 다이오드 클램프   d. 리미터

24. 클램퍼 회로가 적절히 동작하려면, 시정수는?

a. 신호의 주기 T와 같아야 된다.

b. 신호의 주기 T보다 10배 이상 커야 된다.

c. 신호의 주기 *T*보다 100배 이상 커야 된다.

d. 신호의 주기 *T*보다 10배 이하 작아야 된다.

25. 전압 배율기는 _____를 생산하는 데 사용되는 제일 좋은 회로이다.

a. 저전압과 저전류

b. 저전압과 고전류

c. 고전압과 저전류

d. 고전압과 고전류

기본문제 __ *Problems*

4-1 반파정류기

4-1 ▐▐▐ **MultiSim** 그림 4-36*a*에서 만약 다이오드가 이상적이면, 피크 출력전압은 얼마인가? 평균전압과 직류전압은? 출력파형을 스케치하라.

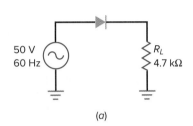

(a)

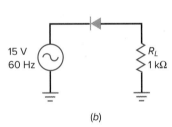

(b)

| 그림 4-36 |

4-2 ▐▐▐ **MultiSim** 그림 4-36*b*에서 위 문제를 다시 풀어라.

4-3 ▐▐▐ **MultiSim** 그림 4-36*a*에서 다이오드에 제2근사해석을 적용하면 피크 출력전압은 얼마인가? 평균전압과 직류전압은? 출력파형을 스케치하라.

4-4 ▐▐▐ **MultiSim** 그림 4-36*b*에서 위 문제를 다시 풀어라.

4-2 변압기

4-5 만약 변압기의 권선비가 6 : 1이면 실효 2차 전압은 얼마인가? 2차 피크전압은? 1차 전압은 120 V_rms라고 가정하라.

4-6 변압기의 권선비가 1 : 12이면 실효 2차 전압은 얼마인가? 피크 2차 전압은? 1차 전압은 120 V_rms라고 가정하라.

4-7 그림 4-37에서 이상적인 다이오드일 때 피크 출력전압과 직류 부하전압을 계산하라.

4-8 제2근사해석으로 그림 4-37에서 피크 출력전압과 직류 부하전압을 계산하라.

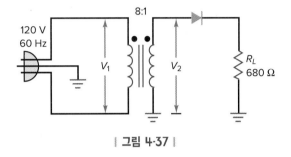

| 그림 4-37 |

4-3 전파정류기

4-9 중간 탭이 있는 변압기의 입력이 120 V, 권선비가 4 : 1이다. 2차 권선의 위쪽 1/2의 실효전압은 얼마인가? 피크전압은? 2차 권선의 아래쪽 1/2의 실효전압은 얼마인가?

4-10 ▐▐▐ **MultiSim** 만약 그림 4-38에서 다이오드가 이상적이면 피크 출력전압은 얼마인가? 평균값과 직류값은? 출력파형을 스케치하라.

4-11 ▐▐▐ **MultiSim** 제2근사해석을 적용하여 위 문제를 다시 풀어라.

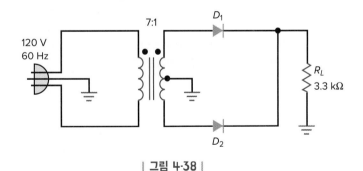

| 그림 4-38 |

4-4 브리지정류기

4-12 ▐▐▐ **MultiSim** 그림 4-39에서 만일 다이오드가 이상적이면 피크 출력전압은 얼마인가? 평균전압과 직류값은? 출력파형을 스케치하라.

4-13 ▐▐▐ **MultiSim** 제2근사해석으로 위 문제를 다시 풀어라.

4-14 그림 4-39에서 만약 선전압이 105~125 V_rms까지 변한다면 최소 직류 부하전압은 얼마인가? 최대 직류 부하전압은?

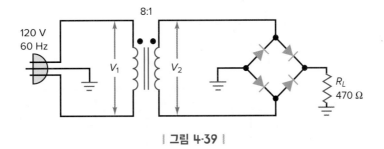

| 그림 4·39 |

4-5 초크입력 필터

4-15 초크입력 필터의 입력은 피크가 20 V인 반파신호이다. 만일 X_L = 1 kΩ 그리고 X_C = 25 Ω이면 커패시터에서 근사적인 피크-피크 리플은 얼마인가?

4-16 초크입력 필터의 입력은 피크가 14 V인 전파신호이다. 만일 X_L = 2 kΩ 그리고 X_C = 50 Ω이면 커패시터에서 근사적인 피크-피크 리플은 얼마인가?

4-6 커패시터입력 필터

4-17 그림 4-40*a*에서 직류 출력전압과 리플은 얼마인가? 출력파형을 스케치하라.

4-18 그림 4-40*b*에서 직류 출력전압과 리플을 계산하라.

4-19 그림 4-40*a*에서 만일 커패시턴스의 값이 반으로 줄어들면, 리플은 어떻게 되는가?

4-20 그림 4-40*a*에서 만일 저항이 500 Ω으로 감소하면 리플은 어떻게 되는가?

4-21 그림 4-41에서 직류 출력전압은 얼마인가? 리플은? 출력파형을 스케치하라.

4-22 그림 4-41에서 선전압이 105 V로 감소하면 직류 출력전압은 얼마인가?

4-7 피크 역전압과 서지전류

4-23 그림 4-41에서 피크 역전압은 얼마인가?

4-24 그림 4-41에서 권선비를 3 : 1로 바꾸면 피크 역전압은 얼마인가?

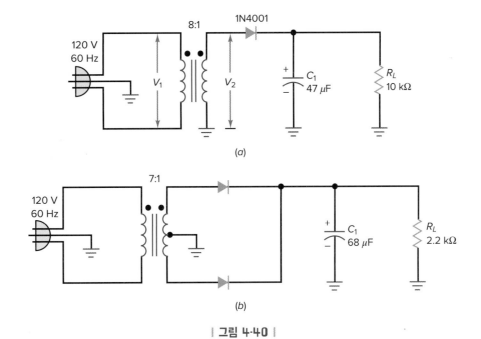

(a)

(b)

| 그림 4·40 |

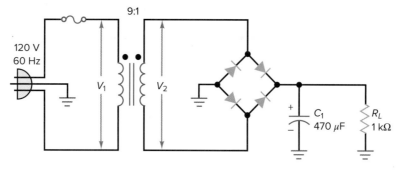

| 그림 4·41 |

4-8 전원장치에 관한 다른 논제

4-25 그림 4-41의 변압기를 F-25X로 교체한다. 2차 권선의 근사적인 피크전압은 얼마인가? 근사적인 직류 부하전압의 근사값은? 변압기는 정격 출력전류에서 동작하고 있는가? 직류 부하전압은 정상보다 높아지는가 아니면 낮아지는가?

4-26 그림 4-41에서 1차 전류는 얼마인가?

4-27 그림 4-40a와 4-40b에서 각 다이오드를 흐르는 평균전류는 얼마인가?

4-28 그림 4-41의 각 다이오드를 흐르는 평균전류는 얼마인가?

4-9 고장점검

4-29 만일 그림 4-41에서 필터 커패시터가 개방이면 직류 부하전압은 얼마인가?

4-30 만약 그림 4-41에서 다이오드 1개가 개방되면 직류 출력전압은 얼마인가?

4-31 만일 어떤 사람이 그림 4-41의 회로에서 전해 커패시터를 반대방향으로 연결하였다면 어떤 고장이 일어날 것 같은가?

4-32 만약 그림 4-41에서 부하저항이 개방되면 출력전압은 어떻게 변할 것 같은가?

4-10 클리퍼와 리미터

4-33 그림 4-42a에서 출력파형을 스케치하라. 최대 양전압은 얼마인가? 최대 음전압은?

4-34 그림 4-42b에서 위 문제를 다시 풀어라.

4-35 그림 4-42c의 다이오드 클램프는 입력에 민감한 회로를 보호한다. 제한레벨은 얼마인가?

4-36 그림 4-42d에서 최대 양의 출력전압은 얼마인가? 최대 음의 출력전압은? 출력파형을 스케치하라.

4-37 만약 그림 4-42d의 사인파가 단지 20 mV이면 회로는 바이어스된 클리퍼가 아니고 다이오드 클램프로 동작할 것이다. 이 경우 출력전압의 보호범위는 얼마인가?

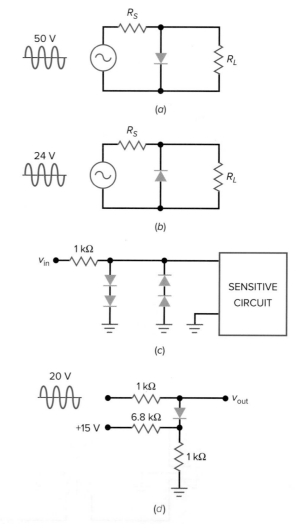

| 그림 4·42 |

4-11 클램퍼

4-38 그림 4-43a에서 출력파형을 스케치하라. 최대 양전압과 최대 음전압은 얼마인가?

4-39 그림 4-43*b*에서 위 문제를 다시 풀어라.

4-40 그림 4-43*c*에서 클램퍼의 출력파형과 최종출력을 스케치하라. 이상적인 다이오드일 때 직류 출력전압은 얼마인가? 제2 근사해석을 적용하면?

4-12 전압 배율기

4-41 그림 4-44*a*에서 직류 출력전압을 계산하라.

4-42 그림 4-44*b*에서 3배압 출력은 얼마인가?

4-43 그림 4-44*c*에서 4배압 출력은 얼마인가?

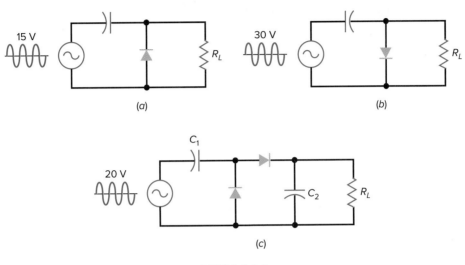

| 그림 4·43 |

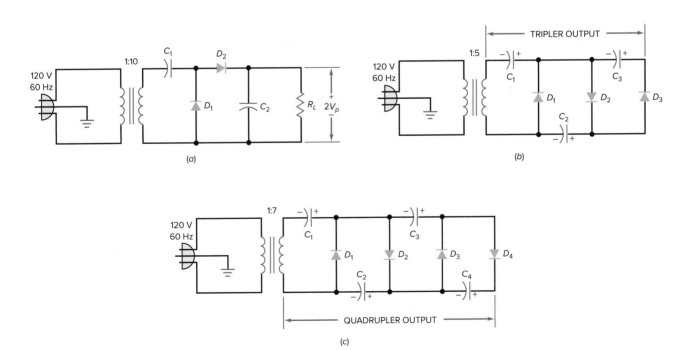

| 그림 4·44 |

응용문제 __ *Critical Thinking*

4-44 만약 그림 4-41에서 다이오드 중 1개가 단락되면 어떤 결과가 나타나겠는가?

4-45 그림 4-45의 전원은 2개의 출력전압을 갖는다. 출력전압의 근사값은 얼마인가?

4-46 그림 4-45에 4.7 Ω의 서지저항이 첨가된다. 서지전류의 최대 값은 얼마까지 가능한가?

4-47 전파전압의 피크값이 15 V이다. 어떤 사람이 삼각함수표를 여러분에게 주었다. 그러면 1° 간격으로 사인파의 값을 찾을 수 있다. 전파신호의 평균값이 피크값의 63.6%임을 어떻게 증명하는지 설명해 보라.

4-48 그림 4-46과 같은 스위치 위치에서 출력전압은 얼마인가? 만일 스위치가 다른 위치로 전환되면 출력전압은 얼마인가?

4-49 그림 4-47에서 V_{in}이 40 V_{rms}이고, 시정수 RC가 전원전압의 주기에 비해 대단히 크다고 하면 V_{out}은 무엇과 같은가? 그 이유는?

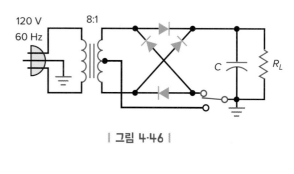

| 그림 4·46 |

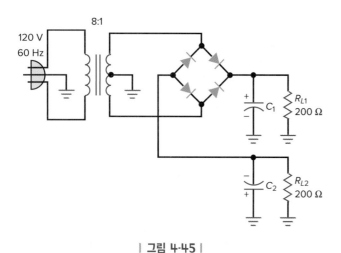

| 그림 4·45 |

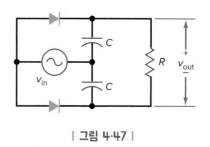

| 그림 4·47 |

고장점검 __ *Troubleshooting*

4-50 그림 4-48은 정상 회로값과 T1~T8까지 8개의 고장이 있는 브리지정류 회로이다. 8개의 고장을 모두 찾아라.

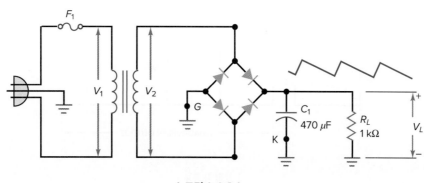

| 그림 4·48 |

고장점검

	V_1	V_2	V_L	V_R	f	R_L	C_1	F_1
정상	115	12.7	18	0.3	120	1k	정상	정상
T1	115	12.7	11.4	18	120	1k	∞	정상
T2	115	12.7	17.7	0.6	60	1k	정상	정상
T3	0	0	0	0	0	0	정상	∞
T4	115	12.7	0	0	0	1k	정상	정상
T5	0	0	0	0	0	1k	정상	∞
T6	115	12.7	18	0	0	∞	정상	정상
T7	115	0	0	0	0	1k	정상	정상
T8	0	0	0	0	0	1k	0	∞

MultiSim 고장점검 문제 __ *MultiSim Troubleshooting Problems*

멀티심 고장점검 파일들은 http://mhhe.com/malvino9e의 온라 인학습센터(OLC)에 있는 멀티심 고장점검 회로(MTC)라는 폴더에 서 찾을 수 있다. 이 장에 관련된 파일은 MTC04-51~MTC04-55 로 명칭되어 있고 모두 그림 4-48의 회로를 바탕으로 한다.

각 파일을 열고 고장점검을 실시한다. 결함이 있는지 결정하기 위해 측정을 실시하고, 결함이 있다면 무엇인지를 찾아라.

4-51 MTC04-51 파일을 열어 고장점검을 실시하라.

4-52 MTC04-52 파일을 열어 고장점검을 실시하라.

4-53 MTC04-53 파일을 열어 고장점검을 실시하라.

4-54 MTC04-54 파일을 열어 고장점검을 실시하라.

4-55 MTC04-55 파일을 열어 고장점검을 실시하라.

디지털/아날로그 실습 시스템 __ *Digital/Analog Trainer System*

문제 4-56에서 4-60은 부록 C에 있는 디지털/아날로그 실습 시 스템의 회로도에 대한 것이다. 모델 XK-700 실습기용 전체 설명 매 뉴얼은 www.elenco.com에서 찾을 수 있다.

4-56 D_3는 어떤 종류의 정류기 회로에서 사용되었는가?

4-57 노란색과 흰색 변압기의 2차 권선 사이의 교류전압은 약 얼마 인가?

4-58 D_5와 D_6는 어떤 종류의 정류기 회로를 형성하는가?

4-59 2개의 빨간색 변압기 2차 권선 사이의 교류전압이 12.6 V 이 면, C_3에 걸리는 피크전압은 약 얼마인가?

4-60 전압조정기 U_2의 입력에서 필요한 최소 직류전압은 얼마인가?

직무 면접 문제 __ *Job Interview Questions*

1. 여기에 연필과 종이가 있다. 커패시터입력 필터가 있는 브리지 정류기가 어떻게 동작하는지 설명하라. 설명을 할 때, 구성도 와 회로상의 여러 점에 나타나는 파형을 보여 주기 바란다.

2. 실험대 위에 커패시터입력 필터가 있는 브리지정류기가 있다 고 가정한다. 동작이 안 된다. 고장점검을 어떻게 하는지 설명 하라. 사용해야 하는 기계와 일반적인 고장을 찾는 방법을 말 하라.

3. 전원에서 과전류나 과전압은 다이오드를 파손시킬 수 있다. 커패시터입력 필터가 있는 브리지정류기를 그림으로 그리고, 전류 혹은 전압이 다이오드를 어떻게 파손시키는지 설명하라. 과잉 역방향 전압인 경우를 다시 설명해 보라.

4. 클리퍼, 클램퍼와 다이오드 클램프에 대해 아는 대로 설명하라. 대표적인 파형, 클리핑 레벨, 클램핑 레벨과 보호레벨을 말해 보라.

5. 피크-피크 검출기의 동작을 설명하라. 그리고 배압기와 피크-피크 검출기의 비슷한 점과 다른 점을 설명하라.

6. 전원에서 반파정류기나 혹은 전파정류기 대신 브리지정류기를 사용한다면 좋은 점은 무엇인가? 브리지정류기가 다른 정류기에 비해 효율이 더 좋은 이유는 무엇인가?

7. 전원을 응용할 때 *RC*형 필터보다 *LC*형 필터를 더 선호하는 경향이 있다. 그 이유는?

8. 반파정류기와 전파정류기는 어떤 관계가 있는가?

9. 어떤 경우에 전압 배율기를 전원의 일부분으로 사용하면 좋은가?

10. 직류전원의 출력이 5 V라고 가정한다. 직류전압계로 이 전원에서 나오는 5 V를 정확하게 측정하였다. 전원에 문제가 있을 수 있는가? 만일 있다면 어떻게 고장점검을 해야 하는가?

11. 권선비가 큰 변압기와 일반 정류기 대신으로 전압 배율기를 사용하는 이유는 무엇인가?

12. *RC*필터와 *LC*필터의 장단점을 열거하라.

13. 전원을 고장점검하는 동안 검게 타 버린 저항을 발견하였다. 측정해 보니 저항이 끊어졌다. 저항을 교환하고 전원을 다시 켜 보았는가? 그래도 동작하지 않으면 다음은 무엇을 해야 하는가?

14. 브리지정류기에서 일어날 가능성이 있는 세 가지 결함을 열거하라. 그리고 각각 어떤 증상이 나타나는지 말해 보라.

복습문제 해답 __ *Self-Test Answers*

1.	b	6.	b	11.	b	16.	a	21.	a
2.	a	7.	b	12.	b	17.	d	22.	b
3.	b	8.	c	13.	c	18.	c	23.	a
4.	c	9.	c	14.	a	19.	c	24.	c
5.	c	10.	d	15.	b	20.	c	25.	c

연습문제 해답 __ *Practice Problem Answers*

4-1 V_{dc} = 6.53 V

4-2 V_{dc} = 27 V

4-3 $V_{p(in)}$ = 12 V; $V_{p(out)}$ = 11.3 V

4-5 $V_{p(out)}$ 이상적 = 34 V; 제2근사해석 = 32.6 V

4-7 V_L = 17 V; V_R = 0.71 V_{p-p}

4-9 V_R = 0.165 V_{p-p}

4-10 2배의 안전을 위해 1N4002 혹은 1N4003

chapter **5**

특수목적 다이오드
Special-Purpose Diodes

정류 다이오드는 가장 일반적인 다이오드이다. 정류 다이오드는 전원부에서 교류전압을 직류전압으로 변환하는 데 쓰인다. 그런데 다이오드는 정류만 하는 것이 아니다. 여기서는 다른 응용에 쓰이는 다이오드를 설명할 것이다. 이 장에서는 항복 특성을 가장 효과적으로 이용하는 제너 다이오드부터 시작한다. 제너 다이오드는 전압을 조정하는 중심 역할을 하므로 대단히 중요하다. 그리고 광전자 다이오드, 발광다이오드(LED), 쇼트키 다이오드, 버랙터 및 그 외의 다이오드도 다룬다.

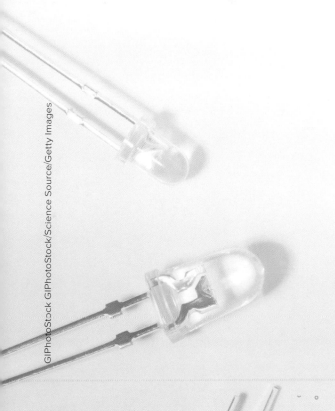

GIPhotoStock GIPhotoStock/Science Source/Getty Images

학습목표

이 장을 공부하고 나면

- 제너 다이오드가 어떻게 사용되는지 설명하고, 이 다이오드의 동작과 관련이 있는 여러 값을 계산할 수 있어야 한다.
- 여러 가지 광전자 소자를 열거하고, 그 동작을 각각 설명할 수 있어야 한다.
- 쇼트키 다이오드가 일반 다이오드보다 우월한 두 가지 장점을 연상할 수 있어야 한다.
- 버랙터가 어떻게 동작하는지 설명할 수 있어야 한다.
- 배리스터의 주된 용도를 설명할 수 있어야 한다.
- 기술자들이 관심을 가지는 4개의 항목을 제너 다이오드의 데이터시트에서 찾아서 열거할 수 있어야 한다.
- 다른 반도체 다이오드의 기본 기능을 열거하고 설명할 수 있어야 한다.

목차

주요 용어

7세그먼트 디스플레이
    (seven-segment display)

PIN 다이오드(PIN diode)

경감인자(derating factor)

계단회복 다이오드
    (step-recovery diode)

공통양극(common-anode)

공통음극(common-cathode)

광결합기(optocoupler)

광다이오드(photodiode)

광도(luminous intensity)

광전자공학(optoelectronics)

누설영역(leakage region)

레이저 다이오드(laser diode)

발광다이오드
    (light-emitting diode: LED)

발광효율(luminous efficacy)

배리스터(varistor)

버랙터(varactor)

부성저항(negative resistance)

쇼트키 다이오드(Schottky diode)

역다이오드(back diode)

온도계수
    (temperature coefficient)

전류조정 다이오드
    (current regulator diode)

전장발광(electroluminescence)

전치조정기(preregulator)

제너 다이오드(zener diode)

제너 조정기(zener regulator)

제너저항(zener resistance)

제너효과(zener effect)

터널 다이오드(tunnel diode)

5-1 제너 다이오드

전자공학 혁신가

클래런스 멜빈 제너(Clarence Melvin Zener, 1905~1993)는 역바이어스된 *p-n* 다이오드의 제너효과에 대한 연구로 제너 다이오드를 발명한 공로를 인정받고 있다.

소신호 다이오드나 정류 다이오드는 항복영역에서 손상을 받을 수 있으므로 고의적으로 이 영역에서 동작시키면 안 된다. 그러나 **제너 다이오드**(zener diode)는 다르다. 제너 다이오드는 항복영역에서 가장 효과적으로 동작하도록 만들어진 실리콘 다이오드이다. 제너 다이오드는 선전압과 부하저항이 크게 변하더라도 부하전압을 거의 일정하게 유지하는 회로, 즉 전압조정기의 중추적인 역할을 한다.

I-V 그래프

그림 5-1*a*는 제너 다이오드의 도식적 기호이고, 그림 5-1*b*는 제너 다이오드의 다른 기호이다. 기호에서 *z*를 닮은 선은 "zener"를 상징한다. 실리콘 다이오드의 도핑 수준을 변화시키면 약 2~1,000 V 이상까지 항복전압을 갖는 제너 다이오드를 만들 수 있다. 제너 다이오드는 순방향, 누설, 항복의 세 영역 중 어느 영역에서도 동작이 가능하다.

그림 5-1*c*는 제너 다이오드의 *I-V*그래프이다. 순방향 영역에서는 일반 실리콘 다이오드처럼 0.7 V 근처에서 도전을 시작하고, **누설영역**(leakage region: 영과 항복 사이)에서는 작은 역방향 전류만 흐른다. 제너 다이오드에서 항복이 일어나면 전류는 거의 수직으로 증가하여 매우 가파른 무릎 모양이 된다. 항복영역에서 전압은 거의 일정하고, 대략 V_Z와 같다는 것을 기억하라. 데이터시트에는 일반적으로 특정 시험전류 I_{ZT}에 대한 V_Z값이 있다.

그림 5-1*c*를 보면 최대 역방향 전류 I_{ZM}가 표시되어 있다. 역방향 전류가 I_{ZM}보다 작

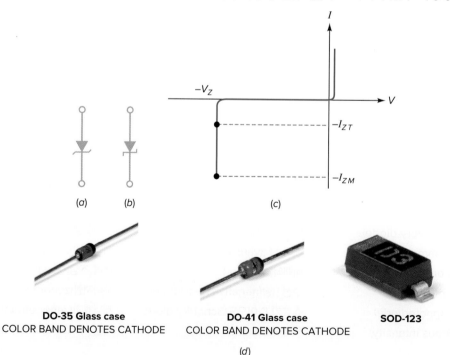

(a)   (b)   (c)

DO-35 Glass case
COLOR BAND DENOTES CATHODE

DO-41 Glass case
COLOR BAND DENOTES CATHODE

SOD-123

(d)

Brian Moeskau Photography   Brian Moeskau Photography   Brian Moeskau Photography

| 그림 5-1 | 제너 다이오드 (a) 도식적 기호; (b) 다른 기호; (c) 전압 대 전류의 그래프; (d) 대표적인 제너 다이오드

으면 다이오드는 안전영역에서 동작한다. 만일 역방향 전류가 I_{ZM}보다 크면 다이오드는 파손될 것이다. 과잉 역방향 전류를 방지하려면 **전류제한 저항**(*current-limiting resistor*)을 사용하여야 한다(뒤에서 설명).

제너저항

제3근사해석에서 실리콘 다이오드의 순방향 전압은 무릎전압과 벌크저항에서 추가되는 전압을 합한 것과 같다.

비슷하게 항복영역에서 다이오드의 역방향 전압은 항복전압과 벌크저항에서 추가되는 전압의 합과 같다. 역방향 영역에서 벌크저항을 **제너저항**(*zener resistance*)이라 일컫는다. 이 저항은 항복영역에서 기울기의 역수와 같다. 다시 말하면 항복영역이 수직일수록 제너저항은 더욱더 작아진다.

그림 5-1c에서 제너저항을 흐르는 역방향 전류가 증가하면 역방향 전압도 조금 증가한다는 것을 알 수 있다. 전압의 증가는 매우 작고 일반적으로 수십분의 1볼트 정도이다. 설계 시에는 미소한 증가도 중요하겠지만 고장점검이나 예비해석에서는 그렇지 않다. 별다른 지적이 없으면 여기서는 제너저항을 무시하고 설명할 것이다. 그림 5-1d는 대표적인 제너 다이오드를 보인 것이다.

제너 조정기

비록 제너 다이오드를 흐르는 전류가 변하더라도 출력전압은 일정하게 유지되기 때문에 제너 다이오드를 가끔 **전압조정 다이오드**(*voltage-regulator diode*)라 부른다. 정상적인 동작을 위하여 제너 다이오드는 그림 5-2a와 같이 역방향 바이어스 되어야 한다. 더욱이 전원전압 V_S가 제너 항복전압 V_Z보다 더 커야 항복 작용이 나타난다. 직렬저항 R_S는 제너전류를 최대 전류정격 이하로 제한할 목적으로 사용한다. 그렇지 않으면 제너 다이오드는 과대한 전력손실 때문에 다른 소자와 마찬가지로 타 버릴 것이다.

그림 5-2b는 이 회로를 접지하여 다르게 표현한 것이다. 회로에 접지가 있을 때는 언제든지 접지에 대한 전압을 측정할 수 있다.

예를 들어 그림 5-2b에서 직렬저항의 전압을 알고 싶을 때 전압을 구하는 방법은 다음과 같다. 첫째, R_S의 왼쪽 끝에서 접지까지 전압을 측정하고, 둘째, R_S의 오른쪽 끝에서 접지까지 전압을 측정한다. 셋째, 두 전압의 차를 구하면 R_S 양단의 전압이 얻어진다. 입력임피던스 등급이 충분히 높은 DMM이 있으면, 직렬저항 양단에 바로 연결하면 된다.

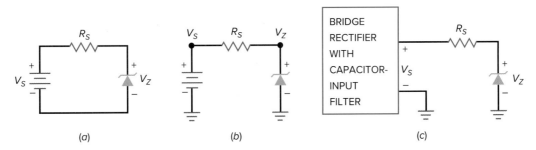

| 그림 5-2 | 제너 조정기 (a) 기본 회로; (b) 접지가 있는 동일 회로; (c) 전원이 조정기를 구동한다.

그림 5-2c는 전원의 출력에 직렬저항과 제너 다이오드가 연결되어 있는 것을 보여 주고 있다. 이 회로는 전원의 출력전압보다 더 작은 직류 출력전압을 얻고 싶을 때 사용된다. 이와 같은 회로를 제너전압 조정기(*zener voltage regulator*)혹은 간단히 **제너 조정기**(zener regulator)라 부른다.

옴의 법칙 이용

그림 5-2에서 직렬 혹은 전류제한 저항의 전압은 전원전압과 제너전압의 차이와 같기 때문에 저항을 흐르는 전류는 다음과 같다.

$$I_S = \frac{V_S - V_Z}{R_S} \tag{5-1}$$

그리고 직렬회로이므로 일단 직렬전류값이 구해지면 제너전류값도 알게 된다. I_S가 I_{ZM}보다 작아야 된다는 것을 기억하라.

이상적인 제너 다이오드

고장점검이나 예비해석을 할 때 항복영역을 수직으로 근사화할 수 있으므로, 흐르는 전류가 변하더라도 전압은 일정하다. 이것은 제너저항을 무시하는 것과 같다. 그림 5-3은 제너 다이오드의 이상적 근사해석이다. 이것은 항복영역에서 제너 다이오드는 마치 전지처럼 이상적으로 동작한다는 것을 의미한다. 회로에서 이것은 항복영역에서 동작하는 제너 다이오드를 마음속으로 전압원 V_Z로 대체할 수 있음을 의미한다.

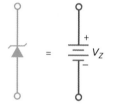

| 그림 5-3 | 제너 다이오드의 이상적 근사해석

예제 5-1

그림 5-4*a*에서 제너 다이오드의 항복전압을 10 V라고 가정한다. 최소와 최대 제너전류는 얼마인가?

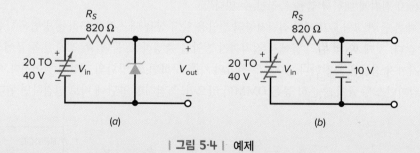

| 그림 5-4 | 예제

풀이 인가전압은 20~40 V까지 변하고, 이상적인 경우 제너 다이오드는 그림 5-4*b*와 같이 전지처럼 동작한다. 그러므로 전원전압이 20~40 V 사이의 임의의 값이 되더라도 출력전압은 10 V이다.

전원전압이 최소일 때 최소전류가 흐른다. 저항의 왼쪽 끝이 20 V, 그리고 오른쪽 끝이 10 V이므로 저항 양단의 전압은 20 V − 10 V 혹은 10 V이다. 옴의 법칙에 의해 전류는 다음과 같다.

$$I_S = \frac{10\text{ V}}{820\ \Omega} = 12.2\text{ mA}$$

전원전압이 40 V일 때 최대전류가 흐른다. 이 경우 저항의 전압은 30 V이므로 흐르는 전류는 다음과 같다.

$$I_S = \frac{30\text{ V}}{820\ \Omega} = 36.6\text{ mA}$$

그림 5-4a와 같은 전압조정기는 전원전압이 20~40 V까지 변해도 출력전압은 10 V에 고정된다. 전원전압이 증가할수록 제너전류는 증가하지만, 출력전압은 10 V에서 요지부동이다. (만약 제너저항이 포함되면, 전원전압이 증가할 때 출력전압도 조금씩 증가할 것이다.)

연습문제 5-1 그림 5-4a에서 만약 V_{in} = 30 V이면 제너전류 I_S는 얼마인가?

5-2 부하가 있는 제너 조정기

그림 5-5a는 부하가 있는(*loaded*) 제너 조정기이고, 그림 5-5b는 이 회로를 접지시킨 것이다. 제너 다이오드는 항복영역에서 동작하고 부하전압은 일정하게 유지된다. 비록 전원전압이 변동하거나 혹은 부하저항이 변하더라도 부하전압은 일정하고, 제너전압과 같다.

항복동작

그림 5-5의 제너 다이오드가 항복영역에서 동작한다는 것을 어떻게 설명할 수 있는가? 전압분배기이므로 다이오드를 바라보는 테브난 전압은 다음과 같다.

$$V_{TH} = \frac{R_L}{R_S + R_L} V_S \tag{5-2}$$

이 식은 회로에서 제너 다이오드를 제거하고 다이오드가 있던 위치의 전압이다. 이 테브난 전압이 제너전압보다 더 커야 한다. 그렇지 않으면 항복이 일어날 수 없다.

직렬전류

특별한 지적이 없으면 다음의 모든 설명에서 제너 다이오드는 항복영역에서 동작한다고 가정한다. 그림 5-5에서 직렬저항을 흐르는 전류는 다음과 같다.

$$I_S = \frac{V_S - V_Z}{R_S} \tag{5-3}$$

이것은 전류제한 저항에 옴의 법칙을 적용한 것이다. 이 전류는 부하저항이 있건 없건 마찬가지이다. 다시 말해서 만약에 부하저항을 제거한다면 직렬저항을 흐르는 전류는

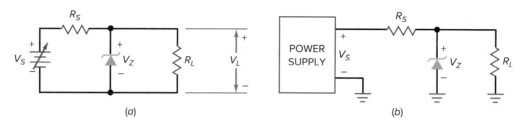

| 그림 5·5 | 부하가 있는 제너 조정기 (a) 기본 회로; (b) 실제 회로

저항 양단의 전압을 저항으로 나눈 것과 같다.

부하전류

부하저항과 제너 다이오드가 병렬이므로 이상적으로 부하전압은 제너전압과 같다. 수식으로 나타내면 다음과 같다.

$$V_L = V_Z \tag{5-4}$$

옴의 법칙으로 부하전류를 계산한다.

$$I_L = \frac{V_L}{R_L} \tag{5-5}$$

제너전류

키르히호프의 전류법칙에 의하면

$$I_S = I_Z + I_L$$

제너 다이오드와 부하저항은 병렬이므로 두 전류의 합은 전체 전류와 같고, 전체 전류는 직렬저항을 흐르는 전류와 같다.

위의 식을 다시 정리하면 다음과 같은 중요한 공식을 얻을 수 있다.

$$I_Z = I_S - I_L \tag{5-6}$$

이 식은 제너전류와 직렬전류가 같지 않다는 것을 의미한다. 무부하 제너 조정기이면 제너전류와 직렬전류가 같지만 여기서는 부하저항 때문에 제너전류는 직렬전류에서 부하전류를 뺀 것과 같다.

표 5-1은 부하가 있는 제너 조정기의 해석 단계를 요약한 것이다. 직렬전류를 먼저 구하고 부하전압과 부하전류, 그리고 마지막으로 제너전류를 계산한다.

제너효과

항복전압이 6 V 이상일 때, 항복은 2장에서 설명한 애벌랜치 효과 때문에 나타난다. 기본 개념은 소수캐리어가 다른 소수캐리어를 이탈시킬 정도로 고속으로 가속되어, 연쇄 혹은 애벌랜치 효과를 일으켜 결과적으로 역방향으로 많은 전류를 흐르게 하는 것이다.

제너효과는 다르다. 다이오드가 고농도로 도핑될 때 공핍층이 매우 좁아진다. 이 때문에 공핍층의 전계(전압을 거리로 나눈 것)가 매우 강해진다. 전계의 세기가 대략 300,000

요점정리 표 5-1	부하가 있는 제너 조정기 해석	
	과정	**설명**
단계 1	직렬전류를 계산한다. 식 (5-3)	옴의 법칙을 R_S에 적용한다.
단계 2	부하전압을 계산한다. 식 (5-4)	부하전압은 다이오드 전압과 같다.
단계 3	부하전류를 계산한다. 식 (5-5)	옴의 법칙을 R_L에 적용한다.
단계 4	제너전류를 계산한다. 식 (5-6)	전류법칙을 다이오드에 적용한다.

참고사항

제너전압이 대략 3~8 V인 경우, 온도계수는 역방향 전류의 영향을 심하게 받는다. 전류가 증가할수록 온도계수는 더욱 양성적으로 반응한다.

V/cm에 도달하면 전계는 매우 강해서 전자가 가전자 궤도 밖으로 이탈할 수 있다. 이러한 방법으로 자유전자가 생성되는 것을 **제너효과**(zener effect)(고전계방출(*high-field emission*)로도 알려져 있다)라고 한다. 이것은 고속의 소수캐리어에 의해 가전자가 이탈하는 애벌랜치 효과와 분명히 다르다.

항복전압이 4 V 이하일 때는 제너효과만 나타나고, 6 V 이상일 때는 애벌랜치 효과만 나타난다. 항복전압이 4와 6 V 사이에 있으면, 두 효과가 모두 나타난다.

제너효과는 애벌랜치 효과 이전에 발견되었다. 그러므로 항복영역에서 사용하고 있는 다이오드를 모두 제너 다이오드로 알고 있었다. 애벌랜치 다이오드(*avalanche diode*)라는 말을 가끔 들어 보았겠지만, 일반적으로 모든 항복 다이오드를 제너 다이오드(*zener diode*)라 부른다.

온도계수

주위온도가 변할 때 제너전압도 약간 변한다. 데이터시트에서는 온도의 영향을 **온도계수**(temperature coefficient)로 표기하며, 이것은 도수 증가에 대한 항복전압의 변화로 정의한다. 항복전압이 4 V 이하(제너효과)이면 온도계수는 음이다. 예를 들어 항복전압이 3.9 V인 제너 다이오드는 온도계수가 −1.4 mV/°C이다. 만일 온도가 1° 증가하면 항복전압은 1.4 mV 감소한다.

한편 항복전압이 6 V 이상(애벌랜치 효과)일 때 온도계수는 양이다. 예를 들어 항복전압이 6.2 V인 제너 다이오드는 온도계수가 2 mV/°C이다. 만일 온도가 1° 증가하면 항복전압은 2 mV 증가한다.

4와 6 V 사이에서 온도계수는 음에서 양으로 변한다. 다른 말로 표현하면, 항복전압 4와 6 V 사이에서 온도계수가 영이 되는 제너 다이오드도 있다. 이것은 넓은 온도범위에서 고정된 제너전압이 요구되는 응용분야에서 중요하게 쓰인다.

참고사항

대단히 안정된 기준전압을 요구하는 곳에서는 제너 다이오드를 1개 이상의 반도체 다이오드와 직렬로 연결한다. 여기서 반도체 다이오드의 전압강하는 온도에 따라 V_Z의 변화와 반대방향으로 변한다. 결과적으로, 온도가 광범위하게 변해도 V_Z는 **매우** 안정하게 유지된다.

예제 5-2 **||||MultiSim**

그림 5-6*a*의 제너 다이오드는 항복영역에서 동작하는가?

풀이 식 (5-2)에 따라

$$V_{TH} = \frac{1\ \text{k}\Omega}{270\ \Omega + 1\ \text{k}\Omega}(18\ \text{V}) = 14.2\ \text{V}$$

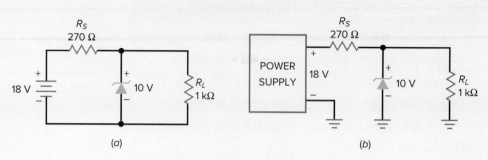

| 그림 5·6 | 예제

이 테브난 전압은 제너전압보다 크기 때문에, 제너 다이오드는 항복영역에서 동작한다.

예제 5-3　　　|||| MultiSim

그림 5-6*b*에서 제너전류는 얼마인가?

풀이　직렬저항의 양 끝에 전압이 주어져 있으므로 두 전압의 차를 구하면, 직렬저항에서 8 V이다. 옴의 법칙에 의해

$$I_S = \frac{8\text{ V}}{270\ \Omega} = 29.6\text{ mA}$$

이고, 부하전압이 10 V이므로, 부하전류는 다음과 같다.

$$I_L = \frac{10\text{ V}}{1\text{ k}\Omega} = 10\text{ mA}$$

제너전류는 두 전류의 차와 같다.

$$I_Z = 29.6\text{ mA} - 10\text{ mA} = 19.6\text{ mA}$$

연습문제 5-3　그림 5-6*b*에서 전원을 15 V로 바꾸고 I_S, I_L, I_Z를 구하라.

응용예제 5-4　　　|||| MultiSim

그림 5-7의 회로는 어떤 작용을 하는가?

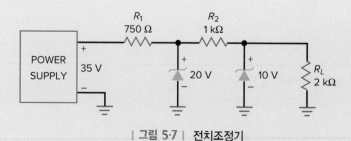

| 그림 5·7 | 전치조정기

풀이 이 회로는 제너 조정기(두 번째 제너 다이오드)를 구동하는 **전치조정기**(preregulator: 첫 번째 제너 다이오드)의 예이다. 먼저 전치조정기는 출력전압이 20 V이다. 이 전압은 두 번째 제너 조정기의 입력이고 그 출력은 10 V이다. 기본 개념은 잘 조정된 입력을 두 번째 조정기에 공급하여 매우 잘 조정된 최종 출력을 얻는 것이다.

응용예제 5-5   ▌▌▌**MultiSim**

그림 5-8의 회로는 어떤 작용을 하는가?

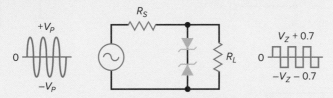

| **그림 5·8** | 파형 정형에 사용되는 제너 다이오드

풀이 대부분의 응용에서 제너 다이오드는 항복영역에서 머무는 전압조정기로 사용된다. 그러나 예외가 있다. 제너 다이오드는 가끔 그림 5-8과 같이 파형 정형 회로에도 사용된다.

제너 다이오드 2개가 직접 연결되어 있음에 주의하라. 양의 반사이클일 때, 위의 다이오드는 도전하고 아래 다이오드는 항복이 일어난다. 그러므로 출력이 그림과 같이 클리프된다. 클리핑 레벨은 제너전압(항복이 일어난 다이오드)에 0.7 V(순방향 바이어스된 다이오드)를 더한 전압과 같다.

음의 반사이클에서 반대로 동작한다. 아래 다이오드는 도전하고 위의 다이오드는 항복이 일어난다. 이와 같은 방법으로 출력은 거의 구형파가 된다. 입력 사인파가 클수록 출력은 더욱 구형파답게 보인다.

연습문제 5-5 그림 5-8에서 다이오드의 V_Z가 3.3 V이다. R_L의 전압은 얼마인가?

응용예제 5-6

그림 5-9에 있는 각 회로의 동작을 간단히 설명하라.

풀이 그림 5-9a는 20 V 전원이 주어져 있고, 제너 다이오드와 일반 실리콘 다이오드를 이용하여 몇 가지 직류 출력 부하전압을 얻을 수 있는 방법을 제시하고 있다. 제일 아래에 있는 다이오드는 출력이 10 V이다. 각 실리콘 다이오드는 순방향 바이어스이므로 그림과 같이 10.7 V와 11.4 V의 출력이 나온다. 제일 위에 있는 다이오드는 2.4 V의 항복전압을 가지므로 출력이 13.8 V이다. 이 회로에서 제너 다이오드와 실리콘 다이오드의 결합을 다르게 하면, 또 다른 직류 출력전압을 얻을 수 있다.

만일 12 V 시스템에 6 V의 계전기를 연결한다고 하면 아마도 계전기에 손상이 올 것이다. 그러므로 전압의 일부를 강하시킬 필요가 있다. 그림 5-9b는 전압을 강하시키는 방법이다. 5.6 V인 제너 다이오드를 계전기와 직렬 연결하면 계전기에는 6.4 V만 나타난다. 이 전압은 일반적으로 계전기의 전압정격의 허용범위에 속한다.

용량이 큰 전해 커패시터는 흔히 전압정격이 낮다. 예를 들면 1,000 μF의 전해 커패시터는 전압정격이 겨우 6 V이다. 이것은 커패시터의 최대전압이 6 V 이하가 되어야 한다는 것을 의미한다. 그림 5-9c는 12 V 전원에 6 V의 전해 커패시터를 사용하는 방법을 보인 것이다. 앞에서와 같이 제너 다이오드를 사용하여 전압의 일부분을 강하한다. 이 경우 제너 다이오드에서 6.8 V가 강하되므로 커패시터에 걸리는 전압은 5.2 V이다. 이 방법으로 전해 커패시터는 전원을 여파하고 또 전압정격을 이용할 수 있다.

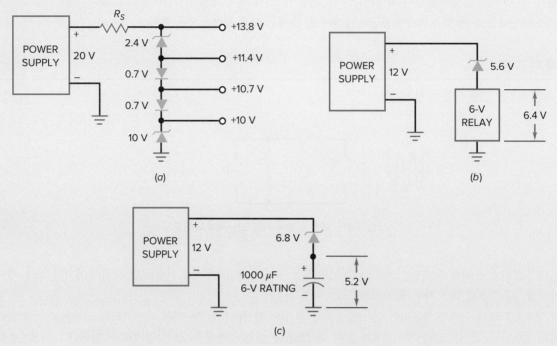

│ 그림 5·9 │ 제너 응용 (a) 비표준 출력전압 발생; (b) 12 V 시스템에 6 V 계전기 사용; (c) 12 V 시스템에 6 V 커패시터 사용

5-3 제너 다이오드의 제2근사해석

그림 5-10*a*는 제너 다이오드의 제2근사해석이다. 제너저항과 이상적인 전지가 직렬이다. 제너 다이오드의 전체 전압은 항복전압과 제너저항의 전압강하를 더한 것과 같다. 제너 다이오드에서 R_Z는 비교적 작기 때문에, 이것이 제너 다이오드의 전체 전압에 미치는 영향은 미미하다.

부하전압에 대한 영향

부하전압에서 제너저항의 영향을 계산할 수 있을까? 그림 5-10*b*는 전원이 부하를 가진 제너 조정기를 구동하는 그림이다. 이상적이면 부하전압은 항복전압 V_Z와 같다. 그러나 제2근사해석이면 그림 5-10*c*와 같이 제너저항이 포함된다. R_Z에서 전압강하가 추가되므로 부하전압이 약간 증가할 것이다.

그림 5-10*c*에서 제너저항으로 제너전류가 흐르기 때문에 부하전압은 다음과 같다.

$$V_L = V_Z + I_Z R_Z$$

보다시피 부하전압은 이상적인 경우보다

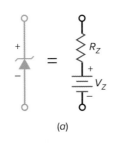

(a)

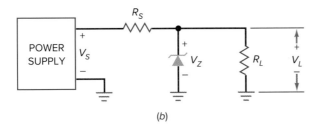

(b)

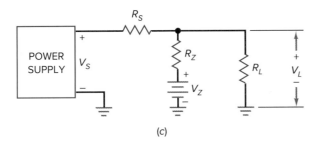

(c)

| 그림 5·10 | 제너 다이오드의 제2근사해석 (a) 등가회로; (b) 전원이 제너 조정기를 구동한다; (c) 해석에 제너저항이 포함된다.

$$\Delta V_L = I_Z R_Z \tag{5-7}$$

만큼 변한다. 일반적으로 R_Z는 작고, 따라서 전압변화도 작아서, 대표적으로 수십분의 1볼트이다. 예를 들어 만약 $I_Z = 10$ mA이고 $R_Z = 10$ Ω이면 $\Delta V_L = 0.1$ V이다.

리플에 대한 영향

리플만 따진다면 그림 5-11a와 같은 등가회로를 이용할 수 있다. 다시 말하면 리플에 영향을 주는 구성요소는 그림에 있는 세 저항이다. 이 회로를 더 간단히 할 수 있다. 표준 설계라면 R_Z가 R_L보다 훨씬 작다. 그러므로 리플에 유효한 영향을 주는 구성요소는 그림 5-11b와 같이 직렬저항과 제너저항이다.

그림 5-11b는 전압분배기이므로 출력 리플은 다음과 같다.

$$V_{R(\text{out})} = \frac{R_Z}{R_S + R_Z} V_{R(\text{in})}$$

리플 계산은 정확하지 않아도 된다. 대표적인 설계에서는 R_S가 R_Z보다 대단히 크기 때문에 고장점검과 예비해석에서 다음의 근사식을 이용할 수 있다.

$$V_{R(\text{out})} \approx \frac{R_Z}{R_S} V_{R(\text{in})}$$

(5-8)

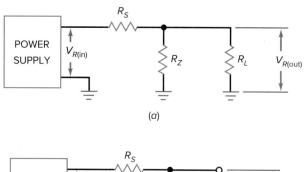

(a)

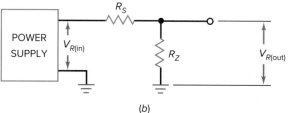

(b)

| 그림 5-11 | 제너 조정기는 리플을 감소시킨다. (a) 전체 교류 등가회로; (b) 간략화된 교류 등가회로

예제 5-7

그림 5-12의 제너 다이오드는 항복전압이 10 V이고 제너저항이 8.5 Ω이다. 제2근사해석을 이용하여 제너전류가 20 mA일 때 부하전압을 계산하라.

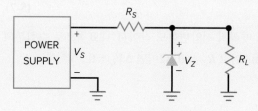

| 그림 5-12 | 부하가 있는 제너 조정기

풀이 부하전압의 변화는 제너전류와 제너저항의 곱과 같다.

$$\Delta V_L = I_Z R_Z = (20 \text{ mA})(8.5 \text{ Ω}) = 0.17 \text{ V}$$

제2근사해석에서 의하면 부하전압은 다음과 같다.

$$V_L = 10 \text{ V} + 0.17 \text{ V} = 10.17 \text{ V}$$

연습문제 5-7 제2근사해석을 이용하고, 그림 5-12에서 $I_Z = 12$ mA일 때 부하전압을 계산하라.

예제 5-8

그림 5-12에서 $R_S = 270\ \Omega$, $R_Z = 8.5\ \Omega$, $V_{R(in)} = 2\ V$이다. 부하의 근사적인 리플전압은 얼마인가?

풀이 부하 리플은 근사적으로 R_Z/R_S에 입력 리플을 곱한 것과 같다.

$$V_{R(out)} \approx \frac{8.5\ \Omega}{270\ \Omega} 2\ V = 63\ mV$$

연습문제 5-8 그림 5-12에서 $V_{R(in)} = 3\ V$이면 근사적인 부하 리플 전압은 얼마인가?

응용예제 5-9

그림 5-13의 제너 조정기는 $V_Z = 10\ V$, $R_2 = 270\ \Omega$, $R_Z = 8.5\ \Omega$, 그리고 응용예제 5-7과 5-8에서 사용했던 값들을 가지고 있다. 이 MultiSim 회로해석으로 구해진 측정값에 대해 설명하라.

풀이 만일 그림 5-13에서 이전에 설명한 방법대로 전압을 계산하면 다음과 같은 결과를 얻을 것이다. 8:1의 변압기이므로 피크 2차 전압은 21.2 V이다. 두 다이오드의 전압강하를 빼면 필터 커패시터의 피크전압은 19.8 V이다. 390 Ω의 저항을 흐르는 전류는 51 mA이고, R_2를 흐르는 전류는 36 mA이다. 커패시터는 두 전류의 합 87 mA를 공급해야 한다. 식 (4-10)에 의하면 이 전류는 결과적으로 커패시터에 대략 2.7 V_{p-p}의 리플을 만든다. 이 리플에 대한 제너 조정기의 출력 리플을 계산하면 대략 85 mV_{p-p}이다.

리플이 크기 때문에 커패시터 전압은 19.8 V와 17.1 V 사이에서 스윙한다. 이 두 값을 평균하면 필터 커패시터의 대략적인 직류전압은 18.5 V이다. 이와 같이 직류전압이 낮아지면 앞에서 계산된 입력과 출력 리플도 역시 낮아질 것이다. 앞 장에서 설명한 바와 같이 이와 같은 계산은 추정값에 불과하다. 왜냐하면 정확한 해석은 고차의 영향까지 고려해야 하기 때문이다.

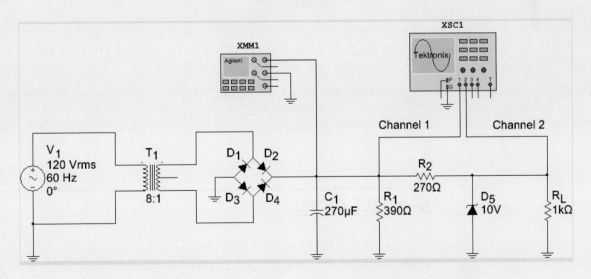

|||| **MultiSim** | **그림 5-13** | 제너 조정기에서 리플의 MultiSim 해석

Courtesy of National Instruments

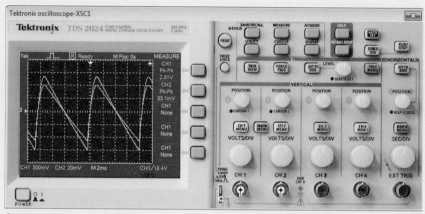

Courtesy of National Instruments

| 그림 5·13 | (계속)

그러면 거의 정확한 해답인 MultiSim의 측정값을 살펴보자. 멀티미터는 추정값 18.5 V에 매우 근접한 18.52 V를 지시하고 있다. 오실로스코프의 채널 1은 커패시터의 리플을 보여 주고 있다. 리플은 대략 2.8 V_{p-p}이고, 이것은 추정된 2.7 V_{p-p}와 거의 같다. 마지막으로 제너 조정기의 출력 리플은 대략 85 mV_{p-p}이다(채널 2). 채널 2는 20 mV/div으로 설정되어 있다.

5-4 제너 이탈점

제너 조정기가 출력전압을 일정하게 유지하는 동안 제너 다이오드는 모든 동작조건 아래에서 항복영역에 계속 머물러 있어야 한다. 이것은 모든 전원전압에서 제너전류가 흐르고 그리고 부하전류도 흘러야 한다는 말과 같다.

최악 경우 조건

그림 5-14*a*는 제너 조정기이다. 이 조정기는 다음과 같은 전류가 흐른다.

$$I_S = \frac{V_S - V_Z}{R_S} = \frac{20 \text{ V} - 10 \text{ V}}{200 \ \Omega} = 50 \text{ mA}$$

$$I_L = \frac{V_L}{R_L} = \frac{10 \text{ V}}{1 \text{ k}\Omega} = 10 \text{ mA}$$

$$I_Z = I_S - I_L = 50 \text{ mA} - 10 \text{ mA} = 40 \text{ mA}$$

전원전압이 20에서 12 V로 감소할 때 어떤 일이 일어나는지 생각해 보자. 앞의 계산에 의하면 I_S는 감소하고, I_L은 변함이 없고, I_Z는 감소할 것이다. V_S가 12 V일 때, I_S는 10 mA이고, $I_Z = 0$이 될 것이다. 이 낮은 전원전압에서 제너 다이오드는 항복영역을 벗어나려고 한다. 만일 전원이 더 감소하면 조정기능을 상실할 것이다. 다시 말하면 부하전압이 10 V 이하로 될 것이다. 그러므로 낮은 전원전압은 제너회로의 조정기능 상실의 원인이 될 수 있다.

부하전류가 너무 많이 흘러도 조정기능이 상실된다. 그림 5-14*a*에서 부하저항이 1 kΩ에서 200 Ω으로 감소할 때 어떤 일이 생기는지 알아보자. 부하저항이 200 Ω일 때 부하전류는 50 mA로 증가하고, 제너전류는 0으로 감소한다. 앞에서와 마찬가지로 제너 다이오드는 항복영역을 벗어나려고 할 것이다. 그러므로 부하저항이 너무 작으면 제너회로는 조정능력을 상실한다.

마지막으로 R_S가 200 Ω에서 1 kΩ으로 증가할 때 어떤 일이 생기는지 알아보자. 이 경우 직렬전류는 50 mA에서 10 mA로 감소한다. 그러므로 직렬저항이 커도 회로 조정이 안 된다.

그림 5-14*b*는 앞의 개념을 요약하는 뜻에서 최악 경우 조건으로 표시하였다. 제너전류가 거의 0이 될 때, 제너 조정은 이탈 혹은 정지 조건에 접근한다. 최악 경우 조건에서 회로를 해석하면 다음 방정식을 유도할 수 있다.

$$\boldsymbol{R_{S(\text{max})} = \left(\frac{V_{S(\text{min})}}{V_Z} - 1 \right) R_{L(\text{min})}} \tag{5-9}$$

이 방정식의 다른 표현도 편리하다.

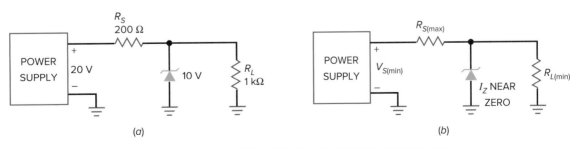

| 그림 5·14 | 제너 조정기 (a) 정상동작; (b) 이탈점에서 최악 경우 조건

$$R_{S(\text{max})} = \frac{V_{S(\text{min})} - V_Z}{I_{L(\text{max})}}$$

(5-10)

위의 두 방정식은 어떤 동작조건하에서 이탈 여부를 알고 싶을 때 제너 조정기를 점검해 볼 수 있으므로 매우 유익하다.

예제 5-10

제너 조정기의 입력전압이 22~30 V까지 변한다. 만약 조정된 출력전압이 12 V이고, 부하저항이 140 Ω에서 10 kΩ까지 변한다면, 최대 허용 직렬저항은 얼마인가?

풀이 식 (5-9)를 사용하여 최대 직렬저항을 계산하면 다음과 같다.

$$R_{S(\text{max})} = \left(\frac{22\ V}{12\ V} - 1 \right) 140\ \Omega = 117\ \Omega$$

직렬저항이 117 Ω 이하이면 제너 조정기는 모든 동작조건하에서 잘 동작할 것이다.

연습문제 5-10 예제 5-10에서 만일 조정된 출력전압이 15 V이면 최대 허용 직렬저항은 얼마인가?

예제 5-11

제너 조정기가 15~20 V 범위의 입력전압과 5~20 mA 범위의 부하전류를 가지고 있다. 제너전압이 6.8 V이면 최대 허용 직렬저항은 얼마인가?

풀이 식 (5-10)을 사용하여 최대 직렬저항을 계산하면 다음과 같다.

$$R_S(\text{max}) = \frac{15\ V - 6.8\ V}{20\ mA} = 410\ \Omega$$

만일 직렬저항이 410 Ω 이하이면 제너 조정기는 모든 조건하에서 잘 동작할 것이다.

연습문제 5-11 제너전압을 5.1 V라 하고 예제 5-11을 다시 풀어라.

5-5 데이터시트 읽기

그림 5-15는 1N5221B와 1N4728A 계열의 제너 다이오드에 대한 데이터시트이다. 다음 설명은 이 데이터시트를 참고한다. 다시 말하면 데이터시트에 있는 정보는 대부분 설계자를 위한 것이지만, 고장 점검자나 검사원이 알고 싶은 항목도 몇 개 있다.

최대전력

제너 다이오드의 전력손실은 제너 다이오드의 전압과 전류의 곱과 같다.

1N5221B - 1N5263B — Zener Diodes

Tolerance = 5%　　　　　　　　December 2018

1N5221B - 1N5263B
Zener Diodes

DO-35 Glass case
COLOR BAND DENOTES CATHODE

Symbol	Parameter	Value	Unit
P_D	Power Dissipation	500	mW
	Derate above 50°C	4.0	mW°C
T_{STG}	Storage Temperature Range	-65 to +200	°C
T_J	Operating Junction Temperature Range	-65 to +200	°C
	Lead Temperature (1/16 inch from case for 10 s)	+230	°C

Electrical Characteristics

Values are at T_A = 25°C unless otherwise noted.

Device	V_Z (V) @ I_Z [2]			Z_Z (Ω) @ I_Z (mA)		Z_{ZK} (Ω) @ I_{ZK}(mA)		I_R (μA) @ V_R (V)		T_C (%/°C)
	Min.	Typ.	Max.							
1N5221B	2.28	2.4	2.52	30	20	1,200	0.25	100	1.0	-0.085
1N5222B	2.375	2.5	2.625	30	20	1,250	0.25	100	1.0	-0.085
1N5223B	2.565	2.7	2.835	30	20	1,300	0.25	75	1.0	-0.080
1N5224B	2.66	2.8	2.94	30	20	1,400	0.25	75	1.0	-0.080
1N5225B	2.85	3	3.15	29	20	1,600	0.25	50	1.0	-0.075
1N5226B	3.135	3.3	3.465	28	20	1,600	0.25	25	1.0	-0.07
1N5227B	3.42	3.6	3.78	24	20	1,700	0.25	15	1.0	-0.065
1N5228B	3.705	3.9	4.095	23	20	1,900	0.25	10	1.0	-0.06
1N5229B	4.085	4.3	4.515	22	20	2,000	0.25	5.0	1.0	+/-0.055
1N5230B	4.465	4.7	4.935	19	20	1,900	0.25	5.0	2.0	+/-0.03
1N5231B	4.845	5.1	5.355	17	20	1,600	0.25	5.0	2.0	+/-0.03
1N5232B	5.32	5.6	5.88	11	20	1,600	0.25	5.0	3.0	0.038
1N5233B	5.7	6	6.3	7.0	20	1,600	0.25	5.0	3.5	0.038
1N5234B	5.89	6.2	6.51	7.0	20	1,000	0.25	5.0	4.0	0.045
1N5235B	6.46	6.8	7.14	5.0	20	750	0.25	3.0	5.0	0.05
1N5236B	7.125	7.5	7.875	6.0	20	500	0.25	3.0	6.0	0.058
1N5237B	7.79	8.2	8.61	8.0	20	500	0.25	3.0	6.5	0.062
1N5238B	8.265	8.7	9.135	8.0	20	600	0.25	3.0	6.5	0.065
1N5239B	8.645	9.1	9.555	10	20	600	0.25	3.0	7.0	0.068
1N5240B	9.5	10	10.5	17	20	600	0.25	3.0	8.0	0.075
1N5241B	10.45	11	11.55	22	20	600	0.25	2.0	8.4	0.076
1N5242B	11.4	12	12.6	30	20	600	0.25	1.0	9.1	0.077
1N5243B	12.35	13	13.65	13	9.5	600	0.25	0.5	9.9	0.079
1N5244B	13.3	14	14.7	15	9.0	600	0.25	0.1	10	0.080
1N5245B	14.25	15	15.75	16	8.5	600	0.25	0.1	11	0.082
1N5246B	15.2	16	16.8	17	7.8	600	0.25	0.1	12	0.083
1N5247B	16.15	17	17.85	19	7.4	600	0.25	0.1	13	0.084
1N5248B	17.1	18	18.9	21	7.0	600	0.25	0.1	14	0.085
1N5249B	18.05	19	19.95	23	6.6	600	0.25	0.1	14	0.085
1N5250B	19	20	21	25	6.2	600	0.25	0.1	15	0.086

V_F Forward Voltage = 1.2V Max. @ I_F = 200mA

Note:

1. These ratings are limiting values above which the serviceability of any semiconductor device may be impaired.
   Non-recurrent square wave Pulse Width = 8.3 ms, T_A = 50°C
2. Zener Voltage (V_Z)
   The zener voltage is measured with the device junction in the thermal equilibrium at the lead temperature (T_L) at 30°C ± 1°C and 3/8" lead length.

| 그림 5·15 | (a) 제너 데이터시트(1N5221B-1N5263B Zener Diodes: Fairchild Semiconductor Corporation, 2013)

ON Semiconductor®

1N4728A - 1N4758A
Zener Diodes

Tolerance = 5%

DO-41 Glass case
COLOR BAND DENOTES CATHODE

Absolute Maximum Ratings * T_a = 25°C unless otherwise noted

Symbol	Parameter	Value	Units
P_D	Power Dissipation @ TL ≤ 50°C, Lead Length = 3/8"	1.0	W
	Derate above 50°C	6.67	mW/°C
T_J, T_{STG}	Operating and Storage Temperature Range	-65 to +200	°C

* These ratings are limiting values above which the serviceability of the diode may be impaired.

Electrical Characteristics T_a = 25°C unless otherwise noted

Device	V_Z (V) @ I_Z (Note 1)			Test Current I_Z (mA)	Max. Zener Impedance			Leakage Current		Non-Repetitive Peak Reverse Current
	Min.	Typ.	Max.		Z_Z @ I_Z (Ω)	Z_{ZK} @ I_{ZK} (Ω)	I_{ZK} (mA)	I_R (μA)	V_R (V)	I_{ZSM} (mA) (Note 2)
1N4728A	3.135	3.3	3.465	76	10	400	1	100	1	1380
1N4729A	3.42	3.6	3.78	69	10	400	1	100	1	1260
1N4730A	3.705	3.9	4.095	64	9	400	1	50	1	1190
1N4731A	4.085	4.3	4.515	58	9	400	1	10	1	1070
1N4732A	4.465	4.7	4.935	53	8	500	1	10	1	970
1N4733A	4.845	5.1	5.355	49	7	550	1	10	1	890
1N4734A	5.32	5.6	5.88	45	5	600	1	10	2	810
1N4735A	5.89	6.2	6.51	41	2	700	1	10	3	730
1N4736A	6.46	6.8	7.14	37	3.5	700	1	10	4	660
1N4737A	7.125	7.5	7.875	34	4	700	0.5	10	5	605
1N4738A	7.79	8.2	8.61	31	4.5	700	0.5	10	6	550
1N4739A	8.645	9.1	9.555	28	5	700	0.5	10	7	500
1N4740A	9.5	10	10.5	25	7	700	0.25	10	7.6	454
1N4741A	10.45	11	11.55	23	8	700	0.25	5	8.4	414
1N4742A	11.4	12	12.6	21	9	700	0.25	5	9.1	380
1N4743A	12.35	13	13.65	19	10	700	0.25	5	9.9	344
1N4744A	14.25	15	15.75	17	14	700	0.25	5	11.4	304
1N4745A	15.2	16	16.8	15.5	16	700	0.25	5	12.2	285
1N4746A	17.1	18	18.9	14	20	750	0.25	5	13.7	250
1N4747A	19	20	21	12.5	22	750	0.25	5	15.2	225
1N4748A	20.9	22	23.1	11.5	23	750	0.25	5	16.7	205
1N4749A	22.8	24	25.2	10.5	25	750	0.25	5	18.2	190
1N4750A	25.65	27	28.35	9.5	35	750	0.25	5	20.6	170
1N4751A	28.5	30	31.5	8.5	40	1000	0.25	5	22.8	150
1N4752A	31.35	33	34.65	7.5	45	1000	0.25	5	25.1	135
1N4753A	34.2	36	37.8	7	50	1000	0.25	5	27.4	125
1N4754A	37.05	39	40.95	6.5	60	1000	0.25	5	29.7	115
1N4755A	40.85	43	45.15	6	70	1500	0.25	5	32.7	110
1N4756A	44.65	47	49.35	5.5	80	1500	0.25	5	35.8	95
1N4757A	48.45	51	53.55	5	95	1500	0.25	5	38.8	90
1N4758A	53.2	56	58.8	4.5	110	2000	0.25	5	42.6	80

Notes:

1. Zener Voltage (V_Z)
   The zener voltage is measured with the device junction in the thermal equilibrium at the lead temperature (T_L) at 30°C ± 1°C and 3/8" lead length.
2. 2 Square wave Reverse Surge at 8.3 msec soak time.

www.onsemi.com

Publication Order Number:
1N4736AT/D

1N4728A - 1N4758A — Zener Diodes

| 그림 5-15 | (b) (1N4728A-1N4758A Zener Diodes: Fairchild Semiconductor Corporation, 2009)

$$P_Z = V_Z I_Z \qquad\qquad\qquad (5\text{-}11)$$

예를 들어 만약 $V_Z = 12$ V이고, $I_Z = 10$ mA이면

$$P_Z = (12 \text{ V})(10 \text{ mA}) = 120 \text{ mW}$$

이다. P_Z가 전력정격보다 작으면 제너 다이오드는 언제나 항복영역에서 손상 없이 동작할 수 있다. 상업용 제너 다이오드는 전력정격이 1/4에서 50 W 이상 되는 것도 있다.

예를 들어 1N5221B 계열의 데이터시트를 보면 최대 전력정격이 500 mW로 되어 있다. 안전설계에서는 안전계수를 사용하여 전력손실이 최대값 500 mW 이하를 유지하도록 한다. 다른 곳에서 언급한 바와 같이 보수적인 설계에서 사용하는 안전계수는 2 이상이다.

최대전류

데이터시트에는 가끔 제너 다이오드가 전력정격을 초과하지 않고 다룰 수 있는 **최대전류**(*maximum current*) I_{ZM}도 포함된다. 만약 이 값이 기재되어 있지 않으면 최대전류는 다음 식으로 구할 수 있다.

$$I_{ZM} = \frac{P_{ZM}}{V_Z} \qquad\qquad\qquad (5\text{-}12)$$

여기서 I_{ZM} = 최대 정격 제너전류

            P_{ZM} = 전력정격

            V_Z = 제너전압

예를 들어 1N4742A의 제너전압이 12 V 그리고 전력정격이 1 W이다. 그러므로 이 제너 다이오드의 최대 전류정격은 다음과 같다.

$$I_{ZM} = \frac{1 \text{ W}}{12 \text{ V}} = 83.3 \text{ mA}$$

만약 여러분이 전류정격을 충족시키면 자동적으로 전력정격도 충족된다. 예를 들어 만약 최대 제너전류를 83.3 mA 이하로 유지하면 최대 전력손실 역시 1 W 이하로 유지된다. 만약 안전계수 2를 적용하면 다이오드가 끊어지는 한계설계(marginal design)에 대한 걱정을 하지 않아도 된다. 데이터시트에 기재되었거나 계산된 I_{ZM}은 연속적인 전류정격을 의미한다. 이 소자의 테스트 조건을 포함한 비반복적인 역방향 피크전류는 데이터시트에 종종 기재되어 있다.

허용오차

대부분의 제너 다이오드는 제너전압의 허용오차를 표시하는 접미사 A, B, C, 혹은 D를 갖는다. 이 접미사의 표식은 일관성이 없기 때문에, 특정 허용오차를 지적하는 별도의 주석이 제너 다이오드의 데이터시트에 있는지 확인해야 된다. 예를 들면 1N4728A 계열에 대한 데이터시트를 보면 허용오차는 ±5%이고, 1N5221B 계열 역시 허용오차가 ±5%이다. 일반적으로 접미사 C는 ±2%, D는 ±1%, 그리고 접미사가 없으면 ±20%를 가리킨다.

제너저항

제너저항(제너 임피던스(*zener impedance*)라고도 한다)은 R_{ZT} 혹은 Z_{ZT}로 표기되어 있다. 예를 들면 1N5237B는 시험전류 20.0 mA에서 측정한 제너저항이 8.0 Ω이다. 제너전류가 곡선의 무릎점을 지나면, 언제든지 8.0 Ω을 제너저항의 근사값으로 사용할 수 있다. 그러나 곡선의 무릎점에서는 제너저항이 증가한다(1,000 Ω)는 사실을 알아야 한다. 포인트는 "가능하면 시험전류 또는 그 근처에서 동작을 시켜야 한다"는 것이다. 그래야 제너저항이 상대적으로 작다는 사실을 알게 된다.

데이터시트에는 많은 정보가 더 들어 있지만 주로 설계자를 위한 것이다. 만일 설계작업에 참여하였다면 물리량을 측정하는 방법을 기술한 주석이 있는 데이터시트를 주의 깊게 읽어야 한다.

경감

데이터시트에서 **경감인자**(derating factor)는 소자의 전력정격을 얼마나 감소시켜야 하는가를 알려 주는 것이다. 예를 들면 1N4728A 계열은 도선 온도 50°C에서 전력정격이 1 W이다. 경감인자는 6.67 mW/°C로 주어져 있다. 이것은 50°C 이상이 되면 1°C마다 6.67 mW씩 줄여야 한다는 것을 의미한다. 비록 설계에 참여하지 않았다 하더라도 온도에 대한 영향은 알고 있어야 한다. 만일 도선의 온도가 50°C 이상으로 올라가면 설계자는 필히 제너 다이오드의 전력정격을 경감하거나 혹은 감소시켜야 한다.

5-6 고장점검

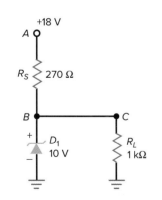

| 그림 5·16 | 제너 조정기의 고장점검

그림 5-16은 제너 조정기이다. 회로가 정상적으로 동작할 때 A와 접지 간의 전압은 +18 V, B와 접지 간의 전압은 +10 V, C와 접지 간의 전압 역시 +10 V이다.

단일증상

그림 회로에서 생길 수 있는 고장에 대해 알아보자. 회로가 이미 고장이 나 있을 때는 일반적으로 전압을 먼저 측정한다. 고장점검에 도움이 되는 단서가 측정전압에서 나온다. 예를 들어 측정한 전압이 아래와 같다고 하자.

$$V_A = +18 \text{ V} \qquad V_B = +10 \text{ V} \qquad V_C = 0$$

위의 전압을 측정한 다음, 마음속으로 다음과 같이 확인해 볼 것이다.

만일 부하저항이 개방되면 전압이 어떻게 될까? 개방되면 부하전압이 10 V가 되므로 아니다. 그럼 만일 부하저항이 단락되면? B와 C가 접지되어 0 V이므로 역시 아니다. 그렇다면, B와 C 사이의 연결 도선이 끊어지면 어떻게 되나? 맞아. 그렇게 되겠다.

이런 전압들은 B와 C 사이의 연결이 끊어진 경우에만 나타날 것이므로 이 고장은 단일증상이다.

분명하지 않은 증상

그러나 고장은 반드시 단일증상만 있는 것이 아니다. 경우에 따라 두 가지 이상의 고장에서 같은 전압들이 나타나는 경우도 있다. 예를 들어 고장 점검자가 다음과 같은 전압을 측정했다고 하자.

$$V_A = +18 \text{ V} \qquad V_B = 0 \qquad V_C = 0$$

어떤 고장인가? 잠시 고장에 대해 생각해 보라. 답을 구할 때 다음을 읽어 보라.

고장 점검자가 고장을 찾을 때 사용할 수 있는 추론은 아래와 같다.

A는 전압이 있고, B와 C는 전압이 없다. 만약 직렬저항이 개방이면 어떻게 될까? B와 C는 전압이 나타날 수 없다. 그러나 A와 접지 사이는 18 V가 측정되겠다. 그래, 아마도 직렬저항이 개방되었겠다.

여기서 직렬저항을 떼어 내어서 저항계로 저항을 측정한다. 운이 좋으면 저항이 개방되어 있다. 그러나 저항이 정상으로 측정되었다고 가정하자. 그러면 다음과 같이 생각을 계속한다.

거참 이상하다. 그렇다면 A에서 18 V, B와 C에서 0 V가 될 수 있는 경우는 어떤 것들이 있는가? 만일 제너 다이오드가 단락되면 어떻게 될까? 만일 부하저항이 단락이면? 납땜이 튀어서 B 혹은 C와 접지 사이가 붙는다면? 이러한 고장들은 모두 위와 같은 증상이 될 것 같다.

그리고 고장 점검자는 고장 가능성이 있는 곳을 더 점검해서 결국 고장을 발견할 것이다.

부품이 녹으면 개방된다고 생각하겠지만, 반드시 그렇지는 않다. 어떤 반도체 소자는 내부가 단락된다. 이 경우 소자는 0 저항과 같다. 프린트 회로기판 위의 배선 사이에 납이 튀어 붙어서, 즉 동그란 납이 두 배선에 닿아 단락을 일으키는 경우도 있고, 그 외 다른 경우도 있다. 이 때문에 단락소자나 개방소자는 what-if 의문(만일 ~이면 어떻게 될까?)을 가져야 한다.

고장 도표

표 5-2는 그림 5-16의 제너 조정기에서 일어날 수 있는 고장들이다. 전압을 구할 때 이 점을 기억하여라: 단락된 부품은 0 저항과 같고, 개방된 부품은 무한대 저항과 같다. 0과 ∞로 고장을 계산하는 경우에는 0.001 Ω과 1,000 MΩ을 사용하라. 다시 말하면, 단락은 매우 작은 저항을 사용하고, 개방은 매우 큰 저항을 사용하라.

그림 5-16에서 직렬저항 R_S가 단락 혹은 개방일 수 있다. 이 고장을 각각 R_{SS}와 R_{SO}로 표기하자. 마찬가지로 제너 다이오드도 단락 혹은 개방일 수 있으며, 기호는 D_{1S}와 D_{1O}이다. 역시 부하저항의 단락 혹은 개방을 R_{LS}와 R_{LO}, 마지막으로 B와 C 사이의 연결도선이 끊어질 수 있으며, 이것을 BC_O로 표기한다.

표 5-2에서 제2행은 고장이 R_{SS}, 즉 직렬저항이 단락일 때 나타나는 전압이다. 그림 5-16에서 직렬저항이 단락일 때 B와 C에 18 V가 나타난다. 아마도 이 전압 때문에 제너 다이오드와 부하저항이 파손될 것이다. 이 고장과 관련된 전압은 표 5-2와 같다.

요점정리 표 5-2	제너 조정기의 고장과 증상			
고장	V_A, **V**	V_B, **V**	V_C, **V**	**설명**
없음	18	10	10	고장 없음
R_{SS}	18	18	18	아마도 D_1과 R_L 개방
R_{SO}	18	0	0	
D_{1S}	18	0	0	아마도 R_S 개방
D_{1O}	18	14.2	14.2	
R_{LS}	18	0	0	아마도 R_S 개방
R_{LO}	18	10	10	
BC_O	18	10	0	
전원 없음	0	0	0	전원 검사

만일 그림 5-16에서 직렬저항이 개방되면 점 B에는 전압이 걸리지 않기 때문에 B와 C는 표 5-2에 보인 바와 같이 0 전압이 될 것이다. 이와 같이 계속 점검해 나가면 표 5-2의 나머지 값들도 구할 수 있을 것이다.

표 5-2에서 설명은 원래의 회로가 단락일 때 일어날 수 있는 고장을 지적한 것이다. 예를 들면 R_S가 단락되면 제너 다이오드가 손상될 것이며, 부하저항도 개방될지 모른다. 이것은 부하저항의 전력정격에 달려 있다. R_S가 단락되면 1 kΩ에 18 V가 걸리고, 여기서 0.324 W의 전력이 발생한다. 만일 부하저항의 정격이 0.25 W이면 개방될 것이다.

표 5-2에서 어떤 고장은 유일한 전압을 갖는다. 그리고 나머지 다른 고장들은 애매한 전압을 나타낸다. 이것은 두 가지 이상의 고장에서 똑같은 전압이 나타날 수 있다는 것을 의미한다. 예를 들면 R_{SS}, D_{1O}, BC_O와 전원 없음이 유일한 전압들이다. 만약에 이와 같은 유일한 전압들이 측정되면 저항을 직접 측정하지 않더라도 고장을 바로 알 수 있다.

표 5-2에서 나머지 다른 고장들은 전압이 애매하다. 이것은 2개 혹은 그 이상의 고장에서 똑같은 전압이 나올 수 있다는 것을 의미한다. 만약 애매한 전압을 측정하게 되면, 회로에 들어가서 의심되는 부분의 저항을 측정할 필요가 있다. 예를 들어 A에서 18 V, B에서 0 V, 그리고 C에서 0 V를 측정했다고 가정하자. 이 전압이 나올 수 있는 고장은 R_{SO}, D_{1S}, R_{LS}이다.

제너 다이오드는 여러 방법으로 점검할 수 있다. DMM을 다이오드 범위에 놓으면 다이오드가 개방인지 단락인지를 검사할 수 있다. 정상이면 순바이어스 방향일 때 대략 0.7 V, 그리고 역바이어스 방향일 때 개방(범위 초과)을 지시할 것이다. 그러나 이 검사는 제너 다이오드가 적당한 항복전압 V_Z를 가지고 있으면 지시하지 않을 것이다.

그림 5-17에 보인 것과 같은 반도체 곡선 추적기(curve tracer)는 제너의 순방향/역방향 바이어스 특성을 정확하게 화면에 나타낼 것이다. 곡선 추적기를 이용할 수 없을 때는 회로에 연결되어 있는 동안 제너 다이오드의 전압강하를 측정하면 간단히 검사할 수 있다. 전압강하는 틀림없이 정격값에 근접할 것이다.

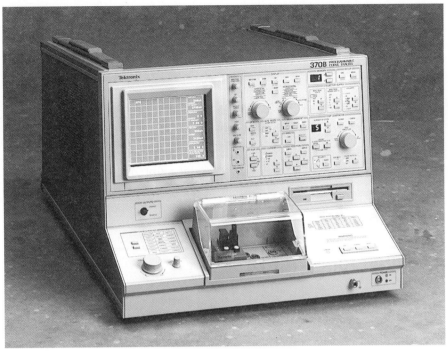

Tektronix, Inc.

| 그림 5·17 | 곡선 추적기

5-7 부하선

그림 5-18a의 제너 다이오드에 흐르는 전류는 다음과 같다.

$$I_Z = \frac{V_S - V_Z}{R_S}$$

$V_S = 20$ V이고 $R_S = 1$ kΩ이면 위의 식은 다음과 같다.

$$I_Z = \frac{20 - V_Z}{1000}$$

여기서 V_Z를 영으로 놓고 I_Z에 대해 풀면 20 mA인 포화점(수직 절편)이 구해지고, 비슷한 방법으로 I_Z를 영으로 놓고 V_Z에 대해 풀면 20 V의 차단점(수평 절편)이 구해진다.

부하선의 양 끝을 다음과 같이 다른 방법으로 구할 수 있다. 그림 5-18a에서 $V_S = 20$ V, $R_S = 1$ kΩ이라 하자. 제너 다이오드가 단락이면 최대 다이오드전류는 20 mA이고, 다이오드가 개방이면 최대 다이오드전압은 20 V이다.

제너 다이오드의 항복전압을 12 V라고 가정하면, 제너 다이오드의 그래프는 그림 5-18b와 같다. $V_S = 20$ V와 $R_S = 1$ kΩ에 대한 부하선은 Q_1에서 교점을 갖는 위쪽에 그어진 부하선이다. 곡선이 약간 경사져 있으므로 제너 다이오드의 전압은 항복 시의 무릎전압보다 조금 더 높다.

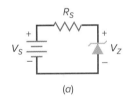

(a)

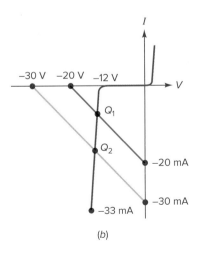

(b)

| 그림 5·18 | (a) 제너 조정기 회로;
(b) 부하선

전압조정 작용을 이해하기 위해 전원전압을 30 V로 변경해 보자. 그러면 제너전류도 다음과 같이 변할 것이다.

$$I_Z = \frac{30 - V_Z}{1000}$$

이 식에 의하면 부하선의 양 끝은 그림 5-18b에 보인 바와 같이 30 mA와 30 V이다. 새로운 교점은 Q_2이다. Q_2를 Q_1과 비교해 보면, 제너 다이오드를 흐르는 전류는 더 증가되었지만 제너전압은 거의 변함이 없음을 알 수 있다. 그러므로 전원전압이 20에서 30 V로 변하더라도 제너전압은 12 V와 거의 같다. 전압조정의 기본 개념은 비록 입력전압이 큰 값으로 변해도 출력전압은 거의 일정하게 유지된다는 것이다.

5-8 발광다이오드(LED)

광전자공학(optoelectronics)은 광학과 전자공학을 결합한 기술이다. 이 분야에는 *pn* 접합의 작용을 기본으로 하는 소자가 많이 있다. 광전자 소자를 예를 들면, **발광다이오드**(light-emitting diode: LED), 광다이오드, 광결합기 그리고 레이저 다이오드가 있다. LED부터 먼저 설명한다.

발광다이오드

LED는 백열등보다 낮은 에너지 소모, 작은 크기, 빠른 스위칭 및 긴 수명 때문에 많은 응용에서 백열등을 대체했다. 그림 5-19는 표준 저전력 LED 부품을 보여 준다. 일반적인 다이오드처럼 LED도 적절히 바이어스되어야 하는 애노드와 캐소드로 구성된다. 일반적으로 플라스틱 케이스 외부에 LED의 캐소드 부분을 나타내는 평평한 점이 있다. LED의 특성은 반도체에 사용되는 재료가 결정한다.

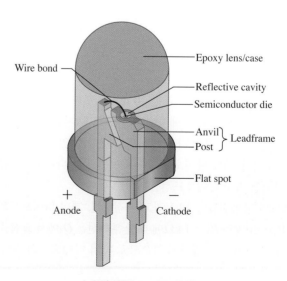

| 그림 5-19 | LED 부품

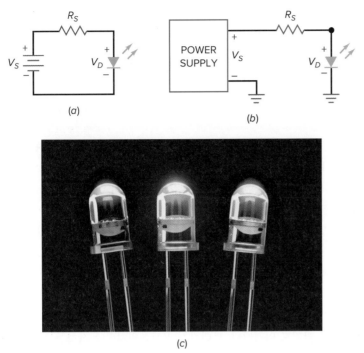

(c)

Steven Puetzer/Getty Images

| **그림 5·20** | LED 지시기 (a) 기본 회로; (b) 실제 회로; (c) 대표적인 LED

그림 5-20*a*는 전원에 저항과 LED를 연결한 회로이다. 밖으로 향하는 화살표는 빛이 나가는 것을 상징한다. LED가 순방향 바이어스이면 자유전자는 접합을 지나 정공 속으로 떨어진다. 이 자유전자들이 높은 에너지 준위에서 낮은 에너지 준위로 떨어질 때 에너지를 방사한다. 일반 다이오드는 이 에너지가 열의 형태로 방사되지만, LED에서는 에너지가 빛으로 방사된다. 이 효과를 **전장발광**(electroluminescence)이라 한다.

광자의 파장에너지에 대응하는 빛의 색깔은 사용된 반도체 물질의 에너지 밴드 갭 (energy band gap)에 의해 본질적으로 결정된다. 갈륨, 비소, 인과 같은 원소를 사용하여 빨간색, 초록색, 노란색, 파란색, 오렌지색, 백색 혹은 적외선(눈에 보이지 않는)이 나오는 LED를 만들 수 있다. 가시적인 방사를 하는 LED는 기기 판넬, 인터넷 라우터와 같은 응용에서 지시기로 사용된다. 적외선 LED는 도난경보 시스템, 원거리 제어, 산업 제어 시스템 그리고 비가시적 방사가 필요한 다른 소자에서 응용되고 있다.

LED 전압과 전류

그림 5-20*b*의 저항은 전류가 다이오드의 최대 전류정격을 초과하지 않도록 하기 위해 사용하는 전류제한 저항이다. 저항의 왼쪽 마디 전압은 V_S이고, 오른쪽 마디 전압이 V_D이므로 저항의 전압은 두 전압의 차와 같다. 옴의 법칙에 의하면 직렬전류는 다음과 같다.

$$I_S = \frac{V_S - V_D}{R_S} \quad\quad\quad\quad\quad\quad (5\text{-}13)$$

상업용으로 사용하는 대부분의 저전력 LED는 10~50 mA 사이의 전류에서 대표적으로 1.5~2.5 V까지의 전압강하가 나타난다. 정확한 전압강하는 LED 전류, 색깔, 허용오차 및 기타에 따라 결정된다. 특별한 지적이 없으면 이 책에서는 LED회로를 고장 점검하거나 해석할 때 공칭 강하 2 V를 사용할 것이다. 그림 5-20c는 각 색의 방사에 도움을 주는 외관을 갖는 대표적인 저전력 LED를 보인 것이다.

LED 밝기

LED의 밝기는 전류에 의해 결정된다. 발광량은 cd(candela)로 **정격화된 광도** I_V로 표시된다. 저전력 LED는 일반적으로 mcd(millicandela)의 정격으로 표시된다. 예를 들어 TLDR5400은 1.8 V의 순방향 전압강하를 갖는 빨간색 LED이고 20 mA에서 70 mcd의 I_V (광도) 정격을 갖는다. 1 mA의 전류에서는 3 mcd까지 광도가 떨어진다. 식 (5-13)에서 V_S가 V_D보다 훨씬 더 크면 LED의 밝기는 대략 일정하다. 그림 5-20b와 같은 회로가 TLDR5400을 이용하여 대량 생산된다고 할 때, V_S가 V_D보다 훨씬 크면 LED의 밝기는 거의 일정하지만, V_S가 V_D보다 조금 크면 LED의 밝기는 회로마다 눈으로 확인할 수 있을 정도로 차이가 있다.

밝기를 조절하는 최선의 방법은 LED를 전류원으로 구동하는 것이다. 이 방법은 전류가 일정하므로 밝기도 일정하다. 트랜지스터(전류원처럼 동작하는 트랜지스터)를 설명할 때 트랜지스터로 LED를 구동하는 방법을 보게 될 것이다.

LED 명세서와 특성

그림 5-21은 표준 TLDR5400 5 mm T-1¾ 빨간색 LED의 데이터시트의 일부분을 나타낸 것이다. 이러한 종류의 LED는 관통-구멍 리드선을 가지고 있으며 많은 응용에서 사용될 수 있다.

최대 정격표에 LED의 최대 순방향 전류 I_F는 50 mA이고 최대 역방향 전압은 단지 6 V임이 명시되어 있다. 이 소자의 수명을 연장하기 위해서는 적절한 안전계수를 사용해야 한다. LED의 최대 전력정격은 주위온도 25°C에서 100 mW이고, 더 높은 온도에서는 경감되어야 한다.

광학 및 전기적 특성표에서 이 LED는 20 mA에서 70 mcd의 전형적인 광도 I_V를 가지며 1 mA에서 3 mcd까지 떨어진다. 또한 이 표에서는 빨간색 LED의 우성 파장이 648 nm이고 30° 각도에서 약 50%까지 빛의 세기가 떨어지는 것을 나타낸다. 순방향 전류 대 광도의 그래프는 LED의 순방향 전류에 의해 광도가 어떻게 영향을 받는지를 보여 주고 있다. 파장 대 광도의 그래프는 약 650 nm의 파장에서 광도가 어떻게 최고치에 도달하는지를 시각적으로 보여 주고 있다.

LED의 주위온도가 증가하거나 감소할 때 무슨 일이 일어나는가? 주위온도에 대한 광도 그래프에 따르면 주위온도의 증가가 LED 빛의 출력에 상당히 부정적인 영향을 준다. LED가 큰 온도변화의 응용에서 사용될 때 이것은 중요한 사항이다.

www.vishay.com

TLDR5400

Vishay Semiconductors

High Intensity LED, Ø 5 mm Tinted Diffused Package

19223

APPLICATIONS

- Bright ambient lighting conditions
- Battery powered equipment
- Indoor and outdoor information displays
- Portable equipment
- Telecommunication indicators
- General use

ABSOLUTE MAXIMUM RATINGS (T_{amb} = 25 °C, unless otherwise specified)
TLDR5400

PARAMETER	TEST CONDITION	SYMBOL	VALUE	UNIT
Reverse voltage [1]		V_R	6	V
DC forward current		I_F	50	mA
Surge forward current	$t_p \leq 10$ µs	I_{FSM}	1	A
Power dissipation		P_V	100	mW
Junction temperature		T_j	100	°C
Operating temperature range		T_{amb}	- 40 to + 100	°C

Note

[1] Driving the LED in reverse direction is suitable for a short term application

OPTICAL AND ELECTRICAL CHARACTERISTICS (T_{amb} = 25 °C, unless otherwise specified)
TLDR5400, RED

PARAMETER	TEST CONDITION	SYMBOL	MIN.	TYP.	MAX.	UNIT
Luminous intensity	I_F = 20 mA	I_V	35	70	-	mcd
Luminous intensity	I_F = 1 mA	I_V	-	3	-	mcd
Dominant wavelength	I_F = 20 mA	λ_d	-	648	-	nm
Peak wavelength	I_F = 20 mA	λ_p	-	650	-	nm
Spectral line half width		$\Delta\lambda$	-	20	-	nm
Angle of half intensity	I_F = 20 mA	φ	-	± 30	-	deg
Forward voltage	I_F = 20 mA	V_F	-	1.8	2.2	V
Reverse current	V_R = 6 V	I_R	-	-	10	µA
Junction capacitance	V_R = 0 V, f = 1 MHz	C_j	-	30	-	pF

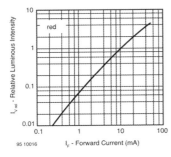

Fig. 6 - Relative Luminous Intensity vs. Forward Current

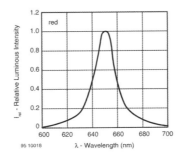

Fig. 4 - Relative Intensity vs. Wavelength

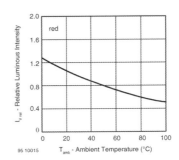

Fig. 8 - Relative Luminous Intensity vs. Ambient Temperature

| 그림 5-21 | TLDR5400 데이터시트의 일부분(Vishay Intertechnology의 데이터시트)

응용예제 5-12

그림 5-22*a*는 전압극성 시험기이다. 이것은 미지의 극성을 가진 직류전압을 검사하는 데 사용될 수 있다. 직류전압이 양일 때 녹색 LED가 켜지고, 음일 때 적색 LED가 켜진다. 만일 직류 입력전압이 50 V이고 직렬저항이 2.2 kΩ이면 LED 전류는 대략 얼마인가?

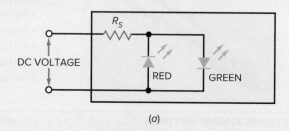

(*a*)

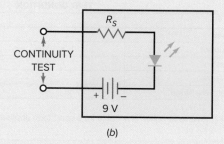

(*b*)

| 그림 5·22 | (a) 극성 지시기; (b) 단락 시험기

풀이 각 LED에서 약 2 V의 순방향 전압을 사용한다. 식 (5-13)에 의해

$$I_S = \frac{50\,V - 2\,V}{2.2\,k\Omega} = 21.8\,mA$$

응용예제 5-13　　　　　　　　　　　　　　║║║ MultiSim

그림 5-22*b*는 단락 시험기이다. 시험할 회로의 모든 전원을 끈 다음에 케이블, 커넥터, 스위치의 단락 여부를 점검하는 데 이 회로를 사용할 수 있다. 만일 직렬저항이 470 Ω이면 LED 전류는 얼마인가?

풀이 입력단자가 단락일 때, 내부 9 V 전지에서 나오는 LED 전류는 다음과 같다.

$$I_S = \frac{9\,V - 2\,V}{470\,\Omega} = 14.9\,mA$$

연습문제 5-13 그림 5-22*b*에서 LED 전류가 21 mA일 때 직렬저항 값은 얼마인가?

응용예제 5-14

교류전압이 들어왔다는 것을 알리는 데 흔히 LED를 사용한다. 그림 5-23은 교류전압원이 LED 지시기를 구동하는 회로이다. ac전압이 인가되었을 때, 양의 반사이클 동안 LED 전류가 흐르고, 음의 반사이클 동안은 정류 다이오드가 동작하여 LED를 과도한 역방향 전압으로부터 보호한다. 만일 교류 전원전압이 20 V_{rms}이고 직렬저항이 680 Ω 이면 평균 LED 전류는 얼마인가? 그리고 직렬저항의 대략적인 전력소모는 얼마인가?

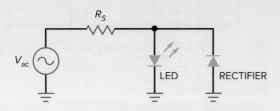

| 그림 5-23 | 낮은 교류전압 지시기

풀이 LED 전류는 정류된 반파신호이다. 피크 전원전압은 1.414 × 20 V이므로 대략 28 V이다. LED 전압강하를 무시하면 피크전류는 대략 다음과 같다.

$$I_S = \frac{28 \text{ V}}{680 \text{ Ω}} = 41.2 \text{ mA}$$

LED를 흐르는 반파전류의 평균은

$$I_S = \frac{41.2 \text{ mA}}{\pi} = 13.1 \text{ mA}$$

이다.

그림 5-23에서 다이오드 강하를 무시하면, 즉 이것은 직렬저항의 오른쪽 끝이 접지 된다는 말과 같다. 그러면 직렬저항의 전력소모는 전원전압의 제곱을 저항으로 나눈 것과 같다.

$$P = \frac{(20 \text{ V})^2}{680 \text{ Ω}} = 0.588 \text{ W}$$

그림 5-23에서 전원전압이 증가하면 직렬저항의 전력소모도 몇 와트까지 증가할 것이 다. 이와 같이 고-와트 수의 저항은 부피가 크고 전력소모가 있기 때문에 대부분의 응용에서 불리한 조건이 된다.

연습문제 5-14 그림 5-23의 교류 입력전압이 120 V이고 직렬저항이 2 kΩ일 때, 평균 LED 전류와 직렬저항의 근사적인 전력소모를 구하라.

응용예제 5-15

그림 5-24의 회로는 교류전력선에서 사용하는 LED 지시기이다. 기본적인 개념은 그림 5-23과 같고, 다만 저항 대신 커패시터를 사용한다. 만약 커패시턴스가 0.68 μF이면, 평균 LED 전류는 얼마인가?

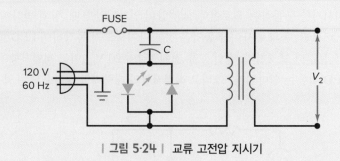

| 그림 5·24 | 교류 고전압 지시기

풀이   용량성 리액턴스를 계산한다.

$$X_C = \frac{1}{2\pi fC} = \frac{1}{2\pi(60\ Hz)(0.68\ \mu F)} = 3.9\ k\Omega$$

LED 전압강하를 무시하면 근사적인 피크 LED 전류는 다음과 같다.

$$I_S = \frac{170\ V}{3.9\ k\Omega} = 43.6\ mA$$

평균 LED 전류는 다음과 같다.

$$I_S = \frac{43.6\ mA}{\pi} = 13.9\ mA$$

   직렬저항을 직렬커패시터로 바꾸면 어떤 이점이 있는가? 커패시터에서 전압과 전류는 90°의 위상차가 있으므로 커패시터에서는 전력손실이 없다. 만일 커패시터 대신 3.9 kΩ의 저항을 사용한다면 약 3.69 W의 전력손실이 발생할 것이다. 커패시터는 소형이고, 이상적인 경우 열을 발생하지 않으므로 대부분의 설계자들은 커패시터 사용을 선호한다.

응용예제 5-16

그림 5-25의 회로는 어떤 동작을 하는가?

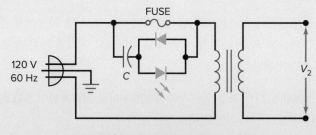

| 그림 5·25 | 끊어진 퓨즈 지시기

풀이   이것은 끊어진 퓨즈 지시기(*blown-fuse indicator*)이다. 만일 퓨즈가 정상이면 LED 지시기의 전압은 대략 영이 되어 LED가 꺼진다. 반대로 퓨즈가 끊어지면 선전압의 일부가 LED 지시기에 나타나므로 LED는 켜진다.

고전력 LED

지금까지 설명한 LED의 전형적인 전력소비 수준은 낮은 mW 범위이다. 예로서 TLDR5400 LED는 100 mW의 최대 전력정격을 가지며 일반적으로는 약 20 mA에서 동작하고 1.8 V 순방향 전압강하가 발생한다. 이것은 36 mW의 전력을 소비하는 셈이다.

고전력 LED는 1 W 이상의 전력정격을 연속적으로 이용 가능하다. 이러한 전력 LED는 수백 mA에서 1 A 이상의 전류까지 동작한다. 자동차의 내부, 외부, 전조등, 건축 실내외 조명, 디지털 영상 및 디스플레이 백라이트 등 응용이 증가하고 개발되고 있다.

그림 5-26은 다운라이트(천장에 설치된 스포트라이트)와 실내등과 같이 방향성 응용에서 고휘도의 이점을 갖는 고전력 LED 방사체를 보여 준다. 이와 같은 LED는 큰 입력전력을 다루기 위해 훨씬 더 큰 반도체 다이(die) 크기를 사용한다. 이 소자는 1 W 이상의 전력을 소비할 것이기 때문에 열방출을 위한 적절한 마운팅(mounting) 기술을 사용하는 것이 중요하다. 그렇지 않으면 LED는 짧은 기간 안에 망가지게 될 것이다.

대부분의 응용에서 광원의 효율은 필수적인 요소이다. LED는 빛과 열을 생산하기 때문에 얼마나 많은 전력이 빛을 생산하는 데 사용되는지 이해하는 것은 중요하다. 이것을 **발광효율**(luminous efficacy)이라 한다. 발광효율은 전력(W)에 대한 광속(luminous flux)(lm)의 비(lm/W)로 나타낸다. 그림 5-27은 LUXEON TX 고전력 LED 방사체의 전형적인 성능 특성을 나타내는 표의 일부분이다. 표는 350 mA, 700 mA, 1,000 mA에서 성능특성을 보여 준다. 700 mA의 시험 전류에서 LIT2-3070000000000 방사체는 전형적인 245 lm의 광속 출력을 갖는다. 이 순방향 전류에서 전형적인 순방향 전압강하는 2.80 V이다. 그러므로 소비된 전력량은 $P_D = I_F \times V_F = 700\ mA \times 2.80\ V = 1.96\ W$이다. 이 방사체의 효율값은 다음과 같다.

Courtesy of Philips Lumileds

| **그림 5-26** | LUXEON TX 고전력 방사체

$$\text{Efficacy} = \frac{\text{lm}}{\text{W}} = \frac{245\ \text{lm}}{1.96\ \text{W}} = 125\ \text{lm/W}$$

Product Selection Guide for LUXEON TX Emitters, Junction Temperature = 85°C

Table 1.

Base Part Number	Nominal ANSI CCT	Min CRI 700 mA	Min Luminous Flux (lm) 700 mA	Typical Luminous Flux (lm) 350 mA	700 mA	1000 mA	Typical Forward Voltage (V) 350 mA	700 mA	1000 mA	Typical Efficacy (lm/W) 350 mA	700 mA	1000 mA
LIT2-3070000000000	3000K	70	230	135	245	327	2.71	2.80	2.86	142	125	114
LIT2-4070000000000	4000K	70	250	147	269	360	2.71	2.80	2.86	155	137	126
LIT2-5070000000000	5000K	70	260	151	275	369	2.71	2.80	2.86	159	140	129
LIT2-5770000000000	5700K	70	260	151	275	369	2.71	2.80	2.86	159	140	129
LIT2-6570000000000	6500K	70	260	151	275	369	2.71	2.80	2.86	159	140	129
LIT2-2780000000000	2700K	80	200	118	216	289	2.71	2.80	2.86	124	110	101
LIT2-3080000000000	3000K	80	210	124	227	304	2.71	2.80	2.86	131	116	106
LIT2-3580000000000	3500K	80	220	130	238	319	2.71	2.80	2.86	137	121	112
LIT2-4080000000000	4000K	80	230	136	247	331	2.71	2.80	2.86	143	126	116
LIT2-5080000000000	5000K	80	230	135	247	332	2.71	2.80	2.86	142	126	116

Notes for Table 1:

1. Lumileds maintains a tolerance of ± 6.5% on luminous flux and ± 2 on CRI measurements -2018

LUXEON TX. Philips Lumileds Lighting Company, 2013.

| **그림 5-27** | LUXEON TX 방사체의 데이터시트 일부분

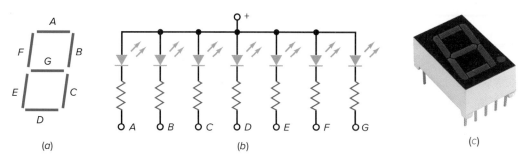

│ 그림 5-28 │ 7세그먼트 지시기 (a) 세그먼트의 실제 레이아웃; (b) 구성도; (c) 소수점을 갖는 실제 디스플레이(Fairchild Semiconductor Corporation 제공)

하나의 예로 일반적인 백열전구의 발광효율은 16 lm/W이고 소형 형광전구는 60 lm/W이다. LED 형태의 전반적인 효율을 볼 때, LED의 전류와 빛 출력을 제어하는 데 요구되는 구동기(driver)라는 전자회로는 매우 중요하다. 이런 구동기 역시 전력을 사용하기 때문에 전체 시스템 효율은 감소된다.

5-9 광전자 소자

저전력에서부터 고전력 표준 LED 이외에 *pn*접합의 광자운동을 기반으로 하는 많은 다른 광전자 소자들이 있다. 이러한 소자들은 엄청나게 다양한 전자응용에서 빛을 공급하고 검출하고 제어하는 데 사용된다.

7세그먼트 디스플레이

그림 5-28*a*는 7개(*A*에서 *G*)의 사각형 LED가 들어 있는 **7세그먼트 디스플레이**(seven-segment display)이다. 표시되는 문자의 각 부분이 LED로 되어 있기 때문에 각 LED를 세그먼트(*segment*)라 부른다. 그림 5-28*b*는 7세그먼트 디스플레이의 구성도이다. 전류를 안전수준 이내로 제한하기 위해 외부에 저항을 직렬로 연결하였다. 1개 혹은 그 이상의 저항을 접지하여 0에서 9까지의 숫자를 만들 수 있다. 예를 들면 *A*, *B*와 *C*를 접지하면 7이 되고, *A*, *B*, *C*, *D*와 *G*를 접지하면 3이 된다.

7세그먼트 디스플레이는 대문자 *A*, *C*, *E*, *F*와 소문자 *b*, *d*도 디스플레이할 수 있다. 마이크로프로세서 훈련생들은 보통 0에서 9까지의 모든 숫자와 *A*, *b*, *C*, *d*, *E*와 *F*를 보여 주는 7세그먼트 디스플레이를 사용한다.

그림 5-28*b*의 7세그먼트 지시기는 모든 양극이 함께 연결되어 있기 때문에 **공통양극**(common-anode)형이라 부르고, 모든 음극이 함께 연결된 **공통음극**(common-cathode)형도 있다. 그림 5-28*c*는 소켓에 고정하거나 PCB에 납땜을 위한 핀이 있는 실제 7세그먼트 지시기를 보여 준다. 점(dot) 세그먼트는 소수점을 위한 것이다.

참고사항

LED의 주된 단점은 다른 영상표시 소자에 비해 큰 전류를 끌어온다는 것이다. LED는 정상적인 구동전류보다 고속으로 온/오프하는 펄스를 공급받는 경우가 대부분이다. LED는 눈으로 보기에는 연속이고, 정상전류가 흐를 때 보다 전력소모가 적다.

광다이오드

앞에서 설명한 바와 같이, 다이오드에 흐르는 역방향 전류의 한 성분은 소수캐리어의 흐름이다. 열에너지에 의해 가전자가 궤도를 이탈하고, 그 과정에서 자유전자와 정공이 생성되어 이와 같은 소수캐리어가 존재한다. 소수캐리어의 수명은 짧다. 그러나 존속하는 동안 역방향 전류에 기여할 수 있다.

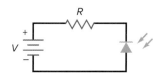

| **그림 5-29** | 입사광은 광다이오드에서 역방향 전류를 증가시킨다.

광에너지가 pn접합에 충격을 줄 때, 가전자가 이탈할 수 있다. 접합에 부딪치는 빛이 강할수록 다이오드의 역방향 전류가 증가한다. **광다이오드**(photodiode)는 빛의 감도를 최대로 활용한 다이오드이다. 이 다이오드에서 창문은 빛이 패키지를 통과하여 접합에 닿도록 한다. 입사광이 자유전자와 정공을 생성한다. 빛이 강할수록 소수캐리어의 수가 많아지고, 역방향 전류도 증가한다.

그림 5-29는 광다이오드의 그림기호이며, 화살은 입사광을 나타낸다. 특히 전원과 직렬저항이 다이오드를 역바이어스하고 있다는 것이 중요하다. 빛이 밝아질수록 역방향 전류는 증가한다. 일반적인 광다이오드에서 역방향 전류는 수십 마이크로암페어 수준이다.

광결합기

광결합기(광절연체(*optoisolator*)라고도 한다)는 LED와 광다이오드를 단일 패키지 안에 결합해 놓은 것이다. 그림 5-30은 광결합기이다. 입력 측에 LED가 있고, 출력 측에 광다이오드가 있다. 왼쪽의 전원전압과 직렬저항에 의해 LED에 전류가 흐르면, LED에서 나온 빛이 광다이오드를 비춘다. 그러면 출력회로에 역방향 전류가 흐르고, 이 역방향 전류에 의해 출력저항에서 전압이 발생한다. 이때 출력전압은 출력 전원전압에서 저항양단 전압을 뺀 것과 같다.

입력전압이 변하면 발광량이 변화하므로 출력전압은 입력전압의 변화에 따라 변한다. 이 때문에 LED와 광다이오드의 결합을 **광결합기**(optocoupler)라 부른다. 광결합기는 입력신호를 출력회로에 연결할 수 있다. 출력회로 쪽에 광트랜지스터, 광사이리스터, 그 외의 다른 광소자를 사용하는 광결합기도 있다. 이 소자들은 뒤의 장들에서 설명할 것이다.

광결합기의 가장 중요한 이점은 입력회로와 출력회로 사이의 전기적인 절연이다. 광결합기에서 입력과 출력 사이를 접촉하는 것은 광빔이다. 이 때문에 두 회로 간의 절연저항이 수천 메가옴이 될 수 있다. 이와 같은 절연은 두 회로의 전위가 수천 볼트 정도 차이가 나는 고전압 분야에 응용된다.

> **참고사항**
>
> 광결합기의 중요한 특성은 전류전달비인데, 이것은 소자의 입력(LED)전류에 대한 출력(광다이오드 혹은 광트랜지스터)전류의 비를 말한다.

레이저 다이오드

LED에서 자유전자가 높은 에너지 준위에서 낮은 에너지 준위로 떨어질 때 빛을 발한다.

> **참고사항**
>
> 레이저에 필요한 스위칭 속도와 효율성 때문에 광대역 밴드갭 갈륨-질화물(GaN) 소자가 선호되고 있다.

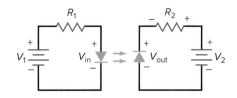

| **그림 5-30** | 광결합기는 LED와 광다이오드를 결합한다.

자유전자는 무질서하게 그리고 연속적으로 떨어지므로, 결과적으로 0과 360° 사이의 모든 위상을 가진 광파가 된다. 다른 위상을 많이 가진 빛을 비간섭성 빛(*noncoherent light*)이라 한다. LED에서 비간섭성 빛이 나온다.

레이저 다이오드(laser diode)는 이와 다르다. 레이저 다이오드에서는 가간섭성 빛(*coherent light*)이 나온다. 이것은 **모든 광파가 서로 동위상**(*in phase with each other*)임을 의미한다. 레이저 다이오드의 기본적 개념은 동일 위상의 단일 주파수에서 광파의 발산을 강화시키는 거울공진기를 사용하는 것이다. 공진 때문에 대단히 강하고, 집속되고 순수한, 좁은 광빔이 레이저 다이오드에서 나온다.

레이저 다이오드는 반도체 레이저(*semiconductor laser*)로 알려져 있다. 이 다이오드에서 가시광(적색, 녹색, 청색)과 비가시광(적외선)이 나온다. 레이저 다이오드는 매우 광범위하게 응용된다. 이 다이오드는 원거리 통신, 데이터 통신, 광대역 접속, 공업, 항공우주산업, 검사와 측정, 의학과 국방산업에 사용된다. 이 다이오드는 레이저 프린터에도 사용되고, **CD**나 **DVD** 플레이어와 같은 대용량 광디스크 시스템이 들어가는 소비자 제품들에도 사용된다. 광대역 통신에서는 인터넷의 속도를 증가시키는 섬유-광 케이블로 사용된다.

섬유-광 케이블(*fiber-optic cable*)은 자유전자 대신 광빔을 전송하는 유리 혹은 플라스틱의 가늘고 유연한 섬유로 된 여러 가닥의 실을 제외하면, 표준전선 케이블과 유사하다. 구리 케이블보다 섬유-광 케이블을 이용하면 대단히 많은 정보를 보낼 수 있는 것이 장점이다.

응용예제 5-17

그림 5-31에 표시된 시스템은 어떤 동작을 하는가?

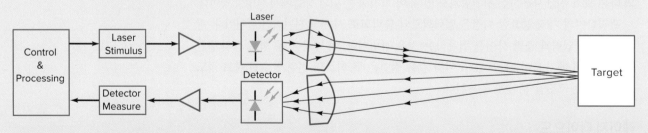

| 그림 5·31 | LiDAR 시스템(TI 설계: TIDA-01187 고속 데이터 변환기를 이용한 라이다-펄스 비행시간 기준 설계)(Texas Instruments, 2017)

그림 5-31은 라이다(LiDAR)의 블록다이어그램을 나타낸다. 레이더(무선 방향 및 거리 측정)와 유사하게 라이다 시스템은 전자파를 송수신한다. 근적외선에서 가시 청색광에 이르는 주파수로 동작하는 이 시스템은 고해상도 지형 매핑을 제공할 수 있는데, 이는 차량 적응형 순항 제어 및 충돌 방지 시스템 등의 응용에 사용될 수 있다.

제어된 고주파 펄스가 레이저에 적용된다. 레이저에서 방출된 광파는 좁은 빔을 만들기 위해 렌즈에 의해 집속힌다.

이 광선이 목표물에 부딪히면 반사되어 포토다이오드 검출기에 집중된다. 미약한 포토다이오드의 출력은 증폭되어 제어 및 처리 블록에 적합한 신호로 변환된다. 여러 개의 적층형 레이저와 수평 주사법을 이용하여 상세한 이미지를 제작할 수 있다.

5-10 쇼트키 다이오드

주파수가 증가하면 소신호 정류다이오드의 기능이 나빠지기 시작한다. 그리고 정류 다이오드는 명확한 반파신호를 만들 수 있을 정도로 빨리 차단되지 않는다. 이 문제를 쇼트키 다이오드(*Schottky diode*)가 해결한다. 이 특수목적 다이오드를 설명하기 전에 일반적인 소신호 다이오드에서 일어나는 문제점들을 살펴보자.

전하축적

그림 5-32*a*는 소신호 다이오드이고, 그림 5-32*b*는 이 다이오드의 에너지대역을 설명한 것이다. 보다시피 전도대역의 전자가 접합으로 확산하여 *p*영역으로 들어가서 재결합한다(경로 *A*). 비슷하게 정공이 접합을 넘어 *n*영역으로 들어가서 재결합한다(경로 *B*). 수명이 길면 길수록 전하는 더 멀리 들어가서 재결합한다.

예를 들어 만일 수명이 1 *μ*s이면 자유전자와 정공은 재결합이 일어나기 전 평균 1 *μ*s 동안 생존한다. 이 수명 동안 자유전자는 *p*영역으로 깊숙이 스며들어 더 높은 에너지 준위에서 일시적으로 저장된다. 비슷하게 정공은 *n*영역으로 깊숙이 스며들어 더 낮은 에너지 준위에서 일시적으로 저장된다.

순방향 전류가 증가할수록 접합을 넘어가는 전하의 수가 더 많아진다. 수명이 길면 길수록 전하의 침투가 더 깊어지고, 높고 낮은 에너지 준위에서 전하는 더 오래 존속한다. 상위 에너지대역에서 자유전자의 일시적인 저장과 하위 에너지대역에서 정공의 일시적인 저장을 **전하축적**(*charge storage*)이라 한다.

참고사항

쇼트키 다이오드는 비교적 고전류 소자로서 약 50 A의 순방향 전류가 흐르는 동안에도 빨리 스위칭할 수 있다. 그리고 종래의 *pn*접합 다이오드에 비해 더 낮은 항복전압 정격을 갖는다는 것을 알아 둘 필요가 있다.

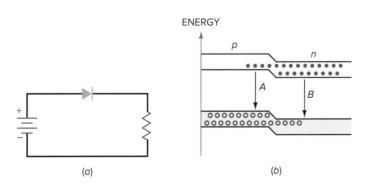

| 그림 5-32 | 전하축적 (a) 순방향 바이어스 때문에 축적전하가 생성된다; (b) 고에너지 대역과 저에너지 대역에 축적된 전하

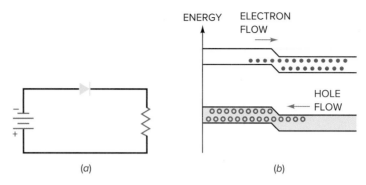

| 그림 5·33 | 축적된 전하 때문에 짧은 순간 역방향 전류가 흐른다. (a) 전원전압의 갑작스러운 반전; (b) 축적된 전하의 역방향 흐름

역방향 전류를 흐르게 하는 전하축적

다이오드를 도전에서 차단으로 전환하려고 할 때, 전하축적 때문에 문제가 생긴다. 왜? 만일 다이오드를 갑작스럽게 역바이어스하면, 축적된 전하가 잠깐 역방향으로 이동하기 때문이다. 수명이 길수록 이 전하에 의한 역방향 전류도 더 오래 지속된다.

예를 들면 그림 5-33a와 같이 순바이어스된 다이오드를 갑자기 역바이어스한다고 하자. 그러면 그림 5-33b에서 축적된 전하의 이동 때문에 잠시 동안 역방향으로 전류가 흐를 수 있다. 축적된 전하가 접합을 넘거나 혹은 재결합할 때까지 역방향 전류는 지속될 것이다.

역회복시간

순바이어스된 다이오드를 차단하는 데 걸리는 시간을 **역회복시간**(*reverse recovery time*) t_{rr}이라 한다. t_{rr}을 측정하는 조건은 제조업자마다 다르다. 지침에 따르면 t_{rr}은 역방향 전류가 순방향 전류의 10%까지 떨어지는 데 걸리는 시간이다.

예를 들어 1N4148은 t_{rr}이 4 ns이다. 이 다이오드의 순방향 전류가 10 mA인데 만약 갑자기 역바이어스되면 역방향 전류가 1 mA까지 감소하는 데 약 4 ns의 시간이 걸릴 것이다. 소신호 다이오드에서 역회복시간은 대단히 짧기 때문에 10 MHz 이하의 주파수에서는 그 영향을 고려하지 않아도 된다. 10 MHz 이상이면 t_{rr}을 고려해야 한다.

고주파에서 정류기능 저하

역회복시간이 정류에 미치는 영향을 알아보자. 그림 5-34a의 반파정류기를 살펴보자. 주파수가 낮으면, 출력은 반파 정류 신호이다. 주파수가 MHz로 올라가면, 출력신호는 반파 모양이 그림 5-34b와 같이 달라지기 시작한다. 역방향 반사이클의 시작 부근에서 무시할 수 없을 정도의 역전도(꼬리(*tail*)라 부른다)가 나타난다.

문제는 역회복시간이 주기의 상당부분을 차지하고, 음의 반사이클의 앞부분에서 도전한다는 것이다. 예를 들어 만약 t_{rr} = 4 ns이고 주기가 50 ns이면 역방향 반사이클의 앞부분은 그림 5-34b와 비슷한 꼬리를 가질 것이다. 주파수가 계속 증가하면 정류기는 쓸모없게 된다.

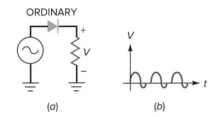

| 그림 5·34 | 축적된 전하는 고주파에서 정류기의 성능을 저하시킨다. (a) 일반적인 소신호 다이오드가 있는 정류회로; (b) 고주파일 때 음의 반사이클에서 꼬리가 나타난다.

전하축적 제거

꼬리 문제를 **쇼트키 다이오드**(Schottky diode)라 불리는 특수목적 소자가 해결한다. 이런 종류의 다이오드는 접합의 한쪽에 금, 은 또는 백금과 같은 금속을 사용하고 다른 쪽에는 도핑된 실리콘(대표적으로 n형)을 사용한다. 접합의 한쪽에 있는 금속 때문에 쇼트키 다이오드는 공핍층이 없다. 공핍층이 없다는 것은 **접합에 축적된 전하가 없다는 것을 의미한다.**

쇼트키 다이오드가 바이어스되지 않았을 때, n쪽의 자유전자는 금속 쪽에 있는 자유전자보다 더 작은 궤도에 있다. 이 궤도 크기의 차이를 **쇼트키 장벽**(*Schottky barrier*)이라 부르며, 약 0.25 V이다. 다이오드가 순방향 바이어스일 때, n쪽의 자유전자는 더 큰 궤도로 이동할 수 있을 정도의 충분한 에너지를 얻는다. 이 때문에 자유전자는 접합을 넘어 금속 안으로 들어갈 수 있으며, 따라서 순방향으로 큰 전류가 흐른다. 금속에는 정공이 없으므로, 전하축적이 없고, 역회복시간도 없다.

핫 캐리어 다이오드

쇼트키 다이오드는 가끔 핫 캐리어 다이오드(*hot carrier diode*)라 불린다. 이 이름의 유래는 다음과 같다. 순방향으로 바이어스하면 n쪽에 있는 전자의 에너지가 증가하여 접합의 금속 쪽에 있는 전자의 에너지보다 더 높은 준위로 된다. 이와 같이 에너지가 멋지게 증가하기 때문에 n쪽 전자를 핫 캐리어(*hot carrier*)라 부른다. 이 높은 에너지를 가진 전자는 접합을 건너자마자 바로 보다 낮은 에너지 전도 대역을 가진 금속 안으로 떨어진다.

고속 턴오프

전하축적이 없다는 것은 쇼트키 다이오드가 보통 다이오드보다 더 빨리 차단될 수 있다는 것을 의미한다. 실제로 쇼트키 다이오드는 300 MHz 이상의 주파수를 쉽게 정류할 수 있다. 그림 5-35a와 같이 회로에 쇼트키 다이오드를 사용하면 비록 주파수가 300 MHz 이상이 되어도 그림 5-35b와 같이 반파신호가 명확하게 출력된다.

그림 5-35a는 쇼트키 다이오드의 그림기호이다. 음극 쪽을 잘 보면 **쇼트키**(*Schottky*)를 뜻하는 직각 S와 비슷한 선이 있다. 그림기호를 기억하기 쉽게 되어 있다.

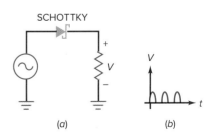

| 그림 5·35 | 쇼트키 다이오드는 고주파에서 꼬리를 제거한다. (a) 쇼트키 다이오드가 있는 회로; (b) 300 MHz에서 반파신호

응용

쇼트키 다이오드의 가장 중요한 응용분야는 디지털 컴퓨터이다. 컴퓨터의 속도는 다이오드나 트랜지스터가 얼마나 신속하게 온-오프로 전환하는가에 달려 있다. 이 때문에 쇼트키 다이오드를 컴퓨터에 사용한다. 쇼트키 다이오드는 전하축적이 없기 때문에 디지털 소자에 널리 사용되고 있는 저전력 쇼트키 TTL 그룹의 주 부품이 되었다.

최종 힌트. 쇼트키 다이오드는 전위장벽이 겨우 0.25 V이므로 제2근사해석을 적용할 때 각 다이오드에서 평소 0.7 V 대신 0.25 V를 빼기 때문에 저전압 브리지 정류기에서 가끔 사용한다. 저전압 전원에서는 이와 같은 낮은 다이오드 전압강하가 장점이 될 수도 있다.

5-11 버랙터

버랙터(varactor)(전압 가변 커패시턴스(*voltage-variable capacitance*), 배리캡(*varicap*), 에피캡(*epicap*), 동조 다이오드(*tuning diode*)라고도 한다)는 전자 동조에 사용될 수 있으므로 텔레비전 수상기, FM수신기와 기타 통신장비에 널리 사용된다.

기본 개념

그림 5-36*a*를 보면 *p*영역과 *n*영역 사이에 공핍층이 있다. *p*와 *n*영역은 마치 커패시터의 극판과 같고, 공핍층은 유전체와 같다. 다이오드가 역바이어스일 때, 공핍층의 폭은 역방향 전압과 함께 증가한다. 역방향 전압이 증가하면 공핍층이 넓어지므로 커패시턴스는 작아진다. 이것은 마치 커패시터의 극판을 멀리 떼어 놓은 것과 같다. 중요한 개념은 역방향 전압으로 커패시턴스를 제어한다는 것이다.

등가회로와 기호

그림 5-36*b*는 역바이어스된 다이오드의 교류 등가회로이다. 다른 말로 표현하면, 교류 신호일 경우 버랙터는 가변 커패시턴스와 거의 같은 동작을 한다. 그림 5-36*c*는 버랙터의 그림기호이다. 다이오드와 커패시터의 직렬연결 표시는 버랙터가 가변 커패시턴스의 성질을 최대로 활용하고 있는 소자라는 것을 암시한다.

높은 역방향 전압으로 인한 커패시턴스 감소

그림 5-36*d*는 역방향 전압에 대한 커패시턴스의 변화를 보인 것이다. 역방향 전압이 증가할 때 커패시턴스가 감소한다는 것을 보여 주고 있다. 여기서 정말로 중요한 개념은 역방향 직류전압으로 커패시턴스를 제어한다는 것이다.

버랙터는 어떻게 사용하는가? 버랙터와 인덕터를 병렬 연결하여 병렬 공진회로를 구성한다. 이 회로는 오직 한 주파수에서 임피던스가 최대로 된다. 이 주파수를 **공진주파수**(*resonant frequency*)라 부른다. 만일 버랙터의 직류 역방향 전압이 변하면 공진주파수도 변한다. 이것이 무선국, TV채널 등에서 시행하는 전자동조 원리이다.

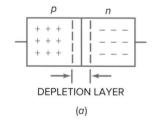

(a)

(b)

(c)

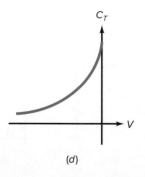

(d)

| 그림 5·36 | 버랙터 (a) 도핑된 영역은 유전체에 의해 격리된 커패시터 극판과 같다; (b) 교류 등가회로; (c) 그림기호; (d) 역방향 전압 대 커패시턴스의 그래프

버랙터의 특성

커패시턴스가 전압으로 제어되기 때문에 버랙터는 텔레비전 수상기나 자동차 라디오와

소자	C_t, 다이오드 커패시턴스 V_R = 3.0 Vdc, f = 1.0 MHz pF			Q, 성능 지수 V_R = 3.0 Vdc f = 50 MHz	C_R,커패시턴스비 C_3/C_{25} f = 1.0 MHz (주1)	
	최소	정상	최대	최소	최소	최대
MMBV109LT1, MV209	26	29	32	200	5.0	6.5

1. C_R은 3 Vdc에서 측정된 C_t를 25 Vdc에서 측정된 C_t로 나눈 비

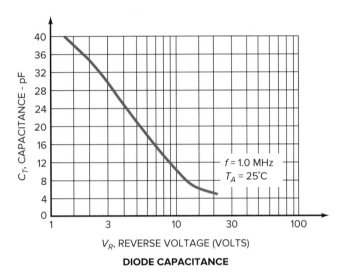

| 그림 5-37 | MV209 데이터시트의 일부분(MMBV109LT1, MV209: Silicon Epicap Diodes, SCILLC dba, 2006)

같은 많은 응용분야에서 기계적으로 동조되는 커패시터 대신으로 쓰이고 있다. 버랙터의 데이터시트에는 대표적으로 −3 V에서 −4 V의 특정 역방향 전압에서 측정한 기준 커패시턴스의 값이 기입되어 있다. 그림 5-37은 MV209 버랙터 다이오드에 관한 데이터시트의 일부분이다. −3 V에서 기준 커패시턴스 C_t가 29 pF이다.

데이터시트에는 커패시턴스의 기준값 외에 커패시턴스비 C_R 혹은 전압범위와 관련이 있는 동조범위도 기입되어 있다. 예로 MV209의 데이터시트를 보면 기준값 29 pF과 더불어 −3 V에서 −25 V의 전압범위에서 최소 커패시턴스비는 5:1이다. 이것은 전압이 −3 V에서 −25 V까지 변할 때 커패시턴스 혹은 동조범위가 29에서 6 pF까지 감

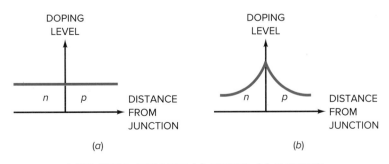

| 그림 5-38 | 도핑측면도 (a) 계단접합; (b) 초계단접합

소한다는 것을 의미한다.

버랙터의 동조범위는 도핑수준에 따라 다르다. 예를 들면 그림 5-38a는 계단접합 다이오드(다이오드의 일반형)의 도핑측면도이다. 측면도를 보면 접합의 양쪽에서 도핑이 균일하다. 계단접합 다이오드의 동조범위는 3:1과 4:1 사이에 있다.

동조범위를 확대하기 위해 어떤 버랙터는 그림 5-38b와 같은 도핑측면도를 갖는 초계단접합(*hyperabrupt junction*)을 이룬다. 이 측면도는 접합에 가까울수록 도핑수준이 증가한다. 도핑이 고농도일수록 공핍층은 더 좁아지고 커패시턴스는 더욱 증가한다. 더욱이 전압을 역방향으로 변화시키면 커패시턴스에서 효과가 더 뚜렷하게 나타난다. 초계단 버랙터는 동조범위가 대략 10:1인데, 이 정도이면 AM 라디오를 535에서 1,605 kHz 주파수범위에서 충분히 동조시킬 수 있다. (주: 공진주파수가 커패시턴스의 제곱근에 반비례하므로 10:1의 범위가 필요하다.)

응용예제 5-18

그림 5-39a의 회로는 어떤 동작을 하는가?

풀이 트랜지스터는 전류원처럼 동작하는 반도체 소자이다. 그림 5-39a에서 트랜지스터는 일정량의 밀리암페어 전류를 공진 *LC* 탱크회로로 보낸다. 음의 직류전압으로 버랙터를 역바이어스한다. 이 직류 제어전압이 변하면 *LC*회로의 공진주파수가 변한다.

교류신호라 하면 그림 5-39b와 같은 등가회로를 이용할 수 있다. 결합 커패시터는 단락회로처럼 동작하고, 교류전류원이 공진 *LC* 탱크회로를 구동한다. 버랙터는 가변 커패시턴스처럼 동작하므로, 직류 제어전압을 조정하여 공진주파수를 바꿀 수 있다. 이것이 라디오와 텔레비전 수상기를 동조하는 기본 개념이다.

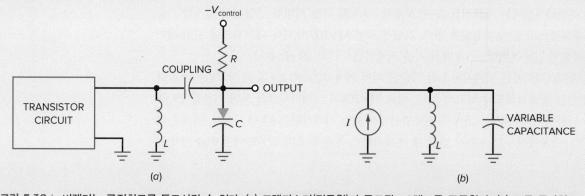

| 그림 5·39 | 버랙터는 공진회로를 동조시킬 수 있다. (a) 트랜지스터(전류원)가 동조된 *LC*탱크를 구동한다; (b) 교류 등가회로

5-12 다른 다이오드

지금까지 설명한 특수목적 다이오드 외에 꼭 알아 두어야 할 여러 다이오드가 있다. 이러한 다이오드들은 매우 특수하므로, 여기서는 간단히 소개만 한다.

배리스터

번개, 전력선 장애 그리고 과도현상이 나타나면 정상적인 120 V rms에 딥과 스파이크가 중첩되어 교류 선전압이 일그러질 수 있다. 딥(*dip*)은 마이크로초 혹은 그보다 더 짧은 시간 동안 지속되는 심한 전압강하이고, 스파이크(*spike*)는 2,000 V 이상이 되는 대단히 짧은 과전압이다. 어떤 장비는 교류선(ac line) 과도현상으로 생기는 문제점들을 해결하기 위해 전력선과 변압기의 1차 사이에 필터를 사용한다.

배리스터(varistor)(과도 억제기(*transient suppressor*)라고도 한다)는 선 여과(line filtering)를 위해 사용되는 소자의 일종이다. 이 반도체 소자는 두 방향에서 높은 항복전압을 갖는 2개의 제너 다이오드가 직접 연결된 것과 같다. 상용으로 쓰이는 배리스터는 항복전압이 10~1,000 V까지이고, 수백 혹은 수천 암페어의 피크 과도전류를 처리할 수 있다.

예를 들면 V130LA2는 항복전압이 184 V(130 V rms와 등가)이고, 피크 전류정격이 400 A인 배리스터이다. 이 배리스터 1개를 그림 5-40*a*와 같이 1차 권선에 연결하라. 그러면 스파이크는 걱정할 필요가 없다. 배리스터는 모든 스파이크를 184 V 수준에서 자르고 전원을 보호할 것이다.

전류조정 다이오드

이 다이오드는 제너 다이오드의 동작에 정반대되는 동작을 한다. 이 다이오드는 전압을 일정하게 유지하는 것이 아니라 전류를 일정하게 유지한다. **전류조정 다이오드**(current-regulator diode)(혹은 정전류 다이오드(*constant-current diode*))로 알려져 있는 이 소자는 전압이 변해도 흐르는 전류는 일정하다. 예를 들어 1N5305는 2~100 V

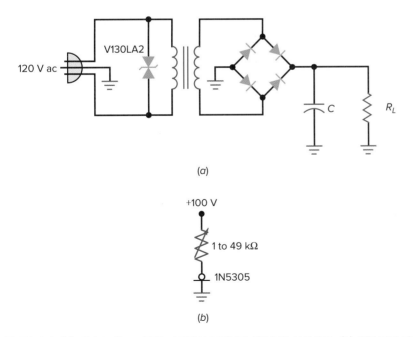

(a)

(b)

| 그림 5-40 | (a) 배리스터는 교류선 과도현상으로부터 1차측을 보호한다; (b) 전류조정 다이오드

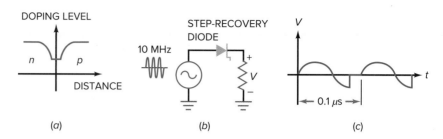

(a)   (b)   (c)

| 그림 5·41 | 계단회복 다이오드 (a) 도핑측면도는 접합 근처에서 도핑이 약해지는 것을 보여 준다; (b) 교류 입력신호를 정류하는 회로; (c) 스냅오프는 고조파가 많은 양의 전압 계단을 만든다.

까지의 전압범위에서 대표적으로 2 mA의 전류를 흘리는 정전류 다이오드이다. 그림 5-40b는 전류조정 다이오드의 그림기호이다. 그림 5-40b에서 부하저항이 1~49 kΩ까지 변하더라도 다이오드는 부하전류를 2 mA에 고정시킨다.

계단회복 다이오드

계단회복 다이오드(step-recovery diode)는 그림 5-41a와 같이 독특한 도핑측면도를 갖는다. 즉 캐리어 밀도가 접합 근처에서 감소한다. 이러한 비정상적인 캐리어 분포 때문에 역방향 스냅오프(*reverse snap-off*)라는 현상이 생긴다.

그림 5-41b는 계단회복 다이오드의 그림기호이다. 양의 반사이클 동안 다이오드는 일반 실리콘 다이오드처럼 도전한다. 그러나 음의 반사이클에서는 축적된 전하 때문에 역방향으로 전류가 잠시 나타났다가 갑자기 영으로 떨어진다.

그림 5-41c는 출력전압이다. 다이오드가 전류를 역방향으로 잠시 흘리다가 갑자기 뚝 끊어진다. 이 때문에 계단회복 다이오드를 스냅 다이오드(*snap diode*)라 부른다. 갑작스런 계단형의 전류는 고조파성분을 많이 포함하므로, 이를 여과하면 높은 주파수의 사인파를 얻을 수 있다. (고조파(*harmonics*)는 $2f_{in}$, $3f_{in}$, $4f_{in}$과 같이 입력주파수의 배수를 말한다.) 이 때문에 계단회복 다이오드는 출력주파수가 입력주파수의 배수가 되는 회로, 즉 주파수 체배기에 이용된다.

역다이오드

제너 다이오드는 정상적으로 2 V 이상의 항복전압을 갖는다. 도핑수준을 증가하면 영 근처에서 생기는 제너효과를 얻을 수 있다. 순방향 전도는 마찬가지로 약 0.7 V에서 일어나지만, 역방향 전도(항복)는 대략 −0.1 V에서 시작한다.

그림 5-42a와 같은 그래프를 갖는 다이오드는 순방향보다도 역방향에서 전도가 더 잘되기 때문에 **역다이오드**(back diode)라 부른다. 그림 5-42b는 0.5 V의 피크를 가진 사인파로 역다이오드와 부하저항을 구동하는 회로이다. (제너기호가 역다이오드에 사용된다는 것을 주의하라.) 0.5 V는 다이오드가 순방향으로 동작하는 데 부족하지만, 다이오드가 역방향으로 항복하는 데 충분하다. 그러므로 출력이 그림 5-42b와 같은 0.4 V의 피크를 가진 반파신호의 출력이 나온다.

역다이오드는 0.1과 0.7 V 사이의 피크 진폭을 갖는 약한 신호를 정류할 때 가끔 사

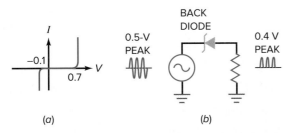

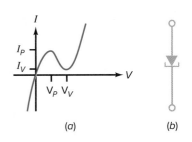

| 그림 5·42 | 역다이오드 (a) 항복이 -0.1 V에서 일어난다; (b) 약한 교류신호를 정류하는 회로

| 그림 5·43 | 터널 다이오드 (a) 0 V에서 항복이 일어난다; (b) 그림기호

용된다.

터널 다이오드

역다이오드의 도핑수준을 증가함으로써 0 V에서 나타나는 항복을 얻을 수 있다. 더욱이 고농도로 도핑하면 그림 5-43a와 같이 순방향 곡선이 일그러진다. 이와 같은 그래프를 가진 다이오드를 **터널 다이오드**(tunnel diode)라 부른다.

그림 5-43b는 터널 다이오드의 그림기호이다. 이러한 유형의 다이오드에서는 **부성저항**(negative resistance)이라고 알려진 현상이 나타난다. 이것은 순방향 전압이 증가하면 그래프의 V_P와 V_V 사이에서 순방향 전류가 감소한다는 것을 의미한다. 터널 다이오드의 부성저항은 발진기(oscillator)라 불리는 고주파회로에 사용한다. 이러한 회로는 교류발전기의 출력과 같은 정현신호를 발생할 수 있다. 그러나 교류발전기는 기계적인 에너지를 정현신호로 변환하지만, 발진기는 직류 에너지를 정현신호로 변환한다. 뒤의 장들에서 발진기 구성방법을 배우게 될 것이다.

PIN 다이오드

PIN 다이오드(PIN diode)는 RF와 마이크로파 주파수에서 가변저항처럼 동작하는

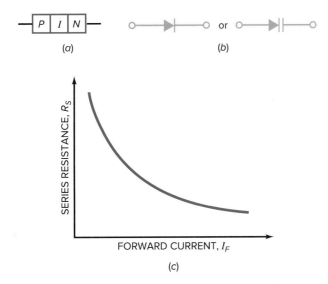

| 그림 5·44 | PIN 다이오드 (a) 구성; (b) 그림기호; (c) 직렬저항

요점정리 표 5-3	특수목적 소자	
소자	**주요 개념**	**응용**
제너 다이오드	항복영역에서 동작한다.	전압조정기
LED	비간섭성 빛이 나온다.	직류 혹은 교류 지시기, 효율적인 광원
7세그먼트 지시기	숫자를 디스플레이할 수 있다.	측정계기
광다이오드	빛이 소수캐리어를 생성한다.	광검출기
광결합기	LED와 광다이오드를 결합한다.	입력/출력 절연체
레이저 다이오드	가간섭성 빛이 나온다.	CD/DVD플레이어, 광대역 통신
쇼트키 다이오드	전하축적이 없다.	고주파 정류기(300 MHz)
버랙터	가변 커패시턴스처럼 동작한다.	TV와 수신기 튜너
배리스터	양방향으로 항복이 일어난다.	선스파이크 보호기
전류조정 다이오드	전류를 일정하게 유지한다.	전류조정기
계단회복 다이오드	역방향 전도에서 뚝 끊어진다.	주파수 체배기
역다이오드	역방향으로 전도가 잘된다.	약한 신호 정류기
터널 다이오드	부성저항 영역을 갖는다.	고주파 발진기
PIN 다이오드	저항이 제어된다.	마이크로파 통신

참고사항

PIN 다이오드는 라이다(light detection and ranging: LiDAR) 시스템에서 광다이오드를 대체하는 데 사용할 수 있다.

반도체 소자이다. 그림 5-44a는 이 소자의 구성을 나타낸 것이다. 이 다이오드는 진성(순수) 반도체 재료가 p형과 n형 재료 사이에 끼워져 있다. 그림 5-44b는 PIN 다이오드의 그림기호이다.

다이오드가 순방향 바이어스일 때, 전류제어 저항처럼 동작한다. 그림 5-44c는 순방향 전류가 증가할 때 PIN 다이오드의 직렬저항 R_S가 감소하는 것을 보여 주고 있다. 역방향 바이어스일 때 PIN 다이오드는 고정 커패시터처럼 동작한다. PIN 다이오드는 RF와 마이크로파 변조회로에서 광범위하게 사용된다.

소자 도표

표 5-3은 이 장에 있는 모든 특수목적 소자를 나열한 것이다. 제너 다이오드는 전압조정기에 쓰이고, 직류 혹은 교류 지시기에 LED, 측정계기에 7세그먼트 지시기 등이 사용된다. 표를 유심히 보고, 그 속에 담긴 개념을 알아 두어야 한다.

요점 __ *Summary*

5-1 제너 다이오드

제너 다이오드는 항복영역에서 동작이 최적화된 특수 다이오드이다. 이 다이오드는 부하전압을 일정하게 유지하는 전압조정기 회로에 주로 사용된다. 이상적인 경우, 역바이어스된 제너 다이오드는 완벽한 전지와 같다. 제2근사해석에서 제너 다이오드는 약간의 추가전압이 나오는 벌크저항을 갖는다.

5-2 부하가 있는 제너 조정기

제너 다이오드가 부하저항과 병렬일 때, 전류제한 저항으로 흐르는 전류는 제너전류와 부하전류의 합과 같다. 제너 조정기의 해석과정은 직렬전류, 부하전류, 그리고 제너전류를 구하는 것(순서대로)으로 되어 있다.

5-3 제너 다이오드의 제2근사해석

제2근사해석인 경우, 제너 다이오드는 전지 V_Z와 저항 R_Z의 직렬로 가시화된다. R_Z를 흐르는 전류 때문에 다이오드의 전압이 증가한다. 그러나 이 전압은 일반적으로 작다. 제너저항은 리플감소 계산에 필요하다.

5-4 제너 이탈점

만일 제너 다이오드가 항복을 벗어나면 제너 조정기는 조정이 불가능하다. 최악의 동작조건은 전원전압이 최소, 직렬저항이 최대, 그리고 부하저항이 최소일 때 나타난다. 제너 조정기가 모든 동작조건에서 잘 동작하기 위해서는, 최악의 조건 아래서 제너전류가 흘러야 한다.

5-5 데이터시트 읽기

제너 다이오드의 데이터시트에서 가장 중요한 물리량은 제너전압, 최대 전력정격, 최대 전류정격, 그리고 허용오차이다. 설계자는 제너저항, 경감인자 및 기타 일부 항목들도 필요하다.

5-6 고장점검

고장점검은 기술이면서 과학이다. 그러므로 책에서 많은 부분을 배우고, 나머지 부분은 고장이 있는 회로에서 경험을 통해 직접 배워야 한다. 고장점검은 기술이므로 가끔 what-if 의문(만일 ~이면 어떻게 될까?)을 가져야 한다. 또 해결하기 위한 자신의 방법을 터득해야 한다.

5-7 부하선

부하선과 제너 다이오드의 그래프가 만나는 곳이 Q점이다. 전원전압이 변하면 부하선이 달라지고 Q점도 바뀐다. 두 Q점에서 전류는 비록 다르지만 전압은 거의 같다. 이 사실로부터 전압조정을 직접 검증할 수 있다.

5-8 발광다이오드(LED)

LED는 계기, 계산기 그리고 다른 전자장비에서 지시기로 광범위하게 쓰인다. 고휘도 LED는 높은 광의 효율(lm/W)을 제공하므로 많은 응용분야에서 사용된다.

5-9 광전자 소자

7세그먼트 지시기는 패키지 안에 7개의 LED를 결합해 놓은 것이다. 결합기는 다른 중요한 광전자 소자이다. 이 소자를 이용하면 절연된 두 회로를 신호로 결합할 수 있다.

5-10 쇼트키 다이오드

역회복시간은 갑자기 순방향에서 역방향 바이어스로 스위칭한 후 다이오드가 차단되는 데 걸리는 시간이다. 이 시간은 단지 수 나노초이므로, 정류회로에서 사용할 수 있는 높은 주파수를 제한한다. 쇼트키 다이오드는 역회복시간이 거의 영인 특수 다이오드이다. 이 때문에 쇼트키 다이오드는 짧은 스위칭 시간이 요구되는 고주파에 잘 사용된다.

5-11 버랙터

공핍층의 폭은 역방향 전압과 함께 증가한다. 그러므로 역방향 전압으로 버랙터의 커패시턴스를 조정할 수 있다. 주로 라디오와 텔레비전 세트의 미세 동조에 응용된다.

5-12 다른 다이오드

배리스터는 과도 억제기로 사용된다. 정전류 다이오드는 전압보다 오히려 전류를 일정하게 유지한다. 계단회복 다이오드는 스냅오프로 고조파가 많이 함유된 계단전압을 발생한다. 역다이오드는 순방향보다 역방향에서 도전을 더 잘한다. 터널 다이오드는 고주파 발진기에서 이용할 수 있는 부성저항이 나타난다. PIN 다이오드는 고주파 및 마이크로파 통신회로에서 순바이어스로 전류를 제어하여 저항을 가변하는 데 사용된다.

중요 수식 __ *Important Formulas*

(5-3) 직렬전류:

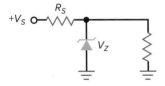

$$I_S = \frac{V_S - V_Z}{R_S}$$

(5-4) 부하전압:

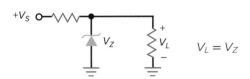

$$V_L = V_Z$$

(5-5) 부하전류:

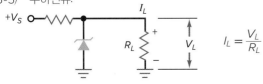

$$I_L = \frac{V_L}{R_L}$$

(5-6) 제너전류:

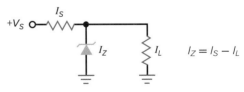

$$I_Z = I_S - I_L$$

(5-7) 부하전압의 변화:

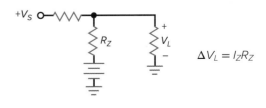

$$\Delta V_L = I_Z R_Z$$

(5-8) 출력리플:

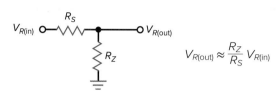

$$V_{R(\text{out})} \approx \frac{R_Z}{R_S} V_{R(\text{in})}$$

(5-10) 최대 직렬저항:

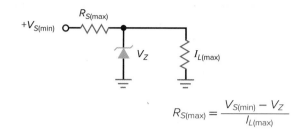

$$R_{S(\text{max})} = \frac{V_{S(\text{min})} - V_Z}{I_{L(\text{max})}}$$

(5-9) 최대 직렬저항:

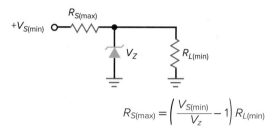

$$R_{S(\text{max})} = \left(\frac{V_{S(\text{min})}}{V_Z} - 1 \right) R_{L(\text{min})}$$

(5-13) LED 전류:

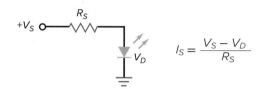

$$I_S = \frac{V_S - V_D}{R_S}$$

연관 실험 __ *Correlated Experiments*

실험 12

제너 다이오드

시스템 응용 2

전압조정

실험 13

제너 조정기

실험 14

광전자 장치

복습문제 __ *Self-Test*

1. 제너 다이오드에서 항복전압의 설명으로 올바른 것은?

a. 전류가 증가할 때 감소한다.

b. 다이오드를 파손한다.

c. 전류와 저항의 곱과 같다.

d. 대략 일정하다.

2. 제너 다이오드를 가장 잘 묘사한 것은?

a. 정류 다이오드이다.

b. 정전압 소자이다.

c. 정전류 소자이다.

d. 순방향 영역에서 동작한다.

3. 제너 다이오드는 _____

a. 전지이다.

b. 항복영역에서 일정 전압을 갖는다.

c. 1 V의 전위장벽을 갖는다.

d. 순방향 바이어스이다.

4. 제너저항의 전압은 일반적으로 _____

a. 작다.

b. 크다.

c. 볼트단위에서 측정된다.

d. 항복전압에서 뺀다.

5. 무부하 제너 조정기에서 직렬저항이 증가하면, 직렬전류는?

a. 감소한다.

b. 변함이 없다.

c. 증가한다.

d. 전압을 저항으로 나눈 것과 같다.

6. 제2근사해석에서 제너 다이오드의 전체 전압은 항복전압과 _____전압의 합이다.

a. 전원   b. 직렬저항

c. 제너저항   d. 제너 다이오드

7. 제너 다이오드가 _____, 부하전압은 대략 일정하다.

a. 순방향 바이어스일 때

b. 역방향 바이어스일 때

c. 항복영역에서 동작할 때

d. 바이어스가 없을 때

8. 부하가 있는 제너 조정기에서 가장 큰 전류는?

a. 직렬전류

b. 제너전류

c. 부하전류

d. 위의 보기에는 없다.

9. 제너 조정기에서 부하저항이 증가하면, 제너전류는?

   a. 감소한다.
   b. 변함이 없다.
   c. 증가한다.
   d. 전원전압을 직렬저항으로 나눈 것과 같다.

10. 제너 조정기에서 부하저항이 감소하면, 직렬전류는?

    a. 감소한다.
    b. 변함이 없다.
    c. 증가한다.
    d. 전원전압을 직렬저항으로 나눈 것과 같다.

11. 제너 조정기에서 전원전압이 증가할 때, 대략 일정하게 유지되는 전류는?

    a. 직렬전류   b. 제너전류
    c. 부하전류   d. 전체전류

12. 제너 조정기에서 제너 다이오드의 극성이 잘못 연결되었을 때 부하전압에 가장 가까운 전압은?

    a. 0.7 V
    b. 10 V
    c. 14 V
    d. 18 V

13. 제너 다이오드가 전력 정격 온도보다 더 높은 온도에서 동작할 때, _____

    a. 제너 다이오드는 즉시 파손될 것이다.
    b. 전력정격을 내려야 한다.
    c. 전력정격을 올려야 한다.
    d. 영향이 없을 것이다.

14. 제너 다이오드의 항복전압을 지시하지 않는 것은?

    a. 회로에서의 전압강하
    b. 곡선 추적기
    c. 역바이어스 검사회로
    d. DMM

15. 일반 다이오드는 높은 주파수에서 _____ 때문에 잘 동작하지 않는다.

    a. 순방향 바이어스
    b. 역방향 바이어스
    c. 항복
    d. 전하축적

16. 버랙터 다이오드의 커패시턴스는 역방향 전압이 _____ 증가한다.

    a. 감소할 때
    b. 증가할 때
    c. 항복일 때
    d. 전하가 축적할 때

17. 제너전류가 _____보다 작게 흐르면, 제너 다이오드는 항복으로 인한 손상을 받지 않는다.

    a. 항복전압
    b. 제너 시험전류
    c. 최대 제너 전류정격
    d. 전위장벽

18. 실리콘 정류 다이오드에 비해 LED는 _____을 갖는다.

    a. 더 낮은 순방향 전압과 더 낮은 항복 전압
    b. 더 낮은 순방향 전압과 더 높은 항복 전압
    c. 더 높은 순방향 전압과 더 낮은 항복 전압
    d. 더 높은 순방향 전압과 더 높은 항복 전압

19. 7세그먼트 표시기로 숫자 0을 나타내려면 _____

    a. C가 꺼져야 한다.
    b. G가 꺼져야 한다.
    c. F가 켜져야 한다.
    d. 모든 세그먼트에 불이 켜져야 한다.

20. 고휘도 LED의 주위온도가 올라가면 LED의 광속(luminous flux) 출력은?

    a. 증가한다.
    b. 감소한다.
    c. 반대가 된다.
    d. 일정한 값을 유지한다.

21. 빛이 감소할 때 광다이오드에서 역방향 소수캐리어 전류는?

    a. 감소한다.
    b. 증가한다.
    c. 영향을 받지 않는다.
    d. 방향이 반대이다.

22. 전압제어 커패시턴스와 관련이 있는 소자는?

    a. 발광다이오드
    b. 광다이오드
    c. 버랙터 다이오드
    d. 제너 다이오드

23. 공핍층의 폭이 좁아지면, 커패시턴스는?

    a. 감소한다.   b. 변함이 없다.
    c. 증가한다.   d. 변한다.

24. 역방향 전압이 감소할 때, 커패시턴스는?

    a. 감소한다.
    b. 변함이 없다.
    c. 증가한다.
    d. 대역폭이 증가한다.

25. 버랙터는 일반적으로 _____

    a. 순방향 바이어스이다.
    b. 역방향 바이어스이다.
    c. 바이어스가 없다.
    d. 항복영역에서 동작한다.

26. 약한 교류신호의 정류에 사용하는 소자는?

    a. 제너 다이오드
    b. 발광다이오드
    c. 배리스터
    d. 역다이오드

27. 부성저항영역을 갖는 것은?

    a. 터널 다이오드
    b. 계단회복 다이오드
    c. 쇼트키 다이오드
    d. 광결합기

28. 끊어진 퓨즈 지시기는 _____를 사용한다.

    a. 제너 다이오드

    b. 정전류 다이오드

    c. 발광다이오드

    d. PIN 다이오드

29. 입력회로와 출력회로를 절연하기 위해 사용하는 소자는?

    a. 역다이오드

    b. 광결합기

    c. 7세그먼트 지시기

    d. 터널 다이오드

30. 약 0.25 V의 순방향 전압강하를 갖는 다이오드는?

    a. 계단회복 다이오드

    b. 쇼트키 다이오드

    c. 역다이오드

    d. 정전류 다이오드

31. 일반적인 동작에서 역방향 바이어스를 사용하는 것은?

    a. 제너 다이오드

    b. 광다이오드

    c. 버랙터

    d. 위의 모두

32. PIN 다이오드를 흐르는 순방향 전류가 감소하면, 이 다이오드의 저항은?

    a. 증가한다.

    b. 감소한다.

    c. 일정하다.

    d. 결정할 수 없다.

기본문제 __ *Problems*

5-1   제너 다이오드

5-1 ‖‖‖**MultiSim** 무부하 제너 조정기의 전원전압이 24 V, 직렬저항이 470 Ω, 그리고 제너전압이 15 V일 때 제너전류는 얼마인가?

5-2 문제 5-1에서 만약 전원전압이 24~40 V까지 변한다면, 최대 제너전류는 얼마인가?

5-3 만약 문제 5-1의 직렬저항이 ±5%의 허용오차를 갖는다면, 최대 제너전류는 얼마인가?

5-2   부하가 있는 제너 조정기

5-4 ‖‖‖**MultiSim** 만약 그림 5-45에서 제너 다이오드가 제거되면 부하전압은 얼마인가?

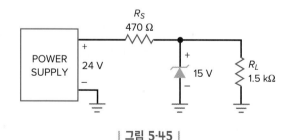

| 그림 5·45 |

5-5 ‖‖‖**MultiSim** 그림 5-45에서 세 전류를 모두 계산하라.

5-6 그림 5-45의 두 저항의 허용오차가 ±5%이면, 최대 제너전류는 얼마인가?

5-7 그림 5-45에서 전원전압이 24~40 V까지 변한다고 가정한다. 최대 제너전류는 얼마인가?

5-8 그림 5-45의 제너 다이오드를 1N4742A로 대치한다. 부하전압과 제너전류는 얼마인가?

5-9 전원전압 20 V, 직렬저항 330 Ω, 제너전압 12 V, 그리고 부하저항이 1 kΩ인 제너 조정기의 구성도를 그려라. 부하전압과 제너전류는 얼마인가?

5-3   제너 다이오드의 제2근사해석

5-10 그림 5-45에서 제너 다이오드는 14 Ω의 제너저항을 가지고 있다. 만일 전원의 리플이 1 V_{p-p}이면, 부하저항의 리플은 얼마인가?

5-11 낮 동안에 교류 선전압이 변한다. 이유는 전원의 무조정 24 V 출력이 21.5~25 V까지 변하기 때문이다. 만약 제너저항이 14 Ω이면, 앞의 범위에서 전압의 변화는 얼마인가?

5-4   제너 이탈점

5-12 그림 5-45의 전원전압을 24에서 0 V까지 감소시킨다고 가정하자. 감소되는 어떤 순간에 제너 다이오드의 조정 기능이 중지될 것이다. 조정이 중지되는 전원전압을 구하라.

5-13 그림 5-45에서 전원에서 나오는 무조정 전압이 20~26 V까지 변하고, 부하저항이 500 Ω~1.5 kΩ까지 변한다. 이 조건에서 제너 조정기는 조정이 안되는가? 만일 그렇다면 직렬저항값을 얼마로 해야 하는가?

5-14 그림 5-45에서 무조정 전압이 18~25 V까지 변하고, 부하전류가 1~25 mA까지 변한다. 이 조건에서 제너 조정기는 조정을 중지하는가? 만일 그렇다면 R_S의 최대값은 얼마인가?

5-15 그림 5-45에서 제너 조정이 중지되지 않으려면 최소 부하저항은 얼마가 되어야 하는가?

5-5   데이터시트 읽기

5-16 제너 다이오드의 전압이 10 V, 전류가 20 mA이다. 전력소모를 계산하라.

5-17 1N5250B에 5 mA의 전류가 흐른다. 전력은 얼마인가?

| 그림 5·46 |

5-18 그림 5-45에서 저항과 제너 다이오드의 전력소모는 얼마인가?

5-19 그림 5-45의 제너 다이오드는 1N4744A이다. 최소 제너전압과 최대 제너전압은 얼마인가?

5-20 만약 1N4736A 제너 다이오드의 인입선 온도가 100°C까지 상승한다면, 다이오드의 새로운 전력정격은 얼마인가?

5-6 고장점검

5-21 그림 5-45에서 다음의 각 조건에 대한 부하전압을 구하라.

   a. 제너 다이오드 단락
   b. 제너 다이오드 개방
   c. 직렬저항 개방
   d. 부하저항 단락

5-22 그림 5-45에서 부하전압을 측정한 값이 대략 18.3 V이면, 어떤 고장이라고 생각하는가?

5-23 그림 5-45의 부하에서 24 V를 측정하였다. 저항계로 제너 다이오드를 점검한 결과 개방상태였다. 제너 다이오드를 교체하기 전에 무엇을 점검해야 하는가?

5-24 그림 5-46에서 LED에 불이 켜지지 않는다. 일어날 수 있는 고장은 다음 중 어느 것인가?

   a. V130LA2 개방
   b. 접지와 브리지의 왼쪽 두 다이오드 사이 개방
   c. 필터 커패시터 개방

   d. 필터 커패시터 단락
   e. 1N5314 개방
   f. 1N5314 단락

5-8 발광다이오드(LED)

5-25 ⦀**MultiSim** 그림 5-47에서 LED를 흐르는 전류는 얼마인가?

5-26 만약 그림 5-47의 전원전압이 40 V까지 증가하면, LED 전류는 얼마인가?

5-27 만약 그림 5-47에서 저항이 1 kΩ으로 감소하면, LED 전류는 얼마인가?

5-28 그림 5-47에서 LED 전류가 13 mA일 때까지 저항을 감소시킨다. 저항값은 얼마인가?

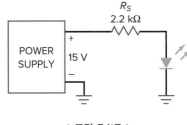

| 그림 5·47 |

응용문제 __ *Critical Thinking*

5-29 그림 5-45의 제너 다이오드는 제너저항이 14 Ω이다. 계산과정에 R_Z를 포함시키면 부하전압은 얼마인가?

5-30 그림 5-45의 제너 다이오드는 1N4744A이다. 만일 부하저항이 1~10 kΩ까지 변한다면, 최소 부하전압과 최대 부하전압은 얼마인가?(제2근사해석을 이용하라.)

5-31 다음의 조건을 만족하는 제너 조정기를 설계하여라: 부하전압 6.8 V, 전원전압 20 V, 그리고 부하전류 30 mA.

5-32 TIL312는 7세그먼트 지시기이다. 각 세그먼트는 20 mA에서 1.5와 2 V 사이의 전압강하가 있다. 공급전압은 +5 V이다. 최대 전류소모가 140 mA인 on-off 스위치에 의하여 제어되는 7세그먼트 디스플레이 회로를 설계하라.

5-33 선전압이 115 V_{rms}일 때 그림 5-46의 2차 전압이 12.6 V_{rms}이다. 낮에는 전력선이 ±10%까지 변한다. 저항의 허용오차는 ±5%, 1N4733A의 허용오차는 ±5%, 그리고 제너저항은 7 Ω이다. 만일 R_2가 560 Ω이면, 낮의 어느 순간에 일어날 수 있는 제너전류의 최대값은 얼마인가?

5-34 그림 5-46에서, 2차 전압이 12.6V_{rms}이고 다이오드의 전압강하가 각각 0.7 V이다. 1N5314는 4.7 mA의 전류가 흐르는 정전류 다이오드이다. LED 전류는 15.6 mA이며, 제너전류는 21.7 mA이다. 필터 커패시터는 ±20%의 허용오차를 갖는다. 최대 피크-피크 리플은 얼마인가?

5-35 그림 5-48은 2사이클 발광시스템의 일부분이고, 다이오드는 쇼트키 다이오드이다. 제2근사해석을 이용하여 필터 커패시터 전압을 계산하라.

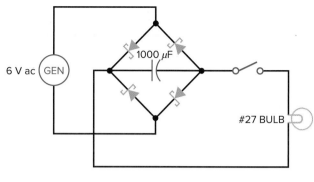

| 그림 5·48 |

고장점검 __ *Troubleshooting*

그림 5-49의 고장점검표는 회로고장 $T1 \sim T8$까지, 회로상의 각 표시점의 전압과 다이오드 D_1의 조건을 나열한 것이다. 첫 번째 행은 정상동작 조건에서 구해진 값이다.

5-36 그림 5-49에서 $T1 \sim T4$의 고장을 진단하라.

5-37 그림 5-49에서 $T5 \sim T8$의 고장을 진단하라.

	V_A	V_B	V_C	V_D	D_1
OK	18	10.3	10.3	10.3	OK
T1	18	0	0	0	OK
T2	18	14.2	14.2	0	OK
T3	18	14.2	14.2	14.2	∞
T4	18	18	18	18	∞
T5	0	0	0	0	OK
T6	18	10.5	10.5	10.5	OK
T7	18	14.2	14.2	14.2	OK
T8	18	0	0	0	0

| 그림 5·49 |

MultiSim 고장점검 문제 __ *MultiSim Troubleshooting Problems*

멀티심 고장점검 파일들은 http://mhhe.com/malvino9e의 온라인학습센터(OLC)에 있는 멀티심 고장점검 회로(MTC)라는 폴더에서 찾을 수 있다. 이 장에 관련된 파일은 MTC05-38~MTC05-42로 명칭되어 있고 모두 그림 5-49의 회로를 바탕으로 한다.

각 파일을 열고 고장점검을 실시한다. 결함이 있는지 결정하기 위해 측정을 실시하고, 결함이 있다면 무엇인지를 찾아라.

5-38 MTC05-38 파일을 열어 고장점검을 실시하라.

5-39 MTC05-39 파일을 열어 고장점검을 실시하라.

5-40 MTC05-40 파일을 열어 고장점검을 실시하라.

5-41 MTC05-41 파일을 열어 고장점검을 실시하라.

5-42 MTC05-42 파일을 열어 고장점검을 실시하라.

디지털/아날로그 실습 시스템 __ *Digital/Analog Trainer System*

문제 5-43에서 5-47은 부록 C에 있는 디지털/아날로그 실습 시스템의 회로도에 대한 것이다. 모델 XK-700 실습기용 전체 설명 매뉴얼은 www.elenco.com에서 찾을 수 있다.

5-43 LED D_{18}에서 D_{25}는 공통 애노드로 연결되었는가? 공통 캐소드로 연결되었는가?

5-44 74HC04 U8A의 출력전압이 +5 V이면, D_{18}은 켜지는가? 꺼지는가?

5-45 U8E의 출력전압이 0 V이면, D_{22}에 흐르는 전류는 약 얼마인가?

5-46 D_{24}에 전류가 약 15 mA 흐르도록 하는 데 필요한 R_{42}의 저항값은 얼마인가?

5-47 U2의 12 V 직류출력에 LED 12 V 표시등을 연결하는 데 필요한 저항값과 전력량은 얼마인가? LED 전류는 약 21 mA로 설계하라.

직무 면접 문제 __ *Job Interview Questions*

1. 제너 조정기를 그려라. 그리고 어떻게 동작하는지, 목적이 무엇인지 설명하라.

2. 직류 25 V의 출력이 나오는 전원이 있다. 대략 15 V, 15.7 V, 16.4 V의 정류된 세 출력이 필요하다. 이 출력들을 얻을 수 있는 회로를 구성하라.

3. 낮 시간에는 조정을 하지 않는 제너 조정기가 있다. 우리 지역은 교류 선전압이 105~125 V_{rms}까지 변한다. 그리고 제너 조정기의 부하저항도 100 Ω~1 kΩ까지 변한다. 낮 시간에 제너 조정기가 동작하지 않는 이유들을 설명하라.

4. 오늘 아침, LED 지시기를 구성하고 있었다. LED를 연결하고 전원을 넣어 보니, LED에 불이 켜지지 않았다. LED를 점검해 보니 LED가 끊어져 있었다. 다른 LED를 사용해도 같은 현상이 나타났다. 왜 이런 일이 일어나는지 가능한 이유를 설명하라.

5. 텔레비전 수상기 동조에 버랙터를 사용할 수 있다는 이야기를 들었다. 버랙터가 공진회로를 어떻게 동조하는지 기본 개념을 설명하라.

6. 전자회로에서 광결합기를 사용하는 이유는 무엇인가?

7. 표준 플라스틱-돔(dome) LED 패키지가 있다. 음극을 확인하는 두 방법은 무엇인가?

8. 정류 다이오드와 쇼트키 다이오드가, 만약 차이가 있다면, 그것을 설명하라.

9. 그림 5-4*a*와 같은 회로를 그려라. 단, 직류전원을 피크값이 40 V인 교류전원으로 대치하라. 제너전압이 10 V일 때 출력전압의 그래프를 그려라.

복습문제 해답 __ *Self-Test Answers*

1. d	**6.** c	**11.** c	**16.** a	**21.** a	**26.** d	**31.** d
2. b	**7.** c	**12.** a	**17.** c	**22.** c	**27.** a	**32.** a
3. b	**8.** a	**13.** b	**18.** c	**23.** c	**28.** c	
4. a	**9.** c	**14.** d	**19.** b	**24.** c	**29.** b	
5. a	**10.** b	**15.** d	**20.** b	**25.** b	**30.** b	

연습문제 해답 __ *Practice Problem Answers*

5-1 $I_S = 24.4$ mA

5-3 $I_S = 18.5$ mA;
$I_L = 10$ mA;
$I_Z = 8.5$ mA

5-5 $V_{RL} = 8$ V_{p-p} 구형파

5-7 $V_L = 10.1$ V

5-8 $V_{R(out)} = 94$ mV$_{p-p}$

5-10 $R_{S(max)} = 65$ Ω

5-11 $R_{S(max)} = 495$ Ω

5-13 $R_S = 330$ Ω

5-14 $I_S = 27$ mA;
$P = 7.2$ W

chapter 6

BJT 기초 지식

BJT Fundamentals

1951년에 윌리엄 쇼클리(William Shockley)는 라디오나 텔레비전 신호 같은 전자신호를 증폭(확대)할 수 있는 반도체 소자인 **접합 트랜지스터**(junction transistor)를 처음으로 발명하였다. 트랜지스터의 발명은 수천 개의 소형화된 트랜지스터를 내장하는 조그마한 소자인 **집적회로**(integrated circuit: IC)도 포함한 다른 많은 반도체의 발명을 이끌어 왔다. 현대의 컴퓨터나 다른 전자기기의 기적도 IC 때문에 가능하였다.

이 장은 자유전자와 정공을 모두 이용하는 **바이폴라 접합 트랜지스터**(bipolar junction transistor: BJT)에 대해 소개한다. 단어 *bipolar*는 두 극성(two polarities)의 줄임말이다. 이 장에서는 또한 바이폴라 트랜지스터가 스위치로 적절히 동작하기 위해서 어떻게 전압 인가(bias)를 할 것인가에 대해 설명할 것이다.

학습목표

이 장을 공부하고 나면

- 바이폴라 접합 트랜지스터의 베이스, 이미터, 그리고 컬렉터전류 사이의 관계를 설명할 수 있어야 한다.
- CE 회로의 도식을 그리고 각 단자, 전압과 저항에 이름을 붙일 수 있어야 한다.
- 가설적인 베이스 곡선과 일련의 컬렉터 곡선을 그리고, 곡선의 양 축에 레이블을 붙일 수 있어야 한다.
- 바이폴라 접합 트랜지스터의 컬렉터 곡선에서 세 동작영역의 이름을 붙일 수 있어야 한다.
- 이상적인 트랜지스터와 제2트랜지스터 근사해석을 이용하여 CE 트랜지스터 전류와 전압 값을 각각 계산할 수 있어야 한다.
- 기술자들이 사용하는 바이폴라 트랜지스터 정격을 몇 가지 열거할 수 있어야 한다.
- 베이스 바이어스가 증폭회로에서 잘 동작하지 못하는 이유를 설명할 수 있어야 한다.
- 주어진 베이스 바이어스 회로에 대한 포화점과 차단점을 알아낼 수 있어야 한다.
- 주어진 베이스 바이어스 회로의 Q점을 구할 수 있어야 한다.

목차

주요 용어

2상태 회로(two-state circuit)

h 파라미터(h parameter)

공통이미터(common emitter: CE)

과대포화(hard saturation)

과소포화(soft saturation)

바이폴라 접합 트랜지스터(bipolar junction transistor: BJT)

방열판(heat sink)

베이스 바이어스(base bias)

베이스(base)

부하선(load line)

소신호 트랜지스터(small-signal transistor)

스위칭 회로(switching circuit)

열저항(thermal resistance)

이미터 다이오드(emitter diode)

이미터(emitter)

전력 트랜지스터(power transistor)

전류이득(current gain)

접합 트랜지스터(junction transistor)

정지점(quiescent point)

증폭회로(amplifying circuit)

직류 베타(dc beta)

직류 알파(dc alpha)

집적회로(integrated circuit)

차단영역(cutoff region)

차단점(cutoff point)

컬렉터 다이오드(collector diode)

컬렉터(collector)

포화영역(saturation region)

포화점(saturation point)

표면부착형 트랜지스터(surface-mount transistor)

항복영역(breakdown region)

활성영역(active region)

전자공학 혁신가

존 바딘(John Bardeen), 윌리엄 쇼클리(William Shockley), 월터 H. 브래튼(Walter H. Brattain)은 1947년 12월 벨연구소의 실험실에서 최초 트랜지스터를 개발하였다. 최초 트랜지스터를 점-접촉 트랜지스터라 불렀으며, 이것은 쇼클리가 발명한 접합 트랜지스터 이전의 트랜지스터이다.

6-1 바이어스되지 않은 트랜지스터

그림 6-1에서와 같이 트랜지스터는 3개의 도핑 영역을 가지고 있다. 아래 영역을 **이미터**(emitter), 가운데 영역을 **베이스**(base), 그리고 맨 위의 영역을 **컬렉터**(collector)라 한다. 실제 트랜지스터에서 베이스 영역은 컬렉터와 이미터 영역에 비해 대단히 얇다. 그림 6-1의 트랜지스터는 두 n영역 사이에 p영역이 있기 때문에 npn소자(*npn device*)이다. 다수 캐리어는 n형 재료에서 자유전자, p형 재료에서 정공이라는 것을 기억하라.

    pnp소자로 만든 트랜지스터도 있다. pnp 트랜지스터는 두 p영역 사이에 n영역이 있다. npn과 pnp 트랜지스터 사이의 혼동을 피하기 위해 이 장의 초기 설명은 npn 트랜지스터에 집중할 것이다.

도핑 수준

그림 6-1에서 이미터는 고농도로 도핑되고, 다른 한편으로 베이스는 저농도로 도핑된다. 컬렉터의 도핑 수준은 이미터의 고농도 도핑과 베이스의 저농도 도핑 사이의 중간 정도가 된다. 물리적으로 컬렉터가 세 영역 중에서 가장 크다.

이미터와 컬렉터 다이오드

그림 6-1의 트랜지스터는 두 접합부가 있다. 하나는 이미터와 베이스 사이에 있고, 다른 하나는 컬렉터와 베이스 사이에 있다. 따라서 트랜지스터는 두 다이오드가 서로 마주하고(back-to-back) 있는 것과 같다. 아래 다이오드를 이미터-베이스 다이오드(*emitter-base diode*) 혹은 간단히 **이미터 다이오드**(emitter diode)라 하고, 위쪽 다이오드를 컬렉터-베이스 다이오드(*collector-base diode*) 혹은 **컬렉터 다이오드**(collector diode)라 부른다.

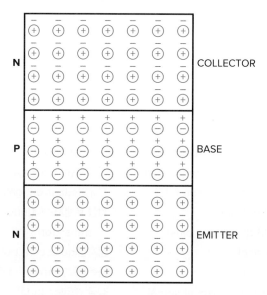

| 그림 6·1 | 트랜지스터 구조

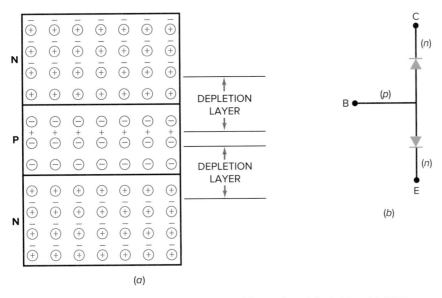

| 그림 6·2 | 바이어스가 안 된 트랜지스터 (a) 공핍층들; (b) 다이오드 등가회로

확산 전과 후

그림 6-1은 확산이 일어나기 전의 트랜지스터 영역들을 나타낸다. 동일 영역에 존재하는 전자들은 서로 밀어내려고 하는 성질이 있으므로 n영역에 존재하는 자유전자는 모든 방향으로 퍼져 나간다. n영역에 존재하는 자유전자 중 일부는 접합면을 가로질러 확산하고 p영역에 존재하는 정공과 재결합할 것이다. 각 n영역에 존재하는 자유전자가 접합면을 넘어서 정공과 재결합하는 과정을 상상해 보라.

그 결과 그림 6-2a와 같은 두 공핍층이 형성된다. 각 공핍층에서 전위장벽은 실리콘 트랜지스터는 25°C에서 약 0.7 V(게르마늄 트랜지스터인 경우 25°C에서 0.3 V)이다. 앞에서 설명했던 것과 같이 요즘은 게르마늄 소자보다 실리콘 소자를 더 많이 사용하기 때문에 실리콘 소자에 대해 더 많은 비중을 두고자 한다.

6-2 바이어스된 트랜지스터

바이어스가 안 된 트랜지스터는 그림 6-2b와 같이 2개의 다이오드가 서로 마주 보는 형상을 갖는다. 각 다이오드는 대략 0.7 V의 전위장벽을 갖는다. 디지털 멀티미터(Digital Multimeter: DMM)를 가지고 npn형 트랜지스터를 테스트할 때 위에서 언급한 다이오드 등가회로로 생각하라. 외부 전압원을 트랜지스터에 연결하면 트랜지스터의 여러 부분에서 전류가 측정될 것이다.

이미터 전자

그림 6-3은 바이어스된 트랜지스터이다. 음의 부호는 자유전자를 나타낸다. 고농도로 도핑된 이미터는 자유전자를 베이스 안으로 방출 혹은 주입시키는 일을 한다. 저농도로

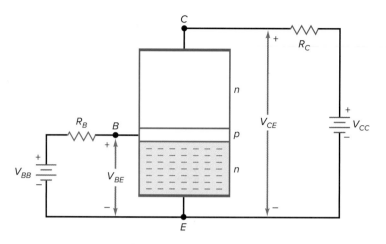

| 그림 6·3 | 바이어스된 트랜지스터

도핑된 베이스는 이미터에서 주입된 전자를 컬렉터까지 통과시키는 역할을 한다. 컬렉터는 베이스로부터 대부분의 전자를 수집하거나 끌어 모으기 때문에 붙여진 이름이다.

그림 6-3은 트랜지스터를 바이어스하는 일반적인 방법이다. 그림 6-3의 왼쪽 전원 V_{BB}는 순방향으로 바이어스된 이미터 다이오드이고, 오른쪽 전원 V_{CC}는 역방향으로 바이어스된 컬렉터 다이오드이다. 다른 바이어스 방법도 가능하지만, 이미터 다이오드를 순방향 바이어스하고, 컬렉터 다이오드를 역방향 바이어스하는 것이 가장 유용한 결과를 만들어 낸다.

베이스 전자

그림 6-3에서 이미터 다이오드에 순방향 바이어스가 인가되는 순간, 이미터 영역에 존재하는 전자는 아직은 베이스 영역으로 들어가지는 않는다. 그림 6-3에서 만일 V_{BB}가 이미터-베이스 전위장벽보다 더 높으면, 그림 6-4에 보인 것과 같이 이미터 전자가 베이스 영역으로 들어갈 것이다. 이론적으로 이러한 자유전자들은 두 방향으로 흐를 수 있

참고사항

트랜지스터에서 이미터-베이스 공핍층은 컬렉터-베이스 공핍층보다 더 좁다. 그 이유는 이미터와 컬렉터 영역의 도핑 수준이 다르기 때문이다. 이미터 영역을 더욱 고농도로 도핑하므로, 자유전자가 더 많아져서 n재료 쪽으로 침투하는 것은 극소수이다. 그러나 컬렉터 쪽에서는 자유전자가 적다. 그리고 공핍층을 전위장벽을 형성하기 위해 더 깊숙이 침투해야 한다.

| 그림 6·4 | 이미터가 자유전자를 베이스 안으로 주입한다.

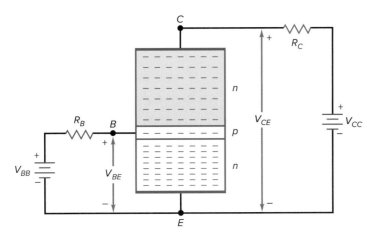

| 그림 6-5 | 자유전자들이 베이스에서 컬렉터 안으로 흐른다.

다. 하나는 왼쪽으로 흘러 베이스를 빠져나와 R_B를 지나 양의 전원 단자까지 이동할 수 있고, 다른 하나는 자유전자가 컬렉터 안으로 흐를 수 있다.

자유전자들은 어느 길로 갈 것인가? 대부분은 컬렉터까지 계속 간다. 왜? 두 가지 이유가 있다. 베이스 영역이 **저농도로** 도핑되어 있고 **매우 얇기** 때문이다. 저농도 도핑은 베이스 영역에서 자유전자의 수명이 길다는 것을 의미한다. 베이스가 매우 얇다는 것은 자유전자가 컬렉터에 도달할 때까지 이동 거리가 짧다는 것을 의미한다. 이와 같은 두 가지 이유 때문에, 이미터에서 주입된 전자들은 거의 모두 베이스를 지나 컬렉터까지 가게 된다.

소수의 자유전자가 그림 6-4의 저농도로 도핑된 베이스에서 정공과 재결합할 것이다. 그리고 나서 자유전자들은 가전자 상태로 베이스 저항을 통해 V_{BB} 전원의 양의 단자까지 흐를 것이다.

컬렉터 전자

그림 6-5에 보인 바와 같이 거의 모든 자유전자들은 컬렉터 안으로 들어간다. 전자들이 일단 컬렉터 안으로 들어가면 전원전압 V_{CC}의 인력을 느낀다. 이 때문에 자유전자는 컬렉터를 통과하여 흐르고 R_C를 거쳐 컬렉터 공급전압의 양단자에 도달하게 된다.

지금까지 설명을 요약하면 다음과 같다. 그림 6-5에서 V_{BB}가 이미터 다이오드를 순방향으로 바이어스하여 이미터에 있는 자유전자들을 베이스 안으로 들여보낸다. 베이스는 얇고 저농도 도핑된 베이스 구조는 거의 모든 전자들이 컬렉터까지 확산할 수 있는 충분한 시간을 갖게 한다. 이 전자들이 컬렉터를 지나고, R_C를 거쳐 전원전압 V_{CC}의 양단자로 흐른다.

6-3 트랜지스터의 전류

그림 6-6a와 6-6b는 npn 트랜지스터의 도식 기호이다. 만일 일반적인 전류 흐름을 좋아하면 그림 6-6a를 사용하고, 전자 흐름을 좋아하면 그림 6-6b를 사용하라. 그림 6-6

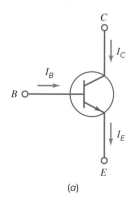

(a)

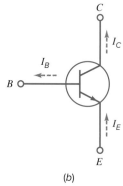

(b)

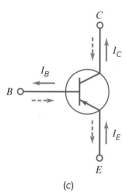

(c)

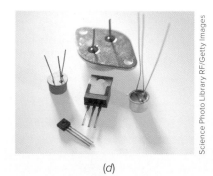

Science Photo Library RF/Getty Images

(d)

| 그림 6·6 | 트랜지스터의 네 전류 (a) 일반적인 전류 흐름; (b) 전자 흐름; (c) *pnp* 전류; (d) *npn*과 *pnp* 트랜지스터들

에서 트랜지스터는 서로 다른 세 전류, 즉 이미터전류 I_E, 베이스전류 I_B, 그리고 컬렉터전류 I_C가 있다.

전류 크기 비교

이미터는 전자의 원천이므로 가장 큰 전류를 갖는다. 대부분의 이미터 전자들은 컬렉터로 흐르기 때문에, 컬렉터전류는 거의 이미터전류만큼 크다. 베이스전류는 앞의 두 전류에 비해 대단히 적고, 일반적으로 컬렉터전류의 1%보다 적다.

전류들의 관계

키르히호프의 전류법칙에 의하면 한 점 혹은 접합점으로 흘러 들어오는 모든 전류의 합은 그 점 혹은 접합점에서 흘러 나가는 모든 전류의 합과 같다. 이 법칙을 트랜지스터에 적용하면 키르히호프의 전류법칙은 다음과 같은 중요한 관계식을 갖게 된다.

$$I_E = I_C + I_B \tag{6-1}$$

즉, 이미터전류는 컬렉터전류와 베이스전류의 합이다. 베이스전류는 대단히 적기 때문에 컬렉터전류는 이미터전류와 거의 같다.

$$I_C \approx I_E$$

그리고 베이스전류는 컬렉터전류보다 훨씬 더 작다.

$$I_B \ll I_C$$

(주: 기호 $\ll$는 "훨씬 더 적다"는 의미이다.)

그림 6-6c는 *pnp* 트랜지스터의 도식 기호와 전류를 나타낸 것이다. 전류 방향이 *npn* 트랜지스터와 반대방향임을 유념하라. 또한 식 (6-1)은 *pnp* 트랜지스터의 전류 관계식으로도 성립한다.

알파(Alpha)

직류 알파(dc alpha)(기호화하면 α_{dc})는 직류 컬렉터전류를 직류 이미터전류로 나눈 것으로 정의한다. 즉

$$\alpha_{dc} = \frac{I_C}{I_E} \tag{6-2}$$

컬렉터전류와 이미터전류가 거의 같기 때문에 직류 알파는 1보다 약간 작다. 예를 들면 직류 알파는 일반적으로 저전력 트랜지스터에서 0.99보다 크고, 고전력 트랜지스터에서 0.95보다 크다.

베타(Beta)

트랜지스터의 **직류 베타**(dc beta)(기호화하면 β_{dc})는 직류 컬렉터전류와 직류 베이스전류의 비율로 정의한다. 즉

$$\beta_{dc} = \frac{I_C}{I_B} \tag{6-3}$$

직류 베타는 작은 베이스전류가 훨씬 더 큰 컬렉터전류를 제어하기 때문에 **전류이득** (current gain)이라고도 한다.

전류이득은 트랜지스터의 중요한 이점이며, 이 때문에 트랜지스터는 거의 모든 응용분야에 적용되고 있다. 저전력 트랜지스터(1 W 이하)인 경우 전류이득은 일반적으로 100~300이고, 고전력 트랜지스터(1 W 이상)는 일반적으로 20~100의 전류이득을 갖는다.

두 유도식

식 (6-3)은 2개의 등가 식으로 재정리될 수 있다. 첫째, β_{dc}와 I_B의 값을 알고 있을 때는 다음 유도식으로 컬렉터전류를 계산할 수 있다.

$$I_C = \beta_{dc} I_B \tag{6-4}$$

둘째, β_{dc}와 I_C의 값을 알고 있을 때는 다음 유도식으로 베이스전류를 계산할 수 있다.

$$I_B = \frac{I_C}{\beta_{dc}} \tag{6-5}$$

예제 6-1

10 mA의 컬렉터전류와 40 μA의 베이스전류를 갖는 트랜지스터가 있다. 이 트랜지스터의 전류이득은 얼마인가?

풀이 컬렉터전류를 베이스전류로 나누면

$$\beta_{dc} = \frac{10\ \text{mA}}{40\ \mu\text{A}} = 250$$

연습문제 6-1 예제 6-1의 트랜지스터에 대해 베이스전류가 50 μA이면 전류이득은 얼마인가?

예제 6-2

트랜지스터의 전류이득이 175이다. 베이스전류가 0.1 mA일 때 컬렉터전류는 얼마인가?

풀이 전류이득과 베이스전류를 곱하면

$$I_C = 175(0.1\ \text{mA}) = 17.5\ \text{mA}$$

연습문제 6-2 예제 6-2에서 $\beta_{dc} = 100$일 때 I_C를 구하라.

예제 6-3

트랜지스터의 컬렉터전류가 2 mA이다. 전류이득이 135일 때 베이스전류는 얼마인가?

풀이 컬렉터전류를 전류이득으로 나누면

$$I_B = \frac{2\ mA}{135} = 14.8\ \mu A$$

연습문제 6-3 예제 6-3에서 I_C = 10 mA일 때 트랜지스터의 베이스전류를 구하라.

6-4 CE 회로 연결

트랜지스터의 회로 연결은 CE(common emitter), CC(common collector), CB(common base)의 세 방식이 있다. CC와 CB 회로 연결은 이후의 장들에서 설명하고, 이 장에서는 가장 광범위하게 이용되고 있는 CE 회로 연결에 집중할 것이다.

공통이미터

그림 6-7*a*에서 각 전압원의 공통 혹은 접지부가 이미터와 연결되어 있기 때문에 이 회로를 **공통이미터**(common emitter: CE) 회로 연결이라 부른다. 이 회로에는 2개의 루프가 있다. 왼쪽 루프는 베이스 루프이고, 오른쪽 루프는 컬렉터 루프이다.

참고사항

베이스 루프를 입력 루프로, 컬렉터 루프를 출력 루프라고 부르기도 한다. CE 회로 연결에서는 입력 루프가 출력 루프를 컨트롤한다.

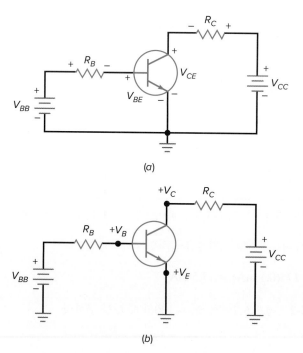

(a)

(b)

| 그림 6-7 | CE 접속 (a) 기본 회로; (b) 접지가 있는 회로

베이스 루프에서 V_{BB} 전원은 전류제한 저항 R_B와 연결되어 이미터 다이오드에 순방향으로 바이어스한다. V_{BB} 혹은 R_B를 변화시키면 베이스전류가 변하고, 베이스전류가 변하면 컬렉터전류가 변한다. 이를 다시 표현하면, **베이스전류가 컬렉터전류를 제어할 수 있다.** 이 사실은 중요한 것으로 작은 전류(베이스)가 큰 전류(컬렉터)를 제어한다는 것을 의미한다.

컬렉터 루프에서 전원전압 V_{CC}는 R_C와 연결되고 컬렉터 다이오드에 역방향으로 바이어스한다. 전원전압 V_{CC}는 그림과 같이 컬렉터 다이오드에 역방향으로 바이어스해야 한다. 그렇지 않으면 트랜지스터가 적절하게 동작하지 않는다. 다르게 표현하면, 컬렉터는 베이스 안으로 주입된 자유전자를 대부분 끌어모으기 위해 그림 6-7*a*에서와 같이 양극이 되어야 한다.

그림 6-7*a*에서 왼쪽 루프에 존재하는 베이스전류의 흐름은 베이스저항 R_B에 그림에서 표시된 것과 같은 극성의 전압이 발생한다. 마찬가지로 오른쪽 루프에서 컬렉터전류의 흐름은 컬렉터저항 R_C에 그림과 같은 극성으로 전압이 발생하게 된다.

참고사항

트랜지스터라는 용어는 벨연구소에서 일하던 존 피어스(John Pierce)에 의해 최초로 일컬어졌다. 이 새로운 장치는 이중 진공관의 구조로 되어 있었다. 진공관은 "전달 컨덕턴스(transconductance)"의 특징을 가졌고, 새로운 장치는 "전달 레지스턴스(transresistance)"의 특징을 가지고 있었다.

이중 첨자

이중 첨자 표기법은 트랜지스터 회로를 설명하는 데 이용된다. 첨자들이 같을 때의 전압은 전원(V_{BB}와 V_{CC})을 나타내고, 첨자들이 다를 때는 두 점 사이의 전압(V_{BE}와 V_{CE})을 나타낸다.

예를 들어 V_{BB}의 첨자들이 같은데 이것은 V_{BB}가 베이스 전압원이라는 것을 의미한다. 마찬가지로 V_{CC} 는 컬렉터 전압원이다. 한편 V_{BE}는 점 B와 E 즉 베이스와 이미터 사이의 전압이다. 마찬가지로 V_{CE}는 점 C와 E 즉 컬렉터와 이미터 사이의 전압이다. 이중 첨자로 된 전압을 측정할 때, 주 혹은 양 측정 프로브(probe)를 첫 첨자에 접촉하고 접지 프로브를 회로의 두 번째 첨자 점에 연결한다.

단일 첨자

단일 첨자는 마디 전압, 즉 첨자 표시점과 접지 사이의 전압을 나타낸다. 예를 들어 만일 접지가 있는 그림 6-7*a*를 다시 그리면 그림 6-7*b*가 된다. 전압 V_B는 베이스와 접지 사이의 전압이고, 전압 V_C는 컬렉터와 접지 사이의 전압, 전압 V_E는 이미터와 접지 사이의 전압이다. (이 회로에서 V_E는 0이다.)

두 개의 다른 첨자로 표기된 이중 첨자 전압은 각 단일 첨자 전압을 빼 줌으로써 구할 수 있다. 여기에 세 가지 예가 있다.

$$V_{CE} = V_C - V_E$$

$$V_{CB} = V_C - V_B$$

$$V_{BE} = V_B - V_E$$

이와 같은 이중 첨자 전압 계산은 모든 트랜지스터 회로에 적용할 수 있다. 이 CE 회로 연결에서 V_E는 0이므로(그림 6-7*b*), 전압은 다음과 같이 간단하게 된다.

$$V_{CE} = V_C$$

$$V_{CB} = V_C - V_B$$

$$V_{BE} = V_B$$

6-5 베이스 곡선

I_B 대 V_{BE}의 그래프가 어떤 모양일 것이라고 생각하는가? 그것은 그림 6-8a와 같은 일반 다이오드의 그래프처럼 보일 것이다. 왜 그러한 그래프가 생성될까? 이미터 다이오드가 순방향 바이어스이므로 일반 다이오드의 전압 대 전류의 그래프와 같을 것이라고 예상할 수 있다. 이것은 앞에서 설명한 다이오드의 근사해석을 사용할 수 있음을 의미한다.

그림 6-8b의 베이스 저항에 옴의 법칙을 적용하면 다음 유도식이 얻어진다.

$$I_B = \frac{V_{BB} - V_{BE}}{R_B} \tag{6-6}$$

만일 이상적인 다이오드이면 $V_{BE} = 0$이고 제2근사해석을 이용하면 $V_{BE} = 0.7$ V이다.

대체적으로 제2근사해석을 사용한 해석방법이 이상적인 다이오드를 적용한 해석의 신속성과 높은 차수를 이용한 근사해석의 정확성을 절충한 방법임을 알 수 있을 것이다. 제2근사해석을 적용하기 위해 기억해야 할 것은 그림 6-8a에서 보는 바와 같이 V_{BE}는 0.7 V이다.

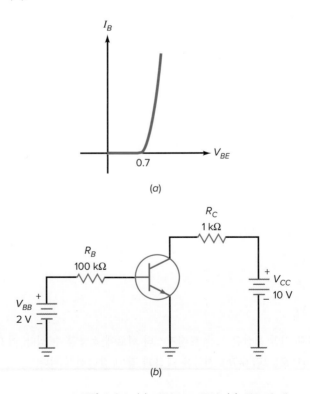

| 그림 6·8 | (a) 다이오드 곡선; (b) 회로의 예

예제 6-4 |||| MultiSim

그림 6-8b에 흐르는 베이스전류를 제2근사해석을 이용하여 계산하라. 베이스저항에 인가되는 전압은 얼마인가? 만일 $\beta_{dc} = 200$이면 컬렉터전류는?

풀이 2 V의 베이스 전원전압이 100 kΩ의 전류제한 저항을 통해 이미터 다이오드를 순방향으로 바이어스한다. 이미터 다이오드에 인가되는 전압은 0.7 V이므로, 베이스 저항에 인가되는 전압은

$$V_{BB} - V_{BE} = 2\text{ V} - 0.7\text{ V} = 1.3\text{ V}$$

이고, 베이스저항에 흐르는 전류는 다음과 같다.

$$I_B = \frac{V_{BB} - V_{BE}}{R_B} = \frac{1.3\text{ V}}{100\text{ kΩ}} = 13\ \mu\text{A}$$

전류이득이 200이므로, 컬렉터전류는 다음과 같다.

$$I_C = \beta_{dc}I_B = (200)(13\ \mu\text{A}) = 2.6\text{ mA}$$

연습문제 6-4 베이스 전원전압 $V_{BB} = 4$ V일 때, 예제 6-4를 다시 풀어라.

6-6 컬렉터 곡선들

그림 6-9a 회로에서 베이스전류를 계산하는 방법은 이미 공부하였다. V_{BB}가 이미터 다이오드를 순방향으로 바이어스하므로, 베이스저항 R_B를 통해 흐르는 전류를 계산할 수 있다. 지금부터 컬렉터 루프로 관심을 돌려 보자.

그림 6-9a에서 V_{BB}와 V_{CC}를 변화시키면서 트랜지스터의 다른 전압과 전류를 만들 수 있다. I_C와 V_{CE}를 측정함으로써 I_C 대 V_{CE}의 그래프에 필요한 데이터를 얻을 수 있다.

예를 들어 $I_B = 10\ \mu\text{A}$가 되도록 V_{BB}를 변화시킨다고 가정하자. 베이스전류값을 고정시키고 V_{CC}를 변화시키면서 I_C와 V_{CE}를 측정하고 그 데이터를 이용하여 그림 6-9b의 그래프를 그릴 수 있다. (주: 이 그래프는 광범위하게 사용되는 저전력 트랜지스터 2N3904의 그래프이다. 다른 트랜지스터를 사용하면 각 수치는 변하지만 그래프 곡선의 모양은 비슷할 것이다.)

V_{CE}가 0일 때 컬렉터 다이오드는 역방향으로 바이어스되지 않는다. 이 때문에 그래프에서 V_{CE}가 0일 때, 컬렉터전류는 0이 된다. V_{CE}가 0에서 점차 증가할 때 컬렉터전류는 그림 6-9b에서 보이는 것과 같이 가파르게 상승하게 된다. V_{CE}가 수십분의 1 V일 때 컬렉터전류는 거의 1 mA의 일정한 값을 갖게 된다.

그림 6-9b에서 일정한 전류값을 갖는 영역은 앞에서 설명한 트랜지스터 동작에 의해 이해될 수 있다. 컬렉터 다이오드가 역방향으로 바이어스되면, 공핍층에 존재하는 모

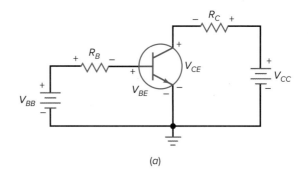

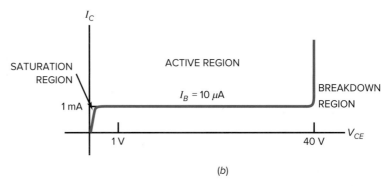

│ **그림 6·9** │ (a) 기본 트랜지스터 회로; (b) 컬렉터 곡선

든 전자들은 컬렉터에 도달하게 된다. V_{CE}가 더 큰 값으로 증가하여도 컬렉터전류는 증가하지 않는다. 왜냐하면 컬렉터는 이미터에서 베이스로 주입된 자유전자만 끌어모을 수 있기 때문이다. 이 주입된 전자의 수는 컬렉터회로와 상관없고, 베이스회로의 영향만 받는다. 이러한 이유 때문에 그림 6-9b에서 보이는 것과 같이 1 V보다 작은 V_{CE}로부터 40 V보다 큰 V_{CE} 사이의 범위에서 컬렉터전류는 일정한 값을 갖게 된다.

만일 V_{CE}가 40 V 이상이 되면 컬렉터 다이오드는 절연파괴가 일어나고 트랜지스터는 정상적인 동작을 잃게 된다. 즉, 트랜지스터는 절연파괴(항복) 영역에서 동작할 수 없다. 그러므로 트랜지스터 데이터시트에서 최대정격 중의 하나인 컬렉터-이미터 항복전압 $V_{CE(\max)}$를 찾아보아야 한다. 만일 트랜지스터가 절연파괴가 되면 트랜지스터는 손상되어 사용할 수 없게 된다.

컬렉터 전압과 전력

키르히호프의 전압법칙에 의하면 루프 혹은 폐회로에 존재하는 전압의 합은 0이다. 그림 6-9a의 컬렉터회로에 키르히호프의 전압법칙을 적용하면 다음과 같은 유도식이 얻어진다.

$$V_{CE} = V_{CC} - I_C R_C \tag{6-7}$$

이 식에 의하면 컬렉터-이미터 전압은 컬렉터 전원전압에서 컬렉터저항의 전압을 뺀 것과 같다.

그림 6-9a에서 트랜지스터의 전력손실은 대략 다음과 같다.

$$P_D = V_{CE} I_C \tag{6-8}$$

이 식에 의하면 트랜지스터 전력은 컬렉터-이미터 전압에 컬렉터전류를 곱한 것과 같다. 이 전력손실은 컬렉터 다이오드의 접합온도를 상승시키는 원인이 된다. 즉, 전력이 클 수록 접합온도는 더 올라가게 된다.

접합온도가 150~200°C일 때 트랜지스터는 열손상을 받게 된다. 데이터시트에 있는 가장 중요한 정보 중의 하나가 최대 전력정격 $P_{D(\max)}$이다. 식 (6-8)에 의해 주어진 전력 손실은 $P_{D(\max)}$보다 작아야 한다. 그렇지 않으면 트랜지스터는 파손될 것이다.

동작영역들

그림 6-9b의 곡선에는 트랜지스터의 동작이 바뀌는 여러 영역이 있다. 첫 번째 변화 영역은 V_{CE}가 1과 40 V 사이의 중간 영역이다. 이 영역은 트랜지스터가 정상 동작되는 곳이다. 이 영역에서 이미터 다이오드는 순방향 바이어스되고, 컬렉터 다이오드는 역방향 바이어스된다. 이 영역에서 이미터에서 베이스로 주입된 거의 모든 전자는 컬렉터에 모이게 된다. 따라서 컬렉터전압을 변화시켜도 컬렉터전류에는 아무런 영향이 나타나지 않게 된다. 이 영역을 **활성영역**(active region)이라 부른다. 그래프에서 활성영역은 곡선의 수평부분이다. 다른 말로 표현하면 이 영역에서 컬렉터전류는 항상 **일정**(constant)하다.

다른 동작영역으로 **항복영역**(breakdown region)이 있다. 트랜지스터는 항복영역에서 파손되므로 절대 이 영역에서 동작되지 않는다. 항복 동작에 최적화되어 있는 제너 다이오드와 달리 트랜지스터는 항복영역에서 동작하지 않는다.

세 번째로 V_{CE}가 0 V와 수십분의 1 V 사이의 초기 상승곡선 부분이다. 곡선의 이러한 경사부분을 **포화영역**(saturation region)이라 부른다. 이 영역에서 베이스로 주입된 모든 자유전자를 컬렉터로 모을 수 있는 충분한 양전압이 컬렉터 다이오드에 인가되지 않는다. 이 영역에서 베이스전류 I_B는 정상치보다 크고 전압이득 β_{dc}는 정상치보다 작다.

이외의 곡선들

$I_B = 20\ \mu A$일 때 I_C와 V_{CE}를 측정하면 그림 6-10의 두 번째 곡선을 그릴 수 있다. 이 곡선은 활성영역에서 컬렉터전류가 2 mA라는 것 외에는 첫 번째 곡선과 유사하다. 다시 말하지만, 컬렉터전류는 활성영역에서 일정하다.

베이스전류를 다르게 하여 곡선을 몇 개 더 그리면 그림 6-10과 같은 일련의 컬렉터 곡선들이 얻어진다. 곡선 **추적기**(curve tracer)(어느 트랜지스터에 대해 V_{CE} 대 I_C를 디스플레이할 수 있는 검사장비)를 이용해도 이와 같은 일련의 곡선들을 볼 수 있다. 그림 6-10의 활성영역에서 각 컬렉터전류는 해당 베이스전류보다 100배 더 크다. 예를 들어 맨 위의 곡선은 컬렉터전류가 7 mA이고 베이스전류는 70 μA이다. 그러므로 전류이득은 다음과 같다.

$$\beta_{dc} = \frac{I_C}{I_B} = \frac{7\ \text{mA}}{70\ \mu A} = 100$$

다른 곡선들을 검사해도 같은 결과, 즉 전류이득은 100이다.

트랜지스터가 다르면 전류이득은 100과 다를 수 있지만, 곡선의 모양은 비슷할 것이다. 모든 트랜지스터는 활성영역, 포화영역, 그리고 항복영역을 갖는다. 신호의 증폭

참고사항

곡선 추적기를 이용하여 컬렉터 곡선을 디스플레이하면, 실질적으로는 그림 6-10의 컬렉터 곡선은 V_{CE} 증가함에 따라 약간 상승 기울기를 갖게 된다. 이러한 기울기의 상승은 V_{CE}가 증가하면 베이스 영역은 약간 작아지기 때문이다. (V_{CE}가 증가하면 CB 공핍층은 넓어지고, 베이스는 좁아진다.) 베이스 영역이 작아지면 재결합에 이용되는 정공 수가 더욱 적어진다. 각 곡선에서 베이스전류는 일정하기 때문에 컬렉터전류가 증가하는 것처럼 보인다.

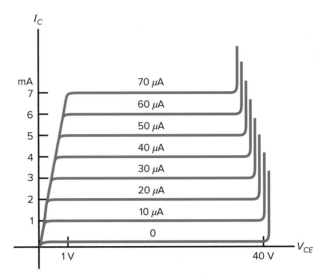

| 그림 6-10 | 컬렉터 곡선들

(확대)은 활성영역에서 가능하므로 활성영역이 가장 중요하다.

차단영역

그림 6-10의 맨 아래에 있는 곡선은 예상하지 못한 것으로서, 이것은 제4의 동작 가능 영역을 나타낸다. 베이스전류가 0일 때라도 아주 미약한 컬렉터전류가 흐른다는 사실에 유념하라. 곡선 추적기를 사용할 경우에는 일반적으로 이 전류가 대단히 작기 때문에 나타나지 않는다. 여기에서는 제일 아래 곡선을 과장하여 실제보다 크게 그렸다. 이 곡선을 트랜지스터의 **차단영역**(cutoff region)이라 하고, 이러한 미소 컬렉터전류를 컬렉터 **차단전류**(*collector cutoff current*)라 부른다.

컬렉터 차단전류는 왜 존재하는가? 컬렉터 다이오드에 역방향 소수캐리어 전류와 표면누설전류가 흐르기 때문이다. 잘 설계된 회로일 경우 컬렉터 차단전류는 무시할 정도로 매우 작다. 예를 들어 2N3904의 컬렉터 차단전류는 50 nA이다. 만약 실제 컬렉터전류를 1 mA라 하면, 50 nA의 컬렉터 차단전류를 무시해도 계산오차는 5% 미만이다.

요점정리

트랜지스터는 활성, 차단, 포화, 항복 4개의 동작영역을 갖는다. 트랜지스터가 약한 신호 증폭용으로 사용될 때 트랜지스터는 활성영역에서 동작한다. 입력신호 변화에 따라 출력신호가 비례적으로 변화하므로 활성영역을 가끔 **선형영역**(*linear region*)이라 부른다. 포화와 차단 영역은 **스위칭 회로**(*switching circuit*)라 불리는 디지털과 컴퓨터 회로에서 유용하게 사용된다.

예제 6-5

그림 6-11a의 트랜지스터는 $\beta_{dc} = 300$이다. I_B, I_C, V_{CE}, P_D를 계산하라.

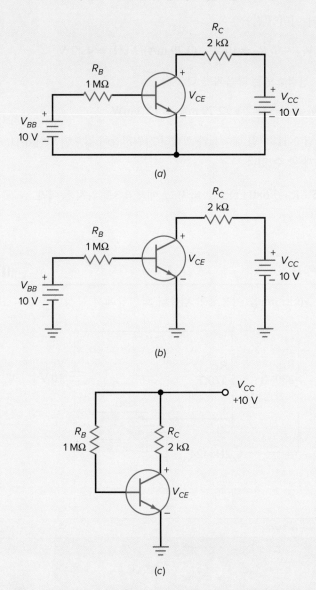

| 그림 6·11 | 트랜지스터 회로 (a) 기본 도식 다이어그램; (b) 접지가 있는 회로; (c) 간략화된 도식 다이어그램

풀이 그림 6-11b는 그림 6-11a를 여러 개의 접지를 갖는 회로로 표현한 것이다. 베이스전류를 구하면

$$I_B = \frac{V_{BB} - V_{BE}}{R_B} = \frac{10 \text{ V} - 0.7 \text{ V}}{1 \text{ M}\Omega} = 9.3 \ \mu\text{A}$$

이고, 컬렉터전류는 다음과 같다.

$$I_C = \beta_{dc}I_B = (300)(9.3\ \mu A) = 2.79\ mA$$

그리고 컬렉터-이미터 전압은

$$V_{CE} = V_{CC} - I_C R_C = 10\ V - (2.79\ mA)(2\ k\Omega) = 4.42\ V$$

이고, 컬렉터 전력소모는 다음과 같다.

$$P_D = V_{CE}I_C = (4.42\ V)(2.79\ mA) = 12.3\ mW$$

참고로 그림 6-11b처럼 베이스와 컬렉터 전원전압이 같으면 그림 6-11c와 같이 회로를 더 간결하게 할 수 있다.

연습문제 6-5 R_B를 680 kΩ으로 바꾸고, 예제 6-5를 다시 풀어라.

응용예제 6-6   ‖‖‖ MultiSim

그림 6-12는 MultiSim을 이용하여 컴퓨터 화면상에서 구성한 트랜지스터 회로이다.

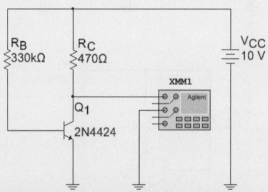

Courtesy of National Instruments

| 그림 6·12 | 2N4424의 전류이득을 계산하기 위한 MultiSim 회로

2N4424의 전류이득을 구하라.

풀이   먼저 다음과 같이 베이스전류를 구한다.

$$I_B = \frac{10 \text{ V} - 0.7 \text{ V}}{330 \text{ k}\Omega} = 28.2 \ \mu\text{A}$$

다음으로 컬렉터전류를 구하자. 멀티미터가 나타내는 컬렉터-이미터 전압은 5.45 V(세 번째 자리에서 반올림)이므로 컬렉터저항 양단의 전압은

$$V = 10 \text{ V} - 5.45 \text{ V} = 4.55 \text{ V}$$

이다. 컬렉터전류는 컬렉터저항을 통해 흐르기 때문에 옴의 법칙을 이용하여 컬렉터전류를 구할 수 있다.

$$I_C = \frac{4.55 \text{ V}}{470 \ \Omega} = 9.68 \text{ mA}$$

이제 전류이득을 계산할 수 있다.

$$\beta_{\text{dc}} = \frac{9.68 \text{ mA}}{28.2 \ \mu\text{A}} = 343$$

2N4424는 높은 전류이득을 가진 트랜지스터 예이다. 소신호 트랜지스터에서 β_{dc}의 전형적인 범위는 100~300이다.

연습문제 6-6   MultiSim을 이용하여, 그림 6-12의 베이스저항을 560 kΩ으로 바꾸고, 2N4424의 전류이득을 계산하라.

6-7 트랜지스터의 근사해석

그림 6-13a는 트랜지스터를 나타낸 것이다. 전압 V_{BE}는 이미터 다이오드 양단에 나타나고, 전압 V_{CE}는 컬렉터-이미터 단자에 나타난다. 이 트랜지스터의 등가회로는 어떤 모습일까?

이상적인 근사해석

그림 6-13b는 트랜지스터의 이상적인 근사해석이다. 이미터 다이오드를 이상적이라고 가정하면, $V_{BE} = 0$이다. 이렇게 가정하면 베이스전류는 빠르고 쉽게 계산할 수 있다. 이러한 등가회로는 고장점검 시 베이스전류의 대략적인 근사치가 필요할 때 사용한다.

　그림 6-13b에서 보는 바와 같이 트랜지스터의 컬렉터 쪽은 컬렉터저항을 통해 $\beta_{\text{dc}}I_B$의 컬렉터전류를 공급하는 전류원처럼 동작한다. 그러므로 베이스전류를 계산한 후 전류이득을 곱하면 컬렉터전류를 구할 수 있다.

참고사항

바이폴라 트랜지스터는 종종 정전류원으로 사용된다.

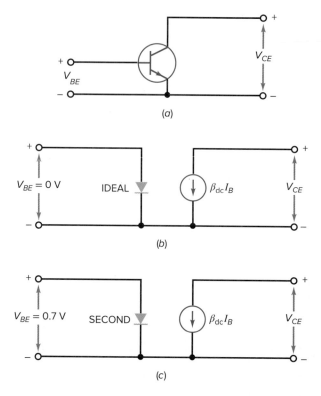

| 그림 6·13 | 트랜지스터의 근사해석 (a) 기본 소자; (b) 이상적인 근사해석; (c) 제2근사해석

제2근사해석

그림 6-13c는 트랜지스터의 제2근사해석이다. 이것은 베이스 전원전압이 작을 때 해석을 상당히 개선할 수 있으므로 더욱 일반적으로 이용된다.

여기에서는 베이스전류를 계산할 때 다이오드의 제2근사해석을 이용한다. 실리콘 트랜지스터인 경우 $V_{BE} = 0.7$ V(게르마늄 트랜지스터인 경우, $V_{BE} = 0.3$ V)를 사용한다. 제2근사해석에서 베이스와 컬렉터 전류는 이상적인 해석에 의한 값보다 약간 작아진다.

고차 근사해석

이미터 다이오드의 벌크저항은 전류가 많이 흐르는 고전력 응용에서는 중요하다. 이미터 다이오드의 벌크저항 영향으로 V_{BE}는 0.7 V 이상으로 증가한다. 예를 들면 어떤 고전력 회로에서 베이스-이미터 다이오드의 V_{BE}는 1 V 이상이 될 수도 있다.

마찬가지로 컬렉터 다이오드의 벌크저항도 어떤 회로 설계에 상당한 영향을 줄 수 있다. 이미터와 컬렉터의 벌크저항 외에도 트랜지스터는 오랜 시간 동안 지루하게 손으로 계산해야 되는 다른 고차적인 영향들도 많이 가지고 있다. 이 때문에 제2근사해석보다 더 복잡한 계산은 컴퓨터 해석을 활용해야 한다.

예제 6-7

그림 6-14에서 컬렉터-이미터 전압은 얼마인가? 이상적인 트랜지스터라고 가정한다.

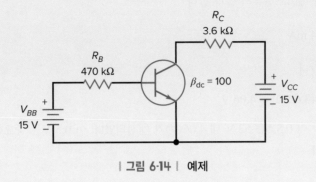

| 그림 6-14 | 예제

풀이 이상적인 이미터 다이오드는

$$V_{BE} = 0$$

이므로 R_B에 인가되는 전체 전압은 15 V이다. 옴의 법칙에 의해

$$I_B = \frac{15 \text{ V}}{470 \text{ k}\Omega} = 31.9 \text{ } \mu A$$

이다. 컬렉터전류는 전류이득과 베이스전류의 곱과 같다.

$$I_C = 100(31.9 \text{ } \mu A) = 3.19 \text{ mA}$$

다음으로 컬렉터-이미터 전압을 계산하자. 이 전압은 컬렉터 전원전압에서 컬렉터저항의 전압강하를 뺀 것과 같다.

$$V_{CE} = 15 \text{ V} - (3.19 \text{ mA})(3.6 \text{ k}\Omega) = 3.52 \text{ V}$$

그림 6-14와 같은 회로에서 이미터전류값은 그다지 중요하지 않으므로 사람들은 대부분 계산을 하지 않는다. 그러나 예제이므로 이미터전류를 계산한다. 이미터전류는 컬렉터전류와 베이스전류의 합이다.

$$I_E = 3.19 \text{ mA} + 31.9 \text{ } \mu A = 3.22 \text{ mA}$$

이 값은 컬렉터전류값에 매우 가깝고 또 계산하는 것이 귀찮기 때문에 대부분의 사람들은 이미터전류를 대략적으로 컬렉터전류값과 같은 3.19 mA라 한다.

예제 6-8

||||| MultiSim

그림 6-14에서 제2근사해석을 적용할 때, 컬렉터-이미터 전압은 얼마인가?

풀이 그림 6-14에서, 제2근사해석을 이용하여 전류와 전압을 계산하는 방법은 다음과 같다. 이미터 다이오드 양단전압은

$$V_{BE} = 0.7 \text{ V}$$

이므로, R_B 양단의 전체 전압은 15 V에서 0.7 V를 뺀 14.3 V이다. 베이스전류는

$$I_B = \frac{14.3 \text{ V}}{470 \text{ k}\Omega} = 30.4 \text{ }\mu\text{A}$$

이고, 컬렉터전류는 전류이득과 베이스전류의 곱과 같다.

$$I_C = 100(30.4 \text{ }\mu\text{A}) = 3.04 \text{ mA}$$

컬렉터-이미터 전압은 다음과 같다.

$$V_{CE} = 15 \text{ V} - (3.04 \text{ mA})(3.6 \text{ k}\Omega) = 4.06 \text{ V}$$

이 전압은 이상적인 해답보다 약 0.5 V(3.52 V 대 4.06 V)가 개선되었다. 이 0.5 V는 중요한가? 고장점검, 설계, 기타 작업에 따라 그 중요성이 달라진다.

예제 6-9

V_{BE}의 측정값을 1 V라고 가정하자. 그림 6-14에서 컬렉터-이미터 전압은 얼마인가?

풀이 R_B 양단의 전체 전압은 15 V에서 1 V를 뺀 14 V이다. 옴의 법칙으로 베이스전류를 구하면

$$I_B = \frac{14 \text{ V}}{470 \text{ k}\Omega} = 29.8 \text{ }\mu\text{A}$$

이고, 컬렉터전류는 전류이득과 베이스전류의 곱과 같다.

$$I_C = 100(29.8 \text{ }\mu\text{A}) = 2.98 \text{ mA}$$

컬렉터-이미터 전압은 다음과 같다.

$$V_{CE} = 15 \text{ V} - (2.98 \text{ mA})(3.6 \text{ k}\Omega) = 4.27 \text{ V}$$

예제 6-10

만일 베이스 전원전압이 5 V이면 앞의 세 예제에서 컬렉터-이미터 전압은 얼마인가?

풀이 이상적인 다이오드를 사용하면

$$I_B = \frac{5 \text{ V}}{470 \text{ k}\Omega} = 10.6 \text{ }\mu\text{A}$$

$$I_C = 100(10.6 \text{ }\mu\text{A}) = 1.06 \text{ mA}$$

$$V_{CE} = 15 \text{ V} - (1.06 \text{ mA})(3.6 \text{ k}\Omega) = 11.2 \text{ V}$$

제2근사해석을 사용하면

$$I_B = \frac{4.3 \text{ V}}{470 \text{ k}\Omega} = 9.15 \text{ }\mu\text{A}$$

$$I_C = 100(9.15 \text{ }\mu\text{A}) = 0.915 \text{ mA}$$

$$V_{CE} = 15 \text{ V} - (0.915 \text{ mA})(3.6 \text{ k}\Omega) = 11.7 \text{ V}$$

측정된 V_{BE}를 사용하면

$$I_B = \frac{4 \text{ V}}{470 \text{ k}\Omega} = 8.51 \text{ } \mu\text{A}$$

$$I_C = 100(8.51 \text{ } \mu\text{A}) = 0.851 \text{ mA}$$

$$V_{CE} = 15 \text{ V} - (0.851 \text{ mA})(3.6 \text{ k}\Omega) = 11.9 \text{ V}$$

이 예제를 통해 베이스 전원전압이 낮은 경우 세 가지 근사해석법을 비교해 볼 수 있다. 해석 결과를 보면 모든 해답은 서로 1 V 범위 안에 있다. 이 결과는 어느 근사해석을 이용하는 것이 좋은가를 결정하는 첫 번째 단서가 된다. 만약 이 회로를 고장점검한다면, 아마도 이상적인 해석이 적당할 것이다. 그러나 만약 회로를 설계한다면 정확해야 하므로 컴퓨터 해석을 하고 싶을 것이다. 표 6-1은 트랜지스터의 이상적인 근사해석과 제2근사해석의 차이점을 설명한 것이다.

연습문제 6-10 베이스 전원전압을 7 V로 하고, 예제 6-10을 다시 풀어라.

요점정리 표 6-1	트랜지스터 회로의 근사해석	
	이상적	**제2**
회로		
언제 사용	고장점검 혹은 어림셈	더 정확한 계산이 필요할 때, 특히 V_{BB}가 작을 때
$V_{BE} =$	0 V	0.7 V
$I_B =$	$\dfrac{V_{BB}}{R_B} = \dfrac{12 \text{ V}}{220 \text{ k}\Omega} = 54.5 \text{ } \mu\text{A}$	$\dfrac{V_{BB} - 0.7 \text{ V}}{R_B} = \dfrac{12 \text{ V} - 0.7 \text{ V}}{220 \text{ k}\Omega} = 51.4 \text{ } \mu\text{A}$
$I_C =$	$(I_B)(\beta_{dc}) = (54.5 \text{ } \mu\text{A})(100) = 5.45 \text{ mA}$	$(I_B)(\beta_{dc}) = (51.4 \text{ } \mu\text{A})(100) = 5.14 \text{ mA}$
$V_{CE} =$	$V_{CC} - I_C R_C$ $= 12 \text{ V} - (5.45 \text{ mA})(1 \text{ k}\Omega) = 6.55 \text{ V}$	$V_{CC} - I_C R_C$ $= 12 \text{ V} - (5.14 \text{ mA})(1 \text{ k}\Omega) = 6.86 \text{ V}$

6-8 데이터시트 읽기

소신호 트랜지스터(small-signal transistor)는 1 W 이하를 소모할 수 있고, **전력 트랜지스터**(power transistor)는 1 W 이상을 소모할 수 있다. 트랜지스터가 어느 형이든 데이터시트에서 최대정격들을 먼저 찾아야 한다. 왜냐하면 최대정격들은 트랜지스터의 전류, 전압과 다른 물리량들의 한계값이기 때문이다.

항복정격

그림 6-15의 데이터시트를 보면, 2N3904의 최대정격이 아래와 같이 주어져 있다.

$$V_{CEO} \quad 40 \text{ V}$$
$$V_{CBO} \quad 60 \text{ V}$$
$$V_{EBO} \quad 6 \text{ V}$$

이 전압정격들은 역방향 항복전압이고, V_{CEO}는 베이스가 개방일 때, 컬렉터와 이미터 사이의 전압이다. 두 번째 정격 V_{CBO}는 이미터가 개방일 때, 컬렉터에서 베이스까지의 전압을 의미한다. 마찬가지로 V_{EBO}는 컬렉터가 개방일 때, 이미터에서 베이스까지의 최대 역방향 전압이다. 일반적으로 안전설계에서는 전압이 위의 최대정격에 결코 근접하지 않도록 한다. 최대정격에 가까워지면 소자의 수명이 단축될 수 있다는 것을 상기해야 한다.

최대 전류와 전력

데이터시트에는 다음의 값도 주어져 있다.

$$I_C \quad 200 \text{ mA}$$
$$P_D \quad 625 \text{ mW}$$

여기서 I_C는 최대 직류 컬렉터 전류 정격이다. 이것은 2N3904가 규정된 전력정격 범위 내에서 직류전류를 200 mA까지 처리할 수 있다는 것을 의미한다. 그다음 정격인 P_D는 소자의 최대 전력정격이다. 이 전력정격은 트랜지스터를 냉각하는 방법에 따라 다르다. 만일 송풍기로 트랜지스터를 냉각하지 않고, 방열판(뒤에서 설명한다)도 없다면, 용기 온도 T_C는 주위 환경 온도 T_A보다 훨씬 더 높을 것이다. 2N3904와 같은 소신호 트랜지스터는 실제로 응용할 때, 송풍기로 냉각하지 않고 방열판도 없는 것이 대부분이다. 이 경우 2N3904는 주위 환경 온도 T_A가 25℃일 때 전력정격이 625 mW이다.

용기 온도 T_C는 트랜지스터의 패키지 혹은 외장 온도를 말한다. 대부분의 응용에서는 트랜지스터의 내부열 때문에 용기 온도가 상승하므로, 용기 온도는 대부분 25℃보다 더 높다.

주위 환경 온도가 25℃일 때 용기 온도를 25℃로 유지하는 유일한 방법은 송풍기 냉각 혹은 대형 방열판 사용이다. 송풍기 냉각이나 대형 방열판을 이용하면 트랜지스터의 용기 온도를 25℃까지 내릴 수 있다. 이 조건이면 전력정격은 1.5 W까지 증가될 수 있다.

October 2011

2N3904 / MMBT3904 / PZT3904
NPN General Purpose Amplifier

Features

- This device is designed as a general purpose amplifier and switch.
- The useful dynamic range extends to 100 mA as a switch and to 100 MHz as an amplifier.

Absolute Maximum Ratings* T_a = 25°C unless otherwise noted

Symbol	Parameter	Value	Units
V_{CEO}	Collector-Emitter Voltage	40	V
V_{CBO}	Collector-Base Voltage	60	V
V_{EBO}	Emitter-Base Voltage	6.0	V
I_C	Collector Current - Continuous	200	mA
T_J, T_{stg}	Operating and Storage Junction Temperature Range	-55 to +150	°C

* These ratings are limiting values above which the serviceability of any semiconductor device may be impaired.

NOTES:

1) These ratings are based on a maximum junction temperature of 150 degrees C.

2) These are steady state limits. The factory should be consulted on applications involving pulsed or low duty cycle operations.

Thermal Characteristics T_a = 25°C unless otherwise noted

Symbol	Parameter	Max. 2N3904	Max. *MMBT3904	Max. **PZT3904	Units
P_D	Total Device Dissipation Derate above 25°C	625 5.0	350 2.8	1,000 8.0	mW mW/°C
$R_{\theta JC}$	Thermal Resistance, Junction to Case	83.3			°C/W
$R_{\theta JA}$	Thermal Resistance, Junction to Ambient	200	357	125	°C/W

* Device mounted on FR-4 PCB 1.6" X 1.6" X 0.06".

** Device mounted on FR-4 PCB 36 mm X 18 mm X 1.5 mm; mounting pad for the collector lead min. 6 cm².

| 그림 6-15 | (a) 2N3904 데이터시트(© Fairchild Semiconductor Corporation 허락하에 수록)

Electrical Characteristics $T_a = 25°C$ unless otherwise noted

Symbol	Parameter	Test Condition	Min.	Max.	Units
OFF CHARACTERISTICS					
$V_{(BR)CEO}$	Collector-Emitter Breakdown Voltage	$I_C = 1.0mA$, $I_B = 0$	40		V
$V_{(BR)CBO}$	Collector-Base Breakdown Voltage	$I_C = 10\propto A$, $I_E = 0$	60		V
$V_{(BR)EBO}$	Emitter-Base Breakdown Voltage	$I_E = 10\propto A$, $I_C = 0$	6.0		V
I_{BL}	Base Cutoff Current	$V_{CE} = 30V$, $V_{EB} = 3V$		50	nA
I_{CEX}	Collector Cutoff Current	$V_{CE} = 30V$, $V_{EB} = 3V$		50	nA
ON CHARACTERISTICS*					
h_{FE}	DC Current Gain	$I_C = 0.1mA$, $V_{CE} = 1.0V$	40		
		$I_C = 1.0mA$, $V_{CE} = 1.0V$	70		
		$I_C = 10mA$, $V_{CE} = 1.0V$	100	300	
		$I_C = 50mA$, $V_{CE} = 1.0V$	60		
		$I_C = 100mA$, $V_{CE} = 1.0V$	30		
$V_{CE(sat)}$	Collector-Emitter Saturation Voltage	$I_C = 10mA$, $I_B = 1.0mA$		0.2	V
		$I_C = 50mA$, $I_B = 5.0mA$		0.3	V
$V_{BE(sat)}$	Base-Emitter Saturation Voltage	$I_C = 10mA$, $I_B = 1.0mA$	0.65	0.85	V
		$I_C = 50mA$, $I_B = 5.0mA$		0.95	V
SMALL SIGNAL CHARACTERISTICS					
f_T	Current Gain - Bandwidth Product	$I_C = 10mA$, $V_{CE} = 20V$, $f = 100MHz$	300		MHz
C_{obo}	Output Capacitance	$V_{CB} = 5.0V$, $I_E = 0$, $f = 1.0MHz$		4.0	pF
C_{ibo}	Input Capacitance	$V_{EB} = 0.5V$, $I_C = 0$, $f = 1.0MHz$		8.0	pF
NF	Noise Figure	$I_C = 100\propto A$, $V_{CE} = 5.0V$, $R_S = 1.0k\Omega$, $f = 10Hz$ to $15.7kHz$		5.0	dB
SWITCHING CHARACTERISTICS					
t_d	Delay Time	$V_{CC} = 3.0V$, $V_{BE} = 0.5V$		35	ns
t_r	Rise Time	$I_C = 10mA$, $I_{B1} = 1.0mA$		35	ns
t_s	Storage Time	$V_{CC} = 3.0V$, $I_C = 10mA$,		200	ns
t_f	Fall Time	$I_{B1} = I_{B2} = 1.0mA$		50	ns

* Pulse Test: Pulse Width ≤ 300∝s, Duty Cycle ≤ 2.0%

Ordering Information

Part Number	Marking	Package	Packing Method	Pack Qty
2N3904BU	2N3904	TO-92	BULK	10000
2N3904TA	2N3904	TO-92	AMMO	2000
2N3904TAR	2N3904	TO-92	AMMO	2000
2N3904TF	2N3904	TO-92	TAPE REEL	2000
2N3904TFR	2N3904	TO-92	TAPE REEL	2000
MMBT3904	1A	SOT-23	TAPE REEL	3000
MMBT3904_D87Z	1A	SOT-23	TAPE REEL	10000
PZT3904	3904	SOT-223	TAPE REEL	2500

| 그림 6·15 | (b) (계속)

경감인자

왜 경감인자가 중요한가? 경감인자는 소자의 전력정격을 얼마나 감소시켜야 하는가를 알려 준다. 2N3904의 경감인자는 5 mW/℃이다. 이것이 의미하는 것은 25℃ 이상이면 625 mW의 전력정격을 온도 1℃ 상승마다 5 mW씩 감소시킨다는 것이다.

방열판

트랜지스터의 전력정격을 증가시키는 하나의 방법은 내부열을 더 빨리 제거하는 것이다. 이 목적을 위해 **방열판**(heat sink)(금속 덩어리)을 사용한다. 트랜지스터 용기의 표면적을 크게 하면, 공기가 있는 주변으로 열을 더 쉽게 방출할 수 있다. 그림 6-16a는 방열판의 한 형태의 예를 나타낸다. 이러한 방열판을 트랜지스터 용기에 올려 놓으면 방열판 핀(fin)에 의해 표면적이 증가하여 열이 더 빨리 방출된다.

그림 6-16b는 다른 방식의 방열판이다. 이것은 전력-탭 트랜지스터(power-tab transistor)의 외형이다. 금속탭(metal tab)은 트랜지스터에서 열이 빠져나갈 수 있는 통로 구실을 한다. 이 금속탭을 전자장비의 섀시(chassis)에 밀착하여 고정시킬 수 있다. 섀시는 부피가 큰 방열판이므로, 열이 트랜지스터로부터 섀시로 쉽게 빠져나갈 수 있다.

그림 6-16c와 같은 큰 전력 트랜지스터는 열을 가능한 한 쉽게 방출시킬 목적으로 컬렉터를 용기에 연결한다. 그리고 트랜지스터 용기를 섀시에 밀착하여 고정시킨다. 컬렉터와 섀시 접지가 전기적으로 연결되는 것을 막기 위해 트랜지스터 용기와 섀시 사이에 얇은 절연 와서(washer)와 열전도성 복합물질을 사용한다. 여기서 중요한 것은 트랜지스터에서 가능한 한 빨리 열을 없애는 것이다. 이것은 동일한 대기온도에서 트랜지스터의 전력정격이 더 커짐을 의미한다. 가끔 트랜지스터를 핀이 있는 큰 방열판에 밀착하여 붙인다. 그러면 트랜지스터에서 열을 제거하는 데 더욱 효율적이다. 그림 6-16c의 용기 외장도는 트랜지스터 아래쪽에서 올려다봤을 때(연결 단자가 당신을 향함) 베이스와 이미터 연결 단자를 보여 준다. 베이스와 이미터 단자가 케이스의 중앙에서 다소 떨어져 있음을 유의하자.

비록 사용되는 방열판이 어떤 방식이든 간에 그 목적은 용기 온도를 더 낮게 하여 결과적으로 트랜지스터의 내부 혹은 접합온도를 더 낮게 하는 것이다. 데이터시트를 보면 **열저항**(thermal resistance)이라는 다른 물리량이 있다. 이 정보를 이용하면 여러 종류의 방열판에 대한 용기 온도를 계산할 수 있다.

전류이득

h 파라미터(h parameter)라 불리는 다른 해석 시스템에서는 전류이득에 대한 기호를 β_{dc}보다 오히려 h_{FE}로 정의한다. 두 물리량은 같다.

$$\beta_{dc} = h_{FE} \tag{6-9}$$

데이터시트는 전류이득을 h_{FE} 기호로 표기하기 때문에 이 관계를 기억하고 있어야 한다.

2N3904의 데이터시트를 보면 "On Characteristics" 부분에서 h_{FE}의 값이 다음과 같이 기재되어 있다.

(a)

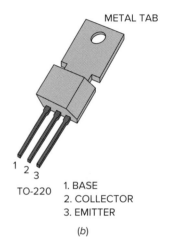

METAL TAB

1 2 3
TO-220

1. BASE
2. COLLECTOR
3. EMITTER

(b)

TO-204AA (TO-3)
CASE 1-07

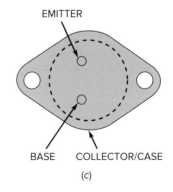

EMITTER

BASE   COLLECTOR/CASE

(c)

| 그림 6-16 | (a) 푸시-온(push-on) 방열판; (b) 전력-탭 트랜지스터; (c) 컬렉터를 용기에 연결한 전력 트랜지스터

I_C, mA	Min. h_{FE}	Max. h_{FE}
0.1	40	—
1	70	—
10	100	300
50	60	—
100	30	—

2N3904는 컬렉터전류가 10 mA 근처일 때 최상의 동작을 한다. 이 전류 수준에서 최소 전류이득은 100, 그리고 최대 전류이득은 300이다. 이것은 무엇을 의미하는가? 만일 컬렉터전류가 10 mA이고, 2N3904를 사용하는 회로를 대량 생산한다고 하면 어떤 트랜지스터의 전류이득이 100만큼 낮고, 어떤 트랜지스터의 전류이득은 300만큼 클 수 있다는 것을 의미한다. 그러나 대부분의 트랜지스터는 전류이득이 이 범위의 중간쯤 된다.

컬렉터전류가 10 mA보다 작거나 혹은 크면 최소 전류이득이 작아진다는 사실에 유념하자. 0.1 mA일 때 최소 전류이득은 40이고, 100 mA일 때 30이다. 최소값은 최악의 경우를 표현하기 때문에 데이터시트에서 10 mA가 아닌 전류는 최소 전류이득만을 나타내고 있다. 설계자는 일반적으로 최악의 경우를 설계한다. 즉 그들은 전류이득과 같은 트랜지스터 특성이 최악의 경우일 때, 회로가 어떻게 동작하는지를 알고자 한다.

예제 6-11

2N3904는 V_{CE} = 10 V와 I_C = 20 mA이다. 전력소모를 구하라. 주위온도가 25°C이면 이 전력소모 수준은 안전한가?

풀이 V_{CE}와 I_C를 곱하면

$$P_D = (10\text{ V})(20\text{ mA}) = 200\text{ mW}$$

이것은 안전한가? 주위온도가 25°C이면, 트랜지스터의 전력정격은 625 mW이다. 이것은 트랜지스터가 전력정격의 범위 내에서 안전하다는 것을 의미한다.

알다시피 좋은 설계는 트랜지스터의 동작 수명을 길게 하기 위해 안전계수를 포함한다. 안전계수는 보통 2 혹은 그 이상이 일반적이다. 안전계수 2는 설계 시 625 mW의 반, 즉 312 mW까지 허용하는 것을 의미한다. 그러므로 전력 200 mW는 매우 안정적인 값이고, 주위온도를 25°C에서 유지할 수 있다.

예제 6-12

예제 6-11에서 주위온도가 100°C이면, 전력소모 수준은 얼마나 안전한가?

풀이 먼저 주어진 주위온도가 기준온도 25°C보다 몇 도 더 높은가를 계산한다.

$$100°C - 25°C = 75°C$$

때로는 이것을 다음과 같이 표기한 것도 보았을 것이다.

$$\Delta T = 75°C$$

여기서 Δ는 "차이"를 의미하고, 이 식을 온도 차이가 75°C와 같다고 읽어라.

경감인자를 온도 차이에 곱하면

$$(5 \text{ mW/°C})(75°C) = 375 \text{ mW}$$

가 되고, 이것을 다시 쓰면

$$\Delta P = 375 \text{ mW}$$

이다. 여기서 ΔP는 전력의 차이를 의미한다. 마지막으로 25°C에서의 전력정격에서 전력 차이를 빼면

$$P_{D(\text{max})} = 625 \text{ mW} - 375 \text{ mW} = 250 \text{ mW}$$

가 된다. 이 값은 주위온도 100°C일 때 트랜지스터의 전력정격이다.

이 설계는 어느 정도 안전한가? 최대정격 250 mW에 비해 전력은 200 mW이므로 트랜지스터는 정상적으로 동작한다. 그러나 안전계수 2를 얻지는 못했다. 만일 주위온도가 더 올라가거나 또는 전력소모가 증가하면, 트랜지스터는 열파괴점에 가까워져서 위험할 수 있다. 그러므로 설계자는 안전계수 2를 가질 수 있게 회로를 재설계하여야 한다. 트랜지스터의 전력소모가 250 mW의 절반, 즉 125 mW가 되게 회로값을 변경하여야 함을 의미한다.

연습문제 6-12 안전계수 2를 사용할 때, 주위온도가 75°C이면 예제 6-12의 2N3094 트랜지스터를 안전하게 사용할 수 있는가?

6-9 표면부착형 트랜지스터

일반적으로 **표면부착형 트랜지스터**(surface-mount transistor)는 단순 세 단자를 갖는 갈매기 날개 모양(gull-wing)의 패키지 안에 들어 있다. SOT-23 패키지는 작고 mW 범위의 정격을 갖는 트랜지스터에 사용되고, SOT-233은 패키지가 크고 1 W 정도의 정격전력에 사용된다.

그림 6-17은 대표적인 SOT-23 패키지이다. 위에서 보면, 반시계방향으로 단자 번호를 붙이고, 한쪽에 따로 떨어져 있는 단자를 3번으로 한다. 바이폴라 트랜지스터의 단자에 번호를 할당하는 것은 표준화가 잘 되어 있다. 1은 베이스, 2는 이미터, 3은 컬렉터이다.

SOT-233 패키지는 1 W 정도에서 동작되는 트랜지스터에서 발생하는 열을 잘 방출

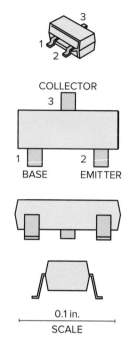

| 그림 6·17 | SOT-23 패키지는 전력정격이 1 W 미만인 SM 트랜지스터에 적합하다.

할 수 있도록 설계되었다. 이 패키지는 SOT-23 패키지보다 표면적을 더 넓게 하여 열의 발산 능력을 향상시킨다. 열의 일부분은 위 표면으로 방출하고 대부분의 열은 소자와 그 밑에 있는 회로기판과의 접촉면을 통해 방출된다. 그러나 특수 형태의 SOT-233 패키지는 주 단자의 반대쪽에서 뻗어 나온 별도의 컬렉터 탭이 있다. 그림 6-18의 밑면도를 보면 두 컬렉터 단자가 전기적으로 동일하다는 것을 알 수 있다.

표준 단자 할당 방식은 SOT-23과 SOT-223 패키지가 다르다. 한 모서리에 있는 3개의 단자는 위에서 보았을 때 왼쪽에서 오른쪽으로 차례대로 번호가 붙여진다. 단자 1은 베이스, 2는 컬렉터(다른 모서리에 있는 큰 탭과 전기적으로 동일하다), 그리고 3은 이미터이다. 그림 6-15를 다시 보면 2N3904는 두 가지의 표면부착형 패키지로 생산되고 있다. MMBT3904는 최대 전력소모가 350 mW인 SOT-23 패키지이고 PZT3904는 전력소모 정격이 1,000 mW인 SOT-233 패키지이다.

SOT-23 패키지는 너무 작아서 표준부품 식별코드가 패키지에 새겨져 있지 않다. 일반적으로 표준식별코드를 알 수 있는 유일한 방법은 회로기판 위에 인쇄된 부품 번호를 읽고 회로에 대한 부품 목록을 참고하는 것이다. SOT-223 패키지는 크기가 충분하므로 식별코드를 그 위에 새겼지만, 이 코드가 표준 트랜지스터 식별코드인 경우는 드물다. SOT-223 패키지 트랜지스터에 대해서 더 알고 싶은 경우, 크기가 작은 SOT-23 구성과 같은 절차를 거쳐야 한다.

가끔 어떤 회로는 다수의 트랜지스터를 함께 수용하는 SOIC 패키지를 사용한다. SOIC 패키지는 IC와 오래된 관통접속(feed-through) 회로 기술에 주로 사용되고 있는 조그마한 이중 인라인 패키지(dual-inline package)와 매우 유사하다. 그러나 SOIC의 단자는 표면부착 기술에서 요구하는 갈매기 날개형이다.

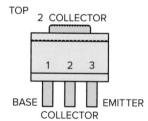

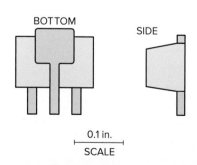

| 그림 6·18 | SOT-233 패키지는 1 W 정도에서 동작되는 트랜지스터에서 발생하는 열을 잘 방출할 수 있도록 설계되었다.

6-10 전류이득의 변화

트랜지스터의 전류이득 β_{dc}는 트랜지스터, 컬렉터전류, 온도의 세 가지 요소에 의해 결정된다. 예를 들어 트랜지스터를 같은 형의 다른 것으로 바꾸면 전류이득이 달라진다. 마찬가지로 컬렉터전류나 온도가 변하면 전류이득도 변한다.

최악과 최선의 경우

구체적인 예로 2N3904의 경우 데이터시트에 온도가 25°C이고 컬렉터전류가 10 mA일 때, h_{FE}의 최소값은 100, 최대값은 300으로 적혀 있다. 2N3904로 수많은 회로를 제작하는 경우 트랜지스터에 따라 적게는 100(최악의 경우), 많게는 300(최선의 경우) 정도의 전류이득을 갖는다.

그림 6-19는 최악의 경우(최소 h_{FE})에 대한 2N3904의 그래프로 나타내고 있다. 주위온도가 25°C일 때의 전류이득을 나타내는 가운데 곡선을 살펴보자. 컬렉터전류가 10 mA일 때 2N3904의 최악의 경우 전류이득은 100이다. (최선의 경우 10 mA와 25°C에서 전류이득이 300인 2N3904도 있다.)

전류와 온도의 영향

온도가 25°C일 때(가운데 곡선) 0.1 mA에서 전류이득은 50이다. 전류가 0.1 mA에서 10 mA로 증가함에 따라 h_{FE}는 최대 100까지 증가한다. 그 이후 200 mA에서 20 미만으로 감소한다.

온도의 영향도 알아보자. 온도가 감소하면 전류이득이 감소한다(아래 곡선). 반면에 온도가 증가하면 h_{FE}는 거의 모든 범위의 전류에 걸쳐 증가하게 된다(위 곡선).

주요 개념

앞에서 살펴본 바와 같이 트랜지스터 교체, 컬렉터전류 변화, 온도 변화는 h_{FE} 또는 β_{dc}

> **참고사항**
>
> 기호 h_{FE}는 트랜지스터의 공통이미터 구조에서 순방향 전류 전달 비율(전류증폭률)을 나타낸다. 기호 h_{FE}는 하이브리드(h)-파라미터 기호이다. h-파라미터 시스템은 오늘날 트랜지스터 파라미터를 규정하기 위해 가장 보편적으로 사용하는 시스템이다.

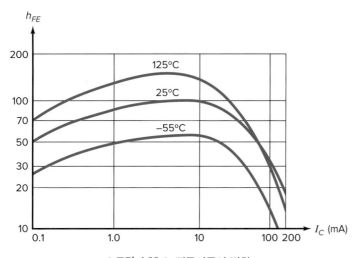

| 그림 6·19 | 전류이득의 변화

에 큰 변동을 발생시킬 수 있다. 주어진 온도에서 트랜지스터가 교체될 때 3:1의 변화가 가능하다. 온도가 변화하면 추가적으로 3:1의 변화가 가능하다. 그리고 컬렉터전류가 변하면 3:1 이상의 변화가 가능하다. 결과적으로 2N3904는 10 미만에서 300 이상의 전류이득을 가질 수 있다. 이러한 이유로 대량 생산에서 정확한 값의 전류이득을 얻기 위한 설계는 항상 실패하게 된다.

6-11 부하선

트랜지스터가 증폭기 혹은 스위치로 동작하기 위해서는 먼저 트랜지스터의 직류 조건을 적절히 세워야 한다. 이는 트랜지스터를 적절히 바이어싱함을 나타낸다. 다양한 바이어싱 방법이 존재하고 각각의 방법은 장단점을 갖고 있다. 이 장에서 베이스 바이어스를 이용하여 시작해 보자.

베이스 바이어스

그림 6-20*a*의 회로는 베이스전류를 일정한 값으로 고정시키는 **베이스 바이어스**(base bias)의 예이다. 예를 들어 R_B = 1 MΩ의 경우 베이스전류는 14.3 μA(제2근사해석)이다. 트랜지스터가 교체되거나 온도가 변화하더라도 모든 동작조건에서 베이스전류는 대략 14.3 μA의 고정된 값을 유지한다.

그림 6-20*a*에서 β_{dc} = 100이면 컬렉터전류는 대략 1.43 mA이며, 컬렉터-이미터 전압은

$$V_{CE} = V_{CC} - I_C R_C = 15 \text{ V} - (1.43 \text{ mA})(3 \text{ k}\Omega) = 10.7 \text{ V}$$

이다. 따라서 그림 6-20*a*에서 정지점 또는 *Q*점은 다음과 같다.

$$I_C = 1.43 \text{ mA} \quad \text{그리고} \quad V_{CE} = 10.7 \text{ V}$$

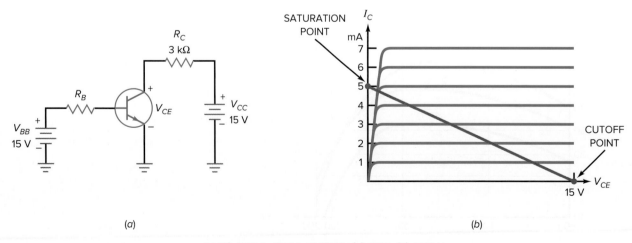

(a)

(b)

┃ 그림 6-20 ┃ 베이스 바이어스 (a) 회로; (b) 부하선

그래프 해석

트랜지스터의 I_C와 V_{CE} 관계를 나타내는 **부하선**(load line)을 바탕으로 한 그래프 해석을 이용하여 Q점을 찾을 수도 있다. 그림 6-20a에서 컬렉터-이미터 전압은

$$V_{CE} = V_{CC} - I_C R_C$$

이다. I_C에 대해서 정리하면 다음과 같다.

$$I_C = \frac{V_{CC} - V_{CE}}{R_C} \tag{6-10}$$

이 식을 I_C와 V_{CE}에 대해 그래프로 나타내면 직선을 얻게 된다. 이 직선은 I_C와 V_{CE}에 따른 부하의 영향을 나타내기 때문에 부하선(*load line*)이라 한다.

예를 들어 그림 6-20a의 값을 식 (6-10)에 대입하면, 다음과 같은 식을 얻을 수 있다.

$$I_C = \frac{15 \text{ V} - V_{CE}}{3 \text{ k}\Omega}$$

이 식은 선형방정식이다. 즉, 식의 그래프는 직선이다. (주: **선형방정식**은 일반형인 $y = mx + b$의 꼴로 나타내어질 수 있는 모든 식을 말한다.) 앞의 식을 컬렉터 곡선 위에 그래프로 그리면 그림 6-20b를 얻을 수 있다.

부하선의 끝점들은 찾기 쉽다. 부하선의 식(앞의 식)에서 $V_{CE} = 0$이면

$$I_C = \frac{15 \text{ V}}{3 \text{ k}\Omega} = 5 \text{ mA}$$

이다. $I_C = 5$ mA, $V_{CE} = 0$은 그림 6-20b에서 부하선의 위쪽 끝에 그려진다.

$I_C = 0$일 때, 부하선의 식은

$$0 = \frac{15 \text{ V} - V_{CE}}{3 \text{ k}\Omega}$$

이 되므로

$$V_{CE} = 15 \text{ V}$$

이다. $I_C = 0$과 $V_{CE} = 15$ V에 대한 좌표는 그림 6-20b에서 부하선의 아래쪽 끝에 그려진다.

모든 동작점의 시각적 집약

부하선이 유용한 이유는 무엇일까? 회로의 모든 가능한 동작점을 포함하기 때문이다. 달리 말하면 베이스저항이 0에서 무한대까지 변화할 때 I_B를 변화시켜 I_C와 V_{CE}가 전 범위에 걸쳐 변화하게 된다. 가능한 모든 I_B 값에 대해 I_C와 V_{CE} 값을 점으로 찍어 그려주면 부하선을 얻을 수 있다. 따라서 부하선은 트랜지스터의 동작 가능한 모든 동작점의 시각적 집약이다.

포화점

베이스저항이 매우 작다면 컬렉터전류는 대단히 커지고, 컬렉터-이미터 전압은 거의 0에 가깝게 된다. 이 경우 트랜지스터는 포화(*saturation*)된다. 이는 컬렉터전류가 허용 가능한 최대값까지 증가함을 의미한다.

포화점(saturation point)은 그림 6-20*b*에서 부하선과 컬렉터 곡선의 포화영역과 만나는 점이다. 포화 상태에서 컬렉터-이미터 전압이 매우 작기 때문에 포화점은 부하선의 거의 위쪽 끝에 놓인다. 이제부터 약간의 오차가 있더라도 포화점을 포화선의 위쪽 끝으로 근사화하겠다.

포화점은 회로에서 허용 가능한 최대 컬렉터전류를 의미한다. 예를 들어 그림 6-21*a*의 트랜지스터는 컬렉터전류가 약 5 mA일 때 포화된다. 이 전류에서 V_{CE}는 거의 0으로 감소한다.

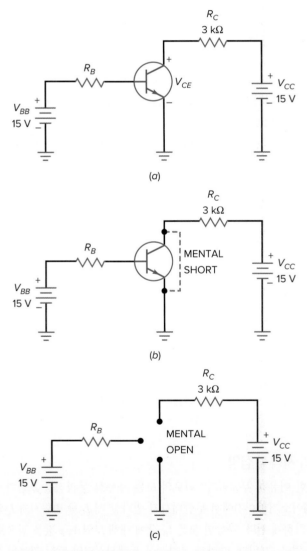

| 그림 6·21 | 부하선의 끝을 찾는 방법 (a) 회로; (b) 컬렉터 포화전류 계산; (c) 컬렉터-이미터 차단전압 계산

그림 6-21b와 같이 컬렉터와 이미터 사이를 가상 단락(short)시키면 포화점에서의 전류를 쉽게 구할 수 있다. 이때 V_{CE}는 0이 되므로 컬렉터 전원전압 15 V가 모두 3 kΩ 양단에 나타날 것이다. 따라서 컬렉터전류는

$$I_C = \frac{15\text{ V}}{3\text{ k}\Omega} = 5\text{ mA}$$

가 된다. 이 "가상단락(mental short)" 방법은 어떠한 베이스-바이어스 회로에도 적용할 수 있다.

베이스-바이어스 회로에서 포화전류에 대한 식은 다음과 같다.

$$I_{C(\text{sat})} = \frac{V_{CC}}{R_C} \tag{6-11}$$

이 식은 컬렉터전류의 최대값이 컬렉터 전원전압을 컬렉터저항으로 나눈 것과 같다는 것을 뜻한다. 이는 컬렉터저항에 옴의 법칙을 적용한 것에 불과하다. 그림 6-21b는 이 식을 시각적으로 상기시킨다.

차단점

차단점(cutoff point)은 그림 6-20b에서 부하선이 컬렉터 곡선의 차단영역과 교차하는 점이다. 차단영역에서 컬렉터전류는 매우 작기 때문에, 차단점은 부하선의 거의 아래쪽 끝에서 만난다. 이제부터 차단점을 부하선의 아래쪽 끝으로 근사화하겠다.

차단점은 회로에서 허용 가능한 최대 컬렉터-이미터 전압을 말한다. 그림 6-21a에서 허용 가능한 최대 V_{CE}는 컬렉터 전원전압인 약 15 V가 된다.

그림 6-21a의 트랜지스터를 컬렉터와 이미터 사이가 개방된 것으로 보면 간단하게 차단전압을 찾을 수 있다(그림 6-21 참조). 이 개방 조건에서 컬렉터저항에 흐르는 전류는 없으므로, 컬렉터 전원전압 15 V가 모두 컬렉터와 이미터 단자 사이에 나타날 것이다. 그러므로 컬렉터와 이미터 사이의 전압은 15 V가 된다. 즉

$$V_{CE(\text{cutoff})} = V_{CC} \tag{6-12}$$

참고사항

트랜지스터의 컬렉터전류가 0일 때, 트랜지스터는 차단 상태이다.

예제 6-13   ‖‖ MultiSim

그림 6-22a에서 포화전류와 차단전압을 구하라.

풀이 컬렉터와 이미터 사이가 단락된 것으로 보면, 포화전류는 다음과 같다.

$$I_{C(\text{sat})} = \frac{30\text{ V}}{3\text{ k}\Omega} = 10\text{ mA}$$

다음으로 컬렉터-이미터 단자가 개방된 것으로 보면, 차단전압은 다음과 같다.

$$V_{CE(\text{cutoff})} = 30\text{ V}$$

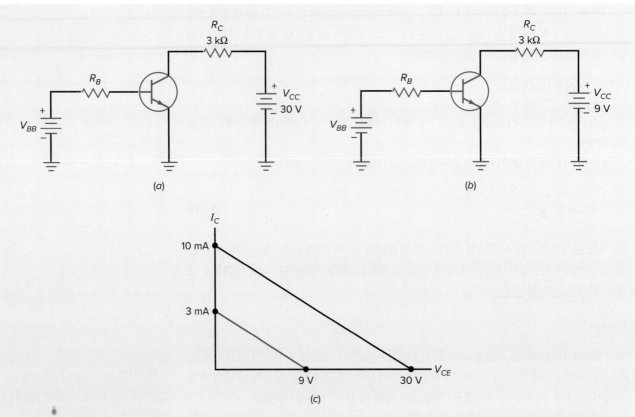

| 그림 6-22 | 컬렉터저항이 같은 경우의 부하선 (a) 컬렉터 전원전압이 30 V일 때; (b) 컬렉터 전원전압이 9 V일 때; (c) 부하선은 같은 기울기를 갖는다.

예제 6-14

그림 6-22*b*의 경우 포화값과 차단값을 구하라. 이 예제와 앞의 예제에 대한 부하선을 그려라.

풀이 컬렉터와 이미터가 단락된 것으로 보면

$$I_{C(\text{sat})} = \frac{9\ V}{3\ k\Omega} = 3\ mA$$

이고, 컬렉터와 이미터 사이가 개방된 것으로 보면 다음과 같다.

$$V_{CE(\text{cutoff})} = 9\ V$$

그림 6-22*c*는 2개의 부하선을 나타낸다. 컬렉터저항은 그대로 두고 컬렉터 전원전압을 바꾸면, 기울기는 같지만 포화 값과 차단값이 다른 2개의 부하선을 얻게 된다.

연습문제 6-14 그림 6-22*b*에서 컬렉터저항이 2 kΩ이고 V_{CC}가 12 V인 경우, 포화전류와 차단전압을 구하라.

예제 6-15

그림 6-23a에서 포화전류와 차단전압을 구하라.

풀이 포화전류는

$$I_{C(\text{sat})} = \frac{15 \text{ V}}{1 \text{ k}\Omega} = 15 \text{ mA}$$

이고, 차단전압은 다음과 같다.

$$V_{CE(\text{cutoff})} = 15 \text{ V}$$

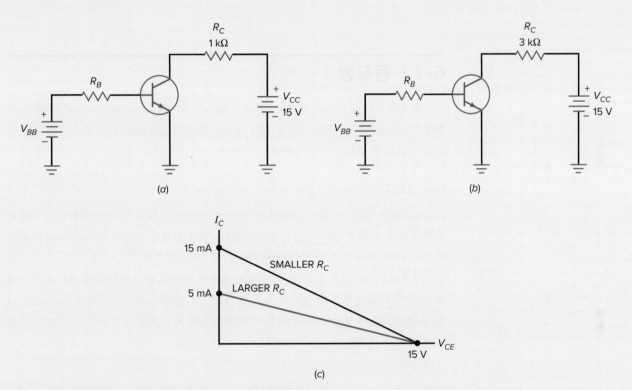

│ 그림 6-23 │ 컬렉터전압이 같을 때의 부하선 (a) 컬렉터저항이 1 kΩ인 경우; (b) 컬렉터저항이 3 kΩ인 경우; (c) R_C가 작을수록 기울기가 더 가파르다.

예제 6-16

그림 6-23b에서 포화값과 차단값을 계산하라. 그다음 이 예제의 부하선과 앞 예제의 부하선을 비교하라.

풀이 계산식은 다음과 같다.

$$I_{C(\text{sat})} = \frac{15 \text{ V}}{3 \text{ k}\Omega} = 5 \text{ mA}$$

그리고

$$V_{CE(\text{cutoff})} = 15 \text{ V}$$

그림 6-23c는 2개의 부하선을 나타낸다. 컬렉터 전원전압은 그대로 두고 컬렉터저항을 바꾸면, 기울기는 다르지만 차단값은 같은 2개의 부하선이 생긴다. 또한 컬렉터저항이 작아질수록 기울기가 더 커진다는(더 가파르게 또는 더 수직에 가깝게) 것에 주목하라. 이 현상은 부하선의 기울기가 컬렉터저항의 역과 같기 때문이다. 즉

$$\text{Slope} = \frac{1}{R_C}$$

연습문제 6-16   그림 6-23b에서 컬렉터저항을 5 kΩ으로 바꾸면, 회로의 부하선에 어떤 일이 일어나는가?

6-12 동작점

모든 트랜지스터 회로는 부하선을 갖는다. 회로가 주어지면 포화전류와 차단전압을 구한다. 이 값들을 가로축과 세로축 위에 점으로 찍는다. 그다음 이 두 점을 연결하는 직선을 그려 주면 부하선이 얻어진다.

Q점 그리기

그림 6-24a는 베이스저항이 500 kΩ인 베이스-바이어스 회로를 나타낸다. 앞에 나왔던 과정에 따라 포화전류와 차단전압을 구한다. 우선 컬렉터-이미터 단자가 단락된 것으로 가상한다. 그러면 모든 컬렉터 전원전압이 컬렉터저항에 나타나게 되며, 이는 포화전류가 5 mA라는 것을 뜻한다. 두 번째로 컬렉터-이미터 단자가 개방된 것으로 가상하자. 그러면 전류가 흐르지 않으며 모든 전원전압이 컬렉터-이미터 단자에 나타나고, 이는 차단전압이 15 V임을 의미한다. 이 포화전류와 차단전압을 점으로 나타내면, 그림 6-24b와 같은 부하선을 그릴 수 있다.

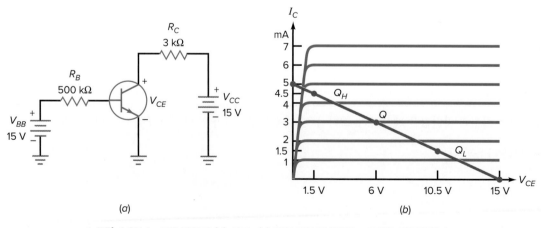

| 그림 6·24 | Q점 구하기 (a) 회로; (b) 전류이득의 변화는 Q점을 이동시킨다.

이제부터 이상적인 트랜지스터로 가정하여 간단하게 검토하자. 이는 모든 베이스 전원전압이 베이스저항에 나타남을 의미한다. 따라서 베이스전류는 다음과 같다.

$$I_B = \frac{15\ \text{V}}{500\ \text{k}\Omega} = 30\ \mu\text{A}$$

전류이득을 알아야 다음 과정을 진행할 수 있으므로, 트랜지스터의 전류이득이 100이라고 가정하자. 그러면 컬렉터전류는

$$I_C = 100(30\ \mu\text{A}) = 3\ \text{mA}$$

이다. 3 kΩ에 흐르는 이 전류는 컬렉터저항 양단에 9 V의 전압을 만들어 준다. 컬렉터 전원전압에서 이 전압을 빼면 트랜지스터 양단전압을 얻을 수 있고 계산식은 다음과 같다.

$$V_{CE} = 15\ \text{V} - (3\ \text{mA})(3\ \text{k}\Omega) = 6\ \text{V}$$

3 mA와 6 V(컬렉터전류와 컬렉터전압)를 점으로 나타내면 그림 6-24b의 부하선상에 있는 동작점을 얻을 수 있다. 이 동작점은 흔히 **정지점**(quiescent point)이라고 불리기 때문에 Q라고 표기한다. (*quiescent*는 "조용한", "멈춘", "정지한" 등을 의미한다.)

왜 Q점이 변하는가

앞에서 전류이득이 100이라고 가정했었다. 만약 전류이득이 50 또는 150이라면 어떤 일이 일어날까? 우선 전류이득이 베이스전류에 아무런 영향을 주지 않기 때문에 베이스전류는 변하지 않는다. 이상적인 경우 베이스전류는 30 μA로 고정된다. 전류이득이 50인 경우

$$I_C = 50(30\ \mu\text{A}) = 1.5\ \text{mA}$$

이며, 컬렉터-이미터 전압은

$$V_{CE} = 15\ \text{V} - (1.5\ \text{mA})(3\ \text{k}\Omega) = 10.5\ \text{V}$$

이다. 이 값을 그래프에 표기하면 그림 6-24b와 같이 낮은 점 Q_L을 얻을 수 있다.

전류이득이 150인 경우

$$I_C = 150(30\ \mu\text{A}) = 4.5\ \text{mA}$$

이며, 컬렉터-이미터 전압은

$$V_{CE} = 15\ \text{V} - (4.5\ \text{mA})(3\ \text{k}\Omega) = 1.5\ \text{V}$$

이다. 이 값을 그래프에 표기하면 그림 6-24b와 같이 높은 점 Q_H를 얻을 수 있다.

그림 6-24b에서 3개의 Q점은 베이스-바이어스된 트랜지스터의 동작점이 β_{dc}의 변화에 대해서 얼마나 민감한지를 설명해 준다. 전류이득이 50에서 150까지 변화할 때 컬렉터전류는 1.5 mA에서 4.5 mA까지 변한다. 만약 전류이득의 변화가 훨씬 더 커지면 동작점은 쉽게 포화영역이나 차단영역으로 이동될 수 있다. 이 경우 활성영역을 벗어난 영역에서 전류이득의 손실 때문에 증폭회로는 쓸모없게 된다.

참고사항

베이스-바이어스 회로에서 I_C와 V_{CE} 값은 베타값에 의존하므로 이 회로를 **베타의존**(beta-dependent)이라고 한다.

공식들

Q점을 계산하기 위한 공식은 다음과 같다.

$$I_B = \frac{V_{BB} - V_{BE}}{R_B} \tag{6-13}$$

$$I_C = \beta_{dc} I_B \tag{6-14}$$

$$V_{CE} = V_{CC} - I_C R_C \tag{6-15}$$

예제 6-17 ▌▌▌**MultiSim**

그림 6-24*a*의 베이스저항이 1 MΩ으로 증가된다고 가정하자. β_{dc}가 100일 때, 컬렉터-이미터 전압은 어떻게 되는가?

풀이 이상적인 경우 베이스전류는 15 μA까지 감소하고, 컬렉터전류는 1.5 mA까지 감소하며, 컬렉터-이미터 전압은 다음과 같이 증가한다.

$$V_{CE} = 15 - (1.5 \text{ mA})(3 \text{ k}\Omega) = 10.5 \text{ V}$$

제2근사해석의 경우, 베이스전류가 14.3 μA까지 감소하고, 컬렉터전류는 1.43 mA로 감소하며, 컬렉터-이미터 전압은 다음과 같이 증가할 것이다.

$$V_{CE} = 15 - (1.43 \text{ mA})(3 \text{ k}\Omega) = 10.7 \text{ V}$$

연습문제 6-17 예제 6-17의 β_{dc} 값이 온도 변화로 인해 150으로 변했을 때, 새로운 V_{CE} 값을 구하라.

6-13 포화 상태의 식별

트랜지스터 회로는 기본적으로 **증폭회로**(amplifying circuit)와 **스위칭 회로**(switching circuit) 두 가지 종류가 있다. 증폭회로의 경우 Q점은 모든 동작조건에서 반드시 활성영역에 있어야 한다. 그렇지 않을 경우, 출력신호는 포화나 차단 상태가 발생하는 피크(peak)에서 왜곡된다. 스위칭 회로에서 Q점은 보통 포화 상태와 차단 상태를 스위칭한다. 스위칭 회로가 어떻게 동작하는지, 무슨 일을 하는지, 왜 사용되는지는 나중에 검토하기로 한다.

불가능한 답

그림 6-25*a*의 트랜지스터가 20 V보다 큰 항복전압(breakdown voltage)을 가진다고 가정하자. 그러면 트랜지스터가 항복영역(breakdown region)에서 동작하고 있지 않다는 것을 알 수 있다. 게다가 한눈에 바이어스 전압 때문에 트랜지스터가 차단영역에서 동작

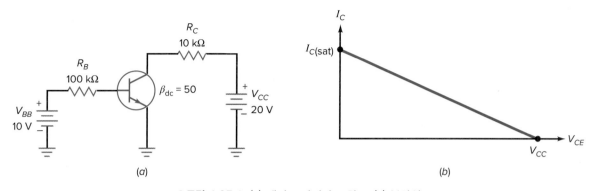

| 그림 6-25 | (a) 베이스-바이어스 회로; (b) 부하선

하고 있지 않다는 것을 알 수 있다. 그러나 트랜지스터가 활성영역과 포화영역 중의 어느 영역으로 동작하고 있는지는 바로 명확히 알 수 없다. 이 회로는 이 영역들 중의 한 영역으로 동작하고 있음은 틀림없다. 하지만 어느 영역에서 동작할까?

고장 점검자나 설계자들은 트랜지스터가 활성영역과 포화영역 중 어느 영역에서 동작하는지를 판별하기 위해 다음과 같은 방법을 사용한다. 판별 단계는 다음과 같다.

1. 트랜지스터가 활성영역에서 동작하고 있다고 가정한다.
2. 전류와 전압을 계산한다.
3. 계산 중에 불가능한 답이 나온다면, 가정은 잘못된 것이다.

불가능한 답은 트랜지스터가 포화되어 있음을 의미한다. 반대로 가정이 맞을 경우, 트랜지스터는 활성영역에서 동작하고 있다.

포화-전류법

예를 들어 그림 6-25a는 베이스-바이어스 회로를 나타낸다. 먼저 포화전류를 계산하면

$$I_{C(\text{sat})} = \frac{20 \text{ V}}{10 \text{ k}\Omega} = 2 \text{ mA}$$

이다. 이상적인 경우 베이스전류는 0.1 mA이다. 그림에서와 같이 전류이득이 50이라고 가정하면, 컬렉터전류는 다음과 같다.

$$I_C = 50(0.1 \text{ mA}) = 5 \text{ mA}$$

컬렉터전류는 포화전류보다 클 수 없기 때문에 이 결과는 불가능하다. 따라서 트랜지스터는 활성영역에서 동작할 수 없고, 포화영역에서 동작하고 있음이 틀림없다.

컬렉터-전압법

그림 6-25a에서 V_{CE}를 계산한다고 가정하자. 이번에는 다음과 같은 과정을 밟을 수 있다. 이상적인 경우 베이스전류는 0.1 mA이다. 그림에서와 같이 전류이득이 50이라고 가정하면, 컬렉터전류는

$$I_C = 50(0.1 \text{ mA}) = 5 \text{ mA}$$

이고, 컬렉터-이미터 전압은

$$V_{CE} = 20 \text{ V} - (5 \text{ mA})(10 \text{ k}\Omega) = -30 \text{ V}$$

이다. 컬렉터-이미터 전압은 부(−)의 값이 될 수 없기 때문에 이 결과는 불가능하다. 그러므로 트랜지스터는 활성영역에서 동작하고 있을 수 없다. 트랜지스터는 포화영역에서 동작하고 있는 것이 틀림없다.

포화영역에서 전류이득의 감소

전류이득이 주어질 때, 이는 보통 활성영역에서의 값이다. 예를 들어 그림 6-25*a*의 전류이득이 50으로 주어져 있다. 이것은 트랜지스터가 활성영역에서 동작하고 있을 때, 컬렉터전류가 베이스전류의 50배임을 의미한다.

트랜지스터가 포화되면 전류이득은 활성영역에서의 전류이득보다 작아진다. 포화된 전류이득은 다음 식으로 구할 수 있다.

$$\beta_{\text{dc(sat)}} = \frac{I_{C\text{(sat)}}}{I_B}$$

그림 6-25*a*에서 포화된 전류이득은 다음과 같다.

$$\beta_{\text{dc(sat)}} = \frac{2 \text{ mA}}{0.1 \text{ mA}} = 20$$

과대포화

트랜지스터가 어떤 조건하에서도 포화영역에서 동작하도록 하려면 전류이득이 10이 되는 베이스저항을 선택하면 된다. 이 경우 트랜지스터를 포화시키기에 충분한 베이스전류보다 더 큰 전류가 흐르기 때문에 **과대포화**(hard saturation)라 한다. 예를 들어 그림 6-25*a*의 베이스저항이 50 kΩ인 경우 전류이득은 다음과 같다.

$$\beta_{\text{dc}} = \frac{2 \text{ mA}}{0.2 \text{ mA}} = 10$$

그림 6-25*a*의 트랜지스터를 포화시키기 위한 베이스전류는 단지

$$I_B = \frac{2 \text{ mA}}{50} = 0.04 \text{ mA}$$

이면 된다. 따라서 0.2 mA의 베이스전류는 트랜지스터를 더 크게 포화시킨다.

설계하는 사람들이 과대포화를 사용하는 이유는 무엇일까? 컬렉터전류, 온도 변화, 트랜지스터 교체에 따라 전류이득이 변화한다는 것을 상기해 보자. 설계자는 트랜지스터가 작은 컬렉터전류, 낮은 온도 등에서 포화로부터 벗어나지 않도록 하기 위하여 모든 동작조건에서 포화가 보장되는 과대포화 상태로 설계한다.

이제부터 **과대포화**는 포화된 전류이득이 약 10이 되도록 설계하는 것으로 한다. **과**

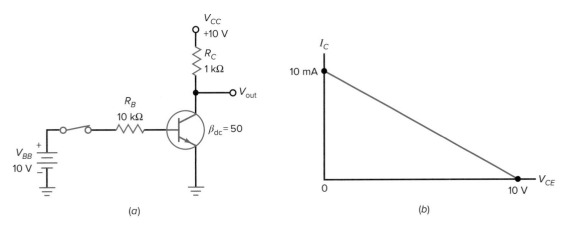

| 그림 6·26 | (a) 과대포화; (b) 부하선

소포화(soft saturation)는 트랜지스터가 약간 포화되도록 하는 설계, 즉 포화된 전류 이득이 활성영역의 전류이득보다 조금 작게 설계하는 것을 말한다.

과대포화의 신속한 식별

트랜지스터가 과대포화 상태에 있는지를 신속하게 알아볼 수 있는 방법은 다음과 같다. 보통 베이스 전원전압과 컬렉터 전원전압은 같다. 즉, $V_{BB} = V_{CC}$인 경우 베이스저항이 컬렉터저항의 약 10배가 되도록 10:1 규칙을 사용하여 설계한다.

그림 6-26a는 10:1 규칙을 이용하여 설계되었다. 그러므로 R_B와 R_C 비율이 10:1인 회로는 포화되어 있다는 것을 예측할 수 있다.

예제 6-18

그림 6-25a의 베이스저항을 1 MΩ으로 증가시켰다. 트랜지스터가 여전히 포화되어 있는가?

풀이 트랜지스터가 활성영역에서 동작한다고 가정하고 모순이 있는지를 살펴보자. 이상적인 경우, 베이스전류는 10 V를 1 MΩ으로 나누어 주면 10 μA가 되므로, 컬렉터 전류는 10 μA의 50배인 0.5 mA가 된다. 이 전류로 인한 컬렉터저항 양단의 전압은 5 V이다. 20 V에서 5 V를 빼면

$$V_{CE} = 15 \text{ V}$$

를 얻을 수 있다. 여기에는 모순이 없다. 만약 트랜지스터가 포화되었다면 음수나 0 V 정도가 나왔을 것이다. 계산 결과가 15 V이므로 트랜지스터는 활성영역에서 동작하고 있다는 것을 알 수 있다.

예제 6-19

그림 6-25*a*의 컬렉터저항을 5 kΩ으로 감소시킨다면, 트랜지스터가 포화영역에 머물러 있는가?

풀이 트랜지스터가 활성영역에서 동작한다고 가정하고 모순이 있는지를 살펴보자. 예제 6-18에서와 같은 접근방법을 이용할 수도 있으나, 다양성을 위해 두 번째 방법을 이용하기로 하자.

먼저 컬렉터전류의 포화값부터 계산하자. 컬렉터와 이미터 사이를 단락시키면 5 kΩ의 양단전압은 20 V가 된다. 따라서 컬렉터 포화전류는

$$I_{C(\text{sat})} = 4 \text{ mA}$$

가 된다. 이상적인 베이스전류는 10 V를 100 kΩ으로 나눈 0.1 mA이고, 컬렉터전류는 0.1 mA의 50배인 5 mA이다.

여기에는 모순이 있다. 트랜지스터는 I_C = 4 mA일 때 포화되므로 컬렉터전류는 4 mA를 초과할 수 없다. 따라서 트랜지스터는 여전히 포화되어 있다. 지금 변화시킬수 있는 것은 전류이득뿐이다. 베이스전류는 그대로 0.1 mA이지만 전류이득은 다음과 같이 감소한다.

$$\beta_{\text{dc(sat)}} = \frac{4 \text{ mA}}{0.1 \text{ mA}} = 40$$

이것은 앞에서 검토했던 개념을 보완해 준다. 트랜지스터는 두 가지의 전류이득을 갖는데, 하나는 활성영역에서의 값이며 나머지는 포화영역에서의 값이다. 포화영역의 전류이득은 활성영역의 전류이득보다 작거나 같다.

연습문제 6-19 그림 6-25*a*의 컬렉터저항이 4.7 kΩ인 경우, 10 : 1 규칙을 적용하여 트랜지스터가 과대포화 되기 위한 베이스저항값을 구하라.

6-14 트랜지스터 스위치

베이스-바이어스 회로는 일반적으로 포화영역과 차단영역에서 동작하도록 설계되므로 **디지털회로**(*digital circuit*)에 유용하다. 이 때문에 이 회로들은 낮은 출력전압이나 높은 출력전압을 갖는다. 다시 말해서 포화점과 차단점 사이에 있는 Q점은 사용되지 않는다. 이런 이유로 전류이득이 변할 때에도 트랜지스터는 포화영역이나 차단영역에 머무르게 되므로 Q점의 변이는 문제가 되지 않는다.

포화영역과 차단영역 사이를 스위칭하기 위해 사용하는 베이스-바이어스 회로의 예에 대해 살펴보자. 그림 6-26*a*는 과대포화 상태에 있는 트랜지스터의 예를 나타낸다. 따라서 출력전압은 거의 0 V에 가깝다. 이것은 Q점이 부하선의 위쪽 끝에 위치한다는 것

을 의미한다(그림 6-26*b* 참조).

스위치가 개방될 때, 베이스전류는 0으로 감소한다. 이 때문에 컬렉터전류도 0으로 감소한다. 1 kΩ에 전류가 흐르지 않으므로 모든 컬렉터 전원전압이 컬렉터-이미터 단자 양단에 나타난다. 따라서 출력전압은 +10 V로 상승한다. 이제 *Q*점은 부하선의 아래쪽 끝에 위치한다(그림 6-26*b* 참조).

회로는 오직 0 또는 +10 V의 두 가지 출력전압만을 가질 수 있다. 이것으로 디지털회로를 인지할 수 있다. 디지털회로는 "낮다" 또는 "높다"라는 두 종류의 출력을 가진다. 두 출력전압의 정확한 값은 중요하지 않다. 중요한 것은 전압이 낮은가 높은가를 판별할 수 있으면 된다.

디지털회로는 *Q*점이 부하선의 두 점을 스위치하기 때문에 **스위칭 회로**(*switching circuit*)라고도 한다. 대부분의 설계에서 그 두 점은 포화점과 차단점이다. 또 다른 명칭으로 "낮은", "높은" 출력을 나타내는 **2상태 회로**(two-state circuit)라고도 한다.

예제 6-20

그림 6-26*a*의 컬렉터 전원전압이 5 V로 감소되는 경우, 두 가지의 출력전압값은? 만일 포화전압 $V_{CE(sat)}$가 0.15 V이고 컬렉터 누설전류 I_{CEO}가 50 nA이면, 두 가지의 출력전압값은?

풀이 트랜지스터는 포화점과 차단점을 스위칭한다. 이상적인 경우, 두 가지의 출력전압은 0과 5 V이다. 첫 번째 전압은 포화된 트랜지스터 양단전압이고, 두 번째 전압은 차단된 트랜지스터 양단전압이다.

만일 포화전압과 컬렉터 누설전류의 영향을 고려하면 출력전압은 0.15 V와 5 V이다. 첫 번째 전압은 포화된 트랜지스터 양단전압으로 0.15 V이다. 두 번째 전압은 1 kΩ을 통해 흐르는 50 nA에 의해 생성된 컬렉터-이미터 전압으로

$$V_{CE} = 5 \text{ V} - (50 \text{ nA})(1 \text{ k}\Omega) = 4.99995 \text{ V}$$

가 되며, 반올림하면 5 V가 된다.

설계하는 경우가 아니면 스위칭 회로의 계산에 포화전압과 누설전류를 포함시키는 것은 시간낭비이다. 스위칭 회로에서 필요한 것은 하나는 낮고 다른 것은 높은 2개의 구분이 확실한 전압이다. 낮은 전압이 0, 0.1, 0.15 V 등인지는 중요하지 않다. 마찬가지로 높은 전압이 5, 4.9, 4.5 V 등인지도 중요하지 않다. 스위칭 회로의 해석에서 항상 문제가 되는 것은 높은 전압과 낮은 전압을 구분할 수 있는지의 여부이다.

연습문제 6-20 그림 6-26*a*의 회로에서 컬렉터와 베이스 전원전압으로 12 V를 사용했다. 스위치된 두 출력전압의 값은? ($V_{CE(sat)} = 0.15$ V와 $I_{CEO} = 50$ nA)

6-15 고장점검

그림 6-27은 여러 개의 접지가 있는 공통이미터 회로이다. 베이스전원 15 V가 470 kΩ의 저항을 통해 이미터 다이오드를 순방향 바이어스하고, 컬렉터전원 15 V는 1 kΩ의 저항을 통해 컬렉터 다이오드를 역방향 바이어스한다. 이상적인 근사해석으로 컬렉터-이미터 전압을 계산하면 다음과 같다.

$$I_B = \frac{15\ \text{V}}{470\ \text{k}\Omega} = 31.9\ \mu\text{A}$$

$$I_C = 100(31.9\ \mu\text{A}) = 3.19\ \text{mA}$$

$$V_{CE} = 15\ \text{V} - (3.19\ \text{mA})(1\ \text{k}\Omega) = 11.8\ \text{V}$$

일반적인 고장

만일 그림 6-27과 같은 회로를 고장점검한다고 가정하면, 가장 먼저 해야 할 측정은 컬렉터-이미터 전압이다. 이 전위는 11.8 V 근처가 될 것이다. 더 정확한 답을 구하기 위해 제2 혹은 제3 근사해석을 적용하면 어떤가? 일반적으로 저항에서 최소 ±5%의 허용오차가 있기 때문에 어떤 근사해석을 적용하더라도 컬렉터-이미터 전압은 계산값과 차이가 있다.

실제의 고장은 대부분 단락이나 개방과 같은 큰 고장이다. 단락은 손상된 소자 혹은 저항 양단에 튀어 붙은 땜납(solder splashes) 때문에 생기고, 개방은 부품이 탈 때 생긴다. 이러한 고장은 전류와 전압에 큰 변화를 발생시킨다. 예를 들면 가장 흔한 고장으로 컬렉터에 전원전압이 공급되지 않는 경우가 있다. 이 고장은 전원 자체의 고장, 전원과 컬렉터저항 사이에서 단선, 컬렉터저항의 개방 등과 같이 여러 형태로 일어날 수 있다. 어느 경우라도 컬렉터에 전압이 공급되지 않기 때문에 그림 6-27에서 컬렉터전압은 거의 0이 된다.

그 외에 더 일어날 수 있는 고장은 베이스저항이 개방되는 경우이다. 이렇게 되면 베이스전류는 0으로 떨어지고, 따라서 컬렉터전류도 0으로 떨어지며, 결과적으로 컬렉터-이미터 전압은 컬렉터 전원전압값 15 V까지 상승한다. 트랜지스터가 개방되어도 동일한 결과가 나타난다.

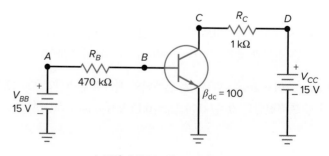

| 그림 6-27 | 회로 고장점검

고장 점검자는 어떤 생각을 하는가?

요점은 이렇다: 대표적인 고장이 발생하면 트랜지스터의 전류와 전압이 크게 차이가 난다. 고장 점검자는 수십분의 1 V 정도 차이가 있는 전압은 거의 찾지 않고, 이상적인 값과 차이가 큰 전압만 찾는다. 고장점검을 시작할 때 이상적인 트랜지스터를 적용하는 이유가 바로 이 때문이다. 더욱이 고장 점검자들이 컬렉터-이미터 전압을 구하기 위해 계산기를 사용하지 않는 이유도 여기에 있다.

만약 계산기를 사용하지 않으면 어떻게 하는가? 이들은 마음속으로 컬렉터-이미터 전압값을 추정한다. 경험이 많은 고장 점검자는 그림 6-27에서 다음과 같은 생각으로 컬렉터-이미터 전압을 추정한다.

베이스저항의 전압은 약 15 V이다. 베이스저항이 1 MΩ이라면 베이스전류가 약 15 μA 흐른다. 470 kΩ은 1 MΩ의 반이므로, 베이스전류는 2배가 되어 약 30 μA가 된다. 전류이득이 100이므로 컬렉터전류는 약 3 mA가 된다. 이 전류가 1 kΩ 저항을 흐르면, 3 V의 전압강하가 나타난다. 15 V에서 3 V를 빼면 컬렉터-이미터 단자에 12 V가 남는다. 그러므로 V_{CE}를 측정하면 12 V 근처가 될 것이고, 그렇지 않으면 이 회로는 고장이다.

고장 도표

단락된 부품은 0 저항과 같고, 반면에 개방된 부품은 무한대의 저항과 같다. 예를 들어 베이스저항 R_B가 단락 혹은 개방되었을 때, 그 고장을 각각 R_{BS}와 R_{BO}로 표기한다. 마찬가지로 컬렉터저항이 단락 또는 개방되었을 때, R_{CS}와 R_{CO}로 표기한다.

표 6-2는 그림 6-27과 같은 회로에서 생길 수 있는 몇 가지 고장을 나타낸 것이다. 전압은 제2근사해석으로 계산하였다. 회로가 정상적으로 동작할 때, 컬렉터전압을 측정하면 약 12 V가 된다. 만일 베이스저항이 단락되었다면, 베이스에 +15 V가 나타난다. 이 높은 전압 때문에 이미터 다이오드는 파괴되고, 결과적으로 컬렉터 다이오드도 개방되어 컬렉터전압은 15 V까지 상승한다. 고장 R_{BS}와 관련 전압을 표 6-2에 나타내었다.

만약 베이스저항이 개방되면 베이스전압이 없거나 혹은 베이스전류가 흐르지 않는다. 더욱이 컬렉터전류가 영이 되고, 컬렉터전압은 15 V로 상승한다. 고장 R_{BO}와 이 고장에 따른 전압들을 표 6-2에 나타내었다. 이와 같이 계속하면 표의 나머지 값도 구할 수 있다.

요점정리 표 6-2	고장과 증상		
고장	V_B, V	V_C, V	**설명**
없음	0.7	12	고장 없음
R_{BS}	15	15	트랜지스터 손상
R_{BO}	0	15	베이스 혹은 컬렉터 전류 없음
R_{CS}	0.7	15	
R_{CO}	0.7	0	
V_{BB} 없음	0	15	전원과 배선 검사
V_{CC} 없음	0.7	0	전원과 배선 검사

트랜지스터는 많은 고장이 발생될 수 있다. 트랜지스터에 2개의 다이오드가 존재하므로 항복전압, 최대전류, 전력정격의 초과에 의해 하나 혹은 두 다이오드가 손상을 입게 된다. 이러한 고장은 단락, 개방, 높은 누설전류, β_{dc}의 감소 등이다.

회로 이외의 테스트

트랜지스터는 다이오드 테스트 범위에서 DMM을 사용하여 테스트된다. 그림 6-28 *npn* 트랜지스터가 2개의 다이오드가 마주 보고 있는 구조와 유사함을 보여 준다. 각 *pn*접합은 순방향 혹은 역방향 바이어스 되었는지를 테스트한다. 컬렉터와 이미터 사이에서 DMM에 나타나는 극성에 의해 트랜지스터가 동작 범위에 있는지 없는지를 알 수 있다. 그림 6.29*a*에 보이는 것과 같이, 트랜지스터는 3개의 단자가 있고 총 6개의 DMM 극성 연결이 가능하다. 여기에서 단지 2개의 극성 연결만이 거의 0.7 V를 나타낼 수 있음을 유의하라. 또한 그림 6-29*b*에 보이는 것과 같이 0.7 V를 나타내는 경우에는 베이스 단자가 (+)극성에 연결되어 있음도 유의하라.

　pnp 트랜지스터의 경우에도 똑같은 방식으로 테스트한다. 그림 6-30에 보이는 것과 같이 *pnp* 트랜지스터도 2개의 다이오드가 마주 보고 있는 구조를 갖는다. 다이오드 테스트

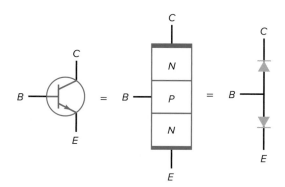

| 그림 6-28 | *NPN* 트랜지스터

+	−	Reading
B	E	0.7
E	B	OL
B	C	0.7
C	B	OL
C	E	OL
E	C	OL

(a)　　　　　　(b)

| 그림 6-29 | *NPN* DMM 수치들 (a) 극성 연결; (b) *pn*접합 수치들

범위에서 DMM을 이용하여 그림 6-31*a*와 6-31*b*와 같이 일반 트랜지스터를 테스트한다.

많은 DMM은 β_{dc} 또는 h_{FE}를 테스트할 수 있는 특수한 기능이 있다. 적절한 위치에 트랜지스터의 단자를 연결하면 순방향 전류이득을 구할 수 있다. 전류이득은 특별한 베이스전류, 컬렉터전류, V_{CE}를 구하는 데 사용된다. 이러한 특별한 성능이 여러분의 DMM에 있는지 매뉴얼을 확인해 보기 바란다.

트랜지스터를 평가하는 다른 방법은 옴미터(ohmmeter)를 사용하는 것이다. 먼저 컬렉터와 이미터 사이의 저항을 측정하면서 시작하자. 컬렉터와 이미터 다이오드가 마주 보는 형태로 직렬로 연결되어 있어 두 방향에서 측정한 저항값은 매우 클 것이다. 가장 일반적인 문제점 중 하나는 컬렉터와 이미터 단락으로 전력정격이 초과되는 것이다. 저항값이 영에서 수천 옴이면 트랜지스터는 단락되었고 교체하여야 한다.

만약 컬렉터-이미터 저항이 두 방향 모두에서 매우 큰 값(보통 MΩ)이면 컬렉터 다이오드(컬렉터-베이스 단자)와 이미터 다이오드(베이스-이미터 단자)의 역방향과 순방향 저항을 측정하라. 두 다이오드에 대해 매우 큰 역방향/순방향 비, 전형적으로 1,000 :1의 값을 갖게 된다. 그렇지 않다면 트랜지스터는 결함이 있는 것이다.

트랜지스터가 옴미터 테스트를 통과했을지라도 몇 가지 결함이 있을 수 있다. 무엇보

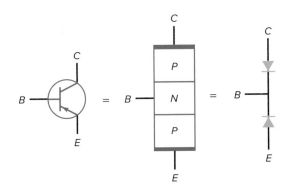

| 그림 6·30 | *PNP* 트랜지스터

+	−	Readings
B	E	OL
E	B	0.7
B	C	OL
C	B	0.7
C	E	OL
E	C	OL

(a)

(b)

| 그림 6·31 | *PNP* DMM 수치들 (a) 극성 연결; (b) *pn*접합 수치들

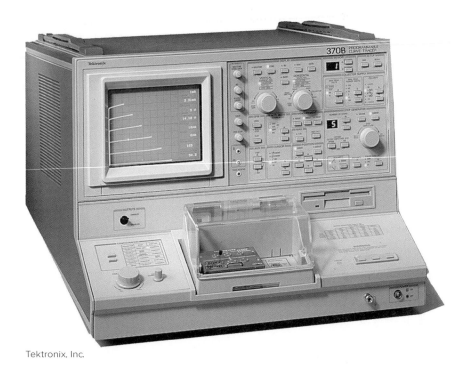

Tektronix, Inc.

| 그림 6·32 | 트랜지스터 곡선 추적기 테스트

다도 옴미터는 단지 직류 조건하에서 각 트랜지스터 접합을 측정한다. 좀 더 세밀한 결함들, 예를 들면 너무 큰 누설전류, 낮은 β_{dc}, 불충분한 항복전압 같은 것을 찾기 위해서는 곡선 추적기(curve tracer)를 사용하라. 그림 6-32는 곡선 추적기를 사용하여 트랜지스터를 테스트하는 것을 보여 준다. 상용화된 트랜지스터 측정기도 물론 가능하다. 측정기는 누설전류, 전류이득 β_{dc}, 그리고 다른 양들을 측정한다.

요점 __ *Summary*

6-1 바이어스되지 않은 트랜지스터

트랜지스터는 3개의 도핑 영역 즉 이미터, 베이스, 컬렉터가 있다. 1개의 *pn*접합이 베이스와 이미터 사이에 있고, 트랜지스터의 이 부분을 이미터 다이오드라 부른다. 또 다른 *pn*접합은 베이스와 컬렉터 사이에 있으며, 트랜지스터의 이 부분을 컬렉터 다이오드라 부른다.

6-2 바이어스된 트랜지스터

정상동작을 위해, 이미터 다이오드는 순방향으로 바이어스하고, 컬렉터 다이오드는 역방향으로 바이어스한다. 이러한 조건에서, 이미터는 자유전자를 베이스로 보낸다. 이 자유전자 중 대부분은 베이스를 지나 컬렉터로 간다. 그러므로 컬렉터전류는 이미터전류와 거의 같다. 베이스전류는 매우 작고, 일반적으로 이미터전류의 5% 미만이다.

6-3 트랜지스터의 전류

컬렉터전류와 베이스전류의 비율을 전류이득이라 부르며, 기호는 β_{dc} 혹은 h_{FE}이다. 저전력 트랜지스터인 경우, 전류이득은 일반적으로 100에서 300이다. 이미터전류는 세 전류 중에서 가장 크고, 컬렉터전류는 이미터전류와 거의 크기가 같고, 베이스전류는 매우 작다.

6-4 CE 회로 연결

CE 회로에서 이미터는 접지 혹은 공통이다. 트랜지스터의 베이스-이미터 부분은 거의 일반 다이오드처럼 동작한다. 베이스-컬렉터 부분은 β_{dc}에 베이스전류를 곱한 것과 같은 크기를 가진 전류원처럼 동작한다. 트랜지스터는 활성영역, 포화영역, 차단영역과 항복영역을 갖는다. 활성영역은 선형 증폭기에 이용되고, 포화와 차단 영역은 디지털회로에 이용된다.

6-5 베이스 곡선

베이스-이미터 전압 대 베이스전류의 그래프는 일반 다이오드의 그래프와 비슷하다. 그러므로 베이스전류 계산에 세 가지 다이오드 근사해석을 모두 적용할 수 있다. 대부분 이상적인 해석과 제2근사해석을 이용한다.

6-6 컬렉터 곡선들

트랜지스터의 동작영역은 활성영역, 포화영역, 차단영역과 항복영역으로 구분된다. 증폭기로 사용될 때, 트랜지스터는 활성영역에서 동작한다. 디지털회로에서 사용될 때, 트랜지스터는 보통 포화와 차단 영역에서 동작한다. 항복영역은 트랜지스터를 파손할 위험이 너무 크기 때문에 피해야 한다.

6-7 트랜지스터의 근사해석

대부분의 전자공학 작업에서 정확한 해답은 시간낭비에 지나지 않는다. 근사해가 대부분의 응용에 적당하므로 사람들은 거의 근사해석을 이용한다. 이상적인 트랜지스터는 기본 고장점검에 사용한다. 제3근사해석은 정밀 설계에서 필요하다. 제2근사해석은 고장점검과 설계를 절충한 것이다.

6-8 데이터시트 읽기

트랜지스터는 전압, 전류와 전력에 관한 최대정격이 있다. 소신호 트랜지스터는 1 W 이하를 소모할 수 있다. 전력 트랜지스터는 1 W 이상을 소모할 수 있다. 온도는 트랜지스터의 특성값을 변화시킬 수 있다. 최대전력은 온도가 증가하면 감소한다. 또한 전류이득도 온도에 따라 크게 변한다.

6-9 표면부착형 트랜지스터

표면부착형 트랜지스터(surface-mount transistor: SMT)는 다양한 패키지가 존재한다. 갈매기 날개 모양을 한 단순한 세 단자의 패키지가 일반적이다. 어떤 SMT는 1 W 이상의 전력을 소모할 수 있는 패키지로 되어 있다. 또 다른 표면부착형 소자들은 다수의 트랜지스터가 연결된 것도 있다.

6-10 전류이득의 변화

트랜지스터의 전류이득은 예측할 수 없는 양이다. 제조과정의 오차로 인해 하나의 트랜지스터를 동일한 형태의 다른 트랜지스터로 바꿀 때, 트랜지스터의 전류이득은 3:1 범위 이상으로 변할 수도 있다. 온도와 컬렉터전류의 변화는 직류 전류이득의 추가적인 변화를 유발한다.

6-11 부하선

직류 부하선은 트랜지스터 회로의 가능한 모든 직류 동작점을 포함하고 있다. 부하선(load line)의 위쪽 끝을 포화점, 아래쪽 끝을 차단점이라 한다. 포화전류를 구하는 핵심적인 과정은 컬렉터와 이미터 사이를 가상적으로 단락시키는 것이다. 차단전압을 구하는 핵심적인 과정은 컬렉터와 이미터 사이를 가상적으로 개방시키는 것이다.

6-12 동작점

트랜지스터의 동작점(operating point)은 직류 부하선상에 위치한다. 이 점의 정확한 위치는 직류 컬렉터전류와 직류 컬렉터-이미터 전압에 의해 결정된다. 베이스 바이어스의 경우 Q점은 회로의 어떤 값이 변화할 때마다 변이를 갖는다.

6-13 포화 상태의 식별

npn 트랜지스터가 활성영역에서 동작하고 있는 것으로 가정한다. 이 가정이 모순이면(컬렉터-이미터 전압이 음수이든지, 컬렉터 전류가 포화전류보다 크든지), 이때 트랜지스터는 포화영역에서 동작하고 있음을 알아야 한다. 포화 상태를 식별하기 위한 또 다른 방법은 베이스저항을 컬렉터저항과 비교해 보는 것이다. 이 비율이 약 10:1이면 트랜지스터는 아마 포화되어 있다.

6-14 트랜지스터 스위치

베이스 바이어스는 트랜지스터를 스위치로 이용하려 할 때 사용한다. 스위칭 동작은 차단점과 포화점 사이에서 일어난다. 이런 형태의 동작은 디지털회로에 유익하다. 스위칭 회로의 또 다른 명칭은 2상태 회로(two-state circuits)이다.

6-15 고장점검

트랜지스터를 테스트하기 위해 DMM 또는 옴미터를 사용하라. 이러한 테스팅은 회로로부터 분리된 트랜지스터를 사용할 경우 최대의 결과를 얻는다. 트랜지스터가 전원이 연결된 회로에 존재할 때 전압들을 측정할 수 있으며 존재하는 고장을 찾을 수 있는 실마리가 된다.

중요 수식 ___ *Important Formulas*

(6-1) 이미터전류:

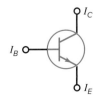

$$I_E = I_C + I_B$$

(6-2) 직류 알파:

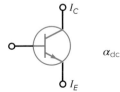

$$\alpha_{dc} = \frac{I_C}{I_E}$$

(6-3) 직류 베타(전류이득):

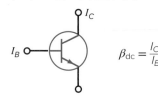

$$\beta_{dc} = \frac{I_C}{I_B}$$

(6-4) 컬렉터전류:

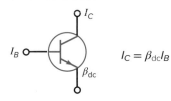

$$I_C = \beta_{dc}I_B$$

(6-5) 베이스전류:

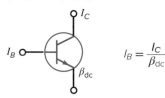

$$I_B = \frac{I_C}{\beta_{dc}}$$

(6-6) 베이스전류:

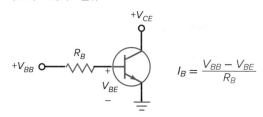

$$I_B = \frac{V_{BB} - V_{BE}}{R_B}$$

(6-7) 컬렉터-이미터 전압:

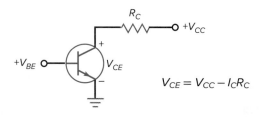

$$V_{CE} = V_{CC} - I_C R_C$$

(6-8) CE 전력손실:

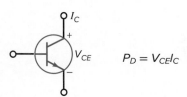

$$P_D = V_{CE}I_C$$

(6-9) 전류이득:

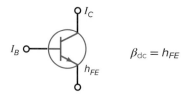

$$\beta_{dc} = h_{FE}$$

(6-10) 부하선 해석:

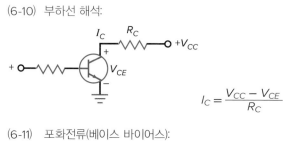

$$I_C = \frac{V_{CC} - V_{CE}}{R_C}$$

(6-11) 포화전류(베이스 바이어스):

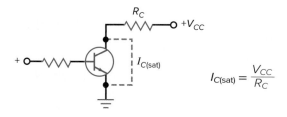

$$I_{C(sat)} = \frac{V_{CC}}{R_C}$$

(6-12) 차단전압(베이스 바이어스):

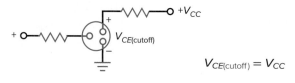

$$V_{CE(cutoff)} = V_{CC}$$

(6-13) 베이스전류:

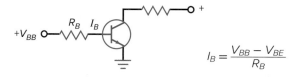

$$I_B = \frac{V_{BB} - V_{BE}}{R_B}$$

(6-14) 전류이득:

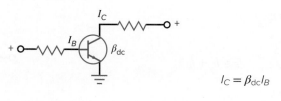

$$I_C = \beta_{dc}I_B$$

(6-15) 컬렉터-이미터 전압:

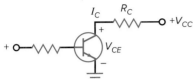

$$V_{CE} = V_{CC} - I_C R_C$$

연관 실험 __ *Correlated Experiments*

실험 15

　CE 회로 연결

실험 16

　트랜지스터 동작영역들

실험 17

　베이스 바이어스

복습문제 __ *Self–Test*

1. 트랜지스터에는 *pn*접합이 몇 개 있는가?

　a. 1

　b. 2

　c. 3

　d. 4

2. *npn* 트랜지스터에서, 이미터의 다수캐리어는?

　a. 자유전자

　b. 정공

　c. 둘 다 아니다.

　d. 자유전자와 정공

3. 실리콘 공핍층의 전위장벽은?

　a. 0

　b. 0.3 V

　c. 0.7 V

　d. 1 V

4. 이미터 다이오드는 일반적으로 ____

　a. 순방향 바이어스이다.

　b. 역방향 바이어스이다.

　c. 도통하지 않는다.

　d. 항복영역에서 동작한다.

5. 트랜지스터가 정상동작을 하기 위해, 컬렉터 다이오드는 ____

　a. 순방향 바이어스이어야 한다.

　b. 역방향 바이어스이어야 한다.

　c. 도통하지 않아야 한다.

　d. 항복영역에서 동작하여야 한다.

6. *npn* 트랜지스터의 베이스는 얇고, ____

　a. 고농도로 도핑된다.

　b. 저농도로 도핑된다.

　c. 금속성이다.

　d. 5가 재료로 도핑된다.

7. *npn* 트랜지스터의 베이스에 있는 대부분의 전자들은 ____ 흐른다.

　a. 베이스 도선 밖으로

　b. 컬렉터로

　c. 이미터로

　d. 베이스 전원으로

8. 트랜지스터의 베타는 ____의 비율이다.

　a. 컬렉터전류 대 이미터전류

　b. 컬렉터전류 대 베이스전류

　c. 베이스전류 대 컬렉터전류

　d. 이미터전류 대 컬렉터전류

9. 컬렉터 전원전압이 증가하면?

　a. 베이스전류가 증가한다.

　b. 컬렉터전류가 증가한다.

　c. 이미터전류가 증가한다.

　d. 위의 보기는 해당 없다.

10. 트랜지스터의 이미터 영역에 많은 자유전자가 있다는 사실은 이미터가 ____라는 것을 의미한다.

　a. 저농도로 도핑되었다

　b. 고농도로 도핑되었다

　c. 도핑되지 않았다

　d. 위의 보기는 해당 없다.

11. *pnp* 트랜지스터에서, 이미터의 다수캐리어는?

　a. 자유전자　　b. 정공

　c. 모두 아니다.　d. 자유전자와 정공

12. 컬렉터전류에 대하여 가장 중요한 사실은?

　a. mA로 측정된다.

　b. 베이스전류를 전류이득으로 나눈 값과 같다.

　c. 적은 양이다.

　d. 대략 이미터전류와 같다.

13. 전류이득이 100이고, 컬렉터전류가 10 mA이면 베이스전류는?

　a. 10 μA

　b. 100 μA

　c. 1 A

　d. 10 A

14. 베이스-이미터 전압은 일반적으로?

　a. 베이스 전원전압보다 작다.

　b. 베이스 전원전압과 같다.

　c. 베이스 전원전압보다 크다.

　d. 답이 없다.

15. 컬렉터-이미터 전압은 일반적으로?

　a. 컬렉터 전원전압보다 작다.

　b. 컬렉터 전원전압과 같다.

c. 컬렉터 전원전압보다 크다.

d. 답이 없다.

16. 트랜지스터에 의해 소모된 전력은 대략 컬렉터전류에 _____ 을(를) 곱한 것과 같다.

a. 베이스-이미터 전압

b. 컬렉터-이미터 전압

c. 베이스 전원전압

d. 0.7 V

17. 트랜지스터는 1개의 다이오드와 1개의 _____ 처럼 동작한다.

a. 전압원

b. 전류원

c. 저항

d. 전원

18. 활성영역에서, 컬렉터전류는 _____ 에 의해 많이 변하지 않는다.

a. 베이스 전원전압

b. 베이스전류

c. 전류이득

d. 컬렉터저항

19. 제2근사해석에서 베이스-이미터 전압은?

a. 0   b. 0.3 V

c. 0.7 V   d. 1 V

20. 베이스저항이 개방되면 컬렉터전류는?

a. 0   b. 1 mA

c. 2 mA   d. 10 mA

21. 2N3904 트랜지스터의 전력손실을 PZT3904 표면부착형 버전과 비교할 때, 2N3904는?

a. 더 낮은 전력을 취급할 수 있다.

b. 더 높은 전력을 취급할 수 있다.

c. 같은 전력을 취급할 수 있다.

d. 정격이 없다.

22. 트랜지스터의 전류이득은 컬렉터전류와 _____ 와의 비율로 정의된다.

a. 베이스전류

b. 이미터전류

c. 전원전류

d. 컬렉터전류

23. 전류이득 대 컬렉터전류의 그래프에서 전류이득은 어떠한가?

a. 일정하다.

b. 약간 변화한다.

c. 크게 변화한다.

d. 컬렉터전류를 베이스전류로 나누어준 것과 같다.

24. 컬렉터전류가 증가할 때, 전류이득은?

a. 감소한다.

b. 변화 없다.

c. 증가한다.

d. a, b, c 모두 해당한다.

25. 온도가 상승할 때, 전류이득은?

a. 감소한다.

b. 변화 없다.

c. 증가한다.

d. a, b, c 모두 가능하다.

26. 베이스저항을 증가시키면, 컬렉터전압은?

a. 감소한다.

b. 변화 없다.

c. 증가한다.

d. a, b, c 모두 해당한다.

27. 베이스저항이 매우 작을 때, 트랜지스터의 동작영역은?

a. 차단영역

b. 활성영역

c. 포화영역

d. 항복영역

28. 부하선상에 서로 다른 3개의 Q점이 있을 때, 위쪽의 Q점은 다음 중 어느 것을 나타내는가?

a. 최소 전류이득

b. 중간 전류이득

c. 최대 전류이득

d. 차단점

29. 트랜지스터가 부하선의 중앙에서 동작하고 있다면, 베이스저항의 감소는 Q점을 어떻게 이동시키는가?

a. 아래로 이동

b. 위로 이동

c. 이동 없다.

d. 부하선을 벗어난다.

30. 베이스 전원전압을 제거시키면, 컬렉터-이미터 전압은?

a. 0 V

b. 6 V

c. 10.5 V

d. 컬렉터 전원전압과 같다.

31. 베이스저항이 0이면, 트랜지스터는?

a. 포화된다.

b. 차단된다.

c. 파손된다.

d. a, b, c 중에 답이 없다.

32. 컬렉터전류가 1.5 mA이고 전류이득이 50일 때, 베이스전류는 얼마인가?

a. 3 μA   b. 30 μA

c. 150 μA   d. 3 mA

33. 베이스전류가 50 μA이고 전류이득이 100일 때, 컬렉터전류의 근사치는?

a. 50 μA   b. 500 μA

c. 2 mA   d. 5 mA

34. Q점이 부하선을 따라 이동할 때, 컬렉터전류가 어떻게 되는 경우 V_{CE}가 증가하는가?

a. 감소할 때

b. 변함없을 때

c. 증가할 때

d. a, b, c 모두 해당 없다.

35. 트랜지스터 스위치에서 베이스전류가 흐르지 않을 때, 트랜지스터의 출력전압은?

a. 저(low)   b. 고(high)

c. 변함없다.   d. 알 수 없다.

기본문제 __ _Problems_

6-3 트랜지스터의 전류

6-1 트랜지스터의 이미터전류가 10 mA이고, 컬렉터전류가 9.95 mA이다. 베이스전류는 얼마인가?

6-2 컬렉터전류가 10 mA이고, 베이스전류가 0.1 mA이다. 전류이득은 얼마인가?

6-3 트랜지스터의 전류이득이 150이고, 베이스전류가 30 μA이다. 컬렉터전류는 얼마인가?

6-4 컬렉터전류가 100 mA이고, 전류이득이 65이면, 이미터전류는 얼마인가?

6-5 베이스 곡선

6-5 ‖‖**MultiSim** 그림 6-33에서 베이스전류는 얼마인가?

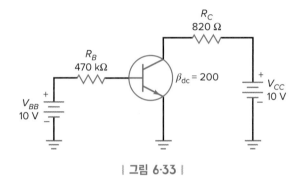

| 그림 6-33 |

6-6 ‖‖**MultiSim** 그림 6-33에서 전류이득이 200에서 100으로 감소하면, 베이스전류는 얼마인가?

6-7 그림 6-33에서 470 kΩ의 허용오차가 ±5%이면, 최대 베이스전류는 얼마인가?

6-6 컬렉터 곡선들

6-8 ‖‖**MultiSim** 그림 6-33과 비슷한 트랜지스터 회로에서 컬렉터 전원전압이 20 V, 컬렉터저항이 1.5 kΩ, 그리고 컬렉터전류가 6 mA일 때, 컬렉터-이미터 전압은 얼마인가?

6-9 트랜지스터의 컬렉터전류가 100 mA, 컬렉터-이미터 전압이 3.5 V이면 전력손실은 얼마인가?

6-7 트랜지스터의 근사해석

6-10 그림 6-33에서 컬렉터-이미터 전압과 트랜지스터의 전력손실은 얼마인가? (이상적인 경우와 제2근사해석으로 계산하라.)

6-11 그림 6-34a는 트랜지스터 회로를 간편한 방법으로 그린 것이다. 이 회로는 이미 앞에서 설명한 회로와 같은 동작을 한다. 컬렉터-이미터 전압은 얼마인가? 트랜지스터의 전력손실은? (이상적인 경우와 제2근사해석으로 계산하라.)

6-12 베이스와 컬렉터 전원전압이 같을 때, 트랜지스터는 그림 6-34b처럼 그릴 수 있다. 이 회로에서 컬렉터-이미터 전압은 얼마인가? 트랜지스터의 전력은? (이상적인 경우와 제2근사해석으로 계산하라.)

6-8 데이터시트 읽기

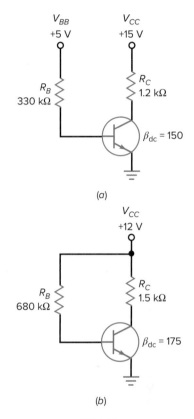

| 그림 6-34 |

6-13 2N3904의 저장 온도 범위는 얼마인가?

6-14 2N3904의 컬렉터전류가 1 mA이고, 컬렉터-이미터 전압이 1 V일 때 최소 h_{FE}는 얼마인가?

6-15 트랜지스터의 전력정격이 1 W이다. 만일 컬렉터-이미터 전압이 10 V이고, 컬렉터전류가 120 mA이면, 트랜지스터에 어떤 일이 일어나는가?

6-16 방열판이 없을 때, 2N3904의 전력손실이 625 mW이다. 만일 주위온도가 65℃이면, 전력정격은 얼마인가?

6-10 전류이득의 변화

6-17 그림 6-19에서 컬렉터전류가 100 mA이고 접합부 온도가 125℃일 때, 2N3904의 전류이득은 얼마인가?

6-18 그림 6-19에서 접합부 온도가 25℃이고 컬렉터전류가 1.0 mA일 때, 전류이득은 얼마인가?

6-11 부하선

6-19 그림 6-35a에 대한 부하선을 그려라. 포화점에서의 컬렉터 전류는 얼마인가? 또 차단점에서 컬렉터-이미터 전압은 얼마인가?

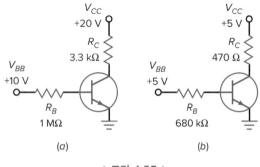

| 그림 6-35 |

6-20 그림 6-35a에서 컬렉터 전원전압을 25 V로 증가시키면, 부하선에 어떤 일이 일어나는가?

6-21 그림 6-35a에서 컬렉터저항을 4.7 kΩ으로 증가시키면, 부하선에 어떤 일이 일어나는가?

6-22 그림 6-35a의 베이스저항을 500 kΩ으로 감소시키면, 부하선에 어떤 일이 일어나는가?

6-23 그림 6-35b에 대한 부하선을 그려라. 포화점에서 컬렉터전류와 차단점에서 컬렉터-이미터 전압은 얼마인가?

6-24 그림 6-35b에서 컬렉터 전원전압을 2배로 하면, 부하선에 어떤 일이 일어나는가?

6-25 그림 6-35b에서 컬렉터저항을 1 kΩ으로 증가시키면, 부하선에 어떤 일이 일어나는가?

6-12 동작점

6-26 그림 6-35a에서 전류이득이 200인 경우, 컬렉터와 접지 사이의 전압은 얼마인가?

6-27 그림 6-35a에서 전류이득이 25에서 300까지 변화할 때, 컬렉터와 접지 사이의 최소전압과 최대전압은 얼마인가?

6-28 그림 6-35a에서 저항은 ±5%, 전원전압은 ±10%의 오차를 갖고 있다. 만일 전류이득이 50에서 150까지 변할 때, 컬렉터와 접지 사이의 가능한 최소전압과 최대전압은 얼마인가?

6-29 그림 6-35b에서 전류이득이 150인 경우, 컬렉터와 접지 사이의 전압은 얼마인가?

6-30 그림 6-35b에서 전류이득이 100에서 300까지 변할 때, 컬렉터와 접지 사이의 최소전압과 최대전압은 얼마인가?

6-31 그림 6-35b에서 저항은 ±5%, 전원전압은 ±10%의 오차를 갖고 있다. 만일 전류이득이 50에서 150까지 변할 수 있다면, 컬렉터와 접지 사이의 가능한 최소전압과 최대전압은 얼마인가?

6-13 포화 상태의 식별

6-32 그림 6-35a에서 회로값의 변화가 각각 다음과 같을 때, 트랜지스터의 포화 여부를 결정하라.
   a. R_B = 33 kΩ, h_{FE} = 100
   b. V_{BB} = 5 V, h_{FE} = 200
   c. R_C = 10 kΩ, h_{FE} = 50
   d. V_{CC} = 10 V, h_{FE} = 100

6-33 그림 6-35b에서 회로값의 변화가 각각 다음과 같을 때, 트랜지스터의 포화 여부를 결정하라.
   a. R_B = 51 kΩ, h_{FE} = 100
   b. V_{BB} = 10 V, h_{FE} = 500
   c. R_C = 10 kΩ, h_{FE} = 100
   d. V_{CC} = 10 V, h_{FE} = 100

6-14 트랜지스터 스위치

6-34 그림 6-35b에서 680 kΩ을 4.7 kΩ과 직렬스위치로 대체시킨다. 이상적인 트랜지스터로 가정하였을 때, 스위치가 개방된 경우 컬렉터전압은 얼마인가? 또 스위치가 단락된 경우 컬렉터전압은 얼마인가?

6-15 고장점검

6-35 ‖‖MultiSim 그림 6-33에서 다음과 같은 고장이 있을 때, 컬렉터-이미터 전압은 증가하는가, 감소하는가 아니면 변함이 없는가?
   a. 470 kΩ이 단락   b. 470 kΩ이 개방
   c. 820 Ω이 단락   d. 820 Ω이 개방
   e. 베이스 공급전압이 없다.   f. 컬렉터 공급전원이 없다.

응용문제 __ *Critical Thinking*

6-36 전류이득이 200인 트랜지스터의 직류 알파는 얼마인가?

6-37 직류 알파가 0.994인 트랜지스터의 전류이득은 얼마인가?

6-38 V_{BB} = 5 V, V_{CC} = 15 V, h_{FE} = 120, I_C = 10 mA, V_{CE} = 7.5 V를 만족하는 CE 회로를 설계하라.

6-39 그림 6-33에서, V_{CE} = 6.7 V가 되도록 하려면, 베이스저항 값을 얼마로 하여야 하는가?

6-40 2N3904는 상온(25℃)에서 전력정격이 350 mW이다. 컬렉터-이미터 전압이 10 V이면, 주위온도 50℃에서 트랜지스터가 처리할 수 있는 최대전류는 얼마인가?

6-41 그림 6-33에서 LED를 820 Ω에 직렬로 연결한다고 가정할 때, LED 전류는 얼마인가?

6-42 컬렉터전류가 50 mA일 때 2N3904의 컬렉터-이미터 포화전압은 얼마인가? 데이터시트를 이용하라.

MultiSim 고장점검 문제 __ *MultiSim Troubleshooting Problems*

멀티심 고장점검 파일들은 http://mhhe.com/malvino9e의 온라인학습센터(OLC)에 있는 멀티심 고장점검 회로(MTC)라는 폴더에서 찾을 수 있다. 이 장에 관련된 파일은 MTC06-43~MTC06-47로 명칭되어 있고 모두 그림 6-33의 회로를 바탕으로 한다.

각 파일을 열고 고장점검을 실시한다. 결함이 있는지 결정하기 위해 측정을 실시하고, 결함이 있다면 무엇인지를 찾아라.

6-43 MTC06-43 파일을 열어 고장점검을 실시하라.

6-44 MTC06-44 파일을 열어 고장점검을 실시하라.

6-45 MTC06-45 파일을 열어 고장점검을 실시하라.

6-46 MTC06-46 파일을 열어 고장점검을 실시하라.

6-47 MTC06-47 파일을 열어 고장점검을 실시하라.

디지털/아날로그 실습 시스템 __ *Digital/Analog Trainer System*

문제 6-48에서 6-52는 부록 C에 있는 디지털/아날로그 실습 시스템의 회로도에 대한 것이다. 모델 XK-700 실습기용 전체 설명 매뉴얼은 www.elenco.com에서 찾을 수 있다.

6-48 Q_3는 2N3904 *npn* 트랜지스터이다. 어떤 형태의 바이어스 구조가 이 회로에 사용되었는가?

6-49 2N3904에 인가되는 입력신호를 무엇이라고 부르는가? 2N3904의 출력은 어떤 것인가? 트랜지스터의 컬렉터에서 찾은 것은 무엇인가?

6-50 R_{10}에 인가된 전압이 +5 V일 때, 이 트랜지스터에 대한 제2근사해석법을 이용하여 베이스 및 컬렉터전류 레벨을 구하라.

6-51 +5 V 직류가 R_{10}에 인가되었을 때, Q_3는 활성, 차단, 포화 영역 중 어디 영역에서 동작되는가?

6-52 0 V 직류가 R_{10}에 인가되었을 때, Q_3의 컬렉터에 존재하는 근사 전압을 얼마인가?

직무 면접 문제 __ *Job Interview Questions*

1. *n*과 *p* 영역으로 된 *npn* 트랜지스터를 그려 보라. 그리고 트랜지스터를 적당하게 바이어스하고, 그 동작을 설명하라.

2. 일련의 컬렉터 곡선들을 그리고, 이 곡선에서 트랜지스터의 네 동작영역은 각각 어디인가?

3. 활성영역에서 동작하는 트랜지스터를 나타내는 두 등가회로(이상적 그리고 제2근사해석)를 그려라. 그리고 트랜지스터의 전류와 전압을 계산하기 위해 이 회로를 언제, 어떻게 사용하는지 말하라.

4. CE 회로 접속 트랜지스터 회로를 그려라. 이 회로는 어떤 고장이 있을 수 있는가? 그리고 각 고장을 찾기 위해 어떤 것들을 측정해야 하는가?

5. *npn*과 *pnp* 트랜지스터의 구성도에서 볼 때 트랜지스터의 형을 어떻게 구별하는가? 전자(혹은 전류) 흐름의 방향을 말해 보라.

6. 트랜지스터에서 V_{CE} 대 I_C의 일련의 컬렉터 곡선을 디스플레이할 수 있는 검사장비의 이름은 무엇인가?

7. 트랜지스터의 전력손실 공식을 알고 있는가? 이 관계를 알면, 부하선상에서 전력손실이 최소가 되는 곳은 어디라고 생각하는가?

8. 트랜지스터에서 세 전류는? 그리고 이 전류 사이에는 어떤 관계가 있는가?

9. *npn*과 *pnp* 트랜지스터를 그려라. 모든 전류의 명칭을 기입하고, 전류 흐름의 방향을 표시하라.

10. 트랜지스터는 공통이미터, 공통컬렉터, 그리고 공통베이스 중 어느 한 방법으로 연결된다. 가장 일반적인 구성은 어느 것인가?

11. 베이스 바이어스된 회로를 그려라. 그다음 컬렉터-이미터 전압의 계산방법을 설명하라. 전류이득의 정밀한 값이 요구되는 경우, 이 회로가 대량생산에 실패하리라고 생각되는 이유는?

12. 또 다른 베이스 바이어스된 회로를 그려라. 이 회로에 대한 부하선을 그리고, 포화점과 차단점의 계산방법을 설명하라. Q점의 위치에 따른 전류이득의 변화 효과를 검토하라.

13. 트랜지스터 회로 외부 시험 방법에 대하여 설명하라. 트랜지스터가 전원이 공급되는 회로에 꽂혀 있는 동안 어떤 방법으로 시험할 수 있는가?

14. 온도는 전류이득에 어떤 영향을 미치는가?

복습문제 해답 __ *Self–Test Answers*

1.	b	7.	b	13.	b	19.	c	25.	d	31.	c
2.	a	8.	b	14.	a	20.	a	26.	c	32.	b
3.	c	9.	d	15.	a	21.	a	27.	c	33.	d
4.	a	10.	b	16.	b	22.	a	28.	c	34.	c
5.	b	11.	b	17.	b	23.	b	29.	b	35.	b
6.	b	12.	d	18.	d	24.	d	30.	d		

연습문제 해답 __ *Practice Problem Answers*

6-1 $\beta_{dc} = 200$

6-2 $I_C = 10$ mA

6-3 $I_B = 74.1\ \mu\text{A}$

6-4 $V_B = 0.7$ V;
$I_B = 33\ \mu\text{A}$;
$I_C = 6.6$ mA

6-5 $I_B = 13.7\ \mu\text{A}$;
$I_C = 4.11$ mA;
$V_{CE} = 1.78$ V;
$P_D = 7.32$ mW

6-6 $I_B = 16.6\ \mu\text{A}$;
$I_C = 5.89$ mA;
$\beta_{dc} = 355$

6-10 이상적: $I_B = 14.9\ \mu\text{A}$;
$I_C = 1.49$ mA;
$V_{CE} = 9.6$ V
제2: $I_B = 13.4\ \mu\text{A}$;
$I_C = 1.34$ mA;
$V_{CE} = 10.2$ V

6-12 $P_{D(\text{max})} = 375$ mW; 안전계수 2의
범위를 벗어난다.

6-14 $I_{C(\text{sat})} = 6$ mA;
$V_{CE(\text{cutoff})} = 12$ V

6-16 $I_{C(\text{sat})} = 3$ mA;
기울기는 감소한다.

6-17 $V_{CE} = 8.25$ V

6-19 $R_B = 47$ kΩ

6-20 $V_{CE} = 11.999$ V와 0.15 V

7

BJT 바이어싱

BJT Biasing

프로토타입(prototype)은 더 발전된 회로를 얻기 위해 수정이 가능한 기본 회로 디자인이다. 베이스 바이어스는 스위칭 회로의 디자인에 사용되는 프로토타입이다. 이미터 바이어스는 증폭회로의 디자인에 사용되는 프로토타입이다. 이 장에서는 이미터 바이어스와 이를 바탕으로 설계된 실제적인 회로에 집중할 것이다.

학습목표

이 장을 공부하고 나면

- 이미터 바이어스 회로를 그리고 증폭회로로 잘 동작하는 이유를 설명할 수 있어야 한다.
- 전압분배 바이어스 회로도를 그릴 수 있어야 한다.
- *npn* VDB회로에 대한 분배기 전류, 베이스전압, 이미터전압, 이미터전류, 컬렉터전압 및 컬렉터-이미터 전압을 계산할 수 있어야 한다.
- 주어진 VDB회로에 대해 부하선을 그리는 방법과 *Q*점의 계산방법을 알 수 있어야 한다.
- 설계지침에 따라 VDB회로를 설계할 수 있어야 한다.
- 양전원 이미터 바이어스 회로를 그리고 V_{RE}, I_E, V_C, V_{CE}를 계산할 수 있어야 한다.
- 여러 가지 다른 형태의 바이어스를 비교하고, 이들이 어떻게 잘 작동하는지를 설명할 수 있어야 한다.
- *pnp* VDB회로의 *Q*점을 계산할 수 있어야 한다.
- 트랜지스터 바이어스 회로를 고장점검할 수 있어야 한다.

목차

주요 용어

고질적 문제를 제거하다(swamp out)

매우 안정한 전압분배기(stiff voltage divider)

보정계수(correction factor)

비교적 안정한 전압분배기(firm voltage divider)

양전원 이미터 바이어스(two-supply emitter bias: TSEB)

이미터 바이어스(emitter bias)

이미터귀환 바이어스(emitter-feedback bias)

자기바이어스(self-bias)

전압분배 바이어스(voltage-divider bias: VDB)

증폭단(stage)

컬렉터귀환 바이어스(collector-feedback bias)

포토트랜지스터(phototransistor)

프로토타입(prototype)

7-1 이미터 바이어스

디지털회로는 컴퓨터에 이용되는 회로들의 형태이다. 이 분야에서 베이스 바이어스와 베이스 바이어스로부터 파생되는 회로는 유용하게 사용된다. 그러나 증폭기에 사용되면 Q점이 전류이득의 변화에 영향을 주지 않는 회로가 필요하다.

그림 7-1은 **이미터 바이어스**(emitter bias)를 나타낸다. 보다시피 저항이 베이스회로로부터 이미터회로로 이동되었다. 이 한 가지 변화가 모든 것을 다르게 바꾸어 놓는다. 이 새로운 회로의 Q점이 고정되고, 전류이득이 50에서 150까지 변할지라도, Q점은 부하선을 따라 거의 이동하지 않는다.

기본 개념

이제 베이스 전원전압은 베이스에 직접 인가된다. 그러므로 고장 점검자는 베이스와 접지 사이의 전압을 V_{BB}로 판독할 것이다. 이미터는 더 이상 접지되어 있지 않고 접지 위쪽에 위치하며, 이미터전압은 다음과 같다.

$$V_E = V_{BB} - V_{BE} \tag{7-1}$$

만일 V_{BB}가 V_{BE}의 20배 이상이면, 이상적인 근사해석은 정확해진다. 만일 V_{BB}가 V_{BE}의 20배가 안 되면, 제2근사해석을 이용하는 것이 좋다. 그렇지 않다면 오차가 5% 이상 있게 될 것이다.

Q점 찾기

그림 7-2의 이미터 바이어스 회로를 해석해 보자. 베이스 전원전압이 5 V밖에 안 되므로 제2근사해석을 이용한다. 베이스와 접지 사이의 전압은 5 V이다. 이제부터 베이스-접지 전압을 **베이스전압** V_B라 한다. 베이스-이미터 단자 사이의 전압은 0.7 V이다. 이 전압을 **베이스-이미터 전압** V_{BE}라 한다.

이미터와 접지 사이의 전압은 이미터전압이라 하며, 이 전압은 다음과 같다.

$$V_E = 5 \text{ V} - 0.7 \text{ V} = 4.3 \text{ V}$$

이 전압은 이미터저항 양단전압이므로, 이미터전류를 구하기 위하여 옴의 법칙을 이용

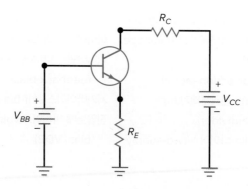

| 그림 7-1 | 이미터 바이어스

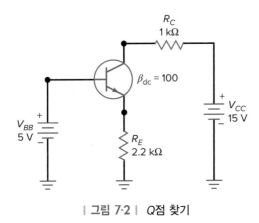

| 그림 7-2 | *Q*점 찾기

할 수 있다. 즉

$$I_E = \frac{4.3 \text{ V}}{2.2 \text{ k}\Omega} = 1.95 \text{ mA}$$

이것은 컬렉터전류가 1.95 mA에 매우 정밀 근사함을 의미한다. 이 컬렉터전류가 컬렉터저항을 통해 흐를 때 1.95 V의 전압강하가 생긴다. 컬렉터 전원전압에서 이것을 빼면 컬렉터와 접지 사이의 전압은 다음과 같다.

$$V_C = 15 \text{ V} - (1.95 \text{ mA})(1 \text{ k}\Omega) = 13.1 \text{ V}$$

이제부터 이 컬렉터-접지 전압을 **컬렉터전압**(*collector voltage*)이라고 하자.

이 컬렉터전압은 고장 점검자가 트랜지스터 회로를 점검할 때 측정되는 전압이다. 전압계의 한 측정 단자를 컬렉터에 연결하고, 다른 측정 단자는 접지점에 연결시켜 측정한다. 만약 컬렉터-이미터 전압을 알고 싶다면 다음과 같이 컬렉터전압에서 이미터전압을 빼 주어야 한다.

$$V_{CE} = 13.1 \text{ V} - 4.3 \text{ V} = 8.8 \text{ V}$$

따라서 그림 7-2의 이미터 바이어스 회로는 $I_C = 1.95$ mA, $V_{CE} = 8.8$ V인 *Q*점을 갖는다.

컬렉터-이미터 전압은 부하선을 그릴 때와 트랜지스터의 데이터시트를 읽을 때 이용되는 전압이다. 공식은 다음과 같다.

$$V_{CE} = V_C - V_E \qquad\qquad (7\text{-}2)$$

전류이득의 변화에 무관한 회로

이미터 바이어스가 뛰어난 이유는 이미터 바이어스된 회로의 *Q*점이 전류이득의 변화에 영향을 받지 않는다는 것이다. 이에 대한 증명은 회로를 해석하는 과정에 나타난다. 앞에서 사용했던 과정은 다음과 같다.

1. 이미터전압을 구한다.
2. 이미터전류를 계산한다.

참고사항

이미터 바이어스 회로에서 I_C와 V_{CE} 값은 베타값에 영향을 받지 않으므로, 이러한 형태의 회로를 "**베타 독립**(beta-independent)"이라고 한다.

3. 컬렉터전압을 구한다.

4. V_{CE}를 구하기 위하여 컬렉터전압에서 이미터전압을 빼 준다.

앞의 과정에서 한 번도 전류이득을 사용할 필요가 없다. 이미터전류와 컬렉터전류 등을 구하기 위해 전류이득을 사용하지 않기 때문에, 전류이득의 정확한 값은 이제 중요하지 않다.

저항을 베이스에서 이미터 회로로 옮김으로써 베이스-접지 전압을 베이스 전원전압과 같게 만든다. 앞의 베이스 바이어스에서는 이 전원전압 거의 모두가 베이스저항 양단전압이 되어 **고정된 베이스전류**를 설정하였다. 이제는 모든 전원전압에서 0.7 V를 뺀 값이 이미터저항 양단전압이 되어 **고정된 이미터전류**를 설정할 수 있다.

전류이득의 미세한 영향

전류이득은 컬렉터전류에 미세한 영향을 미친다. 모든 동작조건에서 트랜지스터의 세 전류의 관계는 다음과 같다.

$$I_E = I_C + I_B$$

이를 다시 정리하면

$$I_E = I_C + \frac{I_C}{\beta_{dc}}$$

가 된다. 이를 컬렉터전류에 대해 다시 정리하면

$$I_C = \frac{\beta_{dc}}{\beta_{dc} + 1} I_E \tag{7-3}$$

가 된다. 이 식에서 우변의 I_E에 곱해진 양을 **보정계수**(correction factor)라 하며, 이 값으로 I_C와 I_E의 차를 알 수 있다. 전류이득이 100일 때 보정계수는

$$\frac{\beta_{dc}}{\beta_{dc} + 1} = \frac{100}{100 + 1} = 0.99$$

로, 이는 컬렉터전류가 이미터전류의 99%라는 뜻이다. 그러므로 보정계수를 무시하거나 컬렉터전류가 이미터전류와 같다고 하더라도 오차는 단지 1%가 생긴다.

예제 7-1 |||| MultiSim

그림 7-3의 MultiSim에서 컬렉터와 접지 사이의 전압은 얼마인가? 컬렉터와 이미터 사이의 전압은 얼마인가?

풀이 베이스전압은 5 V이다. 이미터전압은 이보다 0.7 V가 적다. 즉

$$V_E = 5 \text{ V} - 0.7 \text{ V} = 4.3 \text{ V}$$

이 전압은 1 kΩ의 이미터저항 양단에 나타난다. 그러므로 이미터전류는 4.3 V 나누기

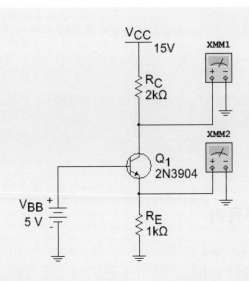

Courtesy of National Instruments

| 그림 7-3 | 계측기의 값

1 kΩ이 되어

$$I_E = \frac{4.3 \text{ V}}{1 \text{ k}\Omega} = 4.3 \text{ mA}$$

가 된다. 컬렉터전류도 거의 4.3 mA로 같다. 이 전류가 컬렉터저항(이제 2 kΩ)에 흐를 때, 컬렉터저항 양단전압은

$$I_C R_C = (4.3 \text{ mA})(2 \text{ k}\Omega) = 8.6 \text{ V}$$

가 된다. 컬렉터 전원전압에서 이 전압을 빼 주면 컬렉터전압이 된다. 즉

$$V_C = 15 \text{ V} - 8.6 \text{ V} = 6.4 \text{ V}$$

이 전압값은 MultiSim 계측기로 측정된 값에 매우 가깝다. 이 전압은 컬렉터와 접지 사이의 전압이라는 것을 기억하라. 이 전압이 고장점검 시 측정할 컬렉터전압이다.

높은 입력저항과 유동(floating) 접지 측정 단자를 가진 전압계가 없다면 전압계를 컬렉터와 이미터 사이에 직접 접속하지 말아야 하는데 그 이유는 전압계가 이미터를 접지로 단락시킬 수 있기 때문이다. 만일 V_{CE} 값을 알고 싶으면, 컬렉터와 접지 사이의 전압을 측

정한 다음 이미터와 접지 사이의 전압을 측정하여 빼 주면 된다. 이 경우는 다음과 같다.

$$V_{CE} = 6.4\ \text{V} - 4.3\ \text{V} = 2.1\ \text{V}$$

연습문제 7-1 ‖‖**MultiSim** 그림 7-3의 베이스 전원전압을 3 V로 감소시켜, 새로운 V_{CE}값을 예측하고 측정하라.

7-2 LED 구동기

베이스 바이어스 회로는 베이스전류를 일정하게 해 주며, 반면에 이미터 바이어스 회로는 이미터전류를 일정하게 한다는 것은 이미 공부한 바 있다. 전류이득에 대한 문제 때문에 보통 베이스 바이어스 회로는 포화와 차단 상태 사이에서 스위치하도록 설계되나, 이미터 바이어스 회로는 활성영역에서 동작하도록 설계된다.

이 절에서는 LED 구동기(LED driver)로 사용할 수 있는 두 가지 회로에 대해서 검토한다. 첫 번째 회로는 베이스 바이어스를, 두 번째 회로는 이미터 바이어스를 사용한다. 따라서 이 회로들이 똑같은 응용에서 어떻게 동작하는지를 알게 해 줄 것이다.

베이스 바이어스된 LED 구동기

그림 7-4a에서 베이스전류는 0으로, 이는 트랜지스터가 차단 상태에 있음을 의미한다. 그림 7-4a에서 스위치를 닫았을 때 트랜지스터는 과대포화 상태로 돌입한다. 컬렉터와 이미터가 단락된 것으로 생각하면 컬렉터 전원전압(15 V)은 1.5 kΩ과 LED가 직렬 연결된 양단에 나타난다. 만일 LED 양단의 전압강하를 무시하면 이상적인 컬렉터전류는 10 mA가 된다. 그러나 LED 양단의 전압강하가 2 V라면 1.5 kΩ 양단전압은 13 V가 되며, 컬렉터전류는 13 V를 1.5 kΩ으로 나눈 8.67 mA가 된다.

이 회로는 잘못되어 있지 않다. 이 회로는 과대포화 상태로 설계되었기 때문에 전류이득이 문제되지 않아 훌륭한 LED 구동기를 형성한다. 만일 이 회로에서 LED 전류를 변화시키려면 컬렉터저항이나 컬렉터 전원전압을 변화시키면 된다. 스위치를 닫았을 때 과대포화 상태가 되어야 하기 때문에 베이스저항은 컬렉터저항보다 10배 이상 되도록 해야 한다.

이미터 바이어스된 LED 구동기

그림 7-4b에서 이미터전류는 0으로, 이는 트랜지스터가 차단 상태임을 의미한다. 그림 7-4b에서 스위치를 닫으면 트랜지스터는 활성영역으로 동작한다. 이상적인 경우 이미터전압은 15 V, 이미터전류는 10 mA가 된다. 이때 LED 전압강하는 영향을 미치지 않는다. LED 전압강하가 정확하게 1.8 V, 2 V, 2.5 V인지는 문제가 되지 않는다. 이 점이 베이스 바이어스 설계보다 이미터 바이어스 설계가 유리한 점이다. 이 회로에서 LED 전류는 LED 전압에 무관하다. 또 다른 장점은 회로에 컬렉터저항이 필요치

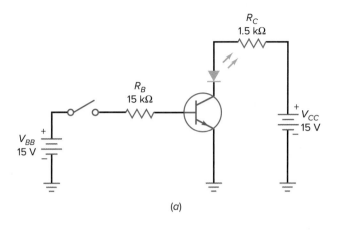

(a)

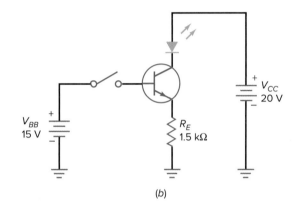

(b)

| 그림 7·4 | (a) 베이스 바이어스; (b) 이미터 바이어스

않은 점이다.

그림 7-4b의 이미터 바이어스된 회로는 스위치를 닫았을 때 활성영역으로 동작한다.
LED 전류를 변화시키려면 베이스 전원전압이나 이미터저항을 바꾸면 된다. 예를 들어
베이스 전원전압을 변화시키면 LED 전류는 전압에 비례하여 변화한다.

응용예제 7-2

그림 7-4b에서 스위치를 닫았을 때, 25 mA의 LED 전류가 흐르도록 하려면 어떻게 해야 하는가?

풀이 한 가지 방법은 베이스 전원전압을 증가시켜, 1.5 kΩ의 이미터저항을 통해 25 mA의 전류가 흐르게 한다. 이미터전
압은 옴의 법칙에 의해

$$V_E = (25 \text{ mA})(1.5 \text{ k}\Omega) = 37.5 \text{ V}$$

가 된다. 따라서 이상적인 경우는 V_{BB} = 37.5 V, 제2근사해석인 경우는 V_{BB} = 38.2 V이다. 이 전압은 전형적인 전원공급장
치로는 조금 높은 편이다. 그러나 이 정도의 큰 전원전압이 허용되는 특수한 응용에서는 사용할 수 있다.

15 V의 전원전압은 전자공학에서 일반적으로 사용하는 것이다. 그러므로 대부분의 응용에서 이미터저항을 감소시키

는 것이 더 좋은 해결방법이다. 이상적인 경우 이미터전압은 15 V이며, 이미터저항에 25 mA의 전류가 흐르게 하면 옴의 법칙에 따라

$$R_E = \frac{15 \text{ V}}{25 \text{ mA}} = 600 \text{ Ω}$$

이 되며, 5%의 오차 수준으로 가장 근접한 표준값은 620 Ω이다. 제2근사해석을 사용하는 경우 이미터저항은

$$R_E = \frac{14.3 \text{ V}}{25 \text{ mA}} = 572 \text{ Ω}$$

이 되며, 가장 근접한 표준값은 560 Ω이다.

연습문제 7-2 그림 7-4*b*에서 21 mA의 LED 전류가 흐르게 하기 위해 R_E 값을 얼마로 해 주어야 하는가?

응용예제 7-3

그림 7-5의 회로는 어떻게 동작하는가?

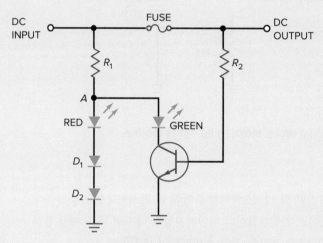

| 그림 7·5 | 베이스 바이어스된 LED 구동기

풀이 이 회로는 직류 전원 공급장치에서 퓨즈가 끊어지면 LED가 점등되는 퓨즈 단절 표시기이다. 퓨즈가 손상되지 않았을 때, 트랜지스터는 베이스 바이어스되고 포화된다. 이때 녹색 LED에 불이 켜져 있으면 모두 정상임을 알려 준다. 점 A와 접지 사이의 전압은 대략 2 V이다. 이 전압으로는 붉은색 LED에 불을 켜기에 충분치 않다. 직렬로 연결된 2개의 다이오드 (D_1과 D_2)가 동작하려면 1.4 V의 전압강하가 필요하기 때문에 붉은색 LED가 켜지지 않게 한다.

퓨즈가 끊어졌을 때, 트랜지스터는 차단 상태로 되어 녹색 LED는 꺼진다. 점 A의 전압은 전원전압으로 상승하게 된다. 이제 이 전압은 2개의 직렬 다이오드와 퓨즈가 끊어졌음을 나타내는 붉은색 LED를 작동시키기에 충분해진다. 표 7-1에 베이스 바이어스와 이미터 바이어스의 차이를 예시해 놓았다.

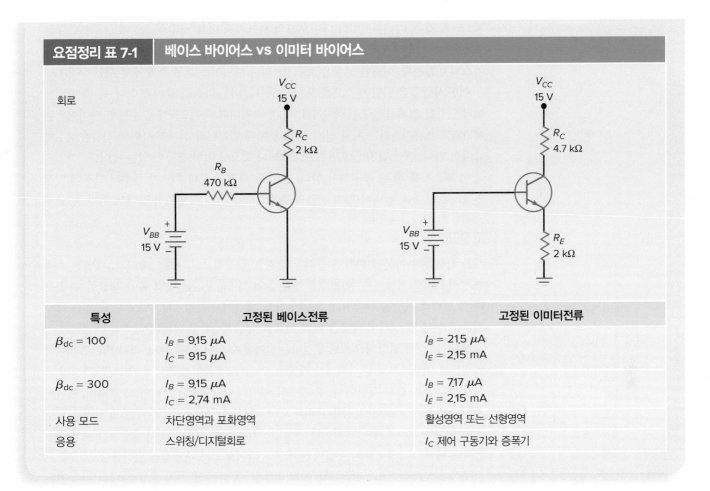

특성	고정된 베이스전류	고정된 이미터전류
$\beta_{dc} = 100$	$I_B = 9.15\ \mu A$ $I_C = 915\ \mu A$	$I_B = 21.5\ \mu A$ $I_E = 2.15\ mA$
$\beta_{dc} = 300$	$I_B = 9.15\ \mu A$ $I_C = 2.74\ mA$	$I_B = 7.17\ \mu A$ $I_E = 2.15\ mA$
사용 모드	차단영역과 포화영역	활성영역 또는 선형영역
응용	스위칭/디지털회로	I_C 제어 구동기와 증폭기

7-3 이미터 바이어스 회로 고장점검

트랜지스터가 회로와 연결을 잃게 되면 DMM이나 옴미터를 사용하여 트랜지스터를 테스트한다. 전원이 연결된 회로에 트랜지스터가 존재하면 전압을 측정하라. 이러한 전압은 가능한 고장에 대한 충분한 실마리를 줄 것이다.

회로 내부 시험

가장 간단한 회로 내부 시험 방법은 접지점에 대한 트랜지스터 전압을 측정하는 것이다. 예를 들어 컬렉터전압 V_C와 이미터전압 V_E를 측정하는 것이 좋은 출발이다. 이들의 차 $V_C - V_E$는 1 V보다 크고 V_{CC}보다는 작아야 트랜지스터가 활성영역으로 동작한다. 만일 증폭회로에서 이 값이 1 V보다 작으면 트랜지스터는 단락 상태일 수 있고, V_{CC}와 같으면 개방 상태일 수 있다.

앞의 테스트는 일반적으로 직류 고장에 한정된다. 또 V_{BE} 테스트는 다음과 같이 행한다. 즉, 베이스전압 V_B와 이미터전압 V_E를 측정하면 이들의 차는 V_{BE}가 되며, 활성영역에서 소신호 동작하는 트랜지스터의 경우 이 값은 0.6~0.7 V이어야 한다. 전력 트랜지스터의 경우 V_{BE}는 이미터 다이오드의 벌크저항(bulk resistance) 때문에 1 V 또는 그 이상일 수 있다. 만일 V_{BE}가 0.6 V보다 작으면 이미터 다이오드는 순방향으로 바이어스되지 않는다. 이러한 고장은 트랜지스터나 바이어스 회로 소자에 존재할 수 있다.

어떤 사람들은 차단 테스트를 포함시키는데, 이는 다음과 같이 행한다. 즉 베이스-이미터 단자를 점퍼선으로 단락시켜라. 이 경우 이미터 다이오드에서 순방향 바이어스는 제거되고 트랜지스터는 차단 상태로 된다. 이때 컬렉터와 접지점 사이의 전압은 V_{CC}와 같아야 한다. 만약 같지 않으면 트랜지스터나 회로에 어떤 결함이 있는 것이다.

이 테스트를 할 때 조심해야 한다. 만일 또 다른 소자나 회로가 컬렉터 단자에 직접 연결되어 있다면, 컬렉터-접지 전압의 증가로 어떤 손상도 입히지 않아야 한다.

고장표

기본 전자공학 이론에 의하면 단락된 소자는 등가적으로 저항이 0이고, 개방된 소자는 등가적으로 저항이 무한대이다. 예를 들어 이미터저항은 단락 혹은 개방될 수 있는데 이 상태의 저항을 각각 R_{ES}, R_{EO}라 하자. 마찬가지로 컬렉터저항도 단락 혹은 개방될 수 있는데 이 상태의 저항을 각각 기호로 R_{CS}, R_{CO}라고 나타내자.

트랜지스터에 결함이 있으면 무엇이든 일어날 수 있다. 예를 들어, 하나 또는 2개의 다이오드가 내부적으로 단락되거나 개방될 수 있다. 결함이 일어날 수 있는 몇 가지의 가능성을 다음과 같이 제한한다. 즉 컬렉터-이미터 단락(*CES*)은 베이스, 컬렉터, 이미터 세 단자가 모두 서로 단락됨을 나타내고, 컬렉터-이미터 개방(*CEO*)은 세 단자가 모두 개방됨을 나타낸다. 베이스-이미터 개방(*BEO*)은 베이스-이미터 다이오드가 개방됨을, 컬렉터-베이스 개방(*CBO*)은 컬렉터-베이스 다이오드가 개방됨을 의미한다.

표 7-2는 그림 7-6과 같은 회로에서 발생할 수 있는 몇 가지 고장을 나타낸다. 전압은 제2근사해석으로 계산하였다. 회로가 정상적으로 동작하고 있을 때, 베이스전압은 2 V, 이미터전압은 1.3 V, 컬렉터전압은 약 10.3 V로 측정되어야 한다. 만일 이미터저항이 단락되면, 이미터 다이오드에 +2 V가 나타난다. 이 큰 전압은 트랜지스터를 파괴시켜 십중팔구 컬렉터-이미터 사이를 개방 상태로 만든다. 이 고장 R_{ES}와 전압을 표 7-2에 나타내었다.

만일 이미터저항이 개방되면 이미터전류가 흐르지 않는다. 따라서 컬렉터전류도 흐르지 않게 되며, 컬렉터전압은 15 V로 증가한다. 이 고장 R_{EO}와 전압을 표 7-2에 나타내었다. 이와 같이 계속하면 표의 나머지 부분을 채울 수 있다.

No V_{CC}란에 기입된 내용을 주목해 보자. 컬렉터 전원전압을 인가하지 않기 때문에 직관적으로 컬렉터전압이 0으로 보일지도 모른다. 그러나 그것은 컬렉터전압을 전압계로 측정한 것이 아니다. 컬렉터와 접지 사이에 전압계를 접속하면, 베이스 전원전압은 전압계와 직렬인 컬렉터 다이오드에 약간의 순방향 전류를 흐르게 한다. 베이스 전압은 2 V로 고정되어 있기 때문에, 컬렉터전압은 이보다 0.7 V만큼 적다. 그러므로 전압계는 컬렉터와 접지 사이를 1.3 V로 나타낼 것이다. 다시 말해서 전압계는 컬렉터 다이오드와 직렬로 놓인 매우 큰 저항과 같아 보이기 때문에 전압계는 회로를 접지점으로 연결시킨다.

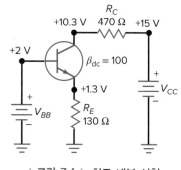

| 그림 7·6 | 회로 내부 시험

요점정리 표 7-2		고장과 증상		
고장	V_B, V	V_E, V	V_C, V	설명
없음	2	1.3	10.3	고장 없음
R_{ES}	2	0	15	트랜지스터 파괴(CEO)
R_{EO}	2	1.3	15	베이스전류, 컬렉터전류 안 흐름
R_{CS}	2	1.3	15	
R_{CO}	2	1.3	1.3	
No V_{BB}	0	0	15	전원전압, 연결선 확인
No V_{CC}	2	1.3	1.3	전원전압, 연결선 확인
CES	2	2	2	모든 트랜지스터 단자 단락
CEO	2	0	15	모든 트랜지스터 단자 개방
BEO	2	0	15	베이스-이미터 다이오드 개방
CBO	2	1.3	15	컬렉터-베이스 다이오드 개방

7-4 여러 가지 광전소자

앞에서 언급한 바와 같이, 베이스가 개방된 트랜지스터는 열로 생성된 소수캐리어와 표면 누설 성분으로 이루어진 미세한 컬렉터전류를 갖는다. 컬렉터 접합부를 빛에 노출시킴으로써 포토다이오드보다 빛에 더 민감한 **포토트랜지스터**(photo transistor)를 만들 수 있다.

포토트랜지스터의 기본 개념

그림 7-7a는 베이스가 개방된 트랜지스터를 나타낸다. 앞에서도 언급한 바와 같이 미세한 컬렉터전류가 흐른다. 표면누설 성분은 무시하고, 컬렉터 다이오드에서 열로 생성된 소수캐리어에 중점을 두자. 이 소수캐리어에 의한 역방향 전류는 이상적인 전류원으로서 이상적인 트랜지스터의 컬렉터-베이스 접합과 병렬로 연결된다고 가정하자(그림 7-7b).

베이스 단자가 개방되어 있기 때문에 역방향 전류 전부가 트랜지스터의 베이스로 유입되므로, 이에 따른 컬렉터전류는

$$I_{CEO} = \beta_{dc} I_R$$

이 된다. 여기서 I_R은 역방향 소수캐리어 전류이다. 따라서 컬렉터전류가 원래의 역방향 전류보다 β_{dc}배 크다고 말할 수 있다.

컬렉터 다이오드는 빛뿐만 아니라 열에 대해서도 민감하다. 포토트랜지스터에서 빛은 창(window)을 통과해서 컬렉터-베이스 접합에 충돌한다. 빛이 증가하면 I_R이 증가하여 I_{CEO}도 증가한다.

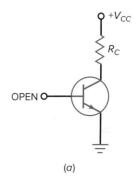

(a)

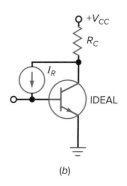

(b)

| 그림 7-7 | (a) 베이스가 개방된 트랜지스터; (b) 등가회로

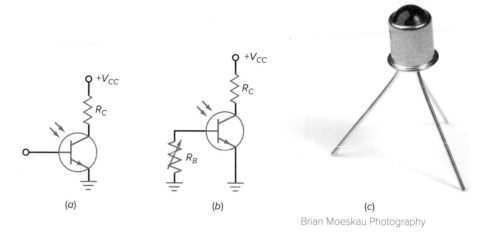

| 그림 7-8 | 포토트랜지스터 (a) 베이스 개방은 최대감도를 보임; (b) 가변 베이스저항은 감도를 변화시킴; (c) 전형적인 포토트랜지스터

Brian Moeskau Photography

포토트랜지스터와 포토다이오드

포토트랜지스터와 포토다이오드의 중요한 차이점은 전류이득 β_{dc}에 있다. 두 소자에 동일한 양의 빛이 충돌하면, 포토트랜지스터가 포토다이오드보다 β_{dc}배 더 많은 전류를 생성시킨다. 포토트랜지스터의 큰 장점은 포토다이오드보다 감도가 높다는 것이다.

그림 7-8a는 포토트랜지스터의 도식적인 기호이다. 포토트랜지스터를 동작시키기 위한 일반적인 방법은 그림과 같이 베이스를 개방시키는 것이다. 그림 7-8b와 같은 가변 베이스저항으로 감도를 조절할 수 있으나, 빛에 대한 감도를 최대로 하기 위하여 보통 베이스는 개방시켜 놓는다.

증가된 감도에 대한 대가는 속도가 감소하는 것이다. 포토트랜지스터는 포토다이오드보다 감도면에서는 우수하나, 스위칭(on/off) 속도는 늦다. 포토다이오드의 전형적인 출력전류는 mA, 스위칭 속도는 ns인 데 반해, 포토트랜지스터의 전형적인 출력전류는 mA, 스위칭 속도는 ms이다. 전형적인 포토트랜지스터를 그림 7-8c에 나타내었다.

광결합기

그림 7-9a는 포토트랜지스터를 구동시키는 LED를 나타내며, 이는 앞에서 검토했던 LED-포토다이오드보다 훨씬 더 민감한 광결합기이다. 이 회로의 동작 개념은 간단하다. V_S의 변화는 LED 전류를 변화시켜 포토트랜지스터에 흐르는 전류를 변화시킨다. 이로 인해 컬렉터-이미터 양단전압이 변화하므로 신호전압 변화는 입력회로로부터 출력회로로 직접 연동된다.

다시 한번 강조하면, 광결합기의 큰 장점은 입·출력 회로 사이의 전기적인 절연이다. 달리 말하면 입력회로에 대한 공통점과 출력회로에 대한 공통점이 다르기 때문에 두 회로 사이에는 어떠한 도전 통로도 존재하지 않는다. 이는 회로의 한쪽은 접지시키고 나머지 한쪽은 접지시키지 않을 수 있음(float)을 의미한다. 예를 들어 입력회로는 전자장치의 섀시에 접지될 수 있는 반면 출력회로의 공통점은 접지하지 않는다. 그림 7-9b는

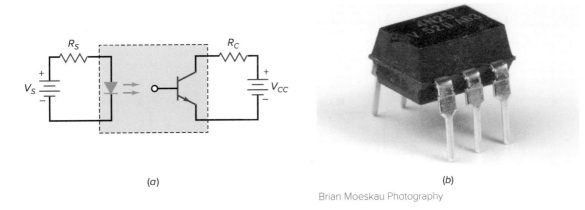

(a)

(b)

Brian Moeskau Photography

| 그림 7·9 | (a) LED와 포토트랜지스터로 구성된 광결합기; (b) *IC* 광결합기

전형적인 *IC* 광결합기를 나타낸다.

응용예제 7-4

그림 7-10의 회로가 행하는 동작은?

그림 7-10*a*의 4N24 광결합기는 전력선(power line)에 대해 절연되어 있고, 선전압(line voltage)의 0 교차점을 검출한다. 그림 7-10*b*의 그래프는 컬렉터전류와 LED 전류와의 관계를 나타낸다. 광결합기로부터 피크 출력전압을 계산하는 방법은 다음과 같다.

브리지 정류기는 LED를 통해 전파 정류된 전류가 흐르게 한다. 다이오드 전압강하를 무시하면, LED에 흐르는 피크 전류는

$$I_{\text{LED}} = \frac{1.414(115 \text{ V})}{16 \text{ k}\Omega} = 10.2 \text{ mA}$$

이며, 포토트랜지스터의 포화전류는 다음과 같다.

$$I_{C(\text{sat})} = \frac{20 \text{ V}}{10 \text{ k}\Omega} = 2 \text{ mA}$$

그림 7-10*b*는 3개의 서로 다른 광결합기에 대한 포토트랜지스터 전류 대 LED 전류의 정특성 곡선(static curve)을 나타낸다. 4N24의 경우(맨 위쪽 곡선) 부하저항이 0일 때, 10.2 mA의 LED 전류는 약 15 mA의 컬렉터전류를 흐르게 한다. 그림 7-10*a*에서 포토트랜지스터는 2 mA에서 포화되므로 포토트랜지스터 전류는 결코 15 mA에 도달하지 못한다. 다시 말해서 LED 전류는 포토트랜지스터를 포화시키기에 충분하다. 피크 LED 전류는 10.2 mA이므로 포토트랜지스터는 입력 주기의 대부분 동안 포화된다. 이때 출력전압은 그림 7-10*c*와 같이 거의 0이다.

0 교차점은 선전압이 (+)에서 (−) 또는 그 반대로 극성이 변화할 때 생긴다. 이 교차점에서 LED 전류는 0이 된다. 이 순간 포토트랜지스터는 개방회로가 되며, 출력전압은 그림 7-10*c*에 나타낸 것처럼 거의 20 V로 증가한다. 그림에서 보는 것처럼 입력 주기의 대부분 동안 출력전압은 거의 0이다. 0 교차점에서 출력전압은 급속히 20 V로 증가하였다가 그다음 기준선(출력전압이 0인 선)으로 감소한다.

그림 7-10*a*와 같은 회로는 전선과 절연을 위한 변압기를 필요로 하지 않기 때문에 유용하다. 더구나 이 회로는 임의의 회로를 선전압의 주파수에 동기시키고자 하는 응용에서 바람직한 0 교차점을 검출한다.

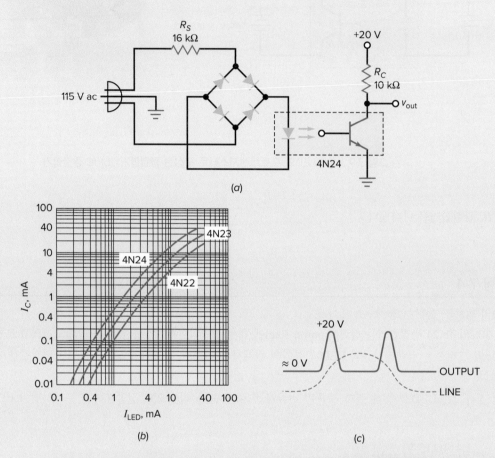

| 그림 7·10 | (a) 0 교차점 검출기; (b) 광결합기 특성 곡선들; (c) 검출기의 출력

7-5 전압분배 바이어스

그림 7-11*a*는 가장 폭넓게 사용되는 바이어스 회로이다. 베이스회로가 전압분배기(R_1과 R_2)를 포함하고 있음에 주목하라. 이 때문에 이 회로를 **전압분배 바이어스**(VDB)라 한다.

단순 해석

고장점검이나 예비해석의 경우 다음 방법을 이용한다. 잘 설계된 VDB 회로에서 베이스전류는 전압분배기에 흐르는 전류보다 훨씬 적게 흐른다. 베이스전류는 전압분배기 전류보다 무시할 정도로 적으므로 전압분배기와 베이스 사이가 개방된 것으로 상상할 수 있으며 그림 7-11*b*의 등가회로를 얻을 수 있다. 이 회로에서 전압분배기의 출력전압은

$$V_{BB} = \frac{R_2}{R_1 + R_2} V_{CC}$$

이다. 이상적인 경우 이 전압은 그림 7-11c에 나타낸 것처럼 베이스 전원전압이 된다.

전압분배 바이어스는 실제로 이미터 바이어스나 다름없다. 다시 말해서 그림 7-11c는 그림 7-11a에 대한 등가회로이다. 이런 이유로 VDB는 이미터전류를 일정하게 하여, 전류이득에 무관한 고정된 Q점을 얻을 수 있다.

이와 같은 단순 해석에서는 오차가 발생하며, 다음 절에서 이에 대한 검토를 하겠다. 중요한 점은 잘 설계된 회로에서 그림 7-11c와 같은 회로는 오차가 매우 적다는 것이다. 다시 말해서, 그림 7-11a를 설계할 때는 그림 7-11c처럼 동작하도록 회로값들을 신중히 선택하여야 한다.

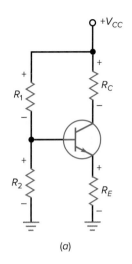

결론

V_{BB}를 계산한 후, 나머지 해석은 앞의 이미터 바이어스에 대하여 검토하였던 것과 똑같다. VDB 해석에 이용할 수 있는 수식들을 요약하면 다음과 같다.

$$V_{BB} = \frac{R_2}{R_1 + R_2} V_{CC} \tag{7-4}$$

$$V_E = V_{BB} - V_{BE} \tag{7-5}$$

$$I_E = \frac{V_E}{R_E} \tag{7-6}$$

$$I_C \approx I_E \tag{7-7}$$

$$V_C = V_{CC} - I_C R_C \tag{7-8}$$

$$V_{CE} = V_C - V_E \tag{7-9}$$

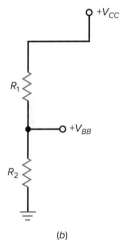

앞의 식들은 옴의 법칙과 키르히호프의 법칙에 기초하고 있으며, 해석하는 단계는 다음과 같다.

1. 전압분배기에 의해 발생하는 베이스전압 V_{BB}를 계산한다.
2. 이미터전압을 구하기 위해 0.7 V를 빼 준다.
3. 이미터전류를 구하기 위해 이미터전압을 이미터저항으로 나눈다.
4. 컬렉터전류는 대략 이미터전류와 같다고 가정한다.
5. 컬렉터 전원전압에서 컬렉터저항 양단전압을 빼 줌으로써 컬렉터와 접지 사이의 전압을 계산한다.
6. 컬렉터전압에서 이미터전압을 빼 줌으로써 컬렉터와 이미터 사이의 전압을 계산한다.

이 여섯 단계는 논리적이어서 기억하기 쉬울 것이다. 몇 가지 VDB 회로를 해석해 보면 이 과정이 자연스러워질 것이다.

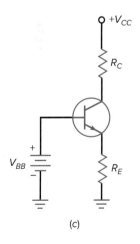

| 그림 7-11 | 전압분배 바이어스 (a) 회로; (b) 전압분배기; (c) 단순화한 회로

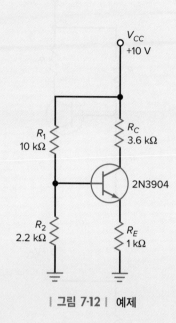

| 그림 7-12 | 예제

예제 7-5 ▏▎▎ **MultiSim**

그림 7-12에서 컬렉터-이미터 전압을 구하라.

풀이 전압분배기의 무부하 출력전압(베이스 단자 개방 시 R_2 양단전압)은

$$V_{BB} = \frac{2.2\ \text{k}\Omega}{10\ \text{k}\Omega + 2.2\ \text{k}\Omega} 10\ \text{V} = 1.8\ \text{V}$$

이다. 여기서 0.7 V를 빼면

$$V_E = 1.8\ \text{V} - 0.7\ \text{V} = 1.1\ \text{V}$$

이다. 이미터전류는

$$I_E = \frac{1.1\ \text{V}}{1\ \text{k}\Omega} = 1.1\ \text{mA}$$

이다. 컬렉터전류는 이미터전류와 거의 같으므로, 컬렉터전압은 다음과 같다.

$$V_C = 10\ \text{V} - (1.1\ \text{mA})(3.6\ \text{k}\Omega) = 6.04\ \text{V}$$

따라서 컬렉터-이미터 전압은 다음과 같다.

$$V_{CE} = 6.04 - 1.1\ \text{V} = 4.94\ \text{V}$$

중요한 점은 이 해석에서의 계산값들은 트랜지스터, 컬렉터전류나 온도 변화에 따라 달라지지 않는다는 것이다. 이것이 이 회로의 Q점이 거의 고정되어 안정한 이유이다.

연습문제 7-5 그림 7-12의 전원전압을 10 V에서 15 V로 변화시키고, V_{CE}에 대하여 풀어라.

예제 7-6 ▏▎▎ **MultiSim**

앞의 예제에서 해석한 것과 동일한 회로의 MultiSim 해석을 나타내는 그림 7-13의 의미를 검토하라.

풀이 핵심은 컴퓨터를 이용한 해석과 거의 동일한 답을 얻었다는 것이다. 그림에서 전압계는 6.07 V(둘째 자리로 반올림)를 가리킨다. 이 값을 앞 예제의 6.04 V와 비교하면, 검토해야 할 핵심을 알 수 있다. 간략한 해석은 본래 컴퓨터 해석과 동일한 결과를 얻게 된다.

VDB 회로가 잘 설계된 때에는 이와 같이 거의 일치함을 기대할 수 있다. 결국 VDB의 전체적인 요점은 트랜지스터, 컬렉터전류 및 온도변화 효과를 실질적으로 제거하기 위한 이미터 바이어스처럼 동작할 수 있다는 것이다.

연습문제 7-6 MultiSim을 이용하여 그림 7-13의 전원전압을 15 V로 변화시키고, V_{CE}를 측정하라. 측정된 값을 연습문제 7-5의 답과 비교하라.

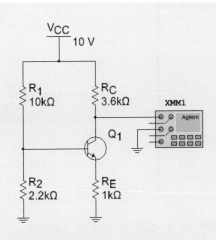

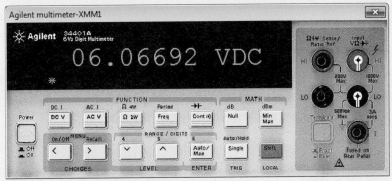

Courtesy of National Instruments

| 그림 7·13 | MultiSim 예제

7-6 정확한 VDB 해석

잘 설계된 VDB 회로란 전압분배기가 베이스의 입력저항에 대해 안정해(*stiff*) 보이는 회로를 말한다. 이 말의 의미를 논의해 볼 필요가 있다.

신호원 저항

매우 안정적 전압원에서는 전원저항이 부하저항보다 100배 더 작으면 전원저항은 무시할 수 있다.

　　매우 안정한 전압원: $R_S < 0.01R_L$

조건이 만족될 때, 부하전압은 이상적인 전압(= 전원전압)의 거의 1% 이내이다. 이제 이러한 개념을 전압분배기로 확장해 보자.

　　그림 7-14*a*에서 전압분배기의 테브난 저항은 얼마인가? V_{CC}를 접지시키고 전압분배기 쪽으로 들여다보면, R_1과 R_2가 병렬로 보인다. 즉

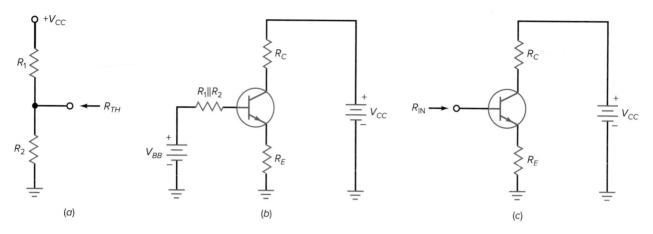

| 그림 7·14 | (a) 테브난 저항; (b) 등가회로; (c) 베이스의 입력저항

$$R_{TH} = R_1 \| R_2$$

이 저항 때문에 전압분배기의 출력전압은 이상적인 값이 될 수 없다. 좀 더 정확한 해석에서는 그림 7-14b에 나타낸 것과 같은 테브난 저항을 포함시킨다. 이 테브난 저항에 흐르는 전류는 베이스전압을 이상적인 값 V_{BB}보다 작게 한다.

부하저항

베이스전압이 이상적인 값 V_{BB}보다 얼마나 작아질까? 전압분배기는 그림 7-14b의 베이스전류를 공급해야 한다. 전압분배기는 그림 7-14c에 나타낸 것처럼 부하저항 R_{IN}을 바라보게 달리 그릴 수 있다. 베이스에 대해 매우 안정된 전압분배기의 경우 100 : 1 규칙은

$$R_S < 0.01R_L$$

로, 이는 다음과 같이 바꾸어 쓸 수 있다.

$$R_1 \| R_2 < 0.01R_{IN} \tag{7-10}$$

잘 설계된 VBD 회로는 이 조건을 만족할 것이다.

매우 안정한 전압분배기(Stiff Voltage Divider)

그림 7-14c에서 트랜지스터의 전류이득이 100이라면, 컬렉터전류는 베이스전류보다 100배 크다. 이는 이미터전류도 역시 베이스전류보다 100배 크다는 것을 의미한다. 트랜지스터의 베이스 쪽에서 보면 이미터저항 R_E는 100배 크게 보인다. 따라서 베이스 쪽에서 바라본 입력저항은

$$R_{IN} = \beta_{dc}R_E \tag{7-11}$$

로 도출된다. 그러므로 식 (7-10)은 다음과 같이 쓸 수 있다.

매우 안정한(stiff) 전압분배기: $R_1 \| R_2 < 0.01\beta_{dc}R_E$ $\tag{7-12}$

가능하면 설계자는 매우 안정적인 Q점을 만들기 위해 $100:1$ 규칙을 만족하도록 회로 값을 선정하여야 한다.

비교적 안정한 전압분배기(Firm Voltage Divider)

매우 안정한(stiff) 설계는 R_1과 R_2 값이 작아서 가끔 다른 문제(나중에 논의)가 발생한다. 이 경우 다음과 같은 규칙을 이용한다. 즉

$$\text{비교적 안정한(firm) 전압분배기: } R_1 \| R_2 < 0.1\beta_{dc}R_E \qquad \text{(7-13)}$$

이러한 $10:1$ 규칙을 만족하는 **전압분배기**를 비교적 안정한 전압분배기라 한다. 최악의 경우, 비교적 안정한 전압분배기를 사용하면 컬렉터전류가 매우 안정한 값(stiff value)보다 약 10% 낮아지게 됨을 의미한다. VDB 회로가 여전히 꽤 안정한 Q점을 갖고 있기 때문에 많은 응용에서 사용되고 있다.

정밀한 근사

좀 더 정확한 값의 이미터전류를 얻으려면, 다음 식을 이용할 수 있다.

$$I_E = \frac{V_{BB} - V_{BE}}{R_E + (R_1 \| R_2)/\beta_{dc}} \qquad \text{(7-14)}$$

이 I_E값은 $(R_1 \| R_2)/\beta_{dc}$가 분모에 있기 때문에 매우 안정한 값과 다르다. 이 항이 0으로 근접할 때, 이 식은 간단히 안정한 값으로 가게 된다.

식 (7-14)로 해석은 개선되나, 수식이 상당히 복잡해진다. 컴퓨터로 안정한 해석을 얻기 위해 좀 더 정확한 해석이 필요하면 MultiSim이나 등가회로 시뮬레이터(equivalent circuit simulator)를 이용하라.

예제 7-7 |||| MultiSim

그림 7-15의 전압분배기는 매우 안정(stiff)한가? 식 (7-14)를 이용하여 이미터전류의 좀 더 정확한 값을 구하라.

풀이 $100:1$ 규칙을 이용해야 하는지를 알아보자.

매우 안정한 전압분배기: $R_1 \| R_2 < 0.01\beta_{dc}R_E$

전압분배기의 테브난 저항은

$$R_1 \| R_2 = 10 \text{ k}\Omega \| 2.2 \text{ k}\Omega = \frac{(10 \text{ k}\Omega)(2.2 \text{ k}\Omega)}{10 \text{ k}\Omega + 2.2 \text{ k}\Omega} = 1.8 \text{ k}\Omega$$

이다. 베이스의 입력저항은

$$\beta_{dc}R_E = (200)(1 \text{ k}\Omega) = 200 \text{ k}\Omega$$

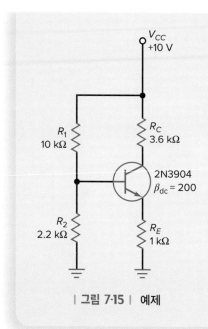

| 그림 7-15 | 예제

이며, 이 값의 1/100은

$$0.01\beta_{dc}R_E = 2\text{ k}\Omega$$

이다. 1.8 kΩ이 2 kΩ보다 작으므로, 전압분배기는 매우 안정(stiff)하다.

식 (7-14)에 의한 이미터전류는

$$I_E = \frac{1.8\text{ V} - 0.7\text{ V}}{1\text{ k}\Omega + (1.8\text{ k}\Omega)/200} = \frac{1.1\text{ V}}{1\text{ k}\Omega + 9\text{ }\Omega} = 1.09\text{ mA}$$

이다. 이 값은 간단한 해석으로 얻어지는 값인 1.1 mA에 매우 가깝다.

중요한 점은 전압분배기가 매우 안정(stiff)할 때 이미터전류를 구하기 위해 식 (7-14)를 이용할 필요가 없다는 것이다. 전압분배기가 비교적 안정(firm)할 때일지라도, 식 (7-14)로 계산한 이미터전류는 기껏해야 10% 정도만 개선될 것이다. 별도의 지시가 없는 한 이제부터 VDB 회로의 해석은 간략한 방법을 사용하겠다.

7-7 VDB 부하선과 *Q*점

그림 7-16은 매우 안정한 전압분배기이므로 다음의 검토에서 이미터전압은 1.1 V의 일정한 값으로 고정된다.

*Q*점

7-5절에서 *Q*점의 컬렉터전류는 1.1 mA, 컬렉터-이미터 전압은 4.94 V로 계산되었다. *Q*점을 얻기 위해 그림 7-16에 이 값들을 그려 넣었다. 전압분배 바이어스는 이미터 바이어스로부터 얻어지기 때문에 *Q*점은 전류이득의 변화에 영향을 받지 않는다. 그림 7-16에서 *Q*점을 이동시키기 위한 방법은 이미터저항을 변화시키는 것이다.

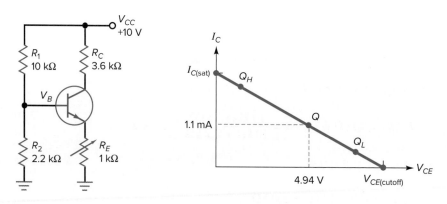

| 그림 7-16 | *Q*점 계산

예를 들어 이미터저항을 2.2 kΩ으로 변화시키면 이미터전류는

$$I_E = \frac{1.1 \text{ V}}{2.2 \text{ k}\Omega} = 0.5 \text{ mA}$$

로 감소하며, 컬렉터전압은

$$V_C = 10 \text{ V} - (0.5 \text{ mA})(3.6 \text{ k}\Omega) = 8.2 \text{ V}$$

로 변화한다. 따라서

$$V_{CE} = 8.2 \text{ V} - 1.1 \text{ V} = 7.1 \text{ V}$$

가 된다. 그러므로 새로운 Q점은 Q_L이 되며, Q_L의 좌표는 0.5 mA와 7.1 V이다.

한편 이미터저항이 510 Ω으로 감소하면 이미터전류는

$$I_E = \frac{1.1 \text{ V}}{510 \text{ k}\Omega} = 2.15 \text{ mA}$$

로 증가하며, 전압은

$$V_C = 10 \text{ V} - (2.15 \text{ mA})(3.6 \text{ k}\Omega) = 2.26 \text{ V}$$

$$V_{CE} = 2.26 \text{ V} - 1.1 \text{ V} = 1.16 \text{ V}$$

로 변화한다. 이 경우 Q점은 좌표가 2.15 mA와 1.16 V인 Q_H의 새로운 위치로 이동한다.

Q점은 부하선 중앙에 위치

V_{CC}, R_1, R_2 및 R_C는 포화전류와 차단전압을 제어한다. V_{CC}, R_1, R_2 및 R_C의 변화는 포화전류 $I_{C(\text{sat})}$와 차단전압 $V_{CE(\text{cutoff})}$를 변화시킨다. 앞의 변수값들이 정해지면, Q점이 부하선을 따라 임의의 위치에 놓이도록 하기 위해 **이미터저항을 변화시켜** 준다. R_E가 너무 크면 Q점은 차단점으로 이동하고, R_E가 너무 작으면 포화점으로 이동한다. 보통 Q점은 부하선의 중앙에 위치하도록 설계한다. 트랜지스터 증폭기를 검사할 때 직류 부하선의 Q점은 최대의 출력신호를 얻기 위해 직류 부하선 중앙에서 조절된다.

VDB 설계 지침

그림 7-17은 VDB 회로를 나타낸다. 안정한 Q점을 얻기 위한 간단한 설계 지침을 설명하기 위해 이 회로를 이용하겠다. 이 설계 기술은 대부분의 회로에 적합하나 지침에 불과하고, 다른 설계 기술을 이용할 수도 있다.

설계를 시작하기 전에 회로 조건이나 사양을 결정하는 것이 중요하다. 보통 회로는 특정한 컬렉터전류가 직류 부하선의 중앙점 값에 놓이도록 V_{CE}를 바이어스한다. 또한 사용할 트랜지스터에 적합한 V_{CC}값과 β_{dc}의 범위를 알 필요가 있고 회로가 트랜지스터를 정격전력 한계를 초과시키지 않아야 한다.

이미터전압이 전원전압의 약 1/10이 되게 하는 것으로 출발한다. 즉,

$$V_E = 0.1 \, V_{CC}$$

다음에 Q점에 해당하는 컬렉터전류를 설정하기 위한 R_E값을 구한다.

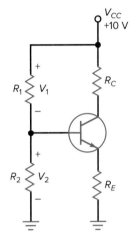

| **그림 7-17** | VDB 설계

$$R_E = \frac{V_E}{I_E}$$

Q점이 대략 직류 부하선의 중앙에 놓여야 하므로, 컬렉터-이미터 단자 사이에는 약 $0.5\,V_{CC}$가 나타난다. 나머지 $0.4\,V_{CC}$는 컬렉터저항 양단에 나타난다. 따라서

$$R_C = 4\,R_E$$

다음, 100:1 규칙을 이용하여 매우 안정한 전압분배기로 설계한다.

$$R_{TH} \leq 0.01\,\beta_{dc}\,R_E$$

항상 R_2는 R_1보다 작다. 그러므로 매우 안정한 전압분배기 식은 다음과 같이 간단해질 수 있다.

$$R_2 \leq 0.01\,\beta_{dc}\,R_E$$

또한 10:1 규칙을 이용하여 비교적 안정한 전압분배기로 설계를 택하여도 된다. 이때는

$$R_2 \leq 0.1\,\beta_{dc}\,R_E$$

로, 두 경우 특정한 컬렉터전류에서 최소정격의 β_{dc}값을 이용한다.

마지막으로 다음의 비례식을 이용하여 R_1을 구한다.

$$R_1 = \frac{V_1}{V_2}R_2$$

응용예제 7-8

그림 7-17과 같은 회로에서 다음 사양을 만족하는 저항값들을 설계하라.

$V_{CC} = 10\ V$	V_{CE}는 중앙점에 위치
$I_C = 10\ mA$	2N3904의 $\beta_{dc} = 100\sim300$

풀이 우선 다음과 같이 이미터전압을 구한다.

$$V_E = 0.1\,V_{CC}$$

$$V_E = (0.1)(10\ V) = 1\ V$$

이미터저항은 다음으로 구해진다.

$$R_E = \frac{V_E}{I_E}$$

$$R_E = \frac{1\ V}{10\ mA} = 100\ \Omega$$

따라서 컬렉터저항은

$$R_C = 4\,R_E$$

$$R_C = (4)\,(100\ \Omega) = 400\ \Omega \quad \text{(표준저항 390 }\Omega\text{을 사용하라)}$$

다음, 매우 안정한 전압분배기나 비교적 안정한 전압분배기 중 하나를 택하라. 매우 안정한 전압분배기를 택할 때 R_2값은

$$R_2 \le 0.01\,\beta_{dc}\,R_E$$

$$R_2 \le (0.01)\,(100)\,(100\ \Omega) = 100\ \Omega$$

이다. 이제 R_1값은 다음과 같이 구한다.

$$R_1 = \frac{V_1}{V_2}\,R_2$$

$$V_2 = V_E + 0.7\ \text{V} = 1\ \text{V} + 0.7\ \text{V} = 1.7\ \text{V}$$

$$V_1 = V_{CC} - V_2 = 10\ \text{V} - 1.7\ \text{V} = 8.3\ \text{V}$$

$$R_1 = \left(\frac{8.3\ \text{V}}{1.7\ \text{V}}\right)(100\ \Omega) = 488\ \Omega \quad \text{(표준저항 490 }\Omega\text{을 사용하라)}$$

연습문제 7-8 주어진 VDB 설계 지침을 이용하여 다음 사양을 만족하는 그림 7-17의 VDB 회로를 설계하라.

$$V_{CC} = 10\ \text{V} \qquad V_{CE}\text{는 중앙점에 위치} \qquad \text{매우 안정한 전압분배기 사용}$$

$$I_C = 10\ \text{mA} \qquad \beta_{dc} = 70\sim 200$$

7-8 양전원 이미터 바이어스

어떤 전자장치는 정(+), 부(−)의 두 전원전압을 발생하는 전원장치를 갖고 있다. 예를 들어, 그림 7-18은 +10 V와 −2 V의 두 전원장치를 갖고 있는 트랜지스터 회로이다. 부(−)의 전원전압은 이미터 다이오드를 순방향으로, 정(+)의 전원전압은 컬렉터 다이오드를 역방향으로 바이어스해 준다. 이 회로는 이미터 바이어스로부터 얻어지기 때문에 **양전원 이미터 바이어스**(two-supply emitter bias: TSEB)라 한다.

해석

먼저 할 일은 원래 회로를 일반적인 도식도(schematic diagram)로 다시 그리는 것이다. 이는 그림 7-19와 같이 건전지 기호를 없애 주면 된다. 복잡한 회로에서는 건전지 기호를 그려 줄 여백이 부족하기 때문에 도식도로 그릴 필요가 있다. 이 축약된 형태의 도식도에는 모든 정보가 그대로 담겨 있다. 즉, −2 V의 전원전압은 1 kΩ 저항의 아래에 인가되며, +10 V의 전원전압은 3.6 kΩ 저항의 위에 인가된다.

참고사항

트랜지스터가 잘 설계된 전압분배 바이어스나 이미터 바이어스 구조로 바이어스되었을 때, I_C와 V_{CE}는 트랜지스터의 베타에 영향을 받지 않으므로 베타에 무관한 회로로 분류된다.

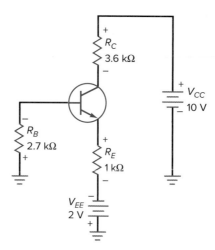

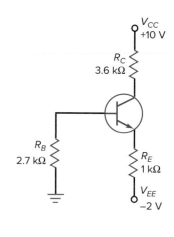

| 그림 7·18 | 양전원 이미터 바이어스

| 그림 7·19 | 다시 그린 TSEB 회로

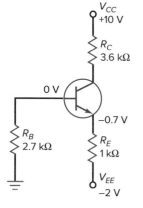

| 그림 7·20 | 이상적인 베이스전압은 0 V이다.

이런 형태의 회로가 정확히 설계되면 베이스전류는 무시할 정도로 충분히 작다. 이것은 그림 7-20에 나타낸 것처럼 베이스전압이 거의 0 V와 같다고 할 수 있다.

이미터 다이오드 양단전압이 0.7 V이므로, 이미터 노드는 −0.7 V가 된다. 이것이 이해되지 않으면 멈추어서 좀 더 생각해 보자. 이미터 다이오드 양단전압 0.7 V는 베이스를 (+), 이미터를 (−)로 하는 전압강하이므로 베이스전압이 0 V이면 이미터전압은 −0.7 V로 되어야 한다.

그림 7-20에서 이미터저항은 이미터전류를 결정하는 중요한 역할을 한다. 이미터전류를 구하기 위해 다음과 같이 이미터저항에 대해 옴의 법칙을 적용한다. 이미터저항의 위쪽이 −0.7 V이고 아래쪽이 −2 V이므로 이미터저항 양단전압은 두 전압의 차와 같다. 이미터저항 양단전압은 높은 전위(−0.7 V)에서 낮은 전위(−2 V)를 빼 주어야 하므로

$$V_{RE} = -0.7 \text{ V} - (-2 \text{ V}) = 1.3 \text{ V}$$

이다.

이 전압을 구하고 나면, 옴의 법칙으로 이미터전류를 다음과 같이 계산한다.

$$I_E = \frac{1.3 \text{ V}}{1 \text{ k}\Omega} = 1.3 \text{ mA}$$

이 전류는 3.6 kΩ을 통해 흐르며, 컬렉터전압은 이 저항의 전압강하를 다음과 같이 +10 V에서 빼 주면

$$V_C = 10 \text{ V} - (1.3 \text{ mA})(3.6 \text{ k}\Omega) = 5.32 \text{ V}$$

이다. 컬렉터-이미터 전압은 컬렉터전압과 이미터전압의 차가 된다. 즉

$$V_{CE} = 5.32 \text{ V} - (-0.7 \text{ V}) = 6.02 \text{ V}$$

양전원 이미터 바이어스가 잘 설계되면, 전압분배 바이어스와 유사하며 100 : 1 규칙을 만족한다. 즉

$$R_B < 0.01\beta_{dc}R_E \qquad\qquad (7\text{-}15)$$

이 경우, 해석에 필요한 간략화된 식은 다음과 같다.

$$V_B \approx 0 \qquad\qquad (7\text{-}16)$$

$$I_E = \frac{V_{EE} - 0.7\text{ V}}{R_E} \qquad\qquad (7\text{-}17)$$

$$V_C = V_{CC} - I_C R_C \qquad\qquad (7\text{-}18)$$

$$V_{CE} = V_C + 0.7\text{ V} \qquad\qquad (7\text{-}19)$$

베이스전압

간단한 해석방법에서 오차의 한 가지 원인은 그림 7-20의 베이스저항 양단전압이 작다는 것이다. 작은 베이스전류가 이 저항을 통해 흐르므로 (−)전압이 베이스와 접지 사이에 나타난다. 잘 설계된 회로에서 이 베이스전압은 −0.1 V 미만이다. 만일 더욱 큰 베이스저항을 사용한다면, 이 전압은 −0.1 V보다 더 큰 (−)로 될 수 있다. 이런 회로를 고장점검한다면 베이스와 접지 사이의 전압은 낮은 값을 나타낼 것이다. 그렇지 않으면 회로에 무엇인가 잘못이 있는 것이다.

예제 7-9　 ‖‖ MultiSim

그림 7-20에서 이미터저항이 1.8 kΩ으로 증가된 경우, 컬렉터전압은 얼마인가?

풀이　이미터저항 양단전압은 그대로 1.3 V이다. 이미터전류는

$$I_E = \frac{1.3\text{ V}}{1.8\text{ k}\Omega} = 0.722\text{ mA}$$

이고, 컬렉터전압은 다음과 같다.

$$V_C = 10\text{ V} - (0.722\text{ mA})(3.6\text{ k}\Omega) = 7.4\text{ V}$$

연습문제 7-9　그림 7-20의 이미터저항을 2 kΩ로 바꾸었을 때, V_{CE}를 구하라.

예제 7-10

증폭단(stage) 회로는 트랜지스터와 이에 연결된 수동소자들로 이루어진다. 그림 7-21은 양전원 이미터 바이어스를 사용한 3단 증폭회로이다. 이 증폭회로에서 각 단의 컬렉터-접지 전압은 얼마인가?

풀이　우선 커패시터는 직류전압과 전류에 대해 개방회로처럼 보이므로 모든 커패시터는 무시한다. 그러면 각 단이 양전원 이미터 바이어스를 사용한 3개의 분리된 트랜지스터로 남게 된다. 첫 번째 단의 이미터전류와 컬렉터전압은 다음과 같다.

$$I_E = \frac{15\text{ V} - 0.7\text{ V}}{20\text{ k}\Omega} = \frac{14.3\text{ V}}{20\text{ k}\Omega} = 0.715\text{ mA}$$

$$V_C = 15\ \text{V} - (0.715\ \text{mA})(10\ \text{k}\Omega) = 7.85\ \text{V}$$

다른 증폭단도 동일한 회로값을 갖고 있으므로, 각 단은 약 7.85 V의 컬렉터-접지 전압을 갖는다.

표 7-3은 4개의 중요한 바이어스 회로를 나타낸다.

연습문제 7-10 그림 7-21의 전원전압을 +12 V와 −12 V로 바꾸었을 때, 각 트랜지스터의 V_{CE}를 구하라.

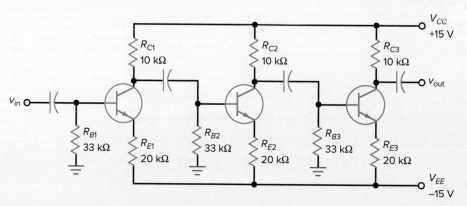

| 그림 7·21 | 3단 증폭회로

요점정리 표 7-3	주요 바이어스 회로			
종류	**회로**	**계산식**	**특성**	**용도**
베이스 바이어스		$I_B = \dfrac{V_{BB} - 0.7\ \text{V}}{R_B}$ $I_C = \beta I_B$ $V_{CE} = V_{CC} - I_C R_C$	적은 부품수; β 의존; 베이스전류 일정	스위치; 디지털
이미터 바이어스		$V_E = V_{BB} - 0.7\ \text{V}$ $I_E = \dfrac{V_E}{R_E}$ $V_C = V_C - I_C R_C$ $V_{CE} = V_C - V_E$	이미터전류 일정; β에 무관	I_C 구동기; 증폭기

요점정리 표 7-3	(계속)			
종류	회로	계산식	특성	용도
전압분배 바이어스	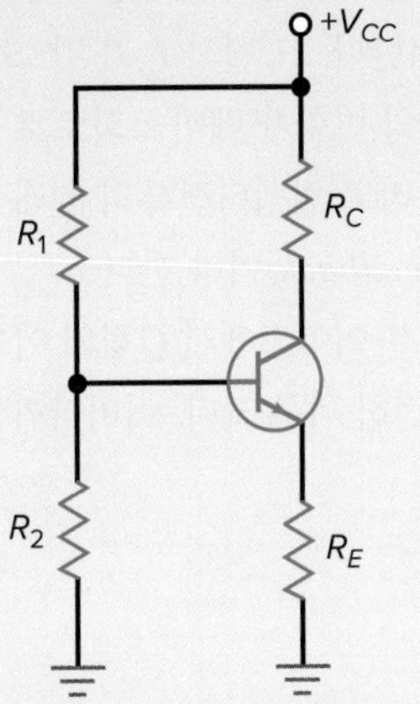	$V_B = \dfrac{R_2}{R_1 + R_2} V_{CC}$ $V_E = V_B - 0.7\ \text{V}$ $I_E = \dfrac{V_E}{R_E}$ $V_C = V_{CC} - I_C R_C$ $V_{CE} = V_C - V_E$	많은 저항 필요; β에 무관; 하나의 전원만 필요	증폭기
양전원 이미터 바이어스	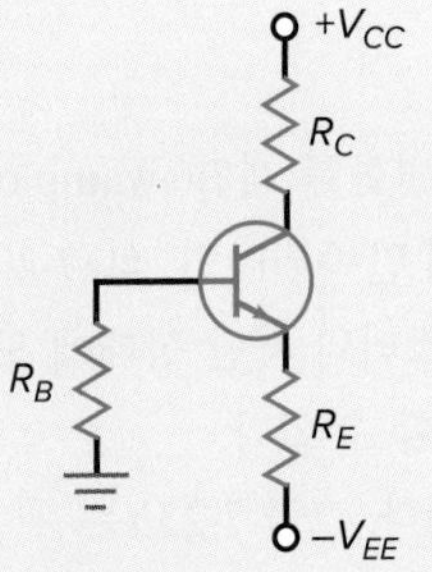	$V_B \approx 0\ \text{V}$ $V_E = V_B - 0.7\ \text{V}$ $V_{RE} = V_{EE} - 0.7\ \text{V}$ $I_E = \dfrac{V_{RE}}{R_E}$ $V_C = V_{CC} - I_C R_C$ $V_{CE} = V_C - V_E$	양전원이 필요; β에 무관	증폭기

7-9 다른 형태의 바이어스

이 절에서는 몇 가지 다른 형태의 바이어스 회로에 대해 알아보자. 이들은 새로운 설계에 아주 드물게 이용되기 때문에 이 형태의 바이어스들에 대한 상세한 해석은 필요치 않다. 그러나 이들을 회로도에서 보게 되면 적어도 이런 바이어스도 있었다는 것을 알고 있어야 한다.

이미터귀환 바이어스

앞에서 검토했던 베이스 바이어스 회로(그림 7-22*a*)를 상기해 보자. 이 회로는 고정된 Q점을 설정할 때 가장 나쁜 바이어스법이다. 베이스전류가 고정되어 있으므로, 전류이

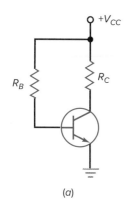

(a)

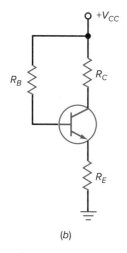

(b)

| 그림 7-22 | (a) 베이스 바이어스; (b) 이미터귀환 바이어스

득이 변화할 때 컬렉터전류도 변화한다. 이와 같은 회로에서 Q점은 트랜지스터 교체나 온도 변화에 따라 부하선 전체에 걸쳐 이동한다.

역사적으로 Q점을 안정화시키기 위한 첫 번째 시도가 그림 7-22b와 같은 **이미터귀환 바이어스**(emitter-feedback bias)였다. 이미터저항이 이 회로에 추가된 점에 주목하라. 이 회로의 기본적인 개념은 다음과 같다. 만일 I_C가 증가하면, V_E가 증가하여 V_B를 증가시킨다. V_B의 증가는 R_B 양단전압이 낮아짐을 의미한다. 그 결과 I_B가 감소하여 처음 I_C의 증가 변화를 반대로 감소하게 한다. 이미터전압의 변화가 베이스회로로 되돌아가기 때문에, 이런 현상을 귀환(*feedback*)이라 한다. 그리고 컬렉터전류의 원래 증가를 반대로 감소시키므로 이러한 귀환을 부귀환(*negative feedback*)이라 한다.

이미터귀환 바이어스는 많이 쓰이는 편은 아니다. 이 바이어스에서 Q점의 이동은 대량 생산되어야 하는 대부분의 응용에 사용하기에는 여전히 너무 크다. 이미터귀환 바이어스 해석에 필요한 식들은 다음과 같다.

$$I_E = \frac{V_{CC} - V_{BE}}{R_E + R_B/\beta_{dc}} \tag{7-20}$$

$$V_E = I_E R_E \tag{7-21}$$

$$V_B = V_E + 0.7 \text{ V} \tag{7-22}$$

$$V_C = V_{CC} - I_C R_C \tag{7-23}$$

이미터귀환 바이어스의 목적은 고질적인 문제인 β_{dc}의 변화를 제거(swamp out)시키는 데 있다. 즉, R_E가 R_B/β_{dc}보다 훨씬 커야 한다. 이 조건이 만족된다면, 식 (7-20)은 β_{dc}의 변화에 무관할 수 있다. 그러나 실제 회로에서 트랜지스터의 차단 상태에 도달하지 않고는 β_{dc}의 영향을 제거시키기 위해 R_E를 충분히 크게 할 수 없다.

그림 7-23a는 이미터귀환 바이어스회로의 예를 나타낸다. 그림 7-23b는 두 가지 다른 전류이득에 대한 부하선과 Q점을 나타낸다. 보다시피 전류이득의 3 : 1 변화는 큰 컬렉터전류의 변화를 일으킨다. 이 회로는 베이스 바이어스보다 훨씬 좋은 것은 못 된다.

컬렉터귀환 바이어스

그림 7-24a는 **컬렉터귀환 바이어스**(collector-feedback bias)(**자기바이어스**(self-bias)라

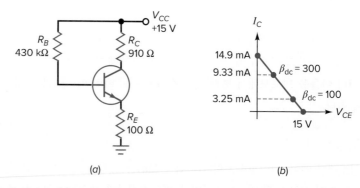

(a)   (b)

| 그림 7-23 | (a) 이미터귀환 바이어스의 예; (b) Q점이 전류이득의 변화에 민감하다.

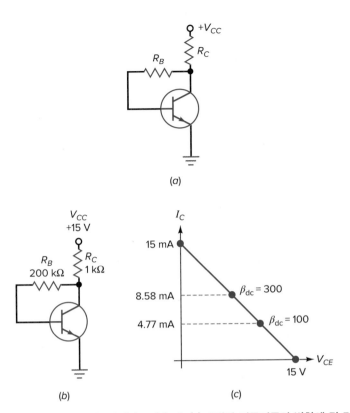

| 그림 7-24 | (a) 컬렉터귀환 바이어스; (b) 예; (c) Q점이 전류이득의 변화에 덜 민감하다.

고도 한다)를 나타낸다. 역사적으로 이 회로는 Q점을 안정화시키기 위한 또 다른 시도였다. 또한 기본적인 개념은 컬렉터전류의 변화를 없애 주기 위해 베이스로 전압을 귀환시키는 것이다. 예를 들어 컬렉터전류가 증가한다고 가정하자. 이때 컬렉터전압이 감소하여 베이스저항 양단전압을 감소시킨다. 이는 베이스전류를 감소시켜서 처음 컬렉터전류의 증가를 반대로 감소시킨다.

이미터귀환 바이어스처럼 컬렉터귀환 바이어스는 원래의 컬렉터전류 변화를 감소시키기 위해 부귀환을 사용한다. 컬렉터귀환 바이어스 해석에 필요한 식들은 다음과 같다.

$$I_E = \frac{V_{CC} - V_{BE}}{R_C + R_B/\beta_{dc}} \tag{7-24}$$

$$V_B = 0.7 \text{ V} \tag{7-25}$$

$$V_C = V_{CC} - I_C R_C \tag{7-26}$$

보통 Q점은 부하선의 거의 중앙에 놓이게 하며, 이를 위한 베이스저항은 다음과 같다.

$$R_B = \beta_{dc} R_C \tag{7-27}$$

그림 7-24b는 컬렉터귀환 바이어스의 예를 나타낸 것이다. 그림 7-24c는 부하선과 두 가지 다른 전류이득에 대한 Q점을 나타낸다. 보다시피 전류이득의 3 : 1 변화는 이미터귀환 때보다 컬렉터전류의 변화가 덜하다(그림 7-23b 참조).

Q점을 안정화시킴에 있어서 컬렉터귀환 바이어스가 이미터귀환 바이어스보다 좀 더 효과적이다. 이 회로가 여전히 전류이득의 변화에 민감한 편일지라도 회로의 간단함 때문에 실제로 이용된다.

컬렉터와 이미터 귀환 바이어스

이미터귀환 바이어스와 컬렉터귀환 바이어스는 트랜지스터 회로가 좀 더 안정하게 하기 위한 첫 번째 단계였다. 부귀환의 개념이 좋더라도 이 회로들은 기능을 다하기 위해 부귀환이 충분하지 않으므로 미흡하다. 이것이 다음 단계의 바이어스로 그림 7-25와 같은 회로가 되는 이유이다. 이 회로의 기본적인 개념은 회로 동작을 개선시키기 위해 이미터와 컬렉터 귀환 두 가지를 이용하는 것이다.

모두가 알다시피, 많다고 항상 더 좋은 것은 아니다. 두 형태의 귀환을 하나의 회로로 묶는 것은 유익하나 여전히 대량 생산에 요구되는 기능에는 미흡하다. 이 회로를 사용한다면 이 회로의 해석에 관한 식들은 다음과 같다.

$$I_E = \frac{V_{CC} - V_{BE}}{R_C + R_E + R_B/\beta_{dc}} \tag{7-28}$$

$$V_E = I_E R_E \tag{7-29}$$

$$V_B = V_E + 0.7 \text{ V} \tag{7-30}$$

$$V_C = V_{CC} - I_C R_C \tag{7-31}$$

| 그림 7-25 | 컬렉터-이미터 귀환 바이어스

7-10 VDB 회로 고장점검

전압분배 바이어스법이 가장 폭넓게 이용되므로 이 회로의 고장점검에 대해 논의해 보자. 그림 7-26은 앞에서 해석했던 VDB 회로를 나타낸다. 표 7-4는 MultiSim으로 모의실험했을 때, 이 회로에 대한 전압들을 기록한 것이다. 측정에 사용된 전압계의 입력임피던스는 10 MΩ이다.

특이한 고장

흔히 개방 또는 단락된 소자는 특이한 전압을 나타낸다. 예를 들어 그림 7-26의 트랜지스터의 베이스에서 10 V를 얻기 위한 유일한 방법은 R_1 단락이다. 다른 어떤 소자를 단락 또는 개방시키더라도 똑같은 결과를 얻을 수 없다. 표 7-4에 들어 있는 대부분은 일련의 특이한 전압들을 만들어 내므로 회로를 더 시험해 보지 않고서도 이 전압들을 확인할 수 있다.

모호한 고장

표 7-4에 있는 두 가지 고장 R_{1O}와 R_{2S}는 유일한 전압을 만들지 않는다. 이 두 경우 측정된 전압은 0, 0 및 10 V이다. 이와 같은 모호한 경우 의심되는 소자 중의 하나를 떼어 내 저항계나 다른 장비를 이용해서 테스트해야 한다. 예를 들어 R_1을 떼어 내서 저항계

| 그림 7-26 | VDB 고장점검

요점정리 표 7-4		고장과 증상			
고장	V_B	V_E	V_C	설명	
없음	1.79	1.12	6	고장 없음	
R_{1S}	10	9.17	9.2	트랜지스터 포화	
R_{1O}	0	0	10	트랜지스터 차단	
R_{2S}	0	0	10	트랜지스터 차단	
R_{2O}	3.38	2.68	2.73	이미터귀환 바이어스로 축소	
R_{ES}	0.71	0	0.06	트랜지스터 포화	
R_{EO}	1.8	1.37	10	10 MΩ 전압계가 V_E를 감소시킴	
R_{CS}	1.79	1.12	10	컬렉터저항 단락	
R_{CO}	1.07	0.4	0.43	베이스전류 커짐	
CES	2.06	2.06	2.06	모든 트랜지스터 단자 단락	
CEO	1.8	0	10	모든 트랜지스터 단자 개방	
V_{CC} 공급 안됨	0	0	0	전원과 접속선 점검	

로 저항을 측정한다. 만일 저항이 개방 상태이면 고장을 발견한 것이다. 만일 저항이 정상이면, 이때는 R_2가 단락된 것이다.

전압계의 부하 작용

전압계를 사용할 때는 새로운 저항을 회로에 연결하는 것과 같다. 이 새로운 저항은 회로로부터 새로운 전류를 만들 것이다. 만일 회로가 큰 저항을 갖고 있다면, 측정되는 전압은 정상일 때보다 낮을 것이다.

　예를 들어 그림 7-26의 이미터저항이 개방되었다고 가정하자. 이때 베이스전압은 1.8 V이다. 개방된 이미터저항에는 이미터전류가 흐를 수 없으므로, 이미터와 접지 사이의 예상 전압은 역시 1.8 V임이 틀림없다. 내부저항이 10 MΩ인 전압계로 V_E를 측정할 때, 이미터와 접지 사이에 10 MΩ의 저항을 연결한 것이나 같다. 이것은 매우 작은 이미터 전류가 흐르도록 하여 이미터 다이오드 양단에 전압을 발생시킨다. 이것이 표 7-4에서 R_{EO}의 경우 V_E가 1.8 V 대신 $V_E = 1.37$ V가 되는 이유이다.

7-11 *PNP* 트랜지스터

이제까지는 *npn* 트랜지스터를 사용한 바이어스 회로에 집중해 왔다. 많은 회로에 *pnp* 트랜지스터도 사용한다. 이런 형태의 트랜지스터는 흔히 전자장비가 부(−)의 전원전압을 갖고 있을 때 사용된다. 또한 *pnp* 트랜지스터는 양전원(+와 −)이 사용될 때 *npn* 트랜지스터와 상보(complement)로 사용된다.

　그림 7-27은 *pnp* 트랜지스터의 구조를 도식적 기호로 나타낸 것이다. 도핑된 영역이

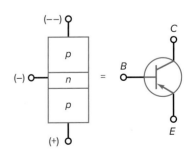

| 그림 7-27 | *PNP* 트랜지스터

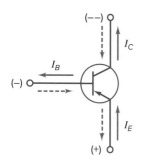

| 그림 7-28 |　*PNP* 전류

npn 트랜지스터와 반대 형태이므로 지금까지의 생각을 바꾸어야 한다. 특히 자유전자가 아니라 정공이 이미터의 다수캐리어(majority carrier)이다. *npn* 트랜지스터와 같이, *pnp* 트랜지스터를 적절하게 바이어스하기 위해 그림 7-27에 보이는 것과 같이 베이스-이미터 다이오드는 순방향 바이어스하고 베이스-컬렉터 다이오드는 역방향으로 바이어스한다.

기본 개념

간략하게 원자 레벨에서 일어나는 현상을 살펴보면, 이미터는 정공을 베이스로 주입시킨다. 다수캐리어인 이 정공들은 컬렉터로 이동한다. 이런 이유로 컬렉터전류는 이미터 전류와 거의 같다.

그림 7-28은 세 가지 트랜지스터 전류를 나타낸다. 실선 화살표는 일반적인 전류를, 점선 화살표는 전자의 흐름을 나타낸 것이다.

부(−)의 전원전압

그림 7-29a는 *pnp* 트랜지스터와 부(−)의 전원전압이 −10 V인 전압분배 바이어스를 나타낸다. 2N3906은 2N3904와 상보(complement)이다. 즉, 그 특성이 2N3904와 동일한 절대값을 가지나, 모든 전류와 전압의 극성은 반대이다. 이 *pnp* 회로와 그림 7-26의 *npn* 회로와 비교해 보면 차이점은 전원전압과 트랜지스터뿐이다.

중요한 점은 회로가 *npn* 트랜지스터로 되어 있을 때 흔히 똑같은 회로를 부(−)의 전원전압과 *pnp* 트랜지스터로 구성하여 사용할 수 있다.

부(−)의 전원전압을 사용하고 부(−)의 회로값들이 발생하기 때문에, 회로 해석을 위한 계산을 할 때 조심할 필요가 있다. 그림 7-29a의 *Q*점을 결정하는 단계는 다음과 같다.

$$V_B = \frac{R_2}{R_1 + R_2} V_{CC} = \frac{2.2 \text{ k}\Omega}{10 \text{ k}\Omega + 2.2 \text{ k}\Omega}(-10 \text{ V}) = -1.8 \text{ V}$$

pnp 트랜지스터의 경우, V_E가 V_B보다 0.7 V 높을 때 베이스-이미터 접합이 순방향으로 바이어스될 것이다. 그러므로

$$V_E = V_B + 0.7 \text{ V}$$
$$V_E = -1.8 \text{ V} + 0.7 \text{ V}$$
$$V_E = -1.1 \text{ V}$$

다음, 이미터전류와 컬렉터전류를 구한다.

$$I_E = \frac{V_E}{R_E} = \frac{-1.1 \text{ V}}{1 \text{ k}\Omega} = 1.1 \text{ mA}$$
$$I_C \approx I_E = 1.1 \text{ mA}$$

이제 컬렉터전압과 컬렉터-이미터 전압을 구한다.

$$V_C = -V_{CC} + I_C R_C$$
$$V_C = -10 \text{ V} + (1.1 \text{ mA})(3.6 \text{ k}\Omega)$$
$$V_C = -6.04 \text{ V}$$

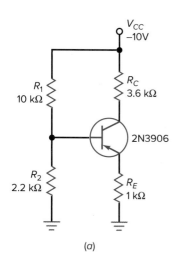

(a)

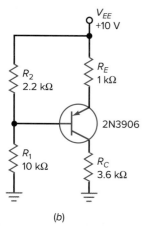

(b)

| 그림 7-29 |　*PNP* 회로 (a) 부(−)의 전원전압; (b) 정(+)의 전원전압

$$V_{CE} = V_C - V_E$$

$$V_{CE} = -6.04\ \text{V} - (-1.1\ \text{V}) = -4.94\ \text{V}$$

정(+)의 전원전압

정(+)의 전원전압은 트랜지스터 회로에서 부(−)의 전원전압보다 좀 더 흔하게 이용된다. 이 때문에 *pnp* 트랜지스터를 흔히 그림 7-29b처럼 위아래를 전도시킨다. 이 회로의 동작 방법은 다음과 같다. R_2 양단전압은 이미터 다이오드와 이미터저항에 인가된다. 이로부터 이미터전류가 설정된다. 컬렉터전류는 R_C로 흘러 컬렉터-접지 전압을 발생시킨다. 고장점검하는 경우 V_C, V_B, V_E는 다음과 같이 계산할 수 있다.

1. R_2 양단전압을 구한다.
2. 이미터저항 양단전압을 구하기 위해 R_2 양단전압에서 0.7 V를 빼 준다.
3. 이미터전류를 구한다.
4. 컬렉터-접지 전압을 계산한다.
5. 베이스-접지 전압을 계산한다.
6. 이미터-접지 전압을 계산한다.

예제 7-11　‖‖ MultiSim

그림 7-29b와 같은 *pnp* 회로에 대한 세 가지 트랜지스터 전압을 구하라.

풀이　전압분배식을 이용하여 R_2 양단전압을 구하는 것으로부터 시작한다.

$$V_{R2} = \frac{R_2}{R_1 + R_2} V_{EE}$$

또는 다른 방법으로 이 전압을 구할 수 있는데, 전압분배기에 흐르는 전류를 구하여 R_2를 곱해 주면 된다. 즉

$$I = \frac{10\ \text{V}}{12.2\ \text{k}\Omega} = 0.82\ \text{mA}$$

$$V_{R2} = (0.82\ \text{mA})(2.2\ \text{k}\Omega) = 1.8\ \text{V}$$

다음 이미터저항 양단전압을 구하기 위하여, 이 전압에서 0.7 V를 빼 준다.

$$1.8\ \text{V} - 0.7\ \text{V} = 1.1\ \text{V}$$

그다음에 이미터전류를 구한다.

$$I_E = \frac{1.1\ \text{V}}{1\ \text{k}\Omega} = 1.1\ \text{mA}$$

컬렉터전류가 컬렉터저항에 흐를 때, 컬렉터-접지 전압은

$$V_C = (1.1\ \text{mA})(3.6\ \text{k}\Omega) = 3.96\ \text{V}$$

가 발생되고, 베이스와 접지 사이의 전압은

$$V_B = 10 \text{ V} - 1.8 \text{ V} = 8.2 \text{ V}$$

이고, 이미터와 접지 사이의 전압은 다음과 같다.

$$V_E = 10 \text{ V} - 1.1 \text{ V} = 8.9 \text{ V}$$

연습문제 7-11 그림 7-29*a*와 그림 7-29*b*의 두 회로에서 전원전압을 10 V에서 12 V로 변화시켜 V_B, V_E, V_C, V_{CE}를 구하라.

요점 __ *Summary*

7-1 이미터 바이어스

이미터 바이어스는 실질적으로 전류이득의 변화가 없다. 이미터 바이어스를 해석하는 과정은 이미터전압, 이미터전류, 컬렉터전압 및 컬렉터-이미터 전압의 순서로 구한다. 이 과정에서 필요한 것은 옴의 법칙이다.

7-2 LED 구동기

베이스 바이어스된 LED 구동기는 포화되거나 차단된 트랜지스터가 LED에 흐르는 전류를 제어하는 데 사용한다. 이미터 바이어스된 LED 구동기는 LED에 흐르는 전류를 제어하기 위해 활성영역과 차단영역을 이용한다.

7-3 이미터 바이어스 회로 고장점검

트랜지스터를 시험하기 위해 DMM이나 저항계를 사용할 수 있다. 이때 트랜지스터를 회로에서 떼어 내 시험하는 것이 가장 좋다. 트랜지스터가 전원을 인가한 채 회로에 꽂혀 있을 때 트랜지스터의 전압을 측정할 수 있으나 이것은 고장을 일으킬 수 있는 단서가 된다.

7-4 여러 가지 광전소자

β_{dc} 때문에 포토트랜지스터는 포토다이오드보다 빛에 대해 더욱 민감하다. LED와 결합되면 포토트랜지스터는 더욱 민감

한 광결합기(optocoupler)가 된다. 포토트랜지스터의 단점은 포토다이오드보다 빛의 세기(light intensity)의 변화에 좀 더 늦게 반응하는 것이다.

7-5 전압분배 바이어스

이미터 바이어스를 기본으로 한 가장 잘 알려진 회로를 전압분배 바이어스라 한다. 베이스회로에 있는 전압분배기로부터 이 바이어스를 이해할 수 있다.

7-6 정확한 VDB 해석

핵심적인 개념은 베이스전류가 전압분배기의 전류보다 훨씬 적다는 것이다. 이 조건이 만족될 때 전압분배기는 거의 일정한 베이스전압을 유지하고, 이 전압은 전압분배기의 무부하전압과 같다. 이로써 모든 동작조건하에서도 *Q*점을 고정시킨다.

7-7 VDB 부하선과 *Q*점

부하선은 포화점과 차단점을 이어 놓은 직선이다. *Q*점은 바이어스 회로에 의해 결정되는 정확한 위치의 부하선상에 놓인다. 이 바이어스 회로는 일정한 이미터전류를 흐르게 하므로 전류이득이 크게 변하더라도 *Q*점에 거의 영향을 미치지 않는다.

7-8 양전원 이미터 바이어스

이 설계는 2개의 전원전압을 이용한다. 하나는 정(+), 다른 하나는 부(−)의 전원전압을 이용한다. 이 개념은 일정한 값의 이미터 전류를 설정하는 것이다. 이 회로는 앞에서 검토한 이미터 바이어스의 변형이다.

7-9 다른 형태의 바이어스

이 절에서는 출력량의 증가가 입력량의 감소를 유발할 때 나타나는 현상인 부귀환을 소개했다. 부귀환은 전압분배 바이어스를 이끌어 낸 멋진 생각이다. 다른 형태의 바이어스들은 충분한 부귀환을 이용할 수 없으므로, 전압분배 바이어스 정도의 성능을 얻지 못한다.

7-10 VDB 회로 고장점검

고장점검은 하나의 예술이다. 이 때문에 일련의 규칙으로 정리될 수 없고, 대부분 경험으로부터 고장점검을 배우게 된다.

7-11 *PNP* 트랜지스터

pnp 소자는 모든 전류와 전압이 *npn* 소자와 반대이다. *pnp* 소자는 부(−)의 전원전압이 이용된다. 위아래를 전도시킨 구조에서는 정(+)의 전원전압을 사용하는 것이 좀 더 일반적이다.

중요 수식 __ *Important Formulas*

(7-1) 이미터전압:

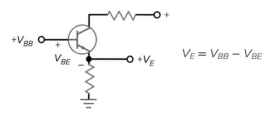

$$V_E = V_{BB} - V_{BE}$$

(7-2) 컬렉터-이미터 전압:

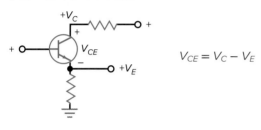

$$V_{CE} = V_C - V_E$$

(7-3) β_{dc}에 대한 I_C의 둔감:

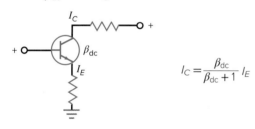

$$I_C = \frac{\beta_{dc}}{\beta_{dc} + 1} I_E$$

(7-4) 베이스전압:

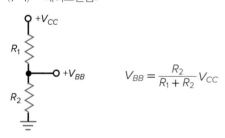

$$V_{BB} = \frac{R_2}{R_1 + R_2} V_{CC}$$

(7-5) 이미터전압:

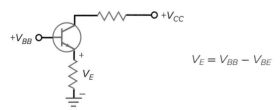

$$V_E = V_{BB} - V_{BE}$$

(7-6) 이미터전류:

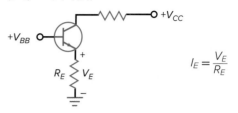

$$I_E = \frac{V_E}{R_E}$$

(7-7) 컬렉터전류:

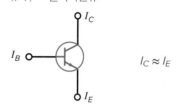

$$I_C \approx I_E$$

(7-8) 컬렉터전압:

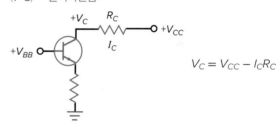

$$V_C = V_{CC} - I_C R_C$$

(7-9) 컬렉터-이미터 전압:

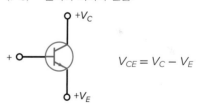

$$V_{CE} = V_C - V_E$$

(7-10) 베이스전압:

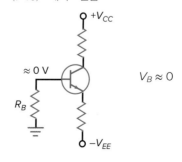

$$V_B \approx 0$$

(7-11) 이미터전류:

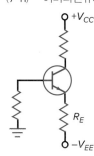

$$I_E = \frac{V_{EE} - 0.7\text{ V}}{R_E}$$

(7-13) 컬렉터-이미터 전압(TSEB):

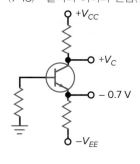

$$V_{CE} = V_C + 0.7\text{ V}$$

(7-12) 컬렉터전압(TSEB):

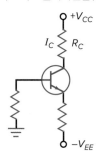

$$V_C = V_{CC} - I_C R_C$$

연관 실험 __ *Correlated Experiments*

실험 18

LED 구동기 포토트랜지스터 회로

실험 19

안정된 Q점 구하기

실험 20

바이어스된 *PNP* 트랜지스터

실험 21

트랜지스터 바이어스

복습문제 __ *Self–Test*

1. 일정한 이미터전류가 흐르도록 하는 회로는?
  a. 베이스 바이어스
  b. 이미터 바이어스
  c. 트랜지스터 바이어스
  d. 2전원 바이어스

2. 이미터 바이어스 회로 해석에서, 첫 번째 단계로 구해야 하는 것은?
  a. 베이스전류
  b. 이미터전압
  c. 이미터전류
  d. 컬렉터전류

3. 이미터 바이어스 회로에서 전류이득을 모르면 계산할 수 없는 것은?
  a. 이미터전압
  b. 이미터전류
  c. 컬렉터전류
  d. 베이스전류

4. 이미터저항이 개방된 경우, 컬렉터 전압은?
  a. 저(low)
  b. 고(high)
  c. 변함없다.
  d. 알 수 없다.

5. 컬렉터저항이 개방된 경우, 컬렉터 전압은?
  a. 저(low)
  b. 고(high)
  c. 변함없다.
  d. 알 수 없다.

6. 이미터 바이어스 회로에서 전류이득이 50에서 300으로 증가할 때, 컬렉터전류는?
  a. 거의 변함없다.
  b. 6배 감소한다.
  c. 6배 증가한다.
  d. 0이 된다.

7 이미터저항이 증가하는 경우, 컬렉터전압은?

a. 감소한다.

b. 변함없다.

c. 증가한다.

d. 트랜지스터를 항복(breakdown)시킨다.

8. 이미터저항이 감소하는 경우, 나타나는 현상은?

a. Q점이 부하선의 위쪽으로 이동한다.

b. 컬렉터전류가 감소한다.

c. Q점은 그대로 머물러 있다.

d. 전류이득이 증가한다.

9. 포토트랜지스터를 포토다이오드와 비교할 때 중요한 장점은?

a. 더 높은 주파수에 대한 응답

b. 교류 동작

c. 감도 증가

d. 내구성

10. 이미터 바이어스에서 이미터 저항 양단전압은 이미터와 _____ 사이의 전압과 같다.

a. 베이스   b. 컬렉터

c. 이미터   d. 접지

11. 이미터 바이어스에서 이미터전압은 _____ 보다 **0.7 V**만큼 적다.

a. 베이스전압   b. 이미터전압

c. 컬렉터전압   d. 접지전압

12. 전압분배 바이어스에서 베이스전압은?

a. 베이스 전원전압보다 적다.

b. 베이스 전원전압과 같다.

c. 베이스 전원전압보다 크다.

d. 컬렉터 전원전압보다 크다.

13. VDB에서 주목받는 것은 어느 것인가?

a. 불안정한 컬렉터전압

b. 이미터전류의 변화

c. 큰 베이스전류

d. 안정한 Q점

14. VDB에서 컬렉터저항의 증가는?

a. 이미터전압을 감소시킨다.

b. 컬렉터전압을 감소시킨다.

c. 이미터전압을 증가시킨다.

d. 이미터전류를 감소시킨다.

15. VDB는 _____와 같이 안정한 Q점을 갖는다.

a. 베이스 바이어스

b. 이미터 바이어스

c. 컬렉터귀환 바이어스

d. 이미터귀환 바이어스

16. VDB가 필요로 하는 것은?

a. 단지 3개의 저항

b. 단지 하나의 전원

c. 정밀한 저항들

d. 성능 좋은 더 많은 저항

17. 보통 VDB는 어느 영역에서 동작하는가?

a. 활성영역

b. 차단영역

c. 포화영역

d. 항복영역

18. VDB 회로의 컬렉터전압은 다음 중 어느 변화에 민감하지 않는가?

a. 전원전압

b. 이미터저항

c. 전류이득

d. 컬렉터저항

19. VDB 회로에서 이미터저항이 감소하면, 컬렉터전압은?

a. 감소한다.

b. 변함없다.

c. 증가한다.

d. 2배가 된다.

20. 베이스 바이어스와 관련 있는 것은?

a. 증폭기

b. 스위칭 회로

c. 안정한 Q점

d. 고정된 이미터전류

21. VDB 회로에서 이미터저항이 1/2로 감소되면, 컬렉터전류는?

a. 2배로 된다.

b. 반으로 줄어든다.

c. 변함없다.

d. 증가한다.

22. VDB 회로에서 컬렉터저항이 작아지면, 컬렉터전압은?

a. 감소한다.

b. 변함없다.

c. 증가한다.

d. 2배로 된다.

23. VDB 회로의 Q점은?

a. 전류이득의 변화에 극도로 민감

b. 전류이득의 변화에 다소 민감

c. 전류이득의 변화에 거의 영향을 안받는다.

d. 온도 변화에 상당히 영향을 받는다.

24. 양전원 이미터 바이어스(TSEB)의 베이스전압은?

a. 0.7 V

b. 매우 크다.

c. 거의 0 V

d. 1.3 V

25. TSEB에서 이미터저항이 2배로 되면, 컬렉터전류는?

a. 반으로 줄어든다.

b. 변함없다.

c. 2배로 된다.

d. 증가한다.

26. 납이 녹아 튄 것이 TSEB의 컬렉터 저항을 단락시키면, 컬렉터전압은?

a. 0으로 줄어든다.

b. 컬렉터 전원전압과 같다.

c. 변함없다.

d. 2배로 된다.

27. TSEB에서 이미터저항이 감소하면, 컬렉터전압은?

a. 감소한다.

b. 변함없다.

c. 증가한다.

d. 컬렉터 전원전압과 같다.

28. TSEB에서 이미터저항이 개방되면, 컬렉터전압은?

a. 감소한다.
b. 변함없다.
c. 약간 증가한다.
d. 컬렉터 전원전압과 같다.

29. TSEB에서 베이스전류는 매우 _____.

a. 작다   b. 크다
c. 불안정하다   d. 안정하다

30. TSEB의 *Q*점은 _____에 의존하지 않는다(무관하다).

a. 이미터저항
b. 컬렉터저항
c. 전류이득
d. 이미터전압

31. *pnp* 트랜지스터에서 이미터의 다수 캐리어는?

a. 정공
b. 자유전자
c. 3가 원자
d. 5가 원자

32. *pnp* 트랜지스터의 전류이득은?

a. *npn* 트랜지스터 전류이득의 음(−) 값이다.
b. 컬렉터전류를 이미터전류로 나눈 값이다.
c. 거의 0이다.
d. 베이스전류에 대한 컬렉터전류의 비이다.

33. *pnp* 트랜지스터에서 가장 큰 전류는?

a. 베이스전류
b. 이미터전류
c. 컬렉터전류
d. 정답 없음

34. *pnp* 트랜지스터의 전류는?

a. 일반적으로 *npn* 전류보다 적다.
b. *npn* 전류와 반대이다.
c. 일반적으로 *npn* 전류보다 크다.
d. 부(−)이다.

35. *pnp* 전압분배 바이어스에서는 _____을 사용해야만 한다.

a. 부(−)의 전원전압
b. 정(+)의 전원전압
c. 저항들
d. 접지들

36. −V_{CC} 전원을 사용한 TSEB *pnp* 회로의 경우, 이미터전압은?

a. 베이스전압과 같다.
b. 베이스전압보다 0.7 V 높다.
c. 베이스전압보다 0.7 V 낮다.
d. 컬렉터전압과 같다.

37. 잘 설계된 VDB 회로에서 베이스전류는?

a. 전압분배기 전류보다 훨씬 크다.
b. 이미터전류와 같다.
c. 전압분배기 전류보다 훨씬 적다.
d. 컬렉터전류와 같다.

38. VDB 회로에서 베이스 입력저항 R_{IN}은?

a. $\beta_{dc} R_E$와 같다.
b. 보통 R_{TH}보다 작다.
c. $\beta_{dc} R_C$와 같다.
d. β_{dc}와 무관하다.

39. TSEB 회로에서, 다음 중 어느 때 베이스전압이 약 0 V가 되는가?

a. 베이스저항이 매우 클 때
b. 트랜지스터가 포화될 때
c. β_{dc}가 매우 작을 때
d. $R_B < 0.01 \beta_{dc} R_E$일 때

기본문제 __ *Problems*

7-1 이미터 바이어스

7-1 ‖‖MultiSim 그림 7-30*a*에서 컬렉터전압과 이미터전압은 얼마인가?

7-2 ‖‖MultiSim 그림 7-30*a*에서 이미터저항을 2배로 하였을 때, 컬렉터-이미터 전압은 얼마인가?

7-3 ‖‖MultiSim 그림 7-30*a*에서 컬렉터 전원전압을 15 V로 감소시키면, 컬렉터전압은 얼마인가?

7-4 ‖‖MultiSim 그림 7-30*b*에서 V_{BB} = 2 V일 때, 컬렉터전압은 얼마인가?

7-5 ‖‖MultiSim 그림 7-30*b*에서 이미터저항을 2배로 해 주었을 때 베이스 전원전압 V_{BB} = 2.3 V에 대한 컬렉터-이미터 전압은 얼마인가?

7-6 ‖‖MultiSim 그림 7-30*b*에서 컬렉터 전원전압을 15 V로 증가시키면, V_{BB} = 1.8 V에 대한 컬렉터-이미터 전압은 얼마인가?

7-2 LED 구동기

7-7 ‖‖MultiSim 그림 7-30*c*에서 V_{BB} = 2 V일 때, LED에 흐르는 전류는 얼마인가?

7-8 ‖‖MultiSim 그림 7-30*c*에서 V_{BB} = 1.8 V일 때, LED 전류와 대략적인 컬렉터전압 V_C는 얼마인가?

7-3 이미터 바이어스 회로 고장점검

7-9 그림 7-31*a*의 컬렉터에서 전압계의 지시는 10 V이다. 이와 같은 높은 전압이 읽힐 수 있는 고장에는 어떤 것들이 있는가?

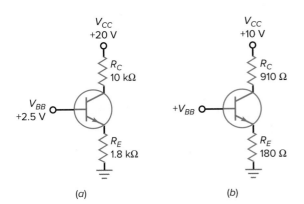

(a)

(b)

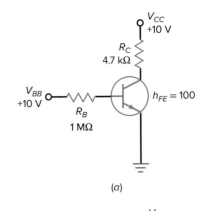

(a)

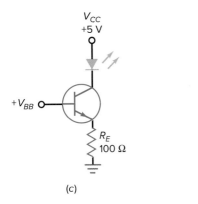

(c)

| 그림 7·30 |

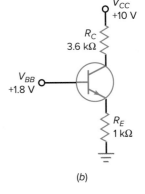

(b)

| 그림 7·31 |

7-10 그림 7-31a에서 이미터가 접지되지 않으면 어떻게 되겠는가? 이때 베이스전압과 컬렉터전압에 대한 전압계의 지시는 어떻게 되겠는가?

7-11 그림 7-31a의 컬렉터에서 직류전압계로 매우 낮은 전압이 측정되었다. 가능한 고장에는 어떤 것들이 있는가?

7-12 그림 7-31b의 컬렉터에서 전압계의 지시가 10 V이다. 이와 같은 높은 전압이 읽힐 수 있는 고장에는 어떤 것들이 있는가?

7-13 그림 7-31b에서 이미터저항이 개방되면 어떻게 되겠는가? 전압계는 베이스전압과 컬렉터전압을 얼마로 지시하겠는가?

7-14 그림 7-31b의 컬렉터에서 직류전압계로 1.1 V가 측정되었다. 가능한 고장에는 어떤 것들이 있는가?

7-5 전압분배 바이어스

7-15 ‖‖‖MultiSim 그림 7-32에서 이미터전압과 컬렉터전압을 구하라.

7-16 ‖‖‖MultiSim 그림 7-33에서 이미터전압과 컬렉터전압을 구하라.

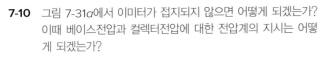

| 그림 7·32 | | 그림 7·33 |

7-17 ‖‖‖MultiSim 그림 7-34에서 이미터전압과 컬렉터전압을 구하라.

7-18 ‖‖‖MultiSim 그림 7-35에서 이미터전압과 컬렉터전압을 구하라.

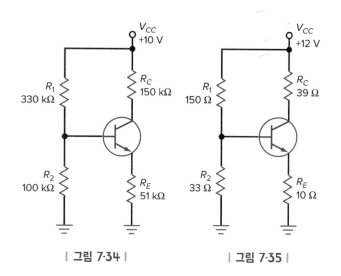

| 그림 7·34 |　　　　| 그림 7·35 |

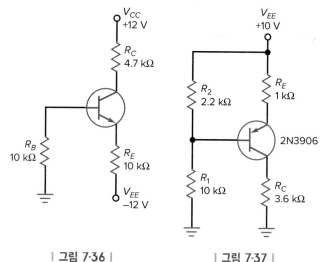

| 그림 7·36 |　　　　| 그림 7·37 |

7-19 그림 7-34의 모든 저항이 ±5%의 오차를 갖는다. 컬렉터전압의 가장 낮은 값과 가장 높은 값을 구하라.

7-20 그림 7-35의 전원전압이 ±10%의 오차를 갖는다. 컬렉터전압의 가장 낮은 값과 가장 높은 값을 구하라.

7-7 VDB 부하선과 Q점

7-21 그림 7-32의 Q점을 구하라.

7-22 그림 7-33의 Q점을 구하라.

7-23 그림 7-34의 Q점을 구하라.

7-24 그림 7-35의 Q점을 구하라.

7-25 그림 7-34의 모든 저항이 ±5%의 오차를 갖는다. 컬렉터전류의 가장 낮은 값과 가장 높은 값을 구하라.

7-26 그림 7-35의 전원전압이 ±10%의 오차를 갖는다. 컬렉터전류의 가장 낮은 값과 가장 높은 값을 구하라.

7-8 양전원 이미터 바이어스

7-27 그림 7-36의 이미터전류와 컬렉터전압을 구하라.

7-28 그림 7-36의 모든 저항을 2배가 되게 하는 경우, 이미터전류와 컬렉터전압을 구하라.

7-29 그림 7-36의 모든 저항이 ±5%의 오차를 갖는다. 컬렉터전압의 가장 낮은 값과 가장 높은 값을 구하라.

7-9 다른 형태의 바이어스

7-30 그림 7-35에서 다음 각각의 작은 변화에 대하여 컬렉터전압이 증가하는가, 감소하는가, 변함없는가?

　a. R_1 증가　　　　d. R_C 감소
　b. R_2 감소　　　　e. V_{CC} 증가
　c. R_E 증가　　　　f. β_{dc} 감소

7-31 그림 7-37에서 다음 회로값 각각의 작은 증가에 대하여 컬렉터전압이 증가하는가, 감소하는가, 변함없는가?

　a. R_1　　　　　　d. R_C
　b. R_2　　　　　　e. V_{EE}
　c. R_E　　　　　　f. β_{dc}

7-10 VDB 회로 고장점검

7-32 그림 7-35에서 다음 고장에 대한 컬렉터전압의 대략적인 값을 구하라.

　a. R_1 개방　　　　d. R_C 개방
　b. R_2 개방　　　　e. 컬렉터-이미터 개방
　c. R_E 개방

7-33 그림 7-37에서 다음 고장에 대한 컬렉터전압의 대략적인 값을 구하라.

　a. R_1 개방　　　　d. R_C 개방
　b. R_2 개방　　　　e. 컬렉터-이미터 개방
　c. R_E 개방

7-11 *PNP* 트랜지스터

7-34 그림 7-37의 컬렉터전압을 구하라.

7-35 그림 7-37의 컬렉터-이미터 전압을 구하라.

7-36 그림 7-37의 컬렉터 포화전류와 컬렉터-이미터 차단전압을 구하라.

7-37 그림 7-38의 이미터전압과 컬렉터전압을 구하라.

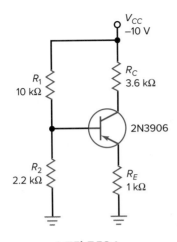

| 그림 7-38 |

응용문제 __ *Critical Thinking*

7-38 그림 7-35의 회로를 R_1 = 150 kΩ, R_2 = 33 kΩ으로 바꾸어 주면, 베이스전압(전압분배기의 이상적인 출력전압)이 2.16 V가 아닌 0.8 V로 되는 이유를 설명하라.

7-39 2N3904를 이용하여 그림 7-35의 회로를 만든다면, 어떤 점을 고려해야 하는가?

7-40 그림 7-35의 컬렉터-이미터 전압을 측정하고자 전압계를 컬렉터와 이미터 사이에 접속하면, 읽히는 값은?

7-41 그림 7-35에서 임의의 회로값을 변화시켜, 트랜지스터를 파괴시킬 수 있는 모든 방법을 생각해 보라.

7-42 그림 7-35의 전원장치로 트랜지스터에 전류를 공급해야 하는데, 이 전류를 구할 수 있는 모든 방법을 생각해 보라.

7-43 그림 7-39의 각 트랜지스터에 대한 컬렉터전압을 구하라. (힌트: 직류에 대해 모든 커패시터는 개방된다.)

7-44 그림 7-40*a*의 회로에서 실리콘 다이오드를 사용했을 때, 이미터전류와 컬렉터전압을 구하라.

7-45 그림 7-40*b*의 출력전압을 구하라.

7-46 그림 7-41*a*의 LED에 흐르는 전류를 구하라.

7-47 그림 7-41*b*의 LED에 흐르는 전류를 구하라.

7-48 *Q*점을 변화시키지 않고 그림 7-34의 전압분배기가 안정(stiff)하기 위한 R_1과 R_2를 구하라.

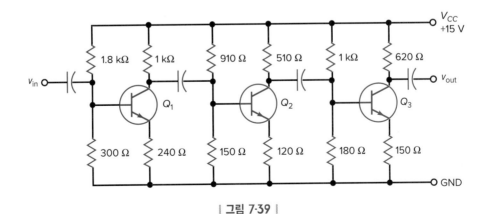

| 그림 7-39 |

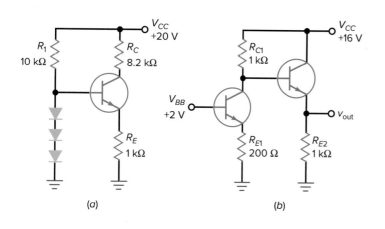

(a)

(b)

| 그림 7·40 |

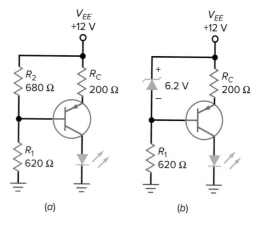

(a)

(b)

| 그림 7·41 |

고장점검 __ *Troubleshooting*

다음 문제에 대하여 그림 7-42를 이용하라.

7-49 $T1$의 고장을 진단하라.

7-50 $T2$의 고장을 진단하라.

7-51 $T3$과 $T4$의 고장을 진단하라.

7-52 $T5$와 $T6$의 고장을 진단하라.

7-53 $T7$과 $T8$의 고장을 진단하라.

7-54 $T9$와 $T10$의 고장을 진단하라.

7-55 $T11$과 $T12$의 고장을 진단하라.

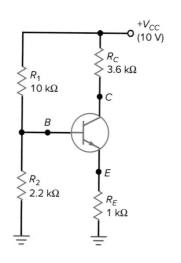

MEASUREMENTS

Trouble	V_B (V)	V_E (V)	V_C (V)	R_2 (Ω)
OK	1.8	1.1	6	OK
T1	10	9.3	9.4	OK
T2	0.7	0	0.1	OK
T3	1.8	1.1	10	OK
T4	2.1	2.1	2.1	OK
T5	0	0	10	OK
T6	3.4	2.7	2.8	∞
T7	1.83	1.212	10	OK
T8	0	0	10	0
T9	1.1	0.4	0.5	OK
T10	1.1	0.4	10	OK
T11	0	0	0	OK
T12	1.83	0	10	OK

| 그림 7·42 |

MultiSim 고장점검 문제 __ *MultiSim Troubleshooting Problems*

멀티심 고장점검 파일들은 http://mhhe.com/malvino9e의 온라인학습센터(OLC)에 있는 멀티심 고장점검 회로(MTC)라는 폴더에서 찾을 수 있다. 이 장에 관련된 파일은 MTC07-56~MTC07-60으로 명칭되어 있고 모두 그림 7-42의 회로를 바탕으로 한다.

각 파일을 열고 고장점검을 실시한다. 결함이 있는지 결정하기 위해 측정을 실시하고, 결함이 있다면 무엇인지를 찾아라.

7-56 MTC07-56 파일을 열어 고장점검을 실시하라.

7-57 MTC07-57 파일을 열어 고장점검을 실시하라.

7-58 MTC07-58 파일을 열어 고장점검을 실시하라.

7-59 MTC07-59 파일을 열어 고장점검을 실시하라.

7-60 MTC07-60 파일을 열어 고장점검을 실시하라.

직무 면접 문제 __ *Job Interview Questions*

1. VDB 회로를 그리고, 컬렉터-이미터 전압을 구하는 모든 단계를 설명하라. 이 회로가 매우 안정한 Q점을 갖는 이유는 무엇인가?

2. TSEB 회로를 그리고 회로 동작을 설명하라. 트랜지스터가 교체되거나 온도가 변화할 때, 컬렉터전류는 어떻게 되는가?

3. 몇 가지 다른 종류의 바이어스 예를 들어 설명하라. 또 이 바이어스들의 Q점에 대해 설명하라.

4. 두 가지 형태의 귀환바이어스로 무엇이 있고, 이들이 개발된 이유를 설명하라.

5. 개별(discrete) 바이폴라 트랜지스터 회로에 사용된 최초의 바이어스 형식은 어떤 것이 있는가?

6. 스위칭 회로에 사용되고 있는 트랜지스터는 활성영역으로 바이어스되어야 하는가? 만일 그렇지 않다면, 부하선과 관련된 두 점이 스위칭 회로에서 왜 중요한가를 설명하라.

7. VDB 회로에서 베이스전류가 전압분배 회로에 흐르는 전류에 비해 적지 않다. 이와 같은 회로의 결점은 무엇인가? 이 결점을 고치기 위해 무엇을 변화시켜야 하는가?

8. 가장 일반적으로 사용되는 트랜지스터 바이어스 형태는 무엇이고, 또 이 바이어스를 많이 사용하는 이유에 대하여 설명하라.

9. npn 트랜지스터를 사용한 VDB 회로를 그리고, 분배기, 베이스, 이미터 및 컬렉터전류의 방향을 표시하라.

10. R_1과 R_2가 R_E보다 100배 큰 VDB 회로에서 잘못된 점은 무엇인가?

복습문제 해답 __ *Self–Test Answers*

1.	b	**7.**	c	**13.**	d	**19.**	a	**25.**	a	**31.**	a	**37.**	c
2.	b	**8.**	a	**14.**	b	**20.**	b	**26.**	b	**32.**	d	**38.**	a
3.	d	**9.**	c	**15.**	b	**21.**	a	**27.**	a	**33.**	b	**39.**	d
4.	b	**10.**	d	**16.**	b	**22.**	c	**28.**	d	**34.**	b		
5.	a	**11.**	a	**17.**	c	**23.**	c	**29.**	a	**35.**	c		
6.	a	**12.**	a	**18.**	c	**24.**	c	**30.**	c	**36.**	b		

연습문제 해답 __ *Practice Problem Answers*

7-1 $V_{CE} = 8.1$ V

7-2 $R_E = 680\ \Omega$

7-5 $V_B = 2.7$ V;
$V_E = 2$ mA;
$V_C = 7.78$ V;
$V_{CE} = 5.78$ V

7-6 $V_{CE} = 5.85$ V;
예상값에 매우 가깝다.

7-8 $R_E = 1\ \text{k}\Omega$;
$R_C = 4\ \text{k}\Omega$;
$R_2 = 700\ \Omega\ (680)$;
$R_1 = 3.4\ \text{k}\Omega\ (3.3\ \text{k})$

7-9 $V_{CE} = 6.96$ V

7-10 $V_{CE} = 7.05$ V

7-11 7-29a에 대해:

$V_B = 2.16$ V;
$V_E = -1.46$ V;
$V_C = -6.73$ V;
$V_{CE} = -5.27$ V

7-29b에 대해:
$V_B = 9.84$ V;
$V_E = 10.54$ V;
$V_C = 5.27$ V;
$V_{CE} = -5.27$ V

chapter 8

기본 BJT 증폭기들

Basic BJT Amplifiers

트랜지스터가 부하선의 중앙 부근에 Q점이 놓이도록 바이어스된 후, 소신호 교류전압을 베이스에 결합시킬 수 있다. 이로부터 교류 컬렉터전압이 얻어진다. 이 교류 컬렉터전압은 진폭이 더 커진 것을 제외하고는 교류 베이스전압과 비슷하다. 다시 말해서 교류 컬렉터전압은 교류 베이스전압의 증폭된(amplified) 형태이다.

이 장은 주어진 회로값들을 이용하여 전압이득과 교류전압의 계산방법을 제시한다. 이러한 계산법은 이론적인 값들과 측정 교류전압들이 잘 일치하는지를 판단할 수 있기 때문에 고장점검할 때 편리하다. 또한 이 장에서는 증폭기의 입출력 임피던스 및 부귀환에 대하여 토의한다.

Arthur S. Aubry/Getty Images

학습목표

이 장을 공부하고 나면

- 트랜지스터 증폭기를 그리고 동작방법을 설명할 수 있어야 한다.
- 결합 및 바이패스 커패시터의 역할을 설명할 수 있어야 한다.
- 교류단락과 교류접지의 예를 제시할 수 있어야 한다.
- 직류 및 교류 등가회로를 그릴 때 중첩의 정리를 이용할 수 있어야 한다.
- 소신호 동작을 정의하고, 소신호 동작이 바람직한 이유를 설명할 수 있어야 한다.
- VDB를 사용한 증폭기를 그리고, 다음으로 그 교류 등가회로도 그릴 수 있어야 한다.
- CE 증폭기의 중요한 특성에 관하여 논할 수 있어야 한다.
- CE 증폭기의 전압이득을 계산하고 예측하는 방법을 보일 수 있어야 한다.
- 스웜프 증폭기의 동작방법을 설명하고 세 가지 장점을 적을 수 있어야 한다.
- CE 증폭기에서 발생할 수 있는 두 커패시터와 관련된 문제를 설명할 수 있어야 한다.
- CE 증폭기 회로들을 고장점검할 수 있어야 한다.

목차

주요 용어

CB 증폭기(CB amplifier)

CC 증폭기(CC amplifier)

CE 증폭기(CE amplifier)

Ebers-Moll 모델

T 모델

π 모델

결합 커패시터(coupling capacitor)

교류 등가회로(ac equivalent circuit)

교류 이미터귀환(ac emitter feedback)

교류 이미터저항(ac emitter resistance)

교류 전류이득(ac current gain)

교류 컬렉터저항(ac collector resistance)

교류단락(ac short)

교류접지(ac ground)

귀환저항(feedback resistor)

바이패스 커패시터(bypass capacitor)

소신호 증폭기(small-signal amplifier)

스웜프 증폭기(swamped amplifier)

스웜핑(swamping)

왜곡(distortion)

전압이득(voltage gain)

중첩의 정리(superposition theorem)

직류 등가회로(dc equivalent circuit)

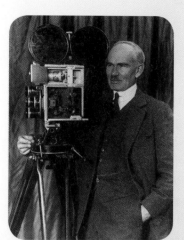

Hulton-Deutsch Collection/Corbis
Historical/Getty Images

전자공학 혁신가

1906년 미국 발명가 리 디포리스트 (Lee De Forest, 1873~1961)는 방열 필라멘트(heated filament), 그리드 (grid), 그리고 전극판 (plate)의 세 소자 진공관인 Audion을 개발하였다. 삼극관(triode)이라고도 하는 이 장치는 최초의 상용 전자 증폭기이다.

8-1 베이스 바이어스 증폭기

이 절에서는 베이스 바이어스 증폭기에 대해 토론해 보자. 베이스 바이어스 증폭기의 기본 개념이 좀 더 복잡한 증폭기를 구성하는 데 이용될 수 있기 때문에 이를 알아 둘 가치가 있다.

결합 커패시터

그림 8-1a는 커패시터와 저항에 연결된 교류전압원을 볼 수 있다. 커패시터의 임피던스는 주파수에 반비례하기 때문에 커패시터는 효과적으로 직류전압을 차단하고 교류전압을 전송한다. 주파수가 충분히 높을 때, 용량성 리액턴스는 저항보다 훨씬 작다. 이 경우, 거의 모든 전원전압이 저항 양단에 나타난다. 커패시터가 이런 역할을 하는 데 사용될 때 교류신호를 저항으로 결합시키거나 전송하기 때문에 **결합 커패시터**(coupling capacitor)라 한다. 결합 커패시터는 Q점을 이동시키지 않으면서 교류신호를 증폭기로 결합시켜 주기 때문에 중요하다.

결합 커패시터가 적절히 동작하는 경우, 결합 커패시터의 리액턴스는 **교류 신호원의 최저주파수**에서 저항보다 훨씬 작아야만 한다. 예를 들어 교류 신호원의 주파수가 20 Hz에서 20 kHz까지 변화한다면, 최악의 경우는 20 Hz에서 발생한다. 회로를 설계할 때는 20 Hz에서 커패시터의 리액턴스가 저항값보다 훨씬 작게 해야 한다.

얼마나 작게 할 것인가의 정의는 다음과 같다. 즉

양호한 결합 조건: $X_C < 0.1R$ (8-1)

이 관계식은 최저 동작주파수에서 리액턴스가 저항보다 최소한 10배 이상 작아야 한다는 뜻이다.

이러한 10 : 1 규칙이 만족될 때, 그림 8-1a는 그림 8-1b의 등가회로로 대체될 수 있다. 그 이유는 그림 8-1a에서 임피던스의 크기가

$$Z = \sqrt{R^2 + X_C^2}$$

으로 주어지며, 최악의 경우를 이 식에 적용하면

$$Z = \sqrt{R^2 + (0.1R)^2} = \sqrt{R^2 + 0.01R^2} = \sqrt{1.01R^2} = 1.005R$$

이 된다. 최저주파수에서 이 임피던스는 R값의 0.5% 이내에 있으므로, 그림 8-1a의 전류는 그림 8-1b의 전류보다 단지 0.5%만큼 적다. 잘 설계된 회로가 10 : 1 규칙을 만족한다면, 모든 결합 커패시터를 **교류단락**(ac short)으로 근사화할 수 있다(그림 8-1b).

결합 커패시터에 대한 마지막 검토사항은 직류전압의 주파수가 0이기 때문에 주파수 0에서 결합 커패시터의 리액턴스는 무한대이다. 그러므로 커패시터에 대해 다음 두 가지 근사를 이용하자. 즉

1. 직류 해석의 경우, 커패시터는 개방된다.
2. 교류 해석의 경우, 커패시터는 단락된다.

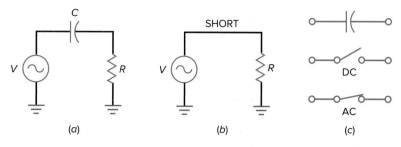

| 그림 8-1 | (a) 결합 커패시터; (b) 커패시터의 교류단락; (c) 직류개방과 교류단락

그림 8-1c는 이와 같은 두 중요한 개념을 요약한 것이다. 다른 언급이 없는 한, 이제부터 해석하는 모든 회로는 10 : 1 규칙을 만족하고 결합 커패시터를 그림 8-1c처럼 나타낼 수 있다.

예제 8-1

그림 8-1a에서 R = 2 kΩ이고 주파수 범위가 20 Hz에서 20 kHz인 경우, 좋은 결합 커패시터로 동작하는 데 필요한 C값을 구하라.

풀이 10 : 1 규칙에 따라 X_C는 최저주파수에서 R보다 1/10 이하로 작아야 한다. 그러므로

20 Hz에서, $X_C < 0.1 R$

20 Hz에서, $X_C < 200 \ \Omega$

이고 $X_C = \dfrac{1}{2\pi f C}$ 이므로, 이를 재정리하면

$$C = \frac{1}{2\pi f X_C} = \frac{1}{(2\pi)(20 \text{ Hz})(200 \ \Omega)}$$

따라서 C값은 다음과 같다.

$$C = 39.8 \ \mu\text{F}$$

연습문제 8-1 예제 8-1을 이용하여 최저주파수가 1 kHz이고 R이 1.6 kΩ일 때, C값을 구하라.

직류회로

그림 8-2a는 베이스 바이어스된 회로를 나타낸다. 직류 베이스전압은 0.7 V이다. 30 V는 0.7 V보다 훨씬 크기 때문에, 베이스전류는 대략 30 V를 1 MΩ으로 나눈 것과 같다. 즉

$$I_B = 30 \ \mu\text{A}$$

전류이득이 100인 경우 컬렉터전류는

$$I_C = 3 \text{ mA}$$

이고, 컬렉터전압은

$$V_C = 30 \text{ V} - (3 \text{ mA})(5 \text{ k}\Omega) = 15 \text{ V}$$

이다. 따라서 Q점은 3 mA와 15 V에 위치한다.

증폭회로

그림 8-2*b*는 증폭기를 구성하기 위해 어떻게 소자들을 추가시키는가를 나타내는 그림이다. 우선 결합 커패시터를 교류 신호원과 베이스 사이에 놓는다. 결합 커패시터는 직류에 대해서 개방되므로, 커패시터와 교류 신호원이 있을 때나 없을 때나 직류 베이스전류는 같다. 마찬가지로 결합 커패시터를 컬렉터와 100 kΩ의 부하저항 사이에 놓는다. 이 커패시터도 직류에 대해서 개방되므로 결합 커패시터와 부하저항이 있을 때나 없을 때나 직류 컬렉터전압은 같다. 핵심은 결합 커패시터가 교류 신호원과 부하저항에 의한

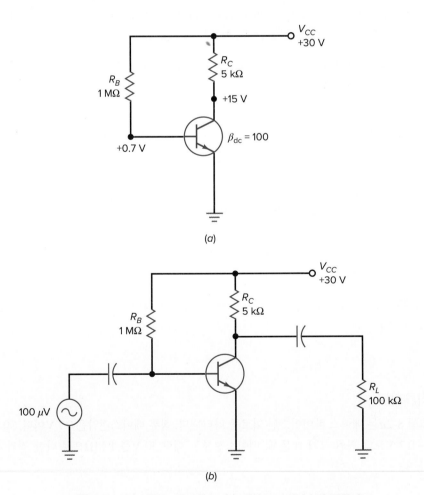

(a)

(b)

| **그림 8·2** | (a) 베이스 바이어스; (b) 베이스 바이어스된 증폭기

Q점의 변화를 방지해 주는 것이다.

그림 8-2b에서 교류 신호원 전압은 100 μV이다. 결합 커패시터는 교류단락이므로 모든 교류 신호원 전압은 베이스와 접지 사이에 나타난다. 이 교류전압은 교류 베이스전류를 만들어 주며, 이 전류는 직류 전원전압에 의한 직류 베이스전류와 더해진다. 다시 말해서, 전체적인 베이스전류는 직류성분과 교류성분을 갖는다.

그림 8-3a는 교류성분이 직류성분에 중첩된 모양이다. (+)반주기에서 교류 베이스전류는 30 μA의 직류 베이스전류와 더해지고, (−)반주기에서는 빼진다.

교류 베이스전류는 전류이득으로 인해 컬렉터전류가 증폭된 변화를 일으킨다. 그림

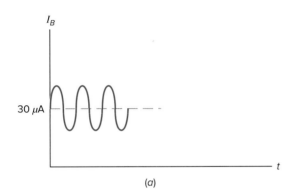

(a)

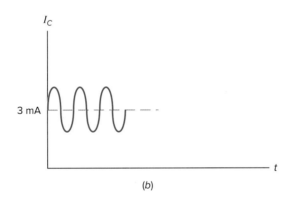

(b)

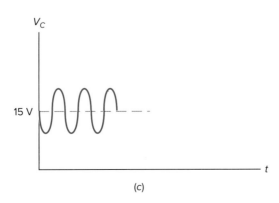

(c)

| 그림 8-3 | 직류와 교류성분 (a) 베이스전류; (b) 컬렉터전류; (c) 컬렉터전압

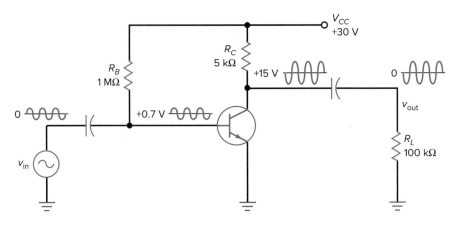

| 그림 8·4 | 베이스 바이어스된 증폭기의 파형

8-3*b*에서 컬렉터전류의 직류성분은 3 mA이다. 이 직류성분에 중첩된 것이 교류 컬렉터전류이다. 이 증폭된 컬렉터전류는 컬렉터저항으로 흐르므로, 컬렉터저항 양단에 변화하는 전압이 발생된다. 전원전압에서 이 전압을 빼 주면 그림 8-3*c*에 나타낸 컬렉터전압이 얻어진다.

이 경우에도 교류성분은 직류성분에 중첩된다. 컬렉터전압은 +15 V의 직류레벨 위와 아래로 주기적으로 스윙하고 있다. 또한 교류 컬렉터전압은 **반전**되어, 입력전압과 180°의 위상차를 나타낸다. 그 이유는 교류 베이스전류의 (+)반주기에 대해 컬렉터전류가 증가하여 컬렉터저항 양단전압을 더 크게 만들며, 이는 컬렉터와 접지 사이의 전압이 더 낮아짐을 의미한다. 마찬가지로 (−)반주기에 대해 컬렉터전류가 감소하여, 컬렉터저항 양단전압이 낮아지기 때문에 컬렉터전압이 증가한다.

전압 파형

그림 8-4는 베이스 바이어스된 증폭기에 대한 파형을 나타낸다. 교류전압원은 진폭이 작은 정현파 전압이다. 이 전압은 베이스로 결합되며, 베이스에서 +0.7 V의 직류성분과 중첩된다. 베이스전압의 변화는 베이스전류, 컬렉터전류 및 컬렉터전압의 주기적인 변화를 발생시킨다. 전체적인 컬렉터전압은 +15 V의 직류 컬렉터전압에 중첩된 반전 사인(sine) 파형이다.

출력결합 커패시터의 동작에 주목하라. 출력결합 커패시터는 직류에 대해 개방되므로 컬렉터전압의 직류성분을 차단한다. 이 커패시터는 교류에 대해 단락되므로 교류 컬렉터전압은 부하저항에 결합된다. 따라서 부하전압이 평균치가 0인 순수한 교류신호가 되는 이유이다.

전압이득

증폭기의 **전압이득**(voltage gain)은 교류 출력전압을 교류 입력전압으로 나눈 것으로 정의된다.

$$\text{정의: } A_V = \frac{v_{\text{out}}}{v_{\text{in}}} \tag{8-2}$$

예를 들어 교류 입력전압이 100 μV인 경우 교류 부하전압이 50 mV로 측정된다면 전압이득은

$$A_V = \frac{50 \text{ mV}}{100 \text{ }\mu\text{V}} = 500$$

이다. 이는 교류 출력전압이 교류 입력전압보다 500배 크다는 것을 뜻한다.

출력전압의 계산

식 (8-2)의 양변에 v_in을 곱하면 다음 식이 유도된다. 즉

$$v_\text{out} = A_V v_\text{in} \tag{8-3}$$

이 식은 A_V와 v_in 값이 주어진 경우, v_out 값을 구하고자 할 때 유익하다.

예를 들어 그림 8-5a와 같은 삼각형 기호는 임의로 설계된 증폭기를 나타내기 위해 사용한다. 입력전압이 2 mV, 전압이득이 200으로 주어졌으므로 출력전압은 다음과 같이 계산할 수 있다.

$$v_\text{out} = (200)(2 \text{ mV}) = 400 \text{ mV}$$

입력전압의 계산

식 (8-3)의 양변을 A_V로 나누면 다음 식이 유도된다. 즉

$$v_\text{in} = \frac{v_\text{out}}{A_V} \tag{8-4}$$

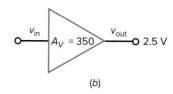

| 그림 8-5 | (a) 출력전압의 계산; (b) 입력전압의 계산

이 식은 v_out와 A_V 값이 주어진 경우, v_in의 값을 구하고자 할 때 유익하다. 예를 들어 그림 8-5b에서 출력전압이 2.5 V이다. 전압이득이 350인 경우, 입력전압은 다음과 같다.

$$v_\text{in} = \frac{2.5 \text{ V}}{350} = 7.14 \text{ mV}$$

8-2 이미터 바이어스 증폭기

베이스 바이어스 증폭기는 불안정한 Q점을 갖는다. 이런 이유로 증폭기로 많이 이용되지 않는다. 그 대신 Q점이 안정한 이미터 바이어스 증폭기(VDB 또는 TSEB)가 더 많이 이용된다.

바이패스 커패시터

바이패스 커패시터(bypass capacitor)는 직류에 대해 개방, 교류에 대해 단락된 것처럼 보이기 때문에 결합 커패시터와 유사하다. 그러나 신호를 두 점 사이에 결합시키는 데 이용되지는 않는다. 대신 **교류접지**(ac ground)를 만들어 주는 데 이용된다.

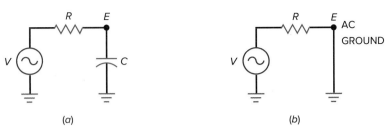

| 그림 8·6 | (a) 바이패스 커패시터; (b) *E*점은 교류접지이다.

그림 8-6*a*는 저항과 커패시터에 연결된 교류전압원을 나타낸다. 저항 *R*은 커패시터에서 바라본 이후, 테브난 저항을 나타낸다. 주파수가 충분히 높을 때 용량성 리액턴스는 저항보다 훨씬 작다. 이 경우 거의 모든 교류 신호원 전압이 저항 양단에 나타난다. 달리 말하면 *E*점이 효과적으로 접지로 단락된다.

이런 방법으로 이용될 때, 커패시터는 *E*점을 접지로 바이패스시키거나 단락시키기 때문에 **바이패스 커패시터**(*bypass capacitor*)라 한다. 바이패스 커패시터는 증폭기의 *Q*점에 영향을 주지 않으면서 교류접지를 만들어 주기 때문에 중요하다.

바이패스 커패시터가 적절히 동작하려면 그 리액턴스는 교류 신호원의 **최소주파수**에서 저항보다 훨씬 작아야 한다. 바이패싱에 대한 적합한 정의는 좋은 결합으로 정의될 수 있다. 즉

좋은 바이패스 조건: $X_C < 0.1R$ (8-5)

이 조건이 만족될 때, 그림 8-6*a*는 그림 8-6*b*의 등가회로로 대체될 수 있다.

예제 8-2

그림 8-7에서 *V*의 입력 주파수가 1 kHz이다. *E*점을 접지로 효과적으로 단락시키기 위해 요구되는 *C*값을 구하라.

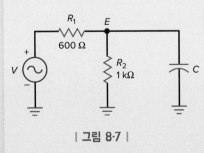

| 그림 8·7 |

풀이 우선 커패시터 *C*에서 바라본 테브난 저항을 구한다.

$$R_{TH} = R_1 \parallel R_2$$
$$R_{TH} = 600 \ \Omega \parallel 1 \ \text{k}\Omega = 375 \ \Omega$$

다음, X_C가 R_{TH}보다 1/10만큼 작아야 하므로, 1 kHz에서 $X_C < 37.5 \ \Omega$이다. 이제 *C*에 대하여 풀면 다음과 같다.

$$C = \frac{1}{2\pi f X_C} = \frac{1}{(2\pi)(1 \ \text{kHz})(37.5 \ \Omega)}$$

$$C = 4.2 \ \mu\text{F}$$

연습문제 8-2 그림 8-7에서 $R_1 = 50 \ \Omega$인 경우, 요구되는 *C*값을 구하라.

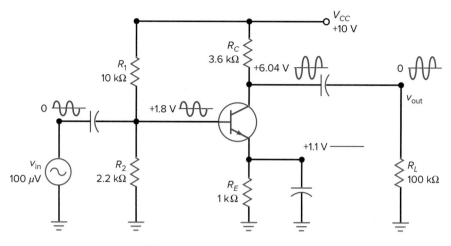

| 그림 8·8 | VDB 증폭기와 각 지점의 파형

VDB 증폭기

그림 8-8은 전압분배 바이어스(VDB)된 증폭기를 나타낸다. 직류 전압과 전류를 구하기 위해 모든 커패시터를 개방시키면, 트랜지스터 회로는 7장에서 해석했던 VDB 회로로 간단해진다. 이 회로에 대한 정지값 또는 직류값은 다음과 같다.

$$V_B = 1.8 \text{ V}$$

$$V_E = 1.1 \text{ V}$$

$$V_C = 6.04 \text{ V}$$

$$I_C = 1.1 \text{ mA}$$

앞에서처럼 하나의 결합 커패시터는 신호원과 베이스 사이에, 다른 결합 커패시터는 컬렉터와 부하저항 사이에 있다. 또한 이미터와 접지 사이에 바이패스 커패시터를 사용한다. 이 커패시터가 없으면 교류 베이스전류는 훨씬 적어진다. 그러나 바이패스 커패시터를 달아 주면 훨씬 큰 전압이득이 얻어진다.

그림 8-8에서 교류 신호원 전압은 100 μV로서, 이 전압은 베이스로 결합된다. 바이패스 커패시터 때문에 이러한 교류전압의 전부가 베이스-이미터 다이오드 양단에 나타난다. 그러면 교류 베이스전류는 앞에서 설명한 바와 같이 증폭된 교류 컬렉터전압을 만들어 준다.

VDB 파형

그림 8-8의 전압 파형을 살펴보자. 교류 신호원 전압은 평균값이 0인 소신호 전압이다. 베이스전압은 +1.8 V의 직류전압에 중첩된 교류전압이다. 컬렉터전압은 반전 증폭된 교류전압으로 +6.04 V의 직류 컬렉터전압에 중첩된다. 부하전압은 평균값이 0이라는 것 외에는 컬렉터전압과 같다.

또한 순수한 직류전압이 +1.1 V인 이미터전압을 살펴보자. 이미터는 바이패스 커패시터를 사용한 결과로 교류 접지되기 때문에 이미터 교류전압은 나타나지 않는다. 이 점

참고사항

그림 8-8에서 이미터전압은 이미터 바이패스 커패시터 때문에 1.1 V로 고정된다. 그러므로 베이스전압의 변화는 트랜지스터의 BE접합 양단에 직접 나타난다. 예를 들어 v_{in} = 10 mV_{p-p}라 가정하자. v_{in}의 (+)피크에서 교류 베이스전압은 1.805 V이고, V_{BE} = 1.805 V − 1.1 V = 0.705 V이다. v_{in}의 (−)피크에서 교류 베이스전압은 1.795 V로 감소하고, 이때 V_{BE} = 1.795 V − 1.1 V = 0.695 V이다. V_{BE}의 교류 변화(0.705 V에서 0.695 V)는 I_C와 V_{CE}의 교류 변화를 만드는 것이다.

은 고장점검을 하는 데 유익하므로 기억해 두는 것이 좋다. 만일 바이패스 커패시터가 개방되면, 교류전압이 이미터와 접지 사이에 나타날 것이다. 이 증상은 특이한 고장으로서, 바로 바이패스 커패시터의 개방을 가리킨다.

개별회로와 집적회로

그림 8-8과 같은 VDB 증폭기는 개별 트랜지스터 증폭기를 만드는 가장 기본적인 방법이다. 개별(*discrete*)이란 저항, 커패시터 및 트랜지스터와 같은 모든 부품들을 분리 삽입하여 연결해 줌으로써 최종적인 회로가 구성되는 것을 의미한다. 개별회로(*discrete circuit*)는 모든 부품들이 반도체 물질인 하나의 칩(*chip*)상에 동시에 만들어지고 결합되는 집적회로(*integrated circuit*)와 다르다. 이 책의 뒷부분에서 100,000 이상의 전압이득을 갖는 IC 증폭기인 연산증폭기(*op amp*)에 대해 논의할 것이다.

TSEB 회로

그림 8-9는 양전원 이미터 바이어스(TSEB)를 나타낸다. 7장에서 이 회로의 직류 해석을 했으며, 다음과 같은 정지 전압들을 구하였다.

$$V_B \approx 0 \text{ V}$$
$$V_E = -0.7 \text{ V}$$
$$V_C = 5.32 \text{ V}$$
$$I_C = 1.3 \text{ mA}$$

그림 8-9에는 2개의 결합 커패시터와 하나의 이미터 바이패스 커패시터가 있다. 이 회로의 교류 동작은 VDB 증폭기의 교류 동작과 유사하다. 이 회로의 입력신호는 베이스로 결합되어 증폭된 컬렉터전압이 얻어진다. 그다음 증폭된 신호는 부하로 결합된다.

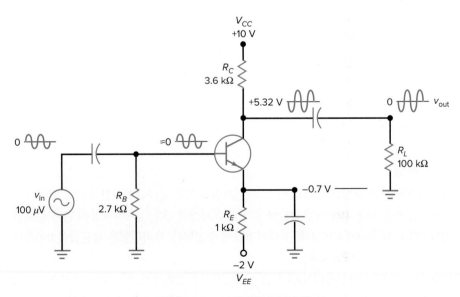

| 그림 8-9 | TSEB 증폭기의 파형

파형을 살펴보자. 교류 신호원 전압은 소신호 전압이다. 베이스전압은 작은 교류성분이 거의 0 V의 직류성분에 얹혀진 모양으로 나타난다. 전체적인 컬렉터전압은 반전 증폭된 정현파가 +5.32 V의 직류 컬렉터전압에 얹혀진 모양이 된다. 부하전압(v_{out})은 직류성분이 제거된 것과 같은 증폭된 신호전압이 나타난다.

또한 바이패스 커패시터를 사용함으로써 나타나는 이미터의 직류전압에 대해 살펴보자. 만일 바이패스 커패시터가 개방되면 이미터에는 교류전압이 나타날 것이다. 이는 전압이득을 크게 감소시킨다. 따라서 바이패스 커패시터가 있는 증폭기를 고장점검 시 모든 교류 접지는 교류전압이 0이 된다는 점을 기억해야 한다.

8-3 소신호 동작

그림 8-10은 베이스-이미터 다이오드에 대한 전류와 전압의 관계를 나타낸 그래프이다. 교류전압이 트랜지스터의 베이스로 결합될 때, 교류전압은 베이스-이미터 다이오드 양단에 나타난다. 이것은 그림 8-10에 보이는 것과 같이 V_{BE} 정현파 변이를 발생시킨다.

순간 동작점

정현파 전압이 (+)피크로 증가할 때, 순간 동작점은 Q점에서 그림 8-10에 보이는 것처럼 위쪽 점까지 이동한다. 한편 정현파가 (−)피크로 감소할 때, 순간 동작점은 Q점에서 아래 점까지 이동한다.

그림 8-10의 전체 베이스-이미터 전압은 직류전압에 중심을 둔 교류전압이다. 교류 전압의 크기는 순간 동작점이 Q점으로부터 얼마나 멀리 떨어져 있는가로 결정된다. 진폭이 큰 교류 베이스전압은 큰 변화를, 작은 교류 베이스전압은 작은 변화를 만들어 낸다.

왜곡

베이스의 교류전압은 그림 8-10에 보이는 것과 같이 교류 이미터전류를 만들어 낸다.

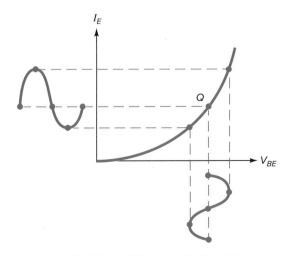

| 그림 8-10 | 신호가 너무 클 때의 왜곡

이 교류 이미터전류의 주파수는 교류 베이스전압의 주파수와 같다. 예를 들어 베이스를 구동하는 교류발전기의 주파수가 1 kHz라면 교류 이미터전류는 1 kHz의 주파수를 가진다. 또한 교류 이미터전류는 교류 베이스전압의 모양과 거의 같다. 만일 교류 베이스전압이 정현파라면, 교류 이미터전류도 거의 같은 정현파이다.

교류 이미터전류는 그래프의 곡선부분 때문에 교류 베이스전압을 그대로 복사한 모양이 되지 않는다. 그래프가 위쪽으로 완만하게 굽었기 때문에 교류 이미터전류의 (+) 반주기는 길게 늘어지고(신장되고), (−) 반주기는 압축된다. 교류 반주기의 신장(stretching)과 압축(compressing)을 **왜곡**(distortion)이라 한다. 왜곡은 음성과 음악의 소리를 변질시키기 때문에 Hi-Fi 증폭기(high-fidelity amplifier; 고충실도 증폭기)에는 바람직하지 않다.

왜곡의 감소

그림 8-10에서 왜곡을 감소시키기 위한 한 가지 방법은 교류 베이스전압을 작게 유지하는 것이다. 베이스전압의 피크값을 감소시킬 때, 순간 동작점의 이동을 감소시킨다. 이 스윙(swing)이나 변화가 작을수록 그래프는 곡면성은 더 작아진다. 만일 신호의 피크값이 충분히 작다면 그래프는 직선으로 보이게 된다.

이것이 중요한 이유는 소신호의 경우 왜곡을 무시할 수 있기 때문이다. 소신호일 때 그래프는 거의 직선이기 때문에 교류 이미터전류의 변화는 교류 베이스전압의 변화에 정비례한다. 다시 말해서 교류 베이스전압이 충분히 작은 정현파라면, 교류 이미터전류는 역시 반주기 동안 주목할 만한 신장이나 압축이 안 된 작은 정현파가 된다.

10% 법칙

그림 8-10의 전체 이미터전류는 직류성분과 교류성분으로 구성되어 있으며, 이는 다음과 같은 수식으로 표현할 수 있다.

$$I_E = I_{EQ} + i_e$$

여기서 I_E = 전체적인 이미터전류
   I_{EQ} = 직류 이미터전류
   i_e = 교류 이미터전류

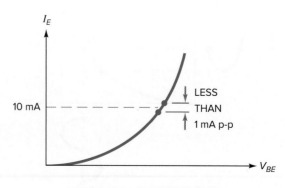

| 그림 8·11 | 소신호 동작의 정의

왜곡을 최소화하기 위해 i_e의 피크-피크값은 I_{EQ}에 비해 작아야 한다. 소신호 동작의 정의는 다음과 같다.

$$소신호: i_{e(p\text{-}p)} < 0.1 I_{EQ} \tag{8-6}$$

즉, 교류 이미터전류의 피크-피크가 직류 이미터전류의 10% 미만일 때의 교류신호를 소신호라 한다. 예를 들어 그림 8-11에 보이는 것과 같이, 직류 이미터전류가 10 mA라면, 소신호 동작을 위한 이미터전류의 피크-피크는 1 mA 미만이어야 한다.

10% 법칙을 만족하는 증폭기를 **소신호 증폭기**(small-signal amplifier)라 하겠다. 이런 형태의 증폭기는 라디오나 TV 수상기의 앞 단에 사용된다. 이는 안테나로부터 유입되는 신호가 매우 미약한 신호이기 때문이다. 이 신호가 트랜지스터 증폭기에 결합될 때, 미약한 신호는 매우 작은 이미터전류의 변화를 나타내게 되는데, 10% 법칙이 요구하는 것보다도 훨씬 작다.

예제 8-3

그림 8-9를 이용하여 최대 소신호 이미터전류를 구하라.

풀이 우선 Q점에서의 이미터전류 I_{EQ}를 구한다.

$$I_{EQ} = \frac{V_{EE} - V_{BE}}{R_E} \qquad I_{EQ} = \frac{2\ V - 0.7\ V}{1\ k\Omega} \qquad I_{EQ} = 1.3\ mA$$

그다음에 소신호 이미터전류 $i_{e(p\text{-}p)}$에 대하여 푼다.

$$i_{e(p\text{-}p)} < 0.1\ I_{EQ}$$

$$i_{e(p\text{-}p)} = (0.1)(1.3\ mA)$$

$$i_{e(p\text{-}p)} = 130\ \mu A_{p\text{-}p}$$

연습문제 8-3 그림 8-9에서 R_E가 1.5 kΩ일 때, 최대 소신호 이미터전류를 구하라.

8-4 교류 베타

이제까지 검토한 모든 전류이득은 **직류 전류이득**으로 다음과 같이 정의되었다. 즉

$$\beta_{dc} = \frac{I_C}{I_B} \tag{8-7}$$

이 식의 전류들은 그림 8-12에 있는 Q점의 전류이다. I_C 대 I_B 그래프에서 곡선부분 때문에 직류 전류이득은 Q점의 위치에 따라 달라진다.

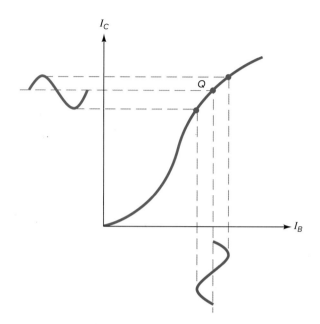

| 그림 8-12 | 교류 전류이득은 변화 비율과 같다.

정의

교류 전류이득(ac current gain)은 직류 전류이득과 다르며, 다음과 같이 정의된다.

$$\beta = \frac{i_c}{i_b} \tag{8-8}$$

즉, 교류 전류이득은 교류 컬렉터전류를 교류 베이스전류로 나눈 것과 같다. 그림 8-12에서 교류신호는 Q점의 양쪽 그래프의 작은 부분만 이용한다. 이 때문에 교류 전류이득 값은 그래프의 거의 전체를 이용하는 직류 전류이득과 다르다.

그래프에서 보듯이 β는 그림 8-12의 Q점에서 특성 곡선의 기울기와 같다. 만일 트랜지스터를 다른 Q점에 바이어스한다면 곡선의 기울기가 변화하며 이는 β가 변한다는 의미이다. 다시 말해서 β값은 직류 컬렉터전류량에 따라 달라진다.

데이터시트에 β_{dc}는 h_{FE}로, β는 h_{fe}로 표기되어 있다. 대문자의 첨자는 직류 전류이득에, 소문자의 첨자는 교류 전류이득에 사용한다. 두 전류이득은 크게 차이 나지 않는 비슷한 값을 갖는다. 이 때문에 한 가지 값을 알면, 예비해석에서 이 값을 다른 전류이득과 같은 값으로 사용할 수 있다.

표기법

직류량을 교류량과 구별하기 위해 직류량의 경우 기호와 첨자를 대문자로 표기하는 것이 기준적인 관례이다. 예를 들어,

직류전류는 I_E, I_C, I_B

직류전압은 V_E, V_C, V_B

단자 사이의 직류전압은 V_{BE}, V_{CE}, V_{CB}

로 표기해 오고 있으며, 교류량에 대해서는 다음과 같이 기호와 첨자를 소문자로 표기한다.

교류전류는 i_e, i_c, i_b

교류전압은 v_e, v_c, v_b

단자 사이의 교류전압은 v_{be}, v_{ce}, v_{cb}

또한 직류저항에 대해 대문자 R을, 교류저항에 대해 소문자 r을 사용한다는 것도 알아둘 필요가 있으며, 교류저항은 다음 절에서 다룰 것이다.

8-5 이미터 다이오드의 교류저항

그림 8-13은 이미터 다이오드에 대한 전류와 전압의 그래프를 나타낸다. 작은 교류전압이 이미터 다이오드에 인가되면 교류 이미터전류는 그림과 같다. 이 교류 이미터전류의 크기는 Q점의 위치에 따라 달라진다. 곡률(curvature) 때문에 Q점이 그래프의 위쪽에 위치할수록 교류 이미터전류의 피크-피크값은 더욱 커진다.

정의

8-3절에서 논의한 바와 같이 전체적인 이미터전류는 직류성분과 교류성분으로 이루어져 있으며, 이를 기호로 나타내면 다음과 같다.

$$I_E = I_{EQ} + i_e$$

여기서 I_{EQ}는 직류 이미터전류이고, i_e는 교류 이미터전류이다.

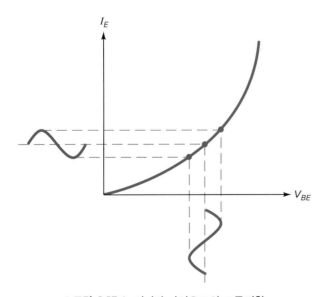

| 그림 8-13 | 이미터 다이오드의 교류저항

같은 방법으로 그림 8-13의 전체적인 베이스-이미터 전압은 직류성분과 교류성분으로 이루어져 있으며, 이를 수식으로 나타내면 다음과 같다.

$$V_{BE} = V_{BEQ} + v_{be}$$

여기서 V_{BEQ}는 직류 베이스-이미터 전압이고, v_{be}는 교류 베이스-이미터 전압이다.

그림 8-13에서 V_{BE}의 주기적인 변화는 I_E의 주기적인 변화를 유발한다. i_e의 피크-피크값은 Q점의 위치에 따라 달라진다. Q점이 특성 곡선의 위쪽에 위치하도록 바이어스될 때 그래프의 곡률 때문에 똑같은 v_{be}값에서도 좀 더 큰 i_e가 발생한다. 다시 말해서 직류 이미터전류가 증가할 때 이미터 다이오드의 교류저항은 감소한다.

이미터 다이오드의 **교류 이미터저항**(ac emitter resistance)은 다음과 같이 정의된다. 즉

$$r_e' = \frac{v_{be}}{i_e} \tag{8-9}$$

이는 이미터 다이오드의 교류저항이 교류 베이스-이미터 전압을 교류 이미터전류로 나눈 것과 같다는 뜻이다. r_e'에서 프라임 기호(′)는 트랜지스터 내부저항임을 나타내는 일반적인 표시 방법이다.

예를 들어 그림 8-14는 교류 베이스-이미터 전압의 피크-피크가 5 mV임을 나타낸다. 주어진 Q점에서 이 전압에 따른 교류 이미터전류의 피크-피크는 100 μA가 된다. 이때 이미터 다이오드의 교류저항은

$$r_e' = \frac{5\ \text{mV}}{100\ \mu\text{A}} = 50\ \Omega$$

이 된다. 또 다른 예로 그림 8-14의 좀 더 높은 Q점에서 v_{be} = 5 mV, i_e = 200 μA라고 가정하면, 이때 교류저항은 다음으로 감소한다.

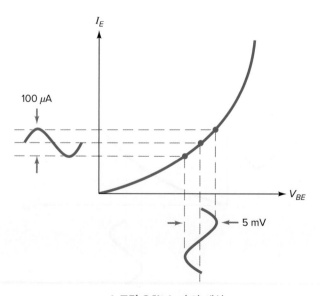

| 그림 8·14 | r_e'의 계산

$$r_e' = \frac{5\,\text{mV}}{200\,\mu\text{A}} = 25\,\Omega$$

중요한 점은, 본래 v_{be}가 일정한 값이기 때문에 직류 이미터전류가 증가할 때 교류 이미터저항은 언제나 감소한다는 것이다.

교류 이미터저항에 대한 공식

고체물리와 수학을 이용하면 교류 이미터저항에 대한 다음의 매우 중요한 공식을 유도할 수 있다.

$$r_e' = \frac{25\,\text{mV}}{I_E} \qquad\qquad\qquad \text{(8-10)}$$

이는 이미터 다이오드의 교류저항이 25 mV를 직류 이미터전류로 나눈 것과 같다는 뜻이다.

이 식은 간단하고 모든 형태의 트랜지스터에 적용할 수 있다는 사실 때문에 주목할 만하다. 이 식은 이미터 다이오드의 교류저항에 대한 가장 기본 값을 계산하기 위해 산업현장에서도 폭넓게 이용된다. 이 식은 소신호 동작, 상온 및 계단형(abrupt rectangular) 베이스-이미터 접합이란 가정으로부터 유도된다. 상용 트랜지스터는 비계단형(gradual and nonrectangular) 접합이므로 식 (8-10)과 다소 차이가 있을 것이다. 실제로 거의 모든 상용 트랜지스터의 교류 이미터저항은 25 mV/I_E와 50 mV/I_E 사이이다.

r_e'는 전압이득을 결정하기 때문에 중요하다. r_e'가 작을수록 전압이득은 더욱 커진다. 8-9절에서 트랜지스터의 전압이득을 계산하기 위해 r_e'를 이용하는 방법에 대해 살펴볼 것이다.

예제 8-4 ||||MultiSim

그림 8-15a와 같은 베이스 바이어스된 증폭기에서 r_e'를 구하라.

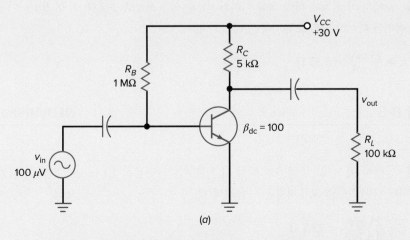

(a)

| 그림 8·15 | (a) 베이스 바이어스된 증폭기; (b) VDB 증폭기; (c) TSEB 증폭기

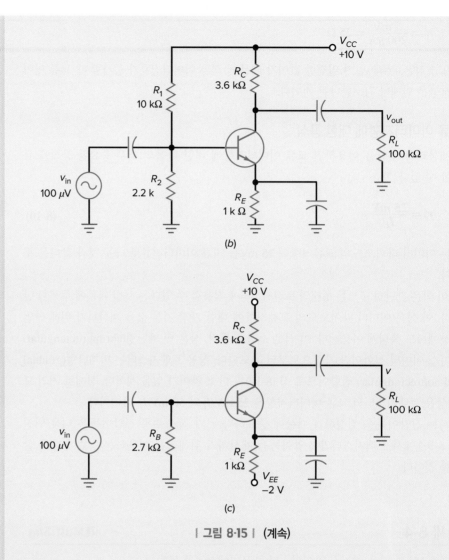

| 그림 8-15 | (계속)

풀이 앞에서 이 회로에 대한 직류 이미터전류는 약 3 mA로 구했다. 식 (8-10)을 이용하면, 이미터 다이오드의 교류저항은 다음과 같다.

$$r'_e = \frac{25\ mV}{3\ mA} = 8.33\ \Omega$$

예제 8-5 ▌▌▌ MultiSim

그림 8-15*b*에서 r'_e를 구하라.

풀이 앞에서 이 VDB 증폭기의 해석 시 직류 이미터전류는 1.1 mA로 구했다. 따라서 이미터 다이오드의 교류저항은 다음과 같다.

$$r'_e = \frac{25\ mV}{1.1\ mA} = 22.7\ \Omega$$

예제 8-6 |||| MultiSim

그림 8-15c의 양전원 이미터 바이어스 증폭기에 대한 이미터 다이오드의 교류저항을 구하라.

풀이 앞의 계산에서 직류 이미터전류는 1.3 mA였으므로, 이미터 다이오드의 교류 저항은 다음과 같다.

$$r'_e = \frac{25 \text{ mV}}{1.3 \text{ mA}} = 19.2 \ \Omega$$

연습문제 8-6 그림 8-15c에서 V_{EE}를 −3 V로 바꾸었을 때, r'_e를 구하라.

8-6 두 가지 트랜지스터 모델

트랜지스터 증폭기의 교류 동작을 해석하기 위해 트랜지스터의 교류 등가회로가 필요하다. 다시 말해서 교류신호로 동작하는 트랜지스터를 시뮬레이션해 보기 위해 트랜지스터에 대한 모델이 필요하다.

T 모델

최초의 교류 모델 중의 하나가 그림 8-16으로 나타낸 **Ebers-Moll 모델**이다. 교류 소신호에 대하여 트랜지스터의 이미터 다이오드는 교류저항 r'_e처럼 동작하고, 컬렉터 다이오드는 전류원 i_c처럼 동작한다. 이 Ebers-Moll 모델은 옆에서 보면 T처럼 보이므로, 이 등가회로를 **T 모델**이라고도 한다.

트랜지스터 증폭기를 해석할 때, 각 트랜지스터를 T 모델로 대체할 수 있다. 그다음 r'_e 값과 전압이득과 같은 다른 교류량을 계산할 수 있다. 상세한 것은 이 장의 뒷부분에서 설명한다.

교류 입력신호가 트랜지스터 증폭기를 구동할 때, 교류 베이스-이미터 전압 v_{be}는 그림 8-17a와 같이 이미터 다이오드 양단에 나타난다. 이 전압은 교류 베이스전류 i_b를 흐르게

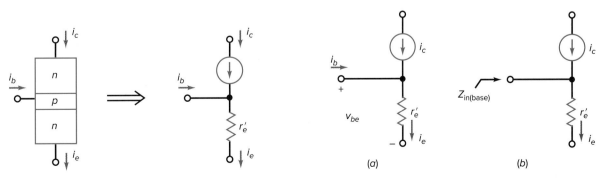

| 그림 8-16 | 트랜지스터의 T 모델 | 그림 8-17 | 베이스의 입력임피던스 정의

한다. 교류전압원은 트랜지스터 증폭기가 적절하게 동작하도록 이 교류 베이스전류 i_b를 공급해야 한다. 다시 말해서, 교류전압원은 베이스의 입력임피던스에 인가되어야 한다.

그림 8-17b는 이러한 개념을 나타낸다. 트랜지스터의 베이스로 들여다보면, 교류전압원은 입력임피던스 $Z_{in(base)}$를 바라보게 된다. 낮은 주파수에서 이 임피던스는 순수한 저항성이며, 다음과 같이 정의한다.

$$Z_{in(base)} = \frac{v_{be}}{i_b} \tag{8-11}$$

그림 8-17a의 이미터 다이오드에 옴의 법칙을 적용하면

$$v_{be} = i_e r'_e$$

가 되며, 이 식을 앞의 식에 대입하면

$$Z_{in(base)} = \frac{v_{be}}{i_b} = \frac{i_e r'_e}{i_b}$$

가 된다. $i_e \approx i_c$이므로 앞의 식은 다음과 같이 간단해진다.

$$Z_{in(base)} = \beta r'_e \tag{8-12}$$

이 식은 베이스의 입력임피던스가 교류 전류이득과 이미터 다이오드의 교류저항의 곱과 같다는 것을 뜻한다.

π 모델

그림 8-18a는 트랜지스터의 **π 모델**을 나타낸다. 이 그림은 식 (8-12)의 시각적 표현이다. T 모델을 보면 입력임피던스가 분명하지 않기 때문에, π 모델이 T 모델(그림 8-18b)보다 이용하기 더 쉽다. 반면에 π 모델은 $\beta r'_e$의 입력임피던스가 베이스를 구동하는 교류전압원의 부하 작용을 한다는 것을 분명히 나타낸다.

π 모델과 T 모델은 트랜지스터에 대한 교류 등가회로이므로, 증폭기를 해석할 때 어느 것을 사용해도 된다. 대부분의 경우 π 모델을 사용한다. 그러나 몇 가지 회로의 경우 T 모델이 회로 동작을 이해하기가 더 좋다. 두 가지 모델은 산업 현장에서 폭넓게 이용된다.

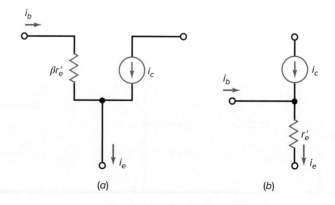

| 그림 8-18 | 트랜지스터의 π 모델

8-7 증폭기 해석

증폭기 해석은 직류원과 교류원이 동일한 회로에 함께 존재하므로 복잡하다. 증폭기를 해석하기 위해서 먼저 직류원에 의한 영향을, 그다음에 교류원에 의한 영향을 계산한다. 이 해석에서 중첩의 정리를 이용할 때, 각 전원에 대한 동작 결과를 합치면 모든 전원 동작의 전체적인 효과를 동시에 얻게 된다.

직류 등가회로

증폭기를 해석하기 위한 가장 간단한 방법은 직류 해석과 교류 해석의 두 부분으로 나누어 해석하는 것이다. 직류 해석에서 직류전압과 직류전류를 구한다. 이를 위해 모든 커패시터를 개방된 것으로 가상하면 남은 회로가 **직류 등가회로**(dc equivalent circuit)이다.

직류 등가회로에서 트랜지스터 직류전류와 직류전압을 구할 수 있다. 고장점검 중인 경우는 근사적인 값으로 충분하다. 직류 해석에서 가장 중요한 전류는 직류 이미터전류로, 이 전류는 교류 해석에서 r'_e를 구할 때 필요하다.

직류전압원의 교류 효과

그림 8-19a는 교류원과 직류원으로 구성된 회로를 나타낸다. 이와 같은 회로에서 교류전류는 얼마일까? 교류전류에 대해서만 생각하면 그림 8-19b의 직류전압원은 교류단락처럼 작용한다. 왜냐하면 직류전압원 양단은 전압이 일정하기 때문이다. 그러므로 직류전압원을 통해 흐르는 어떠한 교류전류도 직류전압원 양단에 교류전압을 만들어 낼 수 없다. 교류전압이 존재할 수 없다면 직류전압원은 교류단락과 등가이다.

이 개념을 이해하기 위한 또 다른 방법은 기초전자공학에서 검토된 **중첩의 정리**(superposition theorem)를 이용하는 것이다. 그림 8-19a에 중첩의 정리를 적용하면, 다른 전원을 0으로 인가하고 각 전원의 동작 효과를 개별적으로 계산할 수 있다. 직류전압원을 0으로 감소시킨다는 것은 이를 단락시키는 것과 등가이다. 따라서 그림 8-19a에서 교류원의 효과를 계산하기 위해 직류전압원을 단락시킬 수 있다.

이제부터 증폭기의 교류 동작을 해석할 때, 모든 직류전압원은 단락시킨다. 이것은 그림 8-19b에서 보는 바와 같이 각 직류전압 공급지점이 교류접지처럼 작용한다는 것을 의미한다.

참고사항

그림 8-16, 8-17, 8-18에 나타낸 등가회로보다 좀 더 정확한 트랜지스터 등가회로(모델)들이 있다. 아주 정확한 등가회로는 **베이스 분포저항** r'_b와 컬렉터전류원의 **내부저항** r'_c라 부르는 것을 포함한다. 정확한 답이 요구되는 경우에는 이 모델을 사용한다.

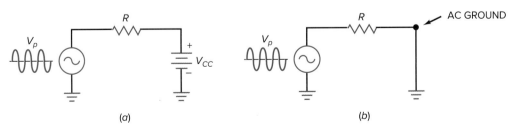

| 그림 8-19 | 직류전압원의 교류단락

교류 등가회로

직류 등가회로를 해석한 후 다음 단계는 **교류 등가회로**(ac equivalent circuit) 해석이다. 모든 커패시터와 직류전압원을 가상적으로 단락시켜 놓은 회로가 교류 등가회로이다. 트랜지스터는 π 모델이나 T 모델로 대체될 수 있다.

베이스 바이어스 증폭기

그림 8-20*a*는 베이스 바이어스 증폭기이다. 모든 커패시터가 개방된 것으로 가정하고 직류 등가회로를 해석한 다음, 교류 해석을 시작한다. 교류 등가회로를 얻기 위해 모든 커패시터와 직류전압원을 단락시킨다. 이때 $+V_{CC}$로 표시된 지점은 교류 접지된다.

그림 8-20*b*는 교류 등가회로를 나타낸다. 보다시피 트랜지스터는 π 모델로 교체되었다. 베이스회로에서 교류 입력전압은 $\beta r_e'$와 병렬로 연결된 R_B 양단에 나타난다. 컬렉터회로에서 전류원은 R_L과 병렬 연결된 R_C를 통해서 교류전류 i_c를 공급한다.

VDB 증폭기

그림 8-21*a*는 VDB 증폭기이며, 그림 8-21*b*는 교류 등가회로이다. 보다시피 모든 커패시터는 단락되었고, 직류전원은 교류접지되었으며, 트랜지스터는 π 모델로 대체되었다. 베이스회로에서 교류 입력전압은 R_1, R_2 및 $\beta r_e'$가 병렬로 되어 있는 양단에 나타난다. 컬렉터회로에서 전류원은 R_L과 병렬 연결된 R_C를 통해서 교류전류 i_c를 공급한다.

TSEB 증폭기

마지막 예는 그림 8-22*a*와 같은 양전원 이미터 바이어스 회로이다. 직류 등가회로를 해석한 다음 그림 8-22*b*와 같은 교류 등가회로를 그릴 수 있다. 역시 모든 커패시터는 단락되고, 직류 전원전압은 접지되며, 트랜지스터는 π 모델로 대체되었다. 베이스회로에서 교류 입력전압은 $\beta r_e'$와 병렬로 연결된 R_B 양단에 나타난다. 컬렉터회로에서 전류원은 R_L과 병렬 연결된 R_C를 통해서 교류전류 i_c를 공급한다.

CE 증폭기

그림 8-20, 8-21, 8-22와 같은 세 가지 증폭기들은 **공통이미터**(CE; Common Emitter) **증폭기**의 예이다. 이들의 이미터는 교류접지되어 있기 때문에 곧바로 CE 증폭기임을 알 수 있다. CE 증폭기에서 교류신호는 베이스로 결합되며, 증폭된 신호는 컬렉터에 나타난다. 교류접지인 이미터는 입력과 출력 신호의 공통이다.

두 가지 다른 트랜지스터 기본증폭기로 **공통베이스**(CB; Common Base) **증폭기**와 **공통컬렉터**(CC; Common Collector) **증폭기**가 있다. CB 증폭기는 베이스가 교류 접지되며, CC 증폭기는 컬렉터가 교류 접지된다. 이 증폭기들은 몇 가지 응용에는 유용하나, CE 증폭기처럼 일반적으로 사용하지는 않는다. CB 증폭기와 CC 증폭기는 뒤의 장들에서 논의된다.

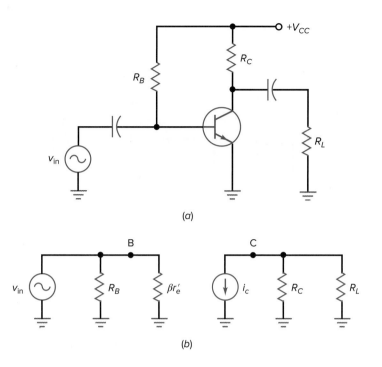

(a)

(b)

| 그림 8-20 | (a) 베이스 바이어스된 증폭기; (b) 교류 등가회로

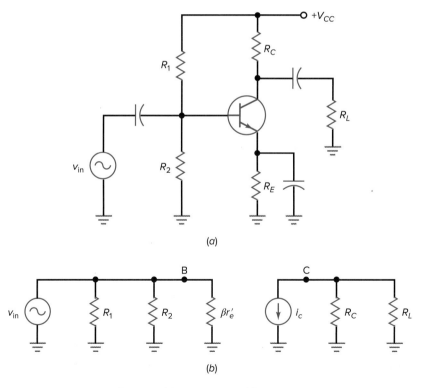

(a)

(b)

| 그림 8-21 | (a) VDB 증폭기; (b) 교류 등가회로

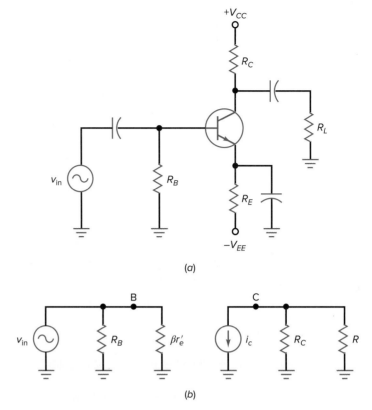

| 그림 8·22 | (a) TSEB 증폭기; (b) 교류 등가회로

주요 개념

앞의 해석방법은 모든 증폭기에 유효하다. 먼저 직류 등가회로부터 시작하여 직류 전압과 전류를 구한 다음, 교류 등가회로를 해석한다. 교류 등가회로를 구하기 위한 중요한 아이디어는 다음과 같다.

1. 모든 결합 커패시터와 바이패스 커패시터를 단락시킨다.
2. 모든 직류 전원전압을 교류접지된 것으로 본다.
3. 트랜지스터를 π 모델이나 T 모델로 교체시킨다.
4. 교류 등가회로를 그린다.

VDB 회로를 해석하기 위하여 중첩의 정리를 이용하는 단계를 표 8-1에 나타내었다.

8-8 데이터시트의 교류량

이 절의 내용을 검토하는 동안 그림 8-23에 보여지는 2N3904의 데이터시트(data sheet)를 참조하라. 교류량들은 "소신호 특성"이라고 표기된 부분에 있으며, 이 부분에서 h_{fe}, h_{ie}, h_{re}, h_{oe}로 표기된 4개의 새로운 양을 발견할 것이다. 이들을 h 파라미터라 한다. h

요점정리 표 8-1	VDB 직류와 교류 등가회로

원래 회로

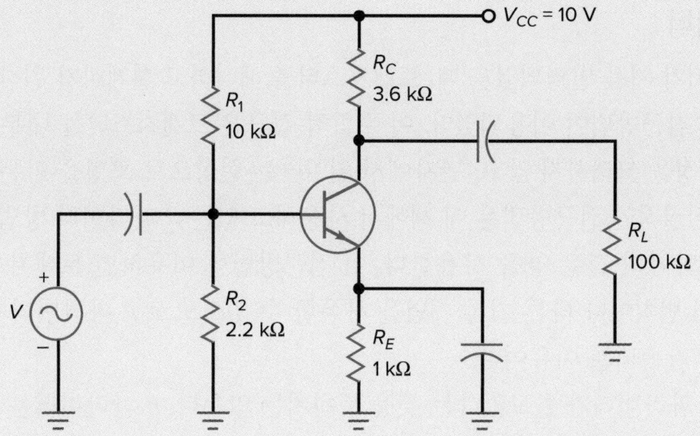

$V_{CC} = 10$ V
R_1 10 kΩ
R_C 3.6 kΩ
R_2 2.2 kΩ
R_E 1 kΩ
R_L 100 kΩ
V

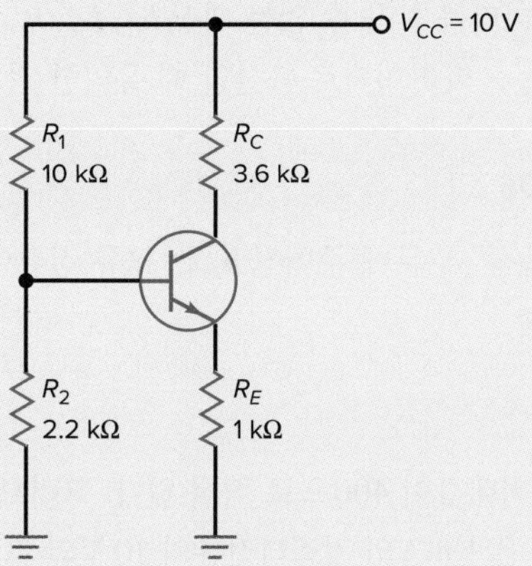

직류
등가회로

$V_{CC} = 10$ V
R_1 10 kΩ
R_C 3.6 kΩ
R_2 2.2 kΩ
R_E 1 kΩ

- 모든 결합 커패시터와 바이패스 커패시터를 개방시킨다.
- 회로를 다시 그린다.
- 직류 회로의 Q점을 구한다. 즉
  $V_B = 1.8$ V
  $V_E = 1.1$ V
  $I_E = 1.1$ mA
  $V_{CE} = 4.84$ V

교류
π 모델

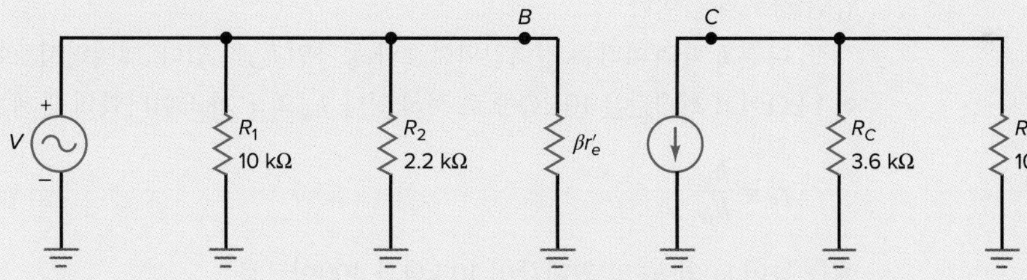

V
R_1 10 kΩ
R_2 2.2 kΩ
$\beta r'_e$
B
C
R_C 3.6 kΩ
R_L 100 kΩ

교류
T 모델

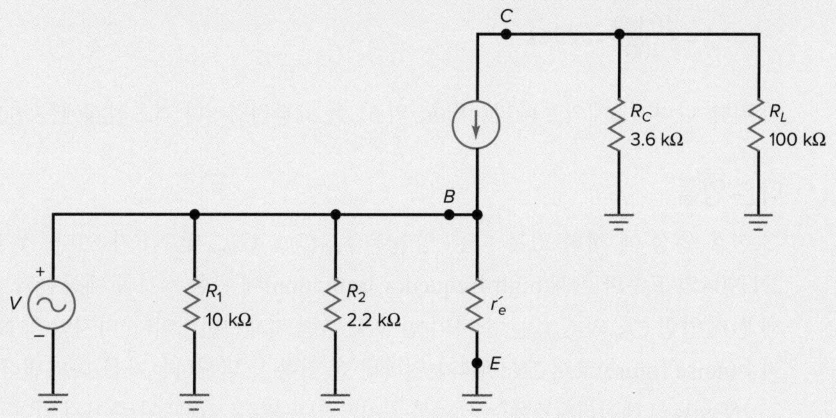

V
R_1 10 kΩ
R_2 2.2 kΩ
r'_e
B
E
C
R_C 3.6 kΩ
R_L 100 kΩ

- 모든 결합 커패시터와 바이패스 커패시터를 단락시킨다.
- 모든 직류 전원전압을 교류 접지시킨다.
- 트랜지스터를 π 모델이나 T 모델로 바꾼다.
- 교류 등가회로를 그린다.
- $r'_e = \dfrac{25 \text{ mV}}{I_{EQ}} = 22.7$ Ω

파라미터가 무엇인지 알아보자.

H 파라미터

트랜지스터가 처음 발명되었을 때, 트랜지스터를 해석하고 설계하기 위하여 h 파라미터로 알려진 접근방법이 이용되었다. 이 수학적 접근은 트랜지스터를 내부에서 일어나는 물리적 과정을 고려하지 않고, 단자에서 일어나는 현상으로 모형을 만든 것이다.

좀 더 실질적인 접근방법은 이 책에서 사용하고 있는 r' 파라미터 방법이라고 부르는 것으로, β와 r'_e와 같은 양을 사용한다. 이 접근방법을 이용하면 트랜지스터 해석과 설계 시 옴의 법칙이나 다른 기본 개념을 사용할 수 있으므로 r' 파라미터가 대부분의 사람에게 더 만족되는 이유이다.

이는 h 파라미터가 쓸모없다는 것을 뜻하지는 않는다. h 파라미터는 r' 파라미터보다 측정이 용이하기 때문에 데이터시트에는 h 파라미터로 나타낸다. 그러므로 데이터시트를 읽을 때 β와 r'_e 및 다른 r' 파라미터를 찾을 수 없는 대신 h_{fe}, h_{ie}, h_{re}, h_{oe}를 찾을 수 있을 것이다. 이 4개의 h 파라미터는 r' 파라미터로 환산할 때 유익한 정보를 제공한다.

R 파라미터와 H 파라미터의 관계

예를 들어, 데이터시트의 "소신호 특성" 부분에 주어진 h_{fe}는 교류 전류이득과 같다. 이를 기호로 나타내면 다음과 같다. 즉,

$$\beta = h_{fe}$$

데이터시트에 h_{fe}의 최소값이 100, 최대값이 400으로 적혀 있다. 그러므로 β는 100 정도로 낮거나 400 정도로 높다. 이들은 1 mA의 컬렉터전류와 10 V의 컬렉터-이미터 전압인 경우의 값이다.

또 다른 h 파라미터는 입력임피던스와 등가인 h_{ie}가 있다. 데이터시트에 h_{ie}의 최소값이 1 kΩ이고 최대값은 10 kΩ으로 적혀 있다. h_{ie}와 r' 파라미터와의 관계는 다음과 같다.

$$r'_e = \frac{h_{ie}}{h_{fe}} \tag{8-13}$$

예를 들어 h_{ie}와 h_{fe}의 최대값이 10 kΩ과 400이므로

$$r'_e = \frac{10\ \text{k}\Omega}{400} = 25\ \Omega$$

이 된다. 나머지 2개의 h 파라미터 h_{re}와 h_{oe}는 고장점검이나 기초설계에는 필요치 않다.

다른 양들

"소신호 특성"에 적혀 있는 다른 양들은 f_T, C_{ibo}, C_{obo} 및 NF가 있다. 첫 번째 f_T는 2N3904의 고주파 한계(high-frequency limitation)에 관한 정보를 제공한다. 두 번째와 세 번째 양인 C_{ibo}와 C_{obo}는 소자의 입력 및 출력 커패시턴스이다. 마지막 양 NF는 잡음지수(noise figure)로서 2N3904가 얼마나 큰 잡음을 발생하는가를 나타낸다.

2N3904의 데이터시트에는 살펴볼 가치가 있는 많은 그래프가 주어져 있다. 예를 들어

2N3903, 2N3904

Characteristic		Symbol	Min	Max	Unit
ELECTRICAL CHARACTERISTICS (T_A = 25°C unless otherwise noted)					
SMALL−SIGNAL CHARACTERISTICS					
Current−Gain−Bandwidth Product (I_C = 10 mAdc, V_{CE} = 20 Vdc, f = 100 MHz)	2N3903 2N3904	f_T	250 300	− −	MHz
Output Capacitance (V_{CB} = 0.5 Vdc, I_E = 0, f = 1.0 MHz)		C_{obo}	−	4.0	pF
Input Capacitance (V_{EB} = 0.5 Vdc, I_C = 0, f = 1.0 MHz)		C_{ibo}	−	8.0	pF
Input Impedance (I_C = 1.0 mAdc, V_{CE} = 10 Vdc, f = 1.0 kHz)	2N3903 2N3904	h_{ie}	1.0 1.0	8.0 10	kΩ
Voltage Feedback Ratio (I_C = 1.0 mAdc, V_{CE} = 10 Vdc, f = 1.0 kHz)	2N3903 2N3904	h_{re}	0.1 0.5	5.0 8.0	×10^{-4}
Small−Signal Current Gain (I_C = 1.0 mAdc, V_{CE} = 10 Vdc, f = 1.0 kHz)	2N3903 2N3904	h_{fe}	50 100	200 400	−
Output Admittance (I_C = 1.0 mAdc, V_{CE} = 10 Vdc, f = 1.0 kHz)		h_{oe}	1.0	40	μmhos
Noise Figure (I_C = 100 μAdc, V_{CE} = 5.0 Vdc, R_S = 1.0 kΩ, f = 1.0 kHz)	2N3903 2N3904	NF	− −	6.0 5.0	dB

H PARAMETERS
V_{CE} = 10 Vdc, f = 1.0 kHz, T_A = 25°C

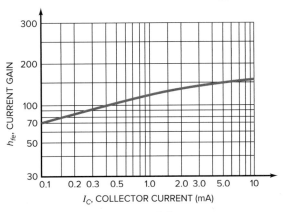

Current Gain

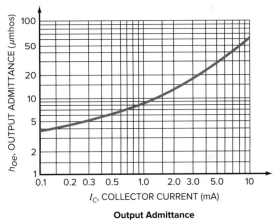

Output Admittance

Input Impedance

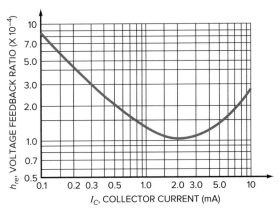

Voltage Feedback Ratio

| 그림 8·23 | 2N3904 데이터시트의 일부(2N3903-2N3904: General Purpose Transistors NPN Silicon, SCILLC dba, 2012)

전류이득이라고 표시된 데이터시트의 그래프는 컬렉터전류가 0.1 mA에서 10 mA까지 증가할 때, h_{fe}는 약 70에서 160까지 증가함을 나타낸다. 컬렉터전류가 1 mA일 때 h_{fe}가 약 125임에 주목하라. 이 그래프는 상온에서 전형적인 2N3904에 대한 경우의 것이다. 만일 h_{fe}의 최소값과 최대값이 100과 400으로 주어졌음을 기억한다면, 대량 생산시 h_{fe}가 큰 변화를 가질 수 있음을 알 수 있다. 또한 h_{fe}가 온도에 따라 변화한다는 것도 기억하자.

2N3904의 데이터시트에 입력임피던스라고 표시된 그래프를 살펴보면 컬렉터전류가 0.1 mA에서 10 mA까지 증가할 때, h_{ie}가 약 20 kΩ에서 500 Ω까지 어떻게 감소하는가에 주목하라. 식 (8-13)은 r_e'의 계산 방법이며, r_e'를 구하려면 h_{ie}를 h_{fe}로 나누어 주면 된다. 만일 데이터시트의 그래프로부터 컬렉터전류 1 mA에서 h_{fe}와 h_{ie} 값을 읽으면, 이들의 대략적인 값은 h_{fe} = 125와 h_{ie} = 3.6 kΩ이 된다. 식 (8-13)에 의해

$$r_e' = \frac{3.6 \text{ k}\Omega}{125} = 28.8 \ \Omega$$

이며, r_e'의 이상적인 값은 다음과 같다.

$$r_e' = \frac{25 \text{ mV}}{1 \text{ mA}} = 25 \ \Omega$$

8-9 전압이득

그림 8-24a는 전압분배 바이어스(VDB) 증폭기를 나타낸다. **전압이득**(voltage gain)은 출력전압을 입력전압으로 나눈 것으로 정의하였다. 이 정의를 이용하여 고장점검 시 유익한 전압이득에 대한 또 다른 식을 유도할 수 있다.

π 모델에 의한 전압이득 유도

그림 8-24b는 트랜지스터의 π 모델을 이용한 교류 등가회로이다. 교류 베이스전류 i_b는 베이스의 입력임피던스($\beta r_e'$)를 통해서 흐른다. 옴의 법칙을 이용하면 다음과 같이 쓸 수 있다. 즉

$$v_{\text{in}} = i_b \beta r_e'$$

컬렉터회로에서 전류원은 R_C와 R_L 병렬을 통하여 교류전류 i_c를 흘려보낸다. 그러므로 교류 출력전압은

$$v_{\text{out}} = i_c(R_C \parallel R_L) = \beta i_b(R_C \parallel R_L)$$

와 같다. 이제 v_{out}을 v_{in}으로 나누면

$$A_V = \frac{v_{\text{out}}}{v_{\text{in}}} = \frac{\beta i_b(R_C \parallel R_L)}{i_b \beta r_e'}$$

가 얻어지며, 이를 간단히 정리하면 다음 식이 얻어진다.

$$A_V = \frac{(R_C \parallel R_L)}{r_e'} \tag{8-14}$$

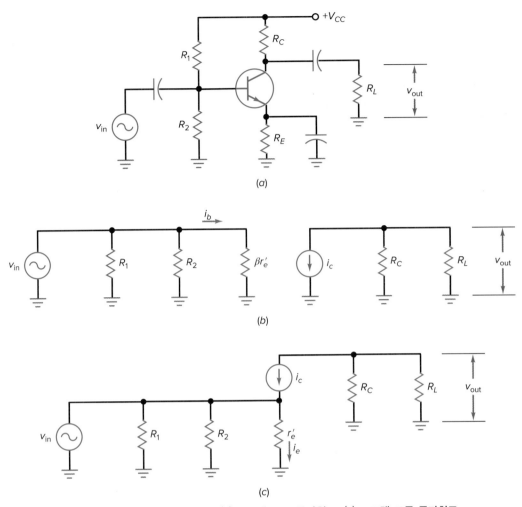

| 그림 8·24 | (a) CE 증폭기; (b) π 모델 교류 등가회로; (c) T 모델 교류 등가회로

교류 컬렉터저항

그림 8-24b의 컬렉터에서 바라본 전체 교류 부하저항은 R_C와 R_L의 병렬 연결에 의해 구해진다. 이 전체적인 저항을 **교류 컬렉터저항**(ac collector resistance)이라 하며, 기호로 r_c를 사용한다.

$$r_c = R_C \parallel R_L \qquad\qquad\qquad (8\text{-}15)$$

라 하면, 이제 식 (8-14)를 다음과 같이 다시 쓸 수 있다.

$$A_V = \frac{r_c}{r_e'} \qquad\qquad\qquad (8\text{-}16)$$

이 식을 말로 표현하면, 전압이득은 교류 컬렉터저항을 이미터 다이오드의 교류저항으로 나눈 것과 같다.

T 모델에 의한 전압이득 유도

어느 트랜지스터 모델이든 똑같은 결과를 나타낸다. 나중에 차동증폭기를 해석할 때 T 모델을 사용할 것이다. 실제로 T 모델을 이용해서 전압이득식을 유도해 보자.

그림 8-24c는 트랜지스터의 T 모델을 이용한 교류 등가회로이다. 입력전압 v_{in}은 r_e' 양단에 나타난다. 옴의 법칙에 따라

$$v_{in} = i_e r_e'$$

로 쓸 수 있으며, 컬렉터회로에서 전류원은 교류 컬렉터저항을 통해서 교류전류 i_c를 흐르게 한다. 그러므로 교류 출력전압은 다음과 같다.

$$v_{out} = i_c r_c$$

이제 v_{out}을 v_{in}으로 나누면 다음 식이 얻어진다.

$$A_V = \frac{v_{out}}{v_{in}} = \frac{i_c r_c}{i_e r_e'}$$

$i_c \approx i_e$이므로, 이 식은 다음과 같이 간단해진다.

$$A_V = \frac{r_c}{r_e'}$$

이 식은 π 모델에서 유도된 식과 같다. 이 식은 모든 CE 증폭기에 적용하는데, 그 이유는 모든 CE 증폭기의 교류 컬렉터저항이 r_c이고 이미터 다이오드의 교류저항이 r_e'이기 때문이다.

예제 8-7

||| **MultiSim**

그림 8-25a에서 전압이득과 부하저항 양단의 출력전압은 얼마인가?

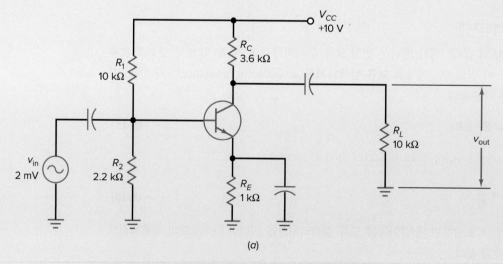

(a)

| 그림 8-25 | (a) VDB 증폭기의 예; (b) TSEB 증폭기의 예

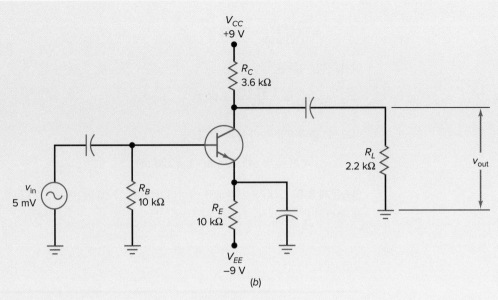

| 그림 8·25 | (계속)

풀이 교류 컬렉터저항은

$$r_c = R_C \parallel R_L = (3.6 \text{ k}\Omega \parallel 10 \text{ k}\Omega) = 2.65 \text{ k}\Omega$$

이다. 예제 8-2에서 r_e'는 22.7 Ω으로 계산되었으므로 전압이득은 다음과 같다.

$$A_V = \frac{r_c}{r_e'} = \frac{2.65 \text{ k}\Omega}{22.7 \text{ }\Omega} = 117$$

출력전압은 다음과 같다.

$$v_{\text{out}} = A_V v_{\text{in}} = (117)(2 \text{ mV}) = 234 \text{ mV}$$

연습문제 8-7 그림 8-25a를 이용하여, R_L을 6.8 kΩ으로 바꾸어 전압이득 A_V를 구하라.

예제 8-8

그림 8-25b에서 전압이득과 부하저항 양단의 출력전압은 얼마인가?

풀이 교류 컬렉터저항은

$$r_c = R_C \parallel R_L = (3.6 \text{ k}\Omega \parallel 2.2 \text{ k}\Omega) = 1.37 \text{ k}\Omega$$

이며, 직류 이미터전류는 대략

$$I_E = \frac{9\text{V} - 0.7 \text{ V}}{10 \text{ k}\Omega} = 0.83 \text{ mA}$$

이다. 이미터 다이오드의 교류저항은

$$r'_e = \frac{25 \text{ mV}}{0.83 \text{ mA}} = 30 \text{ } \Omega$$

이며, 전압이득은

$$A_V = \frac{r_e}{r'_e} = \frac{1.37 \text{ k}\Omega}{30 \text{ } \Omega} = 45.7$$

이므로, 출력전압은 다음과 같다.

$$v_{\text{out}} = A_V v_{\text{in}} = (45.7)(5 \text{ mV}) = 228 \text{ mV}$$

연습문제 8-8　그림 8-25b에서 이미터저항 R_E를 10 kΩ에서 8.2 kΩ으로 바꾸어 새로운 출력전압 v_{out}을 계산하라.

8-10 입력임피던스의 부하 효과

지금까지 신호원의 저항이 0인 이상적인 교류전압원을 가정해 왔다. 이 절에서는 증폭기의 입력임피던스가 교류원에 어떻게 부하로 작용하는지, 즉 이미터 다이오드 양단에 나타나는 전압을 어떻게 감소시키는지에 대해 검토한다.

입력임피던스

그림 8-26a에서 교류전압원 v_g의 내부저항이 R_G이다. (첨자 g는 소스(*source*)와 동의어인 발전기(generator)에 해당하는 말이다.) 교류발전기가 안정하지 않을 때, 교류 전원전압의 일부는 내부저항에서 전압강하를 일으킨다. 결과적으로 베이스와 접지 사이의 교류전압은 이상적인 전압보다 낮아진다.

　교류발전기는 증폭단의 입력임피던스 $Z_{\text{in(stage)}}$를 구동시켜야 한다. 이 임피던스는 베이스의 입력임피던스 $Z_{\text{in(base)}}$와 병렬로 연결된 R_1과 R_2에 연결된 바이어스 저항도 포함한다. 그림 8-26b는 그 개념을 나타낸 것으로, 증폭단의 입력임피던스는 다음과 같다.

$$Z_{\text{in(stage)}} = R_1 \parallel R_2 \parallel \beta r'_e$$

입력전압의 식

교류발전기가 안정하지 않을 때, 그림 8-26c의 교류 입력전압 v_{in}은 v_g보다 작다. 전압분배기 정리를 이용하면 다음과 같이 쓸 수 있다.

$$v_{\text{in}} = \frac{Z_{\text{in(stage)}}}{R_G + Z_{\text{in(stage)}}} v_g \tag{8-17}$$

이 식은 어떠한 증폭기에도 적용된다. 증폭단의 입력임피던스를 계산하거나 어림셈한 후 입력전압이 얼마인지를 결정할 수 있다. (주: R_G가 $0.01 Z_{\text{in(stage)}}$보다 작을 때, 교류발전기는 안정하다.)

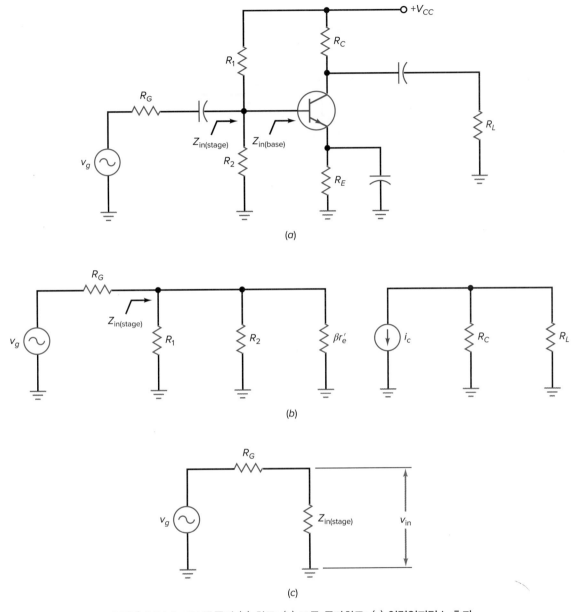

| 그림 8·26 | CE 증폭기 (a) 회로; (b) 교류 등가회로; (c) 입력임피던스 효과

예제 8-9

그림 8-27에서 교류발전기의 내부저항이 600 Ω이다. $\beta = 300$이면 출력전압은 얼마인가?

풀이 앞의 예제에서, $r_e' = 22.7\ \Omega$, $A_V = 117$임을 이미 계산하였다. 이 문제를 풀 때 이 값들을 그대로 사용한다.

$\beta = 300$일 때, 베이스의 입력임피던스는

$$Z_{in(base)} = (300)(22.7\ \Omega) = 6.8\ k\Omega$$

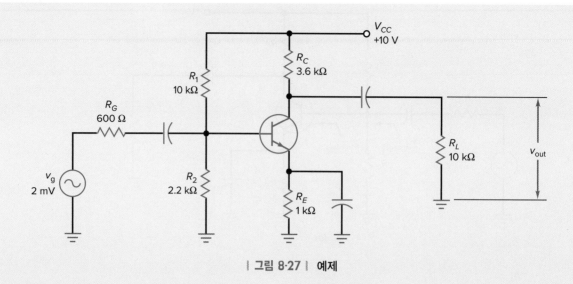

| 그림 8·27 | 예제

이며, 증폭단의 입력임피던스는

$$Z_{\text{in(stage)}} = 10\ \text{k}\Omega \parallel 2.2\ \text{k}\Omega \parallel 6.8\ \text{k}\Omega = 1.42\ \text{k}\Omega$$

이다. 식 (8-17)을 이용하면 입력전압을 구할 수 있다.

$$v_{\text{in}} = \frac{1.42\ \text{k}\Omega}{600\ \Omega + 1.42\ \text{k}\Omega} 2\ \text{mV} = 1.41\ \text{mV}$$

이것은 트랜지스터의 베이스에 나타나는 교류전압으로 이미터 다이오드 양단의 교류전압과 같다. 증폭된 교류 출력전압은 다음과 같다.

$$v_{\text{out}} = A_V v_{\text{in}} = (117)(1.41\ \text{mV}) = 165\ \text{mV}$$

연습문제 8-9 그림 8-27의 R_G값을 50 Ω으로 바꿔 증폭된 출력전압을 구하라.

예제 8-10

$\beta = 50$인 경우, 앞의 예제를 반복하라.

풀이 $\beta = 50$일 때, 베이스의 입력임피던스는

$$Z_{\text{in(base)}} = (50)(22.7\ \Omega) = 1.14\ \text{k}\Omega$$

으로 감소하며, 증폭단의 입력임피던스는

$$Z_{\text{in(stage)}} = 10\ \text{k}\Omega \parallel 2.2\ \text{k}\Omega \parallel 1.14\ \text{k}\Omega = 698\ \Omega$$

으로 감소한다. 식 (8-27)을 이용하면 입력전압을 계산할 수 있다.

$$v_{\text{in}} = \frac{698\ \Omega}{600\ \Omega + 698\ \Omega} 2\ \text{mV} = 1.08\ \text{mV}$$

출력전압은 다음과 같다.

$$v_{\text{out}} = A_V v_{\text{in}} = (117)(1.08 \text{ mV}) = 126 \text{ mV}$$

이 예제는 트랜지스터의 교류 전류이득이 출력전압을 얼마나 변화시킬 수 있는가를 나타낸다. β가 감소할 때 베이스의 입력임피던스, 증폭단의 입력임피던스, 입력전압 및 출력전압이 감소한다.

연습문제 8-10 그림 8-27에서 β를 400으로 바꾸고, 출력전압을 구하라.

8-11 스웜프 증폭기

CE 증폭기의 전압이득은 정지전류, 온도 변화, 트랜지스터 교체에 따라 변화하는데, 그 이유는 이들이 r_e'와 β를 변화시키기 때문이다.

교류 이미터귀환

전압이득을 안정하게 하기 위한 한 가지 방법은 **교류 이미터귀환**(ac emitter feedback)이 일어나도록 그림 8-28a와 같이 이미터저항 일부를 바이패스되지 않게 남겨 놓는 것이다. 교류 이미터전류가 바이패스되지 않는 이미터저항 r_e를 통해 흐를 때, 교류전압이 r_e 양단에 나타난다. 이것이 부귀환(negative feedback)을 일으킨다. r_e 양단의 교류전압은 전압이득에 반대되는 변화를 일으킨다. 그 때문에 바이패스되지 않는 저항 r_e를 **귀환저항**(feedback resistor)이라 한다.

예를 들어 온도 증가로 교류 컬렉터전류가 증가한다고 가정하자. 이는 출력전압을 더

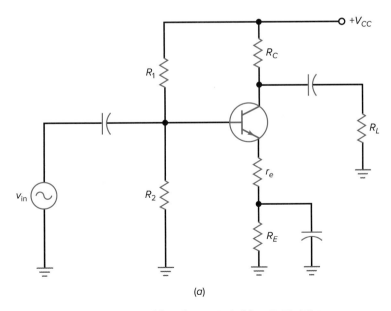

(a)

| 그림 8-28 | (a) 스웜프 증폭기; (b) 교류 등가회로

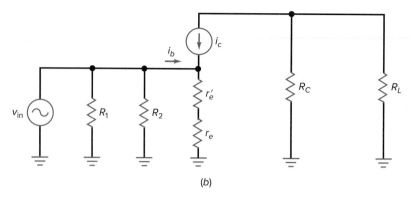

| 그림 8·28 | (계속)

욱 커지게 할 것이고 또한 r_e 양단 교류전압도 더욱 커지게 할 것이다. v_{be}는 v_{in}과 v_e의 차(差)와 같기 때문에 v_e의 증가는 v_{be}를 감소시킬 것이다. 이 v_{be} 감소는 교류 컬렉터전류를 감소시킨다. 이는 교류 컬렉터전류의 원래 증가를 감소시키므로 부귀환이 생긴 것이다.

전압이득

그림 8-28b는 트랜지스터를 T 모델로 나타낸 교류 등가회로이다. 분명히 교류 이미터전류는 r_e'와 r_e로 흘러야 한다. 옴의 법칙을 이용하면 다음과 같이 쓸 수 있다.

$$v_{in} = i_e(r_e + r_e') = v_b$$

컬렉터회로에서 전류원은 교류 컬렉터저항을 통해 교류전류 i_c를 흘려보내므로, 교류 출력전압은 다음과 같다.

$$v_{out} = i_c r_c$$

이제 전압이득을 구하기 위해 v_{out}을 v_{in}으로 나눌 수 있다.

$$A_V = \frac{v_{out}}{v_{in}} = \frac{i_c r_e}{i_e(r_e + r_e')} = \frac{v_c}{v_b}$$

$i_c \approx i_e$이므로, 이 식을 간단하게 할 수 있다.

$$A_V = \frac{r_c}{r_e + r_e'} \tag{8-18}$$

r_e가 r_e'보다 훨씬 클 때, 앞의 식은 다음과 같이 간단해진다.

$$A_V = \frac{r_c}{r_e} \tag{8-19}$$

이는 전압이득이 교류 컬렉터저항을 귀환저항으로 나눈 것과 같다는 말이다. r_e'가 전압이득의 식에서 빠졌으므로, r_e'는 더 이상 전압이득에 영향을 미치지 않는다.

이상의 내용은 **스웜핑**(swamping)의 예로서, 하나의 양을 두 번째 양보다 훨씬 크게 하면 두 번째 양의 변화는 무시될 수 있다. 식 (8-18)에서 r_e의 큰 값이 r_e'의 변화를 늪과 같이 흡수해 버린다. 그 결과 전압이득이 안정해져 온도 변화나 트랜지스터 교체에도 전압이득은 변하지 않는다.

베이스의 입력임피던스

부귀환은 전압이득을 안정하게 할 뿐만 아니라 베이스의 입력임피던스도 증가시킨다. 그림 8-28*b*에서 베이스의 입력임피던스는

$$Z_{in(base)} = v_{in}/i_b$$

이다. 그림 8-28*b*의 이미터 다이오드에 옴의 법칙을 적용하면

$$v_{in} = i_e(r_e + r_e')$$

이 되므로, 이 식을 앞의 식에 대입하면 다음이 얻어진다.

$$Z_{in(base)} = \frac{v_{in}}{i_b} = \frac{i_e(r_e + r_e')}{i_b}$$

$i_e \approx i_c$이므로

$$Z_{in(base)} = \beta(r_e + r_e') \qquad\qquad (8\text{-}20)$$

이 된다. **스웜프 증폭기**(swamped amplifier)에서 이 식은 다음과 같이 간략해진다.

$$Z_{in(base)} = \beta r_e \qquad\qquad (8\text{-}21)$$

이는 베이스의 입력임피던스가 전류이득과 귀환저항의 곱과 같다는 말이다.

대신호에서 작은 왜곡

이미터 다이오드 특성 곡선의 비선형성은 대신호 왜곡의 원인이 된다. 이미터 다이오드를 스웜핑(r_e가 r_e'의 변화를 흡수하는 작용)시킴으로써, 이미터 다이오드가 전압이득에 미치는 영향을 줄여 주어 대신호 동작에서 발생하는 일그러짐이 감소한다.

이상의 내용을 다음과 같이 정리하자. 즉, 귀환저항이 없을 때 전압이득은

$$A_V = \frac{r_c}{r_e'}$$

이다. r_e'는 전류에 민감하기 때문에 그 값이 대신호 동작 시 변화한다. 이는 전압이득이 주기적인 대신호 동안 변한다는 것을 의미한다. 다시 말해서 r_e'의 변화는 대신호 시 일그러짐의 원인이 된다.

그러나 귀환저항이 있는 경우, 스웜프된 전압이득은

$$A_V = \frac{r_c}{r_e}$$

이다. 이 식에는 r_e'가 없기 때문에 대신호 일그러짐이 제거된다. 따라서 스웜프 증폭기에는 다음과 같은 세 가지 이점이 있다. 즉, 전압이득이 안정하고, 베이스의 입력임피던스가 증가하며, 대신호 일그러짐이 적다.

응용예제 8-11　　　|||| MultiSim

$\beta = 200$인 경우, MultiSim 그림 8-29의 부하저항 양단의 출력전압을 구하라. 계산에서 r'_e를 무시하라.

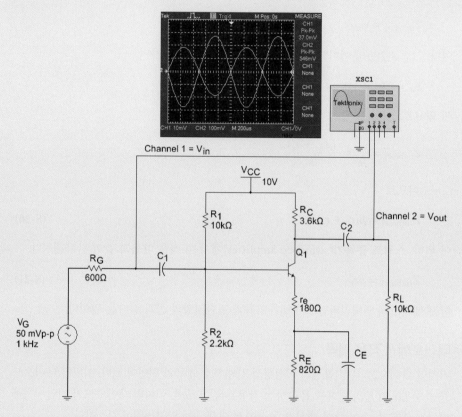

|||| MultiSim | 그림 8-29 | 단일증폭기 예

풀이　베이스의 입력임피던스는

$$Z_{in(base)} = \beta r_e = (200)(180\ \Omega) = 36\ k\Omega$$

이고, 증폭단의 입력임피던스는

$$Z_{in(stage)} = 10\ k\Omega \parallel 2.2\ k\Omega \parallel 36\ k\Omega = 1.71\ k\Omega$$

이다. 베이스에 대한 교류 입력전압은

$$v_{in} = \frac{1.71\ k\Omega}{600\ \Omega + 1.71\ k\Omega}\ 50\ mV = 37\ mV$$

이고, 전압이득은

$$A_V = \frac{r_c}{r_e} = \frac{2.65\ k\Omega}{180\ \Omega} = 14.7$$

이므로, 출력전압은 다음과 같다.

$$v_{out} = (14.7)(37 \text{ mV}) = 544 \text{ mV}$$

연습문제 8-11 그림 8-29를 이용하여 β 값이 300으로 바뀔 때 10 kΩ 부하양단의 출력전압을 구하라.

응용예제 8-12

앞의 예제를 반복하되, 이번 계산에서는 r_e'를 포함시켜라.

풀이 베이스의 입력임피던스는

$$Z_{in(base)} = \beta(r_e + r_e') = (200)(180 \text{ Ω} + 22.7 \text{ Ω}) = 40.5 \text{ kΩ}$$

이고, 증폭단의 입력임피던스는

$$Z_{in(stage)} = 10 \text{ kΩ} \parallel 2.2 \text{ kΩ} \parallel 40.5 \text{ kΩ} = 1.72 \text{ kΩ}$$

이다. 베이스에 대한 교류 입력전압은

$$v_{in} = \frac{1.72 \text{ kΩ}}{600 \text{ Ω} + 1.72 \text{ kΩ}} 50 \text{ mV} = 37 \text{ mV}$$

이고, 전압이득은

$$A_V = \frac{r_c}{r_e + r_e'} = \frac{2.65 \text{ kΩ}}{180 \text{ Ω} + 22.7 \text{ Ω}} = 13.1$$

이므로, 출력전압은 다음과 같다.

$$v_{out} = (13.1)(37 \text{ mV}) = 485 \text{ mV}$$

계산에서 r_e'가 있을 때와 없을 때를 비교해 보면, r_e'가 최종 답에 미치는 영향이 적다는 것을 알 수 있다. 이것은 스웜프 증폭기에서 예측되는 바이다. 고장점검 시 이미터에 귀환저항이 사용되면 증폭기가 스웜프된 것으로 가정할 수 있다(r_e'가 무시된 식을 이용). 만일 좀 더 정확한 답이 필요하면, r_e'를 포함시킬 수 있다.

연습문제 8-12 계산으로 구한 v_{out}과 MultiSim을 이용하여 측정된 v_{out}값을 비교하라.

8-12 고장점검

단일단 증폭기가 동작하고 있지 않을 때, 고장 점검자는 직류 전원전압을 포함하여 직류 전압들을 측정하는 것으로 시작할 수 있다. 이 전압들을 앞에서 검토한 바와 같이 머릿속으로 예측해 보고, 그다음 예상값들이 근사적으로 정확한지를 알아보기 위해 이 전압들을 측정한다. 만일 이 직류전압들이 예상 전압과 현격하게 차이가 있다면, 고장은 저항 개방(타 버려서), 저항 단락(녹은 납에 의해 저항 양단 단락), 부정확한 배선, 커패시터

단락 및 트랜지스터 결함이 있을 수 있다. 결합 커패시터나 바이패스 커패시터 양단의 단락은 직류 등가회로를 변화시킬 것이며, 이는 직류전압들이 급격히 달라짐을 의미한다.

측정한 모든 직류전압이 정상이면, 교류 등가회로에 무슨 잘못이 있을 수 있는지를 생각하면서 고장점검을 계속한다. 만일 신호발생기 전압이 인가되는데도 교류 베이스전압이 나타나지 않으면, 신호발생기와 베이스 사이에 어떤 것이 개방되어 있을 수 있다. 아마도 결선이 잘못되었거나 입력 측 결합 커패시터가 개방되었을 수 있다. 마찬가지로 만일 최종 출력전압은 없으나 교류 컬렉터전압이 있다면, 출력 측 결합 커패시터가 개방되었거나 결선이 잘못되었을 수 있다.

보통 이미터가 교류접지될 때 이미터와 접지 사이에 교류전압은 나타나지 않는다. 증폭기가 적절히 동작하고 있지 않을 때 오실로스코프로 점검하는 것 중 하나가 이미터전압이다. 만일 바이패스 커패시터에 어떤 교류전압이 나타난다면, 바이패스 커패시터가 동작하고 있지 않다는 것을 의미한다.

예를 들어 바이패스 커패시터 개방은 이미터가 이미 교류접지상태에 있지 않음을 의미한다. 이 때문에 교류 이미터전류는 바이패스 커패시터 대신 R_E를 통해 흐른다. 이것이 오실로스코프로 볼 수 있는 교류 이미터전압을 만들어 낸다. 따라서 만일 교류 베이스전압과 비슷한 크기의 교류 이미터전압을 보게 되면, 이미터 바이패스 커패시터를 점검하라. 부품 결함이나 접속 불량일 수 있다.

정상조건하에서 전원공급선은 전원장치의 필터 커패시터 때문에 교류 접지점이 된다. 만일 필터 커패시터에 결함이 있으면 리플(ripple)이 커진다. 이 원치 않는 리플은 전압분배기를 통해 베이스에 도달한다. 이때 리플은 신호발생기의 신호와 함께 증폭된다. 증폭기가 스피커에 연결되면 이 증폭된 리플은 60 Hz나 120 Hz의 험(hum)을 만들어 낸다. 따라서 스피커로부터 과도한 험이 들리면, 가장 주목해야 할 원인 중 하나는 전원장치의 필터 커패시터가 개방된 것이다.

예제 8-13

그림 8-30의 CE 증폭기는 교류 부하전압이 0이다. 만일 직류 컬렉터전압이 6 V이고 교류 컬렉터전압이 70 mV라면 어떤 고장이 있는가?

풀이 직류 및 교류 컬렉터전압이 정상이므로 고장 날 수 있는 소자는 C_2나 R_L 두 소자뿐이다. 이 소자들에 대해 네 가지의 고장상태를 의심해 보면 고장을 발견할 수 있다. 네 가지 의문이 되는 고장상태는 다음과 같다.

C_2가 단락되면 어떻게 될까?
C_2가 개방되면 어떻게 될까?
R_L이 단락되면 어떻게 될까?
R_L이 개방되면 어떻게 될까?

그 답은 다음과 같다.

C_2가 단락되면 직류 컬렉터전압이 급격히 감소한다.

C_2가 개방되면 교류 통로가 차단되나 직류 및 교류 컬렉터전압은 변하지 않는다.

R_L이 단락되면 교류 컬렉터전압이 나타나지 않는다.

R_L이 개방되면 교류 컬렉터전압이 급격히 증가한다.

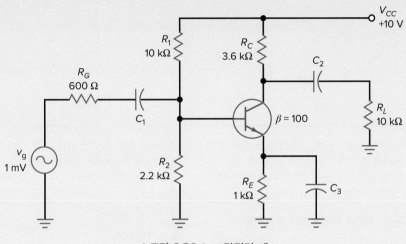

| 그림 8·30 | 고장점검 예

따라서 고장은 C_2가 개방되어 있다. 처음 고장점검 방법을 배울 때, 고장을 없애기 위해 의문시되는 질문(~하면 어떻게 될까?)을 자문해 보는 것이 좋다. 경험을 쌓은 다음에는 모든 과정이 기계적으로 이루어진다. 경험 많은 고장 점검자라면 이러한 고장은 거의 순간적으로 발견해 낸다.

예제 8-14

그림 8-30의 CE 증폭기에서 교류 이미터전압이 0.75 mV이고 교류 컬렉터전압이 2 mV이다. 어떤 고장이 있는가?

풀이   고장점검은 일종의 기술이기 때문에, 뜻이 통하고 고장을 찾는 데 도움이 되려면 어떻게 해야 하는지 질문을 해 보아야만 한다. 만일 그래도 이 고장을 생각해 내지 못한다면, 각 소자에 대해 의문시되는 질문을 해 보기 시작하여 고장을 찾을 수 있는지 알아보라. 그리고 다음의 내용을 읽어 보라.

어떤 소자를 선택하든, 어떤 질문을 하든 간에 다음의 질문을 해 보기까지 여기서 주어진 징후는 나타나지 않을 것이다.

C_3가 단락되면 어떻게 될까?

C_3가 개방되면 어떻게 될까?

C_3가 단락되면 고장일 수 없으나, C_3가 개방되면 고장일 수 있다. 그 이유는 C_3가 개방되면 베이스의 입력임피던스가 훨씬 커지고 교류 베이스전압이 0.625 mV에서 0.75 mV로

증가한다. 이때 이미터는 교류접지가 아니기 때문에 0.75 mV의 거의 모두가 이미터에 나타난다. 증폭기의 스웜프된 전압이득은 2.65이므로 교류 컬렉터전압은 약 2 mV가 된다.

연습문제 8-14 그림 8-30의 CE 증폭기에서 트랜지스터의 베이스-이미터 다이오드가 개방되면 트랜지스터의 직류전압과 교류전압에 어떤 일이 일어나는가?

요점 __ *Summary*

8-1 베이스 바이어스 증폭기
최고의 전원 결합(coupling)은 교류원의 최저주파수에서 결합 커패시터의 리액턴스가 저항보다 훨씬 작을 때 발생한다. 베이스 바이어스된 증폭기에서 입력신호는 베이스로 결합되어 교류 컬렉터전압을 발생시킨다. 이때 반전 증폭된 교류 컬렉터전압은 부하저항으로 결합된다.

8-2 이미터 바이어스 증폭기
최고의 바이패스작용(bypassing)은 교류원의 최저주파수에서 바이패스 커패시터의 리액턴스가 저항보다 훨씬 작을 때 발생한다. 바이패스된 지점은 교류접지된다. VDB나 TSEB 증폭기의 경우 교류신호는 베이스로 결합된다. 이때 증폭된 교류신호는 부하저항으로 결합된다.

8-3 소신호 동작
교류 베이스전압은 직류성분과 교류성분으로 되어 있다. 이 전압은 이미터전류의 직류성분과 교류성분을 결정한다. 과도한 왜곡을 피하기 위한 한 가지 방법은 소신호 동작을 이용하는 것이다. 소신호 동작이란 피크-피크 교류 이미터전류가 직류 이미터전류의 1/10 미만으로 유지하는 것을 의미한다.

8-4 교류 베타
트랜지스터의 교류 β는 교류 컬렉터전류를 교류 베이스전류로 나눈 것으로 정의된다. 교류 β값은 보통 직류 β값과 아주 작은 차이를 보인다. 고장점검 시 직류 또는 교류에 상관없이 같은 β값을 사용할 수 있다. 데이터시트의 h_{FE}는 β_{dc}, h_{fe}는 β와 같다.

8-5 이미터 다이오드의 교류저항
트랜지스터의 베이스-이미터 전압은 직류성분 V_{BEQ}와 교류성분 v_{be}로 되어 있다. 교류 베이스-이미터 전압은 교류 이미터전류 i_e를 결정한다. 이미터 다이오드의 교류저항은 v_{be}를 i_e로 나눈 것으로 정의된다. 수학적으로, 이미터 다이오드의 교류저항이 25 mV를 직류 이미터전류로 나눈 것과 같다는 것을 증명할 수 있다.

8-6 두 가지 트랜지스터 모델
교류신호에 대해 트랜지스터는 π 모델이나 T 모델의 두 가지 등가회로 중 어느 하나로 대체될 수 있다. π 모델에서 베이스의 입력임피던스는 $\beta r'_e$이다.

8-7 증폭기 해석
증폭기를 해석하기 위한 가장 간단한 방법은 직류해석과 교류해석의 두 부분으로 나누어 해석하는 것이다. 직류해석 시 커패시터는 개방된다. 교류해석 시 커패시터는 단락되며, 직류전원점들은 교류접지된다.

8-8 데이터시트의 교류량
h 파라미터는 r' 파라미터보다 측정이 용이하기 때문에 데이터시트에 이용된다. r' 파라미터는 옴의 법칙과 다른 기본 개념을 이용할 수 있기 때문에 회로해석 시 용이하게 이용된다. 데이터시트에 있는 가장 중요한 양은 h_{fe}와 h_{ie}이다. 이들은 β와 r'_e으로 쉽게 변환될 수 있다.

8-9 전압이득
CE 증폭기의 전압이득은 교류 컬렉터저항을 이미터 다이오드의 교류저항으로 나눈 것과 같다.

8-10 입력임피던스의 부하 효과
증폭단의 입력임피던스는 바이어스저항과 베이스의 입력임피던스를 포함한다. 신호원이 입력임피던스에 비해 안정하지 않을 때, 증폭기의 입력전압은 신호원 전압보다 적다.

8-11 스웜프 증폭기
이미터저항의 일부를 바이패스되지 않도록 옮겨 줌으로써 부귀환을 얻는다. 부귀환은 전압이득을 안정시키고, 입력임피던스를 증가시키며, 대신호 일그러짐을 줄여 준다.

8-12 고장점검
단일단 증폭기의 경우, 직류 측정부터 시작한다. 만일 직류 측정으로 고장을 발견하지 못하면, 고장을 발견할 때까지 교류 측정을 계속한다.

중요 수식 __ *Important Formulas*

(8-1) 양호한 결합 조건:

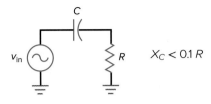

$X_C < 0.1\,R$

(8-2) 전압이득:

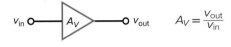

$A_V = \dfrac{v_{out}}{v_{in}}$

(8-3) 교류 출력전압:

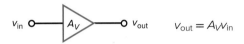

$v_{out} = A_V v_{in}$

(8-4) 교류 입력전압:

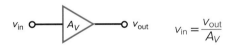

$v_{in} = \dfrac{v_{out}}{A_V}$

(8-5) 양호한 바이패스 조건:

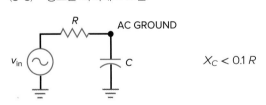

$X_C < 0.1\,R$

(8-6) 소신호:

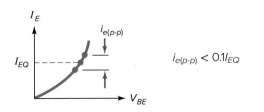

$i_{e(p\text{-}p)} < 0.1 I_{EQ}$

(8-7) 직류 전류이득:

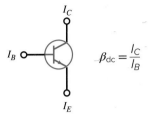

$\beta_{dc} = \dfrac{I_C}{I_B}$

(8-8) 교류 전류이득:

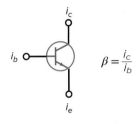

$\beta = \dfrac{i_c}{i_b}$

(8-9) 교류저항:

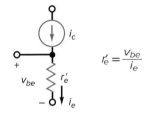

$r'_e = \dfrac{v_{be}}{i_e}$

(8-10) 교류저항:

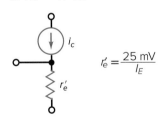

$r'_e = \dfrac{25\ \text{mV}}{I_E}$

(8-11) 입력임피던스:

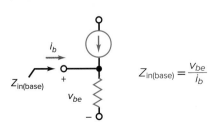

$Z_{in(base)} = \dfrac{v_{be}}{i_b}$

(8-12) 입력임피던스:

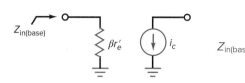

$$Z_{in(base)} = \beta r'_e$$

(8-15) 교류 컬렉터저항:

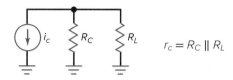

$$r_c = R_C \parallel R_L$$

(8-16) CE 전압이득:

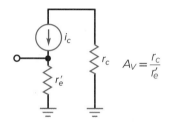

$$A_V = \frac{r_c}{r'_e}$$

(8-17) 부하 효과:

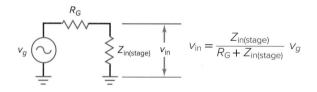

$$v_{in} = \frac{Z_{in(stage)}}{R_G + Z_{in(stage)}} \, v_g$$

(8-18) 단일 증폭단의 귀환:

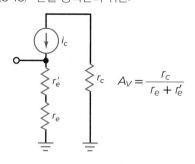

$$A_V = \frac{r_c}{r_e + r'_e}$$

(8-19) 스웜프 증폭기:

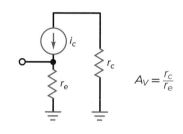

$$A_V = \frac{r_c}{r_e}$$

(8-20) 입력임피던스:

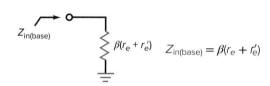

$$Z_{in(base)} = \beta(r_e + r'_e)$$

(8-21) 스웜프된 입력임피던스:

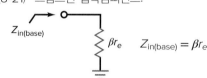

$$Z_{in(base)} = \beta r_e$$

연관 실험 __ *Correlated Experiments*

실험 22
　결합 및 바이패스 커패시터

실험 23
　CE 증폭기

실험 24
　다른 CE 증폭기

복습문제 __ *Self-Test*

1. **직류에 대한 결합회로의 전류는?**
   a. 0
   b. 최대
   c. 최소
   d. 평균치

2. **고주파수(high frequency)인 경우 결합회로의 전류는?**
   a. 0
   b. 최대
   c. 최소

   d. 평균치

3. **결합 커패시터는?**
   a. 지류단락
   b. 교류개방

c. 직류개방, 교류단락

d. 직류단락, 교류개방

4. 바이패스회로에서 커패시터의 위쪽 부분은?

a. 개방상태이다.

b. 단락상태이다.

c. 교류접지상태이다.

d. 기계적인 접지상태이다.

5. 교류접지가 되는 커패시터를 무엇이라 부르는가?

a. 바이패스 커패시터

b. 결합 커패시터

c. 직류개방

d. 교류개방

6. CE 증폭기의 커패시터는?

a. 교류에 대해 개방

b. 직류에 대해 단락

c. 전원전압에 대해 개방

d. 교류에 대해 단락

7. 모든 직류전압원을 0으로 감소시키는 것은 다음 중 어느 것을 얻기 위한 단계에 속하는가?

a. 직류 등가회로

b. 교류 등가회로

c. 완전한 증폭회로

d. 전압분배 바이어스회로

8. 교류 등가회로는 원래의 회로에서 다음 중 어느 것들을 단락시켜 얻어지는가?

a. 저항

b. 커패시터

c. 인덕터

d. 트랜지스터

9. 교류 베이스전압이 너무 크면 교류 이미터전류는?

a. 정현파

b. 일정

c. 왜곡된다.

d. 변화한다.

10. 대신호 입력이 가해진 CE 증폭기에서 교류 이미터전류의 (+)반주기는?

a. 음의 반주기와 같다.

b. 음의 반주기보다 작다.

c. 음의 반주기보다 크다.

d. 음의 반주기와 같거나 작다.

11. 교류 이미터저항은 25 mV를 다음 어느 것으로 나눈 것과 같은가?

a. 정지 베이스전류

b. 직류 이미터전류

c. 교류 이미터전류

d. 컬렉터전류의 변화

12. CE 증폭기에서 왜곡을 줄여 주려면 다음 어느 것을 줄여야 하는가?

a. 직류 이미터전류

b. 베이스-이미터 전압

c. 컬렉터전류

d. 교류 베이스전압

13. 이미터 다이오드 양단의 교류전압이 1 mV, 교류 이미터전류가 100 μA 일 때, 이미터 다이오드의 교류저항은?

a. 1 Ω

b. 10 Ω

c. 100 Ω

d. 1 kΩ

14. 교류 이미터전류 대 교류 베이스-이미터 전압의 그래프는 다음 어느 것에 적용하는가?

a. 저항

b. 이미터 다이오드

c. 컬렉터 다이오드

d. 전원공급장치

15. CE 증폭기의 출력전압은?

a. 증폭된다.

b. 반전된다.

c. 입력과 180°의 위상차가 있다.

d. 앞의 보기가 모두 맞는다.

16. CE 증폭기의 이미터에 교류전압이 나타나지 않는 이유는?

a. 이미터상의 직류전압 때문에

b. 바이패스 커패시터 때문에

c. 결합 커패시터 때문에

d. 부하저항 때문에

17. 커패시터와 결합된 CE 증폭기의 부하 양단 전압은?

a. 직류 및 교류

b. 직류뿐

c. 교류뿐

d. 직류도 교류도 아니다.

18. 교류 컬렉터전류는 대략 다음 어느 것과 같은가?

a. 교류 베이스전류

b. 교류 이미터전류

c. 교류원 전류

d. 교류 바이패스전류

19. 교류 이미터전류와 교류 이미터저항의 곱은 다음 어느 것과 같은가?

a. 직류 이미터전압

b. 교류 베이스전압

c. 교류 컬렉터전압

d. 전원전압

20. 교류 컬렉터전류는 교류 베이스전류와 다음 어느 것의 곱과 같은가?

a. 교류 컬렉터저항

b. 직류 전류이득

c. 교류 전류이득

d. 신호발생기 전압

21. 이미터저항 R_E가 2배로 될 때, 교류 이미터저항은?

a. 증가한다.

b. 감소한다.

c. 변함없다.

d. 결정할 수 없다.

22. 이미터가 교류접지되는 것은?

a. CB 증폭단

b. CC 증폭단

c. CE 증폭단

d. 정답 없음

23. 일반적으로 이미터 바이패스된 CE 증폭기의 출력전압은?

a. 일정하다.

b. r'_e에 따른다.

c. 작다.

d. 1 미만이다.

24. 베이스의 입력임피던스가 감소하는 때는 다음 중 어느 경우인가?

a. β가 증가할 때

b. 전원전압이 증가할 때

c. β가 감소할 때

d. 교류 컬렉터저항이 증가할 때

25. 전압이득은 다음 어느 것에 비례하는가?

a. β

b. r'_e

c. 직류 컬렉터전압

d. 교류 컬렉터저항

26. 이미터 다이오드의 교류저항에 비해서, 스웜프 증폭기의 귀환저항은?

a. 작다.

b. 같다.

c. 크다.

d. 0이다.

27. CE 증폭기에 비해서 스웜프 증폭기의 입력임피던스는?

a. 더 작다.

b. 같다.

c. 더 크다.

d. 0

28. 증폭된 신호의 일그러짐을 줄여 주려면, 다음 어느 것을 증가시켜야 하는가?

a. 컬렉터저항

b. 이미터 귀환저항

c. 신호발생기 저항

d. 부하저항

29. 스웜프 증폭기의 이미터는?

a. 접지된다.

b. 직류전압이 나타나지 않는다.

c. 교류전압이 나타난다.

d. 교류전압이 나타나지 않는다.

30. 스웜프 증폭기는 다음 어느 것을 이용하는가?

a. 베이스 바이어스

b. 정귀환

c. 부귀환

d. 접지된 이미터

31. 귀환저항은?

a. 전압이득을 증가시킨다.

b. 일그러짐을 감소시킨다.

c. 컬렉터저항을 감소시킨다.

d. 입력임피던스를 감소시킨다.

32. 귀환저항은?

a. 전압이득을 안정시킨다.

b. 일그러짐을 증가시킨다.

c. 컬렉터저항을 증가시킨다.

d. 입력임피던스를 감소시킨다.

33. 이미터 바이패스 커패시터가 개방되면, 교류 출력전압은?

a. 감소한다.

b. 증가한다.

c. 변함없다.

d. 0이다.

34. 부하저항이 개방되면, 교류 출력전압은?

a. 감소한다.

b. 증가한다.

c. 변함없다.

d. 0이다.

35. 출력결합 커패시터가 개방되면, 교류 입력전압은?

a. 감소한다.

b. 증가한다.

c. 변함없다.

d. 0이다.

36. 이미터저항이 개방되면, 베이스에서 교류 입력전압은?

a. 감소한다.

b. 증가한다.

c. 변함없다.

d. 0이다.

37. 컬렉터저항이 개방되면, 베이스에서 교류 입력전압은?

a. 감소한다.

b. 증가한다.

c. 변함없다.

d. 거의 0이다.

기본문제 __ *Problems*

8-1 베이스 바이어스 증폭기

8-1 |||| **MultiSim** 그림 8-31에서 양호한 결합이 되는 최저주파수는 얼마인가?

8-2 |||| **MultiSim** 그림 8-31에서 부하저항을 1 kΩ으로 바꾸면, 양호한 결합이 되는 최저주파수는 얼마인가?

8-3 |||| **MultiSim** 그림 8-31에서 커패시터를 100 μF으로 바꾸면, 양호한 결합이 되는 최저주파수는 얼마인가?

8-4 그림 8-31의 최저 입력주파수가 100 Hz인 경우, 양호한 결합에 필요한 C값은 얼마인가?

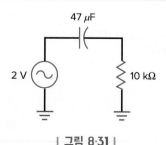

| 그림 8-31 |

8-2 이미터 바이어스 증폭기

8-5 그림 8-32에서 양호하게 바이패스되는 최저주파수는 얼마인가?

8-6 그림 8-32에서 직렬저항을 10 kΩ으로 바꾸면, 양호하게 바이패스되기 위한 최저주파수는 얼마인가?

8-7 그림 8-32에서 커패시터를 47 μF으로 바꾸면, 양호하게 바이패스되기 위한 최저주파수는 얼마인가?

8-8 그림 8-32의 최저 입력주파수가 1 kHz인 경우, 효과적인 바이패스에 필요한 C값은 얼마인가?

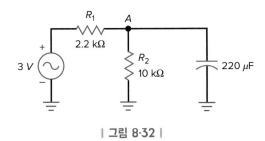

| 그림 8-32 |

8-3 소신호 동작

8-9 그림 8-33의 회로가 소신호 동작을 하기 위한 허용 가능한 최대 교류 이미터전류는 얼마인가?

8-10 그림 8-33에서 이미터저항을 2배로 하였다. 증폭기가 소신호 동작을 하기 위한 허용 가능한 최대 교류 이미터전류는 얼마인가?

8-4 교류 베타

8-11 100 μA의 교류 베이스전류가 15 mA의 교류 컬렉터전류를 흐르게 한다면, 교류 β는 얼마인가?

8-12 교류 β가 200이고, 교류 베이스전류가 12.5 μA라면, 교류 컬렉터전류는 얼마인가?

8-13 교류 컬렉터전류가 4 mA이고 교류 β가 100일 때, 교류 베이스전류는 얼마인가?

8-5 이미터 다이오드의 교류저항

8-14 **MultiSim** 그림 8-33에서 이미터 다이오드의 교류저항은 얼마인가?

8-15 **MultiSim** 그림 8-33의 이미터저항을 2배로 하면, 이미터 다이오드의 교류저항은 얼마인가?

8-6 두 가지 트랜지스터 모델

8-16 그림 8-33에서 β = 200인 경우, 베이스의 입력임피던스는 얼마인가?

8-17 그림 8-33에서 이미터저항을 2배로 하면, β = 200인 경우 베이스의 입력임피던스는 얼마인가?

8-18 그림 8-33에서 1.2 kΩ 저항을 680 Ω으로 바꾸면, β = 200인 경우 베이스의 입력임피던스는 얼마인가?

8-7 증폭기 해석

8-19 **MultiSim** β = 150인 경우 그림 8-33의 교류 등가회로를 그려라.

8-20 그림 8-33에서 모든 저항을 2배로 했을 때, 교류 전류이득이 300이 되기 위한 교류 등가회로를 그려라.

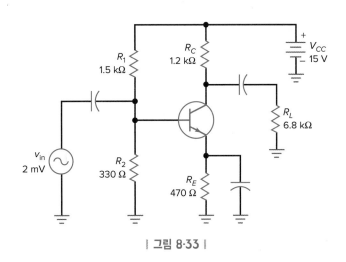

| 그림 8-33 |

8-8 데이터시트의 교류량

8-21 2N3903의 경우 그림 8-23의 "소신호 특성"에 적혀 있는 h_{fe}의 최소값과 최대값은 얼마인가? 이 값들은 컬렉터전류와 온도가 얼마인 경우의 값인가?

8-22 다음 물음에 대해 2N3904의 데이터시트를 참조하라. 트랜지스터의 컬렉터전류가 5 mA로 동작하는 경우, h 파라미터로 계산한 r_e' 값은 얼마인가? 이 값은 25 mV/I_E로 계산한 이상적인 r_e' 값보다 작은가? 큰가?

8-9 전압이득

8-23 **MultiSim** 그림 8-34의 교류 전원전압을 2배로 하면 출력전압은 얼마인가?

8-24 **MultiSim** 그림 8-34에서 부하저항을 반으로 감소시키는 경우, 전압이득은 얼마인가?

8-25 **MultiSim** 그림 8-34에서 전원전압이 +15 V로 증가되면 출력전압은 얼마인가?

8-10 입력임피던스의 부하 효과

8-26 **IIII MultiSim** 그림 8-35의 전원전압이 +15 V로 되는 경우, 출력전압은 얼마인가?

8-27 **IIII MultiSim** 그림 8-35에서 이미터저항이 2배로 되는 경우, 출력전압은 얼마인가?

8-28 **IIII MultiSim** 그림 8-35의 신호발생기 저항이 반으로 감소되는 경우, 출력전압은 얼마인가?

8-11 스월프 증폭기

8-29 **IIII MultiSim** 그림 8-36의 신호발생기 전압이 반으로 감소되는 경우, 출력전압은 얼마인가? r_e'는 무시하라.

8-30 **IIII MultiSim** 그림 8-36의 신호발생기 저항이 50 Ω인 경우, 출력전압은 얼마인가?

8-31 **IIII MultiSim** 그림 8-36의 부하저항이 3.6 kΩ으로 감소되는 경우, 전압이득은 얼마인가?

8-32 **IIII MultiSim** 그림 8-36의 전원전압이 3배로 되는 경우 전압이득은 얼마인가?

8-12 고장점검

8-33 그림 8-36에서 첫째 단의 이미터 바이패스 커패시터가 개방되었다. 이 회로의 직류전압, 교류 출력전압에 어떤 일이 일어나는가?

8-34 그림 8-36에서 교류 부하전압이 나타나지 않는다. 교류 입력전압이 정상보다 약간 높다. 가능한 고장을 말하라.

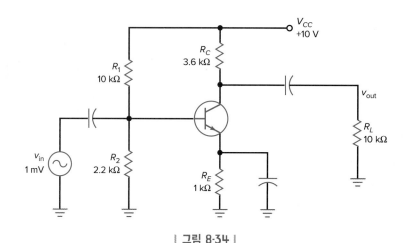

| 그림 8-34 |

| 그림 8-35 |

| 그림 8-36 |

응용문제 __ *Critical Thinking*

8-35 그림 8-31의 회로를 제작하여 전원이 제로(0) 주파수에서 2 V일 때 10 kΩ 양단에서 매우 작은 직류전압이 측정되었다면, 그 이유를 설명하라.

8-36 실험실에서 그림 8-32의 회로를 실험하고 있다고 하자. 신호 발생기의 주파수를 증가시킬 때, A점의 전압이 측정할 수 없을 만큼 작게 감소한다. 만일 주파수를 10 MHz까지 계속 증가시키면, A점의 전압도 증가하기 시작한다. 그 이유를 설명하라.

8-37 그림 8-33에서 바이패스 커패시터에서 바라본 테브난 저항이 30 Ω이다. 만일 이미터가 20 Hz~20 kHz의 주파수 범위에 걸쳐 교류접지된다고 가정할 때, 바이패스 커패시터 값은 얼마이어야 하는가?

8-38 그림 8-34에서 모든 저항이 2배로 되는 경우, 전압이득은 얼마인가?

8-39 그림 8-35에서 모든 저항이 2배로 되는 경우, 출력전압은 얼마인가?

고장점검 __ *Troubleshooting*

다음 문제에 대하여 그림 8-37을 이용하라.

8-40 $T1$~$T6$의 고장을 진단하라.

8-41 $T7$~$T12$의 고장을 진단하라.

	V_B	V_E	V_C	v_b	v_e	v_c
OK	1.8	1.1	6	0.6 mV	0	73 mV
T1	1.8	1.1	6	0	0	0
T2	1.83	1.13	10	0.75 mV	0	0
T3	1.1	0.4	10	0	0	0
T4	0	0	10	0.8 mV	0	0
T5	1.8	1.1	6	0.6 mV	0	98 mV
T6	3.4	2.7	2.8	0	0	0
T7	1.8	1.1	6	0.75 mV	0.75 mV	1.93 mV
T8	1.1	0.4	0.5	0	0	0
T9	0	0	0	0.75 mV	0	0
T10	1.83	0	10	0.75 mV	0	0
T11	2.1	2.1	2.1	0	0	0
T12	1.8	1.1	6	0	0	0

| 그림 8-37 | 고장점검

MultiSim 고장점검 문제 __ *MultiSim Troubleshooting Problems*

멀티심 고장점검 파일들은 http://mhhe.com/malvino9e의 온라인학습센터(OLC)에 있는 멀티심 고장점검 회로(MTC)라는 폴더에서 찾을 수 있다. 이 장에 관련된 파일은 MTC08-42~MTC08-46으로 명칭되어 있고 모두 그림 8-37의 회로를 바탕으로 한다.

각 파일을 열고 고장점검을 실시한다. 결함이 있는지 결정하기 위해 측정을 실시하고, 결함이 있다면 무엇인지를 찾아라.

8-42 MTC08-42 파일을 열어 고장점검을 실시하라.

8-43 MTC08-43 파일을 열어 고장점검을 실시하라.

8-44 MTC08-44 파일을 열어 고장점검을 실시하라.

8-45 MTC08-45 파일을 열어 고장점검을 실시하라.

8-46 MTC08-46 파일을 열어 고장점검을 실시하라.

직무 면접 문제 __ *Job Interview Questions*

1. 결합 커패시터와 바이패스 커패시터가 사용되는 이유는?

2. VDB 증폭기의 파형을 그려라. 그런 다음 파형이 다른 이유를 설명하라.

3. **소신호 동작**이 의미하는 바를 설명하라. 설명 과정에 그림을 그려 설명하는 것도 포함시켜라.

4. 트랜지스터를 교류 부하선의 거의 중앙으로 바이어스해 주는 것이 중요한 이유를 설명하라.

5. 결합 커패시터와 바이패스 커패시터를 비교하여 설명하라.

6. VDB 증폭기를 그리고 동작방법을 설명하라. 설명 과정에 전압이득과 입력임피던스를 포함시켜라.

7. 스웜프 증폭기를 그리고 전압이득과 입력임피던스는 얼마인가? 또 전압이득이 안정한 이유를 설명하라.

8. 증폭기에서 부귀환을 이용할 때 세 가지 개선점은 무엇인가?

9. 스웜핑 저항이 전압이득에 미치는 영향은 무엇인가?

10. 오디오 증폭기에서 요구되는 특성은 무엇인가? 또 그 이유는 무엇인가?

복습문제 해답 __ *Self-Test Answers*

1.	a	8.	b	15.	d	22.	c	29.	c	36.	b
2.	b	9.	c	16.	b	23.	b	30.	c	37.	a
3.	c	10.	c	17.	c	24.	c	31.	b		
4.	c	11.	b	18.	b	25.	d	32.	a		
5.	a	12.	d	19.	b	26.	c	33.	a		
6.	d	13.	b	20.	c	27.	c	34.	b		
7.	b	14.	b	21.	a	28.	b	35.	c		

연습문제 해답 __ *Practice Problem Answers*

8-1 $C = 1\,\mu\text{F}$

8-2 $C = 33\,\mu\text{F}$

8-3 $i_{e(p-p)} = 86.7\,\mu\text{A}_{p-p}$

8-6 $r'_e = 28.8\,\Omega$

8-7 $A_V = 104$

8-8 $v_{out} = 277\,\text{mV}$

8-9 $v_{out} = 226\,\text{mV}$

8-10 $v_{out} = 167\,\text{mV}$

8-11 $v_{out} = 547\,\text{mV}$

8-12 계산된 값은 MultiSim으로 측정한 값과 대략 같다.

다단, CC 및 CB 증폭기

Multistage, CC, and CB Amplifiers

부하저항이 컬렉터저항에 비하여 작을 때, CE 증폭단의 전압이득은 작아지고 증폭기는 과부하 상태로 될 수도 있다. 과부하를 방지하기 위한 한 가지 방법은 공통컬렉터(CC) 증폭기나 이미터 폴로어를 사용하는 것이다. 이와 같은 형태의 증폭기는 입력임피던스가 크고 작은 부하저항을 구동시킬 수 있다. 이미터 폴로어에 덧붙여서 이 장에서는 다단 증폭기, 달링턴 증폭기, 개선된 전압 레귤레이션 및 공통베이스(CB) 증폭기에 대하여 검토한다.

Steve Cole/Getty Images

학습목표

이 장을 공부하고 나면

- 2단 CE 증폭기의 회로도를 그릴 수 있어야 한다.
- 이미터 폴로어의 회로도를 그리고 장점을 설명할 수 있어야 한다.
- 이미터 폴로어의 직류 및 교류 동작을 해석할 수 있어야 한다.
- CE와 CC 증폭기를 종속연결하는 목적을 설명할 수 있어야 한다.
- 달링턴 트랜지스터의 장점을 말할 수 있어야 한다.
- 제너 폴로어의 회로도를 그리고 제너 조정기에서 제너 폴로어가 부하전류를 어떻게 증가시키는지를 논할 수 있어야 한다.
- CB 증폭기의 직류 및 교류 동작을 해석할 수 있어야 한다.
- CE, CC, CB 증폭기의 특성을 비교할 수 있어야 한다.
- 다단 증폭기 회로들을 고장점검할 수 있어야 한다.

목차

주요 용어

2단 귀환(two-stage feedback)

공통베이스 증폭기(common-base(CB) amplifier)

공통컬렉터 증폭기(common-collector(CC) amplifier)

다단 증폭기(multistage amplifier)

달링턴 연결(Darlington connection)

달링턴 트랜지스터(Darlington transistor)

달링턴쌍(Darlington pair)

버퍼(buffer)

상보달링턴(complementary Darlington)

이미터 폴로어(emitter follower)

전체 전압이득(total voltage gain)

제너 폴로어(zener follower)

종속연결(cascading)

직접결합(direct coupling)

9-1 다단 증폭기

좀 더 큰 전압이득을 얻기 위하여 2단 이상의 증폭기를 **종속연결**(cascading)하여 **다단 증폭기**(multistage amplifier)를 만들 수 있다. 이는 첫 번째 증폭단의 출력을 두 번째 증폭단의 입력으로 이용하는 것을 의미한다. 이어서 두 번째 증폭단의 출력을 세 번째 증폭단의 입력으로, 그리고 이후 더 많은 단이 있는 경우에도 계속 같은 방식으로 종속연결할 수 있다.

그림 9-1*a*는 2단 증폭기이다. 첫 번째 증폭단의 반전 증폭된 신호는 두 번째 증폭단의 베이스로 결합된다. 그다음 두 번째 증폭단의 반전 증폭된 출력은 부하저항으로 결합된다. 부하저항 양단의 신호는 발생기 신호와 동위상이다. 그 이유는 각 CE 증폭단은 신호를 180°만큼 반전시키므로, 2단 증폭기는 신호를 0°와 같은 360°만큼 반전시킨다(동위상).

첫 번째 증폭단의 전압이득

그림 9-1*b*는 2단 증폭기의 교류 등가회로이다. 두 번째 단의 입력임피던스가 첫 번째 단의 부하로 작용함에 주목하라. 다시 말해서 두 번째 단의 $Z_{in(stage)}$는 첫 번째 단의 R_C와 병렬이다. 첫 번째 증폭단의 교류 컬렉터저항은 다음과 같다.

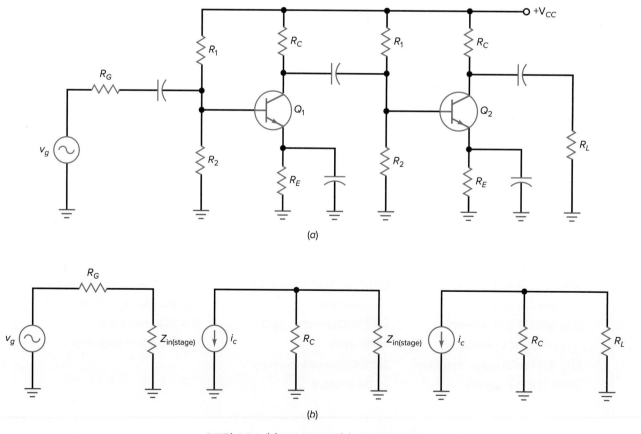

(a)

(b)

| 그림 9-1 | (a) 2단 증폭기; (b) 교류 등가회로

$$r_c = R_C \parallel Z_{\text{in(stage)}}$$

첫 번째 증폭단의 전압이득은 다음과 같다.

$$A_{V_1} = \frac{R_C \parallel Z_{\text{in(stage)}}}{r'_e}$$

두 번째 증폭단의 전압이득

두 번째 증폭단의 교류 컬렉터저항은

$$r_c = R_C \parallel R_L$$

이며, 전압이득은 다음과 같다.

$$A_{V_2} = \frac{R_C \parallel R_L}{r'_e}$$

전체 전압이득

증폭기의 **전체 전압이득**(total voltage gain)은 각 증폭단의 이득을 곱하여 구한다. 즉,

$$A_V = (A_{V_1})(A_{V_2}) \tag{9-1}$$

예를 들어 각 단의 전압이득이 50이면 전체 전압이득은 2,500이다.

예제 9-1

그림 9-2의 첫 번째 증폭단에서 교류 컬렉터전압은 얼마인가? 또 부하저항 양단의 교류 출력전압은 얼마인가?

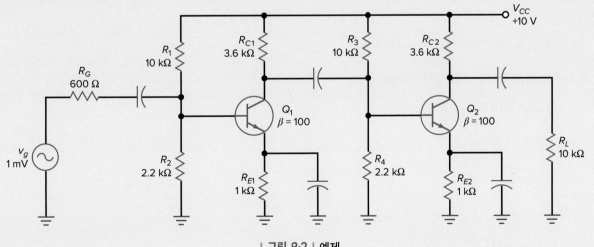

| 그림 9-2 | 예제

풀이　회로에 대한 직류 해석의 결과는(표 8-1 참조)

$$V_B = 1.8\ \text{V}$$
$$V_E = 1.1\ \text{V}$$
$$V_{CE} = 4.94\ \text{V}$$
$$I_E = 1.1\ \text{mA}$$
$$r_e' = 22.7\ \Omega$$

첫 번째 베이스의 입력임피던스는

$$Z_{\text{in(base)}} = (100)(22.7\ \Omega) = 2.27\ \text{k}\Omega$$

이며, 첫 번째 증폭단의 입력임피던스는

$$Z_{\text{in(stage)}} = 10\ \text{k}\Omega \parallel 2.2\ \text{k}\Omega \parallel 2.27\ \text{k}\Omega = 1\ \text{k}\Omega$$

이다. 첫 번째 베이스에 나타나는 입력신호는 다음과 같다.

$$v_{\text{in}} = \frac{1\ \text{k}\Omega}{600\ \Omega + 1\ \text{k}\Omega} 1\ \text{mV} = 0.625\ \text{mV}$$

두 번째 베이스의 입력임피던스는 첫 번째 증폭단과 같다.

$$Z_{\text{in(stage)}} = 10\ \text{k}\Omega \parallel 2.2\ \text{k}\Omega \parallel 2.27\ \text{k}\Omega = 1\ \text{k}\Omega$$

이 입력임피던스는 첫 번째 증폭단의 부하저항으로 작용한다. 다시 말해서 첫 번째 증폭단의 교류 컬렉터저항은 다음과 같다.

$$r_c = 3.6\ \text{k}\Omega \parallel 1\ \text{k}\Omega = 783\ \Omega$$

첫 번째 증폭단의 전압이득은

$$A_{V_1} = \frac{783\ \Omega}{22.7\ \Omega} = 34.5$$

이므로, 첫 번째 증폭단의 교류 컬렉터전압(= 둘째 단의 교류 베이스전압)은

$$v_c = A_{V_1} v_{\text{in}} = (34.5)(0.625\ \text{mV}) = 21.6\ \text{mV}$$

가 된다. 두 번째 증폭단의 교류 컬렉터저항은

$$r_c = 3.6\ \text{k}\Omega \parallel 10\ \text{k}\Omega = 2.65\ \text{k}\Omega$$

이며, 전압이득은 다음과 같다.

$$A_{V_2} = \frac{2.65\ \text{k}\Omega}{22.7\ \Omega} = 117$$

따라서 부하저항 양단의 교류 출력전압은 다음과 같다.

$$v_{\text{out}} = A_{V_2} v_{b_2} = (117)(21.6\ \text{mV}) = 2.52\ \text{V}$$

최종 출력전압을 구하기 위한 또 다른 방법은 전체적인 전압이득을 이용하는 것이다.

$$A_V = (34.5)(117) = 4037$$

부하저항 양단의 교류 출력전압은 다음과 같다.

$$v_{out} = A_V v_{in} = (4037)(0.625 \text{ mV}) = 2.52 \text{ V}$$

연습문제 9-1 그림 9-2에서 두 번째 증폭단의 부하저항 10 kΩ을 6.8 kΩ으로 바꾸어, 최종 교류 출력전압을 계산하라.

예제 9-2

$\beta = 200$인 경우, 그림 9-3의 출력전압을 구하라. 계산에서 r_e'을 무시하라.

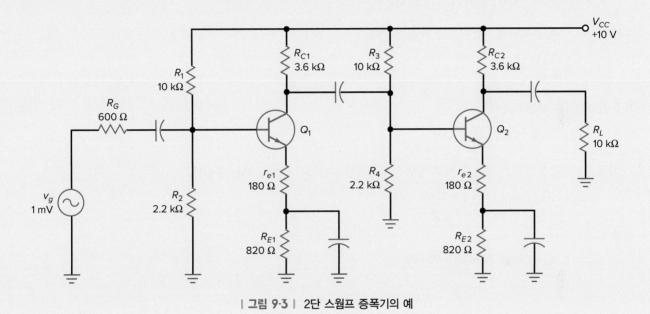

| 그림 9-3 | 2단 스웜프 증폭기의 예

풀이 첫 번째 베이스의 입력임피던스는

$$Z_{in(base)} = \beta r_{e1} = (200)(180 \ \Omega) = 36 \text{ k}\Omega$$

이며, 첫 번째 증폭단의 입력임피던스는

$$Z_{in(stage)} = 10 \text{ k}\Omega \parallel 2.2 \text{ k}\Omega \parallel 36 \text{ k}\Omega = 1.71 \text{ k}\Omega$$

이다. 첫 번째 베이스에 나타나는 교류 입력전압은 다음과 같다.

$$v_{in} = \frac{1.71 \text{ k}\Omega}{600 \ \Omega + 1.71 \text{ k}\Omega} 1 \text{ mV} = 0.74 \text{ mV}$$

두 번째 증폭단의 입력임피던스는 첫 번째 증폭단과 같다: $Z_{in(stage)} = 1.71 \text{ k}\Omega$. 따라서 첫 번째 증폭단의 교류 컬렉터저항은 다음과 같다.

$$r_c = 3.6 \text{ k}\Omega \parallel 1.71 \text{ k}\Omega = 1.16 \text{ k}\Omega$$

첫 번째 증폭단의 전압이득은

$$A_{V_1} = \frac{1.16 \text{ k}\Omega}{180 \ \Omega} = 6.44$$

이므로 첫 번째 증폭단의 컬렉터와 두 번째 단의 베이스에 반전 증폭된 교류전압은

$$v_c = (6.44)(0.74 \text{ mV}) = 4.77 \text{ mV}$$

가 된다. 두 번째 증폭단의 교류 컬렉터저항은 다음과 같다.

$$r_c = R_C \parallel R_L = 3.6 \text{ k}\Omega \parallel 10 \text{ k}\Omega = 2.65 \text{ k}\Omega$$

그러므로 두 번째 증폭단의 전압이득은 다음과 같다.

$$A_{V_2} = \frac{2.65 \text{ k}\Omega}{180 \ \Omega} = 14.7$$

최종 출력전압은 다음과 같다.

$$v_{\text{out}} = (14.7)(4.77 \text{ mV}) = 70 \text{ mV}$$

최종 출력전압을 구하기 위한 또 다른 방법은 전체적인 전압이득을 이용하는 것이다.

$$A_V = (A_{V_1})(A_{V_2}) = (6.44)(14.7) = 95$$

따라서

$$v_{\text{out}} = A_V v_{\text{in}} = (95)(0.74 \text{ mV}) = 70 \text{ mV}$$

9-2 2단 귀환

스웜프 증폭기는 단일 증폭단 귀환(single-stage feedback)의 예이다. 이 회로는 전압이득을 안정하게 하고, 입력임피던스를 증가시키며, 일그러짐을 줄여 주는 효과가 상당히 있다. **2단 귀환**(two-stage feedback)은 더욱 좋은 효과를 갖는다.

기본 개념

그림 9-4는 2단 귀환증폭기이다. 첫째 단은 바이패스되지 않는 이미터저항 r_e가 있다. 이러한 첫째 단을 종종 전치증폭기(preamplifier)라 일컫는다. 첫째 단은 전원으로부터 입력신호를 받아 전원의 값을 감소시키지 않고 더 큰 증폭을 얻기 위해 두 번째 단으로 입력신호를 전달히는 역할을 한다. 둘째 단은 CE 증폭단으로, 최대이득을 얻기 위해 이미터가 교류 접지되어 있다. 출력신호는 귀환저항 r_f를 통하여 첫째 단의 이미터로 연결된다.

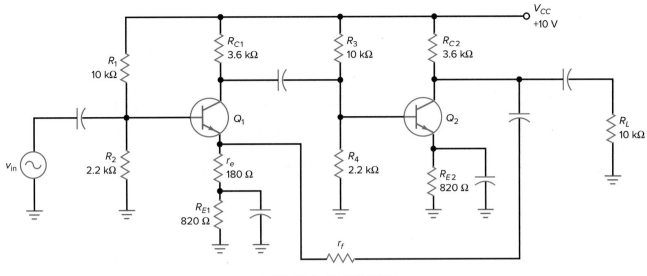

| 그림 9·4 | **2단 귀환증폭기**

전압분배기로 인해 첫째 단의 이미터와 접지 사이의 교류전압은 존재하고 다음과 같다.

$$v_e = \frac{r_e}{r_f + r_e} v_{out}$$

2단 귀환 회로의 동작에 대한 기본 개념은 다음과 같다. 온도의 상승으로 출력전압이 증가한다고 가정하자. 출력전압의 일부가 첫째 단의 이미터로 귀환되기 때문에 v_e가 증가한다. 이는 첫째 단의 v_{be}를 감소시켜 첫째 단의 v_c도 감소시키며 v_{out}을 감소시킨다. 한편 출력전압이 감소하려 한다면, v_{be}가 증가하고 v_{out}도 증가한다.

어느 경우이든 출력전압의 임의의 변화는 귀환되며, 증폭된 변화는 원래의 변화에 반대 작용을 한다. 전체적인 효과로 출력전압은 부귀환이 없을 때보다 훨씬 적은 양으로 변할 것이다.

전압이득

잘 설계된 2단 귀환증폭기에서 전압이득은 다음과 같이 유도된다.

$$A_V = \frac{r_f}{r_e} + 1 \tag{9-2}$$

대부분의 설계에서 이 식의 우변의 첫째 항은 1보다 훨씬 크므로, 다음과 같이 간단해진다.

$$A_V = \frac{r_f}{r_e}$$

나중의 장들에서 연산증폭기(op amp)를 검토할 때 부귀환에 대해 상세하게 해석할 것이다. 그때 잘 설계된 귀환증폭기가 어떤 의미를 갖는지 알게 될 것이다.

식 (9-2)에 대하여 중요한 것은 **전압이득이 단지 외부저항 r_f와 r_e에만 의존**한다는 것이다. 이 저항들은 고정된 값이므로 전압이득도 고정된다.

예제 9-3

그림 9-5의 가변저항은 0~10 kΩ까지 변화될 수 있다. 2단 증폭기의 최소 전압이득과 최대 전압이득을 구하라.

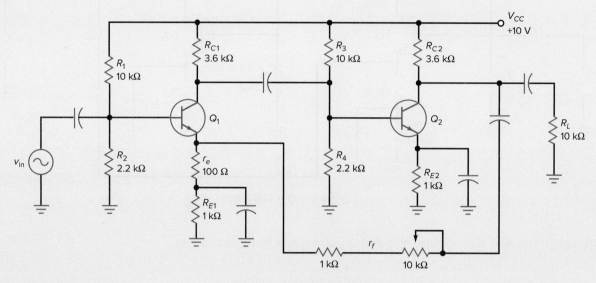

| 그림 9-5 | **2단 귀환증폭기의 예**

풀이 귀환저항 r_f는 1 kΩ과 가변저항의 합이 된다. 최소 전압이득은 가변저항기가 0이 될 때 얻어진다. 즉,

$$A_V = \frac{r_f}{r_e} = \frac{1 \text{ kΩ}}{100 \text{ Ω}} = 10$$

가변저항이 10 kΩ일 때 최대 전압이득은 다음과 같다.

$$A_V = \frac{r_f}{r_e} = \frac{11 \text{ kΩ}}{100 \text{ Ω}} = 110$$

연습문제 9-3 그림 9-5에서 전압이득이 50이 되기 위해 필요한 가변저항의 저항값은 얼마인가?

응용예제 9-4

그림 9-5의 회로를 휴대용 마이크로폰의 전치증폭기(프리앰프)로 이용하기 위하여 어떻게 수정하여야 하는가?

풀이 10 V 직류 전원장치는 9 V 배터리와 on/off 스위치로 대체될 수 있다. 적절한 크기로 만들어진 마이크로폰 잭을 프리앰프의 입력 결합 커패시터와 접지에 연결시켜라. 마이크로폰은 이상적으로 낮은 임피던스의 다이내믹형이어야 한다. 만일 일렉트렛(electret : 잔류분극 유도체) 마이크로폰을 사용하는 경우, 9 V 배터리에 직렬저항을 연결하여 마이크로폰에 전원을 공급할 필요가 있을 것이다. 양호한 저주파 응답의 경우, 결합 커패시터와 바이패스 커패시터는 낮은 용량성 리액턴스를 필요로 한다. 각 결합 커패시터로 47 μF을, 각 바이패스 커패시터로는 100 μF을 사용할 수 있다. 10 kΩ 출력부하는 출

력 레벨을 변화시키기 위하여 10 kΩ 전위차계로 바꿀 수 있다. 만일 좀 더 큰 전압이득이 필요하면, 10 kΩ 귀환 전위차계를 더 큰 값으로 바꾸어라. 출력은 가정용 스테레오앰프의 line/CD/aux/tape 입력을 구동시킬 수 있을 것이다. 사용하려는 적절한 입력에 대하여 시스템의 사양을 체크하라. 모든 부품을 작은 금속 상자 안에 배치하고 실드선(shielded cables)을 사용하면 외부 잡음과 간섭을 감소시킬 것이다.

9-3 CC 증폭기

이미터 폴로어(emitter follower)는 **공통컬렉터 증폭기**(common-collector(CC) amplifier)라고도 한다. 입력신호는 베이스로 결합되며, 출력신호는 이미터로부터 얻어진다.

기본 개념

그림 9-6a는 이미터 폴로어를 나타낸다. 컬렉터가 교류 접지되어 있기 때문에 이 회로는 CC 증폭기이다. 입력전압은 베이스로 결합된다. 이 입력전압은 교류 이미터전류를 흐르게 하고 이미터저항 양단에 교류전압을 발생시킨다. 그 후 이 교류전압은 부하저항에 결합된다.

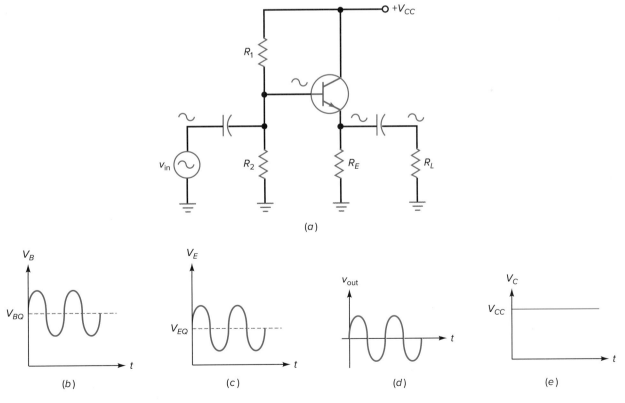

| 그림 9-6 | 이미터 폴로어와 파형

참고사항

어떤 이미터 폴로어 회로에서는 이미터와 접지 사이에 단락이 발생하는 경우를 고려하여 트랜지스터에서 직류 컬렉터전류를 제한할 수 있도록 작은 컬렉터저항을 사용하기도 한다. 만일 R_C의 저항값을 작은 것으로 사용하면 교류접지용의 바이패스 커패시터가 필요할 것이다. 작은 R_C값은 회로의 직류 동작에만 약간 영향을 미칠 뿐 교류 동작에는 전혀 영향이 없다.

그림 9-6*b*는 베이스와 접지 사이의 전체 전압을 나타낸다. 이 전압은 직류성분과 교류성분으로 되어 있다. 그림과 같이 교류 입력전압은 정지 베이스전압 V_{BQ}에 중첩된다. 마찬가지로 그림 9-6*c*는 이미터와 접지 사이의 전체 전압을 나타내며, 이번에는 교류 입력전압은 정지 이미터전압 V_{EQ}에 중첩된다.

교류 이미터전압은 부하저항에 인가되고 이 출력전압은 그림 9-6*d*와 같이 순수한 교류전압이다. 이 출력전압은 입력전압과 동위상이며 파형이 거의 일치한다. 이 회로를 **이미터 폴로어**(*emitter follower*)라고 부르는 이유는 출력전압이 입력전압과 유사하기 때문이다.

컬렉터저항이 없으므로 컬렉터와 접지 사이의 전체 전압은 전원전압과 같다. 오실로스코프를 사용하여 컬렉터전압을 보면, 그림 9-6*e*와 같은 일정한 직류전압을 보게 될 것이다. 컬렉터가 교류 접지점이 되므로 교류신호가 나타나지 않는다.

부귀환

스웜프 증폭기와 마찬가지로 이미터 폴로어도 부귀환을 사용한다. 그러나 이미터 폴로어의 경우에는 귀환저항이 전체 이미터저항과 같기 때문에 부귀환이 크다. 결과적으로 전압이득은 극도로 안정하고, 왜곡이 거의 없으며, 베이스의 입력임피던스가 매우 높게 된다. 이러한 특성 때문에 이미터 폴로어는 주로 전치증폭기로 사용된다. 단점은 전압이득의 최대값이 1이라는 점이다.

교류 이미터저항

그림 9-6*a*에서 이미터에서 나오는 교류신호는 병렬로 연결되어 있는 R_E와 R_L에 나타난다. 교류 이미터저항을 정의하면 다음과 같다.

$$r_e = R_E \parallel R_L \tag{9-3}$$

이것은 외부 교류 이미터저항으로, 내부 교류 이미터저항 r_e'과는 다르다.

전압이득

그림 9-7*a*는 T 모델로 나타낸 교류 등가회로이다. 옴의 법칙을 이용하면 다음과 같은 두 식을 만들 수 있다.

$$v_{\text{out}} = i_e r_e$$
$$v_{\text{in}} = i_e(r_e + r_e')$$

첫 번째 식을 두 번째 식으로 나누면 이미터 폴로어의 전압이득을 구할 수 있다. 즉,

$$A_V = \frac{r_e}{r_e + r_e'} \tag{9-4}$$

일반적으로 설계자는 항상 r_e를 r_e'에 비해 매우 크게 해서 전압이득이 거의 1이 되게 한다. 이 값은 모든 예비해석과 고장점검 시 사용하는 값이다.

왜 전압이득이 겨우 1인 이미터 폴로어를 **증폭기**라고 부를까? 그 이유는 전류이득 β가 있기 때문이다. 시스템의 끝쪽의 증폭단은 최종 부하가 보통 낮은 임피던스를 갖

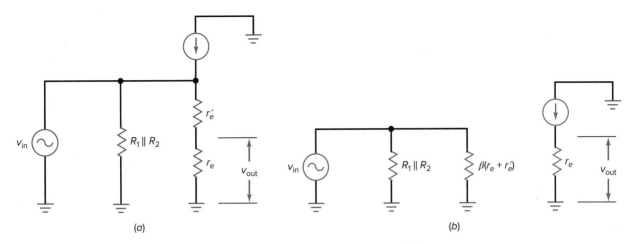

| 그림 9·7 | 이미터 폴로어의 교류 등가회로

기 때문에 더 많은 전류를 필요로 한다. 이미터 폴로어는 저임피던스 부하에 필요한 큰 출력전류를 만들어 낸다. 요약하면 이미터 폴로어는 전압증폭기는 아니지만 전류증폭기나 전력증폭기이다.

베이스의 입력임피던스

그림 9-7b는 트랜지스터 π 모델로 나타낸 교류 등가회로이다. 베이스의 입력임피던스에 관한 한 동작은 스웜프 증폭기와 같다. 전류이득은 전체 이미터저항을 β배만큼 증가시킨다. 따라서 유도과정은 스웜프 증폭기와 같다.

$$Z_{\text{in(base)}} = \beta(r_e + r_e') \tag{9-5}$$

고장점검을 하는 경우 r_e가 r_e' 보다 매우 크다고 가정할 수 있으며, 이는 이 입력임피던스가 약 βr_e임을 의미한다.

임피던스를 증가할 수 있다는 것은 이미터 폴로어의 가장 큰 장점이다. CE 증폭기를 과부하로 만들 만큼 작은 부하저항도 이미터 폴로어에 사용할 수 있는데, 이는 이미터 폴로어가 임피던스를 증가시켜 과부하를 막아 주기 때문이다.

증폭단의 입력임피던스

교류원이 안정하지 않을 때 교류신호의 일부는 내부저항에서 약간의 손실이 발생한다. 내부저항에 의한 영향을 계산하려면 다음과 같은 증폭단의 입력임피던스를 사용해야 한다.

$$Z_{\text{in(stage)}} = R_1 \parallel R_2 \parallel \beta(r_e + r_e') \tag{9-6}$$

이 입력임피던스와 교류원 저항을 전압분배기로 생각해서 베이스로 도달하는 입력전압을 계산할 수 있다. 계산은 앞의 장들에서 보인 것처럼 하면 된다.

참고사항

그림 9-8에서 바이어스저항 R_1과 R_2는 Z_{in}을 스웜프 CE 증폭기와 별로 차이가 없는 값으로 낮게 한다. 이러한 단점은 대부분의 이미터 폴로어 설계에서 간단히 바이어스저항 R_1과 R_2를 사용하지 않음으로써 극복이 된다. 대신 이미터 폴로어는 이미터 폴로어를 구동하는 증폭단에 의해 직류 바이어스된다.

예제 9-5 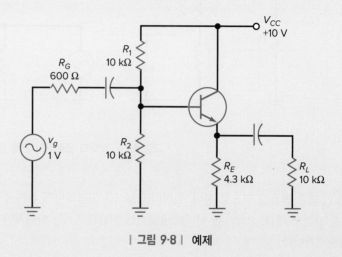 ⦿⦿⦿ MultiSim

그림 9-8에서 β = 200일 때 베이스의 입력임피던스와 증폭단의 입력임피던스는 얼마인가?

| 그림 9·8 | 예제

풀이   전압분배기의 저항이 각각 10 kΩ이기 때문에 직류 베이스전압은 전원전압의 1/2인 5 V이고, 직류 이미터전압은 0.7 V가 적은 4.3 V이다. 직류 이미터전류는 4.3 V를 4.3 kΩ으로 나눈 값으로 1 mA이다. 따라서 이미터 다이오드의 교류저항은

$$r_e' = \frac{25 \text{ mV}}{1 \text{ mA}} = 25 \ \Omega$$

이다. 외부 교류 이미터저항은 R_E와 R_L의 병렬등가로 다음과 같다.

$$r_e = 4.3 \text{ k}\Omega \parallel 10 \text{ k}\Omega = 3 \text{ k}\Omega$$

트랜지스터 교류 전류이득이 200이므로, 베이스의 입력임피던스는 다음과 같다.

$$Z_{\text{in(base)}} = 200(3 \text{ k}\Omega + 25 \ \Omega) = 605 \text{ k}\Omega$$

베이스의 입력임피던스는 두 바이어스저항과 병렬이고 증폭단의 입력임피던스는

$$Z_{\text{in(stage)}} = 10 \text{ k}\Omega \parallel 10 \text{ k}\Omega \parallel 605 \text{ k}\Omega = 4.96 \text{ k}\Omega$$

이다. 605 kΩ은 5 kΩ에 비해 매우 크므로, 고장점검 시 보통 증폭단의 입력임피던스를 바이어스저항의 병렬만으로 근사화한다. 즉,

$$Z_{\text{in(stage)}} = 10 \text{ k}\Omega \parallel 10 \text{ k}\Omega = 5 \text{ k}\Omega$$

연습문제 9-5   그림 9-8에서 β가 100으로 변화한 경우, 베이스의 입력임피던스와 증폭단의 입력임피던스를 구하라.

예제 9-6 ||| MultiSim

β를 200이라고 하면, 그림 9-8의 이미터 폴로어에 대한 교류 입력전압은 얼마인가?

풀이 그림 9-9는 교류 등가회로이다. 교류 베이스전압은 Z_{in} 양단에 나타난다. 증폭단의 입력임피던스는 신호발생기 저항에 비해 매우 크므로, 신호발생기 전압의 대부분이 베이스에 나타난다. 전압분배기 정리에 의해 다음과 같은 값을 얻을 수 있다.

$$v_{in} = \frac{5 \text{ k}\Omega}{5 \text{ k}\Omega + 600 \text{ }\Omega} 1 \text{ V} = 0.893 \text{ V}$$

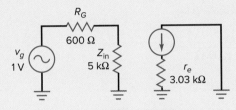

| 그림 9-9 | 예제

연습문제 9-6 β값이 100인 경우, 그림 9-8의 교류 입력전압을 구하라.

예제 9-7 ||| MultiSim

그림 9-10에서 이미터 폴로어의 전압이득은 얼마인가? 만일 $\beta = 150$인 경우, 교류 부하전압은 얼마인가?

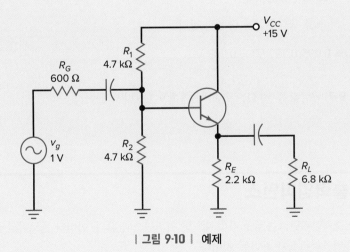

| 그림 9-10 | 예제

풀이 직류 베이스전압은 전원전압의 절반이다.

$$V_B = 7.5 \text{ V}$$

직류 이미터전류는

$$I_E = \frac{6.8 \text{ V}}{2.2 \text{ k}\Omega} = 3.09 \text{ mA}$$

이고, 이미터 다이오드의 교류저항은

$$r_e' = \frac{25 \text{ mV}}{3.09 \text{ mA}} = 8.09 \text{ }\Omega$$

이다. 외부 교류 이미터저항은

$$r_e = 2.2 \text{ k}\Omega \parallel 6.8 \text{ k}\Omega = 1.66 \text{ k}\Omega$$

이므로, 전압이득은 다음과 같다.

$$A_V = \frac{1.66 \text{ k}\Omega}{1.66 \text{ k}\Omega + 8.09 \text{ }\Omega} = 0.995$$

베이스의 입력임피던스는

$$Z_{\text{in(base)}} = 150(1.66 \text{ k}\Omega + 8.09 \text{ }\Omega) = 250 \text{ k}\Omega$$

이다. 이것은 바이어스저항보다 훨씬 크다. 그러므로 정밀 근사해석에 따른 이미터 폴로어의 입력임피던스는

$$Z_{\text{in(stage)}} = 4.7 \text{ k}\Omega \parallel 4.7 \text{ k}\Omega = 2.35 \text{ k}\Omega$$

이며, 교류 입력전압은

$$v_{\text{in}} = \frac{2.35 \text{ k}\Omega}{600 \text{ }\Omega + 2.35 \text{ k}\Omega} 1 \text{ V} = 0.797 \text{ V}$$

이다. 따라서 교류 출력전압은 다음과 같다.

$$v_{\text{out}} = 0.995(0.797 \text{ V}) = 0.793 \text{ V}$$

연습문제 9-7 R_G 값을 50 Ω으로 하여 예제 9-7을 다시 풀어라.

9-4 출력임피던스

증폭기의 출력임피던스는 증폭기의 테브난 임피던스와 같다. 이미터 폴로어의 장점중의 하나는 출력임피던스가 작다는 것이다.

전자공학 선수 과정에서 논의되었듯이, 최대 전력 전달은 부하 임피던스가 신호원 테브난 임피던스와 **정합될**(같아질) 때 일어난다. 가끔 설계 시 최대 부하전력이 필요할 때 부하 임피던스를 이미터 폴로어의 출력임피던스에 정합시키곤 한다. 예를 들어 스피커에 최대전력을 전달하기 위하여 스피커의 낮은 임피던스를 이미터 폴로어의 출력임피던스에 정합시킬 수 있다.

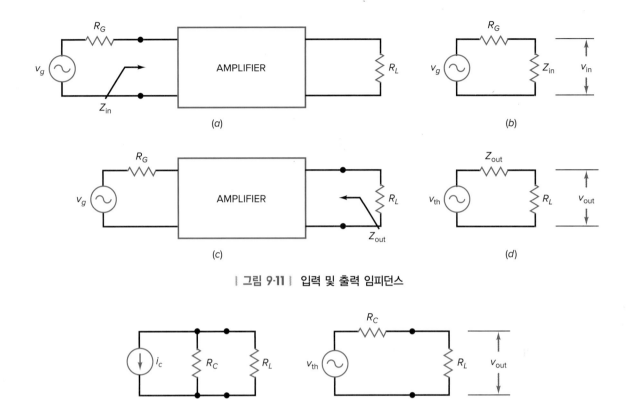

| 그림 9·11 | 입력 및 출력 임피던스

| 그림 9·12 | CE 증폭기의 출력임피던스

기본 개념

그림 9-11a는 증폭기를 구동하는 교류발전기이다. 신호원이 안정하지 않으면 교류전압의 일부가 내부저항 R_G 양단에서 전압강하로 나타난다. 이 경우 입력전압 v_{in}을 구하기 위해 그림 9-11b의 전압분배기를 해석해야 한다.

증폭기의 출력 측도 비슷하게 생각하면 된다. 그림 9-11c에서 부하단에 테브난의 정리를 적용할 수 있다. 부하단에서 증폭기를 들여다본 것이 출력임피던스 Z_{out}이다. 테브난 등가회로에서 이 출력임피던스는 그림 9-11d에서와 같이 부하저항과 전압분배기를 이룬다. Z_{out}이 R_L보다 매우 작은 경우, 출력 신호원은 안정적이고 v_{out}은 v_{th}와 같다.

CE 증폭기

그림 9-12a는 CE 증폭기 출력 측에 대한 교류 등가회로이다. 테브난의 정리를 적용하면 그림 9-12b가 된다. 즉, 부하저항에서 바라본 출력임피던스는 R_C이다.

CE 증폭기의 전압이득은 R_C에 따라 결정되므로, 설계할 때 전압이득의 손실 없이 R_C를 작게 할 수 없다. 다시 말해서 CE 증폭기에서는 작은 출력임피던스를 얻기 어렵다. 이런 이유로 CE 증폭기는 작은 부하저항을 구동시키기에 적합하지 않다.

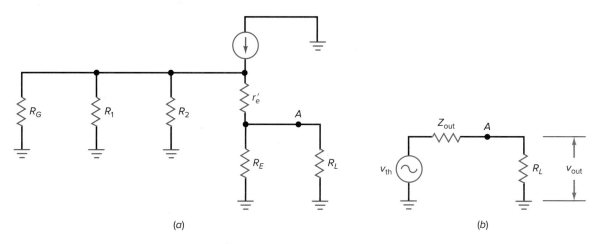

| 그림 9·13 | 이미터 폴로어의 출력임피던스

이미터 폴로어

그림 9-13a는 이미터 폴로어의 교류 등가회로이다. A점에 테브난의 정리를 적용하면 그림 9-13b가 된다. 출력임피던스 Z_{out}은 CE 증폭기에 비해 매우 작으며, 다음과 같다.

$$Z_{out} = R_E \parallel \left(r_e' + \frac{R_G \parallel R_1 \parallel R_2}{\beta}\right) \tag{9-7}$$

베이스회로의 임피던스는 $R_G \parallel R_1 \parallel R_2$이다. 트랜지스터의 전류이득에 의해 이 임피던스는 β배 만큼 낮추어진다. 임피던스를 베이스로부터 이미터로 옮긴다는 점을 제외하면 스웜프 증폭기와 유사한 효과를 얻으므로 임피던스가 증가하지 않고 감소한다. 식 (9-7)에 나타나 있듯이 감소된 임피던스 $(R_G \parallel R_1 \parallel R_2)/\beta$는 r_e'과 직렬이다.

이상적인 동작

어떤 설계에서는 바이어스저항과 이미터 다이오드의 교류저항을 무시할 수 있다. 이 경우 이미터 폴로어의 출력임피던스는 다음과 같이 근사화될 수 있다.

$$Z_{out} = \frac{R_G}{\beta} \tag{9-8}$$

이것이 이미터 폴로어의 핵심 아이디어로 이미터 폴로어의 출력임피던스는 교류원의 임피던스를 $1/\beta$만큼 낮춘다. 그 결과 이미터 폴로어는 교류원을 안정하게 한다. 설계할 때 부하전압을 최대로 만드는 안정한 교류원을 사용하는 방법 대신 부하전력을 최대로 하는 방법을 선호할 수도 있다. 이러한 경우에는

$$Z_{out} \ll R_L \quad \text{(안정 전압원)}$$

를 만족하도록 설계하는 대신 다음 조건을 만족하게 한다.

$$Z_{out} = R_L \quad \text{(최대 전력 전달)}$$

참고사항

변압기를 교류원과 부하 사이에 임피던스 정합시키는 데 사용할 수도 있다. 변압기 내부로 들여다본 임피던스, 즉 변압기의 1차측으로 환산한 임피던스 Z_{in}은 다음과 같다.

$$Z_{in} = \left(\frac{N_p}{N_s}\right)^2 R_L$$

이 조건을 만족할 경우에 이미터 폴로어는 스테레오 스피커와 같이 낮은 임피던스의 부하에 최대전력을 전달할 수 있다.

식 (9-8)은 이상적인 공식이다. 이 식은 이미터 폴로어의 출력임피던스에 대한 근사값을 구하는 데 사용할 수 있다. 개별회로에서 이 식은 단지 출력임피던스의 예상값을 알 수 있을 뿐이다. 그럼에도 불구하고 이 식은 고장점검이나 예비해석에 적합하다. 필요하다면 식 (9-7)을 이용하여 정확한 출력임피던스를 구할 수 있다.

예제 9-8

그림 9-14a의 이미터 폴로어에서 출력임피던스를 예상해 보자.

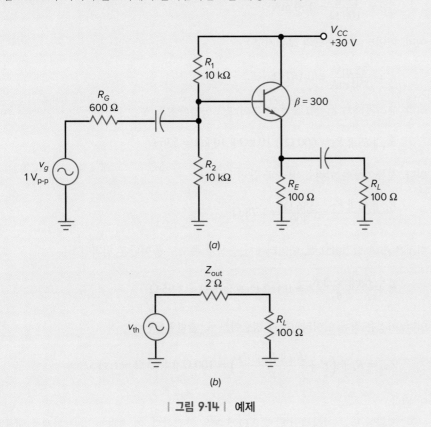

| 그림 9-14 | 예제

풀이 이상적인 경우, 출력임피던스는 신호발생기 저항을 트랜지스터의 전류이득으로 나눈 값과 같다. 즉,

$$Z_{out} = \frac{600\ \Omega}{300} = 2\ \Omega$$

그림 9-14b는 등가적인 출력회로이다. 출력임피던스는 부하저항보다 매우 작아서 대부분의 신호가 부하저항에 나타난다. 보다시피 신호원 저항에 대한 부하저항의 비율이 50 이므로 그림 9-14b의 출력 신호원은 거의 안정하다.

연습문제 9-8 그림 9-14에서 전원저항을 1 kΩ으로 바꾸어 Z_{out} 근사값을 구하라.

예제 9-9

식 (9-7)을 이용하여 그림 9-14*a*의 출력임피던스를 구하라.

풀이 정지 베이스전압은 대략 다음의 값을 갖는다.

$$V_{BQ} = 15 \text{ V}$$

V_{BE}를 무시하면, 정지 이미터전류는 대략

$$I_{EQ} = \frac{15 \text{ V}}{100 \ \Omega} = 150 \text{ mA}$$

이며, 이미터 다이오드의 교류저항은

$$r_e' = \frac{25 \text{ mV}}{150 \text{ mA}} = 0.167 \ \Omega$$

이다. 베이스에서 신호원 쪽으로 들여다본 임피던스는

$$R_G \parallel R_1 \parallel R_2 = 600 \ \Omega \parallel 10 \text{ k}\Omega \parallel 10 \text{ k}\Omega = 536 \ \Omega$$

이다. 전류이득은 이것을 다음과 같이 낮춘다.

$$\frac{R_G \parallel R_1 \parallel R_2}{\beta} = \frac{536 \ \Omega}{300} = 1.78 \ \Omega$$

이것은 r_e'과 직렬이므로, 이미터에서 증폭기 쪽으로 들여다본 임피던스는

$$r_e' + \frac{R_G \parallel R_1 \parallel R_2}{\beta} = 0.167 \ \Omega + 1.78 \ \Omega = 1.95 \ \Omega$$

이다. 이것은 직류 이미터저항과 병렬이므로, 출력임피던스는

$$Z_{out} = R_E \parallel \left(r_e' + \frac{R_G \parallel R_1 \parallel R_2}{\beta} \right) = 100 \ \Omega \parallel 1.95 \ \Omega = 1.91 \ \Omega$$

이 된다.

　이 정확한 답은 이상적인 답인 2 Ω에 매우 근접한다. 이 결과는 많은 설계를 대표하는 상징성을 지닌다. 모든 고장점검이나 예비해석의 경우 출력임피던스를 예측하기 위해 이상적인 방법을 사용할 수 있다.

연습문제 9-9 R_G값을 1 kΩ으로 하여 예제 9-9를 다시 풀어라.

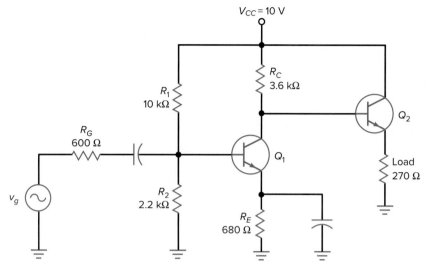

| 그림 9·15 | 직접결합된 출력 증폭단

9-5 CE와 CC 종속연결

CC 증폭기의 완충 작용을 설명하기 위하여 그림 9-15와 같이 부하저항을 270 Ω으로 가정하자. 만일 CE 증폭기의 출력을 이 부하저항에 직접 연결시키려 한다면 증폭기를 과부하가 되게 할지도 모른다. 이 과부하를 피하기 위한 한 가지 방법은 CE 증폭기와 부하 사이에 이미터 폴로어를 사용하는 것이다. 신호는 용량결합 되거나(이는 결합 커패시터를 이용하여 연결한다는 의미이다) 그림 9-15에 나타낸 것처럼 **직접결합**(direct coupling) 할 수 있다.

보다시피 두 번째 트랜지스터의 베이스가 첫 번째 트랜지스터의 컬렉터로 직접 연결되어 있다. 이 때문에 첫 번째 트랜지스터의 직류 컬렉터전압은 두 번째 트랜지스터를 바이어스하는 데 이용된다. 만일 두 번째 트랜지스터의 직류 전류이득이 100이라면 두 번째 트랜지스터의 베이스로 바라본 직류저항은 $R_{in} = 100(270 \ \Omega) = 27 \ k\Omega$이다.

27 kΩ은 3.6 kΩ에 비해 크기 때문에 첫 번째 증폭단의 직류 컬렉터전압은 약간만 영향을 받는다.

그림 9-15에서 첫 번째 증폭단에서 증폭된 전압은 이미터 폴로어를 구동시키고 270 Ω의 최종 부하저항 양단에 나타난다. 이미터 폴로어가 없는 경우 270 Ω의 부하는 첫 번째 증폭단을 과부하로 만들 것이다. 그러나 이미터 폴로어가 있는 경우 그 임피던스 효과는 β배만큼 증가된다. 270 Ω이 아니라, 이제는 직류 및 교류 등가회로 모두에서 27 kΩ으로 보인다.

이는 이미터 폴로어가 높은 출력임피던스와 낮은 부하저항 사이에서 어떻게 **완충기**(buffer)로 작용할 수 있는지를 입증한다.

이상의 예는 CE 증폭기의 과부하 영향을 보여 준다. 최대의 전압이득을 얻으려면 부하저항은 직류 컬렉터저항보다 훨씬 커야 한다. 그러나 지금까지 해 온 것은 이와 반대로 부하저항(270 Ω)이 직류 컬렉터저항(3.6 kΩ)보다 훨씬 작다.

응용예제 9-10 　　　　　　　　　　　　　　　　　　 IIIII MultiSim

그림 9-15에서 β가 100인 경우, CE 증폭단의 전압이득을 구하라.

풀이　CE 증폭단의 직류 베이스전압은 1.8 V이고, 직류 이미터전압은 1.1 V이다. 직류 이미터전류는 $I_E = \dfrac{1.1 \text{ V}}{680 \ \Omega} = 1.61$ mA이고, 이미터 다이오드의 교류저항은 $r'_e = \dfrac{25 \text{ mV}}{1.61 \text{ mA}} = 15.5 \ \Omega$이다. 다음으로 이미터 폴로어의 입력임피던스를 계산할 필요가 있다. 바이어스저항이 없으므로 이미터 폴로어의 입력임피던스는 베이스로 바라본 입력임피던스 $Z_{in} = (100)(270 \ \Omega) = 27$ kΩ과 같다. CE 증폭기의 교류 컬렉터저항은 $r_c = 3.6$ kΩ ∥ 27 kΩ = 3.18 kΩ이므로 이 증폭단의 전압이득은 다음과 같다.

$$A_V = \frac{3.18 \text{ k}\Omega}{15.5 \ \Omega} = 205$$

연습문제 9-10　그림 9-15를 이용하여 β가 300인 CE 증폭단의 전압이득을 구하라.

응용예제 9-11

그림 9-15에서 이미터 폴로어를 제거하고 교류신호를 270 Ω 부하저항으로 인가하기 위하여 커패시터를 사용한 것으로 가정하라. CE 증폭기의 전압이득에 어떤 일이 일어나는가?

풀이　CE 증폭단의 r'_e 값은 앞에서 구한 값과 같은 15.5 Ω이다. 그러나 교류 컬렉터저항은 매우 낮다. 교류 컬렉터저항은 3.6 kΩ과 270 Ω의 병렬 합성 저항이다. 즉, 교류 컬렉터저항이 매우 낮기 때문에 전압이득은 다음과 같이 감소한다.

$$A_V = \frac{251 \ \Omega}{15.5 \ \Omega} = 16.2$$

연습문제 9-11　부하저항이 100 Ω일 때 응용예제 9-11을 다시 풀어라.

9-6 달링턴 연결

달링턴 연결(Darlington connection)은 전체 전류이득이 각 트랜지스터 전류이득의 곱과 같은 두 트랜지스터를 연결하는 것이다. 달링턴 연결의 전류이득이 매우 크므로, 달링턴 연결은 매우 높은 입력임피던스를 가지며 매우 큰 출력전류를 생성한다. 달링턴 연결은 종종 전압 조정기, 전력 증폭기 및 큰 전류 스위칭 응용에 이용된다.

달링턴쌍

그림 9-16a는 **달링턴쌍**(Darlington pair)을 나타낸다. Q_1의 이미터전류는 Q_2의 베이스전류가 되므로 달링턴쌍의 전체 전류이득은 다음과 같다.

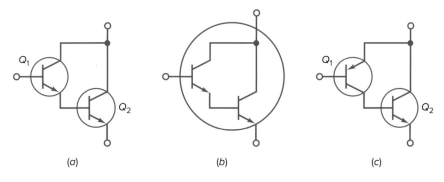

| 그림 9-16 | (a) 달링턴쌍; (b) 달링턴 트랜지스터; (c) 상보 달링턴

$$\beta = \beta_1\beta_2 \tag{9-9}$$

예를 들어 각 트랜지스터가 전류이득이 200이라면, 전체 전류이득은 다음과 같다.

$$\beta = (200)(200) = 40,000$$

반도체를 제조할 때 그림 9-16*b*처럼 달링턴쌍을 한 케이스 안에 만들어 놓는다. **달링턴 트랜지스터**(Darlington transistor)로 알려진 이 소자는 높은 전류이득을 갖는 하나의 트랜지스터처럼 동작한다. 예를 들어 2N6725는 200 mA에서 전류이득이 25,000인 달링턴 트랜지스터이다. 다른 예로, TIP102는 3 A에서 전류이득이 1,000인 전력 달링턴이다.

이것을 그림 9-17의 데이터시트에 나타내었다. 이 소자는 TO-220 케이스형을 사용하고, 내부 다이오드와 베이스-이미터 사이에 트랜지스터 제작 시 동시에 만든 분류저항(shunt resistor)을 넣었다는 것에 주목하라. 이 내부 부품들은 이 소자를 저항계로 테스트할 때 고려되어야 한다.

달링턴 트랜지스터를 이용한 회로 해석은 이미터 폴로어의 해석과 거의 같다. 달링턴 트랜지스터에는 2개의 트랜지스터가 있으므로 두 번의 V_{BE} 강하가 일어난다. Q_2의 베이스전류는 Q_1의 이미터전류와 같다. 또한 식 (9-9)를 이용하면 Q_1의 베이스에서의 입력임피던스는 $Z_{\text{in(base)}} \cong \beta_1\beta_2 r_e$이거나 다음과 같이 나타낼 수 있다.

$$Z_{\text{in(base)}} \cong \beta r_e \tag{9-10}$$

예제 9-12 |||| MultiSim

그림 9-18의 각 트랜지스터의 β값이 100이라면 전체 전류이득, Q_1의 베이스전류, Q_1의 베이스에서 입력임피던스는 얼마인가?

풀이 전체 전류이득은 다음과 같이 구해진다.

$$\beta = \beta_1\beta_2 = (100)(100) = 10,000$$

Q_2의 직류 이미터전류는

October 2008

TIP100/TIP101/TIP102
NPN Epitaxial Silicon Darlington Transistor

- Monolithic Construction With Built In Base-Emitter Shunt Resistors
- High DC Current Gain : h_{FE}=1000 @ V_{CE}=4V, I_C=3A (Min.)
- Collector-Emitter Sustaining Voltage
- Low Collector-Emitter Saturation Voltage
- Industrial Use
- Complementary to TIP105/106/107

TO-220

1.Base 2.Collector 3.Emitter

Equivalent Circuit

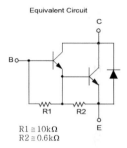

$R1 \cong 10k\Omega$
$R2 \cong 0.6k\Omega$

Absolute Maximum Ratings* T_a = 25°C unless otherwise noted

Symbol	Parameter		Ratings	Units
V_{CBO}	Collector-Base Voltage	: TIP100	60	V
		: TIP101	80	V
		: TIP102	100	V
V_{CEO}	Collector-Emitter Voltage	: TIP100	60	V
		: TIP101	80	V
		: TIP102	100	V
V_{EBO}	Emitter-Base Voltage		5	V
I_C	Collector Current (DC)		8	A
I_{CP}	Collector Current (Pulse)		15	A
I_B	Base Current (DC)		1	A
P_C	Collector Dissipation (T_a=25°C)		2	W
	Collector Dissipation (T_C=25°C)		80	W
T_J	Junction Temperature		150	°C
T_{STG}	Storage Temperature		- 65 ~ 150	°C

* These ratings are limiting values above which the serviceability of any semiconductor device may be impaired.

Electrical Characteristics* T_a=25°C unless otherwise noted

Symbol	Parameter	Test Condition	Min.	Typ.	Max.	Units
V_{CEO}(sus)	Collector-Emitter Sustaining Voltage					
	: TIP100	I_C = 30mA, I_B = 0	60			V
	: TIP101		80			V
	: TIP102		100			V
I_{CEO}	Collector Cut-off Current					
	: TIP100	V_{CE} = 30V, I_B = 0			50	μA
	: TIP101	V_{CE} = 40V, I_B = 0			50	μA
	: TIP102	V_{CE} = 50V, I_B = 0			50	μA
I_{CBO}	Collector Cut-off Current					
	: TIP100	V_{CE} = 60V, I_E = 0			50	μA
	: TIP101	V_{CE} = 80V, I_E = 0			50	μA
	: TIP102	V_{CE} = 100V, I_E = 0			50	μA
I_{EBO}	Emitter Cut-off Current	V_{EB} = 5V, I_C = 0			2	mA
h_{FE}	DC Current Gain	V_{CE} = 4V, I_C = 3A	1000		20000	
		V_{CE} = 4V, I_C = 8A	200			
V_{CE}(sat)	Collector-Emitter Saturation Voltage	I_C = 3A, I_B = 6mA			2	V
		I_C = 8A, I_B = 80mA			2.5	V
V_{BE}(on)	Base-Emitter On Voltage	V_{CE} = 4V, I_C = 8A			2.8	V
C_{ob}	Output Capacitance	V_{CB} = 10V, I_E = 0, f = 0.1MHz			200	pF

* Pulse Test: Pulse Width≤300μs, Duty Cycle≤2%

www.fairchildsemi.com

TIP100/TIP101/TIP102 Rev. 1.0.0

TIP100/TIP101/TIP102 — NPN Epitaxial Silicon Darlington Transistor

| 그림 9-17 | 달링턴 트랜지스터(Fairchild Semiconductor Corporation 제공)

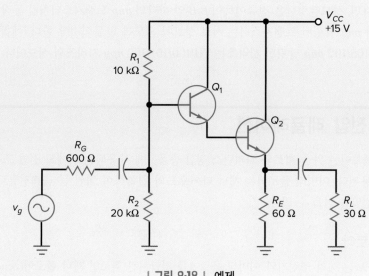

| 그림 9·18 | 예제

$$I_{E2} = \frac{10 \text{ V} - 1.4 \text{ V}}{60 \text{ }\Omega} = 143 \text{ mA}$$

이다. Q_1의 이미터전류는 Q_2의 베이스전류와 같고, 다음과 같이 구해진다.

$$I_{E1} = I_{B2} \cong \frac{I_{E2}}{\beta_2} = \frac{143 \text{ mA}}{100} = 1.43 \text{ mA}$$

Q_1의 베이스전류는

$$I_{B1} = \frac{I_{E1}}{\beta_1} = \frac{1.43 \text{ mA}}{100} = 14.3 \text{ }\mu A$$

이다. Q_1의 베이스에서 입력임피던스를 구하기 위하여 먼저 교류 이미터저항 r_e를 다음과 같이 구한다.

$$r_e = 60 \text{ }\Omega \parallel 30 \text{ }\Omega = 20 \text{ }\Omega$$

Q_1 베이스의 입력임피던스는 다음과 같다.

$$Z_{\text{in(base)}} = (10,000)(20 \text{ }\Omega) = 200 \text{ k}\Omega$$

연습문제 9-12 각 트랜지스터의 전류이득이 75인 달링턴쌍을 사용하여 예제 9-12를 다시 풀어라.

상보달링턴

그림 9-16c는 npn과 pnp 트랜지스터를 연결한 **상보달링턴**(complementary Darlington) 이라 부르는 또 다른 달링턴 연결이다. Q_1의 컬렉터전류는 Q_2의 베이스전류가 된다. 만일 pnp 트랜지스터가 β_1의 전류이득을 갖고, npn 출력 트랜지스터가 β_2의 전류이득

을 갖는다면, 상보달링턴은 전류이득이 $\beta_1\beta_2$인 하나의 *pnp* 트랜지스터처럼 동작한다.

*npn*과 *pnp* 달링턴 트랜지스터는 서로 상보가 되도록 만들어져야 한다. 예를 들어, TIP105/106/107 *pnp* 달링턴 시리즈는 TIP100/101/102 *npn* 시리즈와 상보이다.

9-7 전압 레귤레이션

이미터 폴로어는 완충 회로와 임피던스 정합 증폭기에 사용되는 외에도 전압 조정기로 널리 사용된다. 이미터 폴로어는 제너 다이오드와 결합하여 훨씬 큰 출력전류로 조절된 출력전압을 얻을 수 있다.

제너 폴로어

그림 9-19a는 제너 조정기와 이미터 폴로어를 결합시킨 회로인 **제너 폴로어**(zener follower)이다. 동작되는 방식은 다음과 같다. 제너전압은 이미터 폴로어의 베이스에 대한 입력전압이다. 이미터 폴로어의 직류 출력전압은 다음과 같다.

$$V_{out} = V_Z - V_{BE} \tag{9-11}$$

이 출력전압은 제너전압에서 트랜지스터의 V_{BE} 전압강하를 빼 준 값으로 고정된다. 전원전압이 변하더라도 제너전압은 거의 일정하므로 출력전압도 거의 변하지 않는다. 다시 말해서 출력전압이 항상 제너전압보다 V_{BE}만큼 작으므로 회로가 전압 조정기로 동작한다.

제너 폴로어는 보통의 제너 조정기에 비해서 두 가지 장점을 가진다. 첫째 그림 9-19a의 제너 다이오드는 다음 식과 같은 베이스전류로 부하전류를 유발시켜야 한다.

$$I_B = \frac{I_{out}}{\beta_{dc}} \tag{9-12}$$

이 베이스전류는 출력전류보다 훨씬 작으므로 더 작은 정격전류의 제너 다이오드를 사용할 수 있다.

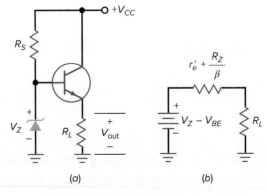

| **그림 9-19** | (a) 제너 폴로어; (b) 교류 등가회로

예를 들어 부하저항에 수 암페어의 전류를 흐르게 하려면 보통의 제너 조정기는 수 암페어를 조절할 수 있는 제너 다이오드를 필요로 한다. 반면에 그림 9-19a와 같은 개선 된 조정기에서 제너 다이오드는 수십 밀리암페어만 조절할 수 있으면 된다.

제너 폴로어의 두 번째 장점은 낮은 출력임피던스이다. 보통의 제너 조정기의 경우 부 하저항은 대략 제너임피던스 R_Z인 출력임피던스를 만나게 된다. 그러나 제너 폴로어에 서 출력임피던스는 다음과 같다.

$$Z_{\text{out}} = r_e' + \frac{R_Z}{\beta_{\text{dc}}} \tag{9-13}$$

그림 9-19b는 출력 등가회로이다. 일반적으로 Z_{out}은 R_L에 비해서 매우 작고 전원 이 안정되어 있기 때문에 이미터 폴로어는 직류 출력전압을 거의 일정하게 할 수 있다.

요약하면 제너 폴로어는 이미터 폴로어의 향상된 전류 조절 능력과 함께 제너 다이 오드에 의해 전압을 조절해 준다.

두 트랜지스터 전압 조정기

그림 9-20은 또 다른 전압 조정기이다. 직류 입력전압 V_{in}은 커패시터 입력필터가 있는 브리지 정류회로와 같은, 조절되지 않은 전원장치로부터 공급된다. 전형적으로 V_{in}은 직 류전압에 약 10% 정도의 피크-피크 리플이 있다. 최종 출력전압 V_{out}은 입력전압과 부하 전류가 크게 변화함에도 불구하고 거의 리플이 없고 일정한 값이 된다.

어떻게 그 동작을 하는가? 출력전압의 어떤 변화는 원래의 변화를 억제시키도록 증 폭된 귀환전압을 생성시킨다. 예를 들어 출력전압이 증가하면 이때 Q_1의 베이스에 나 타나는 전압이 증가한다. Q_1과 R_2가 CE 증폭기를 형성하므로 Q_1의 컬렉터전압은 전압 이득 때문에 감소한다.

Q_1의 컬렉터전압이 감소하므로 Q_2의 베이스전압도 감소한다. Q_2는 이미터 폴로어이 므로 출력전압이 감소한다. 다시 말해 부귀환이 존재하게 된다. 출력전압의 증가는 그 반대로 출력전압의 감소를 유발한다. 전체적인 효과는 출력전압이 약간 증가하는데, 이 는 부귀환이 없을 때의 전압 증가보다 훨씬 적다.

반대로 출력전압이 감소하려고 하면 Q_1의 베이스전압이 감소하고, Q_1의 컬렉터전압 은 증가하며, Q_2의 이미터전압이 증가한다. 이렇게 출력전압의 원래 변화를 억제시키

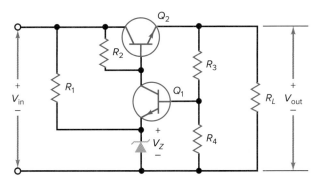

| 그림 9-20 | 두 트랜지스터 전압 조정기

는 귀환전압이 생긴다. 따라서 출력전압은 약간 감소하는데, 이는 부귀환이 없을 때의 전압 감소보다 훨씬 적다.

제너 다이오드 때문에 Q_1의 이미터전압은 V_Z와 같다. Q_1의 베이스전압은 V_{BE}만큼 더 높으므로, R_4의 양단전압은

$$V_4 = V_Z + V_{BE}$$

이다. 옴의 법칙에 의해 R_4에 흐르는 전류는

$$I_4 = \frac{V_Z + V_{BE}}{R_4}$$

이다. 이 전류는 R_4와 직렬인 R_3를 통하여 흐르므로, 출력전압은

$$V_{out} = I_4(R_3 + R_4)$$

이다. 이 식을 정리하면 다음과 같다.

$$V_{out} = \frac{R_3 + R_4}{R_4}(V_Z + V_{BE}) \tag{9-14}$$

예제 9-13 ▐▐▐ MultiSim

그림 9-21은 일반적인 회로도로 그린 제너 폴로어이다. 출력전압은 얼마인가? $\beta_{dc} = 100$일 때, 제너전류는 얼마인가?

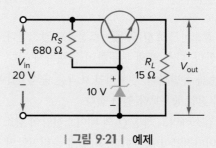

| 그림 9·21 | 예제

풀이 출력전압은 대략

$$V_{out} = 10\,V - 0.7\,V = 9.3\,V$$

이다. 부하저항이 15 Ω인 경우, 부하전류는

$$I_{out} = \frac{9.3\,V}{15\,\Omega} = 0.62\,A$$

이며, 베이스전류는

$$I_B = \frac{0.62\,A}{100} = 6.2\,mA$$

이다. 직렬저항에 흐르는 전류는

$$I_S = \frac{20\text{ V} - 10\text{ V}}{680\ \Omega} = 14.7\text{ mA}$$

이며, 제너전류는 다음과 같다.

$$I_Z = 14.7\text{ mA} - 6.2\text{ mA} = 8.5\text{ mA}$$

연습문제 9-13   8.2 V 제너 다이오드와 15 V의 입력전압을 이용하여 예제 9-13을 다시 풀어라.

예제 9-14   IIII MultiSim

그림 9-22의 출력전압은 얼마인가?

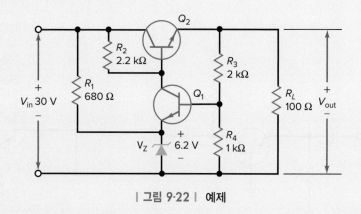

| 그림 9·22 | 예제

풀이   식 (9-14)를 이용하여 출력전압을 구하면

$$V_{\text{out}} = \frac{2\text{ k}\Omega + 1\text{ k}\Omega}{1\text{ k}\Omega}(6.2\text{ V} + 0.7\text{ V}) = 20.7\text{ V}$$

또 문제를 다음과 같이 풀 수도 있다. 1 kΩ의 저항에 흐르는 전류는

$$I_4 = \frac{6.2\text{ V} + 0.7\text{ V}}{1\text{ k}\Omega} = 6.9\text{ mA}$$

이다. 이 전류가 총 저항 3 kΩ에 흐르므로, 출력전압은 다음과 같다.

$$V_{\text{out}} = (6.9\text{ mA})(3\text{ k}\Omega) = 20.7\text{ V}$$

연습문제 9-14   그림 9-22를 이용하여 제너전압을 5.6 V로 바꾸고, 이때의 출력전압 V_{out}을 구하라.

9-8 CB 증폭기

그림 9-23a는 두 극성으로 분할된 전원을 사용한 **공통베이스 증폭기**(common-base(CB) amplifier)를 나타낸다. 베이스가 접지되어 있기 때문에 이 회로를 베이스접지 증폭기라고도 부른다. 동작점 Q는 그림 9-23b에 나타낸 직류 등가회로에서 볼 수 있듯이 이미터 바이어스에 의해 결정된다. 따라서 직류 이미터전류는 다음 식으로 구해진다.

$$I_E = \frac{V_{EE} - V_{BE}}{R_E} \qquad \text{(9-15)}$$

그림 9-23c는 단일전원을 사용한 전압분배 바이어스된 CB 증폭기를 나타낸다. R_2 양단에 바이패스 커패시터가 연결되어 있음을 주목하라. 이 바이패스 커패시터는 베이스를 교류 접지시킨다. 그림 9-23d에 나타낸 것과 같은 직류 등가회로를 그려 줌으로써 전압분배 바이어스 구성임을 알 수 있다.

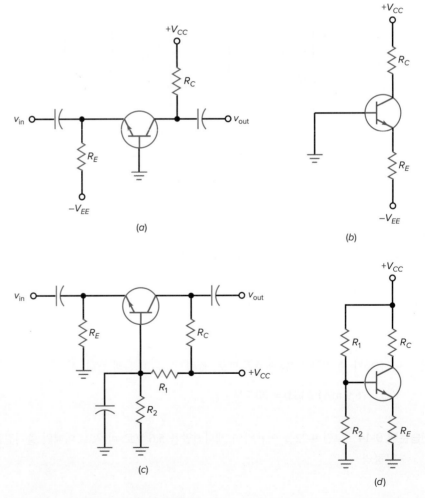

| 그림 9-23 | CB 증폭기 (a) 분할 전원; (b) 이미터 바이어스된 직류 등가회로; (c) 단일 전원; (d) 전압분배 바이어스된 직류 등가회로

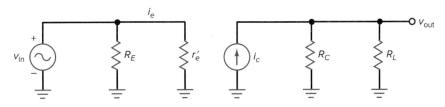

| 그림 9-24 | 교류 등가회로

어느 증폭기에서든 베이스는 교류접지이다. 입력신호는 이미터를 구동시키고, 출력신호는 컬렉터로부터 얻어진다. 그림 9-24는 교류 입력전압 (+) 반주기 동안 CB 증폭기의 교류 등가회로를 나타낸다. 이 회로에서 교류 컬렉터전압 v_{out}은 다음과 같다.

$$v_{out} \cong i_c r_c$$

이 전압은 교류 입력전압 v_e와 동위상이다. 입력전압은

$$v_{in} = i_e r'_e$$

이므로, 전압이득은 다음과 같다.

$$A_V = \frac{v_{out}}{v_{in}} = \frac{i_c r_c}{i_e r'_e}$$

$i_c \cong i_e$이므로, 이 식은 다음과 같이 간단하게 된다.

$$A_V = \frac{r_c}{r'_e} \qquad\qquad\qquad\qquad \text{(9-16)}$$

이 전압이득은 스웜프되지 않은 CE 증폭기에서와 같은 크기를 갖는다는 점에 주목하라. 유일한 차이는 출력전압의 위상이다. CE 증폭기의 출력신호가 입력신호와 180°의 위상차가 있는 반면, CB 증폭기의 출력전압은 입력전압과 동위상이다.

이상적으로 그림 9-24의 컬렉터 전류원은 무한대의 내부임피던스를 갖는다. 따라서 CB 증폭기의 출력임피던스는 다음과 같다.

$$Z_{out} \cong R_C \qquad\qquad\qquad\qquad \text{(9-17)}$$

CB 증폭기와 다른 증폭기 구성 사이에 중요한 차이 중의 하나는 CB 증폭기의 입력임피던스가 작다는 것이다. 그림 9-24의 이미터로 들여다본 입력임피던스는

$$Z_{in(emitter)} = \frac{v_e}{i_e} = \frac{i_e r'_e}{i_e} \quad \text{또는} \quad Z_{in(emitter)} = r'_e$$

이고, 증폭회로의 입력임피던스는 다음과 같다.

$$Z_{in} = R_E \parallel r'_e$$

일반적으로 R_E가 r'_e 보다 훨씬 크므로, 증폭회로의 입력임피던스는 대략 다음과 같다.

$$Z_{in} \cong r'_e \qquad\qquad\qquad\qquad \text{(9-18)}$$

예로서, 만일 $I_E = 1$ mA인 경우 CB 증폭기의 입력임피던스는 오직 25 Ω이다. 만일 교류 신호원의 입력이 매우 작지 않은 한 대부분의 신호는 신호원 저항에서 손실될 것이다.

보통 CB 증폭기의 입력임피던스는 매우 낮아서 대부분의 신호원을 과부하가 되게 한다. 이 때문에 낮은 주파수에서 CB 증폭기 단독으로는 일반적으로 사용되지 않는다. CB 증폭기는 주로 신호원 임피던스가 작고 높은 주파수(10 MHz 이상) 응용에 이용된다. 또한 높은 주파수에서 베이스는 입력과 출력을 분리시켜 이 주파수에서 발진을 잘 일으키지 않는다.

이미터 폴로어는 큰 임피던스의 신호원이 작은 임피던스의 부하를 구동시킬 필요가 있는 곳의 응용에 이용된다. 반대로 공통베이스 회로는 작은 임피던스의 신호원을 큰 임피던스의 부하와 결합시키는 데 이용될 수 있다.

예제 9-15   **⦀ MultiSim**

그림 9-25의 출력전압을 구하라.

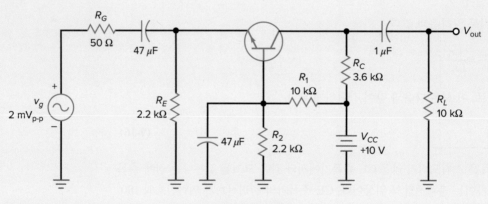

| 그림 9·25 | 예제

풀이 회로의 Q점을 결정할 필요가 있다.

$$V_B = \frac{2.2\ \text{k}\Omega}{10\ \text{k}\Omega + 2.2\ \text{k}\Omega}(+10\ \text{V}) = 1.8\ \text{V}$$

$$V_E = V_B - 0.7\ \text{V} = 1.8\ \text{V} - 0.7\ \text{V} = 1.1\ \text{V}$$

$$I_E = \frac{V_E}{R_E} = \frac{1.1\ \text{V}}{2.2\ \text{k}\Omega} = 500\ \mu\text{A}$$

따라서 $r'_e = \dfrac{25\ \text{mV}}{500\ \mu\text{A}} = 50\ \Omega$

이다. 이제 교류 회로값의 경우로 풀면 다음과 같다.

$$Z_{\text{in}} = R_E \parallel r'_e = 2.2\ \text{k}\Omega \parallel 50\ \Omega \cong 50\ \Omega$$

$$Z_{\text{out}} = R_C = 3.6\ \text{k}\Omega$$

$$A_V = \frac{r_c}{r'_e} = \frac{3.6\ \text{k}\Omega \parallel 10\ \text{k}\Omega}{50\ \Omega} = \frac{2.65\ \text{k}\Omega}{50\ \Omega} = 53$$

$$v_{\text{in(base)}} = \frac{r'_e}{R_G}(v_g) = \frac{50\ \Omega}{50\ \Omega + 50\ \Omega}(2\ \text{mV}_{\text{p-p}}) = 1\ \text{mV}_{\text{p-p}}$$

$$v_{\text{out}} = (A_V)(v_{\text{in(base)}}) = (53)(1\ \text{mV}_{\text{p-p}}) = 53\ \text{mV}_{\text{p-p}}$$

연습문제 9-15   그림 9-25에서 V_{CC}를 20 V로 바꾸고, v_{out}을 구하라.

네 가지의 공통 트랜지스터 증폭기 구성을 표 9-1에 요약하여 나타내었다. 이 표는
증폭기의 구성을 인식하고, 기본적인 특성을 알게 하며, 일반적인 응용을 이해할 수 있
게 해 주므로 중요하다.

요점정리 표 9-1	공통 증폭기 구성

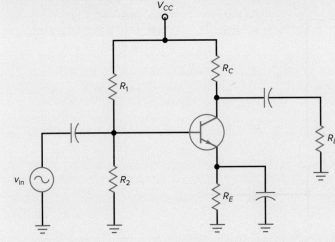

형식 : CE   위상차 θ : 180°
A_V: 중간-높음 Z_{in}: 중간
A_i: β Z_{out}: 중간
A_p: 높음   응용: 일반적인 목적의 전압 및
          전류 이득을 갖는 증폭기

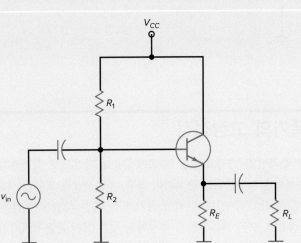

형식: CC   위상차 θ : 0°
A_V: $\cong 1$ Z_{in}: 높음
A_i: β Z_{out}: 낮음
A_p: 중간   응용: 버퍼, 임피던스 정합,
          높은 전류드라이버

요점정리 표 9-1	(계속)

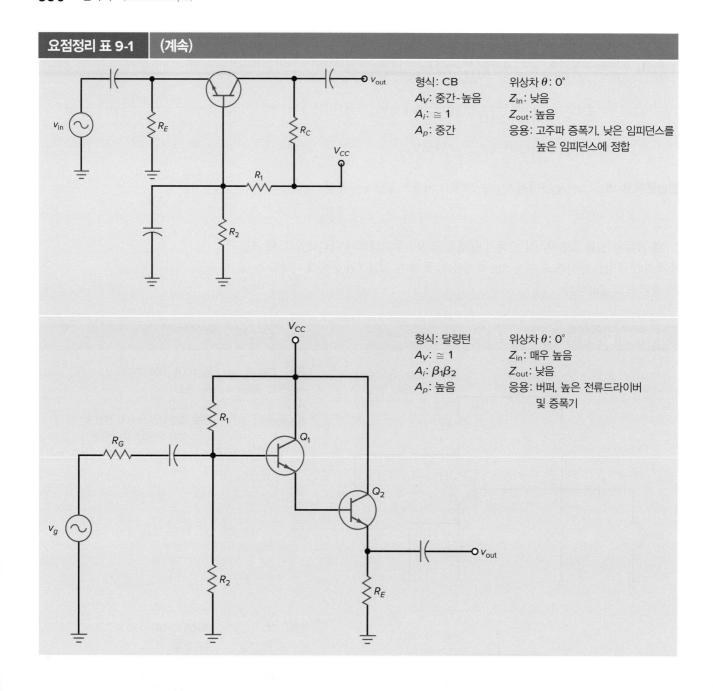

형식: CB   위상차 θ: 0°
A_V: 중간-높음 Z_{in}: 낮음
A_i: $\cong$ 1 Z_{out}: 높음
A_p: 중간   응용: 고주파 증폭기, 낮은 임피던스를
                        높은 임피던스에 정합

형식: 달링턴   위상차 θ: 0°
A_V: $\cong$ 1 Z_{in}: 매우 높음
A_i: $\beta_1\beta_2$ Z_{out}: 낮음
A_p: 높음   응용: 버퍼, 높은 전류드라이버
                        및 증폭기

9-9 다단 증폭기의 고장점검

증폭기가 둘 혹은 다단 증폭단을 가지고 있을 때 문제점을 효과적으로 점검하기 위해 서는 어떤 기술을 사용해야 할까? 단일단 증폭기의 경우, 전원전압을 포함한 직류전압 들을 측정하면서 진단을 시작할 수 있다. 만일 증폭기가 둘 혹은 다단 증폭단을 가지 고 있다면 진단의 시작점으로 모든 직류전압을 측정하는 것은 그리 효율적이지 않다.

다단 증폭기의 경우, 앞의 장들에서 기술한 방법대로 먼저 신호 추적 혹은 신호 주입

기술을 사용하여 결함이 존재하는 단을 분리하는 것이 좋다. 예를 들어 4단 증폭기가 있다면, 두 번째 증폭기의 출력신호를 측정하거나 인가하는 방법으로 2개 증폭기로 분리하자. 그렇게 하면 문제가 측정 포인트에서 앞쪽 단인지 뒤쪽 단인지를 구분할 수 있다. 둘째 단의 출력에서 측정한 신호가 정상이라면 앞쪽 두 단은 정상적으로 동작하고 문제는 다음 두 단 중 하나에서 일어남을 알려 준다. 이제 남겨진 단의 중간점에 다음의 고장 점검점을 위치시키자. 이러한 절반-분리 방법은 고장점검에서 결점이 존재하는 증폭단을 빠르게 분리할 수 있다.

고장 단을 찾으면 직류전압이 거의 맞는지를 알기 위해 측정이 이루어져야 한다. 모든 직류전압이 맞는다면 교류 등가회로에서 무엇이 문제인지를 결정하기 위해 고장점검이 더 이루어져야 한다. 이러한 종류의 문제는 주로 개방커플링이나 바이패스 커패시터에 의해 발생한다.

마지막으로 다단 증폭기에서 각 단의 출력은 다음 단의 입력에 연결된다. 둘째 단의 입력에서 문제가 있다면 이는 첫째 단의 출력에 좋지 않은 결과가 발생하게 된다. 가끔은 부하의 문제가 존재하는지를 증명하기 위해 두 단 사이를 물리적으로 분리시킬 필요도 있다. 다단 증폭기의 고장점검 과정은 하나의 완전한 시스템을 고장점검할 때 사용하는 과정과 동일하다는 것을 기억하라. 유일한 차이점은 시스템 고장점검에서는 시스템을 기능 블록들로 쪼갠 후 고장 블록을 분리한다는 것이다.

응용예제 9-16

그림 9-26의 2단 증폭기에 존재하는 문제는 무엇인가?

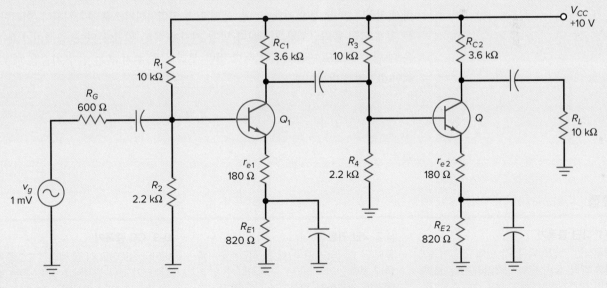

| 그림 9·26 | 다단 증폭기의 고장점검

풀이 그림 9-26을 살펴보면 첫째 단은 신호전원으로부터 입력신호를 받아 이를 증폭하고 둘째 단에 증폭된 값을 보내는 CE 전치증폭기이다. 같은 CE인 둘째 단은 Q_1의 출력을 증폭하고 Q_2의 출력과 부하저항을 연결한다. 예제 9-2에서 교류전압을 다음과 같이 계산하였다.

$$v_{in} = 0.74 \text{ mV}$$
$$v_c = 4.74 \text{ mV (첫째 단의 출력)}$$
$$v_{out} = 70 \text{ mV}$$

이 값들은 증폭기가 정확하게 동작될 경우에 측정할 수 있는 근사 교류전압들이다. (가끔 교류와 직류 전압값들이 고장점검을 위해 회로도에 주어지기도 한다.)

이제 회로의 출력전압을 측정하면 10 kΩ의 부하양단 출력신호는 13 mV이다. 측정된 입력전압은 대략 0.74 mV로 정상적인 값이다. 다음으로 측정할 값은 무엇인가?

입력신호가 적절한지 입증하기 위해 첫 단 입력에 오실로스코프의 채널 1을 위치시키고, 채널 2는 회로 전 영역에서 신호를 측정하고 추적하라. 절반-분리 신호추적 방법을 이용하여 증폭기의 중간점에서 교류전압을 측정하라. 그렇게 하면 Q_1의 컬렉터의 출력전압과 Q_2 베이스에서의 입력전압은 4.90 mV로 정상적인 전압보다 약간 높게 측정된다. 이러한 측정결과는 첫째 단이 정상적으로 동작됨을 말해 준다. 따라서 문제는 둘째 단에서 발생함이 틀림없다.

Q_2 베이스, 이미터, 컬렉터에서의 직류전압은 모두 정상으로 측정된다. 이것은 둘째 단은 직류에서는 정상으로 동작되지만 교류에 문제가 존재함을 알려 준다. 무엇이 이러한 문제를 야기했는가? 더 많은 교류 측정은 820 Ω의 저항 R_{E2} 양단전압이 대략 4 mV임을 보여 준다. R_{E2} 양단에 연결된 바이패스 커패시터를 제거한 후 테스트해 보면 개방되었음이 나타난다. 이렇게 고장 난 커패시터에 의해 둘째 단의 이득이 크게 감소하게 되었다. 또한 개방 커패시터는 둘째 단의 입력임피던스를 증가시킨다. 이러한 증가는 첫째 단의 출력신호가 정상보다 약간 커지게 하는 원인이 된다. 증폭기가 두 단 혹은 더 많은 단으로 만들어진다 해도 절반-분리 신호 추적 혹은 인가 기술은 매우 효율적인 고장점검 방법이다.

요점 __ *Summary*

9-1 다단 증폭기
전체적인 전압이득은 각 단의 전압이득의 곱과 같다. 둘째 단의 입력임피던스는 첫째 단의 부하저항이 된다. 2단 CE 증폭기는 동위상의 증폭된 신호를 발생시킨다.

9-2 2단 귀환
둘째 단 컬렉터의 출력전압을 전압분배기를 통해 첫째 단의 이미터로 귀환시킬 수 있다. 이로써 부귀환이 형성되어 2단 증폭기의 전압이득을 안정화시킨다.

9-3 CC 증폭기
이미터 폴로어로 더 잘 알려진 CC 증폭기는 컬렉터가 교류 접지된다. 입력신호는 베이스를 구동시키며 출력신호는 이미터로부터 나온다. 이 증폭기는 심하게 스웜프되기 때문에 이미터 폴로어는 안정한 전압이득, 높은 입력 임피던스 및 적은 일그러짐을 갖는다.

9-4 출력임피던스

증폭기의 출력임피던스는 증폭기의 테브난 임피던스와 같다. 이미터 폴로어는 낮은 출력임피던스를 갖는다. 트랜지스터의 전류이득은 베이스를 구동시키는 신호원 임피던스를 이미터에서 보았을 때 훨씬 낮은 값으로 변환시킨다.

9-5 CE와 CC 종속연결

낮은 저항부하가 CE 증폭기의 출력에 연결될 때 CE 증폭기는 과부하 상태가 되고 전압이득이 매우 작아진다. CE 증폭기의 출력과 부하 사이에 존재하는 CC 증폭기는 이 부하 효과를 상당히 감소시킬 것이다. 이 경우에 CC 증폭기는 버퍼로 작용한다.

9-6 달링턴 연결

두 개의 트랜지스터는 달링턴쌍으로 연결될 수 있다. 첫 번째 트랜지스터의 이미터는 두 번째 트랜지스터의 베이스로 연결된다. 달링턴쌍의 전체적인 전류이득은 각 트랜지스터의 전류이득을 곱한 것과 같다.

9-7 전압 레귤레이션

제너 다이오드와 이미터 폴로어를 결합시킴으로써 제너 폴로어가 된다. 이 회로는 큰 부하전류와 함께 조절된 출력전압을 발생시킨다. 장점으로는 제너전류가 부하전류보다 훨씬 적다는 것이다. 전압 증폭단을 추가함으로써 전압 조절된 큰 출력전압이 발생될 수 있다.

9-8 CB 증폭기

CB 증폭기 구조는 베이스가 교류 접지된다. 입력신호는 이미터를 구동하고, 출력신호는 컬렉터로부터 얻어진다. 이 회로는 전류이득이 없더라도 상당한 전압이득을 만들어 낼 수 있다. CB 증폭기는 낮은 입력임피던스와 높은 출력임피던스를 가지며, 고주파 응용에 이용된다.

9-9 다단 증폭기의 고장점검

다단 증폭기 고장점검에서 신호 추적 혹은 신호 인가 기술이 사용된다. 절반-분리 방법은 고장 난 증폭단을 빠르게 결정할 수 있다. 전원전압 측정을 포함하는 직류전압 측정은 문제점을 쉽게 분리시킨다.

중요 수식 __ *Important Formulas*

(9-1) 2단 전압이득:

$$A_V = (A_{V_1})(A_{V_2})$$

(9-2) 2단 귀환 이득:

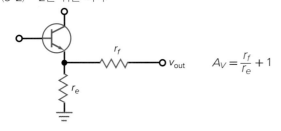

$$A_V = \frac{r_f}{r_e} + 1$$

(9-3) 교류 이미터저항:

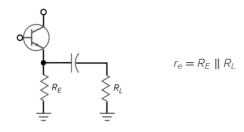

$$r_e = R_E \parallel R_L$$

(9-4) 이미터 폴로어의 전압이득:

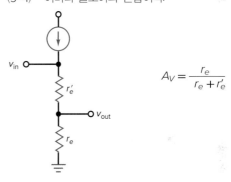

$$A_V = \frac{r_e}{r_e + r_e'}$$

(9-5) 이미터 폴로어의 베이스 입력임피던스:

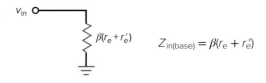

$$Z_{in(base)} = \beta(r_e + r_e')$$

(9-7) 이미터 폴로어의 출력임피던스:

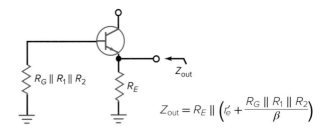

$$Z_{out} = R_E \parallel \left(r_e' + \frac{R_G \parallel R_1 \parallel R_2}{\beta} \right)$$

(9-9) 달링턴 전류이득:

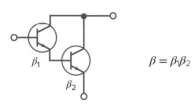

$$\beta = \beta_1\beta_2$$

(9-16) 공통베이스의 전압이득:

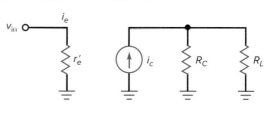

$$A_V = \frac{r_c}{r_e'}$$

(9-11) 제너 폴로어:

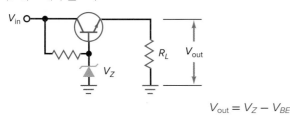

$$V_{out} = V_Z - V_{BE}$$

(9-18) 공통베이스의 입력임피던스:

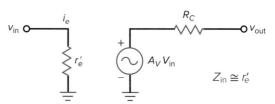

$$Z_{in} \cong r_e'$$

(9-14) 전압 조정기:

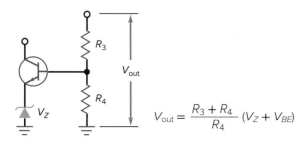

$$V_{out} = \frac{R_3 + R_4}{R_4}(V_Z + V_{BE})$$

연관 실험 __ *Correlated Experiments*

실험 25	고장점검 2	실험 26	실험 27
캐스케이드 CE 증폭단	단일 단과 다단 트랜지스터 회로	CC 증폭기와 CB 증폭기	이미터 폴로어 응용

복습문제 __ *Self-Test*

1. 두 번째 증폭단의 입력임피던스가 감소한다면, 첫째 단의 전압이득은?
   a. 감소한다.
   b. 증가한다.
   c. 변화 없다.
   d. 0이다.

2. 두 번째 증폭단의 **BE** 다이오드가 개방되면, 첫째 단의 전압이득은?
   a. 감소한다.
   b. 증가한다.

   c. 변화 없다.
   d. 0이다.

3. 두 번째 증폭단의 부하저항이 개방되면, 첫째 단의 전압이득은?
   a. 감소한다.
   b. 증가한다.
   c. 변화 없다.
   d. 0이다.

4. 이미터 폴로어의 전압이득은?
   a. 1보다 훨씬 작다.
   b. 약 10이다.
   c. 1보다 크다.
   d. 0이다.

5. 이미터 폴로어의 전체 교류 이미터 저항은?
   a. r_e'
   b. r_e
   c. $r_e + r_e'$

d. R_E

6. 이미터 폴로어의 베이스의 입력임피던스는 항상 _____.
   a. 낮다
   b. 높다
   c. 접지로 단락된다
   d. 개방된다

7. 이미터 폴로어의 직류 전류이득은?
   a. 0이다.
   b. ≈ 1이다.
   c. β_{dc}이다.
   d. r_e'에 의존한다.

8. 이미터 폴로어의 교류 베이스전압은 다음 중 어느 양단 전압인가?
   a. 이미터 다이오드
   b. 직류 이미터저항
   c. 부하저항
   d. 이미터 다이오드와 외부 교류 이미터저항

9. 이미터 폴로어의 출력전압은 다음 중 어느 양단 전압인가?
   a. 이미터 다이오드
   b. 직류 컬렉터저항
   c. 부하저항
   d. 이미터 다이오드와 외부 교류 이미터저항

10. $\beta = 200$, $r_e = 150\ \Omega$인 경우 베이스의 입력임피던스는?
    a. 30 kΩ
    b. 600 Ω
    c. 3 kΩ
    d. 5 kΩ

11. 이미터 폴로어에 대한 입력전압은?
    a. 신호발생기 전압보다 작다.
    b. 신호발생기 전압과 같다.
    c. 신호발생기 전압보다 크다.
    d. 전원전압과 같다.

12. 교류 이미터전류와 가장 가까운 것은?
    a. V_G/r_e
    b. v_{in}/r_e'

    c. V_G/r_e'
    d. v_{in}/r_e

13. 대략적인 이미터 폴로어의 출력전압은?
    a. 0
    b. V_G
    c. v_{in}
    d. V_{CC}

14. 이미터 폴로어의 출력전압은?
    a. v_{in}과 동위상이다.
    b. v_{in}보다 훨씬 크다.
    c. 180° 위상 차이가 있다.
    d. 일반적으로 v_{in}보다 훨씬 작다.

15. 일반적으로 이미터 폴로어 버퍼는 다음 중 어느 때 이용되는가?
    a. $R_G \ll R_L$
    b. $R_G = R_L$
    c. $R_L \ll R_G$
    d. R_L이 매우 클 때

16. 최대 전력 전달을 위해 CC 증폭기의 설계 조건은?
    a. $R_G \ll Z_{in}$
    b. $Z_{out} \gg R_L$
    c. $Z_{out} \ll R_L$
    d. $Z_{out} = R_L$

17. 만일 CE 증폭기를 이미터 폴로어에 직접 결합시키면?
    a. 낮은 주파수와 높은 주파수가 통과될 것이다.
    b. 높은 주파수만 통과될 것이다.
    c. 고주파 신호는 차단될 것이다.
    d. 저주파 신호는 차단될 것이다.

18. 이미터 폴로어의 부하저항이 매우 큰 경우, 외부 교류 이미터저항은 다음 어느 것과 같은가?
    a. 신호원 저항
    b. 베이스의 임피던스
    c. 직류 이미터저항
    d. 직류 컬렉터저항

19. 이미터 폴로어의 $r_e' = 10\ \Omega$, $r_e = 90\ \Omega$인 경우, 대략적인 전압이득은?
    a. 0
    b. 0.5
    c. 0.9
    d. 1

20. 이미터 폴로어 회로는 신호원 저항을 _____.
    a. β배 더 작게 만든다
    b. β배 더 크게 만든다
    c. 부하와 같게 만든다
    d. 0으로 만든다

21. 달링턴 트랜지스터는?
    a. 입력임피던스가 매우 작다.
    b. 3개의 트랜지스터로 이루어져 있다.
    c. 전류이득이 매우 크다.
    d. V_{BE} 강하가 있다.

22. 180° 위상차를 보이는 증폭기는?
    a. CB
    b. CC
    c. CE
    d. 앞의 세 증폭기 모두

23. 이미터 폴로어에서 신호발생기 전압이 5 mV인 경우, 부하저항 양단의 출력전압으로 가장 가까운 값은?
    a. 5 mV
    b. 150 mV
    c. 0.25 V
    d. 0.5 V

24. 그림 9-6a의 부하저항이 단락되는 경우, 정상값과 달라지는 것은?
    a. 교류전압뿐
    b. 직류전압뿐
    c. 직류 및 교류 전압 모두
    d. 직류전압이나 교류 전압 모두 달라지지 않는다.

25. 이미터 폴로어에서 R_1이 개방되는 경우, 다음 중 맞는 것은?
    a. 직류 베이스전압은 V_{CC}이다.
    b. 직류 컬렉터전압은 0이다.

c. 출력전압은 정상이다.

d. 직류 베이스전압은 0이다.

26. 일반적으로 이미터 폴로어에서 일그러짐은?

a. 매우 낮다.

b. 매우 높다.

c. 크다.

d. 수용 안 된다.

27. 이미터 폴로어에서 일그러짐은?

a. 좀처럼 낮지 않다.

b. 흔히 높다.

c. 항상 낮다.

d. 클리핑이 발생할 때 높다.

28. CE 증폭단이 이미터 폴로어에 직접 결합되는 경우, 두 증폭단 사이에 몇 개의 결합 커패시터가 있어야 하는가?

a. 0

b. 1

c. 2

d. 3

29. 달링턴 트랜지스터의 β가 8,000이다. $R_E = 1\,k\Omega$, $R_L = 100\,\Omega$인 경우, 베이스의 입력임피던스 중 가장 가까운 값은?

a. 8 kΩ

b. 80 kΩ

c. 800 kΩ

d. 8 MΩ

30. 이미터 폴로어의 교류 이미터저항은?

a. 직류 이미터저항과 같다.

b. 부하저항보다 더 크다.

c. 부하저항보다 β배 더 작다.

d. 항상 부하저항보다 작다.

31. CB 증폭기의 전압이득은?

a. 1보다 훨씬 적다.

b. 약 1이다.

c. 1보다 훨씬 크다.

d. 0이다.

32. CB 증폭기의 응용은 다음 중 어느 때 적합한가?

a. $R_{source} \gg R_L$일 때

b. $R_{source} \ll R_L$일 때

c. 큰 전류이득이 요구될 때

d. 높은 주파수를 차단할 필요가 있을 때

33. CB 증폭기는 어느 때 이용되는가?

a. 낮은 임피던스를 높은 임피던스에 정합시킬 때

b. 전류이득 없이 전압이득이 요구될 때

c. 고주파 증폭기가 필요할 때

d. 앞의 보기가 모두 답이다.

34. 제너 폴로어에서 제너전류는?

a. 출력전류와 같다.

b. 출력전류보다 작다.

c. 출력전류보다 크다.

d. 열폭주를 일으키기 쉽다.

35. 두 트랜지스터 전압 조정기에서 출력전압은?

a. 조절된다.

b. 입력전압보다 훨씬 적은 리플을 갖는다.

c. 제너전압보다 더 크다.

d. 앞의 보기가 모두 답이다.

36. 다단 증폭기의 고장점검은 무엇을 시작점으로 할까?

a. 모든 직류전압을 측정한다.

b. 신호 추적 혹은 인가

c. 저항 측정을 실시한다.

d. 소자를 바꾼다.

기본문제 __ *Problems*

9-1 다단 증폭기

9-1 그림 9-27에서 첫 번째 베이스, 두 번째 베이스에서의 교류전압과 부하저항 양단의 교류전압은 얼마인가?

9-2 그림 9-27에서 전원전압이 +12 V로 증가한다면, 출력전압은 얼마인가?

9-3 그림 9-27에서 $\beta = 300$인 경우, 출력전압은 얼마인가?

9-2 2단 귀환

9-4 그림 9-4와 같은 귀환증폭기에서 $r_f = 5\,k\Omega$과 $r_e = 50\,\Omega$인 경우, 전압이득은 얼마인가?

9-5 그림 9-5와 같은 귀환증폭기에서 $r_e = 125\,\Omega$이다. 전압이득이 100이 되려면, r_f 값은 얼마이어야 하는가?

9-3 CC 증폭기

9-6 그림 9-28에서 $\beta = 200$인 경우, 베이스의 입력임피던스와 증폭기의 입력임피던스는 얼마인가?

9-7 그림 9-28에서 $\beta = 150$인 경우, 이미터 폴로어에 대한 교류 입력전압은 얼마인가?

9-8 그림 9-28에서 전압이득은 얼마인가? $\beta = 175$인 경우 교류 부하전압은 얼마인가?

9-9 β가 50~300의 범위에서 변화한다면 그림 9-28에서 입력전압은 얼마인가?

9-10 그림 9-28에서 모든 저항을 2배로 한다. $\beta = 150$인 경우 증폭기의 입력임피던스와 입력전압이 어떻게 되는가?

9-11 그림 9-29에서 $\beta = 200$인 경우, 베이스의 입력임피던스와 증폭기의 입력임피던스는 얼마인가?

9-12 그림 9-29에서 $\beta = 150$이고 $v_g = 1$ V인 경우, 이미터 폴로어에 대한 교류 입력전압은 얼마인가?

9-13 그림 9-29에서 전압이득은 얼마인가? $\beta = 175$인 경우, 교류 부하전압은 얼마인가?

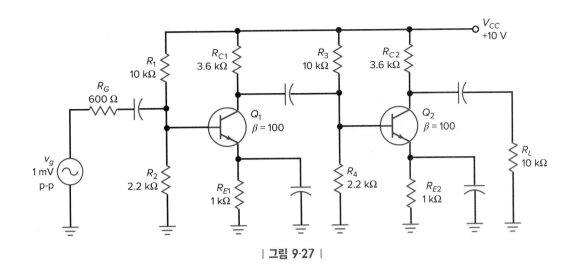

| 그림 9-27 |

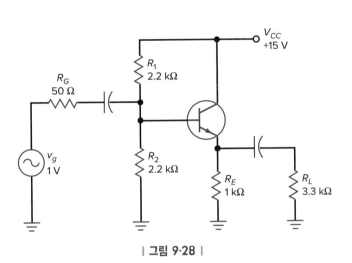

| 그림 9-28 |

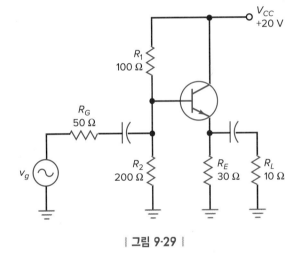

| 그림 9-29 |

9-4 출력임피던스

9-14 그림 9-28에서 $\beta = 200$인 경우, 출력임피던스는 얼마인가?

9-15 그림 9-29에서 $\beta = 100$인 경우, 출력임피던스는 얼마인가?

9-5 CE와 CC 종속연결

9-16 그림 9-30에서 두 번째 트랜지스터의 직류 및 교류 전류이득이 200인 경우, CE 증폭단의 전압이득은 얼마인가?

9-17 그림 9-30에서 두 트랜지스터의 직류와 교류 전류이득이 150인 경우, V_g = 10 mV일 때 출력전압은 얼마인가?

9-18 만일 그림 9-30에서 두 트랜지스터의 직류와 교류 전류이득이 200이라면, 부하저항이 125 Ω으로 낮아지는 경우 CE 증폭단의 전압이득은 얼마인가?

9-19 그림 9-30에서 이미터 폴로어 증폭단을 제거시키고 150 Ω 부하에 교류신호를 결합시키기 위하여 결합 커패시터를 사용하는 경우, CE 증폭기의 전압이득에 어떤 일이 일어나는가?

9-6 달링턴 연결

9-20 그림 9-31에서 달링턴쌍의 전체적인 전류이득이 5,000인 경우, Q_1 베이스의 입력임피던스는 얼마인가?

9-21 그림 9-31에서 달링턴쌍의 전체적인 전류이득이 7,000인 경우, Q_1 베이스에 대한 교류 입력전압은 얼마인가?

9-22 그림 9-32에서 두 트랜지스터의 β값이 모두 150이다. 첫 번째 베이스의 입력임피던스는 얼마인가?

9-23 그림 9-32에서 달링턴쌍의 전체적인 전류이득이 2,000인 경우, Q_1 베이스에 대한 교류 입력전압은 얼마인가?

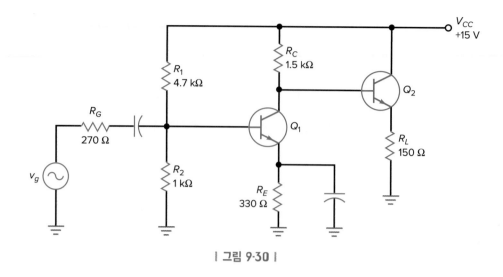

| 그림 9·30 |

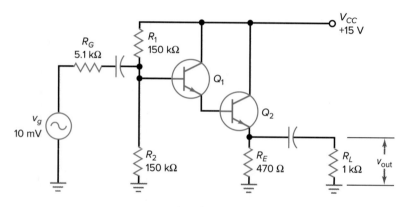

| 그림 9·31 |

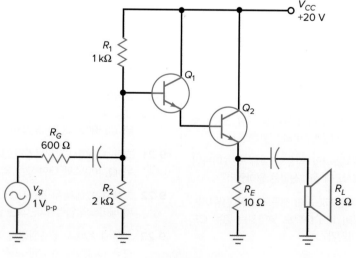

| 그림 9·32 |

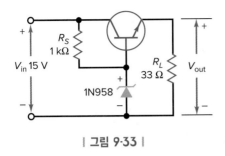

| 그림 9-33 |

9-7 전압 레귤레이션

9-24 그림 9-33에서 트랜지스터의 전류이득이 150이다. 1N958의 제너전압이 7.5 V이면 출력전압과 제너전류는 얼마인가?

9-25 그림 9-33의 입력전압이 25 V로 바뀌면, 출력전압과 제너전류는 얼마인가?

9-26 그림 9-34의 퍼텐셔미터가 0～1 kΩ까지 변할 수 있다. 와이퍼가 중앙에 위치할 때, 출력전압은 얼마인가?

9-27 그림 9-34에서 와이퍼가 위쪽 끝에 위치할 때와 아래쪽 끝에 위치하는 경우, 출력전압은 얼마인가?

9-8 CB 증폭기

9-28 그림 9-35에서 *Q*점의 이미터전류는 얼마인가?

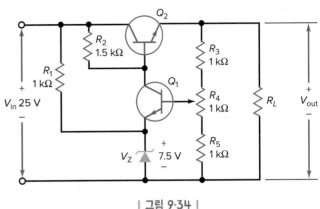

| 그림 9-34 |

9-29 그림 9-35의 대략적인 전압이득은 얼마인가?

9-30 그림 9-35에서 이미터에서 바라본 입력임피던스와 증폭기의 입력임피던스는 얼마인가?

9-31 그림 9-35에서 신호발생기로부터의 입력이 2 mV인 경우, v_{out}은 얼마인가?

9-32 그림 9-35에서 전원전압 V_{CC}가 15 V로 증가되었다면, v_{out}은 얼마인가?

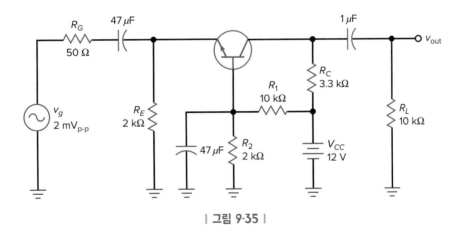

| 그림 9-35 |

응용문제 __ *Critical Thinking*

9-33 그림 9-33에서 전류이득이 100이고 제너전압이 7.5 V이면, 트랜지스터의 소비전력은 얼마인가?

9-34 그림 9-36*a*에서 트랜지스터의 β_{dc}가 150이다. 직류 동작량 V_B, V_E, V_C, I_E, I_C, I_B를 계산하라.

9-35 5 mV의 피크-피크 입력신호가 그림 9-36*a* 회로를 구동하는 경우, 두 교류 출력전압은 얼마인가? 이 회로의 용도는 무엇인가?

9-36 그림 9-36*b*는 제어전압이 0 V 또는 +5 V인 회로이다. 오디오 입력전압이 10 mV인 경우, 제어전압이 0 V일 때와 +5 V일 때 오디오 출력전압은 각각 얼마인가? 그리고 이 회로가 무엇을 할 것으로 보는가?

9-37 그림 9-33에서 제너 다이오드가 개방되는 경우, 출력전압이 얼마로 되겠는가? (단 β_{dc} = 200)

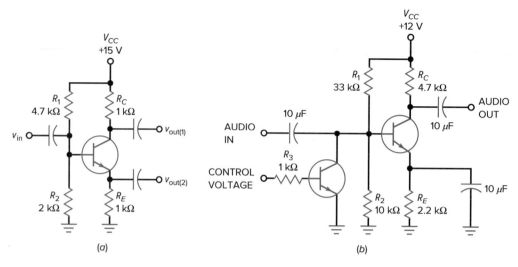

| 그림 9·36 |

9-38 그림 9-33에서 33 Ω 부하가 단락되는 경우, 트랜지스터의 소비전력은 얼마인가? (단 $\beta_{dc} = 100$)

9-39 그림 9-34에서 와이퍼가 중앙에 있고 부하저항이 100 Ω일 때, Q_2의 소비전력은 얼마인가?

9-40 그림 9-31을 이용하여 두 트랜지스터의 β가 100인 경우, 대략적인 증폭기의 출력임피던스는 얼마인가?

9-41 그림 9-30에서 신호발생기로부터 입력전압이 100 mV$_{p-p}$이고 이미터 바이패스 커패시터가 개방된 경우, 부하양단의 출력전압은 얼마로 되는가?

9-42 그림 9-35에서 베이스 바이패스 커패시터가 단락되는 경우, 출력전압은 얼마로 되는가?

고장점검 __ *Troubleshooting*

다음 문제들에 대해 그림 9-37을 이용하라. "Ac Millivolts"라고 쓰여진 표는 mV로 측정된 교류전압이다. 이 연습문제에서 모든 저항은 정상적으로 동작한다. 고장은 커패시터, 결선(connecting wire) 및 트랜지스터가 개방되는 경우로 제한한다.

9-43 $T1 \sim T3$의 고장을 진단하라.

9-44 $T4 \sim T7$의 고장을 진단하라.

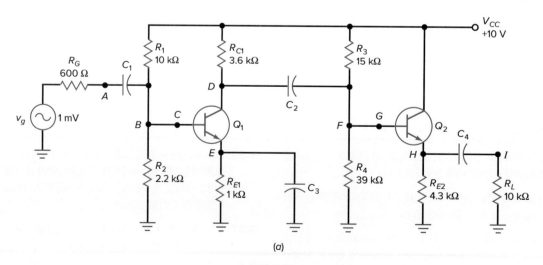

| 그림 9·37 |

Ac Millivolts

Trouble	V_A	V_B	V_C	V_D	V_E	V_F	V_G	V_H	V_I
OK	0.6	0.6	0.6	70	0	70	70	70	70
T1	0.6	0.6	0.6	70	0	70	70	70	0
T2	0.6	0.6	0.6	70	0	70	0	0	0
T3	1	0	0	0	0	0	0	0	0
T4	0.75	0.75	0.75	2	0.75	2	2	2	2
T5	0.75	0.75	0	0	0	0	0	0	0
T6	0.6	0.6	0.6	95	0	0	0	0	0
T7	0.6	0.6	0.6	70	0	70	70	0	0

(b)

| 그림 9-37 | (계속)

MultiSim 고장점검 문제 __ *MultiSim Troubleshooting Problems*

멀티심 고장점검 파일들은 http://mhhe.com/malvino9e의 온라인학습센터(OLC)에 있는 멀티심 고장점검 회로(MTC)라는 폴더에서 찾을 수 있다. 이 장에 관련된 파일은 MTC09-45~MTC09-49로 명칭되어 있고 모두 그림 9-37의 회로를 바탕으로 한다.

각 파일을 열고 고장점검을 실시한다. 결함이 있는지 결정하기 위해 측정을 실시하고, 결함이 있다면 무엇인지를 찾아라.

9-45 MTC09-45 파일을 열어 고장점검을 실시하라.

9-46 MTC09-46 파일을 열어 고장점검을 실시하라.

9-47 MTC09-47 파일을 열어 고장점검을 실시하라.

9-48 MTC09-48 파일을 열어 고장점검을 실시하라.

9-49 MTC09-49 파일을 열어 고장점검을 실시하라.

직무 면접 문제 __ *Job Interview Questions*

1. 이미터 폴로어의 도식도(schematic diagram)를 그려라. 이 회로가 전력 증폭기와 전압 조정기에 폭넓게 이용되는 이유를 말하라.

2. 이미터 폴로어의 출력임피던스에 대하여 아는 바를 모두 말하라.

3. 달링턴쌍을 그리고, 전체적인 전류이득이 각 전류이득의 곱이 되는 이유를 설명하라.

4. 제너 폴로어를 그리고, 이 회로가 입력전압의 변화에 대하여 출력전압을 조절하는 이유를 설명하라.

5. 이미터 폴로어의 전압이득은 얼마인가? 이 경우, 이러한 회로가 어떤 응용에 유익한가?

6. 달링턴쌍이 단일 트랜지스터보다 더 큰 전력이득을 갖는 이유를 설명하라.

7. 음향회로에서 "폴로어" 회로가 매우 중요한 이유는?

8. CC 증폭기에 대한 대략적인 전압이득은 얼마인가?

9. 공통컬렉터 증폭기에 대한 또 다른 이름은 무엇인가?

10. 교류신호 위상(입력에 대한 출력)과 공통컬렉터 증폭기 사이의 관계는 어떠한가?

11. CC 증폭기의 전압이득(출력전압을 입력전압으로 나눈 값)이 1로 측정되었다면, 어떤 문제가 있는가?

12. 달링턴 증폭기가 대부분의 고음질(higher-quality) 오디오 증폭기에서 전력이득을 증가시키기 때문에 최종 전력증폭기(final power amplifier: FPA)에 이용된다. 달링턴 증폭기가 어떻게 전력이득을 증가시키는가?

복습문제 해답 __ *Self–Test Answers*

1.	a	7.	c	13.	c	19.	c	25.	d	31.	c
2.	b	8.	d	14.	a	20.	a	26.	a	32.	b
3.	c	9.	c	15.	c	21.	c	27.	d	33.	d
4.	b	10.	a	16.	d	22.	c	28.	a	34.	b
5.	c	11.	a	17.	a	23.	a	29.	c	35.	d
6.	b	12.	d	18.	c	24.	a	30.	d	36.	b

연습문제 해답 __ *Practice Problem Answers*

9-1 $v_{out} = 2.24$ V

9-3 $r_f = 4.9$ kΩ

9-5 $Z_{in(base)} = 303$ kΩ;
$Z_{in(stage)} = 4.92$ kΩ

9-6 $v_{in} \approx 0.893$ V

9-7 $v_{in} = 0.979$ V;
$v_{out} = 0.974$ V

9-8 $Z_{out} = 3.33$ Ω

9-9 $Z_{out} = 2.86$ Ω

9-10 $A_V = 222$

9-11 $A_V = 6.28$

9-12 $\beta = 5625$ mV;
$I_{B1} = 14.3$ μA;
$Z_{in(base)} = 112.5$ kΩ

9-13 $V_{out} = 7.5$ V;
$I_z = 5$ mA

9-14 $V_{out} = 18.9$ V

9-15 $v_{out} = 76.9$ mV$_{p-p}$

10

전력 증폭기
Power Amplifiers

대부분의 전자시스템에 있어서 입력신호는 작다. 그러나 여러 단 전압증폭을 한 신호는 크게 되며 부하선 전체를 사용하게 된다. 시스템의 종단에서 부하임피던스가 매우 작기 때문에 컬렉터전류는 아주 크다. 예를 들어 스테레오 증폭기의 스피커 임피던스는 8 Ω 정도이다.

소신호 트랜지스터의 정격전력은 1 W 이하이고, 반면에 전력 트랜지스터의 정격전력은 1 W 이상이다. 소신호 트랜지스터는 전형적으로 신호전력이 낮은 시스템의 앞단에, 전력 트랜지스터는 신호전력과 전류가 크기 때문에 시스템의 종단 부근에 사용된다.

학습목표

이 장을 공부하고 나면

- CE와 CC 전력 증폭기에 대한 직류 부하선, 교류 부하선 및 Q점의 결정방법을 제시할 수 있어야 한다.
- CE와 CC 전력 증폭기에서 가능한 잘라지지 않은 최대 피크-피크(MPP) 교류전압을 계산할 수 있어야 한다.
- 동작 등급, 결합 방식 및 주파수 범위를 포함한 증폭기의 특성을 설명할 수 있어야 한다.
- AB급 푸시풀 증폭기의 회로도를 그리고 그 동작을 설명할 수 있어야 한다.
- 트랜지스터 전력 증폭기의 효율을 결정할 수 있어야 한다.
- 트랜지스터의 정격전력을 제한하는 요소들과 정격전력을 개선시키기 위한 방법을 검토할 수 있어야 한다.

목차

주요 용어

AB급 동작(class-AB operation)
A급 동작(class-A operation)
B급 동작(class-B operation)
C급 동작(class-C operation)
RF 동조 증폭기(tuned RF amplifier)
고조파(harmonics)
광대역 증폭기(wide-band amplifier)
교류 부하선(ac load line)
교류 출력 컴플라이언스(ac output compliance)
교차 일그러짐(crossover distortion)

대신호 동작(large-signal operation)
대역폭(bandwidth: BW)
듀티사이클(duty cycle)
드라이버(driver)
모의 부하(dummy load)
무선주파 증폭기(radio frequency amplifier)
변압기결합(transformer coupling)
보상 다이오드(compensating diode)
열폭주(thermal runaway)
오디오 증폭기(audio amplifier)

용량결합(capacitive coupling)
전력 증폭기(power amplifier)
전력이득(power gain)
전류 흐름(current drain)
전치증폭기(preamplifier)
직접결합(direct coupling)
푸시-풀(push-pull)
협대역 증폭기(narrow-band amplifier)
효율(efficiency)

405

10-1 증폭기 용어

증폭기를 설명하는 방법에는 여러 가지가 있다. 예를 들어 동작 등급이나 증폭단 간 결합, 주파수 범위로 증폭기를 설명할 수 있다.

동작 등급

증폭기의 **A급 동작**(class-A operation)은 트랜지스터가 항상 활성영역(active region)에서 동작한다는 것을 뜻한다. 이는 컬렉터전류가 그림 10-1a와 같이 360°의 교류 한 주기 동안 흐른다는 것을 의미한다. A급 증폭기의 경우는 Q점을 부하선의 거의 중앙에 위치하도록 한다. 이같이 하면 신호는 트랜지스터를 포화시키거나 차단시키지 않고 신호의 일그러짐 없이 가능한 최대 범위에 걸쳐 스윙할 수 있다.

　B급 동작(class-B operation)은 다르다. 이는 컬렉터전류가 그림 10-1b와 같이 교류 반주기(180°) 동안만 흐른다는 것을 의미한다. 이와 같이 동작하게 하려면 Q점을 차단점에 위치하게 한다. 그러면 교류 베이스전압의 (+) 반주기만이 컬렉터전류를 흐르게 할 수 있다. 이것은 전력 트랜지스터에서 소비되는 열을 줄여 준다.

　C급 동작(class-C operation)은 컬렉터전류가 그림 10-1c와 같이 교류 한 주기의 180° 미만 동안 흐른다는 것을 의미한다. C급 동작의 경우, 교류 베이스전압의 (+) 반주기의 일부만이 컬렉터전류를 흐르게 한다. 결과적으로 그림 10-1c와 같은 짧은 펄스의 컬렉터전류를 얻게 된다.

결합 방식

그림 10-2a는 **용량결합**(capacitive coupling)을 나타낸다. 결합 커패시터는 증폭된 교류전압을 다음 단으로 전송한다. 그림 10-2b는 **변압기결합**(transformer coupling)을 나타낸다. 여기서 교류전압은 변압기를 통해서 다음 단으로 결합된다. 용량결합과 변압기결합은 모두 직류전압을 차단하고 교류전압을 결합하는 예이다.

　직접결합(direct coupling)은 다르다. 그림 10-2c에서 첫 번째 트랜지스터의 컬렉터와 두 번째 트랜지스터의 베이스 사이는 직접 연결되어 있다. 이 때문에 직류전압과 교류전압이 모두 결합된다. 낮은 주파수의 한계가 없기 때문에 직접결합 증폭기를 때로는 **직류증폭기**(*dc amplifier*)라 부른다.

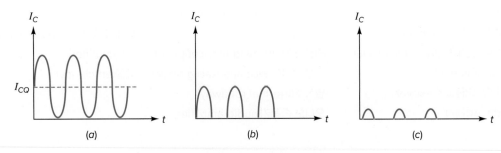

| 그림 10-1 | 컬렉터전류 (a) A급; (b) B급; (c) C급

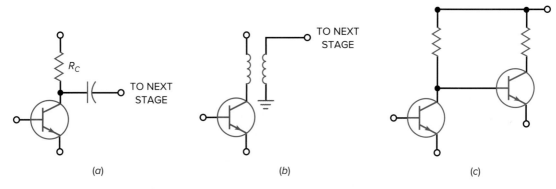

| 그림 10·2 | 결합 방식 (a) 용량결합; (b) 변압기결합; (c) 직접결합

주파수 범위

증폭기를 설명하기 위한 또 다른 방법은 증폭기의 주파수 범위로 나타내는 것이다. 예를 들어 **오디오 증폭기**(audio amplifier)는 20 Hz에서 20 kHz의 범위에서 동작하는 증폭기를 말한다. 한편 **무선주파 증폭기**(radio frequency amplifier)는 20 kHz 이상의 주파수를 증폭하는 증폭기인데, 보통 20 kHz보다 훨씬 높은 주파수를 증폭한다. 예를 들어 AM 라디오에서 RF 증폭기는 535~1,605 kHz의 주파수를 증폭하며, FM 라디오에서 RF 증폭기는 88~108 MHz의 주파수를 증폭한다.

또한 증폭기는 협대역과 광대역으로 분류한다. **협대역 증폭기**(narrow-band amplifier)는 450 kHz에서 460 kHz 사이와 같은 좁은 주파수 범위에서 동작한다. **광대역 증폭기**(wide-band amplifier)는 0~1 MHz의 넓은 주파수 범위에서 동작한다.

협대역 증폭기는 일반적으로 **RF 동조 증폭기**(tuned RF amplifier)인데, 이는 이들의 교류부하가 라디오방송국이나 TV채널에 동조된 Q값이 큰 동조회로임을 의미한다. 광대역 증폭기는 일반적으로 비동조 증폭기이다. 즉, 이 증폭기의 교류부하는 저항성이다.

그림 10-3a는 RF 동조 증폭기의 예이다. LC 탱크(tank)는 임의의 주파수에서 공진

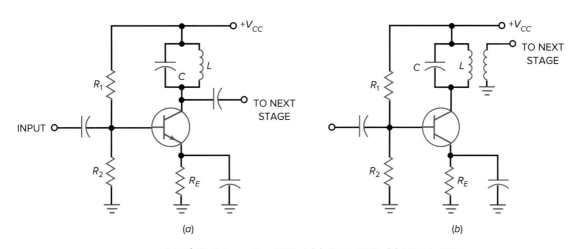

| 그림 10·3 | RF 동조 증폭기 (a) 용량결합형; (b) 변압기결합형

한다. 만일 탱크회로의 *Q*가 높으면 대역폭은 좁다. 출력은 다음 단으로 용량결합 된다.

그림 10-3*b*는 RF 동조 증폭기의 또 다른 예이다. 이번에는 협대역의 출력신호가 다음 단으로 변압기결합 된다.

신호 레벨

소신호 동작(*small-signal operation*)은 이미 설명된 바와 같이 컬렉터전류의 피크-피크 스윙이 정지 컬렉터전류의 10% 미만이다. **대신호 동작**(large-signal operation)에서 피크-피크 신호는 부하선의 전부 또는 거의 대부분을 이용한다. 스테레오(stereo) 시스템에서 수신기 튜너 또는 컴팩트 디스크 플레이어로부터 나오는 소신호는 **전치증폭기**(preamplifier)의 입력으로 사용된다. 전치증폭기는 입력원으로부터 신호를 얻기 위한 적당한 입력임피던스를 가지고 일정 레벨로 증폭한 후, 다음 단으로 출력을 전달하는 저잡음 증폭기이다. 전치증폭기 다음으로 단일 혹은 다단 증폭단이 있어 소리톤이나 볼륨을 조정하는 데 적합하도록 큰 출력을 만든다. 그다음 이 신호는 수백 mW에서 수백 W까지의 출력전력을 발생시키는 **전력 증폭기**(power amplifier)의 입력으로 사용된다.

이 장의 나머지 부분은 전력 증폭기와 이에 관련된 교류 부하선, 전력이득, 효율 등과 같은 내용들을 검토할 것이다.

10-2 두 가지 부하선

증폭기마다 직류 등가회로와 교류 등가회로를 갖고 있다. 이 때문에 증폭기는 직류 부하선과 교류 부하선의 두 가지 부하선을 갖는다. 소신호 동작의 경우 *Q*점의 위치는 크게 중요하지 않으나, 대신호 증폭기의 경우 *Q*점은 가능한 최대 스윙출력을 얻기 위하여 교류 부하선(ac load line)의 중앙에 위치하여야 한다.

직류 부하선

그림 10-4*a*는 전압분배 바이어스(VDB) 증폭기이다. *Q*점을 이동시키기 위한 한 가지 방법은 R_2값을 변화시키는 것이다. R_2값이 매우 큰 경우 트랜지스터는 포화되며, 포화전류는

$$I_{C(sat)} = \frac{V_{CC}}{R_C + R_E} \tag{10-1}$$

로 주어진다. 매우 작은 R_2값은 트랜지스터를 차단시키며 차단전압은

$$V_{CE(cutoff)} = V_{CC} \tag{10-2}$$

로 주어진다. 그림 10-4*b*는 *Q*점을 갖고 있는 직류 부하선을 나타낸다.

교류 부하선

그림 10-4*c*는 VDB 증폭기에 대한 교류 등가회로이다. 이미터가 교류 접지되므로 R_E는 교류 동작에 영향을 미치지 않는다. 더욱이 교류 컬렉터저항이 직류 컬렉터저항보다 작으므로 교류신호가 인가될 때 순간 동작점은 그림 10-4*d*의 **교류 부하선**(ac load

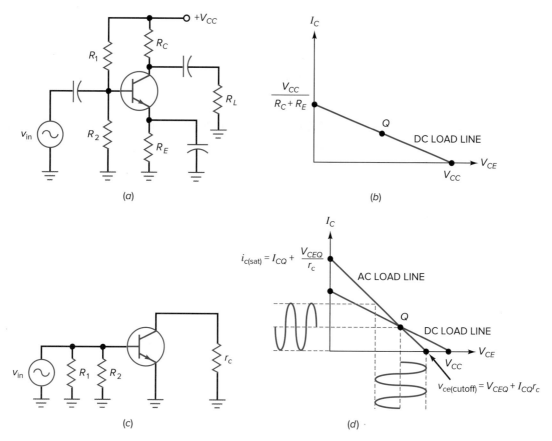

| 그림 10·4 | (a) VDB 증폭기; (b) 직류 부하선; (c) 교류 등가회로; (d) 교류 부하선

line)을 따라 이동한다. 다시 말해서 주기적인 피크-피크 전류와 전압은 교류 부하선에 의해 결정된다.

그림 10-4d에서 보는 바와 같이 교류 부하선상의 포화점과 차단점은 직류 부하선상의 그것들과 다르다. 교류 컬렉터저항과 교류 이미터저항은 각각의 직류저항보다 작으므로 교류 부하선이 훨씬 가파르다. 교류 부하선과 직류 부하선이 Q점에서 교차한다는 점에 주목하는 것이 중요하다. 이는 교류 입력전압이 0을 교차할 때 생긴다.

교류 부하선의 끝점들(포화점과 차단점)을 결정하는 방법은 다음과 같다. 컬렉터 루프 전압 방정식은

$$v_{ce} + i_c r_c = 0$$

또는

$$i_c = -\frac{v_{ce}}{r_c} \tag{10-3}$$

이다. 교류 컬렉터전류는

$$i_c = \Delta I_C = I_C - I_{CQ}$$

교류 컬렉터전압은 다음과 같다.

$$v_{ce} = \Delta V_{CE} = V_{CE} - V_{CEQ}$$

이 식들을 식 (10-3)에 대입하여 정리하면 다음과 같다.

$$I_C = I_{CQ} + \frac{V_{CEQ}}{r_c} - \frac{V_{CE}}{r_c} \tag{10-4}$$

이 식은 교류 부하선의 식이다. 트랜지스터가 포화될 때 V_{CE}가 0이므로, 포화전류를 이용하면 식 (10-4)는 다음과 같다.

$$i_{c(\text{sat})} = I_{CQ} + \frac{V_{CEQ}}{r_c} \tag{10-5}$$

여기서 $i_{c(\text{sat})}$ = 교류 포화전류
$\qquad\quad I_{CQ}$ = 직류 컬렉터전류
$\qquad\quad V_{CEQ}$ = 직류 컬렉터-이미터 전압
$\qquad\quad r_c$ = 교류 컬렉터저항

이다. 트랜지스터가 차단될 때 I_C가 0이다. 따라서

$$v_{ce(\text{cutoff})} = V_{CEQ} + \Delta V_{CE}$$

이고

$$\Delta V_{CE} = (\Delta I_C)(r_c)$$

이다. 이를 다시 정리하면

$$\Delta V_{CE} = (I_{CQ} - 0A)(r_c)$$

차단전압은 식 (10-4)를 이용하면 다음과 같다.

$$v_{ce(\text{cutoff})} = V_{CEQ} + I_{CQ}r_c \tag{10-6}$$

교류 부하선의 기울기가 직류 부하선의 기울기보다 더 가파르기 때문에 최대 피크-피크(MPP) 출력은 항상 전원전압보다 적다. 수식으로 나타내면

$$\mathbf{MPP} < V_{CC} \tag{10-7}$$

와 같다. 예를 들어 전원전압이 10 V이면 최대 피크-피크 정현파 출력은 10 V 미만이다.

대신호의 클리핑

Q점이 직류 부하선의 중앙에 위치할 때(그림 10-4d), 교류신호는 클리핑(clipping) 없이 교류 부하선 전체를 이용할 수 없다. 예를 들어 교류신호가 증가한다면 그림 10-5a에서 보는 바와 같이 차단 클리핑이 발생할 것이다.

만일 Q점이 그림 10-5b와 같이 더 위쪽으로 이동하면, 대신호는 트랜지스터를 포화상태로 구동시킬 것이다. 이 경우 포화 클리핑이 발생한다. 차단 클리핑과 포화 클리핑은 신호를 일그러뜨리기 때문에 바람직하지 않다. 이와 같이 일그러진 신호가 스피커를

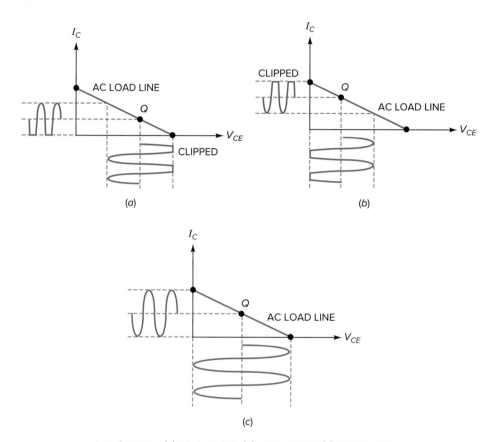

| 그림 10·5 | (a) 차단 클리핑; (b) 포화 클리핑; (c) 최적의 Q점

구동시킨다면 최악의 소리가 들릴 것이다.

잘 설계된 대신호 증폭기는 교류 부하선의 중앙에 Q점이 놓인다(그림 10-5c). 이 경우 클리핑이 발생되지 않는 최대 피크-피크 출력을 얻게 된다. 이러한 클리핑되지 않은 최대 피크-피크 교류전압을 **교류 출력 컴플라이언스**(ac output compliance)라고 한다.

최대 출력

Q점이 교류 부하선의 중앙보다 아래쪽에 위치할 때, 최대 피크(MP) 출력은 그림 10-6a에서 보는 바와 같이 $I_{CQ}r_c$이다. 한편 Q점이 교류 부하선의 중앙보다 위쪽에 위치하면 최대 피크출력은 그림 10-6b에서 보는 바와 같이 V_{CEQ}이다.

그러므로 임의의 Q점에 대한 최대 피크출력은

$$\text{MP} = I_{CQ}r_c \text{ 혹은 } V_{CEQ} \text{ 둘 중 더 작은 값} \tag{10-8}$$

최대 피크-피크 출력은 이 값의 2배이다. 즉,

$$\text{MPP} = 2\text{MP} \tag{10-9}$$

식 (10-8)과 (10-9)는 고장점검 시 가능한 한 최대의 클리핑되지 않은 출력을 결정하는 데 유익하다.

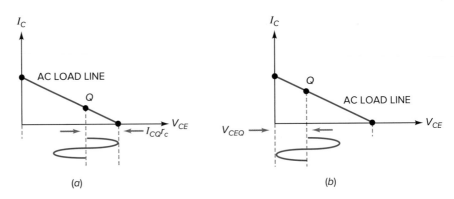

| 그림 10·6 | 교류 부하선의 중앙을 벗어난 Q점

Q점이 교류 부하선의 중앙에 위치할 때

$$I_{CQ}r_c = V_{CEQ} \tag{10-10}$$

가 된다. 설계 시 바이어스저항들의 오차를 고려하여 이 조건에 가급적 근접하게 만족하도록 해야 할 것이다. 최적의 Q점을 구하기 위해 회로의 이미터저항을 조정하면 된다. 최적의 이미터저항을 구할 수 있는 공식은 다음과 같다.

$$R_E = \frac{R_C + r_c}{V_{CC}/V_E - 1} \tag{10-11}$$

예제 10-1   **||| MultiSim**

그림 10-7에서 I_{CQ}, V_{CEQ} 및 r_c는 얼마인가?

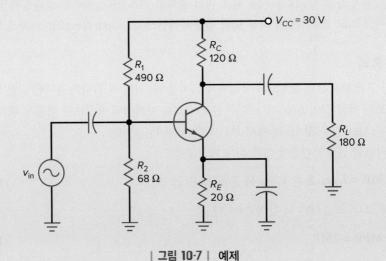

| 그림 10·7 | 예제

풀이 $V_B = \dfrac{68\ \Omega}{68\ \Omega + 490\ \Omega}\,(30\text{ V}) = 3.7\text{ V}$

$V_E = V_B - 0.7\text{ V} = 3.7\text{ V} - 0.7\text{ V} = 3\text{ V}$

$I_E = \dfrac{V_E}{R_E} = \dfrac{3\text{ V}}{20\ \Omega} = 150\text{ mA}$

$I_{CQ} \cong I_E = 150\text{ mA}$

$V_{CEQ} = V_C - V_E = 12\text{ V} - 3\text{ V} = 9\text{ V}$

$r_c = R_C \parallel R_L = 120\ \Omega \parallel 180\ \Omega = 72\ \Omega$

연습문제 10-1 그림 10-7에서 R_E를 20 Ω에서 30 Ω으로 바꾸어 I_{CQ}와 V_{CEQ}를 구하라.

예제 10-2

그림 10-7에서 교류 부하선의 포화점과 차단점을 구하라. 그리고 최대 피크-피크 출력 전압(MPP)을 구하라.

풀이 예제 10-1로부터 트랜지스터의 Q점은 다음과 같다.

$I_{CQ} = 150\text{ mA}$ 그리고 $V_{CEQ} = 9\text{ V}$

교류 포화점과 차단점을 구하기 위하여, 우선 교류 컬렉터저항 r_c를 결정하면

$r_c = R_C \parallel R_L = 120\ \Omega \parallel 180\ \Omega = 72\ \Omega$

이 되고, 다음에는 교류 부하선의 끝점들을 구한다.

$i_{c(\text{sat})} = I_{CQ} + \dfrac{V_{CEQ}}{r_c} = 150\text{ mA} + \dfrac{9\text{ V}}{72\ \Omega} = 275\text{ mA}$

$v_{ce(\text{cutoff})} = V_{CEQ} + I_{CQ}r_c = 9\text{ V} + (150\text{ mA})(72\ \Omega) = 19.8\text{ V}$

이제 MPP값을 구하자. 30 V의 전원전압인 경우

MPP 30 V

MP는

$I_{CQ}r_c = (150\text{ mA})(72\ \Omega) = 10.8\text{ V}$

또는

$V_{CEQ} = 9\text{ V}$

중에서 작은 값이다. 그러므로

MPP $= 2\,(9\text{ V}) = 18\text{ V}$

연습문제 10-2 예제 10-2를 이용하여 R_E를 30 Ω으로 바꾸어 $i_{c(\text{sat})}$, $v_{ce(\text{cutoff})}$ 및 MPP 를 구하라.

10-3 A급 동작

그림 10-8a의 VDB 증폭기는 출력신호가 클리핑되지 않는 한 A급 증폭기로 동작한다. 이런 증폭기의 경우 컬렉터전류는 한 주기 동안 흐른다. 다시 말해서 출력신호의 클리핑은 한 주기 동안 어느 때에도 발생하지 않는다. 이제 A급 증폭기의 해석에 유용한 몇 가지 식을 검토한다.

전력이득

전압이득 외에 어떤 증폭기는 다음과 같이 정의되는 **전력이득**(power gain)을 갖는다.

$$A_p = \frac{p_{out}}{p_{in}} \tag{10-12}$$

즉, 전력이득은 교류 출력전력을 교류 입력전력으로 나눈 것과 같다.

예를 들어 그림 10-8a와 같은 증폭기의 출력전력이 10 mW이고, 입력전력이 10 μW라면 전력이득은 다음과 같다.

$$A_p = \frac{10\ mW}{10\ \mu W} = 1000$$

출력전력

만일 그림 10-8a의 출력전압을 실효치로 측정한다면, 출력전력은 다음으로 주어진다.

$$p_{out} = \frac{v_{rms}^2}{R_L} \tag{10-13}$$

보통 오실로스코프로 피크-피크 전압의 출력전압을 측정하므로, 이 경우 출력전력에 사용하는 좀 더 편리한 식은

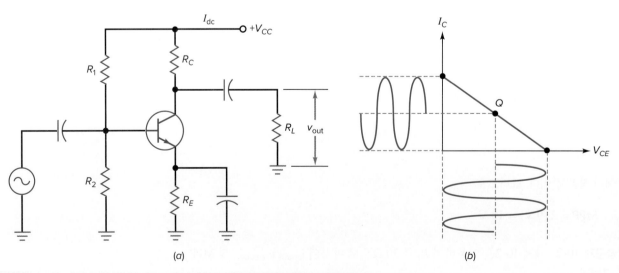

(a)   *(b)*

| 그림 **10-8** | A급 증폭기

$$p_{\text{out}} = \frac{v_{\text{out}}^2}{8R_L} \tag{10-14}$$

이다. 분모의 계수 8은 $v_{\text{p-p}} = 2\sqrt{2}\, v_{\text{rms}}$ 이기 때문에 생긴 것으로, $2\sqrt{2}$ 의 제곱은 8이 된다.

최대 출력전력은 그림 10-8b와 같이 증폭기가 최대 피크-피크 출력전압을 발생하고 있을 때 생긴다. 이 경우는 최대 피크-피크 출력전압과 같으며, 출력전력은 다음과 같다.

$$p_{\text{out(max)}} = \frac{\text{MPP}^2}{8R_L} \tag{10-15}$$

트랜지스터 소비전력

그림 10-8a의 증폭기가 무신호로 구동될 때, 정지 소비전력(power dissipation)은

$$P_{DQ} = V_{CEQ}I_{CQ} \tag{10-16}$$

로, 이는 타당하며, 정지 소비전력이 직류전압과 직류전류의 곱과 같다는 뜻이다.

신호가 인가되면 트랜지스터가 정지전력의 일부를 신호전력으로 변환시키기 때문에 트랜지스터의 소비전력이 감소한다. 이러한 이유로 정지 소비전력이 최악의 경우에 해당하기 때문에, A급 증폭기에서 트랜지스터의 정격전력(power rating)은 P_{DQ}보다 커야 한다. 그렇지 않으면 트랜지스터는 파괴될 것이다.

전류 흐름

그림 10-8a에서 보는 바와 같이 직류전압원은 증폭기로 직류전류 I_{dc}를 공급해 주어야 한다. 이 직류전류는 두 가지 성분으로 전압분배기로 흐르는 바이어스 전류와 트랜지스터로 흐르는 컬렉터전류이다. 이 직류전류를 증폭기의 **전류 흐름**(current drain)이라 한다. 다단 증폭기의 경우 전체 전류 흐름을 구하려면 각 단의 전류 흐름을 더해 주어야 한다.

효율

직류전원에 의해 증폭기로 공급되는 직류전력은

$$P_{\text{dc}} = V_{CC}I_{\text{dc}} \tag{10-17}$$

이다. 전력 증폭기의 성능을 비교하기 위해 다음으로 정의되는 **효율**(efficiency)을 이용할 수 있다. 즉,

$$\eta = \frac{p_{\text{out}}}{P_{\text{dc}}} \times 100\% \tag{10-18}$$

이 식은 효율이 교류 출력전력을 직류 입력전력으로 나눈 것과 같다는 뜻이다.

임의의 증폭기의 효율은 0에서 100 사이의 값을 갖는다. 효율은 증폭기가 직류 입력전력을 교류 출력전력으로 얼마나 잘 변환시키는가를 나타낸다. 직류전력을 교류전력으로 변환시키는 작용이 우수한 증폭기일수록 효율이 더 높다. 높은 효율은 전지를 더 오랫동안 사용할 수 있다는 것을 의미하므로, 전지로 동작되는 장치에서는 효율이 중요하다.

참고사항

효율은 직류 입력전력을 유용한 교류 출력전력으로 변환시키는 증폭기의 능력으로도 정의할 수 있다.

부하저항을 제외한 모든 저항이 전력을 소비하기 때문에 A급 증폭기에서 효율은 100% 미만이다. 실제로 직류 컬렉터저항과 분리된 부하저항을 갖는 A급 증폭기의 최대효율은 25%이다.

어떤 응용에서는 낮은 효율의 A급 동작이 허용된다. 예를 들어 시스템의 앞단 부근에 있는 소신호 증폭단은 직류 입력전력이 적기 때문에 낮은 효율로도 항상 잘 동작한다. 실제로 시스템의 최종단에 수백 mW의 전력만을 전달해도 된다면, 전원에 의한 전류 흐름은 충분히 낮아도 된다. 그러나 최종단에 몇 W 정도의 전력을 전달할 필요가 있을 때, A급 동작의 경우 전류 흐름은 항상 지나치게 크게 된다.

예제 10-3

만일 피크-피크 출력전압이 18 V이고 베이스의 입력임피던스가 100 Ω이라면, 그림 10-9*a*의 전력이득은 얼마인가?

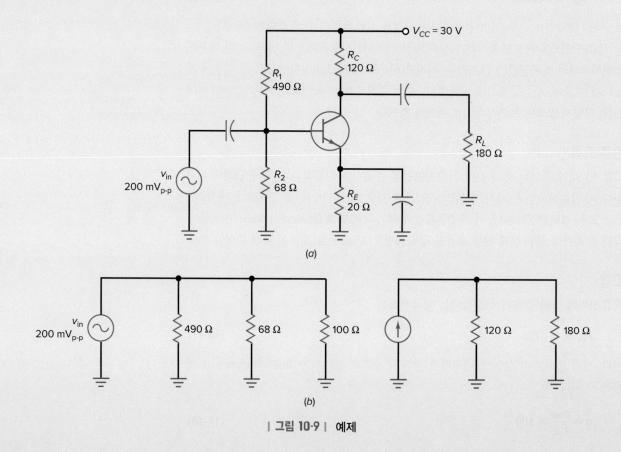

| 그림 10·9 | 예제

풀이   그림 10-9*b*와 같은 교류 등가회로에서 증폭기의 입력임피던스는

$$Z_{\text{in(stage)}} = 490 \ \Omega \parallel 68 \ \Omega \parallel 100 \ \Omega = 37.4 \ \Omega$$

이다. 교류 입력전력은

$$P_{\text{in}} = \frac{(200 \text{ mV})^2}{8 \,(37.4 \text{ }\Omega)} = 133.7 \text{ }\mu\text{W}$$

이며, 교류 출력전력은

$$P_{\text{out}} = \frac{(18 \text{ V})^2}{8 \,(180 \text{ }\Omega)} = 225 \text{ mW}$$

이다. 따라서 전력이득은 다음과 같다.

$$A_p = \frac{225 \text{ mW}}{133.7 \text{ }\mu\text{W}} = 1683$$

연습문제 10-3 그림 10-9*a*에서 R_L이 100 Ω이고 피크-피크 출력전압이 12 V이면, 전력이득이 얼마인가?

예제 10-4 ||| MultiSim

그림 10-9*a*의 트랜지스터 소비전력과 효율은 얼마인가?

풀이 직류 이미터전류는

$$I_E = \frac{3 \text{ V}}{20 \text{ }\Omega} = 150 \text{ mA}$$

이고, 직류 컬렉터전압은

$$V_C = 30 \text{ V} - (150 \text{ mA})(120 \text{ }\Omega) = 12 \text{ V}$$

이며, 직류 컬렉터-이미터 전압은

$$V_{CEQ} = 12 \text{ V} - 3 \text{ V} = 9 \text{ V}$$

이다. 따라서 트랜지스터 소비전력은 다음과 같다.

$$P_{DQ} = V_{CEQ}\, I_{CQ} = (9 \text{ V})(150 \text{ mA}) = 1.35 \text{ W}$$

증폭기 효율을 구하기 위하여 전압분배기에 흐르는 바이어스 전류는

$$I_{\text{bias}} = \frac{30 \text{ V}}{490 \text{ }\Omega + 68 \text{ }\Omega} = 53.8 \text{ mA}$$

이다. 따라서 전류 흐름은

$$I_{\text{dc}} = I_{\text{bias}} + I_{CQ} = 53.8 \text{ mA} + 150 \text{ mA} = 203.8 \text{ mA}$$

이다. 증폭기에 대한 직류 입력전력은

$$P_{\text{dc}} = V_{CC} I_{\text{dc}} = (30 \text{ V})(203.8 \text{ mA}) = 6.11 \text{ W}$$

이다. 교류 출력전력은(예제 10-3에서 구함) 225 mW이므로, 증폭기의 효율은 다음과 같다.

$$\eta = \frac{225 \text{ mW}}{6.11 \text{ W}} \times 100\% = 3.68\%$$

응용예제 10-5

그림 10-10의 동작을 설명하라.

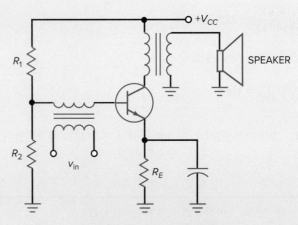

| 그림 10·10 | A급 전력 증폭기

풀이   이 회로는 스피커를 구동시키는 A급 전력 증폭기이다. 증폭기는 전압분배 바이어스를 사용하고 교류 입력신호는 베이스로 변압기결합 된다. 트랜지스터는 변압기 출력 측을 통해 스피커를 구동시키기 위하여 전압이득과 전력이득을 만들어 준다.

3.2 Ω의 임피던스를 갖는 작은 스피커의 동작에 필요한 전력으로는 100 mW 정도면 된다. 8 Ω의 임피던스를 갖는 좀 더 큰 스피커가 적절히 동작하려면 300~500 mW의 전력이 필요하다. 그러므로 만일 필요한 출력전력이 수백 mW라면 그림 10-10과 같은 A급 전력 증폭기이면 충분하다. 또한 부하저항이 교류 컬렉터저항이기 때문에 이 A급 증폭기의 효율은 앞에서 검토된 A급 증폭기의 효율보다 높다. 변압기의 임피던스 반향 능력을 이용하면 스피커 부하저항은 컬렉터에 $\left(\dfrac{N_P}{N_S}\right)^2$배 더 크게 나타난다. 만일 변압기의 권선비가 10 : 1이면 3.2 Ω 스피커는 컬렉터에 320 Ω으로 나타난다.

앞에서 검토된 A급 증폭기는 컬렉터저항 R_C와 부하저항 R_L이 분리되었다. 이 경우에 25%의 최대효율을 얻게 하려면 $R_L = R_C$가 되도록 임피던스를 정합(matching)시켜 준다. 그림 10-10에 보인 바와 같이 부하저항이 교류 컬렉터저항으로 될 때, 부하저항은 2배의 출력전력을 공급받으며 최대효율은 50%로 증가한다.

연습문제 10-5   그림 10-10에서 변압기의 권선비가 5 : 1이면, 8 Ω 스피커는 컬렉터에 얼마의 저항으로 보이는가?

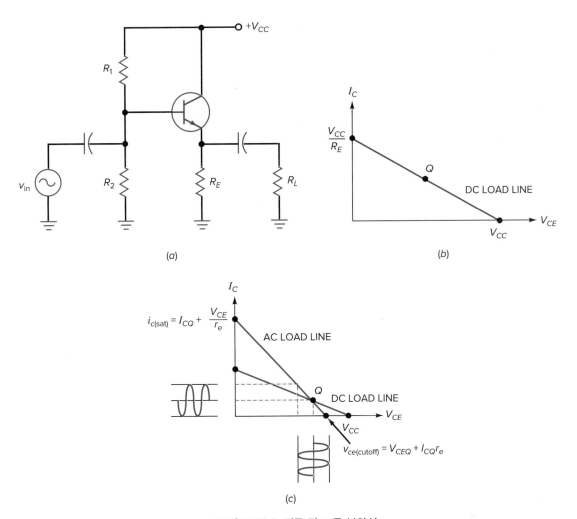

| 그림 10·11 | 직류 및 교류 부하선

이미터 폴로어 전력 증폭기

이미터 폴로어가 시스템의 종단에서 A급 증폭기로 이용될 때, 최대 피크-피크(MPP) 출력을 얻기 위해 보통 Q점을 교류 부하선의 중앙에 위치하게 한다.

그림 10-11a에서 R_2값이 크면 트랜지스터를 포화시켜 포화전류는

$$I_{C(\text{sat})} = \frac{V_{CC}}{R_E} \tag{10-19}$$

이 된다. R_2값이 작은 경우, 트랜지스터를 차단시켜 다음과 같은 차단전압을 발생시킨다.

$$V_{CE(\text{cutoff})} = V_{CC} \tag{10-20}$$

그림 10-11b는 직류 부하선과 Q점을 나타낸다.

그림 10-11a에서 교류 이미터저항은 직류 이미터저항보다 적다. 그러므로 교류신호가 가해질 때, 순간 동작점은 그림 10-11c의 교류 부하선을 따라 이동한다. 피크-피크의

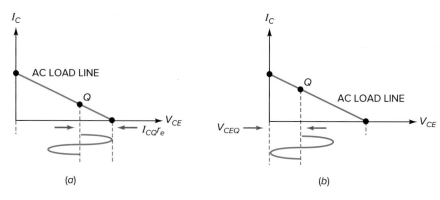

| 그림 10·12 | 최대 피크 진폭

주기적인 전류와 전압은 교류 부하선에 의해 결정된다.

그림 10-11c에 보인 바와 같이 교류 부하선의 두 끝점은 다음 식으로 구한다.

$$i_{c(\text{sat})} = I_{CQ} + \frac{V_{CE}}{r_e} \tag{10-21}$$

그리고

$$V_{CE(\text{cutoff})} = V_{CE} + I_{CQ}\, r_e \tag{10-22}$$

교류 부하선은 직류 부하선보다 기울기가 크기 때문에 최대 피크-피크 출력은 전원 전압보다 항상 작다. A급 CE 증폭기의 경우, MPP V_{CC}이다.

Q점이 교류 부하선 중앙보다 아래쪽에 있을 경우, 최대 피크(MP) 출력은 그림 10-12a 와 같이 $I_{CQ}r_e$이다. 한편 Q점이 교류 부하선 중앙보다 위쪽에 있을 경우 최대 피크출력 은 그림 10-12b와 같이 V_{CEQ}이다.

보다시피 이미터 폴로어의 경우 MPP값을 결정하는 것은 본래 CE 증폭기의 경우와 같다. 차이라면 교류 컬렉터저항 r_c 대신 교류 이미터저항 r_e를 이용해야 한다는 점이다. 출력 전력 레벨을 증가시키기 위해 이미터 폴로어를 달링턴 구조로 연결할 수도 있다.

예제 10-6 |||MultiSim

그림 10-13에서 I_{CQ}와 V_{CEQ}, r_e의 값은 얼마인가?

풀이

$$I_{CQ} = \frac{8\,\text{V} - 0.7\,\text{V}}{16\,\Omega} = 456\,\text{mA}$$

$$V_{CEQ} = 12\,\text{V} - 7.3\,\text{V} = 4.7\,\text{V}$$

$$r_e = 16\,\Omega \parallel 16\,\Omega = 8\,\Omega$$

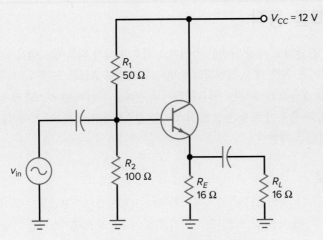

| 그림 10·13 | 이미터 폴로어 전력 증폭기

연습문제 10-6 그림 10-13에서 R_1을 100 Ω으로 바꾸어 I_{CQ}, V_{CEQ}, r_e를 구하라.

예제 10-7

그림 10-13에서 교류 포화점과 차단점을 구하라. 또 회로의 MPP 출력전압을 구하라.

풀이 예제 10-6으로부터 직류 Q점은

$$I_{CQ} = 456 \text{ mA 그리고 } V_{CEQ} = 4.7 \text{ V}$$

이다. 교류 부하선의 포화점과 차단점은 다음과 같이 구한다.

$$r_e = R_C \parallel R_L = 16 \text{ Ω} \parallel 16 \text{ Ω} = 8 \text{ Ω}$$

$$i_{c(\text{sat})} = I_{CQ} + \frac{V_{CE}}{r_e} = 456 \text{ mA} + \frac{4.7 \text{ V}}{8 \text{ Ω}} = 1.04 \text{ A}$$

$$v_{ce(\text{cutoff})} = V_{CEQ} + I_{CQ}r_e = 4.7 \text{ V} + (456 \text{ mA})(8 \text{ Ω}) = 8.35 \text{ V}$$

MPP는 다음 MP 중 작은 값의 2배이다.

$$MP = I_{CQ}r_e = (456 \text{ mA})(8 \text{ Ω}) = 3.65 \text{ V}$$

또는

$$MP = V_{CEQ} = 4.7 \text{ V}$$

따라서 MPP $= 2(3.65 \text{ V}) = 7.3 \text{ V}_{\text{p-p}}$

연습문제 10-7 그림 10-13에서 $R_1 = 100$ Ω인 경우, MPP값을 구하라.

10-4 B급 동작

A급은 가장 간단하고 가장 안정한 바이어스 회로가 되기 때문에 트랜지스터를 선형회로로 동작시키기 위한 가장 일반적인 방법이다. 그러나 A급은 트랜지스터를 동작시키기 위해 가장 효율적인 방식은 아니다. 전지로 전력을 공급하는 시스템과 같은 응용에서, 전류 흐름과 증폭기 효율은 설계 시 고려할 중요한 사항이다. 이 절에서는 B급 동작의 기본 개념을 소개한다.

푸시풀 회로

그림 10-14는 기본적인 B급 증폭기를 나타낸다. 트랜지스터가 B급으로 동작할 때 반주기가 잘린다. 이에 따른 일그러짐을 피하기 위하여 2개의 트랜지스터를 그림 10-14처럼 푸시풀 구조로 사용할 수 있다. **푸시풀**(push-pull)이란 반주기 동안 한 트랜지스터가 동작하고 다른 트랜지스터는 차단되며, 다른 반주기 동안은 반대로 동작함을 의미한다.

회로 동작 방법은 다음과 같다. 입력전압의 (+) 반주기일 때, T_1의 2차측의 전압은 그림과 같이 v_1과 v_2가 된다. 그러므로 위쪽 트랜지스터는 동작(on)하고 아래쪽 트랜지스터는 차단(off)된다. Q_1을 통한 컬렉터전류는 출력 변압기 1차측의 위쪽 절반 부분을 통해 흐른다. 이것이 반전 증폭된 전압을 발생시켜 스피커로 변압기결합 된다.

입력전압의 다음 반주기일 때, T_1의 2차측 전압의 극성은 반대로 된다. 이번에는 아래쪽 트랜지스터가 동작(on)하고, 위쪽 트랜지스터가 차단(off)된다. 아래쪽 트랜지스터가 신호를 증폭하며 반전된 반주기가 스피커 양단에 나타난다.

각 트랜지스터는 입력 한 주기의 반씩만 증폭하므로 스피커에서는 증폭된 신호의 완전한 한 주기가 복원된다.

장점과 단점

그림 10-14에는 바이어스가 없기 때문에 입력신호가 없을 때 각 트랜지스터는 차단되므로, 신호가 0일 때 전류 흐름이 없는 장점이 있다. 또 다른 이점은 입력신호가 있을 때 효율이 개선되는 것이다. B급 푸시풀 증폭기의 최대효율은 78.5%이므로, B급 푸시풀 전

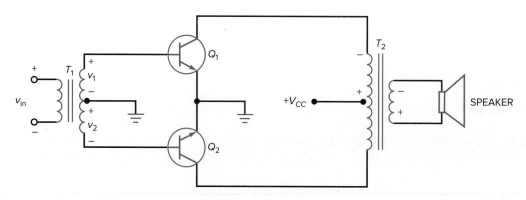

| 그림 10·14 | B급 푸시풀 증폭기

력 증폭기가 A급 전력 증폭기보다 출력단에 좀 더 보편적으로 이용된다.

그림 10-14와 같은 증폭기의 중요한 단점은 변압기를 사용한다는 것이다. 오디오 변압기(audio transformer)는 부피가 크고 값이 비싸다. 그림 10-14와 같은 변압기 결합된 증폭기는 한때 폭넓게 이용되었지만 이제는 널리 쓰이지 않는다. 대부분의 응용에서 좀 더 새로운 설계는 변압기를 사용하지 않는다.

10-5 B급 푸시풀 이미터 폴로어

B급 동작은 컬렉터전류가 교류 한 주기 중 180°에서만 흐른다는 것을 의미한다. 이 경우 Q점은 직류 및 교류 부하선의 차단점에 위치하게 된다. B급 증폭기의 장점은 전류 흐름(current drain)이 적고 효율이 높다는 점이다.

푸시풀 회로

그림 10-15a는 B급 푸시풀 이미터 폴로어를 접속하기 위한 한 가지 방법이다. 여기에는 *npn* 이미터 폴로어와 *pnp* 이미터 폴로어가 푸시풀 배열로 연결되어 있다.

그림 10-15b의 직류 등가회로로부터 해석을 시작하자. 설계할 때 Q점이 차단점에 위치하도록 바이어스저항을 선택한다. 이것은 각 트랜지스터의 이미터 다이오드를 0.6~0.7 V 사이에서 바이어스하여 전기적 연결(conduction) 상태에 이르게 한다. 이상적인 경우

$$I_{CQ} = 0$$

이다. 바이어스저항이 같으므로 각 이미터 다이오드는 같은 전압으로 바이어스된다. 결국 전원전압의 1/2이 각 트랜지스터의 컬렉터-이미터 단자 양단전압으로 나타난다. 즉

$$V_{CEQ} = \frac{V_{CC}}{2} \tag{10-23}$$

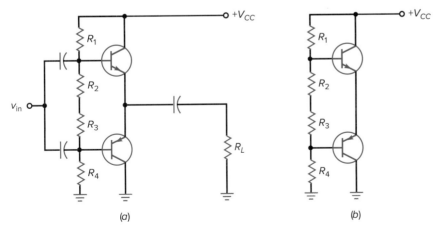

| 그림 **10·15** | B급 푸시풀 이미터 폴로어 (a) 완전한 회로; (b) 직류 등가회로

직류 부하선

그림 10-15b의 컬렉터나 이미터 회로에 직류저항이 없으므로 직류 포화전류는 무한대이다. 이것은 직류 부하선이 그림 10-16a와 같이 수직임을 의미하며 위험한 상태이다. B급 증폭기를 설계할 때 가장 어려운 점은 차단점에 안정한 Q점이 놓이게 하는 것이다. 실리콘 pn접합의 전위장벽은 섭씨 1도가 증가하면 2 mV가 감소한다. B급 증폭기가 출력신호를 발생시키면 온도가 증가한다. 온도 상승에 따른 V_{BE}의 현저한 감소는 Q점을 직류 부하선의 위쪽으로 이동시켜 위험할 정도로 큰 전류가 흐를 수 있다. 우선 Q점은 그림 10-16a와 같이 차단점에 고정되어 있는 것으로 가정한다.

교류 부하선

그림 10-16a에 교류 부하선을 나타내었다. 어느 한쪽의 트랜지스터가 도통하고 있을 때 그 동작점은 교류 부하선을 따라 올라간다. 도통된 트랜지스터의 스윙(swing) 전압은 차단점에서 포화점까지 올라갈 수 있다. 다른 반주기 동안 다른 트랜지스터가 같은 동작을 한다. 이는 최대 피크-피크 출력이 다음과 같음을 의미한다. 즉,

$$\text{MPP} = V_{CC} \tag{10-24}$$

교류 해석

그림 10-16b는 도통된 트랜지스터의 교류 등가회로이다. 이것은 A급 이미터 폴로어와 거의 같다. r_e'을 무시하면 전압이득은

$$A_V \approx 1 \tag{10-25}$$

이고, 베이스의 입력임피던스는 다음과 같다.

$$Z_{\text{in(base)}} \approx \beta R_L \tag{10-26}$$

전체 동작

입력전압의 정(+)의 반주기 동안에는 그림 10-15a의 위쪽 트랜지스터가 도통하고 아래

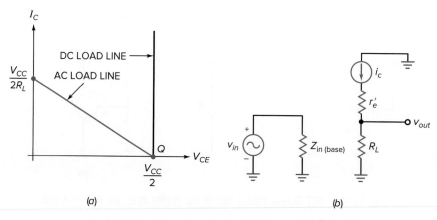

| 그림 10-16 | (a) 직류 및 교류 부하선; (b) 교류 등가회로

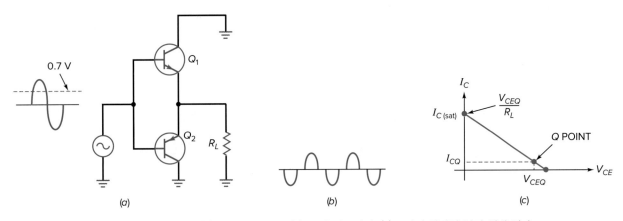

| 그림 10·17 | (a) 교류 등가회로; (b) 교차 일그러짐; (c) *Q*점이 차단점 약간 위에 있다.

쪽 트랜지스터는 차단된다. 위쪽 트랜지스터는 일반적인 이미터 폴로어처럼 동작하여 출력전압은 입력전압과 거의 같다.

입력전압의 부(−)의 반주기 동안에는 위쪽 트랜지스터가 차단되고 아래쪽 트랜지스터가 도전한다. 아래쪽 트랜지스터는 일반적인 이미터 폴로어처럼 동작하여 부하전압이 입력전압과 거의 같다. 위쪽 트랜지스터는 입력전압의 정(+) 반주기 동안 동작하고, 아래쪽 트랜지스터는 부(−) 반주기 동안 동작한다. 각 반주기 동안 신호원은 각 베이스로 들여다본 높은 입력임피던스를 만나게 된다.

교차 일그러짐

그림 10-17*a*는 B급 푸시풀 이미터 폴로어의 교류 등가회로를 나타낸다. 이미터 다이오드가 바이어스되지 않는다면 교류 입력전압은 이미터 다이오드의 전위장벽을 극복하기 위해 약 0.7 V 이상이 되어야 한다. 이 때문에 입력신호가 0.7 V 이하일 때 Q_1에는 전류가 흐르지 않는다.

다른 반주기도 유사하게 동작한다. 교류 입력전압이 −0.7 V보다 더 음의 전압을 갖지 않는다면 Q_2에 전류가 흐르지 않는다. 이런 이유로 이미터 다이오드가 바이어스되지 않으면, B급 푸시풀 이미터 폴로어의 출력은 그림 10-17*b*와 같이 된다.

반주기 사이의 클리핑 때문에 출력이 일그러진다. 클리핑이 트랜지스터가 차단되고 다른 하나가 동작하는 사이 (교차하는) 시간에 일어나므로, 이것을 **교차 일그러짐**(crossover distortion)이라고 부른다. 교차 일그러짐을 제거하려면 각 이미터 다이오드에 약간의 순방향 바이어스를 인가할 필요가 있다. 이것은 *Q*점을 그림 10-17*c*와 같이 차단점보다 약간 위에 위치하게 하는 것을 의미한다. 보통 I_{CQ}가 $I_{C(\text{sat})}$의 1~5% 정도면 충분히 교차 일그러짐을 제거할 수 있다.

AB급

그림 10-17*c*에서 약간의 순방향 바이어스는 트랜지스터가 반주기보다 약간 더 도통하므로 도통각(conduction angle)이 180°보다 약간 크다는 것을 의미한다. 엄격하게 말하면 더 이상 B급 동작을 하지 않는다. 때문에 이 동작은 180°와 360° 사이의 도통각으

참고사항

일부 전력 증폭기는 출력신호의 직선성을 개선시키기 위하여 AB급 증폭기로 동작하도록 바이어스된다. AB급 증폭기는 약 210°의 도통각을 갖는다. 출력신호의 개선된 직선성은 회로 효율의 감소 없이 기대할 수 없다.

요점정리 표 10-1	증폭기의 전력 공식
공식	값
$A_p = \dfrac{p_{out}}{p_{in}}$	전력이득
$p_{out} = \dfrac{v_{out}^2}{8R_L}$	교류 출력전력
$p_{out(max)} = \dfrac{MPP^2}{8R_L}$	최대교류 출력전력
$P_{dc} = V_{CC}I_{dc}$	직류 입력전력
$\eta = \dfrac{p_{out}}{P_{dc}} \times 100\%$	효율

로 정의되는 **AB급 동작**(class-AB operation)이라고 부르기도 한다. 그러나 거의 AB급이라고 부르지는 않는다. 그러므로 대부분의 사람들은 동작이 B급과 거의 같기 때문에 여전히 이 회로를 B급 푸시풀 증폭기라고 부른다.

전력 공식

표 10-1에 나타낸 공식들은 B급 푸시풀 동작을 포함한 모든 동작 방식에 적용한다.

AB급 푸시풀 이미터 폴로어를 해석하기 위하여 이 공식들을 사용할 때, AB급 푸시풀 증폭기가 그림 10-18a의 교류 부하선과 파형을 갖는다는 점을 명심하라. 각 트랜지스터는 반주기만 출력시킨다.

트랜지스터 소비전력

이상적인 경우, 입력신호가 없을 때 두 트랜지스터가 차단되므로 트랜지스터 소비전력

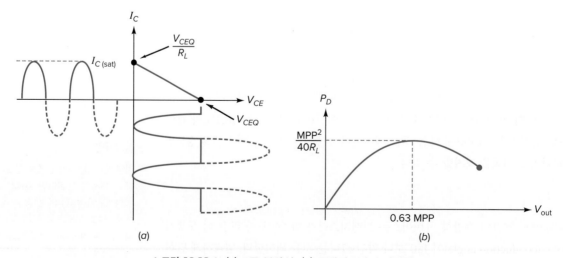

| 그림 10-18 | (a) B급 부하선; (b) 트랜지스터 소비전력

은 0이다. 만일 교차 일그러짐을 방지하기 위해 약간의 순방향 바이어스를 인가한다 해도 각 트랜지스터의 정지 소비전력은 여전히 매우 작다.

입력신호가 있을 때 트랜지스터 소비전력은 현저히 커진다. 트랜지스터 소비전력은 얼마나 많이 교류 부하선이 이용되는가에 달려 있다. 각 트랜지스터의 최대 트랜지스터 소비전력은 다음과 같다. 즉,

$$P_{D(max)} = \frac{MPP^2}{40R_L} \tag{10-27}$$

그림 10-18b는 피크-피크 출력전압에 따라 트랜지스터 소비전력이 어떻게 변화하는지를 보여 준다. 보다시피 P_D는 피크-피크 출력이 MPP의 63%일 때 최대에 도달한다. 이것은 최악의 경우이므로 AB급 푸시풀 증폭기의 각 트랜지스터는 적어도 $MPP^2/40R_L$의 정격전력을 가져야 한다.

예제 10-8

그림 10-19의 가변저항은 두 이미터 다이오드가 겨우 도전될 정도로 조정한다. 최대 트랜지스터 소비전력과 최대 출력전력은 얼마인가?

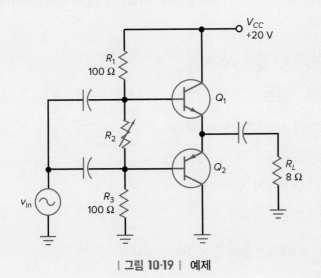

| 그림 10·19 | 예제

풀이 최대 피크-피크 출력은 다음과 같다.

$$MPP = V_{CC} = 20 \text{ V}$$

식 (10-27)을 적용하면

$$P_{D(max)} = \frac{MPP^2}{40R_L} = \frac{(20 \text{ V})^2}{40(8 \text{ }\Omega)} = 1.25 \text{ W}$$

이고, 최대 출력전력은 다음과 같다.

$$p_{\text{out(max)}} = \frac{\text{MPP}^2}{8R_L} = \frac{(20\text{ V})^2}{8(8\text{ }\Omega)} = 6.25\text{ W}$$

연습문제 10-8 그림 10-19에서 V_{CC}를 +30 V로 바꾸어 $P_{D\text{(max)}}$와 $P_{\text{out(max)}}$를 구하라.

예제 10-9

가변저항이 15 Ω일 때, 앞의 예제에서 효율은 얼마인가?

풀이 바이어스저항에 흐르는 직류전류는 다음과 같다.

$$I_{\text{bias}} \approx \frac{20\text{ V}}{215\text{ }\Omega} = 0.093\text{ A}$$

다음으로 위쪽 트랜지스터에 흐르는 직류전류를 구한다. 그림 10-18a에서 보는 바와 같이 포화전류는

$$I_{C\text{(sat)}} = \frac{V_{CEQ}}{R_L} = \frac{10\text{ V}}{8\text{ }\Omega} = 1.25\text{ A}$$

이다. 도통하는 트랜지스터의 컬렉터전류는 피크가 $I_{C\text{(sat)}}$인 반파신호이다. 따라서 평균값은

$$I_{\text{av}} = \frac{I_{C\text{(sat)}}}{\pi} = \frac{1.25\text{ A}}{\pi} = 0.398\text{A}$$

이며, 전체 전류 흐름은

$$I_{\text{dc}} = 0.093\text{ A} + 0.398\text{ A} = 0.491\text{ A}$$

이다. 직류 입력전력은

$$P_{\text{dc}} = (20\text{ V})(0.491\text{ A}) = 9.82\text{ W}$$

이며, 증폭단의 효율은 다음과 같다.

$$\eta = \frac{p_{\text{out}}}{P_{\text{dc}}} \times 100\% = \frac{6.25\text{ W}}{9.82\text{ W}} \times 100\% = 63.6\%$$

연습문제 10-9 V_{CC}로 +30 V를 사용하여 예제 10-9를 다시 풀어라.

10-6 AB급 증폭기의 바이어스

앞에서 언급한 것과 같이 AB 증폭기를 설계할 때 가장 어려운 점은 안정한 Q점을 차단점 근처에 놓이게 하는 것이다. 이 절에서는 이 문제와 해결책에 대해 알아보도록 한다.

전압분배 바이어스

그림 10-20은 AB급 푸시풀 회로의 전압분배 바이어스를 나타낸다. 두 트랜지스터는 상보적(complementary)이어야 한다. 즉, 두 트랜지스터는 유사한 V_{BE}곡선, 최대정격 등을 가져야 한다. 예를 들어 2N3904 Q_1과 2N3906 Q_2는 상보적이어서 첫 번째 것은 *npn*형 트랜지스터이고, 두 번째 것은 *pnp*형 트랜지스터이다. 이들은 유사한 V_{BE}곡선, 최대정격 등을 갖는다. 이와 같은 상보쌍은 거의 모든 AB급 푸시풀 설계에 이용할 수 있다.

그림 10-20에서 교차 일그러짐을 피하기 위해 0.6~0.7 V 사이의 정확한 V_{BE}를 고려하여 Q점을 차단점보다 약간 위쪽에 오도록 한다. 그러나 여기에 중요한 문제점이 있다. 컬렉터전류가 V_{BE}의 변화에 매우 민감하다. 데이터시트에 따르면 V_{BE}가 60 mV만큼 증가하면 컬렉터전류는 10배가 변하게 된다. 이 때문에 정확한 Q점을 설정하기 위해 가변저항기가 필요하다.

그러나 가변저항기로는 온도 문제를 해결하지 못한다. Q점이 상온에서 완벽할지라도 온도가 변하면 Q점도 변한다. 앞서 검토된 바와 같이 V_{BE}는 온도가 1°C 상승함에 따라 약 2 mV씩 감소한다. 그림 10-20에서 온도가 상승하면 각 이미터 다이오드에 대한 고정된 전압은 컬렉터전류를 급격히 증가시킨다. 온도가 30°C 상승하면 고정된 바이어스가 60 mV만큼 높으므로 컬렉터전류는 10배 증가하게 된다. 따라서 전압분배기 바이어스에서 Q점은 매우 불안정하게 된다.

그림 10-20에서 가장 위험한 것은 **열폭주**(thermal runaway)이다. 온도가 상승하면 컬렉터전류가 증가하며, 접합온도는 더욱 상승하여 V_{BE}를 감소시킨다. 이러한 상승 현상은 컬렉터전류가 "폭주"하여 트랜지스터를 파괴시킬 만큼 큰 전력으로 증가함을 의미한다.

열폭주가 발생하는지의 여부는 트랜지스터의 온도 특성, 냉각 방식과 방열판의 형태에 달려 있다. 그림 10-20과 같은 전압분배 바이어스는 종종 트랜지스터를 파괴시키는 열폭주 현상이 발생한다.

다이오드 바이어스

열폭주 현상을 피하는 한 가지 방법은 그림 10-21과 같이 다이오드 바이어스를 이용하는 것이다. 그 개념은 이미터 다이오드의 바이어스 전압을 발생시키기 위해 **보상 다이오드**(compensating diode)를 사용하는 것이다. 이 경우 다이오드 곡선은 트랜지스터의 V_{BE}곡선과 일치해야 한다. 그러면 온도의 임의 상승은 보상 다이오드에 의해 발생하는 바이어스 전압을 똑같은 양만큼 감소시킨다.

예를 들어 0.65 V의 바이어스 전압이 2 mA의 컬렉터전류를 흐르게 한다고 가정하자. 만약 온도가 30°C 상승하면 각 보상 다이오드 양단전압은 60 mV만큼 낮아진다. 트랜지스터가 필요로 하는 V_{BE} 역시 60 mV만큼 감소하므로 컬렉터전류는 여전히 2 mA로 고정되게 유지한다.

다이오드 바이어스가 온도의 변화에 영향을 받지 않으려면 다이오드 곡선은 넓은 온도 영역에서 반드시 V_{BE}곡선과 일치해야 한다. 개별회로에서는 소자의 오차 때문에 이것이 쉽지 않다. 그러나 다이오드 바이어스는 집적회로의 경우 다이오드와 트랜지스터가 같은 칩에 있으므로 충족시키기 쉬우며, 이는 둘이 거의 같은 특성 곡선을 가짐을 의미한다.

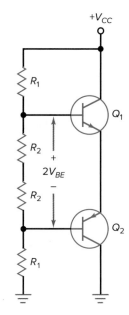

| **그림 10·20** | **B급 푸시풀 증폭기의 전압분배 바이어스**

참고사항

대부분의 AB급 푸시풀 증폭기는 열폭주를 줄이기 위해 이미터에 작은 값의 저항(종종 1 Ω보다 작은 저항)을 연결한다.

참고사항

실제적인 설계에서 보상 다이오드는 전력 트랜지스터의 열이 올라가면 보상 다이오드의 열도 같이 올라가도록 전력 트랜지스터의 케이스에 부착되어 있다. 이 보상 다이오드는 양호한 열전달 특성을 갖는 비도전성 접착제로 항상 전력 트랜지스터에 부착되어 있다.

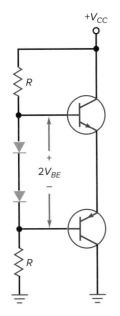

| 그림 10·21 | B급 푸시풀 증폭기의 다이오드 바이어스

다이오드 바이어스에서 그림 10-21의 보상 다이오드에 흐르는 바이어스 전류는 다음과 같다.

$$I_{\text{bias}} = \frac{V_{CC} - 2V_{BE}}{2R}$$

(10-28)

보상 다이오드가 트랜지스터의 V_{BE} 곡선과 일치하면 I_{CQ}는 I_{bias}와 같은 값을 가진다. 앞서 언급한 바와 같이 I_{CQ}는 교차 일그러짐을 피하기 위해서 $I_{C(\text{sat})}$의 1~5%의 값이어야 한다.

예제 10-10 **▌▌▌MultiSim**

그림 10-22에서 정지 컬렉터전류와 증폭기의 최대효율은 얼마인가?

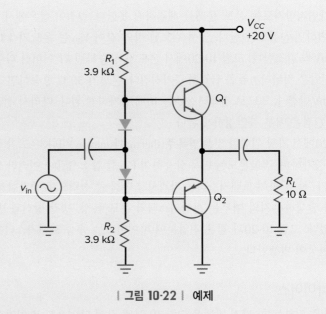

| 그림 10·22 | 예제

풀이　보상 다이오드에 흐르는 바이어스 전류는

$$I_{\text{bias}} = \frac{20\,\text{V} - 1.4\,\text{V}}{2(3.9\,\text{k}\Omega)} = 2.38\,\text{mA}$$

이다. 이것은 보상 다이오드가 이미터 다이오드와 특성이 일치한다고 가정하였을 때 정지 컬렉터전류의 값과 같다.

　　컬렉터 포화전류는

$$I_{C(\text{sat})} = \frac{V_{CEQ}}{R_L} = \frac{10\,\text{V}}{10\,\Omega} = 1\,\text{A}$$

이고, 반파 컬렉터전류의 평균값은

$$I_{\text{av}} = \frac{I_{C(\text{sat})}}{\pi} = \frac{1\,\text{A}}{\pi} = 0.318\,\text{A}$$

이다. 전체 전류 흐름은

$$I_{dc} = 2.38 \text{ mA} + 0.318 \text{ A} = 0.32 \text{ A}$$

이므로, 직류 입력전력은

$$P_{dc} = (20 \text{ V})(0.32 \text{ A}) = 6.4 \text{ W}$$

이다. 최대교류 출력전력은

$$p_{out(max)} = \frac{\text{MPP}^2}{8R_L} = \frac{(20 \text{ V})^2}{8(10 \text{ }\Omega)} = 5 \text{ W}$$

이고, 증폭기의 효율은 다음과 같다.

$$\eta = \frac{p_{out}}{P_{dc}} \times 100\% = \frac{5 \text{ W}}{6.4 \text{ W}} \times 100\% = 78.1\%$$

연습문제 10-10 V_{CC}로 +30 V를 사용하여 예제 10-10을 다시 풀어라.

10-7 AB급 드라이버

AB급 푸시풀 이미터 폴로어에 대한 앞의 검토에서 교류신호는 베이스로 용량결합 되었다. 이것은 AB급 푸시풀 증폭기를 구동시키기 위한 좋은 방법은 아니다.

CE 드라이버

출력단 앞에 있는 증폭단를 **드라이버**(driver)라 부른다. 출력 푸시풀 단에 용량결합을 사용하지 않고 그림 10-23*a*와 같이 직접결합 된 CE 드라이버를 사용할 수 있다. 트랜지스터 Q_1은 다이오드에 흐르는 직류 바이어스전류를 공급하는 전류원(current source) 이다. R_2를 조절하여 R_4에 흐르는 직류 이미터전류를 조절할 수 있다. 이것은 Q_1이 보상 다이오드에 흐르는 바이어스전류를 공급한다는 것을 의미한다.

교류신호가 Q_1의 베이스를 구동시키면, Q_1은 스윕트 증폭기로 동작한다. Q_1 컬렉터에서 반전 증폭된 교류신호는 Q_2와 Q_3의 베이스를 구동시킨다. 정(+)의 반주기 동안 Q_2는 도통하며 Q_3는 차단된다. 부(−)의 반주기 동안 Q_2는 차단되며 Q_3는 도통한다. 출력 측 결합 커패시터는 교류 단락되므로 교류신호는 부하저항으로 결합된다.

그림 10-23*b*는 CE 드라이버의 교류 등가회로이다. 다이오드가 직류전류에 의해 바이어스되기 때문에 다이오드는 교류 이미터저항으로 대체되었다. 실제 회로에 있어서 r'_e 은 적어도 R_3보다 100배는 작으므로 교류 등가회로는 그림 10-23*c*로 간략화할 수 있다.

이제 드라이버단은 반전 증폭된 출력이 동일한 신호로 출력 트랜지스터의 두 베이스를 구동시키는 스윕트 증폭기임을 알 수 있다. 흔히 출력 트랜지스터의 입력임피던스는 매우 높으며, 드라이버의 전압이득은 다음과 같이 근사화할 수 있다.

> **참고사항**
>
> AB급 증폭기는 종종 오디오 증폭기 집적회로의 출력단에 사용된다.

$$A_V = \frac{R_3}{R_4}$$

요약하면 드라이버단은 출력 푸시풀 증폭기에 필요한 큰 신호를 만들어 주는 스웜프된 전압증폭기이다.

고장점검

그림 10-23과 같은 AB급 증폭기의 고장을 점검할 때, 2단 증폭기의 고장을 점검하는 기법과 유사한 기법을 사용할 수 있다. 증폭기 입력으로 적절한 크기와 주파수를 갖는 교류신호를 인가하고, 이 지점에 오실로스코프의 채널 1을 연결하라. 채널 2는 부하에 연결하라. 만약 부하가 스피커이면, **모의 부하**(dummy load)라 부르는 전력 부하저항을 부하로 사용할 수 있다. 출력신호에 클리핑이나 찌그러지는 현상이 있는지 점검하라. 만약 출력신호에 부족함이나 찌그러짐 현상이 있다면, 드라이버 트랜지스터의 출력에 오실로스코프의 채널 2를 연결하고, 그다음에는 신호들이 적절한지 입증하기 위해 각 전력 트랜지스터의 베이스에 오실로스코프의 채널 2를 연결하라.

dc 측면에서는, V_{CC}가 올바른지 확실히 점검하라. 그다음 회로 출력의 중앙점(Q_2와 Q_3의 이미터)에서 전압을 측정하라. 중앙점의 전압은 약 $V_{CC}/2$이어야 한다. 만약 중앙점 전압이 올바르지 않다면, 각 출력 트랜지스터의 베이스와 드라이버 트랜지스터 Q_1의 베이스에서 직류전압을 측정하라. 많은 AB급 증폭기는 직류적으로 결합되어 있기 때문에, 회로의 한 부분에서 잘못되어 있으면 증폭기의 나머지 부분에서 직류적인 오차를 야기할 수 있다.

출력 트랜지스터들은 보통 큰 전류를 부하로 흘려 주기 때문에 종종 고장이 난다. 그 트랜지스터들을 트랜지스터 테스터나 DMM으로 점검하라. 한 출력 트랜지스터에 결함이 있는 것이 발견되면, 다른 전력 트랜지스터 또한 교체하는 것이 좋다. 스테레오 증폭기의 고장을 점검한다면, 일반적으로 증폭기의 한쪽이 정상적으로 동작하고 있으면 이

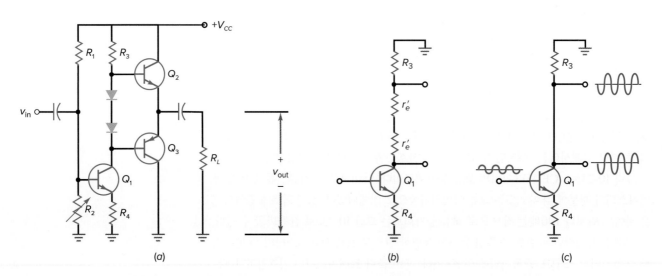

| 그림 10-23 | (a) 직접결합된 CE 드라이버; (b) 교류 등가회로; (c) 간략화된 교류 등가회로

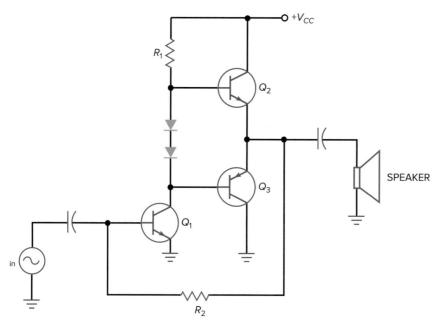

| 그림 10·24 | CE 드라이버로 2단 부귀환

는 결함이 있는 쪽에 대한 기준으로 사용될 수 있다.

2단 부귀환

그림 10-24는 AB급 푸시풀 이미터 폴로어를 구동시키기 위해 대신호 CE단을 이용한 또 다른 예이다. 입력신호는 Q_1 드라이버에 의해 반전 증폭된다. 그러면 푸시풀 증폭단은 낮은 임피턴스의 스피커를 구동시키기에 필요한 전류이득을 제공한다. 주의해야 할 점은 CE 드라이버의 이미터가 접지되어 있다는 것이다. 결과적으로 이 드라이버는 그림 10-23a의 드라이버보다 더 큰 전압이득을 가진다.

저항 R_2는 두 가지 유용한 역할을 한다. 첫째, 이것이 $+V_{CC}/2$의 직류전압과 연결되므로 이 저항은 Q_1에 직류 바이어스를 제공한다는 점이며, 둘째, R_2가 교류신호에 대해 부귀환을 유발한다는 점이다. 그 이유는 Q_1 베이스의 정(+) 신호는 컬렉터에 부(−) 신호를 생성하기 때문이다. 따라서 이미터 폴로어의 출력은 부(−)이다. R_2를 통해 Q_1 베이스로 귀환이 일어나면 이 되먹임 신호는 원래의 입력신호와 반대이다. 이것이 부귀환이며, 부귀환은 바이어스와 전체 증폭기의 전압이득을 안정시킨다.

흔히 집적회로(IC) 오디오 전력 증폭기들은 중저급 전력 응용에 이용된다. LM380 IC와 같은 이 증폭기는 AB급으로 바이어스된 출력 트랜지스터들이 들어가 있으며, 16 장에서 검토할 것이다.

> **참고사항**
>
> 상보 달링턴쌍 배열은 푸시풀 증폭기의 출력전력을 증가시키기 위해 각 출력 트랜지스터상에 사용될 수 있다.

10-8 C급 동작

B급의 경우 푸시풀 배열을 사용할 필요가 있다. 이것이 거의 모든 B급 증폭기가 푸시풀 증폭기가 되는 이유이다. C급의 경우 부하를 위해 공진회로(resonant circuit)를 사용해야 한다. 이것이 거의 모든 C급 증폭기가 동조 증폭기(tuned amplifier)로 되는 이유이다.

공진주파수

C급 동작의 경우 컬렉터전류는 반주기보다 적은 동안 흐른다. 병렬 공진회로는 컬렉터전류의 펄스를 걸러 내고 출력전압의 순수한 정현파를 발생시킬 수 있다. C급의 주된 응용은 RF 동조 증폭기(tuned RF amplifier)이다. C급 동조 증폭기의 최대효율은 100%이다.

그림 10-25a는 RF 동조 증폭기를 나타낸다. 교류 입력전압은 베이스를 구동시키고 증폭된 출력전압은 컬렉터에 나타난다. 그다음 반전 증폭된 신호는 부하저항으로 용량 결합된다. 병렬 공진회로 때문에 출력전압은 다음의 공진주파수에서 최대이다. 즉,

$$f_r = \frac{1}{2\pi\sqrt{LC}}$$

(10-29)

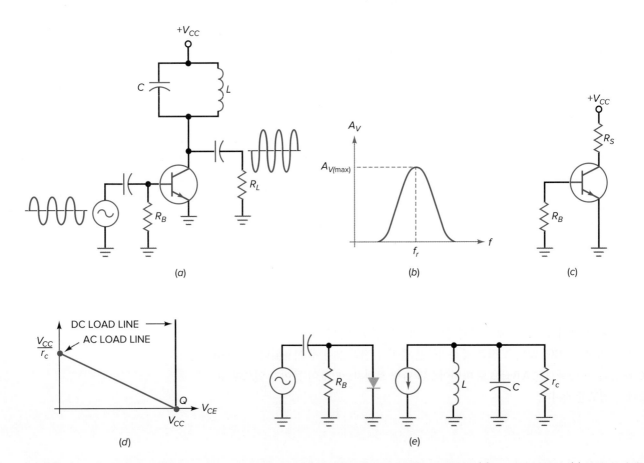

| 그림 10·25 | (a) C급 동조 증폭기; (b) 전압이득 대 주파수; (c) 바이어스되지 않은 직류 등가회로; (d) 두 가지 부하선; (e) 교류 등가회로

공진주파수 f_r 이외의 주파수에서 전압이득은 그림 10-25b와 같이 감소한다. 이 때문에 C급 동조 증폭기는 항상 협대역의 주파수를 증폭하게 된다. 각 라디오 방송이나 TV 채널이 중심주파수 양쪽의 협대역 주파수로 할당되기 때문에 라디오 신호나 TV 신호를 증폭하는 데 C급 동조 증폭기를 사용하는 것이 이상적이다.

C급 증폭기는 그림 10-25c의 직류 등가회로에서 보다시피 바이어스되지 않는다. 컬렉터회로의 저항 R_S는 인덕터의 직렬저항이다.

부하선

그림 10-25d는 두 가지 부하선을 나타낸다. RF 인덕터(RF inductor)의 권선저항 R_S가 매우 작기 때문에 직류 부하선은 거의 수직이다. 트랜지스터가 바이어스되어 있지 않으므로 직류 부하선은 중요하지 않다. 중요한 것은 교류 부하선이다. 보다시피 Q점은 교류 부하선의 아래쪽 끝에 위치한다. 교류신호가 인가될 때 순간 동작점은 교류 부하선을 따라 포화점을 향해 위로 이동한다. 컬렉터전류의 최대 펄스는 포화전류 V_{CC}/r_c로 주어진다.

입력신호의 직류 클램핑

그림 10-25e는 교류 등가회로이다. 입력신호는 이미터 다이오드를 구동하고, 증폭된 전류 펄스는 공진탱크회로(resonant tank circuit)를 구동한다. C급 동조 증폭기에서 입력 커패시터는 부(−) 직류 클램퍼(dc clamper)의 일부분이다. 이 때문에 이미터 다이오드 양단에 나타나는 신호는 부(−)로 클램프된다.

그림 10-26a는 부(−) 클램핑을 나타낸다. 입력신호의 정(+) 피크만이 이미터 다이오드를 동작시킬 수 있으므로, 컬렉터전류는 그림 10-26b와 같이 짧은 펄스로 흐른다.

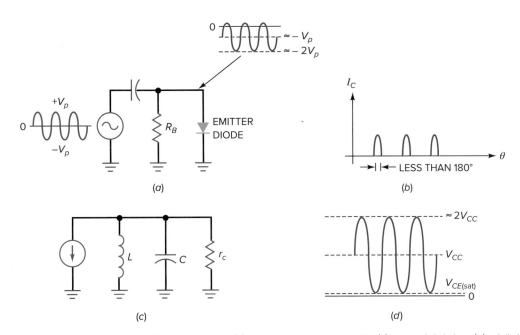

| 그림 10·26 | (a) 입력신호는 베이스에서 부(−)로 클램프됨; (b) 컬렉터전류는 펄스로 흐름; (c) 교류 컬렉터회로; (d) 컬렉터전압 파형

고조파의 필터링

그림 10-26b와 같은 비정현 파형에는 입력주파수의 정수배인 **고조파**(harmonics)가 많이 포함되어 있다. 다시 말해서 그림 10-26b의 펄스는 정현파에 f, $2f$, $3f$, $\cdots$, nf의 일군의 주파수를 포함하고 있는 것과 같다.

그림 10-26c의 탱크회로는 기본파 주파수 f에서만 높은 임피던스를 갖는다. 이는 기본파 주파수에서 큰 전압이득을 발생시킨다. 한편 탱크회로는 고차의 고조파에 대해 매우 낮은 임피던스를 가지므로, 이때 전압이득은 매우 작다. 이것이 탱크회로 양단전압이 거의 그림 10-26d의 순수한 정현파와 같게 보이는 이유이다. 모든 고차의 고조파는 제거되기(filtered) 때문에 탱크회로 양단에는 기본파 주파수만이 나타난다.

고장점검

C급 동조 증폭기는 부(−)로 클램프된 입력신호를 갖기 때문에 이미터 다이오드 양단전압을 측정하기 위해 높은 임피던스의 직류 전압계 혹은 DMM을 사용할 수 있다. 만일 회로가 정확하게 동작하고 있다면, 대략 입력신호의 피크와 같은 (−) 전압이 읽혀야 한다.

방금 설명된 전압계 시험은 오실로스코프가 없을 때 유익하다. 그러나 오실로스코프가 있으면 더 좋은 시험은 이미터 다이오드 양단을 관측하는 것이다. 회로가 적절히 동작하고 있을 때 부(−)로 클램프된 파형이 관측되어야 한다. 회로부하를 방지하기 위해 10배 오실로스코프 프로브를 사용해야 함을 기억하라.

응용예제 10-11

그림 10-27의 동작을 설명하라.

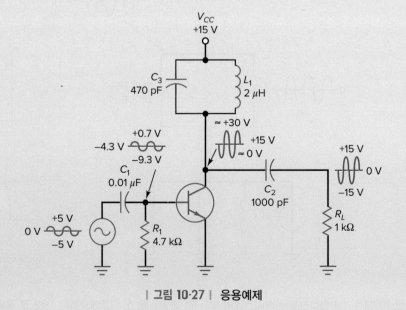

| 그림 10·27 | 응용예제

풀이 회로의 공진주파수는 다음과 같다.

$$f_r = \frac{1}{2\pi\sqrt{(2\ \mu H)(470\ pF)}} = 5.19\ MHz$$

만일 입력신호가 이 주파수와 같다면, C급 동조회로는 입력신호를 증폭할 것이다.

그림 10-27에서 입력신호는 10 V의 피크-피크 값을 갖고 있다. 이 신호는 트랜지스터의 베이스에서 +0.7 V의 피크와 −9.3 V의 피크로 부(−) 클램프 된다. 평균 베이스전압은 −4.3 V이며, 이 전압은 높은 임피던스의 직류 전압계로 측정할 수 있다.

회로가 CE 연결이므로 컬렉터신호는 반전된다. 컬렉터 파형의 직류전압 또는 평균전압은 전원전압인 +15 V이다. 그러므로 피크-피크 컬렉터전압은 30 V이다. 이 전압이 부하저항으로 용량결합 된다. 최종 출력전압은 +15 V의 양의 피크값과 −15V의 음의 피크값을 갖는다.

연습문제 10-11 그림 10-27에서 470 pF을 560 pF으로 그리고 V_{CC}를 +12 V로 바꾸어 회로의 f_r과 v_{out}의 피크-피크를 구하라.

10-9 C급 공식

C급 동조 증폭기는 항상 협대역 증폭기(narrowband amplifier)이다. C급 회로에서 입력신호는 100%에 가까운 효율을 갖는 대출력을 얻도록 증폭된다.

대역폭

기초 과정에서 검토한 바와 같이 동조회로의 **대역폭**(bandwidth: BW)은 다음으로 정의된다.

$$BW = f_2 - f_1 \tag{10-30}$$

여기서 f_1 = 하측 반전력 주파수
f_2 = 상측 반전력 주파수

반전력 주파수는 전압이득이 그림 10-28과 같이 최대이득의 0.707배가 되는 주파수와 같다. BW가 작을수록 증폭기의 대역폭은 더 좁아진다.

식 (10-30)을 이용하면 대역폭에 대한 새로운 관계의 유도가 가능하다. 즉,

$$BW = \frac{f_r}{Q} \tag{10-31}$$

여기서 Q는 회로의 품질계수(quality factor)이다. 식 (10-31)은 대역폭이 Q에 반비례함을 의미한다. 회로의 Q가 높을수록 대역폭은 더욱 좁아진다.

C급 증폭기는 대개 10 이상의 회로 Q를 갖는다. 이것은 대역폭이 동조주파수의 10%

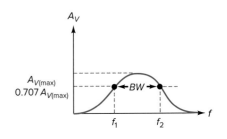

| 그림 10-28 | 대역폭

미만임을 의미한다. 이런 이유로 C급 증폭기는 협대역 증폭기가 된다. 협대역 증폭기의 출력은 동조 시 큰 정현파 전압이 되며 동조 위, 아래쪽에서는 급격히 감소한다.

동조 시 전류 급감소

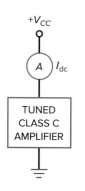

| 그림 10-29 | 동조 시 전류 급감소

탱크회로가 동조될 때, 컬렉터 전류원이 바라보는 교류 부하임피던스는 최대이며 순저항성이 된다. 그러므로 동조 시 컬렉터전류는 최소이다. 동조 위, 아래쪽에서 교류 부하임피던스는 감소하고 컬렉터전류는 증가한다.

탱크회로를 동조시키기 위한 한 가지 방법은 그림 10-29와 같은 회로에 공급되는 직류전류의 감소를 조사해 보는 것이다. 기본적인 개념은 L이나 C를 변화시켜 회로를 동조시키는 동안 전원장치로부터 공급되는 전류 I_{dc}를 측정하는 것이다. 탱크회로가 입력주파수에 동조될 때 전류계 표시값은 최소값으로 급격히 감소할 것이다. 이것은 탱크회로가 동조점에서 최대임피던스를 가지므로 회로가 정확하게 동조되었음을 가리킨다.

교류 컬렉터저항

임의의 인덕터는 그림 10-30a에 나타낸 바와 같이 직렬 연결된 저항 R_S를 갖고 있다. 인덕터의 Q는 다음과 같이 정의된다.

$$Q_L = \frac{X_L}{R_S} \tag{10-32}$$

여기서 Q_L = 코일의 Q
$\quad\quad X_L$ = 유도성 리액턴스
$\quad\quad R_S$ = 코일저항

Q_L은 코일만의 Q임을 기억하라. 전체 회로는 코일의 저항은 물론 부하저항 효과를 포함시켜야 하므로 Q값은 더 낮아진다.

기초 교류회로에 대해서 토의했던 것과 같이 인덕터의 직렬저항은 그림 10-30b와 같이 병렬저항 R_P로 대체될 수 있다. Q가 10 이상일 때 이 등가저항은

$$R_P = Q_L X_L \tag{10-33}$$

로 주어진다. 그림 10-30b에서 공진 시 X_L은 X_C와 상쇄되고 R_L과 병렬로 R_P만이 남는다. 그러므로 공진 시 컬렉터에서 바라본 교류 컬렉터저항은 다음과 같다.

$$r_c = R_P \parallel R_L \tag{10-34}$$

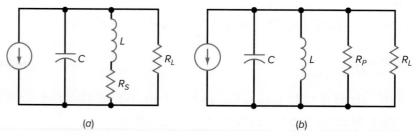

(a) (b)

| 그림 10-30 | (a) 인덕터에 대한 직렬 등가저항; (b) 인덕터에 대한 병렬 등가저항

전체 회로의 Q는

$$Q = \frac{r_c}{X_L} \qquad (10\text{-}35)$$

로 주어진다. 이 회로 Q는 코일의 Q인 Q_L보다 낮다. 실제 C급 증폭기에서 전형적인 코일의 Q는 50 이상이며, 회로의 Q는 10 이상이다. 전체적인 Q가 10 이상이므로 협대역으로 동작한다.

듀티사이클

각각의 정(+)의 피크에서 이미터 다이오드의 짧은 동안의 동작은 그림 10-31a와 같은 좁은 펄스의 컬렉터전류를 발생시킨다. 이와 같은 펄스의 경우 **듀티사이클**(duty cycle)은 다음과 같이 정의한다.

$$D = \frac{W}{T} \qquad (10\text{-}36)$$

여기서 D = 듀티사이클
   W = 펄스폭
   T = 펄스의 주기

예를 들어 오실로스코프가 0.2 μs의 펄스폭과 1.6 μs의 주기를 나타낸다면 듀티사이클은 다음과 같다.

$$D = \frac{0.2\ \mu s}{1.6\ \mu s} = 0.125$$

듀티사이클이 작을수록 주기와 비교하여 펄스폭은 더욱 좁아진다. 전형적인 C급 증폭기의 듀티사이클은 작다. 실제로 듀티사이클이 감소할 때 C급 증폭기의 효율은 증가한다.

도통각

듀티사이클을 설명할 수 있는 등가적인 방법으로 그림 10-31b에 나타낸 도통각(conduction angle) ϕ를 사용한다.

$$D = \frac{\phi}{360°} \qquad (10\text{-}37)$$

예를 들어 도통각이 18°인 경우 듀티사이클은 다음과 같다.

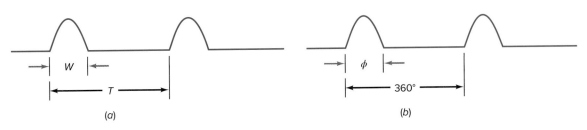

| 그림 10-31 | 듀티사이클

$$D = \frac{18°}{360°} = 0.05$$

트랜지스터 소비전력

그림 10-32a는 C급 트랜지스터 증폭기에서 이상적인 컬렉터-이미터 전압을 나타낸다. 그림 10-32a에서 최대출력은 다음으로 주어진다.

$$\text{MPP} = 2V_{CC} \tag{10-38}$$

최대전압이 약 $2V_{CC}$이므로, 트랜지스터의 V_{CEO} 정격은 $2V_{CC}$보다 더 커야 한다.

그림 10-32b는 C급 증폭기에 대한 컬렉터전류를 나타낸다. 전형적으로 도통각 ϕ는 180°보다 훨씬 작다. 컬렉터전류가 최대값 $I_{C(\text{sat})}$에 도달함에 주목하라. 트랜지스터의 피크 정격전류는 $I_{C(\text{sat})}$보다 커야 한다. 점선으로 되어 있는 파형 부분이 트랜지스터의 차단(off) 시간을 나타낸다.

트랜지스터의 소비전력은 도통각에 따라 다르다. 그림 10-32c에서 보다시피 소비전력은 180°까지 도통각에 따라 증가한다. 트랜지스터의 최대 소비전력은 다음과 같이 유도된다.

$$P_D = \frac{\text{MPP}^2}{40r_c} \tag{10-39}$$

식 (10-39)는 최악의 경우를 나타낸다. C급으로 동작하는 트랜지스터의 정격전력은 이보다 커야 하며, 그렇지 않으면 트랜지스터는 파괴될 것이다. 정상적인 구동조건하에서 도통각은 180°보다 훨씬 작을 것이며, 트랜지스터 소비전력도 $\text{MPP}^2/40r_c$보다 작을 것이다.

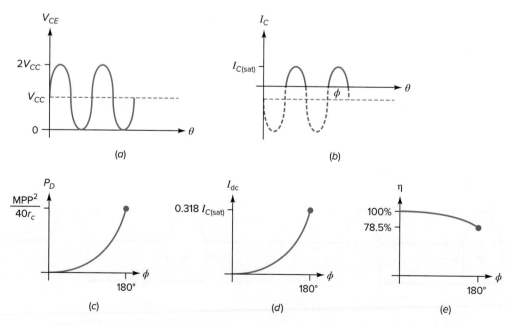

| 그림 10-32 | (a) 최대출력; (b) 도통각; (c) 트랜지스터 소비전력; (d) 전류 흐름; (e) 효율

증폭단 효율

직류 컬렉터전류는 도통각에 따라 다르다. 180°의 도통각(반파신호)의 경우 평균 또는 직류 컬렉터전류는 $I_{C(\text{sat})}/\pi$이다. 더 작은 도통각의 경우 직류 컬렉터전류는 그림 10-32d 에서 보는 바와 같이 이보다 작다. C급 증폭기는 바이어스저항이 없기 때문에 직류 컬렉터전류가 유일한 전류 흐름이다.

C급 증폭기에서 트랜지스터와 코일의 손실이 적기 때문에 대부분의 직류 입력전력은 교류 부하전력으로 변환된다. 이런 이유로 C급 증폭기의 효율은 높다.

그림 10-32e는 증폭기의 최적 효율이 도통각에 따라 어떻게 변화하는가를 나타낸다. 도통각이 180°일 때 증폭기의 효율은 B급 증폭기의 이론적 최대값인 78.5%가 된다. 도통각이 감소할 때 증폭기의 효율은 증가한다. 지적한 것처럼 C급 증폭기의 최대효율은 도통각이 매우 작을 때 100%이다.

예제 10-12

그림 10-33a에서 Q_L이 100인 경우 증폭기의 대역폭은 얼마인가?

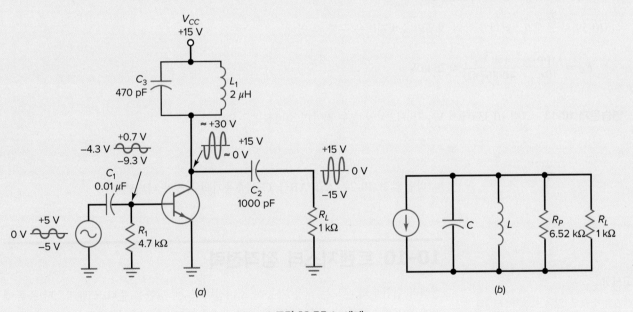

| 그림 10·33 | 예제

풀이 공진주파수(응용예제 10-11에서 구함)에서

$$X_L = 2\pi f L = 2\pi(5.19\ \text{MHz})(2\ \mu\text{H}) = 65.2\ \Omega$$

식 (10-33)을 이용하면, 코일의 등가 병렬저항은

$$R_P = Q_L X_L = (100)(65.2\ \Omega) = 6.52\ \text{k}\Omega$$

이다. 이 저항은 그림 10-33*b*에서와 같이 부하저항과 병렬이다. 그러므로 교류 컬렉터저항은

$$r_c = 6.52 \text{ k}\Omega \parallel 1 \text{ k}\Omega = 867 \text{ }\Omega$$

이다. 식 (10-35)를 이용하면 전체 회로의 Q는

$$Q = \frac{r_c}{X_L} = \frac{867 \text{ V}}{65.2 \text{ }\Omega} = 13.3$$

이다. 동조주파수가 5.19 MHz이므로, 대역폭은 다음과 같다.

$$BW = \frac{5.19 \text{ MHz}}{13.3} = 390 \text{ kHz}$$

예제 10-13

그림 10-33*a*에서, 최악의 소비전력은 얼마인가?

풀이 최대 피크-피크 출력은 다음과 같다.

$$\text{MPP} = 2V_{CC} = 2(15 \text{ V}) = 30 \text{ V}_{\text{p-p}}$$

식 (10-39)로 트랜지스터의 최악의 경우의 소비전력을 구할 수 있다.

$$P_D = \frac{\text{MPP}^2}{40r_c} = \frac{(30 \text{ V})^2}{40(867 \text{ }\Omega)} = 26 \text{ mW}$$

연습문제 10-13 그림 10-33*a*에서 V_{CC}가 +12 V인 경우 최악의 소비전력은 얼마인가?

다음의 표 10-2는 A급, AB급, C급 증폭기의 특성을 나타낸다.

10-10 트랜지스터 정격전력

참고사항

집적회로의 경우, 많은 트랜지스터들로 구성되어 있으므로 최대 접합부 온도를 데이터시트에 기록할 수 없다. 그러므로 대신 IC는 최대 소자 온도나 케이스 온도를 기록한다. 예를 들어 μA741 연산증폭기 IC는 금속 패키지인 경우 정격전력이 500 mW, 이중 인라인 패키지(dual-inline package)인 경우 310 mW, 플랫팩(flatpack)인 경우 570 mW이다.

컬렉터 접합부의 온도는 허용 가능한 소비전력 P_D에 제한을 준다. 트랜지스터 종류에 따라 트랜지스터가 파괴되는 접합부 온도 범위는 150~200°C이다. 데이터시트에 이 최대 접합부 온도를 $T_{J(\text{max})}$로 기재하고 있다. 예를 들어 2N3904의 데이터시트에 $T_{J(\text{max})}$는 150°C, 2N3719의 데이터시트에 $T_{J(\text{max})}$는 200°C로 명시되어 있다.

주위온도

접합부에서 발생된 열은 트랜지스터 케이스(금속 또는 플라스틱 하우징)를 통하여 대기 중으로 방열된다. 주위온도(*ambient temperature*)로 알려져 있는 이 대기온도는 약 25°C이나 더운 날은 훨씬 높을 수 있다. 또한 주위온도는 전자 장비의 내부 쪽 온도보

요점정리 표 10-2	증폭기의 증폭 방식		
회로		**특성**	**용도**

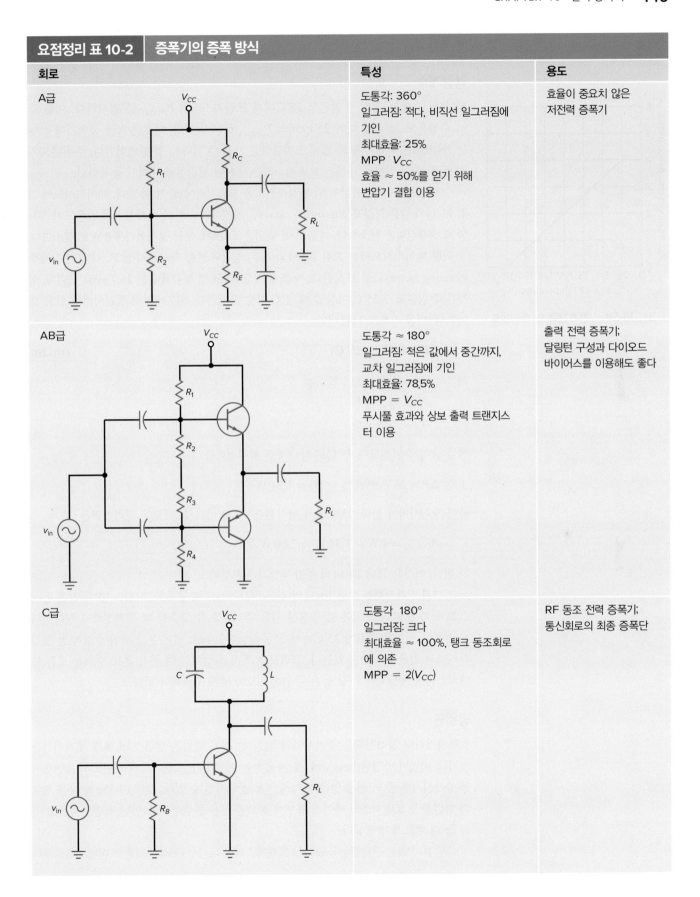

A급

도통각: 360°
일그러짐: 적다, 비직선 일그러짐에 기인
최대효율: 25%
MPP V_{CC}
효율 ≈ 50%를 얻기 위해 변압기 결합 이용

효율이 중요치 않은 저전력 증폭기

AB급

도통각 ≈ 180°
일그러짐: 적은 값에서 중간까지, 교차 일그러짐에 기인
최대효율: 78.5%
MPP = V_{CC}
푸시풀 효과와 상보 출력 트랜지스터 이용

출력 전력 증폭기;
달링턴 구성과 다이오드 바이어스를 이용해도 좋다

C급

도통각 180°
일그러짐: 크다
최대효율 ≈ 100%, 탱크 동조회로에 의존
MPP = $2(V_{CC})$

RF 동조 전력 증폭기;
통신회로의 최종 증폭단

다 훨씬 높을 수도 있다.

경감계수

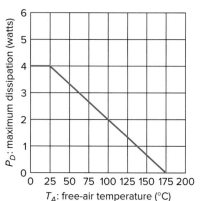

| 그림 10·34 | 정격전력 대 주위온도

데이터시트에는 흔히 주위온도 25°C에서 트랜지스터의 $P_{D(max)}$를 명시한다. 예를 들어 주위온도 25°C에 대한 2N1936의 $P_{D(max)}$는 4 W이다. 이것은 A급 증폭기에 쓰이는 2N1936은 4 W 정도의 정지 소비전력을 가질 수 있다는 것을 의미한다. 주위온도가 25°C 또는 그 이하인 때에는 트랜지스터는 명시된 정격전력 내에서 동작한다.

주위온도가 25°C 이상이 되면 정격전력을 경감시켜야(줄여야) 한다. 데이터시트에 그림 10-34와 같은 **경감곡선**(*derating curve*)을 제시하기도 한다. 보다시피 주위온도가 증가할 때 정격전력은 감소한다. 예를 들어 주위온도 100°C에서 정격전력은 2 W로 감소한다.

어떤 데이터시트에는 그림 10-34와 같은 경감곡선을 제시하지 않고, 대신 경감계수(derating factor) D를 표시한다. 예를 들어 2N1936의 경감계수는 26.7 mW/°C이다. 이 것은 주위온도가 25°C 이상일 때, 1°C 상승할 때마다 26.7 mW씩 경감시켜야 함을 의미한다. 이를 기호로 나타내면

$$\Delta P = D(T_A - 25°C) \tag{10-40}$$

여기서 ΔP = 정격전력의 감소량

D = 경감계수

T_A = 주위온도

예를 들어 주위온도가 75°C로 상승하면 정격전력을

$$\Delta P = 26.7 \text{ mW}(75 - 25) = 1.34 \text{ W}$$

만큼 경감시켜야 한다. 25°C에서 정격전력이 4 W이므로, 새로운 정격전력은

$$P_{D(max)} = 4 \text{ W} - 1.34 \text{ W} = 2.66 \text{ W}$$

가 된다. 이것은 그림 10-34의 경감곡선과 일치한다.

경감된 정격전력을 그림 10-34와 같은 경감곡선으로 구하든, 식 (10-40)과 같은 공식으로 구하든 알아 두어야 할 중요한 점은 주위온도가 상승할 때 정격전력이 경감한다는 것이다. 이것은 회로가 25°C에서 잘 동작한다고 해서 넓은 온도 범위에 걸쳐 잘 동작하리라는 것을 의미하지 않는다. 그러므로 회로를 설계할 때 동작 온도 범위는 모든 트랜지스터에 예상되는 가장 높은 주위온도보다 낮게 고려해야 한다.

방열판

트랜지스터의 정격전력을 증가시키기 위한 한 가지 방법은 열을 신속하게 제거시키는 것이다. 이것이 방열판(heat sink)을 사용하는 이유이다. 트랜지스터 케이스의 표면면적을 증가시키면 좀 더 쉽게 열을 대기 중으로 방열시킬 수 있다. 그림 10-35a와 같은 형태의 방열판을 트랜지스터 케이스 표면에 놓으면 열은 돌출부의 늘어난 표면면적으로 인해 좀 더 빠르게 방열된다.

그림 10-35b는 전력탭(power-tab) 트랜지스터를 나타낸다. 금속탭은 트랜지스터로부터

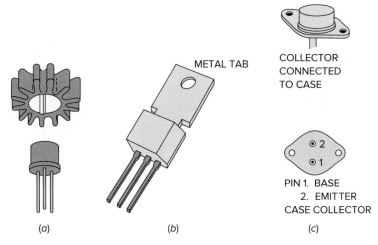

METAL TAB

COLLECTOR
CONNECTED
TO CASE

PIN 1. BASE
   2. EMITTER
CASE COLLECTOR

(a)   (b)   (c)

| 그림 10·35 | (a) 푸시온(push-on) 방열판; (b) 전력탭 트랜지스터; (c) 컬렉터를 케이스에 연결한 전력 트랜지스터

열에 대한 통로를 제공한다. 이 금속탭은 전자 장비의 섀시에 고정시킬 수 있다. 섀시는 큰 방열판 역할을 하기 때문에 열은 트랜지스터에서 섀시 쪽으로 쉽게 빠져나갈 수 있다.

그림 10-35c와 같은 대전력 트랜지스터는 열을 가능한 한 쉽게 방열시킬 수 있도록 컬렉터를 케이스에 직접 연결한다. 그다음에 트랜지스터 케이스를 섀시에 고정시킨다. 그림 10-35c의 PIN 다이어그램은 트랜지스터의 밑부분에서 본 트랜지스터의 연결을 보여 주고 있다. 컬렉터가 섀시로 단락되는 것을 방지하기 위하여 트랜지스터 케이스와 섀시 사이에 얇은 절연 워셔(washer)와 열전도성 페이스트를 사용한다. 여기서 중요한 생각은 열이 트랜지스터에서 좀 더 신속하게 제거될 수 있다는 것으로, 이는 동일한 주위 온도에서 트랜지스터가 좀 더 높은 정격전력을 갖게 된다는 것을 의미한다.

케이스 온도

트랜지스터에서 열이 발생하면, 열은 트랜지스터의 케이스를 지나 방열판으로 전달된 다음 대기 중으로 방열된다. 트랜지스터 케이스의 온도 T_C는 방열판의 온도 T_S보다 약간 높고, 또한 T_C는 주위온도 T_A보다 약간 높다.

대전력 트랜지스터의 데이터시트에는 주위온도보다는 케이스 온도에 대한 경감곡선을 제시한다. 예를 들어 그림 10-36은 2N3055의 경감곡선을 나타낸다. 케이스 온도 25°C에서 정격전력은 115 W이며, 이 정격전력은 케이스 온도 200°C에서 0으로 될 때까지 온도에 따라 직선적으로 감소한다.

때때로 경감곡선 대신 경감계수가 주어진다. 이 경우 정격전력의 감소량을 계산하기 위해 다음 식을 사용한다.

$$\Delta P = D(T_C - 25°C) \tag{10-41}$$

여기서 ΔP = 정격전력의 감소량

$\quad\quad D$ = 경감계수

$\quad\quad T_C$ = 케이스 온도

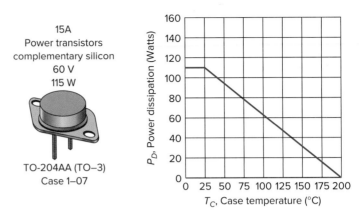

15A
Power transistors
complementary silicon
60 V
115 W

TO-204AA (TO–3)
Case 1–07

| 그림 10·36 | 2N3055 경감곡선(ON Semiconductor SCILLC의 허락하에 수록)

대전력 트랜지스터의 경감곡선을 사용하기 위하여 어느 케이스 온도에서 최악의 경우
로 되는지를 알 필요가 있다. 그다음에 새로운 최대 정격전력에 도달하도록 트랜지스터
의 정격전력을 낮출 수 있다.

응용예제 10-14

그림 10-37의 회로는 0~50℃의 주위온도 범위에 걸쳐 동작할 수 있다. 최악의 온도에
대한 트랜지스터의 최대 정격전력은 얼마인가?

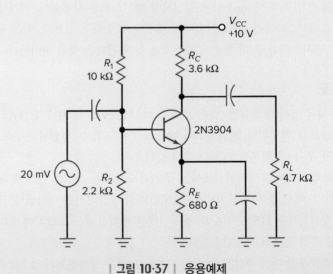

| 그림 10·37 | 응용예제

풀이 최악의 온도는 가장 높은 온도이다. 그 이유는 데이터시트에 주어진 정격전력
을 낮추기 때문이다. 그림 6-15에 있는 2N3904의 데이터시트를 보면 최대 정격전력은

$$P_D = 625 \text{ mW (주위온도 25℃에서)}$$

그리고 경감계수는 다음과 같다.

$$D = 5 \text{ mW/℃}$$

식 (10-40)을 이용하여 계산하면

$$\Delta P = (5 \text{ mW})(50 - 25) = 125 \text{ mW}$$

이다. 그러므로 50℃에서 최대 정격전력은 다음과 같다.

$$P_{D(\text{max})} = 625 \text{ mW} - 125 \text{ mW} = 500 \text{ mW}$$

연습문제 10-14 응용예제 10-14에서 주위온도가 65℃일 때, 트랜지스터의 정격전력을 구하라.

요점 __ Summary

10-1 증폭기 용어
동작 방식에는 A급, B급, C급이 있다. 결합 방식에는 용량결합, 변압기결합 및 직접결합이 있다. 주파수 용어에는 오디오(audio), RF, 협대역 및 광대역을 포함한다. 몇 가지 형태의 오디오 증폭기에는 전치 증폭기(preamp)와 전력 증폭기(power amp)가 있다.

10-2 두 가지 부하선
모든 증폭기는 직류 부하선과 교류 부하선을 갖고 있다. 최대 피크-피크 출력을 얻으려면 Q점은 교류 부하선의 중앙에 위치해야 한다.

10-3 A급 동작
전력이득은 교류 출력전력을 교류 입력전력으로 나눈 것과 같다. 트랜지스터의 정격전력은 정지 소비전력보다 커야 한다. 증폭기의 효율은 교류 출력전력을 직류 입력전력으로 나누어 100%를 곱한 것과 같다. 컬렉터저항과 부하저항을 갖는 A급 증폭기의 최대효율은 25%이다. 만일 부하저항이 컬렉터저항이거나 변압기를 사용하면 최대효율은 50%로 증가한다.

10-4 B급 동작
대부분의 B급 증폭기는 두 트랜지스터를 푸시풀로 접속하여 사용한다. 한 트랜지스터가 도통하는 동안 다른 트랜지스터가 차단되고 역(逆)도 또한 같다. 각 트랜지스터는 교류 반주기씩 증폭한다. B급의 최대효율은 78.5%이다.

10-5 B급 푸시풀 이미터 폴로어
B급은 A급보다 효율이 높다. B급 푸시풀 이미터 폴로어는 상보 *npn*과 *pnp* 트랜지스터로 이루어진다. *npn* 트랜지스터는 한 반주기 동안 동작하고, *pnp* 트랜지스터는 다른 반주기 동안 동작한다.

10-6 AB급 증폭기의 바이어스
교차 일그러짐을 제거하기 위해 B급 푸시풀 이미터 폴로어의 트랜지스터는 작은 정지전류를 갖는다. 이것을 AB급이라 한다. 전압분배 바이어스의 경우, Q점이 불안정하여 궁극적으로는 열폭주 현상이 일어날 수도 있다. 다이오드 바이어스는 넓은 온도범위에 걸쳐 Q점이 안정하므로 이 증폭기의 바이어스로 선호된다.

10-7 AB급 드라이버
신호를 출력단으로 용량결합 시키기보다 직접결합 된 드라이버단을 사용한다. 드라이버의 컬렉터전류는 보상 다이오드에 흐르는 정지전류를 결정한다.

10-8 C급 동작
대부분의 C급 증폭기는 RF 동조 증폭기이다. 입력신호는 부(−)로 클램프되며, 협대역 펄스의 컬렉터전류를 발생시킨다. 탱크회로는 기본파의 주파수에 동조되므로 모든 고차의 고조파는 제거된다.

10-9 C급 공식
C급 증폭기의 대역폭은 회로의 Q에 반비례한다. 교류 컬렉터저항은 인덕터의 병렬 등가저항과 부하저항을 포함한다.

10-10 트랜지스터 정격전력
온도가 증가할 때 트랜지스터의 정격전력은 감소한다. 트랜지스터의 데이터시트에는 경감계수를 명시하거나, 정격전력 대 온도의 그래프를 제공한다. 방열판은 열을 좀 더 신속하게 제거시킬 수 있으며, 좀 더 높은 정격전력을 만들어 줄 수 있다.

중요 수식 __ *Important Formulas*

(10-1) 포화전류:

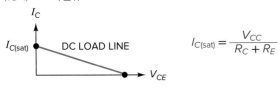

$$I_{C(sat)} = \frac{V_{CC}}{R_C + R_E}$$

(10-2) 차단전압:

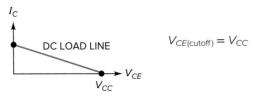

$$V_{CE(cutoff)} = V_{CC}$$

(10-7) 출력의 한계:

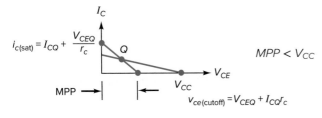

$$i_{c(sat)} = I_{CQ} + \frac{V_{CEQ}}{r_c}$$

$$MPP < V_{CC}$$

$$v_{ce(cutoff)} = V_{CEQ} + I_{CQ}r_c$$

(10-8) 최대피크:

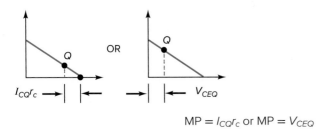

$$MP = I_{CQ}r_c \text{ or } MP = V_{CEQ}$$

(10-9) 최대 피크-피크 출력:

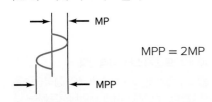

$$MPP = 2MP$$

(10-12) 전력이득:

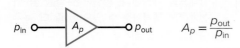

$$A_p = \frac{p_{out}}{p_{in}}$$

(10-14) 출력전력:

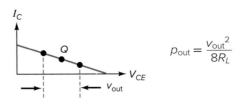

$$p_{out} = \frac{v_{out}^2}{8R_L}$$

(10-15) 최대출력:

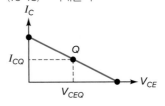

$$p_{out(max)} = \frac{MPP^2}{8R_L}$$

(10-16) 트랜지스터 전력:

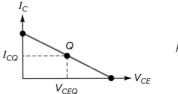

$$P_{DQ} = V_{CEQ}I_{CQ}$$

(10-17) 직류 입력전력:

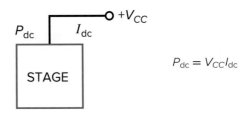

$$P_{dc} = V_{CC}I_{dc}$$

(10-18) 효율:

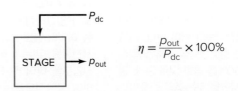

$$\eta = \frac{p_{out}}{P_{dc}} \times 100\%$$

(10-24) B급 최대출력:

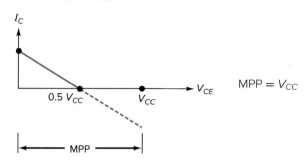

$$\text{MPP} = V_{CC}$$

(10-27) B급 트랜지스터 출력:

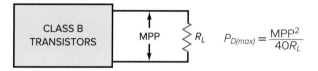

$$P_{D(max)} = \frac{\text{MPP}^2}{40R_L}$$

(10-28) AB급 바이어스:

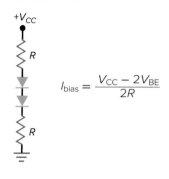

$$I_{\text{bias}} = \frac{V_{CC} - 2V_{BE}}{2R}$$

(10-29) 공진주파수:

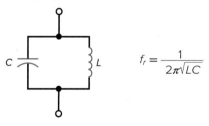

$$f_r = \frac{1}{2\pi\sqrt{LC}}$$

(10-30) 대역폭:

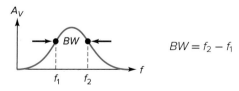

$$BW = f_2 - f_1$$

(10-31) 대역폭:

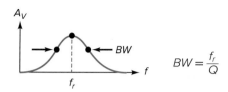

$$BW = \frac{f_r}{Q}$$

(10-32) 인덕터의 Q:

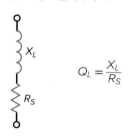

$$Q_L = \frac{X_L}{R_S}$$

(10-33) 등가 병렬저항:

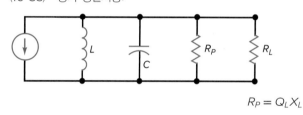

$$R_P = Q_L X_L$$

(10-34) 교류 컬렉터저항:

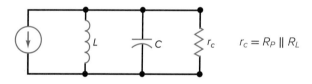

$$r_c = R_P \parallel R_L$$

(10-35) 증폭기의 Q:

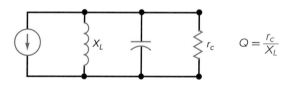

$$Q = \frac{r_c}{X_L}$$

(10-36) 듀티사이클:

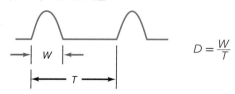

$$D = \frac{W}{T}$$

(10-38) 최대출력:

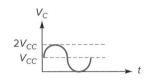

MPP = $2V_{CC}$

(10-39) 소비전력:

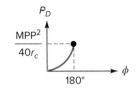

$$P_D = \frac{MPP^2}{40r_c}$$

연관 실험 __ *Correlated Experiments*

실험 28
A급 증폭기

실험 29
B급 푸시풀 증폭기

실험 30
오디오 증폭기

실험 31
C급 증폭기

시스템 응용 3
다단 트랜지스터 응용

복습문제 __ *Self-Test*

1. B급 동작의 경우, 컬렉터전류는 다음 중 어느 동안 흐르는가?
  a. 전 주기   b. 1/2 주기
  c. 1/2 주기 미만   d. 1/4 주기 미만

2. 변압기결합은 다음 중 어떤 결합의 예인가?
  a. 직접결합
  b. 교류결합
  c. 직류결합
  d. 임피던스결합

3. 오디오 증폭기의 동작주파수 범위는?
  a. 0~20 Hz
  b. 20 Hz~2 kHz
  c. 20 Hz~20 kHz
  d. 20 kHz 이상

4. RF 동조 증폭기는?
  a. 협대역이다.
  b. 광대역이다.
  c. 직접결합 된다.
  d. 직류증폭기이다.

5. 전치증폭기의 첫째 단은?
  a. RF 동조 증폭단이다.
  b. 대신호이다.
  c. 소신호이다.

  d. 직류증폭기이다.

6. 최대 피크-피크 출력전압을 얻기 위한 Q점의 위치는 어디인가?
  a. 포화점 근처
  b. 차단점 근처
  c. 직류 부하선의 중앙
  d. 교류 부하선의 중앙

7. 증폭기가 두 가지 부하선을 갖는 이유는 무엇인가?
  a. 교류 및 직류 컬렉터저항을 갖기 때문이다.
  b. 두 가지 등가회로를 갖기 때문이다.
  c. 직류는 한 가지 상태로, 교류는 또 다른 상태로 동작하기 때문이다.
  d. 위의 보기 모두 답이다.

8. Q점이 교류 부하선의 중앙에 있을 때, 최대 피크-피크 출력전압은?
  a. V_{CEQ} b. $2V_{CEQ}$
  c. I_{CQ} d. $2I_{CQ}$

9. 푸시풀 증폭기는 보통 어떤 증폭 방식으로 사용하는가?
  a. A급
  b. B급
  c. C급
  d. 위의 보기 모두 답이다.

10. B급 푸시풀 증폭기의 한 가지 장점은?
  a. 정지 전류 흐름이 없다.
  b. 최대효율이 78.5%이다.
  c. A급보다 효율이 더 높다.
  d. 위의 보기 모두 답이다.

11. C급 증폭기는 거의 항상 _____.
  a. 증폭단 사이에 변압기 결합 된다
  b. 가청주파수에서 동작한다
  c. RF 동조 증폭기이다
  d. 광대역이다

12. C급 증폭기의 입력신호는?
  a. 베이스에서 부(−)로 클램프된다.
  b. 반전 증폭된다.
  c. 짧은 펄스의 컬렉터전류를 발생시킨다.
  d. 위의 보기 모두 답이다.

13. C급 증폭기의 컬렉터전류는?
  a. 입력전압의 증폭된 변형이다.
  b. 고조파를 갖고 있다.
  c. 부(−)로 클램프된다.
  d. 반주기 동안 흐른다.

14. C급 증폭기의 대역폭이 감소할 때는?
  a. 공진주파수가 증가할 때
  b. Q가 증가할 때

c. X_L이 감소할 때

d. 부하저항이 감소할 때

15. C급 증폭기의 트랜지스터 소비전력이 감소할 때는 언제인가?

a. 공진주파수가 증가할 때

b. 코일 Q가 증가할 때

c. 부하저항이 감소할 때

d. 커패시턴스가 증가할 때

16. 트랜지스터의 정격전력은 다음 어느 것에 의해 증가될 수 있는가?

a. 온도 상승에 의해

b. 방열판을 사용함으로써

c. 경감곡선을 사용함으로써

d. 0 입력신호로 동작시킴에 의해

17. 컬렉터저항이 다음 어느 것과 같을 때, 교류 부하선과 직류 부하선이 같아지는가?

a. 직류 이미터저항

b. 교류 이미터저항

c. 직류 컬렉터저항

d. 전원전압을 컬렉터전류로 나눈 값

18. R_C = 100 Ω이고 R_L = 180 Ω인 경우, 교류 부하저항은?

a. 64 Ω   b. 100 Ω

c. 90 Ω   d. 180 Ω

19. 정지 컬렉터전류와 같은 것은?

a. 직류 컬렉터전류

b. 교류 컬렉터전류

c. 전체 컬렉터전류

d. 전압분배기 전류

20. 일반적으로 교류 부하선은?

a. 직류 부하선과 같다.

b. 직류 부하선보다 기울기가 작다.

c. 직류 부하선보다 기울기가 가파르다.

d. 수평이다.

21. Q점이 CE 직류 부하선의 포화점보다 차단점에 가깝게 위치할 때, 클리핑이 발생하는 곳은?

a. 입력전압의 (+)피크

b. 출력전압의 (−)피크

c. 출력전압의 (−)피크

d. 이미터전압의 (−)피크

22. A급 증폭기에서 흐르는 컬렉터전류는?

a. 반주기 미만   b. 반주기

c. 한 주기 미만   d. 한 주기

23. A급 증폭기에서 출력신호는?

a. 클리핑이 발생하지 않아야 한다.

b. (+) 피크전압이 클리핑되어야 한다.

c. (−) 피크전압이 클리핑되어야 한다.

d. (−) 피크전류가 클리핑되어야 한다.

24. 순간 동작점은 다음 어느 것을 따라 스윙하는가?

a. 교류 부하선

b. 직류 부하선

c. 두 부하선 모두

d. 어느 부하선도 아님

25. 증폭기의 전류 흐름은?

a. 신호발생기로부터의 전체 교류전류이다.

b. 전원장치로부터의 전체 직류전류이다.

c. 베이스에서 컬렉터로의 전류이득이다.

d. 컬렉터에서 베이스로의 전류이득이다.

26. 증폭기의 전력이득은?

a. 전압이득과 같다.

b. 전압이득보다 적다.

c. 출력전력을 입력전력으로 나눈 것과 같다.

d. 부하전력과 같다.

27. 방열판이 감소시키는 것은 무엇인가?

a. 트랜지스터 전력

b. 주위온도

c. 접합부 온도

d. 컬렉터전류

28. 주위온도가 증가할 때, 트랜지스터 최대 정격전력은?

a. 감소한다.   b. 증가한다.

c. 변함 없다.   d. 답이 없다.

29. 부하전력이 300 mW이고 직류전력이 1.5 W인 경우, 효율은?

a. 0   b. 2%

c. 3%   d. 20%

30. 이미터 폴로어의 교류 부하선은 보통 _____.

a. 직류 부하선과 같다

b. 수직이다

c. 직류 부하선보다 좀 더 수평이다

d. 직류 부하선보다 더 가파르다

31. 이미터 폴로어의 V_{CEQ} = 6 V, I_{CQ} = 200 mA, r_e = 10 Ω인 경우, 클리핑이 없는 최대 피크-피크 출력전압은?

a. 2 V   b. 4 V

c. 6 V   d. 8 V

32. 보상 다이오드의 교류저항은?

a. 포함되어야 한다.

b. 매우 크다.

c. 보통 무시할 정도로 충분히 작다.

d. 온도 변화를 보상한다.

33. Q점이 직류 부하선의 중앙에 위치하는 경우, 클리핑이 처음 발생하는 곳은?

a. 왼쪽 전압 스윙

b. 위쪽으로 향하는 전류 스윙

c. 입력의 (+) 반주기

d. 입력의 (−) 반주기

34. B급 푸시풀 증폭기의 최대효율은?

a. 25%   b. 50%

c. 78.5%   d. 100%

35. AB급 푸시풀 증폭기에 작은 정지전류는 다음 중 무엇을 피하기 위해 필요한가?

a. 교차 일그러짐

b. 보상 다이오드의 파괴

c. 과도한 전류 흐름

d. 드라이버단의 부하 효과

기본문제 __ *Problems*

10-2 두 가지 부하선

10-1 그림 10-38에서 직류 컬렉터저항과 직류 포화전류는 얼마인가?

10-2 그림 10-38에서 교류 컬렉터저항과 교류 포화전류는 얼마인가?

10-3 그림 10-38에서 최대 피크-피크 출력은 얼마인가?

10-4 그림 10-38에서 모든 저항을 2배로 할 때, 교류 컬렉터저항은 얼마인가?

10-5 그림 10-38에서 모든 저항을 3배로 할 때, 최대 피크-피크 출력은 얼마인가?

10-6 그림 10-39에서 직류 컬렉터저항과 직류 포화전류는 얼마인가?

10-7 그림 10-39에서 교류 컬렉터저항과 교류 포화전류는 얼마인가?

10-8 그림 10-39에서 최대 피크-피크 출력은 얼마인가?

10-9 그림 10-39에서 모든 저항을 2배로 해 주면, 교류 컬렉터저항은 얼마인가?

10-10 그림 10-39에서 모든 저항을 3배로 해 주면, 최대 피크-피크 출력은 얼마인가?

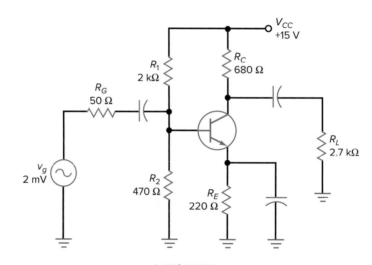

| 그림 10·38 |

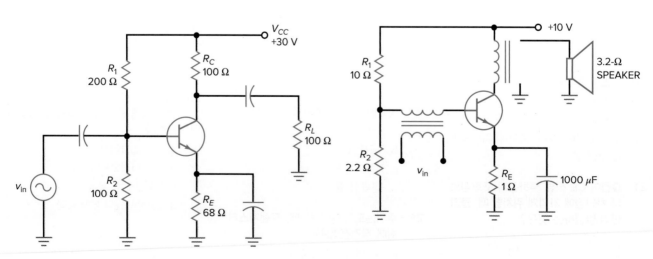

| 그림 10·39 | | 그림 10·40 |

10-3 A급 동작

10-11 증폭기의 입력전력이 4 mW이고 출력전력이 2 W일 때, 전력이득은 얼마인가?

10-12 1 kΩ의 부하저항 양단에서 증폭기의 피크-피크 출력전압이 15 V라면, 입력전력이 400 μW일 때 전력이득은 얼마인가?

10-13 그림 10-38의 전류 흐름은 얼마인가?

10-14 그림 10-38의 증폭기에 공급되는 직류전력은 얼마인가?

10-15 그림 10-38의 입력신호가 부하저항 양단에서 최대 피크-피크 출력전압이 될 때까지 증가된다면, 효율은 얼마인가?

10-16 그림 10-38의 정지 소비전력은 얼마인가?

10-17 그림 10-39의 전류 흐름은 얼마인가?

10-18 그림 10-39의 증폭기에 공급되는 직류전력은 얼마인가?

10-19 그림 10-39의 입력신호가 부하저항 양단에서 최대 피크-피크 출력전압이 될 때까지 증가된다면, 효율은 얼마인가?

10-20 그림 10-39의 정지 소비전력은 얼마인가?

10-21 그림 10-40에서 V_{BE} = 0.7 V인 경우, 직류 이미터전류는 얼마인가?

10-22 그림 10-40의 스피커는 3.2 Ω의 부하저항과 같다. 스피커 양단전압이 5 V_{p-p}라면, 출력전력과 증폭기의 효율은 얼마인가?

10-6 AB급 증폭기의 바이어스

10-23 AB급 푸시풀 이미터 폴로어의 교류 부하선의 차단전압이 12 V이다. 최대 피크-피크 전압은 얼마인가?

10-24 그림 10-41에서 각 트랜지스터의 최대 소비전력은 얼마인가?

10-25 그림 10-41에서 최대 출력전력은 얼마인가?

10-26 그림 10-42에서 정지 컬렉터전류는 얼마인가?

10-27 그림 10-42에서 증폭기의 최대효율은 얼마인가?

10-28 그림 10-42에서 바이어스저항들을 1 kΩ으로 바꾸어 주면, 정지 컬렉터전류와 증폭기의 효율은 얼마인가?

10-7 AB급 드라이버

10-29 그림 10-43에서 최대 출력전력은 얼마인가?

10-30 그림 10-43에서 β = 200인 경우, 전치증폭기단의 전압이득은 얼마인가?

10-31 그림 10-43에서 Q_3와 Q_4의 전류이득이 200인 경우, 드라이버 증폭단의 전압이득은 얼마인가?

10-32 그림 10-43에서 출력전력 증폭단에서의 정지 컬렉터전류는 얼마인가?

10-33 그림 10-43에서 3단 증폭기에 대한 전체 전압이득은 얼마인가?

10-8 C급 동작

10-34 ▌▌▌**MultiSim** 그림 10-44에서 입력전압이 5 V_{rms}라면, 피크-피크 입력전압은 얼마인가? 만일 베이스와 접지 사이에 직류전압이 측정된다면, DMM의 지시값은 얼마인가?

10-35 ▌▌▌**MultiSim** 그림 10-44에서 공진주파수는 얼마인가?

10-36 ▌▌▌**MultiSim** 그림 10-44에서 인덕턴스가 2배로 되면, 공진주파수는 얼마인가?

10-37 ▌▌▌**MultiSim** 그림 10-44에서 C_3 커패시턴스를 100 pF으로 변화시키면, 공진주파수는 얼마인가?

10-9 C급 공식

10-38 그림 10-44와 같은 C급 증폭기의 출력전력이 11 mW이고 입력전력이 50 μW이면, 전력이득은 얼마인가?

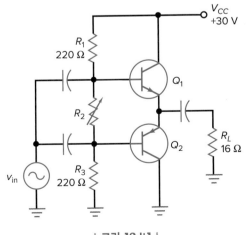

| 그림 10·41 |

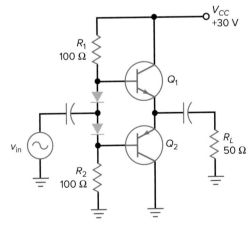

| 그림 10·42 |

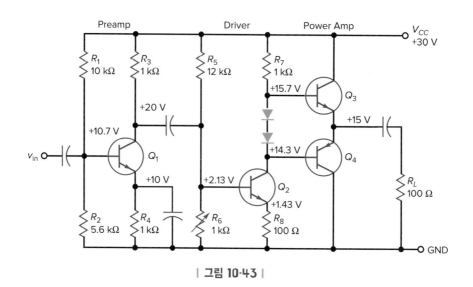

| 그림 10·43 |

10-39 그림 10-44에서 출력전압이 50 V_{p-p}인 경우, 출력전력은 얼마인가?

10-40 그림 10-44에서 최대 교류 출력전력은 얼마인가?

10-41 그림 10-44에서 전류 흐름이 0.5 mA인 경우, 직류 입력전력은 얼마인가?

10-42 그림 10-44에서 전류 흐름이 0.4 mA이고 출력전압이 30 V_{p-p}인 경우, 효율은 얼마인가?

10-43 그림 10-44에서 인덕터의 Q가 125인 경우, 증폭기의 대역폭은 얼마인가?

10-44 그림 10-44(Q = 125)에서 최악의 경우의 트랜지스터 소비전력은 얼마인가?

10-10 트랜지스터 정격전력

10-45 그림 10-44에 2N3904를 사용한다. 만일 회로가 0~100°C의 주위온도 범위에서 동작해야 한다면, 최악의 경우 트랜지스터의 최대 정격전력은 얼마인가?

10-46 트랜지스터가 그림 10-34와 같은 경감곡선을 갖는다. 주위온도 100°C에 대한 최대 정격전력은 얼마인가?

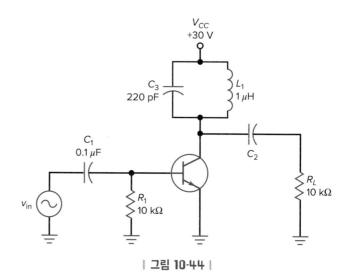

| 그림 10·44 |

10-47 2N3055의 데이터시트에 케이스 온도 25°C에 대한 정격전력이 115 W로 적혀 있다. 경감계수가 0.657 W/°C인 경우, 케이스 온도가 90°C일 때는 $P_{D(max)}$는 얼마인가?

응용문제 __ *Critical Thinking*

10-48 정현파 입력에 대한 증폭기의 출력이 구형파이다. 이를 어떻게 설명하겠는가?

10-49 그림 10-36에 있는 것과 같은 전력 트랜지스터가 증폭기로 이용된다. 누군가가 여러분에게 케이스가 접지되었으니까 안심하고 케이스를 만질 수 있다고 말해 준다면, 이에 대해 어떻게 생각하는가?

10-50 여러분이 서점에 있고 선자공학 책에서 "어떤 전력 증폭기가 125%의 효율을 갖는다"라는 내용을 읽는다면, 이 책을 사겠

는가? 대답의 이유를 설명하라.

10-51 보통 교류 부하선이 직류 부하선보다 좀 더 수직적이다. 학급 친구가 회로의 교류 부하선이 직류 부하선보다 덜 수직적으로 그릴 수 있다고 내기를 하자고 하면, 내기를 하겠는가? 설명하라.

10-52 그림 10-38에 대한 식류 부하선과 교류 부하선을 그려라.

MultiSim 고장점검 문제 __ *MultiSim Troubleshooting Problems*

멀티심 고장점검 파일들은 http://mhhe.com/malvino9e의 온라인학습센터(OLC)에 있는 멀티심 고장점검 회로(MTC)라는 폴더에서 찾을 수 있다. 이 장에 관련된 파일은 MTC10-53~MTC10-57로 명칭되어 있고 모두 그림 10-43의 회로를 바탕으로 한다.

각 파일을 열고 고장점검을 실시한다. 결함이 있는지 결정하기 위해 측정을 실시하고, 결함이 있다면 무엇인지를 찾아라.

10-53 MTC10-53 파일을 열어 고장점검을 실시하라.

10-54 MTC10-54 파일을 열어 고장점검을 실시하라.

10-55 MTC10-55 파일을 열어 고장점검을 실시하라.

10-56 MTC10-56 파일을 열어 고장점검을 실시하라.

10-57 MTC10-57 파일을 열어 고장점검을 실시하라.

디지털/아날로그 실습 시스템 __ *Digital/Analog Trainer System*

문제 10-58에서 10-62는 부록 C에 있는 디지털/아날로그 실습 시스템의 회로도에 대한 것이다. 모델 XK-700 실습기용 전체 설명 매뉴얼은 www.elenco.com에서 찾을 수 있다.

10-58 트랜지스터 Q_1과 Q_2를 이용하여 형성한 회로의 형태는 무엇인가?

10-59 R_{46}과 R_{47}의 접합 지점에서 측정되는 MPP 출력값은?

10-60 D_{16}과 D_{17} 다이오드의 사용 목적은?

10-61 D_{16}과 D_{17} 다이오드의 전압강하를 위해 0.7 V를 사용하였다. Q_1과 Q_2에 대한 근사 정지 컬렉터 전류 값은?

10-62 파워앰프에 교류 입력신호가 없다면, R_{46}과 R_{47}의 접합 지점에 나타나는 정상 직류전압 레벨은?

직무 면접 문제 __ *Job Interview Questions*

1. 증폭기의 세 가지 증폭 방식에 대하여 말해 보라. 또 컬렉터전류 파형을 그려서 증폭 방식을 설명하라.

2. 증폭단 사이에 이용되는 세 가지 결합 방식을 간단한 도식도(schematic)로 그려라.

3. VDB 증폭기를 그리고, 그런 다음 직류 부하선과 교류 부하선을 그려라. Q점이 교류 부하선의 중앙에 있다고 가정하면, 교류 포화전류와 교류 차단전압 및 최대 피크-피크 전압은 얼마인가?

4. 2단 증폭기 회로를 그리고, 전원장치에 의한 전체 전류 흐름을 구하는 방법에 대하여 설명하라.

5. C급 동조 증폭기를 그리고, 공진주파수를 계산하는 방법과 베이스에서 교류신호에 무슨 일이 일어나는지를 말해 보라. 또 짧은 펄스의 컬렉터전류가 공진 탱크회로에서 어떻게 정현파 전압을 발생시키는 것이 가능한지를 설명하라.

6. C급 증폭기의 가장 일반적인 응용은 무엇인가? 이 형태의 증폭기가 오디오 응용에 이용될 수 있는가? 이용될 수 없으면, 그 이유는 무엇인가?

7. 방열판의 사용 목적을 설명하라. 또한 트랜지스터와 방열판 사이에 절연 워셔를 끼워 놓는 이유는 무엇인가?

8. 듀티사이클은 무엇을 의미하며, 신호원에 의해 공급되는 전력과 어떤 관계가 있는가?

9. Q를 정의하라.

10. 어느 증폭기의 증폭 방식이 효율이 가장 높은가? 그 이유를 설명하라.

11. 트랜지스터와 방열판을 교체하는데 방열판 박스 안에 흰색 물질이 들어 있는 패키지가 있다. 이것이 무엇인가?

12. A급 증폭기와 C급 증폭기를 비교하고, 이들 중 어느 것의 충실도(fidelity)가 더 탁월한가? 그 이유는 무엇인가?

13. 단지 좁은 주파수 범위만 증폭하고자 할 때, 어떤 형태의 증폭기를 이용하는가?

14. 여러분이 많이 다루어 본 다른 형태의 증폭기에는 어떤 것이 있는가?

복습문제 해답 __ *Self-Test Answers*

1. b

2. b

3. c

4. a

5. c

6. d

7. d

8. b

9. b

10. d

11. c

12. d

13.	b	**19.**	a	**25.**	b	**31.**	b
14.	b	**20.**	c	**26.**	c	**32.**	c
15.	b	**21.**	b	**27.**	c	**33.**	d
16.	b	**22.**	d	**28.**	a	**34.**	c
17.	c	**23.**	a	**29.**	d	**35.**	a
18.	a	**24.**	a	**30.**	d		

연습문제 해답 __ *Practice Problem Answers*

10-1 $I_{CQ} = 100$ mA;
$V_{CEQ} = 15$ V

10-2 $i_{c(sat)} = 350$ mA;
$V_{CE(cutoff)} = 21$ V;
MPP $= 12$ V

10-3 $A_p = 1122$

10-5 $R = 200\ \Omega$

10-6 $I_{CQ} = 331$ mA;
$V_{CEQ} = 6.7$ V;
$r_e = 8\ \Omega$

10-7 MPP $= 5.3$ V

10-8 $P_{D(max)} = 2.8$ W;
$P_{out(max)} = 14$ W

10-9 효율 $= 63\%$

10-10 효율 $= 78\%$

10-11 $f_r = 4.76$ MHz;
$v_{out} = 24$ V$_{p-p}$

10-13 $P_D = 16.6$ mW

10-14 $P_{D(max)} = 425$ mW

chapter 11

접합 전계효과 트랜지스터

JFETs

바이폴라 접합 트랜지스터(bipolar junction transistor: BJT)는 전자와 정공이라는 두 가지 형의 전하에 의존하므로 바이폴라(bipolar: 쌍극성)라 부르는데, 접두사 *bi*는 two 를 의미한다. 이 장에서는 **전계효과 트랜지스터**(field-effect transistor: FET)라 불리는 **유니폴라**(unipolar: 단극성) 트랜지스터를 살펴본다. 유니폴라 트랜지스터는 전자 또는 정공이라는 한 가지 형의 전하에 의해 동작된다. 즉, 전계효과 트랜지스터는 다수캐리어로 동작하는 소자이다.

대부분의 선형 응용 분야에서 바이폴라 트랜지스터가 많이 애용되지만, 경우에 따라 높은 입력임피던스와 몇 가지 특성 때문에 FET가 더욱 잘 쓰이는 분야도 있다. 더구나 FET는 스위칭 분야에서 더 선호되어 쓰이고 있다. 그 이유는 FET에는 소수캐리어가 없기 때문이다. 그 결과 접합 부근에 축적된 전하가 없으므로 스위칭을 빨리 할 수 있다.

유니폴라 트랜지스터에는 JFET와 MOSFET이라는 두 종류가 있다. 이 장에서는 JFET 와 응용분야에 대해 검토하고 다음 장에서 금속산화물 반도체 트랜지스터(MOSFET)와 그 응용분야에 대해 다룬다.

학습목표

목차

주요 용어

게이트 바이어스(gate bias)

게이트(gate)

게이트소스 차단전압(gate-source cutoff voltage)

공통소스 증폭기(common-source amplifier)

드레인(drain)

병렬스위치(shunt switch)

소스(source)

소스폴로어(source follower)

옴영역(ohmic region)

자기바이어스(self-bias)

자동이득제어(automatic gain control: AGC)

전계효과 트랜지스터(field-effect transistor: FET)

전계효과(field effect)

전달컨덕턴스 곡선(transconductance curve)

전달컨덕턴스(transconductance)

전류원 바이어스(current-source bias)

전압제어 소자(voltage-controlled device)

직렬스위치(series switch)

채널(channel)

초퍼(chopper)

핀치오프전압(pinch-off voltage)

11-1 기본 개념

먼저 JFET에 대해 고찰해 보자. 그림 11-1a는 n형의 반도체 막대로서 이 막대의 상하단에 전극을 접촉시켜 아래쪽을 **소스**(source), 위쪽을 **드레인**(drain)이라 부른다. 이 두 전극 사이에 공급전압 V_{DD}를 인가하면 소스에서 드레인으로 다수캐리어인 자유전자의 흐름이 발생한다. JFET를 제작하기 위해 그림 11-1b와 같이 n형 반도체 내에 2개의 p형 반도체 영역을 확산시킨다. 이 p형 영역은 내부적으로 **게이트**(gate) 단자에 연결되어 있다.

전계효과

그림 11-2는 JFET에 대한 통상적인 바이어스를 나타낸다. 드레인전압은 양이며 게이트전압은 음이다. **전계효과**(field effect)란 단어는 각 p영역 부근의 공핍층과 관련이 있다. 이 공핍층은 n형에서 p형으로 자유전자가 확산되어 일어나는 효과이다. 색칠한 부분은 자유전자와 정공이 재결합되어 공핍층이 형성된다.

게이트의 역바이어스

그림 11-2에서 p형과 n형 게이트는 게이트-소스 다이오드를 만든다. JFET에서 게이트-소스 다이오드는 항상 **역바이어스**(*reverse bias*)이다. 역바이어스이기 때문에 게이트전류 I_G는 거의 0이다. 이것은 JFET가 거의 무한대의 입력저항을 가진다는 의미이다.

전형적인 JFET는 입력저항으로 수백 MΩ을 가진다. 이런 특성은 JFET가 바이폴라 트랜지스터를 넘는 큰 장점이다. 이런 이유로 JFET는 높은 입력임피던스가 요구되는 응용에서 뛰어나다. JFET의 가장 중요한 응용 중에 하나는 **소스폴로어**(*source follower*)인데 이 회로는 저주파수에서 입력임피던스가 수백 MΩ인 것을 제외하고 이미터 폴로어와 비슷한 회로이다.

게이트전압이 드레인전류를 조절한다

그림 11-2에서 소스에서 드레인으로 흐르는 전자는 공핍층 사이의 좁은 **채널**(channel)

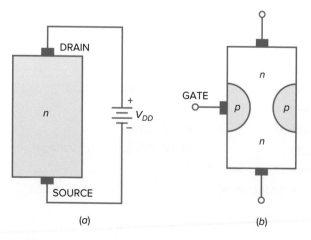

| 그림 11-1 | (a) JFET의 부분; (b) 하나의 게이트를 갖는 JFET

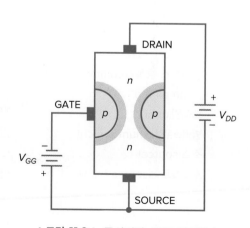

| 그림 11-2 | 통상적인 JFET 바이어스

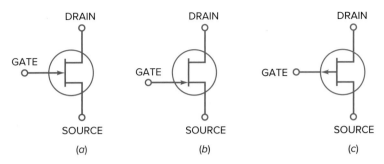

| 그림 11-3 | (a) 도식적 기호; (b) 오프셋게이트 기호; (c) P채널 기호

을 통과해야 한다. 게이트전압이 더욱 음으로 되면 공핍층은 확장되고 채널은 더욱 좁아진다. 즉, 게이트전압이 음이 되면 될수록 드레인소스 전류는 더욱 작아진다.

이와 같이 입력전압이 출력전류를 조절하므로 JFET는 **전압제어 소자**(voltage-controlled device)라 한다. JFET에서 게이트소스 전압 V_{GS}는 드레인에서 소스로 흐르는 전류를 조절한다. V_{GS}가 0일 때 최대의 드레인전류가 JFET를 통해 흐르는데 이것이 JFET를 평상시-on 상태인 소자라고 하는 이유이다. 반면에 V_{GS}가 충분히 음이면 공핍층은 서로 접촉하므로 드레인전류는 차단된다.

도식적 기호

그림 11-2는 드레인과 소스 사이의 채널이 n형 반도체이므로 n채널 JFET라 부른다. 그림 11-3a는 n채널 JFET를 나타내는 도식적 기호이다. 저주파 응용 시에는 소스와 드레인을 서로 바꾸어 사용해도 관계없다.

그러나 고주파에서는 소스와 드레인 단자를 서로 바꿔 사용할 수 없다. 거의 항상 제조자는 JFET에서 드레인 쪽의 내부 커패시턴스를 최소화한다. 즉, 게이트와 드레인 사이의 커패시턴스는 게이트와 소스 사이의 커패시턴스보다 작다. 이후 장에서 회로에 영향을 미치는 내부 커패시턴스 효과를 배울 것이다.

그림 11-3b는 n채널 JFET를 나타내는 또 하나의 도식적 기호이다. 오프셋게이트를 가지는 기호는 공학자와 전문기술자에게 각광받고 있다. 이 오프셋게이트는 그림과 같이 화살표를 JFET 소자의 소스 끝부분에 표시하며 특히 복잡한 다단회로 설계에 확실한 장점이 있다.

또한 p채널 JFET가 있으며 그림 11-3c와 같이 게이트의 화살표를 반대로 하면 된다. 이는 n채널과 상보이다. 즉, 전압 및 전류가 n채널과 반대이다. 채널 JFET를 반대로 하기 위해 게이트는 소스에 대하여 양극으로 만들어진다. 그러므로 V_{GS}는 양극이 된다.

예제 11-1

2N5486은 역방향 게이트전압이 20 V일 때 1 nA의 게이트전류가 흐른다. 이 JFET의 입력저항을 구하라.

11-2 드레인 곡선

그림 11-4a는 정상적인 바이어스를 가진 JFET를 나타낸다. 이 회로에서 게이트소스 전압 V_{GS}는 게이트 공급전압 V_{GG}와 같으며, 드레인소스 전압 V_{DS}는 드레인 공급전압 V_{DD}와 같다.

최대 드레인전류

그림 11-4b와 같이 게이트를 소스에 단락시키면 $V_{GS} = 0$이므로 최대 드레인전류가 흐른다. 그림 11-4c는 게이트가 단락된 상태에서 드레인전류 I_D 대 드레인소스 전압 V_{DS}의 관계를 그래프로 나타낸 것이다. 드레인전류가 급격히 증가하고 V_{DS}가 V_P보다 크면 거의 수평을 이룬다.

참고사항

핀치오프전압 V_P는 채널저항이 증가함에 따라 V_{DS}를 더 크게 하는 점이다. 이것은 채널저항이 V_P 위의 V_{DS}에서 증가한다면, I_D는 V_P 위에서 똑같은 값을 유지해야만 한다는 것을 의미한다.

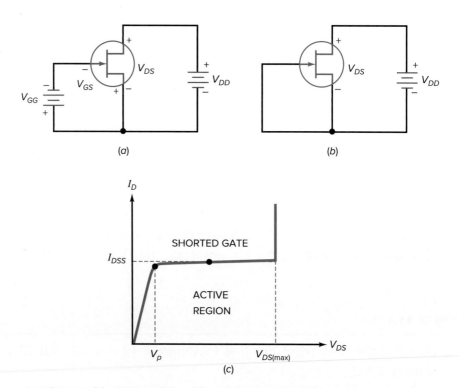

| 그림 11·4 | (a) 정상적 바이어스; (b) 0 게이트전압; (c) 단락된 게이트에서 드레인전류

왜 드레인전류는 거의 일정한가? 먼저 V_{DS}가 증가하면 공핍층이 넓어진다. $V_{DS} = V_P$일 때 공핍층은 거의 맞닿는다. 이로 인해 좁은 채널은 더 이상의 전류 증가를 막아 최대전류 I_{DSS}를 가진다.

JFET의 활성영역은 V_P와 $V_{DS(max)}$ 사이이다. 최소전압 V_P를 **핀치오프전압**(pinch-off voltage)이라 부르고 최대전압 $V_{DS(max)}$를 **항복전압**(*breakdown voltage*)이라 한다. 핀치오프와 항복 사이에서 JFET는 $V_{GS} = 0$일 때 거의 I_{DSS}값을 가지는 전류원과 같다.

I_{DSS}는 게이트가 단락된 상태에서 드레인으로부터 소스로 흐르는 전류이다. 이는 JFET가 가질 수 있는 최대 드레인전류이다. JFET 데이터시트는 이 값을 표시하고 있으며 몇몇 중요한 값 중의 하나이다. 여러분은 JFET에 흐르는 최대 전류값을 항상 데이터시트에서 찾아보아야 한다.

옴영역

그림 11-5에서 핀치오프전압(V_P)은 2개의 중요한 동작영역을 구분시킨다. 그림에서 거의 수평인 영역을 활성영역이라 하고, 핀치오프전압보다 작은 부분에 해당하는 거의 수직인 영역을 **옴영역**(ohmic region)이라 한다.

옴영역에서 동작될 때 JFET는 저항과 같다.

$$R_{DS} = \frac{V_P}{I_{DSS}} \tag{11-1}$$

여기서 R_{DS}를 JFET의 옴저항이라 한다. 그림 11-5에서 $V_P = 4$ V, $I_{DSS} = 10$ mA이면 옴 저항은 다음과 같다.

$$R_{DS} = \frac{4 \text{ V}}{10 \text{ mA}} = 400 \text{ } \Omega$$

JFET가 옴영역 어느 곳에서든지 동작하면 400 Ω의 저항을 가진다.

게이트 차단전압

그림 11-5는 10 mA의 I_{DSS}를 가지는 드레인 곡선을 나타낸다. 맨 위의 곡선은 $V_{GS} = 0$일 경우로 핀치오프전압은 4 V이고 항복전압은 30 V이다. 그 아래 곡선은 $V_{GS} = -1$ V

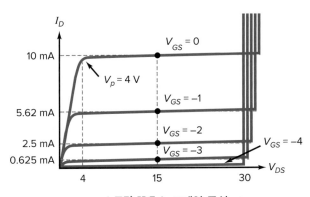

| 그림 11·5 | 드레인 곡선

이고 그다음은 $V_{GS} = -2$ V이다. 보다시피 게이트소스 전압이 음이 되면 될수록 드레인전류는 작아진다.

맨 마지막 곡선이 중요한데 $V_{GS} = -4$ V이면 드레인전류는 거의 0이다. 이 전압을 **게이트소스 차단전압**(gate-source cutoff voltage)이라 부르며 데이터시트에 $V_{GS(off)}$로 나타낸다. 이 전압에서 공핍층은 서로 닿아 채널이 사라지며 드레인전류는 거의 0이 된다.

그림 11-5에서 $V_{GS(off)} = -4$ V이고 $V_P = 4$ V이다. 이는 우연이 아니다. 두 전압은 항상 공핍층이 만나느냐 안 만나느냐를 나타내므로 같은 크기를 가진다. 데이터시트에는 2개의 값 중에서 어느 하나만을 나타내며 다른 한 값은 다음 식으로부터 얻기 바란다.

$$V_{GS(off)} = -V_P \tag{11-2}$$

예제 11-2

MPF4857은 $V_P = 6$ V이고 $I_{DSS} = 100$ mA이다. 옴저항과 게이트소스 차단전압을 구하라.

풀이 옴저항은

$$R_{DS} = \frac{6\text{ V}}{100\text{ mA}} = 60\ \Omega$$

이며 핀치오프전압이 6 V이므로 게이트소스 차단전압은

$$V_{GS(off)} = -6\text{ V}$$

이다.

연습문제 11-2 2N5484는 $V_{GS(off)} = -3.0$ V이고 $I_{DSS} = 5$ mA이다. 옴저항과 핀치오프전압을 구하라.

11-3 전달컨덕턴스 곡선

JFET의 **전달컨덕턴스 곡선**(transconductance curve)은 드레인전류와 게이트소스 전압과의 관계를 나타내는 I_D-V_{GS} 그래프이다. 그림 11-5에서 각 곡선의 I_D와 V_{GS} 값을 읽으면 그림 11-6a와 같은 곡선을 그릴 수 있다. V_{GS}가 0에 가까워짐에 따라 전류가 더욱 빨리 증가하므로 이 곡선은 이 비선형 특성을 가진다는 사실을 명심하기 바란다.

JFET는 그림 11-6b와 같은 전달컨덕턴스 곡선을 가진다. 이 곡선의 끝점은 $V_{GS(off)}$와 I_{DSS}이다. 이 그래프의 방정식은 다음과 같다.

$$I_D = I_{DSS}\left(1 - \frac{V_{GS}}{V_{GS(off)}}\right)^2 \tag{11-3}$$

이 방정식에서 제곱항으로 인하여 JFET를 종종 **제곱법칙 소자**로 부른다. 제곱항이 있으므로 그림 11-6b와 같이 비선형이다.

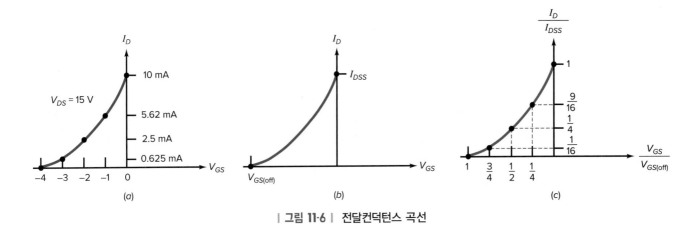

| 그림 11·6 | 전달컨덕턴스 곡선

그림 11-6c는 JFET 특성을 정규화한 전달컨덕턴스 곡선이다. 여기서 **정규화**의 의미는 I_D/I_{DSS}와 $V_{GS}/V_{GS(\text{off})}$같이 이 비율을 그래프화한 것이다.

그림 11-6c의 그래프를 해석하면

$$\frac{V_{GS}}{V_{GS(\text{off})}} = \frac{1}{2}$$

일 때 정규화된 전류는

$$\frac{I_D}{I_{DSS}} = \frac{1}{4}$$

을 나타낸다. 즉, 게이트전압이 차단전압의 반이 될 때 드레인전류는 최대 전류값의 1/4이 됨을 의미한다.

예제 11-3

2N5668은 $V_{GS(\text{off})} = -4$ V와 $I_{DSS} = 5$ mA이다. 차단점의 절반이 되는 지점에서 게이트전압과 드레인전류를 구하라.

풀이 차단점의 절반 지점에서

$$V_{GS} = \frac{-4\ \text{V}}{2} = -2\ \text{V}$$

이며 드레인전류는 다음과 같다.

$$I_D = \frac{5\ \text{mA}}{4} = 1.25\ \text{mA}$$

예제 11-4

2N5459는 $V_{GS(\text{off})} = -8$ V와 $I_{DSS} = 16$ mA이다. 차단점의 절반이 되는 지점에서 드레

인전류를 구하라.

풀이 드레인전류는 최대값의 1/4이므로 I_D = 4 mA이고 이 전류에서 게이트소스 전압은 차단전압의 반(1/2)인 −4 V이다.

연습문제 11-4 $V_{GS(\text{off})}$ = −6 V이고 I_{DSS} = 12 mA인 JFET가 있다. 차단점의 절반이 되는 지점에서 드레인전류를 구하라.

11-4 옴영역의 바이어스

JFET는 옴영역 혹은 활성영역에서 바이어스된다. 옴영역에서는 저항과 같으며 활성영역에서는 전류원과 같다. 여기서는 게이트 바이어스에 대해 검토하며 이 방법은 옴영역에서 JFET를 바이어스하는 데 사용되는 방식이다.

게이트 바이어스

그림 11-7*a*는 **게이트 바이어스**(gate bias)를 나타내며 게이트전압 V_G = −V_{GG}가 바이어스저항 R_G를 통하여 게이트에 가해진다. 이렇게 하면 드레인전류가 I_{DSS}보다 작은 값을 갖게 된다. 드레인전류가 R_D에 흐를 때 드레인전압은 다음과 같다.

$$V_D = V_{DD} - I_D R_D \tag{11-4}$$

게이트 바이어스는 동작점(Q점)이 불안정하므로 활성영역에서 동작시키는 가장 나쁜 방법이다.

예를 들어 2N5459는 I_{DSS}가 4 mA에서 16 mA까지 변하고 $V_{GS(\text{off})}$가 −2 V에서 −8 V까지 변한다. 그림 11-7*b*는 전달컨덕턴스의 최대값과 최소값을 나타내며 게이트 바이어스가 −1 V이면 그림과 같은 최대 및 최소 동작점을 가진다. 이때 Q_1은 12.3 mA, Q_2는 단지 1 mA의 드레인전류를 가진다.

과대포화

활성영역 바이어스법으로서 게이트 바이어스는 적당하지 않지만 옴영역 바이어스법으로는 완벽하다. 그 이유는 동작점의 안정성이 문제가 되지 않기 때문이다. 그림 11-7*c*는 옴영역에서 JFET를 바이어스하는 방법을 나타낸다. 직류 부하선의 위쪽 끝부분의 드레인 포화전류는 드레인과 소스를 단락시켜 계산하면 다음과 같다.

$$I_{D(\text{sat})} = \frac{V_{DD}}{R_D}$$

옴영역에서 동작한다는 것을 확실히 하기 위해 필요한 조건은 V_{GS} = 0, 그리고 다음과 같다.

$$I_{D(\text{sat})} \ll I_{DSS} \tag{11-5}$$

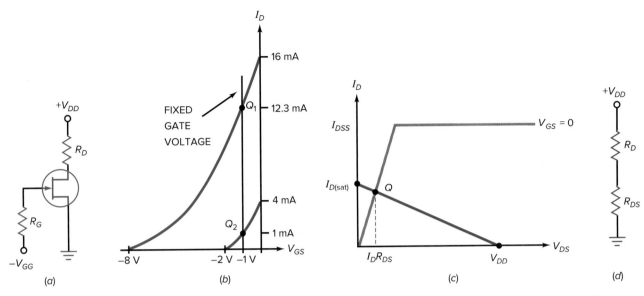

| 그림 11-7 | (a) 게이트 바이어스; (b) Q점은 활성영역에서 불안정하다; (c) 옴영역 바이어스; (d) JFET는 저항과 등가이다.

이 방정식은 드레인 포화전류가 최대 드레인전류보다 아주 작아야 한다는 것을 나타 낸다. 예를 들어 I_{DSS} = 10 mA이면 과대포화는 V_{GS} = 0, $I_{D(sat)}$ = 1 mA라도 일어난다.

JFET가 옴영역에서 바이어스되면 그림 11-7d와 같이 JFET를 저항 R_{DS}로 바꿀 수 있다. 이 등가회로에서 전압분배법칙을 사용하여 드레인전압을 계산하면 R_{DS}가 R_D보 다 아주 작으므로 드레인전압은 0에 가깝다.

예제 11-5

그림 11-8a에서 드레인전압을 구하라.

풀이 V_P = 4 V이므로 $V_{GS(off)}$ = −4 V이다. A점 이전에는 입력전압이 −10 V이므로 JFET는 차단상태에 있다. 이 경우 드 레인전압은 다음과 같다.

$$V_D = 10 \text{ V}$$

A점과 B점 사이에서는 입력전압이 0 V이므로 직류 부하선에서 위쪽 끝의 포화전류는

$$I_{D(sat)} = \frac{10 \text{ V}}{10 \text{ k}\Omega} = 1 \text{ mA}$$

이다. 그림 11-8b는 직류부하선을 나타내며 $I_{D(sat)}$가 I_{DSS}보다 아주 작으므로 과대포화 되어 있다.

따라서 옴저항은 다음과 같다.

$$R_{DS} = \frac{4 \text{ V}}{10 \text{ mA}} = 400 \text{ }\Omega$$

그림 11-8c의 등가회로에서 드레인전압은

$$V_D = \frac{400\ \Omega}{10\ \text{k}\Omega + 400\ \Omega} 10\ \text{V} = 0.385\ \text{V}$$

이다.

연습문제 11-5 그림11-8a를 이용하여 $V_p = 3$ V일 때 R_{DS}와 V_D를 구하라.

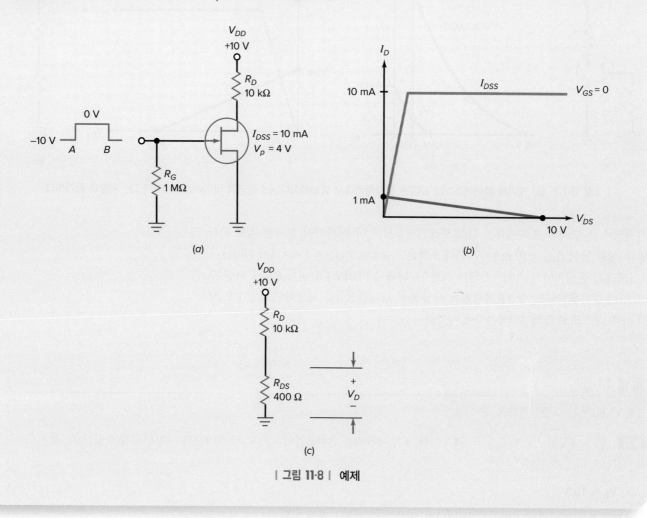

| 그림 11·8 | 예제

11-5 활성영역의 바이어스

JFET 증폭기는 활성영역에 동작점(Q점)을 가질 필요가 있다. JFET에서 자료값의 변화 범위가 커서 게이트 바이어스는 사용할 수 없게 된다. 대신에 바이폴라 증폭기에서 사용된 방법과 유사한 방식을 사용할 필요가 있다.

분석 기술의 선택은 어느 정도 수준의 정확도를 필요로 하느냐에 달렸다. 예를 들어 바이어스된 회로의 고장점검이나 예비해석을 할 때, 이상적인 수치 또는 근사치를 이용하는 것이 바람직하다. 이것은 우리가 종종 JFET 회로에서 게이트소스 전압의 가치를 무시할 것이라는 것을 의미한다. 보통 이상적인 결과는 10% 미만의 오차를 가질 것이다. 좀 더 면밀한 분석이 필요할 때 회로의 Q점을 결정하기 위해 그래픽 솔루션을 사용할 수 있다. JFET 회로를 설계하거나 좀 더 정확성을 기할 필요가 있다면 MultiSim과 같은 회로 시뮬레이션 프로그램을 이용하도록 한다.

자기바이어스

그림 11-9a는 **자기바이어스**(self-bias)를 나타내며 드레인전류가 소스저항을 통해 흐르므로 소스와 접지 사이에 전압이 존재한다.

$$V_S = I_D R_S \tag{11-6}$$

V_G는 0이므로

$$V_{GS} = -I_D R_S \tag{11-7}$$

이는 게이트소스 전압이 소스저항 양단전압을 음의 값으로 한 것과 같다. 기본적으로 이 회로는 양단전압을 사용하여 자체적으로 게이트를 역방향 바이어스하고 있다.

그림 11-9b는 서로 다른 소스저항에 대한 영향을 나타낸다. 게이트소스 전압이 차단전압의 반에 해당하는 값을 가지는 소스저항값이 있다. 근사적으로

$$R_S \approx R_{DS} \tag{11-8}$$

이 방정식은 소스저항이 JFET의 옴저항과 같음을 의미하며 위 조건이 만족되면 V_{GS}는 차단전압의 반이며 드레인전류는 I_{DSS}의 1/4 정도 된다.

JEFT의 전달컨덕턴스 곡선을 알 때, 그래프법을 이용하여 자기바이어스 회로를 분석할 수 있다. 자기바이어스 JFET가 그림 11-10과 같은 전달컨덕턴스 곡선을 가진다

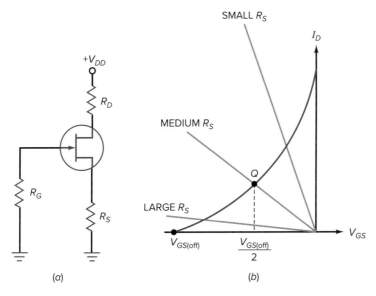

| **그림 11·9** | 자기바이어스

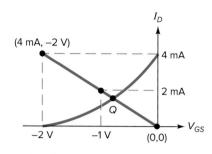

| 그림 11-10 | Q점 자기바이어스

면, 드레인전류의 최대값은 4 mA이고, 게이트전압은 0과 −2 V 사이의 값을 가진다. 식 (11-7)을 그래프로 나타내면, 이 식이 전달컨덕턴스 곡선과 어디서 교차하는지 찾을 수 있고, V_{GS}와 I_D의 값을 결정할 수 있다. 식 (11-7)이 1차방정식이기 때문에 두 점을 잡고 그 점들을 통하는 직선을 그린다.

소스저항이 500 Ω이라고 가정하면 식 (11-7)은 다음과 같이 된다.

$$V_{GS} = -I_D \,(500 \ \Omega)$$

임의의 두 점을 잡기 때문에 $I_D = -(0)(500 \ \Omega) = 0$에 상응하는 2개의 점을 잡는다. 그러므로 첫 번째 점의 좌표는 (0, 0)이다. 두 번째 점을 찾기 위해 $I_D = I_{DSS}$에 대한 V_{GS}를 찾는다. 이 경우에는 $I_D = 4$ mA이고 $V_{GS} = -(4 \ \text{mA})(500 \ \Omega) = -2$ V이므로 두 번째 점의 좌표는 (4 mA, −2 V)이다.

식 (11-7)의 그래프 위에 두 점을 잡았다. 두 점은 (0, 0)과 (4 mA, −2 V)이다. 그림 11-10과 같이 이 두 점을 잡고 이 점들을 통하고 전달컨덕턴스 곡선과 교차하는 직선을 그릴 수 있다. 이 교차점은 자기바이어스 JFET의 동작점이다. 그림 11-10에서 알 수 있듯이, 드레인전류는 2 mA보다 약간 작고, 게이트소스 전압은 −1 V보다 약간 작다.

요약하면, 전달컨덕턴스 곡선이 주어져 있을 때 자기바이어스 JFET의 동작점 Q를 찾는 과정이다. 곡선이 유용하지 않다면, 식 (11-3)의 제곱방정식에 따라 $V_{GS(off)}$와 I_{DSS}의 정격값을 이용할 수 있다.

1. 두 번째 점에 대한 V_{GS}를 구하기 위해 R_S와 I_{DSS}를 곱한다.
2. 두 점을 잡는다(I_{DSS}, V_{GS}).
3. 원점과 두 번째 점을 통하는 선을 긋는다.
4. 교차점의 좌표를 읽는다.

자기바이어스의 동작점 Q는 전압분배 바이어스, 2전원 소스 바이어스 또는 전류원 바이어스처럼 안정적이지는 않다. 이런 이유로 자기바이어스는 단지 소신호 증폭기에 사용된다. 통신분야에서 작은 신호를 처리하는 수신부 앞단에 자기바이어스된 JFET 회로를 주로 사용한다.

예제 11-6

그림 11-11*a*에서 앞서 언급한 규칙을 사용하여 평균 소스저항을 구하라. 이 소스저항을 가지는 드레인전압을 평가하라.

풀이   앞에서 자기바이어스는 소스저항이 JFET의 옴저항과 같게 하면 잘 동작한다고 배웠다.

$$R_{DS} = \frac{4 \ \text{V}}{10 \ \text{mA}} = 400 \ \Omega$$

그림 11-11*b*는 소스저항을 400 Ω으로 하여 드레인전류는 10 mA의 1/4, 즉 2.5 mA이다. 또한 드레인전압은 대략 다음과 같다.

$$V_D = 30 \ \text{V} - (2.5 \ \text{mA})(2 \ \text{k}\Omega) = 25 \ \text{V}$$

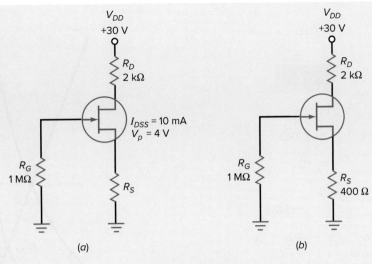

| 그림 11-11 | 예제

연습문제 11-6 $I_{DSS} = 8\ mA$를 가지는 JFET에서 소스저항과 드레인전압을 구하라.

응용예제 11-7 ▐▐▐ **MultiSim**

그림 11-12a의 MultiSim을 이용하여 그림 11-12b에 나타난 2N5486 JFET에 대한 최대 최소 전달컨덕턴스 곡선에 따라 V_{GS}와 I_D 값의 범위를 구하라. 또한 이 JFET에 대한 최적의 소스저항은 무엇인가?

풀이 첫째, V_{GS}값을 얻기 위해 I_{DSS}와 R_S의 값을 곱한다.

$$V_{GS} = -(20\ mA)(270\ \Omega) = -5.4\ V$$

둘째, 두 번째 점(I_{DSS}, V_{GS})을 정한다.

$$(20\ mA, -5.4\ V)$$

원점 (0, 0)과 두 번째 점을 통하는 선을 긋는다. 최대 최소 동작점 Q의 값과 교차하는 점의 좌표를 읽는다.

Q점(min) $V_{GS} = -0.8\ V$ $I_D = 2.8\ mA$

Q점(max) $V_{GS} = -2.1\ V$ $I_D = 8.0\ mA$

그림 11-12a의 MultiSim의 측정치는 최소값과 최대값 사이에 있음을 주의하라. 최적의 소스저항은 다음의 식을 이용하여 구할 수 있다.

$$R_S = \frac{V_{GS(off)}}{I_{DSS}} \quad 또는 \quad R_S = \frac{V_P}{I_{DSS}}$$

최소값을 이용하면

$$R_S = \frac{2\ V}{8\ mA} = 250\ \Omega$$

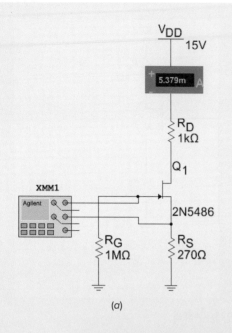

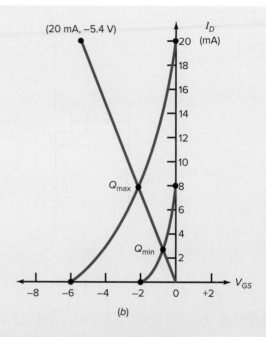

Courtesy of National Instruments

| 그림 11·12 | (a) 자기바이어스 예; (b) 전달컨덕턴스 곡선

최대값을 이용하면

$$R_S = \frac{6\ \text{V}}{20\ \text{mA}} = 300\ \Omega$$

그림 11-12a에서 R_S의 값은 $R_{S(\text{min})}$과 $R_{S(\text{max})}$ 사이의 중간값과 근사하다.

연습문제 11-7 그림 11-12a에서, R_S를 390 Ω으로 변경하고 Q점 값을 찾아라.

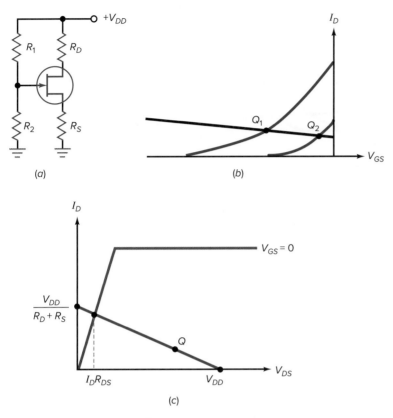

| 그림 11-13 | 전압분배 바이어스

전압분배 바이어스

그림 11-13a는 전압분배 바이어스를 나타낸다. 게이트전압은 저항을 사용하여 공급전원(V_{DD})을 분배한 값이다. 게이트전압에서 게이트소스 전압을 빼면 소스전압은 소스저항 양단전압과 같다.

$$V_S = V_G - V_{GS} \tag{11-9}$$

V_{GS}가 음이므로 위의 식 (11-9)를 이용하여 계산하면 소스전압은 게이트전압보다 조금 크다. 소스전압을 소스저항으로 나누면 드레인전류는 다음과 같다.

$$I_D = \frac{V_G - V_{GS}}{R_S} \approx \frac{V_G}{R_S} \tag{11-10}$$

V_G가 크면 V_{GS} 변화를 무시할 수 있다. 이상적으로 드레인전류는 게이트전압을 소스저항으로 나눈 값과 같다. 결과적으로 드레인전류는 그림 11-13b에서처럼 어떤 JFET에 대해서도 거의 일정하다.

그림 11-13c는 직류 부하선을 나타낸다. 증폭기에서 동작점(Q점)은 활성영역에 있어야 한다. 이것은 V_{DS}가 $I_D R_{DS}$(옴영역)보다 크고 V_{DD}(차단영역)보다는 작아야 한다. 공급전압이 크면 게이트전압도 커지므로 전압분배 바이어스는 안정한 동작점을 얻을 수 있다.

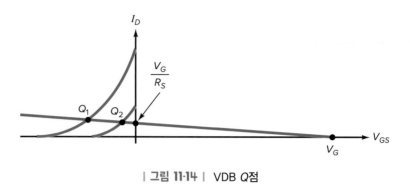

| 그림 11·14 | VDB *Q*점

전압분배 바이어스 회로에 대한 동작점 결정에 좀 더 정확을 요할 때에는 도표를 이용한 방법을 이용할 수 있다. JFET에 대한 V_{GS}의 최대값과 최소값이 서로 여러 전압으로 변할 때 이것은 사실이다. 그림 11-13*a*에서 게이트전압은

$$V_G = \frac{R_2}{R_1 + R_2}(V_{DD}) \qquad\qquad (11\text{-}11)$$

그림 11-14의 전달컨덕턴스 곡선을 이용하여 그래프의 *x*축 또는 수직선 위에 V_G의 값을 정하라. 이것은 바이어스선 위의 한 점이 된다. 두 번째 점을 얻기 위하여 I_D를 구할 수 있는 V_{GS} = 0 V일 때의 식 (11-10)을 이용한다. $I_D = V_G/R_S$에서 두 번째 점은 전달컨덕턴스 곡선의 *y*축이나 수평인 부분에 잡는다. 다음으로 이 두 점 사이에 선을 긋고 연장하면 그것은 전달컨덕턴스 곡선이 교차하게 된다. 마지막으로 교차점의 좌표를 읽는다.

예제 11-8

그림 11-15*a* 회로에 대해 직류 부하선과 동작점(*Q*점)을 그려라.

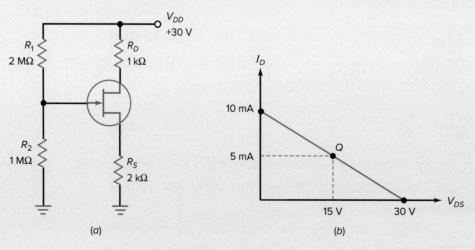

| 그림 11·15 | 예제

풀이 3∶1 전압분배기를 사용하면 게이트전압은 10 V이다. 이상적으로 소스저항 양단전압은

$$V_S = 10 \text{ V}$$

드레인전류는

$$I_D = \frac{10 \text{ V}}{2 \text{ k}\Omega} = 5 \text{ mA}$$

드레인전압은

$$V_D = 30 \text{ V} - (5 \text{ mA})(1 \text{ k}\Omega) = 25 \text{ V}$$

드레인소스 전압은

$$V_{DS} = 25 \text{ V} - 10 \text{ V} = 15 \text{ V}$$

직류 포화전류는

$$I_{D(\text{sat})} = \frac{30 \text{ V}}{3 \text{ k}\Omega} = 10 \text{ mA}$$

차단전압은

$$V_{DS(\text{cutoff})} = 30 \text{ V}$$

이다.

그림 11-15b는 직류 부하선과 동작점을 나타낸다.

연습문제 11-8 11-15에서 V_{DD}를 24 V로 바꾸고 I_D와 V_{DS}를 구하라.

응용예제 11-9　　　　　　　　‖‖‖ MultiSim

그림 11-15a와 그림 11-16a의 2N5486 JFET에 대한 전달컨덕턴스 곡선과 그래프 방법을 사용하여 동작점 Q의 최대값과 최소값을 구하라. 그리고 MultiSim을 이용하여 측정한 값과 비교하라.

풀이 먼저 아래 식으로부터 V_G의 값을 찾는다.

$$V_G = \frac{1 \text{ M}\Omega}{2 \text{ M}\Omega + 1 \text{ M}\Omega} (30 \text{ V}) = 10 \text{ V}$$

이 값은 x축 위에 잡는다.

다음으로 두 번째 점을 찾는다.

$$I_D = \frac{V_G}{R_S} = \frac{10 \text{ V}}{2 \text{ k}\Omega} = 5 \text{ mA}$$

이 값은 y축 위에 잡는다.

이 두 점 사이의 선을 최대 최소의 전달컨덕턴스 곡선을 통하게 연장하여 그린다. 이를 통하여 다음을 구할 수 있다.

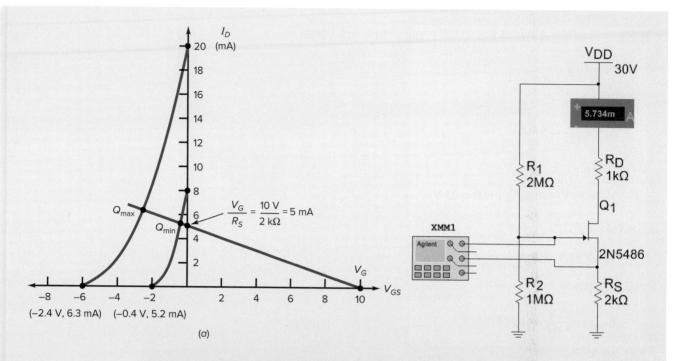

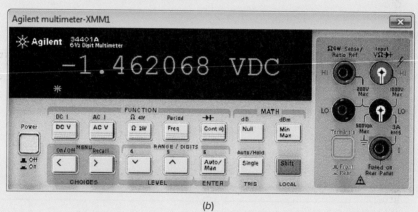

Courtesy of National Instruments.

| 그림 11-16 | (a) 전달컨덕턴스; (b) MultiSim 결과

$$V_{GS(min)} = -0.4 \text{ V} \qquad I_{D(min)} = 5.2 \text{ mA}$$
$$V_{GS(max)} = -2.4 \text{ V} \qquad I_{D(max)} = 6.3 \text{ mA}$$

그림 11-16b는 측정된 MultiSim값이 계산된 최대값과 최소값 사이에 있음을 보여 준다.

연습문제 11-9 그림 11-15a를 이용하여 $V_{DD} = 24$ V일 때 I_D의 최대값을 그래프법을 사용하여 구하라.

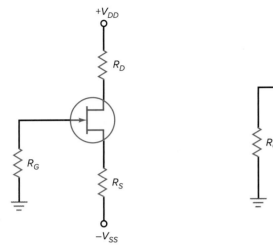

| 그림 11-17 | 양전원 소스 바이어스

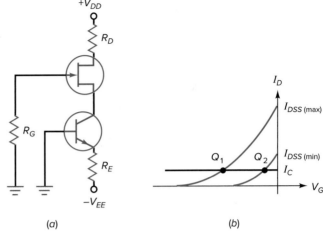

| 그림 11-18 | 전류원 바이어스

양전원 소스 바이어스

그림 11-17은 양전원 소스 바이어스를 나타낸다. 이 회로에서 드레인전류는 다음과 같다.

$$I_D = \frac{V_{SS} - V_{GS}}{R_S} \approx \frac{V_{SS}}{R_S} \tag{11-12}$$

이것은 V_{SS}를 V_{GS}보다 아주 크게 하여 V_{GS} 변화로 인한 영향을 감소시키는 것이다. 이 상적으로 드레인전류는 소스 공급전압을 소스저항으로 나눈 값과 같다. 이 경우 드레인 전류는 JFET를 교체하거나 온도 변화에도 상관 없이 거의 일정한 값을 가진다.

전류원 바이어스

드레인 공급전압(V_{DD})이 크지 않으면 게이트전압은 작아서 V_{GS} 변화로 인한 영향을 무시할 수 없다. 이 경우 설계자는 그림 11-18a와 같은 **전류원 바이어스**(current-source bias)를 더 선호한다. 이 회로에서 바이폴라 트랜지스터는 일정한 전류를 JFET에 흐르게 하며 이때 드레인전류는 다음과 같다.

$$I_D = \frac{V_{EE} - V_{BE}}{R_E} \tag{11-13}$$

그림 11-18b는 전류원 바이어스가 얼마나 효과적인가를 나타내며 2개의 동작점은 같은 전류를 가진다. 각 동작점마다 V_{GS}가 다르더라도 드레인전류에 영향을 미치지 않는다.

예제 11-10

그림 11-19a에서 드레인전류와 드레인전압을 구하라.

풀이 이상적으로 15 V가 소스저항 양단에 걸리므로 드레인전류는 다음과 같다.

$$I_D = \frac{15 \text{ V}}{3 \text{ k}\Omega} = 5 \text{ mA}$$

드레인전압은

$$V_D = 15 \text{ V} - (5 \text{ mA})(1 \text{ k}\Omega) = 10 \text{ V}$$

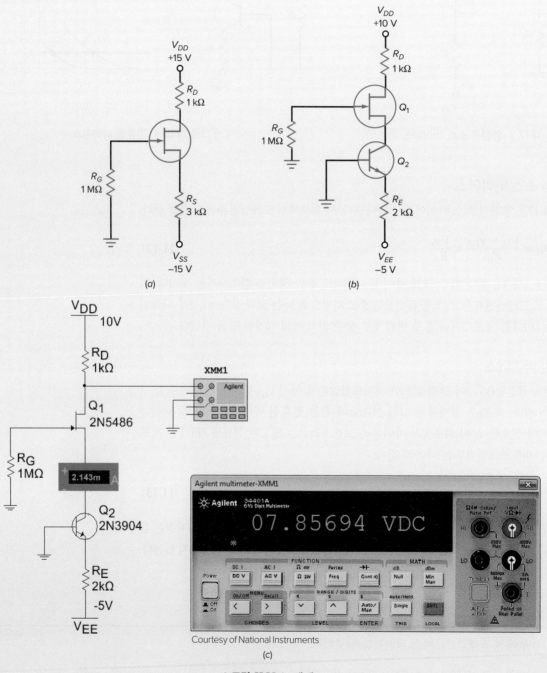

(a)

(b)

(c)

Courtesy of National Instruments

| 그림 11-19 | 예제

응용예제 11-11

|||**MultiSim**

그림 11-19b에서 드레인전류와 드레인전압을 구하라.

풀이 바이폴라 트랜지스터에 흐르는 드레인전류는

$$I_D = \frac{5 \text{ V} - 0.7 \text{ V}}{2 \text{ k}\Omega} = 2.15 \text{ mA}$$

이고, 드레인전압은

$$V_D = 10 \text{ V} - (2.15 \text{ mA})(1 \text{ k}\Omega) = 7.85 \text{ V}$$

이다. 그림 11-19c는 MultiSim이 측정한 값이 계산값과 얼마나 유사한지를 보여 준다.

연습문제 11-11 $R_E = 1 \text{ k}\Omega$일 때 드레인전류와 드레인전압을 구하라.

표 11-1은 JFET 바이어스 회로의 가장 일반적인 유형이다. 전달컨덕턴스 곡선 위에 있는 동작점들은 바이어스기술들의 이점을 명백히 증명할 수 있어야 한다.

요점정리 표 11-1	JFET 바이어싱

게이트 바이어스

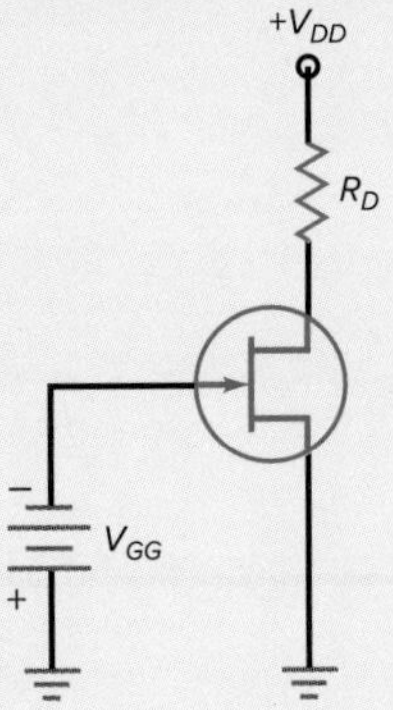

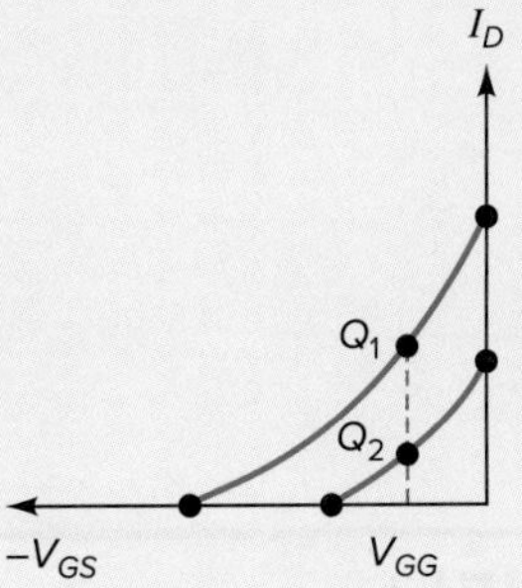

$$I_D = I_{DSS}\left(1 - \frac{V_{GS}}{V_{GS(off)}}\right)^2$$

$$V_{GS} = V_{GG}$$

$$V_D = V_{DD} - I_D R_D$$

자기바이어스

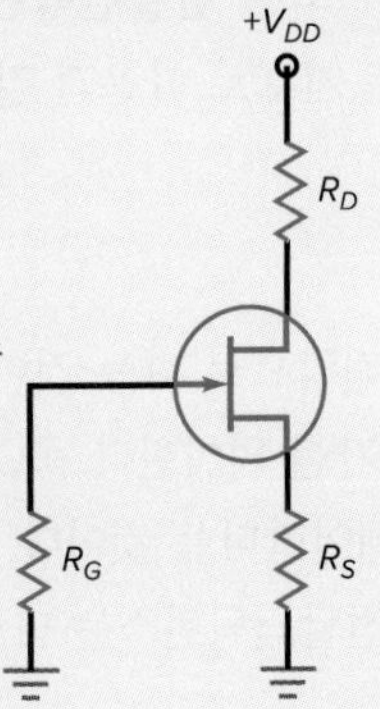

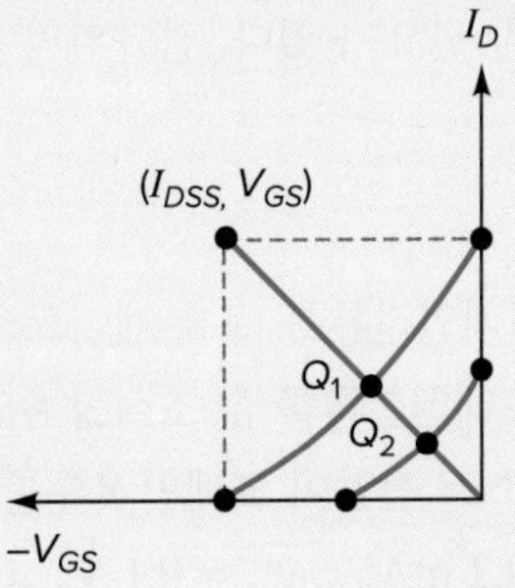

$$V_{GS} = -I_D(R_S)$$

두 번째 점 $= (I_{DSS})(R_S)$

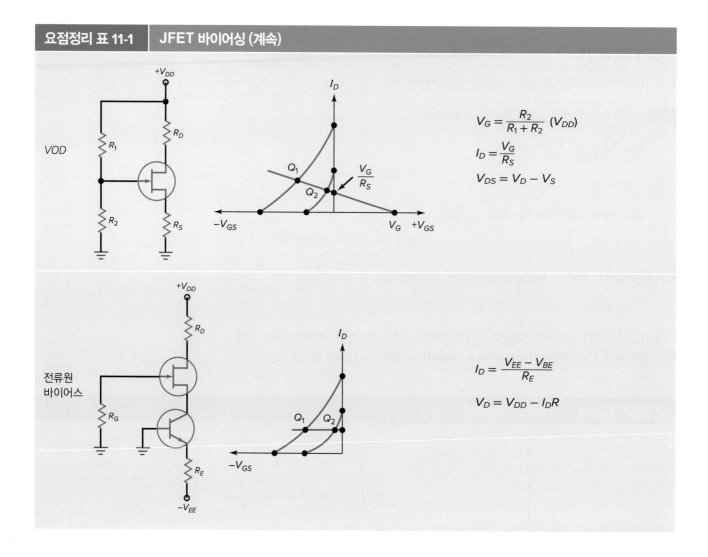

VOD

$$V_G = \frac{R_2}{R_1 + R_2} (V_{DD})$$

$$I_D = \frac{V_G}{R_S}$$

$$V_{DS} = V_D - V_S$$

전류원 바이어스

$$I_D = \frac{V_{EE} - V_{BE}}{R_E}$$

$$V_D = V_{DD} - I_D R$$

11-6 전달컨덕턴스

JFET 증폭기를 해석하기 위해서 교류값 g_m으로 표기되는 **전달컨덕턴스**(transconductance)에 대해 공부할 필요가 있다. 전달컨덕턴스는 기호로 다음과 같이 정의된다.

$$g_m = \frac{i_d}{v_{gs}} \tag{11-14}$$

전달컨덕턴스는 교류 드레인전류를 교류 게이트소스 전압으로 나눈 것이다. 이는 게이트소스 전압이 얼마나 드레인전류를 잘 조절할 수 있는가를 의미한다. 즉, 전달컨덕턴스가 크면 클수록 게이트소스 전압이 드레인전류를 잘 제어한다는 것이다.

만약 피크값이 $i_d = 0.2$ mA$_{p-p}$, $v_{gs} = 0.1$ V$_{p-p}$라면 전달컨덕턴스는 다음과 같다.

$$g_m = \frac{0.2 \text{ mA}}{0.1 \text{ V}} = 2(10^{-3}) \text{ mho} = 2000 \ \mu\text{mho}$$

다른 예로 피크값이 i_d = 1 mA$_{p-p}$, v_{gs} =0.1 V$_{p-p}$라면 전달컨덕턴스는 다음과 같다.

$$g_m = \frac{1 \text{ mA}}{0.1 \text{ V}} = 10,000 \ \mu\text{mho}$$

두 번째 경우에 전달컨덕턴스가 커진다는 것은 게이트가 드레인전류를 더욱 효과적으로 제어할 수 있다는 것이다.

지멘스

단위 모(mho)는 전류대 전압비이다. 모에 등가인 현대적인 단위는 지멘스(siemens: S)이다. 따라서 앞의 전달컨덕턴스를 2,000 μS와 10,000 μS로 할 수 있다. 데이터시트에 어느 것이든지 사용되며 어떤 경우에는 g_m 대신에 g_{fs}를 사용하는 수도 있다. 예를 들어 2N5451의 데이터시트에는 1 mA의 드레인전류에서 대표적인 g_{fs}가 2,000 μS라고 표시되어 있다. 이것은 2N5451이 1 mA에서 대표적인 g_m값으로 2,000 μmho를 가진다는 것을 의미한다.

전달컨덕턴스 곡선의 기울기

그림 11-20a는 전달컨덕턴스 곡선에서 g_m의 의미를 나타낸다. 점 A와 점 B 사이에서 V_{GS} 변화는 I_D를 변화시킨다. I_D의 변화값을 V_{GS} 변화값으로 나누면 이 값이 점 A와 점 B 사이의 g_m이다. 같은 변화 V_{GS}에 대해 점 C와 점 D 사이의 변화는 점 A와 점 B 사이의 변화보다 크며 동작점에서 기울기가 급할수록 전달컨덕턴스는 크다.

그림 11-20b는 JFET의 교류 등가회로이며 매우 큰 저항 R_{GS}가 게이트와 소스 사이에 있고 드레인에는 전류원 $i_d = g_m v_{gs}$가 있는 것과 같이 작용한다. 여기서 g_m과 v_{gs}를 알면 드레인전류를 구할 수 있다.

전달컨덕턴스와 게이트소스 차단전압

$V_{GS(off)}$는 정확히 측정하기 어렵지만 I_{DSS}와 g_{m0}는 쉽고 정확하게 측정할 수 있다. 이런 이유로 $V_{GS(off)}$는 다음 식으로 쉽게 계산된다.

$$V_{GS(off)} = \frac{-2I_{DSS}}{g_{m0}} \tag{11-15}$$

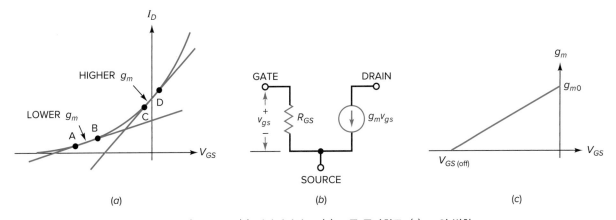

| 그림 11-20 | (a) 전달컨덕턴스; (b) 교류 등가회로; (c) g_m의 변화

여기서 g_{m0}는 $V_{GS} = 0$일 때 전달컨덕턴스 값이다. 보통 제조자는 데이터시트에 $V_{GS(off)}$ 값을 구하기 위해 위 식을 사용한다.

g_{m0}는 $V_{GS} = 0$일 때 g_m의 최대값이다. V_{GS}가 음(−)일 때 g_m의 값은 이 값보다 감소한다. 임의의 V_{GS} 값에 대해 g_m을 구하는 식은 다음과 같다.

$$g_m = g_{m0}\left(1 - \frac{V_{GS}}{V_{GS(off)}}\right) \tag{11-16}$$

그림 11-20c에 나타낸 바와 같이 V_{GS}가 더욱 음(−)으로 되면 g_m은 선형적으로 감소함에 유의해야 한다. 이 성질은 뒤에 논의하게 될 **자동이득제어**(*automatic gain control: AGC*)에 있어 매우 유용하게 쓰인다.

예제 11-12

2N5457은 $I_{DSS} = 5$ mA와 $g_{m0} = 5,000$ μS이다. $V_{GS(off)}$값과 $V_{GS} = -1$ V일 때 g_m을 구하라.

풀이 식 (11-15)를 이용하면

$$V_{GS(off)} = \frac{-2(5 \text{ mA})}{5000 \text{ } \mu S} = -2 \text{ V}$$

이고, 식 (11-16)을 사용하면

$$g_m = (5000 \text{ } \mu S)\left(1 - \frac{1 \text{ V}}{2 \text{ V}}\right) = 2500 \text{ } \mu S$$

이다.

연습문제 11-12 $I_{DSS} = 8$ mA, $V_{GS} = -2$ V로 하고 예제 11-12를 다시 풀어라.

11-7 JFET 증폭기

그림 11-21a는 **공통소스**(common source: CS) **증폭기**를 나타낸다. 결합(coupling) 커패시터와 바이패스(bypass) 커패시터는 교류신호에 대해 단락으로 동작한다. 이로 인해 교류 입력전압은 게이트에 직접결합 된다. 소스는 접지로 바이패스되므로 모든 교류 입력전압은 게이트와 소스 간에 나타난다. 이것이 교류 드레인전류를 발생시킨다. 드레인 저항을 통해 이 교류전류가 흐르므로 반전 증폭된 교류 출력전압을 얻게 된다. 이 출력 신호가 부하저항에 결합된다.

공통소스 증폭기의 전압이득

그림 11-21b는 교류 등가회로를 나타낸다. 교류 드레인저항(r_d)은 다음과 같다.

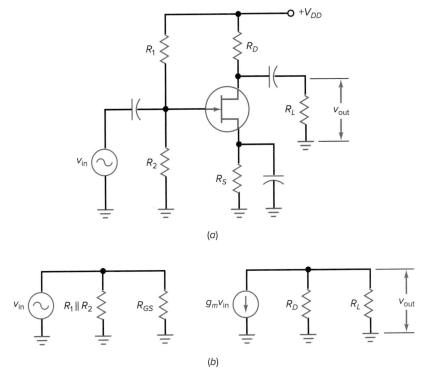

| 그림 11-21 | (a) CS 증폭기; (b) 교류 등가회로

$$r_d = R_D \parallel R_L$$

전압이득은 다음과 같다.

$$A_V = \frac{v_{\text{out}}}{v_{\text{in}}} = \frac{g_m v_{\text{in}} r_d}{v_{\text{in}}}$$

이를 간단히 하면 다음과 같다.

$$A_V = g_m r_d \tag{11-17}$$

이는 CS 증폭기의 전압이득은 교류 드레인저항과 전달컨덕턴스의 곱과 같음을 나타낸다.

CS 증폭기의 입력과 출력 임피던스

보통 JFET는 역바이어스된 게이트소스 접합을 가지기 때문에 게이트 R_{GS}에서의 입력 저항은 매우 크다. R_{GS}는 JFET의 데이터시트의 값들을 이용하여 근사치를 구하거나 다음과 같이 구할 수 있다.

$$R_{GS} = \frac{V_{GS}}{I_{GSS}} \tag{11-18}$$

예를 들어서 만약 $V_{GS} = -15$ V이고 $I_{GSS} = -2.0$ nA이면 $R_{GS} = 7,500$ MΩ이 된다.

그림 11-21b와 같이 입력임피던스는 다음과 같다.

> **참고사항**
>
> JFET 소신호 증폭기에 대해서 게이트를 구동하는 입력신호는 게이트소스 접합부가 순바이어스된 점에 절대 도달할 수 없다.

$$Z_{\text{in(stage)}} = R_1 \parallel R_2 \parallel R_{GS}$$

보통 R_{GS}는 입력 바이어스 저항보다 매우 크기 때문에 입력임피던스는 다음과 같이 쓸 수 있다.

$$Z_{\text{in(stage)}} = R_1 \parallel R_2 \qquad\qquad (11\text{-}19)$$

CS 증폭기에서 $Z_{\text{out(stage)}}$는 회로의 부하저항 R_L로부터 구해진다. 그림 11-21b에서 부하저항 R_D는 이상적으로 개방된 일정한 전류원과 병렬이므로 다음과 같다.

$$Z_{\text{out(stage)}} = R_D \qquad\qquad (11\text{-}20)$$

소스폴로어

그림 11-22a는 **소스폴로어**(source follower)로 알려진 공통드레인(common-drain: CD) 증폭기를 나타내며 입력신호가 게이트를 구동시킨다. 그리고 출력신호는 소스에서 부하저항으로 짝을 이룬다. 이미터 폴로어와 마찬가지로 전압이득은 1보다 작다. 이 회로의 장점은 입력임피던스가 아주 크다는 것이다. 종종 시스템의 앞단에 소스폴로어가 오게 되고 그다음 바이폴라 전압이득단이 연결된다.

그림 11-22b에서 교류 소스저항은 다음과 같다.

$$r_s = R_S \parallel R_L$$

소스폴로어의 전압이득은 다음과 같다.

$$A_V = \frac{v_{\text{out}}}{v_{\text{in}}} = \frac{i_d r_s}{v_{gs} + i_d r_s} = \frac{g_m v_{gs} r_s}{v_{gs} + g_m v_{gs} r_s}, \quad i_d = g_m v_{gs}$$

간단히 하면 다음과 같다.

$$A_V = \frac{g_m r_s}{1 + g_m r_s} \qquad\qquad (11\text{-}21)$$

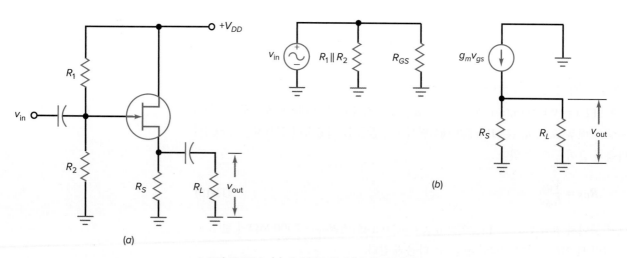

| **그림 11-22** | (a) 소스폴로어; (b) 교류 등가회로

소스폴로어에 대한 전압이득은 다음과 같이 유도되며 분모는 항상 분자보다 커서 전압
이득은 1보다 작다.

그림 11-22b는 소스폴로어의 입력임피던스는 CS 증폭기와 같음을 보여 준다.

$$Z_{in(stage)} = R_1 \parallel R_2 \parallel R_{GS}$$

간단히 하면 다음과 같다.

$$Z_{in(stage)} = R_1 \parallel R_2$$

출력임피던스 $Z_{out(stage)}$는 회로의 부하로부터 다음과 같이 나타난다.

$$Z_{out(stage)} = R_S \parallel R_{in(source)}$$

JFET의 소스저항은 다음과 같다.

$$R_{in(source)} = \frac{v_{source}}{i_{source}} = \frac{v_{gs}}{i_s}$$

$v_{gs} = \dfrac{i_d}{g_m}$ 이고 $i_d = i_s$ 이므로, $R_{in(source)} = \dfrac{\frac{i_d}{g_m}}{i_d} = \dfrac{1}{g_m}$ 이다.

따라서 소스폴로어의 출력임피던스는 다음과 같다.

$$\boldsymbol{Z_{out(stage)} = R_S \parallel \frac{1}{g_m}} \tag{11-22}$$

예제 11-13   ▌▐▌ MultiSim

만약 그림 11-23에서 $g_m = 5,000\ \mu$S라면 출력전압은 얼마인가?

풀이 교류 드레인저항은

$$r_d = 3.6\ k\Omega \parallel 10\ k\Omega = 2.65\ k\Omega$$

이고, 전압이득은

$$A_V = (5000\ \mu S)(2.65\ k\Omega) = 13.3$$

이다. 식 (11-19)를 사용하면 입력임피던스는 500 kΩ이고 게이트 입력신호는 거의 1 mV
이다. 따라서 출력전압은 다음과 같다.

$$v_{out} = 13.3(1\ mV) = 13.3\ mV$$

연습문제 11-13 그림 11-23을 이용하여 $g_m = 2,000\ \mu$S일 때 출력전압은 얼마인가?

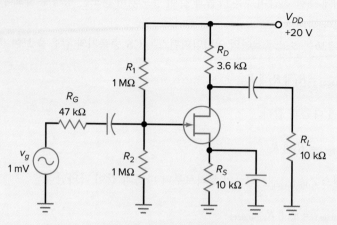

| 그림 11·23 | CS 증폭기의 예

예제 11-14
![MultiSim]

그림 11-24의 회로에서 $g_m = 2,500~\mu S$라면 입력임피던스와 출력임피던스, 그리고 소스폴로어의 출력전압은 얼마인가?

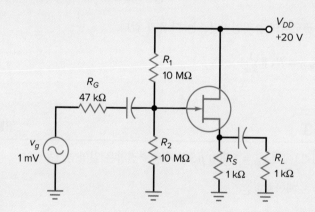

| 그림 11·24 | 소스폴로어의 예

풀이 식 (11-19)를 이용하여 입력임피던스를 구하면

$$Z_{\text{in(stage)}} = R_1 \parallel R_2 = 10~\text{M}\Omega \parallel 10~\text{M}\Omega$$

$$Z_{\text{in(stage)}} = 5~\text{M}\Omega$$

식 (11-22)를 이용하여 출력임피던스를 구하면

$$Z_{\text{out(stage)}} = R_S \parallel \frac{1}{g_m} = 1~\text{k}\Omega \parallel \frac{1}{2500~\mu S} = 1~\text{k}\Omega \parallel 400~\Omega$$

$$Z_{\text{out(stage)}} = 286~\Omega$$

교류 소스저항은

$$r_s = 1 \text{ k}\Omega \parallel 1 \text{ k}\Omega = 500 \ \Omega$$

식 (11-21)을 이용하여 전압이득을 계산하면

$$A_V = \frac{(2500 \ \mu\text{S})(500 \ \Omega)}{1 + (2500 \ \mu\text{S})(500 \ \Omega)} = 0.556$$

입력임피던스가 5 MΩ이므로 게이트에 대한 입력신호는 거의 1 mV이다. 따라서 출력전압은 다음과 같다.

$$v_{\text{out}} = 0.556(1 \text{ mV}) = 0.556 \text{ mV}$$

연습문제 11-14 $g_m = 5,000 \ \mu\text{S}$일 때 그림 11-24에서 출력전압은 얼마인가?

예제 11-15   ▌▌▌ MultiSim

그림 11-25에서 1 kΩ의 가변저항을 780 Ω으로 조정하면 전압이득은 얼마인가?

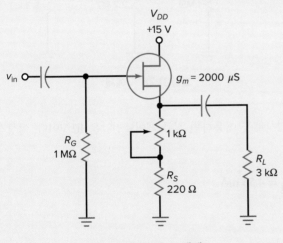

| 그림 11-25 | 예제

풀이   회로에서 전체 직류 소스저항은

$$R_S = 780 \ \Omega + 220 \ \Omega = 1 \text{ k}\Omega$$

교류 소스저항은

$$r_s = 1 \text{ k}\Omega \parallel 3 \text{ k}\Omega = 750 \ \Omega$$

따라서 전압이득은

$$A_V = \frac{(2000 \ \mu\text{S})(750 \ \Omega)}{1 + (2000 \ \mu\text{S})(750 \ \Omega)} = 0.6$$

연습문제 11-15 그림 11-25를 이용하여 가변저항을 조정할 때 가능한 최대 전압이득은 얼마인가?

예제 11-16 |||| MultiSim

그림 11-26에서 드레인전류와 전압이득을 구하라.

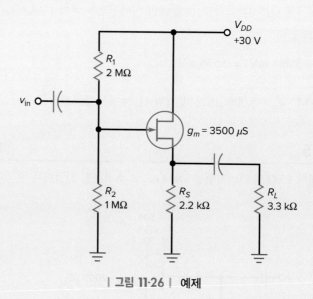

| 그림 11-26 | 예제

풀이 3 : 1의 전압분배를 이용하면 직류 게이트전압은 10 V이다. 이상적으로 드레인전류는

$$I_D = \frac{10 \text{ V}}{2.2 \text{ k}\Omega} = 4.55 \text{ mA}$$

교류 소스저항은

$$r_s = 2.2 \text{ k}\Omega \parallel 3.3 \text{ k}\Omega = 1.32 \text{ k}\Omega$$

전압이득은

$$A_V = \frac{(3500 \text{ }\mu\text{S})(1.32 \text{ k}\Omega)}{1 + (3500 \text{ }\mu\text{S})(1.32 \text{ k}\Omega)} = 0.822$$

이다.

연습문제 11-16 그림 11-26에서 3.3 kΩ의 저항이 열렸을 때 전압이득의 변화는 얼마인가?

표 11-2는 공통소스와 소스폴로어 증폭기 구조와 방정식을 요약한 것이다.

요점정리 표 11-2	JFET 증폭기
회로	**특성**

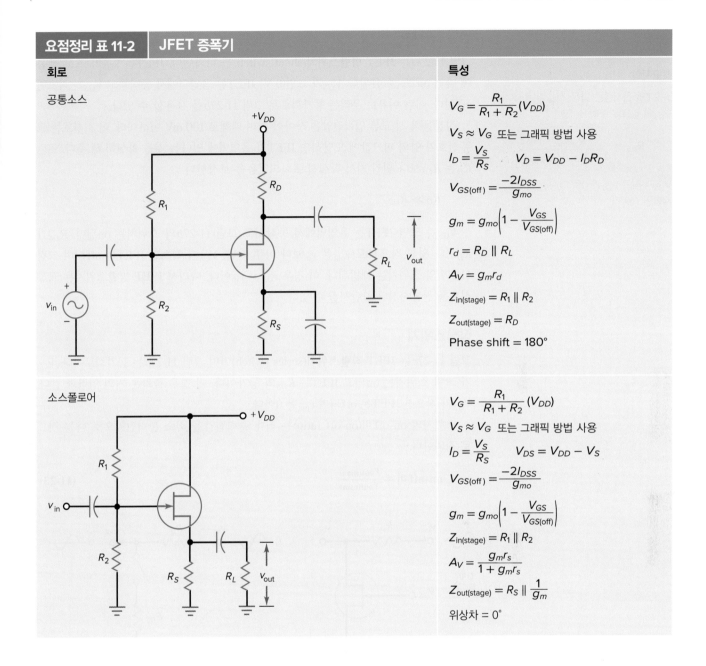

공통소스

$V_G = \dfrac{R_1}{R_1 + R_2}(V_{DD})$

$V_S \approx V_G$ 또는 그래픽 방법 사용

$I_D = \dfrac{V_S}{R_S}$ $V_D = V_{DD} - I_D R_D$

$V_{GS(\text{off})} = \dfrac{-2 I_{DSS}}{g_{mo}}$

$g_m = g_{mo}\left(1 - \dfrac{V_{GS}}{V_{GS(\text{off})}}\right)$

$r_d = R_D \parallel R_L$

$A_V = g_m r_d$

$Z_{in(\text{stage})} = R_1 \parallel R_2$

$Z_{out(\text{stage})} = R_D$

Phase shift = 180°

소스폴로어

$V_G = \dfrac{R_1}{R_1 + R_2}(V_{DD})$

$V_S \approx V_G$ 또는 그래픽 방법 사용

$I_D = \dfrac{V_S}{R_S}$ $V_{DS} = V_{DD} - V_S$

$V_{GS(\text{off})} = \dfrac{-2 I_{DSS}}{g_{mo}}$

$g_m = g_{mo}\left(1 - \dfrac{V_{GS}}{V_{GS(\text{off})}}\right)$

$Z_{in(\text{stage})} = R_1 \parallel R_2$

$A_V = \dfrac{g_m r_s}{1 + g_m r_s}$

$Z_{out(\text{stage})} = R_S \parallel \dfrac{1}{g_m}$

위상차 = 0°

11-8 JFET 아날로그 스위치

JFET의 가장 큰 응용 중의 하나인 소스폴로어 외에 또 다른 JFET의 큰 응용분야는 아날로그 스위치이다. JFET는 스위치로 작용하여 작은 교류신호를 차단 혹은 전송한다. 이러한 동작을 얻기 위해서는 게이트소스 간의 전압 V_{GS}는 2개의 값(0 V 또는 $V_{GS(\text{off})}$보다 더 큰 값)을 가진다. 이와 같은 동작에서는 JFET는 옴영역이나 차단영역에서 동작한다.

병렬스위치

그림 11-27*a*는 JFET **병렬스위치**(shunt switch)를 나타낸다. JFET는 V_{GS}가 크고 작음에 따라 on 또는 off된다. V_{GS}가 크면(0 V) JFET는 옴영역에서 동작하고 V_{GS}가 작으면 off된다. 이런 이유로 우리는 등가회로로 그림 11-27*b*를 사용할 수 있다.

정상동작 시 교류 입력전압은 작아야 하며 대체로 100 mV 이하이다. 이 소신호는 교류신호가 양의 피크값에 도달하면 JFET가 옴영역에 있다는 것을 확실히 해 준다. 또한 R_D는 R_{DS}보다 훨씬 커서 확실히 포화되었음을 보장한다.

$$R_D \gg R_{DS}$$

V_{GS}가 크면 JFET는 옴영역에서 동작하고 그림 11-27*b*의 스위치는 on된다. R_{DS}가 R_D보다 훨씬 작으므로 v_{out}은 v_{in}보다 아주 작다. V_{GS}가 작으면 JFET는 off되며 그림 11-27*b*의 스위치는 개방된다. 이 경우 $v_{out} = v_{in}$이다. 따라서 JFET 병렬스위치는 교류 신호를 전송하거나 차단시킬 수 있다.

직렬스위치

그림 11-27*c*는 JFET **직렬스위치**(series switch)이며 그림 11-27*d*는 등가회로이다. V_{GS}가 크면 스위치는 on되고 JFET는 R_{DS}와 등가이다. 이 경우 출력은 거의 입력과 같다. V_{GS}가 작으면 JFET는 off되며 v_{out}은 0이다.

스위치의 on-off비(on-off ratio)는 최대 출력전압을 최소 출력전압으로 나눈 것으로 정의한다.

$$\text{on-off비} = \frac{v_{out(max)}}{v_{out(min)}} \tag{11-23}$$

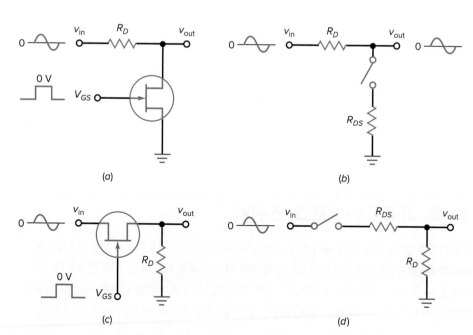

| 그림 11-27 | JFET 아날로그 스위치 (a) 병렬형; (b) 병렬 등가회로; (c) 직렬형; (d) 직렬 등가회로

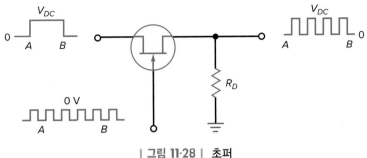

| 그림 11-28 | 초퍼

이 값이 커야 한다면 JFET 직렬스위치의 on-off 비(on-off ratio)가 병렬스위치의 on-off 비(on-off ratio)보다 크기 때문에 JFET 직렬스위치가 병렬스위치보다 더 낫다.

초퍼

그림 11-28은 JFET **초퍼**(chopper)이다. 게이트전압은 JFET를 on-off시키는 연속적인 구형파이다. 입력전압은 V_{DC}를 가지는 직사각형파이다. 게이트에 가해지는 구형파로 인해 출력은 그림과 같이 스위치의 on-off 작용으로 잘게 **쪼개진다.**

JFET 초퍼는 병렬스위치나 직렬스위치, 어느 것으로도 사용할 수 있다. 기본적으로 이 회로는 직류 입력전압을 구형파 출력전압으로 바꾼다. 잘게 쪼개진 출력 피크값은 V_{DC}이다. 뒤에 설명하겠지만 초퍼는 **직류증폭기**를 구성하는 데 사용된다. 직류증폭기는 주파수 0인 직류신호도 증폭할 수 있다.

예제 11-17

JFET 병렬스위치는 다음과 같이 $R_D = 10 \text{ k}\Omega$, $I_{DSS} = 10 \text{ mA}$, $V_{GS(\text{off})} = -2 \text{ V}$이다. 만약 $v_{in} = 10 \text{ mV}_{p-p}$이면 출력전압은 얼마인가? 또 on-off 비를 구하라.

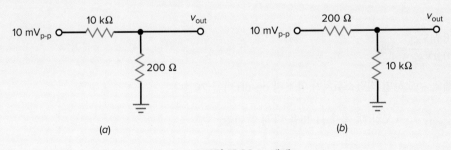

| 그림 11-29 | 예제

풀이 옴저항은

$$R_{DS} = \frac{2 \text{ V}}{10 \text{ mA}} = 200 \ \Omega$$

그림 11-29*a*는 JFET가 on될 때 등가회로를 나타낸다. 출력전압은

$$v_{\text{out}} = \frac{200\ \Omega}{10.2\ \text{k}\Omega}\,(10\ \text{mV}_{\text{p-p}}) = 0.196\ \text{mV}_{\text{p-p}}$$

이다. JFET가 off되면

$$v_{\text{out}} = 10\ \text{mV}_{\text{p-p}}$$

따라서 on-off비는

$$\frac{10\ \text{mV}_{\text{p-p}}}{0.196\ \text{mV}_{\text{p-p}}} = 51$$

$$\text{on-off비} = \frac{10\ \text{mV}_{\text{p-p}}}{0.196\ \text{mV}_{\text{p-p}}} = 51$$

이다.

연습문제 11-17　$V_{GS(\text{off})} = -4\ \text{V}$일 때 예제 11-17을 다시 풀어라.

예제 11-18

JFET 직렬스위치는 앞의 예제와 같은 자료를 가지고 있다. 출력전압을 구하라. 만약 JFET가 off되어 10 MΩ의 저항값을 가지면 on-off비는 얼마인가?

풀이　그림 11-29*b*는 JFET가 on될 때 등가회로를 나타낸다. 출력전압은

$$v_{\text{out}} = \frac{10\ \text{k}\Omega}{10.2\text{k}\Omega}\,(10\ \text{mV}_{\text{p-p}}) = 9.8\ \text{mV}_{\text{p-p}}$$

이다. JFET가 off되면

$$v_{\text{out}} = \frac{10\ \text{k}\Omega}{10\ \text{M}\Omega}(10\ \text{mV}_{\text{p-p}}) = 10\ \mu\text{V}_{\text{p-p}}$$

따라서 on-off비는

$$\text{on-off비} = \frac{9.8\ \text{mV}_{\text{p-p}}}{10\ \mu\text{V}_{\text{p-p}}} = 980$$

이다. 이 값을 앞 예제와 비교하면 직렬스위치가 양호한 on-off비를 가진다.

연습문제 11-18　$V_{GS(\text{off})} = -4\ \text{V}$일 때 예제 11-18을 다시 풀어라.

응용예제 11-19　　　　　　　　　　　　　　　　　　|||| MultiSim

그림 11-30에서 게이트에 인가되는 구형파는 주파수가 20 kHz이다. 초퍼된 출력주파수는 얼마인가? 만약 MPF4858이 R_{DS} = 50 Ω이라면 초퍼된 출력 피크값을 구하라.

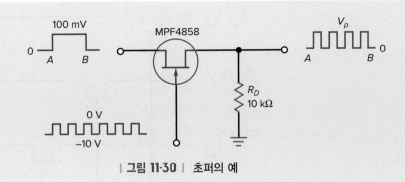

| 그림 11·30 | 초퍼의 예

풀이 출력주파수는 게이트에 가해지는 구형파 주파수와 같다.

$$f_{out} = 20 \text{ kHz}$$

50 Ω은 10 kΩ보다 훨씬 작으므로 거의 모든 입력전압이 출력에 전달된다.

$$V_{peak} = \frac{10 \text{ k}\Omega}{10 \text{ k}\Omega + 50 \text{ }\Omega} (100 \text{ mV}) = 99.5 \text{ mV}$$

연습문제 11-19 그림 11-30과 $R_{DS} = 100$ Ω이라는 것을 이용하여 초퍼된 출력 피크값을 구하라.

11-9 여러 가지 JFET 응용

JFET는 많은 응용분야에서 바이폴라 트랜지스터에 필적하지 못하지만 특정한 분야에는 뛰어난 특성을 가지고 있다. 이 절에서는 JFET가 바이폴라 트랜지스터에 비해 명확한 장점을 가지는 응용분야를 검토할 것이다.

멀티플렉싱

멀티플렉스(*multiplex*)는 "다수를 하나로"라는 의미이다. 그림 11-31에 아날로그 멀티플렉서(*analog multiplexer*)를 나타내었으며, 이 회로는 여러 개의 입력신호를 하나의 출력선으로 향하도록 하는 회로이다. 그림에서 각 JFET는 직렬스위치로 동작한다. 제어신호(V_1, V_2, V_3)가 각각의 JFET를 on-off하며 어떤 제어신호가 0 V(high)이면 그 입력신호가 출력에 전달된다.

예를 들어 만약 V_1이 0 V이면 정현파 출력을 얻을 수 있고, V_2가 0 V이면 삼각파 출력을, V_3가 0 V이면 구형파 출력을 얻을 수 있다. 정상적으로 단지 1개의 제어신호가 0 V(high)이면 입력 중의 단 1개 신호가 출력에 전달된다.

초퍼증폭기

결합 커패시터와 바이패스 커패시터를 없애고 각 단의 출력을 다음 단의 입력에 직접 접

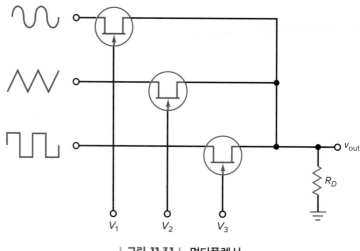

| 그림 11·31 | 멀티플렉서

속하는 직접결합증폭기(직결증폭기)를 만들 수 있다. 이 방법은 교류전압과 같이 직류전압도 잘 결합한다. 이 회로는 직류도 증폭할 수 있으므로 **직류증폭기**(*dc amplifier*)라고도 부른다. 직접결합의 최대 단점은 최종 출력전압이 **드리프트**(*drift*)에 의해 영향을 받는다는 것이다. 드리프트는 공급전원, 트랜지스터 특성 및 온도 변화에 의해 출력전압이 서서히 변화하는 현상을 나타내는 것이다.

그림 11-32a는 직접결합으로 인한 드리프트 문제를 없애는 방법을 나타낸 것이다. 직접결합 대신에 **JFET** 초퍼를 사용하여 직류 입력전압을 구형파로 바꾼다. 이 결과 초퍼 출력에는 구형파가 나타나며, 이 구형파의 피크값은 V_{DC}와 같다. 구형파는 교류신호이기 때문에 결합 및 바이패스 커패시터를 가지는 일반 교류증폭기를 사용하여 신호를 증폭할 수 있다.

초퍼증폭기는 직류신호뿐만 아니라 저주파신호도 증폭할 수 있다. 입력이 저주파신호이면 초핑되어 그림 11-32b와 같이 된다. 초핑된 신호는 교류증폭기로 증폭되며 이렇

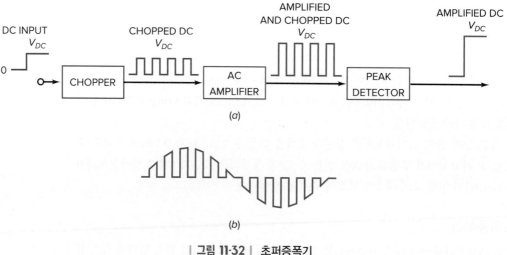

| 그림 11·32 | 초퍼증폭기

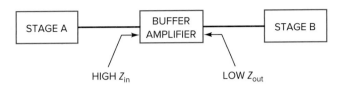

| 그림 11-33 | A단과 B단을 분리하는 완충증폭기

게 증폭된 신호는 피크검출기를 이용하여 원래의 입력신호를 복구한다.

완충증폭기

그림 11-33은 앞단과 뒷단을 분리시키는 완충증폭기(buffer amplifier)를 나타낸다. 이상적인 완충증폭기는 고입력 임피던스를 가져야 한다. 이 경우 A단의 테브난 전압이 그대로 완충기 입력에 나타난다. 또한 완충증폭기는 저출력 임피던스를 가져야 하며, 이 경우에 완충증폭기의 거의 모든 출력전압은 B단의 입력에 그대로 나타난다.

소스폴로어는 고입력 임피던스(저주파에서 수 MΩ 정도)와 저출력 임피던스(수백 Ω 정도)를 가지므로 뛰어난 완충증폭기이다. 완충기에서 고입력 임피던스란 앞단(A)의 부하를 작게(작은 전류) 해 주며, 저출력 임피던스는 큰 부하(큰 전류)를 구동할 수 있다는 것을 의미한다.

저잡음증폭기

잡음(noise)이 유용한 신호에 중첩되어 간섭을 일으키는 것은 바람직하지 않다. 잡음은 정보가 포함된 신호에 장애를 발생시킨다. 예를 들어 TV 수신기에서의 잡음은 화상에 작은 흑백의 점을 유발시키며, 이것이 극심할 때는 화상이 사라질 수도 있다. 마찬가지로 라디오 수신기에서의 잡음도 "딱딱" 하는 소리(crackling) 또는 "쉬" 하는 소리(hissing)를 유발시키며 때때로 음성이나 음악을 완전 차단시키는 경우도 있다. 잡음은 신호와는 완전히 독립적이므로 신호가 없는 경우에도 잡음은 존재하게 된다.

JFET는 우수한 저잡음 소자가 된다. 그 이유는 바이폴라 트랜지스터보다 훨씬 작은 잡음을 만들기 때문이다. 증폭기에서 첫 단의 잡음이 뒷단에서 신호와 같이 증폭되므로 특히 수신기와 같은 전자 설비에서 첫 단의 잡음 대책은 아주 중요하다. 이 대책으로 저잡음 소자인 JFET를 증폭기의 첫 단에 사용하면 최종 출력은 잡음이 제거된 신호를 얻는다.

수신기 앞단 가까이의 다른 회로는 **주파수혼합기**(*frequency mixer*)와 발진기(*oscillator*)가 있다. 주파수혼합기는 높은 주파수를 낮은 주파수로 변환하는 회로이다. 발진기는 교류신호를 발생하는 회로이다. JFET는 VHF/UHF 증폭기, 혼합기, 발진기를 위하여 종종 사용된다. *VHF*는 "very high frequencies(30~300 MHz)"를, *UHF*는 "ultra high frequencies(300~3,000 MHz)"를 의미한다.

전압제어 저항

JFET가 옴영역에서 동작할 때 $V_{GS} = 0$이므로 확실한 포화상태이다. 그러나 예외가 있다. $0 < V_{GS} < V_{GS(off)}$일 때 JFET를 옴영역에서 동작시킬 수 있다. 이 경우 JFET는 전

압제어 저항(*voltage-controlled resistance*)과 같다.

그림 11-34는 V_{DS} < 100 mV인 2N5951의 드레인 곡선을 나타낸다. 이 영역에서 드레인소스 전압을 드레인전류로 나눈 값을 소신호 저항 r_{ds}라고 정의한다.

$$r_{ds} = \frac{V_{DS}}{I_D}$$

(11-24)

그림 11-34에서 r_{ds}는 드레인 곡선에서 어떤 V_{GS} 곡선이 사용되었는가에 따라 값이 변한다. 우선 V_{GS} = 0이면 r_{ds}는 최소값이 되며 R_{DS}와 같다. V_{GS}가 음으로 될수록 r_{ds}는 증가하여 R_{DS}보다 커지게 된다.

예를 들어 그림 11-34에서 V_{GS} = 0이면

$$r_{ds} = \frac{100 \text{ mV}}{0.8 \text{ mA}} = 125 \text{ } \Omega$$

V_{GS} = −2 V이면

$$r_{ds} = \frac{100 \text{ mV}}{0.4 \text{ mA}} = 250 \text{ } \Omega$$

V_{GS} = −4 V이면

$$r_{ds} = \frac{100 \text{ mV}}{0.1 \text{ mA}} = 1 \text{ k}\Omega$$

이다. 이는 JFET가 옴영역에서 전압제어 저항으로 작용함을 의미한다.

다시 한번 염두에 두어야 할 사실은 JFET가 저주파에서 소스와 드레인 두 단자를 서로 바꾸어 사용해도 되므로 대칭소자라는 것이다. 그 이유는 그림 11-34의 드레인 곡

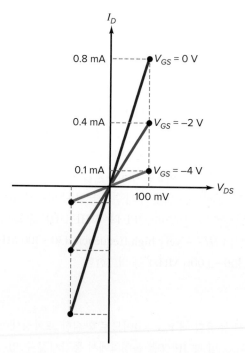

| 그림 **11-34** | 소신호 r_{ds}는 전압으로 제어된다.

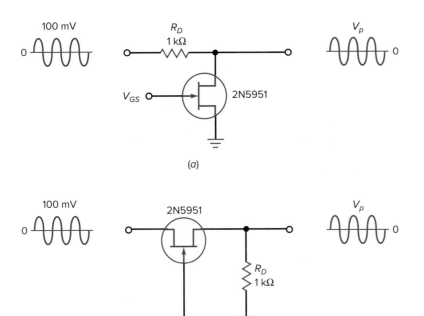

| 그림 11·35 | 전압제어 저항의 예

선이 원점을 중심으로 대칭이기 때문이다. 따라서 JFET는 200 mV 이하의 피크-피크 전압만으로도 전압제어 저항으로 동작한다. 이때 JFET는 작은 교류신호가 드레인전압에 공급되므로 전원으로부터 직류 드레인전압이 필요 없다.

그림 11-35a는 병렬회로를 나타낸다. 여기서 JFET는 전압제어 저항으로 사용된다. 이 회로는 이미 배운 JFET 병렬스위치와 동일하다. 차이점은 제어전압 V_{GS}가 0과 큰 음전압으로 스윙하지 않는다는 것이다. 대신 0과 $V_{GS(off)}$ 사이에서 연속적으로 변할 수 있다. 이런 방식으로 V_{GS}는 JFET의 저항을 조절하고 이에 따라 피크 출력전압이 변한다.

그림 11-35b는 전압제어 저항으로 JFET가 사용된 직렬회로이다. 기본적인 개념은 같다. V_{GS}를 변화시킬 때 피크 출력전압을 변화시키는 JFET의 교류저항이 변한다.

앞에서 계산했지만 V_{GS} = 0 V이면 JFET 2N5951의 교류신호 저항은 r_{ds} = 125 Ω이다. 그림 11-35a에서 피크 출력전압은 다음과 같다.

$$V_p = \frac{125\ \Omega}{1.125\ \text{k}\Omega}\,(100\ \text{mV}) = 11.1\ \text{mV}$$

V_{GS} = −2 V이면 r_{ds} = 250 Ω이므로 피크 입력전압은 다음과 같다.

$$V_p = \frac{250\ \Omega}{1.25\ \text{k}\Omega}\,(100\ \text{mV}) = 20\ \text{mV}$$

V_{GS} = −4 V이면 r_{ds} = 1 kΩ이므로 피크 입력전압은 다음 값으로 증가한다.

$$V_p = \frac{1\ \text{k}\Omega}{2\ \text{k}\Omega}\,(100\ \text{mV}) = 20\ \text{mV}$$

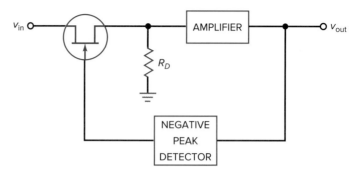

| 그림 11·36 | 자동이득제어

자동이득제어

수신기를 약한 곳에서 강한 곳으로 동조시킬 때 스피커의 음량을 즉시 낮추지 않으면 귀에 거슬리는 큰 소리를 낼 것이다. 또한 송신과 수신 안테나 사이의 경로에서 전기적인 변화로 인해 신호의 변화가 크게 되면 음성소멸(fading) 현상 때문에 볼륨이 변화된다. 불필요한 음량변화를 제어하기 위해 오늘날 대부분의 수신기는 **자동이득제어**(automatic gain control: AGC)를 사용한다.

그림 11-36은 기본적인 AGC 개념을 나타낸다. 입력신호 v_{in}은 전압제어 저항으로 사용되는 JFET를 통과한다. 이 신호는 증폭되어 출력전압 v_{out}이 된다. 출력신호는 피크검출기로 귀환되며 이 피크검출기의 출력은 JFET의 V_{GS}에 가해진다.

만약 입력신호가 갑자기 크게 증가하면 출력전압이 증가할 것이다. 이는 큰 음전압이 피크검출기에서 나온다는 것을 의미한다. V_{GS}가 음이 될수록 JFET는 더욱 큰 저항값을 갖는다. 따라서 신호는 더욱 감소되어 출력전압이 감소된다.

반면에 입력신호가 약해지면 출력전압은 감소한다. 그리하여 음의 피크검출기는 작은 출력을 만든다. V_{GS}가 약간 작은 음전압이 되므로 JFET는 더 큰 신호전압을 증폭기에 전달하므로 최종 출력은 증가한다. 따라서 입력신호의 갑작스러운 변화는 AGC 작용으로 오프셋되어 출력전압은 거의 변화되지 않는다.

응용예제 11-20

그림 11-37b의 회로는 어떻게 수신기의 이득을 조절하는가?

풀이 앞에서 보았듯이 JFET에서 V_{GS}가 음이 될수록 g_m은 감소한다.

$$g_m = g_{m0}\left(1 - \frac{V_{GS}}{V_{GS(off)}}\right)$$

이것은 선형방정식이므로 그래프로 그리면 그 결과는 그림 11-37a와 같다. JFET에서 $V_{GS} = 0$일 때 g_m은 최대값이 된다. V_{GS}가 더욱 음(−)의 값이 될수록 g_m값은 점점 더 감소한다. CS 증폭기의 전압이득은 다음과 같다.

$$A_V = g_m r_d$$

이는 g_m값을 조절하여 전압이득을 조절할 수 있음을 나타낸다.

그림 11-37*b*는 AGC의 사용방법을 나타낸 것이다. 이것은 전압이득 $g_m r_d$를 가지며, 뒷단에서 JFET 출력전압을 증폭한다. 이 증폭된 출력은 음(−)의 피크검출기로 들어가서 V_{AGC}를 발생시킨다. 이 음전압은 CS 증폭기 게이트에 가해진다.

수신기를 조정하여 약한 중계소에서 강한 중계소로 바꾸면 큰 피크신호가 검출되어 V_{AGC}는 더욱 음(−)의 값이 된다. 따라서 JFET 증폭기의 이득이 감소된다. 반대로 신호가 작아지면 더 작은 AGC 전압이 게이트에 가해지고 JFET단은 더 큰 출력신호를 발생시킨다.

이것이 AGC의 전반적인 효과이다. 최종 신호는 증가하지만 AGC가 없는 경우보다는 훨씬 약하다. 예를 들어 어떤 AGC 시스템에서 입력신호가 100% 증가하면 최종 출력신호는 1% 이하의 증가를 나타낸다.

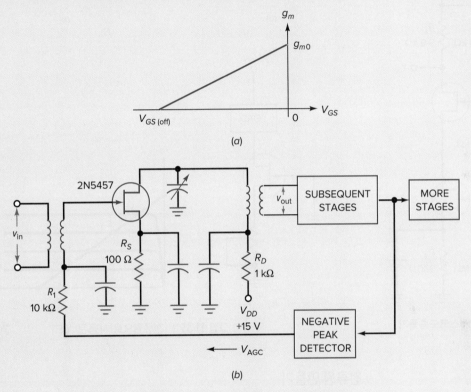

| 그림 11·37 | 수신기에 사용된 자동이득제어기

캐스코드증폭기

그림 11-38은 캐스코드증폭기의 예이다. 두 FET의 전체 전압이득은 다음과 같다.

$$A_v = g_m r_d$$

이것은 CS 증폭기와 같은 전압이득이다.

캐스코드 회로의 가장 큰 이점은 저입력 커패시턴스를 가진다는 것이며, 이는 VHF 와 UHF 신호에서 중요하다. 입력커패시턴스는 고주파수에서 전압이득을 제한하는 요소가 된다. 캐스코드증폭기는 높은 주파수까지 증폭할 수 있다. 캐스코드증폭기의 저입력 커패시턴스는 CS 증폭기보다 더 큰 주파수를 증폭할 수 있도록 한다.

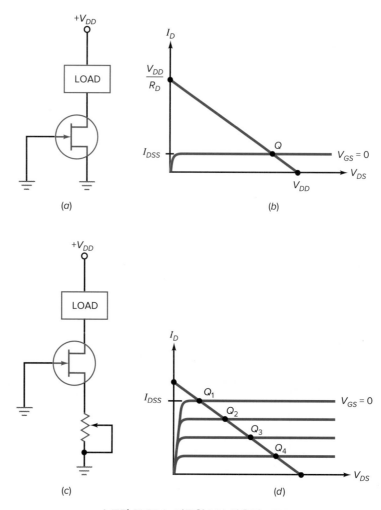

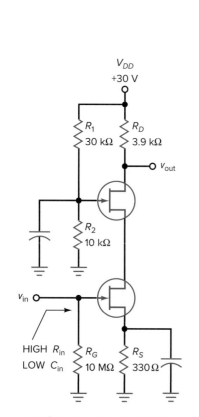

| 그림 11·38 | 캐스코드증폭기

| 그림 11·39 | 전류원으로 사용된 JFET

전류원 만들기

부하에 일정한 전류가 흘러야 한다고 가정하자. 한 가지 해결책으로 그림 11-39a와 같이 JFET 게이트를 단락시켜 일정한 전류를 공급하는 방식이 있다. 동작점(Q점)이 그림 11-39b와 같이 활성영역에 있으므로 부하전류는 I_{DSS}이다. JFET가 대체될 때 부하가 I_{DSS} 안에서 변화를 견딜 수 있다면 회로는 적합한 해결책이다.

한편 어떤 특정한 부하전류가 필요하면 그림 11-39c처럼 가변 부하저항을 사용할 수 있다. 자기바이어스는 음의 V_{GS}를 만들므로 가변저항을 조절하면 그림 11-39d와 같이 동작점을 바꾸어 원하는 전류를 얻을 수 있다.

이와 같이 JFET를 사용하면 부하저항이 변하더라도 가장 간단히 부하전류를 얻는다. 이후 장들에서 연산증폭기를 사용하여 일정한 전류를 얻는 기법을 검토할 것이다.

전류 제한

전류원 대신에 JFET는 그림 11-40a처럼 과잉전류에 대해 전류를 제한하여 부하를 보

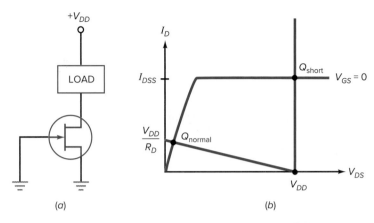

| **그림 11·40** | 부하가 단락되면 JFET는 전류를 제한한다.

호할 수 있다. 이 응용에서 JFET는 활성영역보다는 옴영역에서 동작한다. 옴영역에서 동작하도록 설계자는 그림 11-40b의 직류 부하선을 갖도록 소자값을 정해야 한다. 동작점은 옴영역에 있으며 동작전류는 약 V_{DD}/R_D이다.

부하가 단락되면 직류 부하선은 수직이 된다. 이 경우 동작점은 그림 11-40b와 같이 새로운 위치로 바뀐다. 이때 전류는 I_{DSS}로 제한된다. 기억할 사항은 부하단락은 큰 전류를 발생시킨다는 것이다. JFET를 부하와 병렬로 연결하면 전류는 안전한 값으로 제한된다.

결론

표 11-3을 살펴보자. 몇 개의 용어는 새로운 것이어서 뒤의 장들에서 검토할 것이다. JFET 버퍼(완충증폭기)는 고입력 임피던스와 저출력 임피던스의 이점을 가진다. 이것이 JFET가 전압계, 오실로스코프 등의 고입력 임피던스(10 MΩ 이상)가 필요한 장비의 앞단에 쓰인다. 참고로 JFET 게이트에서 입력저항은 100 MΩ 이상이다.

JFET가 소신호 증폭기로 사용되면 전달컨덕턴스 곡선의 미소부분만을 사용하므로 출력은 입력에 대해 선형특성을 가진다. TV나 라디오 수신기 앞단의 신호는 작으므로 JFET는 가끔 RF증폭기로 사용된다.

신호가 커지고 전달컨덕턴스 곡선을 더 많이 사용하면 비선형 찌그러짐이 나타난다. 비선형 찌그러짐은 증폭기에서는 불필요한 것이다. 그러나 주파수혼합기에서 제곱법칙으로 인한 찌그러짐은 큰 장점이다. 이 때문에 JFET가 FM 및 TV 믹서 응용에는 바이폴라 트랜지스터보다 선호된다.

표 11-3에서 JFET가 유용한 분야로는 AGC증폭기, 캐스코드증폭기, 초퍼, 전압제어 저항, 오디오, 발진기 등이 있다.

11-10 데이터시트 읽기

JFET 데이터시트는 바이폴라 데이터시트와 비슷하다. 여러분은 최대정격, 직류특성, 교류특성, 기계적 자료 등을 볼 것이다. 보통 최대정격 문제를 다루며 그 이유는 정격 문

요점정리 표 11-3	FET 응용	
적용	**주요 장점**	**용도**
버퍼	큰 입력임피던스, 낮은 출력임피던스	일반적인 계측기, 수신기
RF증폭기	낮은 노이즈	FM 튜너, 통신장비
RF믹서	낮은 왜곡	RF와 TV 수신기, 통신장비
AGC증폭기	이득 조정 용이	수신기, 신호발생기
캐스코드증폭기	낮은 입력 커패시터	계측기, 시험장비
초퍼증폭기	드리프트 없음	DC증폭기, 안내 제어 시스템
가변저항	전압제어	OP 앰프, 오르간 톤 제어
오디오증폭기	낮은 커플링 커패시터	보청기, 유도 변환기
RF발진기	최소 주파수 드리프트	주파수 표준, 수신기

제가 JFET의 전류, 전압 및 다른 양들에 영향을 주기 때문이다.

항복정격

그림 11-41에 보이는 것과 같이 MPF102의 데이터시트는 다음과 같은 정격을 가진다.

V_{DS} 25 V
V_{GS} −25 V
P_D 350 mW

보통 신중한 설계는 각 최대정격에 대해 안전계수를 포함시켜야 한다.

앞서 검토했듯이 경감인자(derating factor)는 소자의 정격전력(power rating)이 온도 상승에 따라 얼마나 감소하는지를 나타낸다. MPF102의 경감인자는 2.8 mW/°C로

요점정리 표 11-4	JFET 예				
소자	$V_{GS(off)}$, V	I_{DSS}, mA	g_{m0}, μS	R_{DS}, Ω	**응용**
J202	−4	4.5	2,250	888	Audio
2N5668	−4	5	2,500	800	RF
MPF3822	−6	10	3,333	600	Audio
2N5459	−8	16	4,000	500	Audio
MPF102	−8	20	5,000	400	RF
J309	−4	30	15,000	133	RF
BF246B	−14	140	20,000	100	Switching
MPF4857	−6	100	33,000	60	Switching
MPF4858	−4	80	40,000	50	Switching

MPF102

JFET VHF Amplifier

N–Channel – Depletion

Features

- Pb–Free Package is Available*

ON Semiconductor®

http://onsemi.com

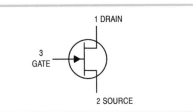

TO–92 (TO–226AA)
CASE 29–11
STYLE 5

MAXIMUM RATINGS

Rating	Symbol	Value	Unit
Drain–Source Voltage	V_{DS}	25	Vdc
Drain–Gate Voltage	V_{DG}	25	Vdc
Gate–Source Voltage	V_{GS}	−25	Vdc
Gate Current	I_G	10	mAdc
Total Device Dissipation @ T_A = 25°C Derate above 25°C	P_D	350 2.8	mW mW/°C
Junction Temperature Range	T_J	125	°C
Storage Temperature Range	T_{stg}	−65 to +150	°C

Maximum ratings are those values beyond which device damage can occur. Maximum ratings applied to the device are individual stress limit values (not normal operating conditions) and are not valid simultaneously. If these limits are exceeded, device functional operation is not implied, damage may occur and reliability may be affected.

MARKING DIAGRAM

MPF
102
AYWW ▪

MPF102 = Device Code
A = Assembly Location
Y = Year
WW = Work Week
▪ = Pb–Free Package
(Note: Microdot may be in either location)

ELECTRICAL CHARACTERISTICS (T_A = 25°C unless otherwise noted)

Characteristic	Symbol	Min	Max	Unit
OFF CHARACTERISTICS				
Gate–Source Breakdown Voltage (I_G = −10 µAdc, V_{DS} = 0)	$V_{(BR)GSS}$	−25	–	Vdc
Gate Reverse Current (V_{GS} = −15 Vdc, V_{DS} = 0) (V_{GS} = −15 Vdc, V_{DS} = 0, T_A = 100°C)	I_{GSS}	– –	−2.0 −2.0	nAdc µAdc
Gate–Source Cutoff Voltage (V_{DS} = 15 Vdc, I_D = 2.0 nAdc)	$V_{GS(off)}$	–	−8.0	Vdc
Gate–Source Voltage (V_{DS} = 15 Vdc, I_D = 0.2 mAdc)	V_{GS}	−0.5	−7.5	Vdc
ON CHARACTERISTICS				
Zero–Gate–Voltage Drain Current (Note 1) (V_{DS} = 15 Vdc, V_{GS} = 0 Vdc)	I_{DSS}	2.0	20	mAdc
SMALL–SIGNAL CHARACTERISTICS				
Forward Transfer Admittance (Note 1) (V_{DS} = 15 Vdc, V_{GS} = 0, f = 1.0 kHz) (V_{DS} = 15 Vdc, V_{GS} = 0, f = 100 MHz)	$|y_{fs}|$	2000 1600	7500 –	µmhos
Input Admittance (V_{DS} = 15 Vdc, V_{GS} = 0, f = 100 MHz)	$Re(y_{is})$	–	800	µmhos
Output Conductance (V_{DS} = 15 Vdc, V_{GS} = 0, f = 100 MHz)	$Re(y_{os})$	–	200	µmhos
Input Capacitance (V_{DS} = 15 Vdc, V_{GS} = 0, f = 1.0 MHz)	C_{iss}	–	7.0	pF
Reverse Transfer Capacitance (V_{DS} = 15 Vdc, V_{GS} = 0, f = 1.0 MHz)	C_{rss}	–	3.0	pF

1. Pulse Test; Pulse Width ≤ 630 ms, Duty Cycle ≤ 10%.

ORDERING INFORMATION

Device	Package	Shipping
MPF102	TO–92	1000 Units/Bulk
MPF102G	TO–92 (Pb–Free)	1000 Units/Bulk

Preferred devices are recommended choices for future use and best overall value.

*For additional information on our Pb–Free strategy and soldering details, please download the ON Semiconductor Soldering and Mounting Techniques Reference Manual, SOLDERRM/D.

© Semiconductor Components Industries, LLC, 2006
January, 2006 – Rev. 3

1

Publication Order Number:
MPF102/D

| 그림 11·41 | MPF102 데이터시트(MPF102: JFET VHF Amplifier N-Channel—Depletion, SCILLC dba, 2006)

서 이것은 25℃ 이상에서 온도가 1℃ 상승함에 따라 전력이 2.8 mW씩 감소한다는 것을 의미한다.

I_{DSS}와 $V_{GS(off)}$

공핍형 소자의 데이터시트상의 정보 중에서 가장 중요한 두 가지는 최대 드레인전류와 게이트소스의 차단전압이다. 다음은 MPF102의 데이터시트상에 표시된 값이다.

기호	최소값	최대값
$V_{GS(off)}$	−	−8 V
I_{DSS}	2 mA	20 mA

I_{DSS}값의 변화폭이 10:1임을 주목하자. JFET를 근사적으로 사용하는 이유 중의 하나가 이 값이 큰 변화폭을 가지기 때문이다. 근사해석의 또 다른 이유는 데이터시트 값이 생략되는 수도 있어 그 값이 얼마인지 도저히 알 수 없기 때문이다. MPF102인 경우에는 $V_{GS(off)}$의 최소값이 표시되지 않으므로 근사해석을 한다.

JFET의 또 다른 중요한 특성은 I_{GSS}이다. 이것은 게이트소스 접합부가 반대로 바이어스될 때 게이트전류이다. 이 전류값은 JFET의 직류 입력저항을 결정할 수 있도록 한다. 데이터시트상에서 볼 수 있듯이, MPF102는 V_{GS} = −15 V일 때 I_{GSS}는 2 nA 직류의 값을 가진다. 이러한 조건하에 게이트소스 저항 R = 15 V/2 nA = 7,500 MΩ이다.

JFET의 종류

표 11-4는 JFET의 종류를 보여 준다. g_{m0}값에 따라 오름차순으로 정렬되어 있다. 이들 JFET의 데이터시트 중에서 몇 가지는 오디오 주파수에 적합하며 다른 몇 가지는 RF 주파수용으로 적합하다. 마지막 3개의 JFET는 스위칭용으로 적합하다.

JFET는 소신호 소자로서 전력손실이 보통 1 W 이하이다. 오디오 분야에서 JFET는 소스폴로어로 사용되고 RF 분야에서는 VHF/UHF 증폭기, 믹서, 발진기로 사용된다. 스위칭 분야에서는 아날로그 스위치로 사용된다.

11-11 JFET 시험

MPF102에 대한 데이터시트는 최대 게이트전류 I_G의 값이 10 mA임을 보여 준다. 이것은 JFET가 견딜 수 있는 최대 순방향 게이트-소스 또는 게이트-드레인 전류이다. 이것은 채널 *pn*접합인 게이트가 순바이어스된 경우이다. 만약 다이오드 시험 범위에서 저항 측정기 또는 디지털 멀티미터를 사용하여 JFET를 시험 중이라면, 과도한 게이트전류를 흐르지 않도록 주의하라. 대부분의 아날로그 VOM은 R × 1 범위에서 거의 100 mA가 나온다. R × 100 범위에서는 일반적으로 1~2 mA의 전류가 나온다. 대부분의 DMM에서는 다이오드 시험 범위에서는 일정한 1~2 mA의 전류가 출력된다. 이와 같은

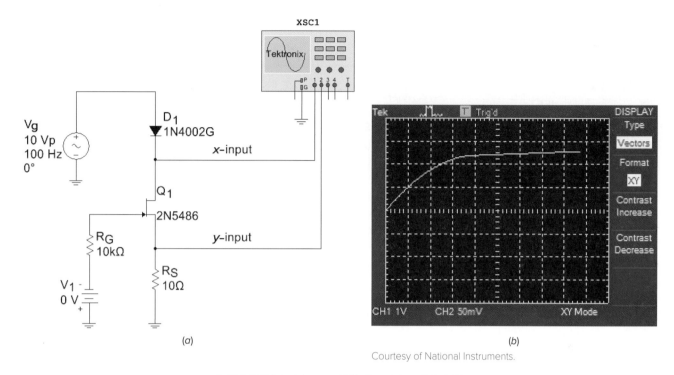

| 그림 11·42 | (a) JFET 시험 회로; (b) 드레인 곡선

Courtesy of National Instruments.

전류는 JFET의 게이트-소스와 게이트-드레인 pn접합을 안전하게 시험할 수 있도록 해야 한다. JFET의 드레인-소스 채널저항을 검사하기 위하여서는 게이트단과 소스단을 연결하라. 그렇지 않으면 채널에서 발생하는 전계 때문에 잘못된 결과를 얻게 될 것이다.

만약 반도체 곡선 추적기(curve tracer)를 이용할 수 있으면 JFET의 드레인 곡선을 나타내도록 시험할 수 있다. 그림 11-42a에 있는 MultiSim을 사용한 간단한 시험회로로 동시에 하나의 드레인 곡선을 나타낼 수 있다. 대부분의 오실로스코프에 있는 x-y 디스플레이 기능을 사용하여, 그림 11-42b와 같은 드레인 곡선을 나타낼 수 있다. 역바이어스 전압 V_1을 변화시키면 근사적인 I_{DSS}값과 $V_{GS(off)}$값을 측정할 수 있다.

예를 들면 그림 11-42a에서 보여주는 것 같이, 오실로스코프의 y입력은 10 Ω의 소스저항에 연결한다. 오실로스코프의 수직입력을 50 mV 단위로 설정하면 수직 드레인 전류는 다음과 같다.

$$I_D = \frac{50 \text{ mV/div}}{10 \text{ Ω}} = 5 \text{ mA/div}$$

V_1에 0 V를 인가하면 최종적인 I_D값(I_{DSS})은 거의 12 mA이다. I_D가 0이 될 때까지 V_1을 증가시킴으로써 $V_{GS(off)}$를 파악할 수 있다.

요점 __ *Summary*

11-1 기본 개념

접합 FET를 줄여서 **JFET**라고 하며 소스, 게이트, 드레인 단자를 가진다. JFET는 게이트소스 간 및 게이트드레인 간에 2개의 내부 다이오드를 가지며 정상동작을 위해 게이트드레인 다이오드도 역방향 바이어스된다. 게이트전압이 드레인전류를 조절한다.

11-2 드레인 곡선

최대 드레인전류(I_{DSS})는 게이트소스 전압 V_{GS} = 0일 때이다. 핀치오프전압은 V_{GS} = 0일 때 옴영역과 활성영역을 구분한다. 게이트소스 차단전압은 핀치오프전압과 같은 크기이며 부호는 반대이다. $V_{GS(off)}$는 JFET를 동작하지 않도록 차단한다.

11-3 전달컨덕턴스 곡선

이 곡선은 드레인전류와 게이트전압의 관계를 나타내는 그래프이다. V_{GS}가 0으로 접근하면 드레인전류는 급격히 증가한다. 드레인전류식이 제곱항을 포함하므로 JFET를 **제곱법칙 소자**라 부른다. 정규화한 전달컨덕턴스 곡선은 V_{GS}가 차단전압의 1/2이면 드레인전류 I_D는 최대전류의 1/4이라는 것을 나타낸다.

11-4 옴영역의 바이어스

게이트 바이어스를 사용하여 옴영역에서 JFET를 바이어스한다. 옴영역에서 동작할 때 JFET는 작은 저항 R_{DS}와 등가이다. 확실히 옴영역에서 동작하도록 JFET는 V_{GS} = 0 및 $I_{D(sat)} \ll I_{DSS}$로 하여 과포화시킨다.

11-5 활성영역의 바이어스

게이트전압이 V_{GS}보다 크면 전압분배 바이어스는 활성영역에 안정한 동작점을 만들 수 있다. 양과 음의 공급전압이 있으면 2전원 바이어스를 사용하여 V_{GS} 변화를 없앤 안정한 동작점을 만들 수 있다. 공급전압이 크지 않으면 전류원 바이어스를 사용하여 안정한 동작점을 얻는다. 자기바이어스는 단지 소신호 증폭기로 사용되며 이는 동작점이 다른 바이어스법보다 덜 안정하기 때문이다.

11-6 전달컨덕턴스

전달컨덕턴스 g_m은 게이트전압이 드레인전류를 얼마나 효과적으로 조절하는가를 나타낸다. g_m은 전달컨덕턴스 곡선의 기울기이며 V_{GS}가 0으로 접근하면 증가한다. 데이터시트에는 g_{fs}와 siemens로 표기되어 있으며 이는 각각 g_m과 mho와 등가이다.

11-7 JFET 증폭기

CS 증폭기는 전압이득이 $g_m r_d$이며 반전출력 신호를 가진다. 소스폴로어는 입력임피던스가 크므로 시스템의 앞단에 자주 사용된다.

11-8 JFET 아날로그 스위치

이 분야에서 JFET는 신호를 전송하거나 차단하는 스위치 역할을 한다. 이러한 작용을 하기 위해 JFET는 V_{GS}의 값에 따라 과포화 혹은 차단상태를 갖도록 바이어스한다. JFET는 병렬형 및 직렬형이 있으며 직렬형이 큰 on-off비를 가진다.

11-9 여러 가지 JFET 응용

JFET가 사용되는 분야는 멀티플렉서(옴), 초퍼증폭기(옴), 완충증폭기(활성), 전압제어 저항(옴), AGC회로(옴), 캐스코드증폭기(활성), 전류원(활성), 전류제한기(옴 및 활성)이다.

11-10 데이터시트 읽기

JFET는 정격전력이 1 W 미만이므로 주로 소신호용 소자이다. 데이터시트를 읽을 때 최대정격을 먼저 다룬다. 때때로 데이터시트는 최소 $V_{GS(off)}$값 혹은 다른 변수를 생략한다. JFET 변수의 변화폭이 커서 고장점검 및 예비해석을 할 때 근사해석을 해도 무방하다.

11-11 JFET 시험

JFET는 다이오드 시험 범위 안에서 옴미터 또는 DMM을 이용하여 시험할 수 있다. 주의할 것은 JFET의 전류제한을 초과하지 않아야 한다는 것이다. 곡선 추적기 또는 회로는 JFET의 동적인 특성을 표시하는 데 이용될 수 있다.

중요 수식 __ *Important Formulas*

(11-1)   핀치오프에서 옴저항:

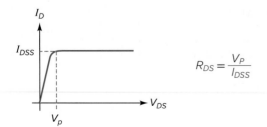

$$R_{DS} = \frac{V_P}{I_{DSS}}$$

(11-2)   게이트소스 차단전압:

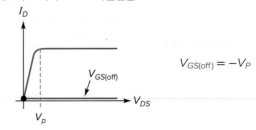

$$V_{GS(off)} = -V_P$$

(11-3) 드레인전류:

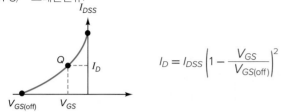

$$I_D = I_{DSS}\left(1 - \frac{V_{GS}}{V_{GS(\text{off})}}\right)^2$$

(11-5) 과대포화:

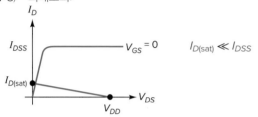

$$I_{D(\text{sat})} \ll I_{DSS}$$

(11-7) 자기바이어스:

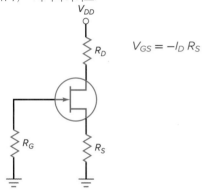

$$V_{GS} = -I_D R_S$$

(11-10) 전압분배 바이어스:

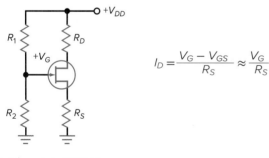

$$I_D = \frac{V_G - V_{GS}}{R_S} \approx \frac{V_G}{R_S}$$

(11-12) 소스 바이어스:

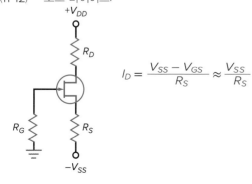

$$I_D = \frac{V_{SS} - V_{GS}}{R_S} \approx \frac{V_{SS}}{R_S}$$

(11-13) 전류원 바이어스:

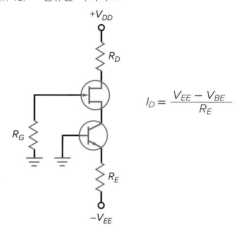

$$I_D = \frac{V_{EE} - V_{BE}}{R_E}$$

(11-14) 전달컨덕턴스:

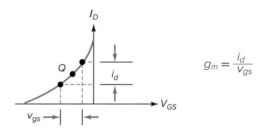

$$g_m = \frac{i_d}{v_{gs}}$$

(11-15) 게이트 차단전압:

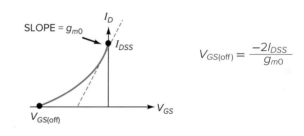

$$V_{GS(\text{off})} = \frac{-2I_{DSS}}{g_{m0}}$$

(11-16) 전달컨덕턴스:

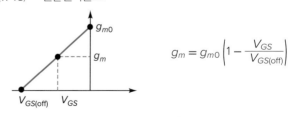

$$g_m = g_{m0}\left(1 - \frac{V_{GS}}{V_{GS(\text{off})}}\right)$$

(11-17) CS 전압이득:

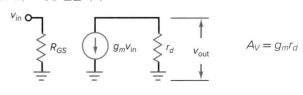

$$A_V = g_m r_d$$

(11-19)　원점 부근에서 옴저항:

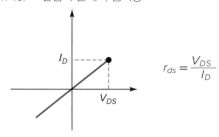

$$r_{ds} = \frac{V_{DS}}{I_D}$$

(11-21)　소스폴로어:

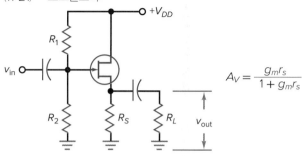

$$A_V = \frac{g_m r_s}{1 + g_m r_s}$$

연관 실험 __ _Correlated Experiments_

실험 32

JFET 바이어스

실험 33

JFET 증폭기

실험 34

JFET 응용

복습문제 __ _Self-Test_

1. **JFET는?**
　a. 전압제어 소자이다.
　b. 전류제어 소자이다.
　c. 작은 입력저항을 가진다.
　d. 매우 큰 전압이득을 가진다.

2. **유니폴라 트랜지스터가 사용하는 것은?**
　a. 자유전자 및 정공이다.
　b. 자유전자뿐이다.
　c. 정공뿐이다.
　d. 둘 모두는 아니며 둘 중 어느 하나 이다.

3. **JFET의 입력임피던스는?**
　a. 0에 가깝다.
　b. 1에 가깝다.
　c. ∞에 가깝다.
　d. 예상이 불가능하다.

4. **게이트가 제어하는 것은?**
　a. 채널의 폭　　b. 드레인전류
　c. 게이트전압　　d. 위의 것 모두

5. **JFET의 게이트소스 다이오드는?**
　a. 순방향 바이어스되어야 한다.
　b. 역방향 바이어스되어야 한다.
　c. 순방향이나 역방향 바이어스 중 어 느 하나가 되어야 한다.

　d. 위의 것은 모두 아니다.

6. **바이폴라 트랜지스터와 비교하여 JFET는 무엇이 훨씬 더 큰가?**
　a. 전압이득　　b. 입력저항
　c. 공급전압　　d. 전류

7. **핀치오프전압은 무엇과 크기가 같은가?**
　a. 게이트전압
　b. 드레인소스 간 전압
　c. 게이트소스 간 전압
　d. 게이트소스 간 차단전압

8. **드레인 포화전류는 I_{DSS}보다 작을 경우 JFET는 무엇과 같이 작용하 나?**
　a. 바이폴라 트랜지스터
　b. 전류원
　c. 저항
　d. 전지

9. **R_{DS}는 핀치오프전압을 무엇으로 나 눈 것과 같은가?**
　a. 드레인전류
　b. 게이트전류
　c. 이상적인 드레인전류
　d. 게이트전압이 0일 때 드레인전류

10. **전달컨덕턴스 곡선은?**
　a. 선형이다.
　b. 저항그래프와 같다.
　c. 비선형이다.
　d. 하나의 드레인 곡선과 같다.

11. **전달컨덕턴스가 드레인전류가 어떤 값으로 접근할 때 증가하는가?**
　a. 0　　　　　b. $I_{D(sat)}$
　c. I_{DSS}　　　d. I_S

12. **CS 증폭기의 전압이득은?**
　a. $g_m r_d$
　b. $g_m r_s$
　c. $g_m r_s / (1 + g_m r_s)$
　d. $g_m r_d / (1 + g_m r_d)$

13. **소스폴로어의 전압이득은?**
　a. $g_m r_d$
　b. $g_m r_s$
　c. $g_m r_s / (1 + g_m r_s)$
　d. $g_m r_d / (1 + g_m r_d)$

14. **입력신호가 클 때 소스폴로어는?**
　a. 1보다 작은 전압이득을 가진다.
　b. 적은 왜곡을 가진다.
　c. 큰 입력저항을 가진다.
　d. 모두 다 가진다.

15. JFET가 아날로그 스위치로 사용될 때 입력신호는?

a. 작아야 한다.

b. 커야 한다.

c. 구형파라야 한다.

d. 초핑되어야 한다.

16. 캐스코드증폭기가 갖는 이점은?

a. 큰 전압이득

b. 저입력 커패시턴스

c. 저입력 임피던스

d. 큰 g_m

17. VHF의 주파수 범위는?

a. 300 kHz ~ 3 MHz

b. 3 MHz ~ 30 MHz

c. 30 MHz ~ 300 MHz

d. 300 MHz ~ 3 GHz

18. JFET가 차단되면 공핍층은?

a. 멀리 떨어진다.

b. 가까워진다.

c. 접촉한다.

d. 전도된다.

19. n채널 JFET에서 게이트전압이 더욱 음(−)이 되면 공핍층 사이의 채널은?

a. 줄어든다.   b. 확장된다.

c. 전도된다.   d. 전도가 중단된다.

20. JFET에서 I_{DSS} = 8 mA, V_P = 4 V 이면 R_{DS}는?

a. 200 Ω   b. 320 Ω

c. 500 Ω   d. 5 kΩ

21. 옴영역에서 JFET를 바이어스하기에 가장 쉬운 방법은?

a. 전압분배 바이어스

b. 자기바이어스

c. 게이트 바이어스

d. 소스 바이어스

22. 자기바이어스는?

a. 정귀환   b. 부귀환

c. 전진귀환   d. 역귀환

23. 자기바이어스된 JFET에서 음의 게이트소스 전압을 얻기 위해서 사용하는 것은?

a. 전압분배기

b. 소스저항

c. 접지

d. 음의 게이트 공급전압

24. 전달컨덕턴스의 단위는?

a. Ohm

b. Ampere

c. Volt

d. Mho 또는 Siemens

25. 전달컨덕턴스는 입력전압이 무엇을 효과적으로 조절하는가를 나타내는가?

a. 전압이득

b. 입력저항

c. 공급전압

d. 출력전류

기본문제 __ *Problems*

11-1 기본 개념

11-1 2N5458은 게이트 역전압이 −15 V일 때 게이트전류가 1 nA이다. 게이트의 입력저항은 얼마인가?

11-2 2N5640은 게이트 역전압이 −20 V이고 주위온도가 100℃일 때 게이트전류가 1 μA이다. 게이트의 입력저항은?

11-2 드레인 곡선

11-3 JFET의 I_{DSS} = 20 mA, V_P = 4 V이다. 최대 드레인전류, 게이트소스 차단전압 및 R_{DS}를 구하라.

11-4 2N5555의 I_{DSS} = 16 mA, $V_{GS(off)}$ = −2 V이다. 이 JFET에서 핀치오프전압은 얼마인가? 또 드레인소스 저항 R_{DS}는 얼마인가?

11-5 2N5457은 I_{DSS} = 1~5 mA, $V_{GS(off)}$ = −0.5 ~ −6 V이다. 최대 및 최소 R_{DS}값은 얼마인가?

11-3 전달컨덕턴스 곡선

11-6 2N5462는 I_{DSS} = 16 mA, $V_{GS(off)}$ = −6 V이다. 차단점의 1/2에서 게이트전압 및 드레인전류를 구하라.

11-7 2N5670은 I_{DSS} = 10 mA, $V_{GS(off)}$ = −4 V이다. 차단점의 1/2에서 게이트전압 및 드레인전류를 구하라.

11-8 2N5486은 I_{DSS} = 14 mA, $V_{GS(off)}$ = −4 V이면 V_{GS} = −1 V와 V_{GS} = −3 V일 때 드레인전류를 구하라.

11-4 옴영역의 바이어스

11-9 그림 11-43a에서 드레인 포화전류 및 드레인전압은 얼마인가?

11-10 그림 11-43a에서 10 kΩ이 20 kΩ으로 증가하면 드레인전압은 얼마인가?

11-11 그림 11-43b에서 드레인전압은 얼마인가?

11-12 그림 11-43b에서 20 kΩ이 10 kΩ으로 감소하면 드레인 포화전류 및 드레인전압은 얼마인가?

11-5 활성영역의 바이어스

기본문제 11-13부터 11-20까지는 예비해석을 이용하라.

11-13 그림 11-44a에서 이상적인 드레인전압은 얼마인가?

11-14 그림 11-44a에서 직류 부하선과 동작점을 그려라.

11-15 그림 11-44b에서 이상적인 드레인전압을 구하라.

11-16 그림 11-44b에서 18 kΩ이 30 kΩ으로 변하면 드레인전압은 얼마인가?

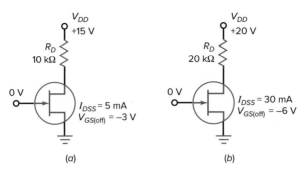

| 그림 11·43 |

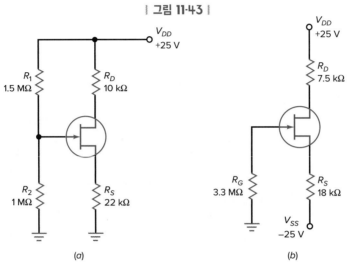

| 그림 11·44 |

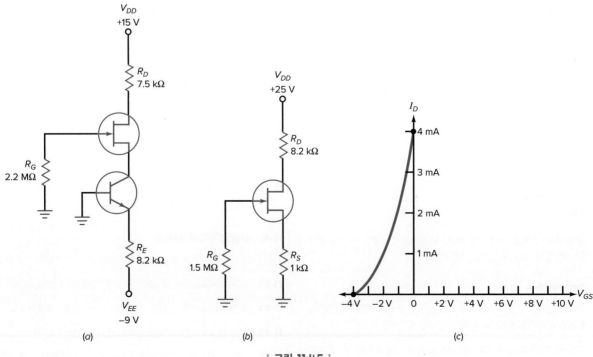

| 그림 11·45 |

11-17 그림 11-45a에서 드레인전류 및 드레인전압은 얼마인가?

11-18 그림 11-45a에서 7.5 kΩ이 4.7 kΩ으로 변하면 드레인전류 및 드레인전압은 얼마인가?

11-19 그림 11-45b에서 I_D = 1.5 mA이다. V_{GS}와 V_{DS}는 얼마인가?

11-20 그림 11-45b에서 1 kΩ 양단전압이 1.5 V이다. 드레인전압은 얼마인가?

기본문제 11-21부터 11-24까지는 그림 11-45c와 그래프법을 이용하여 답하라.

11-21 그림 11-44a에서 그림 11-45c의 전달컨덕턴스 곡선을 이용하여 V_{GS}와 I_D의 값을 구하라.

11-22 그림 11-45a에서 그림 11-45c의 전달컨덕턴스 곡선을 이용하여 V_D와 V_{GS}의 값을 구하라.

11-23 그림 11-45b에서 그림 11-45c의 전달컨덕턴스 곡선을 이용하여 I_D와 V_{GS}의 값을 구하라.

11-24 그림 11-45b에서 R_S가 1 kΩ이 2 kΩ으로 변한다. 그림 11-45c의 곡선을 이용하여 V_{GS}, I_D, V_{DS}의 값을 구하라.

11-6 전달컨덕턴스

11-25 2N4416은 I_{DSS} = 10 mA, g_{m0} = 4,000 μS이다. 게이트 소스 차단전압은? V_{GS} = −1 V에서 g_m은?

11-26 2N3370은 I_{DSS} = 2.5 mA, g_{m0} = 1,500 μS이다. V_{GS} = −1 V에서 g_m은?

11-27 그림 11-46a의 JFET는 g_{m0} = 6,000 μS이다. 만약 I_{DSS} = 12 mA라면 V_{GS} = −2 V에서 I_D는? 또 I_D에 대한 g_m은?

11-7 JFET 증폭기

11-28 그림 11-46a에서 g_m = 3,000 μS이면 교류 출력전압은 얼마인가?

11-29 그림 11-46a의 증폭기는 그림 11-46b와 같은 전달컨덕턴스 곡선을 가진다. 교류 출력전압을 구하라.

11-30 그림 11-47a의 소스폴로어는 g_m = 2,000 μS이다. 교류 출력전압은?

11-31 그림 11-47a의 소스폴로어는 그림 11-47b와 같은 전달컨덕턴스 곡선을 가진다. 교류 출력전압을 구하라.

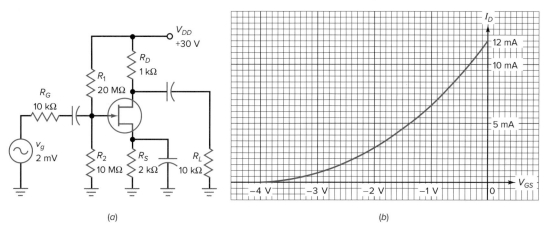

| 그림 11·46 |

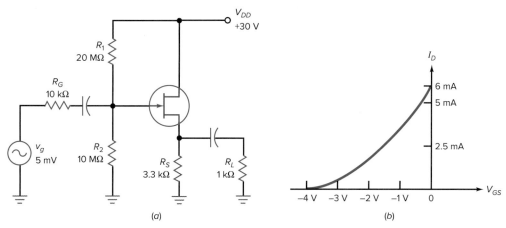

| 그림 11·47 |

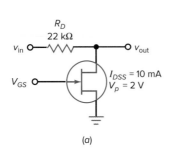
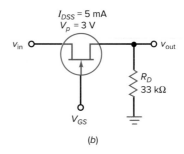

| 그림 11·48 |

11-8 JFET 아날로그 스위치

11-32 그림 11-48*a*에서 입력전압이 50 mV$_{p-p}$이다. V_{GS} = 0 V 및 V_{GS} = −10 V에서 출력전압은 얼마인가? on-off비를 구하라.

11-33 그림 11-48*b*에서 입력전압이 25 mV$_{p-p}$이다. V_{GS} = 0 V 및 V_{GS} = −10 V에서 출력전압은 얼마인가? on-off비를 구하라.

응용문제 __ *Critical Thinking*

11-34 JFET가 그림 11-49*a*와 같은 드레인 곡선을 가진다. I_{DSS}는 얼마인가? 옴영역에서 최대 V_{DS}는 얼마인가? 또한 JFET가 전류원으로 동작할 때 V_{DS}의 전압범위는 얼마인가?

11-35 그림 11-49*b*의 전달컨덕턴스 식을 써라. V_{GS} = −4 V 및 V_{GS} = −2 V일 때 드레인전류는 얼마인가?

11-36 JFET가 그림 11-49*c*와 같이 제곱법칙 곡선을 가지면 V_{GS} = −1 V일 때 드레인전류는 얼마인가?

11-37 그림 11-50에서 직류 드레인전류는? g_m = 2,000 μS이면 교류 출력전압은?

11-38 그림 11-51은 JFET 직류전압계를 나타낸다. 측정하기 전에 영점조정(zero adjust)을 정확히 하였다. v_{in} = −2.5 V일 때 최대 눈금을 나타내도록 주기적으로 조절되어 있다. 이 같은 조절은 FET 간의 변화 및 FET 경시(aging) 효과를 고려하는 것이다.

    a. 510 Ω을 흐르는 전류는 4 mA이다. 이로부터 소스-접지 간의 직류전압은 얼마인가?

    b. 만약 전류계의 전류 흐름이 없다면 전류지시기(wiper)가 영점조정 되면 그때의 전압은?

    c. 만약 입력전압 2.5 V가 1 mA 편향시키면 전압 1.25 V는 얼마만한 편향을 가지나?

11-39 그림 11-52*a*에서 JFET는, I_{DSS} = 16 mA, R_{DS} = 200 Ω이다. 만일 부하저항이 10 kΩ이라면, 부하전류와 JFET 양단전압은 얼마인가? 만약 부하가 우연히 단락되면 부하저항과 JFET 양단전압은 얼마인가?

11-40 그림 11-52*b*는 AGC 증폭기의 일부를 나타낸다. 직류전압은 여기서 나타낸 것처럼 출력단에서 앞단으로 귀환한다. 그림 11-46*b*는 전달컨덕턴스 곡선이다. 다음의 각 값에 대한 전압이득을 구하라.

    a. V_{AGC} = 0

    b. V_{AGC} = −1 V

    c. V_{AGC} = −2 V

    d. V_{AGC} = −3 V

    e. V_{AGC} = −3.5 V

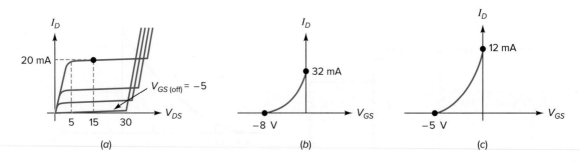

| 그림 11·49 |

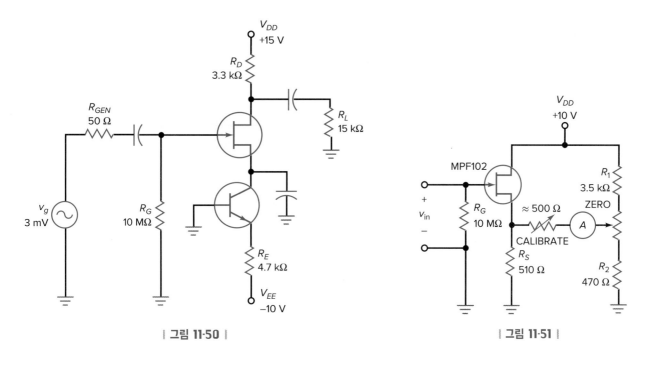

| 그림 11·50 | | 그림 11·51 |

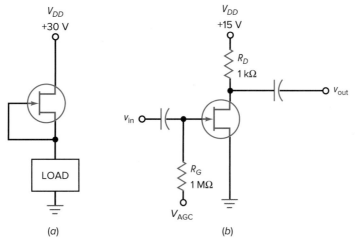

(a) (b)

| 그림 11·52 |

고장점검 __ *Troubleshooting*

그림 11-53 및 고장점검표를 이용하여 다음 문제들을 풀어라.

11-41 T1의 고장을 진단하라.

11-42 T2의 고장을 진단하라.

11-43 T3의 고장을 진단하라.

11-44 T4의 고장을 진단하라.

11-45 T5의 고장을 진단하라.

11-46 T6의 고장을 진단하라.

11-47 T7의 고장을 진단하라.

11-48 T8의 고장을 진단하라..

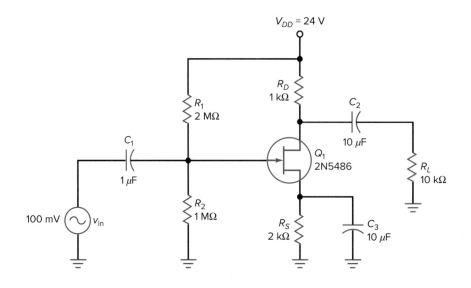

Trouble	V_{GS}	I_D	V_{DS}	V_g	V_s	V_d	v_{out}
OK	–1.6 V	4.8 mA	9.6 V	100 mV	0	357 mV	357 mV
T1	–2.75 V	1.38 mA	19.9 V	100 mV	0	200 mV	200 mV
T2	–0.6 V	7.58 mA	1.25 V	100 mV	0	29 mV	29 mV
T3	–0.56 V	0	0	100 mV	0	0	0
T4	–8 V	0	8 V	100 mV	0	0	0
T5	8 V	0	24 V	100 mV	0	0	0
T6	–1.6 V	4.8 mA	9.6 V	100 mV	87 mV	40 mV	40 mV
T7	–1.6 V	4.8 mA	9.6 V	100 mV	0	397 mV	0
T8	0	7.5 mA	1.5 V	1 mV	0	0	0

| 그림 11·53 |

MultiSim 고장점검 문제 __ *MultiSim Troubleshooting Problems*

멀티심 고장점검 파일들은 http://mhhe.com/malvino9e의 온라 인학습센터(OLC)에 있는 멀티심 고장점검 회로(MTC)라는 폴더에 서 찾을 수 있다. 이 장에 관련된 파일은 MTC11-49~MTC11-53 으로 명칭되어 있고 모두 그림 11-53의 회로를 바탕으로 한다.

각 파일을 열고 고장점검을 실시한다. 결함이 있는지 결정하기 위해 측정을 실시하고, 결함이 있다면 무엇인지를 찾아라.

11-49 MTC11-49 파일을 열어 고장점검을 실시하라.

11-50 MTC11-50 파일을 열어 고장점검을 실시하라.

11-51 MTC11-51 파일을 열어 고장점검을 실시하라.

11-52 MTC11-52 파일을 열어 고장점검을 실시하라.

11-53 MTC11-53 파일을 열어 고장점검을 실시하라.

직무 면접 문제 __ *Job Interview Questions*

1. JFET가 어떻게 동작하는지 핀치오프전압 및 게이트소스 차단전압을 포함하여 설명하라.

2. JFET의 드레인 곡선과 전달컨덕턴스 곡선을 그려라.

3. JFET와 바이폴라 트랜지스터를 비교하라. 각각의 장단점을 포함하여 설명하라.

4. FET가 옴영역 혹은 활성역역 중 어느 영역에서 동작하는가를 어떻게 알 수 있나?

5. JFET의 소스폴로어를 그려서 어떻게 동작하는가를 설명하라.

6. JFET 병렬스위치 및 직렬스위치를 그려서 각각 어떻게 동작하는가를 설명하라.

7. 어떻게 JFET가 정전기 스위치로 사용될 수 있나?

8. BJT와 JFET에서 출력전류를 조절하는 입력량은 무엇인가? 만약 이 입력량이 다르면 설명하라.

9. JFET는 게이트에 전압을 가해 전류를 조절하는 소자이다. 이것을 설명하라.

10. 캐스코드증폭기의 이점은 무엇인가?

11. 때때로 JFET 증폭기가 라디오 수신기의 앞단에서 증폭 소자로 사용되는 이유를 말하라.

복습문제 해답 __ *Self-Test Answers*

1.	a	6.	b	11.	c	16.	b	21.	c
2.	d	7.	d	12.	a	17.	c	22.	b
3.	c	8.	c	13.	c	18.	c	23.	b
4.	d	9.	d	14.	d	19.	a	24.	d
5.	b	10.	c	15.	a	20.	c	25.	d

연습문제 해답 __ *Practice Problem Answers*

11-1 $R_{in} = 10,000$ MΩ

11-2 $R_{DS} = 600$ Ω; $V_p = 3.0$ V

11-4 $I_D = 3$ mA; $V_{GS} = -3$ V

11-5 $R_{DS} = 300$ Ω; $V_D = 0.291$ V

11-6 $R_S = 500$ Ω; $V_D = 26$ V

11-7 $V_{GS(min)} = -0.85$;

$I_{D(min)} = 2.2$ mA; $V_{GS(max)} = -2.5$ V; $I_{D(max)} = 6.4$ mA

11-8 $I_D = 4$ mA; $V_{DS} = 12$ V

11-9 $I_{D(max)} = 5.6$ mA

11-11 $I_D = 4.3$ mA; $V_D = 5.7$ V

11-12 $V_{GS(off)} = -3.2$ V; $g_m = 1,875$ μS

11-13 $v_{out} = 5.3$ mV

11-14 $v_{out} = 0.714$ mV

11-15 $A_V = 0.634$

11-16 $A_V = 0.885$

11-17 $R_{DS} = 400$ Ω; on-off비 = 26

11-18 $v_{out(on)} = 9.6$ mV; $v_{out(off)} = 10$ μV on-off비 = 960

11-19 $V_{peak} = 99.0$ mV

금속산화물 반도체 트랜지스터

MOSFETs

금속산화물 반도체 트랜지스터(MOSFET)는 소스, 게이트 및 드레인을 가진다. MOS-FET는 게이트가 채널로부터 절연되어 있다는 점에서 JFET와 다르다. 이런 이유로 게이트전류는 JFET보다 더 작다.

MOSFET에는 공핍형(depletion-mode type) 및 증가형(enhancement-mode type) 두 종류가 있다. 증가형 MOSFET는 개별 및 집적 회로에 널리 사용된다. 개별회로에서 주로 사용되는 분야는 큰 전류를 on/off하는 전력 스위칭 분야이다. 집적회로(IC)에서 주로 사용되는 분야는 현대 컴퓨터의 기본 프로세스인 디지털 스위칭 분야이다. 기존의 실리콘 MOSFET와 비교해서 향상된 특성을 갖는 새로운 와이드 밴드갭(wide bandgap) MOSFET 반도체들이 등장했다.

학습목표

이 장을 공부하고 나면

- 공핍형 및 증가형 MOSFET의 특성 및 동작원리를 설명할 수 있어야 한다.
- E-MOSFET와 D-MOSFET 특성곡선을 그릴 수 있어야 한다.
- 어떻게 E-MOSFET가 디지털 스위치로 사용되는지 알 수 있어야 한다.
- CMOS 디지털 스위칭 회로의 개략도 및 동작을 그릴 수 있어야 한다.
- 전력 FET와 전력 바이폴라 트랜지스터를 비교할 수 있어야 한다.
- 몇 개의 전력 FET 응용 사례를 설명할 수 있어야 한다.
- high-side 부하 스위치의 작동을 설명할 수 있어야 한다.
- 개별 H-브리지회로와 모놀리식 H-브리지회로를 설명할 수 있어야 한다.
- E-MOSFET와 D-MOSFET 증폭기 회로의 직류 교류 동작점을 분석할 수 있어야 한다.
- GaN 및 SiC 전력 FET의 특성과 실리콘 전력 MOSFET의 특성을 비교할 수 있어야 한다.

목차

주요 용어

Hide-side 부하 스위치(high-side load switch)

MOSFET(metal-oxide semiconductor FET)

UPS(uninterruptible power supply)

VMOS(vertical MOS)

고전자 이동도 트랜지스터(high electron mobility transistor: HEMT)

공핍형 MOSFET(depletion-mode MOSFET)

기생 바디 다이오드(parasitic body-diode)

기판(substrate)

능동부하 저항(active-load resistor)

돌입전류(inrush current)

드레인 피드백 바이어스(drain-feedback bias)

디지털(digital)

문턱전압(threshold voltage)

상보형 MOS(complementary MOS: CMOS)

아날로그(analog)

와이드 밴드갭 반도체(wide bandgap semiconductor)

인터페이스(interface)

전력 FET(power FET)

증가형 MOSFET(enhancement-mode MOSFET)

직류-교류 변환기(dc-to-ac converter)

직류-직류 변환기(dc-to-dc converter)

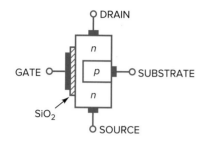

| 그림 12·1 | 공핍형 MOSFET

12-1 공핍형 MOSFET

그림 12-1은 **공핍형 MOSFET**(depletion-mode MOSFET)를 나타낸다. 왼쪽에는 절연된 게이트를 가진 n영역과 오른쪽은 p영역으로 구성되어 있다. 이 p영역을 **기판**(substrate)이라 부른다. 소스에서 드레인으로 흐르는 전자는 게이트와 p영역 사이의 좁은 채널을 통과해야 한다.

채널 왼쪽에 유리와 같은 절연체인 얇은 이산화규소(SiO_2) 막이 형성되며 그 위의 게이트는 금속으로 되어 있다. 금속성 게이트가 채널로부터 절연되어 있어서 게이트전압이 양(+)이 되더라도 게이트전류는 무시할 수 있을 정도로 작게 된다.

그림 12-2a는 음(−)의 게이트전압을 가지는 공핍형 MOSFET를 나타낸다. 공급전압 V_{DD}는 자유전자를 소스에서 드레인으로 흐르게 하며 자유전자는 p형 기판 왼쪽의 좁은 채널을 통하여 흐른다. JFET와 마찬가지로 게이트전압이 채널폭을 조절한다. 게이트전압이 음이 되면 될수록 드레인전류는 감소한다. 게이트전압이 큰 음의 값을 가지면 드레인전류는 차단된다. 따라서 공핍형 MOSFET 동작은 V_{GS}가 음일 때 JFET 동작과 유사하게 동작한다.

게이트가 절연되어 있으므로 그림 12-2b와 같이 양의 입력전압을 사용할 수도 있다. 양의 게이트전압은 채널을 흐르는 자유전자의 수를 증가시켜 소스에서 드레인으로 더 큰 전류를 흐르게 한다.

12-2 D-MOSFET 곡선

그림 12-3a는 전형적인 공핍형 MOSFET n채널에 대한 드레인 곡선군을 보여 준다. V_{GS} = 0 위의 곡선들은 양이고 V_{GS} = 0 아래의 곡선들은 음이라는 것을 알 수 있다. JFET와 마찬가지로 바닥의 곡선은 V_{GS} = $V_{GS(off)}$에 대한 것이고 드레인전류는 거의 0에 가깝다. V_{GS} = 0 V일 때, 드레인전류는 I_{DSS}와 같을 것이다. 이것은 공핍형 MOSFET 또는 D-MOSFET가 평상시-on 상태인 소자라는 것을 보여 준다. V_{GS}가 음일 때, 드레인전류는 감소한다. n채널 JFET와는 대조적으로 n채널 D-MOSFET는 V_{GS}가 양의 값

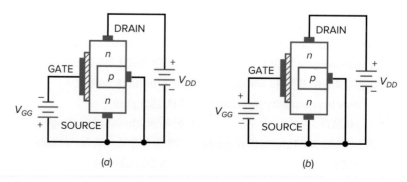

| 그림 12·2 | (a) 음의 게이트전압을 가지는 D-MOSFET; (b) 양의 게이트전압을 가지는 D-MOSFET

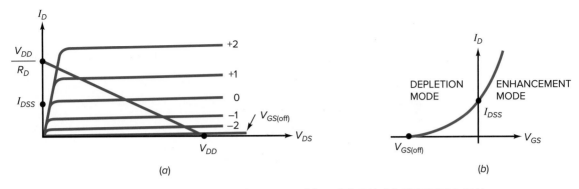

| 그림 12·3 | *n*채널, 공핍형 MOSFET (a) 드레인 곡선; (b) 전달컨덕턴스 곡선

을 갖고 적절히 작동할 수 있다. 이는 순바이어스가 되기 위한 *pn*접합이 없기 때문이다. V_{GS}가 양이 될 때, I_D는 다음의 제곱방정식에 따라 증가한다.

$$I_D = I_{DSS}\left(1 - \frac{V_{GS}}{V_{GS(\text{off})}}\right)^2 \tag{12-1}$$

V_{GS}가 음일 때 D-MOSFET는 공핍형에서 작동하고, V_{GS}가 양일 때 D-MOSFET는 확장형에서 작동한다. JFET와 같이 D-MOSFET 곡선은 옴영역, 전류원 영역, 차단영역에 나타난다.

그림 12-3*b*는 D-MOSFET에 대한 전달컨덕턴스 곡선이다. I_{DSS}는 게이트가 소스에 단락된 드레인전류이다. I_{DSS}는 더 이상 최대 가능 드레인전류가 아니다. 포물선 모양의 전달컨덕턴스 곡선은 JFET에 존재하는 것과 같은 제곱관계를 따른다. 그 결과, 공핍형 MOSFET의 분석은 거의 JFET 회로의 분석과 거의 동일하다. 가장 어려운 것은 V_{GS}를 음 또는 양이 되게 할 수 있느냐 하는 것이다.

*p*채널 D-MOSFET가 있다. 이것은 *n*형 기판과 같이 드레인소스 *p*채널로 구성되어 있다. 다시 한번 게이트는 채널로부터 절연된다. *p*채널 MOSFET의 작동은 *n*채널 MOSFET와 상보적이다. *n*채널과 *p*채널 D-MOSFET에 대한 도식적 기호는 그림 12-4와 같다.

참고사항

JFET와 같이 공핍형 MOSFET는 평상시-on 소자로 여겨진다. 이는 두 부품이 V_{GS} = 0 V일 때 드레인전류를 갖기 때문이다. JFET를 생각해 보면 I_{DSS}는 최대 가능 드레인전류이다. 공핍형 MOSFET에서 게이트전압이 채널의 전하 캐리어를 증가시키기 때문에 I_{DSS}를 초과할 수 있다. *n*채널 D-MOSFET에 대하여 V_{GS}가 양일 때, I_D는 I_{DSS}보다 크다.

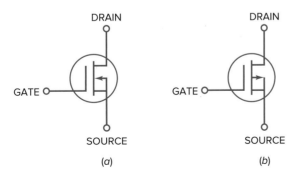

| 그림 12·4 | D-MOSFET 도식적 기호 (a) *n*채널; (b) *p*채널

예제 12-1

D-MOSFET가 $V_{GS(off)} = -3$ V이고 $I_{DSS} = 6$ mA이다. V_{GS}가 -1 V, -2 V, 0 V, $+1$ V, $+2$ V일 때 드레인전류의 값은 무엇인가?

풀이 제곱방정식 (12-1)에 따라서

$V_{GS} = -1$ V $I_D = 2.67$ mA

$V_{GS} = -2$ V $I_D = 0.667$ mA

$V_{GS} = 0$ V $I_D = 6$ mA

$V_{GS} = +1$ V $I_D = 10.7$ mA

$V_{GS} = +2$ V $I_D = 16.7$ mA

연습문제 12-1 $V_{GS(off)} = -4$ V, $I_{DSS} = 4$ mA의 값들을 이용하여 예제 12-1을 다시 풀어라.

12-3 공핍형 MOSFET 증폭기

공핍형 MOSFET는 양 또는 음의 게이트전압으로 작동할 수 있기 때문에 특별하다. 이러한 이유로 그림 12-5a와 같이 $V_{GS} = 0$ V일 때 동작점 Q를 정할 수 있다. 입력신호가 양일 때 I_{DSS} 윗부분의 I_D를 증가시키고, 입력신호가 음일 때는 I_{DSS} 아랫부분의 I_D를 감소시킨다. 순바이어스에 대한 *pn*접합이 없기 때문에 MOSFET의 입력저항은 높은 상태로 남게 된다. 0인 V_{GS}를 이용한다는 것은 그림 12-5b의 매우 간단한 바이어스 회로를 설계할 수 있다는 것이다. I_G가 0이기 때문에 $V_{GS} = 0$ V이고 $I_D = I_{DSS}$이다. 드레인전압은 다음과 같다.

$$V_{DS} = V_{DD} - I_{DSS} R_D \qquad \text{(12-2)}$$

D-MOSFET가 평상시-on 상태인 소자이기 때문에 소스저항을 추가함으로써 자기바이어스를 사용할 수도 있다. 자기바이어스 JFET 회로와 같이 작동한다.

예제 12-2

그림 12-6의 D-MOSFET 증폭기는 $V_{GS(off)} = -2$ V, $I_{DSS} = 4$ mA이고, $g_{m0} = 2,000$ μS이다. 회로의 출력전압을 구하라.

풀이 소스접지로 $V_{GS} = 0$ V, $I_D = 4$ mA이다.

$$V_{DS} = 15 \text{ V} - (4 \text{ mA})(2 \text{ k}\Omega) = 7 \text{ V}$$

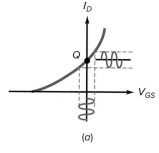

(a)

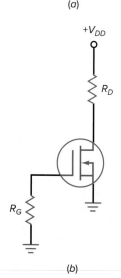

(b)

| 그림 12-5 | 제로바이어스

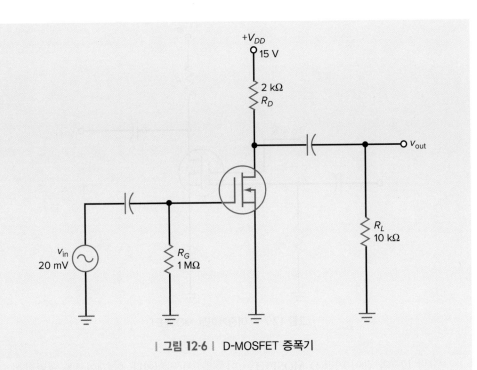

| 그림 12·6 | D-MOSFET 증폭기

$V_{GS} = 0$ V, $g_m = g_{m0} = 2,000$ μS이므로 증폭기의 전압이득은 다음 식으로 찾는다.

$$A_V = g_m r_d$$

교류 드레인저항은 다음과 같다.

$$r_d = R_D \parallel R_L = 2 \text{ k}\Omega \parallel 10 \text{ k}\Omega = 1.67 \text{ k}\Omega$$

A_V의 값은 다음과 같다.

$$A_V = (2000 \text{ }\mu\text{S})(1.67 \text{ k}\Omega) = 3.34$$

그러므로

$$v_{\text{out}} = (v_{\text{in}})(A_V) = (20 \text{ mV})(3.34) = 66.8 \text{ mV}$$

이다.

연습문제 12-2 그림 12-6에서 MOSFET의 g_{m0}값이 3,000 μS라면 v_{out}의 값은 얼마인가?

예제 12-2와 같이 D-MOSFET가 상대적으로 적은 전압이득을 가진다. 이러한 장치의 중요한 이점 중 하나는 매우 높은 입력저항이다. 이것은 회로 부하가 문제가 될 때 이 장치를 사용할 수 있다는 것을 말한다. 또한 MOSFET는 훌륭한 저잡음 속성을 가진다. 이것은 신호가 약한 시스템의 전단의 어느 부분에서든 절대적인 이점이 된다. 이것은 여러 종류의 전자통신회로에서 매우 일반적이다.

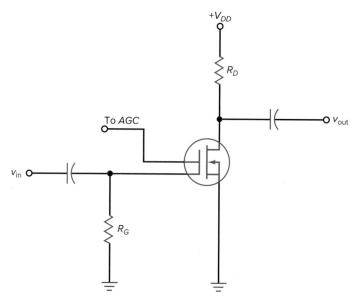

| 그림 12·7 | 이중게이트 MOSFET

그림 12-7과 같이 어떤 D-MOSFET는 이중게이트 장치이다. 한 게이트는 입력신호점으로 사용될 수 있는 반면에 다른 게이트는 자동이득제어 직류전압에 연결될 수 있다. 이것은 MOSFET의 전압이득이 조절될 수 있고 입력신호의 세기에 의해 변화될 수 있다는 것을 이야기한다.

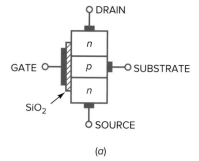

12-4 증가형 MOSFET

공핍형 MOSFET(D-MOSFET)는 **증가형 MOSFET**(enhancement-mode MOSFET: E-MOSFET)로 발전되는 한 부분이었다. E-MOSFET가 없었다면 개인용 컴퓨터는 존재하지 않을 것이다.

기본 개념

그림 12-8a는 n채널 E-MOSFET를 나타낸다. p형 기판이 SiO_2막까지 확장되어 있으므로 구조적으로는 소스와 드레인 사이에 n채널이 존재하지 않는다. 그러면 어떻게 E-MOSFET가 동작하는가? 그림 12-8b는 정상적인 바이어스 극성을 나타낸다. 게이트전압이 0이면 소스-드레인을 흐르는 전류는 0이다. 이런 이유로 E-MOSFET는 게이트전압이 0일 때 차단상태이다.

E-MOSFET에서 전류가 흐르는 유일한 방법은 게이트전압을 양으로 하는 것이다. 게이트전압이 양이 되면 게이트는 자유전자를 p영역으로 끌어당긴다. 자유전자는 부근의 정공과 재결합한다. 게이트전압이 충분히 커지면 SiO_2막과 접촉하는 곳의 모든 정공이 전자와 재결합으로 없어진 후에 비로소 사유전사들은 소스에서 드레인으로 흐르기 시작한다. 이 효과는 SiO_2막 바로 옆에 얇은 n형 물질을 만드는 것과 같다. 이 얇은

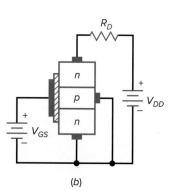

| 그림 12·8 | E-MOSFET (a) 바이어스 안 됨; (b) 바이어스됨

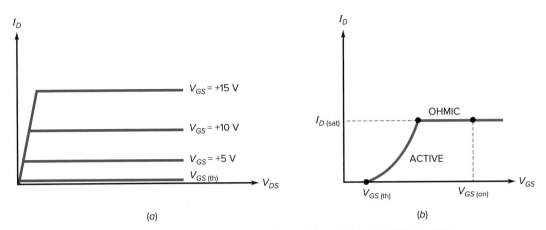

| 그림 12·9 | E-MOSFET 그래프 (a) 드레인 곡선; (b) 전달컨덕턴스 곡선

도전층을 *n*형 반전층(*n-type inversion layer*)이라 부른다. 이것이 만들어지면 자유전자는 쉽게 소스에서 드레인으로 흐른다.

이 *n*형 반전층을 형성하는 최소 V_{GS}값을 **문턱전압**(threshold voltage)이라 하고 $V_{GS(th)}$로 표기한다. V_{GS}가 $V_{GS(th)}$보다 작으면 드레인전류는 0이며 V_{GS}가 $V_{GS(th)}$보다 크면 *n*형 반전층이 소스와 드레인을 연결하므로 드레인전류가 흐른다. 소신호 소자에서 대표적인 $V_{GS(th)}$는 1~3 V이다.

JFET는 도전율이 공핍층의 작용에 영향을 받으므로 **공핍형 소자**로 분류된다. 반면에 E-MOSFET는 그 도전율이 *n*형 반전층의 작용에 의존하므로 **증가형 소자**로 분류된다. 즉, 게이트전압이 0이면 JFET는 동작되고 E-MOSFET는 차단된다. 그러므로 E-MOSFET는 평상시-off 상태인 소자로 여겨진다.

드레인 곡선

소신호 E-MOSFET의 전력정격은 1 W 이하이다. 그림 12-9*a*는 대표적인 소신호 E-MOSFET의 드레인 곡선군을 나타낸다. 맨 아래 곡선은 $V_{GS(th)}$일 때의 곡선이다. V_{GS}가 $V_{GS(th)}$보다 작을 때는 드레인전류는 거의 0이다. V_{GS}가 $V_{GS(th)}$보다 클 때는 소자는 동작되며 드레인전류는 게이트전압에 의해 제어된다.

곡선이 거의 수직인 부분은 옴영역이며 수평인 부분은 활성영역이다. 옴영역에서 바이어스되면 E-MOSFET는 저항과 같으며, 활성영역에서 바이어스되면 E-MOSFET는 전류원과 같다. E-MOSFET가 활성역역에서도 동작되지만 주된 사용 영역은 옴영역이다.

그림 12-9*b*는 대표적인 전달컨덕턴스 곡선을 나타낸다. $V_{GS} = V_{GS(th)}$가 될 때까지 드레인전류는 흐르지 않는다. 이 다음 포화전류($I_{D(sat)}$)가 될 때까지 드레인전류(I_D)는 급격히 증가한다. 이 점을 넘어서면 소자는 옴영역에서 동작되며 V_{GS}가 증가하더라도 I_D는 증가하지 않는다. 확실히 E-MOSFET가 과대포화(hard saturation) 되도록 그림 12-9*b*와 같이 $V_{GS(on)}$은 $V_{GS(th)}$보다 훨씬 커야 한다.

도식적 기호

$V_{GS} = 0$이면 E-MOSFET는 소스와 드레인 사이의 전도채널이 없으므로 차단된다. 그

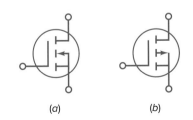

| 그림 12·10 | E-MOSFET의 도식적 기호 (a) *n*채널 소자; (b) *p*채널 소자

림 12-10a의 기호는 이러한 평상시-off 상태를 표시하기 위해 끊어진 채널선으로 표시된다. 알다시피 게이트전압이 문턱전압보다 크게 되면 n형 반전층이 생성되고 소스와 드레인은 서로 연결된다. 소자가 도전될 때 그림과 같이 화살표를 사용하여 n채널처럼 동작하는 이 반전층을 향하도록 표시한다.

또한 p채널 E-MOSFET도 있는데 이것의 기호는 그림 12-10b와 같이 화살표가 외부로 향한다는 것을 제외하고는 n채널 E-MOSFET와 동일하다.

p채널 E-MOSFET는 평상시-off 상태인 증가형 소자이다. p채널 E-MOSFET가 동작하기 위해서 게이트는 소스에 대해서 음(−)의 상태가 되어야 한다. 동작을 위해서는 $-V_{GS}$의 값이 $-V_{GS(th)}$값보다 크거나 같아야 한다. 이 상태가 되면 p형 반전층이 다수캐리어인 정공들로 형성된다. n채널 E-MOSFET는 p채널의 정공들보다 이동성이 큰 다수캐리어로 전자들을 이용한다. 이 결과로 n채널 E-MOSFET는 낮은 $R_{DS(on)}$과 높은 스위칭 속도를 갖게 된다.

게이트소스 간 최대전압

MOSFET는 절연체인 얇은 SiO_2층을 갖고 있으며 이것은 게이트전압이 양(+)일 때뿐만 아니라 음(−)일 때도 게이트를 흐르는 전류를 막는다. 이 절연층은 가능한 한 얇게 제작하여 손쉽게 게이트전압이 드레인전류를 제어할 수 있도록 한다. 절연층이 아주 얇기 때문에 과대한 게이트소스 간의 전압에 의해 파괴되기 쉽다.

예를 들어 2N7000의 $V_{GS(max)}$는 ±20 V로서 만일 게이트소스 간의 전압은 +20 V 이상의 양(+)의 값이나 −20 V 이하의 음(−)의 값이 되면 절연층은 파괴된다는 것이다.

과대한 V_{GS}에 따른 파손 외에 또 다른 어떤 방법으로도 이 절연층은 파괴될 수 있다. 만일 전원이 인가되어 있는 동안에 회로상에서 MOSFET를 제거 또는 삽입하는 경우에는 유도성 반향(inductive kickback) 효과에 의한 과도전압이 $V_{GS(max)}$를 초과하여 소자를 파괴할 수 있다. 이런 경우 MOSFET는 사용할 수 없게 된다. MOSFET를 회로에서 제거하는 것도 $V_{GS(max)}$값을 초과하여 상당한 정전하가 축적될 수 있으므로 소자를 파괴할 수 있다. 이런 이유로 MOSFET는 단자 주변에 와이어링, 얇은 주석 포일(tin foil), 또는 도전성 거품을 사용하여 필요한 곳으로 이동된다.

어떤 MOSFET는 게이트와 소스에 병렬로 내재된 제너 다이오드(built-in zener diode)를 넣어 보호한다. 얇은 절연층에 미미한 손상이 발생되기 전에 제너전압은 $V_{GS(max)}$보다 작으므로 제너 다이오드가 항복되도록 되어 있다. 단점이라면 내재된 제너 다이오드가 MOSFET의 중요한 특성인 고입력 저항을 감소시키는 것이다. 값비싼 MOSFET는 제너 보호를 이용하면 파괴되므로 이 방법을 사용하지 않고 다른 방법으로 고입력 저항을 가지게 한다.

결론적으로 MOSFET는 예민하고 파손되기 쉬우므로 조심스럽게 다루어야 한다. 더욱이 전원이 인가된 상태에서는 결코 연결하거나 제거해서는 안 된다. 또 MOSFET 소자를 다루기 전에 작업하고 있는 접지된 장비의 섀시(chassis)에 몸을 접촉시켜 반드시 정전하를 제거하도록 해야 한다.

참고사항

E-MOSFET는 종종 E-MOSFET가 $V_{GS(th)}$보다 약간 초과된 V_{GS}의 값으로 바이어스된 AB급 증폭기에서 이용된다. 이러한 "트리클(trickle) 바이어스"는 교차왜곡을 예방한다. D-MOSFET는 V_{GS}가 0 V일 때는 큰 드레인전류가 흐르기 때문에 B급이나 AB급 증폭기에서 사용하기에는 적합하지 않다.

12-5 옴영역

E-MOSFET가 활성영역에서도 바이어스되지만 대부분이 스위칭 소자로 사용되므로 이 활성영역에서 좀처럼 동작시키지 않는다. 대표적인 입력전압은 0 V(low)와 $V_{GS(on)}$(high)이다.

드레인소스 저항

옴영역에서 바이어스되면 E-MOSFET는 저항 $R_{DS(on)}$과 등가이다. 거의 모든 데이터시트에 어떤 특정한 드레인전류 및 게이트소스 전압에서 동작하는 저항값이 표기되어 있다.

그림 12-11은 이 개념을 설명한다. $V_{GS} = V_{GS(on)}$ 곡선의 옴영역에 Q_{test} 지점이 있다. 제작자는 Q_{test}에서 $I_{D(on)}$과 $V_{DS(on)}$을 측정한다. 이로부터 이 정의식을 이용하여 저항값을 구하면 다음과 같다.

$$R_{DS(on)} = \frac{V_{DS(on)}}{I_{DS(on)}} \tag{12-3}$$

예를 들어 VN2406L은 시험점에서 $I_{D(on)} = 100$ mA, $V_{DS(on)} = 1$ V이면 식 (12-3)에 의하여 $R_{DS(on)} = 10\ \Omega$이다.

$$R_{DS(on)} = \frac{1\ \text{V}}{100\ \text{mA}} = 10\ \Omega$$

그림 12-12는 2N7000 n채널 E-MOSFET의 데이터시트이다. 이 E-MOSFET는 또한 표면실장 소자로 제작된다. 또한 드레인과 소스 사이에 내부 다이오드의 노트를 만든다. 이 다이오드를 기생 바디 다이오드 (*parasitic body-diode*)라고 하며 소자 제조의 과정에서 들어가는 다이오드이다. 최소값, 정격, 최대값이 이 E-MOSFET에 대해 정리되어 있다. 이 소자 사양은 넓은 범위의 값을 갖는다.

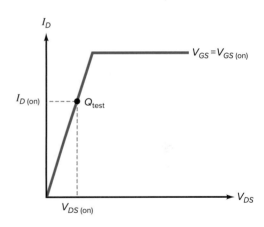

| 그림 12-11 | $R_{DS(on)}$의 측정

E-MOSFET의 표

표 12-1은 소신호용으로 사용되는 E-MOSFET를 나타낸 것이다. 대표적인 $V_{GS(th)}$는 1.5~3 V이며 $R_{DS(on)}$은 0.3~28 Ω 정도이다. 이는 E-MOSFET

표 12-1	몇 개의 소신호용 E-MOSFET					
소자	$V_{GS(th)}$, V	$V_{GS(on)}$, V	$I_{D(on)}$	$R_{DS(on)}$, Ω	$I_{D(max)}$	$P_{D(max)}$
VN2406L	1.5	2.5	100 mA	10	200 mA	350 mW
BS107	1.75	2.6	20 mA	28	250 mA	350 mW
2N7000	2	4.5	75 mA	6	200 mA	350 mW
VN10LM	2.5	5	200 mA	7.5	300 mA	1 W
MPF930	2.5	10	1 A	0.9	2 A	1 W
IRFD120	3	10	600 mA	0.3	1.3 A	1 W

2N7000 / 2N7002 / NDS7002A
N-Channel Enhancement Mode Field Effect Transistor

General Description

These N-Channel enhancement mode field effect transistors are produced using Fairchild's proprietary, high cell density, DMOS technology. These products have been designed to minimize on-state resistance while provide rugged, reliable, and fast switching performance. They can be used in most applications requiring up to 400mA DC and can deliver pulsed currents up to 2A. These products are particularly suited for low voltage, low current applications such as small servo motor control, power MOSFET gate drivers, and other switching applications.

Features

- High density cell design for low $R_{DS(ON)}$.
- Voltage controlled small signal switch.
- Rugged and reliable.
- High saturation current capability.

TO-92
2N7000

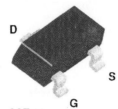

SOT-23
(TO-236AB)
2N7002/NDS7002A

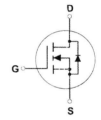

Absolute Maximum Ratings $T_A = 25°C$ unless otherwise noted

Symbol	Parameter	2N7000	2N7002	NDS7002A	Units
V_{DSS}	Drain-Source Voltage		60		V
V_{DGR}	Drain-Gate Voltage ($R_{GS} \leq 1\ M\Omega$)		60		V
V_{GSS}	Gate-Source Voltage - Continuous		±20		V
	- Non Repetitive (tp < 50µs)		±40		
I_D	Maximum Drain Current - Continuous	200	115	280	mA
	- Pulsed	500	800	1500	
P_D	Maximum Power Dissipation	400	200	300	mW
	Derated above 25°C	3.2	1.6	2.4	mW/°C
T_J, T_{STG}	Operating and Storage Temperature Range	-55 to 150		-65 to 150	°C
T_L	Maximum Lead Temperature for Soldering Purposes, 1/16" from Case for 10 Seconds		300		°C
THERMAL CHARACTERISTICS					
$R_{\theta JA}$	Thermal Resistance, Junction-to-Ambient	312.5	625	417	°C/W

2N7000.SAM Rev. A1

| 그림 12·12 | 2N7000 데이터시트 일부분(Fairchild Semiconductor Corporation 제공)

Electrical Characteristics T_A = 25°C unless otherwise noted

Symbol	Parameter	Conditions	Type	Min	Typ	Max	Units
OFF CHARACTERISTICS							
BV_{DSS}	Drain-Source Breakdown Voltage	V_{GS} = 0 V, I_D = 10 µA	All	60			V
I_{DSS}	Zero Gate Voltage Drain Current	V_{DS} = 48 V, V_{GS} = 0 V	2N7000			1	µA
		T_J=125°C				1	mA
		V_{DS} = 60 V, V_{GS} = 0 V	2N7002 NDS7002A			1	µA
		T_J=125°C				0.5	mA
I_{GSSF}	Gate - Body Leakage, Forward	V_{GS} = 15 V, V_{DS} = 0 V	2N7000			10	nA
		V_{GS} = 20 V, V_{DS} = 0 V	2N7002 NDS7002A			100	nA
I_{GSSR}	Gate - Body Leakage, Reverse	V_{GS} = -15 V, V_{DS} = 0 V	2N7000			-10	nA
		V_{GS} = -20 V, V_{DS} = 0 V	2N7002 NDS7002A			-100	nA
ON CHARACTERISTICS (Note 1)							
$V_{GS(th)}$	Gate Threshold Voltage	V_{DS} = V_{GS}, I_D = 1 mA	2N7000	0.8	2.1	3	V
		V_{DS} = V_{GS}, I_D = 250 µA	2N7002 NDS7002A	1	2.1	2.5	
$R_{DS(ON)}$	Static Drain-Source On-Resistance	V_{GS} = 10 V, I_D = 500 mA	2N7000		1.2	5	Ω
		T_J=125°C			1.9	9	
		V_{GS} = 4.5 V, I_D = 75 mA			1.8	5.3	
		V_{GS} = 10 V, I_D = 500 mA	2N7002		1.2	7.5	
		T_J=100°C			1.7	13.5	
		V_{GS} = 5.0 V, I_D = 50 mA			1.7	7.5	
		T_J=100C			2.4	13.5	
		V_{GS} = 10 V, I_D = 500 mA	NDS7002A		1.2	2	
		T_J=125°C			2	3.5	
		V_{GS} = 5.0 V, I_D = 50 mA			1.7	3	
		T_J=125°C			2.8	5	
$V_{DS(ON)}$	Drain-Source On-Voltage	V_{GS} = 10 V, I_D = 500 mA	2N7000		0.6	2.5	V
		V_{GS} = 4.5 V, I_D = 75 mA			0.14	0.4	
		V_{GS} = 10 V, I_D = 500mA	2N7002		0.6	3.75	
		V_{GS} = 5.0 V, I_D = 50 mA			0.09	1.5	
		V_{GS} = 10 V, I_D = 500mA	NDS7002A		0.6	1	
		V_{GS} = 5.0 V, I_D = 50 mA			0.09	0.15	

Electrical Characteristics T_A = 25°C unless otherwise noted

Symbol	Parameter	Conditions	Type	Min	Typ	Max	Units
ON CHARACTERISTICS Continued (Note 1)							
$I_{D(ON)}$	On-State Drain Current	V_{GS} = 4.5 V, V_{DS} = 10 V	2N7000	75	600		mA
		V_{GS} = 10 V, $V_{DS} \geq$ 2 $V_{DS(on)}$	2N7002	500	2700		
		V_{GS} = 10 V, $V_{DS} \geq$ 2 $V_{DS(on)}$	NDS7002A	500	2700		
g_{FS}	Forward Transconductance	V_{DS} = 10 V, I_D = 200 mA	2N7000	100	320		mS
		$V_{DS} \geq$ 2 $V_{DS(on)}$, I_D = 200 mA	2N7002	80	320		
		$V_{DS} \geq$ 2 $V_{DS(on)}$, I_D = 200 mA	NDS7002A	80	320		

| 그림 12-12 | (계속)

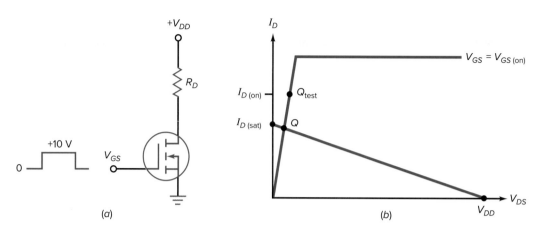

| 그림 12·13 | $V_{GS} = V_{GS(on)}$ 일 때 $I_{D(sat)} < I_{D(on)}$ 이면 포화된다.

가 옴영역에서 바이어스될 때 작은 저항값을 가진다는 것이다. 차단영역에서 동작하면 개방회로와 같은 큰 저항값을 가진다. 따라서 E-MOSFET는 뛰어난 on-off 비를 가진다.

옴영역 바이어스

그림 12-13*a*에서 드레인 포화전류는 다음 식과 같다.

$$I_{D(sat)} = \frac{V_{DD}}{R_D} \tag{12-4}$$

여기서 드레인 차단전압은 V_{DD} 이다. 그림 12-13*b*는 포화전류와 차단전압을 연결한 직류 부하선을 나타낸다.

 $V_{GS} = 0$ 일 때 Q 점은 직류 부하선에서 가장 아래쪽에 있다. $V_{GS} = V_{GS(on)}$ 되면 Q 점은 직류 부하선에서 가장 위쪽에 있다. 그림 12-13*b*와 같이 Q 점이 Q_{test} 보다 아래이면 소자는 옴영역에 있다. 달리 표현하면 E-MOSFET는 다음과 같은 조건이 만족되면 옴영역에서 동작한다.

$$V_{GS} = V_{GS(on)} \text{일 때} \quad I_{D(sat)} < I_{D(on)} \tag{12-5}$$

식 (12-5)는 E-MOSFET가 활성영역에서 동작하는지 옴영역에서 동작하는지를 구분하므로 아주 중요하다. 일단 EMOS 회로가 주어지면 $I_{D(sat)}$ 를 구할 수 있다. 만약 $V_{GS} = V_{GS(on)}$ 일 때 $I_{D(sat)}$ 가 $I_{D(on)}$ 보다 작으면 그 소자는 옴영역에서 바이어스되고 작은 저항과 등가이다.

예제 12-3

그림 12-14*a*에서 출력전압을 구하라.

풀이 2N7000은 표 12-1에서 다음과 같은 변수값을 가진다.

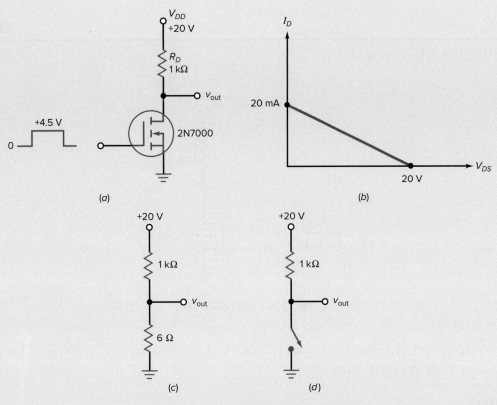

| 그림 12-14 | 차단과 포화 영역 간의 스위칭

$$V_{GS(on)} = 4.5 \text{ V}$$

$$I_{D(on)} = 75 \text{ mA}$$

$$R_{DS(on)} = 6 \text{ }\Omega$$

입력전압이 0에서 4.5 V까지 스윙하므로 2N7000은 on-off 스위칭 동작을 한다.

포화전류를 구하면 다음과 같다.

$$I_{D(sat)} = \frac{20 \text{ V}}{1 \text{ k}\Omega} = 20 \text{ mA}$$

그림 12-14b는 직류 부하선을 나타낸다. 20 mA는 $I_{D(on)}$ = 75 mA보다 작으므로 V_{GS} = 4.5 V일 때 2N7000은 옴영역에서 동작한다.

그림 12-14c는 V_{GS} = 4.5 V(high)일 때 등가회로를 나타낸다. E-MOSFET는 6 Ω의 저항을 가지므로 출력전압은 다음과 같다.

$$v_{out} = \frac{6 \text{ }\Omega}{1 \text{ k}\Omega + 6 \text{ }\Omega}(20 \text{ V}) = 0.12 \text{ V}$$

반면 V_{GS} = 0 V(low)이면 E-MOSFET는 그림 12-14d와 같이 개방회로이다. 따라서 출력전압은 공급전압 20 V이다.

$$V_{out} = 20 \text{ V}$$

연습문제 12-3 그림 12-14a를 이용하여 드레인저항값을 2배로하고 $I_{D(sat)}$와 출력전압을 구하라.

응용예제 12-4 **⦚ MultiSim**

그림 12-15에서 LED를 흐르는 전류를 구하라.

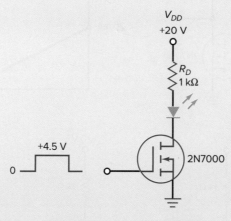

| 그림 12·15 | LED on-off 제어

풀이 $V_{GS} = 0$ V(low)이면 LED는 동작하지 않는다. $V_{GS} = 4.5$ V(high)이면 MOSFET는 앞의 예제와 같이 동작한다. 만약 LED 전압강하를 무시하면 LED를 흐르는 전류는

$$I_D \approx 20 \text{ mA}$$

LED 전압강하가 2 V라면 드레인전류는 다음과 같다.

$$I_D = \frac{20 \text{ V} - 2 \text{ V}}{1 \text{ k}\Omega} = 18 \text{ mA}$$

연습문제 12-4 560 Ω 드레인 저항을 이용하여 응용예제 12-4를 다시 풀어라.

응용예제 12-5

만약 30 mA 이상의 코일전류가 릴레이를 동작시킨다면 그림 12-16a의 회로는 어떻게 되나?

풀이 E-MOSFET는 릴레이 전원으로 사용된다. 릴레이 코일의 저항이 500 Ω이므로 E-MOSFET가 포화되면 포화전류는 다음과 같다.

$$I_{D(\text{sat})} = \frac{24 \text{ V}}{500 \text{ }\Omega} = 48 \text{ mA}$$

이 값은 VN2406L의 $I_{D(\text{on})}$보다 작으므로 소자는 옴영역에서 동작하며 저항은 10 Ω이다(표 12-1 참조).

그림 12-16b는 $V_{GS} = 2.5$ V(high)일 때 등가회로를 나타낸 것이다. 릴레이 코일을 흐르는 전류는 48 mA이므로 충분히 스위치를 동작시킬 수 있다. 릴레이가 연결되면 그림 12-16c와 같은 회로가 될 것이다. 따라서 최종적인 부하전류는 8 A(120 V/15 Ω)이다.

그림 12-16a에서는 단지 +2.5 V 전압과 0 입력전류를 이용하여 교류 120 V, 부하전류 8 A를 제어한다. 이와 같은 회로는

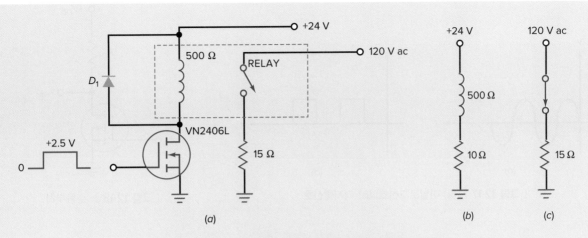

| 그림 12·16 | 큰 출력전류를 제어하는 작은 입력전류 신호

원격조정에 유용하다. 입력전압은 구리선, 광섬유 케이블 또는 외부로부터 전달되는 신호일 수도 있다. 그림 12-16a의 다이오드 D_1을 **환류다이오드**(*free-wheeling diode*)라 한다. MOSFET가 꺼지면 릴레이 코일 주위의 자기장이 빠르게 사라진다. 이때 +24 V의 전원과 직렬로 연결된 코일에 큰 유도전류가 발생하게 되고 이것은 MOSFET를 손상시킬 수 있다. 따라서 다이오드를 코일과 병렬로 설치하면 유도전압이 약 0.7 V 정도로 제한되므로 MOSFET를 보호할 수 있다.

12-6 디지털 스위칭

어떻게 E-MOSFET가 컴퓨터산업에 혁명을 불러왔을까? 문턱전압(threshold voltage) 때문에 스위칭 소자로 사용하기에 이상적이었기 때문이다. 게이트전압이 문턱전압보다 훨씬 크면 소자는 차단영역에서 포화영역으로 스위칭한다. 이 on-off 동작은 컴퓨터를 제작하는 열쇠이다. 컴퓨터에 대해 공부해 보면 데이터 처리를 위한 on-off용 스위치로서 수백만 개의 E-MOSFET가 사용되고 있음을 알 수 있을 것이다. (수, 글자, 그림, 그리고 모든 종류의 정보들을 포함한 **자료**가 이진수로 암호화되어 있다.)

아날로그, 디지털 및 스위칭 회로

아날로그(analog)란 단어는 정현파처럼 "연속"을 의미한다. 아날로그신호라 하면 그림 12-17a와 같이 연속적으로 변하는 전압을 의미한다. 신호는 정현파일 필요는 없다. 2개의 명백한 전압값을 가지는 갑작스러운 점프만 없으면 이 신호를 **아날로그**라고 한다.

디지털(digital)이란 단어는 불연속적인 신호를 의미한다. 이 불연속은 신호가 그림 12-17b처럼 두 전압 사이를 점프한다는 뜻이다. 이와 같은 디지털신호는 컴퓨터 내부의 신호와 같은 종류이다. 이들 신호는 수, 문자 및 기호 등을 나타내는 컴퓨터 코드이다.

스위칭이란 단어는 **디지털**보다 더 넓은 의미를 가진다. 스위칭 회로는 디지털 회로를 포함한다. 즉, 스위칭 회로는 전동기, 전구, 가열기 및 다른 고전류가 필요한 소자를 구동하는 회로를 의미한다.

참고사항

대부분의 물리적 양은 자연에서 아날로그이고, 이는 보통 계에 의하여 제어되고 모니터된 입출력의 양이다. 아날로그 입출력의 몇 가지 예는 온도, 압력, 가속도, 위치, 유체 정도, 유체율이다. 아날로그 입력을 다룰 때, 디지털 기술의 이점을 이용하여, 물리적 양은 디지털 형태로 전환된다. 이러한 회로를 **아날로그-디지털 변환기**라고 부른다.

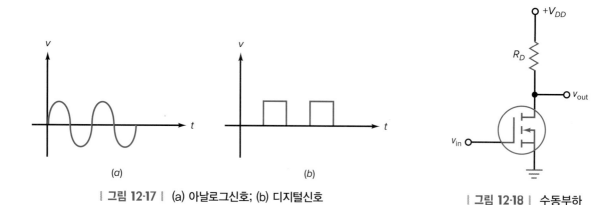

| 그림 12·17 | (a) 아날로그신호; (b) 디지털신호

| 그림 12·18 | 수동부하

수동부하 스위칭

그림 12-18은 수동부하를 가지는 E-MOSFET를 나타낸다. 수동(*passive*)이라는 말은 R_D와 같은 일반 저항을 의미한다. 이 회로에서 v_{in}은 low 또는 high 중에서 어느 한 값을 가진다. v_{in}이 low상태일 때 MOSFET는 차단되어 공급전압과 같으며, v_{in}이 high상태일 때 MOSFET는 포화되어 v_{out}은 low값을 가진다. 회로가 잘 동작하기 위해 입력전압이 $V_{GS(on)}$ 이상일 때 드레인 포화전류 $I_{D(sat)}$는 $I_{D(on)}$보다 작아야 한다. 즉, 옴영역에서 저항은 수동 드레인 저항보다 훨씬 작아야 한다.

$$R_{DS(on)} << R_D$$

그림 12-18의 회로는 가장 간단히 제작할 수 있는 컴퓨터회로이다. 이것은 출력전압이 입력전압과 정반대가 되므로 **반전기**(*inverter*)라고도 부른다. 입력전압이 low상태이면 출력전압은 high상태가 되고 입력전압이 high상태이면 출력전압은 low상태가 된다. 스위칭 회로를 해석할 때는 그다지 정확하지 않아도 된다. 중요한 것은 입력 및 출력 전압의 low상태 혹은 high상태만 구분하면 된다는 것이다.

능동부하 스위칭

집적회로(IC)는 지극히 작은 수천, 수만 개의 바이폴라 또는 MOS 트랜지스터로 구성된다. 초기의 집적회로에는 그림 12-18과 같은 수동부하 저항을 사용했다. 그러나 수동부하 저항은 그 크기가 MOSFET보다 훨씬 큰 단점을 가졌기 때문에 규모를 크게 축소시킨 **능동부하 저항**(active-load resistor)의 발명으로 오늘날 사용하는 개인용 컴퓨터도 탄생하게 되었다.

중요한 개념은 수동저항을 없애는 방법이었다. 그림 12-19a는 능동부하를 사용한 스위칭 회로이다. 아래쪽 MOSFET는 스위치로 동작하지만 위쪽 MOSFET는 큰 저항으로 동작한다. 유의할 사항은 위쪽 MOSFET에서는 게이트와 드레인이 접속되어 있다는 사실이다. 이 때문에 위쪽 MOSFET는 다음과 같은 저항을 가지는 2단자 소자가 된다.

$$R_D = \frac{V_{DS(active)}}{I_{D(active)}}$$

(12-6)

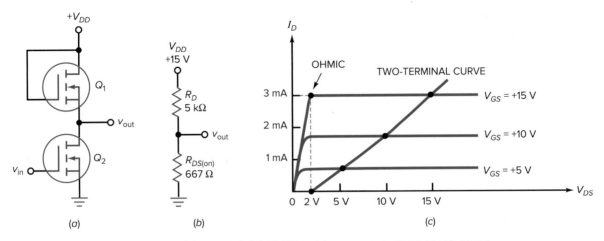

| **그림 12-19** | (a) 능동부하; (b) 등가회로; (c) $V_{GS} = V_{DS}$는 2단자 곡선을 만든다.

여기서 $V_{DS(active)}$와 $I_{D(active)}$는 활성영역에서 전압 및 전류를 나타낸다.

회로가 잘 동작하려면 위쪽 MOSFET의 R_D가 아래쪽 MOSFET의 $R_{DS(on)}$보다 훨씬 커야 한다. 예를 들어 위쪽 MOSFET가 5 kΩ의 R_D와 같이 작동하고 아래쪽 MOSFET가 667 Ω의 $R_{DS(on)}$과 같이 작동한다면 그림 12-19b 회로에서 출력전압은 low상태일 것이다.

그림 12-19c는 위쪽 MOSFET의 R_D를 계산하는 방법을 나타낸다. $V_{GS} = V_{DS}$이므로 각 동작점은 그림과 같이 2단자 곡선을 따른다. 점으로 표시한 곳을 조사하면 $V_{GS} = V_{DS}$ 관계가 성립할 것이다.

그림 12-19c의 2단자 곡선은 위쪽 MOSFET가 저항 R_D와 같이 작용한다. R_D값은 그림과 같이 동작하는 지점에 따라 약간 변한다. 예를 들어 그림 12-19c의 가장 위 지점에서 $I_D = 3$ mA, $V_{DS} = 15$ V이다. 식 (12-6)을 이용하여 R_D를 구하면

$$R_D = \frac{15\text{ V}}{3\text{ mA}} = 5\text{ k}\Omega$$

그 아래 다음 지점에서 $I_D = 1.6$ mA, $V_{DS} = 10$ V에서 R_D를 구하면

$$R_D = \frac{10\text{ V}}{1.6\text{ mA}} = 6.25\text{ k}\Omega$$

이다. 같은 계산을 수행하면, 가장 낮은 지점에서는 $I_D = 0.7$ mA, $V_{DS} = 5$ V에서 $R_D = 7.2$ kΩ 이다.

아래쪽 MOSFET는 위쪽 MOSFET와 같은 드레인 곡선을 가진다면 아래쪽 MOSFET의 $R_{DS(on)}$을 구하면 다음과 같다.

$$R_{DS(on)} = \frac{2\text{ V}}{3\text{ mA}} = 667\ \Omega$$

이 결과를 그림 12-19b에 나타내었다.

이미 지적했듯이 전압으로 쉽게 구분되는 디지털 스위칭 회로에서 정확한 값은 별로 중요하지 않다. 따라서 정확한 R_D값도 중요하지 않다. R_D값이 5kΩ, 6.25 kΩ, 7.2 kΩ 중의 어느 것이라도 그림 12-19b에서 낮은 출력전압을 발생하는 데 충분히 큰 값이다.

결론

능동부하 지항은 크기가 작아 디지털 IC에 꼭 필요한 것이다. 설계사가 확실히 해야 할 사실은 위쪽 MOSFET의 R_D값이 아래쪽 MOSFET의 $R_{D(on)}$값보다 커야 한다는 것이다. 그림 12-19a에서 알 수 있듯이 회로는 스위치와 직렬로 연결된 저항 R_D처럼 작용한다. 따라서 반전기로 동작하며 출력은 입력값과 반대인 1 또는 0 상태를 가진다.

예제 12-6   ‖‖‖ MultiSim

그림 12-20a에서 입력이 low상태와 high상태일 때 출력전압을 각각 구하라.

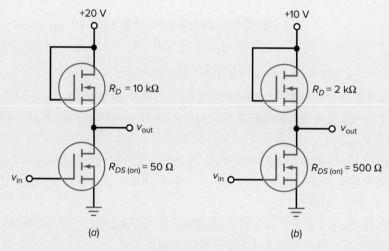

| 그림 12·20 | 예제

풀이 v_{in} = low상태이면 아래쪽 MOSFET는 개방이다. 따라서 출력전압은 공급전압이 된다.

$$v_{out} = 20 \text{ V}$$

v_{in} = high상태이면 아래쪽 MOSFET는 50 Ω의 저항이다. 이 경우 출력전압은

$$v_{out} = \frac{50 \text{ Ω}}{10 \text{ kΩ} + 50 \text{ Ω}} (20 \text{ V}) = 100 \text{ mV}$$

이다.

연습문제 12-6 $R_{D(on)}$값이 100 Ω일 때 예제 12-6을 풀어라.

예제 12-7

그림 12-20b에서 출력전압은 얼마인가?

풀이 v_{in} = low상태이면 다음과 같다.

$$v_{out} = 10 \text{ V}$$

$v_{in} = \text{high}$상태이면

$$v_{out} = \frac{500 \ \Omega}{2.5 \ k\Omega} (10 \text{ V}) = 2 \text{ V}$$

이다.

만약 이 값을 앞의 예제와 비교하면 on-off비가 좋지 않다는 것을 알 수 있을 것이다. 그러나 디지털회로에서는 큰 on-off비가 별로 중요하지 않다. 이 예제에서 출력전압은 2 V 또는 10 V이다. 이 전압들은 쉽게 high상태와 low상태를 구분할 수 있는 값이다.

연습문제 12-7 그림 12-20b를 이용하여 $v_{in} = \text{high}$상태일 때 $R_{DS(on)}$이 얼마나 높은 값을 가질 수 있으며 v_{out}값이 1 V보다 낮은 값을 갖는지 구하라.

12-7 CMOS

능동부하 스위칭에서 출력전압이 low상태일 때 전류 유출은 거의 $I_{D(sat)}$와 같다. 그러나 이것은 배터리로 동작되는 장비에서 전력소비 문제를 발생시킬 수 있다. 이 전류 유출을 감소시키는 한 가지 방법은 **상보형 MOS**(complementary MOS: CMOS) 회로를 사용하는 것이다. 이 방법은 p채널과 n채널 MOSFET를 결합하여 하나의 소자로 취급하는 것이다.

그림 12-21a는 이 개념을 나타낸다. Q_1은 p채널 소자이고, Q_2는 n채널 소자이다. 이 두 소자는 상보관계이다. 즉, $V_{GS(th)}$, $V_{GS(on)}$, $I_{D(on)}$ 값이 크기는 같고 부호만 반대이다. 이 회로는 B급 푸시풀(push-pull) 바이폴라 증폭기와 유사하다. 즉, 한 소자가 on되면 다른 소자는 off된다.

기본 작용

그림 12-21a와 같이 CMOS 회로가 스위칭에 사용될 때 입력전압은 low상태(0 V) 혹은 high상태($+V_{DD}$)를 가진다. $v_{in} = \text{high}$상태이면 $Q_1 = \text{off}$, $Q_2 = \text{on}$이다. 이 경우 $v_{out} = 0$이다. 반면 $v_{in} = \text{low}$상태이면 $Q_1 = \text{on}$, $Q_2 = \text{off}$이다. 이 경우 Q_1이 단락되므로 $v_{out} = +V_{DD}$이다. 즉, 출력전압이 반대 값을 가지므로 CMOS 반전기라 부른다.

그림 12-21b는 입력전압과 출력전압의 관계를 나타낸다. $v_{in} = \text{low}$상태이면 $v_{out} = \text{high}$상태이고, $v_{in} = \text{high}$상태이면 $v_{out} = \text{low}$상태이다. 이 두 값 사이에 교차점이 있으며 $v_{in} = V_{DD}/2$이다. 이 지점에서 두 MOSFET는 같은 저항값을 가지며 출력전압은 $v_{out} = V_{DD}/2$이다.

소비전력

CMOS에서 가장 중요한 이점은 전력 소비가 아주 작다는 것이다. 그림 12-21a의 두

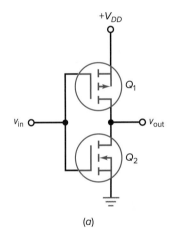

(a)

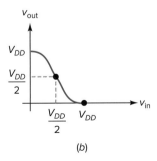

(b)

| **그림 12-21** | CMOS 반전기 (a) 회로; (b) 입력-출력 그래프

MOSFET는 직렬이므로 길기 때문에 공급전압 V_{DD}에서 흐르는 컬렉터전류는 off된 MOSFET의 누설전류에 의해 결정된다. 그 저항값이 수 MΩ이므로 입력신호가 어느 한 상태에 있으면 소비전력은 거의 0이다.

입력신호가 천이할 때 전력 소비는 증가한다. 그 이유는 다음과 같다. 천이할 때 중간 지점에서 두 MOSFET가 on된다. 따라서 일시적으로 드레인전류가 증가한다. 차단이 매우 빠르기 때문에 간단한 펄스전류만 발생한다. 드레인 공급전압과 이 펄스전류의 곱은 평균 소비전력이 된다. 즉, 소비전력은 어느 한 상태에 있을 경우보다는 천이될 때 훨씬 큰 전력을 소비한다.

그러나 펄스전류가 아주 짧은 시간 동안 흐르므로 CMOS가 동작하더라도 평균전력은 아주 작다. 이런 이유로 CMOS 회로는 계산기, 디지털시계, 보청기 등에 널리 사용된다.

예제 12-8

그림 12-22a에서 MOSFET는 $R_{DS(\text{on})} = 100\ \Omega$, $R_{DS(\text{off})} = 1\ \text{M}\Omega$이다. 출력파형을 그려라.

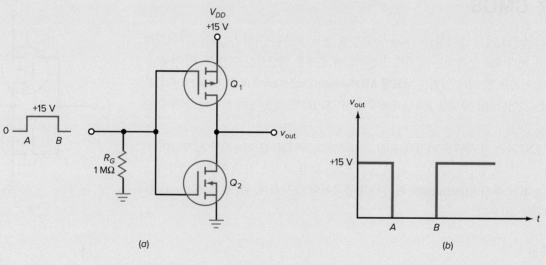

| 그림 12·22 | 예제

풀이 입력신호가 0 → +15 V(점 A), +15 → 0 V(점 B)로 변하는 구형파이다. 그림 12-16a에서 점 A 이전의 경우 Q_1 = on, Q_2 = off이다. Q_1의 저항값 100 Ω이 Q_2의 저항값 1 MΩ에 비해 아주 작으므로 출력전압은 v_{out} = +15 V이다.

점 A와 B 사이에서 v_{in} = +15 V이다. 이 경우에는 Q_1 = off, Q_2 = on이다. Q_2의 저항값이 작으므로 출력전압은 v_{out} = 0 V이다. 그림 12-22b는 출력파형을 나타낸다.

연습문제 12-8 A와 B 사이에서 V_{DD} = +10 V이고 v_{in} = +10 V일 때 예제 12-8을 다시 풀어라.

12-8 전력 FET

앞에서 주로 소신호 E-MOSFET, 즉 저전력용 MOSFET를 다루었다. 저전력용인 몇몇 개별소자가 상업용(표 12-1 참조)으로 사용되고 있으나 저전력 EMOS의 주된 사용 분야는 디지털 스위칭이다.

고전력용 EMOS는 개별소자로 사용되며 그 응용분야는 전동기, 전등, 디스크 드라이버, 프린터, 전압공급기 등이다. E-MOSFET가 이러한 분야에 사용되면 우리는 이 소자를 **전력 FET**(power FET)라 부른다.

개별소자

제조자는 VMOS, TMOS, hexFET, trench MOSFET, waveFET 등을 만들지만 이들 모두가 서로 다른 채널구조를 가지므로 최대정격도 다르다. 이들 소자는 전류정격이 1 A~200 A이며 전력정격은 1 W~500 W이다.

그림 12-23a는 집적회로 안의 증가형 MOSFET의 구조를 나타낸다. 소스는 왼쪽에, 게이트는 가운데, 드레인은 오른쪽에 있다. V_{GS}가 $V_{GS(th)}$보다 클 때 자유전자는 소스에서 드레인으로 흐른다. 자유전자가 좁은 역전층을 따라 흘러야 하기 때문에 이러한 수평적 구조는 최대전류에 한계가 있다. 채널이 매우 좁기 때문에 기존 실리콘 MOS 소자는 작은 드레인전류와 저전류정격을 갖는다.

그림 12-23b는 **VMOS**(vertical MOS) 소자의 구조이다. 윗부분에 2개의 소스를 갖고 드레인과 같이 작용하는 기판이 있다. V_{GS}가 $V_{GS(th)}$보다 클 때, 자유전자는 두 소스에서 드레인으로 수직 아래 방향으로 흐르게 된다. 전도 채널이 V자형의 홈의 양면을 따라 매우 넓기 때문에 전류는 매우 크다. 이는 VMOS 소자가 전력 FET와 같이 작동하게 해 준다.

기생요소(Parasitic Elements)

그림 12-24a는 또 다른 수직형 전력 MOSFET인 UMOSFET의 구조를 나타낸다. 이 소자의 게이트영역의 밑바닥에 U자형 홈이 위치한다. 이 구조로 인해서 채널의 밀도가

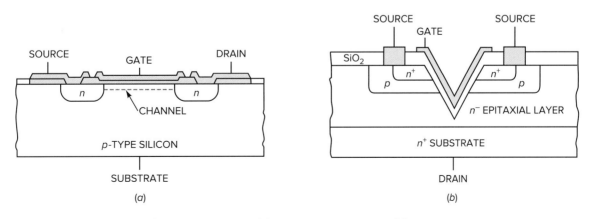

| 그림 12·23 | MOS 구조 (a) 일반적인 MOSFET 구조; (b) VMOS 구조

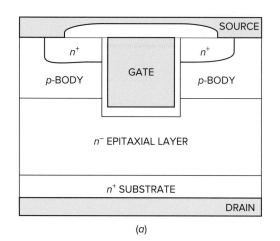
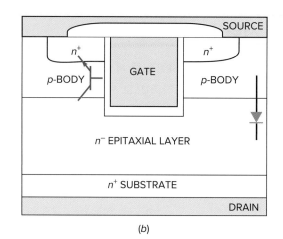

(a)   (b)

┃ **그림 12·24** ┃ UMOSFET (a) 구조; (b) 기생요소

높아지고 이것은 저항을 감소시킨다.

대부분의 전력 MOSFET와 같이 n^+영역, p영역, n^-영역 그리고 n^+영역으로 4층 구조를 갖는다. 반도체 구조가 층으로 이루어져 있기 때문에 기생요소가 존재하게 된다. 한 가지 기생요소인 *npn* BJT는 소스과 드레인 사이에 위치한다. 그림 12-24*b*를 보면 *p*형 바디영역이 베이스가 되고 n^+ 소스영역이 이미터, *n*형 드레인영역은 컬렉터가 된다.

그러면 이 기생요소는 어떤 역할을 할까? 초기의 전력 MOSFET는 전압에 민감해서 고율의 드레인에서 소스로의 전압상승(dV/dt)과 과도전압에 항복하였다. 이때 기생 베이스-컬렉터 접합 커패시턴스는 바로 충전된다. 이것이 베이스 전류 효과를 발생시키고 기생 트랜지스터가 동작하게 된다. 기생 트랜지스터가 갑자기 동작하면 이 소자는 애벌랜치 항복 상태가 될 것이다. 만약 드레인전류가 외부적으로 제한되지 않는다면 MOSFET는 파괴될 것이다. 기생 BJT가 동작하는 것을 방지하기 위해서는 소스 금속화를 통해서 n^+ 소스영역을 *p*형 바디영역과 단락시켜야 한다. 그림 12-24*b*에서 어떻게 소스영역이 n^+와 *p*-바디 층과 연결되어 있는지 주의 깊게 살펴보라. 이것은 베이스-이미터 기생 접합이 작동하는 것을 막는 효과적인 단락이다. 그림 12-24에서 볼 수 있듯이 이렇게 2개의 층을 단락시켜서 만들어진 결과가 **기생 바디 다이오드**(parasitic body-diode)이다.

그림 12-25*a*는 전력 MOSFET의 대부분을 차지하는 역평행 기생 바디 다이오드의 도식적 기호를 나타낸다. 때로는 이 바디 다이오드는 제너 다이오드처럼 그려질 것이다. 큰 접합부분 때문에 이 다이오드는 긴 역회복시간을 갖는다. 이러한 이유 때문에 모터 제어회로, 반-브리지 컨버터와 전-브리지 컨버터와 같은 저주파수 제품에서의 이용이 제한된다. 고주파 제품에서 기생 다이오드는 종종 외부에 병렬로 연결되는데 이것은 기생 다이오드가 동작하는 것을 방지하는 매우 빠른 정류기 역할을 한다. 만약 동작된다면 역회복손실이 MOSFET 전력손실을 증가시킬 것이다.

전력 MOSFET는 다수 반도체 층들로 이루어져 있기 때문에 커패시턴스는 각각의 *pn*집합에 존재할 것이다. 그림 12-25*b*는 전력 MOSFET의 간략화된 기생 커패시턴스 모델을 나타낸다. 참고자료집을 보면 MOSFET의 기생 커패시턴스의 입력 커패시턴스

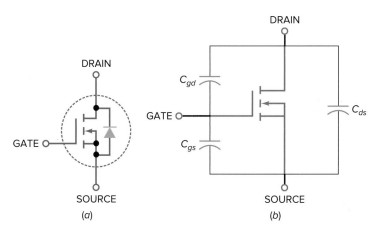

| 그림 12-25 | 전력 MOSFET (a) 바디 다이오드와 도식적 기호; (b) 기생 커패시턴스

는 $C_{iss} = C_{gd} + C_{gs}$, 출력 커패시턴스는 $C_{oss} = C_{gd} + C_{ds}$, 역전송 커패시턴스는 $C_{rss} = C_{gd}$로 표기된다. 여기서 각각의 값들은 교류 단락 상태에서 제조사에서 측정된 값이다.

이 기생 커패시턴스의 충전과 방전은 소자의 on/off 지연시간에 직접적인 영향을 줄 뿐만 아니라 전체적인 주파수응답에도 영향을 미친다. 켜짐 지연($t_{d(on)}$)은 드레인전류 전도가 시작하기 전에 MOSFET의 입력 커패시턴스가 충전되는 데 걸리는 시간이다. 마찬가지로 꺼짐 지연($t_{d(off)}$)은 소자가 꺼진 후에 커패시턴스가 방전되는 데 걸리는 시간이다. 고속 스위칭 회로에서 특정 구동회로는 이 커패시터스를 빠르게 충전하고 방전하는 데 사용된다.

표 12-2는 상업용으로 사용되는 전력 FET이다. 여기에서 모든 소자는 $V_{GS(on)} = 10$ V인 것에 유념하자. 실제 소자가 크므로 옴영역 동작을 확실히 하자면 $V_{GS(on)}$이 커야 한다. 보다시피 이 소자들의 정격전력은 엄청나며 자동차 제어, 조명 등과 같은 응용분야에 쓰인다.

전력 FET 회로해석은 소신호 소자와 같다. $V_{GS(on)} = 10$ V로 구동될 때 전력 FET는 옴영역에서 작은 저항 $R_{DS(on)}$을 가진다. 앞에서와 같이 $V_{GS} = V_{GS(on)}$일 때 소자는 옴영역에 바이어스되어 작은 저항과 같이 작용하므로 $I_{D(sat)}$는 $I_{D(on)}$보다 작다.

표 12-2	몇 가지 전력 FET 소개				
소자	$V_{GS(on)}$, V	$I_{D(on)}$, A	$R_{DS(on)}$, Ω	$I_{D(max)}$, A	$P_{D(max)}$, W
MTP4N80E	10	2	1.95	4	125
MTV10N100E	10	5	1.07	10	250
MTW24N40E	10	12	0.13	24	250
MTW45N10E	10	22.5	0.035	45	180
MTE125N20E	10	62.5	0.012	125	460

열폭주가 없다

바이폴라 트랜지스터는 **열폭주**(*thermal runaway*)로 파괴될 수 있다. 바이폴라에서 문제는 베이스-이미터 전압 V_{BE}가 음의 온도계수를 가진다는 것이다. 이것은 내부 온도가 올라가면 V_{BE}값이 감소하는 현상이다. 이 결과로 컬렉터전류가 증가하므로 온도는 더욱 올라간다. 그러나 고온이 되면 더욱 V_{BE}값을 감소시키므로 열방출(heat-sink)을 시키지 않으면 열폭주로 소자는 파괴된다.

전력 FET의 장점은 이러한 열폭주 현상이 없다는 것이다. MOSFET의 $R_{DS(on)}$은 양의 온도계수를 갖는다. 내부 온도가 증가하면 $R_{DS(on)}$값도 증가하므로 결국 드레인전류가 감소한다. 이로 인해 소자에 미치는 온도가 낮아져 안정한 동작을 할 수 있다.

전력 FET는 병렬연결이 가능하다

바이폴라 트랜지스터는 V_{BE}값이 서로 달라서 병렬로 연결할 수 없다. 만약 병렬로 연결하고자 한다면 **전류집중**(*current hogging*)이 일어난다. 이것은 다른 소자보다 작은 V_{BE}를 가진 트랜지스터로 더 큰 컬렉터전류가 흐르기 때문이다.

전력 FET는 전류집중 문제도 없다. 만약 어느 FET에 전류가 집중되면 그 소자의 내부 온도는 증가한다. 양의 온도계수를 가지므로 $R_{DS(on)}$이 증가하여 드레인전류를 감소시킨다. 전체적으로 모든 전력 FET가 같은 드레인전류를 가진다.

빠른 스위칭

이미 언급했듯이 바이폴라 트랜지스터가 순방향되면 접합부근에 소수캐리어가 쌓이게 된다. 바이폴라 트랜지스터를 off하려고 하면 축적된 전하가 얼마간 흐르므로 빨리 스위칭하지 못한다. 전력 FET는 소수캐리어가 없어서 바이폴라 트랜지스터보다 더 빨리 큰 전류를 차단할 수 있다. 대표적으로 전력 FET는 수십 ns가 되면 수 A의 전류를 스위칭할 수 있다. 이는 바이폴라 트랜지스터보다 10~100배 빠른 것이다.

인터페이스로서의 전력 FET

디지털 IC는 작은 부하전류를 공급하므로 저전력 소자이다. 만약 디지털 IC의 출력을 사용하여 큰 전류를 사용하는 부하를 구동하자면 전력 FET를 **인터페이스**(interface)로 사용할 수 있다. 여기서 인터페이스란 두 소자 사이에서 두 소자를 연결해 주는 것이다.

그림 12-26은 어떻게 디지털 IC가 고전력 부하를 제어할 수 있는가를 나타낸다. 디지털 IC의 출력은 전력 FET의 게이트를 구동한다. 디지털 IC의 출력 v_{out} = high상태이면 전력 FET는 단락스위치로 작용한다. 디지털 IC의 출력 v_{out} = low상태이면 전력 FET는 개방스위치로 작용한다. 디지털 IC(소신호용 EMOS나 CMOS)를 고전력용 부하로 인터페이스하는 것은 전력 FET의 중요한 응용분야 중의 하나이다. 그러나 여기에서 중요한 사항이 있는데 빠른 스위칭을 위해서는 디지털 IC가 전력 FET가 요구하는 입력 충전 전류를 공급할 수 있어야 한다.

그림 12-27은 고전력 부하를 제어하는 디지털 IC의 한 예이다. CMOS 출력 v_{out} = low상태이면 전력 FET는 단락스위치와 같다. 전동기에 감은 권선의 양단전압이 12 V 이므로 축이 회전한다. CMOS 출력상태이면 전력 FET는 개방되어 전동기는 정지한다.

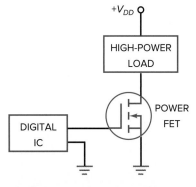

│ 그림 12-26 │ 전력 FET는 저전력 디지털 IC와 고전력 부하를 인터페이스한다.

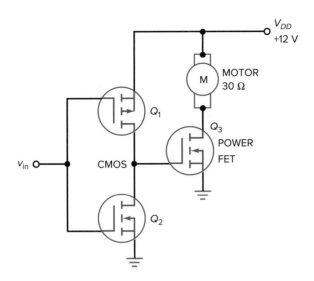

| 그림 12·27 | 전동기 제어를 위한 전력 FET

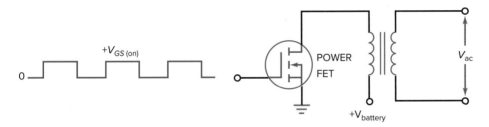

| 그림 12·28 | 기본적인 직류-교류 변환기

직류-교류 변환기

갑자기 전력공급이 중단되면 컴퓨터의 동작이 중단되고 처리하던 자료는 소실된다. 해결책 중의 하나는 **UPS**(uninterruptible power supply)를 사용하는 것이다. UPS는 배터리와 직류-교류 변환기를 가지고 있다. 기본 개념은 다음과 같다. 전력공급이 중단되면 배터리전압이 교류로 바뀌어 컴퓨터를 동작시킨다.

그림 12-28은 **직류-교류 변환기**(dc-to-ac converter)를 나타낸다. 전력공급이 중단될 때 다른 회로(연산증폭기)가 동작되어 구형파를 발생시킨다. 이 구형파가 게이트를 구동하여 전력 FET를 on-off시킨다. 구형파가 변압기 1차권선 양단에 나타나므로 2차권선은 컴퓨터 동작에 필요한 교류전압을 공급할 수 있다. 상업적 UPS는 이보다 더 복잡하지만 직류를 교류로 바꾸는 기본 개념은 같다.

직류-직류 변환기

그림 12-29는 입력 직류전압을 출력 직류전압으로 바꾸는 **직류-직류 변환기**(dc-to-dc converter)를 나타낸다. 출력 직류전압은 입력보다 크거나 혹은 작을 경우도 있다. 전력 FET가 on-off되면 변압기 2차권선 양단에 구형파가 나타난다. 반파정류기 및 커패시터 입력형 필터는 직류 출력전압을 만든다. 권선 수를 조정하면 직류 출력전압이 입력전

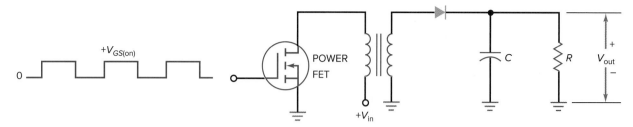

| 그림 12·29 | 기본적인 직류-직류 변환기

압보다 작거나 크게 할 수 있다. 리플(ripple)을 작게 하려면 전파정류기 또는 브리지정류기를 사용할 수 있다. 직류-직류 변환기는 스위치형 전력공급기의 중요한 부분 중 하나이다. 이러한 응용은 22장에서 보게 될 것이다.

응용예제 12-9

그림 12-30에서 전동기 권선을 흐르는 전류를 구하라.

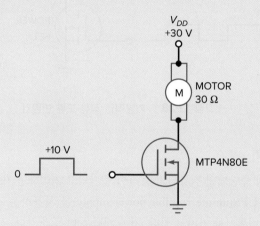

| 그림 12·30 | 전동기 제어

풀이 표 12-2에서 MTP4N80E는 $V_{GS(on)}$ = 10 V, $I_{D(on)}$ = 2 A, $R_{DS(on)}$ = 1.95 Ω인 값을 가진다. 그림 12-30에서 포화전류는

$$I_{D(sat)} = \frac{30 \text{ V}}{30 \text{ Ω}} = 1 \text{ A}$$

이다. 이 전류값이 2 A보다 작으므로 전력 FET는 저항 1.95 Ω과 등가이다. 이상적으로 권선을 흐르는 전류는 1 A이다. 계산 시 이 값을 고려하면 전류는

$$I_D = \frac{30 \text{ V}}{30 \text{ Ω} + 1.95 \text{ Ω}} = 0.939 \text{ A}$$

이다.

연습문제 12-9 표 12-2의 MTW24N40E를 이용하여 응용예제 12-9를 다시 풀어라.

응용예제 12-10

빛이 있는 낮에 그림 12-31의 광 다이오드는 동작되므로 게이트전압은 V_G = low상태이다. 반면 밤에는 광 다이오드가 동작하지 않으므로 게이트전압은 V_G = +10 V이다. 그리하여 회로는 자동으로 밤에 전구를 동작시킨다. 전구에 흐르는 전류를 구하라.

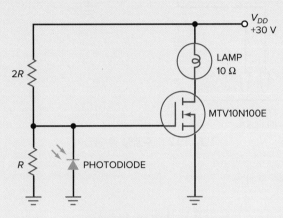

| 그림 12·31 | 자동 전등 제어

풀이 표 12-2에서 MTV10N100E는 $V_{GS(on)}$ = 10 V, $I_{D(on)}$ = 5 A, $R_{DS(on)}$ = 1.07 Ω인 값을 가진다. 그림 12-31에서 포화전류는

$$I_{D(sat)} = \frac{30\ V}{10\ \Omega} = 3\ A$$

이다. 이 전류값이 5 A보다 작으므로 전력 FET는 저항 1.07 Ω과 등가이다. 전구에 흐르는 전류는 다음과 같다.

$$I_D = \frac{30\ V}{10\ \Omega + 1.07\ \Omega} = 2.71\ A$$

연습문제 12-10 표 12-2의 MTP4N80E를 이용하여 그림 12-31의 램프전류를 구하라.

응용예제 12-11

그림 12-32는 수영장에 물이 부족할 때 자동적으로 물을 공급하는 회로이다. 물 수위가 두 금속단자로 이루어진 탐사침(probe) 아래에 있으면 게이트전압은 +10 V이다. 따라서 전력 FET는 on되므로 물 조절 밸브가 열려 수영장에 물을 공급한다.

수위가 탐사침 위로 올라가면 물은 양호한 도체이므로 단자 간의 저항은 작아진다. 이 경우 게이트전압은 낮아지므로 전력 FET는 개방된다. 그런 다음 물 조절 밸브는 닫힌다.

그림 12-32에서 전력 FET가 $R_{DS(on)}$ = 0.5 Ω으로 옴영역에서 동작한다면 물 조절 밸

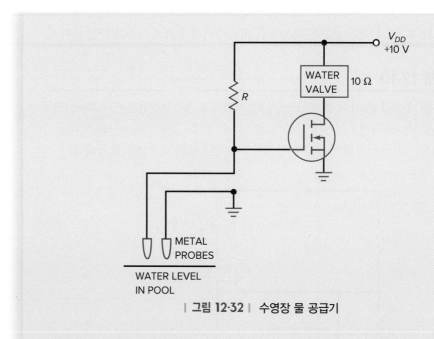

| 그림 12·32 | 수영장 물 공급기

브에 흐르는 전류를 구하라.

풀이 밸브에 흐르는 전류는 다음과 같다.

$$I_D = \frac{10\ \text{V}}{10\ \Omega + 0.5\ \Omega} = 0.952\ \text{A}$$

응용예제 12-12

그림 12-33*a*의 회로는 무엇에 사용하는가? *RC*시정수를 구하라. 가장 밝게 되었을 때 전구의 전력은 얼마인가?

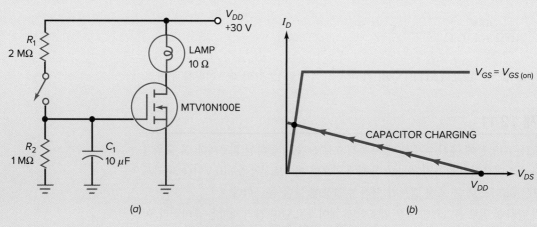

| 그림 12·33 | 서서히 밝아지는 램프

풀이 수동 스위치를 닫으면 커패시터는 10 V로 서서히 충전된다. 게이트전압이 $V_{GS(th)}$ 이상이 되면 전력 FET는 도전된다. 게이트전압이 서서히 충전되므로 전력 FET의 동작점은 그림 12-33b와 같이 반드시 활성영역을 통과한다. 이런 이유로 전구는 점차 밝아지고 동작점이 옴영역으로 가면 전구의 밝기는 최대가 된다. 전체적인 효과는 서서히 밝아지는 전구이다.

커패시터를 마주하는 테브난 저항은

$$R_{TH} = R_1 \parallel R_2 = 2 \text{ M}\Omega \parallel 1 \text{ M}\Omega = 667 \text{ k}\Omega$$

이다. RC시정수는 다음과 같다.

$$RC = (667 \text{ k}\Omega)(10 \text{ }\mu\text{F}) = 6.67 \text{ s}$$

표 12-2에서 MTV10N100E의 $R_{DS(on)} = 1.07 \text{ }\Omega$이므로 전구를 흐르는 전류는

$$I_D = \frac{30 \text{ V}}{10 \text{ }\Omega + 1.07 \text{ }\Omega} = 2.71 \text{ A}$$

이고, 따라서 전구의 전력을 계산하면 다음과 같다.

$$P = (2.71 \text{ A})^2(10 \text{ }\Omega) = 73.4 \text{ W}$$

12-9 High-side MOSFET 부하 스위치

high-side 부하 스위치(high-side load switch)는 전원을 각각의 부하에 연결하거나 차단하는 데 사용된다. high-side 전력 스위치가 출력전류 제한으로 전력의 양을 조절하는 데 반해서 high-side 부하 스위치는 전류의 제한 기능 없이 부하의 입력 전압과 전류를 통과시킨다. high-side 부하 스위치는 노트북, 핸드폰, 휴대용 오락기와 같은 배터리 전원 시스템에 사용될 수 있는데 이것은 배터리 수명을 늘릴 수 있도록 분기회로의 적절한 켜짐과 꺼짐을 관리할 수 있게 한다.

그림 12-34는 부하 스위치의 주 회로의 블록들을 나타낸다. 이것은 직렬 요소, 게이트 제어 블록, 입력 논리 블록으로 이루어진다. 직렬 요소는 주로 p채널 또는 n채널 전력

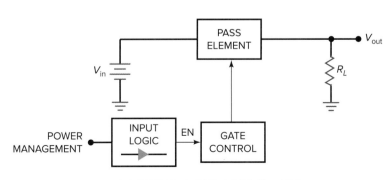

| 그림 12·34 | 부하 스위치 회로 블록

E-MOSFET이다. 고전류 제품에서는 높은 채널의 이동성(전자) 때문에 *n*채널 MOSFET가 신호된다. 이때 동일한 FET 다이(die) 영역은 낮은 $R_{DS(\mathrm{on})}$값을 갖고 작은 게이트 입력 커패시턴스를 갖게 된다. *p*채널 MOSFET는 간단한 게이트 제어 블록을 사용하는 데 유용하다. 게이트 제어 블록은 직렬 요소가 완전히 켜지고 꺼질 수 있게 적절한 게이트전압을 발생시킨다. 입력 논리 블록은 마이크로컨트롤러 칩과 같은 전력 관리 회로에 의해서 제어되고 게이트 제어 블록의 트리거로 사용할 수 있는 EN 신호를 발생시킨다.

*p*채널 부하 스위치

그림 12-35는 간단한 *p*채널 부하 스위치회로의 예를 나타낸다. *p*채널 전력 MOSFET의 소스 리드는 바로 입력 전압 레일 V_{in}에 연결되고 드레인은 부하에 연결된다. *p*채널 로드 스위치가 동작하기 위해서는 게이트전압이 V_{in} 이하가 되어서 트랜지스터가 옴영역으로 바이어스되고 낮은 $R_{DS(\mathrm{on})}$값을 가져야 한다. 이 상태는 다음과 같을 때 만족된다.

$$V_G \leq V_{\mathrm{in}} - |V_{GS(\mathrm{on})}| \tag{12-7}$$

*p*채널 MOSFET의 $V_{GS(\mathrm{on})}$값이 음(−)이기 때문에 식 (12-7)의 $V_{GS(\mathrm{on})}$값에 절대값을 취해 준다.

그림 12-35에서 입력 EN 신호는 시스템의 전력관리 제어 회로망으로부터 발생된다. 이 신호는 소신호 *n*채널 MOSFET의 게이트를 구동시킨다. EN $\geq V_{GS(\mathrm{on})}$일 때, 고입력 신호는 패스 트랜지스터를 0으로 하여 Q_1을 동작시키고 부하 스위치 Q_2가 동작한다. Q_2의 $R_{DS(\mathrm{on})}$이 매우 낮다면 V_{in}의 거의 대부분이 부하로 통과한다. 모든 부하전류가 패스 트랜지스터를 통해 흐르기 때문에 출력전압은 다음과 같다.

$$V_{\mathrm{out}} = V_{\mathrm{in}} - (I_{\mathrm{Load}})(R_{DS(\mathrm{on})}) \tag{12-8}$$

EN $< V_{GS(\mathrm{th})}$일 때 Q_1은 꺼진다. R_1과 부하 스위치가 꺼지면서 Q_2의 게이트는 V_{in}이 된다. 이때 V_{out}은 거의 0 V이다.

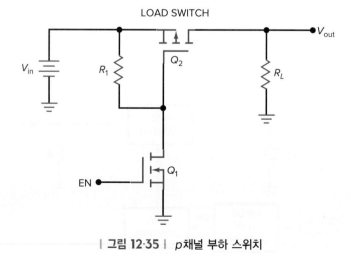

| 그림 12·35 | *p*채널 부하 스위치

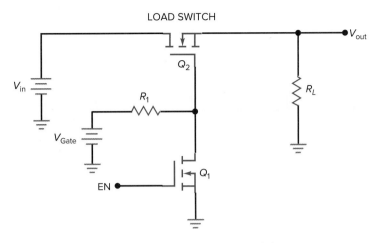

| 그림 12·36 | *n*채널 부하 스위치

*n*채널 부하 스위치

그림 12-36은 *n*채널 부하 스위치를 나타낸다. 부하 스위치 Q_2의 드레인은 입력 볼트 V_{in} 과 연결되고 소스 리드는 부하에 연결된다. *p*채널 부하 스위치와 마찬가지로 Q_1은 직렬 요소 Q_2를 on/off하는 데 사용된다. 전력 관리 회로의 논리 신호는 게이트 제어 블록의 트리거로 사용된다.

그러면 V_{Gate} 전압원을 분리한 목적은 무엇일까? 부하 스위치가 켜졌을 때, 거의 모든 V_{in}은 부하로 통과된다. 소스가 부하에 연결되어 있기 때문에 $V_S = V_{in}$이다. 부하 스위치 Q_2가 낮은 $R_{DS(on)}$값과 함께 완전히 켜진 상태를 유지하기 위해서는 다음과 같아야 한다.

$$V_G \geq V_{out} + V_{GS(on)} \tag{12-9}$$

여분의 전압 레일 V_{Gate}는 V_{out}을 넘는 레벨 시프트(*level shift*) V_G가 필요하다. 몇몇 시스템에서는 추가적인 전압 레일은 V_{in} 전원 또는 **차지 펌프**(*charge pump*)라고 불리는 특별한 회로를 이용한 EN 신호로부터 발생한다. 추가적인 전압 레일의 부가된 비용은 0 전압과 더 낮은 V_{DS} 손실에 가깝게 낮은 입력전압을 통과하는 회로 능력에 의하여 상쇄된다.

그림 12-36에서 EN = low이면 Q_1은 꺼진다. Q_2의 게이트는 V_{Gate} 수준이 되고 Q_2의 동작은 대부분의 V_{in}을 부하로 통과시킨다. Q_2의 게이트가 식 (12-9)를 만족하면 Q_2는 켜진 상태로 유지된다.

EN = high이면 Q_1이 켜지고 드레인이 거의 0 V가 된다. 이 상태는 Q_2를 끄고 출력전압 부하의 출력전압을 0 V로 만든다.

추가 고려사항들

휴대용 시스템들의 배터리 수명을 연장시키기 위해서는 부하 스위치의 효율이 매우 중요하다. MOSFET 직렬 요소를 통해 대부분의 부하전류가 흐르는 것이 전력손실의 주요 원인이다. 이것은 다음과 같이 나타난다.

$$P_{Loss} = (I_{Load})^2 (R_{DS(on)}) \tag{12-10}$$

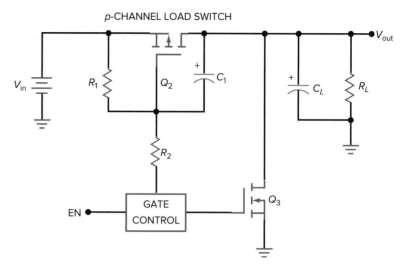

| 그림 12-37 | 용량성 부하 스위치

주어진 반도체 다이(die) 영역에서 n채널 MOSFET의 $R_{DS(on)}$값은 p채널 MOSFET보다 2~3배 작을 수 있다. 따라서 식 (12-10)을 보면 n채널 MOSFET의 전력손실이 더 작다는 것을 알 수 있다. 이것은 특히 큰 부하전류일 때에 더 심하다. p채널 소자는 패스 트랜지스터의 동작 유지를 필요로 하는 추가적인 전압레일이 필요하지 않다는 장점이 있다. 이것은 특히 고압의 입력전압이 통과할 때 중요하다.

또한 부하 스위치의 on/off 속도도 추가적인 고려사항인데 특히 그림 12-37과 같이 용량성 부하 C_L이 연결되었을 때 더욱 그러하다. 부하 스위치가 켜지기 전에 부하의 양단은 0 V이다. 부하 스위치가 입력전압을 용량성 부하로 통과시키면 서지전류는 C_L을 충전시킨다. **돌입전류**(inrush current)라고 불리는 이 높은 전류는 잠재적인 악영향을 끼친다. 첫째로 이 서지전류는 패스 트랜지스터를 통해 흐르고 부하 스위치에 손상을 입히거나 수명을 단축시킬 수 있다. 둘째로 이 돌입전류는 입력 공급전압에서 음성극파(negative spike)를 일으킬 수 있다. 또한 같은 V_{in} 전원에 연결된 다른 회로들에도 문제를 일으킬 수 있다.

그림 12-37에서 R_2와 C_1은 이러한 영향들을 감소시켜서 **부드러운 시작**을 할 수 있게 한다. 이 추가적 요소들은 패스 트랜지스터의 게이트전압을 올려서 돌입전류를 제어할 수 있게 한다. 또한 갑자기 부하 스위치가 꺼져도 용량성 부하의 전하가 즉시 방전되지 않는다. 이것은 부하의 불완전한 차단을 일으킬 수 있다. 이것을 방지하기 위해서 게이트 제어 블록은 그림 12-37에 나타난 능동부하 방전 트랜지스터 Q_3를 켜는 데 사용되는 신호를 발생시킨다. 패스 트랜지스터가 꺼지면 Q_3는 용량성 부하를 방전시킬 것이다. Q_1은 제어 블록 안에 포함된다.

대부분의 high-side 부하 스위치 요소들은 작은 크기의 표면실장(surface-mount)으로 집적화할 수 있다. 이것은 회로 보드의 면적을 상당히 감소시킬 수 있다.

예제 12-13

그림 12-38에서 Q_2의 $R_{DS(\text{on})} = 50 \text{ m}\Omega$이고 EN = 3.5 V일 때, 출력 부하전압과 MOSFET 패스 트랜지스터 전력손실은 얼마인가? 또 EN = 0 V이면 얼마인가?

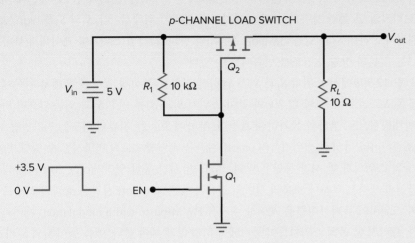

p-CHANNEL LOAD SWITCH

| 그림 12-38 | 부하 스위치 예

풀이 EN = +3.5 V이면 Q_1이 켜지고 Q_2의 게이트는 접지(0 V)된다. 그럼 Q_2의 V_{GS}는 거의 −5 V가 될 것이다. 패스 트랜지스터가 켜지고 $R_{DS(\text{on})}$값이 50 mΩ이다. 부하전류는 다음과 같다.

$$I_{\text{Load}} = \frac{V_{\text{in}}}{R_{DS(\text{on})} + R_L} = \frac{5 \text{ V}}{50 \text{ m}\Omega + 10 \text{ }\Omega} = 498 \text{ mA}$$

식 (12-8)을 이용하여 V_{out}을 구하면 다음과 같다.

$$V_{\text{out}} = 5 \text{ V} - (498 \text{ mA})(50 \text{ m}\Omega) = 4.98 \text{ V}$$

부하의 전력은 다음과 같다.

$$P_L = (I_L)(V_L) = (498 \text{ mA})(4.98 \text{ V}) = 2.48 \text{ W}$$

식 (12-10)을 이용하면 P_{Loss}는 다음과 같다.

$$P_{\text{Loss}} = (498 \text{ mA})^2(50 \text{ m}\Omega) = 12.4 \text{ mW}$$

EN = 0 V이면 Q_1이 꺼진다. Q_2의 게이트는 5 V가 되고 이것으로 패스 트랜지스터가 꺼진다. 출력 부하전압과 출력 부하전력 그리고 패스 트랜지스터 전력손실은 모두 0이 된다.

연습문제 12-13 그림 12-38에서 EN = +3.5 V일 때, 부하저항을 1 Ω으로 바꾸면 출력 부하전압, 출력 부하전력, 패스 트랜지스터 전력손실은 얼마인가?

12-10 MOSFET H-브리지

간단한 H-브리지 회로는 4개의 전자적(또는 기계적) 스위치로 구성된다. 2개의 스위치는 중앙 접합 사이에 위치한 부하의 양옆에 연결된다. 그림 12-39*a*에 보이는 것처럼 배치가 알파벳 "H" 모양이어서 붙여진 이름이다. 때로는 이 배치를 전-브리지라고 하는데 이것은 브리지의 한 쪽만 사용하는 반-브리지와 구분하기 위해서이다. S_1과 S_3를 high-side 스위치라고 하며 S_2와 S_4를 low-side 스위치라 한다. 각각의 스위치를 제어해서 부하에 흐르는 전류의 방향과 강도를 변화시킬 수 있다.

그림 12-39*b*에서 스위치 S_1과 S_4가 닫히면 전류는 부하성 저항을 통해서 왼쪽에서 오른쪽으로 흐른다. 그림 12-39*c*와 같이 스위치 S_1과 S_4를 열고 S_2과 S_3를 닫으면 전류는 반대방향으로 부하를 통과하여 흐른다. 부하에 흐르는 전류의 강도는 인가전압 +V를 조절하거나 다양한 스위치들의 on/off 시간을 제어함으로써 변화시킬 수 있다. 만약한 쌍의 스위치가 반 시간 동안은 닫히고(on) 반 시간 동안 열리면(off), 50%의 듀티사이클이 발생하고 부하에 보통의 절반의 전류가 흐른다. on/off 시간을 효과적으로 조절하여 스위치의 듀티사이클을 제어하는 것을 PWM(pulse width modulation) 제어라고 한다. 브리지 한 쪽의 스위치들이 동시에 닫히지 않게 해야 한다. 예를 들어 S_1과 S_2가 동시에 닫히면 높은 전류가 +V에서 접지로 스위치를 통해서 흐른다. 이를 *shoot-through* 전류라 하는데, 스위치나 전원을 손상시킬 수 있다.

그림 12-40은 부하저항을 DC모터로 교체하였고 공통 +V 전원을 사용한다. 모터의 방향과 속도는 스위치에 의해 제어된다. 표 12-3은 모터를 제어할 수 있는 몇 개의 유용

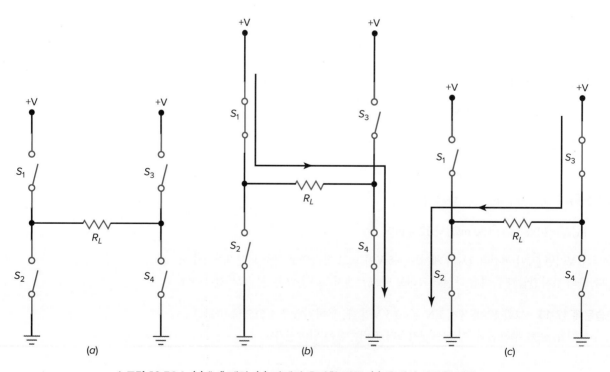

| 그림 12-39 | (a) "H" 배치; (b) 좌에서 우방향 전류; (c) 우에서 좌방향 전류

표 12-3	기본적 동작 모드			
S_1	S_2	S_3	S_4	Motor Mode
open	open	open	open	motor off (free-wheeling)
closed	open	open	closed	forward
open	closed	closed	open	reverse
closed	open	closed	open	dynamic brake
open	closed	open	closed	dynamic brake

한 스위치 조합들을 보여 준다. 모든 스위치가 열리면 모터는 꺼진다. 만약 이 상태가 모터 동작 중 발생하면 모터는 관성에 의해서 정지하거나 돌아갈 것이다. 스위치 각각의 high-side와 low-side를 적절히 닫으면 모터의 방향을 변화시킬 수 있다. S_2와 S_3를 연 상태에 S_1과 S_4를 닫으면 모터는 순방향으로 회전한다. 반대로 S_1과 S_4를 연 상태에서 S_2와 S_3를 닫으면 모터가 역방향으로 회전한다. 모터가 동작 중일 때 스위치의 양쪽의 high-side나 low-side가 닫히면 모터의 자가발전 전압이 모터를 바로 세울 수 있는 동적 브레이크 역할을 효과적으로 할 수 있다.

| 그림 12·40 | DC 모터를 단 H-브리지

개별 H-브리지

그림 12-41은 H-브리지의 간단한 스위치가 개별 n채널, p채널 전력 E-MOSFET로 바뀐 것을 나타낸다. BJT가 이용될 수 있지만 전력 E-MOSFET는 입력 제어가 더 간단하고 스위칭 속도가 빠르며 좀 더 이상적인 스위치와 닮았다. 2개의 high-side 스위치 Q_1과 Q_3는 p채널 MOSFET이고 low-side 스위치 Q_2와 Q_4는 n채널 MOSFET이다. high-side

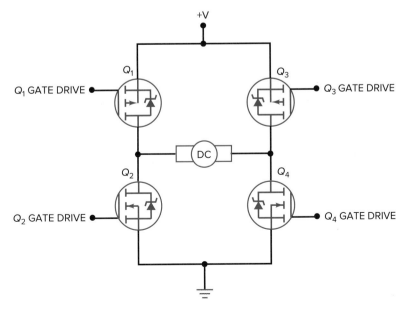

| 그림 12·41 | 개별 p채널 high-side 스위치

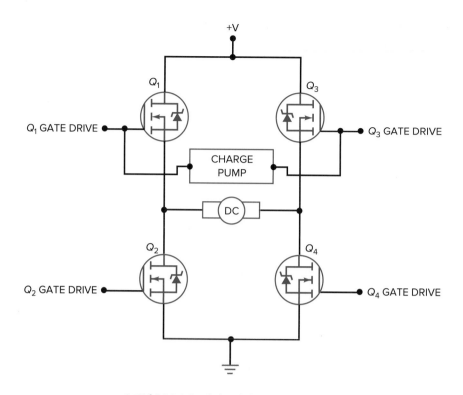

| 그림 12·42 | 개별 *n*채널 high-side 스위치

스위치의 소스 리드는 양(+)의 공급전압에 연결되기 때문에 각각의 *p*채널 소자가 적절한 동작모드 상태가 되기 위해서는 $-V_{GS(on)}$이 요구하는 게이트 구동 전압 V_G가 V_S보다 낮아야 한다. high-side MOSFET는 그들의 게이트전압과 전원전압이 같아지면 꺼질 수 있다. 2개의 low-side 스위치 Q_2와 Q_4는 *n*채널 MOSFET이다. 이들의 드레인 리드는 부하와 연결되고 소스 리드는 접지에 연결된다. $+V_{GS(on)}$이 만족하면 스위치가 켜진다.

고전력 제품에서는 그림 12-42와 같이 high-side *p*채널 MOSFET는 종종 *n*채널 MOSFET로 교체된다. 이 *n*채널 MOSFET는 낮은 전력손실을 발생시키는 작은 $R_{DS(on)}$ 값을 가지고 또한 빠른 스위칭 속도를 갖는다. 이런 특징은 고속 PWM 제어를 사용할 때 특히 중요하다. *n*채널 MOSFET가 high-side 스위치로 사용될 때 추가적인 회로가 필요하다. 이 회로는 게이트 구동 전압이 그들의 드레인 리드와 연결된 양(+)의 공급전압보다 크게 해 준다. 따라서 완전히 켜기 위해서는 차지 펌프나 부트스트랩 전압이 필요하다.

비록 개별 MOSFET H-브리지를 사용하는 것이 간단해 보이지만 이것을 실행하는 것은 간단하지 않다. 처리해야 할 많은 문제들이 존재한다. MOSFET는 게이트 입력 커패시턴스 C_{iss}를 갖기 때문에 전력 FET를 on/off하는 데 지연이 있다. 게이트 구동 회로는 입력 논리제어 신호를 잘 받아들이고 적절한 게이트 구동 전류를 제공함으로써 MOSFET의 입력 커패시턴스가 빠르게 충전 또는 방전될 수 있도록 해야 한다. 모터의 방향을 바꾸거나 동적 브레이크를 구동할 때 다른 MOSFET가 켜지기 전에 MOSFET를 완전히 끄도록 하는 적절한 시간이 중요하다. 만약 그렇지 못할 경우에 shoot-through

전류가 MOSFET를 손상시킬 것이다. 또 다른 고려해야 할 문제들은 출력 단락회로 보호, +V 전압 변동, 전력 MOSFET의 과열 등이 있다.

모놀리식 H-브리지

모놀리식 H-브리지는 내부 제어 논리, 게이트 구동, 차지 펌프, 전력 MOSFET가 하나의 실리콘 기판 위에 결합된 특별한 집적회로이다. 요구되는 모든 내부 구성부품들이 같은 패키지 안에 조립되기 때문에 필요한 게이트 구동 회로를 넣고, 적절한 출력 드라이버를 맞추고, 필수적인 보호회로를 설치하는 데 용이하다.

그림 12-43은 MC33886의 간단한 도식을 나타낸다. 5.0 A 모놀리식 H-브리지는 제대로 구동하기 위해 몇 개의 외부 부품만 필요하고 적은 수의 입력 제어선을 사용한다. 이 H-브리지는 MCU(microcontroller unit)로부터 4개의 입력 논리 제어신호를 받는다. IN1과 IN2는 OUT1과 OUT2의 출력상태를 제어한다. D1과 $\overline{D2}$는 출력불능 제어선이다. 이 예에서는 출력이 DC모터와 바로 연결되어 있다. MC33886은 하나의 출력 상태 제어선 $\overline{FS}$를 갖는데 이것은 결함 발생 시 low로 바뀐다. 그림 12-43의 외부저항은 결함이 없을 시 $\overline{FS}$ 제어 출력이 high가 되도록 풀업(pull-up)시킨다.

집적 H-브리지의 내부 블록선도는 그림 12-44와 같다. V+ 공급전압의 범위는 5.0~40 V이다. 28 V 이상 사용 시에는 출력을 낮추는 설명서를 따라야 한다. 내부 전압조정기는 제어 논리 회로망에 필요한 전압을 생산한다. 분리된 2개의 접지는 간섭으로부터 고전류 전력이 PGND에 접지되고 저전류 아날로그신호가 AGND에 접지되도록 유지시키는 데 사용된다. 이 H-브리지 출력 구동 회로는 4개의 n채널 전력 E-MOSFET를 사용한다. Q_1과 Q_2가 반-브리지를 구성하고 Q_3와 Q_4가 나머지 반-브리지를 구성한다. 각각의 반-브리지는 독립적으로 이용될 수 있고 전-브리지가 필요할 때에는 함께 사용될 수 있다. high-side 스위치가 n채널 MOSFET이기 때문에 트랜지스터를 완전히 on상태로 유지시키기 위해 필요한 높은 게이트전압을 제공하기 위해서는 내장된 차지 펌프가 필수적이다.

그렇다면 입력 제어 논리는 H-브리지의 출력을 어떻게 제어하는가? 입력 제어선 IN1, IN2, D1, $\overline{D2}$는 연결된 DC모터의 방향과 속도를 제어하는 데 사용된다. 이 입력들은

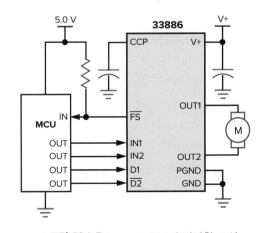

| 그림 12·43 | MC33886의 간단한 도식

INTERNAL BLOCK DIAGRAM

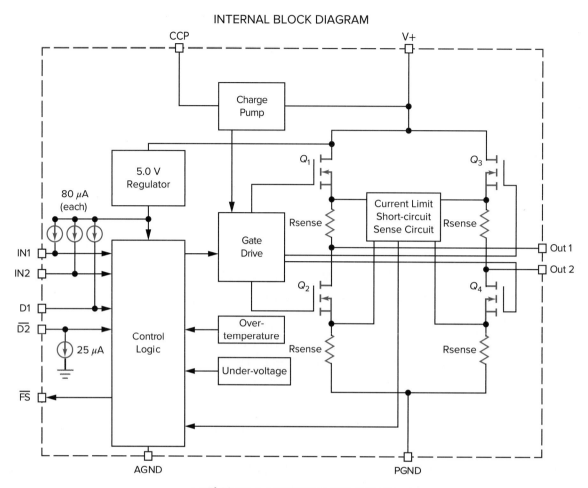

| 그림 12·44 | MC33886의 내부 블록선도

TTL(transistor-transistor logic, 디지털회로들로 구성됨)과 CMOS와 호환 가능한데, 이것은 디지털 논리회로나 MCU의 출력으로 입력제어를 가능하게 한다. 2개의 토템폴 (totem-pole) 반-브리지 출력들의 조정을 통하여, IN1과 IN2는 독립적으로 각각의 OUT1 과 OUT2를 제어한다. D1 = high이거나 $\overline{D2}$ = low이면 입력 IN1과 IN2와 상관없이 2 개의 H-브리지는 불능이 되고 high-impedance 상태가 된다.

IN1 = high이고 IN2 = low이면 게이트 구동 회로는 Q_1과 Q_4는 켜고, Q_2와 Q_3는 끈다. 그러므로 OUT1 = high, OUT2 = low가 되고 +V가 인가되어 DC모터는 한 방 향으로 회전할 것이다. IN1 = low이고 IN2 = high이면 출력이 반대가 되어 Q_2와 Q_3 는 켜지고 Q_1과 Q_4는 꺼진다. 이때 OUT1 = low이고 OUT2 = high가 되어 DC모터 는 반대방향으로 회전한다. IN1과 IN2의 논리신호가 high일 때 OUT1과 OUT2의 출 력상태는 high가 된다. 이와 같이 2개의 입력이 low이면 출력도 low가 된다. 이런 입력 조건들은 2개의 high-side 스위치나 2개의 low-side 스위치를 on시켜서 DC모터에 동 적 브레이크를 건다.

OUT1과 OUT2와 연결된 DC모터의 속도는 PWM을 이용하여 제어할 수 있다. 외부 전원이나 MCU의 출력신호는 IN1또는 IN2에 연결되고 듀티사이클을 변화시킬 수 있는 PWM 파형을 보낸다. 연결되지 않은 다른 입력은 high로 고정된다. 입력 파형의 듀티사이클을 변화시킴으로써 모터의 속도는 변화된다. 듀티사이클이 높아질수록 모터의 속도가 빨라진다. 입력이 받는 파형을 변화시킴으로써 모터의 역방향에서의 속도를 제어할 수 있다. MOSFET 출력의 스위칭 속도와 차지 펌프의 한계 때문에 MC33886의 PWM 신호의 최대주파수는 10 kHz이다.

입력이 D1 = high, $\overline{D2}$ = low가 아닐 때 2개의 출력은 high-impedance 상태가 될 것이다. 이것은 효과적으로 출력을 불능시킨다. 또한 이런 출력 불능상태는 MC33886이 과열, 저전압, 전류제한, 회로단락상태를 감지하면 발생된다. 이런 일들이 발생될 때 낮은 결함상태 신호가 발생되고 MCU로 보내진다.

그림 12-44에서 4개의 R_{sense} 저항이 보인다. 이 저항들의 목적은 부하전류의 양이 과도한지 또는 H-브리지의 한쪽 다리에서 단락상태가 나타나는지 감지하는 것이다. 각 감지 저항의 전압강하는 전류제한(Current Limit)과 단락감지회로(Short-circuit Sense Circuit)에 의해 모니터링된다. 만약 전류제한 수준에 도달하거나 회로 단락상태가 발생하면 신호가 제어논리(Control Logic) 블록으로 보내진다. 제어논리 블록은 게이트 구동(Gate Drive) 블록을 비활성화하여 각 전력 MOSFET를 끈다.

그림 12-44에서 R_{sense} 저항은 전류 감지 전력 MOSFET라고 불리는 특별한 유형의 MOSFET를 단순화한 것이다. 이 MOSFET들은 부하전류를 전력과 감지 요소들로 분할한다. 각 내부전력 MOSFET가 사용될 때 병렬 소스 셀 세트가 생성된다. 이 병렬 셀들은 소스의 전류를 반영한다. 이러한 전력 MOSFET는 기본적으로 공통 게이트 및 드레인 연결과 별도의 소스 리드가 있는 2개의 병렬 FET처럼 작동한다. 각 소스의 셀 크기를 제어하여 감지 전류에 대한 부하전류의 비율을 결정하는 전류미러 비율이 생성된다.

개별 H-브리지 회로와 비교해서 MC33886과 같은 모놀리식 H-브리지는 실행하는 것이 쉽다. 분수 마력 전동기(fractional horsepower DC motor)와 솔레노이드를 사용하는 응용제품들을 자동차산업과 로봇산업을 포함하는 다양한 시스템에서 찾아볼 수 있다.

12-11 E-MOSFET 증폭기

앞에서 얘기했듯이 E-MOSFET는 주로 스위치로 쓰인다. 그러나 증폭기로 사용하기 위해서 이 장치에 존재한다. 이런 적용은 전달장비에 쓰이는 전단 고주파 RF증폭기와 AB급 전력증폭기에서 쓰이는 전력 E-MOSFET를 포함한다.

E-MOSFET를 이용하면 드레인전류에 대한 V_{GS}는 $V_{GS(th)}$보다 크다. 이것은 자기바이어스, 전류원바이어스, 제로바이어스를 제거한다. 왜냐하면 이런 바이어스들이 공핍층형 동작을 가지기 때문이다. 이것은 게이트바이어스와 분압기바이어스는 그대로 둔다. 증가형 작동을 얻을 수 있기 때문에 이렇게 바이어스된 조합은 E-MOSFET와 함께 작동한다.

그림 12-45는 n채널 E-MOSFET에 대한 드레인 곡선과 전달컨덕턴스 곡선을 보여

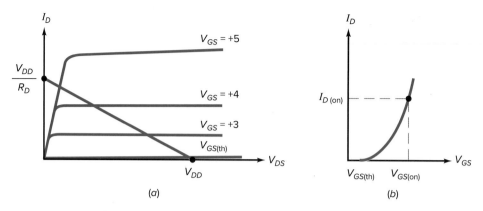

| 그림 12-45 | *n*채널 E-MOSFET (a) 드레인 곡선; (b) 전달컨덕턴스 곡선

준다. 포물선 모양의 전이 곡선은 D-MOSFET의 곡선과 유사하지만 중요한 차이점을 가진다. E-MOSFET는 오로지 증가형에서만 작동한다. 또한 드레인전류는 $V_{GS} = V_{GS(th)}$가 되기 전까지는 작동하지 않는다. 이것은 E-MOSFET가 전압조절장치라는 것을 보여 준다. V_{GS}가 0일 때 드레인전류가 0이기 때문에 전달컨덕턴스 공식은 E-MOSFET에 적용할 수 없다. 드레인전류는 다음 식으로 구할 수 있다.

$$I_D = k[V_{GS} - V_{GS(th)}]^2 \qquad \text{(12-11)}$$

k는 다음 식으로 알 수 있는 E-MOSFET에 대한 상수값이다.

$$k = \frac{I_{D(on)}}{[V_{GS(on)} - V_{GS(th)}]^2} \qquad \text{(12-12)}$$

그림 12-12는 2N7000 *n*채널 증가형 FET에 대한 자료이다. 여기서 중요한 값은 $I_{D(on)}$, $V_{GS(on)}$, $V_{GS(th)}$이다. 2N7000에 대한 사양은 각각의 값에서 큰 편차가 있음을 보여 준다. 대표값은 다음 계산에서 사용될 것이다. $I_{D(on)}$은 V_{GS} = 4.5 V일 때 600 mA임을 보여 준다. 그러므로 $V_{GS(on)}$값은 4.5 V로 한다. 또한 $V_{DS} = V_{GS}$이고 I_D = 1 mA일 때 $V_{GS(th)}$는 2.1 V의 값을 갖는다.

예제 12-14

2N7000의 데이터시트와 대표값을 이용하여 상수 k의 값과 V_{GS}가 3 V, 4.5 V일 때 I_D의 값을 구하라.

풀이 확정된 값들과 식 (12-12)를 이용하여 k를 구한다.

$$k = \frac{600 \text{ mA}}{[4.5 \text{ V} - 2.1 \text{ V}]^2}$$

$$k = 104 \times 10^{-3} \text{ A/V}^2$$

상수값 k를 이용하여 다양한 V_{GS}값에 대한 I_D값을 구할 수 있다. 예를 들어 V_{GS} = 3 V라면 I_D값은

$$I_D = (104 \times 10^{-3} \text{ A/V}^2)[3 \text{ V} - 2.1 \text{ V}]^2$$

$$I_D = 84.4 \text{ mA}$$

이고 V_{GS} = 4.5 V라면

$$I_D = (104 \times 10^{-3} \text{ A/V}^2)[4.5 \text{ V} - 2.1 \text{ V}]^2$$

$$I_D = 600 \text{ mA}$$

이다.

연습문제 12-14　2N7000의 데이터시트와 표에 있는 $I_{D(on)}$과 $V_{GS(th)}$의 최소값을 이용하여 상수 k의 값과 V_{GS} = 3 V일 때 I_D의 값을 구하라.

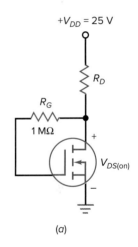

그림 12-46a는 **드레인 피드백 바이어스**(drain-feedback bias)라 불리는 E-MOSFET이다. 이 방법은 쌍극 접합 트랜지스터가 이용된 컬렉터 피드백 바이어스와 비슷하다. MOSFET가 전달될 때 이것은 $I_{D(on)}$의 드레인전류와 $V_{DS(on)}$의 드레인전압을 갖는다. 사실상 게이트전류가 거의 없기 때문에 $V_{GS} = V_{DS(on)}$이다. 컬렉터 피드백처럼 드레인 피드백 바이어스는 FET 지표 안에서 변화를 보정하는 경향이 있다. 예를 들어 $I_{D(on)}$이 어떠한 이유로 증가하려 한다면, $V_{DS(on)}$은 감소한다. 이것은 V_{GS}를 감소시키고 부분적으로 $I_{D(on)}$에서 증가를 상쇄한다.

그림 12-46b는 전달컨덕턴스 곡선에 Q점을 보여 준다. Q점은 $I_{D(on)}$과 $V_{DS(on)}$의 좌표를 갖는다. E-MOSFET의 데이터시트는 보통 $V_{GS} = V_{DS(on)}$에 대한 $I_{D(on)}$의 값을 준다. 회로가 구성되었을 때, V_{DS}의 값이 나오는 R_D의 값을 선택한다. 이것은 다음 식으로 구할 수 있다.

$$R_D = \frac{V_{DD} - V_{DS(on)}}{I_{D(on)}} \tag{12-13}$$

전달컨덕턴스값 g_{FS}는 MOSFET 데이터시트에 있다. 2N7000에 대하여 최소이자 대표값은 I_D = 200 mA일 때 주어진다. 최소값은 100 mS이고, 대표값은 320 mS이다. 전달컨덕턴스값은 회로의 $I_D = k \, [V_{GS} - V_{GS(th)}]^2$과 $g_m = \dfrac{\Delta I_D}{\Delta V_{GS}}$의 관계에 따라서, 회로의 Q점에 따라서 변할 것이다. 이 방정식들로부터

$$g_m = 2k \, [V_{GS} - V_{GS(th)}] \tag{12-14}$$

가 결정된다.

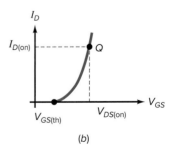

| 그림 12-46 | 드레인 피드백 바이어스 (a) 바이어싱 방법; (b) Q점

예제 12-15

그림 12-46*a*의 E-MOSFET에 대한 데이터시트는 $I_{D(on)} = 3$ mA이고 $V_{DS(on)} = 10$ V임을 보여 준다. $V_{DD} = 25$ V일 때, Q점에서 MOSFET가 작동하기 위한 R_D의 값을 구하라.

풀이 식 (12-13)을 이용하여 R_D의 값을 구한다.

$$R_D = \frac{25\ V - 10\ V}{3\ mA}$$

$$R_D = 5\ k\Omega$$

이다.

연습문제 12-15 그림 12-46*a*를 이용하여 $V_{DD} = +22$ V일 때 R_D의 값을 구하라.

예제 12-16

그림 12-47의 회로에서 V_{GS}, I_D, g_m, V_{out}을 구하라. MOSFET 표에서 $k = 104 \times 10^{-3}$ A/V², $I_{D(on)} = 600$ mA, $V_{GS(th)} = 2.1$ V이다.

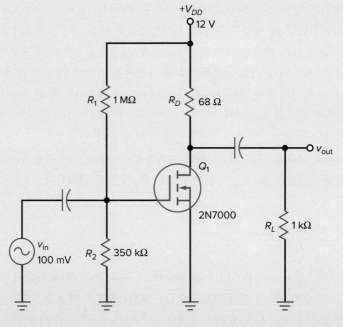

| 그림 12-47 | E-MOSFET 증폭기

풀이 먼저 V_{GS}의 값을 찾는다.

$$V_{GS} = V_G$$

$$V_{GS} = \frac{350\ k\Omega}{350\ k\Omega + 1\ M\Omega}\ (12\ V) = 3.11\ V$$

다음으로 I_D를 구한다.

$$I_D = (104 \times 10^{-3} \text{ A/V}^2) [3.11 \text{ V} - 2.1 \text{ V}]^2 = 106 \text{ mA}$$

전달컨덕턴스 g_m값은

$$g_m = 2k [3.11 \text{ V} - 2.1 \text{ V}] = 210 \text{ mS}$$

CS 증폭기의 전압이득은 다른 FET 장치와 같다.

$$A_V = g_m r_d$$

여기서 $r_d = R_D \parallel R_L = 68 \ \Omega \parallel 1 \text{ k}\Omega = 63.7 \ \Omega$이다. 그러므로

$$A_V = (210 \text{ mS})(63.7 \ \Omega) = 13.4$$

이고

$$v_{out} = (A_V)(v_{in}) = (13.4)(100 \text{ mV}) = 1.34 \text{ V}$$

이다.

연습문제 12-16 $R_2 = 330 \text{ k}\Omega$일 때 예제 12-16을 다시 풀어라.

요점정리 표 12-4	MOSFET 증폭기
회로	**특성**

D-MOSFET 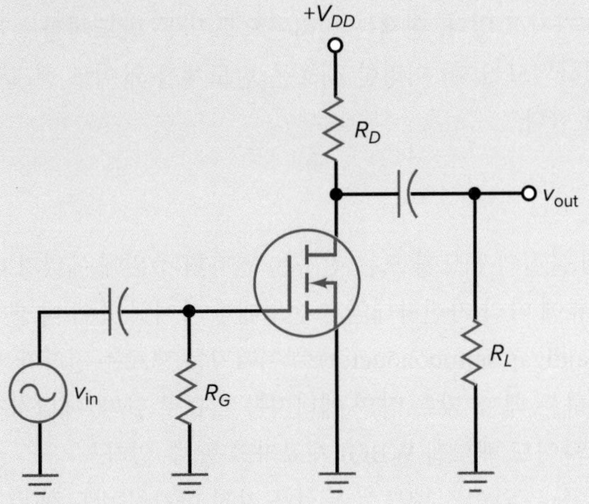
 	
	• 평상시-on 소자
	• 사용된 바이어스 방법:
	  제로 바이어스, 게이트 바이어스,
	  자기 바이어스, 전압분배 바이어스
	$$I_D = I_{DSS}\left(\frac{1 - V_{GS}}{V_{GS(off)}}\right)^2$$
	$$V_{DS} = V_D - V_S$$
	$$g_m = g_{mo}\left(\frac{1 - V_{GS}}{V_{GS(off)}}\right)$$
	$$A_V = g_m r_d \quad Z_{in} \approx R_G \quad Z_{out} \approx R_D$$

요점정리 표 12-4	MOSFET 증폭기 (계속)
회로	특성

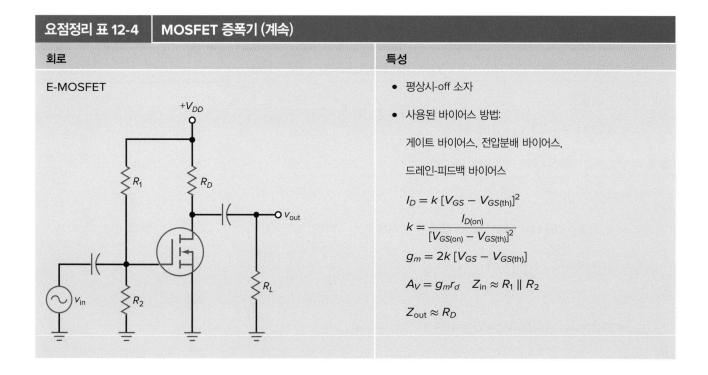

E-MOSFET

- 평상시-off 소자
- 사용된 바이어스 방법:

  게이트 바이어스, 전압분배 바이어스,

  드레인-피드백 바이어스

$$I_D = k \, [V_{GS} - V_{GS(\text{th})}]^2$$

$$k = \frac{I_{D(\text{on})}}{[V_{GS(\text{on})} - V_{GS(\text{th})}]^2}$$

$$g_m = 2k \, [V_{GS} - V_{GS(\text{th})}]$$

$$A_V = g_m r_d \quad Z_{\text{in}} \approx R_1 \parallel R_2$$

$$Z_{\text{out}} \approx R_D$$

표 12-4는 D-MOSFET와 E-MOSFET 증폭기와 그들의 기본적인 특성 및 관계식을 보여 준다.

12-12 와이드 밴드갭 MOSFET

1950년대 후반에 게르마늄으로 만들었던 반도체는 실리콘으로 만든 반도체로 대체되었다. 실리콘은 역방향 바이어스 전류를 감소시키고 반도체가 온도 변화로 인한 변화에 덜 취약하게 하는 물질적 특성을 가지고 있다. 현재는 실리콘으로 만든 반도체를 능가하는 새로운 반도체 소자들이 생산되고 있다. 이러한 새로운 반도체를 와이드 밴드갭 (wide bandgap: WBG) 소자라고 한다.

재료 특성

2장에서 논의한 바와 같이 반도체 물질의 궤도를 도는 전자는 원자핵 주위에 에너지 대역을 형성한다. 반도체 재료의 종류에 따라 가전자대역과 전도대역 사이의 폭이 다양하다. **와이드 밴드갭 반도체**(wide bandgap semiconductor)로 여겨지는 재료는 전자가 가전자대역에서 전도대역으로 이동하는 데 더 많은 양의 에너지를 필요로 한다. 에너지가 1 또는 2 전자볼트(eV)보다 크면 와이드 밴드갭(WBG) 재료라고 할 수 있다.

SiC(탄화규소)와 GaN(질화갈륨)은 와이드 밴드갭 특성을 가진 화합물 반도체이다. 표 12-5는 실리콘(Si)과 비교하여 SiC 및 GaN의 중요한 재료 속성과 대략적인 물성치를 보여 준다. 이러한 속성들은 소자들의 성능 특성에 큰 영향을 미친다. 표 12-5의 전

표 12-5	재료 비교			
근사 재료 특성		Si	SiC	GaN
Bandgap Energy (eV)		1.1	3.3	3.5
Critical Breakdown Field (MV/cm)		0.3	3.0	3.5
Electron Mobility (cm²/Vs)		1400	900	2000
Thermal Conductivity (W/cm ℃)		1.5	5.0	1.3
Maximum Junction Temp (℃)		150	600	400

자이동도(Electron Mobility) 값은 사용되는 제조공정에 따라 다소 차이가 날 수 있다.

표 12-5에서 보는 바와 같이 SiC와 GaN은 Si에 비해 훨씬 더 넓은 밴드갭 에너지 특성을 갖는다. SiC 및 GaN 재료의 경우 전자를 가전자대역에서 전도대역으로 이동시키는 데 약 3배의 에너지가 필요하다. 그 결과 각 재료의 임계항복전계(Critical Breakdown Field) 값에서 알 수 있듯이 반도체 장치는 훨씬 더 높은 항복전압 특성을 가지게 된다. SiC 및 GaN 재료는 또한 훨씬 더 높은 최대 접합온도 정격을 갖는다. 이러한 이유 때문에 SiC 및 GaN 소자는 주어진 전압정격에 대해 더 작은 크기로 제작될 수 있고 누설 전류가 낮다. 그 결과 디바이스 두께가 얇아지고 $R_{DS(on)}$ 값이 작아진다. 이러한 속성은 또한 전력 스위칭 응용에서 더 높은 전류를 가능하게 한다.

GaN과 SiC는 Si와 유사한 전자이동도 정격을 갖는다. 이러한 특성으로 인해 이 재료들은 고주파 스위칭 응용에 적합하다. SiC의 눈에 띄는 특성은 열전도율 및 최대 접합온도 정격인데 SiC의 열전도율 정격은 Si 또는 GaN보다 3배 이상이다. 이러한 특성 때문에 SiC는 고속, 고전압, 고전류 스위칭 응용에 적합한 반도체 재료이다.

GaN 반도체 구조

그림 12-48a는 증가형 GaN 트랜지스터의 구조를 보여 준다. 이 전력 MOSFET를 만들기 위해서는 실리콘 웨이퍼를 생산하는 것부터 시작된다. 그런 다음 분리를 위해 실리콘(Si) 위에 얇은 AlN(알루미늄 니트라이드)층을 성장시킨다. 다음으로 두꺼운 GaN층을 성장한다. 높은 저항을 갖는 GaN층은 트랜지스터의 기초가 된다. 매우 얇은 AlGaN(알루미늄 갈륨 니트라이드)층이 GaN 위에 성장된다. AlGaN와 GaN가 함께 놓였을 때 재료의 물리적 특성은 이 인터페이스로 전자를 끌어들이는 것이다. 이 전자 농도를 2차원 전자가스(2DEG)라고 부르며 그림 12-48a에는 전자 발생층(Electron Generating Layer)으로 표시되어 있다.

다음으로 게이트, 드레인, 소스 영역이 유전 물질에 의해 분리되어 현상된다. 그런 다음 게이트 아래 영역이 처리되어 이 평상시-off 상태의 소자에 대한 공핍영역을 형성한다. 이 수평구조 과정이 여러 번 반복되어 전체 전력 장치가 만들어진다. 게이트와 드레인 사이의 거리를 늘리면 이 GaN 트랜지스터의 전압정격을 더 높일 수 있다. 그림 12-48b는 LGA(Land Grid Array)라고 하는 한 가지 형태의 패키지 스타일을 나타낸다. 이 패키지 스타일은 회로 보드 연결을 최적화하여 고주파에서 리드 저항과 인덕턴스를 감소시킨다.

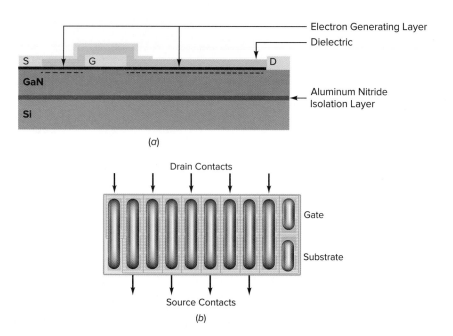

| 그림 12·48 |　(a) GaN 전력 트랜지스터 구조; (b) LGA 패키지 스타일(EPC AN003 Using Enhancement Mode GaN-on-Silicon Power FETs. Efficient Power Conversion Corporation, Inc., 2007)

| 그림 12·49 | GaN 전력 FET 도식적 기호(EPC AN003 Using Enhancement Mode GaN-on-Silicon Power FETs. Efficient Power Conversion Corporation, Inc., 2007)

　　그림 12-49는 증가형 GaN 전력 FET의 도식적인 기호이다. 이 기호는 실리콘 전력 E-MOSFET와 유사하다. 이러한 유형의 트랜지스터에는 기생 바디 다이오드가 없지만 필요한 경우 게이트-드레인 접합이 바디 다이오드처럼 작동하도록 바이어스될 수 있다.

GaN 트랜지스터 동작

몇 가지 차이점이 있지만 증가형 GaN 트랜지스터는 n채널 실리콘 전력 E-MOSFET와 유사하게 작동한다. 두 가지 유형의 트랜지스터에서 드레인전류가 흐르도록 하려면 게이트에서 소스로의 양의 전압 $V_{GS(\text{th})}$가 인가되어야 한다. 양의 게이트전압은 GaN 층에서 전자를 끌어당기는 전계효과를 생성하고 게이트영역 아래에 전자 풀(pool of electrons)을 형성한다. 트랜지스터는 이제 매우 작은 채널 저항으로 드레인과 소스 사이를 전도한다. 게이트-소스 전압이 제거되면 전자가 GaN 층으로 다시 분산되고 전도가 중지된다. 전자 농도가 2DEG이고 소수캐리어가 포함되지 않기 때문에 이러한 유형의 트랜지스터는 일반적인 실리콘 전력 MOSFET보다 훨씬 높은 주파수에서 스위칭(on/off)할 수 있다. 이러한 유형의 트랜지스터를 **고전자 이동도 트랜지스터**(high electron mobility transistor: HEMT)라 하며, 10 MHz 이상의 주파수와 90 V/ns를 초과하는 속도에서 스위칭할 수 있다.

　　그림 12-50a는 EPC2001 eGaN FET의 전달특성 곡선을 보여 준다. 이 장치는 정격 100 V, 5.6 mΩ 트랜지스터이다. GaN 전력 FET를 켜는 데 필요한 게이트-소스 전압 $V_{GS(\text{th})}$는 일반적으로 실리콘 전력 MOSFET보다 낮다. 일반적인 $V_{GS(\text{th})}$값은 1.4 V이다. 그림 12-50a에서 상대적으로 낮은 V_{GS}값이 큰 값의 드레인전류 I_D를 제어할 수 있는지

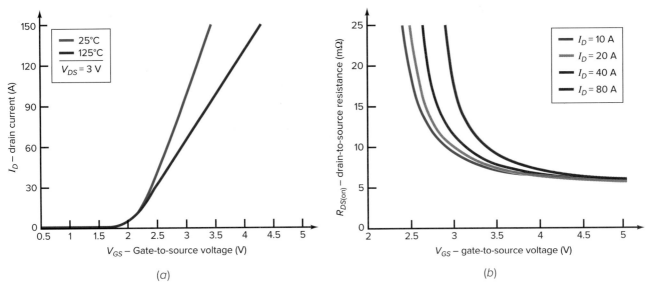

| 그림 12·50 | EPC2001 특성 (a) 전달특성 곡선; (b) $R_{DS(on)}$(EPC AN003 Using Enhancement Mode GaN-on-Silicon Power FETs. Efficient Power Conversion Corporation, Inc., 2007)

주의 깊게 살펴보라. 이것은 이러한 유형의 트랜지스터에 높은 전달컨덕턴스값을 제공한다. 또한 그림 12-50a에서 전압과 온도 사이의 음의 관계에 주목하라. V_{GS} 전압이 3 V일 때 드레인전류는 25°C에서 90 A이지만 125°C에서 60 A로 떨어진다. 이러한 특성은 열폭주를 방지하는 데 유용하다.

그림 12-50b는 다양한 드레인전류에 대한 $R_{DS(on)}$-V_{GS}의 관계를 보여 준다. 다양한 드레인전류에서 V_{GS}가 약 4 V일 때 $R_{DS(on)}$이 평평해지는 것을 주의 깊게 살펴보라. 이 전력 FET는 5 V의 V_{GS}에서 작동하도록 최적화되어 있다. 그러나 최대 V_{GS}값이 6 V에 불과하다는 것에 주의해야 한다.

앞에서 논의한 바와 같이 실리콘 전력 MOSFET는 일반적으로 수직구조로 제작된다. 그 결과 드레인에서 소스로 기생 바디 다이오드가 생성된다. 적층된 p형과 n형 층으로 인해 이러한 유형의 트랜지스터는 또한 각각의 pn접합에서 기생 커패시턴스를 갖는다. 증가형 GaN 전력 FET는 일반적으로 수평구조를 사용하며 바디 다이오드가 생성되지 않는다. 이 구조의 장점은 소수캐리어가 없고 역회복 손실이 없는 매우 낮은 입력 커패시턴스 C_{iss} 및 출력 커패시턴스 C_{oss}를 갖는다는 것이다.

공핍형 GaN

반도체 제조업체는 또한 공핍형 전력 GaN FET를 생산하고 있다. 공핍형 FET는 평상시-on 상태 소자이기 때문에 끄기 위해서 n채널 FET는 음(−) 게이트전압을 필요로 한다. 이것은 시스템 시작 시 문제가 될 수 있으며 이러한 전원장치가 단락처럼 작동하지 않도록 적절한 구동회로가 필요하다.

또 다른 방법은 캐스코드 구성(cascode configuration)에서 평상시-on 상태인 전력 트랜지스터를 작동하는 것이다. 그림 12-51a는 이 캐스코드 장치의 구조를 나타낸다. 이것은 평상시-off 상태인 저전압 실리콘 MOSFET와 평상시-on 상태인 고전압 GaN

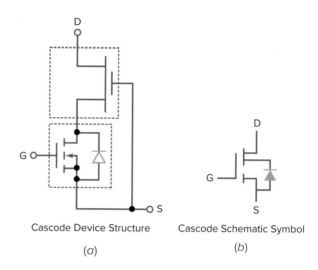

| 그림 12-51 | 캐스코드 (a) 장치 구조; (b) 도식적 기호

HEMT로 구성된다. 그림과 같이 함께 패키징하면 단일 트랜지스터처럼 작동한다. 그림 12-51*b*는 이것의 도식적 기호를 보여 준다. 양(+) 게이트 입력 전압 V_{GS}는 평상시-off 상태인 실리콘 MOSFET를 켜서 GaN HEMT가 전도되도록 한다. 이 캐스코드 구성은 일반적으로 입력 $V_{GS(th)}$값이 4.5 V이며 약 10 V의 전체 구동 전압이 필요하다.

입력 게이트전압이 0이 되면 저전압 실리콘 MOSFET가 꺼지고 GaN 트랜지스터가 전도를 중단한다. 입력 실리콘 MOSFET에서 강하되는 전압은 전도 중에 낮게 유지되고 훨씬 더 높은 전압이 고전압 GaN 트랜지스터에서 강하되기 때문에 역회복시간이 낮게 유지된다. 이 캐스코드 구성을 사용하면 다소 일반적이거나 표준적인 MOSFET 구동 회로에서 고전압과 고주파수 작동을 할 수 있다. 캐스코드 GaN HEMT의 패키지 스타일은 전력 실리콘 MOSFET와 유사하다. 이것들은 TO-220 및 TO-247 패키지에서 흔히 볼 수 있다.

결론

실리콘 전력 MOSFET는 이제 새로운 반도체 기술에 추월당하고 있다. 와이드 밴드갭 전력 FET는 SiC 및 GaN와 같은 화합물을 사용하여 축소된 크기의 우수한 특성으로 제조되고 있다. 이러한 HEMT 전력 반도체의 응용분야에는 LiDAR, 무선충전시스템, 효율적인 모터 속도 제어 및 고성능 오디오 증폭기 등이 있다.

12-13 MOSFET 시험

MOSFET 장치는 적절한 작동을 시험할 때 매우 조심해야 한다. 이전에도 언급했듯이 게이트와 채널 사이의 실리콘이산화물의 얇은 층은 V_{GS}가 $V_{GS(max)}$를 초과하면 쉽게 망가져 버리기 때문이다. 절연된 게이트 때문에 채널구조와 같이 옴미터나 DMM의 시험 MOSFET 장치가 매우 효과적인 것은 아니다. 이 장치를 시험하는 좋은 방법은 반

도체 곡선 추적기(curve tracer)를 이용하는 것이다. 만약 곡선 추적기를 이용할 수 없
다면, 특별한 시험 회로를 구성할 수 있다. 그림 12-52a는 공핍형과 증가형 MOSFET

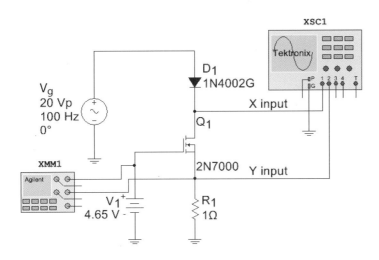

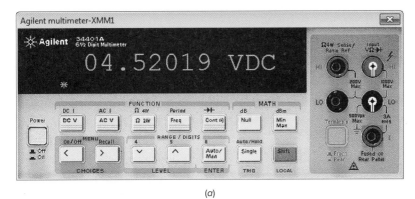

(a)

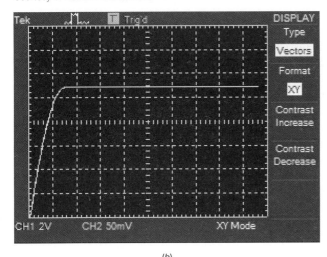

(b)

| 그림 **12-52** | MOSFET 시험 회로

를 둘 다 시험할 수 있는 회로를 나타낸다. V_1의 극성과 전압이 달라지면서 장치는 공핍형과 증가형에서 둘 다 작동할 수 있다. 그림 12 52*b*에서 보이는 바와 같이 드레인 곡선은 V_{GS} = 4.52 V일 때 275 mA의 드레인전류를 갖는다. *y*축은 50 mA/div을 나타내기 위해 고정한다.

또 다른 실험방법은 단순히 부품을 대체하는 것이다. 회로의 전압값을 측정함으로써 MOSFET가 손상되었는지 종종 추론할 수 있다. 양품으로 부품을 교환하면 최종적인 결론에 도달할 수 있다.

요점 __ *Summary*

12-1 공핍형 MOSFET

D-MOSFET는 소스, 게이트 및 드레인 단자로 구성되며 게이트는 전기적으로 채널로부터 절연되어 있다. 이 때문에 입력저항은 아주 크다. D-MOSFET는 주로 RF회로 같은 분야에 사용된다.

12-2 D-MOSFET 곡선

D-MOSFET에 대한 드레인 곡선은 MOS 장치가 공핍형에서 작동할 때 JFET의 곡선과 유사하다. JFET와는 달리 D-MOSFET는 또한 증가형에서도 작동할 수 있다. 증가형에서 작동할 때 드레인전류는 I_{DSS}보다 크다.

12-3 공핍형 MOSFET 증폭기

D-MOSFET는 주로 RF증폭기로 이용된다. D-MOSFET는 고주파수를 갖고, 전기적 노이즈가 적고, V_{GS}가 양 또는 음일 때 높은 입력임피던스값을 유지한다. 듀얼 게이트 D-MOSFET는 AGC회로에 이용할 수 있다.

12-4 증가형 MOSFET

E-MOSFET는 평상시-off 상태이다. V_{GS} = $V_{GS(th)}$이면 *n*형 반전층이 소스와 드레인을 연결시킨다. V_{GS} > $V_{GS(th)}$이면 소자는 확실히 도전된다. 얇은 유전막이므로 취급하는 데 주의를 기울이지 않으면 MOSFET는 쉽게 파괴된다.

12-5 옴영역

E-MOSFET는 스위칭 소자이므로 차단영역과 포화영역에서 동작한다. 옴영역에서 바이어스되면 작은 값을 가지는 저항처럼 작용한다. 만약 V_{GS} = $V_{GS(on)}$일 때 $I_{D(sat)}$ < $I_{D(on)}$이면 E-MOSFET는 옴영역에서 동작한다.

12-6 디지털 스위칭

아날로그는 신호가 갑작스러운 점프가 없이 연속적으로 변하는 것을 의미한다. **디지털**은 신호가 두 전압 사이를 점프하는 것을 의미한다. 스위칭은 소신호 디지털회로뿐만 아니라 고전력 회로 분야도 포함한다. 능동부하 스위칭은 MOSFET 중의 하나는 큰 저항으로 작용하고 나머지 하나는 스위치로 동작한다.

12-7 CMOS

CMOS는 2개의 상보관계를 가지는 MOSFET를 사용한다. 즉, 하나는 on이고 다른 하나는 off이다. CMOS는 기본 디지털회로로서 전력소비가 아주 작다.

12-8 전력 FET

개별 E-MOSFET는 큰 전류를 스위칭하도록 제조할 수 있다. **전력 FET**라고 부르며 응용분야는 자동차 제어, 디스크 드라이버, 변환기, 프린터, 조명, 전동기 등이다.

12-9 High-side MOSFET 부하 스위치

high-side MOSFET 부하 스위치는 전원을 부하에 연결 또는 차단하는 데 사용된다.

12-10 MOSFET H-브리지

모놀리식과 개별 H-브리지는 전류의 방향과 부하에 걸리는 전류의 양을 제어하는 데 사용된다. 보통 DC모터 제어에 이용된다.

12-11 E-MOSFET 증폭기

전력 스위치로서의 주요 사용 이외에도 E-MOSFET는 증폭기로도 사용된다. E-MOSFET의 평상시-off 특성은 증폭기로 사용할 때 V_{GS}가 $V_{GS(th)}$보다 커야 함을 나타낸다. 드레인 피드백 바이어스는 컬렉터 피드백 바이어스와 유사하다.

12-12 와이드 밴드갭 MOSFET

와이드 밴드갭(WBG) MOSFET는 표준 실리콘 MOSFET에 비해 고전력, 고주파수 스위칭 분야에서 우수한 특성을 갖는다.

12-13 MOSFET 시험

안전하게 MOSFET 장치를 옴미터로 사용하는 것은 어렵다. 반도체 곡선 추적기를 이용할 수 없는 경우 MOSFET는 테스트 회로에서 시험할 수 있다.

중요 수식 __ *Important Formulas*

(12-1) D-MOSFET 드레인전류:

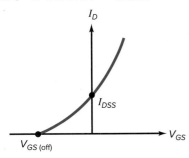

$$I_D = I_{DSS}\left(1 - \frac{V_G}{V_{GS(off)}}\right)^2$$

(12-2) D-MOSFET 제로바이어스:

$$V_{DS} = V_{DD} - I_{DSS}R_D$$

(12-3) 저항:

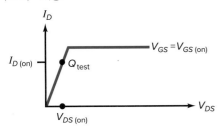

$$R_{DS(on)} = \frac{V_{DS(on)}}{I_{D(on)}}$$

(12-4) 포화전류:

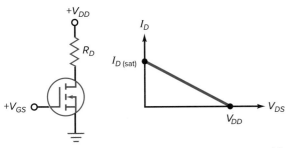

$$I_{D(sat)} = \frac{V_{DD}}{R_D}$$

(12-5) 옴영역:

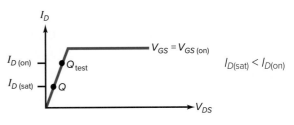

$$I_{D(sat)} < I_{D(on)}$$

(12-6) 2단자 저항:

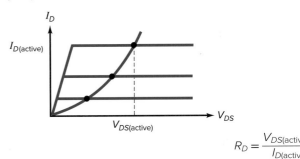

$$R_D = \frac{V_{DS(active)}}{I_{D(active)}}$$

(12-7) p채널 부하 스위치 게이트전압:

$$V_G \le V_{in} - |V_{GS(on)}|$$

(12-8) E-MOSFET 상수 k:

$$k = \frac{I_{D(on)}}{[V_{GS(on)} - V_{GS(th)}]^2}$$

(12-9) n채널 부하 스위치 게이트전압:

$$V_G \ge V_{out} + V_{GS(on)}$$

(12-10) E-MOSFET g_m:

$$g_m = 2k[V_{GS} - V_{GS(th)}]$$

(12-11) E-MOSFET 드레인전류:

$$I_D = k[V_{GS} - V_{GS(th)}]^2$$

(12-13) 드레인 피드백 바이어스에 대한 R_D:

$$R_D = \frac{V_{DD} - V_{DS(on)}}{I_{D(on)}}$$

연관 실험 __ *Correlated Experiments*

실험 35

전력 FET

복습문제 __ *Self-Test*

1. D-MOSFET는 다음 어느 형에서 동작할 수 있는가?
   a. 공핍형
   b. 증가형
   c. 공핍형 또는 증가형
   d. 저임피던스형

2. *n*채널 D-MOSFET가 $I_D > I_{DSS}$일 때 나타나는 현상은?
   a. 파괴된다.
   b. 공핍형에서 동작한다.
   c. 순방향 바이어스된다.
   d. 증가형에서 동작한다.

3. D-MOSFET 증폭기의 전압이득은 다음의 무엇에 의해 결정되는가?
   a. R_D b. R_L
   c. g_m d. 위의 것 모두

4. 컴퓨터산업에 혁명을 이룬 소자는?
   a. JFET
   b. D-MOSFET
   c. E-MOSFET
   d. 전력 FET

5. EMOS 소자를 동작시키는 전압은?
   a. 게이트소스 차단전압
   b. 핀치오프 전압
   c. 문턱(threshold) 전압
   d. 무릎(knee) 전압

6. E-MOSFET의 데이터시트에 있는 자료는?
   a. $V_{GS(th)}$ b. $I_{D(on)}$
   c. $V_{GS(on)}$ d. 위의 것 모두

7. *n*채널 E-MOSFET의 $V_{GS(on)}$은?
   a. 문턱전압보다 작다.
   b. 게이트소스 차단전압과 같다.
   c. $V_{DS(on)}$보다 크다.
   d. $V_{GS(th)}$보다 크다.

8. 저항은 다음 중 어느 부류에 속하는가?
   a. 3단자 소자   b. 능동부하

   c. 수동부하   d. 스위칭 소자

9. 게이트가 드레인에 연결된 E-MOSFET는?
   a. 3단자 소자   b. 능동부하
   c. 수동부하   d. 스위칭 소자

10. 차단영역 또는 옴영역에서 동작하는 E-MOSFET는 다음 중 어느 것의 예인가?
    a. 전류원   b. 능동부하
    c. 수동부하   d. 스위칭 소자

11. VMOS 부품은?
    a. BJT보다 빠르게 스위치 off
    b. 낮은 전류 전달
    c. 부의 온도계수를 가짐
    d. CMOS 인버터로 사용

12. D-MOSFET는?
    a. 평상시-off 상태인 소자
    b. 평상시-on 상태인 소자
    c. 전류제어 소자
    d. 고전력 스위치

13. CMOS는 다음 중 무엇을 나타내는가?
    a. 공통 MOS
    b. 능동부하 스위칭
    c. *p*채널 및 *n*채널 소자
    d. 상보 MOS

14. $V_{GS(on)}$은 항상 _____
    a. $V_{GS(th)}$보다 작다.
    b. $V_{DS(on)}$과 같다.
    c. $V_{GS(th)}$보다 크다.
    d. 음의 값이다.

15. 능동부하 스위칭에서 위쪽 E-MOSFET는 어느 것인가?
    a. 2단자 소자
    b. 3단자 소자
    c. 스위치
    d. 작은 저항

16. CMOS 소자는 _____을(를) 사용한다.
    a. 바이폴라 트랜지스터
    b. 상보 E-MOSFET
    c. A급 동작
    d. DMOS 소자

17. CMOS의 가장 큰 이점은 무엇인가?
    a. 높은 전력정격
    b. 소신호 동작
    c. 스위칭 가능
    d. 낮은 전력 소비

18. 전력 FET는?
    a. IC
    b. 소신호 소자
    c. 주로 아날로그신호와 사용
    d. 큰 전류를 스위칭

19. 전력 FET에서 내부온도가 올라가면?
    a. 문턱전압이 증가한다.
    b. 게이트전류가 감소한다.
    c. 드레인전류가 감소한다.
    d. 포화전류가 증가한다.

20. 대부분의 소신호 E-MOSFET를 발견할 수 있는 곳은 어디인가?
    a. 고전류 응용
    b. 개별소자
    c. 디스크 드라이버
    d. IC

21. 대부분의 전력 FET는?
    a. 고전류 응용   b. 디지털 컴퓨터
    c. RF단   d. IC

22. *n*채널 E-MOSFET는 언제 on되는가?
    a. $V_{GS} > V_P$ b. *n*형 반전층
    c. $V_{DS} > 0$ d. 공핍층

23. CMOS에서 위쪽 MOSFET는?
    a. 수동부하   b. 능동부하

c. 비전도성   d. 상보

24. CMOS 반전기의 high 출력은?

a. $V_{DD}/2$

b. V_{GS}

c. V_{DS}

d. V_{DD}

25. 전력 FET의 $R_{DS(on)}$은?

a. 항상 크다.

b. 음의 온도계수를 가진다.

c. 양의 온도계수를 가진다.

d. 능동부하이다.

26. 개별 n채널 high-side 전력 FET가 필요한 것은?

a. 켜기 위해서 음(−) 게이트전압

b. p채널 FET보다 적은 게이트 구동 회로

c. 동작하기 위해서 드레인전압이 게이트전압보다 커야 한다.

d. 차지 펌프

27. Si 전력 MOSFET에 비해서 GaN 전력 FET가 갖는 특성은?

a. 느린 스위칭 속도

b. 정격전압당 더 작은 패키지 크기

c. 큰 누설 전류

d. 낮은 정격 임계항복

28. GaN 캐스코드 FET 구조는?

a. 2개의 병렬로 연결된 트랜지스터

b. BJT와 전력 MOSFET

c. 실리콘 MOSFET와 HEMT

d. 2개의 직렬로 연결된 GaN FET

기본문제 __ *Problems*

12-2 D-MOSFET 곡선

12-1 n채널 D-MOSFET의 $V_{GS(off)}$ = −2 V, I_{DSS} = 4 mA이다. V_{GS}의 값이 −0.5 V, −1.0 V, −1.5 V, +0.5 V, +1.0 V, +1.5 V 일 때, 공핍형에서 I_D의 값은?

12-2 문제 12-1과 조건이 같을 때, 증가형에서 I_D의 값은?

12-3 p채널 D-MOSFET의 $V_{GS(off)}$ = +3 V, I_{DSS} = 12 mA이다. V_{GS}의 값이 −1.0 V, −2.0 V, 0 V, +1.5 V, +2.5 V일 때, 공핍형에서 I_D의 값은?

12-3 공핍형 MOSFET 증폭기

12-4 그림 12-53에서 D-MOSFET의 $V_{GS(off)}$ = −3 V, I_{DSS} = 12 mA이다. 회로의 드레인전류와 V_{DS}의 값은?

12-5 그림 12-53에서 4,000 μS의 g_{mo}를 이용하여 r_d, A_V, v_{out}의 값을 구하라.

12-6 그림 12-53을 이용하여 R_D = 680 Ω, R_L = 10 kΩ일 때 r_d, A_V, v_{out}의 값을 구하라.

12-7 그림 12-53에서 대략의 입력임피던스는?

12-5 옴영역

12-8 E-MOSFET가 다음과 같은 조건을 가질 때 $R_{DS(on)}$을 계산하라.

a. $V_{DS(on)}$ = 0.1 V, $I_{D(on)}$ = 10 mA

b. $V_{DS(on)}$ = 0.25 V, $I_{D(on)}$ = 45 mA

c. $V_{DS(on)}$ = 0.75 V, $I_{D(on)}$ = 100 mA

d. $V_{DS(on)}$ = 0.15 V, $I_{D(on)}$ = 200 mA

12-9 E-MOSFET가 $V_{GS(on)}$ = 3 V, $I_{D(on)}$ = 500 mA일 때 $R_{DS(on)}$ = 2 Ω이다. 만약 옴영역에 바이어스되어 있다면 다음과 같은 드레인전류가 흐를 경우 V_{DS}를 구하라.

a. $I_{D(sat)}$ = 25 mA

b. $I_{D(sat)}$ = 50 mA

c. $I_{D(sat)}$ = 100 mA

d. $I_{D(sat)}$ = 200 mA

12-10 ‖‖**MultiSim** 그림 12-54a에서 V_{GS} = 2.5 V이면 E-MOSFET 양단전압은? 표 12-1을 사용하라.

12-11 ‖‖**MultiSim** 그림 12-54b에서 V_G = 3 V이면 드레인전류는 얼마인가? 값은 표 12-1에 주어진 값을 이용하라.

12-12 그림 12-54c에서 V_{GS} = high상태이면 부하저항의 양단전압은 얼마인가?

12-13 그림 12-54d에서 V_{GS} = high상태이면 E-MOSFET 양단전압은 얼마인가?

12-14 그림 12-55a에서 V_{GS} = 5 V이면 LED에 흐르는 전류는 얼마인가?

12-15 그림 12-55b에서 릴레이가 V_{GS} = 2.6 V에서 닫힌다. V_{GS} = high상태이면 MOSFET에 흐르는 전류를 구하라. 최종부하를 흐르는 전류는 얼마인가?

12-6 디지털 스위칭

12-16 E-MOSFET는 $I_{D(active)}$ = 1 mA, $V_{DS(active)}$ = 10 V이다. 활성영역에서 드레인저항을 구하라.

12-17 그림 12-56a에서 입력이 각각 v_{in} = low상태일 때 출력전압을 구하라.

12-18 그림 12-56b에서 입력이 각각 v_{in} = high상태 및 low상태일 때 출력전압을 구하라.

12-19 구형파를 그림 12-56a의 게이트에 가한다. 이 구형파가 충분히 커서 MOSFET가 옴영역에서 동작하게 된다면 출력파형을 구하라.

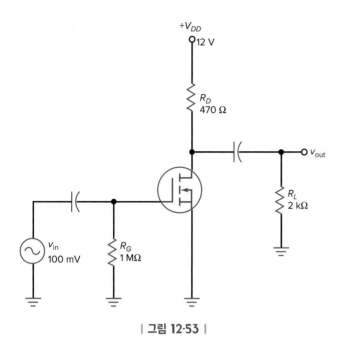

| 그림 12-53 |

12-7 CMOS

12-20 그림 12-57의 MOSFET는 $R_{DS(on)} = 250\ \Omega$, $R_{DS(off)} = 5\ M\Omega$이다. 출력파형은 얼마인지를 구하라.

12-21 그림 12-57의 위쪽 n채널 MOSFET는 $I_{D(on)} = 1\ mA$, $V_{DS(on)} = 1\ V$, $I_{D(off)} = 1\ \mu A$, $V_{DS(off)} = 10\ V$이다. 입력전압이 v_{in} = high상태 및 low상태일 때 출력전압을 구하라.

12-22 피크전압이 12 V, 주파수가 1 kHz인 구형파가 그림 12-57 회로의 입력으로 사용된다. 출력파형을 설명하라.

12-23 그림 12-57에서 입력이 low상태에서 high상태로 천이한다. 어떤 순간 전압이 6 V이면 두 MOSFET는 능동저항 $R_D = 5\ k\Omega$을 가진다. 이때 흐르는 전류를 구하라.

12-8 전력 FET

12-24 V_{GS} = low상태일 때 그림 12-58의 회로에서 전동기 권선을 흐르는 전류를 구하라.

12-25 그림 12-58의 회로에서 전동기 권선이 저항 6 Ω으로 바뀌었다. V_{GS} = high상태일 때 권선을 흐르는 전류를 구하라.

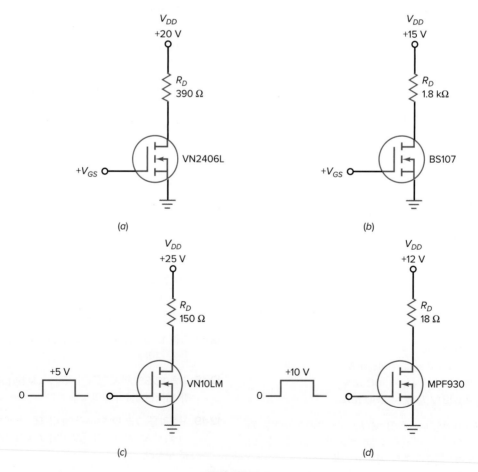

(a)

(b)

(c)

(d)

| 그림 12-54 |

12-26 V_{GS} = low상태일 때 그림 12-59의 회로에서 전구를 흐르는 전류를 구하라. V_{GS} = +10 V일 경우에 대해서도 문제를 반복하라.

12-27 그림 12-59에서 전구가 저항 5 Ω을 갖는 다른 전구로 교환되었다. 어두울 때 전구의 전력을 구하라.

12-28 그림 12-60에서 게이트전압이 high상태, low상태일 때 물밸브를 흐르는 전류를 구하라.

12-29 그림 12-60의 회로에서 공급전압이 12 V로 바뀌었다. 또한 물 밸브도 저항 18 Ω을 가지는 물 밸브로 교체되었다. 탐사침이 수면 아래로 내려갈 경우 및 수면 위에 있을 경우에 대해 물 밸브를 흐르는 전류를 구하라.

12-30 그림 12-61에서 RC시정수를 구하라. 불빛이 가장 밝을 경우에 전구의 전력은 얼마인가?

12-31 그림 12-61에서 게이트에 연결된 저항이 2배로 되었다. RC시정수를 구하라. 만약 전구가 6 Ω을 가진 다른 것으로 교체되면 불빛이 가장 밝을 경우의 전구의 전력은 얼마인가?

12-9 **High-side MOSFET 부하 스위치**

12-32 그림 12-62에서 E_N = 0 V일 때, Q_1의 전류는 얼마인가? E_N = +5 V일 때는 얼마인가?

12-33 그림 12-62에서 E_N = +5.0 V일 때, Q_2의 $R_{DS(on)}$ = 100 mΩ이면 부하에 걸린 출력전압은 얼마인가?

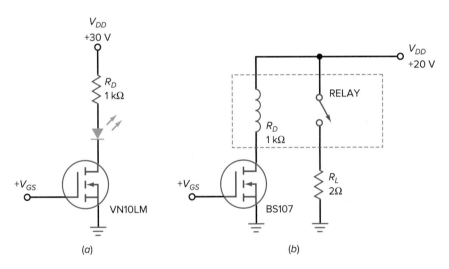

| 그림 12-55 |

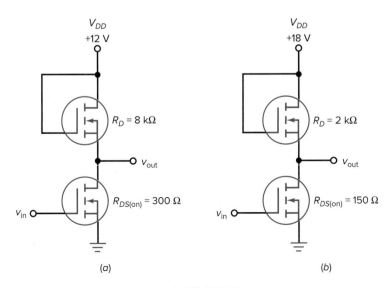

| 그림 12-56 |

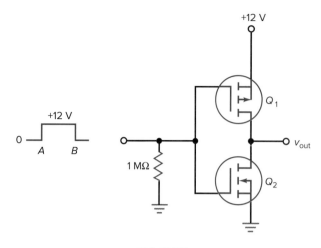

| 그림 12·57 |

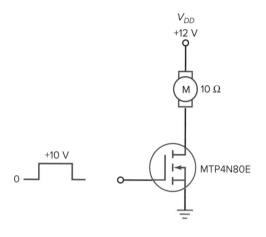

| 그림 12·58 |

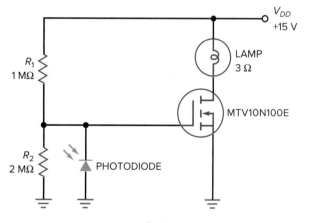

| 그림 12·59 |

12-34 E_N = +5.0 V이고 $R_{DS(on)}$ = 100 mΩ일 때, Q_2와 출력 부하 전력의 전력손실은 얼마인가?

12-11 E-MOSFET 증폭기

12-35 2N7000에 대한 $I_{D(on)}$, $V_{GS(on)}$, $V_{GS(th)}$의 최소값들을 이용하여 그림 12-63의 I_D의 값과 상수 k의 값을 구하라.

12-36 최소 정격 사양을 이용하여 그림 12-63에 대한 g_m, A_V, V_{out} 값을 구하라.

12-37 그림 12-63에서 R_D를 50 Ω으로 바꾸어라. 2N7000에 대한 $I_{D(on)}$, $V_{GS(on)}$, $V_{GS(th)}$의 일반적인 정격값을 이용하여 상수 k의 값과 I_D값을 구하라.

12-38 R_D = 15 Ω이고 +12 V의 V_{DD}에서의 일반적인 정격값을 이용하여 그림 12-63에 대한 g_m, A_V, v_{out}의 값을 구하라.

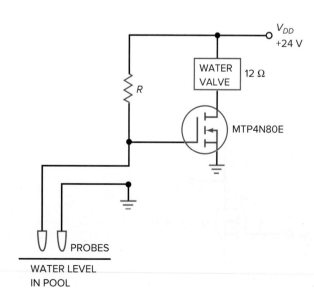

| 그림 12·60 |

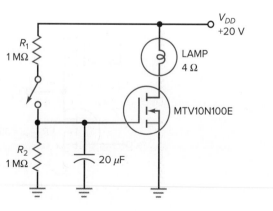

| 그림 12·61 |

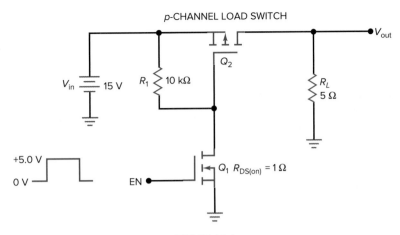

| 그림 12-62 |

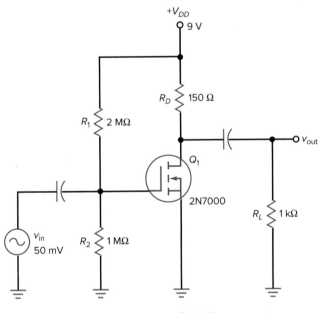

| 그림 12-63 |

응용문제 __ *Critical Thinking*

12-39 그림 12-54c에서 게이트 입력 전압이 주파수 1 kHz, 피크 전압 +5 V라면 부하저항의 평균 전력소비는 얼마인가?

12-40 그림 12-54d에서 게이트 입력 전압은 듀티사이클이 25%인 연속적 구형파이다. 이것은 게이트전압이 한 주기의 25%가 high상태이고 나머지가 low상태이다. 부하저항에 소비되는 평균전력은 얼마인가?

12-41 그림 12-57의 CMOS 반전기 $R_{DS(on)}$은 100 Ω이다. 입력이 없을 때 회로의 소비전력을 구하라. 만약 구형파가 입력되어 평균전류가 50 μA라면 이때 소비전력은 얼마인가? ($R_{DS(on)}$ = 100 Ω, $R_{DS(off)}$ = 10 MΩ)

12-42 그림 12-59에서 게이트전압이 3 V이면 광 다이오드를 흐르는 전류는 얼마인가?

12-43 MTP16N25E의 데이터시트에 정규화된 $R_{DS(off)}$와 온도 관계를 나타내는 그래프가 있다. 정규화된 값은 접합온도가 25°C에서 125°C로 변하면 1에서 2.25로 변한다. 만약 25°C에서 $R_{DS(on)}$이 0.17 Ω이라면 100°C에서 값을 구하라.

12-44 그림 12-29에서 입력전압이 12 V이다. 변압기의 권선비가 4 : 1이고 출력 리플 전압이 매우 작다면 직류 출력전압은 얼마인가?

MultiSim 고장점검 문제 __ *MultiSim Troubleshooting Problems*

멀티심 고장점검 파일들은 http://mhhe.com/malvino9e의 온라인학습센터(OLC)에 있는 멀티심 고장점검 회로(MTC)라는 폴더에서 찾을 수 있다. 이 장에 관련된 파일은 MTC12-45~MTC12-49로 명칭되어 있고 모두 그림 12-63의 회로를 바탕으로 한다.

각 파일을 열고 고장점검을 실시한다. 결함이 있는지 결정하기 위해 측정을 실시하고, 결함이 있다면 무엇인지를 찾아라.

12-45 MTC12-45 파일을 열어 고장점검을 실시하라.

12-46 MTC12-46 파일을 열어 고장점검을 실시하라.

12-47 MTC12-47 파일을 열어 고장점검을 실시하라.

12-48 MTC12-48 파일을 열어 고장점검을 실시하라.

12-49 MTC12-49 파일을 열어 고장점검을 실시하라.

직무 면접 문제 __ *Job Interview Questions*

1. p영역 및 n영역을 표시하는 E-MOSFET를 그려라. on-off 작용을 설명하라.

2. 능동부하 스위칭은 어떻게 동작하는지를 설명하라. 설명에 회로도를 사용하라.

3. CMOS 반전기를 그려서 회로동작을 설명하라.

4. 큰 부하전류를 제어하는 전력 FET를 그려서 on-off 작용을 설명하라. 특히 설명 시 $R_{DS(on)}$을 포함하라.

5. MOS 기술이 컴퓨터산업에 혁명을 가져왔다고들 한다. 그 이유는 무엇인가?

6. 바이폴라 및 FET의 장단점을 열거하고 비교하라.

7. 드레인전류가 전력 FET를 흐를 때 어떤 일이 일어나는지를 설명하라.

8. 왜 E-MOSFET는 조심해서 다루어야 하나?

9. MOSFET를 어느 지역에 보내고자 할 때 단자 주위에 금속선을 연결한다. 그 이유는 무엇인가?

10. MOS 소자를 가지고 작업할 때 취해야 하는 예비조치에는 어떤 것이 있는가?

11. 전력 공급 시 일반적으로 전력 스위칭용으로 바이폴라보다 MOSFET를 선택한다. 그 이유는 무엇인가?

복습문제 해답 __ *Self-Test Answers*

1. c	**5.** c	**9.** b	**13.** d	**17.** d	**21.** a	**25.** c
2. d	**6.** d	**10.** d	**14.** c	**18.** d	**22.** b	**26.** d
3. d	**7.** d	**11.** a	**15.** a	**19.** c	**23.** d	**27.** b
4. c	**8.** c	**12.** b	**16.** b	**20.** d	**24.** d	**28.** c

연습문제 해답 __ *Practice Problem Answers*

12-1

V_{GS}	I_D
-1 V	2.25 mA
-2 V	1 mA
0 V	4 mA
$+1$ V	6.25 mA
$+2$ V	9 mA

12-2 $v_{out} = 105.6$ mV

12-3 $I_{D(sat)} = 10$ mA; $v_{out(off)} = 20$ V; $v_{out(on)} = 0.06$ V

12-4 $I_{LED} = 32$ mA

12-6 $v_{out} = 20$ V, 198 mV

12-7 $R_{DS(on)} \cong 222\ \Omega$

12-8 만약 $v_{in} > V_{GS(th)}$이면 $v_{out} = +15$ V 펄스

12-9 $I_D = 0.996$ A

12-10 $I_L = 2.5$ A

12-13 $V_{load} = 4.76$ V; $P_{load} = 4.76$ W; $P_{loss} = 238$ mW

12-14 $k = 5.48 \times 10^{-3}$ A/V^2; $I_D = 26$ mA

12-15 $R_D = 4$ kΩ

12-16 $V_{GS} = 2.98$ V; $I_D = 80$ mA; $g_m = 183$ mS; $A_V = 11.7$; $v_{out} = 1.17$ V

chapter 13

사이리스터

Thyristors

사이리스터(thyristor)라는 말은 원래 "문을 열다" 또는 "어떤 것을 통과하게 하다"라는 뜻으로 그리스어에서 유래되었다. 사이리스터는 내부 귀환을 사용하여 스위칭 동작을 발생시키는 반도체소자이다. 가장 중요한 사이리스터는 실리콘제어정류기(SCR)와 TRIAC이다. 전력 FET와 같이 SCR과 TRIAC은 큰 전류를 스위칭할 수 있다. 이런 이유로 사이리스터는 과전압 보호, 전동기, 히터, 조명시스템 및 큰 부하전류용(heavy-current loads)으로 사용된다. 절연게이트 양극성 트랜지스터(IGBT)는 사이리스터에 포함되지 않지만, 중요한 전력 스위칭 소자로 이번 장에서 다루게 된다.

학습목표

이 장을 공부하고 나면

- 4층 다이오드 및 on-off 방식을 설명할 수 있어야 한다.
- SCR의 특성을 설명할 수 있어야 한다.
- SCR 동작방법을 설명할 수 있어야 한다.
- RC 위상제어 회로의 점화각과 전도각을 계산할 수 있다.
- TRIAC과 DIAC의 특성을 설명할 수 있어야 한다.
- IGBT의 스위칭 제어와 전력 MOSFET를 비교할 수 있어야 한다.
- 광 SCR과 SCS의 특성을 설명할 수 있어야 한다.
- UJT와 PUT 회로의 동작을 설명할 수 있어야 한다.

목차

주요 용어

4층 다이오드(four-layer diode)
DIAC
TRIAC
게이트 트리거전류(gate trigger current) I_{GT}
게이트 트리거전압(gate trigger voltage) V_{GT}
단접합 트랜지스터(unijunction transistor: UJT)
브레이크오버(breakover)

사이리스터(thyristor)
쇼클리 다이오드(Shockley diode)
실리콘 단방향 스위치(silicon unilateral switch: SUS)
실리콘제어정류기(silicon controlled rectifier: SCR)
유지전류(holding current: IH)
저전류 강하(low-current drop-out)
전도각(conduction angle)
절연게이트 양극성 트랜지스터

(insulated-gate bipolar transistor: IGBT)
점화각(firing angle)
톱니파 발생기(sawtooth generator)
프로그래머블 단접합 트랜지스터(programmable unijunction transistor: PUT)

13-1 4층 다이오드

사이리스터의 동작은 그림 13-1a와 같은 회로로 설명할 수 있다. 위쪽 트랜지스터 Q_1은 *pnp*소자이고 아래쪽 트랜지스터 Q_2는 *npn*소자이다. Q_1의 컬렉터는 Q_2의 베이스를 구동시키고, Q_2의 컬렉터는 Q_1의 베이스를 구동시킨다.

정귀환

그림 13-1a와 같이 특이하게 접속을 하면 **정귀환**(*positive feedback*) 현상이 생긴다. Q_2의 베이스전류의 변화는 증폭되어 Q_1을 통해 귀환되므로 원래의 변화를 증폭하게 된다. 정귀환은 두 트랜지스터가 차단 또는 포화 상태가 될 때까지 계속된다.

예를 들어 Q_2의 베이스전류가 증가되면 Q_2의 컬렉터전류가 증가한다. 이것이 Q_1을 통해 보다 많은 베이스전류를 생기게 하며 이로 인해 Q_1에 큰 컬렉터전류가 생성되어 Q_2의 베이스를 또다시 크게 구동시킨다. 이 과정은 두 트랜지스터가 모두 포화될 때까지 전류를 증가시킨다. 이 결과로 회로는 단락스위치와 같이 동작한다(그림 13-1b).

반면에 만일 어떤 이유로 Q_2의 베이스전류가 감소되면 Q_2의 컬렉터전류도 감소할 것이다. 이것이 Q_1의 베이스전류의 감소를 유발하고 이 때문에 Q_1에 작은 컬렉터전류가 생성되어 Q_2의 베이스전류를 더욱 감소시킨다. 이 작용은 두 트랜지스터가 차단상태에 이를 때까지 계속된다. 이러한 결과로 이 회로는 개방스위치와 같이 동작한다(그림 13-1c).

그림 13-1a의 회로는 **개방** 또는 **단락**이라는 두 상태 중 안정한 한 상태에 머물러 있다. 이 상태는 외부에서 어떤 요인이 없는 한 무한히 그 상태를 유지한다. 만일 스위치가 개방일 경우에는 Q_2의 베이스전류를 증가시키는 어떤 요인이 발생할 때까지 개방상태를 그대로 유지한다. 단락된 상태에서 Q_2의 베이스전류를 감소시키는 어떤 요인이 발생할 때까지 그 상태에 있다. 이와 같은 스위칭 동작은 무한히 어떤 한 상태에 계속 머물러 있으므로 이 회로를 **래치**(*latch*)라고 부른다.

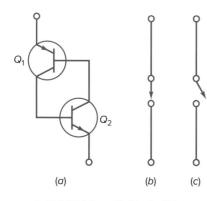

| 그림 13-1 | 트랜지스터 래치

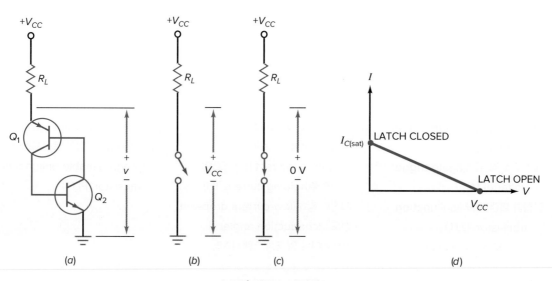

| 그림 13-2 | 래치회로

래치단락

그림 13-2a는 공급전압 V_{CC}를 갖는 부하저항에 연결된 래치를 나타낸다. 그림 13-2b와 같이 래치가 개방상태라고 가정하자. 부하저항을 통해 흐르는 전류가 없으므로 래치 양단전압은 공급전압과 같다. 그리하여 동작점은 그림 13-2d와 같이 부하선의 맨 아래쪽에 있다.

그림 13-2b의 래치를 닫는 유일한 방법은 **브레이크오버**(breakover)에 의한 방법이다. 브레이크오버란 충분히 큰 공급전압을 사용하여 Q_1의 컬렉터 다이오드를 항복시키는 것이다. Q_1의 컬렉터전류는 Q_2의 베이스전류를 증가시키므로 정귀환이 일어난다. 이것은 앞서 설명했듯이 두 트랜지스터를 포화로 만든다. 포화 시 두 트랜지스터는 이상적인 단락회로와 같고 래치는 그림 13-2c와 같이 된다. 래치가 닫혔을 때 이상적인 소자의 양단전압이 0이다. 또한 동작점은 그림 13-2d와 같이 부하선 위쪽 끝에 있다.

그림 13-2a에서 Q_2가 먼저 항복되면 브레이크오버가 일어날 수 있다. 브레이크오버는 어느 컬렉터 다이오드가 항복되더라도 일어나지만 항상 끝에 가서는 두 트랜지스터를 포화상태로 만든다. 이와 같은 래치단락을 설명하기 위해 항복이라는 용어 대신에 **브레이크오버**란 용어를 사용한다.

래치개방

그림 13-2a의 래치를 어떻게 개방시키는가? 공급전압 V_{CC}를 0으로 감소시키면 트랜지스터를 포화상태에서 차단상태로 만든다. 이러한 개방기법은 트랜지스터를 포화상태에서 벗어나도록 하기 위해 아주 작은 전압값으로 래치전류를 감소시키기 때문에 **저전류 강하**(low-current dropout)라고 부른다.

쇼클리 다이오드

그림 13-3a의 회로는 발견자의 이름을 따서 **쇼클리 다이오드**(Shockley diode)라고도 한다. 이 소자를 나타내는 것으로 **4층 다이오드**(four-layer diode), $pnpn$ 다이오드 및 **실리콘 단방향 스위치**(silicon unilateral switch: SUS) 등이 있다. 이 소자는 전류를 한

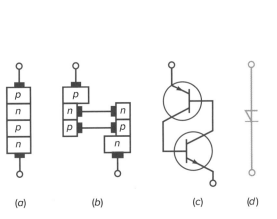

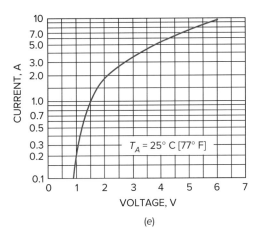

| **그림 13·3** | 4층 다이오드

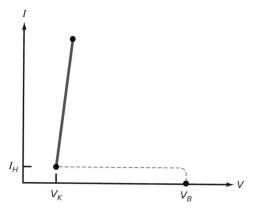

| 그림 13-4 | 브레이크오버 특성

쪽 방향으로 흐르게 한다.

이 소자를 이해하기 위한 가장 쉬운 방법은 그림 13-3*b*와 같이 두 부분으로 나누어 살펴보는 것이다. 왼쪽의 반은 *pnp* 트랜지스터이고 오른쪽 반은 *npn* 트랜지스터이다. 따라서 4층 다이오드는 그림 13-3*c*의 래치와 등가이다.

그림 13-3*d*는 4층 다이오드의 도식적 기호를 나타낸다. 4층 다이오드를 단락시키는 유일한 방법은 브레이크오버에 의한 방법이고, 개방시키는 유일한 방법은 저전류 강하에 의한 방법이다. 저전류 강하는 전류를 **유지전류**(holding current: I_H)보다 작은 값으로 감소시키는 것이다. 이 유지전류는 트랜지스터를 포화상태에서 차단상태로 스위칭하는 데 필요한 작은 전류를 나타낸다.

4층 다이오드가 항복되면 그 양단전압은 거의 0이다. 사실 래치된 다이오드 양단에는 약간의 전압값이 존재한다. 그림 13-3*e*는 1N5158의 전류-전압 그래프이다. 여기서 볼 수 있는 것처럼 소자에 흐르는 전류가 증가하면 전압도 증가하는데, 0.2 A에서 1 V, 0.95 A에서 1.5 V, 1.8 A에서 2 V 등으로 변한다.

브레이크오버 특성

그림 13-4는 4층 다이오드의 전류-전압에 관한 그래프이다. 이 소자는 차단 및 포화라는 2개의 동작영역을 가진다. 파선(dashed line) 부분이 차단 및 포화 사이의 천이영역이다. 이것은 소자가 on-off 상태 시 급격히 스위칭하는 것을 나타내기 위함이다.

소자가 차단이면 전류는 0이다. 만약 다이오드 양단전압이 V_B를 초과하면 소자는 브레이크오버되고 파선을 따라 포화영역으로 스위칭된다. 다이오드가 포화영역에 있을 때 위쪽 선상에서 동작되고 있다. 소자를 흐르는 전류가 유지전류(I_H)보다 크면 다이오드는 on상태에 계속해서 머문다. 만약 전류가 I_H보다 작으면 소자는 차단상태로 바뀐다.

4층 다이오드의 이상적인 근사법은 차단 시 개방스위치로, 포화 시 단락스위치로 바꾸는 것이다. 제2근사법은 그림 13-4와 같이 약 0.7 V의 무릎전압(knee voltage)을 포함시키는 것이다. 더욱 정확한 값을 구하려면 4층 다이오드의 데이터시트를 참조하는 방법이 있다.

예제 13-1

그림 13-5의 다이오드는 10 V의 브레이크오버 전압을 가진다. 만약 입력전압을 +15 V
로 증가시키면 다이오드에 흐르는 전류는 얼마인가?

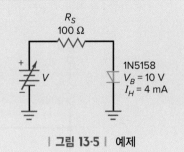

| 그림 13·5 | 예제

풀이   15 V의 입력전압은 10 V의 브레이크오버 전압보다 크므로 다이오드는 on된다.
다이오드는 이상적으로 단락스위치이다. 따라서 드레인전류는

$$I = \frac{15 \text{ V}}{100 \text{ }\Omega} = 150 \text{ mA}$$

이고, 제2근사법을 이용하면

$$I = \frac{15 \text{ V} - 0.7 \text{ V}}{100 \text{ }\Omega} = 143 \text{ mA}$$

이다. 더욱 정확한 해를 얻기 위해 그림 13-3*e*를 보면 전류가 150 mA일 때 전압은 0.9
V이다. 이를 이용하여 전류를 구하면

$$I = \frac{15 \text{ V} - 0.9 \text{ V}}{100 \text{ }\Omega} = 141 \text{ mA}$$

이다.

연습문제 13-1   그림 13-5에서 입력전압이 12 V일 때의 다이오드전류를 제2근사법으
로 구하라.

예제 13-2

그림 13-5의 다이오드에는 4 mA의 유지전류가 흐른다. 4층 다이오드를 on시키기 위해 입력전압을 15 V로 증가시켰다. 그
다음 다이오드를 개방시키기 위해 전압을 감소시켰다. 다이오드를 개방시키는 전압은 얼마인가?

풀이   다이오드는 전류값이 유지전류(4 mA)보다 작을 때 개방된다. 이 작은 전류에서 다이오드 양단전압은 거의 무릎전
압(knee voltage, 0.7 V)과 같다. 4 mA가 100 Ω의 저항을 흐르므로 입력전압은 다음과 같다.

$$V_{\text{in}} = 0.7 \text{ V} + (4 \text{ mA})(100 \text{ }\Omega) = 1.1 \text{ V}$$

따라서 다이오드를 개방하기 위해서는 입력전압을 15 V에서 1.1 V보다 약간 작은 전압으로 감소시키면 된다.

연습문제 13-2   10 mA의 유지전류를 가진 다이오드를 이용하여 예제 13-2를 다시 풀어라.

응용예제 13-3

그림 13-6*a*는 **톱니파 발생기**(sawtooth generator)를 나타낸다. 커패시터는 그림 13-6*b*와 같이 공급전압을 향해 충전된다.
커패시터가 +10 V가 되면 다이오드는 브레이크오버되고 커패시터의 방전이 시작된다. 이때 출력파형(커패시터전압)은 **플라
이백**(*flyback*: 갑자기 전압이 강하되는 현상)된다. 전압이 0일 때 다이오드는 개방되며 커패시터는 다시 충전을 시작한다.

이런 방식으로 그림 13-6b와 같은 이상적인 톱니파를 얻는다.

커패시터가 충전할 때 RC시정수는 얼마인가? 만약 주기가 시정수의 20%라면 톱니파의 주파수를 구하라.

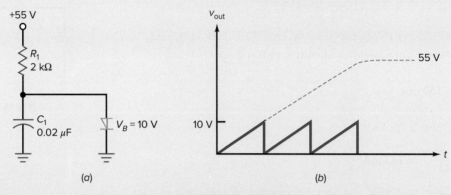

| 그림 13·6 | 톱니파 발생기

풀이 RC시정수는

$$RC = (2 \text{ k}\Omega)(0.02 \ \mu\text{F}) = 40 \ \mu\text{s}$$

주기는 이 시정수의 20%이므로

$$T = 0.2(40 \ \mu\text{s}) = 8 \ \mu\text{s}$$

따라서 주파수는

$$f = \frac{1}{8 \ \mu\text{s}} = 125 \text{ kHz}$$

이다.

연습문제 13-3 그림 13-6a를 이용하여 저항값을 1 kΩ으로 바꾸고 톱니파의 주파수를 구하라.

13-2 실리콘제어정류기

SCR은 가장 광범위하게 사용되는 사이리스터이다. 큰 전류(large current)를 on-off 할 수 있으므로 전동기, 오븐, 에어컨디셔너 및 유도성 전열기를 제어하는 데 사용된다.

래치 트리거

그림 13-7a와 같이 Q_2의 베이스에 입력단자를 추가하면 래치를 단락하는 또 하나의 방법이 된다. 이것의 동작원리는 다음과 같다. 그림 13-7b와 같이 래치가 개방되었을 때 동작점은 그림 13-7d의 부하선 아래쪽 끝에 있다. 래치를 닫기 위해 그림 13-7a에서처럼 **트리거**(날카로운 펄스)신호를 베이스에 가한다. 트리거는 순간적으로 베이스전류 Q_2를 증

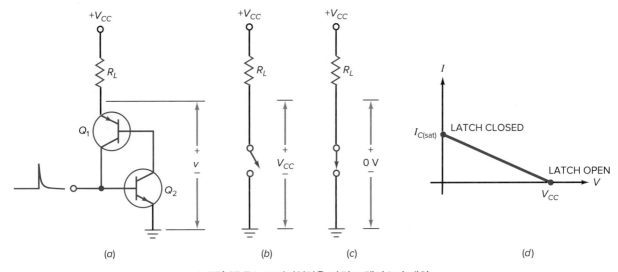

| 그림 13-7 | 트리거입력을 가진 트랜지스터 래치

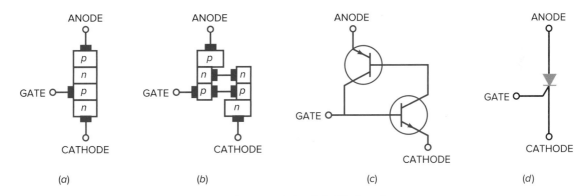

| 그림 13-8 | 실리콘제어정류기(SCR)

가시킨다. 이것이 정귀환을 만들며 두 트랜지스터를 포화상태로 만든다.

두 트랜지스터가 포화되면 그림 13-7c와 같이 래치는 단락회로와 같다. 이상적으로 단락되었을 때 래치 양단전압은 0이며 동작점은 그림 13-7d에서처럼 부하선의 위쪽 끝에 있다.

게이트 트리거

그림 13-8a는 SCR의 구조를 나타낸다. 입력은 게이트, 위쪽을 애노드, 아래쪽을 캐소드라한다. SCR은 4층 다이오드보다 훨씬 유용하다. 그 이유는 게이트 트리거가 래치를 브레이크오버하는 데 더욱 쉽기 때문이다.

다시 4층 다이오드를 그림 13-8b와 같이 두 부분으로 나누어 보자. SCR은 트리거입력을 가진 래치와 등가이며(그림 13-8c), 기호는 그림 13-8d와 같다. 이 기호를 볼 때마다 트리거입력을 가진 래치와 등가라는 것을 기억하기 바란다. 대표 SCR은 그림 13-9와 같다.

SCR의 게이트가 내부 트랜지스터의 베이스에 연결되어 있으므로 SCR을 트리거시키기 위해 적어도 0.7 V 전압이 필요하다. 데이터시트에는 이 전압값을 **게이트 트리거전**

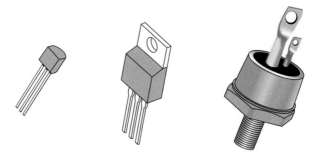

| 그림 13-9 | 기본적인 SCR 회로

압(gate trigger voltage) V_{GT}라고 표기한다. 게이트의 입력저항을 명시하기보다는 제조자는 SCR을 on시키는 최소전압을 제공한다. 이 전류는 **게이트 트리거전류**(gate trigger current)라고 하며 I_{GT}라고 표기한다.

그림 13-10은 2N6504 직렬 SCR에 대한 데이터시트이다. 이러한 시리즈에서 정격 트리거 전압값과 전류값은

$$V_{GT} = 1.0 \text{ V}$$

$$I_{GT} = 9.0 \text{ mA}$$

이것은 보통의 2N6504시리즈 SCR의 게이트를 구동하는 소스는 SCR을 래치하기 위해 1.0 V에서 9.0 mA를 공급해야만 한다는 것이다.

또한 브레이크오버 전압 또는 블로킹 전압은 피크 반복 오프 상태 순방향 전압 V_{DRM}과 피크 반복 오프 상태 역방향 전압 V_{RRM}으로 나타낸다.

필요한 입력전압

그림 13-11에 나타낸 SCR 회로에서 게이트전압이 V_G이다. 이 게이트전압이 V_{GT}보다 크면 SCR은 턴온되고 출력전압은 $+V_{CC}$에서 낮은 값으로 떨어질 것이다. 종종 회로에 게이트저항을 사용하여 전류를 제한하여 안전하게 한다. SCR을 트리거하는 데 필요한 입력전압을 계산할 수 있다.

$$V_{\text{in}} = V_{GT} + I_{GT}R_G \tag{13-1}$$

이 식에서 V_{GT}와 I_{GT}는 소자에 대해 게이트 트리거에 필요한 트리거전압과 트리거전류이다. 이 값은 데이터시트상에서 찾을 수 있다. 예를 들어 2N4441의 데이터시트상에는 $V_{GT} = 0.75$ V, $I_{GT} = 10$ mA로 되어 있다. 따라서 R_G값이 주어지면 곧바로 V_{in}을 계산할 수 있다. 어떤 경우에는 게이트저항이 사용되지 않을 때도 있는데 이때 R_G는 게이트를 구동하는 회로의 테브난 저항이 된다. 식 (13-1)이 만족되지 않는 한 SCR은 결코 턴온될 수 없다.

SCR 리셋

SCR이 턴온되고 난 후에 V_{in}이 0으로 감소될지라도 그 상태에 머물러 있다. 이때 출력

2N6504 Series

Preferred Device

Silicon Controlled Rectifiers

Reverse Blocking Thyristors

Designed primarily for half-wave ac control applications, such as motor controls, heating controls and power supply crowbar circuits.

Features

- Glass Passivated Junctions with Center Gate Fire for Greater Parameter Uniformity and Stability
- Small, Rugged, Thermowatt Constructed for Low Thermal Resistance, High Heat Dissipation and Durability
- Blocking Voltage to 800 Volts
- 300 A Surge Current Capability
- Pb–Free Packages are Available*

ON Semiconductor®

http://onsemi.com

**SCRs
25 AMPERES RMS
50 thru 800 VOLTS**

2N6504 Series

Voltage Current Characteristic of SCR

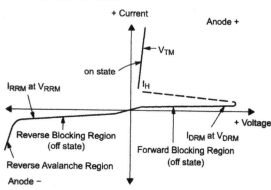

Symbol	Parameter
V_{DRM}	Peak Repetitive Off State Forward Voltage
I_{DRM}	Peak Forward Blocking Current
V_{RRM}	Peak Repetitive Off State Reverse Voltage
I_{RRM}	Peak Reverse Blocking Current
V_{TM}	Peak On State Voltage
I_H	Holding Current

**MARKING
DIAGRAM**

TO–220AB
CASE 221A
STYLE 3

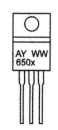

AY WW
650x

x = 4, 5, 7, 8 or 9
A = Assembly Location
Y = Year
WW = Work Week

PIN ASSIGNMENT	
1	Cathode
2	Anode
3	Gate
4	Anode

ORDERING INFORMATION

See detailed ordering and shipping information in the package dimensions section on page 3 of this data sheet.

Preferred devices are recommended choices for future use and best overall value.

*For additional information on our Pb–Free strategy and soldering details, please download the ON Semiconductor Soldering and Mounting Techniques Reference Manual, SOLDERRM/D.

© Semiconductor Components Industries, LLC, 2004
December, 2004 – Rev. 5

Publication Order Number:
2N6504/D

| 그림 13-10 | SCR 데이터시트(2N6504 Series: Silicon Controlled Rectifiers, SCILLC dba, 2004)

2N6504 Series

MAXIMUM RATINGS ($T_J = 25°C$ unless otherwise noted)

Rating	Symbol	Value	Unit

*Peak Repetitive Off-State Voltage (Note 1)
(Gate Open, Sine Wave 50 to 60 Hz, T_J = 25 to 125°C)
    2N6504
    2N6505
    2N6507
    2N6508
    2N6509
	V_{DRM},
	V_{RRM}
		
		50
		100
		400
		600
		800
			V

On-State Current RMS (180° Conduction Angles; T_C = 85°C)	$I_{T(RMS)}$	25	A
Average On-State Current (180° Conduction Angles; T_C = 85°C)	$I_{T(AV)}$	16	A
Peak Non-repetitive Surge Current (1/2 Cycle, Sine Wave 60 Hz, T_J = 100°C)	I_{TSM}	250	A
Forward Peak Gate Power (Pulse Width ≤ 1.0 µs, T_C = 85°C)	P_{GM}	20	W
Forward Average Gate Power (t = 8.3 ms, T_C = 85°C)	$P_{G(AV)}$	0.5	W
Forward Peak Gate Current (Pulse Width ≤ 1.0 µs, T_C = 85°C)	I_{GM}	2.0	A
Operating Junction Temperature Range	T_J	−40 to +125	°C
Storage Temperature Range	T_{stg}	−40 to +150	°C

Maximum ratings are those values beyond which device damage can occur. Maximum ratings applied to the device are individual stress limit values (not normal operating conditions) and are not valid simultaneously. If these limits are exceeded, device functional operation is not implied, damage may occur and reliability may be affected.
1. V_{DRM} and V_{RRM} for all types can be applied on a continuous basis. Ratings apply for zero or negative gate voltage; however, positive gate voltage shall not be applied concurrent with negative potential on the anode. Blocking voltages shall not be tested with a constant current source such that the voltage ratings of the devices are exceeded.

THERMAL CHARACTERISTICS

Characteristic	Symbol	Max	Unit
*Thermal Resistance, Junction-to-Case	$R_{\theta JC}$	1.5	°C/W
*Maximum Lead Temperature for Soldering Purposes 1/8 in from Case for 10 Seconds	T_L	260	°C

ELECTRICAL CHARACTERISTICS ($T_C = 25°C$ unless otherwise noted.)

Characteristic	Symbol	Min	Typ	Max	Unit
OFF CHARACTERISTICS					
*Peak Repetitive Forward or Reverse Blocking Current (V_{AK} = Rated V_{DRM} or V_{RRM}, Gate Open) T_J = 25°C T_J = 125°C	I_{DRM}, I_{RRM}	– –	– –	10 2.0	µA mA
ON CHARACTERISTICS					
*Forward On-State Voltage (Note 2) (I_{TM} = 50 A)	V_{TM}	–	–	1.8	V
*Gate Trigger Current (Continuous dc) T_C = 25°C (V_{AK} = 12 Vdc, R_L = 100 Ω) T_C = −40°C	I_{GT}	– –	9.0 –	30 75	mA
*Gate Trigger Voltage (Continuous dc) (V_{AK} = 12 Vdc, R_L = 100 Ω, T_C = −40°C)	V_{GT}	–	1.0	1.5	V
Gate Non-Trigger Voltage (V_{AK} = 12 Vdc, R_L = 100 Ω, T_J = 125°C)	V_{GD}	0.2	–	–	V
*Holding Current T_C = 25°C (V_{AK} = 12 Vdc, Initiating Current = 200 mA, Gate Open) T_C = −40°C	I_H	– –	18 –	40 80	mA
*Turn-On Time (I_{TM} = 25 A, I_{GT} = 50 mAdc)	t_{gt}	–	1.5	2.0	µs
Turn-Off Time (V_{DRM} = rated voltage) (I_{TM} = 25 A, I_R = 25 A) (I_{TM} = 25 A, I_R = 25 A, T_J = 125°C)	t_q	 – –	 15 35	 – –	µs
DYNAMIC CHARACTERISTICS					
Critical Rate of Rise of Off-State Voltage (Gate Open, Rated V_{DRM}, Exponential Waveform)	dv/dt	–	50	–	V/µs

*Indicates JEDEC Registered Data.
2. Pulse Test: Pulse Width ≤ 300 µs, Duty Cycle ≤ 2%.

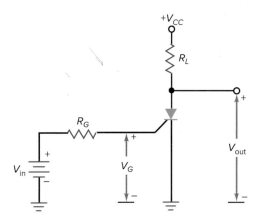

| 그림 13·11 | 기본 SCR 회로

전압은 명확하지 않은 낮은 값을 가진다. 이 경우에 SCR을 원래 상태로 하는 유일한 방법은 전류를 유지전류 이하로 감소시키는 일인데, 즉 V_{CC}의 값을 감소시키는 방법이다. 2N6504의 데이터시트는 18 mA의 대표적인 유지전류를 명시한다. 높고 낮은 전력 정격을 가진 SCR은 일반적으로 높고 낮은 각각의 유지전류값을 가진다. 유지전류가 그림 13-11의 저항에 흐르므로 턴오프하기 위한 공급전압은 다음 값보다 작아야 한다.

$$V_{CC} = 0.7 \text{ V} + I_H R_L \qquad (13\text{-}2)$$

V_{CC}값을 감소시키는 것 이외에도 다른 방법으로 SCR을 리셋할 수 있다. 전류 방해와 강압적 정류가 일반적인 두 가지 방법이다. 그림 13-12a와 같이 직렬스위치를 개방하거나 그림 13-12b와 같이 병렬스위치를 닫으면 애노드-캐소드 전류는 유지전류값 아래로 떨어질 것이고, SCR은 스위치오프될 것이다.

SCR을 리셋시키는 다른 방법은 그림 13-12c와 같은 강압적 정류이다. 스위치가 눌러져 있을 때, 음의 V_{AK}전압이 잠깐 동안 사용된다. 이것은 앞의 애노드-캐소드 전류를

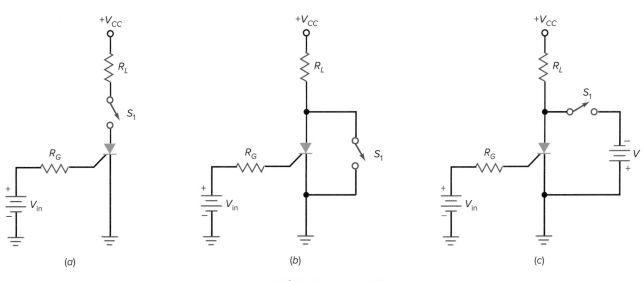

| 그림 13·12 | SCR 리셋

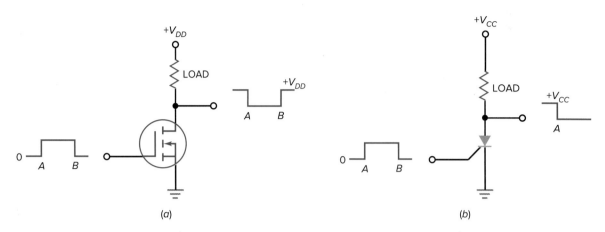

| 그림 13·13 | 전력 FET와 SCR

I_H값 아래로 감소시키고 SCR을 턴오프시킨다. 실제 회로에서는 스위치가 BJT나 FET 소자로 대체될 수 있다.

전력 FET와 SCR

전력 FET와 SCR이 큰 전류를 제어할 수 있다 하더라도 두 소자는 근본적으로 다르다. 주된 차이는 턴오프하는 방식이다. 전력 FET는 게이트전압으로 소자를 on-off할 수 있다. 그러나 SCR의 경우는 게이트전압이 소자를 단지 턴온시킨다는 것이다.

그림 13-13은 on-off시키는 방법 차이를 설명한다. 그림 13-13a에서 전력 FET의 게이트전압이 V_{in} = high이면 출력전압은 V_{out} = low이다. 반대의 경우도 마찬가지이다. 바꾸어 말하면 구형파 입력펄스는 반전된 구형파 펄스를 만든다.

그림 13-13b에서 SCR의 게이트전압이 V_{in} = high이면 출력전압은 V_{out} = low이다. 그러나 입력전압이 V_{in} = low이면 출력전압은 V_{out} = low에 머물러 있다. 즉, 구형파 입력펄스는 음으로 되는 출력 계단파는 만들지만 원래 상태로 되지 않는다.

두 소자가 서로 다른 방식으로 리셋해야 하므로 응용분야도 다르다. 전력 FET는 누름스위치와 같이 응답하지만 SCR은 SPST(single-pole single-throw) 스위치처럼 응답한다. 전력 FET를 조절하는 것이 훨씬 쉬우므로 전력 FET는 디지털 IC와 큰 부하 사이의 인터페이스로 자주 사용되며 래칭이 중요한 분야에는 SCR이 사용된다.

예제 13-4　　　‖‖‖ MultiSim

그림 13-14에서 SCR은 트리거전압 0.75 V, 트리거전류 7 mA를 가진다. SCR을 턴온시키는 입력전압은 얼마인가? 만약 유지전류가 6 mA라면 턴오프시키는 공급진압을 구하라.

풀이　식 (13-1)을 사용하여 트리거하는 최소전압을 구하면

$$V_{in} = 0.75 \text{ V} + (7 \text{ mA})(1 \text{ k}\Omega) = 7.75 \text{ V}$$

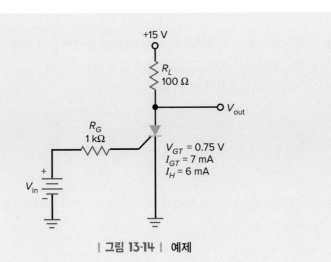

| 그림 13-14 | 예제

이고 식 (13-2)를 사용하여 SCR을 턴오프시키는 전압은 다음과 같다.

$$V_{CC} = 0.7 \text{ V} + (6 \text{ mA})(100 \ \Omega) = 1.3 \text{ V}$$

연습문제 13-4 그림 13-14에서 2N6504 SCR에 대한 대표값을 이용하여 SCR이 턴온 되는 데 필요한 입력전압과 SCR이 턴오프되는 데 필요한 공급전압을 구하라.

응용예제 13-5

그림 13-15a는 무엇을 하는 회로인가? 피크 출력전압을 구하라. 만약 출력전압의 주기가 시정수의 20%라면 톱니파의 주파수는 얼마인가?

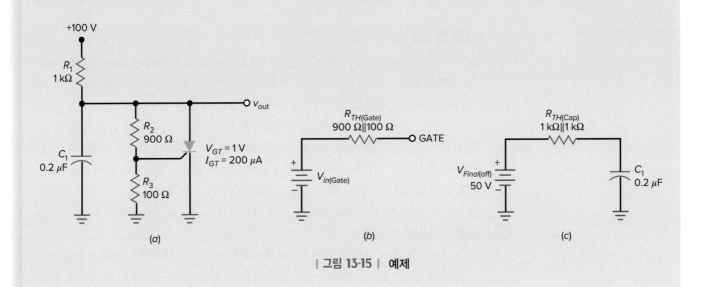

| 그림 13-15 | 예제

풀이 커패시터전압이 증가함에 따라 SCR은 턴온되며 이후 급격하게 커패시터전압을 방전시킨다. SCR이 개방되면 커패시터는 다시 충전된다. 따라서 출력전압은 응용예제 13-3에서 배운 그림 13-6*b*와 같은 톱니파이다.

그림 13-15*b*는 게이트를 마주 보는 테브난 등가회로이다. 테브난 저항은

$$R_{TH} = 900\ \Omega \parallel 100\ \Omega = 90\ \Omega$$

이며, 식 (13-1)을 사용하여 트리거에 필요한 입력전압은 다음과 같다.

$$V_{in} = 1\ \text{V} + (200\ \mu\text{A})(90\ \Omega) \approx 1\ \text{V}$$

10 : 1 전압분배기를 이용하므로 게이트전압은 출력전압의 1/10이다. 따라서 SCR 트리거점에서 출력전압은

$$V_{peak} = 10(1\ \text{V}) = 10\ \text{V}$$

이다.

그림 13-15*c*는 SCR이 off되었을 때 커패시터를 마주하는 테브난 회로를 나타낸다. 이것으로부터 커패시터는 다음과 같은 시정수를 가지고 최종전압 +50 V를 향해 충전하기 시작한다.

$$RC = (500\ \Omega)(0.2\ \mu\text{F}) = 100\ \mu\text{s}$$

톱니파의 주기는 시정수의 20%이므로

$$T = 0.2(100\ \mu\text{s}) = 20\ \mu\text{s}$$

이며, 따라서 주파수는

$$f = \frac{1}{20\ \mu\text{s}} = 50\ \text{kHz}$$

이다.

SCR 테스트

SCR과 같은 사이리스터는 큰 전류값을 다루고, 고전압값을 막아야 한다. 이러한 이유로, 다음의 조건 아래에서 작동하지 못할 수 있다. 일반적인 경우는 A-K개방, A-K단락, 게이트제어 실패가 있다. 그림 13-16*a*는 SCR의 작동을 시험할 수 있는 회로를 보여 주고 있다. S_1이 닫히기 전에 I_{AK}는 0이어야 하고 V_{AK}는 V_A와 거의 같아야 한다. S_1이 일시적으로 닫힐 때 I_{AK}는 V_A/R_L까지 올라가야 하고 V_{AK}는 1 V까지 떨어져야 한다. V_A와 R_L은 필요한 전류와 전력 수준을 공급하기 위해 선택되어야 한다. S_1이 열렸을 때, SCR은 원상태를 유지해야 한다. 애노드 공급전압 V_A는 SCR이 전도되지 않을 때까지 감소될 수 있다. SCR이 턴오프되기 전에 애노드전류값을 관찰함으로써 SCR 유지전류값을 결정할 수 있다.

SCR테스트의 또 다른 방법은 옴미터를 이용하는 것이다. 옴미터는 SCR을 턴온시키기 위하여 필요한 게이트전압과 전류를 공급할 수 있어야 하고, SCR의 on상태를 유지

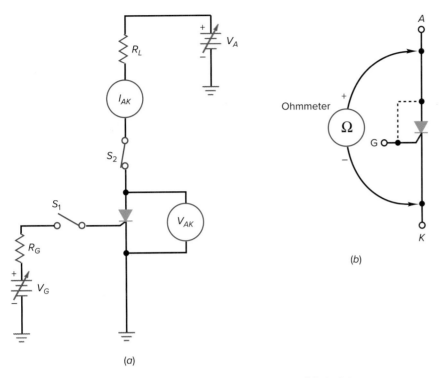

| 그림 13·16 | SCR 테스트 (a) 회로 테스트; (b) 옴미터

하기 위하여 필요한 유지전류 또한 공급할 수 있어야 한다. 많은 아날로그 VOM은 $R \times$ 1 범위에서 1.5 V와 100 mA의 출력이 가능하다. 그림 13-16*b*에서 옴미터는 애노드-캐소드를 가로질러서 놓여 있다. 어떠한 극의 접촉에도 결과는 매우 큰 저항이 된다. 양의 전압이 나오는 VOM단은 애노드에 연결시키고 음의 전압이 나오는 VOM단을 캐소드에 연결시키고, 애노드에서 게이트로 점프선을 연결한다. SCR은 턴온되고 낮은 저항값이 되는 것을 볼 수 있다. 게이트가 연결되지 않았을 때, SCR은 on상태로 유지되어야 한다. 일시적인 애노드에 연결된 VOM의 미접촉은 SCR을 off시킬 것이다. 일반적인 DMM은 미터의 낮은 전류제한으로 인해 SCR을 적절하게 테스트하기 어렵다. DMM이 다이오드 시험 모드일 때 출력전류는 약 1 mA이다. 이 전류수준은 대부분의 SCR이 요구하는 유지전류 사양을 충족할 만큼 충분히 높지 않다.

13-3 SCR 부하보호 회로

전원공급기에 문제가 발생하여 출력전압이 지나치게 커지면 그 결과는 엄청날 것이다. 그 이유는 무엇인가? 값비싼 IC들과 같은 종류의 부하는 과잉 공급전압을 견디지 못하고 파손될 것이다. SCR의 가장 중요한 응용 중의 하나는 공급전원으로부터 초과전압에 대해 값비싼 부하를 보호하는 것이다.

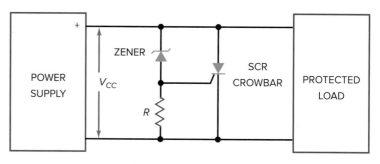

| 그림 13·17 | SCR 부하보호 회로

기본 형태

그림 13-17은 부하를 보호하기 위해 적용된 전원공급기를 나타낸다. 정상상태에서 V_{CC} 는 제너 다이오드의 항복전압 이하의 값이다. 이때 R양단의 전압은 없고 SCR은 개방상 태를 유지한다. 부하는 V_{CC}전압을 공급받으며 모두가 정상적으로 동작된다.

지금 어떤 이유로 공급전압이 증가되었다고 가정하자. V_{CC}가 아주 커지면 제너 다이 오드는 on되고 R양단에 전압이 걸리게 된다. 만일 전압이 SCR의 게이트 트리거전압보 다 커지면 SCR은 on되고 단락된 래치로 된다. 이 작용은 부하단자를 보호하는 것과 유 사하다. 그 이유는 SCR이 매우 빨리(2N4441에서는 $1\mu s$) 턴온되므로 부하는 초과전압 으로 인한 파괴에 대비하여 신속하게 보호받을 수 있기 때문이다. SCR을 턴온하는 초 과전압은 다음과 같다.

$$V_{CC} = V_Z + V_{GT} \tag{13-3}$$

이 회로는 지나친 초과전압에 견디지 못하는 많은 디지털 IC를 보호하는 데 적합하 다. 즉 값비싼 IC의 파손을 막기 위해 초과전압의 첫 징후가 나타날 때 부하단자를 단락 시키는 SCR을 사용한 부하보호 회로이다. 전원공급기에 손상을 주지 않도록 이 부하보 호 회로와 함께 퓨즈(fuse)나 뒤에 배우게 될 **전류제한기**(*current limiter*)가 더 필요하다.

전압이득의 추가

그림 13-17의 부하보호 회로는 수정 또는 개선의 여지가 있는 **기본형**을 나타낸다. 많은 응용분야에서 그 기본형을 사용해도 적당하다. 그러나 제너항복의 무릎 부분이 급격하지 않고 곡선형태를 가지면 서서히 on되는(*soft turn-on*) 문제가 발생한다. 제너전압의 허용 오차를 고려할 때 서서히 on되면 SCR이 on되기 전에 공급전압이 너무 크게 될 수 있다.

이 문제를 해결하기 위한 하나의 방법은 그림 13-18과 같이 어느 정도의 전압이득을 갖도록 하는 것이다. 정상상태에서 트랜지스터는 동작하지 않는다. 그러나 출력전압이 증가하면 트랜지스터는 턴온되고 저항 R_4양단에 큰 전압이 걸린다. 트랜지스터는 감소 된 전압이득(약 R_4/R_3)을 가지므로 작은 초과전압도 SCR을 트리거시킬 수 있다.

여기에서는 제너 다이오드가 아닌 보통 다이오드를 사용한다는 것에 유념해야 한다. 이 다이오드는 트랜지스터의 베이스-이미터 다이오드와 같게 되어 온도보상을 하고 있 다. **트리거조정**(*trigger adjust*)은 회로를 동작시키는 **트립점**(*trip point*)을 맞출 수 있으

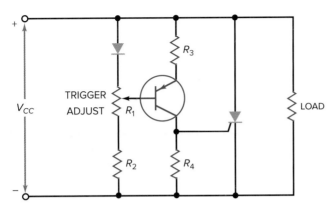

| 그림 **13-18** | 트랜지스터 이득을 부하보호 회로에 추가한다.

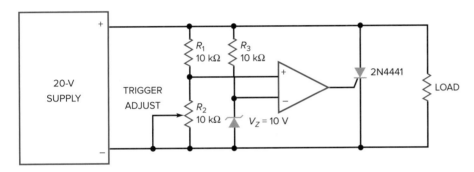

| 그림 **13-19** | IC 증폭기를 부하보호 회로에 추가한다.

며 대략 정상전압의 10~15% 정도로 한다.

IC 전압이득

그림 13-19는 더 나은 해결책을 제시한다. 삼각형 박스는 비교기라고도 하는 IC 증폭기이다. 이 증폭기는 반전 및 비반전 입력을 가진다. 비반전입력이 반전입력보다 크면 출력은 양(+)이 된다. 또한 비반전입력이 반전입력보다 작으면 출력은 음(−)이 된다.

증폭기는 매우 큰 전압이득(약 100,000 이상)을 가진다. 이 같은 큰 전압이득으로 인해 회로는 작은 초과전압도 감지할 수 있다. 제너 다이오드는 10 V의 출력을 가지며 증폭기의 반전입력으로 간다. 공급전압이 20 V일 때 트리거 조정 단자는 비반전 단자에 10 V보다 약간 작은 전압이 걸리도록 한다. 반전입력이 비반전입력보다 크므로 증폭기의 출력은 음이 되므로 SCR은 개방상태에 있다.

만약 공급전압이 20 V를 초과하면 증폭기의 비반전입력이 10 V보다 크게 된다. 그러면 증폭기의 출력은 양이 되고 SCR은 동작된다. 이와 같이 이것은 아주 빨리 공급전압을 차단시키고 부하를 보호하게 된다.

IC 부하보호 회로

가장 간단한 해결책은 그림 13-20과 같이 IC 부하보호 회로를 사용하는 것이다. 이 IC

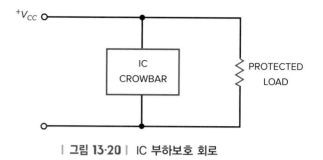

| 그림 13·20 | IC 부하보호 회로

는 내재된 제너 다이오드, 트랜지스터 및 하나의 SCR로 구성되어 있다. RCA SK9345 시리즈는 상업적으로 사용하는 부하보호 회로의 한 예이다. 예를 들어 SK9345는 +5 V, SK9346은 +12 V, SK9347은 +15 V의 공급전압을 보호한다.

만약 SK9345가 그림 13-20에 사용되면 공급전압 +5인 부하를 보호할 것이다. 데이터시트에 SK9345는 +6.6V ±0.2 V에서 동작한다고 쓰여 있다. 이것은 6.4 V와 6.8 V 사이에서 동작한다는 것을 의미한다. 많은 디지털 IC의 정격이 7 V이므로 SK9345는 이러한 동작조건하에서 부하를 안정하게 동작시킨다.

응용예제 13-6   ‖‖ MultiSim

그림 13-21에서 부하보호 회로를 턴온시키는 공급전압을 구하라.

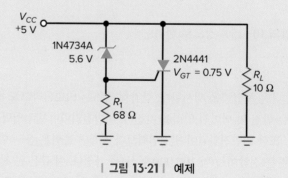

| 그림 13·21 | 예제

풀이   1N4734A는 5.6 V의 항복전압을 가지며 2N4441은 0.75 V의 게이트 트리거전압을 가진다. 식 (13-3)을 사용하면

$$V_{CC} = V_Z + V_{GT} = 5.6\ \text{V} + 0.75\ \text{V} = 6.35\ \text{V}$$

공급전압이 6.35 V보다 커지면 SCR은 턴온된다.

앞서 설명한 부하보호용 기본회로는 공급전압이 아주 정확을 요하지 않는다면 사용해도 무방하다. 예를 들어 1N4734A는 허용오차 ±5%를 가지므로 항복전압이 5.32 V에서 5.88 V까지 변할 수 있다. 또한 2N4441의 트리거전압은 최악의 경우 1.5 V이므로 초과전압은 다음 값을 가질 수도 있다.

$$V_{CC} = 5.88 \text{ V} + 1.5 \text{ V} = 7.38 \text{ V}$$

많은 디지털 IC의 정격이 7 V이므로 그림 13-21의 부하보호 회로는 디지털 IC를 보호하는 데 사용할 수 없다.

연습문제 13-6 1N4733A 제너 다이오드를 이용하여 응용예제 13-6을 다시 풀어라. 이 다이오드는 5.1 V ±5%의 제너전압을 갖는다.

13-4 SCR 위상제어

표 13-1은 상업적으로 사용되는 몇 개의 SCR을 나타낸다. 게이트 트리거전압은 0.8~2 V, 게이트 트리거전류는 200 μA~50 mA까지 변한다. 또한 애노드전류도 1.5~70 A이다. 이와 같은 소자는 위상제어를 이용하여 큰 산업용 부하를 제어할 수 있다.

RC회로는 위상각을 제어한다

그림 13-22a는 큰 부하전류를 제어하기 위해 SCR 회로에 사용된 교류 선전압을 나타낸다. 이 회로에서 가변저항 R_1 및 커패시터 C는 게이트신호의 위상각을 천이(shift)시킨다. $R_1 = 0$이면 게이트전압은 선전압과 동상이며 SCR은 반파정류기로 작용한다. 또한 R_2는 안전한 동작을 위해 게이트전류를 제한하기 위한 것이다.

그림 13-22b 및 c와 같이 R_1이 증가하면 게이트전압은 선전압보다 위상이 뒤지며 위상각의 변화폭은 0~90°이다. 그림 13-22c에서 트리거 전에는 SCR이 off상태이며 부하전류는 0이다. 트리거 지점에서 커패시터전압은 충분히 크므로 SCR을 트리거한다. 이때 선전압이 부하양단에 걸리며 부하전류가 크게 된다. 이상적으로 선전압의 극성이 반대가 될 때까지 SCR은 래치된 상태에 머문다. 그림 13-22c와 d에 나타나 있다.

SCR이 동작되기 시작하는 위상각을 **점화각**(firing angle)이라 하며 그림 13-22a에 θ_{fire}라고 표기되어 있다. 동작 시작과 끝 부분인 그늘진 영역에 해당하는 각을 **전도각**(conduction angle)이라고 하며 $\theta_{conduction}$라고 표기한다. 그림 13-22a의 RC 위상제어

참고사항

그림 13-22a에서 다른 RC 위상이동 네트워크는 약 0°에서 180°까지 제어할 수 있다.

표 13-1	SCR의 예시			
소자	V_{GT}, V	I_{GT}	I_{max}, A	V_{max}, V
TCR22-2	0.8	200 μA	1.5	50
T106B1	0.8	200 μA	4	200
S4020L	1.5	15 mA	10	400
S6025L	1.5	39 mA	25	600
S1070W	2	50 mA	70	100

기는 점화각을 0~90°까지 변화시킬 수 있으며 이는 전도각을 180~90°까지 변화시킬 수 있다는 것을 나타낸다.

그림 13-22*b*의 음영 부분은 SCR이 동작되는 영역을 나타낸다. R_1이 가변이므로 게이트전압의 위상각도 바꿀 수 있다. 이와 같이 부하를 흐르는 평균전류를 제어한다. 우리는 부하를 통하여 평균전류를 제어할 수도 있다. 이 기법은 전동기, 전구의 밝기, 용

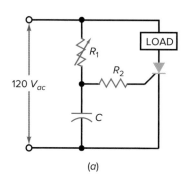

(a)

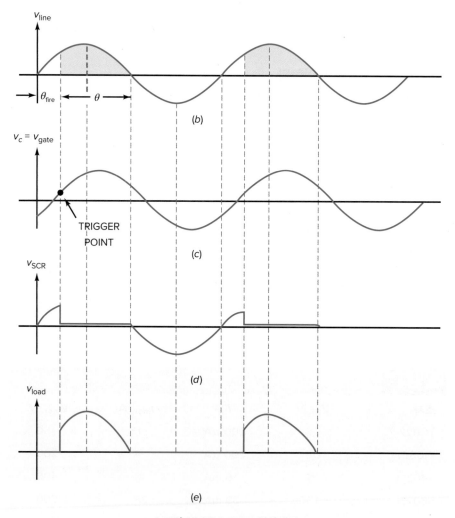

(e)

| 그림 13·22 | SCR 위상제어

광로의 온도조절 등 다양한 분야에 사용된다.

일반 전자기학 과정에서 공부했던 회로분석기술을 사용하여 우리는 커패시터를 통하여 천이되는 위상 전압값을 근사적으로 결정할 수 있다. 이로써 근사적인 점화각과 회로의 전도각을 알 수 있다. 커패시터를 통하는 전압을 결정하기 위해서 다음의 과정을 거친다. 먼저 C의 전기용량의 유도저항을 구한다.

$$X_C = \frac{1}{2\pi fc}$$

RC 위상회로의 임피던스와 위상각은

$$Z_T = \sqrt{R^2 + X_C^2} \tag{13-4}$$

$$\theta_Z = \angle -\arctan\frac{X_C}{R} \tag{13-5}$$

기준점으로 입력전압을 이용하면 C를 통과하는 전류는

$$I_C \angle \theta = \frac{V_{in}\angle 0°}{Z_T \angle -\arctan\dfrac{X_C}{R}}$$

전압값과 커패시터의 위상은 다음 식으로 알 수 있다.

$$V_C = (I_C\angle\theta)(X_C\angle -90°)$$

지연된 위상천이의 정도는 근사적으로 회로의 점화각과 같다. 전도각은 180°에서 점화각을 빼면 알 수 있다.

예제 13-7 |||| MultiSim

그림 13-22*a*에서 $R = 26$ kΩ, $C = 0.1$ μF일 때 점화각과 전도각의 값을 구하라.

풀이   근사적인 점화각은 커패시터에서 발생하는 전압값과 위상천이를 다음과 같이 계산하여 찾을 수 있다.

$$X_C = \frac{1}{2\pi fC} = \frac{1}{(2\pi)(60\ \text{Hz})(0.1\ \mu\text{F})} = 26.5\ \text{k}\Omega$$

커패시터 유도저항이 −90°, $X_C = 26.5$ kΩ $\angle -90°$에서의 각이기 때문이다. 총 RC임피던스 Z_T와 그 각을 구해 보자.

$$Z_T = \sqrt{R^2 + X_C^2} = \sqrt{(26\ \text{k}\Omega)^2 + (26.5\ \text{k}\Omega)^2} = 37.1\ \text{k}\Omega$$

$$\theta_Z = \angle -\arctan\frac{X_C}{R} = \angle -\arctan\frac{26.5\ \text{k}\Omega}{26\ \text{k}\Omega} = -45.5°$$

그러므로 $Z_T = 37.1$ kΩ $\angle -45.5°$

C에 흐르는 전류는

$$I_C = \frac{V_{in} \angle 0°}{Z_T \angle \theta} = \frac{120 \text{ V}_{ac} \angle 0°}{37.1 \text{ k}\Omega \angle -45.5°} = 3.23 \text{ mA} \angle 45.5°$$

C를 통하는 전압은

$$V_C = (I_C \angle \theta)(X_C \angle -90°) = (3.23 \text{ mA} \angle 45.5°)(26.5 \text{ k}\Omega \angle -90°)$$

$$V_C = 85.7 \text{ V}_{ac} \angle -44.5°$$

−44.5°의 커패시터를 통하는 전압 위상천으로 회로의 점화각은 대략 −45.5°이다. SCR이 점화된 후 그것은 I_H 아래로 전류값이 떨어질 때까지 있게 된다. 이는 교류입력이 0 V가 될 때 일어날 것이다.

그러므로 전도각은

$$\text{conduction } \theta = 180° − 44.5° = 135.5°$$

연습문제 13-7 그림 13-22a에서 $R_1 = 50 \text{ k}\Omega$일 때 점화각과 전도각을 구하라.

그림 13-22a의 RC제어기는 부하에 흐르는 평균전류를 제어하는 기본적인 방식이다. 이 회로에서 전류제어 범위는 제한되며 그 이유는 위상각을 0~90°까지만 변화시키기 때문이다. 연산증폭기나 더욱 정교한 RC회로를 이용하여 위상각을 0~180°까지 바꿀 수도 있다. 이렇게 하면 평균 부하전류는 0에서 최대값까지 조절된다.

임계상승률

교류전압이 SCR의 애노드에 전압공급을 위해 사용될 때 잘못된 트리거가 일어날 수 있다. SCR의 내부 커패시턴스로 인해 빨리 변하는 공급전압이 SCR을 트리거시킬 수 있다. 이와 같이 잘못된 트리거를 피하기 위해 동작 시 전압변화율은 데이터시트에 나타낸 **전압임계 상승률**을 초과해서는 안 된다. 예를 들어 2N6504는 50 V/μs의 임계상승률을 가지고 있다. 정상동작을 위해 애노드전압은 50 V/μs보다 더 빠르면 안 된다.

과도스위칭은 전압임계 상승률을 초과하는 주된 원인이다. 과도스위칭 효과를 감소시키는 한 가지 방법은 그림 13-23a와 같이 RC스너버(RC *snubber*)를 갖도록 하면 된다. 만약 공급전압에 고속 과도스위칭이 일어나면 상승률은 RC시정수로 인해 애노드에서 감소된다.

큰 SCR은 또한 **전류임계 상승률**을 가진다. 예를 들어 C701의 전류임계 상승률은 150 A/μs이다. 만약 애노드전류가 이 값보다 크면 SCR은 파괴될 것이다. 부하와 직렬로 인덕터를 연결하면 전류임계 상승률을 안전한 값으로 감소시킬 수 있다.

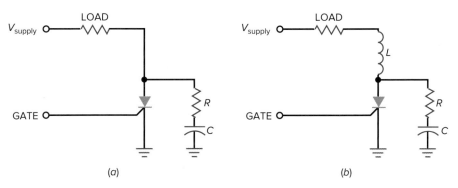

| 그림 13-23 | (a) *RC*스너버는 급격한 전압상승률에 대해 SCR을 보호한다; (b) 인덕터는 급격한 전류상승률에 대해 SCR을 보호한다.

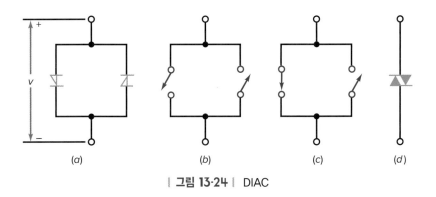

| 그림 13-24 | DIAC

13-5 양방향 사이리스터

지금까지 배운 두 소자(4층 다이오드, SCR)는 전류가 한쪽 방향으로만 흐를 수 있으므로 단방향이다. **DIAC**과 **TRIAC**은 양방향 사이리스터(*bidirectional thyristor*)이다. 이 소자들은 어느 방향으로든지 전류를 흐르게 할 수 있다. DIAC은 종종 실리콘 양방향 스위치(*silicon bidirectional switch: SBS*)라고도 한다.

DIAC

DIAC은 양방향으로 전류를 래치하는 소자로서 그 등가회로는 그림 13-24*a*에서와 같이 병렬접속된 한 쌍의 4층 다이오드로 표시되며 이상적으로 그림 13-24*b*의 래치와 같다. DIAC은 소자양단 전압이 양쪽 방향에서 항복전압 이상으로 상승할 때까지는 전도되지 않는다.

예를 들면 전압 *v*가 그림 13-24*a*에 나타낸 극성을 가지면 *v*가 항복전압을 초과할 때 왼쪽 다이오드는 on된다. 이때 왼쪽 래치는 그림 13-24*c*와 같이 단락된다. 그러나 전압 *v*의 극성이 반대가 되면 전압 *v*가 항복전압을 초과할 때 오른쪽 래치가 단락된다. 일단 DIAC이 on되면 저전류 강하로써만 이를 개방시킬 수 있다. 이것은 소자의 유지전류 이하로 전류를 감소시켜야 함을 의미한다. 그림 13-24*d*는 DIAC의 기호를 나타낸다.

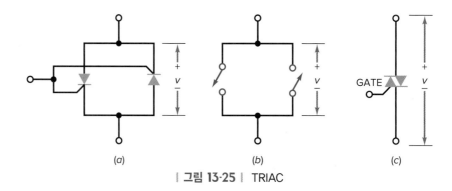

| 그림 13-25 | TRIAC

TRIAC

TRIAC은 그림 13-25a의 병렬접속된 두 SCR과 같이 작용한다. 즉, 이것은 그림 13-25b와 같이 2개의 래치와 등가이다. 이 때문에 TRIAC은 양방향으로 전류를 제어할 수 있다. 전압 v가 그림 13-25a에 나타낸 극성을 가지면 양의 트리거는 왼쪽 래치를 단락시키고, 전압의 극성이 반대가 되면 음의 트리거가 오른쪽 래치를 단락시킨다. 그림 13-25c는 TRIAC의 기호를 나타낸다.

그림 13-26은 FKPF8N80 TRIAC에 대한 데이터시트를 나타낸다. TRIAC이라는 이름이 내포하고 있듯이 이는 양방향 3극 진공관의 사이리스터이다. 데이터표의 마지막에 보면 TRIAC 동작형과 4분면 정의가 있다. TRIAC은 일반적으로 ac로 사용할 때 1분면과 3분면에서 동작한다. 이 소자가 1사분면에서 가장 민감하기 때문에 대칭적인 ac 전도를 제공하기 위해 DIAC이 TRIAC과 함께 사용된다.

표 13-2는 상업용으로 사용되는 몇 개의 TRIAC을 나타낸다. 내부적인 구조상으로 TRIAC은 SCR에 비해 더 높은 트리거전압과 트리거전류를 가진다. 표 13-2에서와 같이 게이트 트리거전압은 2~2.5 V, 트리거전류는 10~50 mA이다. 또한 최대 애노드전류는 1~15 A이다.

위상제어

그림 13-27a는 게이트전압의 위상각을 변화시키는 *RC*회로를 나타낸다. 회로는 큰 부하에 흐르는 전류를 제어할 수 있다. 그림 13-27b와 c는 선전압과 지연되는 게이트전압을 나타낸다. 커패시터전압이 트리거전류를 공급할 정도로 충분히 크면 TRIAC은 on되고 일단 on되면 선전압이 0이 될 때까지 on상태를 유지한다. 그림 13-27d와 e는 TRIAC

표 13-2	TRIAC의 예시			
소자	V_{GT}, V	I_{GT}, mA	I_{max}, A	V_{max}, V
Q201E3	2	10	1	200
Q4004L4	2.5	25	4	400
Q5010R5	2.5	50	10	500
Q6015R5	2.5	50	15	600

FKPF8N80

Application Explanation

- Switching mode power supply, light dimmer, electric flasher unit, hair drier
- TV sets, stereo, refrigerator, washing machine
- Electric blanket, solenoid driver, small motor control
- Photo copier, electric tool

TO-220F

1: T_1
2: T_2
3: Gate

Bi-Directional Triode Thyristor Planar Silicon

Absolute Maximum Ratings T_C=25°C unless otherwise noted

Symbol	Parameter	Rating	Units
V_{DRM}	Repetitive Peak Off-State Voltage (Note1)	800	V

Symbol	Parameter	Conditions		Rating	Units
$I_{T(RMS)}$	RMS On-State Current	Commercial frequency, sine full wave 360° conduction, T_C=91°C		8	A
I_{TSM}	Surge On-State Current	Sinewave 1 full cycle, peak value, non-repetitive	50Hz	80	A
			60Hz	88	A
I^2t	I^2t for Fusing	Value corresponding to 1 cycle of halfwave, surge on-state current, tp=10ms		32	A^2s
di/dt	Critical Rate of Rise of On-State Current	I_G = 2x I_{GT}, tr ≤ 100ns		50	A/μs
P_{GM}	Peak Gate Power Dissipation			5	W
$P_{G(AV)}$	Average Gate Power Dissipation			0.5	W
V_{GM}	Peak Gate Voltage			10	V
I_{GM}	Peak Gate Current			2	A
T_J	Junction Temperature			- 40 ~ 125	°C
T_{STG}	Storage Temperature			- 40 ~ 125	°C
V_{iso}	Isolation Voltage	Ta=25°C, AC 1 minute, T_1 T_2 G terminal to case		1500	V

Thermal Characteristic

Symbol	Parameter	Test Condition	Min.	Typ.	Max.	Units
$R_{th(J-C)}$	Thermal Resistance	Junction to case (Note 4)	-	-	3.6	°C/W

Rev. B1. April 2004

| 그림 13·26 | TRIAC 데이터시트(Fairchild Semiconductor Corp.의 허락하에 수록)

FKPF8N80

Electrical Characteristics $T_C=25^\circ$C unless otherwise noted

Symbol	Parameter		Test Condition			Min.	Typ.	Max.	Units
I_{DRM}	Repetieive Peak Off-State Current		V_{DRM} applied			-	-	20	μA
V_{TM}	On-State Voltage		$T_C=25^\circ$C, I_{TM}=12A Instantaneous measurement			-	-	1.5	V
V_{GT}	Gate Trigger Voltage (Note 2)	I	V_D=12V, R_L=20Ω	T2(+), Gate (+)		-	-	1.5	V
		II		T2(+), Gate (-)		-	-	1.5	V
		III		T2(-), Gate (-)		-	-	1.5	V
I_{GT}	Gate Trigger Current (Note 2)	I	V_D=12V, R_L=20Ω	T2(+), Gate (+)		-	-	30	mA
		II		T2(+), Gate (-)		-	-	30	mA
		III		T2(-), Gate (-)		-	-	30	mA
V_{GD}	Gate Non-Trigger Voltage		T_J=125°C, V_D=1/2V_{DRM}			0.2	-	-	V
I_H	Holding Current		V_D = 12V, I_{TM} = 1A					50	mA
I_L	Latching Current	I, III	V_D = 12V, I_G = 1.2I_{GT}					50	mA
		II						70	mA
dv/dt	Critical Rate of Rise of Off-State Voltag		V_{DRM} = Rated, T_j = 125°C, Exponential Rise				300		V/μs
$(dv/dt)_C$	Critical-Rate of Rise of Off-State Commutating Voltage (Note 3)					10	-	-	V/μs

Notes:
1. Gate Open
2. Measurement using the gate trigger characteristics measurement circuit
3. The critical-rate of rise of the off-state commutating voltage is shown in the table below
4. The contact thermal resistance $R_{TH(c-f)}$ in case of greasing is 0.5 °C/W

V_{DRM} (V)	Test Condition	Commutating voltage and current waveforms (inductive load)
FKPF8N80	1. Junction Temperature T_J=125°C 2. Rate of decay of on-state commutating current $(di/dt)_C$ = - 4.5A/ms 3. Peak off-state voltage V_D = 400V	

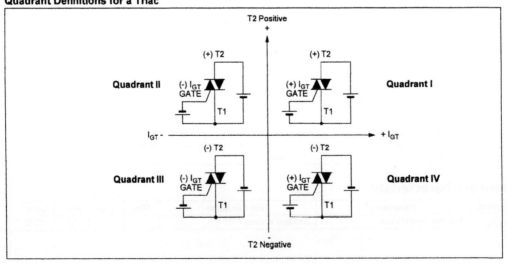

Quadrant Definitions for a Triac

| 그림 13·26 | (계속)

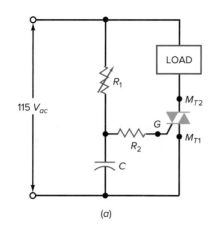

(a)

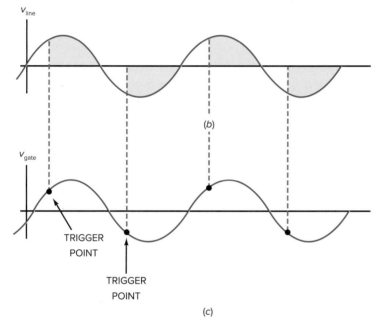

(b)

(c)

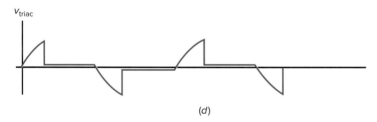

(d)

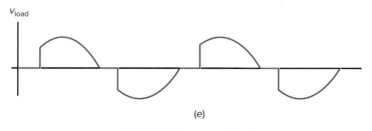

(e)

| 그림 13-27 | TRIAC 위상제어

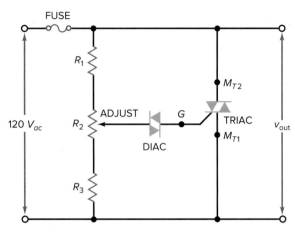

| 그림 13-28 | TRIAC 부하보호 회로

과 부하를 통하는 각각의 전압을 나타낸다.

　TRIAC이 큰 전류를 다루지만 훨씬 큰 전류정격을 가지는 SCR과 같은 등급은 아니다. 그럼에도 불구하고, 두 반주기 동안 on시키는 것이 중요할 때, TRIAC은 산업분야에 유용하다.

TRIAC 부하보호 회로

그림 13-28은 과도한 선전압에 대비하여 장비를 보호할 수 있는 TRIAC 부하보호 회로를 나타낸다. 만약 선전압이 너무 크면 DIAC은 브레이크오버되고 TRIAC을 트리거시킨다. TRIAC이 on되면 퓨즈가 타 버린다. 여기서 가변저항 R_2는 트리거점을 조절한다.

참고사항

그림 13-28의 DIAC은 트리거점이 공급된 전압의 양과 음의 교번에서 같다는 것을 확신시켜 준다.

예제 13-8　　　　　　　　　　|||| MultiSim

그림 13-29에서 스위치가 닫힌다. 만약 TRIAC이 on되면 22 Ω을 흐르는 전류는 대략 얼마인가?

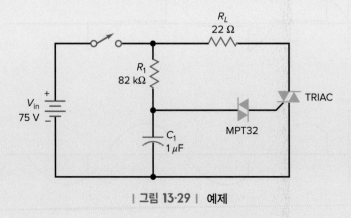

| 그림 13-29 | 예제

풀이 이상적으로 TRIAC이 on되면 양단전압은 0이다. 따라서 22 Ω을 흐르는 전류는 다음과 같다.

$$I = \frac{75 \text{ V}}{22 \text{ Ω}} = 3.41 \text{ A}$$

만약 TRIAC의 양단전압이 1 V 또는 2 V이면 흐르는 전류는 여전히 3.41 A에 가깝다. 그 이유는 큰 공급전압이 TRIAC의 전압영향을 감소시키기 때문이다.

연습문제 13-8 그림 13-29에서 V_{in}을 120 V로 바꾸고 22 Ω 저항을 흐르는 전류를 계산하라.

예제 13-9

그림 13-29에서 스위치가 닫힌다. MPT32는 32 V의 브레이크오버 전압을 가진다. 만약 TRIAC이 트리거전압 1 V, 트리거전류 10 mA이면 TRIAC을 트리거시키는 커패시터전압은 얼마인가?

풀이 커패시터가 충전함에 따라 DIAC 양단전압도 증가한다. DIAC 양단전압이 32 V보다 약간 작으면 DIAC은 브레이크오버 바로 직전 상태에 있다. TRIAC이 1 V의 트리거전압을 가지므로 필요한 커패시터전압은

$$V_{in} = 32 \text{ V} + 1 \text{ V} = 33 \text{ V}$$

이다. 이 전압에서 DIAC은 브레이크오버되며 TRIAC을 트리거한다.

연습문제 13-9 24 V의 브레이크오버값을 갖는 DIAC을 이용하여 예제 13-9를 다시 풀어라..

13-6 IGBT

기본 구조

MOSFET 전원과 BJT는 고전원 스위칭 분야에서 쓰인다. MOSFET는 높은 스위칭 속도가, BJT는 적은 전도 손실이 장점이다. MOSFET 전원의 스위칭 속도와 BJT의 적은 전도 손실을 혼합하여 우리는 이상적인 스위치에 접근을 시도할 수 있다.

이 혼합 소자는 **절연게이트 양극성 트랜지스터**(insulated-gate bipolar transistor: IGBT)라고 불린다. IGBT는 필수적으로 MOSFET의 기술을 포함한다. 이것의 구조와 작동은 MOSFET 전원과 매우 유사하다. 그림 13-30은 n-채널 IGBT의 기본 구조를 보여 준다. 이 구조는 p형 기판으로 이루어진 n채널 MOSFET와 유사하다. 이는 게이트, 이미터, 컬렉터 리드를 포함한다.

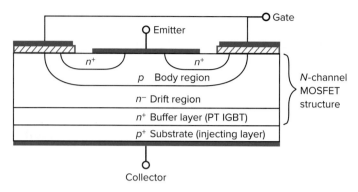

| 그림 13·30 | IGBT 기본 구조

이 소자의 두 가지 종류는 PT(punch through)와 NPT(nonpunch through) IGBT이다. 그림 13-30은 PT IGBT의 구조이다. PT IGBT는 p^+구역과 n^-구역 사이에 n^+버퍼층을 갖고 NPT 소자는 n^+버퍼층을 갖지 않는다.

NPT는 PT보다 높은 전도 $V_{CE(on)}$값을 갖고 양의 온도계수를 갖는다. 양의 온도계수는 NPT를 병렬에 적합하게 만들어 준다. 여분의 n^+층을 갖는 PT는 높은 스위칭 속도의 이점을 갖는다. 이는 음의 온도계수를 갖는다. 그림 13-30의 기본 구조와 함께 다양한 응용 기술로 그 외의 여러 종류의 IGBT가 제조된다. 그중의 하나가 FS(field stop) IGBT이다. FS IGBT는 PT와 NPT IGBT의 장점들을 결합하여 각 구조의 단점들을 보완한 것이다.

IGBT 제어

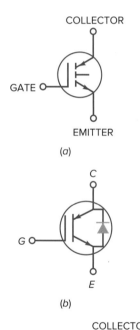

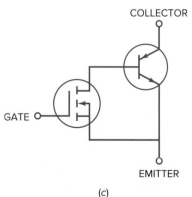

| 그림 13·31 | IGBT (a) 회로 기호; (b) 도식적 기호; (c) 단순 등가회로

그림 13-31*a*와 *b*는 *n*채널 IGBT의 두 가지 일반적인 기호를 나타낸다. 그림 13-31*b*에서 내장된 바디 다이오드는 전력 FET에서 볼 수 있는 바디 다이오드와 유사하다. 또한 그림 13-31*c*는 이 소자에 대한 단순화된 등가회로를 나타낸다. 보이는 것과 같이 IGBT는 필연적으로 입력부위가 MOSFET 전원, 출력부위가 BJT이다. 입력제어는 게이트와 이미터 리드 사이의 전압이다. 전력 FET와 같이 IGBT의 게이트 구동회로는 IGBT의 입력 커패시턴스의 빠른 스위칭을 위해서 빠른 충전과 방전이 가능해야 한다. 출력은 컬렉터와 이미터 리드 사이의 전류이다. IGBT의 출력은 BJT 구조에 영향을 받기 때문에 소자의 턴오프 속도는 전력 FET보다 느리다.

IGBT는 평상시-off 상태인 고입력 임피던스 소자이다. 입력전압 V_{GE}가 충분히 클 때 컬렉터전류가 흐르기 시작한다. 이 최소전압값은 게이트 문턱전압 $V_{GE(th)}$이다. 그림 13-32는 NPT-Trench 기술을 이용한 FGL60N100BNTD IGBT에 대한 데이터시트이다. 이 소자의 가장 일반적인 $V_{GE(th)}$는 $I_C = 60$ mA일 때 5.0 V이다. 최대 지속 컬렉터전류는 60 A이다. 다른 중요한 특성은 이 컬렉터의 이미터 포화전압 $V_{CE(sat)}$이다. 데이터시트에 나타난 일반적인 $V_{CE(sat)}$값은 10 A의 컬렉터전류에서 1.5 V이고, 60 A의 컬렉터전류에서 2.5 V이다.

IGBT 장점

IGBT의 전도 손실은 소자의 전압강하와 관련되어 있고, MOSFET 전도 손실은 $R_{DS(on)}$

FGL60N100BNTD

NPT-Trench IGBT

General Description

Trench insulated gate bipolar transistors (IGBTs) with NPT technology show outstanding performance in conduction and switching characteristics as well as enhanced avalanche ruggedness. These devices are well suited for Induction Heating (I-H) applications

Features

- High Speed Switching
- Low Saturation Voltage : $V_{CE(sat)}$ = 2.5 V @ I_C = 60A
- High Input Impedance
- Built-in Fast Recovery Diode

Application

Micro- Wave Oven, I-H Cooker, I-H Jar, Induction Heater, Home Appliance

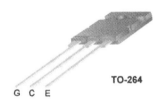

TO-264

Absolute Maximum Ratings T_C = 25°C unless otherwise noted

Symbol	Description		FGL60N100BNTD	Units
V_{CES}	Collector-Emitter Voltage		1000	V
V_{GES}	Gate-Emitter Voltage		± 25	V
I_C	Collector Current	@ T_C = 25°C	60	A
	Collector Current	@ T_C = 100°C	42	A
$I_{CM (1)}$	Pulsed Collector Current		120	A
I_F	Diode Continuous Forward Current	@ T_C = 100°C	15	A
P_D	Maximum Power Dissipation	@ T_C = 25°C	180	W
	Maximum Power Dissipation	@ T_C = 100°C	72	W
T_J	Operating Junction Temperature		-55 to +150	°C
T_{stg}	Storage Temperature Range		-55 to +150	°C
T_L	Maximum Lead Temp. for soldering Purposes, 1/8" from case for 5 seconds		300	°C

Notes :
(1) Repetitive rating : Pulse width limited by max. junction temperature

Thermal Characteristics

Symbol	Parameter	Typ.	Max.	Units
$R_{\theta JC}$(IGBT)	Thermal Resistance, Junction-to-Case	--	0.69	°C/W
$R_{\theta JC}$(DIODE)	Thermal Resistance, Junction-to-Case	--	2.08	°C/W
$R_{\theta JA}$	Thermal Resistance, Junction-to-Ambient	--	25	°C/W

FGL60N100BNTD Rev. A

| 그림 13-32 | IGBT 데이터시트(Fairchild Semiconductor Corp. 허락하에 수록함)

Electrical Characteristics of IGBT T_C = 25°C unless otherwise noted

Symbol	Parameter	Test Conditions	Min.	Typ.	Max.	Units
Off Characteristics						
BV_{CES}	Collector Emitter Breakdown Voltage	V_{GE} = 0V, I_C = 1mA	1000	--	--	V
I_{CES}	Collector Cut-Off Current	V_{CE} = 1000V, V_{GE} = 0V	--	--	1.0	mA
I_{GES}	G-E Leakage Current	V_{GE} = ± 25, V_{CE} = 0V	--	--	± 500	nA
On Characteristics						
$V_{GE(th)}$	G-E Threshold Voltage	I_C = 60mA, V_{CE} = V_{GE}	4.0	5.0	7.0	V
$V_{CE(sat)}$	Collector to Emitter Saturation Voltage	I_C = 10A, V_{GE} = 15V	--	1.5	1.8	V
		I_C = 60A, V_{GE} = 15V	--	2.5	2.9	V
Dynamic Characteristics						
C_{ies}	Input Capacitance	V_{CE}=10V, V_{GE} = 0V, f = 1MHz	--	6000	--	pF
C_{oes}	Output Capacitance		--	260	--	pF
C_{res}	Reverse Transfer Capacitance		--	200	--	pF
Switching Characteristics						
$t_{d(on)}$	Turn-On Delay Time	V_{CC} = 600 V, I_C = 60A, R_G = 51Ω, V_{GE}=15V, Resistive Load, T_C = 25°C	--	140	--	ns
t_r	Rise Time		--	320	--	ns
$t_{d(off)}$	Turn-Off Delay Time		--	630	--	ns
t_f	Fall Time		--	130	250	ns
Q_g	Total Gate Charge	V_{CE} = 600 V, I_C = 60A, V_{GE} = 15V, , T_C = 25°C	--	275	350	nC
Q_{ge}	Gate-Emitter Charge		--	45	--	nC
Q_{gc}	Gate-Collector Charge		--	95	--	nC

Electrical Characteristics of DIODE T_C = 25°C unless otherwise noted

Symbol	Parameter	Test Conditions	Min.	Typ.	Max.	Units
V_{FM}	Diode Forward Voltage	I_F = 15A	--	1.2	1.7	V
		I_F = 60A	--	1.8	2.1	V
t_{rr}	Diode Reverse Recovery Time	I_F = 60A di/dt = 20 A/us		1.2	1.5	us
I_R	Instantaneous Reverse Current	V_{RRM} = 1000V	--	0.05	2	uA

FGL60N100BNTD Rev. A

| 그림 13-32 | (계속)

과 연관되어 있다. 저전압 응용에서의 MOSFET 전원은 극도로 낮은 $R_{D(on)}$ 저항값을 갖는다. 그러나 고전압 응용에서의 MOSFET는 증가한 전도 손실 때문에 증가한 $R_{DS(on)}$값을 갖는다. IGBT는 이러한 특성을 갖지 못한다. IGBT는 또한 MOSFET의 최대값 V_{DSS}와 비교하여 매우 높은 컬렉터-이미터 항복전압을 갖는다. 그림 13-32의 데이터시트가 보여주듯이 V_{CES}값은 1,000 V이다. 이것은 유도가열(inductive heating: IH) 장치와 같은 고전압 유도 부하에 이용될 때 중요하다. 고전압 전 H-브리지와 반-브리지 회로에 이상적이다.

BJT와 비교하여 IGBT는 매우 높은 입력임피던스를 갖고 더 단순한 게이트 드라이브를 갖는다. IGBT가 MOSFET의 스위칭 속도와 같지 않더라도, 새로운 IGBT는 고주파 응용을 위해 개발되고 있다. 그러므로 IGBT는 일반적인 주파수에서 고전압 전류 응용에 효과적인 해결책이 될 것이다.

응용예제 13-10

그림 13-33에 나타난 회로의 기능은 무엇인가?

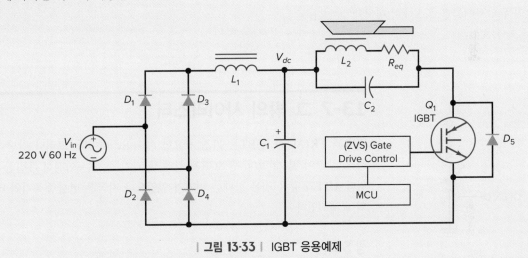

| 그림 13-33 | IGBT 응용예제

풀이 그림 13-33의 간단한 도식은 SE(single-ended) 공진형 인버터이다. 이것은 유도가열 장치의 효율적인 에너지 사용에 이용될 수 있다. 이와 같은 유형의 인버터는 밥솥, 전자레인지 등과 같은 가전제품에서 볼 수 있는데 이 회로는 어떻게 동작될까?

220 V_{ac} 입력전압은 브리지 정류 다이오드(D_1-D_4)에 의해서 정류된다. L_1과 C_1은 저역통과, 초크입력 필터를 구성한다. 필터의 출력단은 인버터에 필요한 직류전압이다. 등가 직류저항 R_{eq}와 함께 1차 코일 L_2와 C_2는 병렬 공진 탱크회로를 구성한다. L_2는 또한 변압기의 1차 가열코일 역할을 한다. 이 변압기의 2차 코일과 부하는 저항이 낮은 철금속 성분이고 높은 투자율(permeability)을 갖는다. 이 부하는 단락부하와 함께 2차 권선으로써 표면을 가열한다.

Q_1은 빠른 스위칭 속도, 낮은 $V_{CE(sat)}$, 높은 블로킹 전압을 갖는 IGBT이다. D_5는 역병렬 다이오드이거나 본래의 바디 다이오드가 될 수 있다. IGBT의 게이트는 게이트 구동 제어(gate drive control) 회로와 연결되어 있다. 이 게이트 구동회로는 주로 MCU(microcontroller unit)가 제어한다.

적절한 게이트 입력신호가 Q_1에 가해져서 턴온이 되면 전류가 L_2를 통해 흐르게 되고, IGBT의 컬렉터에서 이미터로 흐른다. 1차 코일 L_2에 전류가 흐르면 자기장이 확장되고 이것이 2차 부하 권선인 가열 요소의 양단을 차단한다. Q_1이 턴오프될 때 L_2의 자기장에 저장되었던 에너지가 없어지고 C_2가 충전된다. 이것으로 Q_1의 컬렉터에는 높은 양(+)전압이 형성되고 이 차단전압이 off상태를 유지시킨다. C_2는 L_2를 통한 방전으로 에너지를 반대방향으로 되돌리면서 병렬 공진형 전류를 발생시킬 것이다. L_2의 자기장 확장과 붕괴는 부하 요소의 양단을 차단한다. 보통 와전류에 의한 열손실은 얇은 판(lamination) 사용으로 감소된다. 부하 요소는 얇은 판을 사용하지 않기 때문에 이 열손실은 생산적인 열에너지로 변환될 수 있다. 이것이 유도가열(IH)의 원리이다. 이 유도가열 과정의 효과를 높이기 위해서 L_2와 C_2의 값은 20~100 kHz에서 공진주파수를 갖도록 정해진다. 코일 전류의 주파수가 높아질수록 더 강한 유도전류가 부하 표면에서 흐른다. 이것을 **표피효과**(*skin effect*)라고 한다.

공진형 인버터의 효율은 매우 중요하다. 이 회로의 주요 전력손실은 IGBT의 스위칭 손실이다. 높은 에너지 변환 효율을 위해서는 스위칭하는 순간의 IGBT의 전압 또는 전류를 제어해야 한다. 이것을 **소프트 스위칭**(*soft switching*)이라 한다. *LC* 공진회로와 IGBT의 컬렉터에서 이미터 양단의 역병렬 다이오드에 의해서 만들어지는 공진을 이용하여 스위칭 회로의 전압과 전류를 거의 0으로 만들 수 있다. MCU로부터의 게이트 스위치 제어는 회로가 턴온(ZVS)하기 직전에 스위칭 회로 전압 V_{CE}를 0으로 하고, 턴오프되기 직전에 IGBT 전류는 0(ZCS) 가까이로 흐른다.

게이트 구동 신호가 *LC* 탱크회로의 공진주파수일 때 최대 전력이 부하 요소에 전달된다. 부하의 온도는 게이트 구동 주파수와 듀티사이클을 조절해서 제어할 수 있다.

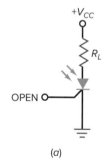

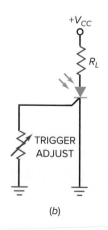

│ 그림 13·34 │ 광 SCR

13-7 그 밖의 사이리스터

SCR과 TRIAC과 IGBT는 가장 중요한 사이리스터이다. 그러나 간단히 살펴볼 가치가 있는 것이 몇 개 있다. 광 SCR과 같은 몇 가지 소자는 여전히 특별한 분야에 쓰이고 있다. UJT와 같은 것은 한때는 인기가 있었으나 지금은 연산증폭기와 타이머 IC로 거의 교체되었다.

광 SCR

그림 13-34a는 광 SCR(*photo-SCR*)을 나타내며 **광활성** SCR(*light-activated SCR: LASCR*)로도 알려져 있다. 화살표는 창(window)을 통해 공핍층에 부딪히는 입사광을 나타낸다. 빛의 강도가 충분히 큰 경우 가전자 대역의 전자는 궤도로부터 이탈하여 자유전자가 된다. 이 자유전자가 정귀환을 발생시키며 광 SCR은 동작한다.

광 트리거가 광 SCR을 동작시킨 후 비록 광이 사라진다 해도 광 SCR은 그 상태를 유지한다. 광에 대한 최대감도를 나타내는 곳에서 게이트는 그림 13-34a와 같이 개방되어 있다. 트립점을 조절하기 위해 그림 13-34b와 같은 조정단자를 포함시킬 수 있다. 게이트와 접지 사이의 저항은 광으로 생성된 전자를 제어하며 입사광에 대한 회로의 감도를 조절한다.

게이트제어 스위치

앞서 언급했듯이 저전류 강하는 SCR을 개방시키기 위한 통상적 방법이지만 게이트제

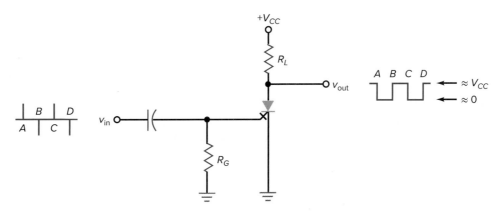

| 그림 13·35 | 게이트제어 스위치

어 스위치는 역방향 바이어스된 트리거로 쉽게 개방될 수 있도록 설계되어 있다. 게이트제어 스위치는 양의 트리거에 의해 단락되고 음의 트리거에 의해 개방된다.

그림 13-35는 게이트 제어회로를 나타낸다. 각각의 양의 트리거는 게이트제어 스위치를 단락시키며 음의 트리거는 게이트제어 스위치를 개방시킨다. 이런 이유로 출력으로 구형파를 얻는다. 게이트제어 스위치는 계수기, 디지털회로 등 음의 트리거가 이용되는 분야에 사용된다.

실리콘제어 스위치

그림 13-36*a*는 실리콘제어 스위치의 도핑영역을 나타내며 외부단자는 각 도핑영역에 연결되어 있다. 그림 13-36*b*와 같이 소자를 양분시키면 그림 13-36*c*와 같이 양쪽 베이스로 접근 가능한 래치와 등가이다. 어느 베이스에서든지 순방향 바이어스 트리거는 실리콘제어 스위치를 단락시키고 같은 방식으로 어느 베이스에서든지 역방향 바이어스 트리거는 소자를 개방시킨다.

그림 13-36*d*는 실리콘제어 스위치의 기호를 나타낸다. 아래쪽 게이트를 캐소드 게이트라 부르고 위쪽 게이트를 애노드 게이트라 부른다. 실리콘제어 스위치는 SCR과 비교

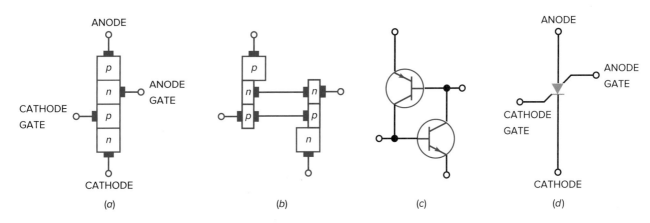

| 그림 13·36 | 실리콘제어 스위치

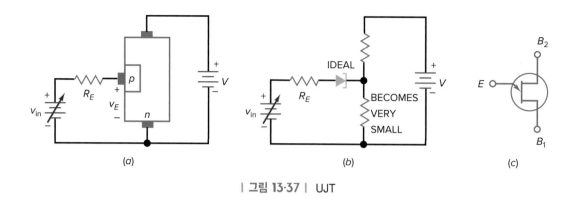

| 그림 13·37 | UJT

할 때 저전력 소자이며 A 단위보다는 mA 단위의 전류로 구동되는 소자이다.

단접합 트랜지스터와 PUT

단접합 트랜지스터(unijunction transistor: UJT)는 그림 13-37a와 같이 도핑된 두 영역을 가진다. 입력전압이 0일 때 소자는 동작하지 않는다. 입력전압이 데이터시트에 있는 **분리비**(*standoff ratio*) 이상으로 되면 p영역과 아래 n영역 사이의 저항이 그림 13-37b에 나타낸 것과 같이 아주 작게 된다. 그림 13-37c는 UJT의 기호이다.

UJT는 그림 13-38에 보이는 UJT 이완발진기(relaxation oscillator)라 불리는 펄스 발생기 회로를 구성할 때 사용된다. 이 회로에서 커패시터는 V_{BB}로 충전된다. 커패시터 전압이 격리 전압과 같은 값에 이르면 UJT가 켜진다. 내부의 낮은 베이스저항은 커패시터가 방전되도록 낮은 값으로 떨어진다. 커패시터방전은 저전류 강하가 일어날 때까지

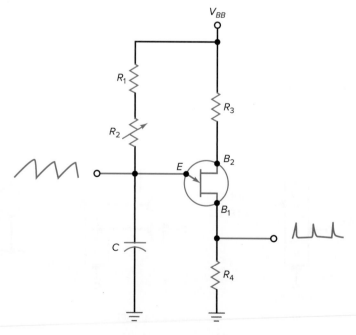

| 그림 13·38 | UJT 이완발진기

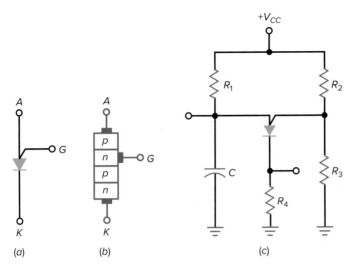

| 그림 13-39 | PUT (a) 기호; (b) 구조; (c) PUT 회로

계속된다. 이러한 일이 일어날 때 UJT는 턴오프되고 커패시터는 V_{BB}로 다시 한번 충전된다. 충전된 RC시정수는 일반적으로 방전된 시정수보다 크다.

B_1에 외부저항을 통하여 발생된 펄스는 SCR과 TRIAC 회로의 전도각을 제어하기 위한 트리거 소스로 사용될 수 있다. 커패시터에 걸리는 전압은 톱니파를 필요로 하는 분야에서 이용될 수 있다.

프로그래머블 단접합 트랜지스터(programmable unijunction transistor: PUT)는 UJT 회로와 비슷한 트리거 펄스와 파형을 만들어 낼 때 사용되는 4층의 *pnpn* 소자이다. 그림 13-39*a*는 PUT 회로의 기호를 나타낸 것이다.

그림 13-39*b*에서 보이듯이 이것의 기본적인 구조는 UJT와는 매우 다르고 SCR과 매우 유사하다. 게이트 리드는 애노드 옆의 *n*층과 연결되어 있다. *pn*접합부는 소자의 on, off 상태를 제어하기 위해 사용된다. 캐소드 단자는 일반적으로 접지점인 게이트보다는 낮은 전압점에 연결되어 있다. 애노드전압이 게이트전압보다 높은 0.7 V 정도가 되면 PUT가 on이 된다. 소자는 애노드전류가 일반적으로 장벽전류 I_V로 주어진 정격된 전류 아래로 떨어질 때까지 그 상태를 유지한다. 이러한 일이 일어날 때, 소자는 off 상태로 전환된다.

PUT는 게이트전압이 외부 전압분배기에 의해 결정되기 때문에 프로그램할 수 있다고 여겨진다. 이는 그림 13-39*c*에 나타난다. 외부저항 R_2와 R_3는 게이트전압 V_G를 만든다. 이 저항값을 변화시킴으로써 게이트의 전압은 정의될 수 있기 때문에, 점화를 위해 요구되는 애노드전압을 바꾼다. 커패시터가 R_1을 통하여 충전될 때 이는 반드시 V_G보다 높은 약 0.7 V의 전압값에 이를 것이다. 이 점에서 PUT는 변환되고 커패시터는 방전된다. UJT와 같이 톱니파와 트리거 펄스를 사이리스터를 제어하기 위해 이용한다.

UJT와 PUT는 한때 발진기, 타이머 등을 만드는 데 인기가 있었다. 앞서 언급했듯이 마이크로제어기와 함께 이들 소자들은 연산증폭기와 타이머 IC(555와 같은)에 의해 여러 응용분야에서 교체되고 있다.

13-8 고장점검

저항, 다이오드, 트랜지스터 등의 결함을 찾기 위해 회로 고장을 진단할 때는 소자 레벨에서 하며 실제 앞의 장들에서 이와 같은 **소자 레벨**에서의 진단을 실행하였다. 이 장에서의 고장점검은 옴의 법칙을 사용하여 논리적으로 생각하는 방법을 가르쳐 주므로 보다 고차원적인 고장점검을 위한 기초가 된다.

여기서 우리는 고장점검을 실제 **시스템 레벨**에서 하기를 원한다. 이것은 전체 회로 중에서 기능이 다른 각 부분의 동작을 기능적으로 분류하여 생각하는 것을 의미한다. 이 같은 고차원적인 고장점검에 대한 아이디어는 이 장 말미의 "고장점검"을 참고하기 바란다(그림 13-49).

이것은 SCR 부하보호 회로 중에서 전원공급부를 기능별로 나타낸 다이어그램으로서 각기 다른 점에서 전압을 측정하므로 특정 블록의 고장을 분리할 수 있고 필요에 따라 고장 난 블록에서 소자 레벨의 고장점검까지도 할 수 있다.

종종 제조업체의 설명서에서 각 블록의 기능이 열거된 블록다이어그램을 접할 수 있다. 예를 들어 TV 수신기의 설명서에는 각 기능별 블록이 제시되어 있어 각 블록의 입력과 출력 신호를 예상할 수 있고 고장 난 블록은 분리시켜 고장점검을 행할 수 있다. 또 고장 난 블록을 분리한 후 블록 전체를 대체하거나 소자 레벨에서의 고장점검도 행할 수 있다.

요점 __ *Summary*

13-1 4층 다이오드
사이리스터는 내부적인 정귀환을 이용하여 래치동작을 하는 반도체 소자이다. 4층 다이오드는 가장 간단한 사이리스터이며 쇼클리 다이오드라고도 한다. 이 소자는 브레이크오버로 단락되며 저전류 강하로 개방된다.

13-2 실리콘제어정류기
실리콘제어정류기(SCR)는 가장 널리 사용되는 소자로서 큰 전류를 on-off할 수 있다. 턴온하기 위해 최소 게이트 전압 및 전류를 가하며 턴오프하기 위해 애노드전압을 거의 0으로 한다.

13-3 SCR 부하보호 회로
SCR의 중요한 응용 중의 하나는 민감하고 비싼 부하를 과전압으로부터 보호하는 것이다. SCR 부하보호 회로와 함께 퓨즈나 전류제한 회로를 사용하여 과전류로 인해 전원공급기가 손상되지 않도록 해야 한다.

13-4 SCR 위상제어
*RC*회로를 이용하여 게이트전압의 위상각을 0~90°까지 조절하며 부하에 흐르는 평균전류를 제어할 수 있다. 더 나은 위상 제어회로를 사용하면 위상각을 0~180°까지 조절할 수 있으므로 평균 부하전류를 더욱 조절할수 있다.

13-5 양방향 사이리스터
DIAC은 어느 방향으로든지 전류를 래치할 수 있다. 소자양단 전압이 브레이크오버전압을 초과하면 턴온된다. TRIAC은 SCR과 유사한 게이트제어 소자이다. 위상제어기와 함께 TRIAC은 파형 전체에 걸쳐 평균 부하전류를 제어할 수 있다.

13-6 IGBT
IGBT는 안쪽 면에 MOSFET 전원과 바깥쪽 면은 BJT로 구성된 소자이다. 이러한 조합은 간단한 입력 게이트 드라이브를 요구하고 출력은 적은 전도 손실을 갖는 소자를 만든다. IGBT는 고전압, 고전류 스위칭 분야에서 전력 MOSFET 이상의 장점을 가지고 있다.

13-7 그 밖의 사이리스터
광 SCR은 강도가 큰 광이 입사할 때 래치한다. 게이트제어 스위치는 양의 트리거에 의해 턴온되고 음의 트리거에 의해 턴오프된다. 또한 게이트제어 스위치는 2개의 입력 트리거 게이트를 가지며 어느 한 게이트를 트리거하여도 소자를 on-off할 수 있다. UJT는 한때 발진기, 타이머 등을 만드는 데 사용되었다.

13-8 고장점검
지항, 다이오드, 트랜시스터 등의 결함을 찾기 위해 회로 고장을 진단할 때는 소자 레벨에서 행해졌다. 기능적으로 분류하여 고장점검을 한다면 시스템 레벨에서 수행하는 것을 의미한다.

중요 수식 __ *Important Formulas*

(13-1) SCR을 on시키기 위한 전압:

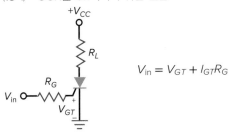

$$V_{in} = V_{GT} + I_{GT}R_G$$

(13-2) SCR이 리셋된 상태:

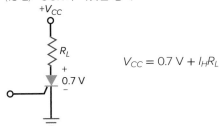

$$V_{CC} = 0.7 \text{ V} + I_H R_L$$

(13-3) 과전압 공급으로 인한 부하보호 회로:

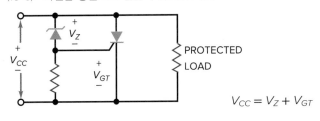

$$V_{CC} = V_Z + V_{GT}$$

(13-4) *RC* 위상제어 임피던스:

$$Z_T = \sqrt{R^2 + X_C^2}$$

(13-5) *RC* 위상제어각:

$$\theta_Z = -\arctan \frac{X_C}{R}$$

연관 실험 __ *Correlated Experiments*

실험 36

실리콘제어정류기

복습문제 __ *Self–Test*

1. 사이리스터는 무엇으로 사용될 수 있나?
   a. 저항
   b. 증폭기
   c. 스위치
   d. 전원

2. 정귀환에서 되돌아오는 신호가 의미하는 것은?
   a. 원래 변화와 반대이다.
   b. 원래 변화를 더한 것이다.
   c. 부귀환과 등가이다.
   d. 증폭된다.

3. 래치는 항상 무엇을 사용하는가?
   a. 트랜지스터　　b. 부귀환
   c. 전류　　　　　d. 정귀환

4. 4층 다이오드를 구동시키려면 무엇이 필요한가?
   a. 양(+)의 트리거
   b. 저전류 강하
   c. 브레이크오버
   d. 역방향 바이어스 트리거

5. 사이리스터를 턴온할 수 있는 최소 입력전류를 무엇이라 부르는가?
   a. 유지전류
   b. 트리거전류
   c. 브레이크오버 전류
   d. 저전류 강하

6. 동작하고 있는 4층 다이오드를 정지시키는 유일한 방법은?
   a. 양(+)의 트리거
   b. 저전류 강하

   c. 브레이크오버
   d. 역방향 바이어스 트리거

7. 사이리스터의 턴온을 유지시키는 최소 애노드전류를 무엇이라 부르는가?
   a. 유지전류
   b. 트리거전류
   c. 브레이크오버 전류
   d. 저전류 강하

8. 실리콘제어정류기는 무엇을 가지는가?
   a. 2개의 외부단자
   b. 3개의 외부단자
   c. 4개의 외부단자
   d. 3개의 도핑영역

9. SCR은 항상 무엇에 의해 턴온되는 가?
   a. 브레이크오버
   b. 게이트 트리거
   c. 항복
   d. 유지전류

10. SCR은 무엇인가?
    a. 저전력 소자
    b. 4층 다이오드
    c. 고전류 소자
    d. 양방향성

11. 과대한 공급전압으로부터 부하를 보호하기 위한 유용한 방법은?
    a. 부하보호 회로의 사용
    b. 제너 다이오드의 사용
    c. 4층 다이오드의 사용
    d. 사이리스터의 사용

12. *RC*스너버는 무엇에 대비하여 SCR 을 보호하는가?
    a. 공급초과 전압
    b. 잘못된 트리거링
    c. 브레이크오버
    d. 부하보호 회로

13. 전원공급에 부하보호 회로를 사용 할 때 퓨즈 또는 무엇을 필요로 하는 가?
    a. 적절한 트리거전류
    b. 유지전류
    c. 필터
    d. 전류제한기

14. 광 SCR은 무엇에 대해 반응하는 가?
    a. 전류
    b. 전압
    c. 습기
    d. 빛

15. DIAC은 무엇인가?
    a. 트랜지스터
    b. 단방향성 소자
    c. 3층 소자
    d. 양방향성 소자

16. TRIAC은 무엇과 등가인가?
    a. 4층 다이오드
    b. 두 DIAC의 병렬
    c. 게이트단자를 가진 사이리스터
    d. 두 SCR의 병렬

17. UJT는 무엇처럼 동작하는가?
    a. 4층 다이오드
    b. DIAC
    c. TRIAC
    d. 래치

18. 사이리스터는 무엇으로 턴온시킬 수 있는가?
    a. 브레이크오버
    b. 순방향 바이어스 트리거링
    c. 저전류 강하
    d. 역방향 바이어스 트리거링

19. 쇼클리 다이오드는 무엇과 같은가?
    a. 4층 다이오드
    b. SCR
    c. DIAC
    d. TRIAC

20. SCR의 트리거전압에 가장 가까운 것은?
    a. 0
    b. 0.7 V
    c. 4 V
    d. 브레이크오버 전압

21. 사이리스터는 무엇으로 차단시킬 수 있는가?
    a. 브레이크오버
    b. 순방향 바이어스 트리거링
    c. 저전류 강하
    d. 역방향 바이어스 트리거링

22. 임계상승률이 초과되면?
    a. 지나친 전력소모가 일어난다.
    b. 잘못 트리거된다.
    c. 저전류 강하가 일어난다.
    d. 역방향 바이어스 트리거가 일어난다.

23. 4층 다이오드를 때로는 어떻게 부르 는가?
    a. UJT
    b. DIAC
    c. *pnpn* 다이오드
    d. 스위치

24. 래치는 무엇에 기초한 것인가?
    a. 부귀환
    b. 정귀환
    c. 4층 다이오드
    d. SCR 동작

25. SCR은 어떤 경우에 스위치로 사용 될 수 있는가?
    a. 브레이크오버 전압이 초과될 때
    b. I_{GT}가 적용되었을 때
    c. 전압 증가의 비율이 초과될 때
    d. 위의 모든 경우

26. 옴미터를 이용한 SCR을 적절히 테 스트하기 위한 방법은?
    a. 옴미터는 SCR 브레이크오버 전압 을 공급해야 한다.
    b. 옴미터는 0.7 V 이상 공급할 수 없다.
    c. 옴미터는 SCR 변환 브레이크 전압 을 공급해야 한다.
    d. 옴미터는 SCR 유지전류를 공급해 야 한다.

27. 단일 *RC* 위상제어 회로 최대 점화 각은?
    a. 45°
    b. 90°
    c. 180°
    d. 360°

28. TRIAC은 일반적으로 무엇에 민감 하다고 여겨지는가?
    a. Quadrant 1
    b. Quadrant 2
    c. Quadrant 3
    d. Quadrant 4

29. IGBT는 필수적으로 어떤 것인가?
    a. 입력은 BJT, 출력은 MOSFET
    b. 입력은 MOSFET, 출력도 MOSFET
    c. 입력은 MOSFET, 출력은 BJT
    d. 입력은 BJT, 출력도 BJT

30. IGBT의 정격 출력전압의 최대값 은?
    a. $V_{GS(on)}$
    b. $V_{CE(sat)}$
    c. $V_{DS(on)}$
    d. V_{CES}

31. PUT는 _____ 을(를) 이용하여 프로 그래밍할 수 있다고 여겨진다.
    a. 외부 게이트 저항
    b. 캐소드 전압 단계 적용
    c. 외부 커패시터
    d. 도핑된 *pn*접합부

기본문제 __ *Problems*

13-1 4층 다이오드

13-1 그림 13-40*a*의 1N5160은 전도상태이다. 만일 강하점에서 다이오드 양단전압이 0.7 V라면 다이오드가 개방되었을 때 *V*의 값은 얼마인가?

13-2 그림 13-40*b*의 커패시터는 0.7 V에서 12 V로 충전되어 4층 다이오드가 브레이크오버되었다. 다이오드가 브레이크오버되기 직전의 5 kΩ을 흐르는 전류는 얼마인가? 또 다이오드가 on되면 5 kΩ을 흐르는 전류를 구하라.

13-3 그림 13-40*b*에서 충전 시의 시정수를 구하라. 톱니파형이 시정수와 같다면 주파수는 얼마인가?

13-4 그림 13-40*a*에서 브레이크오버 전압이 20 V, 유지전류가 3 mA로 바뀌면 다이오드를 턴온시키는 전압과 턴오프시키는 전압은 각각 얼마인가?

13-5 그림 13-40*b*에서 공급전압이 50 V로 바뀌면 커패시터에 걸리는 최대전압은 얼마인가? 만약 저항이 2배로 되고 커패시터가 3배로 되면 시정수는 얼마인가?

13-2 실리콘제어정류기

13-6 그림 13-41의 SCR은 V_{GT} = 1.0 V, I_{GT} = 2 mA, I_H = 12 mA 이다. SCR이 off될 때 출력전압은 얼마인가? 또 SCR을 트리거하는 입력전압은 얼마인가? 만일 SCR이 개방될 때까지 V_{CC}를 감소시키면 개방 시의 값은 얼마인가?

13-7 그림 13-41에서 모든 저항이 2배가 되었다. SCR의 트리거전류가 1.5 mA라면 SCR을 트리거하는 입력전압은 얼마인가?

13-8 그림 13-42에서 저항이 R_3 = 500 Ω으로 되면 피크 출력전압은 얼마인가?

13-9 그림 13-41의 SCR이 게이트 트리거전압 1.5 V, 게이트 트리거전류 15 mA, 유지전류 10 mA이면 SCR을 트리거하는 입

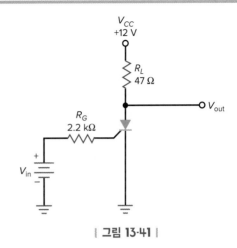

| 그림 **13·41** |

력전압은 얼마인가? 또한 SCR을 리셋시키는 전압은 얼마인가?

13-10 그림 13-41에서 저항값이 3배로 되었다. 만약 SCR이 V_{GT} = 2 V, I_{GT} = 8 mA이면 트리거시키는 입력전압은 얼마인가?

13-11 그림 13-42에서 저항이 R_3 = 750 Ω으로 조정되었다. 충전할 때 시정수를 구하라. 또한 테브난 저항은?

13-12 그림 13-43에서 저항 R_2가 4.6 kΩ이다. 이 회로에 대한 점화각과 전도각은? C를 통한 교류전압은 얼마인가?

13-13 그림 13-43에서 R_2를 조정할 때 점화각의 최대값과 최소값은?

13-14 그림 13-43에서 SCR의 최소 및 최대 전도각은?

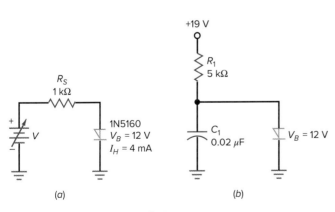

| 그림 **13·40** |

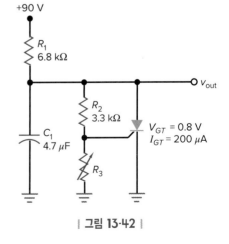

| 그림 **13·42** |

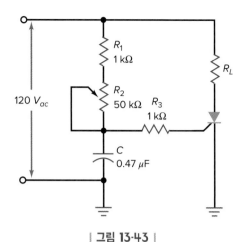

| 그림 13-43 |

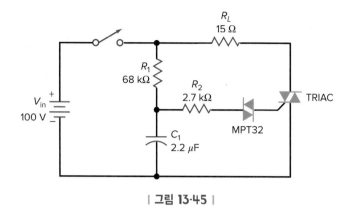

| 그림 13-45 |

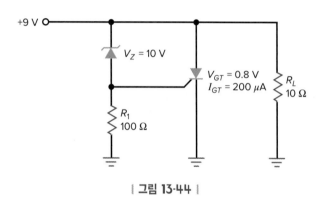

| 그림 13-44 |

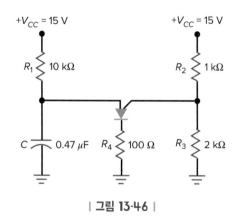

| 그림 13-46 |

13-3 SCR 부하보호 회로

13-15 그림 13-44에서 부하회로를 트리거시키는 공급전압을 구하라.

13-16 그림 13-44의 제너 다이오드가 ±10%의 허용오차를 가지며 트리거전압이 1.5 V라면 SCR을 트리거시키는 최대 공급전압은 얼마인가?

13-17 그림 13-44에서 제너전압이 10 V에서 12 V로 바뀌면 SCR을 트리거시키는 공급전압은 얼마인가?

13-18 그림 13-44에서 제너 다이오드가 1N4741A로 바뀌면 SCR 부하보호 회로를 트리거하는 공급전압을 구하라.

13-5 양방향 사이리스터

13-19 그림 13-45에서 DIAC의 브레이크오버 전압은 20 V이고 TRIAC의 게이트 트리거전압은 2.5 V이다. TRIAC을 턴온시키는 커패시터전압은 얼마인가?

13-20 그림 13-45에서 TRIAC이 on될 때 부하전류는 얼마인가?

13-21 그림 13-45에서 저항이 2배로, 커패시터가 3배로 되었다. DIAC의 브레이크오버 전압은 28 V이고, TRIAC의 게이트 트리거전압은 2.5 V이면 TRIAC을 턴온시키는 커패시터전압은 얼마인가?

13-7 그 밖의 사이리스터

13-22 그림 13-46에서 PUT가 점화될 때 애노드와 게이트전압값은?

13-23 그림 13-46에서 PUT가 점화될 때 R_4를 지나는 이상적인 피크전압은?

13-24 그림 13-46에서 커패시터를 통과하는 전압 파형은 어떻게 그려지는가? 또한 이 파형의 최대 및 최소 전압값은 어떠한가?

응용문제 __ *Critical Thinking*

13-25 그림 13-47*a*는 과전압 표시기를 나타낸다. 전구를 턴온시키는 전압은 얼마인가?

13-26 그림 13-47*b*에서 피크 출력전압은 얼마인가?

13-27 톱니파의 주기가 시정수의 20%이면 그림 13-47*b*의 회로에서 최대 및 최소 주파수를 구하라.

13-28 그림 13-48의 회로는 암실에 있다. 출력전압은 얼마인가? 밝은 빛을 비추면 사이리스터는 동작한다. 출력전압은 대략 얼마인가? 100 Ω에 흐르는 전류를 구하라.

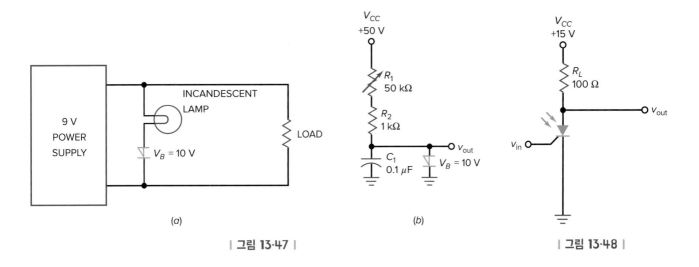

(a)

| 그림 13·47 |

(b)

| 그림 13·48 |

고장점검 __ *Troubleshooting*

문제 13-29와 13-30에 대하여 그림 13-49를 사용하라. 이 공급전원은 커패시터입력 필터를 동작시키는 브리지형 정류기를 가지고 있다. 따라서 필터된 직류전압은 거의 2차전압의 피크값과 같다. 단위 표시가 안 된 것은 V의 값이며 점 *A, B, C*에서 측정된 전압은 모두 실효값이다. 또 점 *D, E, F*에서 측정된 전압은 직류전압 값이다. 이 문제는 시스템 레벨에서의 고장점검 문제로서 많은 실험을 통해 가장 의심스러운 블록을 찾아내는 것을 의미한다. 예를 들어 전압이 점 *B*에서는 맞지만 점 *C*에서 잘못되었다면 여러분은 "transformer"라고 대답해야 한다.

13-29 *T1*~*T4*의 고장을 진단하라.

13-30 *T5*~*T8*의 고장을 진단하라.

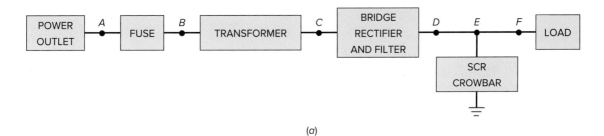

(a)

| 그림 13·49 | 고장점검

Troubleshooting

Trouble	V_A	V_B	V_C	V_D	V_E	V_F	R_L	SCR
OK	115	115	12.7	18	18	18	100 Ω	Off
T1	115	115	12.7	18	0	0	100 Ω	Off
T2	0	0	0	0	0	0	100 Ω	Off
T3	115	115	0	0	0	0	100 Ω	Off
T4	115	0	0	0	0	0	0	Off
T5	130	130	14.4	20.5	20.5	20.5	100 Ω	Off
T6	115	115	12.7	0	0	0	100 Ω	Off
T7	115	115	12.7	18	18	0	100 Ω	Off
T8	115	0	0	0	0	0	100 Ω	Off

(b)

┃ 그림 13·49 ┃ (계속)

MultiSim 고장점검 문제 __ *MultiSim Troubleshooting Problems*

멀티심 고장점검 파일들은 http://mhhe.com/malvino9e의 온라인학습센터(OLC)에 있는 멀티심 고장점검 회로(MTC)라는 폴더에서 찾을 수 있다. 이 장에 관련된 파일은 MTC13-31~MTC13-35로 명칭되어 있고 모두 그림 13-49의 회로를 바탕으로 한다.

각 파일을 열고 고장점검을 실시한다. 결함이 있는지 결정하기 위해 측정을 실시하고, 결함이 있다면 무엇인지를 찾아라.

13-31 MTC13-31 파일을 열어 고장점검을 실시하라.

13-32 MTC13-32 파일을 열어 고장점검을 실시하라.

13-33 MTC13-33 파일을 열어 고장점검을 실시하라.

13-34 MTC13-34 파일을 열어 고장점검을 실시하라.

13-35 MTC13-35 파일을 열어 고장점검을 실시하라.

직무 면접 문제 __ *Job Interview Questions*

1. 두 개의 트랜지스터로 구성된 래치를 그려라. 그리고 어떻게 정귀환이 트랜지스터를 포화 및 차단 상태로 만드는지 설명하라.

2. 기본적인 SCR 부하보호 회로를 그려라. 동작원리, 즉 어떻게 동작하는지 상세히 말하라.

3. 위상제어된 SCR 회로를 그려라. 교류 선전압과 게이트전압의 파형을 포함하여 동작원리를 설명하라.

4. 사이리스터 회로에서 스너버 회로의 목적은?

5. 알람회로에 SCR을 어떻게 사용할 수 있는가? 트랜지스터 트리거를 사용하는 것보다 왜 더 나은가? 간단한 개략도를 그려라.

6. 기술자가 전자분야에서 사이리스터를 사용 중인 곳은 어디인가?

7. 고전력 증폭기의 사용에 대해 전력 BJT, 전력 FET 및 SCR을 서로 비교하라.

8. 쇼클리 다이오드와 SCR의 동작상의 차이를 설명하라.

9. 고전력 스위칭을 위해 이용되는 MOSFET와 IGBT를 비교하라.

복습문제 해답 __ *Self–Test Answers*

1.	c	**9.**	b	**17.**	d	**25.**	d
2.	b	**10.**	c	**18.**	a	**26.**	d
3.	d	**11.**	a	**19.**	a	**27.**	b
4.	c	**12.**	b	**20.**	b	**28.**	a
5.	b	**13.**	d	**21.**	c	**29.**	c
6.	b	**14.**	d	**22.**	b	**30.**	b
7.	a	**15.**	d	**23.**	c	**31.**	a
8.	b	**16.**	d	**24.**	b		

연습문제 해답 __ *Practice Problem Answers*

13-1 $I_D = 113$ mA

13-2 $V_{in} = 1.7$ V

13-3 $F = 250$ kHz

13-4 $V_{in} = 10$ V; $V_{CC} = 2.5$ V

13-6 $V_{CC} = 6.86$ V (최악의 경우)

13-7 $\theta_{firing} = 62°$; $\theta_{conduction} = 118°$

13-8 $I_R = 5.45$ A

13-9 $V_{in} = 25$ V

14

주파수 효과
Frequency Effects

이전 장들에서는 증폭기의 정상적인 주파수 대역 동작에 대해 살펴보았다. 이제 우리는 증폭기가 일반적인 주파수 범위를 벗어난 주파수 입력에 대해 어떻게 동작하는지를 살펴보고자 한다. 교류증폭기(ac amplifier)는 입력주파수가 너무 작거나 너무 클 때 전압이득은 감소한다. 반면에 직류증폭기(dc amplifier)는 주파수가 0 Hz에서도 전압이득(A)을 가진다. 그러나 고주파수에서는 직류증폭기의 전압이득도 감소한다. 또한 데시벨을 사용하여 전압이득을 표현하고 증폭기의 응답을 그래프로 만든 보드 선도를 이용할 수 있다.

Chris Knapton/Stockbyte/Getty Images

학습목표

목차

주요 용어

귀환 커패시터(feedback capacitor)

내부 커패시턴스(internal capacitance)

단위이득 주파수(unity-gain frequency)

대수눈금(logarithmic scale)

데시벨 전력이득(decibel power gain)

데시벨 전압이득(decibel voltage gain)

데시벨(decibel)

밀러 효과(Miller effect)

반전력 주파수(half-power frequency)

반전증폭기(inverting amplifier)

배선분포 커패시턴스(stray-wiring capacitance)

보드 선도(Bode plot)

상승시간(risetime) T_R

주파수응답(frequency response)

중간대역(midband)

지배적 커패시터(dominant capacitor)

지상회로(lag circuit)

직류증폭기(dc amplifier)

차단주파수(cutoff frequency)

14-1 증폭기의 주파수응답

증폭기의 **주파수응답**(frequency response)이란 전압이득과 주파수의 관계를 그래프로 나타낸 것이다. 여기에서는 직류 및 교류 증폭기의 주파수응답에 대해 논의하기로 한다. 앞에서 우리는 CE 증폭기의 해석 시 결합 커패시터와 바이패스 커패시터에 대하여 배웠다. 이것은 교류신호만을 증폭하는 **교류증폭기**에 대한 경우이다. 교류(ac)신호뿐만 아니라 직류(dc)신호를 증폭할 수 있는 **직류증폭기**를 설계할 수도 있다.

교류증폭기 응답

그림 14-1*a*는 증폭기의 대표적인 교류증폭기의 **주파수응답**을 나타낸다. 주파수의 중간 범위는 증폭기의 출력이 최대가 되는 주파수의 범위이다. 이 중간범위의 주파수는 증폭기가 정상적으로 작동하는 곳이다. 저주파에서는 결합 커패시터와 바이패스 커패시터가 더 이상 단락회로로 작용하지 않으므로 전압이득이 감소한다. 대신에 이것들의 용량성 리액턴스는 ac신호 전압의 일부를 떨어뜨릴 만큼 충분히 크다. 이 결과로 전압이득은 0 Hz로 감에 따라 감소한다.

고주파에서는 다른 이유로 전압이득이 감소한다. 우선 트랜지스터는 그림 14-1*b*에 나타낸 것처럼 접합부분에서 **내부 커패시턴스**(internal capacitance)를 가진다. 이 커패시터는 ac신호에 대한 바이패스 경로를 제공한다. 주파수가 증가함에 따라 용량성 리액턴스가 아주 작아지므로 정상적인 트랜지스터 작용을 방해한다. 그 결과로 전압이득에 손실이 생긴다.

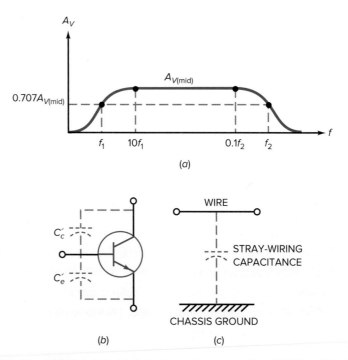

| **그림 14·1** | (a) 교류증폭기의 주파수응답; (b) 트랜지스터의 내부 커패시턴스; (c) 연결선은 섀시와 커패시턴스를 형성한다.

배선분포 커패시턴스(stray-wiring capacitance)는 고주파에서 발생하는 전압이득의 감소를 초래하는 또 하나의 요소이다. 그림 14-1c는 이 아이디어를 설명한다. 트랜지스터 회로에서 어떤 연결 도선이 커패시터의 한쪽 평판을 이루고 섀시(chassis) 접지가 또 하나의 평판처럼 작용한다. 이 도선과 접지 사이에 존재하는 배선분포 커패시턴스는 원치 않는 것이다. 고주파에서는 작은 용량성 리액턴스라도 회로에 영향을 주므로 교류전류를 부하저항에 도달하지 못하도록 한다. 이는 전압이득이 감소된다는 것을 의미한다.

차단주파수

전압이득이 최대값의 $\frac{1}{\sqrt{2}}$배(0.707배)가 되는 주파수를 증폭기의 **차단주파수**(cutoff frequency)(임계주파수)라 한다. 그림 14-1a에서 f_1이 하단 차단주파수이고 f_2가 상단 차단주파수이다. 차단주파수는 **반전력 주파수**(half-power frequency)라고도 하는데 그 이유는 이 주파수에서 부하전력이 최대값의 반이기 때문이다.

어떻게 차단주파수에서 출력전력이 최대전력의 반이 되는가? 전압이득이 최대값의 0.707배일 때 출력전압은 최대값의 0.707배이다. 전력은 전압의 제곱을 저항으로 나눈 값임을 기억하라. 전력이 $\frac{V^2}{R}$이므로 전압이득 0.707을 제곱하면 0.5를 얻는다. 이것이 차단주파수에서 부하전력이 최대값의 절반인 이유이다.

중간대역

주파수의 중간범위는 **중간대역**(midband)이라 부르는데 이것은 증폭기의 출력이 최대가 되는 주파수의 범위이다. 그림 14-1a에서 중간대역은 $10f_1$과 $0.1f_2$ 사이의 주파수대역이다. 이 주파수의 범위에서 증폭기는 거의 최대의 전압이득을 가지며 $A_{V(\text{mid})}$로 나타내었다. 교류증폭기의 중요한 세 가지 특성은 $A_{V(\text{mid})}$, f_1, f_2이다. 이들 값으로써 중간대역에서 전압이득은 얼마이며 어디에서 전압이득이 $0.707 A_{V(\text{mid})}$가 되는지를 알 수 있다.

중간대역 바깥대역

증폭기가 중간대역에서 동작하더라도 중간대역 바깥에서 전압이득이 얼마인지를 알 필요가 있다. 다음은 교류증폭기의 전압이득을 계산하기 위한 근사식이다.

$$A_V = \frac{A_{V(\text{mid})}}{\sqrt{1 + (f_1/f)^2}\,\sqrt{1 + (f/f_2)^2}} \tag{14-1}$$

$A_{V(\text{mid})}$, f_1, f_2를 알면 어느 주파수에서든지 전압이득을 구할 수 있다. 이 식은 하나의 지배적 커패시터가 하단 차단주파수(f_1)를 만들고 하나의 지배적 커패시터가 상단 차단주파수(f_2)를 만든다고 가정한 것이다. 여기서 **지배적 커패시터**(dominant capacitor)는 차단주파수를 정하는 데 있어서 다른 커패시터들보다 더욱 영향을 주는 것이다.

식 (14-1)은 보기보다 복잡하지 않다. 이 식을 세 가지 영역(중간대역, 중간대역 이하, 중간대역 이상)으로 분류하여 해석한다. 중간대역에서는 $f_1/f \approx 0$, $f/f_2 \approx 0$이다. 따라서 식 (14-1)의 근호는 거의 1이므로 식 (14-1)은 다음과 같이 간단히 된다.

$$\text{중간대역: } A_V = A_{V(\text{mid})} \tag{14-2}$$

중간대역 이하에서 $f/f_2 \approx 0$이므로 두 번째 근호가 1이므로 식 (14-1)은 다음과 같이 간단히 된다.

$$\text{중간대역 이하: } A_V = \frac{A_{V(\text{mid})}}{\sqrt{1 + (f_1/f)^2}} \tag{14-3}$$

중간대역 이상에서 $f_1/f \approx 0$이므로 첫 번째 근호가 1이므로 식 (14-1)은 다음과 같이 간단히 된다.

$$\text{중간대역 이상: } A_V = \frac{A_{V(\text{mid})}}{\sqrt{1 + (f/f_2)^2}} \tag{14-4}$$

참고사항

그림 14-2에서 대역폭은 0 Hz에서 f_2 까지의 주파수를 포함한다. 다시 말하면 그림 14-2의 대역폭은 f_2와 같다.

직류증폭기 응답

필요시에 설계자는 증폭단 사이에 직접결합을 할 수 있다. 이를 통해 회로가 0 Hz까지 증폭될 수 있다. 이러한 종류의 증폭기를 **직류증폭기**(dc amplifier)라 한다.

그림 14-2a는 직류증폭기의 주파수응답을 나타낸다. 하단 차단주파수가 없으므로 직류증폭기에서 중요한 두 가지 특성은 $A_{V(\text{mid})}$와 f_2이다. 데이터시트에 이 두 값이 있으

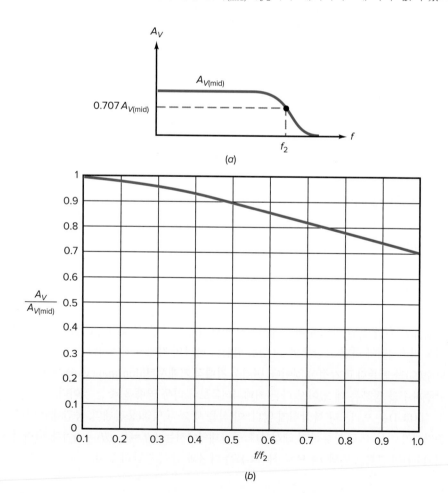

| 그림 14-2 | 직류증폭기의 주파수응답

면 중간대역에서 전압이득 및 상단 차단주파수를 알 수 있다.

직류증폭기는 교류증폭기보다 아주 광범위하게 사용되며 이는 대부분의 증폭기가 개별 트랜지스터 대신에 연산증폭기로 설계가 이루어지기 때문이다. **연산증폭기**(*op amp*)는 직류증폭기로서 높은 전압이득, 큰 입력임피던스, 작은 출력임피던스를 가진다. 상업적인 집적회로(IC)로 제작된 여러 종류의 연산증폭기가 있다.

대부분의 직류증폭기는 차단주파수 f_2를 생성하는 하나의 지배적 커패시터로 설계된다. 이런 이유로 다음 식을 사용하여 대표적인 직류증폭기의 전압이득을 계산할 수 있다.

$$A_V = \frac{A_{V(\text{mid})}}{\sqrt{1 + (f/f_2)^2}} \tag{14-5}$$

예를 들어 $f = 0.1f_2$이면

$$A_V = \frac{A_{V(\text{mid})}}{\sqrt{1 + (0.1)^2}} = 0.995\, A_{V(\text{mid})}$$

이다. 이는 입력주파수가 상단 차단주파수의 1/10이면 전압이득이 최대값의 5% 이내에 있다는 것이다. 즉, **전압이득은 거의 100% 최대값**이라 해도 무방하다.

중간대역과 차단영역 사이

식 (14-5)로써 중간대역과 차단영역 사이에서 전압이득을 계산할 수 있다. 표 14-1은 정규화한 주파수-전압이득을 나타낸다. $f/f_2 = 0.1$이면 $A_V/A_{V(\text{mid})} = 0.995$이다. f/f_2가 증가하면 정규화한 전압이득은 감소하여 차단주파수에서 0.707을 가진다. 근사적으로 $f/f_2 = 0.1$이면 전압이득은 최대값의 100%라 할 수 있다. 98%, 96%, …로 계속해서 줄어들어 차단주파수에서는 약 70%까지 떨어지게 된다. 그림 14-2b는 $A_V/A_{V(\text{mid})}$ 대 f/f_2의 관계를 보여 준다.

요점정리 표 14-1	중간대역과 차단영역 사이의 주파수에 따른 이득 변화	
f/f_2	$A_V/A_{V(\text{mid})}$	%(근사적)
0.1	0.995	100
0.2	0.981	98
0.3	0.958	96
0.4	0.928	93
0.5	0.894	89
0.6	0.857	86
0.7	0.819	82
0.8	0.781	78
0.9	0.743	74
1	0.707	70

예제 14-1

그림 14-3a는 교류증폭기로서 중간대역에서 전압이득이 200이다. 만약 이 회로의 차단주파수가 f_1 = 20 Hz, f_2 = 20 kHz이면 주파수응답은 어떠한가? 입력주파수가 5 Hz, 200 kHz에서 전압이득은 얼마인가?

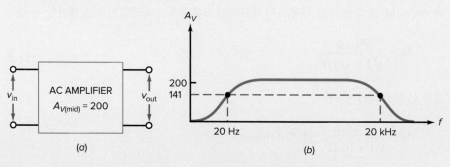

| 그림 14·3 | 교류증폭기와 주파수응답

풀이 중간대역에서 전압이득이 200이므로 두 차단주파수에서 전압이득은

$$A_V = 0.707(200) = 141$$

이다. 그림 14-3b는 주파수응답을 나타낸다.

식 (14-3)을 이용하여 5 Hz에서 전압이득을 구하면 다음과 같다.

$$A_V = \frac{200}{\sqrt{1 + (20/5)^2}} = \frac{200}{\sqrt{1 + (4)^2}} = \frac{200}{\sqrt{17}} = 48.5$$

유사한 방법으로 식 (14-4)를 사용하여 입력주파수 200 kHz에 대해 전압이득을 구하면 다음과 같다.

$$A_V = \frac{200}{\sqrt{1 + (200/20)^2}} = 19.9$$

연습문제 14-1 교류증폭기의 중간대역 전압이득을 100이라 하고 예제 14-1을 풀어라.

예제 14-2

그림 14-4a는 중간대역 전압이득이 100,000인 741C 연산증폭기를 보여 준다. f_2 = 10 Hz인 경우 주파수응답은 어떻게 되는가?

풀이 전압이득은 중간대역값의 0.707이다.

$$A_V = 0.707(100,000) = 70,700$$

그림 14-4b는 주파수응답을 나타낸다. 주파수 0 Hz에서 전압이득은 100,000이며

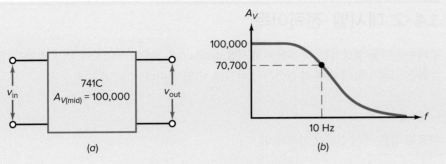

| 그림 14·4 | 741C와 주파수응답

10 Hz로 됨에 따라 전압이득은 감소하여 최대값의 약 70%가 된다.

연습문제 14-2 중간대역 전압이득이 $A_{V(mid)} = 200,000$일 때 예제 14-2를 다시 풀어라.

예제 14-3

예제 14-2에서 입력주파수가 다음과 같을 때 전압이득을 구하라.

$f = 100$ Hz, 1 kHz, 10 kHz, 100 kHz, 1 MHz

풀이 차단주파수가 10 Hz이므로

$f = 100$ Hz, 1 kHz, 10 kHz, . . .

의 입력주파수는 다음의 f/f_2이다.

$f/f_2 = 10, 100, 1000, . . .$

이다. 식 (14-5)를 이용하면 각 입력주파수에 대한 전압이득은 다음과 같다.

$$f = 100 \text{ Hz}: A_V = \frac{100,000}{\sqrt{1 + (10)^2}} \approx 10,000$$

$$f = 1 \text{ kHz}: A_V = \frac{100,000}{\sqrt{1 + (100)^2}} = 1000$$

$$f = 10 \text{ kHz}: A_V = \frac{100,000}{\sqrt{1 + (1000)^2}} = 100$$

$$f = 100 \text{ kHz}: A_V = \frac{100,000}{\sqrt{1 + (10,000)^2}} = 10$$

$$f = 1 \text{ MHz}: A_V = \frac{100,000}{\sqrt{1 + (100,000)^2}} = 1$$

주파수가 10배 증가함에 따라 전압이득은 10배 감소한다.

연습문제 14-3 중간대역 전압이득 $A_{V(mid)} = 200,000$일 때 예제 14-3을 다시 풀어라.

14-2 데시벨 전력이득

주파수응답을 설명하는 데 유용한 **데시벨**(decibel)을 검토하기로 하자. 검토에 앞서 대수라는 기본수학에 대해 복습하는 것이 도움이 될 것이다.

대수

다음과 같은 식이 있다고 가정하자.

$$x = 10^y \tag{14-6}$$

만일 식 (14-6)에서 y 대신 x의 값을 구하려면 식을 다음과 같이 변형한다.

$$y = \log_{10} x$$

이것은 y가 주어진 x의 10의 대수(logarithm)(또는 exponent)라는 말이다. 일반적으로는 이 식에서 10은 생략하고 다음과 같이 사용한다.

$$y = \log x \tag{14-7}$$

상용대수를 처리하는 기능이 있는 계산기로 임의의 x값에 대한 y값은 쉽게 구할 수 있다. 예를 들어 각 x값에 대해 계산을 하면 다음과 같다.

$$x = 10일 때 \qquad y = \log 10 = 1$$
$$x = 100일 때 \qquad y = \log 100 = 2$$
$$x = 1000일 때 \qquad y = \log 1000 = 3$$

이와 같이 x가 10배씩 증가할 때마다 y는 1씩 증가한다.

또한 x값이 소수이면 y값은 각각 다음과 같이 계산된다. 예를 들어 $x = 0.1$, 0.01, 0.001에 대한 y값은 다음과 같다.

$$x = 0.1일 때 \qquad y = \log 0.1 = -1$$
$$x = 0.01일 때 \qquad y = \log 0.01 = -2$$
$$x = 0.001일 때 \qquad y = \log 0.001 = -3$$

여기서는 x가 10배씩 감소할 때 y는 1씩 감소한다.

데시벨 전력이득 $A_{p(\text{dB})}$의 정의

이전 장에서 증폭기의 전력이득 A_p는 출력전력을 입력전력으로 나눈 값으로 정의된다.

$$A_p = \frac{p_{\text{out}}}{p_{\text{in}}}$$

데시벨 전력이득(decibel power gain)은 다음과 같이 정의한다.

$$A_{p(\text{dB})} = 10 \log A_p \tag{14-8}$$

A_p는 입력전력과 출력전력의 비이므로 단위나 차원이 있을 수 없다. A_p를 대수로 바꾸

요점정리 표 14-2	전력이득 특징
Factor	**Decibel, dB**
×2	+3
×0.5	−3
×10	+10
×0.1	−10

어도 그 값은 여전히 단위나 차원을 갖지 않는다. 그러나 A_p와 $A_{p(\text{dB})}$가 혼동되지 않도록 하기 위해 데시벨 전력이득 $A_{p(\text{dB})}$에 대한 모든 답에 데시벨 단위(약자 dB)를 붙인다.

예를 들어 증폭기의 전력이득이 100이라면 데시벨 전력이득은 다음과 같다.

$$A_{p(\text{dB})} = 10 \log 100 = 20 \text{ dB}$$

전력이득이 100,000,000이면 데시벨 전력이득은 다음과 같다.

$$A_{p(\text{dB})} = 10 \log 100,000,000 = 80 \text{ dB}$$

두 예제에서 대수값은 0의 개수와 같다. 즉, 100은 2개의 0을 가지며, 100,000,000은 8개의 0을 가진다. 수가 10배씩 되면 대수로 바꿀 때 0의 개수를 구하고, 데시벨값은 이 개수에 10을 곱하면 된다. 예를 들어 전력이득 1,000은 3개의 0을 가지고 있다. 따라서 3에 10을 곱하면 30 dB이 된다. 전력이득 100,000은 5개의 0을 가진다. 마찬가지로 10을 곱하면 50 dB이 된다. 이러한 손쉬운 방법은 데시벨 등가를 찾고 답을 확인하는 데 유용하게 쓰인다.

데이터시트(data sheet)에 소자의 전력이득을 나타낼 때 종종 데시벨 전력이득을 사용한다. 데시벨 전력이득을 사용하는 한 가지 이유는 대수로 표현하면 표현값이 줄어들기 때문이다. 예를 들어 전력이득이 100에서 100,000,000까지 변하면 데시벨 전력이득은 20 dB에서 80 dB까지 변한다. 이와 같이 데시벨 전력이득은 원래의 전력이득보다 훨씬 단축된 표기법이다.

유용한 두 가지 특징

전력이득은 다음과 같은 두 가지 특징을 가진다.

1. 전력이득이 2배 증가(감소)하면 데시벨 전력이득은 3 dB 증가(감소)한다.
2. 전력이득이 10배 증가(감소)하면 데시벨 전력이득은 10 dB 증가(감소)한다.

표 14-2는 단축된 형태로 바꾼 특징을 나타낸다. 다음 예제는 이 특징을 설명한다.

예제 14-4

전력이득 A_p가 1, 2, 4, 8일 때 $A_{p(dB)}$를 구하라.

풀이 계산기를 사용하여 다음과 같은 답을 구한다.

$$A_{p(dB)} = 10 \log 1 = 0 \text{ dB}$$
$$A_{p(dB)} = 10 \log 2 = 3 \text{ dB}$$
$$A_{p(dB)} = 10 \log 4 = 6 \text{ dB}$$
$$A_{p(dB)} = 10 \log 8 = 9 \text{ dB}$$

A_p가 2배씩 증가하면 $A_{p(dB)}$는 3 dB씩 증가한다. 이 식은 항상 진실이다. 전력이 2배로 상승할 때마다 전력이득이 3 dB 증가한다.

연습문제 14-4 전력이득이 10, 20, 40일 때의 데시벨 전력이득 $A_{p(dB)}$를 구하라.

예제 14-5

전력이득 A_p가 1, 0.5, 0.25, 0.125일 때 데시벨 전력이득 $A_{p(dB)}$를 구하라.

풀이

$$A_{p(dB)} = 10 \log 1 = 0 \text{ dB}$$
$$A_{p(dB)} = 10 \log 0.5 = -3 \text{ dB}$$
$$A_{p(dB)} = 10 \log 0.25 = -6 \text{ dB}$$
$$A_{p(dB)} = 10 \log 0.125 = -9 \text{ dB}$$

A_p가 2배씩 감소하면 $A_{p(dB)}$는 3 dB씩 감소한다.

연습문제 14-5 전력이득이 4, 2, 1, 0.5일 때의 $A_{p(dB)}$를 구하라.

예제 14-6

전력이득 A_p가 1, 10 100, 1,000일 때 데시벨 전력이득 $A_{p(dB)}$를 구하라.

풀이

$$A_{p(dB)} = 10 \log 1 = 0 \text{ dB}$$
$$A_{p(dB)} = 10 \log 10 = 10 \text{ dB}$$
$$A_{p(dB)} = 10 \log 100 = 20 \text{ dB}$$
$$A_{p(dB)} = 10 \log 1000 = 30 \text{ dB}$$

A_p가 10배씩 증가하면 $A_{p(dB)}$는 10 dB씩 증가한다.

연습문제 14-6 A_p값이 5, 50, 500, 5,000일 때의 데시벨 전력이득 $A_{p(dB)}$를 구하라.

예제 14-7

전력이득 A_p가 1, 0.1, 0.01, 0.001일 때 데시벨 전력이득 $A_{p(\text{dB})}$를 구하라.

풀이

$$A_{p(\text{dB})} = 10 \log 1 = 0 \text{ dB}$$

$$A_{p(\text{dB})} = 10 \log 0.1 = -10 \text{ dB}$$

$$A_{p(\text{dB})} = 10 \log 0.01 = -20 \text{ dB}$$

$$A_{p(\text{dB})} = 10 \log 0.001 = -30 \text{ dB}$$

A_p가 10배씩 감소하면 $A_{p(\text{dB})}$는 10 dB씩 감소한다.

연습문제 14-7 A_p값이 20, 2, 0.2, 0.02일 때의 전력이득 $A_{p(\text{dB})}$를 구하라.

14-3 데시벨 전압이득

전압 측정은 전력 측정보다 훨씬 더 일반화되어 있다. 이러한 이유로 데시벨은 전압이득에서 더욱 유용하게 사용된다.

정의

이전 장들에서 정의되었듯이 전압이득은 출력전압을 입력전압으로 나눈 값이다.

$$A_V = \frac{v_{\text{out}}}{v_{\text{in}}}$$

데시벨 전압이득(decibel voltage gain)은 다음과 같이 정의한다.

$$A_{V(\text{dB})} = 20 \log A_V \tag{14-9}$$

10 대신 20을 사용하는 이유는 전력이 전압의 제곱에 비례하기 때문이다. 다음 절에서 다루지만 이 정의는 임피던스정합시스템에 대해 중요한 의미를 지닌다.

만약 증폭기의 전압이득이 100,000이면 데시벨 전압이득은 다음과 같다.

$$A_{V(\text{dB})} = 20 \log 100{,}000 = 100 \text{ dB}$$

수가 10의 배수일 때는 간단히 표현할 수 있다. 등가의 데시벨값을 얻기 위해서는 0의 수를 세어서 그 수에 20을 곱하면 된다. 위의 계산에서 5개의 0을 세고 20을 곱하면 100 dB의 데시벨 전압이득을 얻을 수 있다.

또 하나의 예로서, 증폭기의 전압이득이 100에서 100,000,000까지 변하면 $A_{V(\text{dB})}$은 40 dB에서 160 dB까지 변한다.

요점정리 표 14-3	전압이득 특징
Factor	Decibel, dB
×2	+6
×0.5	−6
×10	+20
×0.1	−20

전압이득의 기본법칙

여기에 데시벨 전압이득의 유용한 법칙이 있다.

1. 전압이득이 2배 증가(감소)하면 $A_{V(dB)}$는 6 dB 증가(감소)한다.
2. 전압이득이 10배 증가(감소)하면 $A_{V(dB)}$는 20 dB 증가(감소)한다.

표 14-3은 이들 특징을 요약한 것이다.

종속연결단

그림 14-5에서 2단 증폭기의 전체 전압이득은 각 단의 전압이득을 곱한 값이다.

$$A_V = (A_{V_1})(A_{V_2}) \tag{14-10}$$

예를 들어 첫 단의 전압이득이 100, 둘째 단의 전압이득이 50이면 전체 전압이득은 다음과 같다.

$$A_V = (100)(50) = 5000$$

식 (14-10)에서 일반적인 전압이득 대신 데시벨 전압이득을 사용하면 다음과 같은 특이한 일이 발생한다.

$$A_{V(dB)} = 20 \log A_V = 20 \log (A_{V_1})(A_{V_2}) = 20 \ \log A_{V_1} + 20 \log A_{V_2}$$

이는 다음과 같이 쓸 수 있다.

$$A_{V(dB)} = A_{V_1(dB)} + A_{V_2(dB)} \tag{14-11}$$

이 식은 2단 접속된 증폭기의 전체 전압이득은 각각의 데시벨 전압이득의 합과 같다는 것을 말해 준다. 같은 개념을 여러 단이 접속된 경우에도 적용할 수 있다. 이와 같은 이유로 데시벨 전압이득의 덧셈 특징이 잘 쓰인다.

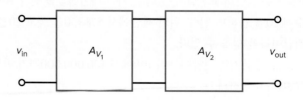

| 그림 14-5 | 2단 접속의 전압이득

예제 14-8

그림 14-6a에서 전체 전압이득은 얼마인가? dB로 표기하라. 또 식 (14-11)을 사용하여 각 단의 전압이득을 dB로 구하고 전체 이득을 구하라.

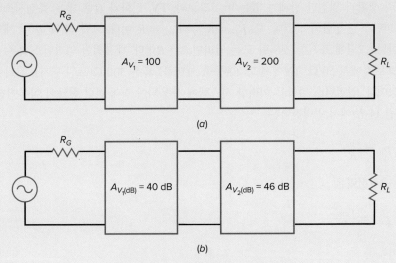

| 그림 14-6 | **전압이득과 데시벨 등가**

풀이 식 (14-10)을 사용하여 전체 전압이득을 구하면

$$A_V = (100)(200) = 20,000$$

dB로 바꾸면

$$A_{V(\text{dB})} = 20 \log 20,000 = 86 \text{ dB}$$

이다. 계산기를 이용하여 86 dB을 구할 수 있다. 또는 다음의 간단한 방법을 사용할 수 있다: 숫자 20,000은 2 곱하기 10,000과 같다. 먼저 10,000은 4개의 0을 가지고 있고 이는 80 dB과 같다. 그리고 곱하기 2는 2배를 해 주어야 하므로, 6 dB 더 높은 것과 같으므로 86 dB이 된다.

다음과 같이 각 단계의 데시벨 전압이득을 계산할 수 있다.

$$A_{V_1(\text{dB})} = 20 \log 100 = 40 \text{ dB}$$

$$A_{V_2(\text{dB})} = 20 \log 200 = 46 \text{ dB}$$

그림 14-6b는 이들 데시벨 전압이득을 나타낸다. 식 (14-11)을 사용하여 총 데시벨 전압이득을 구하면

$$A_{V(\text{dB})} = 40 \text{ dB} + 46 \text{ dB} = 86 \text{ dB}$$

위와 같이 각 단의 데시벨 전압이득을 더하면 앞에서 구한 답과 같은 답을 구할 수 있다.

연습문제 14-8 각 단의 전압이득이 각각 $A_{V_1} = 50$과 $A_{V_2} = 200$일 때 예제 14-8을 다시 풀어라.

14-4 임피던스 정합

그림 14-7a는 신호발생기 저항 R_G, 입력저항 R_{in}, 출력저항 R_{out}, 부하저항 R_L인 증폭기를 나타낸 것이다. 지금까지 우리가 논의한 내용 대부분은 다른 임피던스를 사용해 왔다.

우리 생활과 밀접한 관계가 있는 마이크로파, TV, 전화와 같은 많은 통신시스템에서 임피던스는 정합되어 있다. 즉, $R_G = R_{in} = R_{out} = R_L$이다. 그림 14-7b는 이 개념을 설명한다. 그림에 표시한 것처럼 모든 임피던스는 R이다. 대표적인 임피던스 R은 각각 마이크로파에서 50 Ω, TV에서 75 Ω(동축 케이블) 혹은 300 Ω(트윈 단자), 전화에서 600 Ω이다. 임피던스 정합은 이러한 시스템에 사용되어 최대 전력 전달이 이루어진다.

그림 14-7b에서 입력전력은

$$p_{in} = \frac{v_{in}^2}{R}$$

이고, 출력전력은

$$p_{out} = \frac{v_{out}^2}{R}$$

전력이득은

$$A_p = \frac{p_{out}}{p_{in}} = \frac{v_{out}^2/R}{v_{in}^2/R} = \frac{v_{out}^2}{v_{in}^2} = \left(\frac{v_{out}}{v_{in}}\right)^2$$

또는

$$A_p = A_V^2 \tag{14-12}$$

이다. 이 식으로부터 알 수 있는 사실은 임피던스가 정합된 시스템에서 전력이득은 전압이득의 제곱과 같다는 것이다.

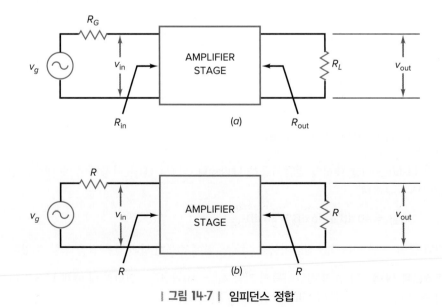

| 그림 14-7 | 임피던스 정합

데시벨로 표현하면

$$A_{p(dB)} = 10 \log A_p = 10 \log A_V^2 = 20 \log A_V$$

또는

$$A_{p(dB)} = A_{V(dB)} \qquad\qquad \textbf{(14-13)}$$

이다. 이 식으로부터 알 수 있는 사실은 데시벨 전력이득 $A_{p(dB)}$는 데시벨 전압이득 $A_{V(dB)}$와 같다는 것이다. 식 (14-13)은 어떤 임피던스 정합시스템에도 적용된다. 데이터시트에 시스템 이득이 40 dB라고 나와 있으면 데시벨 전력이득과 전압이득은 모두 40 dB과 같다.

데시벨을 일반 숫자로 바꾸기

데이터시트가 데시벨 전력이득이나 데시벨 전압이득으로 표기되어 있을 경우 이것을 다음과 같이 일반 숫자로 바꿀 수 있다.

$$A_p = \text{antilog} \frac{A_{p(dB)}}{10} \qquad\qquad \textbf{(14-14)}$$

$$A_V = \text{antilog} \frac{A_{V(dB)}}{20} \qquad\qquad \textbf{(14-15)}$$

역대수는 역로그이다. 이 변환은 로그기능과 역기능을 가지고 있는 과학용 계산기로 쉽게 할 수 있다.

응용예제 14-9

그림 14-8은 $R = 50\ \Omega$을 가지는 임피던스 정합단이다. 전체 데시벨 이득, 전체 전력이득, 전체 전압이득은 각각 얼마인가?

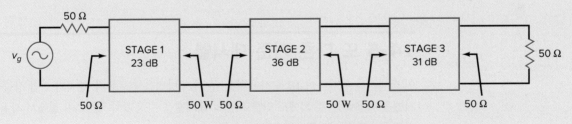

| 그림 14·8 | 50 Ω 시스템에서의 임피던스 정합

풀이 전체 데시벨 전압이득은

$$A_{V(dB)} = 23\ dB + 36\ dB + 31\ dB = 90\ dB$$

이다. 임피던스 정합시스템이기 때문에 전체 데시벨 전력이득도 90 dB이다.

식 (14-14)에 의해 전체 전력이득은

$$A_p = \text{antilog} \frac{90\ dB}{10} = 1{,}000{,}000{,}000$$

이며, 전체 전압이득은

$$A_V = \text{antilog} \frac{90\text{ dB}}{20} = 31,623$$

이다.

연습문제 14-9　각 단의 이득이 10 dB, −6 dB, 26 dB일 때 응용예제 14-9를 다시 풀어라.

응용예제 14-10

예제 14-9에서 각 단의 전압이득을 구하라.

풀이　첫째 단의 전압이득은

$$A_{V_1} = \text{antilog} \frac{23\text{ dB}}{20} = 14.1$$

둘째 단의 전압이득은

$$A_{V_2} = \text{antilog} \frac{36\text{ dB}}{20} = 63.1$$

셋째 단의 전압이득은

$$A_{V_3} = \text{antilog} \frac{31\text{ dB}}{20} = 35.5$$

이다.

연습문제 14-10　각 단의 이득이 10 dB, −6 dB, 26 dB일 때 응용예제 14-10을 다시 풀어라.

14-5 또 다른 기준 데시벨

이 절에서는 추가하여 dB을 사용하는 두 가지 방법을 검토한다. 전력과 전압 상승에 데시벨을 적용하는 것 외에도 다른 기준의 데시벨을 사용할 수 있다. 이 절에서 사용되는 기준은 mW(밀리와트)와 V(볼트)이다.

mW 기준

데시벨은 종종 1 mW 이상의 전력을 나타내는 데 사용된다. 이 경우 dB 대신에 dBm을 사용한다. 여기서 dBm의 m은 mW 기준을 나타낸다. dBm의 방정식은 다음과 같다.

$$P_{\text{dBm}} = 10 \log \frac{p}{1\text{ mW}} \tag{14-16}$$

여기서 P_{dBm}은 dBm으로 표시되는 전력이다. 예를 들어 전력이 2 W이면 다음 식이 성립된다.

요점정리 표 14-4	dBm으로 나타낸 전력
Power	P_{dBm}
1 μW	−30
10 μW	−20
100 μW	−10
1 mW	0
10 mW	10
100 mW	20
1 W	30

$$P_{\text{dBm}} = 10 \log \frac{2\ \text{W}}{1\ \text{mW}} = 10 \log 2000 = 33\ \text{dBm}$$

dBm을 사용하는 것은 전력과 1 mW를 비교하는 방법이다. 만약 데이터시트에 전력증폭기의 출력이 33 dBm이라면 출력전력이 2 W라는 의미이다. 표 14-4는 몇몇 dBm값을 보여 준다.

우리는 어떤 dBm값이라도 다음 식을 이용하여 등가전력을 구할 수 있을 것이다.

$$P = \text{antilog}\ \frac{P_{\text{dBm}}}{10} \tag{14-17}$$

여기서 P는 mW의 전력이다.

전압 기준

1 V 이상의 전압을 나타낼 수 있도록 dB을 사용할 수도 있다. 이 경우 dBV가 사용된다. dBV의 방정식은

$$V_{\text{dBV}} = 20 \log \frac{V}{1\ \text{V}}$$

분모가 1이므로 식은 다음과 같이 간단해진다.

$$V_{\text{dBV}} = 20 \log V \tag{14-18}$$

여기서 V는 차원이 없다. 예를 들어 전압이 25 V이면

$$V_{\text{dBV}} = 20 \log 25 = 28\ \text{dBV}$$

dBV는 전압을 1 V와 비교하는 한 가지 방법이다. 만약 데이터시트에 전압증폭기의 출력이 28 dBV라면 출력전압이 25 V라는 의미가 된다. 마이크의 출력 레벨 또는 감도가 −40 dBV로 지정된 경우 출력전압은 10 mV이다. 표 14-5는 몇몇 dBV값을 보여 준다.

우리는 어떤 dBV값이라도 다음 식을 이용하여 등가전압을 구할 수 있을 것이다.

참고사항

단위 dBmV(데시벨밀리볼트)는 신호강도를 측정하기 위해 케이블TV시스템에서 자주 이용된다. 이 시스템에서 75 Ω을 지나는 1 mV의 신호는 0 dB에 해당하는 기준값을 갖는다. dBmV 단위는 증폭기, 감쇠기 또는 전체 시스템의 실제 출력 전압을 표시하기 위해 사용한다.

요점정리 표 14-5	dBV로 나타낸 전압
Voltage	V_{dBV}
10 μV	−100
100 μV	−80
1 mV	−60
10 mV	−40
100 mV	−20
1 V	0
10 V	+20
100 V	+40

$$V = \text{antilog}\, \frac{V_{dBV}}{20} \qquad\qquad (14\text{-}19)$$

여기서 V는 볼트 기준의 전압이다.

예제 14-11

데이터시트에서 어떤 증폭기의 출력이 24 dBm이면 출력전력은 얼마인가?

풀이 식 (14-17)과 계산기를 이용하면 다음과 같다.

$$P = \text{antilog}\, \frac{24\ \text{dBm}}{10} = 251\ \text{mW}$$

연습문제 14-11 증폭기의 출력이 50 dBm이라면 출력전력은 얼마인가?

예제 14-12

데이터시트에서 어떤 증폭기의 출력이 −34 dBV이면 출력전압은 얼마인가?

풀이 식 (14-18)을 사용하면 다음과 같다.

$$V = \text{antilog}\, \frac{-34\ \text{dBV}}{20} = 20\ \text{mV}$$

연습문제 14-12 마이크로폰의 정격이 −54.5 dBV라면 출력전압은 얼마인가?

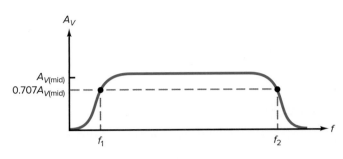

| 그림 14-9 | 교류증폭기의 주파수응답

14-6 보드 선도

그림 14-9는 교류증폭기의 주파수응답을 나타낸다. 이는 중간대역 전압 및 차단주파수
와 같은 몇 가지 정보를 가지지만 증폭기의 동작으로는 불완전한 그림이다. 이런 이유
로 이 절의 후반에 다루게 될 **보드 선도**가 도입된다. 왜냐하면 이런 종류의 그래프는 데
시벨을 사용하기 때문에 중간대역 외의 증폭기 응답에 대해 더 많은 정보를 제공한다.

옥타브

피아노의 중간 도(middle C)는 256 Hz의 주파수를 가진다. 다음 도는 한 옥타브 높은 것
으로서 주파수로는 512 Hz이다. 그다음 도는 1,024 Hz의 주파수이다. 음악에서 **옥타브**
(*octave*)는 주파수가 2배로 되는 것이다. 한 옥타브 올릴 때마다 주파수는 2배 증가한다.

전자공학에서 사용하는 1옥타브는 f_1/f과 f/f_2와 같은 비에 대해서 동일한 의미를 갖
는다. 예를 들어 만일 $f_1 = 100$ Hz이고 $f = 50$ Hz일 때 f_1/f의 비는 다음과 같다.

$$\frac{f_1}{f} = \frac{100 \text{ Hz}}{50 \text{ Hz}} = 2$$

이것은 f가 f_1보다 1옥타브 낮다는 의미이다. 또 다른 예로서 $f = 400$ kHz이고 $f_2 = 200$
kHz이면 다음 값을 가지며

$$\frac{f}{f_2} = \frac{400 \text{ kHz}}{200 \text{ kHz}} = 2$$

이것은 f가 f_2보다 1옥타브 높다는 의미이다.

데케이드

데케이드(*decade*)는 2 대신 10을 사용하는 것을 제외하고는 f_1/f과 f/f_2와 같은 비에서 동일
한 의미를 가진다. 예를 들어 만일 $f_1 = 500$ Hz이고 $f = 50$ Hz라면 f_1/f 비는 다음과 같다.

$$\frac{f_1}{f} = \frac{500 \text{ Hz}}{50 \text{ Hz}} = 10$$

이것은 f가 f_1보다 1데케이드 낮다는 의미이다. 또 다른 예로서 $f = 2$ MHz이고 $f_2 = 200$
kHz이면 다음 값을 가지며

$$\frac{f}{f_2} = \frac{2 \text{ MHz}}{200 \text{ kHz}} = 10$$

이것은 f가 f_2보다 1데케이드 높다는 의미이다.

선형눈금과 대수눈금

일반 그래프용지는 두 축상에 **선형눈금**(*linear scale*)을 가진다. 이것은 수치 사이의 공간이 그림 14-10*a*에서와 같이 동일함을 의미한다. 선형눈금은 0에서부터 큰 수치로 일정한 간격을 두고 그 수치가 표시된다. 지금까지 논의한 모든 그래프는 선형눈금을 사용했다.

때로는 큰 수를 줄이고 많은 데케이드를 나타낼 수 있도록 **대수눈금**(logarithmic scale)을 사용하는 경우도 있다. 그림 14-10*b*는 대수눈금을 나타낸다. 여기서 수치 부여는 1부터 시작한다. 1과 2 사이의 공간은 9와 10 사이의 공간보다 훨씬 크다. 이 대수눈금은 대수적으로 압축시킨 것이므로 대수와 데시벨을 논의하는 데 매우 유용하다.

일반 그래프용지와 반대수(semilogarithmic) 그래프용지 둘 다 이용할 수 있다. 이 반대수 그래프용지에서 수직축은 선형눈금이고 수평축은 대수눈금으로 되어 있어서 넓은 범위의 주파수에서 전압이득과 같은 양을 그래프화할 때 반대수 용지를 사용한다.

데시벨 전압이득 그래프

그림 14-11*a*는 대표적인 교류증폭기의 주파수응답을 나타낸다. 그래프는 그림 14-9와 비슷하나 이번에는 반대수 용지에 나타나기 때문에 데시벨 전압이득 대 주파수를 보고 있다. 이 같은 그래프를 **보드 선도**(Bode plot)라 부른다. 수직축은 선형눈금을 사용하고 수평축은 대수눈금을 사용한다.

그림에서 보는 것과 같이 데시벨 전압이득은 주파수의 중간대역에서 최대이다. 각 차단주파수에서 데시벨 전압이득은 최대값으로부터 조금 감소한다. f_1에서 데시벨 전압이득은 20 dB/decade의 감소를 나타내고, f_2 이상에서 데시벨 전압이득도 20 dB/decade의 감소를 나타낸다. 20 dB/decade의 감소는 14-1절에서 배운 것처럼 하단 차단주파수를 만드는 하나의 지배적 커패시터와 상단 차단주파수를 만드는 바이패스 커패시터를 가지는 증폭기에서 일어난다.

차단주파수 f_1과 f_2에서 전압이득은 중간대역값의 0.707이다.

$$A_{V(\text{dB})} = 20 \log 0.707 = -3 \text{ dB}$$

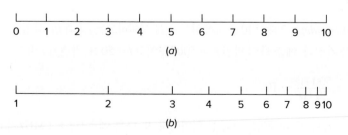

| 그림 14-10 | (a) 선형눈금; (b) 대수눈금

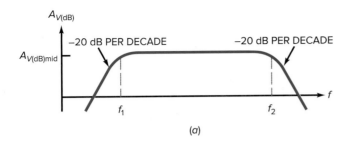

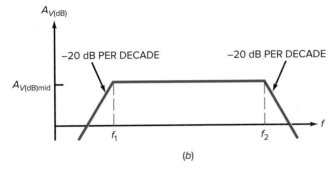

| 그림 14-11 | (a) 보드 선도; (b) 이상적 보드 선도

그림 14-11a에서 주파수응답을 다음과 같이 설명할 수 있다. 즉, 중간대역에서 전압이 득은 최대이다. 중간대역과 각각의 차단주파수 사이에서 전압이득은 점점 감소하여 차 단주파수에서 3 dB 낮아진다. 이후 전압이득은 20 dB/decade 비율로 감소한다.

이상적 보드 선도

그림 14-11b는 동일한 그래프를 이상적으로 표현한 것이다. 많은 사람들은 동일한 정 보를 근사적으로 쉽고 빠르게 얻을 수 있으므로 보드 선도를 선호한다. 이 그래프에서 는 근사적으로 차단주파수에서의 데시벨 전압이득이 −3 dB임을 알 수 있다. 이상적 보드 선도는 3 dB의 수정이 정신적으로 포함되었을 때 원래의 모든 정보를 포함한다.

이상적인 보드 선도는 증폭기의 주파수응답을 쉽고 빠르게 그릴 수 있게 하는 근사 치이다. 상세하고 정확한 계산보다는 중요한 문제에 관심을 갖도록 해 준다. 예를 들어 그림 14-12와 같은 이상적 보드 선도는 증폭기의 주파수응답에 대한 시각적 요약을 제 공한다. 우리는 중간대역 전압이득(40 dB), 차단주파수(1 kHz, 100 kHz) 및 감소율 (20 dB/decade)을 볼 수 있다. 또한 전압이득은 f =10 Hz 및 f = 10 MHz에서 0 dB(단 일(unity) 또는 1)과 같다. 이와 같은 이상적 보드 선도는 산업체에서 널리 쓰이고 있다.

덧붙여 많은 전문기술자 및 공학자는 **차단주파수**(*cutoff frequency*) 대신에 **코너주 파수**(*corner frequency*)를 사용한다. 이는 이상적 보드 선도가 차단주파수에서 그림 14-12와 같이 날카로운 코너를 가지기 때문이다. 또 다른 이름으로 **브레이크주파수**(*break frequency*)가 있다. 이는 그래프가 각 차단주파수에서 꺾인 다음 20 dB/decade의 비 율로 감소하기 때문이다.

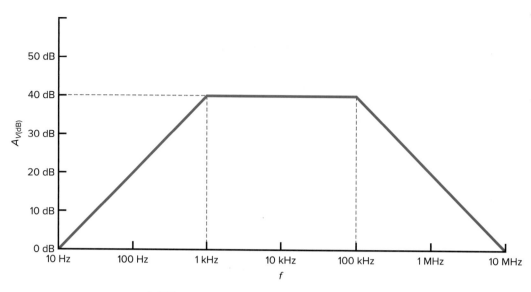

| 그림 14·12 | 교류증폭기의 이상적 보드 선도

응용예제 14-13

741C 연산증폭기의 데이터시트에 중간대역 전압이득 100,000, 차단주파수 10 Hz, 감소율 20 dB/decade라고 되어 있다. 이상적 보드 선도를 그려라. 1 MHz에서 전압이득은 얼마인가?

풀이 14-1절에서 언급했듯이 연산증폭기는 직류증폭기이므로 단지 상측 차단주파수만 갖는다. 741C에서 $f_2 = 10$ Hz이다. 중간대역에서 데시벨 전압이득은 다음과 같다.

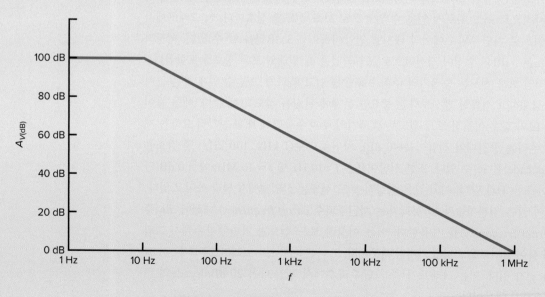

| 그림 14·13 | 직류증폭기의 이상적 보드 선도

$$A_{V(\text{dB})} = 20 \log 100{,}000 = 100 \text{ dB}$$

이상적 보드 선도는 10 Hz까지 중간대역 전압이득은 100 dB이다. 이후 20 dB/decade로 감소한다.

그림 14-13은 이상적 보드 선도이며 차단주파수 10 Hz 이후에 응답은 데케이드당 20 dB로 감소하는 응답을 보이고 있다. 이는 1 MHz에서 전압이득이 0 dB이 될 때까지 계속된다. 이 주파수에서 전압이득이 1이다. 데이터시트에는 이 값을 **단위이득 주파수**(unity-gain frequency: f_{unity})라 한다. 왜냐하면 이 값은 연산증폭기의 주파수 한계를 나타내기 때문이다. 이 장치는 최대 단위이득 주파수까지 전압이득을 제공할 수 있지만 그 이상은 제공할 수 없다. 즉, 이 값은 연산증폭기의 주파수 한계를 나타내며, 이보다 크면 출력이 입력보다 작아진다.

14-7 보드 선도 보충 해석

이상적 보드 선도는 예비해석용으로 유용한 근사이다. 그러나 종종 정확한 답이 필요할 경우가 있다. 예를 들면, 연산증폭기의 전압이득이 중간대역과 차단주파수 사이에서 감소한다. 이 천이영역에 대해 정확히 검토해 보자.

중간대역과 차단영역 사이

14-1절에서 중간대역 이상의 전압이득에 대해 다음 식을 도입했었다.

$$A_V = \frac{A_{V(\text{mid})}}{\sqrt{1 + (f/f_2)^2}} \tag{14-20}$$

이 식으로 우리는 중간대역과 차단영역 사이의 천이영역에서 전압이득을 구할 수 있었다. 예를 들어 $f/f_2 = 0.1, 0.2, 0.3$일 경우 각각의 값을 구하면 다음과 같다.

$$A_V = \frac{A_{V(\text{mid})}}{\sqrt{1 + (0.1)^2}} = 0.995 \, A_{V(\text{mid})}$$

$$A_V = \frac{A_{V(\text{mid})}}{\sqrt{1 + (0.2)^2}} = 0.981 \, A_{V(\text{mid})}$$

$$A_V = \frac{A_{V(\text{mid})}}{\sqrt{1 + (0.3)^2}} = 0.958 \, A_{V(\text{mid})}$$

이렇게 계속하면 표 14-6에 표시된 나머지 값을 계산할 수 있다.

표 14-6은 $A_V/A_{V(\text{mid})}$의 데시벨값을 나타낸다. 데시벨값은 다음과 같이 계산된다.

$$(A_V/A_{V(\text{mid})})_{\text{dB}} = 20 \log 0.995 = -0.04 \text{ dB}$$

$$(A_V/A_{V(\text{mid})})_{\text{dB}} = 20 \log 0.981 = -0.17 \text{ dB}$$

$$(A_V/A_{V(\text{mid})})_{\text{dB}} = 20 \log 0.958 = -0.37 \text{ dB}$$

우리는 표 14-6과 같은 값은 거의 필요 없지만 종종 중간대역과 차단영역 사이의 정확

요점정리 표 14-6	중간대역과 차단영역 사이에서의 변화	
f/f_2	$A_V/A_{V(mid)}$	$A_V/A_{V(mid)dB}$, dB
0.1	0.995	−0.04
0.2	0.981	−0.17
0.3	0.958	−0.37
0.4	0.928	−0.65
0.5	0.894	−0.97
0.6	0.857	−1.3
0.7	0.819	−1.7
0.8	0.781	−2.2
0.9	0.743	−2.6
1	0.707	−3

한 값이 필요할 경우가 있다.

지상회로

대부분의 연산증폭기는 전압이득이 20 dB/decade 비율로 감소하는 RC지상회로를 포함한다. 이것은 어떤 조건하에서 나타나는 원하지 않는 신호인 **발진**(*oscillation*)을 방지한다. 뒤의 장들에서 발진과 연산증폭기의 지상회로가 어떻게 원하지 않는 신호를 방지하는가를 설명한다.

그림 14-14는 바이패스 커패시터를 가진 회로를 나타낸다. R은 커패시터에 대한 테브난 저항을 나타낸다. 이 회로를 종종 **지상회로**(lag circuit)라고 부르며 이는 출력전압이 주파수가 증가하면 위상이 입력전압보다 뒤지기 때문이다. 달리 표현하면 입력전압의 위상각이 0°이면 출력전압은 0°에서 −90° 사이의 위상각을 가진다.

저주파수에서 용량성 리액턴스(X_C)는 무한대에 접근하며 출력전압은 입력전압과 같다. 주파수가 증가함에 따라 X_C는 감소하고 출력전압도 감소한다. 기초 전기에서 이 회로에 대한 출력전압은 다음과 같다.

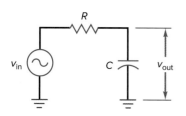

| 그림 14-14 | *RC* 바이패스 회로

$$v_{out} = \frac{X_C}{\sqrt{R^2 + X_C^2}} v_{in}$$

앞의 식을 이용하여 그림 14-14의 전압이득을 구하면 다음과 같다.

$$A_V = \frac{X_C}{\sqrt{R^2 + X_C^2}} \tag{14-21}$$

회로가 수동소자로 되어 있으므로 전압이득은 항상 1보다 작거나 같다.

지상회로의 차단주파수는 전압이득이 0.707인 주파수이다. 식으로 표현하면 다음과 같다.

$$f_2 = \frac{1}{2\pi RC} \tag{14-22}$$

이 주파수에서 $X_C = R$이며 전압이득은 0.707이다.

전압이득의 보드 선도

식 (14-21)에 $X_C = 1/2\pi fC$로 바꾸고 정리하면 다음 방정식을 얻는다.

$$A_V = \frac{1}{\sqrt{1 + (f/f_2)^2}} \tag{14-23}$$

이 식은 식 (14-20)과 유사하다. 여기서 $A_{V(\text{mid})}$는 1이다. 예를 들어 $f/f_2 = 0.1, 0.2, 0.3$일 때 전압이득은 각각 다음과 같다.

$$A_V = \frac{1}{\sqrt{1 + (0.1)^2}} = 0.995$$

$$A_V = \frac{1}{\sqrt{1 + (0.2)^2}} = 0.981$$

$$A_V = \frac{1}{\sqrt{1 + (0.3)^2}} = 0.958$$

이와 같이 계속하고 데시벨로 바꾸면 표 14-7을 얻을 수 있다.

그림 14-15는 지상회로에 대한 이상적인 보드 선도이다. 중간대역에서 데시벨 전압이득은 0 dB이다. 응답은 차단주파수에서 감소하며 기울기는 20 dB/decade이다.

요점정리 표 14-7	지상회로의 응답	
f/f_2	A_V	$A_{V(\text{dB})}$, dB
0.1	0.995	−0.04
1	0.707	−3
10	0.1	−20
100	0.01	−40
1000	0.001	−60

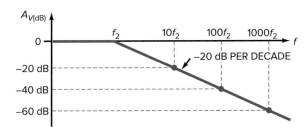

| 그림 14-15 | 지상회로의 이상적 보드 선도

6 dB/옥타브

차단주파수 이상에서 지상회로의 데시벨 전압이득은 20 dB/decade로 감소한다. 이것은 6 dB/octave와 등가이며 쉽게 증명된다. f/f_2 = 10, 20, 40일 때 전압이득을 구하면

$$A_V = \frac{1}{\sqrt{1 + (10)^2}} = 0.1$$

$$A_V = \frac{1}{\sqrt{1 + (20)^2}} = 0.05$$

$$A_V = \frac{1}{\sqrt{1 + (40)^2}} = 0.025$$

이 값을 데시벨 전압이득으로 바꾸면 다음과 같다.

$$A_{V(dB)} = 20 \log 0.1 = -20 \text{ dB}$$

$$A_{V(dB)} = 20 \log 0.05 = -26 \text{ dB}$$

$$A_{V(dB)} = 20 \log 0.025 = -32 \text{ dB}$$

즉, 차단주파수 이상에서 지상회로의 주파수응답은 두 가지 방식으로 표현할 수 있다. 데시벨 전압이득은 20 dB/decade 또는 6 dB/octave의 비로 감소한다고 할 수 있다.

위상각

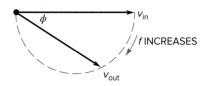

커패시터의 충전 및 방전은 RC 바이패스 회로의 출력전압에 지연을 발생시킨다. 즉, 출력전압은 입력전압보다 위상각 ϕ만큼 뒤진다. 그림 14-16은 ϕ가 주파수에 따라 어떻게 변하는가를 나타낸다. 0 Hz에서 위상각 ϕ는 0°이다. 주파수가 증가함에 따라 출력전압의 위상각도 점차 0°에서 −90°까지 변한다. 고주파수에서는 ϕ = −90°이다.

　필요하면 다음 식을 이용하여 위상각을 계산할 수 있다.

| 그림 14·16 | 지상회로의 페이서도

$$\phi = -\arctan \frac{R}{X_C} \tag{14-24}$$

식 (14-24)에서 $X_C = 1/2\pi fC$로 바꾸고 정리하면 다음 방정식을 얻는다.

$$\phi = -\arctan \frac{f}{f_2} \tag{14-25}$$

탄젠트 기능과 역 키가 있는 계산기를 사용하면 f/f_2의 모든 값에 대한 위상각을 쉽게 계산할 수 있다. 표 14-8은 ϕ에 대한 몇 가지 값을 보여 준다. 예를 들어 f/f_2 = 0.1, 1, 10일 때 위상각은 다음과 같다.

$$\phi = -\arctan 0.1 = -5.71°$$

$$\phi = -\arctan 1 = -45°$$

$$\phi = -\arctan 10 = -84.3°$$

요점정리 표 14-8	지상회로의 응답
f/f_2	ϕ
0.1	$-5.71°$
1	$-45°$
10	$-84.3°$
100	$-89.4°$
1000	$-89.9°$

위상각의 보드 선도

그림 14-17은 주파수에 따른 지상회로의 위상각의 변화를 나타낸 것이다. 저주파수에서 위상각은 0°이다. $f = 0.1f_2$이면 위상각은 약 $-6°$이며, $f = f_2$이면 $-45°$이고, $f = 10f_2$이면 약 $-84°$이다. 주파수를 더욱 증가시키면 아주 작은 변화가 생기는데 위상각의 한계가 $-90°$이기 때문이다. 여기서 볼 수 있듯이 지상회로의 위상각은 0°에서 $-90°$까지이다.

그림 14-17a는 위상각의 보드 선도를 나타낸다. 위상각이 $0.1f_2$에서 $-6°$이고 $10f_2$에서 84°라는 것을 아는 것은 위상각이 한계값에 얼마나 가까운지를 나타내는 것을 제외하고는 거의 가치가 없다. 그림 14-17b는 예비해석에서 더욱 유용하다. 이는 다음과 같은 개념을 강조한 것으로 기억할 만하다.

1. $f = 0.1f_2$일 때 위상각은 거의 0이다.
2. $f = f_2$일 때 위상각은 $-45°$이다.
3. $f = 10f_2$일 때 위상각은 거의 $-90°$이다.

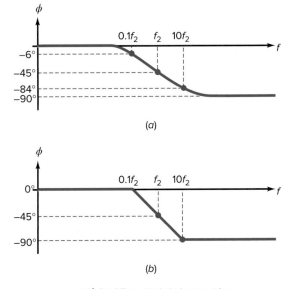

(a)

(b)

| 그림 14-17 | 위상각의 보드 선도

다르게 요약하면, 차단주파수에서의 위상각은 −45°로 같고, 차단주파수보다 한 데케이드 낮은 주파수에서의 위상각은 약 0°이고, 한 데케이드 높은 주파수에서의 위상각은 약 −90°이다.

예제 14-14 ||| MultiSim

그림 14-18*a*의 지상회로에서 이상적 보드 선도를 그려라.

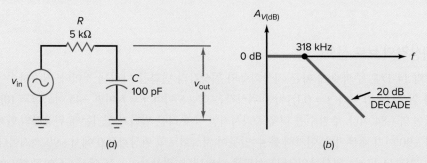

| 그림 14-18 | 지상회로와 보드 선도

풀이 식 (14-22)를 사용하여 차단주파수를 계산하면

$$f_2 = \frac{1}{2\pi(5 \text{ k}\Omega)(100 \text{ pF})} = 318 \text{ kHz}$$

이다. 그림 14-18*b*는 이상적 보드 선도를 나타낸다. 저주파수에서 전압이득은 0이고 318 kHz에서 감소하며 감소율은 20 dB/decade이다.

연습문제 14-14 그림 14-18*a*의 저항값을 10 kΩ으로 바꾸고 차단주파수를 계산하라.

예제 14-15

그림 14-19*a*에서 직류 증폭단의 중간대역 전압이득은 100이다. 바이패스 저항을 마주 대하는 테브난 저항이 2 kΩ일 때 이상적 보드 선도는? 증폭단 내부의 커패시턴스는 무시하라.

풀이 테브난 저항과 바이패스 커패시터는 지상회로를 이루며 차단주파수는

$$f_2 = \frac{1}{2\pi(2 \text{ k}\Omega)(500 \text{ pF})} = 159 \text{ kHz}$$

이다. 또한 증폭기가 중간대역 전압이득이 100이므로 40 dB이다.

그림 14-19*b*는 이상적 보드 선도이다. 0에서 차단주파수 159 kHz까지 데시벨 전압이득은 40 dB이다. 이후 단위이득 주파수(f_{unity})인 15.9 MHz까지 20 dB/decade 비로 감소한다.

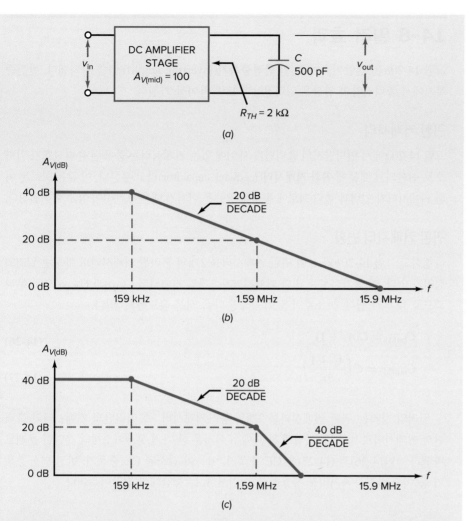

| 그림 14-19 | (a) 직류증폭기와 바이패스 커패시터; (b) 이상적 보드 선도; (c) 2차 차단주파수를 가지는 보드 선도

연습문제 14-15 테브난 저항을 1 kΩ으로 바꿔서 예제 14-15를 계산하라.

예제 14-16

그림 14-19a의 증폭단이 차단주파수 1.59 MHz의 내부 지상회로를 가진다고 하자. 이 경우 이상적 보드 선도에 미치는 영향은?

풀이 그림 14-19c는 주파수응답을 나타낸다. 이 응답은 외부 500 pF 커패시터에 의해 만들어진 차단주파수 159 kHz에서 꺾인다. 여기에서 1.59 MHz까지 20 dB/decade 비로 감소한다. 이 지점에서 내부 지상회로의 차단주파수이기 때문에 한 번 더 꺾인다. 전압이득은 40 dB/decade 비로 감소한다.

14-8 밀러 효과

그림 14-20*a*는 전압이득이 A_V인 **반전증폭기**(inverting amplifier)를 나타낸다. 반전증폭기에서 출력전압의 위상은 입력전압과 $180°$ 차이를 가진다.

귀환 커패시터

그림 14-20*a*에서 입력단자와 출력단자 사이에 있는 커패시터는 증폭된 출력신호가 입력으로 귀환되기 때문에 **귀환 커패시터**(feedback capacitor)라고 부른다. 이 같은 회로는 귀환 커패시터가 입력과 출력 회로에 동시에 영향을 미치기 때문에 해석이 아주 어려워진다.

귀환 커패시터 변환

다행히도 그림 14-20*b*와 같이 귀환 커패시터를 2개의 분리된 커패시터로 바꾸는 **밀러의 정리**가 있다. 이 등가회로는 귀환 커패시터가 2개의 커패시터 $C_{in(M)}$과 $C_{out(M)}$으로 분리되므로 다루기 쉽다. 복소수학을 이용하면 다음 식을 유도할 수 있다.

$$C_{in(M)} = C(A_V + 1) \tag{14-26}$$

$$C_{out(M)} = C\left(\frac{A_V + 1}{A_V}\right) \tag{14-27}$$

밀러의 정리는 귀환 커패시터를 2개의 등가커패시터, 즉 입력단의 커패시터와 출력단의 커패시터로 바꾼다. 이렇게 하면 매우 어려운 한 가지 문제가 2개의 간단한 문제로 바뀐다. 식 (14-26)과 (14-27)은 CE 증폭기, 이득이 감소된 CE 증폭기, 반전 연산증폭기 등 어떤 반전증폭기라도 유효하다. 여기서 A_V는 중간대역 전압이득이다.

참고사항

밀러 커패시턴스는 1920년 존 밀턴 밀러(John Milton Miller)가 3극관 진공관을 연구하면서 확인되었다. 밀러 효과는 일반적으로 커패시턴스에 적용되지만 이득 특성이 있는 입력과 다른 노드 사이에 연결된 모든 임피던스에도 적용된다.

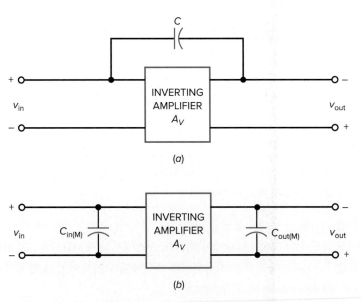

| 그림 14-20 | (a) 반전증폭기; (b) 밀러 효과는 큰 입력커패시터를 만든다.

보통 A_V는 1보다 훨씬 크므로 $C_{out(M)}$은 거의 귀환 커패시터와 같다. 밀러의 정리에서 특이한 것은 입력커패시턴스 $C_{in(M)}$에 미치는 영향이다. $A_V + 1$배 더 큰 새로운 커패시턴스 $C(A_V + 1)$을 얻기 위해 귀환 커패시턴스가 증폭된 것과 같다. **밀러 효과**(Miller effect)라고 알려져 있는 이 현상은 귀환 커패시터보다 훨씬 큰 인공적이거나 가상 커패시터를 만들므로 유용한 응용분야가 많다.

연산증폭기의 보상

14-7절에서 논의했듯이 대부분의 연산증폭기는 **내부적으로 보상**되어 있는데, 이는 연산증폭기가 전압이득이 20 dB/decade 비로 감소하는 1개의 지배적 커패시터를 가지고 있다는 것을 의미한다. 밀러 효과는 이 지배적 바이패스 커패시터를 구하는 데 사용된다.

기본 개념은 바로 다음과 같다. 그림 14-21a와 같이 연산증폭기가 귀환 커패시터를 가진다. 밀러의 정리를 사용하여 이 귀환 커패시터를 그림 14-21b와 같이 2개의 등가 커패시터로 바꿀 수 있다. 이제 입력 및 출력 쪽에 각각 1개씩 지상회로가 있다. 밀러 효과로 입력 측 바이패스 커패시터는 출력 측 바이패스 커패시터보다 훨씬 크다. 그 결과 입력지상회로가 지배적이 된다. 즉, 입력 측 지상회로가 차단주파수를 결정한다. 출력 바이패스 커패시터는 입력주파수가 수십 데케이드보다 높을 때까지는 별로 영향을 미치지 않는다.

일반적인 연산증폭기에서 그림 14-21b에서와 같은 입력지상회로는 지배적인 차단주파수를 만든다. 차단주파수에서의 전압이득 강하와 20 dB/decade 감소는 입력주파수가 단위이득 주파수에 도달할 때까지 계속된다.

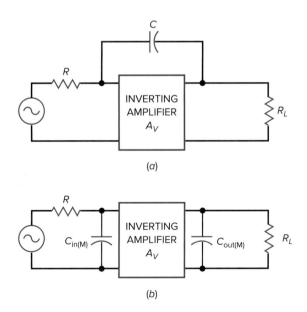

(a)

(b)

| 그림 14-21 | 밀러 효과는 입력지상회로를 만든다.

예제 14-17

그림 14-22*a*에서 증폭기의 전압이득은 100,000이다. 이상적인 보드 선도를 나타내어라.

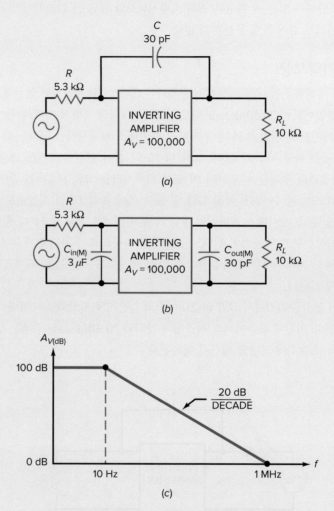

(a)

(b)

(c)

| 그림 14-22 | 귀환 커패시터를 갖는 증폭기 및 보드 선도

풀이 귀환 커패시터를 밀러 구성요소로 변환하는 것부터 시작하라. 전압이득이 1보다 훨씬 크므로

$$C_{\text{in(M)}} = 100{,}000(30 \text{ pF}) = 3 \text{ } \mu\text{F}$$

$$C_{\text{out(M)}} = 30 \text{ pF}$$

그림 14-22*b*는 입력 및 출력 밀러 커패시턴스를 나타낸다. 입력 측 지배적인 지상회로는 차단주파수를 가진다.

$$f_2 = \frac{1}{2\pi RC} = \frac{1}{2\pi (5.3 \text{ k}\Omega)(3 \text{ } \mu\text{F})} = 10 \text{ Hz}$$

전압이득이 100,000은 100 dB이기 때문에 이상적인 보드 선도는 그림 14-22c와 같다.

연습문제 14-17 전압이득이 10,000일 때 그림 14-22a를 이용하여 $C_{in(M)}$과 $C_{out(M)}$을 결정하라.

14-9 상승시간과 대역폭의 관계

증폭기의 정현파 성능 시험은 증폭기에 정현파 입력전압을 사용하여 정현파 출력전압을 측정하는 것을 의미한다. 흔히 상측 차단주파수를 찾기 위해 전압이득이 중간대역 값으로부터 −3 dB이 될 때까지 입력신호 주파수를 변화시켜야 한다. 정현파를 이용한 실험은 한 가지 방법이다. 그러나 정현파 입력 대신에 구형파 입력을 사용하여 증폭기를 시험하는 것이 더 빠르고 간단하다.

상승시간

그림 14-23a에서 커패시터는 초기에 충전되어 있지 않다. 스위치를 닫으면 커패시터 양 단전압은 공급전압 V를 향해 지수함수적으로 상승할 것이다. **상승시간**(risetime) T_R은 커패시터전압이 0.1 V(10%점)에서 0.9 V(90%점)까지 상승하는 데 걸리는 시간을 말한

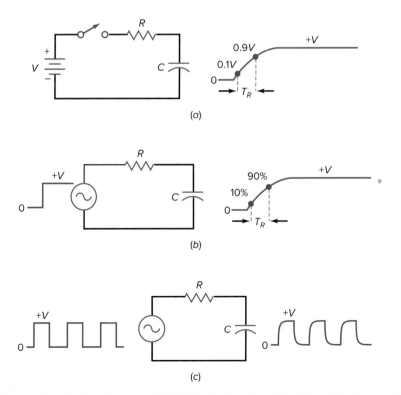

| 그림 14-23 | (a) 상승시간; (b) 계단전압은 지수함수의 출력을 만든다; (c) 구형파 시험

다. 만일 지수함수 파형이 10%점에서 90%점까지 상승하는 데 걸린 시간이 10 μs라면 이 파형은 10 μs의 상승시간을 가진다.

$$T_R = 10\ \mu s$$

스위치를 사용하는 대신에 급격히 변하는 계단전압을 공급하기 위해 구형파 발생기를 사용할 수도 있다. 예를 들어 그림 14-23b는 이전과 같은 RC회로를 구동하는 구형파의 상승 가장자리(leading edge)를 나타낸다. 상승시간은 전압이 10%점에서 90%점까지 도달하는 데 걸리는 시간이다.

그림 14-23c에서 몇 사이클 동안의 변화를 볼 수 있다. 입력전압은 한 전압레벨에서 다른 전압레벨로 갑자기 변화하더라도 출력전압은 그 변화를 만들기 위해 바이패스 커패시터 때문에 시간이 더 오래 걸린다. 출력전압은 커패시터가 저항을 통해 충전과 방전을 되풀이하므로 갑작스러운 변화가 불가능하기 때문이다.

T_R과 R_C의 관계

커패시터의 지수함수적 충전을 해석하면 상승시간에 대한 다음 방정식을 유도할 수 있다.

$$T_R = 2.2RC \tag{14-28}$$

이것은 상승시간이 R과 C의 곱의 2배보다 조금 더 큼을 의미한다. 예를 들어 바이패스 회로의 $R = 10\ k\Omega$이고 $C = 50\ pF$이면

$$RC = (10\ k\Omega)(50\ pF) = 0.5\ \mu s$$

출력파형의 상승시간은 다음과 같다.

$$T_R = 2.2RC = 2.2(0.5\ \mu s) = 1.1\ \mu s$$

데이터시트에는 보통 상승시간에 대해 자세히 기술되어 있다. 왜냐하면 상승시간은 스위칭 회로 응답을 알아내는 데 있어서 매우 유용한 정보이기 때문이다.

중요한 관계

앞서 언급했듯이 직류증폭기는 대개 f_{unity}에 이를 때까지 20 dB/decade의 비율로 전압이득이 감소하는 하나의 지배적인 지상회로를 가진다. 이 지상회로의 차단주파수는 다음과 같다.

$$f_2 = \frac{1}{2\pi RC}$$

이를 RC에 대해 풀어 쓰면 다음 식을 얻는다.

$$RC = \frac{1}{2\pi f_2}$$

이 식을 식 (14-28)에 대입하고 간단히 해서 다음과 같이 널리 사용되는 식을 얻는다.

$$f_2 = \frac{0.35}{T_R} \tag{14-29}$$

이 식은 아주 중요하다. 그 이유는 상승시간을 차단주파수로 변환하기 때문이다. 이와 같이 차단주파수를 구하기 위해 구형파로 증폭기를 시험할 수 있다. 구형파 시험은 정현파 시험보다 훨씬 빠르므로 많은 공학자와 전문기술자들은 식 (14-29)를 사용하여 증폭기의 상측 차단주파수를 구한다.

식 (14-29)를 **상승시간-대역폭 관계식**이라 부른다. 직류증폭기에서 대역폭은 0에서 차단주파수까지이다. **대역폭**은 종종 **차단주파수**의 동의어로 사용된다. 만약 직류증폭기의 데이터시트에 대역폭이 100 kHz라면 상측 차단주파수도 100 kHz이다.

예제 14-18

그림 14-24a에서 상측 차단주파수는 얼마인가?

풀이 그림 14-24a에서 상승시간은 1 μs이다. 식 (14-29)를 사용하면

$$f_2 = \frac{0.35}{1\,\mu s} = 350\ \text{kHz}$$

따라서 그림 14-24a의 회로는 상측 차단주파수가 350 kHz이다. 따라서 대역폭이 350 kHz임을 나타낸다.

그림 14-24b는 정현파 시험을 설명한다. 입력신호를 구형파에서 정현파로 바꾸면 출력 또한 정현파로 바뀜을 알 수 있다. 입력주파수를 증가시키면서 관찰하면 차단주파수가 350 kHz가 될 것이다. 즉, 정현파 시험은 구형파 시험보다 느리다는 점 외에는 같은 결과를 얻는다.

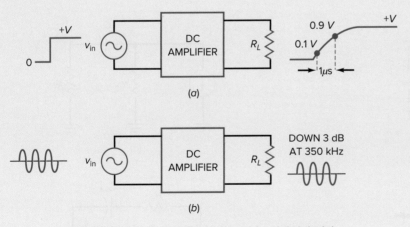

| **그림 14-24** | 상승시간과 차단주파수는 연관성이 있다.

연습문제 14-18 그림 14-23과 같이 RC회로는 $R = 2\ k\Omega$, $C = 100\ pF$을 갖는다. 출력 파형의 상승시간과 상측 차단주파수를 결정하라.

14-10 쌍극성접합트랜지스터(BJT)의 주파수 해석

연산증폭기는 상업적으로 이용되고 있으며 그 단위이득 주파수는 1에서 200 MHz까지 다양하다. 이런 이유로 대부분의 증폭기는 연산증폭기를 사용한다. 연산증폭기는 아날로그시스템의 핵심이므로 개별 증폭기의 해석은 옛날보다 중요하지 않게 되었다. 다음 절에서 전압분배 바이어스 된 CE단의 차단주파수를 간단히 검토한다. 지금부터 우리는 구성요소들이 회로의 주파수응답과 하위 차단주파수에 미치는 영향을 살펴보게 될 것이다.

입력결합 커패시터

교류신호가 입력단에 결합될 때 등가회로는 그림 14-25*a*와 같다. 커패시터를 마주 보고 있는 것은 발전기 저항과 입력단 저항이다. 이 결합회로의 차단주파수는 다음과 같다.

$$f_1 = \frac{1}{2\pi RC} \tag{14-30}$$

여기서 $R = R_G + R_{in}$이다. 그림 14-25*b*는 주파수응답을 나타낸다.

출력결합 커패시터

그림 14-26*a*는 BJT의 출력 측을 나타낸다. 테브난 정리를 적용하면 그림 14-26*b*와 같은 등가회로를 구할 수 있다. 식 (14-30)을 이용하여 차단주파수를 구하며 여기서 저항은 $R = R_C + R_L$이다.

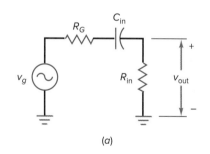

(a)

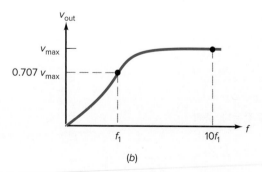

(b)

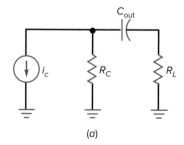

(a)

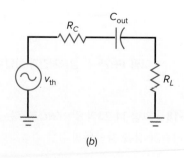

(b)

| 그림 14-25 | 결합회로 및 주파수응답

| 그림 14-26 | 출력결합 커패시터

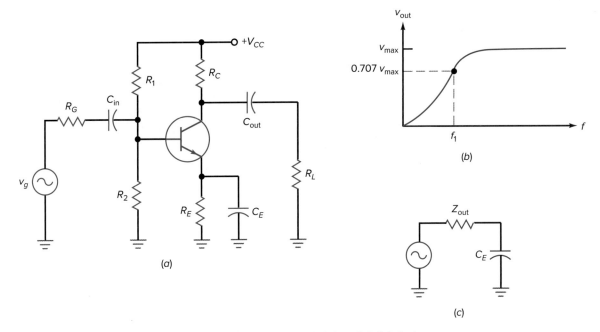

| 그림 14-27 | 이미터 바이패스 커패시터 효과

이미터 바이패스 커패시터

그림 14-27a는 CE 증폭기를 나타낸다. 그림 14-27b는 이미터 바이패스 커패시터가 출력전압에 어떤 영향을 주는지를 나타낸다. 이미터 바이패스 커패시터와 연결된 것은 그림 14-27c의 테브난 회로이다. 차단주파수는 다음과 같다.

$$f_1 = \frac{1}{2\pi Z_{\text{out}} C_E} \tag{14-31}$$

여기서 출력임피던스 Z_{out}은 C_E에서 회로를 되돌아보면 다음과 같다.

$$Z_{\text{out}} = R_E \parallel \left(r_e' + \frac{R_G \parallel R_1 \parallel R_2}{\beta} \right)$$

입력결합, 출력결합 및 이미터 바이패스 커패시터는 각각 차단주파수를 가진다. 보통 이들 중 하나가 지배적이다. 주파수가 감소하면 이 지배적인 차단주파수에서 이득이 감소하기 시작한다. 그리고 나서 다음 차단주파수에서 다시 감소할 때까지 감소율은 20 dB/decade로 감소한다. 세 번째로 감소할 때까지 40 dB/decade로 감소한다. 주파수가 더 감소하면 전압이득은 60 dB/decade로 감소한다.

응용예제 14-19

그림 14-28a의 회로를 이용하여 각각의 결합과 바이패스 커패시터에 대해 저역차단주파수를 구하라. 또한 보드 선도를 이용하여 측정한 값과 결과를 비교하라. (dc와 ac의 베타값은 150이다.)

풀이 그림 14-28a에서 우리는 각각의 결합 커패시터와 바이패스 커패시터를 독립적으로 해석할 수 있다. 각각의 커패시터를 해석할 때 나머지 두 커패시터는 교류 단락 상태로 취급한다.

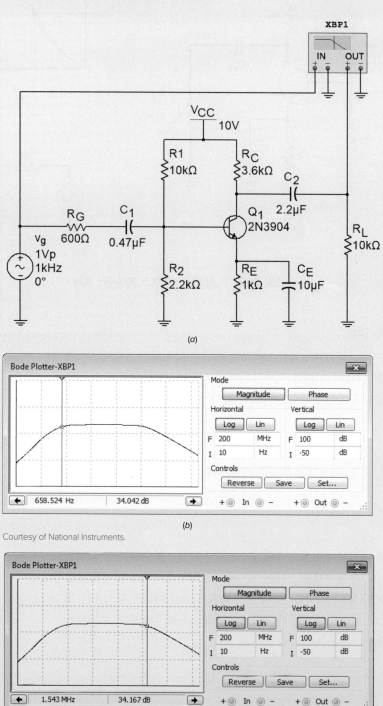

(a)

Courtesy of National Instruments.

(b)

Courtesy of National Instruments.

(c)

│ 그림 14·28 │ (a) MultiSim을 이용한 CE 증폭기; (b) 저역응답; (c) 고역응답

이전의 계산에 의해 $r_e' = 22.7\ \Omega$이다. 입력결합 커패시터에 연결되어 있는 테브난 저항은

$$R = R_G + R_1\|R_2\|R_{\text{in(base)}}$$

여기서

$$R_{\text{in(base)}} = (\beta)(r_e') = (150)(22.7\ \Omega) = 3.41\ \text{k}\Omega$$

그러므로

$$R = 600\ \Omega + (10\ \text{k}\Omega \| 2.2\ \text{k}\Omega \| 3.41\ \text{k}\Omega)$$
$$R = 600\ \Omega + 1.18\ \text{k}\Omega = 1.78\ \text{k}\Omega$$

그러므로 식 (14-30)을 이용하면 입력결합회로의 차단주파수는

$$f_1 = \frac{1}{2\pi RC} = \frac{1}{(2\pi)(1.78\ \text{k}\Omega)(0.47\ \mu\text{F})} = 190\ \text{Hz}$$

출력결합 커패시터와 연결된 테브난 저항은

$$R = R_C + R_L = 3.6\ \text{k}\Omega + 10\ \text{k}\Omega = 13.6\ \text{k}\Omega$$

따라서 출력결합회로는 다음과 같은 차단주파수를 갖는다.

$$f_1 = \frac{1}{2\pi RC} = \frac{1}{(2\pi)(13.6\ \text{k}\Omega)(2.2\ \mu\text{F})} = 5.32\ \text{Hz}$$

이미터 바이패스 커패시터와 연결된 테브난 저항은

$$Z_{\text{out}} = 1\ \text{k}\Omega \| \left(22.7\ \Omega + \frac{10\ \text{k}\Omega \| 2.2\ \text{k}\Omega \| 600\ \Omega}{150}\right)$$

$$Z_{\text{out}} = 1\ \text{k}\Omega \| (22.7\ \Omega + 3.0\ \Omega)$$

$$Z_{\text{out}} = 1\ \text{k}\Omega \| 25.7\ \Omega = 25.1\ \Omega$$

그러므로 바이패스회로의 차단주파수는

$$f_1 = \frac{1}{2\pi Z_{\text{out}} C_E} = \frac{1}{(2\pi)(25.1\ \Omega)(10\ \mu\text{F})} = 635\ \text{Hz}$$

따라서 결과는

$$f_1 = 190\ \text{Hz} \qquad \text{입력결합 커패시터}$$
$$f_1 = 5.32\ \text{Hz} \qquad \text{출력결합 커패시터}$$
$$f_1 = 635\ \text{Hz} \qquad \text{이미터 바이패스 커패시터}$$

결과에서 알 수 있듯이 이미터 바이패스 회로가 지배적으로 저역차단주파수를 결정한다.

그림 14-28b의 보드 선도의 중간대역 전압이득 $A_{V(\text{mid})}$는 37.1 dB이다. 보드 선도는 정확히 659 Hz에서 3 dB 떨어졌고 이는 우리의 계산과 근접함을 볼 수 있다.

연습문제 14-19 그림 14-28a를 이용하여 입력결합 커패시터를 10 μF, 이미터 바이어스 커패시터를 100 μF으로 바꾸고 새로운 지배적 차단주파수를 결정하라.

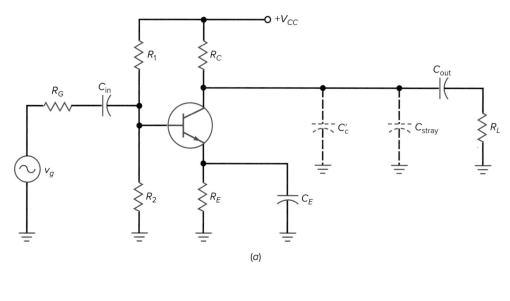

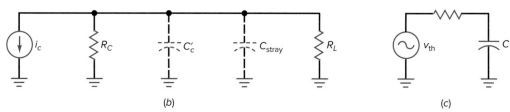

| 그림 14-29 | 내부 및 배선분포 커패시턴스는 상측 차단주파수를 만든다.

컬렉터 바이패스 회로

증폭기의 고주파 응답은 상당한 양의 세부사항을 수반하며, 좋은 결과를 얻기 위해서는 정확한 값이 필요하다. 우리는 논의에서 몇 가지 세부사항을 사용할 것이지만 회로 시뮬레이션 소프트웨어를 통해 보다 정확한 결과를 얻을 수 있다.

그림 14-29a는 증폭기에서 배선분포 커패시터(C_{stray})를 가진 CE 회로이다. 배선분포 커패시터 바로 왼쪽이 C_c'이고, 그 양은 트랜지스터의 데이터시트에서 보통 설명한다. 이는 컬렉터와 베이스 간의 내부 커패시턴스이다. C_c'와 C_{stray}가 아주 작다 하더라도 주파수가 크면 영향을 준다.

그림 14-29b는 교류 등가회로이며 그림 14-29c는 테브난 등가회로이다. 이 지상회로의 차단주파수는 다음과 같다.

$$f_2 = \frac{1}{2\pi RC} \tag{14-32}$$

여기서 $R = R_C \| R_L$이고 $C = C_c' + C_{stray}$이다. 고주파에서는 도선을 가능하면 짧게 하는 것이 중요하다. 이는 C_{stray}가 차단주파수를 낮게 하여 대역폭을 감소시키기 때문이다.

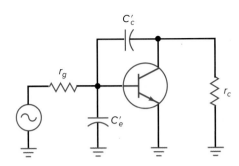

| 그림 14-30 | 고주파수 분석은 내부트랜지스터 커패시터를 포함한다.

베이스 바이패스 회로

트랜지스터는 그림 14-30과 같이 2개의 내부 커패시턴스 C'_c, C'_e을 가진다. C'_c은 귀환 커패시터이며 이는 2개의 성분으로 바꿀 수 있다. 그런 다음 입력 밀러 성분은 C'_e과 병렬로 나타난다. 이 베이스 바이패스 회로의 차단주파수는 식 (14-32)로 주어지며, 여기서 R은 커패시터를 마주하는 테브난 저항이다. 커패시턴스는 C'_e과 입력 밀러 성분의 합이다.

컬렉터 바이패스 회로와 밀러 입력 커패시턴스는 각각 차단주파수를 가진다. 보통 이들 중의 하나가 지배적이다. 주파수가 증가하면 전압이득은 지배적 차단주파수에서 감소하기 시작한다. 두 번째 차단주파수에서 감소할 때까지 감소율은 20 dB/decade이다. 주파수를 더 감소시키면 전압이득은 40 dB/decade까지 감소한다.

데이터시트에서 C'_c은 C_{bc}, C_{ob} 또는 C_{obo}로 나타낼 수 있다. 이 값은 특정한 트랜지스터 동작조건에서 지정된다. 예를 들어 2N3904에 대한 C_{obo}값은 $V_{CB} = 5.0$ V, $I_E = 0$, 그리고 주파수 1 MHz일 때 4.0 pF이다. C'_c은 종종 데이터시트에 C_{be}, C_{ib} 또는 C_{ibo}로 표시된다. 2N3904의 데이터시트는 $V_{EB} = 0.5$ V, $I_C = 0$, 주파수가 1 MHz일 때 C_{ibo}값을 8 pF으로 지정한다. 이러한 값은 그림 14-31a의 소신호 특성에 나타나 있다.

이러한 각 내부 커패시턴스 값은 회로 상태에 따라 변한다. 그림 14-31b는 역바이어스 V_{CB}의 양에 따라 어떻게 C_{obo}값이 변하는지를 보여 준다. 또한 C_{be}는 트랜지스터의 동작점에 의존한다. 데이터시트에 주어지지 않은 C_{be}는 다음과 같이 근사화될 수 있다.

$$C_{be} \cong \frac{1}{2\pi f_T r'_e} \tag{14-33}$$

여기서 f_T는 신호 증폭률이 1이 되어 버리는 지점의 주파수값을 말하고 보통은 데이터시트에 있으며 전류이득대역곱(current gain-bandwidth product)이다. 그림 14-30에서 r_g값은

$$r_g = R_G \parallel R_1 \parallel R_2 \tag{14-34}$$

이고 r_c는 다음과 같다.

$$r_c = R_C \parallel R_L \tag{14-35}$$

소신호 특성

f_T	전류이득대역곱	$I_C = 10 \text{ mA}, V_{CE} = 20 \text{ V},$ $f = 100 \text{ MHz}$	300		MHz
C_{obo}	출력커패시턴스	$V_{CB} = 5.0 \text{ V}, I_E = 0,$ $f = 1.0 \text{ MHz}$		4.0	pF
C_{ibo}	입력커패시턴스	$V_{EB} = 0.5 \text{ V}, I_C = 0,$ $f = 1.0 \text{ MHz}$		8.0	pF
NF	잡음지수	$I_C = 100 \text{ } \mu\text{A}, V_{CE} = 5.0 \text{ V},$ $R_S = 1.0 \text{ k}\Omega, f = 10 \text{ Hz to } 15.7 \text{ kHz}$		5.0	dB

(a)

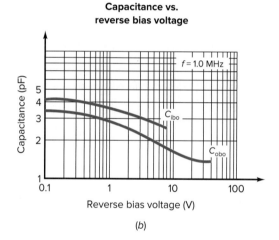

(b)

| 그림 14-31 | 2N3904 데이터시트 (a) 내부 커패시턴스; (b) 역전압 시의 변화(Fairchild Semiconductor Corp.의 허락하에 수록)

응용예제 14-20　　　　　　　　　　　　　　　　　**⫶⫶ MultiSim**

그림 14-28*a*의 회로를 이용하여 베이스 바이패스 회로와 컬렉터 바이패스 회로의 고역 차단주파수를 구하라. 베타값은 150을 이용하고 스트레이 커패시턴스는 10 pF을 이용하라. 시뮬레이션 소프트웨어의 보드 선도와 결과를 비교하라.

풀이　첫 번째로 트랜지스터 입출력 커패시턴스를 정의한다.

이전의 이 회로의 직류 계산에서 $V_B = 1.8 \text{ V}, V_C = 6.04 \text{ V}$라고 계산했다. 따라서 이 결과로 약 4.2 V의 컬렉터 베이스 역전압이 발생한다. 그림 14-31*b*를 이용하여 이 역전압에서 C_{obo} 또는 C_e' 값은 2.1 pF이다. C_e'은 식 (14-33)을 이용하여 다음과 같이 계산될 수 있다.

$$C_e' = \frac{1}{(2\pi)(300 \text{ MHz})(22.7 \text{ } \Omega)} = 23.4 \text{ pF}$$

이 증폭기 회로의 전압이득은 다음과 같기 때문에

$$A_V = \frac{r_c}{r_e'} = \frac{2.65 \text{ k}\Omega}{22.7 \text{ }\Omega} = 117$$

입력 밀러 커패시턴스는

$$C_{\text{in(M)}} = C_C' (A_V + 1) = 2.1 \text{ pF} (117 + 1) = 248 \text{ pF}$$

따라서 베이스 바이패스 커패시턴스는 다음과 같다.

$$C = C_e' + C_{\text{in(M)}} = 23.4 \text{ pF} + 248 \text{ pF} = 271 \text{ pF}$$

커패시터에 연결된 저항값은

$$R = r_g \parallel R_{\text{in(base)}} = 450 \text{ }\Omega \parallel (150)(22.7 \text{ }\Omega) = 397 \text{ }\Omega$$

식 (14-32)를 이용하여 베이스 바이패스 회로의 차단주파수를 구하면

$$f_2 = \frac{1}{(2\pi)(397 \text{ }\Omega)(271 \text{ pF})} = 1.48 \text{ MHz}$$

컬렉터 바이패스 회로 차단주파수는 전체 출력 바이패스 커패시턴스를 먼저 결정함으로써 찾을 수 있다.

$$C = C_C' + C_{\text{stray}}$$

식 (14-27)을 이용하면 출력 밀러 커패시턴스는

$$C_{\text{out(M)}} = C_C \left(\frac{A_V + 1}{A_V} \right) = 2.1 \text{ pF} \left(\frac{117 + 1}{117} \right) \cong 2.1 \text{ pF}$$

총 출력 바이패스 커패시턴스는

$$C = 2.1 \text{ pF} + 10 \text{ pF} = 12.1 \text{ pF}$$

커패시터와 연결된 저항은

$$R = R_C \parallel R_L = 3.6 \text{ k}\Omega \parallel 10 \text{ k}\Omega = 2.65 \text{ k}\Omega$$

따라서 컬렉터 바이패스 회로 차단주파수는

$$f_2 = \frac{1}{(2\pi)(2.65 \text{ k}\Omega)(12.1 \text{ pF})} = 4.96 \text{ MHz}$$

지배적인 차단주파수는 낮은 2개의 차단주파수에 의해 결정되었다. 그림 14-28a에서 MultiSim을 이용한 보드 선도는 고역차단주파수가 대략 1.5 MHz임을 보여 준다.

연습문제 14-20 응용예제 14-20의 표유용량이 40 pF일 때 컬렉터 바이패스의 차단주파수를 구하라.

14-11 전계효과트랜지스터(FET)의 주파수 해석

FET 회로의 주파수응답 해석은 BJT 회로와 유사하다. 대부분의 경우 FET는 입력결합회로와 출력결합회로를 가질 것이다. 그중 하나는 저역통과주파수를 결정할 것이며, 게이트와 드레인은 FET의 내부 커패시턴스로 인해 원치 않는 바이패스회로를 가지게 될 것이다. 배선분포 커패시턴스에 따라 이것은 고역통과주파수를 결정하게 된다.

저주파 해석

그림 14-32a는 전압분배 바이어스를 이용한 E-MOSFET 공통소스 증폭기 회로를 보여준다. MOSFET의 매우 높은 입력저항 때문에 입력결합 커패시터와 닿아 있는 저항 R은

$$R = R_G + R_1 \parallel R_2 \qquad \text{(14-36)}$$

그리고 입력결합 차단주파수는 다음 식으로 구할 수 있다.

$$f_1 = \frac{1}{2\pi RC}$$

출력결합 커패시터와 연결된 출력저항은

$$R = R_D + R_L$$

그리고 출력결합 차단주파수는 다음 식으로 구할 수 있다.

$$f_1 = \frac{1}{2\pi RC}$$

알다시피 FET의 저주파 해석은 BJT 회로와 매우 비슷함을 알 수 있다. FET의 매우 높은 입력저항 때문에 더 큰 전압분배 저항값이 사용될 수 있다. 이것은 더 작은 입력결합 커패시터를 이용할 수 있게 해 준다.

응용예제 14-21 ||||MultiSim

그림 14-32의 회로를 이용하여 입력결합회로와 출력결합회로의 저역통과주파수를 결정하라. 계산된 결과와 MultiSim을 이용한 보드 선도를 비교하라.

풀이   입력결합 커패시터와 연결된 테브난 저항은

$$R = 600\ \Omega + 2\ \text{M}\Omega \parallel 1\ \text{M}\Omega = 667\ \text{k}\Omega$$

입력결합 차단주파수는

$$f_1 = \frac{1}{(2\pi)(667\ \text{k}\Omega)(0.1\ \mu\text{F})} = 2.39\ \text{Hz}$$

다음으로 출력결합 커패시터와 연결된 테브난 저항은

$$R = 150\ \Omega + 1\ \text{k}\Omega = 1.15\ \text{k}\Omega$$

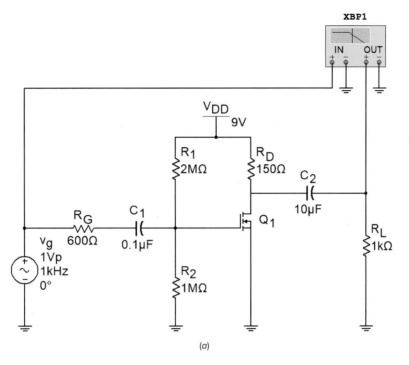

(a)

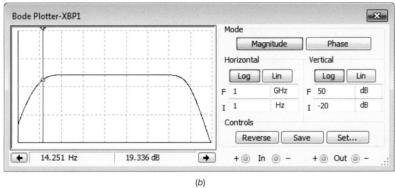

Courtesy of National Instruments

(b)

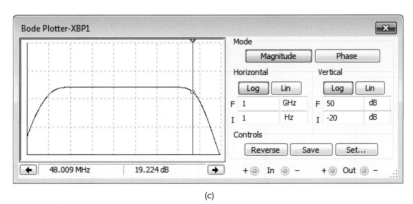

Courtesy of National Instruments

(c)

| 그림 14·32 | FET 주파수 해석 (a) E-MOSFET 증폭기; (b) 저주파 응답; (c) 고주파 응답

그리고 출력결합 차단주파수는

$$f_1 = \frac{1}{(2\pi)(1.15 \text{ k}\Omega)(10 \text{ }\mu\text{F})} = 13.8 \text{ Hz}$$

따라서 지배적인 저역차단주파수는 13.8 Hz이다. 이 회로의 중역 전압이득은 22.2 dB 이다. 그림 14-32b의 보드 선도가 약 14 Hz에서 3 dB 감쇠를 보여 준다. 이는 계산된 값 과 매우 비슷함을 알 수 있다.

고주파 해석

BJT 회로의 고주파 해석과 같이 FET의 고역차단주파수를 결정하는 것은 정확한 값의 사용과 세밀함이 요구된다. BJT와 같이 FET는 그림 14-33a에 보이는 것과 같이 내부 커패시턴스 C_{gs}, C_{gd}, C_{ds}를 가지고 있다. 이 커패시턴스의 값들은 저주파에서는 중요하 지 않지만 고주파에서는 중요하다.

이러한 용량들은 측정이 어렵기 때문에 생산자는 단락회로 조건하에서 FET 용량 을 확인하고 나열한다. 예를 들면 C_{iss}는 교류 단락 출력단과 연결되어 있는 입력커패시 턴스이다. C_{gd}와 C_{gs}가 병렬(그림 14-33b)로 연결된 C_{iss}는 다음과 같이 구할 수 있다.

$$C_{iss} = C_{ds} + C_{gd}$$

데이터시트는 종종 C_{oss}를 제공하는데 입력단을 단락(그림 14-33c)하고 FET를 바 라본 커패시터로 다음과 같다.

$$C_{oss} = C_{ds} + C_{gd}$$

또한 데이터시트는 공통적으로 귀환 커패시턴스 C_{rss}를 제공한다.

$$C_{rss} = C_{gd}$$

이 식들을 이용하여 우리는 다음을 결정할 수 있다.

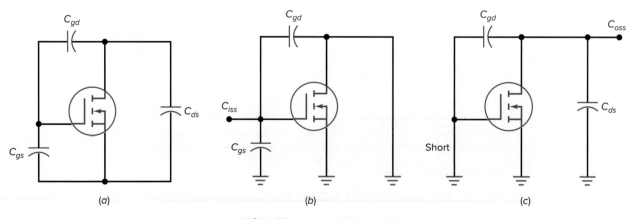

| **그림 14·33** | FET 커패시턴스 측정

$$C_{gd} = C_{rss} \tag{14-37}$$

$$C_{gs} = C_{iss} - C_{rss} \tag{14-38}$$

$$C_{ds} = C_{oss} - C_{rss} \tag{14-39}$$

게이트에서 드레인으로 연결되어 있는 커패시턴스 C_{gd}는 입력 밀러 커패시턴스 $C_{in(M)}$과 출력 밀러 커패시턴스 $C_{out(M)}$을 이용하여 정의할 수 있다. 이 값들은

$$C_{in(M)} = C_{gd}(A_V + 1) \tag{14-40}$$

$$C_{out(M)} = C_{gd}\left(\frac{A_V + 1}{A_V}\right) \tag{14-41}$$

공통소스 증폭기에서 $A_V = g_m r_d$이다.

응용예제 14-22   ‖‖‖ MultiSim

그림 14-32의 MOSFET 증폭회로에서 2N7000은 데이터시트에 다음과 같은 커패시턴스값을 가지고 있다.

$$C_{iss} = 60 \text{ pF}$$
$$C_{oss} = 25 \text{ pF}$$
$$C_{rss} = 5.0 \text{ pF}$$

$g_m = 97$ mS라면 게이트와 드레인 회로에서 고역차단주파수는 얼마인가? 계산 결과를 보드 선도와 비교하라.

풀이   제공된 데이터시트의 커패시턴스값을 사용해서 우리는 FET의 내부 커패시턴스를 다음과 같이 구할 수 있다.

$$C_{gd} = C_{rss} = 5.0 \text{ pF}$$
$$C_{gs} = C_{iss} - C_{rss} = 60 \text{ pF} - 5 \text{ pF} = 55 \text{ pF}$$
$$C_{ds} = C_{oss} - C_{rss} = 25 \text{ pF} - 5 \text{ pF} = 20 \text{ pF}$$

밀러 입력 커패시턴스를 결정하기 위해 먼저 증폭기의 전압이득을 구해야 한다.

$$A_V = g_m r_d = (93 \text{ mS})(150 \ \Omega \parallel 1 \text{ k}\Omega) = 12.1$$

따라서 $C_{in(M)}$은

$$C_{in(M)} = C_{gd}(A_V + 1) = 5.0 \text{ pF}(12.1 + 1) = 65.5 \text{ pF}$$

게이트 바이패스 커패시턴스는 다음과 같이 구할 수 있다.

$$C = C_{gs} + C_{in(M)} = 55 \text{ pF} + 65.5 \text{ pF} = 120.5 \text{ pF}$$

커패시터와 연결된 저항은

$$R = R_G \parallel R_1 \parallel R_2 = 600\ \Omega \parallel 2\ \text{M}\Omega \parallel 1\ \text{M}\Omega \cong 600\ \Omega$$

게이트 바이패스 차단주파수는

$$f_2 = \frac{1}{(2\pi)(600\ \Omega)(120.5\ \text{pF})} = 2.2\ \text{MHz}$$

다음으로 드레인 바이패스 커패시턴스는

$$C = C_{ds} + C_{\text{out(M)}}$$

$$C = 20\ \text{pF} + 5.0\ \text{pF}\left(\frac{12.1 + 1}{12.1}\right) = 25.4\ \text{pF}$$

커패시턴스와 닿아 있는 저항 r_d는

$$r_d = R_D \parallel R_L = 150\ \Omega \parallel 1\ \text{k}\Omega = 130\ \Omega$$

따라서 드레인 바이패스 차단주파수는

$$f_2 = \frac{1}{(2\pi)(130\ \Omega)(25.4\ \text{pF})} = 48\ \text{MHz}$$

그림 14-32*c*에서 볼 수 있듯이 고역차단주파수는 MultiSim을 이용하여 약 48 MHz로 측정되었다. 이는 계산 결과와 부합한다. 이 결과는 부품의 정확한 내부 커패시터를 아는 것이 얼마나 중요한지 보여 주며 또한 계산의 신빙성에도 영향이 크다는 것을 알려 준다.

연습문제 14-22 $C_{iss} = 25$ pF, $C_{oss} = 10$ pF, $C_{rss} = 5$ pF일 때 C_{gd}, C_{gs}, C_{ds}를 구하라.

표 14-9는 공통이미터 BJT 증폭기와 공통소스 FET 증폭기의 주파수 해석을 위해 사용되는 몇몇 방식이다.

결론

우리는 BJT와 FET 증폭기의 주파수 해석에 관련된 문제를 다루었다. 수작업을 하기에 이 해석은 지루하고 시간적으로 낭비이다. 이 장에서 간략히 다룬 이유는 개별 증폭기의 주파수 해석은 주로 컴퓨터로 이루어지기 때문이다. 개별 구성요소 중 일부가 주파수응답을 어떻게 형성하는지 확인하기 바란다.

개별 증폭기를 해석할 필요가 있으면 MultiSim이나 등가 회로 시뮬레이터를 이용하라. MultiSim은 바이폴라 트랜지스터와 FET에 사용되는 모든 변수, 예를 들면 C'_c, C'_e, C_{rss}, C_{oss}와 같은 양뿐만 아니라 β, r'_e, gm과 같은 중대역 양도 설정할 수 있다. 바꾸어 말하면 MultiSim은 부품의 데이터시트에 있는 값들을 가지고 있다. 예를 들어 2N3904를 선택하면 MultiSim은 2N3904의 모든 파라미터(고주파수 포함)를 가지고 온다. 이 것은 상당히 시간을 절약할 수 있다.

더욱이 주파수응답을 구하려면 MultiSim에서 Bode Plotter를 사용할 수 있다. Bode

Plotter로 중간대역의 전압이득 및 차단주파수를 측정할 수 있다. 즉, MultiSim 또는 다른 회로 시뮬레이션 소프트웨어를 사용하는 것이 바이폴라 또는 FET 증폭기의 주파수응답을 구하는 가장 빠르고 정확한 방법이다.

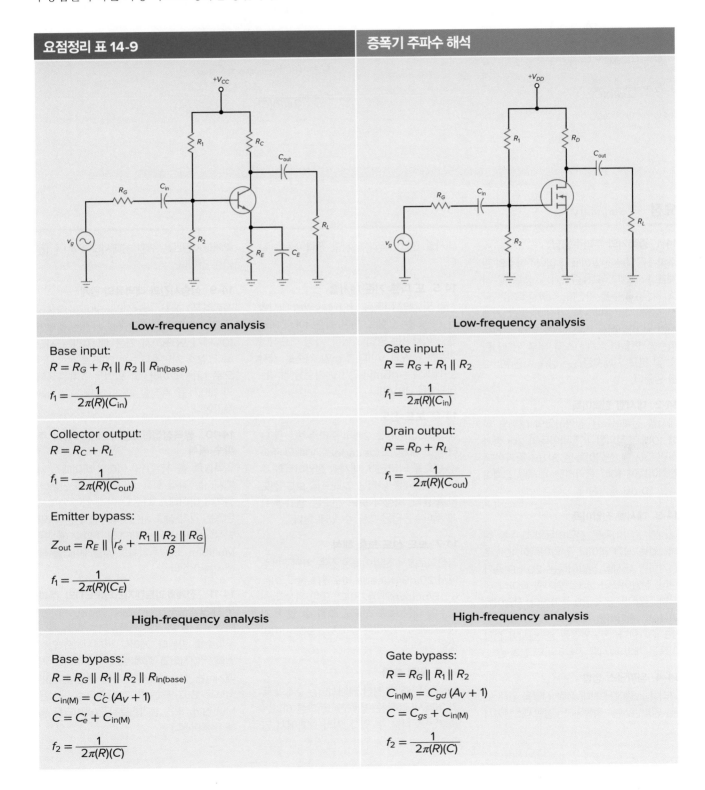

요점정리 표 14-9	증폭기 주파수 해석
Low-frequency analysis	**Low-frequency analysis**
Base input: $R = R_G + R_1 \parallel R_2 \parallel R_{\text{in(base)}}$ $f_1 = \dfrac{1}{2\pi (R)(C_{\text{in}})}$	Gate input: $R = R_G + R_1 \parallel R_2$ $f_1 = \dfrac{1}{2\pi (R)(C_{\text{in}})}$
Collector output: $R = R_C + R_L$ $f_1 = \dfrac{1}{2\pi (R)(C_{\text{out}})}$	Drain output: $R = R_D + R_L$ $f_1 = \dfrac{1}{2\pi (R)(C_{\text{out}})}$
Emitter bypass: $Z_{\text{out}} = R_E \parallel \left(r'_e + \dfrac{R_1 \parallel R_2 \parallel R_G}{\beta} \right)$ $f_1 = \dfrac{1}{2\pi (R)(C_E)}$	
High-frequency analysis	**High-frequency analysis**
Base bypass: $R = R_G \parallel R_1 \parallel R_2 \parallel R_{\text{in(base)}}$ $C_{\text{in(M)}} = C'_C (A_V + 1)$ $C = C'_e + C_{\text{in(M)}}$ $f_2 = \dfrac{1}{2\pi (R)(C)}$	Gate bypass: $R = R_G \parallel R_1 \parallel R_2$ $C_{\text{in(M)}} = C_{gd} (A_V + 1)$ $C = C_{gs} + C_{\text{in(M)}}$ $f_2 = \dfrac{1}{2\pi (R)(C)}$

요점정리 표 14-9	(계속)
Collector bypass: $R = R_C \parallel R_L$ $C_{out(M)} = C'_C \left(\dfrac{A_V + 1}{A_V} \right)$ $C = C_{out(M)} + C_{stray}$ $f_2 = \dfrac{1}{2\pi(R)(C)}$	Drain bypass: $R = R_D \parallel R_L$ $C_{out(M)} = C_{gd} \left(\dfrac{A_V + 1}{A_V} \right)$ $C = C_{ds} + C_{out(M)} + C_{stray}$ $f_2 = \dfrac{1}{2\pi(R)(C)}$

요점 __ *Summary*

14-1 증폭기의 주파수응답

주파수응답은 전압이득과 입력주파수의 관계를 나타낸다. 교류증폭기는 상측 및 하측 차단주파수를 가진다. 직류증폭기는 단지 상측 차단주파수를 가진다. 결합 커패시터 및 바이패스 커패시터는 하측 차단주파수를 만들며 트랜지스터 내부 커패시턴스 및 분포 커패시턴스는 상측 차단주파수를 만든다.

14-2 데시벨 전력이득

데시벨 전력이득은 전력이득의 대수를 취해 10배로 정의된다. 전력이득이 2배 증가하면 데시벨 전력이득은 3 dB 증가한다. 전력이득이 10배 증가하면 데시벨 전력이득은 10 dB 증가한다.

14-3 데시벨 전압이득

데시벨 전압이득은 전압이득의 대수를 취해 20을 곱한 값이다. 전압이득이 10배로 증가하면 데시벨 전압이득은 20 dB 증가한다. 전압이득이 2배로 증가할 때마다 데시벨 전압이득은 6 dB 증가한다. 전압이득이 10배 증가하면 데시벨 전압이득이 20 dB 증가한다. 연속연결된 총 데시벨 전압이득은 개별 데시벨 전압이득의 합과 같다.

14-4 임피던스 정합

여러 시스템에서 최대 전력 전달을 위해 모든 임피던스는 정합된다. 정합시스템에서

데시벨 전압이득과 데시벨 전력이득은 같다.

14-5 또 다른 기준 데시벨

전력 및 전압 이득을 나타내기 위해 데시벨을 이용하는 외에도 어떤 기준하에서 데시벨을 이용하는 방법도 있다. 가장 대표적인 기준은 mW와 V이다. 1 mW 기준을 가지는 데시벨은 dBm이고, 1 V 기준을 가지는 데시벨은 dBV이다.

14-6 보드 선도

옥타브(octave)는 2배의 주파수 변화를 나타내고, 데케이드(decade)는 10배의 주파수 변화를 나타낸다. 데시벨 전압이득과 주파수의 관계를 나타낸 그래프를 보드 선도라 부른다. 이상적 보드 선도는 쉽고 빠르게 주파수응답을 그릴 수 있게 한다.

14-7 보드 선도 보충 해석

지상회로에서 전압이득은 상측 차단주파수에서 20 dB/decade 비로 감소한다. 이는 6 dB/octave와 등가이다. 또한 위상각-주파수에 대한 보드 선도도 그릴 수 있다. 지상회로에서 위상각은 0°에서 −90° 사이의 값을 가진다.

14-8 밀러 효과

반전증폭기에서 귀환 커패시터는 2개의 등가 커패시터(하나는 입력단, 또 다른 하나는 출력단)로 나눌 수 있다. 밀러 효과에서 입

력커패시턴스는 귀환 커패시터에 $A_V + 1$을 곱한 값이다.

14-9 상승시간과 대역폭의 관계

직류증폭기에서 계단전압(voltage step)을 입력으로 사용하면 상승시간은 출력이 10%에서 90%까지 가는 데 걸리는 시간이다. 상측 차단주파수는 0.35를 상승시간으로 나눈 값이다. 이 방법은 직류증폭기의 대역폭을 측정할 때 쉽고 빠른 방법을 제공한다.

14-10 쌍극성접합트랜지스터(BJT)의 주파수 해석

입력결합, 출력결합 및 이미터 바이패스 커패시터는 각각 하측 차단주파수를 만든다. 컬렉터 바이패스 회로와 밀러 입력 커패시턴스는 각각 상측 차단주파수를 만든다. 일반적으로 BJT 또는 FET의 주파수 해석은 MultiSim 또는 등가회로 시뮬레이터를 통해 이루어진다.

14-11 전계효과트랜지스터(FET)의 주파수 해석

FET의 입출력 결합 커패시터는 하측 차단주파수를 만든다. 게이트 커패시터와 입력 밀러 커패시터와 함께 드레인 바이패스 커패시터는 상측 차단주파수를 만든다. 일반적으로 BJT 또는 FET의 주파수 해석은 MultiSim 또는 등가회로 시뮬레이터를 통해 이루어진다.

중요 수식 __ *Important Formulas*

(14-3) 중간대역 이하:

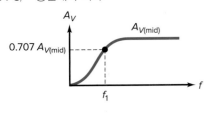

$$A_V = \frac{A_{V(\text{mid})}}{\sqrt{1 + (f_1/f)^2}}$$

(14-4) 중간대역 이상:

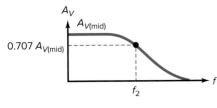

$$A_V = \frac{A_{V(\text{mid})}}{\sqrt{1 + (f/f_2)^2}}$$

(14-8) 데시벨 전력이득:

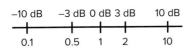

$$A_{p(\text{dB})} = 10 \log A_p$$

(14-9) 데시벨 전압이득:

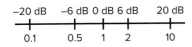

$$A_{V(\text{dB})} = 20 \log A_V$$

(14-10) 총 전압이득:

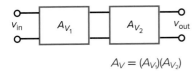

$$A_V = (A_{V_1})(A_{V_2})$$

(14-11) 총 데시벨 전압이득:

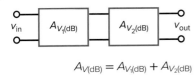

$$A_{V(\text{dB})} = A_{V_1(\text{dB})} + A_{V_2(\text{dB})}$$

(14-13) 임피던스 정합시스템:

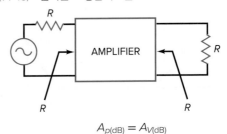

$$A_{p(\text{dB})} = A_{V(\text{dB})}$$

(14-16) 1 mW에 기준한 데시벨:

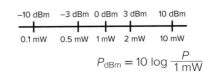

$$P_{\text{dBm}} = 10 \log \frac{P}{1 \text{ mW}}$$

(14-18) 1 V에 기준한 데시벨:

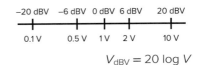

$$V_{\text{dBV}} = 20 \log V$$

(14-22) 차단주파수:

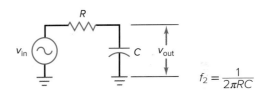

$$f_2 = \frac{1}{2\pi RC}$$

(14-26) 밀러 효과: $\quad C_{\text{in}(M)} = C(A_V + 1)$

(14-27) 밀러 효과: $\quad C_{\text{out}(M)} = C\left(\frac{A_V + 1}{A_V}\right)$

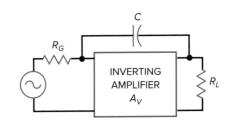

(14-29) 상승시간-대역폭:

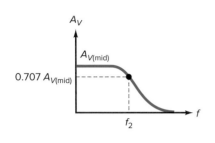

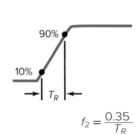

$$f_2 = \frac{0.35}{T_R}$$

(14-33) BJT 베이스-이미터 커패시턴스:

$$C_{be} \cong \frac{1}{2\pi f_T r'_e}$$

(14-37) FET 내부 커패시턴스:

$$C_{gd} = C_{rss}$$

(14-38) FET 내부 커패시턴스:

$$C_{gs} = C_{iss} - C_{rss}$$

(14-39) FET 내부 커패시턴스:

$$C_{ds} = C_{oss} - C_{rss}$$

연관 실험 __ *Correlated Experiments*

실험 37

주파수 효과

시스템 응용 4

결합 및 바이패스 커패시터의 주파수 응답

복습문제 __ *Self-Test*

1. 주파수응답은 전압이득 vs _____ 과(와)의 관계를 나타낸 그래프이다.
   a. 주파수
   b. 전압이득
   c. 입력전압
   d. 출력전압

2. 저주파에서 결합 커패시터는 무엇의 감소를 초래하는가?
   a. 입력저항
   b. 전압이득
   c. 신호발생기 저항
   d. 신호발생기 전압

3. C_{stray}는 어디에 영향을 미치는가?
   a. 하측 차단주파수
   b. 중간대역 전압이득
   c. 상측 차단주파수
   d. 입력저항

4. 상측 또는 하측 차단주파수에서 전압이득은?
   a. $0.35\,A_{V(mid)}$
   b. $0.5\,A_{V(mid)}$

   c. $0.707\,A_{V(mid)}$
   d. $0.995\,A_{V(mid)}$

5. 전력이득을 2배로 하면 데시벨 전력이득은?
   a. 2배
   b. 3 dB
   c. 6 dB
   d. 10 dB

6. 전압이득을 2배로 하면 데시벨 전압이득은?
   a. 2배
   b. 3 dB
   c. 6 dB
   d. 10 dB

7. 전압이득을 10배로 하면 데시벨 전압이득은?
   a. 6 dB
   b. 20 dB
   c. 40 dB
   d. 60 dB

8. 전압이득을 100배로 하면 데시벨 전압이득은?
   a. 6 dB
   b. 20 dB
   c. 40 dB
   d. 60 dB

9. 전압이득을 2,000배로 하면 데시벨 전압이득은?
   a. 40 dB
   b. 46 dB
   c. 66 dB
   d. 86 dB

10. 2개의 증폭기가 각각 20 dB과 40 dB이면 전체 전압이득은?
   a. 1
   b. 10
   c. 100
   d. 1,000

11. 2개의 증폭기가 각각 100과 200이면 전체 데시벨 전압이득은?
   a. 46 dB

b. 66 dB

c. 86 dB

d. 106 dB

12. 어떤 주파수가 다른 주파수보다 8 배 크면 두 주파수는 몇 옥타브 떨어져 있는가?

a. 1

b. 2

c. 3

d. 4

13. 주파수 f = 1 MHz이고 f_2 = 10 Hz 이다. f/f_2의 비는 몇 데케이드인가?

a. 2

b. 3

c. 4

d. 5

14. 반대수(semilog) 용지가 의미하는 것은?

a. 한 축은 선형이고 다른 축은 대수 눈금이다.

b. 한 축은 선형이고 다른 축은 반대수 눈금이다.

c. 두 축 모두 반대수 눈금이다.

d. 둘 중 어느 축도 선형이 아니다.

15. 증폭기의 고주파 응답을 향상시키려면 어떻게 해야 하나?

a. 결합 커패시터의 감소

b. 이미터 바이패스 커패시턴스의 증가

c. 짧은 단선

d. 신호발생기 저항의 증가

16. 증폭기의 전압이득이 20 kHz 이상에서 20 dB/decade로 감소한다. 중간대역 전압이득이 86 dB이면 20 MHz에서 전압이득은?

a. 20

b. 200

c. 2,000

d. 20,000

17. BJT 증폭회로에서 C'_e은 다음 중 무엇과 같은가?

a. C_{be}

b. C_{ib}

c. C_{ibo}

d. 위 모두 해당

18. BJT 증폭회로에서 C_{in}값과 C_{out}값을 증가시키기 위한 방법은?

a. 저주파에서 A_V를 감소시킨다.

b. 저주파에서 A_V를 증가시킨다.

c. 고주파에서 A_V를 감소시킨다.

d. 고주파에서 A_V를 증가시킨다.

19. FET 회로에서 입력결합 커패시터는?

a. 일반적으로 BJT 회로에서보다 크다.

b. 고역차단주파수를 결정한다.

c. 일반적으로 BJT 회로에서보다 작다.

d. 교류 개방으로 간주된다.

20. FET의 데이터시트에서 C_{oss}는?

a. $C_{ds} + C_{gd}$와 같다.

b. $C_{gs} - C_{rss}$와 같다.

c. C_{gd}와 같다.

d. $C_{iss} - C_{rss}$와 같다.

기본문제 __ *Problems*

14-1 증폭기의 주파수응답

14-1 중간대역에서 증폭기의 전압이득이 1,000이다. 차단주파수가 f_1 = 100 Hz, f_2 = 100 kHz일 때 대략적 주파수응답을 그려라. 입력주파수가 각각 20 Hz, 300 kHz라면 전압이득은 얼마인가?

14-2 연산증폭기의 중간대역 전압이득이 500,000이라 하자. 상측 차단주파수가 15 Hz라면 주파수응답은?

14-3 직류증폭기의 중간대역 전압이득이 200이다. 상측 차단주파수가 10 kHz라면 각 입력주파수가 100 kHz, 200 kHz, 500 kHz, 1 MHz일 때 전압이득은 얼마인가?

14-2 데시벨 전력이득

14-4 A_p = 5, 10, 20, 40일 때 $A_{p(dB)}$(전력이득)를 구하라.

14-5 A_p = 0.4, 0.2, 0.1, 0.05일 때 $A_{p(dB)}$(전력이득)를 구하라.

14-6 A_p = 2, 20, 200, 2,000일 때 $A_{p(dB)}$(전력이득)를 구하라.

14-7 A_p = 0.4, 0.04, 0.004일 때 $A_{p(dB)}$(전력이득)를 구하라.

14-3 데시벨 전압이득

14-8 그림 14-34a에서 전체 전압이득은 얼마인가? 이 답을 데시벨로 바꾸어라.

14-9 그림 14-34a에서 각 단의 전압이득을 데시벨로 바꾸어라.

14-10 그림 14-34b에서 전체 데시벨 전압이득은 얼마인가? 이 답을 보통 전압이득으로 바꾸어라.

14-11 그림 14-34b에서 각 단의 일반 전압이득은 얼마인가?

14-12 일반 전압이득이 100,000이면 증폭기의 데시벨 전압이득은 얼마인가?

14-13 오디오 전력증폭기인 LM380의 데이터시트의 전압이득이 34 dB이다. 이를 보통 전압이득으로 바꾸어라.

14-14 2단 증폭기의 각 단의 전압이득이 각각 A_{V_1} = 25.8, A_{V_2} = 1170이다. 각 단의 데시벨 전압이득은 얼마인가? 또한 전체 데시벨 전압이득을 구하라.

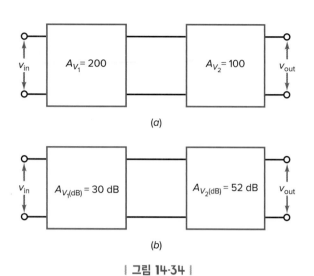

(a)

(b)

| 그림 14-34 |

14-4 임피던스 정합

14-15 그림 14-35는 임피던스 정합된 시스템이다. 전체 $A_{V(dB)}$은 얼마인가? 각 단의 $A_{V(dB)}$은 얼마인가?

14-16 그림 14-35의 각 단이 임피던스 정합되어 있다. 부하전압과 부하전력을 구하라.

14-5 또 다른 기준 데시벨

14-17 전치증폭기(preamplifier) 출력전력이 20 dBm이면 mW로 얼마인가?

14-18 증폭기의 출력전압이 −45 dBV일 때 출력전압을 구하라.

14-19 다음 전력값 25 mW, 93.5 mW, 4.87 W를 dBm으로 바꾸어라.

14-20 다음 전력값 1 μV, 34.8 mV, 12.9 V, 345 V를 dBV로 바꾸어라.

14-6 보드 선도

14-21 연산증폭기의 데이터시트에서 중간대역 전압이득 200,000, 차단주파수 10 Hz, 감소율 20 dB/decade이다. 이상적 보드 선도를 그려라. 1 MHz에서 전압이득은 얼마인가?

14-22 연산증폭기 LF351은 중간대역 전압이득 316,000, 차단주파수 40 Hz, 감소율 20 dB/decade이다. 이상적 보드 선도를 그려라.

14-7 보드 선도 보충 해석

14-23 ▌▌▌MultiSim 그림 14-36a의 지상회로에서 이상적 보드 선도를 그려라.

14-24 ▌▌▌MultiSim 그림 14-36b의 지상회로에서 이상적 보드 선도를 그려라.

14-25 그림 14-37 회로에서 이상적 보드 선도는 얼마인가?

14-8 밀러 효과

14-26 그림 14-38에서 C = 5 pF, A_V = 200,000이면 입력 밀러 커패시턴스는 얼마인가?

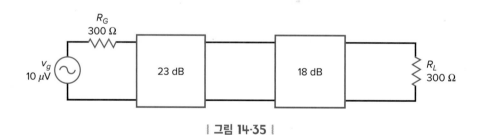

| 그림 14-35 |

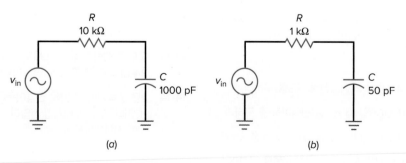

(a)   (b)

| 그림 14-36 |

14-27 그림 14-38에서 A_V = 250,000, C = 15 pF이면 입력지상 회로의 이상적 보드 선도를 그려라.

14-28 그림 14-38의 귀환 커패시터가 50 pF이고, A_V = 200,000 이면 입력 밀러 커패시턴스는 얼마인가?

14-29 그림 14-38의 귀환 커패시터가 100 pF이고 A_V = 150,000 일 때 이상적 보드 선도를 그려라.

14-9 상승시간과 대역폭의 관계

14-30 그림 14-39a에서 증폭기는 계단응답을 가진다. 상측 차단 주파수를 구하라.

14-31 상승시간이 0.25 μs이면 증폭기의 대역폭은 얼마인가?

14-32 증폭기의 상측 차단주파수가 100 kHz이다. 구형파가 입력 되면 증폭기의 출력전압의 상승시간을 구하라.

14-33 그림 14-40에서 베이스 접합 회로에서의 저주파 차단주파 수는?

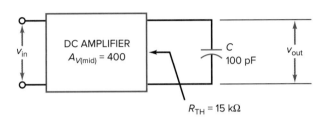

| 그림 14-37 |

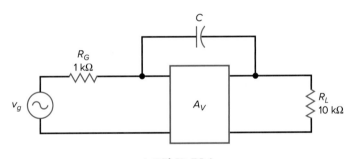

| 그림 14-38 |

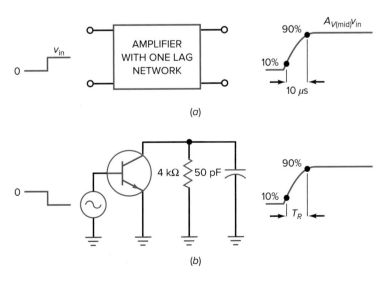

| 그림 14-39 |

14-34 그림 14-40에서 컬렉터 접합 회로에서의 저주파 차단주파수는?

14-35 그림 14-40에서 이미터 접합 회로에서의 저주파 차단주파수는?

14-36 그림 14-40에서 $C'_c = 2$ pF, $C'_e = 10$ pF, $C_{stray} = 5$ pF으로 주어질 때, 베이스 입력과 컬렉터 출력 회로에서의 고역차단주파수를 구하라.

14-37 그림 14-41 E-MOSFET에 $g_m = 16.5$ mS, $C_{iss} = 30$ pF, $C_{oss} = 20$ pF, $C_{rss} = 5.0$ pF 값을 이용하여 FET의 내부 커패시턴스 값 C_{gd}, C_{gs}, C_{ds} 값을 구하라.

14-38 그림 14-41에서 지배적인 저역차단주파수는 얼마인가?

14-39 그림 14-41에서 게이트입력과 드레인출력 회로에서의 고역차단주파수를 구하라.

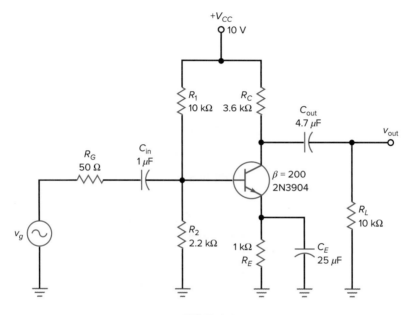

| 그림 14-40 |

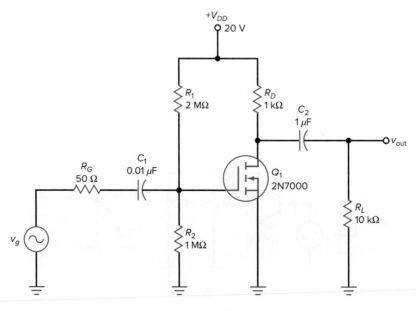

| 그림 14-41 |

응용문제 __ *Critical Thinking*

14-40 그림 14-42*a*에서 주파수가 각각 *f* = 20 kHz, *f* = 44.4 kHz일 때 데시벨 전압이득은 얼마인가?

14-41 그림 14-42*b*에서 주파수가 *f* = 100 kHz일 때 데시벨 전압이득은 얼마인가?

14-42 그림 14-39*a*의 증폭기가 중간대역 전압이득이 100이다. 입력전압이 20 mV의 계단파이면 10% 및 90%에서 출력전압을 구하라.

14-43 그림 14-39*b*는 등가회로이다. 출력전압의 상승시간을 구하라.

14-44 증폭기들에 대해 2개의 데이터시트를 가지고 있다고 하자. 첫 번째는 차단주파수가 1 MHz이고, 두 번째는 상승시간이 1 μs이다. 어느 증폭기가 더 큰 대역폭을 가지는가?

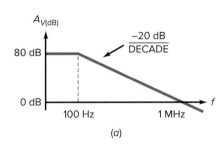

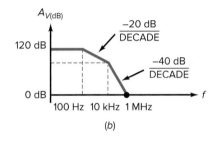

| 그림 14·42 |

MultiSim 고장점검 문제 __ *MultiSim Troubleshooting Problems*

멀티심 고장점검 파일들은 http://mhhe.com/malvino9e의 온라인학습센터(OLC)에 있는 멀티심 고장점검 회로(MTC)라는 폴더에서 찾을 수 있다. 이 장에 관련된 파일은 MTC014-45~MTC14-49로 명칭되어 있고 모두 그림 14-40의 회로를 바탕으로 한다.

각 파일을 열고 고장점검을 실시한다. 결함이 있는지 결정하기 위해 측정을 실시하고, 결함이 있다면 무엇인지를 찾아라.

14-45 MTC14-45 파일을 열어 고장점검을 실시하라.

14-46 MTC14-46 파일을 열어 고장점검을 실시하라.

14-47 MTC14-47 파일을 열어 고장점검을 실시하라.

14-48 MTC14-48 파일을 열어 고장점검을 실시하라.

14-49 MTC14-49 파일을 열어 고장점검을 실시하라.

직무 면접 문제 __ *Job Interview Questions*

1. 오늘 아침 브레드보드에 많은 도선을 사용하여 증폭단을 만들었다. 측정된 상측 차단주파수는 계산값보다 훨씬 작았다. 그러면 어떤 문제가 생기며 해결책은 무엇인가?

2. 실험대에 직류증폭기, 오실로스코프, 사인파, 구형파, 삼각파를 생성할 수 있는 함수발생기가 있다. 증폭기의 대역폭을 구하는 방법을 설명하라.

3. 계산기를 사용하지 않고 전압이득 250을 데시벨로 바꾸고자 한다. 어떻게 할 것인가?

4. 귀환 커패시터 50 pF, 전압이득 10,000인 반전증폭기를 그려라. 그다음에 입력지상회로에 대해 이상적 보드 선도를 그려라.

5. 오실로스코프 전면에 이 기기의 수직증폭기가 상승시간 7 ns라고 쓰여 있다면 이 기기의 대역폭은 얼마인가?

6. 직류증폭기의 대역폭을 어떻게 측정하는가?

7. 왜 데시벨 전압이득은 숫자 20을 사용하고 데시벨 전력이득은 10을 사용하는가?

8. 왜 임피던스 정합이 중요한가?

9. dB과 dBm의 차이는 무엇인가?

10. 왜 직류증폭기라고 부르는가?

11. 라디오 기지국의 기술자는 수십 제곱의 전압이득에 대해 시험할 필요가 있다. 이 상황에서 가장 유용한 그래프용지는?

12. MultiSim(EWB)에 대해 들어 본 적이 있는가? 들어 보았다면, 그것은 무엇인가?

복습문제 해답 __ *Self–Test Answers*

1.	a	**6.**	c	**11.**	c	**16.**	a
2.	b	**7.**	b	**12.**	c	**17.**	d
3.	c	**8.**	c	**13.**	d	**18.**	b
4.	c	**9.**	c	**14.**	a	**19.**	c
5.	b	**10.**	d	**15.**	c	**20.**	a

연습문제 해답 __ *Practice Problem Answers*

14-1 $A_{V(mid)} = 70.7$; 5 Hz일 때 $A_V = 24.3$; 200 kHz일 때 $A_V = 9.95$

14-2 10 Hz일 때 $A_V = 141$

14-3 100 Hz일 때 20,000; 1 kHz일 때 2,000; 10 kHz일 때 200; 100 kHz일 때 20; 1 MHz일 때 2.0

14-4 10 $A_p = 10$ dB; 20 $A_p = 13$ dB; 40 $A_p = 14$ dB

14-5 4 $A_p = 6$ dB; 2 $A_p = 3$ dB; 1 $A_p = 0$ dB; 0.5 $A_p = -3$ dB

14-6 5 $A_p = 7$ dB; 50 $A_p = 17$ dB; 500 $A_p = 27$ dB; 5,000 $A_p = 37$ dB

14-7 20 $A_p = 13$ dB; 2 $A_p = 3$ dB; 0.2 $A_p = -7$ dB; 0.02 $A_p = -17$ dB

14-8 50 $A_V = 34$ dB; 200 $A_V = 46$ dB; $A_{VT} = 10,000$; $A_{V(dB)} = 80$ dB

14-9 $A_{V(dB)} = 30$ dB; $A_p = 1,000$; $A_V = 31.6$

14-10 $A_{V1} = 3.16$; $A_{V2} = 0.5$; $A_{V3} = 20$

14-11 $P = 1,000$ W

14-12 $v_{out} = 1.88$ mV

14-14 $f_2 = 159$ kHz

14-15 $f_2 = 318$ kHz; $f_{unity} = 31.8$ MHz

14-17 $C_{in(M)} = 0.3\ \mu F$; $C_{out(M)} = 30$ pF

14-18 $T_R = 440$ ns; $f_2 = 795$ kHz

14-19 $f_1 = 63$ Hz

14-20 $f_2 = 1.43$ MHz

14-22 $C_{gd} = 5$ pF; $C_{gs} = 20$ pF; $C_{ds} = 5$ pF

15

차동증폭기
Differential Amplifiers

연산증폭기(operational amplifier: op amp)란 수학적인 기능을 수행하는 증폭기를 의미한다. 역사적으로 최초의 연산증폭기는 아날로그 컴퓨터에 사용되었으며 덧셈, 뺄셈, 곱셈 등의 수학적인 기능을 수행했다. 한때는 연산증폭기를 개별회로로 제작하기도 했다. 오늘날 대부분의 연산증폭기는 집적회로(IC)로 제작되고 있다.

대표적인 연산증폭기는 고이득, 고입력 임피던스 및 매우 낮은 출력 임피던스를 가지는 직류증폭기이다. 전압이득이 주파수에 따라 변하는데 전압이득이 1인 주파수는 부품번호에 따라 1 MHz에서 20 MHz까지 상업적으로 제작되고 있다. 집적회로로 제작된 연산증폭기는 외부 핀을 가진 수학적 기능을 수행하는 소자이다. 이들 외부 핀에 공급전압, 신호발생기 및 부하저항을 접속하여 많은 종류의 유용한 회로를 빠르게 제작할 수 있다.

대부분의 연산증폭기에 사용되는 입력회로들은 차동증폭기이다. 이 증폭기들은 많은 IC들의 입력 특성을 결정한다. 또한 차동증폭기는 통신, 계측기 및 산업의 제어회로에 사용되는 별도의 형태로 구성될 수도 있다. 이 장에서는 IC에 사용되는 차동증폭기에 대해 알아본다.

이 장을 공부하고 나면

- 차동증폭기의 직류 해석과 교류 해석을 실행할 수 있어야 한다.
- 차동증폭기의 입력 바이어스 전류, 입력 오프셋 전류 및 입력 오프셋 전압을 정의할 수 있어야 한다.
- 공통신호의 전압이득 및 공통신호제거비를 설명할 수 있어야 한다.
- 집적회로 제작과정을 설명할 수 있어야 한다.
- 부하가 있는 차동증폭기에 테브난 정리를 적용할 수 있어야 한다.

목차

주요 용어

공통신호(common-mode signal)

공통신호제거비(common-mode rejection ratio: CMRR)

꼬리전류(tail current)

능동부하(active load)

모놀리식(monolithic) IC

반전입력(inverting input)

보상 다이오드(compensating diode)

비반전입력(noninverting input)

연산증폭기(operational amplifier: op amp)

입력 바이어스전류(input bias current)

입력 오프셋전류(input offset current)

입력 오프셋전압(input offset voltage)

전류미러(current mirror)

집적회로(integrated circuit: IC)

차동입력(differential input)

차동증폭기(differential amplifier: diff amp)

차동출력(differential output)

하이브리드(hybrid) IC

683

15-1 차동증폭기

단일 칩상에 만들 수 있는 실제적인 구성 소자는 트랜지스터, 다이오드, 저항이다. 커패시터도 크기가 50 pF 이하일 때 사용 가능하다. 따라서 IC를 설계할 때, 개별회로를 설계할 때처럼 결합 커패시터나 바이패스 커패시터는 사용할 수 없으므로 모놀리식 IC 증폭단은 직접결합 시켜야 한다. 직접결합이란 어느 한 증폭단(stage)의 출력이 커패시터를 거치지 않고 바로 다음 단의 입력에 접속되는 것을 말한다. IC 설계자는 전압이득을 감소시키는 이미터 바이패스 커패시터를 사용할 필요가 없다.

차동증폭기(differential amplifier: diff amp)는 중요하다. 이 회로의 설계는 이미터 바이패스 커패시터를 사용하지 않아도 되므로 아주 멋지다. 이런 여러 가지 이유로 거의 모든 연산증폭기의 입력단으로 사용된다.

차동입력과 차동출력

그림 15-1은 차동증폭기를 나타낸 것이다. 공통이미터저항을 갖고 2개의 CE가 병렬로 연결되어 있다. 2개의 입력전압(v_1, v_2)과 2개의 컬렉터 출력전압(v_{c1}, v_{c2})을 가지지만, 전체적으로 한 단이라고 간주한다. 결합 커패시터와 바이패스 커패시터가 없기 때문에 입력신호의 주파수는 0 Hz, 즉 직류신호까지 증폭이 가능하다.

교류 출력전압 v_{out}은 그림 15-1에 표시한 극성을 가진 컬렉터 간의 전압으로 정의하며 **차동출력**(differential output)이라 부른다. 그 이유는 2개의 교류 컬렉터전압을 조합하여 하나의 컬렉터전압의 차로 표기했기 때문이다.

$$v_{out} = v_{c2} - v_{c1} \tag{15-1}$$

(주: v_{out}, v_{c1}, v_{c2}는 특수한 경우 0 Hz를 포함하는 교류전압이므로 소문자를 사용한다.)

이상적인 경우, 같은 트랜지스터와 컬렉터저항을 가진다. 완전한 대칭이므로 두 입력

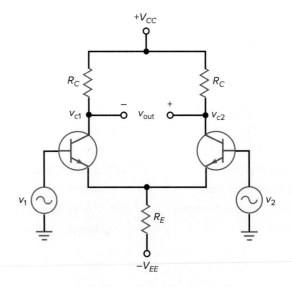

| 그림 15·1 | 차동입력 및 차동출력

전압이 같을 때 v_{out}은 0이다. v_1이 v_2보다 크면 출력전압은 그림 15-1에 표시된 극성을 가지지만, 반대로 되면 출력극성이 반대로 되고 출력전압도 반대가 될 것이다.

그림 15-1의 차동증폭기는 2개의 입력을 가진다. 그중 입력 v_1은 출력 v_{out}과 동상이 므로 **비반전입력**(noninverting input)이라 하고, 다른 한 입력 v_2는 출력과 위상이 180° 이므로 **반전입력**(inverting input)이라 한다. 일부 응용에서는 비반전입력만 사용되고 반전입력은 접지된다. 또 다른 응용에서는 반전입력만 활성화되고 비반전입력은 접지된다.

반전입력과 비반전입력이 둘 다 있으면 총 입력을 **차동입력**(differential input)이라고 한다. 왜냐하면 출력전압이 두 입력전압의 차에 이득을 곱한 값과 같기 때문이다. 출력 전압에 대한 방정식은 다음과 같다.

$$v_{out} = A_V(v_1 - v_2) \qquad\qquad (15\text{-}2)$$

여기서 A_V는 전압이득이며 전압이득에 대한 이 방정식은 15-3절에서 유도할 것이다.

단측출력

그림 15-1과 같은 차동출력은 부하의 어느 쪽도 접지되지 않으므로 부동부하(floating load)를 필요로 한다. 보통 부하는 한쪽이 접지되어야 하는데 이것은 그렇지 않으므로 응용 시 아주 불편하다.

그림 15-2a는 광범위하게 사용되는 차동증폭기의 한 형태이다. 이는 CE, 이미터 폴로어 및 다른 여러 회로들과 같은 한쪽이 접지된 부하를 구동할 수 있어서 응용범위가 넓다. 보다시피 교류 출력신호는 오른쪽 컬렉터에서 얻는다. 왼쪽 컬렉터저항은 별 의미가 없으므로 제거했다.

입력이 차동입력이므로 교류 출력전압은 $A_V(v_1 - v_2)$이다. 한쪽이 접지된 회로의 전압이득은 차동 출력전압의 반이다. 한쪽이 접지된 출력으로 절반의 전압이득을 얻는

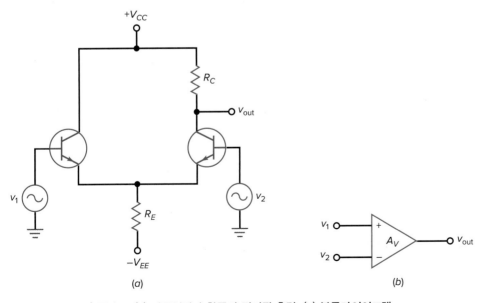

| 그림 15-2 | (a) 차동입력과 한쪽이 접지된 출력; (b) 블록다이어그램

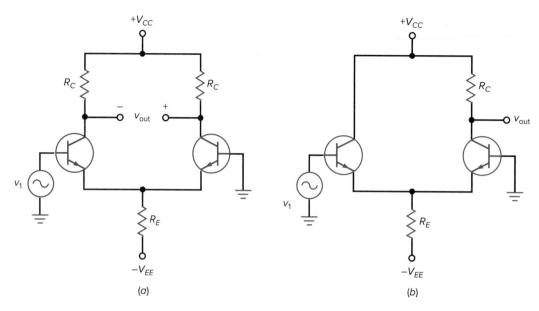

| 그림 15·3 | (a) 비반전입력 및 차동출력; (b) 비반전입력 및 단측출력

다. 이는 출력이 1개의 컬렉터로부터 온 것이기 때문이다.

　부수적으로, 그림 15-2b는 차동입력과 한쪽이 접지된 출력을 가진 차동증폭기의 블록다이어그램 기호를 보여 준다. 연산증폭기에도 동일한 기호가 사용된다. 양(+)의 표시는 비반전입력, 음(−)의 표시는 반전입력을 나타낸다.

비반전입력 회로구성

그림 15-3a와 같이 입력 중에 하나는 살아 있고 다른 한쪽은 접지된다. 이 형태는 비반전입력과 차동출력을 가진다. $v_2 = 0$이므로 식 (15-2)는 다음과 같다.

$$v_{out} = A_V(v_1) \tag{15-3}$$

　그림 15-3b는 차동증폭기의 또 다른 형태로서 비반전입력과 단측출력을 가지고 있다. v_{out}은 교류출력전압이므로 식 (15-3)은 동일하게 사용 가능하지만 전압이득 A_V는 차동증폭기의 한쪽에서만 출력을 취하므로 그림 15-3a에 비해 반으로 줄어든다.

반전입력 회로구성

어떤 응용분야에서는 그림 15-4a와 같이 v_2가 살아 있고 v_1이 접지된 회로구성도 있다. 이 경우 식 (15-2)는 다음과 같이 간단히 된다.

$$v_{out} = -A_V(v_2) \tag{15-4}$$

식 (15-4)의 음(−)은 위상반전을 나타낸다.

　그림 15-4b는 검토할 마지막 회로구성으로서 반전입력과 단측출력을 가진다. 이 경우에 교류 출력전압은 식 (15-4)와 같다.

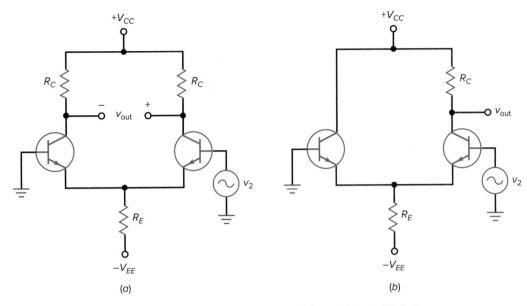

| 그림 15·4 | (a) 반전입력 및 차동출력; (b) 반전입력 및 단측출력

요점정리 표 15-1		차동증폭기 회로구성	
Input	**Output**	v_{in}	v_{out}
Differential	Differential	$v_1 - v_2$	$v_{c2} - v_{c1}$
Differential	Single-ended	$v_1 - v_2$	v_{c2}
Single-ended	Differential	v_1 or v_2	$v_{c2} - v_{c1}$
Single-ended	Single-ended	v_1 or v_2	v_{c2}

결론

표 15-1은 차동증폭기의 네 가지 형태를 요약한 것이다. 일반적인 경우 차동입력과 차동출력을 가지지만 나머지 경우 일반적인 경우의 부분집합이 된다. 예를 들어 1개의 입력을 가지려면 입력 중 하나는 사용하고 나머지 하나는 접지시킨다. 단측입력일 때 연산증폭기의 입력은 비반전입력 v_1 또는 반전입력 v_2 중 어느 것이라도 사용할 수 있다.

15-2 차동증폭기의 직류 해석

그림 15-5a는 차동증폭기의 직류등가회로를 나타낸다. 트랜지스터와 컬렉터저항이 동일하다고 가정하며 두 베이스는 접지되어 있다. 또한 두 베이스 모두 이 예비해석에 기초한다.

여기에 사용된 바이어스는 낮익어 보인다. 이전 장에서 논의한 TSEB(양전원 이미터 바이어스)와 거의 동일하다. 상기해 보면, TSEB에서 음의 공급전압의 대부분이 이미터 저항 양단에 걸리므로 결과적으로 이미터전류를 고정시킨다.

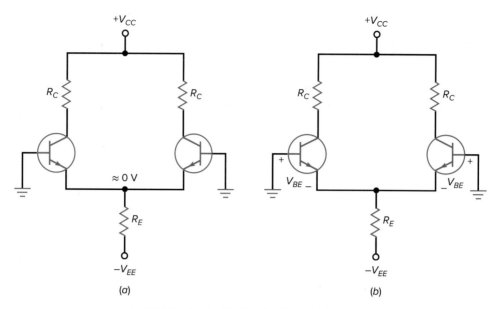

| 그림 15·5 | (a) 이상적 직류 해석; (b) 제2근사해석

이상적 해석

차동증폭기는 2개의 트랜지스터가 이미터저항을 공유하고 있다. 이 공통저항을 흐르는 전류를 **꼬리전류**(tail current)라 한다. 그림 15-5a의 이미터 다이오드의 V_{BE} 전압강하를 무시하면 이미터저항 위쪽은 이상적인 직류 접지 지점이 된다. V_{EE}는 모두 R_E 양단에 나타나므로 꼬리전류는 다음과 같다.

$$I_T = \frac{V_{EE}}{R_E} \tag{15-5}$$

이 방정식은 고장점검 및 예비해석 시 빨리 문제를 이해할 수 있도록 도움을 준다, 왜냐하면 거의 모든 이미터 공급 전압이 이미터 저항기에 걸쳐 나타나기 때문이다.

그림 15-5a에서 트랜지스터와 컬렉터저항이 모두 같다면 꼬리전류는 반으로 나누어진다. 따라서 각 트랜지스터는 다음과 같은 이미터전류를 가진다.

$$I_E = \frac{I_T}{2} \tag{15-6}$$

어느 컬렉터에서든지 컬렉터전압은 다음과 같다.

$$V_C = V_{CC} - I_C R_C \tag{15-7}$$

제2근사해석

각 이미터 다이오드의 영향을 고려하여 직류 해석을 할 수 있다. 그림 15-5b에서 이미터저항 위쪽 전압은 V_{BE}이다. 따라서 꼬리전류는 다음과 같다.

$$I_T = \frac{V_{EE} - V_{BE}}{R_E} \qquad\qquad\qquad\qquad \textbf{(15-8)}$$

여기서 실리콘의 경우는 $V_{BE} = 0.7$ V이다.

베이스저항이 꼬리전류에 미치는 효과

그림 15-5b에서 간략하게 표현하기 위해 베이스를 접지시켰다. 베이스저항이 사용되더라도 잘 설계된 차동증폭기에서 꼬리전류에 미치는 효과는 무시할 수 있다. 베이스저항을 해석에 포함시키면 꼬리전류는 다음과 같다.

$$I_T = \frac{V_{EE} - V_{BE}}{R_E + R_B/2\beta_{\text{dc}}}$$

실제 설계 시 $R_B/2\beta_{\text{dc}}$는 R_E의 1% 이하이다. 따라서 꼬리전류를 계산할 때 식 (15-5) 혹은 식 (15-8)을 선호한다.

베이스저항이 꼬리전류에 미치는 효과는 무시하더라도 차동증폭기가 완전히 대칭이 아니면 입력 오차전압을 만든다. 이 입력 오차전압은 뒷부분에서 검토할 것이다.

예제 15-1

그림 15-6a에서 이상적인 전류와 전압을 구하라.

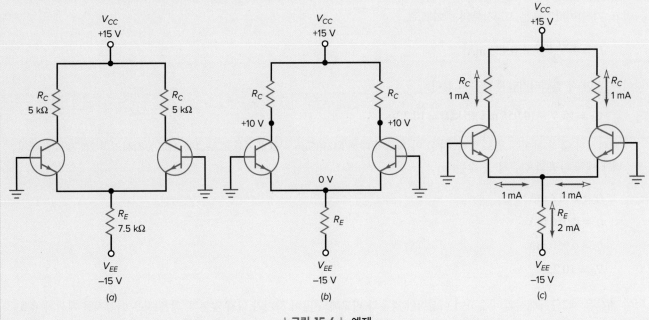

| 그림 15·6 | 예제

풀이 식 (15-5)를 사용하여 꼬리전류를 구하면

$$I_T = \frac{15 \text{ V}}{7.5 \text{ k}\Omega} = 2 \text{ mA}$$

각 이미터전류는 꼬리전류의 반이다.

$$I_E = \frac{2 \text{ mA}}{2} = 1 \text{ mA}$$

각 컬렉터전압은 다음과 같다.

$$V_C = 15 \text{ V} - (1 \text{ mA})(5 \text{ k}\Omega) = 10 \text{ V}$$

그림 15-6*b*는 직류전압을 나타내며 그림 15-6*c*는 전류를 나타낸다. (주: 화살표는 통상적인 전류 흐름을 나타내며 삼각 화살표는 전자 흐름을 나타낸다.)

연습문제 15-1　그림 15-6*a*에서 R_E값을 5 kΩ으로 바꾸었을 때의 이상적인 전류와 전압을 구하라.

예제 15-2

제2근사해석을 사용하여 그림 15-6*a*의 전류 및 전압을 다시 구하라.

풀이　꼬리전류는

$$I_T = \frac{15 \text{ V} - 0.7 \text{ V}}{7.5 \text{ k}\Omega} = 1.91 \text{ mA}$$

이고, 각 이미터전류는 꼬리전류의 반이므로

$$I_E = \frac{1.91 \text{ mA}}{2} = 0.955 \text{ mA}$$

이다. 또한 각 컬렉터전압은 다음과 같다.

$$V_C = 15 \text{ V} - (0.955 \text{ mA})(5 \text{ k}\Omega) = 10.2 \text{ V}$$

보다시피 값의 차이는 별로 없다. 사실 이 회로에 대해 MultiSim 시뮬레이션 프로그램으로 동작시키면 2N3904 트랜지스터에 대해 다음과 같은 값을 갖는다.

$$I_T = 1.912 \text{ mA}$$
$$I_E = 0.956 \text{ mA}$$
$$I_C = 0.950 \text{ mA}$$
$$V_C = 10.25 \text{ V}$$

이 계산은 제2근사해석과 비슷하며 이상적인 경우와 비교해도 많이 차이가 나지 않는다. 많은 경우 이상적인 계산이 유효하다는 것이다. 좀 더 정확한 계산이 필요하면 제2근사나 MultiSim(EWB) 해석을 사용하면 된다.

연습문제 15-2　이미터저항이 5 kΩ일 때, 예제 15-2를 다시 풀어라.

예제 15-3　　　　　　　　　　　　　　　　　　　　　　　　　　　**||||| MultiSim**

그림 15-7a 회로에서 전류와 전압을 구하라.

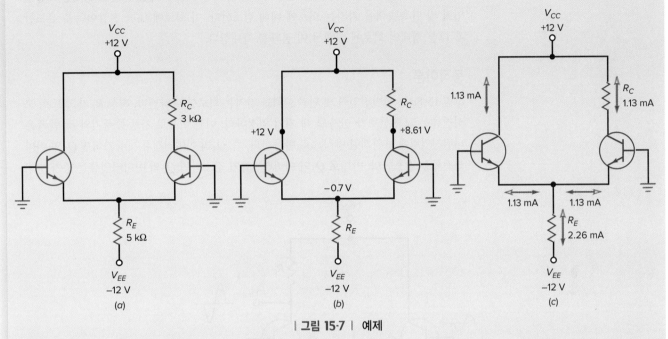

| 그림 15·7 | 예제

풀이　이상적으로 꼬리전류는

$$I_T = \frac{12\ V}{5\ k\Omega} = 2.4\ mA$$

이다. 각 이미터전류는 꼬리전류의 반이므로

$$I_E = \frac{2.4\ mA}{2} = 1.2\ mA$$

이며, 오른쪽 컬렉터에 대한 컬렉터전압은 다음과 같다.

$$V_C = 12\ V - (1.2\ mA)(3\ k\Omega) = 8.4\ V$$

왼쪽 컬렉터전압은 12 V이다.

　　제2근사를 이용하여 각각을 계산하면

$$I_T = \frac{12\ V - 0.7\ V}{5\ k\Omega} = 2.26\ mA$$

$$I_E = \frac{2.26\ mA}{2} = 1.13\ mA$$

$$V_C = 12\ V - (1.13\ mA)(3\ k\Omega) = 8.61\ V$$

이다. 제2근사해석을 이용하여 그림 15-7b는 직류전압을, 그림 15-7c는 전류를 나타낸다.

연습문제 15-3　그림 15-7a에서 R_E값이 3 kΩ일 때, 전류와 전압을 제2근사해석법으로 구하라.

15-3 차동증폭기의 교류 해석

이 절에서는 차동증폭기에 대한 전압이득을 유도하기 위해 가장 간단한 형태인 비반전입력 및 단측출력을 가지는 회로에 대해 검토한다. 이 회로에 대한 전압이득을 유도한 후 다른 형태의 회로에 대해서 이 결과를 확대한다.

동작이론

그림 15-8*a*는 비반전입력 및 단측출력을 가지는 회로를 나타낸다. 저항 R_E가 크므로 꼬리전류는 교류신호가 인가될 때 거의 일정하다. 이런 이유로 차동증폭기의 두 반쪽은 비반전입력에 보완적인 방식으로 반응한다. 즉, Q_1의 이미터전류가 증가하면 Q_2의 이미터전류는 감소한다. 반대로 Q_1의 이미터전류가 감소하면 Q_2의 이미터전류는 증가한다.

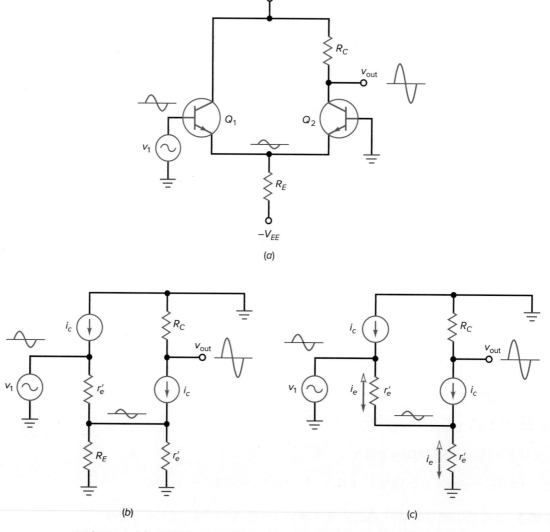

| 그림 15·8 | (a) 비반전입력 및 단측출력; (b) 교류등가회로; (c) 간략화된 교류등가회로

이와 같이 서로 상보관계를 이룬다.

그림 15-8a에서 왼쪽 트랜지스터 Q_1은 이미터저항에 교류전압이 나타나는 이미터 폴로어이다. 이 교류전압은 입력전압 v_1의 반에 해당한다. 입력전압 중 양(+)의 반은 Q_1 이미터전류를 증가시키고 Q_2 이미터전류는 감소시킨다. 또한 Q_2의 컬렉터전압은 증가한다. 유사하게 입력전압 중 음(−)의 반은 Q_1 이미터전류를 감소시키고 Q_2 이미터전류는 증가시킨다. 또한 Q_2의 컬렉터전압은 감소한다. 이런 결과로 증폭된 교류 정현파는 비반전입력과 동상이 된다.

단측출력의 전압이득

그림 15-8b는 교류등가회로를 나타낸다. 각 트랜지스터는 교류 이미터저항 r_e'을 가진다. Q_2의 베이스를 접지시켰기 때문에 바이어스저항 R_E는 오른쪽 트랜지스터 r_e'과 병렬이다. 실제 설계에서 R_E는 r_e'보다 훨씬 크므로 예비해석에서 R_E를 무시할 수 있다.

그림 15-8c는 간략화된 등가회로로서 입력전압 v_1이 직렬로 연결된 두 r_e'에 인가되었다는 점에 유의하라. 두 저항은 같으므로 각 양단전압은 입력전압 v_1의 반이다. 그림 15-8a의 꼬리전류에 교류전압이 입력전압의 1/2임을 표시하였다.

그림 15-8c에서 교류전압은

$$v_{\text{out}} = i_c R_C$$

교류 입력전압은

$$v_{\text{in}} = i_e r_e' + i_e r_e' = 2i_e r_e'$$

출력전압을 입력전압으로 나누어 전압이득을 구하면 다음과 같다.

$$\textbf{단측출력: } A_V = \frac{R_C}{2r_e'} \tag{15-9}$$

그림 15-8a에서 컬렉터 출력단자에 직류전압 V_C가 있지만 이것은 교류신호가 아니다. 교류 전압 v_{out}은 대기 전압에서 발생하는 모든 변화이다. 연산증폭기에서 직류전압은 중요하지 않으므로 최종단에서 제거된다.

차동출력 전압이득

그림 15-9는 비반전입력 및 차동출력을 가지는 교류 등가회로이다. 이 해석은 앞의 예제와 거의 같지만 차이점은 2개의 컬렉터저항 때문에 출력전압이 2배라는 것이다.

$$v_{\text{out}} = v_{c2} - v_{c1} = i_c R_C - (-i_c R_C) = 2i_c R_C$$

(주: 그림 15-9에서 볼 수 있듯이 두 번째 항의 음(−) 부호는 v_{c1} 신호가 v_{c2} 신호와 $180°$의 위상차를 갖기 때문이다.)

교류 입력신호는 앞의 해석과 같다.

$$v_{\text{in}} = 2i_e r_e'$$

출력전압을 입력전압으로 나누어 전압이득을 구하면 다음과 같다.

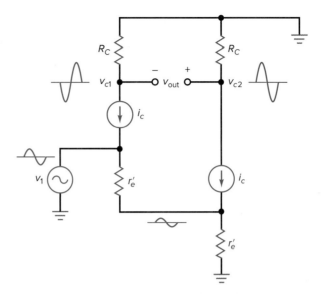

| 그림 15·9 | 비반전입력 및 차동출력

$$\text{차동출력: } A_V = \frac{R_C}{r_e'} \tag{15-10}$$

이는 CE 회로의 전압이득과 같으므로 기억하기 쉽다.

반전입력 회로구성

그림 15-10*a*는 반전입력 및 단측출력을 나타낸다. 교류 해석은 비반전 회로 해석과 거의 동일하다. 사실 이 회로에서 반전입력 v_2는 증폭되고 출력 교류전압이 반전된다. 각 트랜지스터에 r_e'이 있어서 저항 R_E양단의 교류전압은 입력전압의 1/2이며, 차동출력이면 전압이득은 2배가 된다.

그림 15-10*b*의 차동증폭기는 주로 그림 15-10*a*의 뒤집어진 *pnp* 접합이다. *pnp* 트랜지스터는 전압공급을 위해 종종 트랜지스터 회로에 사용된다. *npn* 트랜지스터처럼 출력은 차동이거나 단측 출력이다.

차동입력 회로구성

차동입력은 2개의 입력이 동시에 가해지며 교류회로 해석은 중첩의 정리를 이용한다.

요점정리 표 15-2		차동증폭기의 전압이득	
Input	**Output**	A_V	v_{out}
Differential	Differential	R_C/r_e'	$A_V(v_1 - v_2)$
Differential	Single-ended	$R_C/2r_e'$	$A_V(v_1 - v_2)$
Single-ended	Differential	R_C/r_e'	$A_V v_1$ or $-A_V v_2$
Single-ended	Single-ended	$R_C/2r_e'$	$A_V v_1$ or $-A_V v_2$

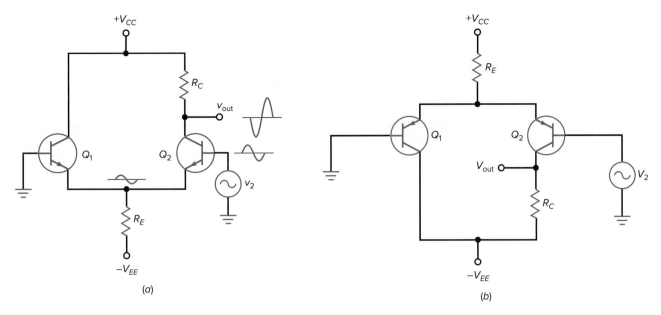

| 그림 15·10 | (a) 비반전입력 및 단측출력; (b) pnp 버전

차동증폭기가 반전 및 비반전 입력에 어떻게 작용하는지를 알고 있으므로 미분 입력 구성에 대한 방정식을 얻기 위해 그 결과를 조합하여 계산하면 된다.

앞의 해석에서 비반전입력에 대한 출력전압은

$$A_V(v_1)$$

이고 반전입력에 대한 출력전압은

$$v_{\text{out}} = -A_V(v_2)$$

이므로 이 결과를 조합하면 차동입력에 대한 식을 얻는다.

$$v_{\text{out}} = A_V(v_1 - v_2)$$

전압이득표

표 15-2는 각각의 차동증폭기 회로구성에 따른 전압이득을 요약한 것이다. 표에서 나타낸 것처럼 차동출력을 가질 때 전압이득은 최대이며 단측출력을 가지면 출력전압이 반으로 줄어든다. 또한 단측출력이 사용될 경우 입력은 반전 혹은 비반전이 될 수 있다.

입력임피던스

CE 증폭기에서, 베이스에서 본 입력임피던스는

$$Z_{\text{in}} = \beta r_e'$$

차동증폭기의 경우 각 베이스에서 본 입력임피던스는 2배가 된다.

$$\mathbf{Z_{in} = 2\beta r_e'} \tag{15-11}$$

차동증폭기의 입력임피던스는 등가회로에서 2개의 교류 이미터저항 r_e'이 사용되기 때문에 2배 높다. 식 (15-11)은 베이스와 접지 사이에 2개의 교류 이미터저항을 가지므로 위에서 언급한 모든 회로구성에 적용이 가능하다.

예제 15-4 ‖‖‖ MultiSim

그림 15-11에서 교류 출력전압을 구하라. 만약 $\beta = 300$이면 차동증폭기의 입력임피던스는 얼마인가?

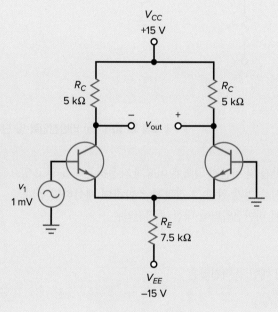

| 그림 15·11 | 예제

풀이 예제 15-1에서 직류 등가회로를 해석하였다. 이상적으로 이미터저항 양단전압이 15 V이고 꼬리전류는 2 mA이었다. 이는 직류 이미터전류가

$$I_E = 1 \text{ mA}$$

임을 의미한다. 이제 교류 이미터저항을 계산하면

$$r_e' = \frac{25 \text{ mV}}{1 \text{ mA}} = 25 \ \Omega$$

전압이득은

$$A_V = \frac{5 \text{ k}\Omega}{25 \ \Omega} = 200$$

이다. 따라서 교류 출력전압은

$$v_{\text{out}} = 200(1 \text{ mV}) = 200 \text{ mV}$$

이고, 차동증폭기의 입력임피던스는 다음과 같다.

$$Z_{in(base)} = 2(300)(25\ \Omega) = 15\ k\Omega$$

연습문제 15-4 R_E값이 5 kΩ일 때, 예제 15-4를 다시 풀어라.

예제 15-5   ‖‖‖ MultiSim

제2근사해석법을 이용하여 앞의 예제를 반복하고 직류 이미터전류를 구하라.

풀이 예제 15-2에서 직류 이미터전류는

$$I_E = 0.955\ mA$$

이며, 교류 이미터전류는 다음과 같다.

$$r_e' = \frac{25\ mV}{0.955\ mA} = 26.2\ \Omega$$

회로가 차동출력을 가지므로 전압이득은

$$A_V = \frac{5\ k\Omega}{26.2\ \Omega} = 191$$

이며, 교류 출력전압은

$$v_{out} = 191(1\ mV) = 191\ mV$$

이다. 차동증폭기의 입력임피던스는 다음과 같다.

$$Z_{in(base)} = 2(300)(26.2\ \Omega) = 15.7\ k\Omega$$

이 회로를 MultiSim으로 시뮬레이션하면 2N3904 트랜지스터에 대한 결과는 다음과 같다.

$$v_{out} = 172\ mV$$

$$Z_{in(base)} = 13.4\ k\Omega$$

MultiSim으로 시뮬레이션을 하면 출력전압과 입력임피던스는 실제 계산값보다 둘 다 살짝 더 작다. MultiSim에서 모든 종류의 고차 트랜지스터 파라미터를 사용하여 특정한 부품 수의 트랜지스터를 사용하면 거의 정확한 값을 얻을 수 있다. 이것이 높은 정확도가 필요한 경우 컴퓨터를 사용해야 하는 이유이다. 그렇지 않으면 대략적인 분석방법도 만족스럽다.

예제 15-6

$v_2 = 1$ mV이고 $v_1 = 0$일 때 예제 15-4를 다시 풀어라.

풀이 비반전입력 대신 반전입력을 구동하므로 이상적으로 출력전압은 200 mV이며 반전된다. 또한 입력임피던스는 약 15 kΩ이다.

예제 15-7

그림 15-12에서 교류 출력전압을 구하라. 만약 $\beta = 300$이면 차동증폭기의 입력임피던스는 얼마인가?

풀이 이상적으로 이미터저항 양단의 전압은 15 V이다. 따라서 꼬리전류는

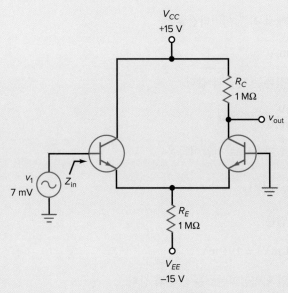

$$I_T = \frac{15\ V}{1\ M\Omega} = 15\ \mu A$$

이고, 각 트랜지스터의 이미터전류는 꼬리전류의 반이므로 교류 이미터저항을 구하면

$$r_e' = \frac{25\ mV}{7.5\ \mu A} = 3.33\ k\Omega$$

이다. 단측출력의 전압이득은

$$A_V = \frac{1\ M\Omega}{2(3.33\ k\Omega)} = 150$$

이며 교류 출력전압은

$$v_{out} = 150(7\ mV) = 1.05\ V$$

이다. 그리고 베이스에서의 입력임피던스는 다음과 같다.

$$Z_{in} = 2(300)(3.33\ k\Omega) = 2\ M\Omega$$

연습문제 15-7 R_E값이 500 kΩ일 때, 예제 15-7을 다시 풀어라.

15-4 연산증폭기의 입력 특성

차동증폭기가 대칭이라면 많은 경우 근사적 계산을 해도 상관없다. 그러나 정밀 응용분야에서는 우리는 더 이상 차동증폭기의 두 반쪽을 동일하게 다룰 수 없기에 더 정확한 답변이 필요할 때 고려해야 할 특성이 있다. 설계자는 데이터시트상에서 다음 세 가지 특성 즉 입력 바이어스전류, 입력 오프셋전류, 입력 오프셋전압에 대해 알 필요가 있다.

입력 바이어스전류

연산증폭기 첫 단에서 각 트랜지스터의 β_{dc}는 약간씩 다르다. 이는 그림 15-13에서 베이스전류가 다르다는 것을 의미한다. **입력 바이어스전류**(input bias current)는 직류 베이스전류의 평균으로 정의한다.

$$I_{in(bias)} = \frac{I_{B1} + I_{B2}}{2} \qquad \textbf{(15-12)}$$

예를 들어 I_{B1} = 90 nA, I_{B2} = 70 nA이면 입력 바이어스전류는 다음과 같다.

$$I_{in(bias)} = \frac{90\ nA + 70\ nA}{2} = 80\ nA$$

양극성 연산증폭기의 경우 입력 바이어스전류는 일반적으로 nA 단위이고, 연산증폭기가 입력 차동증폭기의 JFET를 사용하는 경우 입력 바이어스전류는 pA 단위이다.

　입력 바이어스전류는 베이스와 접지 사이의 저항을 통해 흐르며 이 저항은 개별저항 또는 입력신호의 테브난 저항일 수도 있다.

입력 오프셋전류

입력 오프셋전류(input offset current)는 직류 베이스저항의 차로 정의한다.

> **참고사항**
>
> 입력 차동증폭기에 JFET를 사용하고 다음 단계에 바이폴라 트랜지스터를 사용하는 연산증폭기를 **BIFET 연산증폭기**라고 한다.

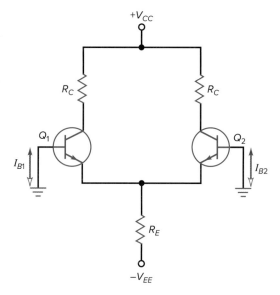

| 그림 15·13 | 베이스전류가 서로 다를 경우

$$I_{\text{in(off)}} = I_{B1} - I_{B2} \qquad\qquad (15\text{-}13)$$

베이스전류의 차이는 트랜지스터가 얼마나 잘 매칭되어 있는지를 나타낸다. 두 트랜지스터가 동일하면 입력 오프셋전류는 0이다. 왜냐하면 베이스전류가 모두 0일 것이기 때문이다. 그러나 거의 항상 두 트랜지스터는 다르므로 베이스전류가 같지 않다.

예를 들어 $I_{B1} = 90$ nA, $I_{B2} = 70$ nA이면 입력 오프셋전류는 다음과 같다.

$$I_{\text{in(off)}} = 90\text{ nA} - 70\text{ nA} = 20\text{ nA}$$

트랜지스터 Q_1이 Q_2보다 20 nA 더 많은 베이스전류를 가지고, 큰 베이스저항이 사용될 경우에는 문제를 야기한다.

베이스전류와 오프셋

식 (15-12)와 (15-13)을 정리하면 다음과 같이 베이스전류에 대한 2개의 방정식을 얻는다.

$$I_{B1} = I_{\text{in(bias)}} + \frac{I_{\text{in(off)}}}{2} \qquad\qquad (15\text{-}13\text{a})$$

$$I_{B2} = I_{\text{in(bias)}} - \frac{I_{\text{in(off)}}}{2} \qquad\qquad (15\text{-}13\text{b})$$

데이터시트에는 항상 $I_{\text{in(bias)}}$와 $I_{\text{in(off)}}$는 있지만 I_{B1}과 I_{B2}는 없다. 이 방정식으로 두 베이스전류를 구한다. 여기서는 I_{B1}이 I_{B2}보다 크다고 가정하지만, 반대이면 서로 바꾸면 된다.

베이스전류 효과

그림 15-14*a*와 같이 일부 차동증폭기는 한쪽에만 베이스저항을 두고 작동한다. 베이스전류 방향 때문에 R_B를 통과하는 베이스전류는 다음과 같은 비반전 직류 입력전압을 만든다.

$$V_1 = -I_{B1}R_B$$

(주: 여기서 대문자는 직류 오차전압을 나타낸다. 간단하게 하기 위해 V_1은 절대값으로 계산할 것이다. 이 전압은 입력신호와 같은 효과를 가진다. 이 잘못된 신호는 증폭되고 원하지 않는 직류전압 V_{error}이 그림 15-14*a*에 나타낸 것처럼 출력에 나타난다.)

예를 들어 데이터시트에서 $I_{\text{in(bias)}} = 80$ nA, $I_{\text{in(off)}} = 20$ nA이면 두 베이스전류는 다음과 같다.

$$I_{B1} = 80\text{ nA} + \frac{20\text{ nA}}{2} = 90\text{ nA}$$

$$I_{B2} = 80\text{ nA} - \frac{20\text{ nA}}{2} = 70\text{ nA}$$

만약 $R_B = 1$ kΩ이라면 비반전입력은 다음과 같은 오차전압을 가진다.

$$V_1 = (90\text{ nA})(1\text{ k}\Omega) = 90\ \mu\text{V}$$

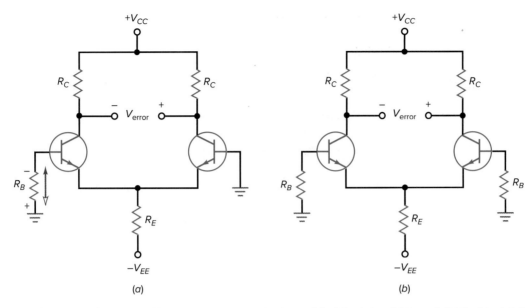

| 그림 15·14 | (a) 베이스전압은 원치 않는 입력전압을 만든다; (b) 같은 베이스저항은 오차전압을 감소시킨다.

입력 오프셋전류 효과

출력 오차전압을 감소시키기 위한 한 방법은 그림 15-14b에 나타낸 것처럼 차동증폭기
의 반대쪽에 같은 베이스저항을 사용하면 된다. 이 경우 직류 차동입력은 다음과 같다.

$$V_{\text{in}} = I_{B1}R_B - I_{B2}R_B = (I_{B1} - I_{B2})R_B$$

이 식을 다시 쓰면 다음과 같다.

$$\mathbf{V_{\text{in}} = I_{\text{in(off)}}R_B} \qquad \text{(15-14)}$$

$I_{\text{in(off)}}$는 $I_{\text{in(bias)}}$의 25% 이하이므로 같은 베이스저항이 사용되면 입력 오차전압은 훨씬
작다. 이런 이유로 설계자는 가끔 그림 15-14b와 같이 차동증폭기의 반대편에 같은 베
이스저항을 포함시킨다.

예를 들어 $I_{\text{in(bias)}} = 80$ nA, $I_{\text{in(off)}} = 20$ nA이면 1 kΩ의 베이스저항은 다음과 같은
값의 오차전압을 발생시킨다.

$$V_{\text{in}} = (20 \text{ nA})(1 \text{ k}\Omega) = 20 \ \mu\text{V}$$

입력 오프셋전압

차동증폭기가 연산증폭기의 첫 단에 사용될 때 차동증폭기의 대칭이 되는 두 부분은
거의 비슷하지만 똑같지는 않다. 먼저 그림 15-15a와 같이 2개의 컬렉터저항이 다를 수
있다. 이런 이유로 오차전압이 출력에 나타난다.

오차의 또 다른 원인은 각 트랜지스터의 V_{BE}가 다른 경우이다. 그림 15-15b처럼 2개
의 베이스-이미터 전류가 같다고 하자. 곡선이 약간 다르므로 두 V_{BE}값의 차이가 있다.

이 차이도 오차전압에 한몫을 한다. R_C와 V_{BE} 외에도 다른 트랜지스터 변수가 차동증폭기에 영향을 미친다.

입력 오프셋전압(input offset voltage)은 완벽한 차동증폭기에서 동일한 출력 오차전압을 만드는 입력전압으로 다음 식과 같이 정의한다.

$$V_{\text{in(off)}} = \frac{V_{\text{error}}}{A_V} \tag{15-15}$$

이 방정식에서 V_{error} 전압은 입력바이어스 및 오프셋전류의 영향을 포함하지 않으며 그 이유는 V_{error} 전압을 측정할 때 두 베이스 단자가 접지되기 때문이다.

예를 들어 그림 15-15c와 같이 차동증폭기의 출력 오차전압이 0.6 V이고 전압이득이 300이면 입력 오프셋전압은 다음과 같다.

$$V_{\text{in(off)}} = \frac{0.6\ \text{V}}{300} = 2\ \text{mV}$$

그림 15-15c가 나타내는 것은 2 mV의 입력 오프셋전압을 전압이득 300인 차동증폭기를 구동하면 0.6 V의 출력 오차전압을 가진다는 것이다.

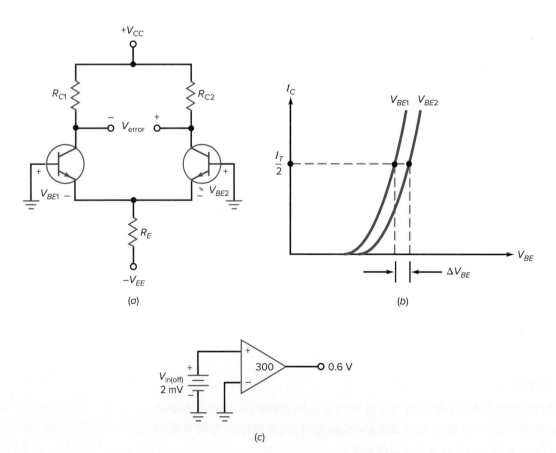

| **그림 15·15** | (a) 베이스 접지 시 서로 다른 컬렉터저항이 오차전압을 만든다; (b) 서로 다른 베이스-이미터 전압도 오차전압을 만든다; (c) 입력 오프셋전압은 원치 않는 입력전압과 등가이다.

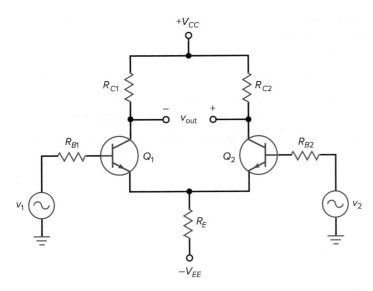

| 그림 15-16 | 차동증폭기의 출력은 요구되는 신호와 오차전압을 포함한다.

모든 원인이 조합된 영향

그림 15-16에서 출력전압은 모든 입력효과를 중첩한 것이다. 우선 이상적인 교류입력을 고려하면

$$v_{in} = v_1 - v_2$$

이며 이것은 우리가 원하는 바이다. 이는 2개의 입력원으로부터 오는 것으로 다음과 같이 바람직한 교류출력을 갖는다.

$$v_{out} = A_V(v_1 - v_2)$$

그다음 3개의 원치 않는 직류 오차전압이 있으며 식 (15-13a)와 (15-13b)를 사용하여 식으로 표현하면 다음과 같다.

$$V_{1err} = (R_{B1} - R_{B2})I_{in(bias)} \tag{15-16}$$

$$V_{2err} = (R_{B1} + R_{B2})\frac{I_{in(off)}}{2} \tag{15-17}$$

$$V_{3err} = V_{in(off)} \tag{15-18}$$

이 공식의 장점은 데이터시트상에서 $I_{in(bias)}$와 $I_{in(off)}$를 사용한다는 것이다. 이 3개의 직류전압이 증폭되어 다음과 같이 출력 오차전압을 만든다.

$$V_{error} = A_V(V_{1err} + V_{2err} + V_{3err}) \tag{15-19}$$

대개의 경우 오차전압은 무시되나 응용분야에 따라 다르다. 교류증폭기를 만들면 V_{error}는 중요하지 않지만 정밀한 직류증폭기를 만든다면 고려할 필요가 있다.

요점정리 표 15-3	출력 오차전압을 유발하는 요소	
표시	**원인**	**해결책**
입력 바이어스 전류	단일 RB에 걸리는 전압	다른 쪽에 동일 RB를 사용
입력 오프셋 전류	동일하지 않은 전류이득	데이터시트의 알려진 양에 대한 제로 응답으로 동일양 측정
입력 오프셋 전압	동일하지 않은 RC와 VBE	데이터시트의 알려진 양에 대한 제로 응답으로 동일양 측정

동일한 베이스저항

바이어스 및 오프셋 오차를 무시할 수 없을 때 해결책이 있다. 설계자가 첫 번째로 할 수 있는 것은 같은 베이스저항을 사용하는 것이다.

$$R_{B1} = R_{B2} = R_B$$

이렇게 하면 식 (15-16)~(15-19)가 다음과 같이 되기 때문에 차동증폭기의 두 반쪽을 더 가깝게 정렬할 수 있다.

$$V_{1err} = 0$$

$$V_{2err} = R_B I_{in(off)}$$

$$V_{3err} = V_{in(off)}$$

보상이 필요하면 가장 좋은 방법은 데이터시트에 제시한 **영점조정회로**(*nulling circuit*)를 사용하는 것이다. 출력 오차전압이 문제가 되면 사용할 수 있도록 제조자는 영점조정회로를 최적으로 이용할 수 있다. 영점조정회로는 뒷장에서 검토할 것이다.

결론

표 15-3은 출력 오차전압의 원인을 요약한 것이다. 많은 응용분야에서 이 출력 오차전압은 무시할 수 있을 정도로 작거나 특정 응용분야에서 중요하지 않다. 직류출력이 중요한 정밀 응용분야에서 입력 바이어스와 오프셋의 효과를 제거하기 위해 어떤 형태의 영점조정회로가 사용된다. 설계자들은 일반적으로 제조사의 데이터시트에 제안된 방식으로 출력을 0으로 한다.

예제 15-8

그림 15-17의 차동증폭기는 $A_V = 200$, $I_{in(bias)} = 3\ \mu A$, $I_{in(off)} = 0.5\ \mu A$, $V_{in(off)} = 1\ mV$이다. 출력 오차전압을 구하라. 또한 오차를 줄이기 위해 매칭용 베이스저항을 사용하면 출력 오차전압은 얼마인가?

풀이 식 (15-16)~(15-18)을 사용하면

$$V_{1err} = (R_{B1} - R_{B2})I_{in(bias)} = (1\ k\Omega)(3\ \mu A) = 3\ mV$$

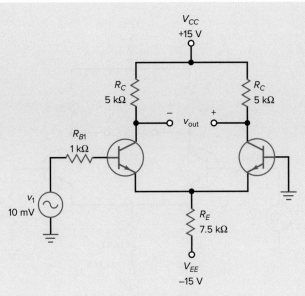

| 그림 15·17 | 예제

$$V_{2\text{err}} = (R_{B1} + R_{B2}) \frac{I_{\text{in(off)}}}{2} = (1 \text{ k}\Omega)(0.25 \text{ }\mu\text{A}) = 0.25 \text{ mV}$$

$$V_{3\text{err}} = V_{\text{in(off)}} = 1 \text{ mV}$$

이며 출력 오차전압은

$$V_{\text{error}} = 200(3 \text{ mV} + 0.25 \text{ mV} + 1 \text{ mV}) = 850 \text{ mV}$$

이다.

반전 단자에 매칭 베이스저항 1 kΩ을 사용하면

$$V_{1\text{err}} = 0$$

$$V_{2\text{err}} = R_B I_{\text{in(off)}} = (1 \text{ k}\Omega)(0.5 \text{ }\mu\text{A}) = 0.5 \text{ mV}$$

$$V_{3\text{err}} = V_{\text{in(off)}} = 1 \text{ mV}$$

이다. 이 경우의 출력 오차전압은

$$V_{\text{error}} = 200(0.5 \text{ mV} + 1 \text{ mV}) = 300 \text{ mV}$$

이다.

연습문제 15-8 그림 15-17에서, 차동증폭기의 전압이득이 150일 때 출력 오차전압은 얼마인가?

예제 15-9

그림 15-18의 차동증폭기는 $A_V = 300$, $I_{\text{in(bias)}} = 80 \text{ nA}$, $I_{\text{in(off)}} = 20 \text{ nA}$, $V_{\text{in(off)}} = 5 \text{ mV}$ 이다. 출력 오차전압을 구하라.

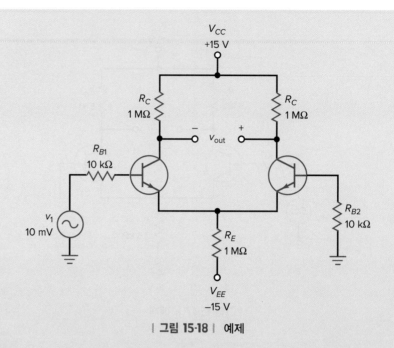

| 그림 15·18 | 예제

풀이 같은 베이스저항을 사용하므로

$$V_{1\text{err}} = 0$$
$$V_{2\text{err}} = (10\ \text{k}\Omega)(20\ \text{nA}) = 0.2\ \text{mV}$$
$$V_{3\text{err}} = 5\ \text{mV}$$

이며 총 출력 오차전압은 다음과 같다.

$$V_{\text{error}} = 300(0.2\ \text{mV} + 5\ \text{mV}) = 1.56\ \text{V}$$

연습문제 15-9 $I_{\text{in(off)}} = 10\ \text{nA}$일 때, 예제 15-9를 다시 풀어라.

15-5 공통이득

그림 15-19a는 차동입력 및 단측출력(single-ended output) 회로구성을 가진다. 같은 입력전압 $v_{\text{in(CM)}}$이 각 베이스에 인가되며 이 전압을 **공통신호**(common-mode signal)라고 한다. 차동증폭기가 완벽하게 대칭이라면 $v_1 = v_2$이기 때문에 공통신호로 교류 출력전압은 0이다. 대칭이 아니면 작은 교류 출력전압이 존재한다.

그림 15-19a에서 비반전과 반전 입력단자에 동일한 전압이 공급되고 있는데 이러한 방법으로 차동증폭기를 사용하려는 사람은 아무도 없을 것이다. 왜냐하면 이상적으로 출력전압이 0이 되기 때문이다. 그런데 왜 이러한 가능성을 고려하여 고민을 하게 되는가? 이것은 공통신호가 대부분 정전적이고 간섭적이며, 바람직하지 않은 정보 등을 포

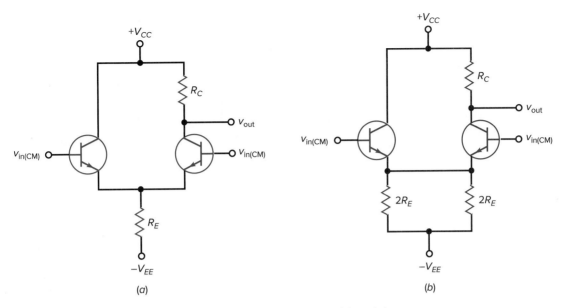

| 그림 15·19 | (a) 공통 입력신호; (b) 등가회로

함하고 있기 때문이다.

공통신호가 어떻게 발생되는 것일까? 입력 베이스에 접속된 배선은 작은 안테나처럼 동작하는데, 만일 차동증폭기가 이러한 전자기적(electromagnetic) 간섭이 주어지는 환경하에서 동작한다면 각 베이스는 작은 안테나처럼 동작하여 불필요한 신호전압을 검출하게 될 것이다. 차동증폭기가 널리 사용되는 이유 중의 하나가 이 같은 공통신호를 식별할 수 있다는 점 때문이다. 다시 말해 차동증폭기는 공통신호를 식별하여 증폭시키지 않는다.

공통신호에 대한 전압이득을 구하는 쉬운 방법이 있다. 우리는 그림 15-19b와 같이 회로를 다시 그릴 수 있고, 이 회로에서는 2개의 $2R_E$ 병렬저항이 R_E의 등가저항을 구성하므로 출력전압에 미치는 영향은 없을 것이다. 등가전압 $v_{in(CM)}$이 두 입력을 동시에 구동하면 이미터저항 양단에는 동일한 전압을 발생시킨다. 두 이미터전류가 같기 때문에 이미터 간의 배선을 통한 전류의 흐름은 없다. 따라서 그림 15-20과 같이 연결된 배선을 제거할 수 있다.

공통신호가 입력될 때 오른쪽 회로는 이득이 감소된 CE증폭기 혹은 공통이미터증폭기와 등가이다. R_E가 r'_e보다 아주 크므로 이득이 감소된 전압이득은 대략 다음과 같다.

$$A_{V(CM)} = \frac{R_C}{2R_E} \tag{15-20}$$

통상적인 저항값을 사용하면 공통모드전압이득(common-mode voltage gain)은 1보다 작다.

공통신호제거비

공통신호제거비(common-mode rejection ratio: CMRR)는 공통모드전압이득에 대한

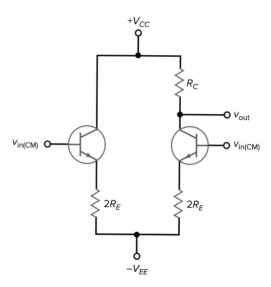

| 그림 15·20 | 오른쪽은 공통신호 입력과 함께 스월핑된 증폭기처럼 동작한다.

차동전압이득의 비로 정의한다. 즉, 다음 식으로 표시한다.

$$\text{CMRR} = \frac{A_V}{A_{V(\text{CM})}}$$

(15-21)

예를 들어 만약 $A_V = 200$, $A_{V(\text{CM})} = 0.5$이면 CMRR = 400이다.

CMRR값이 크면 클수록 더 좋은 것이다. 큰 CMRR값은 차동증폭기가 얼마나 공통신호와 차동신호를 구별할 수 있느냐를 아는 척도가 된다. 데이터시트에는 CMRR을 데시벨(dB)로 표기하며 데시벨로의 변환을 위해서는 다음과 같은 환산공식을 사용한다.

$$\text{CMRR}_{\text{dB}} = 20 \log \text{CMRR}$$

(15-22)

예를 들어 CMRR이 400이면 데시벨이득은

$$\text{CMRR}_{\text{dB}} = 20 \log 400 = 52 \text{ dB}$$

이다.

예제 15-10 ||||| MultiSim

그림 15-21에서 공통모드전압이득과 출력전압을 구하라.

풀이 식 (15-20)을 사용하면

$$A_{V(\text{CM})} = \frac{1 \text{ M}\Omega}{2 \text{ M}\Omega} = 0.5$$

이며 출력전압은 다음과 같다.

$$v_{\text{out}} = 0.5(1 \text{ mV}) = 0.5 \text{ mV}$$

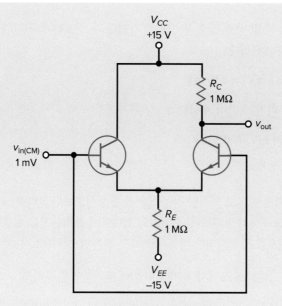

| 그림 15·21 | 예제

이와 같이 차동증폭기는 공통신호를 증폭하기보다는 오히려 감소시킨다.

연습문제 15-10 R_E가 2 MΩ일 때, 예제 15-10을 다시 풀어라.

예제 15-11

그림 15-22에서 $A_V = 150$, $A_{V(CM)} = 0.5$, $v_1 = 1$ mV이다. 만약 베이스단자에 1 mV의 공통신호가 있다면 출력전압은 얼마인가?

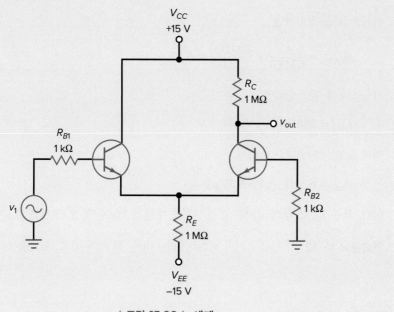

| 그림 15·22 | 예제

풀이 입력은 차동 및 공통 신호 두 가지를 가진다. 두 신호는 증폭된다. 이 중 차동신호는 다음과 같이 계산된다.

$$v_{out1} = 150(1\ mV) = 150\ mV$$

또한 공통신호는 다음과 같이 계산된다.

$$v_{out2} = 0.5(1\ mV) = 0.5\ mV$$

$$v_{out} = v_{out1} + v_{out2}$$

총 출력은 두 출력의 합으로 되지만 차동신호가 공통신호보다 300배 크다.

이 예제는 차동증폭기가 왜 연산증폭기의 입력단에 쓰이는지를 설명한다. 보통 CE 증폭기는 모든 신호를 증폭하지만 차동증폭기는 공통신호를 감소시키는 특성이 있다.

연습문제 15-11 그림 15-22에서 A_V가 200일 때 출력전압을 구하라.

응용예제 15-12

741 연산증폭기는 $A_V = 200,000$이고 $CMRR_{dB} = 90\ dB$이다. 공통모드전압이득을 구하라. 차동신호와 공통신호가 각각 1 μV이면 출력전압은 얼마인가?

풀이

$$CMRR = antilog\ \frac{90\ dB}{20} = 31,600$$

식 (15-21)을 정리하면

$$A_{V(CM)} = \frac{A_V}{CMRR} = \frac{200,000}{31,600} = 6.32$$

차동신호에 대한 출력은

$$v_{out1} = 200,000(1\ \mu V) = 0.2\ V$$

이며 공통신호에 대한 출력은

$$v_{out2} = 6.32(1\ \mu V) = 6.32\ \mu V$$

이다. 차동신호에 대한 출력은 공통신호에 대한 출력보다 훨씬 큰 것을 알 수 있다.

연습문제 15-12 연산증폭기의 이득이 100,000일 때 응용예제 15-12를 다시 풀어라.

15-6 집적회로

1959년 **집적회로**(integrated circuit: IC)의 발명은 큰 사건이었다. 왜냐하면 회로의 부품들이 하나로 **집적**될 수 있었기 때문이다. 집적된다는 것은 부품들이 제작과정에서 작은 실리콘 물질로 이루어진 하나의 칩에 서로 연결되어 만들어진다는 것을 의미한다. 부품들이 현미경적으로 작기 때문에, 제조업체는 수천 개의 통합된 부품들을 단일 개별 트랜지스터가 차지하는 공간에 배치할 수 있다.

다음은 IC가 만들어지는 방법에 대한 간략한 설명이다. 현재의 제조공정은 훨씬 복잡하지만, 단순화된 논의를 통해 양극성 IC를 만드는 기본 아이디어를 얻을 수 있을 것이다.

참고사항

집적회로의 발명은 많은 물리학자들과 엔지니어들의 연구의 결과였다. 잭 칼비 (Jack Kilby)와 로버트 노이스(Robert Noyce)는 텍사스 인스트루먼트사에서 일하는 동안 최초의 집적회로를 만든 공로를 인정받았다.

기본 개념

우선 제조업체가 그림 15-23a와 같은 길이가 몇 인치 되는 p형 반도체 결정을 만든 다음, 이것을 그림 15-23b와 같이 여러 개의 얇은 웨이퍼(wafer)로 자른다. 웨이퍼 표면의 결함을 제거하기 위해 한쪽 면을 연마하고 광택을 낸다. 이 웨이퍼를 p형 기판(p-type substrate)이라 부르고 이것을 집적화할 회로 부품의 섀시(chassis, 바디)로 사용한다. 그다음에 웨이퍼를 노(furnace) 속에 놓고 웨이퍼 위로 실리콘원자와 5가원자의 혼합기체를 통과시키면 얇은 n형 반도체층이 그림 15-23c에서처럼 기판 표면 위에 형성되며 이것을 에피택셜층(epitaxial layer, 에피층)이라 부른다. 에피층의 두께는 약 0.1에서 1 mil 정도이다(1 mil = 10^{-3} inch).

에피층의 오염을 막기 위해 표면 위로 순도 높은 산소를 불어 넣으면 산소원자는 실리콘원자와 결합하여 그림 15-23d와 같이 표면에 실리콘산화막(SiO_2)을 형성한다. 유리 같은 SiO_2층은 웨이퍼 표면을 밀봉시켜 더 이상의 화학적 반응을 일으키지 않게 한다. 이와 같이 웨이퍼 표면을 SiO_2층으로 밀봉시키는 방법을 패시베이션(passivation)이라 한다.

이제 그림 15-24와 같이 웨이퍼를 직사각형 영역으로 자른다. 웨이퍼가 잘린 후 이 영역들은 각각 칩(chip)으로 분리된다. 그러나 이 웨이퍼를 자르기 전에 제조업체는 그림 15-24의 각 영역의 칩에 수백 개의 회로가 들어가도록 만든다. 이 같은 동시 대량생산 때문에 집적회로의 생산가격을 낮출 수 있다.

여기서 트랜지스터가 어떻게 만들어지는가에 대해 설명한다. SiO_2층의 일부를 그림 15-25a와 같이 식각(etching)시키면 에피층이 노출된다. 다음에 이 웨이퍼를 노(furnace)에 놓고 3가원자를 에피층으로 확산시킨다. 이때 3가원자의 농도를 충분하게 하면 노출

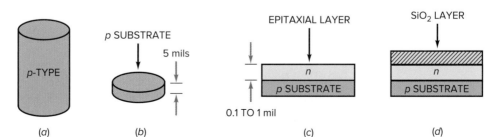

| 그림 15-23 | (a) P형 결정; (b) 웨이퍼; (c) 에피택셜층; (d) 절연층

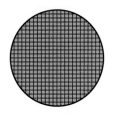

| 그림 15·24 | 칩을 만들기 위한 웨이퍼의 절단

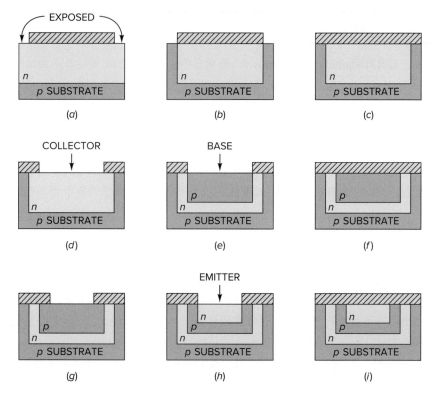

| 그림 15·25 | 트랜지스터의 제작 단계

된 에피층은 n형에서 p형으로 변환한다. 따라서 SiO₂층 아래에는 그림 15-25b와 같이 n형의 섬(island)이 생기게 된다. 그림 15-25c와 같이 완전한 SiO₂층을 형성시키기 위해 웨이퍼 위로 산소를 불어 넣는다.

SiO₂층의 중앙부에 식각된 구멍이 생기고 그림 15-25d와 같은 n형 에피층을 노출시킨다. SiO₂층에 있는 구멍을 창(*window*)이라 부르는데 이 부분이 트랜지스터의 컬렉터가 된다.

다음 공정인 베이스를 만들기 위해 이 창을 통해 3가의 원자를 통과시키면 이 3가 불순물은 에피층 내부로 확산하여 그림 15-25e와 같은 p형 층을 형성하게 된다. 이후 웨이퍼 위로 산소를 통과시키면 15-25f와 같은 SiO₂층이 다시 형성된다.

이미터를 만들기 위해 SiO₂층에 창을 식각시키면 그림 15-25g와 같이 p형 층이 노출된다. 이 p형 층 내로 5가원자를 확산시키면 그림 15-25h와 같은 작은 n형 층이 형성된다. 웨이퍼 위로 다시 산소를 불어 넣어 그림 15-25i와 같은 SiO₂층을 만든다. SiO₂층에 창을 식각시켜 이미터, 베이스, 컬렉터와 전기적 접점을 만들도록 금속을 증착시키면 그림 15-26a와 같은 집적 트랜지스터가 형성된다.

다이오드를 만들기 위해서는, 우선 p형 기판을 만들어 그림 15-25f와 같은 SiO₂층을 형성시키는 과정까지는 앞서와 같은 단계를 거친 다음에, p층과 n층이 노출되도록 창을 식각시킨다. 이 같은 창을 통해 금속을 증착해 줌으로써 집적 다이오드의 음극(cathode)과 양극(anode)의 전기적 접점이 만들어진다(그림 15-26b). 집적저항은 그림 15-25f의 p층 위에 2개의 창을 식각시켜 이 식각된 p층에 금속접점을 만들어 주면 된

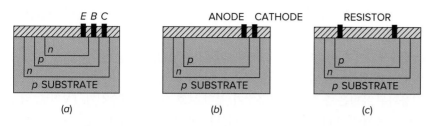

| 그림 15·26 | 집적 소자 (a) 트랜지스터; (b) 다이오드; (c) 저항

다(그림 15-26*c*).

이와 같이 트랜지스터, 다이오드 및 저항은 단일 칩으로 제작하기가 쉽기 때문에 대부분의 집적회로에서는 이 소자들을 사용하게 된다. 그러나 인덕터와 대용량 커패시터를 단일 칩의 표면에 집적시키는 것은 실용적이지 않다.

간단한 예

회로 제작방법에 대한 개념을 알아보기 위해 그림 15-27*a*와 같은 간단한 세 가지 소자가 있는 회로를 들여다보자. 회로를 제작하기 위해서는 웨이퍼상에 이 같은 수백 개의 회로를 동시에 만들어야 하며 각 칩의 영역은 그림 15-27*b*와 유사하다. 앞서 언급한 제조방법으로 다이오드와 트랜지스터를 형성시킨 다음, 창을 식각시키고 그림 15-27*b*와 같이 다이오드, 트랜지스터 및 저항이 접속되도록 금속을 증착시킨다.

IC 제조방법은 회로의 복잡성에 관계없이 창을 식각시키고 *p*층과 *n*층을 형성시켜 집적소자들을 접속시키는 과정이 주가 된다. *p*형 기판은 집적소자들을 상호 분리시키는 기능이 있다. 그림 15-27*b*에서 *p*형 기판과 이에 맞닿은 3개의 *n*형 영역 사이에는 공핍층이 존재한다. 공핍층에는 근본적으로 전류캐리어가 존재하지 않기 때문에 집적소자들은 상호 분리되며 이런 종류의 절연을 **공핍층 분리**(*depletion-layer isolation*)라 한다.

IC의 형태

지금까지 기술한 집적회로를 **모놀리식**(monolithic) **IC**라 부른다. *monolithic*이라는 말

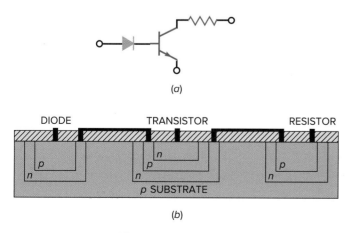

| 그림 15·27 | 간단한 집적회로

은 그리스어로 "하나의 돌(one stone)"이란 뜻에서 유래되었으며 이 말이 적절한 이유는 소자들이 단일 칩으로 구성되었기 때문이다. 모놀리식 IC들은 집적회로에서 가장 일반적인 형태이다. 이것의 발명으로 제조업체들은 수많은 기능을 수행할 수 있는 모놀리식 IC들을 생산하게 되었다.

상용화된 유형은 증폭기, 전압 조정기, 부하 보호 회로, AM수신기, TV회로, 컴퓨터 회로로 사용될 수 있다. 그러나 이 모놀리식 IC는 그 크기가 개별 소신호 트랜지스터 정도이기 때문에 대부분이 최대 소비전력 1 W 이하를 가지는데 이것이 저전력용에 제한되어 사용되는 이유이다.

고전력이 필요할 때는 박막(thin film) IC나 후막(thick film) IC를 사용한다. 이 소자들은 모놀리식 IC보다 크지만 개별소자로 구성한 회로보다는 작다. 박막 또는 후막 IC에서는 저항이나 커패시터와 같은 수동소자를 기판에 동시에 집적시킨 다음 트랜지스터나 다이오드와 같은 개별소자를 접속하여 완전한 회로를 구성한다. 그리하여 상업적으로 유용한 박막 및 후막 회로는 집적소자와 개별소자가 복합되어 있다.

또 다른 고전력 응용용 IC로 **하이브리드**(hybrid) IC가 있다. 하이브리드 IC는 2개 이상의 모놀리식 IC를 한 패키지(package)로 조합시키거나 모놀리식 IC를 박막회로나 후막회로와 조합시킨 것이다. 이 하이브리드 IC는 5 W에서 50 W 이상의 고전력 오디오 증폭기 등에 널리 응용되어 사용되고 있다.

집적 규모

그림 15-27*b*는 소규모 집적회로(*small scale integration: SSI*)의 예로, 단 몇 개의 소자가 집적되어 완전한 회로를 구성한다. SSI는 보통 12개 미만의 소자가 집적된 IC를 말한다. 대부분의 SSI 칩은 저항, 다이오드 및 바이폴라 트랜지스터가 집적된 것을 사용한다.

중간규모 집적회로(*medium scale integration: MSI*)는 칩당 12~100개의 소자가 집적된 IC를 말하며, 바이폴라 트랜지스터 또는 MOS 트랜지스터(증가형 MOSFET)를 한 IC에 집적화시킬 수 있다. 대부분의 MSI 칩은 양극 성분을 사용한다.

대규모 집적회로(*large scale integration: LSI*)는 100개 이상의 소자가 집적된 IC를 말한다. MOS 트랜지스터는 집적화시키는 공정이 바이폴라 트랜지스터보다 적고 더 작은 면적을 차지하므로 동일한 크기의 칩 속에 바이폴라 트랜지스터보다 더 많은 소자를 집적시킬 수 있다.

초대규모 집적회로(*very large scale integration, VLSI*)는 단일 칩상에 수천 개에서 수십만 개의 소자가 만들어진 것을 말한다. 오늘날 사용되는 거의 모든 칩은 VLSI를 사용하고 있다.

마지막으로 ULSI(*ultra large scale integration*)가 있는데 이는 단일 칩상에 백만 개 이상의 소자가 만들어진 것을 말한다. 여러 종류의 마이크로프로세서들이 단일 칩상에 10억 개 정도의 소자를 가지리라 생각된다. 무어(Moore)의 법칙이라고도 하는 이른바 기하급수적 성장은 도전을 받고 있는 중이다. 나노기술과 같은 신기술과 정제된 제조공정의 지속적인 성장이 필요하다.

15-7 전류미러

IC로 차동증폭기의 특성을 개선하는 몇 가지 방법이 있는데, 먼저 전압이득과 공통신호제거비(CMRR)를 증가시키는 방법이 있다. 그림 15-28a에서 **보상 다이오드**(compensating diode)와 트랜지스터의 이미터 다이오드가 병렬로 되어 있다. 저항(R)에 흐르는 전류는 다음과 같다.

$$I_R = \frac{V_{CC} - V_{BE}}{R} \tag{15-23}$$

외부 다이오드와 이미터 다이오드의 전류-전압의 특성 곡선이 같다고 가정하자. 그러면 보상 다이오드와 이미터 다이오드는 동일한 전압과 동일한 전류값을 가진다. 이것은 트랜지스터의 컬렉터전류가 다이오드에 흐르는 전류와 같다는 의미이다.

$$I_C = I_R \tag{15-24}$$

그림 15-28a와 같은 회로를 **전류미러**(current mirror)라 부르는데 이는 컬렉터전류가 거울 영상처럼 저항 전류와 같기 때문이다. IC의 경우 두 소자가 같은 칩에 있기 때문에 IC에서 보상 다이오드와 이미터 다이오드의 특성을 매칭시키는 것은 쉬운 일이다. 전류미러는 연산증폭기 설계에서 전류원 및 능동부하(active load)로 사용된다.

전류미러는 꼬리전류를 공급한다

단측출력을 갖는 차동전압이득은 $R_C/2r_e'$이며 공통모드전압이득은 $R_C/2R_E$이다. 이 두 이득의 비를 CMRR이라고 하며 다음과 같다.

$$\text{CMRR} = \frac{R_E}{r_e'}$$

이 식으로부터 R_E를 크게 하면 할수록 CMRR이 더 좋아진다는 것이 분명해진다.

아주 큰 등가 R_E를 얻기 위한 한 방법으로 그림 15-29와 같이 꼬리전류를 만드는 데 전류미러를 사용하는 경우로서 보상 다이오드를 흐르는 전류는 다음과 같다.

$$I_R = \frac{V_{CC} + V_{EE} - V_{BE}}{R} \tag{15-25}$$

참고사항

전류미러 개념은 베이스 측의 보상 다이오드가 푸시풀 트랜지스터의 베이스-이미터 접합과 일치하는 AB급 푸시풀 증폭기와 함께 사용된다.

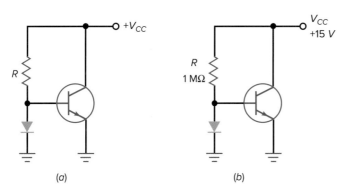

| 그림 15·28 | 전류미러

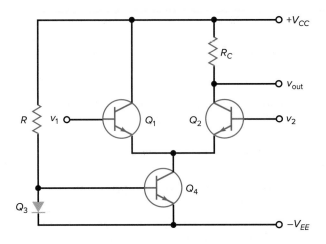

| 그림 15-29 | 꼬리전류를 만드는 전류미러

전류미러로 인해 꼬리전류는 동일한 값을 가진다. Q_4는 전류원처럼 동작하기 때문에 이상적으로는 무한대의 출력임피던스를 가진다. 따라서 이것은 실제 차동증폭기에서 등가 R_E가 수백 MΩ이 되며 CMRR이 크게 개선됨을 의미한다. 그림 15-29에서 Q_3가 다이오드로 나타나는 것에 주의하라. 이것은 다이오드와 같이 동작하게 만들기 위해서 트랜지스터 Q_3의 베이스와 컬렉터 단을 함께 단락시켰기 때문이다. 이런 방법은 IC 내부에서 흔히 사용된다.

능동부하

단측출력을 갖는 차동증폭기의 전압이득은 $R_C/2r_e'$이다. R_C를 크게 하면 전압이득도 커진다. 그림 15-30은 전류미러가 **능동부하**(active load) 저항으로 사용된 예이다. Q_6가 *pnp* 전류원과 같이 동작하므로 Q_2는 이상적으로 무한대인 등가 R_C값을 갖게 된다. 실제 등가 R_C의 값은 수백 MΩ이다. 결과적으로 전압이득은 일반적인 저항을 부하로

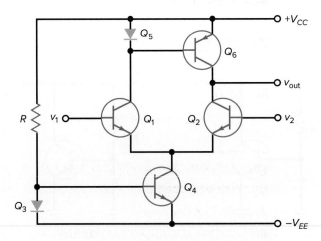

| 그림 15-30 | 능동부하로 작용하는 전류미러

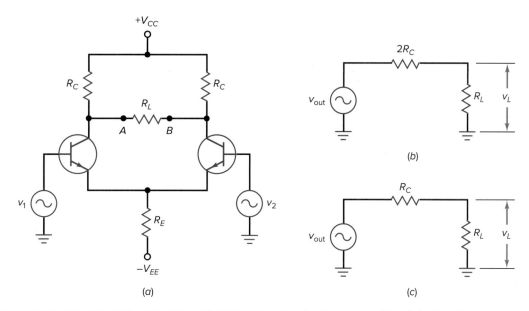

| 그림 15-31 | (a) 부하가 있는 차동증폭기; (b) 차동출력을 갖는 테브난 등가회로; (c) 단측출력을 갖는 테브난 등가회로

갖는 회로보다 능동부하를 갖는 회로에서 훨씬 더 크다. 이 능동부하 방식은 대부분의 연산증폭기에 사용되는 대표적인 부하 방식이다.

15-8 부하가 있는 차동증폭기

앞의 차동증폭기에 대한 검토에서는 부하저항을 고려하지 않았다. 부하저항이 사용되면 해석이 복잡하며 특히 차동출력의 경우에는 더욱 그러하다.

그림 15-31a는 컬렉터 사이에 부하저항을 갖는 차동출력을 나타낸다. 이 저항이 출력전압에 어떠한 영향을 미치는지를 아는 몇 가지 방법이 있다. 키르히호프 루프방정식을 이용하면 대단히 어렵지만 테브난의 정리를 이용하면 문제는 쉽게 풀린다.

부하저항이 어떻게 작용하는지 검토해 보자. 먼저 그림 15-31a에서 부하저항을 개방하자. 테브난 전압은 앞서 계산된 출력전압 v_{out}과 같다. 또한 모든 전원을 0으로 하고 개방 단자 AB를 들여다보면 테브난 등가저항은 $2R_C$이다. (주: 트랜지스터는 전류원이므로 개방된다.)

그림 15-31b는 테브난 등가회로를 나타낸다. 교류 출력전압 v_{out}은 이전 절들에서 설명한 것과 동일한 출력전압이다. 또한 AB단이 개방되었을 때를 보면 테브난 저항은 $2R_C$임을 볼 수 있다. 출력전압 v_{out}을 구하고 부하전압을 구하는 것은 옴의 법칙만 사용하면 되므로 쉽다. 그림 15-31c는 단측출력을 갖는 차동증폭기의 테브난 등가회로를 나타낸다.

예제 15-13

그림 15-32a에서 $R_L = 15$ kΩ일 때 부하전압을 구하라.

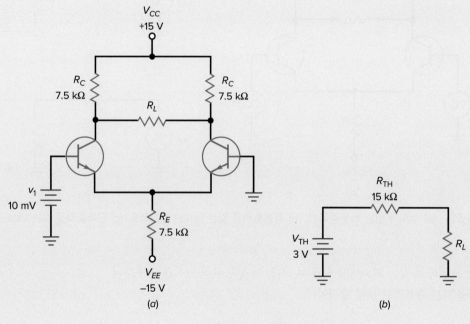

| 그림 15·32 | 예제

풀이 이상적인 꼬리전류는 2 mA, 이미터전류는 1 mA, 교류 이미터저항 $r_e' = 25$ Ω이다. 부하가 없을 때 전압이득은

$$A_V = \frac{R_C}{r_e'} = \frac{7.5 \text{ k}\Omega}{25 \text{ }\Omega} = 300$$

출력전압은

$$v_{out} = A_V(v_1) = 300(10 \text{ mV}) = 3 \text{ V}$$

테브난 저항은 다음과 같다.

$$R_{TH} = 2R_C = 2(7.5 \text{ k}\Omega) = 15 \text{ k}\Omega$$

그림 15-32b는 테브난 등가회로를 나타내며 부하가 15 kΩ이면 부하전압은 다음과 같다.

$$v_L = 0.5(3 \text{ V}) = 1.5 \text{ V}$$

연습문제 15-13 그림 15-32a에서 $R_L = 10$ kΩ일 때 부하전압을 구하라.

응용예제 15-14 |||| MultiSim

그림 15-32a에서 부하저항 대신에 전류계를 사용하였다. 이 전류계를 흐르는 전류를 구하라.

풀이 그림 15-32b에서 부하저항을 0으로 하면 전류는 다음과 같다.

$$i_L = \frac{3\ \mathrm{V}}{15\ \mathrm{k\Omega}} = 0.2\ \mathrm{mA}$$

테브난의 정리 없이는 이 문제를 푸는 것이 상당히 어려울 것이다.

연습문제 15-14   입력전압이 20 mV일 때 응용예제 15-14를 다시 풀어라.

요점 ___ *Summary*

15-1 차동증폭기

차동증폭기는 대표적인 연산증폭기의 입력단으로 쓰이며 결합 및 바이패스 커패시터가 없는 직결증폭기이다. 이와 같은 이유로 주파수가 0인 직류도 증폭할 수 있다. 입력은 차동, 비반전 혹은 반전일 수도 있다. 출력신호는 차동 또는 단측출력 중 하나이다.

15-2 차동증폭기의 직류 해석

차동증폭기는 꼬리전류를 위해 2전원 이미터 바이어스를 사용한다. 차동증폭기가 완전히 대칭이면 각각의 이미터전류는 꼬리전류의 1/2이다. 이상적으로 이미터저항 양단전압은 음(−)의 공급전압이다.

15-3 차동증폭기의 교류 해석

꼬리전류는 일정하므로 한 트랜지스터의 이미터전류가 증가하면 다른 한 트랜지스터의 이미터전류는 감소한다. 차동출력에서 전압이득은 $A_V = R_C/r_e'$이고 단측출력에서 전압이득은 $A_V = R_C/2r_e'$이다.

15-4 연산증폭기의 입력 특성

차동증폭기의 세 가지 중요한 입력 특성은 입력 바이어스전류, 입력 오프셋전류, 입력 오프셋전압이다. 입력 바이어스전류 및 입력 오프셋전류는 베이스저항을 흐를 때 원치 않는 입력 오차전압이다. 입력 오프셋전압은 R_C와 V_{BE} 차이로 생기는 입력오차이다.

15-5 공통이득

대부분의 간섭 및 전자기적 픽업은 공통신호이다. 차동증폭기는 이 공통신호를 구별하여 약하게 한다. CMRR은 차동이득을 공통이득으로 나눈 값이며 이 값이 크면 클수록 좋다.

15-6 집적회로

모놀리식 IC는 증폭기, 전압 조정기 및 컴퓨터회로와 같이 단일 칩의 완전한 회로 기능을 가지며 1 W 이하는 전력손실을 나타낸다. 더 높은 전력을 사용할 경우에는 박막, 후막 및 하이브리드 IC가 사용된다.

SSI는 12개 미만의 소자, MSI는 12∼100개 사이의 소자, LSI는 100개 이상의 소자, VLSI는 1,000개 이상의 소자, 그리고 ULSI는 100만 개 이상의 소자를 집적화시킨 것을 의미한다.

15-7 전류미러

IC에 사용되는 전류미러는 전류원이나 능동부하를 만드는 데 아주 편리하다. 전류미러를 사용하는 이점은 전압이득과 CMRR을 크게 할 수 있다는 것이다.

15-8 부하가 있는 차동증폭기

차동증폭기에 부하저항이 사용되면 테브난의 정리를 사용하여 앞의 절들에서 설명한 대로 교류 출력전압 v_{out}을 계산한다. 이 전압은 테브난 전압과 동일하다. 차동출력의 경우 $2R_C$의 등가저항을 사용하고 단측출력의 경우 R_C를 사용한다.

중요 수식 __ *Important Formulas*

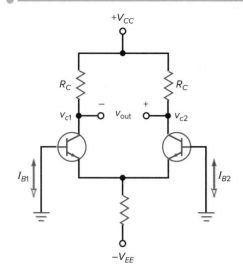

(15-1) 차동출력:

$$v_{out} = v_{c2} - v_{c1}$$

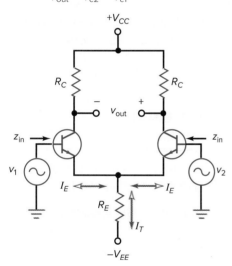

(15-2) 차동출력:

$$v_{out} = A_V(v_1 - v_2)$$

(15-5) 꼬리전류:

$$I_T = \frac{V_{EE}}{R_E}$$

(15-6) 이미터전류:

$$I_E = \frac{I_T}{2}$$

(15-9) 단측출력:

$$A_V = \frac{R_C}{2r'_e}$$

(15-10) 차동출력:

$$A_V = \frac{R_C}{r'_e}$$

(15-11) 입력임피던스:

$$Z_{in} = 2\beta r'_e$$

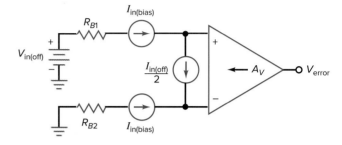

(15-12) 입력 바이어스전류:

$$I_{in(bias)} = \frac{I_{B1} + I_{B2}}{2}$$

(15-13) 입력 오프셋전류:

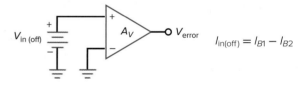

$$I_{in(off)} = I_{B1} - I_{B2}$$

(15-15) 입력 오프셋전압:

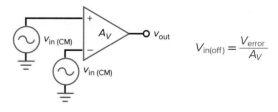

$$V_{in(off)} = \frac{V_{error}}{A_V}$$

(15-16) 입력 바이어스전류로 인한 오차전압:

$$V_{1err} = (R_{B1} - R_{B2})I_{in(bias)}$$

(15-17) 입력 오프셋전류로 인한 오차전압:

$$V_{2err} = (R_{B1} + R_{B2})\frac{I_{in(off)}}{2}$$

(15-18) 입력 오프셋전압으로 인한 오차전압:

$$V_{3err} = V_{in(off)}$$

(15-19) 총 출력 오차전압:

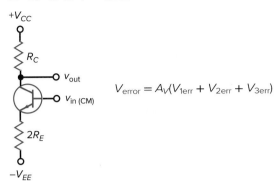

$$V_{error} = A_V(V_{1err} + V_{2err} + V_{3err})$$

(15-20) 공통모드전압이득:

$$A_{V(CM)} = \frac{R_C}{2R_E}$$

(15-21) 공통신호제거비:

$$CMRR = \frac{A_V}{A_{V(CM)}}$$

(15-22) 데시벨 CMRR:

$$CMRR_{dB} = 20 \log CMRR$$

연관 실험 __ *Correlated Experiments*

실험 38

차동증폭기

실험 39

차동증폭기 보조장치

복습문제 __ *Self-Test*

1. 모놀리식 IC란?
   a. 개별회로의 형태
   b. 단일 칩
   c. 박막과 후막 회로의 조합
   d. 하이브리드 IC라고도 부름

2. 연산증폭기가 증폭할 수 있는 것은?
   a. 교류신호뿐
   b. 직류신호뿐
   c. 교류와 직류 신호 모두
   d. 교류와 직류 신호 모두 아님

3. 소자는 어떤 경우에 납땜을 하는가?
   a. 개별회로   b. 집적회로
   c. SSI   d. 모놀리식 IC

4. 차동증폭기의 꼬리전류는 무엇과 같은가?
   a. 한쪽 컬렉터전류의 반
   b. 한쪽 컬렉터전류
   c. 한쪽 컬렉터전류의 2배
   d. 베이스전류들의 차

5. 꼬리저항의 상단부의 절점 전압과는 무엇이 가장 가까운가?
   a. 컬렉터 공급전압

   b. 0
   c. 이미터 공급전압
   d. 베이스저항과 꼬리전류의 곱

6. 입력 오프셋전류는 무엇과 같은가?
   a. 두 베이스전류 간의 차
   b. 두 베이스전류의 평균
   c. 전류이득으로 나눈 컬렉터전류
   d. 두 베이스-이미터 전압 간의 차

7. 꼬리전류란 무엇과 같은가?
   a. 두 이미터전류 간의 차
   b. 두 이미터전류의 합
   c. 전류이득으로 나눈 컬렉터전류
   d. 컬렉터저항으로 나눈 컬렉터전압

8. 차동증폭기의 차동전압이득은 R_C를 무엇으로 나눈 값과 같은가?
   a. r_e' b. $r_e'/2$
   c. $2r_e'$ d. R_E

9. 차동증폭기의 입력임피던스는 r_e'에 무엇을 곱한 값과 같은가?
   a. 0   b. R_C
   c. R_E d. 2β

10. 직류신호는 얼마의 주파수를 가지는가?
   a. 0 Hz
   b. 60 Hz
   c. 0~1 MHz 이상
   d. 1 MHz

11. 차동증폭기의 두 입력단자가 접지되었을 때는 _____ .
   a. 베이스전류는 같다
   b. 컬렉터전류는 같다
   c. 출력 오차전압이 존재할 것이다
   d. 교류 출력전압은 0이다

12. 출력 오차전압의 발생원 중 하나는?
   a. 입력 바이어스전류이다.
   b. 컬렉터저항의 차이다.
   c. 꼬리전류이다.
   d. 공통모드전압이득이다.

13. 공통신호는 무엇에 공급되는가?
   a. 비반전입력 단자
   b. 반전입력 단자
   c. 두 입력 모두
   d. 꼬리저항의 상단

14. 공통모드전압이득은?

    a. 차동전압이득보다 작다.

    b. 차동전압이득과 같다.

    c. 차동전압이득보다 크다.

    d. 위의 사실 모두가 아니다.

15. 연산증폭기의 입력단은 항상 _____ .

    a. 차동증폭기이다

    b. B급 증폭기이다

    c. CE 증폭기이다

    d. 이득이 감소된 증폭기이다

16. 차동증폭기의 꼬리는 무엇처럼 동작하는가?

    a. 배터리

    b. 전류원

    c. 트랜지스터

    d. 다이오드

17. 차동증폭기의 공통 전압이득은 R_C를 무엇으로 나눈 값과 같은가?

    a. r_e' b. $r_e'/2$

    c. $2r_e'$ d. $2R_E$

18. 차동증폭기에서 두 베이스가 접지되었을 때 각 이미터 다이오드 양단 전압은?

    a. 0   b. 0.7 V

    c. 동일하다.   d. 높다.

19. 공통신호제거비(CMRR)는?

    a. 매우 작다.

    b. 종종 데시벨로 표기된다.

    c. 전압이득과 같다.

    d. 공통모드전압이득과 같다.

20. 대표적으로 연산증폭기의 입력단으로 사용되는 것은?

    a. 단측입력과 단측출력

    b. 단측입력과 차동출력

    c. 차동입력과 단측출력

    d. 차동입력과 차동출력

21. 보통 입력 오프셋전류는?

    a. 입력 바이어스전류보다 작다.

    b. 0과 같다.

    c. 입력 오프셋전압보다 작다.

    d. 베이스저항이 사용되면 중요하지 않다.

22. 두 베이스가 접지되면 오차전압을 만드는 것은?

    a. 입력 오프셋전류

    b. 입력 바이어스전류

    c. 입력 오프셋전압

    d. β

23. 부하 걸린 차동증폭기의 전압이득은?

    a. 무부하 전압이득보다 크다.

    b. R_C/r_e'과 같다.

    c. 무부하 전압이득보다 작다.

    d. 결정할 수 없다.

기본문제 __ *Problems*

15-2 차동증폭기의 직류 해석

15-1 그림 15-33에서 이상적 전류와 전압을 구하라.

15-2 ⫶⫶⫶ **MultiSim** 제2근사해석을 이용하여 문제 15-1을 다시 풀어라.

15-3 그림 15-34에서 이상적 전류와 전압을 구하라.

15-4 ⫶⫶⫶ **MultiSim** 제2근사해석을 이용하여 문제 15-3을 다시 풀어라.

15-3 차동증폭기의 교류 해석

15-5 그림 15-35에서 교류 출력전압을 구하라. $\beta = 275$이면 차동증폭기의 입력임피던스는? 꼬리전류는 이상적인 경우로 하라.

15-6 제2근사해석을 이용하여 문제 15-5를 다시 풀어라.

15-7 비반전입력 단자는 접지시키고 v_2 단자 = 1 mV일 때 문제 15-5를 다시 풀어라.

15-4 연산증폭기의 입력 특성

15-8 그림 15-36에서 $A_V = 360$, $I_{in(bias)} = 600$ nA, $I_{in(off)} = 100$ nA, $V_{in(off)} = 1$ mV이다. 출력 오차전압을 구하라. 만약 매칭 베이스저항이 사용되면 출력 오차전압은 얼마인가?

15-9 그림 15-36에서 $A_V = 250$, $I_{in(bias)} = 1$ μA, $I_{in(off)} = 200$ nA, $V_{in(off)} = 5$ mV이다. 출력 오차전압을 구하라. 만약 매칭 베이스저항이 사용되면 출력 오차전압은 얼마인가?

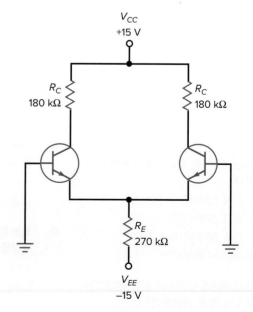

V_{CC}
+15 V

R_C
180 kΩ

R_C
180 kΩ

R_E
270 kΩ

V_{EE}
−15 V

| **그림 15·33** |

15-5 공통이득

15-10 그림 15-37에서 공통모드전압이득은 얼마인가? 만약 공통전압이 두 베이스에 20 μV 있으면 공통 출력전압은 얼마인가?

15-11 그림 15-37에서 v_{in} = 2 mV, $v_{in(CM)}$ = 5 mV이다. 교류 출력전압은 얼마인가?

15-12 741C 연산증폭기는 A_V = 100,000, $CMRR_{dB}$ = 70 dB이다. 공통 전압이득은 얼마인가? 차동 및 공통 신호가 각각 5 μV이면 출력전압은 얼마인가?

15-13 공급전압이 +10 V 및 −10 V로 감소할 경우 그림 15-37의 공통신호제거비는 얼마인가? 정답을 데시벨로 나타내라.

15-14 연산증폭기 데이터시트에 A_V = 150,000, CMRR = 85 dB이다. 공통모드전압이득은 얼마인가?

15-8 부하가 있는 차동증폭기

15-15 27 kΩ의 부하저항이 그림 15-36 회로의 차동출력단에 연결되면 부하전압은 얼마인가?

15-16 그림 15-36에서 차동출력단에 전류계를 연결하면 (부하)전류는 얼마인가?

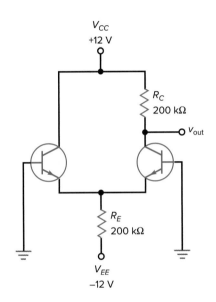

| 그림 15·34 |

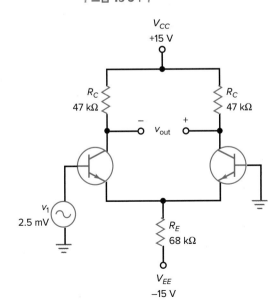

| 그림 15·35 |

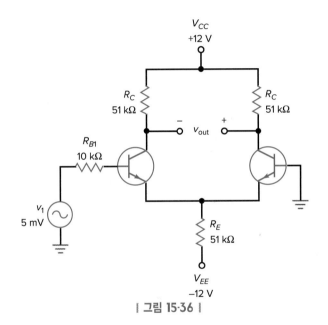

| 그림 15·36 |

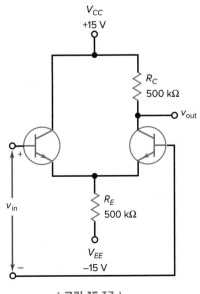

| 그림 15·37 |

고장점검 __ *Troubleshooting*

15-17 어떤 사람이 반전 단자를 접지하지 않고 그림 15-35와 같이 차동증폭기를 만든다. 출력전압은 같은가? 앞의 답을 기초로 차동증폭기나 연산증폭기가 적절히 동작하기 위해 필요한 것은 무엇인가?

15-18 그림 15-34에서, 실수로 상측의 200 kΩ 저항 대신 20 kΩ의 저항이 사용되었다. 출력전압은 같은가?

15-19 그림 15-34에서 v_{out}은 거의 0이고, 입력 바이어스전류는 80 nA이다. 다음 중 고장인 것은 어느 것인가?

  a. 상측 200 kΩ
  b. 하측 200 kΩ
  c. 왼쪽 베이스 개방
  d. 두 입력 모두 단락

응용문제 __ *Critical Thinking*

15-20 그림 15-34에서 트랜지스터는 모두 $\beta_{dc} = 200$이다. 출력전압을 구하라.

15-21 그림 15-34에서 각 트랜지스터가 $\beta_{dc} = 300$이면 베이스전압은 얼마인가?

15-22 그림 15-38에서 트랜지스터 Q_3와 Q_5는 Q_4, Q_6에 대해 보상 다이오드와 같이 동작되도록 접속되어 있다. 꼬리전류는 얼마인가? 또 능동부하에 흐르는 전류는 얼마인가?

15-23 그림 15-38에서 15 kΩ을 바꾸어 꼬리전류 15 μA가 흐르게 하고자 한다. 저항값을 얼마로 하면 되는가?

15-24 상온에서 그림 15-34의 출력은 6.0 V이다. 온도가 증가하면 각 이미터 다이오드의 V_{BE}가 감소한다. 만약 왼쪽 V_{BE}가 2 mV/°C로 감소하고 오른쪽 V_{BE}가 2.1 mV/°C로 감소하면 75°C에서 출력전압은?

15-25 그림 15-39a에서 각 신호원의 직류저항이 0이면 각 트랜지스터의 r_e'을 구하라. 만약 출력전압이 차동출력이면 전압이득은 얼마인가?

15-26 그림 15-39b에서 트랜지스터가 동일하다면 꼬리전류는 얼마인가? 왼쪽 및 오른쪽 트랜지스터의 컬렉터-접지 간 전압은?

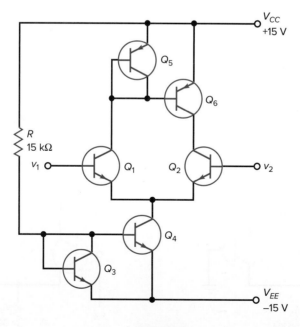

| 그림 15-38 |

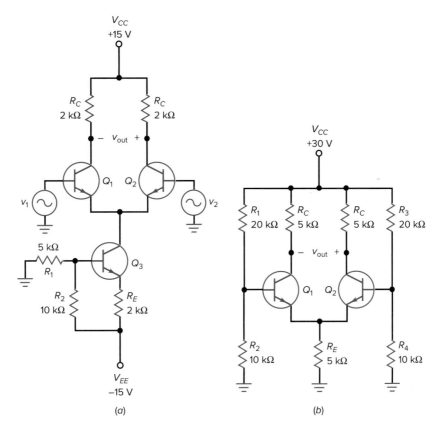

| 그림 15·39 |

MultiSim 고장점검 문제 __ *MultiSim Troubleshooting Problems*

멀티심 고장점검 파일들은 http://mhhe.com/malvino9e의 온라인학습센터(OLC)에 있는 멀티심 고장점검 회로(MTC)라는 폴더에서 찾을 수 있다. 이 장에 관련된 파일은 MTC15-27~MTC15-31로 명칭되어 있고 모두 그림 15-40의 회로를 바탕으로 한다.

각 파일을 열고 고장점검을 실시한다. 결함이 있는지 결정하기 위해 측정을 실시하고, 결함이 있다면 무엇인지를 찾아라.

15-27 MTC15-27 파일을 열어 고장점검을 실시하라.

15-28 MTC15-28 파일을 열어 고장점검을 실시하라.

15-29 MTC15-29 파일을 열어 고장점검을 실시하라.

15-30 MTC15-30 파일을 열어 고장점검을 실시하라.

15-31 MTC15-31 파일을 열어 고장점검을 실시하라.

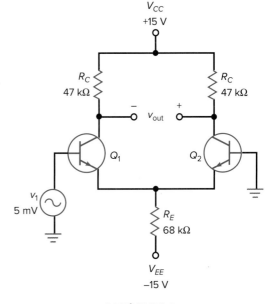

| 그림 15·40 |

직무 면접 문제 __ *Job Interview Questions*

1. 차동증폭기의 여섯 가지 회로구성 형태를 그려라. 그리고 비반전, 반전, 단측, 또는 차동으로 입력과 출력을 구분하라.

2. 차동입력과 단측출력을 가진 차동증폭기를 그려라. 어떻게 꼬리전류, 이미터전류, 컬렉터전압을 계산하는가?

3. 전압이득이 R_C/r_e'인 차동증폭기를 그려라. 그리고 전압이득이 $R_C/2r_e'$인 다른 차동증폭기를 그려라.

4. 공통신호가 무엇인가? 이 신호가 존재할 때 차동증폭기가 가지는 이점은?

5. 차동출력 양단에 전류계를 연결하면 이때 흐르는 전류는 어떻게 계산하는가?

6. 차동증폭기가 꼬리저항을 가지는 회로에서 CMRR이 적당하지 않다. 어떻게 이 값을 증가시키겠는가?

7. 전류미러란 무엇이며 왜 그것이 사용되는가?

8. CMRR은 커야 하는가, 작아야 하는가? 그 이유는?

9. 차동증폭기에서 두 이미터가 공통저항으로 묶여 있다. 일반적인 저항을 어떤 유형의 구성요소로든 교체할 경우 작동을 개선하기 위해 무엇을 사용할 수 있는가?

10. 왜 차동증폭기는 CE 증폭기보다 큰 입력임피던스를 가지는가?

11. 전류미러는 무엇으로 사용되는가?

12. 전류미러의 장점은?

13. 741 연산증폭기를 저항계로 어떻게 평가할 수 있나?

복습문제 해답 __ *Self–Test Answers*

1.	b	**7.**	b	**13.**	c	**19.**	b
2.	c	**8.**	a	**14.**	a	**20.**	c
3.	a	**9.**	d	**15.**	a	**21.**	a
4.	c	**10.**	a	**16.**	b	**22.**	c
5.	b	**11.**	c	**17.**	d	**23.**	c
6.	a	**12.**	b	**18.**	c		

연습문제 해답 __ *Practice Problem Answers*

15-1 $I_T = 3$ mA; $I_E = 1.5$ mA; $V_C = 7.5$ V; $V_E = 0$ V

15-2 $I_T = 2.86$ mA; $I_E = 1.42$ mA; $V_C = 7.85$ V; $V_E = -0.7$ V

15-3 $I_T = 3.77$ mA; $I_E = 1.88$ mA; $V_E = 6.35$ V

15-4 $I_E = 1.5$ mA; $r_e' = 1.67$ Ω; $A_V = 300$; $v_{out} = 300$ mV; $Z_{in(base)} = 10$ kΩ

15-7 $I_T = 30$ μA; $r_e' = 1.67$ kΩ; $A_V = 300$; $v_{out} = 2.1$ V; $Z_{in} = 1$ MΩ

15-8 $V_{error} = 637.5$ mV; 225 mV

15-9 $V_{error} = 1.53$ V

15-10 $A_{V(CM)} = 0.25$; $v_{out} = 0.25$ V

15-11 $v_{out1} = 200$ mV; $v_{out2} = 0.5$ mV; $v_{out} = 200$ mV + 0.5 mV

15-12 $A_{V(CM)} = 3.16$; $v_{out1} = 0.1$ V; $v_{out2} = 3.16$ μV

15-13 $v_L = 1.2$ V

15-14 $i_L = 0.4$ mA

chapter 16

연산증폭기

Operational Amplifiers

고전력용 연산증폭기들이 있지만 대부분의 연산증폭기는 1 W 이하의 최대 정격전력을 갖는 저전력 소자이다. 일부 연산증폭기는 대역폭용에 초점을 두었고, 어떤 연산증폭기는 낮은 입력 오프셋용에, 또 어떤 연산증폭기는 낮은 잡음 특성용에 초점을 두었다. 이처럼 상업적으로 이용할 수 있는 다양한 연산증폭기들이 있다. 거의 모든 아날로그 응용분야를 위한 연산증폭기를 찾을 수 있다.

연산증폭기는 아날로그시스템에서 가장 기본적인 능동소자 중의 하나이다. 예를 들어 2개의 외부저항을 연결하여 요구조건에 맞게 전압이득과 대역폭을 조절할 수 있으며 또한 다른 외부 소자와 결합하여 변환기, 발진기, 능동필터 및 다른 흥미로운 회로를 구성할 수 있다.

학습목표

이 장을 공부하고 나면

- 이상적 연산증폭기와 741 연산증폭기의 특성을 알 수 있어야 한다.
- 슬루율을 정의하고 이를 사용하여 연산증폭기의 전력 대역폭을 찾을 수 있어야 한다.
- 반전 연산증폭기를 해석할 수 있어야 한다.
- 비반전 연산증폭기를 해석할 수 있어야 한다.
- 가산기와 전압 폴로어는 어떻게 작용하는지를 설명할 수 있어야 한다.
- 다른 선형 집적회로의 몇 가지 사례 및 응용을 알 수 있어야 한다.

목차

주요 용어

1극 응답(first-order response)

BIFET 연산증폭기(BIFET op amp)

가산기(summing amplifier)

가상단락(virtual short)

가상접지(virtual ground)

개방루프 대역폭(open-loop bandwidth)

개방루프 전압이득(open-loop voltage gain)

계단전압(voltage step)

공급전압제거비(power-supply rejection ratio: PSRR)

단락회로 출력전류(short-circuit output current)

믹서(mixer)

반전증폭기(inverting amplifier)

보상커패시터(compensating capacitor)

부트스트랩(bootstrap)

비반전증폭기(noninverting amplifier)

슬루율(slew rate)

영점조정회로(nulling circuit)

이득대역곱(gain-bandwidth product: GBW)

전력대역폭(power bandwidth)

전압제어 전압원(voltage-controlled voltage source: VCVS)

전압폴로어(voltage follower)

출력 오차전압(output error voltage)

폐루프 전압이득(closed-loop voltage gain)

16-1 연산증폭기 소개

그림 16-1은 IC 연산증폭기의 계통도를 나타낸다. 입력단은 차동증폭기이며 그다음에 이득 증폭 단과 AB급 푸시풀(push-pull) 이미터 폴로어단이 차례로 접속된다. 첫 단은 차동증폭기로 구성되어 있으며 이 차동증폭기는 연산증폭기의 입력 특성을 결정하는 데 아주 중요하다. 대부분의 연산증폭기에서 출력은 그림과 같이 단측출력을 가진다. 양과 음의 공급전압을 가지므로 단측출력은 0 V 상태로 설계되어 있다. 이와 같이 입력 전압이 0이면 출력전압도 0이다.

모든 증폭기가 그림 16-1과 똑같이 설계되어 있지는 않다. 예를 들어, 어떤 것은 AB급 푸시풀 출력을 사용하지 않으며, 또 어떤 것은 차동출력(양쪽 트랜지스터의 컬렉터에서 얻음)을 갖고 있다. 또한 연산증폭기는 그림 16-1처럼 단순하지 않고 개별회로에서는 불가능한 전류미러, 능동부하 등으로 쓰이는 많은 트랜지스터로 이루어진 복잡한 회로이다. 그림 16-1은 대표적인 연산증폭기에 적용되는 두 가지 특성, 즉 차동입력 및 단측출력을 표기하였다.

그림 16-2*a*는 연산증폭기의 도식적 기호를 나타내며 반전, 비반전 및 단측 출력 단자를 가지고 있다. 이상적으로 이 기호는 증폭기가 무한대의 전압이득, 무한대의 입력임피던스 및 0의 출력임피던스를 갖는다는 것을 의미한다. 이상적인 연산증폭기는 완전한 전압 증폭기이며 종종 **전압제어 전압원**(voltage-controlled voltage source: VCVS)이라 부른다. VCVS는 그림 16-2*b*처럼 나타내며 여기서 R_{in}은 무한대이고 R_{out}은 0이다.

표 16-1은 이상적인 연산증폭기 특성을 요약한 것이다. 이상적인 연산증폭기는 전압이득 = ∞, 단위이득 주파수 = ∞, 입력임피던스 = ∞, CMRR = ∞이다. 또한 출력저항 = 0, 바이어스전류 = 0, 오프셋 = 0이다. 제조자는 이와 같은 이상적인 값에 근접하도록 실제적으로 소자를 만든다.

예를 들어 표 16-1의 LM741C는 1960년부터 사용해 온 대표적인 표준 연산증폭기이다. 그 특성은 단일 연산증폭기에서 기대하는 것의 최소치이다. 그 특성은 전압이득 = 100,000, 단위이득 주파수 = 1 MHz, 입력임피던스 = 2 MΩ 등이다. 전압이득이 아주 커서 입력 오프셋은 쉽게 연산증폭기를 포화시킨다. 이 사실을 통해 실제 회로에서 전압이득을 안정화시키기 위해 입력과 출력 사이에 외부 소자가 왜 필요한지를 알 수 있다. 예를 들어 응용 회로에서 부귀환이 사용되어 전반적인 전압이득을 작게 조절하여

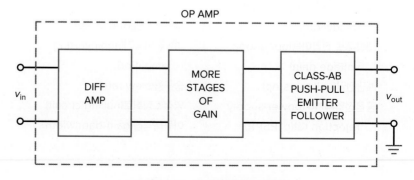

| 그림 16·1 | 연산증폭기의 계통도

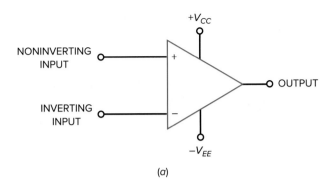

(a)

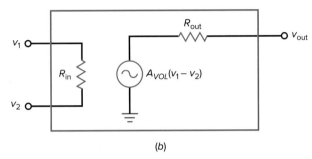

(b)

| 그림 16-2 | (a) 연산증폭기의 도식적 기호; (b) 연산증폭기의 등가회로

요점정리 표 16-1	연산증폭기의 대표적 특성			
양	기호	이상	LM741C	LF157A
개방루프 전압이득	A_{VOL}	무한대	100,000	200,000
단위이득 주파수	f_{unity}	무한대	1 MHz	20 MHz
입력저항	R_{in}	무한대	2 MΩ	10^{12} Ω
출력저항	R_{out}	0	75 Ω	100 Ω
입력 바이어스전류	$I_{in(bias)}$	0	80 nA	30 pA
입력 오프셋전류	$I_{in(off)}$	0	20 nA	3 pA
입력 오프셋전압	$V_{in(off)}$	0	2 mV	1 mV
공통신호제거비	CMRR	무한대	90 dB	100 dB

안정된 선형 동작을 하도록 한다.

회로에서 귀환이 없다면 전압이득은 최대가 되며 이를 개방루프 전압이득이라 부른다. 표 16-1에서 LM741C의 A_{VOL}은 100,000이다. 무한대는 아니지만 **개방루프 전압이득**(open-loop voltage gain)은 아주 크다. 예를 들어 10 μV의 작은 입력전압도 출력전압 1 V를 만든다. 개방 전압이득이 아주 크므로 회로 성능을 향상시키기 위해 부귀환이 크게 걸리도록 한다.

741C는 단위이득 주파수가 1 MHz이다. 이는 1 MHz까지는 전압이득을 사용할 수 있음을 나타낸다. 또한 741C는 입력저항 2 MΩ, 출력저항 75 Ω, 입력 바이어스전류 80 nA, 입력 오프셋전류 20 nA, 입력 오프셋전압 2 mV, CMRR 90 dB이다.

특히 큰 입력저항이 필요할 때 설계자는 **BIFET 연산증폭기**(BIFET op amp)를 이용한다. 이런 형태의 연산증폭기는 바이폴라 트랜지스터와 JFET를 같은 칩에 결합한 것이다. JFET는 입력단에 사용되어 작은 입력 바이어스전류 및 오프셋전류를 가지도록 하며, 바이폴라 트랜지스터는 더 큰 전압이득을 가지도록 뒷단에 사용된다.

LF157A는 BIFET 연산증폭기의 한 예이다. 표 16-1에서처럼 입력 바이어스전류는 단지 30 pA이며 입력저항은 10^{12} Ω이다. 또한 전압이득은 200,000이며 단위이득 주파수는 20 MHz이다. 이 소자로 우리는 20 MHz까지 전압이득을 얻을 수 있다.

16-2 741 연산증폭기

1965년, 최초로 널리 알려진 모놀리식 연산증폭기인 μA709가 Fairchild Semiconductor사에 의해 소개되었다. 성공적이긴 했으나 이 1세대 연산증폭기는 많은 단점을 가지고 있었기 때문에 μA741로 알려진 연산증폭기로 개선되었다. 이 μA741은 값이 싸고 사용하기 편리해서 대단히 성공적이었으며 다른 형태의 741이 여러 반도체 업체들에 의해 설계되었다. 예를 들어 ON Semiconductor사는 MC1741, Texas Instruments사는 LM741과 아날로그 소자 AD741을 생산했다. 이 모든 모놀리식 연산증폭기는 데이터시트상 동일한 사양(specification)을 가지고 있기 때문에 μA741과 등가이며, 대부분 편의상 이들 제품명의 앞머리 문자는 빼고 간단히 741이라 부른다.

산업표준

741이 산업표준(industry standard)이 되어 왔으므로 우리는 회로설계에 우선 741을 사용해 보려고 한다. 그러나 741로 설계 조건을 해결하지 못할 경우에는 더 나은 연산증폭기로 대체해야 한다. 741은 표준이기 때문에 이 장을 공부할 때 기본 소자로 사용할 것이다. 일단 741을 이해하면 다른 연산증폭기에 대해서도 쉽게 이해할 수 있다.

덧붙여 741은 숫자로만 표시된 741과 741A, 741C, 741E, 741N 등과 같은 다른 변형도 있다. 이들은 전압이득, 상용 온도 범위, 잡음 레벨 및 기타 특성이 서로 다르다. 741C(C는 산업적 등급을 나타냄)는 가장 값이 싸고 널리 사용되고 있는데 이것은 2 MΩ의 입력임피던스와 100,000의 개방루프 전압이득, 그리고 75 Ω의 출력임피던스를 가지고 있다. 그림 16-3은 가장 일반적인 세 가지 패키지와 핀 구조이다.

입력 차동증폭기

그림 16-4는 741의 간략화된 회로구성도이다. 이 회로는 741과 그 이후 세대의 연산증폭기와 등가이다. 회로설계에 대해 모든 것을 상세하게 이해할 필요는 없으나 연산증폭기의 동작방법에 대한 일반적인 개념은 알아 둘 필요가 있다. 이 사실을 염두에 두고 여기서는 741의 기본 개념에 대해 고찰해 보기로 한다.

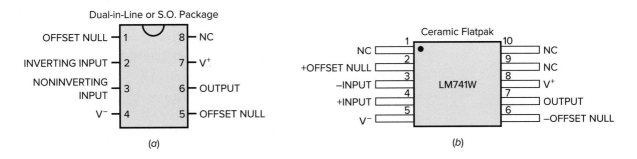

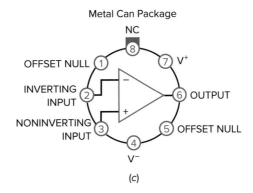

| 그림 16·3 | 741의 형태와 핀 출력 (a) 이중선; (b) 플랫팩; (c) 금속 캔

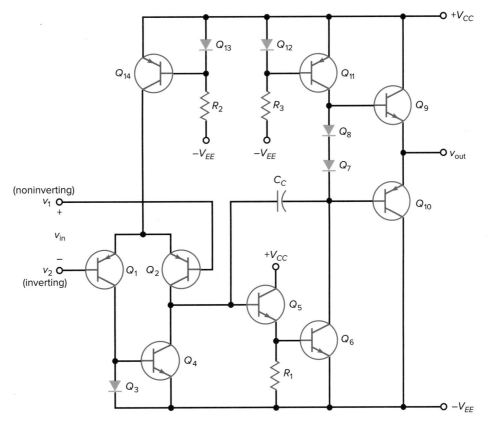

| 그림 16·4 | 741의 간략화한 회로구성도

이 회로의 입력단은 *PNP* 트랜지스터(Q_1과 Q_2)를 사용한 차동증폭기이다. 741에서 Q_{14}은 꼬리저항 대신 사용된 전류원이며, R_2, Q_{13}과 Q_{14}은 차동증폭기의 꼬리전류를 생성시키는 전류미러이다. 차동증폭기에서는 컬렉터저항으로 일반 저항을 사용하나 741에서는 이 대신에 능동부하 저항을 사용한다. 이 능동부하 Q_4는 아주 큰 임피던스를 갖는 전류원처럼 동작하기 때문에 차동증폭기의 전압이득은 수동부하 저항보다 훨씬 더 커진다.

차동증폭기로부터 증폭된 신호는 이미터 폴로어인 Q_5의 베이스를 구동하고, 이 단계는 차동증폭기의 임피던스 레벨을 높여 부하저항이 낮아지는 것을 방지한다. Q_5로부터의 신호는 Q_6로 가고, 다이오드 Q_7과 Q_8은 최종단의 바이어스를 위한 부분이다. Q_{11}은 Q_6의 능동부하 저항이므로 Q_6와 Q_{11}은 매우 높은 전압이득을 가진 CE 증폭단과 같다. 이전 장에서 설명했듯이 다이오드 기호는 종종 트랜지스터의 베이스와 컬렉터가 단락된 경우 간략하게 그려진다. 예를 들어 Q_3는 베이스와 컬렉터가 단락되어 다이오드처럼 동작하는 트랜지스터이다.

최종단

CE 증폭단 Q_6에서 나온 증폭된 신호는 AB급 푸시풀 이미터 폴로어(Q_9과 Q_{10})인 최종단(final stage)으로 간다. 이와 같은 분할공급($+V_{CC}$와 $-V_{EE}$ 동일 크기) 때문에 정지(대기) 출력은 입력전압이 0일 때 이상적으로는 0 V가 된다. 그러나 완전히 0 V가 되지 않고 작은 값을 가지는데 이와 같은 편차를 **출력 오차전압**(output error voltage)이라 부른다.

v_1이 v_2보다 크면 입력전압 v_{in}은 양(+)의 출력전압 v_{out}을 나타낸다. 만일 v_2가 v_1보다 크면 입력전압 v_{in}은 음(–)의 출력전압 v_{out}을 나타낸다. 이상적으로 v_{out}은 $+V_{CC}$와 $-V_{EE}$이 되고 이보다 크면 파형이 잘린다. 출력스윙은 741의 내부 전압강하 때문에 각 공급전압에서 1~2 V 작은 값이 된다.

능동부하

그림 16-4는 **능동부하**(*active loading*)(부하로 저항 대신 트랜지스터를 사용함)의 두 가지 예를 나타낸다. 첫째는 차동증폭기의 능동부하인 Q_4이고, 둘째는 CE 구동단의 능동부하인 Q_{11}이다. 전류원은 높은 임피던스를 가지기 때문에 능동부하는 저항에서 가능한 값보다 훨씬 큰 전압이득을 생성한다. 이 능동부하들은 741C에서 100,000배의 대표적인 전압이득을 생성한다. 반도체 칩상에서는 저항보다 트랜지스터를 만들기가 쉽고 비용도 적게 들기 때문에 집적회로에서는 이 능동부하가 널리 사용되고 있다.

주파수 보상

그림 16-4에서 C_C는 **보상 커패시터**(compensating capacitor)이다. 밀러 효과 때문에 이 작은 커패시터(대표적으로 30 pF)는 Q_5와 Q_6의 전압이득이 곱해져 다음과 같이 큰 등가 커패시턴스를 얻게 된다.

$$C_{in(M)} = (A_V + 1)C_C$$

여기서 A_V는 Q_5와 Q_6 단의 전압이득이다.

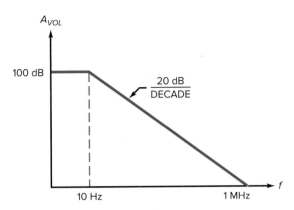

| 그림 16-5 | 741C에 대한 개방루프 전압이득의 이상적인 보드 선도

이 밀러 커패시턴스를 마주하는 저항이 차동증폭기의 출력임피던스이다. 이는 지상회로(lag circuit)로 생각할 수 있다. 이 지상회로는 741C에서 차단주파수가 10 Hz이며 연산증폭기의 개방루프 전압이득은 이 차단주파수에서 3 dB 아래에 있다. 이 개방루프 전압이득은 단위이득 주파수가 될 때까지 거의 20 dB/decade로 감소한다.

그림 16-5는 개방루프 전압이득 대 주파수 관계를 나타내는 이상적인 보드 선도이다. 741C는 개방루프 전압이득이 100,000이며 이는 100 dB이다. 개방루프 차단주파수가 10 Hz이면 이 주파수에서 전압이득은 20 dB/decade로 감소하여 1 MHz에서 0 dB이 된다. 나중 장에서 또 다른 응용분야로 **능동필터**(*active filter*)를 검토한다. 이는 연산증폭기, 저항 및 커패시터를 이용하여 주파수응답을 조절하는 것이다. 우리는 또한 1극(20 dB/decade로 감소), 2극(40 dB/decade로 감소), 3극(60 dB/decade로 감소) 응답을 검토할 것이다. 741C와 같이 내부적으로 보상된 연산증폭기는 **1극 응답**(first-order response)을 가진다.

한편 모든 연산증폭기가 내부적으로 보상된 것은 아니다. 어떤 경우는 발진을 방지하기 위해 외부에 보상 커패시터를 연결하기도 한다. 이 외부 보상의 장점은 설계자가 고주파 특성을 조절한다는 것이다. 이 외부 커패시터가 가장 간단하지만, 좀 더 복잡한 회로를 이용하여 보상 효과는 물론 더 높은 단위이득 주파수(f_{unity})를 가지도록 할 수 있다.

바이어스 및 오프셋

이전 장에서 검토했듯이 차동증폭기는 입력이 없더라도 입력 바이어스 및 입력 오프셋으로 인해 출력 오차전압이 생긴다. 많은 분야에서 출력 오차전압은 무시되지만 설계자는 베이스저항을 사용하여 출력 오차전압을 감소시킬 수 있다. 이렇게 하면 입력 바이어스전류 문제는 해결하지만 오프셋 문제는 여전히 해결되지 않는다.

그래서 데이터시트에 주어진 **영점조정회로**(nulling circuit)를 이용하여 오프셋 문제를 제거하는 것이 최선이다. 이 방법은 내부회로적으로 **열적 드리프트**(*thermal drift*)(연산증폭기가 온도에 따라 출력이 천천히 변하는 현상) 문제와 출력 오차전압을 제거한다. 경우에 따라 데이터시트에 이 영점조정회로가 없으면 작은 입력전압을 가해 출력전압을 0으로 한다. 이 방법은 뒤에 검토할 것이다.

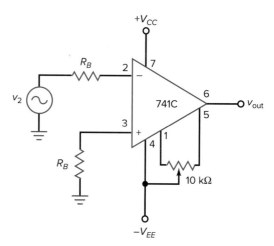

| 그림 16·6 | 741C에 사용된 보상 및 영점조정

 그림 16-6은 741C 데이터시트상 추천된 영점조정법을 나타낸 것이다. 반전입력을 구동하는 교류전원은 테브난 저항 R_B를 가진다. 이 저항을 흐르는 입력 바이어스전류 (80 nA) 효과를 없애기 위해 이 저항과 같은 저항을 그림과 같이 비반전 단자에 가한다.
 입력 오프셋전류(20 nA) 및 입력 오프셋전압(2 mV) 효과를 없애기 위해 741C 데이터시트는 10 kΩ의 가변저항을 핀 1과 핀 5 사이에 연결하도록 권한다. 입력신호가 없을 때 이 가변저항을 조정하여 출력전압을 0으로 만든다.

공통신호제거비

741C의 CMRR은 저주파에서 90 dB이다. 같은 크기의 차동신호와 공통신호가 입력되면 차동신호가 공통신호보다 출력에서 90 dB이 클 것이다. 이를 숫자로 바꾸면 30,000 정도이다. 고주파에서는 그림 16-7*a*에 나타낸 것처럼 리액티브 효과로 CMRR이 감소되며 1 kHz에서 75 dB, 10 kHz에서 56 dB이 된다.

최대 피크-피크 출력

증폭기의 MPP값은 증폭기로 만들어 낼 수 있는 클리핑이 발생하지 않는 최대의 피크-피크(peak-to-peak) 출력전압이다. 이상적으로는 연산증폭기의 정지출력이 0이므로 교류 출력전압은 (+)측 또는 (−)측으로 스윙하게 될 것이다. R_{out}보다 훨씬 큰 부하저항의 경우 출력전압은 거의 공급전압까지 스윙할 수 있다. 예를 들어 $V_{CC} = +15$ V이고 $V_{EE} = -15$ V이면 10 kΩ의 부하저항에서의 MPP값은 이상적으로 30 V이다.
 실제로 출력은 연산증폭기의 최종단에서의 작은 전압강하 때문에 공급전압값 전체에 대해 스윙할 수 없다. 더욱이 부하저항이 R_{out}과 비교해 크지 않을 때 증폭된 전압 중 일부는 R_{out} 양단에 강하되는데 이것은 최종 출력전압이 감소함을 의미한다.
 그림 16-7*b*에 741C의 MPP-부하저항의 관계를 나타내었다. MPP는 부하저항 R_L이 10 kΩ인 경우 거의 27 V이다. 이는 출력전압이 +13.5 V와 −13.5 V에서 포화됨을 의미한다. 부하저항이 감소하면 MPP도 감소한다. 예를 들어 부하저항이 275 Ω이면 MPP

는 16 V로 감소되어 출력이 +8 V와 −8 V에서 포화된다.

단락회로 전류

어떤 경우에는 연산증폭기가 거의 0인 부하저항을 구동할 수도 있다. 이때 그 회로의 **단락회로 출력전류**(short-circuit output current)를 알 필요가 있다. 741C의 데이터시트에는 단락회로 출력전류가 25 mA로 표시되어 있다. 이는 연산증폭기가 만드는 최대 출력 전류이다. 만일 작은 부하저항(75 Ω 미만)을 사용한다면 부하저항과 25 mA의 전류를 곱한 전압 이상은 나오지 않으므로 큰 출력전압은 기대하지 않는 것이 좋다.

주파수응답

그림 16-7c에 741C의 소신호 주파수응답을 나타내었다. 중간대역에서의 전압이득은

> **참고사항**
>
> 많은 현대의 연산증폭기는 dc 공급장치의 전체 범위에 걸쳐 입출력 스윙을 달성하기 위해 차동증폭기의 앞단 끝(front end)에서 CMOS 반도체 기술을 사용한다. 이러한 연산증폭기는 레일-투-레일(rail-to-rail) 연산증폭기라고 한다.

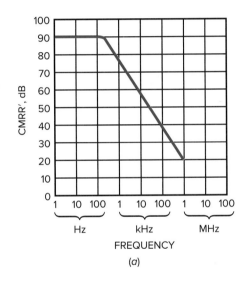

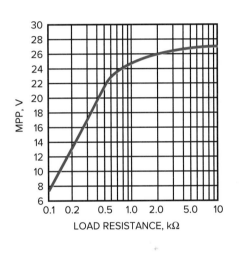

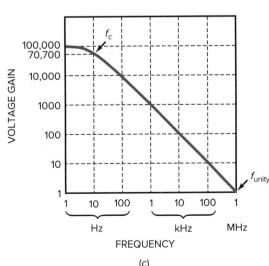

| 그림 16·7 | 대표적인 741C 연산증폭기의 CMRR, MPP, A_{VOL}의 특성 그래프

100,000이다. 741C의 차단주파수 f_c는 10 Hz이다. 이 임계주파수에서의 전압이득은 70,700(3 dB 감소)이다. 차단주파수 이상에서의 전압이득은 20 dB/decade의 비율로 감소한다(1극 응답).

단위이득 주파수는 전압이득이 1이 되는 주파수이며 그림 16-7c에서 f_{unity}는 1 MHz 이다. 데이터시트에는 항상 f_{unity}의 값이 명시되는데 이것은 연산증폭기의 유용한 이득의 상한을 나타내기 때문이다. 예를 들어 741C의 데이터시트에는 f_{unity}가 1 MHz로 표시되며 이것은 741C가 1 MHz의 신호까지 증폭할 수 있다는 의미이다. 1 MHz 이상에서는 전압이득이 1보다 작아져 741C는 사용할 수 없다. 만일 더 큰 f_{unity}가 요구된다면 다른 연산증폭기로 대체해야 한다. 예를 들어 LM318은 15 MHz의 f_{unity}를 가지는데 이것은 LM318 연산증폭기가 15 MHz까지 유용한 전압이득을 생성시킬 수 있음을 의미한다.

슬루율

741C의 보상 커패시터는 매우 중요한 기능을 한다. 이는 신호와 간섭하여 생길 수 있는 발진을 방지한다. 그러나 단점도 있다. 보상 커패시터는 충전과 방전이 되므로 출력이 변하는 속도에 한계가 있음을 나타낸다.

여기에 기본 개념이 있다. 연산증폭기의 입력전압이 양(+)의 **계단전압**(voltage step), 즉 한 dc 레벨에서 더 높은 dc 레벨로 전압이 갑자기 변한다고 가정하자. 연산증폭기가 이상적이라면 그림 16-8a와 같이 이상적인 응답을 얻을 것이다. 실제로 출력은 양(+)의 지수함수 파형이다. 이는 출력전압이 더 높은 레벨로 변경되기 전에 보상 커패시터를 충전해야 하기 때문에 발생한다.

그림 16-8a에서 지수함수의 초기 기울기를 **슬루율**(slew rate)이라 부르며 기호 S_R로 나타낸다. 슬루율은 다음과 같이 정의한다.

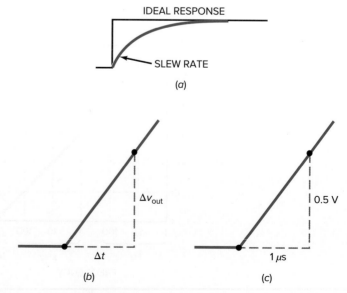

| 그림 16-8 | (a) 입력 계단전압에 따른 이상적 및 실제적 응답; (b) 슬루율의 정의;
(c) 슬루율은 0.5 V/μs이다.

$$S_R = \frac{\Delta v_{out}}{\Delta t} \qquad\qquad\qquad \textbf{(16-1)}$$

여기서 그리스문자 Δ(delta)는 변화분을 나타낸다. 말로 표현하면 슬루율은 출력전압 변화를 시간 변화로 나눈 값이다.

그림 16-8*b*는 슬루율의 의미를 설명한다. 초기 기울기는 지수함수 시작부분에서 두 지점 간의 수직 변화를 수평 변화로 나눈 것과 같으므로 그림 16-8*c*에서 슬루율은 다음과 같다.

$$S_R = \frac{0.5 \text{ V}}{1 \text{ }\mu s} = 0.5 \text{ V}/\mu s$$

이 값은 연산증폭기가 가질 수 있는 가장 빠른 응답이다. 예를 들어 741C의 슬루율은 0.5 V/μs이면 741C의 출력은 1 μs에서 0.5 V/μs보다 더 빨리 변할 수 없다. 즉, 741C의 입력으로 초기전압이 큰 계단전압으로 구동되면 출력전압이 갑자기 변할 수 없으므로 지수형 출력파형을 가진다. 출력파형의 초기 기울기는 그림 16-8*c*와 같은 파형을 가진다.

또한 정현파 신호에 대해서도 슬루율은 한계를 가진다. 그림 16-9*a*에서 정현파의 초기 기울기가 슬루율보다 작으면 연산증폭기는 충분히 빠른 출력파형을 얻는다. 예를 들어 출력 정현파가 기울기 0.1 V/μs이면 741C는 슬루율이 0.5 V/μs이므로 찌그러짐이 없이 정현파를 출력한다. 반면 정현파가 기울기 1 V/μs이면 741C의 출력은 찌그러져 그림 16-9*b*처럼 정현파보다는 삼각파로 보인다.

연산증폭기 데이터시트는 슬루율을 나타내며 이 값이 대신호(large signal) 응답을 제한한다. 출력 정현파의 크기가 작고 주파수가 작으면 슬루율은 문제가 없다. 그러나 출력 정현파의 크기가 크고 주파수가 크면 슬루율은 출력파형을 찌그러지게 한다.

이를 미적분식으로 표현하면 다음과 같다.

$$S_S = 2\pi f V_p$$

여기서 S_S는 정현파의 초기 기울기이고, *f*는 주파수, V_p는 정현파의 피크전압이다. 슬루율 왜곡을 제거하기 위해서는 S_S가 S_R보다 작아야 한다. 만약 두 값이 같으면 이때가 슬루율의 왜곡이 시작되는 시점이다.

$$S_R = S_S = 2\pi f V_p$$

이 식을 주파수에 대해 풀면 다음과 같다.

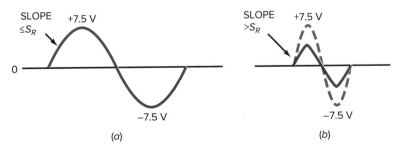

| 그림 16·9 | (a) 초기 정현파의 기울기; (b) 초기 기울기가 슬루율보다 크면 왜곡이 생긴다.

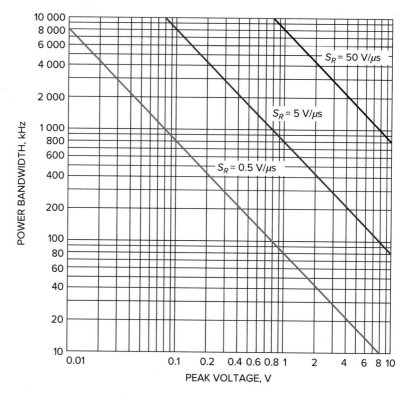

| 그림 16·10 | 전력대역폭-최대전압의 그래프

$$f_{\max} = \frac{S_R}{2\pi V_p} \tag{16-2}$$

여기서 $f_{\max}$는 슬루율 왜곡 없이 신호를 증폭할 수 있는 최대주파수이다. 연산증폭기의 S_R과 피크 출력전압 V_p인 것을 출력하고 싶다면 식 (16-2)를 사용하여 왜곡되지 않은 최대주파수를 계산할 수 있다. 이 주파수 이상에서는 오실로스코프상에 슬루율 왜곡이 나타나기 시작할 것이다.

주파수 $f_{\max}$를 종종 연산증폭기의 **전력대역폭**(power bandwidth) 또는 대신호 대역폭(*large signal bandwidth*)이라 부른다. 그림 16-10은 3개의 서로 다른 연산증폭기에 대해 식 (16-2)를 적용한 그래프로서 세 가지 경우 중 가장 아래 그래프의 $S_R = $ 0.5 V/μs이므로 741C에 알맞다. 맨 위의 그래프는 $S_R = $ 50 V/μs이므로 LM318(최소 슬루율이 50 V/μs)이 알맞다.

예를 들어 741C를 사용한다고 하자. 안 찌그러진 출력전압 8 V를 얻으려면 주파수는 10 kHz 이상 커서는 안 된다. $f_{\max}$를 증가시키려면 출력전압을 줄여야 한다. V_p와 $f_{\max}$를 적절히 조정하면 전력대역폭을 향상시킬 수 있다. 만약 어떤 응용을 할 때 $V_p = 1$ V가 필요하면 80 kHz까지 주파수를 크게 해도 무방하다.

연산증폭기 회로의 동작을 해석할 때는 두 가지 대역폭을 고려해야 한다. 즉, 1극 응답(first-order response)에 의해 결정되는 소신호대역폭과 슬루율에 의한 대신호 대역폭이다. 뒤에서 이들에 대해 좀 더 검토한다.

예제 16-1

그림 16-11*a*의 741C를 음(−)의 포화값으로 구동하기 위해서는 반전 입력전압을 얼마로 해야 하는가?

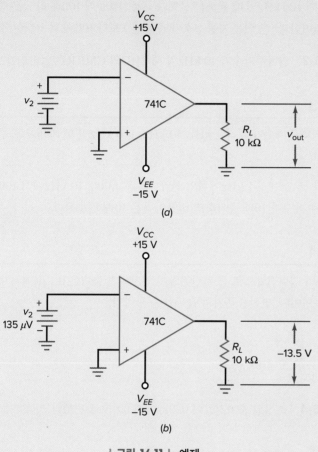

| 그림 16·11 | 예제

풀이 그림 16-7*b*에서 부하저항 10 kΩ에 대해 MPP = 27 V임을 보여 준다. 이는 음의 포화값이 −13.5 V로 되기 때문이다. 741C는 개방루프 전압이득이 100,000이므로 요구되는 입력전압은 다음과 같다.

$$v_2 = \frac{13.5\ \text{V}}{100{,}000} = 135\ \mu\text{V}$$

그림 16-11*b*는 답을 요약한 것이다. 135 μV의 반전입력만 있으면 출력전압은 −13.5 V로 포화된다.

연습문제 16-1 A_{VOL} = 200,000일 때, 예제 16-1을 다시 풀어라.

예제 16-2

입력주파수가 100 kHz일 때 741C의 CMRR은 얼마인가?

풀이 그림 16-7*a*에서 CMRR은 100 kHz에서 약 40 dB이다. 이는 값이 100과 같으며, 입력 주파수가 100 kHz일 때 원하는 신호가 공통신호보다 100배 더 많은 증폭을 수신한다는 것을 의미한다. 즉, 이는 차동신호가 공통신호보다 100배 더 크다는 것을 나타낸다.

연습문제 16-2 입력주파수가 10 kHz일 때 741C의 CMRR은 얼마인가?

예제 16-3

741C에서 입력주파수가 각각 1 kHz, 10 kHz, 100 kHz일 때 개방루프 전압이득을 구하라.

풀이 그림 16-7*c*에서 1 kHz에서의 전압이득은 1,000, 10 kHz에서 100, 100 kHz에서 10이다. 주파수가 10배 증가하면 전압이득은 10배 감소된다.

예제 16-4

연산증폭기의 입력전압으로 큰 계단전압이 인가되면 출력은 0.1 μs에서 0.25 V로 변하는 지수함수형이다. 연산증폭기의 슬루율을 구하라.

풀이

$$S_R = \frac{0.25 \text{ V}}{0.1 \ \mu\text{s}} = 2.5 \text{ V}/\mu\text{s}$$

연습문제 16-4 측정된 출력전압이 0.2 μs에서 0.8 V로 변했다면 슬루율은 얼마인가?

예제 16-5

LF411A의 슬루율(S_R)은 15 V/μs이다. 피크 출력전압 V_p = 10 V이면 전력대역폭은 얼마인가?

풀이

$$f_{\max} = \frac{S_R}{2\pi V_p} = \frac{15 \text{ V}/\mu\text{s}}{2\pi(10 \text{ V})} = 239 \text{ kHz}$$

연습문제 16-5 V_p = 200 mV인 741C를 사용하여 예제 16-5를 다시 풀어라.

예제 16-6

다음의 각 경우에 대해 전력대역폭을 구하라.

$$S_R = 0.5 \text{ V}/\mu\text{s}, \quad V_p = 8 \text{ V}$$
$$S_R = 5 \text{ V}/\mu\text{s}, \quad V_p = 8 \text{ V}$$
$$S_R = 50 \text{ V}/\mu\text{s}, \quad V_p = 8 \text{ V}$$

풀이 그림 16-10을 이용하여 구하면 답은 각각 10 kHz, 100 kHz, 1 MHz이다.

연습문제 16-6 $V_p = 1$ V일 때, 예제 16-6을 다시 풀어라.

16-3 반전증폭기

반전증폭기(inverting amplifier)는 가장 기본적인 연산 증폭회로로서 부귀환(negative feedback)이 사용되어 전압이득을 안정화시킨다. 전압이득을 안정화시키는 이유는 개방루프 전압이득 A_{VOL}이 너무 커서 귀환 없이 사용하면 회로가 불안정하기 때문이다. 예를 들어 741C는 A_{VOL}이 최대 200,000 이상이고 최소 20,000이다. 전압이득의 크기 및 변화폭이 예상치 못할 정도로 크므로 귀환이 없으면 쓸모가 없다.

반전 부귀환

그림 16-12는 반전증폭기를 나타낸다. 그림을 단순화하기 위해 공급전압은 나타내지 않고 교류 등가회로로만 다루었다. 입력전압 v_{in}이 저항 R_1을 통해 반전 단자를 구동한다. v_2는 반전된 입력전압이다. 입력전압은 개방회로 전압이득으로 증폭되어 반전된 출력전압을 만든다. 이 출력전압이 귀환저항 R_f를 통해 입력으로 귀환된다. 출력이 입력과 180° 위상차를 가지는 것은 부귀환 때문이다. 즉, 입력전압으로 인한 v_2의 변화는 출력전압과 반대된다.

그러면 어떻게 부귀환이 전압이득을 안정시킬 수 있는가? 만약 개방루프 전압이득이 어떤 원인으로 증가하면 출력전압이 증가하여 반전 단자로 더욱 큰 전압이 귀환된다. 따라서 A_{VOL}이 증가하더라도 v_2는 감소한다. 최종 출력은 귀환이 없을 때보다 훨씬 작게 증가된다. 전체적으로 출력전압은 거의 느낄 수 없을 정도로 미소하게 증가한다. 더 잘 이해할 수 있도록 다음 장에서 부귀환에 대해 수학적으로 상세히 검토한다.

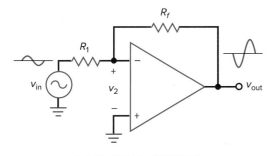

│ **그림 16-12** │ 반전증폭기

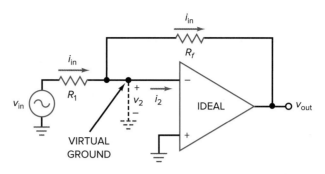

| 그림 16-13 | 가상접지 개념: 전압은 단락하고 전류는 개방

가상접지

우리가 회로상의 어떤 지점과 접지 사이를 도선으로 연결하면 그 지점의 전압은 0이 된다. 더욱이 도선은 전류가 흐르는 길이다. **기계적 접지**(*mechanical ground*)는 전압과 전류에 대해 0이다.

가상접지(virtual ground)는 다르다. 이런 형태의 접지는 반전증폭기를 해석하는 데 널리 사용된다. 가상접지가 있는 반전증폭기와 그와 관련된 회로의 해석은 매우 쉽다.

가상접지의 개념은 이상적인 연산증폭기에 바탕을 둔다. 이상적이면 무한대의 개방 루프 전압이득 및 무한대의 입력저항을 가진다. 이런 이유로 그림 16-13의 반전 연산증폭기에 대해 다음과 같은 역학적 특성을 얻을 수 있다.

1. $R_{in} = \infty$이므로 $i_2 = 0$이다.
2. $A_{VOL} = \infty$이므로 $v_2 = 0$이다.

그림 16-13에서 $i_2 = 0$이므로 R_f를 흐르는 전류는 R_1을 흐르는 전류와 같다. 더욱이 $v_2 = 0$이므로 가상접지는 반전입력이 전류에 대해서는 개방이지만 전압에 대해서는 접지이다.

가상접지는 유별나다. 전류에 대해서는 개방이지만 전압에 대해서는 단락이기 때문에 접지의 반과 같다. 가상접지를 그림 16-13에서처럼 반전입력과 접지 사이에 파선으로 표시한다. 파선은 전류가 접지로 흐르지 않음을 나타낸다. 가상접지는 이상적 근사이지만 부귀환이 형성되면 아주 정확한 답을 제공한다.

전압이득

그림 16-14에서 반전입력 단자에 가상접지를 그리면 저항 R_1의 오른쪽이 접지된다.

$$v_{in} = i_{in}R_1$$

유사하게, R_f의 왼쪽이 접지이므로 출력은 다음과 같다.

$$v_{out} = -i_{in}R_f$$

$A_V = v_{out}/v_{in} = -i_{in}R_f/i_{in}R_1$일 때 전압이득은 출력전압 v_{out}을 입력전압 v_{in}으로 나눈 값이다.

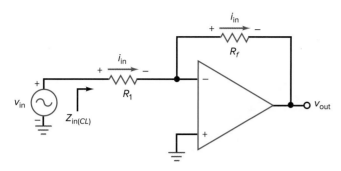

| 그림 16·14 | 반전증폭기는 같은 전류가 두 저항에 흐른다.

$$A_{V(CL)} = \frac{-R_f}{R_1} \qquad \text{(16-3)}$$

여기서 $A_{V(CL)}$은 폐회로 전압이득이다. **폐루프 전압이득**(closed-loop voltage gain)이란 출력과 입력 사이에 귀환경로가 있을 경우의 전압이득을 나타낸다. 부귀환으로 인해 $A_{V(CL)}$은 개방루프 전압이득 A_{VOL}보다는 항상 작다.

식 (16-3)이 얼마나 간단하며 멋진가를 살펴보자. 폐회로 전압이득은 귀환저항과 입력저항의 비이다. 예를 들어 $R_1 = 1$ kΩ, $R_f = 50$ kΩ이면 $A_{V(CL)} = 50$이다. 부귀환으로 인해 이 전압이득은 매우 안정하다. 만약 A_{VOL}이 온도 변화, 공급전원 변화 또는 연산증폭기 교체 등으로 변하더라도 $A_{V(CL)}$은 여전히 50일 것이다. 전압이득 방정식에서 반전 신호는 180°의 위상차를 나타낸다.

입력임피던스

어떤 응용분야에서는 설계자가 특정한 입력임피던스(input impedance) 값을 원할 수도 있다. 이는 반전증폭기의 이점 중 하나로, 원하는 입력임피던스를 쉽게 만들 수 있다. 저항 R_1의 오른쪽이 가상접지이므로 폐회로 입력임피던스는 다음과 같다.

$$Z_{in(CL)} = R_1 \qquad \text{(16-4)}$$

이것은 그림 16-14에 나타낸 것처럼 R_1의 왼쪽에서 본 입력임피던스이다. 예를 들어 입력임피던스가 2 kΩ이고 폐회로 전압이득이 50이라면 설계자는 $R_1 = 2$ kΩ, $R_f = 100$ kΩ을 사용하면 된다.

대역폭

연산증폭기의 **개방루프 대역폭**(open-loop bandwidth) 혹은 차단주파수는 내부 보상 커패시터 때문에 매우 작다. 741C에서

$$f_{2(OL)} = 10 \text{ Hz}$$

이다. 이 주파수에서부터 개방루프 전압이득이 1극 응답 특성을 가지고 감소한다.

부귀환이 사용되면 전반적인 대역폭이 증가한다. 그 이유는 다음과 같다. 입력주파

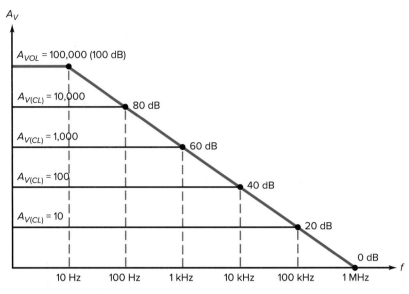

| 그림 16·15 | 저전압이득은 더 많은 대역폭을 생성한다.

수가 $f_{2(OL)}$보다 크면 A_{VOL}은 20 dB/decade 비로 감소한다. v_{out}이 감소하려고 하면 반전 입력에 귀환되는 전압이 작아지게 된다. 따라서 v_2는 증가하고 A_{VOL}의 감소를 보상한다. 이런 이유로 $A_{V(CL)}$은 $f_{2(OL)}$보다 큰 주파수에서 감소한다. 귀환이 크면 클수록 폐회로 차 단주파수는 커진다. 달리 표현하면 $A_{V(CL)}$이 작을수록 $f_{2(CL)}$은 커진다.

그림 16-15는 폐회로 대역폭과 부귀환의 관계를 나타낸다. 부귀환이 클수록($A_{V(CL)}$ 이 작을수록) 폐회로 대역폭은 커진다. 반전증폭기 폐회로 대역폭을 식으로 나타내면 다음과 같다.

$$f_{2(CL)} = \frac{f_{unity}}{A_{V(CL)} + 1}$$

대부분의 경우 $A_{V(CL)}$은 10보다 크므로 이 식은 다음과 같이 간략화된다.

$$f_{2(CL)} = \frac{f_{unity}}{A_{V(CL)}} \tag{16-5}$$

예를 들어 $A_{V(CL)} = 10$일 때

$$f_{2(CL)} = \frac{1\ MHz}{10} = 100\ kHz$$

로 그림 16-14와 일치하며, $A_{V(CL)} = 100$일 때

$$f_{2(CL)} = \frac{1\ MHz}{100} = 10\ kHz$$

로 역시 일치한다.

식 (16-5)를 다시 정리하면 다음과 같다.

$$f_{\text{unity}} = A_{V(CL)}f_{2(CL)} \tag{16-6}$$

이는 단위이득 주파수가 전압이득과 대역폭의 곱과 같다는 것이다. 이런 이유로 데이터 시트에서 단위이득 주파수를 **이득대역곱**(gain-bandwidth product : GBW)이라 한다.

(주: 개방루프 전압이득을 표기하는 일정한 기호는 없다. A_{OL}, A_v, A_{vo}, A_{vol} 중 하나가 표시될 수 있다. 일반적으로 데이터시트에 있는 이런 기호 전부가 개방루프 전압이득을 나타낸다. 이 책에서는 A_{VOL}을 사용한다.

바이어스 및 오프셋

부귀환은 $I_{\text{in(bias)}}$, $I_{\text{in(off)}}$, $V_{\text{in(off)}}$으로 인한 출력 오차전압을 감소시킨다. 이전 장에서 세 가지 입력 오차전압을 검토했듯이, 총 출력 오차전압에 대한 식은 다음과 같이 쓸 수 있다.

$$V_{\text{error}} = A_{VOL}(V_{1\text{err}} + V_{2\text{err}} + V_{3\text{err}})$$

부귀환이 사용되면 위 식은 다음과 같이 쓸 수 있다.

$$V_{\text{error}} \cong \pm A_{V(CL)}(\pm V_{1\text{err}} \pm V_{2\text{err}} \pm V_{3\text{err}}) \tag{16-7}$$

여기서 V_{error}은 총 출력 오차전압이다. 식 (16-7)에는 ±기호가 있지만 데이터시트에는 없다. 오차는 + 또는 −로 될 수 있기 때문이다. 예를 들어 어느 한쪽 베이스전류가 다른 쪽의 베이스전류보다 클 수 있으며 입력 오프셋전압도 + 또는 −가 될 수 있다.

대량생산 시 입력오차는 입력오차가 합해져서 최악조건이 될 수도 있다. 이전 장에서 언급한 입력오차를 여기서 다시 한번 반복한다.

$$V_{1\text{err}} = (R_{B1} - R_{B2})I_{\text{in(bias)}} \tag{16-8}$$

$$V_{2\text{err}} = (R_{B1} + R_{B2})\frac{I_{\text{in(off)}}}{2} \tag{16-9}$$

$$V_{3\text{err}} = V_{\text{in(off)}} \tag{16-10}$$

$A_{V(CL)}$이 작으면 식 (16-7)의 총 출력 오차전압은 무시할 수 있을 정도로 작아질 것이다. 그렇지 않다면 저항보상 및 오프셋 영점조정이 필요하다.

반전증폭기에서 R_{B2}는 반전입력 단자에서 전원 쪽을 들여다볼 때의 테브난 등가저항이며 그 값은 다음과 같다.

$$R_{B2} = R_1 \parallel R_f \tag{16-11}$$

입력 바이어스전류에 대해 보상할 필요가 있으면 같은 저항 R_{B1}을 비반전 단자에 연결한다. 이 저항은 가상접지 근사해석에 영향을 미치지 않는다. 그 이유는 교류 신호전류가 이 저항에 흐르지 않기 때문이다.

예제 16-7

그림 16-16*a*는 교류 등가회로이므로 입력 바이어스 및 오프셋으로 인한 출력오차를 무시할 수 있다. 폐루프 전압이득 및 대역폭은 얼마인가? 또 1 kHz와 1 MHz에서 출력전압은 얼마인가?

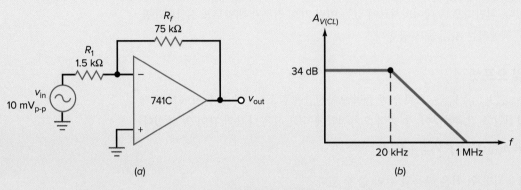

| 그림 16·16 | 예제

풀이   식 (16-3)을 이용하여 폐루프 전압이득을 구하면 다음과 같다.

$$A_{V(CL)} = \frac{-75 \text{ k}\Omega}{1.5 \text{ k}\Omega} = -50$$

식 (16-5)로 폐루프 대역폭을 구하면 다음과 같다.

$$f_{2(CL)} = \frac{1 \text{ MHz}}{50} = 20 \text{ kHz}$$

그림 16-16*b*는 폐루프 전압이득에 대한 이상적인 보드 선도를 나타낸다. 숫자 50에 대한 데시벨은 34 dB이다. (바로가기: 100의 반은 50, 또는 40 dB에서 6 dB을 낮춘다.)

1 kHz에서 출력전압은

$$v_{\text{out}} = (-50)(10 \text{ mVp-p}) = -500 \text{ mVp-p}$$

이다. 단위이득 주파수가 1 MHz이므로 1 MHz에서 출력전압은 다음과 같다.

$$v_{\text{out}} = -10 \text{ mVp-p}$$

(−)출력값은 입력과 출력 사이에 위상이 180° 바뀐 것을 나타낸다.

연습문제 16-7   그림 16-16*a*에서 100 kHz에서의 출력전압은 얼마인가? (힌트: 식 14-20을 이용하라.)

응용예제 16-8

그림 16-17a에서 입력전압(v_{in})이 0일 때 출력전압을 구하라. 표 16-1에 주어진 대표적인 값을 사용하라.

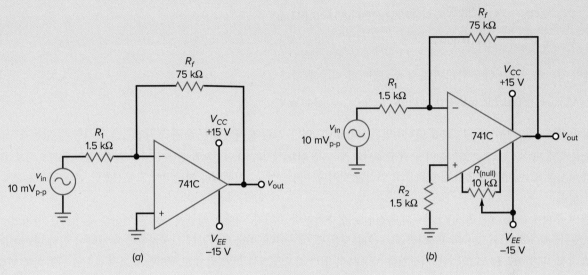

| 그림 16·17 | 예제

풀이   표 16-1은 741C에 대해 $I_{in(bias)} = 80$ nA, $I_{in(off)} = 20$ nA, $V_{in(off)} = 2$ mV이다. 식 (16-11)을 사용하면

$$R_{B2} = R_1 \parallel R_f = 1.5\ \text{k}\Omega \parallel 75\ \text{k}\Omega = 1.47\ \text{k}\Omega$$

식 (16-8)~(16-10)을 사용하면 3개의 입력 오차전압은 각각 다음과 같다.

$$V_{1err} = (R_{B1} - R_{B2})I_{in(bias)} = (-1.47\ \text{k}\Omega)(80\ \text{nA}) = -0.118\ \text{mV}$$

$$V_{2err} = (R_{B1} + R_{B2})\frac{I_{in(off)}}{2} = (1.47\ \text{k}\Omega)(10\ \text{nA}) = 0.0147\ \text{mV}$$

$$V_{3err} = V_{in(off)} = 2\ \text{mV}$$

페루프 전압이득은 50이다. 식 (16-7)을 사용하여 최악의 경우의 오차전압을 합하면 출력 오차전압은 다음과 같다.

$$V_{error} = \pm 50(0.118\ \text{mV} + 0.0147\ \text{mV} + 2\ \text{mV}) = \pm 107\ \text{mV}$$

연습문제 16-8   연산증폭기 LF157A를 사용하여 응용예제 16-8을 다시 풀어라.

응용예제 16-9

앞의 예제에서는 대표적인 변수를 사용했지만, 741C 데이터시트는 $I_{in(bias)} = 500$ nA, $I_{in(off)} = 200$ nA, $V_{in(off)} = 6$ mV로 최악조건이다. 그림 16-17a에서 입력전압 $v_{in} = 0$일 때 출력전압을 다시 계산하라.

풀이 식 (16-8)~(16-10)을 사용하면 3개의 입력 오차전압은 각각 다음과 같다.

$$V_{1\text{err}} = (R_{B1} - R_{B2})I_{\text{in(bias)}} = (-1.47\text{ k}\Omega)(500\text{ nA}) = -0.735\text{ mV}$$

$$V_{2\text{err}} = (R_{B1} + R_{B2})\frac{I_{\text{in(off)}}}{2} = (1.47\text{ k}\Omega)(100\text{ nA}) = 0.147\text{ mV}$$

$$V_{3\text{err}} = V_{\text{in(off)}} = 6\text{ mV}$$

최악의 경우의 오차전압을 합하면 출력 오차전압은 다음과 같다.

$$V_{\text{error}} = \pm 50(0.735\text{ mV} + 0.147\text{ mV} + 6\text{ mV}) = \pm 344\text{ mV}$$

응용예제 16-7에서 원하는 교류 출력전압은 500 mV$_\text{p-p}$이다. 그런데 이처럼 큰 출력 오차전압을 무시할 수 있는가? 물론 응용분야에 따라 다르다. 예를 들어 주파수 20 Hz에서 20 kHz까지의 음성신호를 증폭한다고 하자. 결합 커패시터로 출력을 부하저항 또는 다음 단으로 용량적으로 연결할 것이다. 이때 직류 오차전압은 차단되며 교류신호만 전달되므로 전혀 문제가 없다.

반면 주파수 0 Hz에서 20 kHz까지의 음성신호를 증폭한다고 하자. 이때는 성능이 뛰어난 연산증폭기(작은 바이어스와 오프셋)를 사용하거나 그림 16-17*b*처럼 회로를 수정할 필요가 있다. 비반전 단자에 보상저항을 추가하여 입력 바이어스전류 효과를 제거하고 10 kΩ의 가변저항기를 사용하여 입력 오프셋전류 및 입력 오프셋전압 효과를 0으로 만들어야 한다.

16-4 비반전증폭기

비반전증폭기(noninverting amplifier)는 또 다른 기본 연산증폭기이다. 부귀환을 사용하여 전압이득을 안정화하며 입력임피던스를 증가시키고 출력임피던스를 감소시킨다.

기본회로

그림 16-18은 비반전증폭기의 교류 등가회로를 나타낸다. 입력전압 v_{in}이 비반전 단자를 구동하고 이 전압이 증폭되어 그림과 같이 동상의 출력전압이 나타난다. 출력전압은 전압분배기를 거쳐 부분적으로 입력에 귀환된다. 즉, 저항 R_1 양단전압이 반전 단자에 가

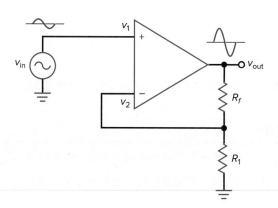

| 그림 16-18 | 비반전증폭기

해진다. 귀환전압은 입력전압과 거의 같다. 개방루프 전압이득이 아주 크므로 전압 v_1과 v_2는 매우 작다. 귀환전압은 입력전압과 위상이 반대이므로 부귀환이다.

그러면 어떻게 해서 부귀환이 전압이득을 안정화시키는가? 만약 개방루프 전압이득 A_{VOL}이 어떤 원인으로 증가하면 출력전압이 증가하고 반전 단자로 더욱 큰 전압이 귀환될 것이다. 위상이 반대인 귀환전압은 알짜의 입력전압 $v_1 - v_2$를 감소시킨다. 따라서 A_{VOL}이 증가하더라도 $v_1 - v_2$는 감소한다. 최종 출력전압은 귀환이 없을 때보다 훨씬 작게 증가한다. 전체적으로 출력전압은 거의 느낄 수 없을 정도로 미소하게 증가한다.

가상단락

회로상의 어떤 지점과 접지 사이를 도선으로 연결하면 그 지점의 전압도 접지와 같이 0이 된다. 도선은 두 지점 사이에 전류가 흐르는 길이다. 기계적 단락(*mechanical short*)(두 지점 사이의 도선)은 전압과 전류에 대해서 단락이다.

그러나 **가상단락**(virtual short)은 다르다. 이런 형태의 단락은 비반전증폭기를 해석하는 데 널리 사용된다. 이 가상단락으로 비반전증폭기와 관련 회로를 쉽고 빠르게 해석할 수 있다.

가상단락은 다음과 같은 이상적인 연산증폭기의 두 가지 특성을 사용한다.

1. $R_{in} = \infty$이므로 두 입력전류는 0이다.
2. $A_{VOL} = \infty$이므로 $v_1 - v_2 = 0$이다.

그림 16-19는 입력단자 간의 가상단락을 나타낸다. 가상단락은 전압에 대해서는 단락이지만 전류에 대해서는 개방이다. 다시 한번 상기하면 파선은 전류가 흐르지 않음을 나타낸다. 가상단락은 이상적 근사이지만 부귀환이 형성되면 아주 정확한 답을 제공한다.

어떻게 가상단락을 사용할 것인가? 비반전증폭기 혹은 이와 유사한 회로를 해석할 때 연산증폭기의 입력단자 사이에 가상단락을 표기한다. 연산증폭기가 포화되지 않고 선형영역에서 동작하면 개방루프 전압이득은 무한대이며 두 입력 사이에 가상단락이 존재한다.

또 한 가지 알아야 할 사실이 있다. 가상단락으로 반전 입력전압은 비반전 입력전압을 따른다. 즉, 비반전 입력전압이 증가 혹은 감소하면 반전입력도 즉각 같은 값으로 증

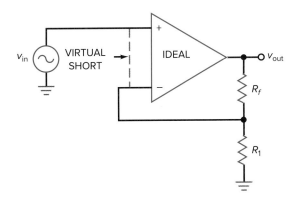

| 그림 16·19 | 가상단락은 두 입력 사이에 있다.

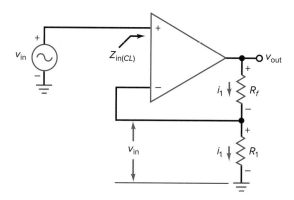

| 그림 16·20 | 입력전압이 저항 R_1 양단에 나타나며 같은 전류가 저항에 흐른다.

참고사항

그림 16-19에 관하여, 폐루프 입력임피던스는 $Z_{in(CL)} = R_{in}(1 + A_{VOL}B)$이고, R_{in}은 개방루프 입력저항을 나타낸다.

가 혹은 감소한다. 이 작용을 **부트스트랩**(bootstrap)이라 한다. 비반전입력은 같은 값으로 반전입력을 위 혹은 아래로 당긴다. 다른 방법으로 설명하면, 반전입력은 비반전입력으로 부트스트랩된다.

전압이득

그림 16-20에서 연산증폭기의 입력단자 사이에 가상단락을 표시하면 그림과 같이 입력전압이 저항 R_1 양단에 나타난다.

$$v_{in} = i_1 R_1$$

전류가 가상단락을 흐르지 못하므로 i_1 전류가 저항 R_f를 흐른다. 따라서 출력전압은 다음과 같다.

$$v_{out} = i_1(R_f + R_1)$$

이로부터 출력전압 v_{out}을 입력전압 v_{in}으로 나누어 전압이득을 구하면 다음과 같다.

$$A_{V(CL)} = \frac{R_f + R_1}{R_1}$$

또는

$$A_{V(CL)} = \frac{R_f}{R_1} + 1 \tag{16-12}$$

이 식은 반전증폭기의 식과 같아서 기억하기 쉽고 이 폐루프 전압이득은 저항비에 숫자 1을 더하는 것이므로 기억하기 쉽다. 출력은 입력과 동상이므로 전압이득 식에서 (−)를 사용하지 않는다.

다른 이점들

폐루프 입력임피던스는 무한대에 가깝다. 다음 장에서 수학적으로 부귀환 효과를 다루고 부귀환이 입력임피던스를 증가시킨다는 사실을 다룰 것이다. 개방루프 입력임피던스가 매우 크므로(741C의 경우 2 MΩ) 폐루프 입력임피던스는 더욱 클 것이다.

부귀환이 대역폭에 미치는 효과는 반전증폭기와 같다.

$$f_{2(CL)} = \frac{f_{\text{unity}}}{A_{V(CL)}}$$

전압이득과 대역폭은 반비례하며 폐루프 전압이득이 작으면 작을수록 대역폭은 커진다.

입력 바이어스전류 $I_{\text{in(bias)}}$, 입력 오프셋전류 $I_{\text{in(off)}}$, 입력 오프셋전압 $V_{\text{in(off)}}$으로 인한 입력 오차전압은 반전증폭기와 같은 방법으로 해석하며 각각의 입력 오차전압을 계산한 후 폐루프 전압이득을 곱해서 출력 오차전압을 구한다.

R_{B2}는 반전 입력단자에서 전압분배기 쪽을 들여다볼 때의 테브난 등가저항이며 이 값은 반전증폭기의 경우와 같다.

$$R_{B2} = R_1 \parallel R_f$$

만약 입력 바이어스전류를 보상하려면 같은 저항 R_{B1}을 비반전 단자에 연결하면 된다. 교류 신호 전류가 이 저항을 통과하므로 가상단락 근사를 적용해도 아무런 영향이 없다.

출력 오차전압은 MPP를 감소시킨다

앞에서 검토했듯이 교류신호를 증폭하려면 출력신호는 부하에 용량적으로(capacitively) 결합된다. 이 경우 출력 오차전압이 작으면 무시할 수 있으나 크면 MPP(찌그러지지 않는 최대 피크-피크 출력전압)를 상당히 감소시킨다.

예를 들어 출력 오차전압이 없으면 그림 16-21a의 비반전증폭기는 공급전원(공급전원에서 1~2 V 정도 감소된)까지 스윙할 것이다. 간단히 설명하기 위해 MPP가 28 V이면 출력신호는 그림 16-21b에 나타낸 것처럼 +14 V에서 −14 V까지 스윙한다. 지금 출력 오차전압이 그림 16-21c와 같이 +10 V라면 찌그러지지 않는 최대 피크-피크 스윙은 +14 V에서 +6 V까지이다. 즉, MPP가 단지 8 V이다. 여기서 기억해야 할 사실은 출력 오차전압이 크면 클수록 MPP값은 작아진다는 것이다.

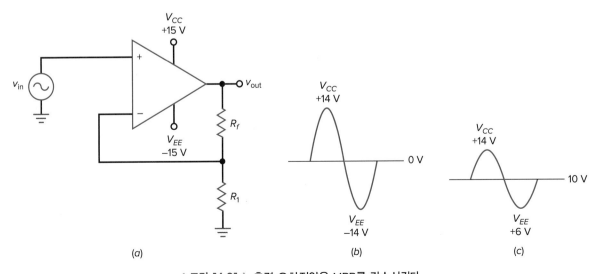

| 그림 16·21 | 출력 오차전압은 MPP를 감소시킨다.

예제 16-10

그림 16-22a에서 폐루프 전압이득 및 대역폭을 구하라. 또한 250 kHz에서 출력전압을 구하라.

풀이 식 (16-12)를 이용하면 다음과 같다.

$$A_{V(CL)} = \frac{3.9 \text{ k}\Omega}{100 \text{ k}\Omega} + 1 = 40$$

단위이득 주파수를 폐루프 전압이득으로 나누면 대역폭은 다음과 같다.

$$f_{2(CL)} = \frac{1 \text{ MHz}}{40} = 25 \text{ kHz}$$

그림 16-22b는 폐루프 전압이득을 보드 선도로 나타낸 것이며 40을 데시벨로 바꾸면 32 dB이다. (바로가기: $40 = 10 \times 2 \times 2$ 또는 20 dB + 6 dB + 6 dB = 32 dB.) $A_{V(CL)}$이 25 kHz에서 감소하기 시작하여 250 kHz에서 20 dB 감소된다. 즉, 250 kHz일 때 $A_{V(CL)}$ = 12 dB임을 의미한다. 따라서 전압이득 4와 같으므로 250 kHz에서 출력

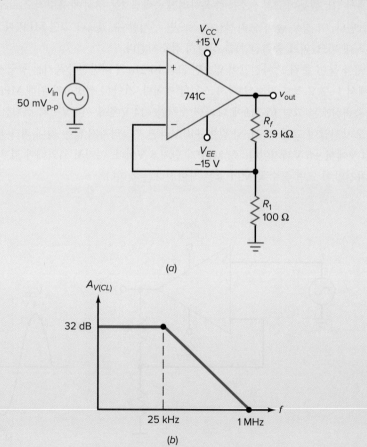

(a)

(b)

| **그림 16·22** | 예제

전압은 다음과 같이 계산된다.

$$v_{out} = 4 \,(50 \text{ mVp-p}) = 200 \text{ mVp-p}$$

연습문제 16-10 그림 16-22a에서 3.9 kΩ을 4.9 kΩ으로 바꾸고, 200 kHz에서의 $A_{V(CL)}$과 v_{out}을 구하라.

예제 16-11

편의를 위해 741C가 $I_{in(bias)}$ = 500 nA, $I_{in(off)}$ = 200 nA, $V_{in(off)}$ = 6 mV인 최악조건을 가진다고 했을 때 그림 16-22a에서 출력 오차전압을 구하라.

풀이 R_{B2} = 3.9 kΩ || 100 Ω ≈ 100 Ω이므로 식 (16-8)~(16-10)을 이용하여 3개의 입력 오차전압을 구한다.

$$V_{1err} = (R_{B1} - R_{B2})I_{in(bias)} = (-100 \,\Omega)(500 \text{ nA}) = -0.05 \text{ mV}$$

$$V_{2err} = (R_{B1} + R_{B2})\frac{I_{in(off)}}{2} = (100 \,\Omega)(100 \text{ nA}) = 0.01 \text{ mV}$$

$$V_{3err} = V_{in(off)} = 6 \text{ mV}$$

이 값들을 모두 더하면 출력 오차전압은 다음과 같다.

$$V_{error} = \pm40(0.05 \text{ mV} + 0.01 \text{ mV} + 6 \text{ mV}) = \pm242 \text{ mV}$$

이 출력전압이 문제가 되면 10 kΩ의 가변저항기를 사용하여 출력전압을 0으로 만든다.

16-5 연산증폭기의 두 가지 응용

연산증폭기의 응용분야는 너무 광범위하고 다양하여 이 장에서 충분히 검토하는 것은 불가능하다. 고급 응용분야를 다루기 전에 부귀환에 대해 더 잘 이해할 필요가 있다. 지금부터 간단한 두 가지 실제 회로를 살펴보자.

가산기

2개 이상의 아날로그신호를 합하여 1개의 출력으로 하자면 그림 16-23a의 **가산기**(summing amplifier)를 택할 것이다. 간단히 하기 위해 2개의 입력만 나타내었으나 필요한 만큼 많이 할 수도 있다. 이 회로는 각 입력신호를 증폭하며 즉 각각의 입력에 대한 이득은 귀환저항에 입력저항을 나눈 것이다. 그림 16-23a에서 폐루프 전압이득은 다음과 같다.

$$A_{V1(CL)} = \frac{-R_f}{R_1}, \qquad A_{V2(CL)} = \frac{-R_f}{R_2}$$

가산회로는 증폭된 두 입력을 합하면 출력이 된다.

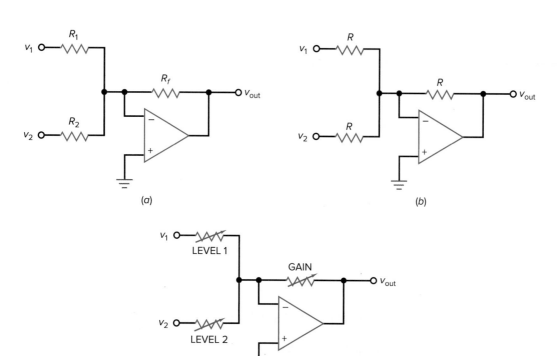

| 그림 16·23 | 가산증폭기

$$v_{\text{out}} = A_{V1(CL)}v_1 + A_{V2(CL)}v_2 \tag{16-13}$$

식 (16-13)을 증명하는 것은 쉽다. 반전입력이 가상접지이므로 총 입력전류는 다음과 같다.

$$i_{\text{in}} = i_1 + i_2 = \frac{v_1}{R_1} + \frac{v_2}{R_2}$$

가상접지이므로 모든 전류는 귀환저항을 흐른다. 따라서 출력전압은 다음과 같다.

$$v_{\text{out}} = (i_1 + i_2)R_f = -\left(\frac{R_f}{R_1}v_1 + \frac{R_f}{R_2}v_2\right)$$

총 출력전압은 각 입력전압과 이득을 곱해서 더하면 되고, 동일한 결과가 입력 수에 관계없이 적용된다.

만약 그림 16-23*b*와 같이 모든 저항이 동일하다면 이 경우에는 폐루프 전압이득은 1이 되므로 출력전압은 다음과 같이 간단한 식이 된다.

$$v_{\text{out}} = -(v_1 + v_2 + \cdots + v_n)$$

이것은 입력신호를 결합하고 그것의 상대적인 크기를 유지하는 편리한 방식이다. 결합된 출력신호는 더 많은 회로들에 이용될 수 있다.

그림 16-23*c*는 **믹서**(mixer)로서 고충실도 오디오시스템에서 음성신호를 더하는 편

리한 방식이다. 각 입력값에 따라 가변저항을 맞추어 이득을 조절함으로써 출력전압을 만든다. 즉, LEVEL 1을 감소시켜 v_1을 크게 하고, LEVEL 2를 감소시켜 v_2를 크게 할 수 있다. GAIN을 증가시켜 두 신호의 음성을 크게 한다.

가산회로에 보상이 필요해서 비반전 단자에 저항을 넣어야 한다면 그 값은 다음과 같다. 반전입력에서 전원 쪽을 본 테브난 등가저항과 같은 값의 저항을 보상용으로 사용한다. 이 저항은 가상접지와 연결된 모든 저항의 병렬과 같은 값이다.

$$R_{B2} = R_1 \parallel R_2 \parallel R_f \parallel \ldots \parallel R_n \tag{16-14}$$

전압폴로어

BJT 증폭기를 공부할 때 이미터 폴로어는 입력임피던스를 증가시키고 입력신호와 같은 출력신호를 얻는 데 아주 유용함을 배웠다. **전압폴로어**(voltage follower)는 이미터 폴로어와 등가이며 이보다 훨씬 뛰어난 성능을 나타낸다.

그림 16-24a는 전압폴로어의 등가회로를 나타낸다. 간단하지만 부귀환이 최대로 걸리므로 거의 이상적인 특성을 나타낸다. 이 그림에서와 같이 귀환저항은 0이므로 모든 출력전압이 반전입력으로 귀환된다. 연산증폭기 입력 사이에 가상단락이 형성되므로 출력전압은 입력과 같다.

$$v_{\text{out}} = v_{\text{in}}$$

이는 폐루프 전압이득이 1임을 나타낸다.

$$A_{V(CL)} = 1 \tag{16-15}$$

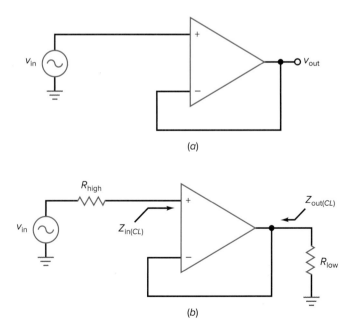

| 그림 16·24 | (a) 전압폴로어는 이득이 1이며 최대 대역폭을 갖는다; (b) 전압폴로어는 높은 임피던스 전원이 낮은 임피던스 부하를 전압 손실 없이 구동하게 한다.

식 (16-12)를 사용하여 계산하면 $R_f = 0$, $R_1 = \infty$이므로 같은 결과를 얻는다.

$$A_{V(CL)} = \frac{R_f}{R_1} + 1 = 1$$

따라서 전압폴로어는 입력전압과 완전히 같은(또는 거의 모든 응용프로그램을 만족시킬 수 있을 정도로 가까운) 출력전압을 생성하기 때문에 완벽한 폴로어 회로이다.

더욱이 부귀환이 최대이므로 폐루프 입력임피던스는 개방루프 입력임피던스(741C는 2 MΩ)보다 훨씬 크고 폐루프 출력임피던스는 개방루프 출력임피던스(741C는 75 Ω)보다 훨씬 작다. 이 회로는 높은 임피던스를 갖는 전원을 낮은 임피던스 전원으로 바꾸는 데 사용하는 완벽한 방법이라 할 수 있다.

그림 16-24*b*는 이 개념을 설명한다. 입력 교류전원이 높은 출력임피던스 R_{high}를 가지며 부하는 낮은 임피던스 R_{low}를 가지고 있다. 전압폴로어에서 귀환이 최대이므로 폐루프 입력임피던스 $Z_{in(CL)}$는 아주 크며 폐루프 출력임피던스 $Z_{out(CL)}$는 아주 작다. 결과적으로 입력 전원전압 전부가 부하저항 양단에 나타난다.

여기서 이해할 요점은, **전압폴로어가 고임피던스 전원과 저임피던스 부하에 사용하는 이상적인 인터페이스**라는 점이다. 기본적으로 높은 임피던스전압을 낮은 임피던스전압으로 바꾼다. 실제로 많은 분야에서 전압폴로어가 사용됨을 볼 수 있을 것이다.

전압폴로어에서 $A_{V(CL)} = 1$이므로 폐루프 대역폭은 최대이며 그 값은 다음과 같다.

$$f_{2(CL)} = f_{unity} \tag{16-16}$$

또 하나의 이점은 입력오차가 증폭되지 않으므로 작은 출력 오프셋 오차를 가진다. $A_{V(CL)} = 1$이므로 총 출력 오차전압은 입력오차의 합과 같다.

응용예제 16-12   **||| MultiSim**

그림 16-25에서 3개의 음성신호가 가산증폭기를 구동한다. 이 예제에서 각각의 입력신호들은 마이크나 전기기타로부터 나오는 출력신호로 나타낼 수 있다. 이 오디오 믹서 회로의 결합 효과는 모든 입력들을 동시에 합하는 출력신호이다. 교류 출력전압을 구하라.

풀이   각 입력에 대한 전압이득을 구하면 다음과 같다.

$$A_{V1(CL)} = \frac{-100\ k\Omega}{20\ k\Omega} = -5$$

$$A_{V2(CL)} = \frac{-100\ k\Omega}{10\ k\Omega} = -10$$

$$A_{V3(CL)} = \frac{-100\ k\Omega}{50\ k\Omega} = -2$$

따라서 출력전압은 다음과 같다.

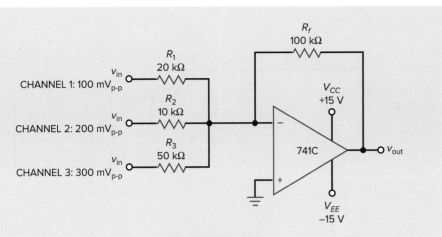

| 그림 16·25 | 예제

$$v_{\text{out}} = (-5)(100 \text{ mV}_{\text{p-p}}) + (-10)(200 \text{ mV}_{\text{p-p}}) + (-2)(300 \text{ mV}_{\text{p-p}}) = -3.1 \text{ V}_{\text{p-p}}$$

(−)부호는 180° 위상차를 나타낸다. 이 회로에서 R_f는 전체 이득을 제어하기 위해서 다양한 저항으로 만들어질 수 있고 각각의 입력저항도 각 입력의 이득을 제어하기 위해서 다양화될 수 있다.

만약 입력 바이어스에 대한 보상이 필요하면 비반전입력에 다음과 같은 저항을 연결하면 된다.

$$R_{B2} = 20 \text{ k}\Omega \parallel 10 \text{ k}\Omega \parallel 50 \text{ k}\Omega \parallel 100 \text{ k}\Omega = 5.56 \text{ k}\Omega$$

바이어스 전류로 인한 출력오차를 제거하기 위해 표준저항 5.6 Ω을 비반전 단자에 추가하면 문제가 해결된다. (즉, 가장 가까운 표준값 5.6 kΩ이면 된다.) 영점조정회로는 나머지 입력오차 문제를 처리한다.

연습문제 16-12 그림 16-25에서 입력전압이 피크-피크 전압에서 (+)직류전압으로 바뀌었다면 출력 직류전압은 얼마인가?

응용예제 16·13

내부저항 100 kΩ을 갖는 10 mV$_{\text{p-p}}$의 교류전압원이 그림 16-26a의 전압폴로어를 구동한다. 부하저항은 1 Ω이다. 출력전압과 대역폭을 구하라.

풀이 폐루프 전압이득은 1이다. 따라서 출력전압은

$$v_{\text{out}} = 10 \text{ mV}_{\text{p-p}}$$

이며 대역폭은

$$f_{2(CL)} = 1 \text{ MHz}$$

이다. 이 예제는 앞에서 검토한 개념을 상기시킨다. 전압폴로어는 고임피던스 전원을 저임

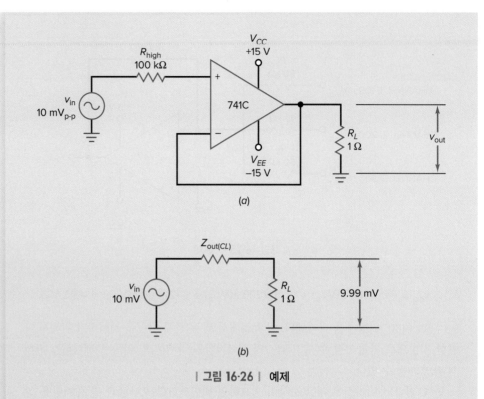

| 그림 16·26 | 예제

피던스 전원으로 바꾸는 아주 쉬운 방법으로, 유사한 이미터 폴로어보다 훨씬 뛰어나다.

연습문제 16-13 LF157A를 사용하여 응용예제 16-13을 다시 풀어라.

응용예제 16-14

그림 16-26*a*의 전압폴로어를 MultiSim을 사용하면 1 Ω의 부하양단 출력전압은 9.99 mV이다. 폐루프 출력임피던스는 어떠한 방법으로 구하는가?

풀이 출력전압은

$$v_{\text{out}} = 9.99 \text{ mV}$$

이며 폐루프 출력임피던스는 부하저항을 마주하는 테브난 저항과 같다. 그림 16-26*b*에서 부하전류는 다음과 같다.

$$i_{\text{out}} = \frac{9.99 \text{ mV}}{1 \text{ Ω}} = 9.99 \text{ mA}$$

이 부하전류가 $Z_{\text{out}(CL)}$을 통해 흐른다. $Z_{\text{out}(CL)}$의 양단전압이 0.01 mV이므로

$$Z_{\text{out}(CL)} = \frac{0.01 \text{ mV}}{9.99 \text{ mA}} = 0.001 \text{ Ω}$$

이다.

이것의 중요성을 생각해 보자. 그림 16-26a에서 내부저항 100 kΩ을 가지는 전압원이 0.001 Ω의 내부저항을 갖는 전압원으로 바뀌었다. 이처럼 작은 출력임피던스는 1장에서 검토했던 이상적 전압원에 가깝다는 것을 의미한다.

연습문제 16-14 그림 16-26a에서 출력전압이 9.95 mV일 때, 폐루프 출력임피던스를 계산하라.

표 16-2는 기본적인 연산증폭기 회로의 정리이다.

요점정리 표 16-2 | 기본 연산증폭기 구성

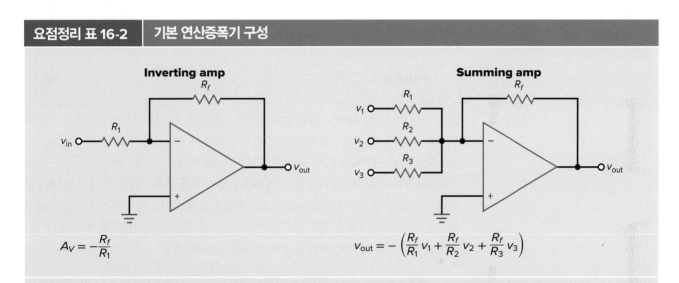

Inverting amp

$$A_V = -\frac{R_f}{R_1}$$

Summing amp

$$v_{out} = -\left(\frac{R_f}{R_1}v_1 + \frac{R_f}{R_2}v_2 + \frac{R_f}{R_3}v_3\right)$$

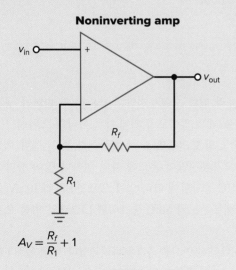

Noninverting amp

$$A_V = \frac{R_f}{R_1} + 1$$

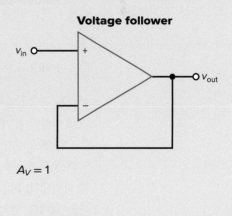

Voltage follower

$$A_V = 1$$

참고사항

연산증폭기와 같은 집적회로는 트랜지스터가 진공튜브를 대체했던 것처럼 전자회로에서 트랜지스터를 대체한다. 그러나 연산증폭기와 선형 IC는 실제 마이크로 전자회로이다.

16-6 선형 집적회로

연산증폭기는 선형 IC의 약 1/3을 차지한다. 연산증폭기를 이용하여 아주 다양하고 유용한 회로를 구성할 수 있다. 연산증폭기가 가장 중요한 선형 IC이지만 오디오 증폭기, 비디오 증폭기, 전압 조정기 같은 다른 선형 IC도 널리 사용된다.

연산증폭기의 표

표 16-3에서 접두사 *LF*는 BIFET 연산증폭기를 나타낸다. LF353이 표의 첫째 항목으로 나와 있다. Dual BIFET 연산증폭기는 최대 입력 오프셋전압이 10 mV, 최대 입력 바이어스전류 0.2 nA, 최대 입력 오프셋전류 0.1 nA이다. 또한 단락회로 전류 10 mA, 단위이득 주파수 4 MHz, 슬루율 13 V/μs, 개방루프 전압이득 88 dB, CMRR = 70 dB이다.

이 표는 지금까지 언급이 안 된 두 가지 특성이 있다. 먼저 **공급전압제거비**(power-supply rejection ratio: PSRR)가 있다. 이 양은 다음과 같이 정의한다.

$$\text{PSRR} = \frac{\Delta V_{\text{in(off)}}}{\Delta V_S} \tag{16-17}$$

말로 하면 이 식은 PSRR이 입력 오프셋전압의 변화를 공급전압의 변화로 나눈 것이다. 이것을 측정할 때 제조자는 두 공급전압을 동시에 대칭적으로 변화시킨다. 즉, V_{CC} = +15 V, V_{EE} = −15 V, $\triangle V_S$ = +1 V이면 V_{CC} = +16 V, V_{EE} = −16 V이다.

식 (16-17)이 의미하는 것은 바로 이것이다. 입력 차동 증폭기와 다른 내부 효과의 불균형 때문에 공급전압의 변화는 출력 오차전압을 발생시킨다. 이 출력 오차전압을 폐루프 전압이득으로 나누면 입력 오프셋전압의 변화가 된다. 예를 들면 표 16-3의 LF353은 PSSR = −76 dB이며 이를 숫자로 바꾸면 다음과 같다.

$$\text{PSRR} = \text{antilog} \frac{-76 \text{ dB}}{20} = 0.000158$$

또는

$$\text{PSRR} = 158 \ \mu\text{V/V}$$

이것은 공급전압이 1 V 변함에 따라 입력 오프셋전압이 158 μV의 변화가 생긴다는 것을 의미한다. 따라서 우리가 배운 3개의 입력오차 외에 다른 하나의 오차를 가진다.

LF353의 마지막 변수는 10 μV/°C의 드리프트(*drift*) 현상이다. 이는 입력 오프셋전압의 온도계수로 정의한다. 입력 오프셋전압이 온도에 따라 얼마나 많이 증가하는가를 나타낸다. 10 μV/°C는 온도가 1°C 증가함에 따라 입력 오프셋전압이 10 μV 증가한다는 것이다. 만약 연산증폭기의 내부온도가 50°C 증가하면 LF353의 입력 오프셋전압은 500 μV 증가한다.

표 16-3에 상업적으로 사용되는 다양한 연산증폭기를 나타내었다. 예를 들어 LF411A는 입력 오프셋전압 0.5 mV의 낮은 오프셋을 갖는 BIFET이다. 대부분의 연산증폭기는 저전력 소자이지만 LM675는 고전력 연산증폭기로서 단락회로 전류 3 A이고 부하

표 16-3 상온에서 대표적인 연산증폭기의 특성

Number	V_{in}max, mV	$I_{in(bias)}$ max, nA	$I_{in(off)}$max, nA	I_{out} max, mA	f_{unity} typ, MHz	S_R typ, V/ms	A_{VOL} typ, dB	CMRR min, dB	PSRR min, dB	Drift typ, μV/°C	Description of Op Amps
LF353	10	0.2	0.1	10	4	13	88	70	−76	10	Dual BIFET
LF356	5	0.2	0.05	20	5	12	94	85	−85	5	BIFET, wideband
LF411A	0.5	200	100	20	4	15	88	80	−80	10	Low offset BIFET
LM301A	7.5	250	50	10	1+	0.5+	108	70	−70	30	External compensation
LM318	10	500	200	10	15	70	86	70	−65	—	High speed, high slew rate
LM324	4	10	2	5	0.1	0.05	94	80	−90	10	Low-power quad
LM348	6	500	200	25	1	0.5	100	70	−70	—	Quad 741
LM675	10	2 μA*	500	3 A†	5.5	8	90	70	−70	25	High-power, 25 W out
LM741C	6	500	200	25	1	0.5	100	70	−70	—	Original classic
LM747C	6	500	200	25	1	0.5	100	70	−70	—	Dual 741
LM833	5	1 μA*	200	10	15	7	90	80	−80	2	Low noise
LM1458	6	500	200	20	1	0.5	104	70	−77	—	Dual
LM3876	15	1 μA*	0.2 μA*	6 A†	8	11	120	80	−85	(−)	Audio power amp, 56W
LM7171	1	10 μA*	4 μA*	100	200	4100	80	85	−85	35	Very high-speed amp
OP-07A	0.025	2	1	10	0.6	0.17	110	110	−100	0.6	Precision
OP-42E	0.75	0.2	0.04	25	10	58	114	88	−86	10	High-speed BIFET
TL072	10	0.2	0.05	10	3	13	88	70	−70	10	Low-noise BIFET dual
TL074	10	0.2	0.05	10	3	13	88	70	−70	10	Low-noise BIFET quad
TL082	3	0.2	0.01	10	3	13	94	80	−80	10	Low-noise BIFET dual
TL084	3	0.2	0.01	10	3	13	94	80	−80	10	Low-noise BIFET quad

* LM675, LM833, LM3876, LM7171에서 이 값들은 흔히 μA로 표현한다.

† LM675와 LM3876에서 이 값들은 흔히 A로 표현한다.

저항에 25 W 전력을 전달한다. 단락회로 전류 6 A이고 부하전력 56 W를 발생시키는 훨씬 더 강력한 LM3876이 있다. 응용분야는 컴포넌트 스테레오, 입체음향 증폭기, 최고급 스테레오 TV 시스템 등이다.

높은 슬루율이 필요하면 S_R = 70 V/μs인 LM318이나 S_R = 4,100 V/μs인 LM7171도 있다. 슬루율과 대역폭은 비례한다. 보다시피 LM318은 f_{unity} = 15 MHz이고 LM7171은 f_{unity} = 200 MHz이다.

많은 연산증폭기는 2개와 4개의 연산증폭기가 포함된 IC로 되어 있다. 예를 들어 LM747C는 2개의 741C, LM348은 4개의 741로 구성되어 있다. 1개 혹은 2개의 연산증폭기가 8핀 패키지이고 4개의 연산증폭기가 들어 있는 14핀 패키지도 나온다.

연산증폭기 모두가 2개의 공급전원이 필요한 것은 아니다. 예를 들어 LM324는 내부적으로 보상된 4개의 연산증폭기를 가진다. 2전원으로 동작될 수 있지만 특별히 1개의 전원으로 사용할 수 있도록 설계되어 있으므로 많은 응용분야에서 확실한 장점이다. 또 다른 장점은 디지털시스템에 표준인 +5 V의 전압에서 동작한다는 것이다.

내부 보상은 어떤 조건하에서도 발진이 일어나지 않으므로 편리하고 안전하다. 이 안전성의 대가로 설계자가 특성에 맞게 조절하는 기능이 없다. 그래서 어떤 연산증폭기는 외부 보상 기능을 가지도록 하고 있다. 예를 들어 LM301A는 30 pF의 외부 커패시터를 연결하여 보상한다. 그러나 설계자는 큰 커패시터를 사용하여 과보상(overcompensation)을 할 수도 있고 작은 커패시터를 이용하여 불충분 보상(undercompensation)을 할 수도 있다. 과보상은 저주파 동작을 향상시키고 불충분 보상은 대역폭과 슬루율을 향상시킨다. 이런 이유로 표 16-3의 LM301A의 경우 S_R과 f_{unity}에 (+)기호가 붙어 있다.

모든 연산증폭기가 완전하지는 않다. 정확한 연산증폭기는 이러한 불완전한 점을 최소화하도록 하는 것이다. 예를 들어 OP-07A는 정확한 연산증폭기의 하나로서 입력 오프셋전압 0.025 mV, CMRR 110 dB, PSRR 100 dB, 드리프트 0.6 μV/°C이다. 정확한 연산증폭기는 측정과 제어 같은 엄격한 응용분야에는 필요하다.

이후 장들에서 연산증폭기 응용부분에 대해 더욱 많이 다룰 것이며 그중에서 선형회로, 비선형회로, 발진기, 전압조정기, 능동필터 등을 검토한다.

오디오 증폭기

전치증폭기(preamplifier: preamp)는 출력전력이 50 mW 이하인 오디오 증폭기이다. 전치증폭기는 오디오시스템의 첫 단에 설치되어 광학센서, 자기테이프의 헤드, 마이크 등으로부터 입력된 미약한 신호를 증폭하는 데 사용되기 때문에 잡음이 적어야 한다.

IC 전치증폭기의 예로 LM833을 들 수 있는데, 이것은 2개의 저잡음 전치증폭기를 내장하며 각 증폭기는 다른 것과 완전히 독립되어 있다. LM833은 110 dB의 전압이득과 120 kHz의 27 V 전력대역폭을 가진다. LM833의 입력단은 차동증폭기로 구성되어 차동입력이나 단측입력 중 어느 쪽으로도 사용이 가능하다.

중간 레벨 오디오 증폭기(medium-level audio amplifier)는 50∼500 mW의 출력전력을 갖는데, 이들은 휴대폰이나 CD플레이어 같은 휴대용 장치의 출력단 부근에 사용된다. 이 증폭기의 예로는 출력전력이 350 mW인 LM4818 오디오 전력증폭기가 있다.

오디오 전력증폭기는 500 mW 이상인 출력전력을 가지며 전축의 증폭기, 인터콤

Connection diagrams

Plastic package

15	PWRGNDR
14	V_OUTR
13	V_CC
12	V_OUTL
11	PWRGNDL
10	MUTE
9	STBY
8	GND
7	BIAS
6	NC
5	V_INL
4	VAROUTL
3	VOLUME
2	VAROUTR
1	V_INR

LM4756

Top view

(a)

Plastic package

UZXYTT
LM4756TA

Pin 1   Pin 2

Top view

(b)

| 그림 16·27 | LM4756의 형태와 핀 배치도

(intercom), AM-FM 라디오 및 기타 응용에 사용된다. 이 증폭기의 예로는 LM380을 들 수 있는데 이것은 34 dB의 전압이득, 100 kHz의 대역폭 및 2 W의 출력전력을 가진 다. 또 다른 예로 LM4756을 들 수 있는데 이것은 30 dB의 전압이득, 입력당 7 W의 전 력을 공급한다. 그림 16-27은 이런 IC들의 형태와 핀 배치도를 보여 준다. 2개의 오프 셋 핀 배치를 주목하라.

그림 16-28은 LM380의 간단한 회로구성도를 나타낸 것이다. 입력 차동 증폭기는 *pnp* 입력을 사용하므로 신호는 직접 다음 단과 결합하여 변환기로 사용될 수 있다는 장점이 있다. 또 이 차동증폭기는 전류미러 부하(Q_5와 Q_6)를 구동하며, 전류미러의 출

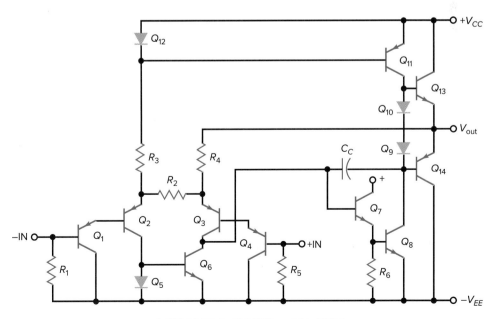

| 그림 16·28 | 간략화한 LM380 회로도

력은 이미터 폴로어(Q_7)와 CE 구동부(Q_8)로 전달된다. 출력단은 AB급 푸시풀 이미터 폴로어(Q_{13}과 Q_{14})이다. 또 10 pF의 내부 보상 커패시터가 있으며 이는 20 dB/decade 의 비율로 데시벨 전압이득을 감소시킨다. 이 커패시터로 인한 슬루율은 약 5 V/μs이다.

영상증폭기

영상(video) 또는 광대역(wideband) 증폭기는 매우 넓은 주파수 범위에 걸쳐 평탄한 응답(일정한 데시벨 전압이득)을 가지며 대표적인 대역폭은 MHz 영역으로 아주 넓다. 영상증폭기(video amplifier)는 반드시 직류증폭기일 필요는 없으나 종종 0 주파수까지 확장된 주파수응답을 가진다. 이 증폭기는 입력주파수의 범위가 매우 큰 경우의 응용에 사용된다. 예를 들어 0에서 100 MHz 이상의 주파수를 취급하는 대부분의 오실로스코프와 같은 계측기는 음극선관에 신호를 가하기 전에 신호의 세기를 증가시키기 위해 이 증폭기를 사용한다. 또 다른 예로 LM7171은 200 MHz의 넓은 단위이득 대역폭과 4,100 V/μS의 슬루율을 가진 초고속 증폭기로서 비디오카메라, 복사기, 스캐너, HDTV 증폭기에 응용된다.

 IC 영상증폭기는 외부에 서로 다른 저항을 접속하여 조정함으로써 원하는 전압이득과 대역폭을 얻을 수 있다. 예를 들어 NE592는 52 dB의 데시벨 전압이득과 40 MHz의 차단주파수를 가지는데 외부 소자를 변화시키므로 90 MHz까지 확장시켜 유용한 이득을 얻을 수 있다. MC1553은 52 dB의 데시벨 전압이득과 20 MHz의 대역폭을 가지는데 이들 외부 소자의 값을 변화시켜 조정할 수 있다. LM733은 20 dB의 이득과 120 MHz의 아주 넓은 주파수 대역폭을 가지도록 조정할 수 있다.

RF 및 IF 증폭기

무선주파(radio-frequency: RF) 증폭기는 AM, FM 및 TV 수상기의 첫 단에 항상 사용된다. 중간주파(intermediate-frequency: IF) 증폭기는 중간 단에 사용되는 대표적인 증폭기이다. 동일 칩상에 RF와 IF 증폭기를 다 포함하는 몇몇 IC도 있으나 이 증폭기는 좁은 대역의 주파수만이 증폭되도록 동조(공진)시키고 있으므로 특정 라디오 또는 TV 방송국으로부터 요구되는 신호를 동조하기 위한 수신기를 가능하게 한다. 앞서 언급한 바와 같이 한 칩상에 인덕터나 큰 용량의 커패시터를 집적시키는 것은 불가능하므로 동조증폭기를 얻기 위해 외부에서 인덕터나 커패시터를 칩에 접속해야 한다. 또 다른 RF IC의 예로 MBC13720은 400 MHz에서 2.4 GHz까지 넓은 광대역 무선 응용분야에서 동작하도록 설계된 저잡음 증폭기이다.

전압 조정기

이전 장들에서 정류기와 전력공급기를 배웠다. 필터링 후에 리플을 가진 직류전압은 선형전압과 비례한다. 즉, 선형전압이 10% 변하면 직류전압도 10% 변한다. 많은 응용분야에서 직류전압의 10% 변화는 너무 크기 때문에 전압 조정기(voltage regulator)가 필요하다. 대표적인 IC 전압 조정기로 LM340 시리즈가 있는데 이런 형태의 칩은 선형전압과 부하저항에 대한 출력 직류전압의 변화를 0.01%로 제한한다. 다른 특징으로는 양 또는 음의 출력, 출력전압 조절, 단락회로 보호가 있다.

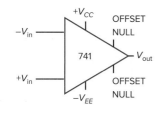

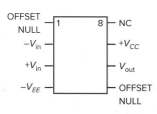

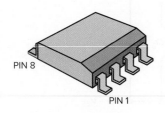

LM741 연산증폭기의 SM형

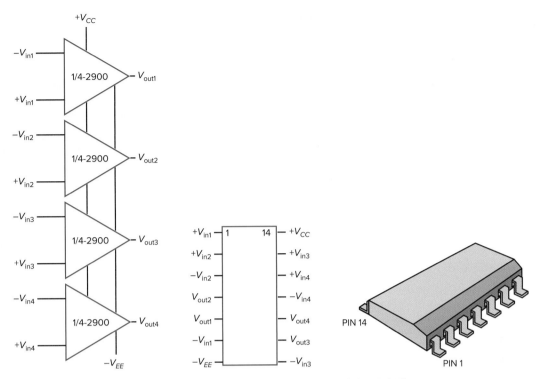

대표적인 14핀 SOP 꾸러미로 제공되는 쿼드 연산증폭기 회로

16-7 SMD로 된 연산증폭기

연산증폭기 및 유사한 종류의 아날로그회로는 IC 형태가 다음과 같은 SM(surface-mount), DIP(dual-in-line)로 되어 있다. 대부분 연산증폭기의 핀은 상대적으로 단순하므로 작게 만들어진 패키지(small outline package : SOP)인 SM형을 선호한다.

예를 들어 학교 전자공학 실험에서 가장 많이 쓰는 LM741은 최근에 SOP로 이용이 가능하며 이 경우 SMD(surface-mount device) 핀은 우리에게 익숙한 DIP와 같다.

연산증폭기 4개가 들어간 LM2900은 좀 복잡한 SMD 구조의 한 예이다. 각 연산증폭기에 그림과 같이 공급전압을 죽 연결한 14핀 DIP 및 14핀 SOP 형태로 제공된다. 편리하게도 두 패키지의 핀은 동일하다.

요점 __ _Summary_

16-1 연산증폭기 소개
대표적인 연산증폭기의 형태는 비반전, 반전 및 단측출력을 가진다. 이상적인 연산

증폭기는 $A_{VOL} = \infty$, $Z_{in} = \infty$, $Z_{out} = \infty$ 이며 완벽한 전압제어 전압원(VCVS)이다.

16-2 741 연산증폭기
741은 가장 널리 사용되는 표준 연산증폭기이다. 내부 보상 커패시터를 가지고 있어 발진이 일어나지 않는다. 부하저항이 크

면 출력신호의 스윙은 공급전원보다 1~2 V 감소된 값을 가진다. 부하저항이 작으면 MPP는 단락회로 전류에 의해 제한을 받는다. 슬루율은 계단입력에 대해 출력전압이 변화하는 최대속도를 나타낸다. 전력대역폭(f_{max})은 슬루율(S_R)에 비례하며 피크 출력전압(V_p)에 반비례한다.

16-3 반전증폭기

반전증폭기는 가장 기본적인 연산증폭기의 하나이다. 부귀환을 사용하여 폐루프 전압이득을 안정화시킨다. 반전입력이 전압에 대해 단락이고 전류에 대해 개방이므로 가상접지이다. 폐루프 전압이득은 귀환저항을 입력저항으로 나눈 값과 같다. 폐루프 대역폭은 단위이득 주파수를 폐루프 전압이득으로 나눈 값이다.

16-4 비반전증폭기

비반전증폭기는 또 하나의 기본 연산증폭기 회로이다. 부귀환을 사용하여 폐루프 전압이득을 안정화시킨다. 반전 및 비반전 단자 사이에 가상단락이 형성된다. 폐루프 전압이득은 $R_f/R_1 + 1$와 같다. 폐루프 대역폭은 단위이득 주파수를 폐루프 전압이득으로 나눈 값이다.

16-5 연산증폭기의 두 가지 응용

가산기는 2개 이상의 입력과 1개의 출력을 가진다. 각 입력은 증폭되어 이들의 합이 출력으로 된다. 만약 각 입력의 이득이 1이라면 출력은 단순히 입력의 합이다. 믹서에서는 가산증폭기가 음성신호를 증폭하고 합한다. 전압폴로어는 폐루프 전압이득이 1이

며 대역폭은 단위이득 주파수와 같다. 이 회로는 고임피던스 전원과 저임피던스 부하 사이의 인터페이스로 아주 유용하다.

16-6 선형 집적회로

연산증폭기는 선형 IC의 약 1/3 정도이다. 응용에 따라 다양한 연산증폭기가 있다. 경우에 따라 낮은 입력오프셋, 큰 대역폭 및 슬루율, 낮은 드리프트를 가지는 연산증폭기도 있다. 2개, 4개의 연산증폭기로 구성된 또 다른 연산증폭기도 있다. 큰 부하전력용으로 고전력 연산증폭기도 있다. 선형 IC 중에는 오디오 및 비디오 증폭기, RF 및 IF 증폭기, 그리고 전압 조정기 등이 있다.

중요 수식 __ *Important Formulas*

(16-1) 슬루율:

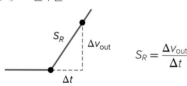

$$S_R = \frac{\Delta v_{out}}{\Delta t}$$

(16-2) 전력대역폭:

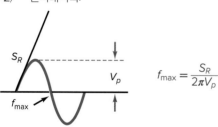

$$f_{max} = \frac{S_R}{2\pi V_p}$$

(16-3) 폐루프 전압이득:

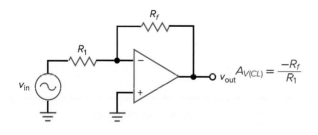

$$A_{V(CL)} = \frac{-R_f}{R_1}$$

(16-4) 폐루프 입력임피던스:

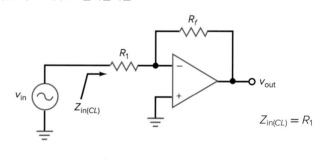

$$Z_{in(CL)} = R_1$$

(16-5) 폐루프 대역폭:

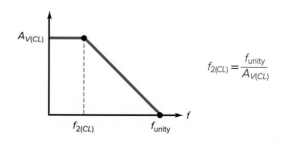

$$f_{2(CL)} = \frac{f_{unity}}{A_{V(CL)}}$$

(16-11) 보상 저항:

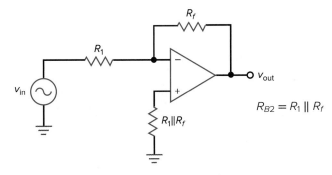

$$R_{B2} = R_1 \parallel R_f$$

(16-15) 전압폴로어:

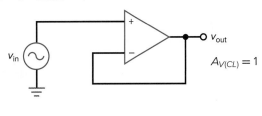

$$A_{V(CL)} = 1$$

(16-12) 비반전증폭기:

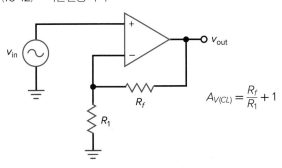

$$A_{V(CL)} = \frac{R_f}{R_1} + 1$$

(16-16) 폴로어 대역폭:

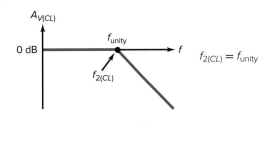

$$f_{2(CL)} = f_{unity}$$

(16-13) 가산증폭기:

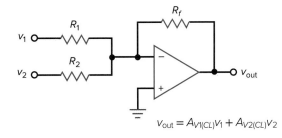

$$v_{out} = A_{V1(CL)}v_1 + A_{V2(CL)}v_2$$

(16-17) 공급전압제거비:

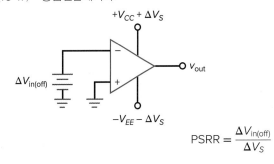

$$PSRR = \frac{\Delta V_{in(off)}}{\Delta V_S}$$

연관 실험 ___ *Correlated Experiments*

복습문제 __ *Self-Test*

1. 연산증폭기의 개방루프 차단주파수를 조절하는 것은 무엇인가?
   a. 배선분포 커패시턴스
   b. 베이스-이미터 커패시턴스
   c. 컬렉터-베이스 커패시턴스
   d. 보상커패시턴스

2. 보상커패시터는 무엇을 방지하는가?
   a. 전압이득
   b. 발진
   c. 입력 오프셋전류
   d. 전력대역폭

3. 단위이득 주파수에서 개방루프 전압이득은?
   a. 1
   b. $A_{V(mid)}$
   c. 0
   d. 매우 크다.

4. 연산증폭기의 차단주파수는 단위이득 주파수를 무엇으로 나눈 값과 같은가?
   a. 차단주파수
   b. 폐루프 전압이득
   c. 1
   d. 공통모드전압이득

5. 만일 차단주파수가 **20 Hz**이고 중간대역의 개방루프 전압이득이 **1,000,000**이면 단위이득 주파수는?
   a. 20 Hz
   b. 1 MHz
   c. 2 MHz
   d. 20 MHz

6. 만일 단위이득 주파수가 **5 MHz**이고 중간대역의 전압이득이 **100,000**이면 차단주파수는 얼마인가?
   a. 50 Hz
   b. 1 MHz
   c. 1.5 MHz

   d. 15 MHz

7. 정현파의 초기 기울기는 무엇에 비례하는가?
   a. 슬루율
   b. 주파수
   c. 전압이득
   d. 커패시턴스

8. 정현파의 초기 기울기가 슬루율보다 더 크면 _____ .
   a. 왜곡이 발생한다
   b. 선형동작이 된다
   c. 전압이득이 최대이다
   d. 연산증폭기가 가장 잘 동작한다

9. 어떤 경우에 전력대역폭이 증가하는가?
   a. 주파수가 감소될 때
   b. 피크값이 감소될 때
   c. 초기 기울기가 감소될 때
   d. 전압이득이 증가될 때

10. 741C가 포함하는 것은?
   a. 개별 저항들
   b. 인덕터
   c. 능동부하 저항
   d. 큰 결합 커패시터

11. 741C는 무엇이 없으면 동작하지 않는가?
   a. 개별 저항들
   b. 수동부하
   c. 두 베이스에 귀환되는 직류전류
   d. 작은 결합 커패시터

12. BIFET 연산증폭기의 입력임피던스는?
   a. 작다.
   b. 중간이다.
   c. 크다.
   d. 아주 크다.

13. LF157A는 _____ .
   a. 차동증폭기이다

   b. 소스폴로어이다
   c. 바이폴라 연산증폭기이다
   d. BIFET 연산증폭기이다

14. 만일 두 공급전압이 **±12 V**라면 연산증폭기의 MPP값은?
   a. 0
   b. +12 V
   c. −12 V
   d. 24 V

15. 741C의 개방루프 차단주파수는 무엇에 의해 제어되는가?
   a. 결합 커패시터
   b. 출력 단락회로 전류
   c. 전력대역폭
   d. 보상 커패시터

16. 741C의 단위이득 주파수는 얼마인가?
   a. 10 Hz
   b. 20 kHz
   c. 1 MHz
   d. 15 MHz

17. 단위이득 주파수는 폐루프 전압이득에 무엇을 곱한 것인가?
   a. 보상커패시턴스
   b. 꼬리전류
   c. 폐루프 차단주파수
   d. 부하저항

18. 만일 f_{unity} = **10 MHz**, 중간대역에서 개방루프 전압이득이면 A_{mid} = **200,000** 연산증폭기의 개방루프 차단주파수는?
   a. 10 Hz
   b. 20 Hz
   c. 50 Hz
   d. 100 Hz

19. 어떤 경우에 정현파의 초기 기울기가 증가하는가?
   a. 주파수가 감소할 때
   b. 피크값이 증가할 때

c. C_C가 증가할 때

d. 슬루율이 감소할 때

20. 만일 입력신호의 주파수가 전력대역폭보다 더 크면?

 a. 슬루율 왜곡이 발생한다.

 b. 정상적인 출력신호가 생긴다.

 c. 출력 오프셋전압이 증가한다.

 d. 아마 왜곡이 발생할 수도 있다.

21. 연산증폭기의 베이스저항을 개방했다. 출력전압은 어떻게 되겠는가?

 a. 0

 b. 0 근방

 c. 최대 양(+) 또는 음(−)

 d. 증폭된 정현파

22. 연산증폭기가 200,000의 전압이득을 가진다. 만일 출력전압이 **1 V**라면 입력전압은?

 a. 2 μV

 b. 5 μV

 c. 10 mV

 d. 1 V

23. **741C**는 ±**15 V**의 공급전압을 가진다. 만약 부하저항이 크다면 근사적인 MPP값은?

 a. 0 V

b. +15 V

c. 27 V

d. 30 V

24. 차단주파수 이상에서 **741C**의 전압이득은 약 얼마씩 감소하는가?

 a. 10 dB/decade

 b. 20 dB/octave

 c. 10 dB/octave

 d. 20 dB/decade

25. 연산증폭기의 전압이득은 어디서 1이 되는가?

 a. 차단주파수

 b. 단위이득 주파수

 c. 신호원 주파수

 d. 전력대역폭

26. 정현파의 슬루율 왜곡이 발생했을 때 출력은?

 a. 더 커진다.

 b. 삼각파로 나타난다.

 c. 정상적이다.

 d. 오프셋을 갖지 않는다.

27. **741C**는 _____ .

 a. 100,000의 전압이득을 가진다

 b. 2 MΩ의 입력임피던스를 가진다

c. 75 Ω의 출력임피던스를 가진다

d. 위의 것 모두 해당한다.

28. 반전증폭기의 폐루프 전압이득은?

 a. 입력저항/귀환저항

 b. 개방루프 전압이득

 c. 귀환저항/입력저항

 d. 입력저항

29. 반전증폭기는 어떤 특성을 가지는가?

 a. 큰 폐루프 전압이득

 b. 작은 개방루프 전압이득

 c. 큰 폐루프 입력임피던스

 d. 큰 폐루프 출력임피던스

30. 전압폴로어는 어떤 특성을 가지는가?

 a. 폐루프 전압이득이 1이다.

 b. 작은 개방루프 전압이득

 c. 폐루프 대역폭이 0이다.

 d. 큰 폐루프 출력임피던스

31. 가산기는 _____ .

 a. 단지 2개의 입력신호를 가진다

 b. 2개 이상의 입력신호를 가진다

 c. 폐루프 입력임피던스가 무한대이다

 d. 작은 개방루프 전압이득을 가진다

기본문제 __ *Problems*

16-1 741 연산증폭기

16-1 741C에서 공급전압보다 작은 1 V에서 음의 포화가 생겼다고 가정하자. 그림 16-29의 연산증폭기를 음의 포화로 구동하자면 반전 입력전압을 얼마로 해야 하는가?

16-2 LF157A는 저주파에서 CMRR이 얼마인가? 데시벨값을 숫자로 바꾸어라.

16-3 입력주파수가 각각 1 kHz, 10 kHz, 100 kHz일 경우에 대하여 LF157A의 개방루프 전압이득은 얼마인가? (1극 응답, 즉 20 dB/decade로 감소한다고 가정하라.)

16-4 연산증폭기에 입력전압으로 큰 계단전압이 인가된다. 출력은 지수함수로서 0.4 μs가 되면 2.0 V로 변한다. 슬루율은 얼마인가?

16-5 LM318은 슬루율이 70 V/μs이다. 피크 출력전압이 7 V이면 전력대역폭은 얼마인가?

16-6 식 (16-2)를 사용하여 다음의 각 경우에 대해 전력대역폭을 계산하라.

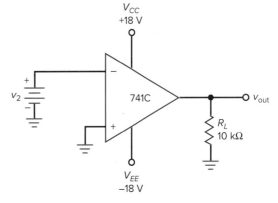

| 그림 16-29 |

a. $S_R = 0.5$ V/μs, $V_p = 1$ V

b. $S_R = 3$ V/μs, $V_p = 5$ V

c. $S_R = 15$ V/μs, $V_p = 10$ V

16-3 반전증폭기

16-7 ⅢⅢ**MultiSim** 그림 16-30에서 폐루프의 전압이득과 대역폭은 얼마인가? 주파수 1 kHz 및 10 MHz에서 출력전압은? 폐루프 전압이득에 대한 이상적 보드 선도를 그려라.

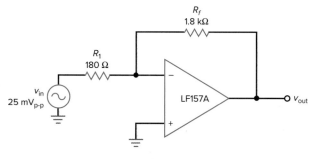

| 그림 16·30 |

16-8 그림 16-31에서 $v_{in} = 0$일 때 출력전압은 얼마인가? 표 16-1에서 대표적인 값을 사용하라.

16-9 LF157A의 데이터시트는 $I_{in(bias)} = 50$ pA, $I_{in(off)} = 10$ pA, $V_{in(off)} = 2$ mV라는 최악조건 변수를 가지고 있다. 그림 16-31에서 입력전압이 0일 때 출력전압을 다시 구하라.

16-4 비반전증폭기

16-10 ⅢⅢ**MultiSim** 그림 16-32에서 폐루프의 전압이득과 대역폭은 얼마인가? 100 kHz에서 교류 출력전압은 얼마인가?

16-11 그림 16-32에서 $v_{in} = 0$이면 출력전압은 얼마인가? 문제 16-9에 사용된 최악조건 변수를 사용하라.

16-5 연산증폭기의 두 가지 응용

16-12 ⅢⅢ**MultiSim** 그림 16-33a에서 교류 출력전압을 구하라. 만약 보상저항이 비반전 단자에 필요하다면 그 값을 얼마로 해야 하나?

16-13 그림 16-33b에서 출력전압과 대역폭을 구하라.

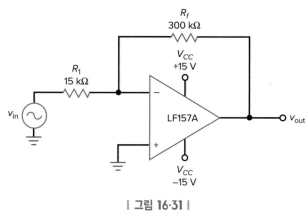

| 그림 16·31 |

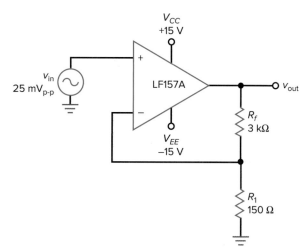

| 그림 16·32 |

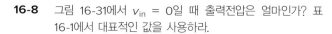

(a)

(b)

| 그림 16·33 |

응용문제 __ *Critical Thinking*

16-14 그림 16-34의 가변저항은 0~100 kΩ의 범위를 가진다. 폐루프의 최대값 및 최소값을 가지는 전압이득과 대역폭을 각각 계산하라.

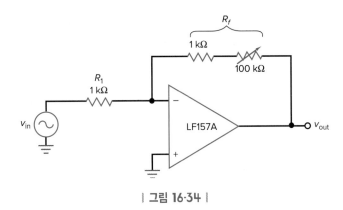

| 그림 16·34 |

16-15 그림 16-35에서 폐루프의 최대값 및 최소값을 가지는 전압이득과 대역폭을 각각 계산하라.

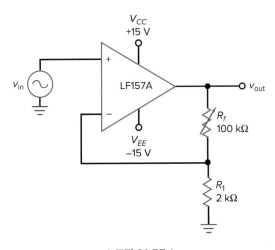

| 그림 16·35 |

16-16 그림 16-33*b*에서 교류 출력전압은 49.98 mV이다. 폐루프 출력임피던스는 얼마인가?

16-17 주파수 15 kHz, 피크전압 2 V인 정현파의 초기 기울기를 구하라. 주파수가 30 kHz가 되면 초기 기울기에 일어나는 현상은 무엇인가?

16-18 표 16-3에서 어떤 연산증폭기가 다음 특성을 가지고 있나?

a. 최소 입력 오프셋전압
b. 최소 입력 오프셋전류

c. 최대 출력전류가 흐르는 것
d. 최대 대역폭
e. 최소 드리프트

16-19 100 kHz에서 741C의 CMRR은 얼마인가? 부하저항이 500 Ω이면 MPP는? 1 kHz에서 개방루프 전압이득을 구하라.

16-20 그림 16-33*a*의 귀환저항이 100 kΩ의 가변저항으로 바뀌면 최대 및 최소 출력전압은 얼마인가?

16-21 그림 16-36에서 각 스위치의 위치에 따라 폐루프 전압이득을 구하라.

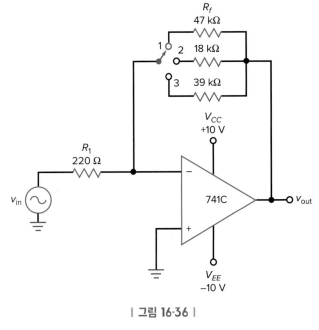

| 그림 16·36 |

16-22 그림 16-37에서 각 스위치의 위치에 따른 폐루프 전압이득과 대역폭을 구하라.

16-23 그림 16-37의 회로를 연결할 때 전문기술자가 6 kΩ의 저항을 접지시키지 않는다면 각 스위치의 위치에 따라 폐루프 전압이득을 구하라.

16-24 그림 16-37에서 120 kΩ의 저항이 개방되면 출력전압은 어떻게 될 것인가?

16-25 그림 16-38에서 각 스위치의 위치에 따른 폐루프 전압이득과 대역폭을 구하라.

16-26 그림 16-38에서 입력저항이 개방되면 각 스위치의 위치에 따른 폐루프 전압이득을 구하라.

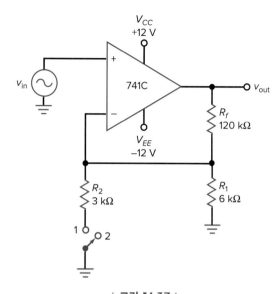

| 그림 16·37 |

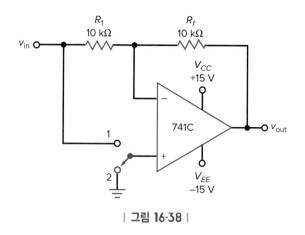

| 그림 16·38 |

16-27 그림 16-38에서 귀환저항이 개방되면 출력전압은 어떻게 될 것인가?

16-28 741C는 $I_{in(bias)}$ = 500 nA, $I_{in(off)}$ = 200 nA, $V_{in(off)}$ = 6 mV라는 최악조건의 변수를 갖는다. 그림 16-39에서 총 출력 오차전압은?

16-29 그림 16-39에서 입력신호의 주파수는 1 kHz이다. 교류 출력전압을 구하라.

16-30 그림 16-39에서 커패시터가 단락되면 총 출력 오차전압은 얼마인가? 문제 16-28에 주어진 최악조건의 변수를 이용하라.

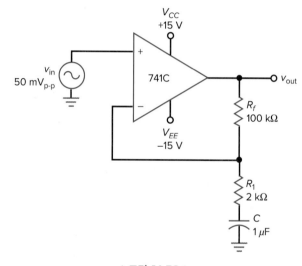

| 그림 16·39 |

MultiSim 고장점검 문제 __ *MultiSim Troubleshooting Problems*

멀티심 고장점검 파일들은 http://mhhe.com/malvino9e의 온라인학습센터(OLC)에 있는 멀티심 고장점검 회로(MTC)라는 폴더에서 찾을 수 있다. 이 장에 관련된 파일은 MTC16-31~MTC16-35로 명칭되어 있고 모두 그림 16-40의 회로를 바탕으로 한다.

각 파일을 열고 고장점검을 실시한다. 결함이 있는지 결정하기 위해 측정을 실시하고, 결함이 있다면 무엇인지를 찾아라.

16-31 MTC16-31 파일을 열어 고장점검을 실시하라.

16-32 MTC16-32 파일을 열어 고장점검을 실시하라.

16-33 MTC16-33 파일을 열어 고장점검을 실시하라.

16-34 MTC16-34 파일을 열어 고장점검을 실시하라.

16-35 MTC15-35 파일을 열어 고장점검을 실시하라.

디지털/아날로그 실습 시스템 __ *Digital/Analog Trainer System*

문제 16-36에서 16-40은 부록 C에 있는 디지털/아날로그 실습 시스템의 회로도에 대한 것이다. 모델 XK-700 실습기용 전체 설명 매뉴얼은 www.elenco.com에서 찾을 수 있다.

16-36 (U10) LM318의 신호는 어디서부터 오는가?

16-37 어떤 종류의 회로가 LM318을 구동하는가?

16-38 LM318 증폭기의 이상적인 MPP 출력은 무엇인가?

16-39 U10의 전압이득은 얼마인가?

16-40 R_9이 개방된다면 다음 회로의 전압이득은 어떻게 되는가?

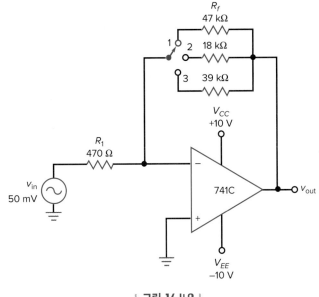

| 그림 16·40 |

직무 면접 문제 __ *Job Interview Questions*

1. 이상적인 연산증폭기란 무엇인가? 741C와 다른 연산증폭기의 특성을 비교하라.

2. 입력전압이 계단파인 연산증폭기를 그려라. 슬루율이란 무엇이며 왜 중요한지 설명하라.

3. 반전 연산증폭기를 그려 각각에 대해 부품값을 써라. 어디가 가상접지인가? 또 가상접지의 특성은 무엇인가? 폐루프에서 전압이득, 입력임피던스 및 대역폭을 구하라.

4. 비반전 연산증폭기를 그려 각각에 대해 부품값을 써라. 어디가 가상단락인가? 가상단락의 특성은 무엇인가? 폐루프에서 전압이득과 대역폭을 구하라.

5. 가산기를 그려 동작 원리를 설명하라.

6. 전압폴로어를 그려라. 폐루프의 전압이득과 대역폭은 무엇인가? 폐루프의 입력 및 출력임피던스를 설명하라. 이 회로의 전압이득이 낮다면 무엇이 양호한가?

7. 대표적인 연산증폭기의 입력 및 출력임피던스는 얼마인가? 이들 값에는 어떤 이점이 있나?

8. 입력신호 주파수는 어떻게 전압이득에 영향을 미치는가?

9. LM318은 LM741C보다 훨씬 빠르다. LM318이 LM741보다 선호되는 응용분야는? 318을 사용하는 데 있어서 불리한 점은 무엇인가?

10. 이상적인 연산증폭기에서 입력전압이 0이면 왜 출력전압이 정확히 0인가?

11. 연산증폭기 외에 선형 IC의 이름을 몇 개 말해 보라.

12. LM741이 최대 출력전압을 얻기 위해서는 어떤 조건이 필요한가?

13. 반전증폭기를 그려 전압이득에 대한 공식을 유도하라.

14. 비반전증폭기를 그려 전압이득에 대한 공식을 유도하라.

15. 741C가 직류 혹은 저주파 증폭기로 생각되는 이유는 무엇인가?

복습문제 해답 __ *Self–Test Answers*

1. d	**9.** b	**17.** c	**25.** b
2. b	**10.** c	**18.** c	**26.** b
3. a	**11.** c	**19.** b	**27.** d
4. b	**12.** d	**20.** a	**28.** c
5. d	**13.** d	**21.** c	**29.** c
6. a	**14.** d	**22.** b	**30.** a
7. b	**15.** d	**23.** c	**31.** b
8. a	**16.** c	**24.** d	

연습문제 해답 __ *Practice Problem Answers*

16-1 $v_2 = 67.5\ \mu V$

16-2 CMRR = 60 dB

16-4 $S_R = 4\ V/\mu s$

16-5 $f_{max} = 398\ kHz$

16-6 $f_{max} = 80\ kHz,\ 800\ kHz,\ 8\ MHz$

16-7 $v_{out} = 98\ mV$

16-8 $v_{out} = 50\ mV$

16-10 $A_{V(CL)} = 50;\ v_{out} = 250\ mV_{p\text{-}p}$

16-12 $v_{out} = -3.1\ V_{dc}$

16-13 $v_{out} = 10\ mV;\ f_{2(CL)} = 20\ MHz$

16-14 $Z_{out} = 0.005\ \Omega$

부귀환

Negative Feedback

1927년 8월 해럴드 블랙(Harold Black)이라는 젊은 기술자가 뉴욕의 스태튼섬 여객선에서 일하고 있었다. 어느 여름날 아침 그는 새로운 아이디어에 대한 몇 가지 식을 메모하였다. 그런 다음 몇 달 동안 그 생각을 정리하여 미국 특허청에 특허를 출원하게 되었다. 그러나 흔히 있는 일이지만 이 진지한 생각은 비웃음거리로 취급받고 말았다. 물론 특허청에서는 특허를 거절하였고 기계에서 영구운동의 또 다른 한 분야로 분류해 버리고 말았다. 그러나 얼마 지나지 않아 블랙의 아이디어는 부귀환(negative feedback)이란 것으로 판명되었다.

학습목표

이 장을 공부하고 나면

- 부귀환의 네 가지 형식을 정의할 수 있어야 한다.
- VCVS 부귀환의 전압이득, 입력임피던스, 출력임피던스 및 고조파 왜곡에 대한 영향을 검토할 수 있어야 한다.
- 전달저항 증폭기의 동작에 대해 설명할 수 있어야 한다.
- 전달컨덕턴스 증폭기의 동작에 대해 설명할 수 있어야 한다.
- 거의 이상적인 전류증폭기를 실현하는 데 사용할 수 있는 ICIS 부귀환의 구성방법을 설명할 수 있어야 한다.
- 대역폭과 부귀환 간의 관계에 대해 검토할 수 있어야 한다.

목차

주요 용어

고조파 왜곡(harmonic distortion)

귀환감쇄율(feedback attenuation factor)

귀환비(feedback fraction) B

루프이득(loop gain)

부귀환(negative feedback)

이득대역곱(gain-bandwidth product: GBP)

전달저항 증폭기(transresistance amplifier)

전달컨덕턴스 증폭기(transconductance amplifier)

전류-전압 변환기(current-voltage converter)

전류제어 전류원(current-controlled current source: ICIS)

전류제어 전압원(current-controlled voltage source: ICVS)

전류증폭기(current amplifier)

전압-전류 변환기(voltage-current converter)

전압제어 전류원(voltage-controlled current source: VCIS)

전압제어 전압원(voltage-controlled voltage source: VCVS)

17-1 부귀환의 네 가지 형식

블랙의 발견은 전압이득의 안정화, 입력임피던스의 증가, 출력 임피던스의 감소와 같은 특징을 갖는 **부귀환**(negative feedback)의 한 형식에 불과했다. 그러나 트랜지스터와 연산증폭기의 출현으로 부귀환의 형식이 세 가지 더 늘어나 전부 네 가지의 형식으로 더욱 유효하게 되었다.

기본 개념

부귀환 증폭기의 입력은 전압 또는 전류 둘 중 어느 하나로 할 수 있고 출력신호 또한 마찬가지이다. 이로부터 부귀환 회로에는 네 가지 형식이 존재한다는 것을 알 수 있다. 요점정리 표 17-1에서 보다시피 첫 번째 형식은 입력전압과 출력전압을 가진다. 부귀환에서 이 같은 형식을 사용하는 회로를 **전압제어 전압원**(voltage-controlled voltage source: VCVS)이라고 부른다. 이 VCVS는 표에서 보다시피 안정된 전압이득, ∞인 입력임피던스, 0인 출력 임피던스를 갖기 때문에 이상적인 전압증폭기(ideal voltage amplifier)라고 한다.

부귀환의 두 번째 형식은 입력전류가 출력전압을 제어한다. 이 같은 부귀환 형식을 사용하는 회로는 **전류제어 전압원**(current-controlled voltage source: ICVS)이라고 부른다. 동시에 ICVS는 입력전류가 출력전압을 제어하기 때문에 **전달저항 증폭기**(transresistance amplifier)라고도 부른다. 저항이란 단어는 v_{out}/i_{in}의 비 때문에 사용되고 단위로는 Ω을 사용한다. 접두사인 전달(*trans*)은 입력량에 대한 출력량의 비로 얻어진다는 것을 나타낸다.

부귀환의 세 번째 형식은 입력전압이 출력전류를 제어한다. 이 같은 부귀환의 형식을 사용하는 회로를 **전압제어 전류원**(voltage-controlled current source: VCIS)이라고 부른다. 동시에 VCIS는 입력전압이 출력전류를 제어하기 때문에 **전달컨덕턴스 증폭기**(transconductance amplifier)라고도 부른다. 컨덕턴스(*conductance*)란 단어는 i_{out}/v_{in}의 비 때문에 사용되고 단위는 siemens(mho)를 사용한다.

부귀환의 네 번째 형식은 보다 큰 출력전류를 얻기 위해 입력전류를 증폭한다. 이 같은 부귀환의 형식을 사용하는 회로를 **전류제어 전류원**(current-controlled current source: ICIS)이라고 부른다. ICIS는 안정된 전류이득, 0인 입력임피던스, ∞인 출력 임피던스를 갖기 때문에 이상적인 전류증폭기(ideal current amplifier)라고 한다.

요점정리 표 17-1		이상적인 부귀환						
Input	Output	Circuit	Z_{in}	Z_{out}	Converts	Ratio	Symbol	Type of amplifier
V	V	VCVS	∞	0	—	v_{out}/v_{in}	A_V	전압증폭기
I	V	ICVS	0	0	i to v	v_{out}/i_{in}	r_m	전달저항 증폭기
V	I	VCIS	∞	∞	v to i	i_{out}/v_{in}	g_m	전달컨덕턴스 증폭기
I	I	ICIS	0	∞	—	i_{out}/i_{in}	A_i	전류증폭기

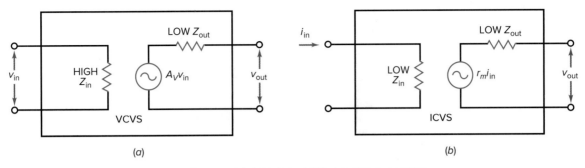

| 그림 17·1 | (a) 전압제어 전압원; (b) 전류제어 전압원

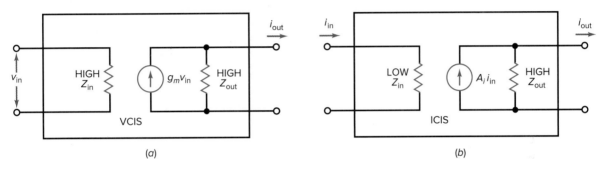

| 그림 17·2 | (a) 전압제어 전류원; (b) 전류제어 전류원

변환기

VCVS와 ICIS 회로에 주목하면 첫 번째의 것은 전압증폭기이고 두 번째의 것은 전류
증폭기이기 때문에 증폭기로서의 의미를 그대로 가진다. 그러나 전달컨덕턴스와 전달
저항 증폭기에서 **증폭기**란 단어를 사용하는 것은 입력과 출력의 동작량(quantities)이
다르기 때문에 우선 약간의 오해를 불러올 수도 있다. 이 때문에 많은 기술자와 기능인
들은 이들 회로를 변환기(converter)로 부르기를 더 좋아한다. 예를 들어 VCIS는 일명
전압-전류 변환기(voltage-current converter)라고 부른다. 이 회로는 전압이 입력되어 전
류가 출력된다. 마찬가지로 ICVS도 일명 **전류-전압 변환기**(current-voltage converter)
라고 부른다. 이 회로는 전류가 입력되어 전압이 출력된다.

개념도

그림 17-1a는 전압증폭기인 VCVS를 나타낸 것이다. 실제 회로에서 입력임피던스가 ∞
는 아니나 매우 크다. 마찬가지로 출력 임피던스도 0은 아니나 매우 적다. VCVS의 전
압이득은 A_V로 기호화한다. Z_{out}이 거의 0이므로 VCVS의 출력 측은 실제 부하저항에
대해 안정한 전압원이 된다.

그림 17-1b는 전달저항 증폭기(전류-전압 변환기)인 ICVS를 나타낸 것이다. 이것은 매
우 적은 입력임피던스와 매우 적은 출력 임피던스를 갖는다. ICVS의 변환요소는 전달저항
(*transresistance*)으로 부르고 r_m으로 부호화하며 Ω으로 표시한다. 예를 들어 만일 r_m =
1 kΩ일 때 1 mA의 입력전류는 부하양단에 1 V의 일정한 전압을 발생시킬 것이다. Z_{out}

이 거의 0이기 때문에 ICVS의 출력 측은 실제 부하저항에 대해 안정한 전압원이 된다.

그림 17-2a는 전달컨덕턴스 증폭기(전압-전류 변환기)인 VCIS를 나타낸 것이다. 이 것은 매우 큰 입력임피던스와 매우 큰 출력 임피던스를 갖는다. VCIS의 변환요소는 전 달컨덕턴스(*transconductance*)로 부르고 g_m으로 기호화하며 siemens(moh)로 표시한 다. 예를 들어 만일 $g_m = 1$ mS이면 1 V의 입력전압은 부하로 1 mA의 전류를 흘려 보 낼 것이다. Z_{out}이 거의 ∞이기 때문에 VCIS의 출력 측은 실제 부하저항에 대해 안정한 전류원이 된다.

그림 17-2b는 전류증폭기인 ICIS를 나타낸 것이다. 이것은 매우 적은 입력임피던스 와 매우 큰 출력 임피던스를 갖는다. ICIS의 전류이득은 A_i로 기호화한다. Z_{out}이 거의 ∞이므로 VCVS의 출력 측은 실제 부하저항에 대해 안정한 전류원이 된다.

17-2 VCVS 전압이득

이미 16장에서 VCVS의 실제 회로로 널리 사용되는 비반전증폭기에 대해 분석한 바 있 다. 이 절에서는 이 비반전증폭기를 좀 더 분석하고 그 전압이득에 대해서도 보다 더 심 도 있게 조사해 보기로 한다.

정확한 폐루프 전압이득

그림 17-3에 비반전증폭기를 나타내었다. 연산증폭기는 일반적으로 100,000 또는 그 이 상의 개방루프 전압이득 A_{VOL}을 갖는다. 전압분배기 때문에 출력전압의 일부가 반전입 력으로 귀환된다. VCVS 회로의 **귀환비**(feedback fraction) **B**는 귀환전압을 출력전압 으로 나눈 것으로 정의된다. 그림 17-3에서 귀환비는 다음과 같이 나타낸다.

$$B = \frac{v_2}{v_{out}}$$ (17-1)

귀환비는 또한 출력전압 중 어느 정도가 귀환신호로 반전입력에 도달하기 전에 감쇄되 는가를 나타내기 때문에 **귀환감쇄율**(feedback attenuation factor)이라 부르기도 한다.

수학적으로 폐루프 전압이득은 다음과 같은 정확한 식으로 유도할 수 있다.

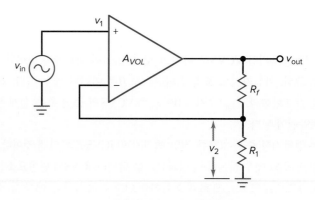

| 그림 17·3 | VCVS 증폭기

$$A_{V(CL)} = \frac{A_{VOL}}{1 + A_{VOL}\,B} \tag{17-2}$$

이 식은 표 17-1의 표시법에 따르면 $A_V = A_{V(CL)}$이므로 다음과 같이 나타낼 수도 있다.

$$A_V = \frac{A_{VOL}}{1 + A_{VOL}\,B} \tag{17-3}$$

이것이 VCVS 증폭기의 폐루프 전압이득에 대한 정확한 식이다.

루프이득

분모에서 두 번째 항인 $A_{VOL}B$는 순방향과 모든 귀환방향에 대한 전압이득이기 때문에 **루프이득**(loop gain)이라 부른다. 루프이득은 부귀환증폭기 설계에서 매우 중요한 값이다. 실제 설계에서 루프이득은 매우 크게 한다. 루프이득이 크면 클수록 전압이득이 더 안정화되고 이득의 안정화, 왜곡, 오프셋, 입력임피던스 및 출력 임피던스와 같은 동작량에 대한 향상 및 교정 효과가 크게 나타난다.

이상적인 폐루프 전압이득

VCVS의 동작을 좋게 하려면 루프이득 $A_{VOL}B$는 1보다 훨씬 커야 한다. 설계 시 이 조건을 만족시켰을 때 식 (17-3)은 다음과 같이 간략화된다.

$$A_V = \frac{A_{VOL}}{1 + A_{VOL}\,B} \cong \frac{A_{VOL}}{A_{VOL}\,B}$$

또는

$$A_V \cong \frac{1}{B} \tag{17-4}$$

이 이상적인 식은 $A_{VOL}B \gg 1$일 때 거의 정확한 값이 된다. 정확한 폐루프 전압이득은 이상적인 폐루프 전압이득보다 약간 작다. 만일 필요하다면 이상적인 값과 정확한 값 사이의 퍼센트 오차는 다음과 같이 계산할 수 있다.

$$\%\ \textbf{Error} = \frac{100\%}{1 + A_{VOL}B} \tag{17-5}$$

예를 들어 만일 $1 + A_{VOL}B$가 1,000(60 dB)이라면 오차는 0.1%밖에 되지 않는다. 이는 정확한 값이 이상적인 값보다 0.1%밖에 적지 않다는 것을 의미한다.

이상적인 식의 사용

식 (17-4)는 VCVS 증폭기의 이상적인 폐루프 전압이득을 계산할 때 사용할 수 있다. 이는 식 (17-1)에서 귀환비를 계산하고 그 역수를 취한 것이다. 예를 들면 그림 17-3에서 귀환비는 다음과 같다.

$$B = \frac{v_2}{v_{\text{out}}} = \frac{R_1}{R_1 + R_f} \tag{17-6}$$

그 역수를 취하면 다음과 같은 식을 얻을 수 있다.

$$A_V \cong \frac{1}{B} = \frac{R_1 + R_f}{R_1} = \frac{R_f}{R_1} + 1$$

이 식은 $A_{V(CL)}$ 대신에 A_V로 대치된 것을 제외하고, 16장에서 연산증폭기 입력단자 사이의 가상단락에 의해 유도된 식과 동일하다.

응용예제 17-1

그림 17-4에서 귀환비, 이상적인 폐루프 전압이득, 퍼센트 오차 및 정확한 폐루프 전압이득을 계산하라. 741C에서의 A_{VOL}은 100,000이다.

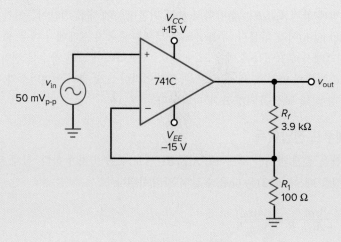

| 그림 17·4 | 예제

풀이 식 (17-6)에서 귀환비는

$$B = \frac{100\ \Omega}{100 + 3.9\ k\Omega} = 0.025$$

식 (17-4)에서 이상적인 폐루프 전압이득은

$$A_V = \frac{1}{0.025} = 40$$

식 (17-5)에서 퍼센트 오차는

$$\% \text{ Error} = \frac{100\%}{1 + A_{VOL}B} = \frac{100\%}{1 + (100{,}000)(0.025)} = 0.04\%$$

다음, 정확한 폐루프 전압이득은 다음의 두 가지 방법으로 계산할 수 있다. 첫째는 이상적인 값에서 그 값의 0.04%를 빼는 것과 둘째는 식 (17-3)의 정확한 식을 사용하는 것이다. 여기서 이 두 방법으로 계산해 보자. 첫 번째 방법을 적용하면

$$A_V = 40 - (0.04\%)(40) = 40 - (0.0004)(40) = 39.984$$

이 정확한 값은 이상적인 값인 40에 거의 근접함을 볼 수 있다. 다음 두 번째 방법인 식 (17-3)으로부터 동일한 정확한 값을 얻을 수 있다.

$$A_V = \frac{A_{VOL}}{1 + A_{VOL}B} = \frac{100{,}000}{1 + (100{,}000)(0.025)} = 39.984$$

결론적으로 이 예제는 폐루프 전압이득에서 이상적인 값의 정확성을 나타낸 것이다. 완벽한 분석을 제외하고는 항상 이상적인 식을 사용할 수 있다. 드문 경우이나 오차의 존재가 얼마인가를 알 필요가 있을 때는 식 (17-5)를 사용하여 퍼센트 오차를 계산하면 된다.

또한 이 예제는 연산증폭기의 입력단자 사이의 가상단락을 사용하면 유효하다. 보다 더 복잡한 회로에서 가상단락은 많은 식들을 인용하는 것보다는, 오히려 옴의 법칙을 기초로 하여 논리적인 방법으로 귀환의 효과를 분석하는 데 도움을 준다.

연습문제 17-1 그림 17-4에서 귀환저항을 3.9 kΩ에서 4.9 kΩ으로 바꾸고, 귀환비, 이상적인 폐루프 전압이득, 퍼센트 오차와 정확한 폐루프 전압이득을 계산하라.

17-3 기타 VCVS의 식

부귀환은 증폭기의 단점에 대한 교정효과를 가진다. 예를 들어 개방루프 전압이득은 한 연산증폭기가 다음 연산증폭기에 크고 다양한 변화를 준다. 그러나 부귀환은 전압이득을 **안정화**시킨다. 즉, 부귀환은 내부적인 연산증폭기의 변화를 대부분 제거하고 폐루프 전압이득은 주로 외부저항에 의존한다. 이 저항들은 매우 낮은 온도계수를 갖는 정밀급으로 구성할 수 있으므로 폐루프 전압이득은 극히 안정화된다.

마찬가지로 VCVS 증폭기에서 부귀환은 입력임피던스를 증가시키고 출력 임피던스를 감소시키며 또한 증폭된 신호의 비선형 왜곡을 감소시킨다. 이 절에서는 부귀환이 이러한 것들을 얼마나 많이 개선시키는지에 대해 알아보기로 한다.

이득의 안정화

이득의 안정화는 이상적인 폐루프 전압이득과 정확한 폐루프 전압이득 간에 매우 낮은 퍼센트 오차가 주어진다는 데 의존한다. 퍼센트 오차가 적을수록 안정성은 더욱 높다. 폐루프 전압이득의 **최악의 오차**는 다음 식과 같이 개방루프 전압이득이 최소일 때 발생한다.

> **참고사항**
>
> 부귀환을 사용하지 않는 연산증폭기 회로는 너무 불안정하므로, 사용 시 반드시 안정성을 고려해야 한다.

$$\% \text{ Maximum error} = \frac{100\%}{1 + A_{VOL(\min)}B} \tag{17-7}$$

여기서 $A_{VOL(\min)}$은 최소 또는 데이터시트에서 볼 수 있는 최악의 개방루프 전압이득이다. 741C에서는 $A_{VOL(\min)}$은 20,000이다. 예를 들어 $1 + A_{VOL(\min)}B = 500$이면

$$\% \text{ Maximum error} = \frac{100\%}{500} = 0.2\%$$

최대오차가 앞의 예와 같다면 대량생산 시 VCVS 증폭기의 폐루프 전압이득은 이상적인 값의 0.2% 이내일 것이다.

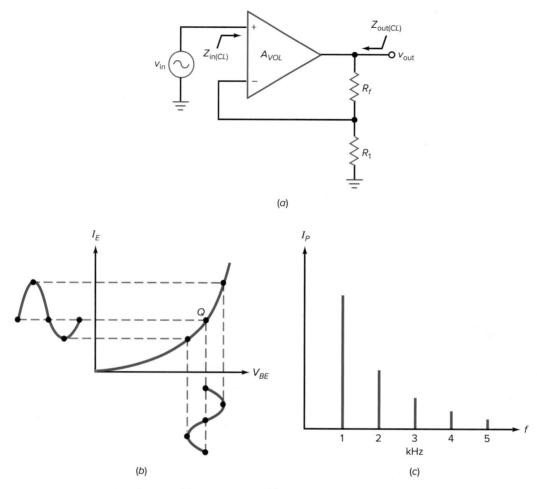

| 그림 17·5 | (a) VCVS 증폭기; (b) 비선형 왜곡; (c) 기본파와 고조파

폐루프 입력임피던스

그림 17-5a에 비반전증폭기를 나타내었다. 이 VCVS 증폭기의 폐루프 입력임피던스의 정확한 식은 다음과 같다.

$$Z_{in(CL)} = (1 + A_{VOL}B)R_{in} \parallel R_{CM} \tag{17-8}$$

여기서 R_{in} = 연산증폭기의 개방루프 입력저항

R_{CM} = 연산증폭기의 동상 입력저항

이 식에서 먼저 R_{in}은 데이터시트에서 볼 수 있는 입력저항이다. 15장에서와 같이 개별 바이폴라 차동증폭기에서의 R_{in}은 $2\beta r_e'$이었고 또한 표 16-1에서와 같이 741C의 입력저항은 2 MΩ이었다.

다음으로 R_{CM}은 입력 차동증폭단의 등가 꼬리저항이다. 개별 바이폴라 차동증폭기에서 R_{CM}은 R_E이다. 연산증폭기에서는 R_E 대신에 전류미러가 사용된다. 이 때문에 연산증폭기의 R_{CM}은 매우 큰 값이다. 예를 들어 741C는 100 MΩ 이상의 R_{CM}을 갖는다.

일반적으로 R_{CM}은 너무 크기 때문에 무시하고 식 (17-8)은 다음과 같이 근사한다.

$$Z_{in(CL)} \cong (1 + A_{VOL}B)R_{in} \tag{17-9}$$

실제 VCVS 증폭기에서 $1 + A_{VOL}B \gg 1$이므로 폐루프 입력임피던스는 매우 크다. 식 (17-8)에서 R_{CM}의 병렬효과를 제외하면 전압폴로어에서는 $B = 1$이고 $Z_{in(CL)}$은 거의 ∞이다. 다시 말해 폐루프 입력임피던스에서 극한은 다음과 같다.

$$Z_{in(CL)} = R_{CM}$$

이는 폐루프 입력임피던스의 정확한 값은 중요하지 않다는 것을 말하고자 하는 것이다. 중요한 것은 그것이 매우 크다는 것이고, 항상 R_{in}보다는 훨씬 크나 R_{CM}의 극한보다는 작다는 것이다.

폐루프 출력 임피던스

그림 17-5*a*에서 폐루프 출력 임피던스는 VCVS 증폭기의 출력 측에서 회로 쪽을 들여다본 전체 출력 임피던스를 말한다. 이 폐루프 출력 임피던스의 정확한 식은 다음과 같다.

$$Z_{out(CL)} = \frac{R_{out}}{1 + A_{VOL}B} \tag{17-10}$$

여기서 R_{out}은 데이터시트에서 볼 수 있는 연산증폭기의 개방루프 출력저항이다. 741C의 출력저항 R_{out}은 표 16-1에 75 Ω로 기재되어 있다.

실제 VCVS 증폭기에서 $1 + A_{VOL}B \gg 1$이므로 폐루프 출력 임피던스는 1 Ω보다 작고 전압폴로어에서는 거의 0에 가깝다. 전압폴로어에서 폐루프 출력 임피던스는 너무나 적어 접속선의 저항이 제한적 요소가 된다.

다시 말해 폐루프 출력 임피던스의 정확한 값은 중요하지 않으나 VCVS 부귀환에서는 그 값이 1 Ω보다 훨씬 더 적은 값으로 감소한다는 사실이 중요하다. 그 이유는 VCVS 증폭기의 출력 측이 이상적인 전압원에 근접하기 때문이다.

비선형 왜곡

개선에 대해 한 가지 더 언급할 만한 가치가 있는 것이 왜곡에 대한 부귀환의 효과이다. 증폭기의 후단에서는 증폭소자의 입력-출력 응답이 비선형이 되기 때문에 대신호에 대해 **비선형 왜곡**(*nonlinear distortion*)이 발생할 것이다. 예를 들어 베이스-이미터 다이오드의 비선형 그래프에 대신호가 인가되면 그림 17-5*b*와 같이 정의 반사이클에서는 진폭이 늘어나고 부의 반사이클에서는 줄어드는 왜곡이 발생한다.

비선형 왜곡은 입력신호의 **고조파**(*harmonic*)를 발생시킨다. 예를 들어 만일 정현전압의 신호가 1 kHz의 주파수를 가진다면 왜곡된 출력전류는 그림 17-5*c*의 스펙트럼 다이어그램(*spectrum diagram*)에 나타낸 것과 같이 1, 2, 3, ⋯ kHz의 주파수를 갖는 정현신호를 포함할 것이다. 기본파 주파수는 1 kHz이고 그 외의 것은 고조파이다. 왜곡의 발생 정도는 측정된 전체 고조파의 실효치로 나타낸다. 이것이 흔히 비선형 왜곡을 **고조파 왜곡**(harmonic distortion)이라 부르는 이유이다.

고조파 왜곡은 왜곡 분석기(*distortion analyzer*)라 부르는 계측기를 이용하여 측정할 수 있다. 이 계측기는 전체 고조파 전압을 측정한 후 전체 **고조파 왜곡**(*total harmonic distortion: THD*)의 퍼센트를 얻기 위해 이를 기본파 전압으로 나누어 측정한다. 즉,

$$THD = \frac{\text{Total harmonic voltage}}{\text{Fundamental voltage}} \times 100\% \tag{17-11}$$

예를 들어 만일 전체 고조파 전압이 $0.1\ V_{rms}$이고 기본파 전압이 1 V이면 $THD = 10$%이다.

부귀환은 고조파 왜곡을 감소시킨다. 폐루프 고조파 왜곡의 정확한 식은 다음과 같다.

$$THD_{CL} = \frac{THD_{OL}}{1 + A_{VOL}B} \tag{17-12}$$

여기서 THD_{OL} = 개방루프 고조파 왜곡

           THD_{CL} = 폐루프 고조파 왜곡

다시 말해 $1 + A_{VOL}B$만큼의 교정효과를 갖는다는 것이다. 이 값이 클 때 고조파 왜곡은 무시할 수 있을 정도의 레벨까지 감소한다. 이것은 스테레오 증폭기에서 왜곡된 소리 대신에 선명한 음악을 들을 수 있음을 의미한다.

개별 부귀환 증폭기

이상적인 전압증폭기(VCVS)의 전압이득은 외부저항에 의해 제어되고 이미 9장에서 간단히 설명한 바 있다. 그림 9-4에 나타낸 개별 2단 귀환증폭기는 분명히 부귀환을 사용한 비반전 전압증폭기이다.

이 회로를 되돌아보면 CE 2단은 다음과 같은 개방루프 전압이득을 가지게 된다.

$$A_{VOL} = (A_{V1})(A_{V2})$$

출력전압은 r_f와 r_e로 구성된 전압분배기를 구동한다. r_e의 아래쪽이 교류적으로 접지되었기 때문에 귀환비는 대략 다음과 같다.

$$B \cong \frac{r_e}{r_e + r_f}$$

이것은 입력트랜지스터 이미터의 부하효과를 무시한 것이다. 입력 v_{in}은 첫째 트랜지스터의 베이스를 구동하는 반면 귀환전압은 이미터를 구동한다. 베이스-이미터 다이오드 양단에는 오차전압이 발생한다.

수학적인 해석도 앞서 주어진 것과 비슷하다. 폐루프 전압이득은 약 $\frac{1}{B}$, 입력임피던스는 $(1 + A_{VOL}B)R_{in}$, 출력 임피던스는 $\frac{R_{out}}{(1 + A_{VOL}B)}$, 왜곡은 $\frac{THD_{OL}}{(1 + A_{VOL}B)}$이다. 이것은 다양한 개별 증폭기 구조에서 부귀환의 사용은 극히 일반적임을 보여 준다.

예제 17-2

그림 17-6에서 741C는 2 MΩ의 R_{in}과 200 MΩ의 R_{CM}을 가진다. 폐루프 입력임피던스는 얼마인가? 741C의 대표적인 A_{VOL}은 100,000이다.

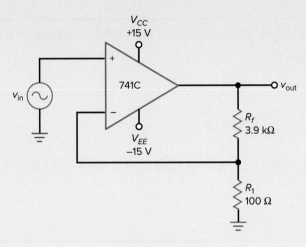

| 그림 17·6 | 예제

풀이 응용예제 17-1에서 계산결과는 $B = 0.025$였다. 그러므로

$$1 + A_{VOL}B = 1 + (100,000)(0.025) \cong 2500$$

식 (17-9)에서

$$Z_{in(CL)} \cong (1 + A_{VOL}B)R_{in} = (2500)(2\ M\Omega) = 5000\ M\Omega$$

100 MΩ 이상의 값을 얻고자 할 때는 언제나 식 (17-8)을 사용해야 한다. 식 (17-8)에서

$$Z_{in(CL)} = (5000\ M\Omega)\ \|\ 200\ M\Omega = 192\ M\Omega$$

이 큰 입력임피던스는 VCVS가 이상적인 전압증폭기에 근접함을 의미한다.

연습문제 17-2 그림 17-6에서 3.9 kΩ의 저항을 4.9 kΩ으로 바꾸고, $Z_{in(CL)}$을 구하라.

예제 17-3

앞선 예제의 데이터와 결과를 이용하여 그림 17-6에서 폐루프 출력 임피던스를 계산하라. A_{VOL}은 100,000이고 R_{out}은 75 Ω이다.

풀이 식 (17-10)에서

$$Z_{out(CL)} = \frac{75\ \Omega}{2500} = 0.03\ \Omega$$

이 작은 출력 임피던스는 VCVS가 이상적인 전압증폭기에 근접함을 의미한다.

연습문제 17-3 $A_{VOL} = 200,000$, $B = 0.025$로 하여 예제 17-3을 다시 풀어라.

예제 17-4

증폭기가 7.5%의 전체 개방루프 고조파 왜곡을 가진다고 가정하라. 전체 폐루프 고조파 왜곡은 얼마인가?

풀이 식 (17-12)에서 다음을 얻을 수 있다.

$$THD_{(CL)} = \frac{7.5\%}{2500} = 0.003\%$$

연습문제 17-4 3.9 kΩ의 저항을 4.9 kΩ으로 바꾼 후, 예제 17-4를 다시 풀어라.

17-4 ICVS 증폭기

그림 17-7에 전달저항 증폭기를 나타내었다. 이것은 입력전류와 출력전압을 가진다. ICVS 증폭기는 0인 입력임피던스와 0인 출력 임피던스를 가지기 때문에 거의 완전한 **전류-전압 변환기**(*current-voltage converter*)이다.

출력전압

출력전압의 정확한 식은 다음과 같다.

$$v_{\text{out}} = -\left(i_{\text{in}}R_f\frac{A_{VOL}}{1 + A_{VOL}}\right) \tag{17-13}$$

$A_{VOL} \gg 1$이므로, 간략화하면 다음과 같다.

$$v_{\text{out}} = -(i_{\text{in}}R_f) \tag{17-14}$$

여기서 R_f는 전달저항이다.

식 (17-14)를 쉽게 유도하고 기억하기 위한 방법으로는 가상접지라는 개념을 사용하면 된다. 반전입력의 전압은 가상접지되고 전류는 흐르지 않는다. 반전입력이 가상접지되었다면 입력전류는 전부 귀환저항을 통해 흐를 것이다. 이 저항의 왼쪽 끝이 접지되어 있기 때문에 출력전압의 크기는 다음과 같이 주어진다.

$$v_{\text{out}} = -(i_{\text{in}}R_f)$$

이 회로는 전류-전압 변환기이다. 다른 변환정수(전달저항)를 얻기 위해서는 R_f를 다른 값으로 선택하면 된다. 예를 들어 만일 $R_f = 1$ kΩ으로 하면 1 mA의 입력전류로 1 V의 출력전압이 발생되고 또 $R_f = 10$ kΩ으로 하면 동일한 입력전류로 10 V의 출력전

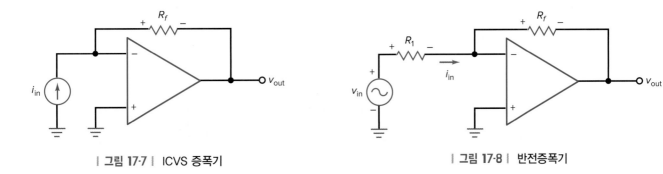

| 그림 17·7 | ICVS 증폭기 | 그림 17·8 | 반전증폭기

압이 발생되게 된다. 전류의 흐름방향은 그림 17-8과 같이 일반적인 전류의 흐름이다.

비반전 입력 및 출력 임피던스

그림 17-7에서 폐루프 입력 및 출력 임피던스의 정확한 식은 다음과 같다.

$$Z_{in(CL)} = \frac{R_f}{1 + A_{VOL}} \qquad\qquad\qquad\qquad (17\text{-}15)$$

$$Z_{out(CL)} = \frac{R_{out}}{1 + A_{VOL}} \qquad\qquad\qquad\qquad (17\text{-}16)$$

이 두 식에서는 모든 분모의 값이 매우 크므로 임피던스는 매우 작은 값으로 감소할 것이다.

반전증폭기

이미 그림 17-8의 반전증폭기에 대해 설명한 바 있다. 폐루프 전압이득을 상기해 보면 다음 식을 얻는다.

$$A_V = \frac{-R_f}{R_1} \qquad\qquad\qquad\qquad\qquad (17\text{-}17)$$

이 증폭기의 형식은 ICVS 부귀환이 사용된다. 반전입력의 가상접지 때문에 입력전류는 다음과 같다.

$$i_{in} = \frac{v_{in}}{R_1}$$

예제 17-5 ▌▌▌MultiSim

그림 17-9에서 만일 입력주파수가 1 kHz라면 출력전압은 얼마인가?

풀이 5 kΩ의 저항을 통해 1 mA$_{p\text{-}p}$의 입력전류가 흐름을 알 수 있다. 옴의 법칙이나 식 (17-14)에 의하면

$$v_{out} = -(1 \text{ mA}_{p\text{-}p})(5 \text{ k}\Omega) = -5 \text{ V}_{p\text{-}p}$$

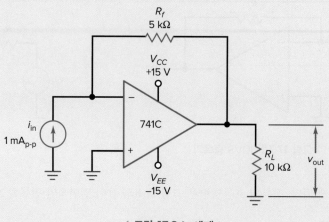

| 그림 17·9 | 예제

여기서 음의 부호는 180°의 위상천이를 말한다. 출력전압은 5 V_{p-p}값과 1 kHz의 주파수를 갖는 교류전압이다.

연습문제 17-5 그림 17-9에서 귀환저항을 2 kΩ으로 바꾼 후 v_{out}을 계산하라.

예제 17-6

그림 17-9에서 폐루프 입력 및 출력 임피던스는 얼마인가? 대표적인 741C의 데이터를 이용하라.

풀이 식 (17-15)에서,

$$Z_{in(CL)} = \frac{5 \text{ k}\Omega}{1 + 100,000} \cong \frac{5 \text{ k}\Omega}{100,000} = 0.05 \text{ }\Omega$$

식 (17-16)에서,

$$Z_{out(CL)} = \frac{75 \text{ }\Omega}{1 + 100,000} \cong \frac{75 \text{ }\Omega}{100,000} = 0.00075 \text{ }\Omega$$

연습문제 17-6 A_{VOL} = 200,000일 때, 예제 17-6을 다시 풀어라.

17-5 VCIS 증폭기

VCIS 증폭기에서 입력전압은 출력전류를 제어한다. 이 같은 증폭기에서는 큰 부귀환으로 인하여 입력전압이 정확한 출력전류값으로 변환된다.

그림 17-10에 전달컨덕턴스 증폭기(transconductance amplifier)를 나타내었다. 이 증폭기는 부하저항인 R_L과 귀환저항을 제외하고는 VCVS 증폭기와 흡사하다. 다시 말해 실제 출력은 $R_1 + R_L$ 양단전압이라기보다는 R_L를 흐르는 전류이다. 이 출력전류는

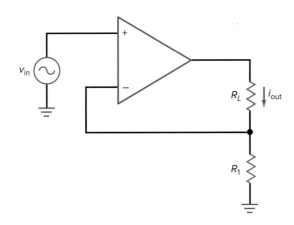

| 그림 17·10 | VCIS 증폭기

안정화된다. 즉, 확실한 입력전압의 값은 정확한 출력전류의 값을 발생시킨다.

그림 17-10에서 출력전류의 정확한 식은 다음과 같다.

$$i_\text{out} = \frac{v_\text{in}}{R_1 + (R_1 + R_L)/A_{VOL}} \tag{17-18}$$

실제 회로에서 분모의 두 번째 항은 첫 번째 항보다 훨씬 적으므로 이 식은 다음과 같이 간략화할 수 있다.

$$i_\text{out} = \frac{v_\text{in}}{R_1} \tag{17-19}$$

이것은 다음과 같이 쓸 수도 있다.

$$i_\text{out} = g_m v_\text{in}$$

여기서 $g_m = 1/R_1$이다.

식 (17-19)를 유도 또는 기억하기 쉬운 방법이 있다. 즉, 그림 17-10의 가상단락과 입력단자 간을 볼 때 반전입력은 비반전입력에 부트스트랩(bootstrap)된다. 그러므로 모든 입력전압은 R_1양단에 나타난다. 이 저항을 흐르는 전류는 다음과 같다.

$$i_1 = \frac{v_\text{in}}{R_1}$$

그림 17-10에서 이 전류는 R_L만을 통해 흐른다. 이것이 출력전류의 값이 식 (17-19)로 주어지는 이유이다.

이 회로는 **전압-전류 변환기**(*voltage-current converter*)이다. 다른 변환정수(전달컨덕턴스)를 얻기 위해서는 R_1을 다른 값으로 선택하면 된다. 예를 들어 만일 $R_1 = 1\ \text{k}\Omega$으로 하면 1 V의 입력전압으로 1 mA의 출력전류를 얻는다. 만일 $R_1 = 100\ \Omega$으로 하면 동일한 입력전압으로 10 mA의 출력전류를 얻게 된다.

그림 17-10의 입력 측은 VCVS 증폭기의 입력 측과 같으므로 VCIS 증폭기의 폐루프 입력임피던스의 근사식은 다음과 같다.

$$Z_{in(CL)} = (1 + A_{VOL}B)R_{in} \tag{17-20}$$

여기서 R_{in}은 연산증폭기의 입력저항이다. 폐루프 출력 임피던스가 다음과 같으므로 출력전류는 안정화된다.

$$Z_{out(CL)} = (1 + A_{VOL})R_1 \tag{17-21}$$

이 두 식에서 큰 A_{VOL}은 VCIS 증폭기에서 바로 우리가 원하는 것인 두 임피던스를 모두 ∞로 근접시킨다. 이같이 이 회로는 극히 큰 입력, 출력 임피던스를 가지므로 거의 완전한 전압-전류 변환기가 된다.

그림 17-10의 전달컨덕턴스 증폭기는 부동(floating) 부하저항으로 동작한다. 이것은 부하가 단측(single-ended)이기 때문에 항상 편리한 것은 아니다. 이같이 전달컨덕턴스 증폭기로 사용되는 선형 IC들로는 LM13600, LM13700 등이 있다. 이들 모놀리식 전달컨덕턴스 증폭기는 단측 부하저항을 구동할 수 있다.

예제 17-7 ▌▌▌MultiSim

그림 17-11에서 부하전류는 얼마인가? 부하전력은 얼마인가? 만일 부하저항을 4 Ω으로 바꾸면 어떤 일이 일어나는가?

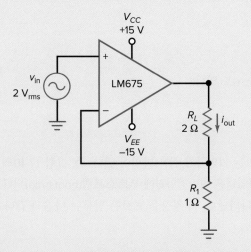

| 그림 17-11 | 예제

풀이 연산증폭기의 입력단자 양단의 가상단락을 가정하라. 반전입력은 비반전입력에 부트스트랩되어 모든 입력전압은 1 Ω 저항에 걸쳐 나타난다. 옴의 법칙이나 식 (17-19)에서 출력전류는 다음과 같이 계산할 수 있다.

$$i_{out} = \frac{2\ V_{rms}}{1\ \Omega} = 2\ A_{rms}$$

이 2 A의 전류가 2 Ω의 부하저항을 통해 흐르므로 다음과 같은 부하전력을 발생시킨다.

CHAPTER 17 부귀환 **795**

$$P_L = (2\text{ A})^2(2\text{ }\Omega) = 8\text{ W}$$

만일 부하저항을 4 Ω으로 바꾸면 출력전류는 여전히 2 A_{rms}가 흐르나 부하전력은 다음과 같이 증가한다.

$$P_L = (2\text{ A})^2(4\text{ }\Omega) = 16\text{ W}$$

연산증폭기가 포화되지 않는 한 부하저항을 다른 값으로 바꾸더라도 2 A_{rms}의 출력전류는 여전히 안정화된다.

연습문제 17-7　그림 17-11에서 입력전압을 3 V_{rms}로 바꾸어, i_{out}과 P_L을 구하라.

17-6 ICIS 증폭기

ICIS 회로는 입력전류를 증폭한다. 큰 부귀환 때문에 ICIS 증폭기는 완전한 **전류증폭기**(current amplifier)처럼 동작한다. 이 증폭기는 매우 적은 입력임피던스와 매우 큰 출력 임피던스를 갖는다.

그림 17-12에 반전전류 증폭기를 나타내었다. 폐루프 전류이득은 안정화되고 다음 식으로 구할 수 있다.

$$A_i = \frac{A_{VOL}(R_1 + R_2)}{R_L + A_{VOL}R_1} \tag{17-22}$$

일반적으로 분모의 두 번째 항이 첫 번째 항보다 훨씬 크므로 다음 식과 같이 간략화할 수 있다.

$$A_i \cong \frac{R_2}{R_1} + 1 \tag{17-23}$$

ICIS 증폭기의 폐루프 입력임피던스는

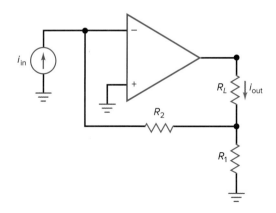

| 그림 17·12 | ICIS 증폭기

$$Z_{in(CL)} = \frac{R_2}{1 + A_{VOL}B} \tag{17-24}$$

여기서 귀환비는 다음 식으로 주어진다.

$$B = \frac{R_1}{R_1 + R_2} \tag{17-25}$$

출력전류의 안정화는 다음과 같은 폐루프 출력 임피던스의 식에서 알 수 있다.

$$Z_{out(CL)} = (1 + A_{VOL})R_1 \tag{17-26}$$

큰 A_{VOL}은 매우 적은 입력임피던스와 매우 큰 출력 임피던스를 발생시킨다. 이 때문에 ICIS 회로는 거의 완전한 전류증폭기가 된다.

예제 17-8   ▌▌▌ MultiSim

그림 17-13에서 부하전류는 얼마인가? 부하전력은 얼마인가? 만일 부하저항이 2 Ω으로 바뀌었다면 부하전류와 부하전력은 얼마인가?

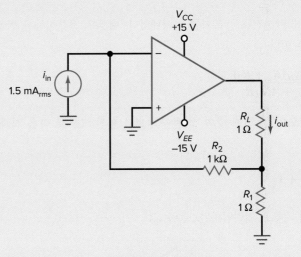

| 그림 17·13 | 예제

풀이   식 (17-23)에서 전류이득은

$$A_i = \frac{1\,k\Omega}{1\,\Omega} + 1 \cong 1000$$

부하전류는

$$i_{out} = (1000)(1.5\ mA_{rms}) = 1.5\ A_{rms}$$

부하전력은

$$P_L = (1.5 \text{ A})^2 (1\ \Omega) = 2.25 \text{ W}$$

만일 부하저항이 2 Ω으로 증가한다면 부하전류는 여전히 1.5 A$_{rms}$가 되나 부하전력은 다음과 같이 증가한다.

$$P_L = (1.5 \text{ A})^2 (2\ \Omega) = 4.5 \text{ W}$$

연습문제 17-8 그림 17-13에서 i_{in}을 2 mA로 바꾼 후, i_{out}과 P_L을 계산하라.

17-7 대역폭

부귀환은 개방루프 전압이득에서의 전압강하(roll-off) 때문에 증폭기의 대역폭을 증가시킨다. 이것은 귀환되는 전압이 더 적으므로 보상으로 더 큰 입력전압을 발생해야 한다는 의미이다. 이 때문에 폐루프 차단주파수는 개방루프 차단주파수보다 훨씬 높아지게 된다.

폐루프 대역폭

16장에서의 설명처럼, 폐루프 차단 대역폭을 상기하면 다음과 같이 주어진다.

$$f_{2(CL)} = \frac{f_{unity}}{A_{V(CL)}} \tag{17-27}$$

또 VCVS의 폐루프 대역폭으로 다음과 같은 두 가지 식을 더 유도할 수 있다.

$$f_{2(CL)} = (1 + A_{VOL}B)f_{2(OL)} \tag{17-28}$$

$$f_{2(CL)} = \frac{A_{VOL}}{A_{V(CL)}} f_{2(OL)} \tag{17-29}$$

여기서 $A_{V(CL)}$은 A_V와 같다.

이 식들은 VCVS 증폭기의 폐루프 대역폭을 계산하는 데 사용할 수 있다. 이 식은 주어진 데이터를 보고 선택적으로 사용할 수 있다. 예를 들어 만일 f_{unity}와 $A_{V(CL)}$을 알고 있을 때는 식 (17-27)을, A_{VOL}, B 및 $f_{2(OL)}$을 알고 있을 때는 식 (17-28)을, 또 A_{VOL}, $A_{V(CL)}$ 및 $f_{2(OL)}$을 알고 있을 때는 식 (17-29)를 사용하는 것이 유용하다.

이득대역곱은 일정하다

식 (17-27)은 다음과 같이 다시 쓸 수 있다.

$$A_{V(CL)}f_{2(CL)} = f_{unity}$$

이 식에서 좌변은 이득과 대역폭의 곱인데 이를 **이득대역곱**(gain-bandwidth product: GBP)이라 부른다. 이 식의 오른쪽은 연산증폭기 자체에서 주어지는 정수이다. 따라서 이 식은 **이득대역곱은 항상 일정**하다고 바꾸어 말할 수 있다. 연산증폭기에서 주어지는 GBP는 일정하기 때문에 설계자들은 이득과 대역폭 간의 상반교환(trade off)을 고려해야 한다. 만일 설계 시 보다 적은 이득을 원하면 그 결과 대역폭은 훨씬 더 증가되나 반대로 보다 큰 이득을 원한다면 대역폭의 감소는 감수해야 한다.

이 점을 개선시키는 유일한 방법은 보다 높은 GBP 즉 f_{unity}를 갖는 연산증폭기를 사용하는 것이다. 만일 어떤 응용에서 사용되는 연산증폭기의 GBP가 충분하지 못하면 설계 시는 더 큰 GBP를 갖는 연산증폭기를 선택해야 한다. 예를 들어 741C는 1 MHz의 GBP를 갖는다. 만일 주어진 응용에서 이것이 너무 낮다면 GBP 15 MHz인 LM318을 사용해야 할 것이다. 이 같은 경우는 동일한 폐루프 전압이득에서 15배나 더 큰 대역폭을 얻을 수가 있다.

대역폭과 슬루율 왜곡

비록 부귀환이 증폭기의 다음 단의 비선형 왜곡을 감소시키기는 하나 슬루율(slew rate) 왜곡에는 전혀 효과가 없다. 그래서 폐루프 대역폭을 계산한 후 식 (16-2)로부터 전력대역폭을 계산한다. 전체 폐루프 대역폭에 걸쳐 출력에 왜곡이 발생되지 않기 위해서는, 폐루프 차단주파수는 전력대역폭보다 낮아야만 한다. 즉,

$$f_{2(CL)} < f_{max} \qquad\qquad (17\text{-}30)$$

이것은 출력의 피크값이 다음 식보다 적어야 함을 의미한다.

$$V_{p(max)} = \frac{S_R}{2\pi f_{2(CL)}} \qquad\qquad (17\text{-}31)$$

여기서 부귀환이 슬루율 왜곡에 효과가 없는 이유에 대해 알아보자. 연산증폭기의 보상용 커패시터는 큰 입력 밀러용량을 발생시킨다. 741C에서 이 큰 용량은 그림 17-14*a*에 나타낸 것처럼 입력 차동증폭기의 부하가 된다. 슬루율 왜곡이 발생되면 v_{in}은 충분히 한쪽 트랜지스터는 포화, 다른 쪽 트랜지스터는 차단시킨다. 연산증폭기가 더 이상 선형 영역에서 동작하지 못하므로 부귀환의 교정효과도 일시적으로 사라진다.

그림 17-14*b*에 Q_1이 포화되고 Q_2가 차단되었을 때 어떤 현상이 발생되는가를 나타내었다. 3,000 pF 커패시터는 1 MΩ 저항을 통해 충전되기 때문에 그림에 나타낸 것과 같은 슬루(slew)가 얻어진다. 커패시터가 충전된 후에는 Q_1이 포화에서 벗어나고 Q_2가 차단에서 벗어나기 때문에 부귀환의 교정효과가 다시 나타난다.

부귀환의 특성표

표 17-2에 부귀환의 네 가지 이상적인 기본형을 요약했다. 이들 기본형은 기본회로이고 보다 진보된 회로를 얻기 위해서는 변형시킬 수도 있다. 예를 들어 전압원과 R_1이라는 입력저항을 사용하므로 ICVS의 기본형은 앞에서 설명되고 널리 사용되는 반전증폭기가 된다. 또 다른 예로서 VCVS의 기본형으로부터 교류증폭기를 얻기 위해서는 결합 커패시터를 부가할 수가 있다. 이후의 몇 장들에서 다양하고 수많은 유용한 회로를 얻기 위해 이 기본형들을 변형시켜 볼 것이다.

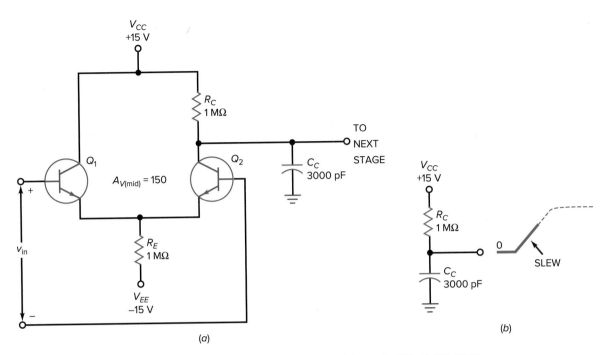

| 그림 17·14 | (a) 741C의 입력 차동증폭기; (b) 슬루를 위한 커패시터충전

요점정리 표 17-2	부귀환의 네 가지 형식						
Type	Stabilized	Equation	$Z_{in(CL)}$	$Z_{out(CL)}$	$f_{2(CL)}$	$f_{2(CL)}$	$f_{2(CL)}$
VCVS	A_V	$\frac{R_f}{R_1} + 1$	$(1 + A_{VOL}B)R_{in}$	$\frac{R_{out}}{(1 + A_{VOL}B)}$	$(1 + A_{VOL}B)f_{2(OL)}$	$\frac{A_{VOL}}{A_{V(CL)}} f_{2(OL)}$	$\frac{f_{unity}}{A_{V(CL)}}$
ICVS	$\frac{v_{out}}{i_{in}}$	$v_{out} = -(i_{in}R_f)$	$\frac{R_f}{1 + A_{VOL}}$	$\frac{R_{out}}{1 + A_{VOL}}$	$(1 + A_{VOL})f_{2(OL)}$	—	—
VCIS	$\frac{i_{out}}{v_{in}}$	$i_{out} = \frac{v_{in}}{R_1}$	$(1 + A_{VOL}B)R_{in}$	$(1 + A_{VOL})R_1$	$(1 + A_{VOL})f_{2(OL)}$	—	—
ICIS	A_i	$\frac{R_2}{R_1} + 1$	$\frac{R_2}{(1 + A_{VOL}B)}$	$(1 + A_{VOL})R_1$	$(1 + A_{VOL}B)f_{2(OL)}$	—	—

VCVS

(비반전 전압증폭기)

ICVS

(전류-전압 변환기)

VCIS

(전압-전류 변환기)

ICIS

(전류증폭기)

응용예제 17-9

만일 표 17-2의 VCVS 증폭기에 $(1 + A_{VOL}B) = 1,000$, $f_{2(OL)} = 160$ Hz를 갖는 LF411A를 사용했다면 폐루프 대역폭은 얼마인가?

풀이 식 (17-28)에서

$$f_{2(CL)} = (1 + A_{VOL}B)f_{2(OL)} = (1,000)(160 \text{ Hz}) = 160 \text{ kHz}$$

연습문제 17-9 $f_{2(OL)} = 100$ Hz로 하여 응용예제 17-9를 다시 풀어라.

응용예제 17-10

만일 표 17-2의 VCVS 증폭기에 $A_{VOL} = 250,000$, $f_{2(OL)} = 1.2$ Hz를 갖는 LM308을 사용했다면 $A_{V(CL)} = 50$인 경우 폐루프 대역폭은 얼마인가?

풀이 식 (17-29)에서 다음을 얻을 수 있다.

$$f_{2(CL)} = \frac{A_{VOL}}{A_{V(CL)}} f_{2(OL)} = \frac{250,000}{50} (1.2 \text{ Hz}) = 6 \text{ kHz}$$

연습문제 17-10 $A_{VOL} = 200,000$, $f_{2(OL)} = 2$ Hz를 사용하여 응용예제 17-10을 다시 풀어라.

응용예제 17-11

만일 표 17-2의 ICVS 증폭기에 $A_{VOL} = 200,000$, $f_{2(OL)} = 75$ Hz를 갖는 LM318을 사용했다면 폐루프 대역폭은 얼마인가?

풀이 표 17-2에 주어진 식으로부터 다음을 얻는다.

$$f_{2(CL)} = (1 + A_{VOL})f_{2(OL)} = (1 + 200,000)(75 \text{ Hz}) = 15 \text{ MHz}$$

연습문제 17-11 응용예제 17-11에서 만일 $A_{VOL} = 75,000$, $f_{2(CL)} = 750$ kHz라면 개방 루프 대역폭은 얼마인가?

응용예제 17-12

만일 표 17-2의 ICIS 증폭기에 $f_{2(OL)} = 20$ Hz, 그리고 $(1 + A_{VOL}B) = 2,500$을 갖는 OP-07A를 사용했다면 폐루프 대역폭은 얼마인가?

풀이 표 17-2에 주어진 식으로부터

$$f_{2(CL)} = (1 + A_{VOL}B)f_{2(OL)} = (2500)(20 \text{ Hz}) = 50 \text{ kHz}$$

연습문제 17-12 $f_{2(OL)} = 50$ Hz로 하여 응용예제 17-12를 다시 풀어라.

응용예제 17-13

$f_{\text{unity}} = 1$ MHz, $S_R = 0.5$ V/μs를 갖는 LM741C를 사용한 VCVS 증폭기가 있다. 만일 $A_{V(CL)} = 10$ Hz라면 폐루프 대역폭은 얼마인가? 또 $f_{2(CL)}$에서 왜곡이 발생되지 않는 최대피크 출력전압은 얼마인가?

풀이 식 (17-27)에서 다음을 얻는다.

$$f_{2(CL)} = \frac{f_{\text{unity}}}{A_{V(CL)}} = \frac{1 \text{ MHz}}{10} = 100 \text{ kHz}$$

또한 식 (17-31)에서 다음을 얻는다.

$$V_{p(\text{max})} = \frac{S_R}{2\pi f_{2(CL)}} = \frac{0.5 \text{ V}/\mu s}{2\pi(100 \text{ kHz})} = 0.795 \text{ V}$$

연습문제 17-13 응용예제 17-13에서 $A_{V(CL)} = 100$으로 했을 때, 폐루프 대역폭과 $V_{p(\text{max})}$를 구하라.

요점 __ *Summary*

17-1 부귀환의 네 가지 형식

부귀환의 네 가지 이상적인 형식으로 VCVS, ICVS, VCIS, ICIS가 있다. 두 가지 형식(VCVS와 VCIS)은 입력전압에 의해 제어되고, 나머지 두 가지 형식(ICVS와 ICIS)은 입력전류에 의해 제어된다. VCVS와 ICVS의 출력 측은 전압원처럼 동작하고 VCIS와 ICIS의 출력 측은 전류원처럼 동작한다.

17-2 VCVS 전압이득

루프이득은 순방향과 귀환방향의 전압이득이다. 실제 설계에서 루프이득은 매우 크다. 그 결과 폐루프 전압이득은 증폭기의 특성에 조금도 의존하지 않기 때문에 극히 안정화된다. 그 대신 이것은 외부저항의 특성에 거의 전적으로 의존한다.

17-3 기타 VCVS의 식

VCVS 부귀환은 전압이득의 안정화, 입력 임피던스의 증가, 출력 임피던스의 감소, 고조파 왜곡의 감소 특징 때문에 증폭기의 단점에 대한 교정효과를 가진다.

17-4 ICVS 증폭기

이것은 전류-전압 변환기와 동일한 전달저항 증폭기이다. 가상접지 때문에 이상적으로 0인 입력임피던스를 가진다. 입력전류는 정확한 출력전압의 값을 발생시킨다.

17-5 VCIS 증폭기

이것은 전압-전류 변환기와 동일한 전달컨덕턴스 증폭기이다. 이상적으로는 ∞의 입력 임피던스를 가진다. 입력전압은 정확한 출력전류의 값을 발생시킨다. 출력 임피던스는 ∞에 가깝다.

17-6 ICIS 증폭기

큰 부귀환 때문에 ICIS 증폭기는 0인 입력 임피던스와 ∞인 출력 임피던스를 갖는 거의 완전한 전류증폭기에 가깝다.

17-7 대역폭

부귀환은 개방루프 전압이득에서의 전압강하(roll-off) 때문에 증폭기의 대역폭을 증가시킨다. 이것은 귀환되는 전압이 더 적으므로 보상으로 더 큰 입력전압을 발생해야 한다는 것을 의미한다. 이 때문에 폐루프 차단주파수는 개방루프 차단주파수보다 훨씬 높아지게 된다.

중요 수식 __ *Important Formulas*

(17-1) 귀환비:

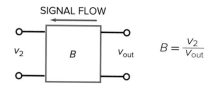

$$B = \frac{v_2}{v_{out}}$$

(17-4) VCVS 전압이득:

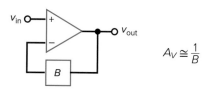

$$A_V \cong \frac{1}{B}$$

(17-5) VCVS 퍼센트 오차:

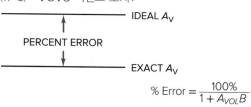

$$\% \, Error = \frac{100\%}{1 + A_{VOL}B}$$

(17-6) VCVS 귀환비:

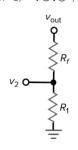

$$B = \frac{v_2}{v_{out}} = \frac{R_1}{R_1 + R_f}$$

(17-9) VCVS 입력임피던스:

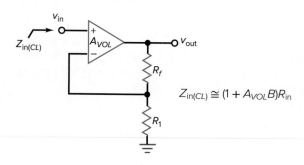

$$Z_{in(CL)} \cong (1 + A_{VOL}B)R_{in}$$

(17-10) VCVS 출력 임피던스:

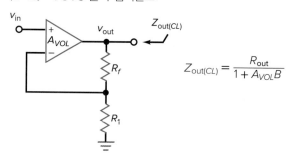

$$Z_{out(CL)} = \frac{R_{out}}{1 + A_{VOL}B}$$

(17-11) 전체 고조파 왜곡:

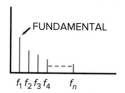

$$THD = \frac{Total\ harmonic\ voltage}{Fundamental\ voltage} \times 100\%$$

(17-12) 폐루프 왜곡:

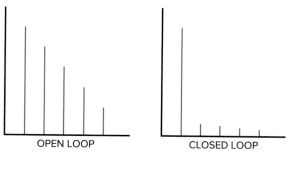

$$THD_{CL} = \frac{THD_{OL}}{1 + A_{VOL}B}$$

(17-14) ICVS 출력전압:

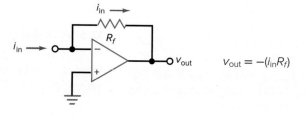

$$v_{out} = -(i_{in}R_f)$$

(17-15) ICVS 입력임피던스:

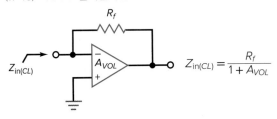

$$Z_{in(CL)} = \frac{R_f}{1 + A_{VOL}}$$

(17-16) ICVS 출력 임피던스:

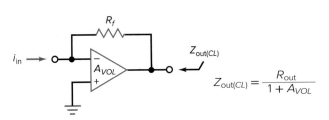

$$Z_{out(CL)} = \frac{R_{out}}{1 + A_{VOL}}$$

(17-19) VCIS 출력전류:

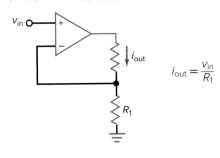

$$i_{out} = \frac{v_{in}}{R_1}$$

(17-23) ICIS 전류이득:

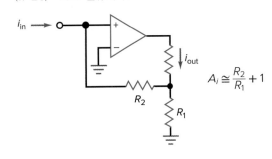

$$A_i \cong \frac{R_2}{R_1} + 1$$

(17-27) 폐루프 대역폭:

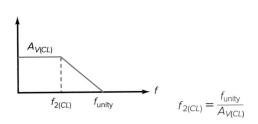

$$f_{2(CL)} = \frac{f_{unity}}{A_{V(CL)}}$$

연관 실험 __ *Correlated Experiments*

실험 45
    VCVS 귀환

실험 46
    부귀환

실험 47
    이득대역곱

복습문제 __ *Self–Test*

1. 부귀환에서 귀환신호는 _____ .
    a. 입력신호에 더해진다
    b. 입력신호와 반대로 주어진다
    c. 출력전류에 비례한다
    d. 차동전압이득에 비례한다

2. 부귀환에는 몇 가지의 형식이 있는가?
    a. 한 가지   b. 두 가지
    c. 세 가지   d. 네 가지

3. VCVS 증폭기는 이상적으로 무엇과 같은가?
    a. 전압증폭기
    b. 전류-전압 변환기
    c. 전압-전류 변환기
    d. 전류증폭기

4. 이상적인 연산증폭기의 입력단자 간의 전압은 어떠한가?
    a. 0   b. 너무 적다.
    c. 너무 크다.   d. 입력전압과 같다.

5. 연산증폭기가 포화되지 않았을 때 비반전입력과 반전입력 단자에서의 전압은 얼마인가?
    a. 거의 같다.
    b. 너무 다르다.
    c. 출력전압과 같다.
    d. ±15 V이다.

6. 귀환비 *B*는 _____ .
    a. 항상 1보다 적다
    b. 항상 1보다 크다

c. 거의 1과 같다

d. 거의 1과 같지 않다

7. ICVS 증폭기의 출력전압이 없다. 어떤 고장이 일어날 수 있는가?

a. (−)의 공급전압이 없다.

b. 귀환저항이 단락되었다.

c. 귀환전압이 없다.

d. 부하저항이 개방되었다.

8. VCVS 증폭기에서 개방루프 전압이 득의 감소는 무엇의 증가를 발생시키는가?

a. 출력전압　　b. 오차전압

c. 귀환전압　　d. 입력전압

9. 개방루프 전압이득은 무엇과 같은 가?

a. 부귀환에서 이득

b. 연산증폭기의 차동전압이득

c. $B = 1$일 때의 이득

d. f_{unity}에서의 이득

10. 루프이득 $A_{VOL}B$는 _____ .

a. 항상 1보다 너무나 적다

b. 항상 1보다 너무나 크다

c. 1이 아니다

d. 0과 1 사이이다

11. ICVS증폭기에서 폐루프 입력임피던스는 어떠한가?

a. 항상 개방루프 입력임피던스보다 크다.

b. 개방루프 입력임피던스와 같다.

c. 때로는 개방루프 입력임피던스보다 적다.

d. 이상적으로 0이다.

12. 귀환비 회로는 이상적으로 무엇에 가까운가?

a. 전압증폭기

b. 전류-전압 변환기

c. 전압-전류 변환기

d. 전류증폭기

13. 부귀환은 무엇을 감소시키나?

a. 귀환비

b. 왜곡

c. 입력 오프셋전압

d. 개방루프 이득

14. 전압폴로어는 얼마의 전압이득을 갖는가?

a. 1보다 훨씬 적다.　　b. 1

c. 1 이상　　d. A_{VOL}

15. 실제 연산증폭기의 입력단자 간의 전압은?

a. 0

b. 매우 적다.

c. 매우 크다.

d. 입력전압과 같다.

16. 증폭기의 전달저항은 무엇의 비인가?

a. 입력전압에 대한 출력전류

b. 출력전류에 대한 입력전압

c. 입력전압에 대한 출력전압

d. 입력전류에 대한 출력전압

17. 전류는 무엇을 통해서는 접지로 흐를 수 없는가?

a. 기계적인 접지　　b. 교류접지

c. 가상접지　　d. 일반접지

18. 전류-전압 변환기에서 입력전류는 무엇을 통해 흐르는가?

a. 연산증폭기의 입력임피던스

b. 귀환저항

c. 접지

d. 부하저항

19. 전류-전압 변환기의 입력임피던스는?

a. 적다.

b. 크다.

c. 이상적으로 0이다.

d. 이상적으로 ∞이다.

20. 개방루프 대역폭은 무엇과 같은가?

a. f_{unity}　　b. $f_{2(OL)}$

c. $f_{unity}/A_{V(CL)}$　　d. f_{max}

21. 폐루프 대역폭은 무엇과 같은가?

a. f_{unity}　　b. $f_{2(OL)}$

c. $f_{unity}/A_{V(CL)}$　　d. f_{max}

22. 연산증폭기에서 다음 중 어느 것이 일정한가?

a. $f_{2(OL)}$　　b. 귀환전압

c. $A_{V(CL)}$　　d. $A_{V(CL)}f_{(CL)}$

23. 부귀환은 무엇을 개선하지 못하는가?

a. 전압이득의 안정

b. 다음 단의 비선형 왜곡

c. 출력 오프셋전압

d. 전력대역폭

24. ICVS증폭기가 포화되었다. 고려되는 고장은?

a. 공급전압이 없다.

b. 귀환저항의 개방

c. 입력전압이 없다.

d. 부하저항의 개방

25. VCVS 증폭기에서 출력전압이 나타나지 않는다. 고려되는 고장은?

a. 부하저항의 단락

b. 귀환저항의 개방

c. 과대한 입력전압

d. 부하저항의 개방

26. ICIS 증폭기가 포화되었다. 고려되는 고장은?

a. 부하저항의 단락

b. R_2의 개방

c. 입력전압이 없음

d. 부하저항의 개방

27. ICVS 증폭기에서 출력전압이 나타나지 않았다. 고려되는 고장은?

a. (+)공급전압이 없음

b. 귀환저항의 개방

c. 귀환전압이 없음

d. 부하저항의 단락

28. VCVS 증폭기에서 폐루프 입력임피던스는 _____ .

a. 항상 개방루프 입력임피던스보다 크다

b. 개방루프 입력임피던스와 같다

c. 때로는 개방루프 입력임피던스보다 적다

d. 이상적으로 0이다

기본문제 __ *Problems*

다음 문제에서 필요한 연산증폭기의 변수는 표 16-3을 참조하라.

17-2 VCVS 전압이득

17-1 그림 17-15에서 귀환비, 이상적인 폐루프 전압이득, 퍼센트 오차 및 정확한 전압이득을 계산하라.

17-2 만일 그림 17-15에서 68 kΩ의 저항을 39 kΩ으로 바꾸었다면 귀환비는 얼마인가? 또 폐루프 전압이득은?

17-3 그림 17-15에서 2.7 kΩ의 저항을 4.7 kΩ으로 바꾸었다. 귀환비는 얼마인가? 또 폐루프 전압이득은?

17-4 만일 그림 17-15에서 LF353 대신에 LM301A로 대치했다면, 귀환비, 이상적인 폐루프 전압이득, 퍼센트 오차, 정확한 전압이득은 얼마인가?

17-3 기타 VCVS의 식

17-5 그림 17-16에서 연산증폭기는 3 MΩ의 R_{in}과 500 MΩ의 R_{CM}을 가진다. 폐루프 입력임피던스는 얼마인가? 연산증폭기의 A_{VOL}은 200,000이다.

17-6 그림 17-16에서 폐루프 출력 임피던스는 얼마인가? A_{VOL}은 75,000이고 R_{out}은 50 Ω이다.

17-7 그림 17-16의 증폭기가 10%의 전체 개방루프 고조파 왜곡을 갖는다고 가정하라. 전체 폐루프 고조파 왜곡은 얼마인가?

17-4 ICVS 증폭기

17-8 ▌▌▌MultiSim 그림 17-17에서 주파수는 1 kHz이다. 출력전압은 얼마인가?

17-9 ▌▌▌MultiSim 그림 17-17에서 만일 귀환저항을 51 kΩ에서 33 kΩ으로 바꾸었다면 출력전압은 얼마인가?

17-10 그림 17-17에서 입력전류를 10.0 μA_{rms}로 바꾸었다. 피크-피크 출력전압은 얼마인가?

17-5 VCIS 증폭기

17-11 ▌▌▌MultiSim 그림 17-18에서 출력전류는 얼마인가? 또 부하전력은 얼마인가?

17-12 만일 그림 17-18에서 부하저항을 1 Ω에서 3Ω으로 바꾸었다면 출력전류는 얼마인가? 또 부하전력은?

17-13 ▌▌▌MultiSim 만일 그림 17-18에서 2.7 Ω의 저항을 4.7 Ω으로 바꾸었다면 출력전류 및 부하전력은 얼마인가?

17-6 ICIS 증폭기

17-14 ▌▌▌MultiSim 그림 17-19에서 전류이득은 얼마인가? 또 부하전력은 얼마인가?

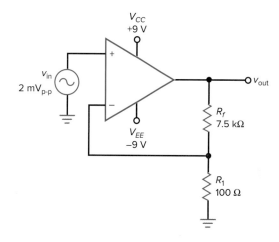

| 그림 17·16 |

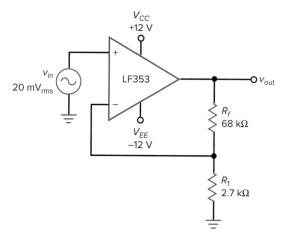

| 그림 17·15 |

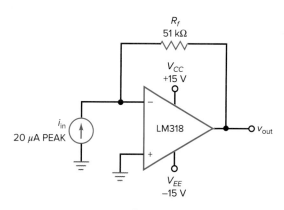

| 그림 17·17 |

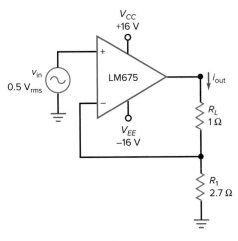

| 그림 17·18 |

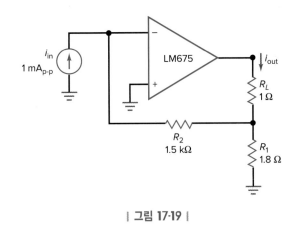

| 그림 17·19 |

17-15 ▐▐▐ **MultiSim** 만일 그림 17-19에서 부하저항을 1 Ω에서 2 Ω으로 바꾸었다면 출력전류는 얼마인가? 또 부하전력은?

17-16 만일 그림 17-19에서 1.8 Ω의 저항을 7.5 Ω으로 바꾸었다면 전류이득과 부하전력은?

17-7 대역폭

17-17 VCVS 증폭기에 $(1 + A_{VOL}B) = 1,000$, $f_{2(OL)} = 2$ Hz인 LM324를 사용했다. 폐루프 대역폭은 얼마인가?

17-18 만일 VCVS 증폭기에 $A_{VOL} = 316,000$, $f_{2(OL)} = 4.5$ Hz인 LM833을 사용했다면 $A_{V(CL)} = 75$에서 폐루프 대역폭은 얼마인가?

17-19 ICVS 증폭기에 $A_{VOL} = 20,000$, $f_{2(OL)} = 750$ Hz인 LM318을 사용했을 때 폐루프 대역폭은 얼마인가?

17-20 ICIS 증폭기에 $f_{2(OL)} = 120$ Hz인 TL072를 사용했다. 만일 $(1 + A_{VOL}B) = 5,000$이라면 폐루프 대역폭은 얼마인가?

17-21 VCVS 증폭기에 $f_{unity} = 1$ MHz, $S_R = 0.5$ V/μs인 LM741C를 사용했다. 만일 $A_{V(CL)} = 10$이라면 폐루프 대역폭은 얼마인가? $f_{2(CL)}$에서 왜곡이 발생되지 않는 최대 출력피크전압은?

응용문제 __ *Critical Thinking*

17-22 그림 17-20은 전류측정에 사용할 수 있는 전류-전압 변환기이다. 입력전류가 4 μA일 때 전압계를 읽으면 얼마인가?

17-23 그림 17-21에서 출력전압은 얼마인가?

17-24 그림 17-22에서 스위치의 각각의 위치에서 증폭기의 전압이득은 얼마인가?

17-25 그림 17-22에서 입력전압이 10 mV이면 스위치의 각각의 위치에서 출력전압은 얼마인가?

17-26 그림 17-22에서 사용한 741C는 $A_{VOL} = 100,000$, $R_{in} = 2$ MΩ, $R_{out} = 75$ Ω을 갖는다. 각각의 스위치 위치에서 폐루프 입력 및 출력 임피던스는 얼마인가?

17-27 그림 17-22에서 사용한 741C는 $A_{VOL} = 100,000$, $I_{in(bias)} = 80$ nA, $I_{in(offset)} = 20$ nA, $V_{in(offset)} = 1$ mV, $R_f = 100$ kΩ을 가진다. 스위치의 위치에 대한 출력 오프셋전압은 얼마인가?

17-28 그림 17-23a의 각 스위치의 위치에서 출력전압은 얼마인가?

17-29 그림 17-23b의 광다이오드에 2 μA의 전류가 발생한다. 출력전압은 얼마인가?

17-30 만일 그림 17-23c의 미지의 저항값이 3.3 kΩ이라면 출력전압은 얼마인가?

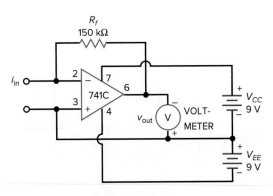

| 그림 17-20 |

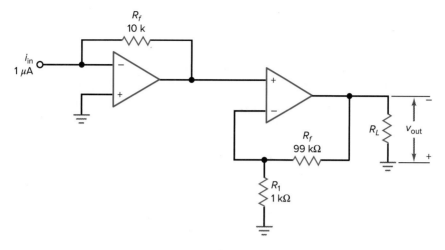

| 그림 17-21 |

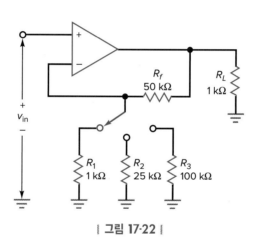

| 그림 17-22 |

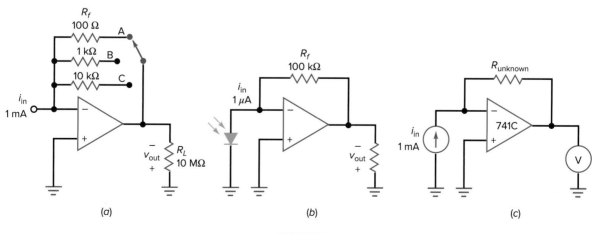

| 그림 17-23 |

17-31 만일 그림 17-23c에서 출력전압이 2 V라면 미지의 저항값은 얼마인가?

17-32 그림 17-24의 귀환저항은 음파에 의해 제어되는 저항을 가진다. 만일 귀환저항이 9 kΩ에서 11 kΩ 사이를 연속적으로 변한다면 출력전압은 어떻게 되는가?

17-33 그림 17-24의 귀환저항은 온도에 의해 제어된다. 만일 귀환저항이 1 kΩ에서 10 kΩ까지 변한다면 출력전압의 범위는 어떻게 되는가?

17-34 그림 17-25에 BIFET 연산증폭기를 사용한 정도가 높은 직류전압계를 나타내었다. 출력전압은 영점조정으로 잘 조정되어 있다고 가정한다. 각 스위치의 위치에서 전눈금 편향(full-scale deflection) 시 입력전압은 얼마인가?

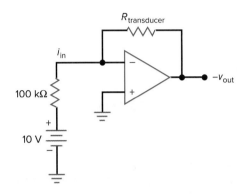

| 그림 **17·24** |

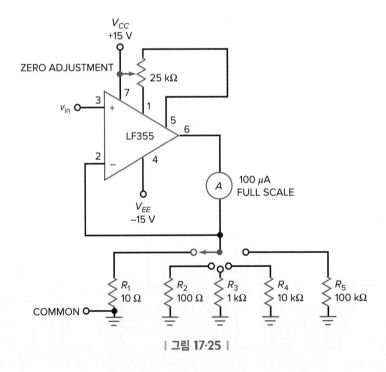

| 그림 **17·25** |

고장점검 __ *Troubleshooting*

||||| **MultiSim** 문제 17-35에서 17-37에 대하여 그림 17-26을 이용하라. 저항 R_2에서 R_4까지는 경우에 따라 개방 또는 단락일지도 모르고, 또 접속선 *AB*, *CD*, *FG*도 개방일지 모른다.

17-35 $T1 \sim T3$의 고장을 진단하라.

17-36 $T4 \sim T6$의 고장을 진단하라.

17-37 $T7 \sim T9$의 고장을 진단하라.

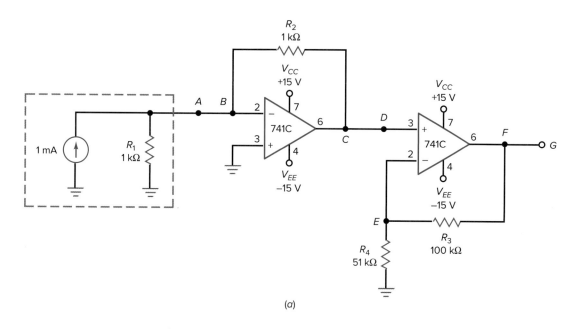

(a)

Troubleshooting

Trouble	V_A	V_B	V_C	V_D	V_E	V_F	V_G	R_4
OK	0	0	–1	–1	–1	–3	–3	OK
T1	0	0	–1	0	0	0	0	OK
T2	0	0	0	0	0	0	0	OK
T3	0	0	–1	–1	0	–13.5	–13.5	0
T4	0	0	–13.5	–13.5	–4.5	–13.5	–13.5	OK
T5	0	0	–1	–1	–1	–3	0	OK
T6	0	0	–1	–1	0	–13.5	–13.5	OK
T7	+1	0	0	0	0	0	0	OK
T8	0	0	–1	–1	–1	–1	–1	OK
T9	0	0	–1	–1	–1	–1	–1	∞

(b)

| **그림 17·26** |

MultiSim 고장점검 문제 __ *MultiSim Troubleshooting Problems*

멀티심 고장점검 파일들은 http://mhhe.com/malvino9e의 온라인학습센터(OLC)에 있는 멀티심 고장점검 회로(MTC)라는 폴더에서 찾을 수 있다. 이 장에 관련된 파일은 MTC17-38~MTC17-42로 명칭되어 있고 모두 그림 17-26의 회로를 바탕으로 한다.

각 파일을 열고 고장점검을 실시한다. 결함이 있는지 결정하기 위해 측정을 실시하고, 결함이 있다면 무엇인지를 찾아라.

17-38 MTC17-38 파일을 열어 고장점검을 실시하라.

17-39 MTC17-39 파일을 열어 고장점검을 실시하라.

17-40 MTC17-40 파일을 열어 고장점검을 실시하라.

17-41 MTC17-41 파일을 열어 고장점검을 실시하라.

17-42 MTC17-42 파일을 열어 고장점검을 실시하라.

직무 면접 문제 __ *Job Interview Questions*

1. VCVS 부귀환의 등가회로를 그려라. 폐루프 전압이득, 입력 및 출력 임피던스 및 대역폭에 대한 식을 적어라.

2. ICVS 부귀환의 등가회로를 그려라. 이것과 반전증폭기의 관계는 어떠한가?

3. 폐루프 대역폭과 전력대역폭 간의 차이는 무엇인가?

4. 부귀환의 네 가지 종류는 무엇인가? 각 회로를 간단히 그려라.

5. 증폭기의 대역폭에서 부귀환의 효과는 무엇인가?

6. 폐루프 차단주파수는 개방루프 차단주파수보다 높은가, 낮은가?

7. 회로에 부귀환을 사용하는 이유는?

8. 증폭기에서 정귀환의 효과는?

9. 귀환감쇄 또는 **귀환감쇄율**(feedback attenuation factor)이란 무엇인가?

10. 부귀환이란 무엇이며 그것이 왜 사용되는가?

11. 전압이득 전체를 감소시키려고 할 때 한 증폭단에 부귀환을 거는 이유는?

12. BJT와 FET에서의 부귀환 증폭기에는 어떤 형식이 있는가?

복습문제 해답 __ *Self-Test Answers*

1.	b	**6.**	c	**11.**	d	**16.**	d	**21.**	c	**26.**	b
2.	d	**7.**	b	**12.**	b	**17.**	c	**22.**	d	**27.**	d
3.	a	**8.**	b	**13.**	b	**18.**	b	**23.**	d	**28.**	a
4.	a	**9.**	b	**14.**	b	**19.**	c	**24.**	b		
5.	a	**10.**	b	**15.**	b	**20.**	b	**25.**	a		

연습문제 해답 __ *Practice Problem Answers*

17-1 $B = 0.020$; $A_{V(ideal)} = 50$; % error = 0.05%; $A_{V(exact)} = 49.975$

17-2 $Z_{in(CL)} = 191\ \text{M}\Omega$

17-3 $Z_{out(CL)} = 0.015\ \Omega$

17-4 $THD_{(CL)} = 0.004\%$

17-5 $v_{out} = 2\ v_{p-p}$

17-6 $Z_{in(CL)} = 0.025\ \Omega$; $Z_{out(CL)} = 0.000375\ \Omega$

17-7 $i_{out} = 3\ \text{A}_{rms}$; $P_L = 18\ \text{W}$

17-8 $i_{out} = 2\ \text{A}_{rms}$; $P_L = 4\ \text{W}$

17-9 $f_{2(CL)} = 100\ \text{kHz}$

17-10 $f_{2(CL)} = 8\ \text{kHz}$

17-11 $f_{2(OL)} = 10\ \text{Hz}$

17-12 $f_{2(CL)} = 125\ \text{kHz}$

17-13 $f_{2(CL)} = 10\ \text{kHz}$; $V_{p(max)} = 7.96\ \text{Hz}$

18

선형 연산증폭기회로 응용

Linear Op-Amp Circuit Applications

선형 연산증폭기회로(linear op-amp circuit)의 출력은 입력신호와 동일한 모양을 가진다. 만일 입력이 정현파이면 출력도 정현파이다. 한 사이클 동안 연산증폭기가 포화되는 시간이 전혀 없다. 이 장에서는 반전증폭기, 비반전증폭기, 차동증폭기, 계측증폭기, 전류 부스터, 전압제어 전류원 및 자동이득제어회로를 포함하는 다양한 선형 연산증폭기회로에 대해 검토해 보기로 한다.

학습목표

이 장을 공부하고 나면

- 반전증폭기의 몇 가지 응용에 대해 설명할 수 있어야 한다.
- 비반전증폭기의 몇 가지 응용에 대해 설명할 수 있어야 한다.
- 반전 및 비반전 증폭기의 전압이득을 계산할 수 있어야 한다.
- 차동증폭기와 계측용 증폭기의 동작과 특성에 대해 설명할 수 있어야 한다.
- 2진 가중과 R/2R D/A변환기의 출력전압을 계산할 수 있어야 한다.
- 전류부스터와 전압제어 전류원에 대해 설명할 수 있어야 한다.
- 단일 전원공급으로 동작하는 연산증폭기회로의 구성 및 동작을 설명할 수 있어야 한다.

목차

주요 용어

R/2R 사다리형 D/A변환기(R/2R ladder D/A converter)
계측 증폭기(instrumentation amplifier)
디지털-아날로그(D/A) 변환기(digital-to-analog converter)
레이저 트리밍(laser trimming)
레일-레일 연산증폭기(rail-to-rail op amp)
보호구동(guard driving)

부동부하(floating load)
부호변환기(sign changer)
서미스터(thermistor)
선형 연산증폭기회로(linear op-amp circuit)
스켈치 회로(squelch circuit)
완충(buffer)
입력변환기(input transducer)
자동이득제어(automatic gain control: AGC)

전류부스터(current booster)
전압기준(voltage reference)
차동증폭기(differential amplifier)
차동입력전압(differential input voltage)
차동전압이득(differential voltage gain)
출력변환기(output transducer)
평균치회로(averager)

18-1 반전증폭기회로

이 장과 이후의 장들에서는 서로 다른 많은 형식의 연산증폭기회로에 대해 설명한다. 회로의 모든 것을 보여 주기 위해 요약 페이지를 제공하는 대신에, 회로를 이해하는 데 꼭 필요한 공식이 들어 있는 작은 요약 상자를 제공할 것이다. 또한 필요한 경우 R_f나 R, R_2 또는 다른 식별용 문자를 붙일 것이다.

반전증폭기는 가장 기본이 되는 회로 중 하나이다. 이전 장들에서 이 증폭기의 기본형에 대해 설명했다. 이 증폭기의 장점 중 하나는 전압이득이 귀환저항과 입력저항의 비와 같다는 것이다. 여기서 이 회로의 몇 가지 응용에 대해 살펴보자.

고임피던스 프로브

그림 18-1에 디지털 멀티미터에서 사용되는 고임피던스 프로브(high-impedance probe)를 나타내었다. 프로브는 첫째 단에서의 가상접지 때문에 저주파수에서 100 MΩ의 입력임피던스를 가진다. 첫째 단은 전압이득 0.1을 갖는 반전증폭기이다. 둘째 단은 1 또는 10의 전압이득을 갖는 반전증폭기이다.

그림 18-1의 회로는 10:1 프로브의 기본 개념을 나타낸다. 이 회로는 매우 큰 입력임피던스와 0.1 또는 1 둘 중의 하나인 전체 전압이득을 가진다. 스위치의 X10 위치에서 출력신호는 10을 계수로 감쇄한다. X1의 위치에서는 출력신호의 감쇄가 없다. 여기서 나타낸 기본회로는 대역폭을 증가시키기 위해 더 많은 부품을 부가하여 개선시킬 수 있다.

교류결합 증폭기

어떤 응용에서는 교류신호만이 입력을 구동하기 때문에 주파수가 0일 때까지 확대한 응답을 필요로 하지 않는다. 그림 18-2에 교류결합 증폭기와 필요한 식들을 나타내었다. 전압이득은 다음과 같이 주어진다.

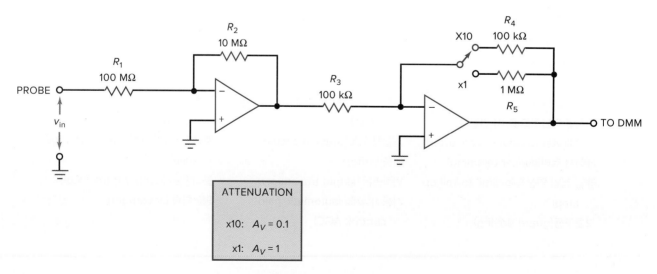

| 그림 18·1 | 고임피던스 프로브

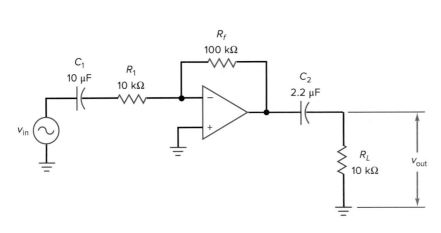

$$A_V = \frac{-R_f}{R_1}$$

$$f_2 = \frac{f_{unity}}{R_f/R_1 + 1}$$

$$f_{c1} = \frac{1}{2\pi R_1 C_1}$$

$$f_{c2} = \frac{1}{2\pi R_L C_2}$$

| 그림 18-2 | 교류결합 반전증폭기

$$A_V = \frac{-R_f}{R_1}$$

그림 18-2에 주어진 값으로부터 폐루프 전압이득은 다음과 같다.

$$A_V = \frac{-100 \text{ k}\Omega}{10 \text{ k}\Omega} = -10$$

만일 f_{unity}가 1 MHz라면 대역폭은

$$f_{2(CL)} = \frac{1 \text{ MHz}}{10 + 1} = 90.9 \text{ kHz}$$

입력결합 커패시터 C_1과 입력저항 R_1을 이용하여 다음과 같이 저역 차단주파수 중 하나인 f_{c1}을 얻는다.

$$f_{c1} = \frac{1}{2\pi(10 \text{ k}\Omega)(10 \text{ }\mu\text{F})} = 1.59 \text{ Hz}$$

마찬가지로 출력결합 커패시터 C_2와 부하저항 R_L로부터 차단주파수 f_{c2}를 얻는다.

$$f_{c2} = \frac{1}{2\pi(10 \text{ k}\Omega)(2.2 \text{ }\mu\text{F})} = 7.23 \text{ Hz}$$

참고사항

16장에서 설명한 바와 같이 $A_{V(CL)}$이 10보다 클 때, 반전증폭기의 폐루프 고역 차단주파수는 $f_{2(CL)} = f_{unity}/A_{V(CL)}$로 단순화할 수 있다.

대역폭이 조정 가능한 회로

때로는 폐루프 전압이득을 변화시키지 않고 반전 전압증폭기의 폐루프 대역폭을 변화시키고자 할 때가 있다. 그림 18-3에 그 방법을 나타내었다. R을 변화시켰을 때 대역폭은 변화하나 전압이득은 그대로 일정할 것이다.

그림 18-3에서 주어진 식과 값에서 폐루프 전압이득은

$$A_V = \frac{-100 \text{ k}\Omega}{10 \text{ k}\Omega} = -10$$

이고, 최소 귀환비는

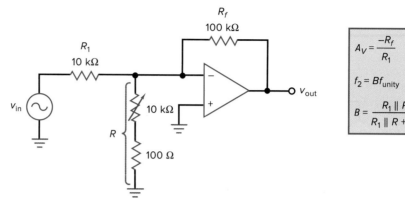

| 그림 18-3 | 대역폭이 조정 가능한 회로

$$B_{min} \cong \frac{10 \text{ k}\Omega \parallel 100 \text{ }\Omega}{100 \text{ k}\Omega} \cong 0.001$$

이다. 최대 귀환비는

$$B_{max} \cong \frac{10 \text{ k}\Omega \parallel 10.1 \text{ k}\Omega}{100 \text{ k}\Omega} \cong 0.05$$

이다. 만일 $f_{unity} = 1$ MHz이면 최소, 최대 대역폭은

$$f_{2(CL)min} = (0.001)(1 \text{ MHz}) = 1 \text{ kHz}$$
$$f_{2(CL)max} = (0.05)(1 \text{ MHz}) = 50 \text{ kHz}$$

결론적으로 R이 100 Ω에서 10 kΩ으로 변화되었을 때 전압이득은 그대로 일정하나 대역폭은 1에서 50 kHz로 변화된다.

18-2 비반전증폭기회로

비반전증폭기도 또 하나의 기본적인 연산증폭기회로이다. 전압이득의 안정, 큰 입력임피던스 및 작은 출력 임피던스와 같은 장점을 가진다. 여기서는 이 회로의 몇 가지 응용에 대해 살펴보자.

교류결합 증폭기

그림 18-4에 교류결합 비반전증폭기와 그 분석식을 나타내었다. C_1과 C_2는 결합 커패시터이고 C_3는 바이패스 커패시터이다. 바이패스 커패시터를 사용하는 것은 출력 오프셋전압을 최소화하는 이점을 가지기 때문이다. 왜냐하면, 증폭기의 중역에서 바이패스 커패시터는 매우 작은 임피던스를 가진다. 따라서 R_1 아래쪽은 교류적으로 접지된다. 중간대역에서 귀환비는 다음과 같다.

$$B = \frac{R_1}{R_1 + R_f} \tag{18-1}$$

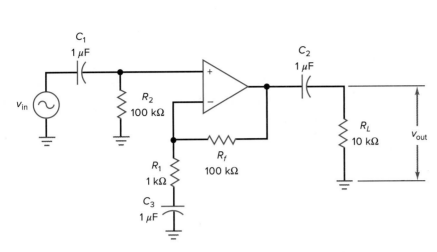

$$A_V = \frac{R_f}{R_1} + 1$$

$$f_2 = \frac{f_{\text{unity}}}{A_V}$$

$$f_{c1} = \frac{1}{2\pi R_2 C_1}$$

$$f_{c2} = \frac{1}{2\pi R_L C_2}$$

$$f_{c3} = \frac{1}{2\pi R_1 C_3}$$

| 그림 18·4 | 교류결합 비반전증폭기

이때 이 회로는 앞서 말한 바와 같이 입력전압을 증폭한다.

주파수가 0일 때 바이패스 커패시터 C_3는 개방되고 귀환비 B는 다음과 같이 1로 증가한다.

$$B = \frac{\infty}{\infty + 1} = 1$$

이 식은 0 주파수에서의 임피던스와 같은 것, 즉 극히 큰 값인 ∞로 정의한다면 유효하다. $B = 1$에서 폐루프 전압이득은 1이다. 이것은 출력 오프셋전압을 최소로 감소시킨다.

그림 18-4에서 주어진 값으로부터 중역의 전압이득을 다음과 같이 계산할 수 있다.

$$A_V = \frac{100 \text{ k}\Omega}{1 \text{ k}\Omega} + 1 = 101$$

만일 f_{unity}가 15 MHz이면 대역폭은 다음과 같다.

$$f_{2(CL)} = \frac{15 \text{ MHz}}{101} = 149 \text{ kHz}$$

입력결합 커패시터는 다음과 같은 차단주파수를 발생시킨다.

$$f_{c1} = \frac{1}{2\pi(100 \text{ k}\Omega)(1 \ \mu\text{F})} = 1.59 \text{ Hz}$$

마찬가지로 출력결합 커패시터 C_2와 부하저항 R_L은 차단주파수 f_{c2}를 발생시킨다.

$$f_{c2} = \frac{1}{2\pi(10 \text{ k}\Omega)(1 \ \mu\text{F})} = 15.9 \text{ Hz}$$

바이패스 커패시터는 다음과 같은 차단주파수를 발생시킨다.

$$f_{c3} = \frac{1}{2\pi(1 \text{ k}\Omega)(1 \ \mu\text{F})} = 159 \text{ Hz}$$

음성 분배 증폭기

그림 18-5에 3개의 전압폴로어로 구동하는 교류결합 비반전증폭기를 나타내었다. 이것은 음성신호를 몇 가지 서로 다른 출력으로 분배하는 한 방법이다. 첫째 단의 폐루프 전압이득과 대역폭은 그림 18-5에 나타낸 친숙한 식으로부터 구할 수 있다. 주어진 값에서 폐루프 전압이득은 40이다. 만일 f_{unity}가 1 MHz이면 폐루프 대역폭은 25 kHz이다.

덧붙여 그림 18-5와 같은 회로에 보편적으로 사용하는 연산증폭기는 LM348인데 왜냐하면 LM348은 14핀 패키지 내에 4개의 741이 구성되어 있기 때문이다. 연산증폭기 중 하나는 첫째 단의 증폭기로 사용하고 그 외의 연산증폭기는 전압폴로어로 사용할 수 있다.

JFET 스위치를 이용한 전압이득 조정회로

어떤 응용에서는 폐루프 전압이득의 변화를 요구한다. 그림 18-6에 스위치로 동작하는 JFET에 의해 전압이득이 제어되는 비반전증폭기를 나타내었다. JFET의 입력전압은 0 또는 $V_{GS(off)}$인 2상태 전압이다. 제어전압이 낮은(low), 즉 $V_{GS(off)}$일 때 JFET는 개방된다. 이때는 R_2도 개방되어 전압이득은 비반전증폭기에서의 식(그림 18-6의 첫 번째 식)으로 얻어진다.

제어전압이 높은(high), 즉 0 V일 때 JFET 스위치는 단락되어 R_2가 R_1과 병렬이 되므로 폐루프 전압이득은 다음과 같이 감소한다.

$$A_V = \frac{R_f}{R_1 \parallel R_2} + 1 \tag{18-2}$$

대부분의 설계에서 R_2는 폐루프 전압이득의 JFET 저항에 대한 영향을 배제하기 위해

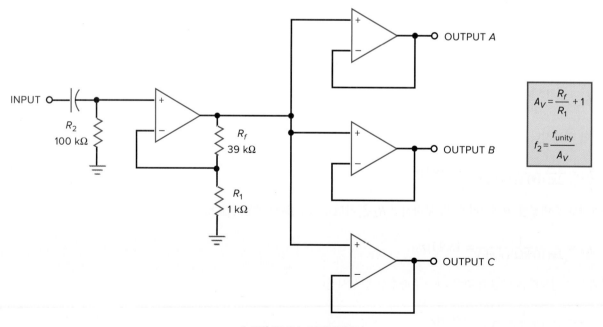

| 그림 18·5 | 분배 증폭기

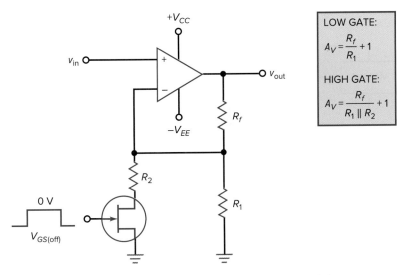

│ **그림 18·6** │ JFET 스위치를 이용한 전압이득 조정회로

$r_{ds(on)}$보다 충분히 크게 한다. 때로는 서로 다른 전압이득의 선택을 제공하기 위해, R_1에 병렬로 다수의 저항과 JFET 스위치를 사용하는 것도 볼 수 있다.

응용예제 18-1

그림 18-6의 응용 중 하나가 **스켈치 회로**(squelch circuit)이다. 이 회로는 통신에서 수신기로 사용되는데 수신신호가 없을 경우 회로가 낮은 전압이득으로 동작되어 청취자가 이를 듣지 못하게 한다. 수신신호가 입력되면 회로는 높은 전압이득으로 스위치되어 수신신호를 잘 청취할 수 있도록 한다.

만일 그림 18-6에서 $R_1 = 100 \text{ k}\Omega$, $R_f = 100 \text{ k}\Omega$, $R_2 = 1 \text{ k}\Omega$이라면 JFET가 전도(on)될 때 전압이득은 얼마인가? JFET가 차단(off)될 때 전압이득은 얼마인가? 또 이 회로를 스켈치 회로의 한 부분으로 사용할 수 있는 방법을 설명하라.

풀이 그림 18-6에 주어진 식에서 최대 전압이득은

$$A_V = \frac{100 \text{ k}\Omega}{100 \text{ k}\Omega \parallel 1 \text{ k}\Omega} + 1 = 102$$

이고, 최소 전압이득은 다음과 같다.

$$A_V = \frac{100 \text{ k}\Omega}{100 \text{ k}\Omega} + 1 = 2$$

통신신호가 수신될 때 피크검출기와 그림 18-6에서와 같이 JFET에 고(high)게이트전압을 발생시키는 다른 회로들을 사용할 수 있다. 이것은 신호가 수신되는 동안에는 최대 전압이득을 발생시킨다. 반면에 신호가 수신되지 않을 때는 피크검출기의 출력은 저(low)가 되고 JFET는 차단되어 최소 전압이득이 발생되도록 한다.

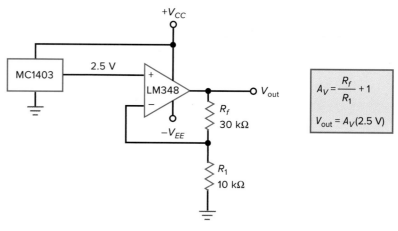

| 그림 18·7 | 전압기준

전압기준

MC1403은 **전압기준**(voltage reference)이라 불리는 특수한 기능을 갖는 IC인데, 이 회로는 출력에 극히 정확하고 안정한 전압값을 발생한다. 양의 공급전압이 4.5 V에서 40 V 사이일 경우, 허용오차가 ±1%를 갖는 2.5 V의 출력전압을 발생한다. 온도계수는 겨우 10 ppm/°C이다. *ppm*이란 "part per million"(1 ppm은 0.0001%와 같음)의 약자이다. 따라서 10 ppm/°C는 온도 100°C 변화에 대해 겨우 2.5 mV(10 × 0.0001% × 100 × 2.5 V)의 변화가 발생함을 의미한다. 즉, 출력전압은 큰 온도변화에서도 2.5 V로 극히 안정하다는 것이다.

다만 문제는 2.5 V가 많은 응용에서 전압기준으로는 너무 낮다는 것이다. 만일 10 V의 전압기준을 원한다면 그 해결방법으로는 그림 18-7에 나타내었듯이 MC1403과 비반전증폭기를 사용하는 것이다. 이 회로에서 전압이득은 다음과 같다.

$$A_V = \frac{30 \text{ k}\Omega}{10 \text{ k}\Omega} + 1 = 4$$

그리고 출력전압은

$$V_{\text{out}} = 4(2.5 \text{ V}) = 10 \text{ V}$$

이고, 비반전증폭기의 폐루프 전압이득이 4이기 때문에 출력전압은 10 V인 안정한 전압기준이 될 것이다.

18-3 반전기/비반전기 회로

이 절에서는 입력신호가 연산증폭기의 두 입력을 동시에 구동하는 회로에 대해 살펴보자. 입력신호가 두 입력을 구동할 때 반전증폭과 비반전증폭을 동시에 얻을 수 있다. 이것은 출력이 두 증폭된 신호의 중복발생이기 때문에 흥미로운 결과를 발생시킨다.

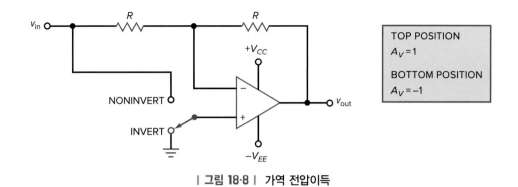

| 그림 18-8 | 가역 전압이득

연산증폭기의 양측을 구동하는 입력신호가 갖는 전체 전압이득은 반전채널의 전압 이득과 비반전채널의 전압이득을 합한 것과 같다.

$$A_V = A_{V(\text{inv})} + A_{V(\text{non})} \tag{18-3}$$

이 절에서의 회로분석에는 이 식을 사용할 것이다.

스위칭 가능한 반전기/비반전기

그림 18-8에 나타낸 연산증폭기는 반전기나 비반전기로서의 기능을 할 수 있다. 스위치를 아래 위치에 놓으면 비반전입력은 접지되고 회로는 반전증폭기가 된다. 귀환저항과 입력저항이 같기 때문에 반전증폭기는 다음과 같은 폐루프 전압이득을 가진다.

$$A_V = \frac{-R}{R} = -1$$

스위치를 위쪽 위치로 옮기면 입력신호는 반전과 비반전 입력을 동시에 구동한다. 반전채널의 전압이득은 여전히 다음과 같다.

$$A_{V(\text{inv})} = -1$$

비반전채널의 전압이득은 다음과 같다.

$$A_{V(\text{non})} = \frac{R}{R} + 1 = 2$$

전체 전압이득은 두 이득의 대수적인 합이다.

$$A_V = A_{V(\text{inv})} + A_{V(\text{non})} = -1 + 2 = 1$$

이 회로는 스위칭 가능한 반전기/비반전기이다. 이것은 1 또는 −1의 전압이득을 가진다. 다시 말해 이 회로는 입력전압과 같은 크기의 출력전압을 발생하나 위상은 0°와 −180° 간을 스위칭한다. 예를 들어 만약 v_{in}이 +5 V이면, 스위치의 위치에 따라 v_{out}은 +5 V이거나 −5 V가 될 것이다.

JFET 제어 스위칭이 가능한 반전기

그림 18-9는 그림 18-8을 변형한 것이다. JFET는 전압제어 저항 r_{ds}처럼 동작한다. JFET

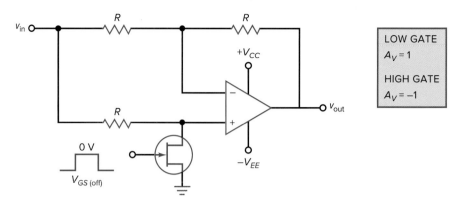

| 그림 18-9 | JFET 제어-가역 이득

는 게이트전압에 따라 매우 작거나 매우 큰 저항을 가진다.

게이트전압이 $V_{GS(off)}$와 같이 낮으면 JFET는 개방된다. 따라서 입력신호 $V_{GS(off)}$는 두 입력을 구동한다. 이때,

$$A_{V(non)} = 2$$
$$A_{V(inv)} = -1$$

그리고

$$A_V = A_{V(inv)} + A_{V(non)} = 1$$

이 회로는 폐루프 전압이득이 1인 비반전 전압증폭기처럼 동작한다.

게이트전압이 0 V와 같이 높으면 JFET는 매우 작은 저항을 갖는다. 따라서 비반전입력은 거의 접지된다. 이때 회로는 폐루프 전압이득이 −1인 반전 전압증폭기처럼 동작한다. 적절한 동작을 위해서 R은 JFET의 r_{ds}보다 적어도 100배 이상 커야 한다.

결론적으로 이 회로는 JFET의 제어전압이 낮거나 높은가에 따라 1 또는 −1의 전압이득을 갖는다.

이득조정기를 갖는 반전기

그림 18-10의 가변저항이 0일 때, 비반전입력은 접지되고 회로는 $-R_2/R_1$의 전압이득을

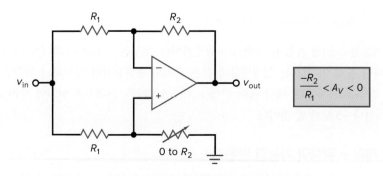

| 그림 18-10 | 이득조정기를 갖는 반전기

갖는 반전증폭기가 된다. 가변저항이 R_2로 증가하면 연산증폭기의 비반전, 반전 입력(동상입력)은 동일한 전압으로 구동된다. 동상신호제거비 때문에 출력전압은 거의 0이 된다. 따라서 그림 18-10의 회로는 $-R_2/R_1$에서 0까지 연속적으로 변화하는 전압이득을 갖는다.

응용예제 18-2

위상문제를 떠나 신호의 크기만을 변화시킬 필요가 있을 때, 그 회로의 하나로 그림 18-10을 사용할 수 있다. 만일 $R_1 = 1.2 \text{ k}\Omega$, $R_2 = 91 \text{ k}\Omega$이면 최대 및 최소 전압이득값은 얼마인가?

풀이 그림 18-10에 주어진 식에서 최대 전압이득은 다음과 같다.

$$A_V = \frac{-91 \text{ k}\Omega}{1.2 \text{ k}\Omega} = -75.8$$

최소 전압이득은 0이다.

연습문제 18-2 응용예제 18-2에서 최대이득을 -50으로 변화시키기 위한 R_2의 값은 얼마인가?

부호변환기

그림 18-11의 회로는 **부호변환기**(sign changer)라 부르는데, 전압이득을 -1에서 1까지 변화시킬 수 있으므로 특별한 회로이다. 여기서 그 동작을 알아보자. 가변저항 단자를 오른쪽으로 완전히 돌렸을 때, 비반전입력은 접지되고 회로는 다음의 전압이득을 갖는다.

$$A_v = -1$$

가변저항 단자를 왼쪽으로 완전히 돌렸을 때, 입력신호는 비반전입력뿐만 아니라 반전입력도 구동된다. 이때 전체 전압이득은 반전과 비반전 전압이득의 합으로 다음과 같다.

$$A_{v(\text{non})} = 2$$
$$A_{v(\text{inv})} = -1$$
$$A_v = A_{v(\text{inv})} + A_{v(\text{non})} = 1$$

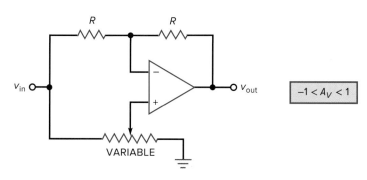

| 그림 18·11 | 이득을 ± 1로 가역 및 조정할 수 있는 회로

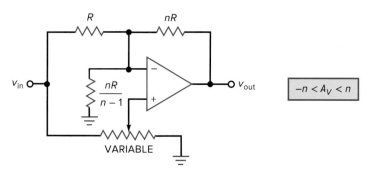

| 그림 18·12 | 이득을 ±*n*으로 가역 및 조정할 수 있는 회로

결론적으로 가변저항 단자를 오른쪽에서 왼쪽으로 돌리면 전압이득은 −1에서 1까지 연속적으로 변화된다. 교차점(와이퍼 중앙)에서 동상신호는 연산증폭기를 구동하고 출력은 이상적으로 0이 된다.

이득의 조정 및 가역이 가능한 회로

그림 18-12에 또 다른 특수한 회로를 나타내었다. 이것은 전압이득을 −*n*과 *n* 사이로 조정할 수 있다. 부호변환기와 동작원리는 비슷하다. 가변저항 단자를 완전히 오른쪽으로 돌렸을 때 비반전입력은 접지되고, 회로는 다음과 같은 폐루프 전압이득을 갖는 반전증폭기가 된다.

$$A_V = \frac{-nR}{R} = -n$$

가변저항 단자를 완전히 왼쪽으로 돌리면 다음과 같이 주어진다.

$$A_{V(\text{inv})} = -n$$
$$A_{V(\text{non})} = 2n$$
$$A_V = A_{V(\text{non})} + A_{V(\text{inv})} = n$$

이 결과는 회로에 테브난 정리의 적용 및 대수의 간략화에 의해 유도할 수 있다.

그림 18-11과 18-12의 회로는 개별회로로 간단히 구성할 수 없기 때문에 특이하다. 이 회로들은 연산증폭기로는 설계하기가 쉬우나 개별부품으로 구성하기는 극히 어려운 회로의 좋은 예이다.

응용예제 18-3

그림 18-12에서 *R* = 1.5 kΩ, *nR* = 7.5 kΩ이면 최대 양(+)의 전압이득은 얼마인가? 또 다른 고정된 저항의 값은 얼마인가?

풀이 *n*의 값은

$$n = \frac{7.5 \text{ k}\Omega}{1.5 \text{ k}\Omega} = 5$$

이고, 최대 양(+)의 전압이득은 5이다. 다른 고정된 저항은 다음 값을 가진다.

$$\frac{nR}{n-1} = \frac{5(1.5 \text{ k}\Omega)}{5-1} = 1.875 \text{ k}\Omega$$

이 회로에서 1.875 kΩ과 같은 표준화되지 않은 값을 얻기 위해서는 정밀저항을 사용해야 한다.

연습문제 18-3 그림 18-12에서 만약 $R = 1$ kΩ을 사용한다면, 최대 양(+)의 전압이득과 또 다른 고정된 저항값은 얼마인가?

이상기(위상천이 회로)

그림 18-13에 0°에서 −180°의 위상천이를 이상적으로 발생시키는 회로를 나타내었다. 비반전채널은 RC지상회로(lag circuit)를 가지고 반전채널은 R'의 값을 갖는 2개의 동일한 저항을 가진다. 따라서 반전채널의 전압이득은 항상 1이다. 그러나 비반전채널의 전압이득은 RC지상회로의 차단주파수에 의존한다.

입력주파수가 차단주파수보다 훨씬 낮을 때($f \ll f_c$) 커패시터는 개방되고

$$A_{V(\text{non})} = 2$$
$$A_{V(\text{inv})} = -1$$
$$A_V = A_{V(\text{non})} + A_{V(\text{inv})} = 1$$

이것은 출력신호가 입력신호와 같은 크기를 가지고, 위상천이가 0°이며, 지상망의 차단주파수 이하임을 의미한다.

입력주파수가 차단주파수보다 훨씬 높으면($f \gg f_c$) 커패시터는 단락된다. 이때 비반전채널은 0인 전압이득을 가진다. 그러므로 전체 이득은 반전채널의 이득과 같고 −1이며 −180°의 위상천이와 등가가 된다.

두 극단 간의 위상천이를 계산하기 위해 그림 18-13에 주어진 식을 사용하여 차단주파수를 계산할 필요가 있다. 예를 들어 만일 $C = 0.022$ μF이고 그림 18-13의 가변저항을 1 kΩ에 고정시키면 차단주파수는

$$f_c = \frac{1}{2\pi(1 \text{ k}\Omega)(0.022 \text{ μF})} = 7.23 \text{ kHz}$$

이고, 1 kHz의 전원주파수에서 위상천이는

$$\phi = -2 \arctan \frac{1 \text{ kHz}}{7.23 \text{ kHz}} = -15.7°$$

이다. 만일 가변저항이 10 kΩ으로 증가하면 차단주파수는 723 Hz로 감소하고 위상천이는 다음과 같이 증가한다.

$$\phi = -2 \arctan \frac{1 \text{ kHz}}{723 \text{ Hz}} = -108°$$

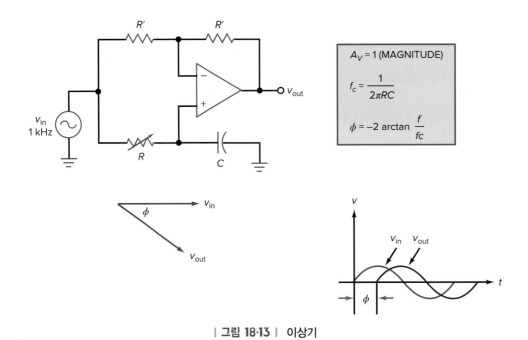

| 그림 18·13 | 이상기

만일 가변저항이 100 kΩ으로 증가하면 차단주파수는 72.3 Hz로 감소하고 위상천이는 다음과 같이 증가한다.

$$\phi = -2 \arctan \frac{1 \text{ kHz}}{72.3 \text{ Hz}} = -172°$$

결론적으로 이상기(phase shifter)는 입력전압과 같은 출력전압을 발생시키나 위상각은 0°와 −180° 사이에서 연속적으로 변화한다.

18-4 차동증폭기

이 절에서는 연산증폭기를 사용한 **차동증폭기**(differential amplifier)의 설계에 대해 설명한다. 차동증폭기의 가장 중요한 특성 중 하나는 CMRR인데 그 이유는 전형적인 입력신호가 적은 차동전압과 큰 동상전압을 갖기 때문이다.

기본 차동증폭기

그림 18-14에 차동증폭기로 접속된 연산증폭기를 나타내었다. 저항 R_1'은 오차 때문에 값이 약간의 차는 있으나 명목상으로는 R_1과 같은 값을 갖는다. 예를 들어 만일 저항이 1 kΩ ± 1%라면 R_1은 1,010 Ω만큼 클지도 모르고 R_1'은 990 Ω만큼 적을지도 모른다. 물론 그 역도 성립된다. 마찬가지로 R_2와 R_2'도 오차 때문에 약간의 차는 있으나 명목상으로는 같다.

그림 18-14에서 요구되는 입력전압 v_{in}은 동상입력전압 $v_{in(CM)}$과 구분하여 **차동입력전압**(differential input voltage)이라 부른다. 그림 18-14와 같은 회로는 출력전압 v_{out}

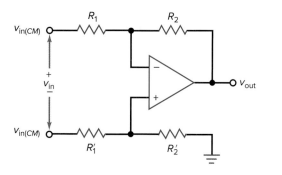

| 그림 18·14 | 차동증폭기

을 얻기 위해 차동입력전압 v_{in}을 증폭한다. 중첩의 정리를 사용하여 다음과 같이 나타낼 수 있다.

$$v_{out} = A_V v_{in}$$

여기서

$$A_V = \frac{-R_2}{R_1} \tag{18-4}$$

이다. 이 전압이득은 공통모드전압이득 $A_{V(CM)}$과 구분하여 **차동전압이득**(differential voltage gain)이라 부른다. 정밀급 저항을 사용하므로 정밀한 전압이득을 갖는 차동증폭기를 설계할 수 있다.

차동증폭기는 차동입력신호 v_{in}이 적은 직류전압(mV)이고 동상입력신호 $v_{in(CM)}$이 큰 직류전압(V)인 경우의 응용에 흔히 사용된다. 그 결과 회로의 CMRR은 임계파라미터가 된다. 예를 들어 만일 차동입력신호가 7.5 mV이고 동상신호가 7.5 V이면 차동입력신호는 동상입력신호보다 60 dB만큼 적다. 이 회로가 매우 큰 CMRR을 갖지 않는 한 동상출력신호는 지장을 초래할 정도로 클 것이다.

연산증폭기의 CMRR

그림 18-14에서 두 요소는 회로의 전체 CMRR을 결정한다. 첫째는 연산증폭기 자신의 CMRR이다. 741C는 저주파수에서 최소 CMRR이 70 dB이다. 만일 차동입력신호가 동상입력신호보다 60 dB만큼 작다면 차동출력신호는 동상출력신호보다 10 dB만큼 클 것이다. 이것은 요구되는 신호가 요구되지 않는 신호보다 3.16배만큼 크다는 것을 의미한다. 그러므로 741C는 이 같은 응용에는 사용할 수가 없다.

이에 대한 해법은 OP-07A와 같은 정밀급 연산증폭기를 사용하는 것이다. 이 연산증폭기는 110 dB의 최소 CMRR을 가진다. 이것은 만족할 만한 동작의 개선을 가져다준다. 만일 차동입력신호가 동상입력신호보다 60 dB 작다면 차동출력신호는 동상출력신호보다 50 dB 이상 클 것이다. 이것은 연산증폭기 자신의 CMRR이 이 오차원(source of error)보다 훨씬 더 크면 클수록 좋다는 것을 의미한다.

참고사항

고속 데이터 흐름은 차동쌍이라 불리는 배선쌍에 상보적 신호를 사용하여 범용 직렬버스 3.0(USB 3.0)에 의해 수행된다. 이러한 신호들은 동상잡음간섭을 제거하고 원하는 출력을 만드는 차동증폭기에 공급된다.

외부저항의 CMRR

두 번째는 그림 18-14에서 저항들의 오차인 동상 오차원(source of common-mode error)이다. 저항들이 다음과 같이 완전 정합되었다고 하자.

$$R_1 = R_1'$$
$$R_2 = R_2'$$

이때 그림 18-14의 동상입력전압은 연산증폭기 입력단자 간에 0 V를 발생시킨다.

한편 저항들이 ±1%의 오차를 가질 때는 그림 18-14의 동상입력전압은 연산증폭기에서 차동입력전압을 발생하는 저항들의 부정합 때문에 동상출력전압을 발생시킬 것이다.

18-3절에서 설명했듯이 연산증폭기의 양측을 동일한 신호로 구동하였을 때 전체 전압이득은 다음과 같이 주어진다.

$$A_{V(CM)} = A_{V(inv)} + A_{V(non)} \tag{18-5}$$

그림 18-14에서 반전 전압이득은

$$A_{V(inv)} = \frac{-R_2}{R_1} \tag{18-6}$$

이고, 비반전 전압이득은

$$A_{V(non)} = \left(\frac{R_2}{R_1} + 1 \right) \left(\frac{R_2'}{R_1' + R_2'} \right) \tag{18-7}$$

이다. 여기서 두 번째 요소는 비반전 측의 전압분배기에 의해 발생되는 비반전입력신호를 감소시킨다.

식 (18-5)~(18-7)을 이용하여 다음과 같은 유용한 식을 유도할 수 있다.

$$A_{V(CM)} = \pm 2 \frac{\Delta R}{R} \quad \text{for } R_1 = R_2 \tag{18-8}$$

$$A_{V(CM)} = \pm 4 \frac{\Delta R}{R} \quad \text{for } R_1 \ll R_2 \tag{18-9}$$

또는

$$\pm 2 \frac{\Delta R}{R} < A_{V(CM)} < \pm 4 \frac{\Delta R}{R} \tag{18-10}$$

이 식들에서 $\Delta R/R$은 소수 등가량으로 변환한 저항들의 오차이다.

예를 들어 만일 저항들이 ±1%의 오차를 가진다면, 식 (18-8)에서 다음을 얻는다.

$$A_{V(CM)} = \pm 2(1\%) = \pm 2(0.01) = \pm 0.02$$

또 식 (18-9)에서 다음을 얻으며,

$$A_{V(CM)} = \pm 4(1\%) = \pm 4(0.01) = \pm 0.04$$

부등식, 식 (18-10)으로부터

$$\pm 0.02 < A_{V(CM)} < \pm 0.04$$

가 얻어진다. 이것은 공통모드전압이득 ±0.02와 ±0.04 사이의 값임을 말한다. 필요할 때 식 (18-5)~(18-7)을 이용하여 정확한 $A_{V(CM)}$의 값을 계산할 수도 있다.

CMRR의 계산

여기서 CMRR은 어떻게 계산하는지에 대해 예를 들어 본다. 그림 18-14의 회로에서 저항들은 흔히 사용되는 것들로 ±0.1%의 오차를 가진다. $R_1 = R_2$일 때 식 (18-4)로부터 차동전압이득은

$$A_V = -1$$

이고, 식 (18-8)로부터 공통모드전압이득은

$$A_{V(CM)} = \pm2(0.1\%) = \pm2(0.001) = \pm0.002$$

이다. 따라서 CMRR은 다음과 같은 크기를 갖는다.

$$\text{CMRR} = \frac{|A_V|}{|A_{V(CM)}|} = \frac{1}{0.002} = 500$$

이를 데시벨로 나타내면 54 dB이다. (주: A_V 양측과 $A_{V(CM)}$ 양측의 수선은 절대값을 나타낸다.)

완충시킨 입력(Buffered Input)

그림 18-14의 차동증폭기를 구동하는 전원저항은 실제로 전압이득을 변화시키고 CMRR을 낮추는 R_1과 R_1'부로 되어 있다. 이것은 매우 중대한 단점이다. 이를 해결하려면 회로의 입력임피던스를 증가시켜야 한다.

그림 18-15는 그 해결방법 중 하나를 나타낸 것이다. 이 회로는 첫째 단(전치증폭기)에 입력이 **완충**(buffer)(분리;격리(isolate))되게 2개의 전압폴로어로 구성하였다. 이것은 입력임피던스를 100 MΩ 이상으로 증가시킬 수 있다. 첫째 단의 전압이득은 차동 및 동상 입력신호 모두에 대해 1이다. 그러므로 두 번째 단(차동증폭기)은 이 회로에 제공된 모든 CMRR을 그대로 갖게 된다.

휘트스톤 브리지

앞서 언급했듯이 차동입력신호는 가끔은 작은 직류전압이다. 그것이 작은 이유는 그림 18-16a와 같은 휘트스톤 브리지(Wheatstone bridge)의 출력이 항상 그렇기 때문이다. 휘트스톤 브리지는 왼쪽의 저항비와 오른쪽의 저항비가 같을 때 균형을 취한다.

$$\frac{R_1}{R_2} = \frac{R_3}{R_4} \tag{18-11}$$

이 조건이 만족될 때 R_2 양단전압은 R_4 양단전압과 같고 브리지의 출력전압은 0 V가 된다.

휘트스톤 브리지는 저항들 중 1개 저항의 적은 변화까지를 검출할 수 있다. 예를 들어 그림 18-16b와 같이 브리지저항 중 3개는 1 kΩ이고 나머지 하나가 1,010 Ω이라고 가정해 보자. R_2 양단전압은

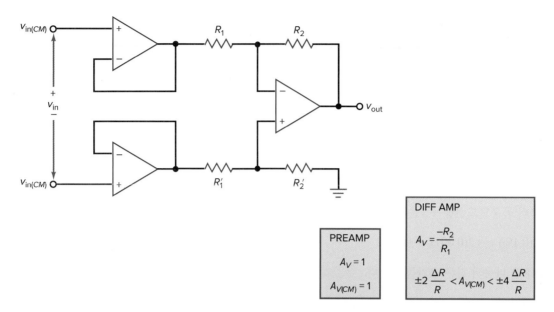

| 그림 18·15 | 완충시킨 입력을 갖는 차동증폭기

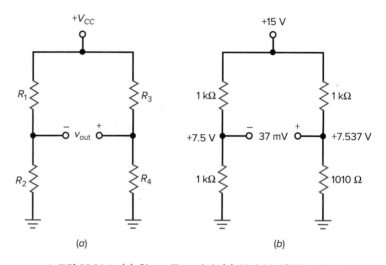

| 그림 18·16 | (a) 휘트스톤 브리지; (b) 약간 불평형인 브리지

$$v_2 = \frac{1\ \text{k}\Omega}{2\ \text{k}\Omega}(15\ \text{V}) = 7.5\ \text{V}$$

이고, R_4 양단전압은 근사적으로

$$v_4 = \frac{1010\ \Omega}{2010\ \Omega}(15\ \text{V}) = 7.537\ \text{V}$$

이다. 따라서 브리지의 출력전압은 근사적으로 다음과 같다.

$$v_\text{out} = v_4 - v_2 = 7.537\ \text{V} - 7.5\ \text{V} = 37\ \text{mV}$$

변환기

저항 R_4는 비전기적인 양을 전기적인 양으로 변환하는 소자인 **입력변환기**(input transducer)라고 해도 좋다. 예를 들어 광저항(photoresistor)은 광세기의 변화를 저항의 변화로 변환하고 또 **서미스터**(thermistor)는 온도의 변화를 저항의 변화로 변환한다. 산업용 시스템 응용에서 일반적인 다른 입력변환기로는 서머커플(*thermocouple*), 저항 온도 감지기(*resistance temperature detector: RTD*) 등이 있다. 이들과 기타 변환기들에 대해 다음 장에서 자세히 검토한다.

또한 전기적인 양을 비전기적인 양으로 변환하는 소자인 **출력변환기**(output transducer)도 있다. 예를 들어 LED는 전류를 빛으로 변환시키고 스피커는 교류전압을 음파로 변환시킨다.

변환기의 다양화는 온도, 소리, 빛, 습도, 속도, 가속도, 힘, 방사능, 응력, 압력 등과 같은 양에 있어 공업적으로 유용하다. 이들 변환기는 비전기적인 양의 측정을 위해 휘트스톤 브리지를 구성하여 사용할 수 있다. 휘트스톤 브리지의 출력은 큰 동상전압을 갖는 적은 직류전압이기 때문에 매우 큰 CMRR을 갖는 직류증폭기의 사용이 요구된다.

대표적인 응용

그림 18-17은 대표적인 응용의 예를 보여 준다. 브리지의 3개의 저항은 다음 값을 갖는다.

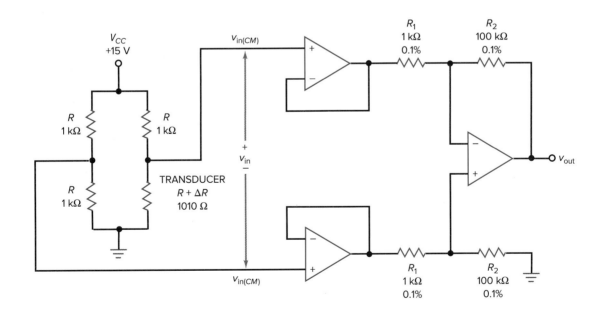

$$A_V = \frac{-R_2}{R_1}$$

$$v_{in} = \frac{\Delta R}{4R} V_{CC}$$

| 그림 18-17 | 계측 증폭기를 구동하는 변환기를 갖는 브리지

$$R = 1 \text{ k}\Omega$$

변환기는 다음의 저항을 갖는다.

$$R + \Delta R = 1010 \ \Omega$$

동상신호는

$$v_{\text{in}(CM)} = 0.5 V_{CC} = 0.5(15 \ V) = 7.5 \ V$$

인데, 이것은 $\Delta R = 0$으로 했을 때 아래쪽의 각 브리지저항 양단의 전압이다.

  브리지 변환기가 빛, 온도 또는 압력과 같은 외측의 양에 의해 동작할 때 그들의 저항도 변화할 것이다. 그림 18-17은 $\Delta R = 10 \ \Omega$을 포함하는 1,010 Ω의 변환저항을 보여 준다. 그림 18-17에서 입력전압에 대해 다음과 같은 식을 유도하는 것이 가능하다.

$$v_{\text{in}} = \frac{\Delta R}{4R + 2\Delta R} V_{CC} \qquad \text{(18-12)}$$

대표적인 응용에서 $2\Delta R \ll 4R$이므로 위의 식을 간단히 하면 다음과 같다.

$$v_{\text{in}} \cong \frac{\Delta R}{4R} V_{CC} \qquad \text{(18-13)}$$

그림 18-17에 주어진 값을 대입하면 다음과 같다.

$$v_{\text{in}} \cong \frac{10 \ \Omega}{4 \text{ k}\Omega}(15 \ V) = 37.5 \text{ mV}$$

차동증폭기의 전압이득이 −100이므로 차동출력전압은 다음과 같다.

$$v_{\text{out}} = -100(37.5 \text{ mV}) = -3.75 \ V$$

  동상신호에 관심을 갖는 한, 그림 18-17에 나타낸 ±0.1%의 오차 때문에 식 (18-9)에서 $A_{V(CM)}$은

$$A_{V(CM)} = \pm 4(0.1\%) = \pm 4(0.001) = \pm 0.004$$

이다. 따라서 동상출력전압은

$$v_{\text{out}(CM)} = \pm 0.004(7.5 \ V) = \pm 0.03 \ V$$

이고, CMRR의 크기는

$$\text{CMRR} = \frac{100}{0.004} = 25000$$

이다. 이것을 데시벨로 나타내면 88 dB이다.

  이것은 차동증폭기를 휘트스톤 브리지와 함께 사용하는 방법에 대한 기본을 제시한 데 불과하다. 그림 18-17과 같은 회로는 몇 가지 간단한 응용을 제외하고 대부분은 개선하여 사용하는데, 다음 절에서는 이에 대해 설명하겠다.

18-5 계측 증폭기

이 절에서는 직류동작을 완벽하게 활용하는 차동증폭기인 **계측 증폭기**(instrumentation amplifier)에 대해 설명한다. 계측 증폭기는 큰 전압이득, 큰 CMRR, 작은 입력오프셋, 작은 온도드리프트 및 큰 입력임피던스를 가진다.

기본 계측 증폭기

그림 18-18에 계측 증폭기로 가장 널리 사용되는 대표적인 설계를 나타내었다. 연산증폭기의 출력은 전압이득 1을 갖는 차동증폭기이다. 이 출력단에 사용되는 저항은 항상 ±0.1% 이내로 일치시키고 있다. 이것은 출력단의 CMRR이 최소 54 dB임을 의미한다.

±0.01에서 ±1%의 오차를 갖는 1 Ω 이하에서 10 MΩ 이상까지의 정밀저항이 공업용으로는 유용하다. 만일 각각 ±0.01% 이내인 일치된 저항을 사용한다면 출력단의 CMRR은 74 dB만큼 크게 할 수 있다. 또한 정밀저항의 온도드리프트는 1 ppm/°C만큼 낮게 할 수 있다.

첫째 단은 전치 증폭기처럼 동작하는 2개의 입력 연산 증폭기로 구성한다. 첫째 단의 설계는 매우 현명하다. 특히 2개의 R_1저항 사이의 접합인 A점에서의 동작은 매우 독창적이다. A점은 차동입력신호에 대해서는 가상접지처럼 동작하고 동상신호에 대해서는 부동점(floating point)처럼 동작한다. 이러한 동작 때문에 차동신호는 증폭되나 동

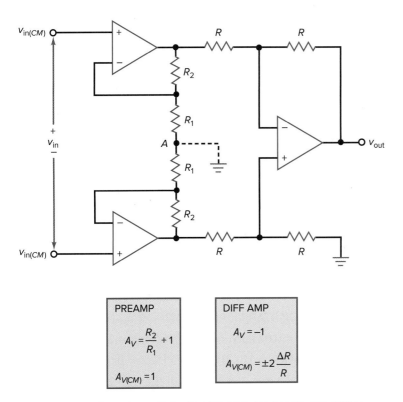

| 그림 18-18 | 3개의 표준 연산 증폭기로 구성한 계측 증폭기

상신호는 증폭되지 않는다.

A점

A점이 어떤 역할을 하는지 아는 것이 첫째 단이 어떻게 동작하는가를 이해하는 열쇠가 된다. 중첩의 정리를 사용하면 각기 서로 0으로 한 때, 각 입력의 효과를 계산할 수 있다. 예를 들어 차동입력신호를 0이라고 가정하면 동상신호만이 동작한다. 동상신호는 각 비반전입력에 동일한 양의 전압을 인가하기 때문에 연산증폭기의 출력에는 동일한 전압이 나타난다. 이 때문에 R_1과 R_2를 포함하는 지로를 따라 어디에서나 동일한 전압이 나타난다. 따라서 A점은 부동되고 각 입력 연산 증폭기는 전압폴로어처럼 동작한다. 그 결과 첫째 단은 다음과 같은 동상이득을 갖는다.

$$A_{V(CM)} = 1$$

동상이득을 최소화하기 위해 저항 R을 거의 일치시키는 둘째 단과는 달리 첫째 단의 저항오차는 동상이득에 영향을 주지 않는다. 이것은 이들 저항이 포함된 모든 지로가 접지 이상의 $v_{\text{in}(CM)}$의 전압에서 부동되기 때문이다. 따라서 저항의 값은 상관이 없다. 이것이 그림 18-18의 3개의 연산증폭기 설계에 있어 또 다른 이점이다.

중첩의 정리를 적용하는 두 번째 단계는 동상입력을 0으로 감소시키고 차동입력신호의 효과를 계산하는 것이다. 차동입력신호는 같은 방향과 반대방향의 입력전압으로 비반전입력을 구동하기 때문에 한쪽 연산증폭기의 출력은 양이 될 것이고 다른 쪽 연산증폭기의 출력은 음이 될 것이다. R_1과 R_2 저항을 포함하는 지로 양단은 같은 방향과 그 반대방향인 전압을 가지므로 A점은 접지에 대해 0인 전압을 가질 것이다.

다시 말해 A점은 차동신호에 대해 가상접지이다. 이 때문에 연산증폭기의 각 입력은 비반전증폭기이고 첫째 단은 다음과 같은 차동전압이득을 갖는다.

$$A_V = \frac{R_2}{R_1} + 1 \tag{18-14}$$

두 번째 단은 1인 이득을 가지기 때문에, 계측 증폭기의 차동전압이득은 식 (18-14)로부터 구할 수 있다.

또 첫째 단은 1인 동상이득을 가지기 때문에 전체 동상이득은 둘째 단의 동상이득과 같다.

$$A_{V(CM)} = \pm 2 \frac{\Delta R}{R} \tag{18-15}$$

큰 CMRR과 적은 오프셋을 갖게 하기 위해서는 그림 18-18의 계측 증폭기 설계 시 반드시 정밀 연산 증폭기를 사용해야 한다. 그림 18-18의 3개의 연산증폭기에 사용되는 대표적인 연산증폭기는 OP-07A이다. 이것은 최악의 경우 다음과 같은 파라미터를 갖는다. 즉, 입력 오프셋전압 = 0.025 mV, 입력 바이어스전류 = 2 nA, 입력 오프셋전류 = 1 nA, A_{VOL} = 110 dB, CMRR = 110 dB, 온도드리프트 = 0.6 μV/°C이다.

마지막으로 그림 18-18에서 A점은 기계적인 접지라기보다는 오히려 가상접지이기 때문에 첫째 단의 저항 R_1은 개별저항으로 해서는 안 된다. 첫째 단의 동작에 변화를 주지 않는 $2R_1$과 같은 단일저항 R_G를 사용해야 한다. 이 때문에 차동전압이득은 다음과 같이 쓸 수 있다.

$$A_V = \frac{2R_2}{R_G} + 1 \qquad\qquad \textbf{(18-16)}$$

여기서 2라는 계수는 $R_G = 2R_1$이기 때문에 주어진다.

응용예제 18-4   ‖‖‖ **MultiSim**

그림 18-18에서 $R_1 = 1\ \text{k}\Omega$, $R_2 = 100\ \text{k}\Omega$, $R = 10\ \text{k}\Omega$이다. 계측 증폭기의 차동전압이득은 얼마인가? 만일 둘째 단에서의 저항오차가 ± 0.01%라면 공통모드전압이득은 얼마인가? 만일 $v_{in} = 10\ \text{mV}$이고 $v_{in(CM)} = 10\ \text{V}$라면 차동 및 동상 출력신호의 값은 얼마인가?

풀이 그림 18-18에 주어진 식에서 전치 증폭기의 전압이득은 다음과 같다.

$$A_V = \frac{100\ \text{k}\Omega}{1\ \text{k}\Omega} + 1 = 101$$

둘째 단의 전압이득이 −1이기 때문에 계측 증폭기의 전압이득은 −101이다.

둘째 단의 공통모드전압이득은 다음과 같다.

$$A_{V(CM)} = \pm 2(0.01\%) = \pm 2(0.0001) = \pm 0.0002$$

첫째 단이 1인 공통모드전압이득을 가지기 때문에 계측 증폭기의 공통모드전압이득은 ±0.0002이다.

10 mV의 차동입력신호는 다음과 같은 출력신호를 발생시킨다.

$$v_{out} = -101(10\ \text{mV}) = -1.01\ \text{V}$$

10 V의 동상신호는 다음과 같은 출력신호를 발생시킨다.

$$v_{out(CM)} = \pm 0.0002(10\ \text{V}) = \pm 2\ \text{mV}$$

비록 동상입력신호가 차동입력보다 1,000배 이상 크더라도 계측 증폭기의 CMRR 때문에 동상출력신호는 차동출력신호보다 거의 500배 이하가 된다.

연습문제 18-4 $R_2 = 50\ \text{k}\Omega$과 둘째 단 저항오차 ± 0.1%로 하여 응용예제 18-4를 다시 풀어라.

보호구동

브리지의 차동신호출력은 적기 때문에 전자적인 간섭으로부터 신호 전송 선로를 절연하기 위해 흔히 차폐케이블을 사용한다. 그러나 이것은 내선과 차폐 사이의 적은 누설전류가 적은 입력바이어스와 오프셋전류에 더해진다는 문제를 야기할 것이다. 누설전류 이외에 차폐케이블은 회로에 용량을 증가시켜 변환저항으로 변화하는 회로의 응답

속도를 떨어뜨린다. 누설전류와 케이블의 용량에 대한 영향을 최소화하기 위해 차폐는 동상전위로 부트스트랩해야 한다. 이 기술이 **보호구동**(guard driving)이다.

그림 18-19*a*에 동상전압으로 차폐하는 부트스트랩의 한 방법을 나타내었다. R_3저항이 포함된 새로운 지로는 첫째 단의 출력에 더해진다. 이 전압분배기는 동상전압을 검출하고 전압폴로어에 동상전압을 공급한다. 보는 바와 같이 보호전압은 차폐로 되돌아온다. 때로는 개별케이블이 각 입력에 사용된다. 이때 보호전압은 그림 18-19*b*와 같이 양쪽 차폐에 접속된다.

집적화된 계측 증폭기

참고사항

AD620 같은 모놀리식 계측 증폭기는 의학계측분야에 많이 응용되고 있다. 이러한 응용 예 중 하나가 심전도(ECG) 모니터회로이다.

그림 18-18의 전형적인 설계는 R_G를 제외하고는 그림에 나타낸 모든 부품을 단일 칩상에 집적화할 수 있다. 이 외부저항은 계측 증폭기의 전압이득 조절에 사용된다. 예를 들면 AD620은 모놀리식 계측 증폭기이다. 데이터시트에 이 IC의 전압이득을 구하는 식이 다음과 같이 주어진다.

$$A_V = \frac{49.4 \text{ k}\Omega}{R_G} + 1 \tag{18-17}$$

여기서 49.4 kΩ은 두 저항의 합이다. IC제조업체에서는 49.4 kΩ의 정밀한 값을 얻기 위해 **레이저 트리밍**(laser trimming)을 사용한다. 이 단어 중 **트림**(*trim*)은 거친 조정이라기보다는 정교한 조정임을 나타낸다. 레이저 트리밍은 극히 정밀한 저항값을 얻기 위해 레이저로서 반도체 칩상에 저항영역을 태워 만드는 것을 의미한다.

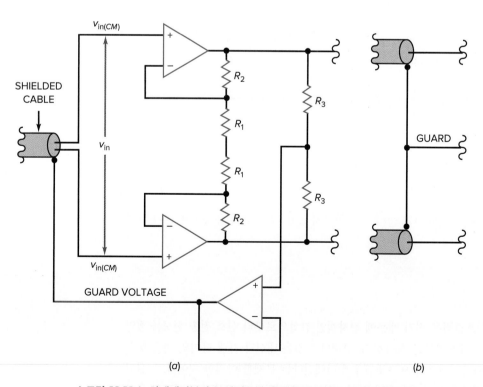

| 그림 18-19 | 차폐케이블의 누설전류와 용량을 감소하기 위한 보호구동

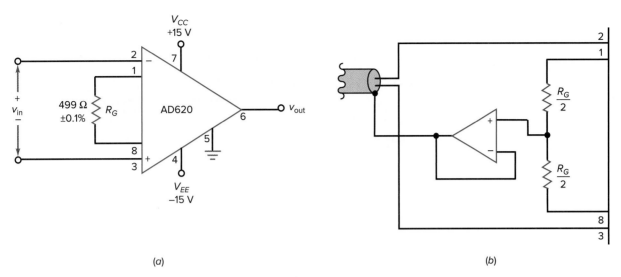

| 그림 18·20 | (a) 모놀리식 계측 증폭기; (b) AD620에서 보호구동

그림 18-20*a*에 499 Ω의 R_G를 갖는 AD620을 나타내었다. 이것은 ±0.1%의 오차를 갖는 정밀저항이다. 전압이득은 다음과 같다.

$$A_V = \frac{49.4 \text{ k}\Omega}{499} + 1 = 100$$

AD620의 핀 번호는 741C와 흡사한데 핀 2와 3은 입력신호용, 핀 4와 7은 공급전원용, 그리고 핀 6은 출력, 핀 5는 그림과 같이 통상 접지시켜 놓으나 반드시 접지시키는 것은 아니다. 만일 다른 회로와 인터페이싱이 필요하다면 핀 5에 직류전압을 인가하여 출력신호를 오프셋할 수 있다.

만일 보호구동이 사용된다면 회로를 그림 18-20*b*와 같이 변형시키면 된다. 동상전압은 전압폴로어를 구동하고 그 출력은 케이블의 차폐와 접속된다. 만일 입력에 개별 케이블을 사용하더라도 이와 비슷한 변형을 사용한다.

결론적으로 모놀리식 계측 증폭기는 일반적으로 1과 1,000 사이의 전압이득을 가지고, 100 dB 이상의 CMRR, 100 MΩ 이상의 입력임피던스, 0.1 mV 이하의 입력 오프셋전압, 0.5 μV/℃ 이하의 드리프트 및 그 외의 특이한 파라미터들을 외부저항 하나로 설정할 수가 있다.

18-6 가산증폭기회로

16장에서 기본적인 가산증폭기에 대해 설명했다. 여기서는 이 회로의 몇 가지 변형에 대해 살펴보자.

감산기회로

그림 18-21에 두 입력전압 v_1과 v_2의 차와 같은 출력전압을 발생하는 감산기회로(sub-

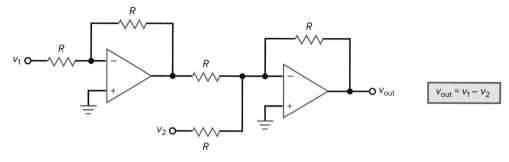

| 그림 18·21 | 감산기회로

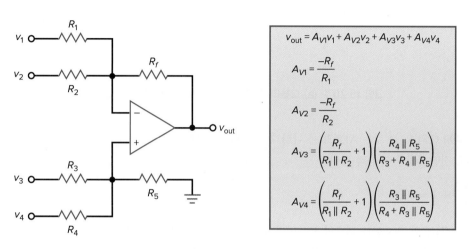

| 그림 18·22 | 연산증폭기의 두 입력 측을 사용하는 가산증폭기

tracter)를 나타내었다. 이 회로의 동작을 살펴보자. 입력 v_1은 전압이득 1을 갖는 반전기를 구동한다. 첫째 단의 출력은 $-v_1$이다. 이 전압은 둘째 단 가산기회로의 입력 중 하나이다. 또 다른 입력은 v_2이다. 각 채널의 이득이 1이기 때문에 최종 출력전압은 $v_1 - v_2$이다.

두 입력 측에 대한 가산

때로는 그림 18-22와 같은 회로를 볼 수 있을 것이다. 이것은 비반전과 반전 입력을 가진 가산기회로에 불과하다. 증폭기의 반전 측에 2개의 입력채널이 있고, 비반전 측에도 2개의 입력채널이 있다. 전체이득은 각 채널이득의 중첩이다.

각 반전채널의 이득은 귀환저항 R_f와 R_1 또는 R_2인 입력채널 저항과의 비이다. 각 비반전채널의 이득은 다음과 같다.

$$\frac{R_f}{R_1 \parallel R_2} + 1$$

이것은 다음 식 중 어느 하나인 각 채널의 전압분배율에 따라 감소한다.

$$\frac{R_4 \parallel R_5}{R_3 + R_4 \parallel R_5}$$

또는

$$\frac{R_3 \parallel R_5}{R_4 + R_3 \parallel R_5}$$

그림 18-22에 각 채널에 대한 이득을 구하는 식이 주어졌다. 각 채널의 이득을 구한 후 전체 출력전압도 계산할 수 있다.

응용예제 18-5 ‖‖‖ MultiSim

그림 18-22에서 $R_1 = 1\ k\Omega$, $R_2 = 2\ k\Omega$, $R_3 = 3\ k\Omega$, $R_4 = 4\ k\Omega$, $R_5 = 5\ k\Omega$, 그리고 $R_f = 6\ k\Omega$이다. 각 채널의 전압이득은 얼마인가?

풀이 그림 18-22에 주어진 식으로부터 전압이득은 다음과 같다.

$$A_{V1} = \frac{-6\ k}{1\ k\Omega} = -6$$

$$A_{V2} = \frac{-6\ k\Omega}{2\ k\Omega} = -3$$

$$A_{V3} = \left(\frac{6\ k\Omega}{1\ k\Omega \parallel 2\ k\Omega} + 1 \right) \frac{4\ k\Omega \parallel 5\ k\Omega}{3\ k\Omega + 4\ k\Omega \parallel 5\ k\Omega} = 4.26$$

$$A_{V4} = \left(\frac{6\ k\Omega}{1\ k\Omega \parallel 2\ k\Omega} + 1 \right) \frac{3\ k\Omega \parallel 5\ k\Omega}{4\ k\Omega + 3\ k\Omega \parallel 5\ k\Omega} = 3.19$$

연습문제 18-5 R_f로 1 kΩ을 사용하여 응용예제 18-5를 다시 풀어라.

평균치회로

그림 18-23은 **평균치회로**(averager)이다. 이 회로의 출력은 입력전압의 평균치이다. 각 채널은 다음과 같은 전압이득을 가진다.

$$A_V = \frac{R}{3R} = \frac{1}{3}$$

모든 증폭된 출력을 더한 후 상기 전압이득을 곱하면 모든 입력전압의 평균치인 출력을 얻을 수가 있다.

그림 18-23에 나타낸 회로에는 3개의 입력이 있다. 각 채널의 입력저항 nR(여기서 n은 채널의 수)이 변하지 않는 한 무수한 입력을 사용할 수 있다.

D/A변환기

디지털 전자회로에서 **디지털-아날로그(D/A) 변환기**(digital-to-analog converter)는 2진수로 표현된 값을 전압 또는 전류로 변환한다. 이 전압 또는 전류는 2진값에 비례할 것이다. D/A 변환으로 흔히 사용되는 방식으로는 두 가지가 있는데, 2진 가중(weighted) D/A변환기와 R/2R 사다리형(ladder) D/A변환기이다.

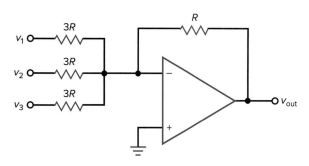

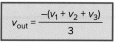

| 그림 18·23 | 평균치회로

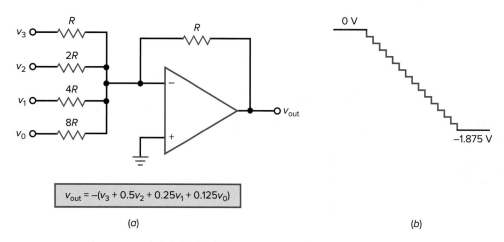

(a)   (b)

| 그림 18·24 | 디지털입력을 아날로그전압으로 변환하는 2진 가중 D/A변환기

그림 18-24a에 2진 가중 D/A변환기를 나타내었다. 이 회로는 입력의 가중 합과 같은 출력전압을 발생한다. 가중은 채널의 이득과 같다. 예를 들어 그림 18-24a에서 채널 이득은 다음과 같다.

$$A_{V3} = -1$$
$$A_{V2} = -0.5$$
$$A_{V1} = -0.25$$
$$A_{V0} = -0.125$$

입력전압은 1 또는 0의 값을 갖는 디지털 또는 2상태를 의미한다. 4개의 입력에서는 $v_3 v_2 v_1 v_0$의 가능 입력조합이 16개이다. 즉, 0000, 0001, 0010, 0011, 0100, 0101, 0110, 0111, 1000, 1001, 1010, 1011, 1100, 1101, 1110, 1111이다.

모든 입력이 0(즉 0000)이면 출력은

$$v_\text{out} = 0$$

이고, $v_3 v_2 v_1 v_0$가 0001일 때 출력은

$$v_\text{out} = -(0.125) = -0.125$$

이고, $v_3 v_2 v_1 v_0$가 0010일 때 출력은

$$v_{out} = -(0.25) = -0.25$$

등이다. 입력이 모두 1(즉 1111)일 때 출력은 다음과 같이 최대가 된다.

$$v_{out} = -(1 + 0.5 + 0.25 + 0.125) = -1.875$$

만일 그림 18-24a의 D/A변환기가 앞서 주어진 0000에서 1111까지의 순차 수를 발생하는 회로에 의해 구동된다면 그 출력전압은 다음과 같이 발생할 것이다. 즉, 0, −0.125, −0.25, −0.375, −0.5, −0.625, −0.75, −0.875, −1, −1.125, −1.25, −1.375, −1.5, −1.625, −1.75, −1.875이다. 오실로스코프로 관측했을 때 D/A변환기의 출력전압은 그림 18-24b와 같이 부(−)의 방향으로 향하는 계단모양처럼 보일 것이다.

계단전압은 D/A변환기가 연속적인 범위의 출력값을 발생하지 않는다는 것을 명백히 말해 주고 있다. 따라서 엄밀히 말해 출력은 사실상 아날로그가 아니다. 출력스텝 간에 부드러운 전이를 제공하기 위해서는 출력에 저역통과필터 회로를 접속해야 한다.

4비트 입력 D/A변환기는 16개의 가능출력을 가지며, 8입력 A/D변환기는 256개, 16입력 D/A변환기는 65,536개의 가능출력을 가진다. 이것은 그림 18-24b의 부(−)로 향하는 계단전압이 8입력 변환기에서는 256스텝, 16입력 변환기에서는 65,536스텝을 가짐을 의미한다. 이처럼 부(−)로 향하는 계단전압은 계수적으로 전압을 측정하는 다른 회로와 같이 디지털 멀티미터로 사용할 수 있다.

2진 가중 D/A변환기는 입력의 수가 제한되는 곳이나 고정도(high precision)가 요구되지 않는 곳의 응용에 사용할 수 있다. 입력으로 보다 큰 수가 사용될 때는 보다 큰 수의 서로 다른 저항값이 요구된다. D/A변환기의 정확성과 안정성은 저항의 정확성과 온도변화에 따른 추종능력에 절대 의존한다. 입력저항은 모두 다른 값을 가지기 때문에 동일한 추종특성을 얻기는 곤란하다. 또한 이 형식의 D/A변환기는 각 입력이 서로 다른 입력임피던스 값을 가지므로 부하문제도 존재할 수 있다.

그림 18-25에 나타낸 **R/2R 사다리형 D/A변환기**(R/2R ladder D/A converter)는 2중 가중 D/A변환기의 한계를 극복할 수 있는데, 가장 많이 사용하는 형식으로는 적분형 회로 D/A변환기가 있다. 단 두 저항값만 요구되기 때문에 이 방식은 8비트 또는 더 큰 2진입력을 갖는 IC에 제공되고 보다 더 높은 정확도를 제공한다. 간략히 설명하기 위해 그림 18-25에 4비트 D/A변환기를 나타내었다. 스위치 $D_0 \sim D_3$는 일반적인 능동스위치이다. 각 스위치는 4개의 입력과 접지(논리 0) 또는 $+V_{ref}$(논리 1) 중 어느 한쪽에 접속된다. 사다리망형은 사용 가능한 2진 입력값 0000에서 1111까지를 특정 출력전압 레벨 16개 중 하나로 변환한다. 그림 18-25에 나타낸 D/A변환기에서 D_0는 최하위 입력비트(least significant input bit: LSB)이고, D_3는 최상위 입력비트(most significant input bit: MSB)이다.

D/A변환기의 출력을 구하기 위해서는 먼저 2진 입력값을 10진 등가값 BIN으로 바꾸어야 하는데 이것은 다음과 같이 구할 수 있다.

$$\textbf{BIN} = (D_0 \times 2^0) + (D_1 \times 2^1) + (D_2 \times 2^2) + (D_3 \times 2^3) \tag{18-18}$$

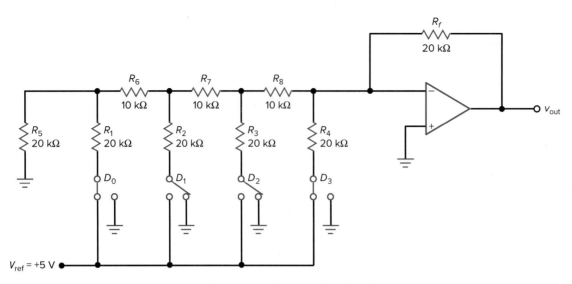

| 그림 18·25 | R/2R 사다리형 D/A변환기

출력전압은 다음 식으로 구할 수 있다.

$$V_{out} = -\left(\frac{BIN}{2^N} \times 2V_{ref}\right)$$

(18-19)

여기서 N은 입력의 수와 같다.

　이 회로의 동작을 보다 상세히 알려면 D/A변환기에 테브난 정리를 적용해야 한다. 그 해석은 부록 D에서 찾아볼 수 있다.

응용예제 18-6

그림 18-25에서 $D_0 = 1$, $D_1 = 0$, $D_2 = 0$, $D_3 = 1$이다. V_{ref}를 +5 V 사용하여 2진입력 (BIN)의 10진 등가를 구하고, 변환기의 출력전압을 구하라.

풀이　식 (18-18)을 사용하여 10진 등가를 구해 보자.

$$BIN = (1 \times 2^0) + (0 \times 2^1) + (0 \times 2^2) + (1 \times 2^3) = 9$$

식 (18-19)를 사용하여 변환기의 출력전압을 구하면 다음과 같다.

$$V_{out} = -\left(\frac{9}{2^4}\right) \times 2\,(5\ V)$$

$$V_{out} = -\left(\frac{9}{16}\right)(10\ V) = -5.625\ V$$

연습문제 18-6　그림 18-25를 사용하여 최소 1개의 입력이 논리 1을 가진다면 최대, 최소 출력전압은 얼마인가?

18-7 전류부스터

연산증폭기의 단락회로 출력전류는 대표적으로 25 mA 또는 그 이하이다. 더 큰 출력전류를 얻기 위한 한 방법으로 LM675나 LM12와 같은 전력용 연산증폭기를 사용한다. 이들 연산증폭기는 3과 10 A의 단락회로 출력전류를 가진다. 또 다른 방법으로는 연산증폭기보다 더 큰 전류정격과 전류이득을 가지는 전력용 트랜지스터나 그 외의 소자를 이용하는 **전류부스터**(current booster)를 사용한다.

단방향성 부스터

그림 18-26에 최대 부하전류를 증가시키는 한 방법을 나타내었다. 연산증폭기의 출력은 이미터 폴로어를 구동한다. 폐루프 전압이득은 다음과 같다.

$$A_V = \frac{R_2}{R_1} + 1 \tag{18-20}$$

이 회로에서 연산증폭기는 부하에 전류를 공급하지 않는 대신 이미터 폴로어에 베이스전류를 공급할 뿐이다. 트랜지스터의 전류이득 때문에 최대 부하전류는 다음과 같이 증가한다.

$$I_{\max} = \beta_{dc} I_{SC} \tag{18-21}$$

여기서 I_{SC}는 연산증폭기의 단락회로 출력전류이다. 이것은 최대 출력전류 25 mA를 갖는 741C와 같은 연산증폭기를 사용한 회로인 경우 최대 출력전류를 β_{dc}배만큼 증가시킬 수 있음을 의미한다. 예를 들어 BU806은 $\beta_{dc} = 100$을 갖는 npn 전력용 트랜지스터이다. 만일 이것을 741C와 함께 사용한다면 단락회로 출력전류는 다음과 같이 증가한다.

$$I_{\max} = 100(25 \text{ mA}) = 2.5 \text{ A}$$

이 회로는 이미터 폴로어의 출력 임피던스를 $1 + A_{VOL}B$배 감소시키는 부귀환 때문에 저임피던스 부하를 구동할 수 있다. 이미터 폴로어는 저출력 임피던스를 가지기 때문에 폐루프 출력 임피던스도 매우 작을 것이다.

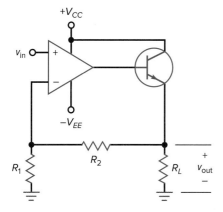

$$A_V = \frac{R_2}{R_1} + 1$$

$$Z_{out(CL)} = \frac{Z_{out}}{1 + A_{VOL}B}$$

$$B = \frac{R_1}{R_1 + R_2}$$

$$I_{\max} = \beta_{dc} I_{SC}$$

| 그림 18-26 | 단락회로 출력전류를 증가시키는 단방향성 전류부스터

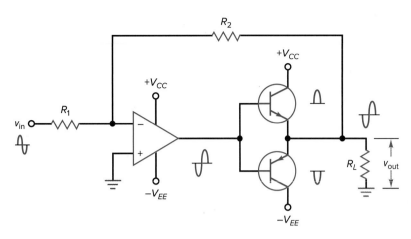

| 그림 18·27 | 양방향성 전류부스터

양방향성 전류부스터

그림 18-26에 나타낸 전류부스터의 단점은 단방향성 부하전류이다. 그림 18-27에 **양방향성 부하전류**를 얻기 위한 한 방법을 나타내었다. 반전증폭기는 B급 푸시풀 이미터 폴로어를 구동한다. 이 회로에서 폐루프 전압이득은 다음과 같다.

$$A_V = \frac{-R_2}{R_1} \tag{18-22}$$

입력전압이 양일 때는 아래쪽 트랜지스터가 전도되어 부하전압은 음이 된다. 입력전압이 음일 때는 위쪽 트랜지스터가 전도되어 출력전압은 양이 된다. 어느 경우에나 전도되는 트랜지스터의 전류이득 때문에 최대 출력전류는 증가한다. B급 푸시풀 이미터 폴로어는 귀환루프 내부에 있으므로 폐루프 출력 임피던스는 매우 작다.

레일-레일 연산증폭기

전류부스터는 흔히 연산증폭기의 최종단에 사용된다. 예를 들어 MC33204는 80 mA의 전류부스트된 출력을 갖는 **레일-레일 연산증폭기**(rail-to-rail op amp)이다. 레일-레일(*rail-to-rail*)은 연산증폭기의 전원공급선을 말하는데 도식도에서 이것이 레일처럼 보이기 때문이다. **레일-레일 동작**(*rail-to-rail operation*)은 입력과 출력 전압이 양 또는 음의 공급전압에 대해 어떤 쪽으로도 스윙할 수 있다.

예를 들어 741C는 출력이 어떤 쪽의 공급전압보다 항상 1~2 V 작기 때문에 레일-레일 출력을 가지지 못한다. 반면에 MC33204는 그 출력전압이 어떤 쪽의 공급전압이든 레일-레일 동작으로 충분한 50 mV 이내에서 스윙할 수 있기 때문에 레일-레일 출력을 갖는다. 레일-레일 연산증폭기는 설계 시 가용 공급전압 범위의 전부를 사용할 수 있게 허용한다.

응용예제 18-7

그림 18-27에서 $R_1 = 1\ \text{k}\Omega$, $R_2 = 51\ \text{k}\Omega$이다. 만일 연산증폭기로 741C가 사용되었다면 회로의 전압이득은 얼마인가? 폐루프 출력 임피던스는 얼마인가? 만일 각 트랜지스터가 125인 전압이득을 가진다면 회로의 단락된 부하전류는 얼마인가?

풀이 그림 18-26에 주어진 식으로부터 전압이득은 다음과 같다.

$$A_V = \frac{-51\ \text{k}\Omega}{1\ \text{k}\Omega} = -51$$

귀환비는

$$B = \frac{1\ \text{k}\Omega}{1\ \text{k}\Omega + 51\ \text{k}\Omega} = 0.0192$$

이고, 741C는 대표적인 값으로 전압이득 100,000과 개방루프 출력 임피던스 75 Ω을 가지기 때문에 폐루프 출력 임피던스는 다음과 같다.

$$Z_{\text{out}(CL)} = \frac{75\ \Omega}{1 + (100{,}000)(0.0192)} = 0.039\ \Omega$$

741C는 25 mA의 단락 부하전류를 가지기 때문에 부스터된 단락 부하전류의 값은 다음과 같다.

$$I_{\text{max}} = 125(25\ \text{mA}) = 3.13\ \text{A}$$

연습문제 18-7 R_2를 27 kΩ으로 바꾸고 그림 18-27을 사용하여, 각 트랜지스터가 갖는 전류이득이 100일 때 새로운 전압이득 $Z_{\text{out}(CL)}$ 및 I_{max}를 구하라.

18-8 전압제어 전류원

이 절에서는 입력전압에 의해 출력전류를 제어할 수 있는 회로에 대해 설명한다. 부하는 부동으로 하거나 접지로 해도 상관없다. 모든 회로는 전압-전류 변환기로 알려진 전압제어 전류원인 VCIS 기본형에 대한 변형이다.

부동부하

그림 18-28에 VCIS의 기본형을 나타내었다. 부하는 저항, 릴레이 또는 모터와 같은 것이다. 입력단자 간의 가상접지 때문에 반전입력은 비반전입력의 μV 이내에서 부트스트랩된다. R양단에 나타나는 전압 v_{in} 때문에 부하전류는 다음과 같다.

$$i_{\text{out}} = \frac{v_{\text{in}}}{R} \tag{18-23}$$

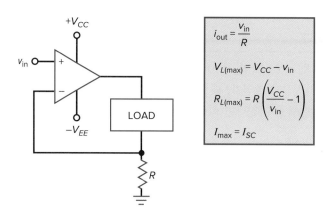

$$i_{out} = \frac{v_{in}}{R}$$

$$V_{L(max)} = V_{CC} - v_{in}$$

$$R_{L(max)} = R\left(\frac{V_{CC}}{v_{in}} - 1\right)$$

$$I_{max} = I_{SC}$$

| 그림 18·28 | 부동부하를 갖는 단방향성 VCIS

부하저항은 이 식에 나타나 있지 않기 때문에 전류는 부하저항에 대해 독립적이다. 다시 말해 부하는 매우 안정한 전류원에 의해 구동되는 것처럼 보인다. 예를 들어 만일 v_{in}이 1 V이고 R이 1 kΩ이면 i_{out}은 1 mA이다.

만일 그림 18-28에서 부하저항이 너무 크면 연산증폭기는 포화로 들어가고 회로는 더 이상 안정한 전류원으로 동작하지 못한다. 만일 레일-레일 연산증폭기를 사용한다면 출력은 +V_{CC}에 대해 어떤 쪽으로도 스윙할 수 있다. 따라서 최대 부하전압은 다음과 같다.

$$V_{L(max)} = V_{CC} - v_{in} \tag{18-24}$$

예를 들어 만일 V_{CC}가 15 V이고 v_{in}이 1 V라면 $V_{L(max)}$은 14 V이다. 만일 연산증폭기가 레일-레일 출력을 갖지 않는다면 $V_{L(max)}$으로부터 1~2 V를 빼야 한다.

부하전류가 v_{in}/R이기 때문에 연산증폭기를 포화시키지 않고 사용할 수 있는 최대 부하저항에 대한 식을 다음과 같이 유도할 수 있다.

$$R_{L(max)} = R\left(\frac{V_{CC}}{v_{in}} - 1\right) \tag{18-25}$$

예를 들어 만일 R이 1 kΩ, V_{CC}가 15 V이고, v_{in}이 1 V이면 $R_{L(max)}$은 14 kΩ이다.

전압제어 전류원에서 또 다른 제한은 연산증폭기의 단락회로 출력전류이다. 예를 들어 741C는 25 mA의 단락회로 출력전류를 갖는다. 그림 18-28에서 전류원 제어에서 벗어난 단락회로 전류를 식으로 나타내면

$$I_{max} = I_{SC} \tag{18-26}$$

이다. 여기서 I_{SC}는 연산증폭기의 단락회로 출력전류이다.

응용예제 18-8 ‖‖‖ MultiSim

만일 그림 18-28의 전류원이 R = 10 kΩ, v_{in} = 1 V, V_{CC} = 15 V라면 출력전류는 얼마인가? 만일 v_{in}을 10 V만큼 크게 할 수 있다면 이 전류에서 사용할 수 있는 최대 부하저항은 얼마인가?

풀이 그림 18-28의 식에서 출력전류는 다음과 같다.

$$i_{out} = \frac{1\ V}{10\ k\Omega} = 0.1\ mA$$

또 최대 부하저항은 다음과 같다.

$$R_{L(max)} = (10\ k\Omega)\left(\frac{15\ V}{10\ V} - 1\right) = 5\ k\Omega$$

연습문제 18-8 R을 2 kΩ으로 바꾼 후, 응용예제 18-8을 다시 풀어라.

접지된 부하

만일 **부동부하**(floating load)가 정상이고 단락회로 전류가 적절하다면 그림 18-28과 같은 회로는 정상적으로 동작할 것이다. 그러나 만일 부하를 접지시킬 필요가 있다거나 또는 더 큰 단락회로 전류가 필요하다면 기본회로를 그림 18-29와 같이 변형시켜야 한다. 트랜지스터의 컬렉터와 이미터 전류는 거의 같기 때문에 R을 흐르는 전류는 부하전류와 거의 같다. 연산증폭기의 두 입력 간의 가상단락 때문에 반전입력전압은 거의 v_{in}과 같다. 그러므로 R양단 전압은 $V_{CC} - v_{in}$과 같고 R을 흐르는 전류는 다음과 같이 주어진다.

$$i_{out} = \frac{V_{CC} - v_{in}}{R} \tag{18-27}$$

그림 18-29에 최대 부하전압, 최대 부하저항 및 단락회로 출력전류에 대한 식을 나타내었다. 이 회로는 출력 측에 전류부스터를 사용한다는 데 주목해야 한다. 이것은 단락회로 출력전류를 다음과 같이 증가시킨다.

$$I_{max} = \beta_{dc}I_{SC} \tag{18-28}$$

참고사항

갈바닉 절연은 서로 다른 접지 전위가 필요한 회로 및 하위 시스템의 분리 또는 절연을 설명하는 곳에 사용되는 용어이다. 일반적인 방법은 변압기, 커패시터 또는 광절연기를 사용한다.

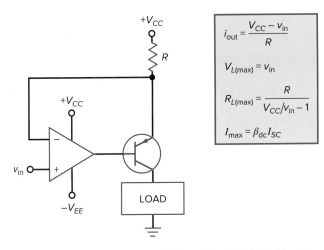

| 그림 18-29 | 한쪽이 접지된 부하를 갖는 단방향성 VCIS

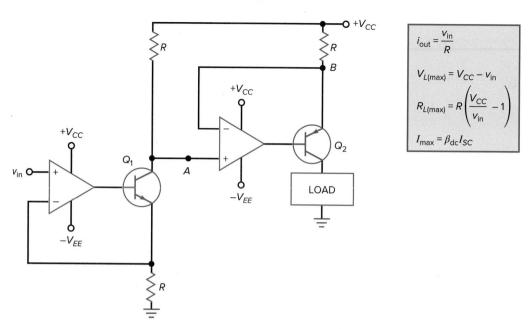

| 그림 18·30 | 한쪽이 접지된 부하를 갖는 또 다른 단방향성 VCIS

입력전압에 출력전류가 직접 비례하는 회로

그림 18-29에서는 입력전압이 증가할 때 부하전류가 감소한다. 그림 18-30은 부하전류가 입력전압에 직접 비례하는 회로를 나타내었다. 첫 연산증폭기의 입력단자 간의 가상단락 때문에 Q_1에서의 이미터전류는 v_{in}/R이다. Q_1 컬렉터전류는 이미터전류와 거의 같기 때문에 컬렉터 R양단 전압은 v_{in}이고 절점 A에서의 전압은

$$V_A = V_{CC} - v_{in}$$

인데, 이것이 두 번째 연산증폭기의 비반전입력이다.

두 번째 연산증폭기의 입력단자 간의 가상단락 때문에 절점에서의 전압은

$$V_B = V_A$$

이다. 마지막 R양단의 전압은 다음과 같다.

$$V_R = V_{CC} - V_B = V_{CC} - (V_{CC} - v_{in}) = v_{in}$$

따라서 출력전류는 근사적으로

$$i_{out} = \frac{v_{in}}{R} \tag{18-29}$$

그림 18-30에 이 회로를 해석할 수 있도록 식을 나타내었다. 다시 한번 말하지만 전류부스터는 β_{dc}배만큼 단락회로 출력전류를 증가시킨다.

호올랜드 전류원

그림 18-30의 전류원은 단방향성 부하전류를 발생한다. 양방향성 전류가 필요할 때는

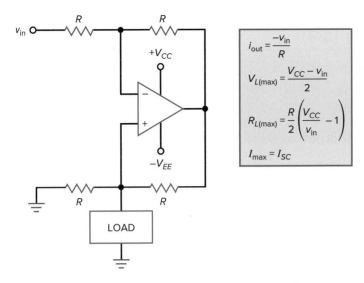

| 그림 18-31 | 양방향성 VCIS인 호올랜드 전류원

그림 18-31의 호올랜드 전류원(Howland current source)을 사용해야 할 것이다. 이 회로의 동작방법을 이해하기 위해서는 먼저 $R_L = 0$이란 특별한 경우를 고려해야 한다. 부하가 단락되었을 때 비반전입력은 접지되고 반전입력은 가상접지이므로 출력전압은 다음과 같다.

$$v_{out} = -v_{in}$$

회로의 하측에서 출력전압은 단락된 부하와 직렬로 R양단에 나타날 것이다. R을 흐르는 전류는

$$i_{out} = \frac{-v_{in}}{R} \tag{18-30}$$

부하가 단락되었을 때 이 모든 전류는 부하를 통해 흐른다. (−)부호는 부하전압이 반전됨을 의미한다.

부하저항이 0보다 더 크면 해석이 훨씬 더 복잡해진다. 왜냐하면 비반전입력이 더 이상 접지되지 않고 반전입력 또한 더 이상 가상접지되지 않기 때문이다. 그 대신에 비반전입력 전압은 부하저항 양단전압과 같다. 몇 가지 식을 풀어 보면 식 (18-30)은 연산증폭기가 포화되지 않도록 제공되는 어떠한 부하저항에 대해서도 여전히 유효함을 볼 수 있을 것이다. 이 식에서 R_L이 없으므로 이 회로는 안정한 전류원과 같이 동작한다.

그림 18-31에 해석에 필요한 식을 나타내었다. 예를 들어 만일 $V_{CC} = 15$ V, $v_{in} = 3$ V이고 $R = 1$ kΩ이면 연산증폭기를 포화시키지 않고 사용할 수 있는 최대 부하저항은 다음과 같다.

$$R_{L(max)} = \frac{1 \text{ k}\Omega}{2}\left(\frac{15 \text{ V}}{3\text{V}} - 1\right) = 2 \text{ k}\Omega$$

응용예제 18-9

그림 18-31의 호올랜드 전류원은 $R = 15 \text{ k}\Omega$, $v_{in} = 3 \text{ V}$, $V_{CC} = 15 \text{ V}$이다. 출력전류는 얼마인가? 만일 최대 입력전압이 9 V라면 이 회로에서 사용할 수 있는 가장 큰 부하저항은 얼마인가?

풀이 그림 18-31의 식에서 다음을 얻을 수 있다.

$$i_{out} = \frac{-3 \text{ V}}{15 \text{ k}\Omega} = -0.2 \text{ mA}$$

최대 부하저항은 다음과 같다.

$$R_{L(max)} = \frac{15 \text{ k}\Omega}{2}\left(\frac{15 \text{ V}}{12 \text{ V}} - 1\right) = 1.88 \text{ k}\Omega$$

연습문제 18-9 $R = 10 \text{ k}\Omega$으로 하여 응용예제 18-9를 다시 풀어라.

18-9 자동이득제어

AGC란 **자동이득제어**(automatic gain control)를 말한다. 11장에서 논의한 바와 같이 라디오나 텔레비전과 같은 많은 전자통신시스템에서 우리는 입력신호가 변경될 때 전압이득이 자동으로 변경되기를 원한다. 특히 입력신호가 증가될 때 전압이득이 감소되는 것을 원한다. 이 같은 경우 증폭기의 출력전압은 거의 일정하다. 이 절에서는 연산증폭기가 다른 구성요소와 결합하여 AGC 회로를 생성하는 방법을 다룬다.

오디오 AGC

그림 18-32에 오디오 AGC회로를 나타내었다. Q_1은 전압제어 저항을 사용한 JFET이다. 소신호 동작에서 드레인전압은 거의 0이기 때문에 JFET는 옴영역에서 동작하고 교류신호에 대해서는 r_{ds}의 저항을 가진다. JFET의 r_{ds}는 게이트전압에 의해 제어할 수 있다. 부(−)의 게이트 전압이 클수록 r_{ds}도 커진다. 2N4861과 같은 JFET에서 r_{ds}는 100 Ω에서 10 MΩ 이상까지 변화시킬 수 있다.

R_3와 Q_1은 출력을 0.001 v_{in}에서 v_{in}까지 변화시키는 전압분배기처럼 동작한다. 따라서 비반전 입력전압은 0.001 v_{in}에서 v_{in} 사이의 값이고 60 dB 범위이다. 비반전증폭기의 출력전압은 이 입력전압의 $(R_2/R_1 + 1)$배이다.

그림 18-32에서 출력전압은 Q_2의 베이스와 결합한다. 피크-피크 출력이 1.4 V 이하이기 때문에 여기에 바이어스가 걸리지 않으므로 Q_2는 차단된다. Q_2 차단에서 커패시터 C_2는 충전되지 않고 Q_1의 게이트는 JFET를 차단시키기에 충분한 부(−)의 전압인 $-V_{EE}$가 된다. 이것은 최대 입력전압이 비반전입력에 걸림을 의미한다. 다시 말해 1.4 $V_{p\text{-}p}$ 이하의 출력전압에서 회로가 최대 입력신호를 가지는 비반전 전압증폭기처럼 동

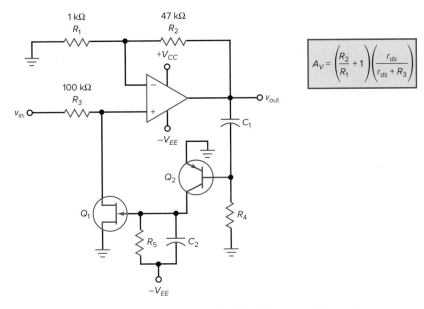

$$A_V = \left(\frac{R_2}{R_1} + 1\right)\left(\frac{r_{ds}}{r_{ds} + R_3}\right)$$

| 그림 18-32 | AGC회로에 전압제어 저항으로 사용되는 JFET

작함을 의미한다.

출력 피크-피크 전압이 1.4 V 이상이 될 때, Q_2는 전도되고 커패시터 C_2가 충전된다. 이것은 게이트전압을 증가시키고 r_{ds}를 감소시킨다. r_{ds}가 적어질수록 전압분배기인 R_3와 Q_1의 출력은 감소하고 비반전입력의 입력전압도 적어진다. 다시 말해 피크-피크 출력전압이 1.4 V 이상이 될 때 회로의 전체 전압이득은 감소한다.

출력전압이 크면 클수록 전압이득은 더욱 적어진다. 이런 식으로 입력신호의 큰 증가에 대해 출력전압은 약간 증가할 뿐이다. AGC를 사용하는 이유 중 하나는 신호레벨의 갑작스런 증가를 감소시키고 확성기의 과대 구동을 방지하는 것이다. 만일 라디오를 청취하는 중에 예기치 않게 폭발음과 같은 신호레벨의 증가가 귀를 울리는 것은 원치 않을 것이다. 결론적으로 그림 18-32의 입력전압이 비록 60 dB 범위 이상으로 변화할지라도 피크-피크 출력은 1.4 V보다 약간 더 커질 뿐이다.

저레벨 비디오 AGC

텔레비전 카메라의 신호출력은 0에서 4 MHz 이상의 주파수를 가진다. 이 범위의 주파수를 비디오주파수(*video frequency*)라고 부른다. 그림 18-33에 10 MHz 이상의 주파수에서 사용하는 비디오 AGC의 표준기법을 나타내었다. 이 회로에서 JFET는 전압제어 저항처럼 동작한다. AGC 전압이 0일 때 JFET는 부(−)의 바이어스 때문에 차단되고 r_{ds}는 최대가 된다. AGC 전압이 증가하면 JFET의 r_{ds}는 감소한다.

반전증폭기의 입력전압은 R_5, R_6, r_{ds}로 구성된 전압분배기로부터 주어진다. 이 전압은 다음과 같다.

$$v_A = \frac{R_6 + R_{ds}}{R_5 + R_6 + r_{ds}} v_{in}$$

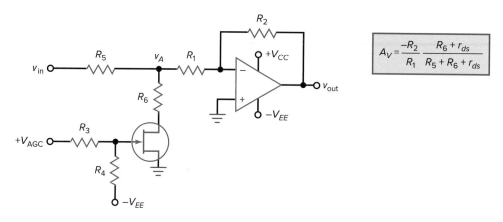

$$A_V = \frac{-R_2}{R_1} \frac{R_6 + r_{ds}}{R_5 + R_6 + r_{ds}}$$

| 그림 18·33 | 적은 입력신호에 사용되는 AGC회로

반전증폭기의 전압이득은 다음과 같다.

$$A_V = \frac{-R_2}{R_1}$$

이 회로에서 JFET는 전압제어 저항이다. AGC 전압이 양으로 더 커지면 커질수록 r_{ds}의 값은 더 적어지고 반전증폭기의 입력전압도 더 적어진다. 이것은 AGC전압이 회로의 전체 전압이득을 제어함을 의미한다.

광대역 연산증폭기를 사용하더라도 이 회로는 입력신호가 거의 100 mV 이상에서도 잘 동작한다. 이 레벨 이상에서도 JFET 저항은 AGC 전압이 부가된 신호레벨의 기능을 하게 된다. 이것은 AGC 전압만이 전체 전압이득을 제어해야 하기 때문에 바람직하지 않다.

고레벨 비디오 AGC

고레벨 비디오신호에서는 그림 18-34와 같은 LED-광저항(photoresistor)을 조합한 것으로 JFET를 대치시킬 수 있다. 광저항의 저항 R_7은 빛의 세기가 증가하면 감소한다. 그러므로 AGC 전압이 크면 클수록 R_7의 값은 적어진다. 앞에서와 같이 입력 전압분배기는 반전 전압증폭기를 구동하는 전압의 크기를 제어한다. 이 전압은 다음과 같이 주어진다.

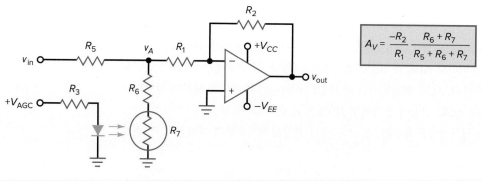

$$A_V = \frac{-R_2}{R_1} \frac{R_6 + R_7}{R_5 + R_6 + R_7}$$

| 그림 18·34 | 큰 입력신호에 사용되는 AGC회로

$$v_A = \frac{R_6 + R_7}{R_5 + R_6 + R_7} v_{\text{in}}$$

이 회로는 광전지(photocell)의 저항이 큰 전압에 영향을 받지 않고 오로지 V_{AGC}의 기능만을 가지므로 10 V 이상의 고레벨 입력전압을 취급할 수 있다. 또한 이 회로는 AGC 전압과 입력전압 v_{in} 사이가 거의 전부 절연되어 있다.

응용예제 18-10

만일 그림 18-32에서 r_{ds}가 50 Ω에서 120 kΩ까지 변한다면, 최대 전압이득은 얼마인가? 최소 전압이득은 얼마인가?

풀이 그림 18-32의 값과 식을 이용하면 최대 전압이득은 다음과 같다.

$$A_V = \left(\frac{47\text{ k}\Omega}{1\text{ k}\Omega} + 1 \right) \frac{120\text{ k}\Omega}{120\text{ k}\Omega + 100\text{ k}\Omega} = 26.2$$

최소 전압이득은 다음과 같다.

$$A_V = \left(\frac{47\text{ k}\Omega}{1\text{ k}\Omega} + 1 \right) \frac{50\text{ }\Omega}{50\text{ }\Omega + 100\text{ k}\Omega} = 0.024$$

연습문제 18-10 응용예제 18-10에서 전압이득을 1로 강하시키기 위해 r_{ds}는 얼마로 해야 하는가?

18-10 단일 전원공급 동작

2전원 공급의 사용은 전력연산증폭기의 전형적인 방식이다. 그러나 몇몇 응용에서는 이것이 불필요하거나 오히려 더 바람직하지 못하다. 따라서 이 절에서는 단일 양의 전원 공급만으로 동작하는 반전, 비반전 증폭기에 대해 살펴보기로 한다.

반전증폭기

그림 18-35에 교류신호를 사용할 수 있는 단일 전원공급 반전 전압증폭기를 나타내었다. V_{EE} 공급단자(핀 4)는 접지되고 전압분배기에 의해 V_{CC}의 1/2이 비반전입력에 인가된다. 두 입력은 가상접지되기 때문에 반전입력은 근사적으로 $+0.5V_{CC}$의 정지전압을 가진다.

　직류 등가회로에서 모든 커패시터는 개방되고 회로는 직류 출력전압 $+0.5V_{CC}$를 발생하는 전압폴로어가 된다. 전압이득이 1이기 때문에 입력오프셋은 최소화된다.

　교류 등가회로에서 모든 커패시터는 단락되고 회로는 $-R_2/R_1$의 전압이득을 가지는 반전증폭기가 된다. 그림 18-35에 해석을 위한 식을 나타내었다. 이로부터 3개의 저역 차단주파수를 계산할 수 있다.

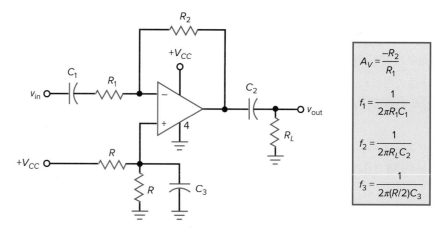

| 그림 18·35 | 단일 전원공급 반전증폭기

바이패스 커패시터는 그림에서 보듯이 비반전입력에 사용된다. 이것은 비반전입력에 나타나는 전원공급장치의 리플과 잡음을 감소시킨다. 효과적으로 하기 위해서는 이 바이패스회로의 차단주파수는 전원공급장치로부터 주어지는 리플주파수보다 훨씬 적어야 한다. 그림 18-35에 주어진 식을 이용하여 이 바이패스회로의 차단주파수를 계산할 수 있다.

비반전증폭기

그림 18-36에서도 양의 전원공급만을 사용하고 있다. 최대 출력스윙을 얻기 위해서는 비반전입력에 공급전압의 1/2을 바이어스할 필요가 있는데 이는 등저항 전압분배기에 의해 간단히 처리할 수 있다. 이것은 비반전입력에 $+0.5V_{CC}$의 직류입력을 발생한다. 부귀환 때문에 반전입력은 같은 값으로 부트스트랩된다.

직류 등가회로에서 모든 커패시터는 개방되고 회로는 1의 전압이득을 가지므로 출력 오프셋전압이 최소화된다. 연산증폭기의 직류 출력전압은 $+0.5V_{CC}$이나 이것은 출력결합 커패시터에 의해 최종부하에서 차단된다.

교류 등가회로에서 모든 커패시터는 단락된다. 교류신호가 회로를 구동할 때 R_L양단에 증폭된 출력신호가 나타난다. 만일 레일-레일 연산증폭기를 사용한다면 클리핑이 발생되지 않는 최대 피크-피크 출력은 V_{CC}이다. 그림 18-36에 차단주파수를 계산하기 위한 식을 제공하고 있다.

단일 전원공급 연산증폭기

그림 18-35와 18-36의 단일 전원공급용으로 사용하는 연산증폭기는 일반적인 연산증폭기를 사용할 수 있으나 몇 가지 연산증폭기는 단일 전원공급 동작에 최적인 것이 있다. 예를 들면 LM324는 쿼드(quad) 연산 증폭기인데 2전원 공급의 필요성을 없앤 것이다. 이것은 단일 패키지 내에 내부적으로 보상된 4개의 연산증폭기로 구성되어 있으며, 각각 개방루프 전압이득이 100 dB, 입력 바이어스전류 45 nA, 입력 오프셋전류 5 nA, 입력 오프셋전압 2 mV를 가진다. 또 단일 양의 공급전압을 인가했을 때 출력스

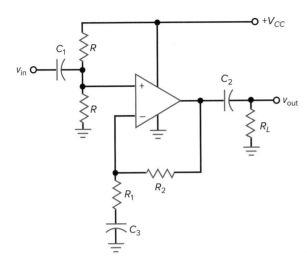

$$A_V = \frac{R_2}{R_1} + 1$$

$$f_1 = \frac{1}{2\pi(R/2)C_1}$$

$$f_2 = \frac{1}{2\pi R_L C_2}$$

$$f_3 = \frac{1}{2\pi R_1 C_3}$$

| 그림 18·36 | 단일 전원공급 비반전증폭기

윙폭은 3~32 V의 값을 가진다. 이 때문에 LM324는 +5 V의 단일 양의 공급전압으로 동작되는 디지털회로와의 인터페이스용으로 편리하게 사용된다.

요점 __ *Summary*

18-1 반전증폭기회로
이 절에서는 고임피던스 프로브(X10과 X1), 교류결합 증폭기 및 대역폭 조정 가능한 회로를 포함한 반전증폭기회로에 대해 설명했다.

18-2 비반전증폭기회로
이 절에서는 교류결합 증폭기, 음성 분배 증폭기, JFET 스위치를 이용한 전압이득 조정회로 및 전압기준을 포함한 비반전증폭기회로에 대해 설명했다.

18-3 반전기/비반전기 회로
이 절에서는 스위칭 가능한 반전기/비반전기, JFET 제어 스위칭 가능한 반전기, 부호변환기, 이득 조정 및 가역 가능한 회로와 이상기 등의 회로에 대해 설명했다.

18-4 차동증폭기
차동증폭기의 전체 CMRR은 다음 두 가지 요소로 결정된다. 즉, 각 연산증폭기의 CMRR과 정합된 저항들의 CMRR 등이

다. 입력신호는 항상 적은 차동전압과 휘트스톤 브리지로부터 주어지는 큰 동상전압이 있다.

18-5 계측 증폭기
계측 증폭기는 큰 전압이득, 큰 CMRR, 적은 입력오프셋, 적은 온도드리프트, 큰 입력임피던스로 최적화된 차동증폭기이다. 계측 증폭기는 정밀급 연산증폭기를 3개 사용하는 전형적인 구성방법이나 집적화된 것을 이용하여 설계할 수 있다.

18-6 가산증폭기회로
이 절에서는 감산기, 두 입력 측에 대한 가산, 평균치회로 및 D/A변환기에 대해 중점적으로 설명했다. D/A변환기는 전압, 전류 및 저항 측정에 이용되는 디지털 멀티미터에 사용된다.

18-7 전류부스터
연산증폭기의 단락회로 출력전류가 너무 적을 때 그 해결방법의 하나로 회로의 출력 측에 전류부스터를 사용한다. 일반적으

로 전류부스터는 연산증폭기로부터 공급된 베이스전류를 갖는 트랜지스터이다. 트랜지스터의 전류이득 때문에 단락회로 출력전류는 β배 만큼 증가한다.

18-8 전압제어 전류원
입력전압에 의해 제어되는 전류원을 설계할 수 있다. 부하는 부동이거나 접지되어도 좋다. 부하전류는 단방향성 또는 양방향성이다. 호올랜드 전류원은 양방향성 전압제어 전류원이다.

18-9 자동이득제어
대부분의 응용에서는 출력전압을 거의 일정하게 유지할 수 있도록 시스템의 전압이득이 자동적으로 변화되는 것이 바람직하다. 라디오와 텔레비전 수신기에서 AGC는 스피커에서 나오는 소리의 음량이 갑자기 크게 변화되는 것을 방지해 준다.

18-10 단일 전원공급 동작
정상적인 연산증폭기 동작에는 2전원 공급을 사용하나 오히려 단일 전원공급만을

취하는 응용도 있다. 교류결합 증폭기는 단일 전원공급으로 교류신호가 인가되지 않은 연산증폭기 입력 측에 양의 공급전압의 1/2을 바이어스해 주므로 쉽게 요구를 충족시켜 줄 수가 있다. 단일 전원공급용으로 최적인 연산증폭기도 일부 있다.

중요 수식 __ *Important Formulas*

(18-3) 반전기/비반전기의 이득:

$$A_V = A_{V(inv)} + A_{V(non)}$$

그림 18-8에서 18-13을 보라. 전체 전압이득은 반전과 비반전 전압이득의 중첩이다. 입력신호를 두 입력에 동시에 인가할 때 사용된다.

(18-5) 공통모드전압이득:

$$A_{V(CM)} = A_{V(inv)} + A_{V(non)}$$

그림 18-14, 18-15, 18-18을 보라. 이것은 이득의 중첩이기 때문에 식 (18-3)과 흡사하다.

(18-7) 전체 비반전 이득:

$$A_{V(non)} = \left(\frac{R_2}{R_1} + 1\right)\left(\frac{R_2'}{R_1' + R_2'}\right)$$

그림 18-14를 보라. 이것은 전압분배율에 의해 감소된 비반전 측의 전압이득이다.

(18-8) $R_1 = R_2$에서 동상이득:

$$A_{V(CM)} = \pm 2\,\frac{\Delta R}{R}$$

그림 18-15와 18-18을 보라. 이것은 차동증폭기의 저항들이 같거나 정합되었을 때 저항 자신의 오차에 의해 발생하는 동상이득이다.

(18-11) 휘트스톤 브리지:

$$\frac{R_1}{R_2} = \frac{R_3}{R_4}$$

그림 18-16*a*를 보라. 이것은 휘트스톤 브리지의 평형조건식이다.

(18-13) 불평형된 휘트스톤 브리지:

$$v_{in} \cong \frac{\Delta R}{4R}\,V_{CC}$$

그림 18-17을 보라. 이 식은 변환기 저항의 적은 변화에 유효하다.

(18-16) 계측 증폭기:

$$A_V = \frac{2R_2}{R_G} + 1$$

그림 18-18과 18-20을 보라. 이것은 계측 증폭기의 전형적인 세 연산증폭기의 첫째 단의 전압이득이다.

(18-18) 2진-10진 등가:

$$BIN = (D_0 \times 2^0) + (D_1 \times 2^1) + (D_2 \times 2^2) + (D_3 \times 2^3)$$

(18-19) R/2R 사다리형 출력전압:

$$V_{out} = -\left(\frac{BIN}{2^N} \times 2V_{ref}\right)$$

(18-21) 전류부스터:

$$I_{max} = \beta_{dc}I_{SC}$$

그림 18-26에서 18-30을 보라. 연산증폭기의 단락회로 전류는 연산증폭기와 부하 간의 트랜지스터의 전류이득에 의해 증가한다.

(18-23) 전압제어 전류원:

$$i_{out} = \frac{v_{in}}{R}$$

그림 18-28에서 18-31을 보라. 전압제어 전류원에서 입력전압은 안정된 출력전류로 변환된다.

연관 실험 __ *Correlated Experiments*

실험 48

　선형 IC 증폭기

시스템 응용 5

　단일 전원공급 오디오
　연산증폭기 응용

실험 49

　전류부스터 및 전압제어 전류원

복습문제 __ *Self-Test*

1. 선형 연산증폭기회로에서 _____ .
   a. 신호는 항상 정현파이다
   b. 연산증폭기는 포화상태에 들어가지 않는다
   c. 입력임피던스는 이상적으로 ∞이다
   d. 이득대역곱은 일정하다

2. 결합 및 바이패스 커패시터를 갖는 연산증폭기를 사용하는 교류증폭기에서 출력 오프셋전압은?
   a. 0
   b. 최소
   c. 최대
   d. 불변

3. 연산증폭기를 사용하기 위해 최소한 필요한 것은 어느 것인가?
   a. 하나의 공급전압
   b. 2개의 공급전압
   c. 하나의 결합 커패시터
   d. 하나의 바이패스 커패시터

4. 연산증폭기의 전류원 제어에서 회로는 무엇과 같이 동작하는가?
   a. 전압증폭기
   b. 전류-전압 변환기
   c. 전압-전류 변환기
   d. 전류증폭기

5. 계측 증폭기는 큰 _____ 을(를) 갖는다.
   a. 출력 임피던스
   b. 전력이득
   c. CMRR
   d. 공급전압

6. 연산증폭기의 출력 측의 전류부스터는 무엇에 의해 단락회로 전류를 증가시키는가?
   a. $A_{V(CL)}$
   b. β_{dc}
   c. f_{unity}
   d. A_V

7. +2.5 V의 전압기준이 주어져 있다. 무엇을 사용하면 +15 V의 전압기준을 얻을 수 있는가?
   a. 반전증폭기
   b. 비반전증폭기
   c. 차동증폭기
   d. 계측증폭기

8. 차동증폭기에서 CMRR은 무엇에 의해 대부분 제한되는가?
   a. 연산증폭기의 CMRR
   b. 이득대역곱
   c. 공급전압
   d. 저항의 오차

9. 계측 증폭기에서 입력신호는 항상 무엇으로부터 주어지는가?
   a. 반전증폭기
   b. 저항
   c. 차동증폭기
   d. 휘트스톤 브리지

10. 계측 증폭기의 전형적인 3개의 연산증폭기에서 차동전압이득은 항상 무엇에 의해 발생되는가?
    a. 첫째 단
    b. 둘째 단
    c. 부정합된 저항
    d. 출력 연산 증폭기

11. 보호구동은 무엇을 감소시키는가?
    a. 계측 증폭기의 CMRR
    b. 차폐케이블에서의 누설전류
    c. 첫째 단의 전압이득
    d. 동상 입력전압

12. 평균치회로에서 입력저항은 어떠한가?
    a. 귀환저항과 같다.
    b. 귀환저항보다 적다.
    c. 귀환저항보다 크다.
    d. 같지 않다.

13. D/A변환기는 무엇의 응용인가?
    a. 대역폭을 조정 가능한 회로
    b. 비반전증폭기

    c. 전압-전류 변환기
    d. 가산증폭기

14. 전압제어 전류원에서 _____ .
    a. 전류부스터는 결코 사용되지 않는다
    b. 부하는 항상 부동이다
    c. 안정전원이 부하를 구동한다
    d. 부하전류는 I_{SC}와 같다

15. 호올랜드 전류원은 무엇을 발생하는가?
    a. 단방향성 부동 부하전류
    b. 양방향성 단측 부하전류
    c. 단방향성 단측 부하전류
    d. 양방향성 부동 부하전류

16. AGC의 목적은 무엇을 위한 것인가?
    a. 입력신호가 증가할 때 전압이득을 증가시키기 위한 것
    b. 전압에서 전류로 변환시키기 위한 것
    c. 출력전압을 거의 일정하게 유지하기 위한 것
    d. 회로의 CMRR을 감소시키기 위한 것

17. 1 ppm은 무엇과 같은가?
    a. 0.1%
    b. 0.01%
    c. 0.001%
    d. 0.0001%

18. 입력변환기는 무엇을 무엇으로 변환하는가?
    a. 전압에서 전류로
    b. 전류에서 전압으로
    c. 전기적인 양을 비전기적인 양으로
    d. 비전기적인 양을 전기적인 양으로

19. 서미스터(thermistor)는 무엇을 무엇으로 변환하는가?
    a. 빛을 저항으로
    b. 온도를 저항으로
    c. 전압을 소리로
    d. 전류를 전압으로

20. 저항을 트림(trim)하는 이유는 무엇인가?

a. 정밀 조정을 위해

b. 그 값을 감소시키기 위해

c. 그 값을 증가시키기 위해

d. 거친 조정을 위해

21. 4개의 입력을 가지는 D/A변환기는?

a. 2개의 출력값을 갖는다.

b. 4개의 출력값을 갖는다.

c. 8개의 출력값을 갖는다.

d. 16개의 출력값을 갖는다.

22. 레일-레일 출력을 가지는 연산증폭기는?

a. 전류 부스터된 출력을 가진다.

b. 어느 한쪽 공급전압에 의해 모든 방향으로 스윙할 수 있다.

c. 큰 출력 임피던스를 가진다.

d. 0 V보다 적게 할 수 없다.

23. AGC회로에서 JFET를 사용했을 때 무엇처럼 동작하는가?

a. 스위치

b. 전압제어 전류원

c. 전압제어 저항

d. 커패시턴스

24. 만일 연산증폭기가 양의 공급전압만을 가진다면 그 출력의 상태가 될 수 없는 것은 무엇인가?

a. 부(−)

b. 0

c. 동일한 공급전압

d. 교류결합

기본문제 ___ *Problems*

18-1 반전증폭기회로

18-1 그림 18-1의 프로브에서 R_1 = 10 MΩ, R_2 = 20 MΩ, R_3 = 15 kΩ, R_4 = 15 kΩ, R_5 = 75 kΩ이다. 각 스위치의 위치에서 프로브의 감쇄는 얼마인가?

18-2 그림 18-2의 교류결합 반전증폭기에서 R_1 = 1.5 kΩ, R_f = 75 kΩ, R_L = 15 kΩ, C_1 = 1 μF, C_2 = 4.7 μF이고 f_{unity} = 1 MHz이다. 증폭기의 중역에서의 전압이득은 얼마인가? 또 고역, 저역 차단주파수는 얼마인가?

18-3 그림 18-3의 대역폭 조정 가능한 회로에서 R_1 = 10 kΩ, R_f = 180 kΩ이다. 만일 100 Ω 저항을 130 Ω으로 바꾸고 가변저항을 25 kΩ으로 하면, 전압이득은 얼마인가? 또 f_{unity} = 1 MHz이면 최소, 최대 대역폭은 얼마인가?

18-4 그림 18-37에서 출력전압은 얼마인가? 또 f_{unity} = 1 MHz이면 최소, 최대 대역폭은 얼마인가?

18-2 비반전증폭기회로

18-5 그림 18-4에서 R_1 = 2 kΩ, R_f = 82 kΩ, R_L = 25 kΩ, C_1 = 2.2 μF, C_2 = 4.7 μF이고 f_{unity} = 3 MHz이다. 이 증폭기의 중역에서의 전압이득은 얼마인가? 또 고역과 저역에서의 차단주파수는 얼마인가?

18-6 그림 18-38의 중역에서의 전압이득은 얼마인가? 또 고역 및 저역에서의 차단주파수는 얼마인가?

18-7 **|||MultiSim** 그림 18-5의 분배 증폭기에서 R_1 = 2 kΩ, R_f = 100 kΩ이고 v_{in} = 10 mV이다. A, B, C에서의 출력전압은 얼마인가?

18-8 그림 18-6의 JFET 스위치를 이용한 증폭기는 다음 값들을 갖는다. 즉, R_1 = 91 kΩ, R_f = 12 kΩ, R_2 = 1 kΩ이다. 만일 v_{in} = 2 mV이면 게이트가 저(low)일 때와 고(high)일 때의 출력전압은 얼마인가?

18-9 만일 $V_{GS(off)}$ = −5 V이면 그림 18-39에서 최소 및 최대 출력전압은 얼마인가?

18-10 그림 18-7의 전압기준회로에서 R_1 = 10 kΩ, R_f = 10 kΩ으로 변형되었다. 새로운 출력 기준전압은 얼마인가?

18-3 반전기/비반전기 회로

18-11 그림 18-10의 조정 가능한 반전기에서 R_1 = 1 kΩ, R_2 = 10 kΩ이다. 최대 양의 이득은 얼마인가? 최대 부(−)의 이득은 얼마인가?

18-12 와이퍼를 접지 끝으로 했을 때 그림 18-11에서 출력전압은 얼마인가? 또 접지로부터 10% 떨어뜨렸을 때의 출력은 얼마인가?

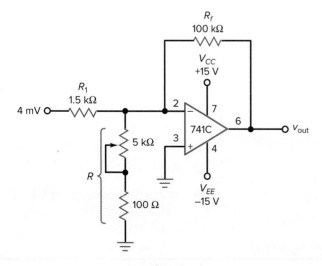

| 그림 18-37 |

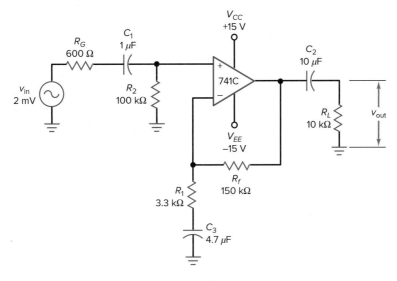

| 그림 18·38 |

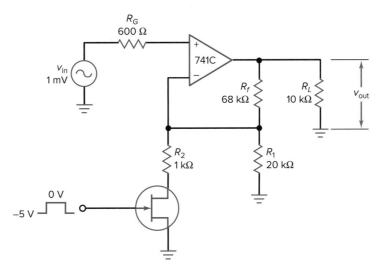

| 그림 18·39 |

18-13 그림 18-12에 정밀저항이 사용되었다. 만일 $R = 5$ kΩ, nR $= 75$ kΩ이고 $nR/(n - 1)R = 5.36$ kΩ이었다면 최대 양과 음의 이득은 얼마인가?

18-14 그림 18-13의 이상기에서 $R' = 10$ kΩ, $R = 22$ kΩ이고 C $= 0.02$ μF이다. 입력주파수가 100 Hz, 1 kHz, 10 kHz일 때 위상천이는 얼마가 발생되는가?

18-4 차동증폭기

18-15 그림 18-14의 차동증폭기는 $R_1 = 1.5$ kΩ, $R_2 = 30$ kΩ을 가진다. 차동전압이득은 얼마인가? 또 동상이득은 얼마인가? (저항오차 ±0.1%)

18-16 그림 18-15에서 $R_1 = 1$ kΩ, $R_2 = 20$ kΩ이다. 차동전압이득은 얼마인가? 동상이득은 얼마인가? (저항오차 ±1%)

18-17 그림 18-16의 휘트스톤 브리지에서 $R_1 = 10$ kΩ, $R_2 = 20$ kΩ, $R_3 = 20$ kΩ, $R_4 = 10$ kΩ이다. 브리지의 평형은 어떠한가?

18-18 그림 18-17의 일반적인 응용에서 변환저항을 985 Ω으로 바꾸었다. 최종 출력전압은 얼마인가?

18-5 계측 증폭기

18-19 그림 18-18의 계측 증폭기에서 $R_1 = 1\ \text{k}\Omega$, $R_2 = 99\ \text{k}\Omega$이다. 만일 $v_{in} = 2\ \text{mV}$이면 출력전압은 얼마인가? 만일 3개의 OP-07A인 연산증폭기와 $R = 10\ \text{k}\Omega \pm 0.5\%$를 사용했다면 계측 증폭기의 CMRR은 얼마인가?

18-20 그림 18-19에서 $v_{in(CM)} = 5\ \text{V}$이다. 만일 $R_3 = 10\ \text{k}\Omega$이라면 보호전압은 무엇과 동일한가?

18-21 그림 18-20에서 R_G의 값이 1,008 Ω으로 바뀌었다. 만일 차동입력전압이 20 mV이면 차동출력전압은 얼마인가?

18-6 가산증폭기회로

18-22 만일 $R = 10\ \text{k}\Omega$, $v_1 = -50\ \text{mV}$, $v_2 = -30\ \text{mV}$라면 그림 18-21에서 출력전압은 무엇과 같은가?

18-23 ‖‖**MultiSim** 그림 18-22의 가산기 회로에서 $R_1 = 10\ \text{k}\Omega$, $R_2 = 20\ \text{k}\Omega$, $R_3 = 15\ \text{k}\Omega$, $R_4 = 15\ \text{k}\Omega$, $R_5 = 30\ \text{k}\Omega$이고 $R_f = 75\ \text{k}\Omega$이다. 만일 $v_1 = 1\ \text{mV}$, $v_2 = 2\ \text{mV}$, $v_3 = 3\ \text{mV}$, $v_4 = 4\ \text{mV}$라면 출력전압은 얼마인가?

18-24 그림 18-23의 평균치회로는 $R = 10\ \text{k}\Omega$을 가진다. 만일 $v_1 = 1.5\ \text{V}$, $v_2 = 2.5\ \text{V}$, $v_3 = 4.0\ \text{V}$이면 출력은 얼마인가?

18-25 그림 18-24의 D/A변환기는 $v_0 = 5\ \text{V}$, $v_1 = 0\ \text{V}$, $v_2 = 5\ \text{V}$, $v_3 = 0\ \text{V}$를 가진다. 출력전압은 얼마인가?

18-26 그림 18-25에서 2진수 입력의 수를 8자리로 확장하여 D_7에서 D_0가 10100101과 같다면 10진 등가 입력값 BIN은 얼마인가?

18-27 그림 18-25에서 D_7에서 D_0까지 확장된 2진 입력이 0110 0110이라면 출력전압은 얼마인가?

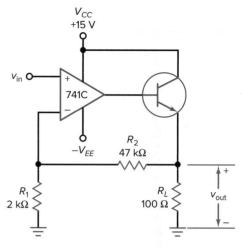

| 그림 18·40 |

18-28 그림 18-25에서 2.5 V의 기준전압을 사용했다면 출력전압스텝의 최소 증분은 얼마인가?

18-7 전류부스터

18-29 그림 18-40의 비반전증폭기는 전류부스트된 출력을 가진다. 회로의 전압이득은 얼마인가? 만일 트랜지스터의 전류이득이 100이라면 단락회로 출력전류는 얼마인가?

18-30 그림 18-41에서 전압이득은 얼마인가? 만일 트랜지스터가 125의 전류이득을 가진다면 단락회로 출력전류는 얼마인가?

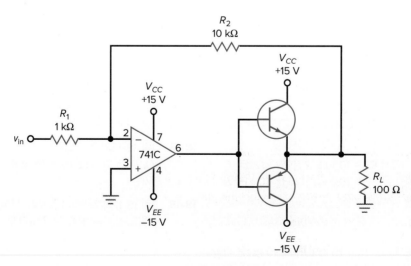

| 그림 18·41 |

18-8 전압제어 전류원

18-31 그림 18-42*a*에서 부하전류는 얼마인가? 연산증폭기의 포화 없이 사용할 수 있는 최대 부하저항은?

18-32 그림 18-42*b*에서 출력전류를 계산하라. 또한 부하저항의 최대값을 계산하라.

18-33 그림 18-30의 전압제어 전류원에서 만일 R = 10 kΩ이고 V_{CC} = 15 V라면 입력전압이 3 V일 때 출력전류는 얼마인가? 또 최대 부하저항은 얼마인가?

18-34 그림 18-31의 호올랜드 전류원은 R = 2 kΩ과 R_L = 500 Ω을 가진다. 입력전압이 6 V일 때 출력전류는 얼마인가? 또 만일 입력전압이 결코 7.5 V보다 크지 않다면(공급전압은

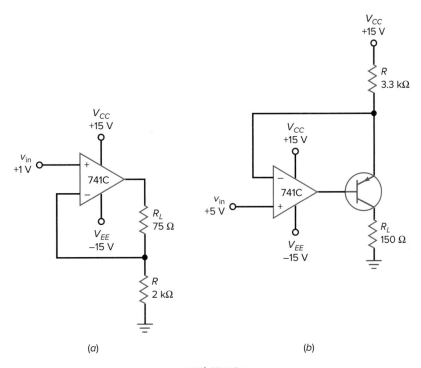

(a)　　　　　　　　(b)

| 그림 18·42 |

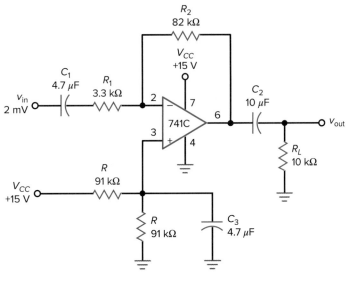

| 그림 18·43 |

±15 V를 사용함), 이 회로에서 사용할 수 있는 최대 부하저항은 얼마인가?

18-9 자동이득제어

18-35 그림 18-32의 AGC회로에서 R_1 = 10 kΩ, R_2 = 100 kΩ, R_3 = 100 kΩ, R_4 = 10 kΩ이다. 만일 r_{ds}가 200 Ω에서 1 MΩ까지 변한다면 회로의 최소, 최대 전압이득은 얼마인가?

18-36 그림 18-33의 저레벨 AGC회로에서 R_1 = 5.1 kΩ, R_2 = 51 kΩ, R_5 = 68 kΩ, R_6 = 1 kΩ이다. 만일 r_{ds}를 120 Ω에서 5 MΩ까지 변화시킬 수 있다면 회로의 최대 및 최소 전압이득은?

18-37 그림 18-34의 고레벨 AGC회로에서 R_1 = 10 kΩ, R_2 = 10 kΩ, R_5 = 75 kΩ, R_6 = 1.2 kΩ이다. 만일 R_7을 180 Ω에서 10 MΩ까지 변화시킬 수 있다면 회로의 최대, 최소 전압이득은?

18-38 그림 18-43의 단일 전원공급 반전증폭기의 전압이득은 얼마인가? 3개의 저역 차단주파수는?

18-39 그림 18-36의 단일 전원공급 비반전증폭기에서 R = 68 kΩ, R_1 = 1.5 kΩ, R_2 = 15 kΩ, R_L = 15 kΩ, C_1 = 1 μF, C_2 = 2.2 μF, C_3 = 3.3 μF이다. 전압이득은 얼마인가? 또 3개의 저역 차단주파수는 얼마인가?

응용문제 __ *Critical Thinking*

18-40 그림 18-8의 위치 사이를 스위칭할 때 스위치가 순간적으로 개방되면 시간의 짧은 주기가 주어진다. 이 시간에서 출력전압은 얼마인가? 이 같은 경우를 제거할 수 있는 방법을 제안해 보라.

18-41 반전증폭기는 R_1 = 1 kΩ과 R_f = 100 kΩ을 가진다. 만일 이들 저항이 ±1%의 오차를 가진다면 가능한 최대 전압이득은 얼마인가? 또 최소 전압이득은 얼마인가?

18-42 그림 18-44에 나타낸 회로의 중역에서의 전압이득은 얼마인가?

18-43 그림 18-41의 트랜지스터는 β_{dc} = 50이다. 만일 입력전압이 0.5 V이면 전도 시 트랜지스터의 베이스전류는 얼마인가?

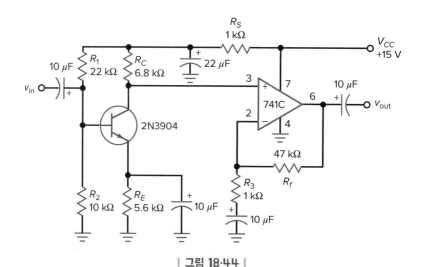

| 그림 18·44 |

고장점검 __ *Troubleshooting*

‖‖MultiSim 문제 18-44에서 18-46에 대하여 그림 8-45를 이용하라. 어떤 저항이 개방 또는 단락되었는지 모르고 접속선 CD, EF, JA 또는 KB도 개방되었을지도 모른다.

18-44 $T1$~$T3$의 고장을 진단하라.

18-45 $T4$~$T6$의 고장을 진단하라.

18-46 $T7$~$T10$의 고장을 진단하라.

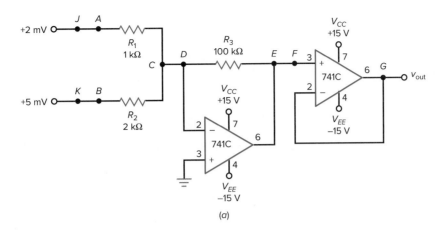

(a)

Troubleshooting

Trouble	V_A	V_B	V_C	V_D	V_E	V_F	V_G
OK	2	5	0	0	450	450	450
T1	2	5	0	0	450	0	0
T2	2	5	0	0	200	200	200
T3	2	5	2	2	–13.5 V	–13.5 V	–13.5 V
T4	2	0	0	0	200	200	200
T5	2	5	3	0	0	0	0
T6	0	5	0	0	250	250	250
T7	2	5	3	3	–13.5 V	–13.5 V	–13.5 V
T8	2	5	0	0	250	250	250
T9	2	5	0	0	0	0	0
T10	2	5	5	5	–13.5 V	–13.5 V	–13.5 V

(b)

| 그림 18·45 |

MultiSim 고장점검 문제 __ *MultiSim Troubleshooting Problems*

멀티심 고장점검 파일들은 http://mhhe.com/malvino9e의 온라인학습센터(OLC)에 있는 멀티심 고장점검 회로(MTC)라는 폴더에서 찾을 수 있다. 이 장에 관련된 파일은 MTC18-47~MTC18-51로 명칭되어 있고 모두 그림 18-45의 회로를 바탕으로 한다.

각 파일을 열고 고장점검을 실시한다. 결함이 있는지 결정하기 위해 측정을 실시하고, 결함이 있다면 무엇인지를 찾아라.

18-47 MTC18-47 파일을 열어 고장점검을 실시하라.

18-48 MTC18-48 파일을 열어 고장점검을 실시하라.

18-49 MTC18-49 파일을 열어 고장점검을 실시하라.

18-50 MTC18-50 파일을 열어 고장점검을 실시하라.

18-51 MTC18-51 파일을 열어 고장점검을 실시하라.

디지털/아날로그 실습 시스템 __ *Digital/Analog Trainer System*

문제 18-52에서 18-56은 부록 C에 있는 디지털/아날로그 실습 시스템의 회로도에 대한 것이다. 모델 XK-700 실습기용 전체 설명 매뉴얼은 www.elenco.com에서 찾을 수 있다.

18-52 LM318(U10)은 연산증폭기 회로에서 어떤 형식으로 사용되었는가?

18-53 VR_6의 목적은 무엇인가?

18-54 연산증폭기의 입력신호가 0.5 V_{p-p}라면, 연산증폭기의 출력신호레벨은 얼마인가?

18-55 R_9이 개방된다면, LM318 출력신호가 어떻게 되는가?

18-56 이 증폭기의 대략적인 대역폭은 얼마인가?

직무 면접 문제 __ *Job Interview Questions*

1. 전압이득 100을 가지는 교류결합 반전증폭기의 도식도를 그려라. 동작을 이론적으로 설명하라.

2. 연산증폭기로 구성된 차동증폭기의 도식도를 그려라. CMRR을 결정하는 요소들은 무엇인가?

3. 전형적인 세 연산증폭기를 사용한 계측 증폭기의 도식도를 그려라. 첫째 단은 무엇처럼 동작하며 차동신호와 동상신호에 대해 어떠한 동작을 하는가?

4. 계측 증폭기는 왜 한 단 이상의 단으로 구성되는가?

5. 특별한 응용을 위해 간단한 연산증폭기 회로를 설계해 본 경험이 있는가? 첫 시험을 하는 중에 연산증폭기에 손을 대 보니 너무나 뜨겁다는 것을 알았다. 브레드보드에 조립된 회로가 정확했다고 가정한다면, 무엇이 가장 큰 문제였고, 어떻게 교정해 보았는가?

6. 고임피던스 프로브(X10과 X1)에 사용되는 반전증폭기를 어떻게 설명하겠는가?

7. 그림 18-1에서 프로브를 왜 고임피던스로 보는가? 각 스위치의 위치에서 전압이득을 계산하는 방법을 설명하라.

8. 디지털입력과 비교했을 때 D/A변환기의 아날로그출력에 대해 말할 수 있는가?

9. 741C를 사용하여 단일 9 V 전지로 동작하는 휴대 연산증폭기회로를 만들려고 한다. 이렇게 할 수 있는 방법 하나를 말하라. 만일 직류응답이 요구된다면 이 회로를 어떻게 변형하면 되는가?

10. 연산증폭기의 출력전류를 증가시키는 방법을 말하라.

11. 그림 18-27의 회로에서 저항 또는 다이오드의 바이어스가 요구되지 않는 이유는 무엇인가?

12. 연산증폭기를 공부할 때 가끔 **레일-레일 증폭기**(rail-to-rail amplifier)처럼 레일이란 말을 듣게 된다. 이 말은 어떤 의미를 갖는가?

13. 741은 단일 공급전압으로 동작시킬 수 있는가? 만일 그렇다면 반전증폭기를 구성하는 데 있어 요구되는 것이 무엇인지 설명하라.

복습문제 해답 __ *Self-Test Answers*

1.	b	**7.**	b	**13.**	d	**19.**	b
2.	b	**8.**	d	**14.**	c	**20.**	a
3.	a	**9.**	d	**15.**	b	**21.**	d
4.	c	**10.**	a	**16.**	c	**22.**	b
5.	c	**11.**	b	**17.**	d	**23.**	c
6.	b	**12.**	c	**18.**	d	**24.**	a

연습문제 해답 __ *Practice Problem Answers*

18-2 $R_2 = 60 \text{ k}\Omega$

18-3 $n = 7.5$; $nR = 1.154 \text{ k}\Omega$

18-4 $A_V = 51$; $A_{V(CM)} = 0.002$;
$v_{out} = -510 \text{ mV}$;
$v_{out(CM)} = \pm 20 \text{ mV}$

18-5 $A_{V1} = -1$; $A_{V2} = -0.5$;
$A_{V3} = 1.06$; $A_{V4} = 0.798$

18-6 최대 $V_{out} = -9.375 \text{ V}$;
최소 $V_{out} = -0.625 \text{ V}$

18-7 $A_V = -27$; $Z_{out(CL)} = 0.021 \ \Omega$;
$I_{max} = 2.5 \text{ A}$

18-8 $i_{out} = 0.5 \text{ mA}$; $R_{L(max)} = 1 \text{ k}\Omega$

18-9 $i_{out} = -0.3 \text{ mA}$; $R_{L(max)} = 1.25 \text{ k}\Omega$

18-10 $r_{ds} = 2.13 \text{ k}\Omega$

19

능동필터
Active Filters

거의 모든 통신시스템에는 필터가 사용된다. 필터는 주파수 대역의 일부를 통과시키는 것과 소거하는 것이 있다. 필터는 수동 또는 능동으로 구성할 수 있다. **수동필터**(passive filter)는 저항, 커패시터 및 인덕터로 구성된다. 이것은 일반적으로 1 MHz 이상에서 사용하고, 전력이득을 갖지 않으며, 상대적으로 동조하기가 어렵다. **능동필터**(active filter)는 저항, 커패시터 및 연산증폭기로 구성된다. 이것은 일반적으로 1 MHz 이하에서 유용하고, 전력이득을 가지며, 상대적으로 동조하기가 쉽다. 필터는 필요한 신호와 불필요한 신호를 분리할 수 있고, 간섭신호를 차단하고 음성과 영상의 질을 높이고 또한 신호를 변화시킬 수 있다.

목차

학습목표

이 장을 공부하고 나면

- 다섯 가지 기본 필터 응답에 대해 설명할 수 있어야 한다.
- 수동필터와 능동필터 간의 차이에 대해 설명할 수 있어야 한다.
- 벽돌담(brick wall) 응답과 근사응답 간의 차이를 구분할 수 있어야 한다.
- 대역통과, 대역저지, 차단, Q, 리플 및 차수를 포함한 필터의 전문용어에 대해 설명할 수 있어야 한다.
- 수동 및 능동 필터의 차수에 대한 정의를 내릴 수 있어야 한다.
- 단을 흔히 종속접속으로 하는 데 대한 이유 설명 및 그 결과에 대해 설명할 수 있어야 한다.

주요 용어

2차-4차 대역통과/저역통과 필터 (second-order biquadratic band-pass/low-pass filter)

감쇄(attenuation)

고역통과 필터(high-pass filter)

광대역 필터(wideband filter)

극 주파수(pole frequency) f_p

극(pole)

기하학적 평균(geometric average)

능동필터(active filter)

능동필터의 차수(order of active filter)

다중귀환(multiple-feedback: MFB)

대역저지 필터(band-stop filter)

대역통과 필터(band-pass filter)

모노토닉(monotonic)

버터워스 근사(Butterworth approximation)

베셀 근사(Bessel approximation)

살렌-키 2차 노치필터(Sallen-Key second-order notch filter)

살렌-키 동일요소 필터(Sallen-Key equal-component filter)

살렌-키 저역통과 필터(Sallen-Key low-pass filter)

상태변수 필터(state-variable filter)

선형 위상천이(linear phase shift)

수동필터(passive filter)

수동필터의 차수(order of passive filter)

에지주파수(edge frequency)

역 체비셰프 근사(inverse Chebyshev approximation)

저역통과 필터(low-pass filter)

저지대역(stopband)

전역통과 필터(all-pass filter)

전치왜곡(predistortion)

전환(transition)

제동계수(damping factor)

주파수 스케일링 계수(frequency scaling factor: FSF)

지연평형기(delay equalizer)

체비셰프 근사(Chebyshev approximation)

타원형 근사(elliptic approximation)

통과대역(passband)

협대역 필터(narrowband filter)

19-1 이상적인 응답

이 장에서는 다양한 수동과 능동 필터 회로에 대해 포괄적으로 볼 수 있을 것이다. 기본 필터의 전문용어와 1차단은 19-4절에서 다루고, 19-5절 이후에는 고차 필터의 회로 해석을 보다 상세히 포함시켰다.

　필터의 주파수응답(*frequency response of a filter*)은 주파수에 대한 전압이득의 그래프이다. 필터에는 저역통과(*low-pass*), 고역통과(*high-pass*), 대역통과(*band-pass*), 대역저지(*band-stop*), 전역통과(*all-pass*)의 다섯 가지 형이 있다. 이 절에서는 이들 각각의 이상적인 주파수응답에 대해 설명한다. 다음 절에서는 이들 이상적인 응답에 대한 근사화에 대해 설명하겠다.

저역통과 필터

그림 19-1에 **저역통과 필터**(low-pass filter)의 이상적인 주파수응답을 나타내었다. 이것은 직사각형의 오른쪽 가장자리가 벽돌담처럼 보이기 때문에 가끔 벽돌담 응답(*brick wall response*)이라 부르기도 한다. 저역통과 필터는 0에서 차단주파수까지의 모든 주파수 신호를 통과시키고 차단주파수 이상의 모든 주파수 신호는 차단한다.

　저역통과 필터에서 0과 차단주파수 사이의 주파수를 **통과대역**(passband)이라 하고, 차단주파수 이상의 주파수를 **저지대역**(stopband)이라 한다. 통과대역과 저지대역 사이의 급작스럽게 강하(roll off)되는 영역을 **전환**(transition) 영역이라 한다. 이상적인 저역통과 필터는 통과대역에서는 신호의 감쇄(*attenuation*)가 0(신호손실 없음)이 되고, 저지대역에서는 ∞가 되며 수직적인 전환이 주어진다.

　또 한 가지 중요한 점은, 이상적인 저역통과 필터는 통과대역 내의 전체 주파수에서 위상천이(phase shift)가 0이라는 것이다. 위상천이가 0이라는 것은 입력신호가 비정현파일 때 중요하다. 필터가 위상천이 0을 가질 때는 이 비정현파 신호가 이상적인 필터를 통과한다면 그 모양은 그대로 보존된다. 예를 들어 만일 입력신호가 기본파 주파수와 고조파를 갖는 구형파라고 하자. 만일 기본파 주파수와 의미 있는 모든 고조파(10차 정도까지)가 통과대역 내에 존재한다면 구형파는 출력에서도 거의 동일한 모양을 가질 것이다.

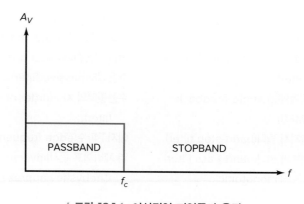

| 그림 19-1 | 이상적인 저역통과 응답

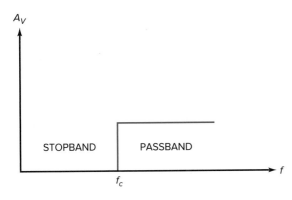

| 그림 19·2 | 이상적인 고역통과 응답

고역통과 필터

그림 19-2에 **고역통과 필터**(high-pass filter)의 이상적인 주파수응답을 나타내었다. 고역통과 필터는 0에서 차단주파수까지의 모든 주파수 신호는 차단하고, 차단주파수 이상의 모든 주파수 신호들을 통과시킨다.

고역통과 필터에서 0과 차단주파수 사이의 주파수들은 저지대역이고, 차단주파수 이상의 주파수들은 통과대역이다. 이상적인 고역통과 필터는 저지대역에서는 ∞의 감쇄를 가지고, 통과대역에서는 0의 감쇄를 가지며 그 사이는 수직전환이 주어진다.

대역통과 필터

대역통과 필터(band-pass filter)는 단지 특정한 구간의 주파수들은 통과시키고, 나머지 다른 주파수들은 막아야 하는 AM/FM 수신기와 같은 전자통신시스템에 유용하다. 또한 전화통신 설비에서 동일 통신로상에 동시에 송신된 다른 전화 대화와 분리하는 데 유효하다.

그림 19-3에 대역통과 필터의 이상적인 주파수응답을 나타내었다. 이 벽돌담 응답은 0에서 저역 차단주파수까지의 모든 주파수의 신호를 차단한다. 그리고 저역과 고역 차단주파수 사이의 모든 주파수의 신호는 통과시킨다. 또 고역 차단주파수 이상의 모든 주파수 신호들은 차단한다.

> **참고사항**
>
> 수동 저역통과 필터와 고역통과 필터는 대역통과나 대역저지 필터링을 만들기 위해 조합될 수 있다.

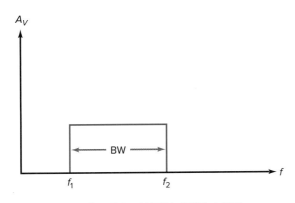

| 그림 19·3 | 이상적인 대역통과 응답

대역통과 필터에서 통과대역은 저역과 고역 차단주파수 사이의 모든 주파수이다. 저역 차단주파수 이하, 고역 차단주파수 이상의 주파수들은 저지대역이다. 이상적인 대역통과 필터는 통과대역에서 0의 감쇄를 가지고, 저지대역에서 ∞의 감쇄를 가지며 이들 대역 간에는 2개의 수직전환이 주어진다.

대역통과 필터의 **대역폭**(*bandwidth: BW*)은 고역과 저역의 3 dB 차단주파수 간의 차이다.

$$BW = f_2 - f_1 \tag{19-1}$$

예를 들어 만일 이들 두 차단주파수가 450 kHz와 460 kHz라면 대역폭은

$$BW = 460\ kHz - 450\ kHz = 10\ kHz$$

이다. 또 다른 예로서 만일 차단주파수가 300 Hz와 3,300 Hz라면 대역폭은 아래와 같다.

$$BW = 3300\ Hz - 300\ Hz = 3000\ Hz$$

f_0로 기호화되는 중심주파수는 두 차단주파수의 **기하학적 평균**(geometric average)으로 주어진다.

$$f_0 = \sqrt{f_1 f_2} \tag{19-2}$$

예를 들어 전화회사가 전화 대화를 분리하기 위해 300 Hz와 3,300 Hz의 차단주파수를 갖는 대역통과 필터를 사용한다면, 이 필터의 중심주파수는

$$f_0 = \sqrt{(300\ Hz)(3300\ Hz)} = 995\ Hz$$

이다. 서로 다른 전화 대화(phone conversation) 간의 간섭을 피하기 위해서는 대역통과 필터는 그림 19-3에 나타낸 벽돌담 응답에 근접하는 응답을 가져야 한다.

대역통과 필터의 Q는 중심주파수를 대역폭으로 나눈 것으로 정의한다.

$$Q = \frac{f_0}{BW} \tag{19-3}$$

예를 들어 만일 $f_0 = 200$ kHz이고 BW = 40 kHz이면 $Q = 5$이다.

Q가 10보다 클 때 중심주파수는 차단주파수의 **산술적 평균**(*arithmetic average*)으로 근사화시킬 수 있다.

$$f_0 \cong \frac{f_1 + f_2}{2}$$

예를 들어 AM(진폭변조) 라디오 수신기의 대역통과 필터(IF단)의 차단주파수는 450 kHz와 460 kHz이다. 중심주파수는 근사적으로 다음과 같다.

$$f_0 \cong \frac{450\ kHz + 460\ kHz}{2} = 455\ kHz$$

만일 Q가 1보다 적다면 이때의 대역통과 필터를 **광대역 필터**(wideband filter)라 부르고, 만일 Q가 1보다 크다면 이 필터를 **협대역 필터**(narrowband filter)라 부른다. 예를 들어 95 kHz와 105 kHz의 차단주파수를 갖는 필터는 그 대역폭이 10 kHz이다. 이

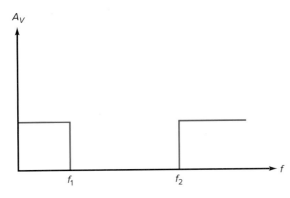

| 그림 19-4 | 이상적인 대역저지 응답

것은 Q가 거의 10이기 때문에 협대역이다. 300 Hz와 3,300 Hz의 차단주파수를 가지는 필터는 중심주파수가 거의 1,000 Hz이고 대역폭이 3,000 Hz이다. 이것은 Q가 거의 0.333이기 때문에 광대역이다.

대역저지 필터

그림 19-4에 **대역저지 필터**(band-stop filter)의 이상적인 주파수응답을 나타내었다. 이 형의 필터는 0에서 저역 차단주파수까지의 모든 주파수의 신호는 통과시키고, 저역과 고역 차단주파수 사이의 모든 주파수 신호는 차단한다. 그리고 고역 차단주파수 이상의 모든 주파수 신호는 통과시킨다.

대역저지 필터에서 저지대역은 저역과 고역 차단주파수 사이의 모든 주파수이다. 저역 차단주파수 이하, 고역 차단주파수 이상의 모든 주파수는 통과대역이다. 이상적인 대역저지 필터는 저지대역에서 ∞의 감쇄를 가지고, 통과대역에서 0인 감쇄를 가지며, 이들 대역 간에는 2개의 수직전환이 주어진다.

대역폭, 협대역, 중심주파수에 대한 정의는 앞과 같다. 다시 말해 대역저지 필터에서 BW, f_0, Q를 계산하기 위해 식 (19-1)~(19-3)을 사용할 수 있다. 덧붙여 대역저지 필터는 저지대역의 모든 주파수에서 응답을 제거(notch out)하기 때문에 가끔 **노치필터** (*notch filter*)라 부르기도 한다.

전역통과 필터

그림 19-5에 이상적인 **전역통과 필터**(all-pass filter)의 주파수응답을 나타내었다. 이것은 통과대역과 저지대역이 없다. 이 때문에 이것은 0과 ∞ 사이의 모든 주파수 신호를 통과시킨다. 이것은 모든 주파수에서 0인 감쇄를 가지기 때문에 필터라 부르는 것이 오히려 좀 별난 듯하다. 그러나 이것을 필터라 부르는 이유는 이를 통과하는 신호의 위상이 영향을 받기 때문이다. 전역통과 필터는 진폭의 변화 없이 신호를 필터하면서 얼마만큼의 위상천이만 발생시키려 할 때 유용하다.

필터의 위상응답(*phase response of a filter*)은 주파수에 대한 위상천이 그래프로 정의한다. 앞서 언급했듯이 이상적인 저역통과 필터는 전체 주파수에서 0°의 위상응답을 갖는다. 이 때문에 기본파와 현저하게 많은 고조파를 제공하는 비정현파 입력신호도 이

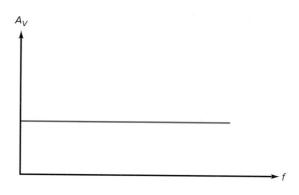

| 그림 19·5 | 이상적인 전역통과 응답

상적인 저역통과 필터의 통과대역을 통과한 후에는 동일한 모양을 가진다.

전역통과 필터의 위상응답은 이상적인 저역통과 필터의 응답과는 서로 다르다. 전역통과 필터에서는 각기 다른 주파수의 신호가 필터를 통과할 때 얼마만큼의 위상이 천이된다. 예를 들어 18-3절에서 설명한 이상기(phase shift)는 전체 주파수에서 0의 감쇄를 갖는 비반전 연산증폭기 회로였으나 출력위상각은 0°와 −180° 사이의 각을 가졌다. 이상기가 전역통과 필터의 간단한 예이다. 다음 절에서 보다 큰 위상천이를 발생시키는 더 복잡한 전역통과 필터에 대해 설명할 것이다.

19-2 근사응답

앞 절에서 설명한 이상적인 응답은 실제 회로에서는 실현 불가능하지만, 이상적인 응답에 대한 절충으로 사용되는 다섯 가지의 표준근사가 있다. 이들 근사들은 각기 다른 것들이 가지지 않는 이점을 제공한다. 근사는 응용 시 무엇을 받아들일 것인가에 따라 설계자가 선택하면 된다.

감쇄

감쇄(attenuation)는 신호의 손실을 말한다. 일정한 입력전압에서 감쇄는 어떤 주파수에서의 출력전압을 중간대역에서의 출력전압으로 나눈 것으로 정의한다.

$$감쇄 = \frac{v_{\text{out}}}{v_{\text{out(mid)}}} \qquad \text{(19-3a)}$$

예를 들면 어떤 주파수에서 출력전압이 1 V이고 중간대역에서의 출력전압이 2 V였다면

$$감쇄 = \frac{1\,\text{V}}{2\,\text{V}} = 0.5$$

이다.

일반적으로 감쇄는 다음 식을 사용해서 데시벨(dB)로 표현한다.

$$\textbf{dB 감쇄} = -20\,\textbf{log 감쇄} \qquad \text{(19-3b)}$$

감쇄가 0.5이면 dB 감쇄는

dB 감쇄 = −20 log 0.5 = 6 dB

(−)부호 때문에 dB 감쇄는 항상 양의 값이다. dB 감쇄는 중간대역의 출력전압을 기준으로 사용한다. 근본적으로 필터의 중간대역에서의 전압이득을 기준으로 어떤 주파수에서의 전압이득을 비교한다. 감쇄는 대부분 dB로 표현하기 때문에 **감쇄**란 용어는 dB 감쇄란 의미로 사용된다.

예를 들어 3 dB의 감쇄는 출력전압이 중간대역의 값에 비해 0.707임을 의미한다. 6 dB의 감쇄는 출력전압이 중간대역값의 0.5임을 의미한다. 12 dB의 감쇄는 출력전압이 중간대역값의 0.25임을 의미한다. 20 dB의 감쇄는 출력전압이 중간대역값의 0.1임을 의미한다.

통과대역과 저지대역에서의 감쇄

필터의 해석과 설계에서 저역통과 필터는 기본형(*prototype*)이고, 기본회로는 다른 회로들을 얻기 위해 변형할 수 있다. 일반적으로 모든 필터의 문제는 등가인 저역통과 필터 문제로 바꾸고 저역통과 필터 문제로 해석한다. 풀이는 원래의 필터형으로 다시 바꾸어 준다. 이와 같이 하는 이유는 설명을 저역통과 필터에 맞추어서 하고 다른 필터들에 대한 설명도 부연하기 위함이다.

통과대역에서 0인 감쇄, 저지대역에서 ∞인 감쇄 및 수직전환은 사실과 다르다. 실제적인 저역통과 필터를 설계하기 위해서는 그림 19-6에서 보는 바와 같이 세 영역을 근사화한다. 통과대역은 0과 f_c 사이의 주파수로 설정하고, 저지대역은 f_s 이상의 전체 주파수로 한다. 전환영역은 f_c와 f_s 사이로 한다.

그림 19-6에 나타내었듯이 통과대역은 완전한 0인 감쇄를 갖지 못한다. 그 대신 0과 A_p 사이의 감쇄를 허용한다. 예를 들어 어떤 응용에서는 통과대역이 $A_p = 0.5$ dB을 갖는다고 할 수 있다. 이것은 이상적인 응답과 견주어 통과대역의 어떤 주파수에서나 신호의 손실을 0.5 dB까지 허용한다는 것을 의미한다.

마찬가지로 저지대역도 완전한 ∞인 감쇄를 갖지 못한다. 그 대신 저지대역의 감쇄는 저지대역 내의 어떤 주파수에서나 A_s에서 ∞까지로 허용한다. 예를 들어 어떤 응용에서 $A_s = 60$ dB이 적절했다면 이것은 저지대역 어디에서나 60 dB 또는 그 이상의 감쇄는

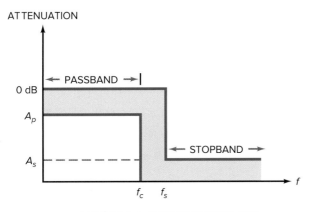

| 그림 19-6 | 실제적인 저역통과 응답

받아들여야 함을 의미한다.

그림 19-6에서 전환영역도 완전한 수직이 아니다. 그 대신 우리는 비수직적인 강하(roll-off)를 받아들여야 한다. 강하율은 f_c, f_s, A_p, A_s의 값에 의해 결정될 것이다. 예를 들어 만일 $f_c - 1 \text{ kHz}$, $f_s = 2 \text{ kHz}$, $A_p = 0.5 \text{ dB}$, $A_s = 60 \text{ dB}$이라면 감소는 거의 60 dB/octave가 요구된다.

설명하려 하는 다섯 가지의 근사는 통과대역, 저지대역, 전환영역의 특성 간에 상반관계가 있다. 통과대역의 최적평탄 또는 강하율, 위상천이도 근사화해도 좋다.

마지막으로 저역통과 필터의 통과대역에서 최고의 주파수를 **차단주파수**(*cutoff frequency*: f_c)라고 부른다. 또한 이 주파수는 통과대역의 가장자리에 존재하기 때문에 **에지주파수**(edge frequency)라 부르기도 한다. 어떤 필터에서는 에지주파수에서의 감쇄가 3 dB 이하이다. 감쇄가 3 dB 감소할 때의 주파수에 대해서는 f_{3dB}를 사용하고, 다른 감쇄를 가질 수도 있는 에지주파수에 대해서는 f_c를 사용하는 것이 그 이유이다.

필터의 차수

n으로 기호화되는 **수동필터의 차수**(order of passive filter)는 필터에 포함된 인덕터와 커패시터의 수와 같다. 만일 수동필터가 2개의 인덕터와 2개의 커패시터를 갖는다면 $n = 4$이다. 만일 수동필터가 5개의 인덕터와 5개의 커패시터를 갖는다면 $n = 10$이다. 그러므로 차수는 필터가 얼마나 복잡한가를 말해 준다. 차수가 크면 클수록 필터는 더욱더 복잡하다.

능동필터의 차수(order of active filter)는 회로에 포함된 **극**(pole)이라 불리는 RC회로의 수에 따른다. 만일 능동필터가 8개의 RC회로를 포함하고 있다면 $n = 8$이다. 능동필터에서 개별 RC회로를 세는 것은 항상 다르다. 따라서 능동회로의 차수를 결정하기 위해서는 다음의 간단한 방식을 사용해야 한다.

$$n \cong \# \text{ 커패시터} \tag{19-4}$$

여기서 #기호는 "~의 수"를 나타낸다. 예를 들어 만일 능동필터가 12개의 커패시터를 포함한다면 그것은 12차수를 의미한다.

식 (19-4)가 지침임을 명심하라. RC회로보다는 오히려 커패시터를 세기 때문에 예외가 발생할 수는 있다. 이따금의 예외는 제쳐 놓고 식 (19-4)는 능동필터에서 차수 또는 극의 수를 결정하는 빠르고 쉬운 방법이다.

버터워스 근사

버터워스 근사(Butterworth approximation)는 통과대역의 감쇄가 통과대역 대부분에 걸쳐 0이고 통과대역의 가장자리에서 점차 A_p로 감소하기 때문에 때때로 **최대평탄근사**(*maximally flat approximation*)라 부르기도 한다. 에지주파수 이상에서의 응답은 기의 20n dB/decade의 비율로 강하한다. 여기서 n은 필터의 차수이다.

$$\text{강하(roll-off)} = 20n \quad \text{dB/decade} \tag{19-4a}$$

옥타브로 표현하면,

참고사항

영구이 물리학자이자 재능 있는 수학자인 스티븐 버터워스(Stephen Butterworth, 1885~1958)는 1930년에 「필터 증폭기 이론」이라는 논문에서 최대평탄크기필터를 설명하였다.

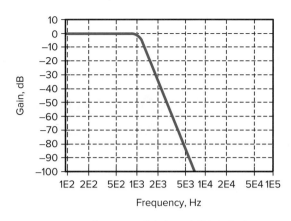

| 그림 19-7 | 버터워스 저역통과 응답

$$\text{강하(roll-off)} = 6n \qquad \text{dB/octave} \tag{19-4b}$$

예를 들어 1차 버터워스 필터는 20 dB/decade 또는 6 dB/octave의 비율로 강하한다. 4차필터는 80 dB/decade 또는 24 dB/octave의 비율로 강하하고, 9차필터인 경우는 180 dB/decade 또는 54 dB/octave의 비율로 강하한다.

그림 19-7에 $n = 6$, $A_p = 2.5$ dB, $f_c = 1$ kHz의 사양(specification)을 갖는 버터워스 저역통과 필터의 응답을 나타내었다. 이 사양은 이것이 2.5 dB의 통과대역 감쇄와 1 kHz의 에지주파수를 갖는 6차 또는 6극 필터임을 말해 주고 있다. 그림 19-7의 주파수축의 수는 다음과 같이 줄인 것이다. 즉, 2E3 = 2 × 10³ = 2,000 등이다. (주: E는 "exponent"를 나타낸다.)

통과대역에서 응답이 얼마나 평탄한지에 주목하라. 버터워스 필터의 가장 큰 이점은 통과대역 응답의 평탄성이다. 가장 큰 단점은 다른 근사에 비해 비교적 느린 강하율을 갖는다는 것이다.

체비셰프 근사

어떤 응용에서는 평탄한 통과대역 응답이 중요하지 않다. 이때는 차라리 버터워스 필터보다 전환영역에서의 강하가 빠른 **체비셰프 근사**(Chebyshev approximation)를 선택하는 것이 좋다. 이 빠른 강하에 대한 대가로 주파수 영역의 통과대역에는 리플이 나타난다.

그림 19-8a에 $n = 6$, $A_p = 2.5$ dB, $f_c = 1$ kHz의 사양을 가지는 체비셰프 저역통과 필터의 응답을 나타내었다. 이것은 앞의 버터워스 필터의 사양과 같다. 그림 19-7과 19-8a를 비교했을 때 동일 차수의 체비셰프 필터가 전환영역에서 더 빠른 강하를 나타냄을 볼 수 있다. 이 때문에 체비셰프 필터에서의 감쇄는 동일한 차수의 버터워스 필터의 감쇄보다 항상 더 크다.

체비셰프 저역통과 필터의 통과대역에서의 리플 수는 필터 차수의 1/2과 같다.

$$\#\text{리플} = \frac{n}{2} \tag{19-5}$$

만일 필터가 10차라면 통과대역에서 5개의 리플을 가질 것이다. 또 만일 필터의 차수가

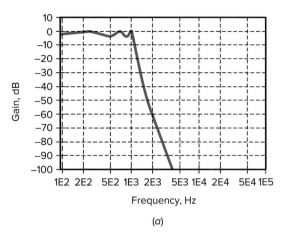

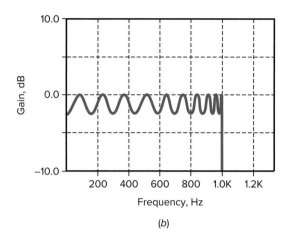

┃ **그림 19-8** ┃ (a) 체비셰프 저역통과 응답; (b) 통과대역에서의 리플의 확대

15라면 7.5개의 리플을 가질 것이다. 그림 19-8b에 20차에 대한 체비셰프 응답을 확대하여 나타내었다. 이 그림에서 보면 통과대역에 10개의 리플이 주어진다.

그림 19-8b에서 리플은 동일한 피크-피크값을 가진다. 이것은 체비셰프 근사를 흔히 **균일리플 근사**(*equal-ripple approximation*)라 부르는 이유이다. 일반적으로 설계 시에는 응용의 필요성에 따라 0.1~3 dB 사이의 리플 크기를 선택할 것이다.

역 체비셰프 근사

빠른 강하(roll-off)뿐만 아니라 평탄한 통과대역 응답이 요구되는 응용에서는 설계 시 **역 체비셰프 근사**(inverse Chebyshev approximation)를 사용해야 한다. 이것은 평탄한 통과대역 응답과 리플이 발생하는 저지대역 응답을 가진다. 전환영역에서의 강하율은 체비셰프 필터의 강하율과 비슷하다.

그림 19-9에 $n = 6$, $A_p = 2.5$ dB, $f_c = 1$ kHz의 사양을 갖는 역 체비셰프 저역통과 필터의 응답을 나타내었다. 그림 19-9와 그림 19-7, 19-8a를 비교했을 때 역 체비셰프 필터는 평탄한 통과대역 및 빠른 강하와 리플이 발생하는 저지대역을 가짐을 알 수 있다.

모노토닉(monotonic)은 저지대역에 리플을 갖지 않음을 의미한다. 지금까지 설명한 근사에서 버터워스와 체비셰프 필터는 모노토닉 저지대역을 가지고, 역 체비셰프는 저지대역에 리플을 가진다.

역 체비셰프 필터의 사양을 기록할 때는 저지대역 전역에 걸쳐 수용 가능한 최소감쇄를 제공해야 하는데, 왜냐하면 저지대역이 이 값에 도달할지도 모르는 리플을 가지기 때문이다. 예를 들어 그림 19-9에서 역 체비셰프 필터는 60 dB의 저지대역 감쇄를 가진다. 보다시피 리플은 저지대역 내의 서로 다른 주파수에서 이 레벨에 근접한다.

그림 19-9의 특별한 서지대역 응답은 역 체비셰프 필터가 서시대역 내의 어떤 주파수에서 응답이 노치(notch) 성분을 가지기 때문에 발생한다. 다시 말해 저지대역 내에서 감쇄가 ∞에 근접하는 주파수들도 있다.

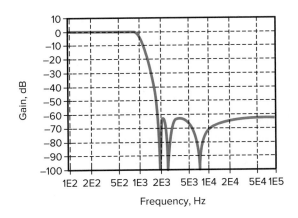

| 그림 19·9 | 역 체비세프 저역통과 응답

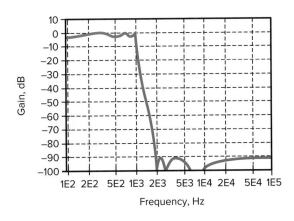

| 그림 19·10 | 타원형 근사 저역통과 응답

타원형 근사

전환영역에서 가능한 한 강하가 가장 빠른 것을 필요로 하는 응용도 있다. 만일 리플이 발생되는 통과대역과 저지대역을 수용할 수 있다면 설계 시는 **타원형 근사**(elliptic approximation)를 선택해야 한다. 또한 이것은 통과대역과 저지대역에 대한 보상으로 전환영역이 최적화되는 필터로 일명 카우어 필터(*Cauer filter*)로도 알려져 있다.

그림 19-10에 앞의 사양과 같은 $n = 6$, $A_p = 2.5$ dB, $f_c = 1$ kHz를 갖는 타원형 저역통과 필터의 응답을 나타내었다. 타원형 필터는 통과대역에 리플을 갖고, 전환영역의 매우 급한 강하와 저지대역에 리플을 가짐에 주목하라. 에지주파수에서 꺾인 후의 응답은 처음에는 매우 급하게 강하되다가 전환의 중간 부분에서 약간 느리게 강하하다 다시 전환의 마지막 부분에서 매우 급하게 강하된다. 어떤 복잡한 필터에서 사양이 정해져 주어지면 타원형 근사는 항상 최저차수를 가지는 가장 효율적인 설계를 가능하게 한다.

예를 들어 다음과 같은 사양이 주어졌다고 가정하자. 즉 $A_p = 0.5$ dB, $f_c = 1$ kHz, $A_s = 60$ dB, $f_s = 1.5$ kHz라면, 각 근사에서 요구되는 차수 또는 극의 수는 다음과 같다. 즉, 버터워스(20), 체비세프(9), 역 체비세프(9), 타원형(6) 등이다. 다시 말해 타원형 필터는 최소의 커패시터를 요구하고 가장 간단한 회로로 만들 수가 있다.

베셀 근사

베셀 근사(Bessel approximation)는 버터워스 근사와 흡사한 평탄 통과대역과 모노토닉 저지대역을 가진다. 그러나 동일한 필터의 차수에서 전환영역의 강하는 베셀 필터가 버터워스 필터보다 훨씬 더 느리다.

그림 19-11*a*에 앞의 사양과 같은 $n = 6$, $A_p = 2.5$ dB, $f_c = 1$ kHz를 갖는 베셀 저역통과 필터의 응답을 나타내었다. 베셀 필터는 평탄한 통과대역과 전환영역의 비교적 느린 강하 및 모노토닉한 저지대역을 가지는 것에 주목하라. 복잡한 필터에 대한 사양이 정해져 주어지면 베셀 근사는 모든 근사 중에서 항상 최저의 강하를 발생할 것이다. 다시 말해 이것은 모든 근사 중에서 최고의 차수 또는 가장 복잡한 회로를 갖는다.

왜 동일한 사양에서 베셀의 차수가 최고인가? 버터워스, 체비세프, 역 체비세프와 타원형 근사는 주파수응답만을 최적화하기 때문이다. 이들 근사에서는 출력신호의 위상 제어는 시도하지 않는다. 그러나 베셀 근사는 주파수와 함께 선형 위상천이(linear phase shift)를 발생시키는 데 최적이다. 다시 말해 베셀 필터는 선형 위상천이를 얻기 위해 느린 강하율과 교환한 것이다.

왜 선형 위상천이로 고민하는가? 앞서 설명한 이상적인 저역통과 필터를 상기해 보자. 이상적인 특성 중 유일한 0°인 위상천이를 가졌다. 이것은 비정현적인 신호의 모양이 필터를 통과했을 때도 그대로 보존되어야 한다는 의미 때문에 바람직했다. 베셀 필터에서는 0°인 위상천이는 얻을 수 없으나 선형 위상응답은 얻을 수가 있다. 이 필터는 주파수와 함께 위상천이를 선형적으로 증가시키는 위상응답을 가진다.

그림 19-11b에 $n = 6$, $A_p = 2.5$ dB, $f_c = 1$ kHz를 갖는 베셀 필터의 위상응답을 나타내었다. 보다시피 위상응답은 선형적이다. 위상천이는 100 Hz에서 약 14°, 200 Hz에서 28°, 300 Hz에서 42° 등이다. 이 선형성은 통과대역 전체와 그 영역을 약간 지나서까지 존재한다. 약간 높은 주파수에서 위상응답은 비선형이 되나 그것은 별로 문제가 되지 않는다. 고려되는 것은 통과대역에서의 모든 주파수에 대한 선형 위상응답이다.

통과대역에서 모든 주파수에 대한 선형 위상천이란 비정현파 입력신호의 기본파와 고조파가 필터를 통과할 때 위상이 선형적으로 천이한다는 의미이다. 이 때문에 출력신호의 모양은 입력신호의 모양과 동일할 것이다.

베셀 필터의 최대 이점은 비정현파 신호에 대해 가장 적은 왜곡을 발생시킨다는 것이다. 이 왜곡을 측정하는 가장 쉬운 방법 중 하나가 필터의 스텝응답이다. 이것은 입력에 스텝전압을 인가하고 출력을 오실로스코프로 관측하는 것을 의미하는데, 베셀 필터는 모든 필터 중에서 최상의 스텝응답을 나타낸다.

그림 19-12a에서 c는 $A_p = 3$ dB, $f_c = 1$ kHz, $n = 10$을 갖는 저역통과 필터에 대한 서로 다른 스텝응답을 나타내었다. 버터워스 필터 그림 19-12a의 스텝응답은 최종레벨에 오버슈트(overshoot)가 발생되었다가 몇 번의 링잉(ringing)을 거쳐 1 V인 최종치에 다다른다. 이 같은 스텝응답은 어떤 응용에서는 수용할 수 있을지 모르나 이상적이지는 않다. 체비셰프 필터(그림 19-12b)의 스텝응답은 극히 나쁘다. 최종치에 이르기 전

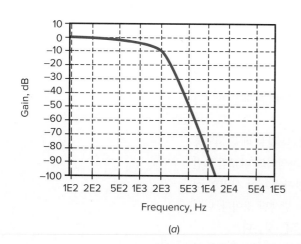

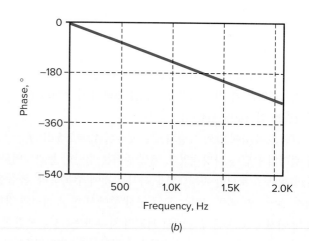

(a)   (b)

| **그림 19·11** | (a) 베셀 저역통과 주파수응답; (b) 베셀 저역통과 위상응답

에 오버슈트와 수많은 링잉을 가진다. 이 같은 스텝응답은 이상적인 것과는 거리가 멀고 어떤 응용에서도 수용할 수가 없다. 역 체비셰프 필터의 스텝응답은 버터워스 응답과 비슷한데, 왜냐하면 두 응답이 모두 통과대역에서 최대평탄을 갖기 때문이다. 또 타원형 필터의 스텝응답은 체비셰프 응답과 비슷한데 두 응답이 모두 통과대역에 리플을 가지기 때문이다.

그림 19-12c에 베셀 필터의 스텝응답을 나타내었다. 이것은 거의 입력 스텝전압의 이상적인 재생이다. 상승시간이 완벽한 스텝과 조금 다를 뿐이다. 베셀 스텝응답은 눈에 띌 정도로 오버슈트나 링잉을 갖지 않는다. 디지털 데이터는 양과 음의 스텝으로 구성되어 있기 때문에 그림 19-12a, b의 왜곡된 응답보다는 그림 19-12c와 같은 깨끗한 응답을 택해야 한다. 이 때문에 베셀 필터는 다소의 데이터통신시스템에 사용되고 있다.

선형 위상응답은 **일정한 시간지연**(*constant time delay*)을 뜻하는데 이것은 통과대역의 모든 주파수에서 필터를 통과하는 신호들이 동일한 시간만큼 지연된다는 것을 의미한다. 필터를 통과하는 신호가 걸리는 시간은 필터의 차수에 의존한다. 베셀 필터를 제외한 모든 필터에서 이 시간은 주파수와 함께 변화한다. 베셀 필터에서의 시간지연은

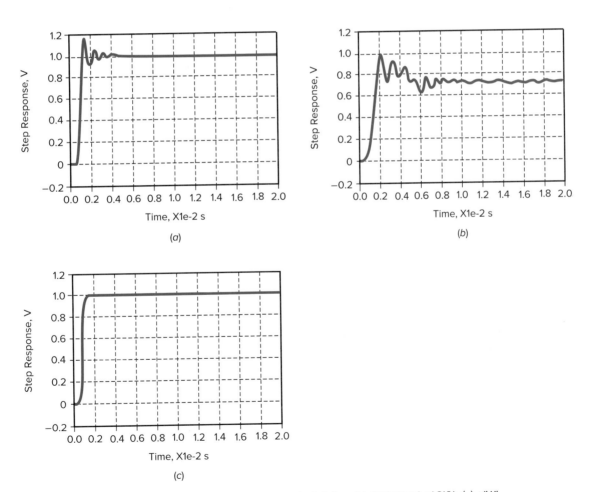

| **그림 19·12** | 스텝응답 (a) 버터워스와 역 체비셰프; (b) 체비셰프와 타원형; (c) 베셀

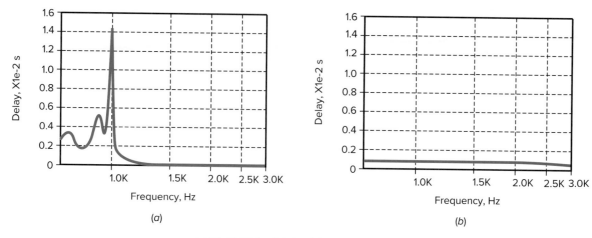

| 그림 19·13 | 　시간지연 (a) 타원형; (b) 베셀

통과대역의 모든 주파수에서 일정하다.

　실제 예를 들어, 그림 19-13a에 $n = 10$, $A_p = 3$ dB, $f_c = 1$ kHz인 타원형 필터에서의 시간지연을 나타내었다. 주파수에 따라 시간지연이 어떻게 변하는지 보라. 그림 19-13b에 동일한 사양을 갖는 베셀 필터의 시간지연을 나타내었다. 통과대역과 그 이상에서 시간지연이 얼마나 일정한가를 보라. 이것이 베셀 필터를 흔히 **최대평탄 지연필터**(*maximally flat delay filter*)라 부르는 이유이다. 일정한 시간지연은 선형 위상천이를 의미하고 그 반대도 성립한다.

각 근사의 강하

버터워스의 강하율(roll-off rate)은 식 (19-4a)와 (19-4b)에 의해 다음과 같이 요약된다.

　　강하 = $20n$　　　dB/decade

　　강하 = $6n$　　　dB/octave

체비셰프, 역 체비셰프와 타원형 근사는 전환영역에서 아주 빠르게 강하되나 베셀은 아주 느리게 강하된다.

　버터워스 필터를 제외한 필터의 전환영역의 강하율은 간단한 식으로 요약할 수가 없다. 왜냐하면 비선형이고 필터의 차수, 리플의 크기 및 기타 요소에 의존하기 때문이다. 비록 이들 비선형 강하에 대해 식으로는 쓸 수가 없으나 다음과 같이 전환영역에서 서로 다른 강하율은 비교할 수 있다.

　표 19-1에 $n = 6$과 $A_p = 3$ dB에서의 감쇄를 나타내었다. 필터들이 에지주파수 이상 1옥타브 감쇄에 대해 분류되었다. 베셀 필터가 가장 느리게 강하하고, 버터워스 필터가 그다음 등등이다. 통과대역 또는 저지대역에 리플을 갖는 모든 필터는 주파수응답에서 리플을 갖지 않는 베셀과 버터워스 필터보다 더 빠른 전환 강하율을 가진다.

필터의 또 다른 형

이 장의 맨 앞부분에서 고역통과, 대역통과 및 대역저지 필터에 대해 설명했다. 고역통

요점정리 표 19-1	6차 근사에 대한 감쇄	
형식	f_c, dB	$2f_c$, dB
베셀	3	14
버터워스	3	36
체비셰프	3	63
역 체비셰프	3	63
타원형	3	93

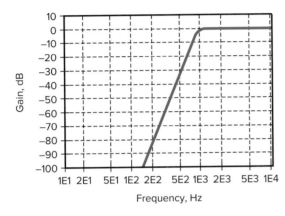

| 그림 19-14 | 버터워스 고역통과 응답

과 필터에 대한 근사는 에지주파수 부근을 수평적으로 회전시킨 응답을 제외하고는 저역통과 필터의 근사와 같다. 예를 들어 그림 19-14에 $n = 6$, $A_p = 2.5$ dB, $f_c = 1$ kHz를 갖는 고역통과 필터에 대한 버터워스 응답을 나타내었다. 이것은 앞서 설명한 저역통과 응답을 거울에 비춘 듯이 좌우가 반전된 형상(경상: 鏡像)이다. 체비셰프, 역 체비셰프, 타원형 및 베셀의 고역통과 응답도 그들의 저역통과 응답의 경상과 같다.

대역통과 응답은 서로 다르다. 예를 들어 사용된 사양은 $n = 12$, $A_p = 3$ dB, $f_0 = 1$ kHz, BW = 3 kHz이다. 그림 19-15a에 버터워스 응답을 나타내었다. 예상한 대로 통과대역은 최대 평탄하고 저지대역은 모노토닉하다. 그림 19-15b의 체비셰프 응답은 리플을 갖는 통과대역과 모노토닉한 저지대역을 나타낸다. 이것은 1/2차수에 6개의 통과대역 리플를 나타내는데 식 (19-5)를 만족한다. 그림 19-15c는 역 체비셰프 필터에 대한 응답이다. 평탄한 통과대역과 리플을 갖는 저지대역을 볼 수 있다. 그림 19-15d에 리플을 갖는 통과대역과 저지대역을 가지는 타원형 응답을 나타내었고, 마지막으로 그림 19-15e에 베셀응답을 나타내었다.

대역저지 응답은 대역통과 응답과 반대이다. 대역저지 응답에 사용한 사양은 $n = 12$에 대해 $A_p = 3$ dB, $f_0 = 1$ kHz, BW = 3 kHz이다. 그림 19-16a에 버터워스 응답을 나타내었다. 예상한 대로 통과대역은 최대 평탄하고 저지대역은 모노토닉하다. 그림 19-16b의 체비셰프 응답은 리플을 갖는 통과대역과 모노토닉한 저지대역을 나타낸다. 그림 19-16c는 역 체비셰프 응답이다. 평탄한 통과대역과 리플을 갖는 저지대역을 볼 수 있다. 그림 19-16d는 리플을 갖는 통과대역과 저지대역을 가지는 타원형 응답을 나타내었다. 마지막으로 그림 19-16e에 베셀 필터의 대역저지 응답을 나타내었다.

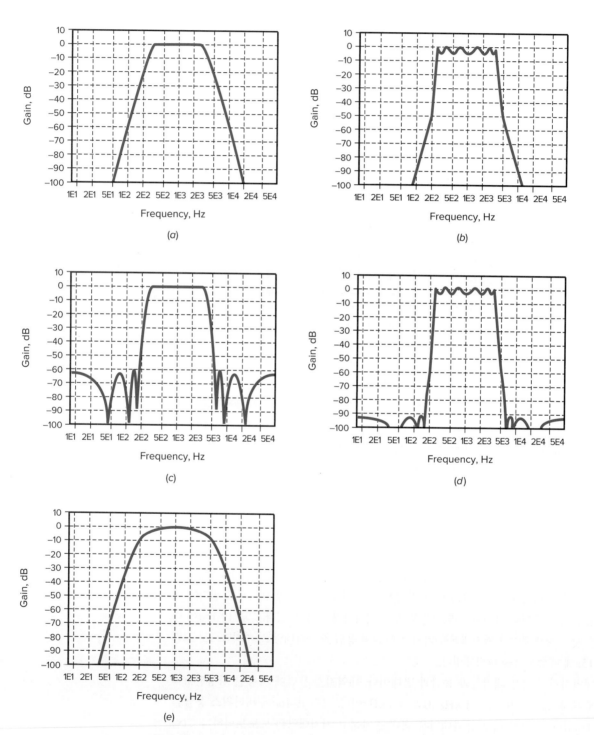

| 그림 **19·15** | 대역통과 응답 (a) 버터워스; (b) 체비셰프; (c) 역 체비셰프; (d) 타원형; (e) 베셀

결론

표 19-2에 필터 설계에 사용되는 다섯 가지 근사를 요약했는데, 각기 장단점을 가진다.
평탄한 통과대역이 필요할 때는 버터워스와 역 체비셰프 필터가 최적인 후보이다. 최종

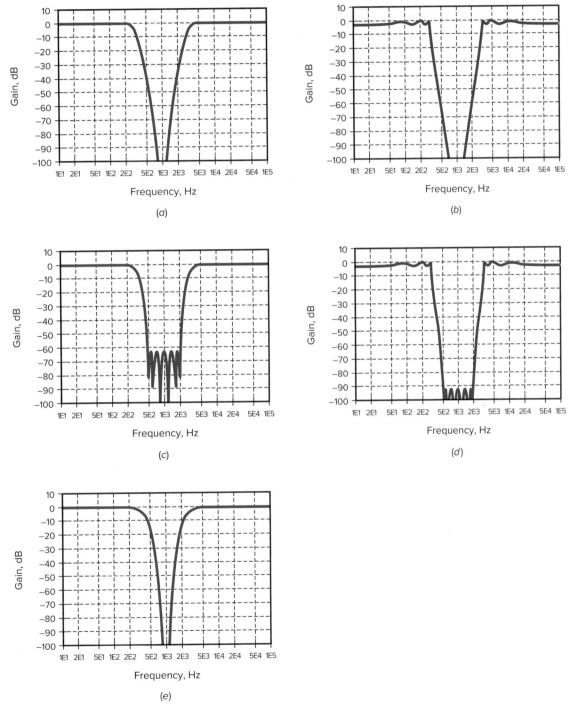

| 그림 19·16 | 대역저지 응답 (a) 버터워스; (b) 체비셰프; (c) 역 체비셰프; (d) 타원형; (e) 베셀

형식	통과대역	저지대역	감소	스텝응답
버터워스	평탄	모노토닉	빠름	좋음
체비셰프	리플	모노토닉	매우 빠름	나쁨
역 체비셰프	평탄	리플	매우 빠름	좋음
타원형	리플	리플	가장 빠름	나쁨
베셀	평탄	모노토닉	느림	가장 좋음

요점정리 표 19-2 필터의 근사

선택은 강하(roll-off), 차수 및 기타 설계상의 고려와 같은 요구에 따라 이 둘 중에서 사용할 수 있는 것으로 결정해야 한다.

만일 리플을 갖는 통과대역을 수용할 수 있다면 체비셰프와 타원형 필터가 최적후보이다. 최종선택은 강하, 차수 및 기타 설계상의 고려와 같은 요구에 따라 이 둘 중에서 결정해야 한다.

스텝응답이 중요할 때는 만일 그것이 감쇄요구를 충족시킨다면 베셀 필터가 최적인 후보가 된다. 베셀 근사는 표에서 보다시피 비정현파 신호의 모양을 보존하는 유일한 것이다. 이것은 디지털신호가 양과 음의 스텝으로 구성되어 있기 때문에 데이터통신에서는 반드시 필요하다.

베셀 필터가 충분한 감쇄를 제공할 수 없는 응용에서는 베셀 필터가 아닌 필터에 전역통과 필터를 종속시킬 수 있다. 정확히 설계되었을 때 전역통과 필터는 거의 완벽한 스텝응답을 얻기 위한 전체 위상응답을 선형화할 수 있다. 이에 대해서는 다음 절에서 보다 상세히 설명하기로 한다.

저항과 커패시터로 구성된 연산증폭기 회로는 이 다섯 가지의 어떤 근사라도 전부 구현할 수가 있다. 알다시피 설계의 복잡성, 부품의 감도 및 동조의 용이성 간의 상반교환을 제공하는 다양한 회로가 유용하다. 예를 들어 어떤 2차회로는 단지 연산증폭기 하나와 몇 개의 부품만을 사용하지만 이 단순한 회로는 부품의 오차 및 드리프트에 크게 의존하는 차단주파수를 가진다. 또 다른 2차회로는 3개 혹은 그 이상의 연산증폭기를 사용하나 이 복잡한 회로는 부품의 오차와 드리프트에 의존하는 경향이 훨씬 적다.

19-3 수동필터

앞서 설명한 능동필터회로는 검토를 필요로 하는 것이 두 가지 이상 있었다. 2차 저역통과 *LC*회로는 공진주파수를 가지고, 직렬 또는 병렬 공진회로와 흡사한 *Q*를 가진다. 공진주파수는 일정하게 유지되나 *Q*가 다양하게 변화하므로 고차인 필터의 통과대역에서는 리플이 나타날 수 있다. 이 절의 수동필터는 능동필터의 동작을 좀 더 많이 고찰했기 때문에 개념만 간단히 설명하기로 한다.

공진주파수와 Q

그림 19-17에 저역통과 LC필터를 나타내었다. 이것은 2개의 민감한 부품인 인덕터와 커패시터를 포함하기 때문에 2차 필터이다. 2차 LC필터는 다음과 같이 정의되는 공진주파수와 Q를 가진다.

$$f_0 = \frac{1}{2\pi\sqrt{LC}} \qquad\qquad (19\text{-}6)$$

$$Q = \frac{R}{X_L} \qquad\qquad (19\text{-}7)$$

| 그림 19·17 | 2차 LC필터

여기서 X_L은 공진주파수에서 계산된다.

예를 들어 그림 19-18a의 필터는 다음과 같은 공진주파수와 Q를 가진다.

$$f_0 = \frac{1}{2\pi\sqrt{(9.55 \text{ mH})(2.65 \text{ } \mu\text{F})}} = 1 \text{ kHz}$$

$$Q = \frac{600 \text{ } \Omega}{2\pi(1 \text{ kHz})(9.55 \text{ mH})} = 10$$

그림 19-18b에 주파수응답을 나타내었다. 필터의 공진주파수인 1 kHz에서 공진피크가 어떠한지에 주목하라. 또 1 kHz에서 어떻게 전압이득이 20 dB 증가하는지도 주목하라. Q가 크면 클수록 공진주파수에서의 전압이득도 더 증가한다.

그림 19-18c의 필터는 다음과 같은 공진주파수와 Q를 가진다.

$$f_0 = \frac{1}{2\pi\sqrt{(47.7 \text{ mH})(531 \text{ nF})}} = 1 \text{ kHz}$$

$$Q = \frac{600 \text{ } \Omega}{2\pi(1 \text{ kHz})(47.7 \text{ mH})} = 2$$

그림 19-18c와 그림 19-18a의 값과 비교했을 때 인덕턴스는 5배 증가되었고, 커패시턴스는 5배 감소되었다. LC의 곱은 같기 때문에 공진주파수는 여전히 1 kHz이다.

한편 Q는 인덕턴스에 반비례하기 때문에 5배 감소한다. 그림 19-18d에 주파수응답을 나타내었다. 다시 1 kHz에서 응답의 피크에 주목하면 적어진 Q 때문에 전압이득의 증가가 6 dB에 그친다.

만일 Q를 계속해서 감소시키면 공진피크는 사라질 것이다. 예를 들어 그림 19-18e의 필터는 다음과 같은 공진주파수와 Q를 가진다.

$$f_0 = \frac{1}{2\pi\sqrt{(135 \text{ mH})(187 \text{ nF})}} = 1 \text{ kHz}$$

$$Q = \frac{600 \text{ } \Omega}{2\pi(1 \text{ kHz})(135 \text{ mH})} = 0.707$$

그림 19-18f에 주파수응답을 나타내었는데, 이것은 버터워스 응답과 같다. 0.707의 Q에서 공진피크는 사라지고 통과대역은 최대평탄이 된다. Q가 0.707인 모든 2차 필터는 항상 버터워스 응답을 가진다.

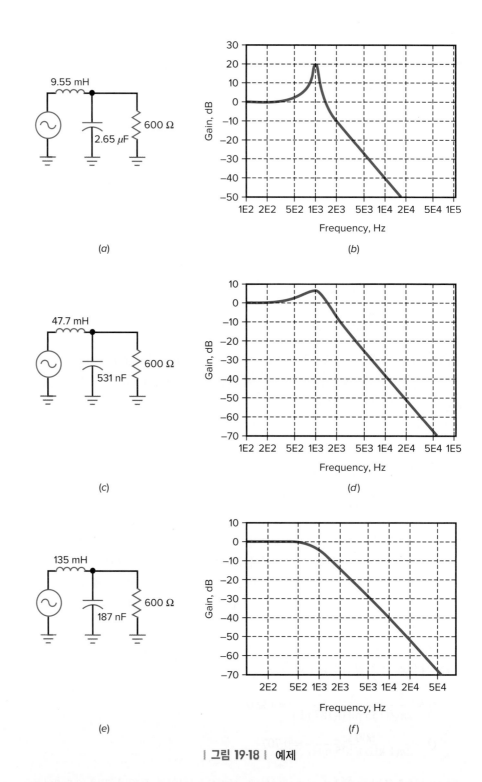

| 그림 19·18 | 예제

제동계수

공진에서 피킹동작을 설명하는 또 다른 방법은 다음과 같이 정의되는 **제동계수**(damping factor)를 사용하는 것이다.

$$\alpha = \frac{1}{Q} \tag{19-8}$$

$Q = 10$에서 제동계수는

$$\alpha = \frac{1}{10} = 0.1$$

이다. 마찬가지로 Q가 2이면 $\alpha = 0.5$이고, Q가 0.707이면 $\alpha = 1.414$이다.

그림 19-18*b*는 0.1인 적은 제동계수를 가진다. 그림 19-18*d*에서는 제동계수가 0.5로 증가하고 공진피크는 감소한다. 그림 19-18*f*에서 제동계수는 1.414로 증가하고 공진피크는 사라진다. 단어의 뜻에 의하면 제동(*damping*)은 "감소(reducing)" 또는 "점감(漸減; diminishing)"을 의미한다. 제동계수가 크면 클수록 피크는 더 적어진다.

버터워스와 체비셰프 응답

그림 19-19에 2차 필터에서 Q의 효과를 요약했다. 그림 19-19에서 보는 바와 같이 Q가 0.707이면 버터워스 또는 최대 평탄 응답을 나타낸다. Q가 2이면 6 dB 크기의 리플이 발생하고, Q가 10이면 20 dB 크기의 리플이 발생한다. 제동이란 용어를 사용하면 버터워스 응답은 **임계제동**(*critically damped*), 리플을 갖는 응답은 **과소제동**(*underdamped*)이라고 한다. 또 그림에는 나타내지 않았지만 베셀응답은 Q가 0.577이기 때문에 **과대제동**(*overdamped*)이라고 한다.

고차 LC필터

고차 필터는 항상 2차단을 종속 접속하여 구성한다. 예를 들어 그림 19-20에 에지주파수 1 kHz와 리플크기 1 dB을 갖는 체비셰프 필터를 나타내었다. 이 필터는 3개의 2차단으로 구성되었으므로 전체 필터는 6차임을 의미한다. $n = 6$이기 때문에 필터는 3개

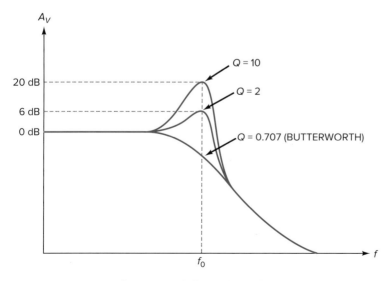

| 그림 **19-19** | 2차 응답에서의 Q의 효과

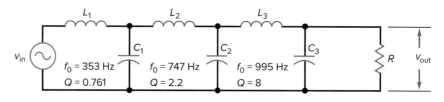

| 그림 19·20 | 고차 필터에서 스태거된 공진주파수와 *Q*s

의 통과대역 리플을 가진다.

각 단이 얼마의 공진주파수와 *Q*를 갖는지에 주목하라. 스태거(stagger)된 공진주파수는 통과대역에서 3개의 리플을 발생시킨다. 스태거된 *Q*s는 다른 단에서 강하를 가지는 주파수에서 피크를 발생시키므로 1 dB 크기의 리플을 유지한다. 예를 들어 둘째 단은 747 Hz의 공진주파수를 가진다. 이 주파수에서 첫째 단은 그 차단주파수가 353 Hz이기 때문에 강하를 가진다. 둘째 단은 747 Hz에서 공진피크를 발생하므로 첫째 단에서의 강하를 보상한다. 마찬가지로 셋째 단은 995 Hz의 차단주파수를 가진다. 이 주파수에서 첫째 단과 둘째 단이 강하하지만 셋째 단이 995 Hz에서 큰 *Q*의 피크를 발생시키므로 그들의 강하를 보상한다.

스태거 공진주파수와 2차단의 *Q*s에 대한 생각은 수동필터뿐만 아니라 능동필터에도 적용된다. 다시 말해 고차 능동필터를 설계하는 데 있어 필요한 전체 응답을 정확히 얻는 방법으로 스태거된 공진주파수와 *Q*s를 갖는 2차단의 종속접속을 생각할 수 있다.

19-4 1차단

1차단 또는 1극 능동필터단은 1개의 커패시터만을 가진다. 이 때문에 그것은 저역통과 또는 고역통과 응답만을 발생할 수 있다. 대역통과 및 대역저지 필터는 *n*이 1보다 클 때만 요구를 충족시킨다.

저역통과단

그림 19-21*a*에 1차 저역통과 능동필터를 구성하는 가장 간단한 방법을 나타내었다. 이 것은 *RC*지상회로(lag circuit)와 전압폴로어 이외에는 아무것도 없다. 전압이득은

$$A_V = 1$$

이고, 3 dB 차단주파수는 다음과 같이 주어진다.

참고사항

그림 19-21*a* 연산증폭기는 입력에서 *RC* 저역통과 필터로부터 부하가 절연되어 있다.

$$f_c = \frac{1}{2\pi R_1 C_1} \tag{19-9}$$

주파수가 차단주파수 이상으로 증가할 때 용량성 리액턴스는 감소하고 비반전 입력전압도 감소한다. $R_1 C_1$지상회로가 귀환루프의 외측에 있으므로 출력전압은 강하된다. 주파수가 ∞에 접근하면 커패시터는 단락되고 입력전압이 0이 된다.

그림 19-21*b*에 또 다른 비반전 1차 저역통과 필터를 나타내었다. 2개의 저항이 더 부

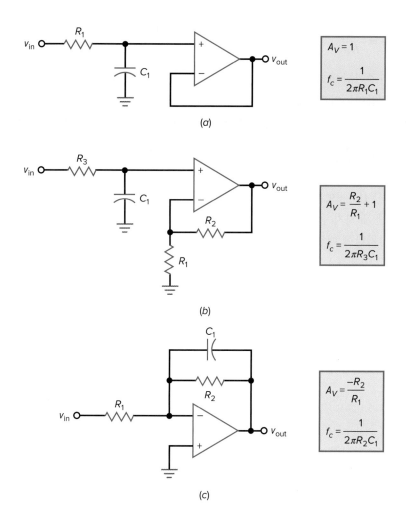

| 그림 **19-21** | 1차 저역통과단 (a) 단위이득을 갖는 비반전; (b) 전압이득을 갖는 비반전; (c) 전압이득을 갖는 반전

가되기는 하지만 그것은 단지 전압이득만 달리할 뿐이다. 차단주파수 이하에서의 전압이득은 다음 식을 만족한다.

$$A_V = \frac{R_2}{R_1} + 1 \tag{19-10}$$

또 차단주파수는 다음 식으로 주어진다.

$$f_c = \frac{1}{2\pi R_3 C_1} \tag{19-11}$$

차단주파수 이상에서 지상회로는 비반전 입력전압을 감소시킨다. $R_3 C_1$의 지상회로가 귀환루프의 외측에 있으므로 출력전압은 20 dB/decade의 비율로 강하된다.

그림 19-21c에 반전 1차 저역통과 필터와 회로의 식들을 나타내었다. 저주파에서 커패시터는 개방되고 회로는 다음과 같은 전압이득을 가지는 반전증폭기처럼 동작한다.

$$A_V = \frac{-R_2}{R_1} \tag{19-12}$$

주파수가 증가함에 따라 용량성 리액턴스는 감소하고 귀환지로의 임피던스도 감소한다. 이것은 전압이득이 적어짐을 의미한다. 주파수가 ∞에 접근함에 따라 커패시터는 단락되고 전압이득이 없어진다. 그림 19-21*c*에서 보다시피 차단주파수는 다음과 같이 주어진다.

$$f_c = \frac{1}{2\pi R_2 C_1} \tag{19-13}$$

이 이상 1차 저역통과 필터의 요구를 만족시키는 회로는 없다. 다시 말해 그림 19-21에 나타낸 세 가지 구성만이 능동필터 저역통과단으로 유용하다.

모든 1차단에 대해 반드시 알아야 할 점은, 1차단은 버터워스 응답만을 수행한다는 것이다. 그 이유는 1차단은 공진주파수를 갖지 못하기 때문이다. 그래서 통과대역에 리플을 발생시키는 피킹을 발생시킬 수가 없다. 이것은 모든 1차단이 통과대역은 최대 평탄하고, 저지대역은 모노토닉하며, 전환영역은 20 dB/decade의 비율로 강하됨을 의미한다.

고역통과단

그림 19-22*a*에 1차 고역통과 능동필터를 구성하는 가장 간단한 방법을 나타내었다. 전압이득은

$$A_V = 1$$

이고, 3 dB 차단주파수는 다음과 같이 주어진다.

$$f_c = \frac{1}{2\pi R_1 C_1} \tag{19-14}$$

주파수가 차단주파수 이하로 감소할 때, 용량성 리액턴스는 증가하고 비반전 입력전압은 감소한다. $R_1 C_1$ 진상회로가 귀환루프의 외측에 있으므로 출력전압은 강하된다. 주파수가 0에 접근할 때 커패시터는 개방되고 입력전압도 0이 된다.

그림 19-22*b*에 또 다른 비반전 1차 고역통과 필터를 나타내었다. 차단주파수 이상에서 전압이득은 다음 식으로 주어진다.

$$A_V = \frac{R_2}{R_1} + 1 \tag{19-15}$$

3 dB 차단주파수는 다음과 같이 주어진다.

$$f_c = \frac{1}{2\pi R_3 C_1} \tag{19-16}$$

그런데 차단주파수 이하에서 RC 회로는 비반전 입력전압이 감소한다. $R_3 C_1$ 지상회로가 귀환루프의 외측에 있으므로 출력전압은 20 dB/decade의 비율로 강하된다.

그림 19-22*c*에 또 다른 1차 고역통과 필터와 이 회로의 식들을 나타내었다. 고주파수에서 이 회로는 다음과 같은 전압이득을 갖는 반전증폭기처럼 동작한다.

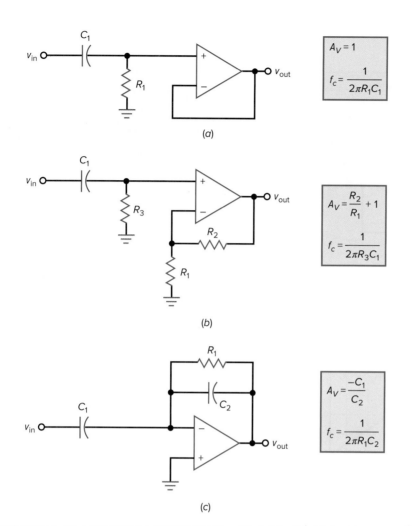

| **그림 19·22** | 1차 고역통과단 (a) 단위이득을 갖는 비반전; (b) 전압이득을 갖는 비반전; (c) 전압이득을 갖는 반전

$$A_V = \frac{-X_{C2}}{X_{C1}} = \frac{-C_1}{C_2} \tag{19-17}$$

주파수가 감소함에 따라 용량성 리액턴스는 증가하고 결국은 입력신호와 귀환이 감소한다. 이것은 전압이득의 감소를 의미한다. 주파수가 0에 접근해 가면 커패시터는 개방되고 입력신호도 0이 된다. 그림 19-22c에서 보다시피 3 dB 차단주파수는 다음과 같이 주어진다.

$$f_c = \frac{1}{2\pi R_1 C_2} \tag{19-18}$$

예제 19-1 ||||||MultiSim

그림 19-23*a*에서 전압이득은 얼마인가? 차단주파수는 얼마인가? 또 주파수응답은 어떻게 되는가?

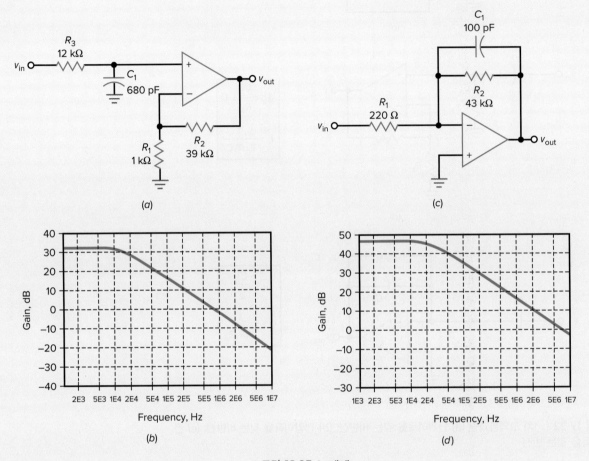

| 그림 19·23 | 예제

풀이 이 회로는 비반전 1차 저역통과 필터이다. 식 (19-10)과 (19-11)에서 전압이득과 차단주파수는 다음과 같다.

$$A_V = \frac{39 \text{ k}\Omega}{1 \text{ k}\Omega} + 1 = 40$$

$$f_c = \frac{1}{2\pi(12 \text{ k}\Omega)(680 \text{ pF})} = 19.5 \text{ kHz}$$

그림 19-23*b*에 주파수응답을 나타내었다. 통과대역에서 전압이득은 32 dB이다. 응답은 19.5 kHz에서 꺾인 다음 20 dB/decade의 비율로 상하된다.

연습문제 19-1 그림 19-23*a*에서 12 kΩ의 저항을 6.8 kΩ으로 바꾼 후, 새로운 차단주파수를 구하라.

예제 19-2

그림 19-23c에서 전압이득은 얼마인가? 차단주파수는 얼마인가? 또 주파수응답은 어떻게 되는가?

풀이 이 회로는 반전 1차 저역통과 필터이다. 식 (19-12)와 (19-13)에서 전압이득과 차단주파수는 다음과 같다.

$$A_V = \frac{-43 \text{ k}\Omega}{220 \text{ }\Omega} = -195$$

$$f_c = \frac{1}{2\pi(43 \text{ k}\Omega)(100 \text{ pF})} = 37 \text{ kHz}$$

그림 19-23d에 주파수응답을 나타내었다. 통과대역에서 전압이득은 45.8 dB이다. 응답은 37 kHz에서 꺾인 다음 20 dB/decade의 비율로 강하된다.

연습문제 19-2 그림 19-23c에서 100 pF의 커패시터를 220 pF으로 바꾼 후, 새로운 차단주파수를 구하라.

19-5 VCVS 단위이득 2차 저역통과 필터

2차단 또는 2극단은 구성과 해석이 쉽기 때문에 가장 일반적으로 사용된다. 고차의 필터는 항상 2차단을 종속 접속하여 만든다. 각 2차단은 공진주파수와 피킹이 얼마나 크게 발생하는가를 결정하는 Q를 가진다.

이 절에서는 **살렌-키**(Sallen-Key) **저역통과 필터**(일명 인벤터(inventor))에 대해 설명한다. 또한 이 필터는 전압제어 전압원으로 동작하는 연산증폭기를 사용하기 때문에 VCVS **필터**라 부르기도 한다. VCVS 저역통과 회로는 버터워스, 체비셰프 및 베셀의 세 가지 기본 근사로 실현시킬 수가 있다.

회로실현

그림 19-24에 살렌-키 2차 저역통과 필터를 나타내었다. 2개의 저항은 같은 값을 가지나 2개의 커패시터는 서로 다른 값임에 주의하라. 비반전입력에 지상회로가 있으나 동시에 두 번째 커패시터 C_2를 통하는 귀환로도 존재한다. 저주파에서 두 커패시터는 모두 개방되고 회로는 전압폴로어처럼 접속된 연산증폭기 때문에 단위이득을 가진다.

주파수가 증가함에 따라 C_1의 임피던스는 감소하고 비반전 입력전압도 감소한다. 동시에 커패시터 C_2는 입력신호와 동상으로 신호를 귀환시킨다. 원래의 신호에 귀환신호가 더해지기 때문에 귀환은 정(*positive*)이 된다. 그 결과 정귀환이 걸리지 않았을 때보다 크지 않은 C_1에 의해 발생하는 비반전입력은 감소한다.

C_1에 대해 C_2가 클수록 정귀환도 더 커진다. 이것은 회로에서 Q의 증가와 같다. 만일 C_2가 Q를 0.707 이상으로 할 수 있을 만큼 충분히 크다면 주파수응답에는 피킹이 나타난다.

참고사항

능동필터를 학습하려면 작은 부분까지 완벽해야 한다. 예제나 실험을 통해 공부할 때 이 장에 포함된 모든 필터를 연관 지어 생각해야 한다.

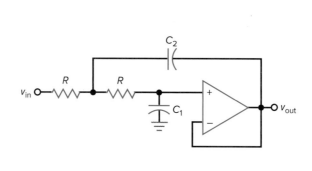

| 그림 19·24 | 버터워스와 베셀에서의 2차 VCVS단

극 주파수

그림 19-24에 나타내었듯이,

$$Q = 0.5\sqrt{\frac{C_2}{C_1}} \tag{19-19}$$

그리고

$$f_p = \frac{1}{2\pi R\sqrt{C_1 C_2}} \tag{19-20}$$

극 주파수(pole frequency) f_p는 능동필터를 설계할 때 사용되는 특별한 주파수이다. 극 주파수의 수학적 배경은 s **평면**(*s plane*)이라 불리는 고급 주제에 포함되어 너무 복잡하기 때문에 여기서는 생략하기로 한다. 필터의 해석과 설계에 있어 고급 과정에서는 이 s 평면(s는 $\sigma + j\omega$로 주어지는 복소수)을 사용한다.

여기서 필요한 것은 극 주파수를 어떻게 계산하느냐 하는 것보다는 이해만 하면 충분하다. 상당히 복잡한 회로에서도 극 주파수는 다음과 같이 주어진다.

$$f_p = \frac{1}{2\pi\sqrt{R_1 R_2 C_1 C_2}}$$

살렌-키 단위이득 필터에서는 $R_1 = R_2$이므로 식 (19-20)으로 단순화된다.

버터워스와 베셀 응답

그림 19-24와 같은 회로를 해석하려 할 때는 Q와 f_p의 계산에서부터 시작한다. 만일 먼저 $Q = 0.707$이고 $K_c = 1$인 버터워스 응답이나, $Q = 0.577$이고 $K_c = 0.786$인 베셀응답을 알고 있다면 그다음에 아래 식을 이용하여 차단주파수를 계산할 수 있다.

$$f_c = K_c f_p \tag{19-21}$$

버터워스와 베셀 필터에서 차단주파수는 항상 3 dB 감쇄점의 주파수이다.

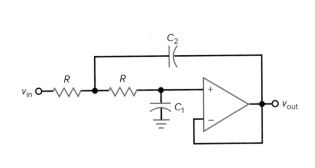

| 그림 **19-25** | $Q > 0.707$에 대한 2차 VCVS단

피크응답

그림 19-25에 Q가 0.707 이상일 때 회로를 해석하는 방법을 나타내었다. 회로의 Q와 극 주파수를 계산한 후 다음 식을 이용하여 세 가지 다른 주파수를 계산할 수 있다.

$$f_0 = K_0 f_p \tag{19-22}$$

$$f_c = K_c f_p \tag{19-23}$$

$$f_{3dB} = K_3 f_p \tag{19-24}$$

이들 주파수 중 첫 번째는 피킹이 나타나는 곳에서의 공진주파수이다. 두 번째는 에지 주파수이고, 세 번째는 3 dB 주파수이다.

　표 19-3에 Q에 대한 K와 A_p의 Q값을 나타내었다. 먼저 베셀과 버터워스 값을 나타내었다. 이들 응답에서 공진주파수는 중요치 않으므로 K_0와 A_p의 값은 적용하지 않았다. Q가 0.707 이상일 때는 공진주파수를 나타내는 것이 중요하므로 모든 K_0와 A_p 값을 제시했다. 표 19-3의 값을 그림으로 나타내면, 그림 19-26a와 b를 얻는다. Q의 정확한 값이 요구될 때는 표를 사용할 수 있고, 중간값이 요구될 때는 그래프를 사용할 수 있다. 예를 들어 만일 Q가 5로 계산되었다면 표 19-3과 그림 19-26으로부터 다음과 같은 근사치를 읽을 수 있다. 즉, $K_0 = 0.99$, $K_c = 1.4$, $K_3 = 1.54$, $A_p = 14$ dB 등이다.

　그림 19-26a에서 Q가 그래프의 끝부분인 10에 근접할 때 K의 값을 읽는 데 주의하고, Q가 10 이상이면 다음의 근사를 사용하면 된다.

$$K_0 = 1 \tag{19-25}$$

$$K_c = 1.414 \tag{19-26}$$

$$K_3 = 1.55 \tag{19-27}$$

$$A_p = 20 \log Q \tag{19-28}$$

표 19-3과 그림 19-26에 나타낸 값은 모든 2차 저역통과단에 적용된다.

요점정리 표 19-3	2차단의 *K*값과 리플 크기			
Q	K_0	K_c	K_3	A_p(dB)
0.577	—	0.786	1	—
0.707	—	1	1	—
0.75	0.333	0.471	1.057	0.054
0.8	0.467	0.661	1.115	0.213
0.9	0.620	0.874	1.206	0.688
1	0.708	1.000	1.272	1.25
2	0.935	1.322	1.485	6.3
3	0.972	1.374	1.523	9.66
4	0.984	1.391	1.537	12.1
5	0.990	1.400	1.543	14
6	0.992	1.402	1.546	15.6
7	0.994	1.404	1.548	16.9
8	0.995	1.406	1.549	18
9	0.997	1.408	1.550	19
10	0.998	1.410	1.551	20
100	1.000	1.414	1.554	40

연산증폭기의 이득대역곱

능동필터에 대한 모든 설명에서 연산증폭기는 필터동작에 영향을 미치지 않을 만큼 충분한 이득대역곱(*gain-bandwidth product: GBW*)을 가진다고 가정한다. GBW를 제한하면 단의 *Q*가 증가한다. 고역 차단주파수에서 필터동작이 변화할 수 있기 때문에 설계 시는 GBW의 제한에 대해 알아야만 한다.

GBW 제한에서 교정의 한 방법으로 **전치왜곡**(predistortion)이 있다. 이것은 제한된 GBW를 보상하기 위해 필요한 *Q*의 설계값이 감소한다는 것을 의미한다. 예를 들어 만일 단이 10인 *Q*를 갖도록 하고 GBW 제한을 11로 증가시키려고 하면 설계자는 9.1인 *Q*를 갖는 단을 설계하면서 전치왜곡(predistort)할 수 있다. GBW 제한은 9.1에서 10으로 증가할 것이다. 설계자들은 흔히 적은 *Q*와 큰 *Q*단 간에 불리한 상호작용 때문에 전치왜곡을 하지 않으려고 한다. 최상의 접근법은 보다 큰 GBW(= f_{unity})를 갖는 연산증폭기를 사용하는 것이다.

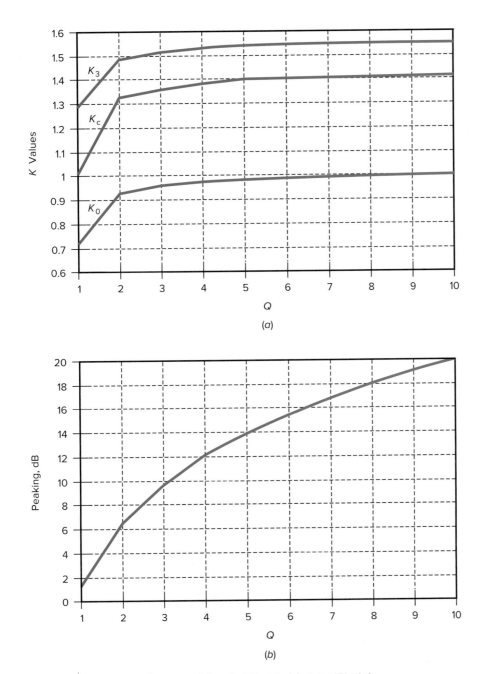

| 그림 19·26 | (a) Q에 대한 K값; (b) Q에 대한 피킹

응용예제 19-3　　　　　　　　　　　　　**|||| MultiSim**

그림 19-27에 나타낸 필터의 Q와 극 주파수는 얼마인가? 또 차단주파수는 얼마인가?
MultiSim Bode Plotter를 사용한 주파수응답을 보여라.

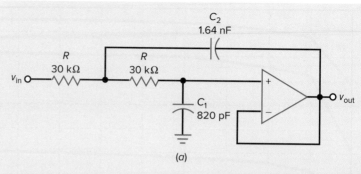

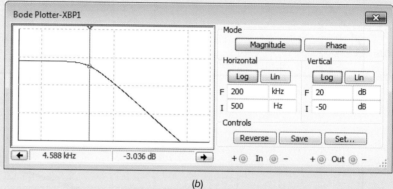

Courtesy of National Instruments.

| 그림 19·27 | (a) 단위이득을 갖는 버터워스에 대한 예; (b) MultiSim 주파수응답

풀이 Q와 극 주파수는 다음과 같다.

$$Q = 0.5\sqrt{\frac{C_2}{C_1}} = 0.5\sqrt{\frac{1.64 \text{ nF}}{820 \text{ pF}}} = 0.707$$

$$f_p = \frac{1}{2\pi R\sqrt{C_1 C_2}} = \frac{1}{2\pi(30 \text{ k}\Omega)\sqrt{(820 \text{ pF})(1.64 \text{ nF})}} = 4.58 \text{ kHz}$$

Q값이 0.707이므로 이것은 버터워스 응답이다. 따라서 차단주파수는 극 주파수와 같다.

$$f_c = f_p = 4.58 \text{ kHz}$$

필터의 응답은 4.58 kHz에서 꺾이고 $n = 2$이기 때문에 40 dB/decade의 비율로 감소한다.

연습문제 19-3 30 kΩ의 저항값들을 10 kΩ으로 바꾼 후, 응용예제 19-3을 다시 풀어라.

예제 19-4

그림 19-28에서 Q와 극 주파수는 얼마인가? 또 차단주파수는 얼마인가?

풀이 Q와 극 주파수는 다음과 같다.

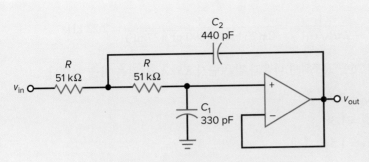

| 그림 19·28 | 단위이득을 갖는 베셀에 대한 예

$$Q = 0.5\sqrt{\frac{C_2}{C_1}} = 0.5\sqrt{\frac{440 \text{ pF}}{330 \text{ pF}}} = 0.577$$

$$f_p = \frac{1}{2\pi R\sqrt{C_1 C_2}} = \frac{1}{2\pi(51 \text{ k}\Omega)\sqrt{(330 \text{ pF})(440 \text{ pF})}} = 8.19 \text{ kHz}$$

Q값이 0.577이므로 이것은 베셀응답이다. 식 (19-21)에서 차단주파수는 다음과 같이 주어진다.

$$f_c = K_c f_p = 0.786(8.19 \text{ kHz}) = 6.44 \text{ kHz}$$

연습문제 19-4   예제 19-4에서 만일 C_1의 값을 680 pF으로 바꾸었다면, $Q = 0.577$을 유지하기 위해서는 C_2의 값을 얼마로 해야 하는가?

예제 19-5

그림 19-29에서 Q와 극 주파수는 얼마인가? 또 차단주파수와 3 dB 주파수는 얼마인가?

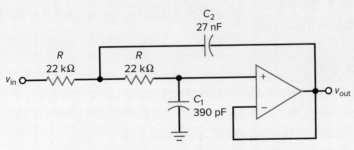

| 그림 19·29 | $Q > 0.707$을 갖는 단위이득에 대한 예

풀이 Q와 극 주파수는 다음과 같다.

$$Q = 0.5\sqrt{\frac{C_2}{C_1}} = 0.5\sqrt{\frac{27 \text{ nF}}{390 \text{ pF}}} = 4.16$$

$$f_p = \frac{1}{2\pi R\sqrt{C_1 C_2}} = \frac{1}{2\pi(22\text{ k}\Omega)\sqrt{(390\text{ pF})(27\text{ nF})}} = 2.23\text{ kHz}$$

그림 19-26을 참조하면 다음과 같은 근사 K와 A_p의 값을 읽을 수 있다.

$$K_0 = 0.99$$

$$K_c = 1.38$$

$$K_3 = 1.54$$

$$A_p = 12.5\text{ dB}$$

차단 또는 에지 주파수는

$$f_c = K_c f_p = 1.38(2.23\text{ kHz}) = 3.08\text{ kHz}$$

이고, 3 dB 주파수는 다음과 같다.

$$f_{3\text{dB}} = K_3 f_p = 1.54(2.23\text{ kHz}) = 3.43\text{ kHz}$$

연습문제 19-5 그림 19-29에서 27 nF의 커패시터를 14 nF으로 비꾼 후, 예제 19-5를 다시 풀어라.

19-6 고차 필터

고차 필터의 설계에 있어 표준적인 접근은 1차단과 2차단을 종속 접속하는 것이다. 차수가 우수일 때는 2차단만의 종속접속이 필요하고, 차수가 기수일 때는 2차단과 단일 1차단의 종속접속이 필요하다. 예를 들어 만일 6차 필터를 설계하기를 원한다면 3개의 2차단을 종속 접속하면 되고, 5차 필터를 설계하기를 원한다면 2개의 2차단과 1개의 1차단을 종속 접속하면 된다.

버터워스 필터

필터단이 종속 접속되었을 때는 각 단의 데시벨 감쇄를 더하면 전체 감쇄를 구할 수 있다. 예를 들어 그림 19-30*a*는 2차단이 2개 종속 접속되어 있다. 만일 각 단이 0.707인 Q와 1 kHz인 극 주파수를 가진다면 각 단은 1 kHz에서 3 dB의 감쇄를 갖는 버터워스 응답을 가질 것이다. 비록 각 단이 버터워스 응답을 갖더라도 전체 응답은 그림 19-30*b*에서 볼 수 있듯이, 극 주파수에서의 처짐(droop) 때문에 버터워스 응답을 나타내지 못한다. 각 딘은 1 kHz의 차단주파수에서 3 dB의 감쇄를 가지므로 전체 감쇄는 1 kHz에서 6 dB이다.

버터워스 응답을 얻기 위해서는 극 주파수는 여전히 1 kHz로 하나, 단의 Qs는 0.707 이상과 이하를 갖도록 스태거시켜야 한다. 그림 19-30*c*에 전체 필터에 대해 버터워스 응답을 얻는 방법을 나타내었다. 첫째 단은 $Q = 0.54$를 가지고, 둘째 단은 $Q = 1.31$

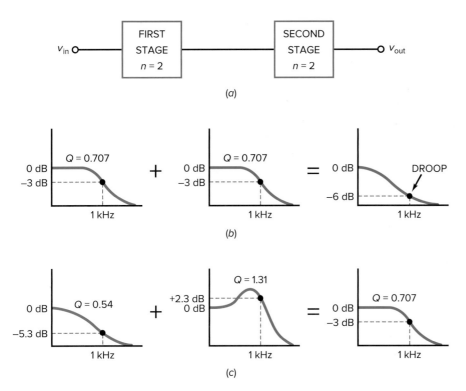

| 그림 19·30 | (a) 2단 종속접속; (b) 특성이 동일한 단의 종속접속으로 인한 차단주파수에서의
처짐 발생; (c) 적은 Q와 큰 Q를 갖는 단끼리의 보상으로 버터워스 응답 발생

요점정리 표 19-4	버터워스 저역통과 필터에 대한 스태거된 Qs				
차수	**1단**	**2단**	**3단**	**4단**	**5단**
2	0.707				
4	0.54	1.31			
6	0.52	1.93	0.707		
8	0.51	2.56	0.6	0.9	
10	0.51	3.2	0.56	1.1	0.707

을 가진다. 1 kHz에서 3 dB의 감쇄를 얻기 위해 둘째 단에서의 피킹과 첫째 단에서의
처짐을 상쇄시킨다. 더 나아가 통과대역 응답은 이들 Q값에서 최대평탄을 보여 준다.

　표 19-4에 고차 버터워스 필터에 사용되는 단들의 스태거된 Q값을 나타내었다. 모
든 단은 동일한 극 주파수를 갖지만 각 단은 서로 다른 Q를 가진다. 예를 들어 4차 필
터는 표 19-4에 나타낸 값인 0.54와 1.31인 Q값을 사용한 그림 19-30c로 묘사된다. 10
차 버터워스 필터를 설계하기 위해서는 0.51, 3.2, 0.56, 1.1 및 0.707인 Q의 값을 갖는
다섯 단이 필요할 것이다.

요점정리 표 19-5		베셀 저역통과 필터에서 스태거된 Qs와 극 주파수(f_c = 1000 Hz)								
차수	Q_1	f_{p1}	Q_2	f_{p2}	Q_3	f_{p3}	Q_4	f_{p4}	Q_5	f_{p5}
2	0.577	1274								
4	0.52	1432	0.81	1606						
6	0.51	1607	1.02	1908	0.61	1692				
8	0.51	1781	1.23	2192	0.71	1956	0.56	1835		
10	0.50	1946	1.42	2455	0.81	2207	0.62	2066	0.54	1984

베셀 필터

고차의 베셀 필터에서는 각 단의 Qs와 극 주파수 모두를 스태거할 필요가 있다. 표 19-5에 차단주파수 1,000 Hz를 가지는 필터에서 각 단에 요구되는 Q와 f_p를 나타내었다. 예를 들어 4차 베셀 필터는 $Q = 0.52$와 $f_p = 1,432$ Hz를 갖는 첫째 단과 $Q = 0.81$과 $f_p = 1,606$ Hz를 갖는 둘째 단이 필요하다

만일 주파수가 1,000 Hz와 다르다면 표 19-5에서 극 주파수들은 다음의 **주파수 스케일링 계수**(frequency scaling factor: FSF)에 직접 비례시켜 계산하면 된다.

$$\text{FSF} = \frac{f_c}{1 \text{ kHz}}$$

예를 들어 만일 6차 베셀 필터가 7.5 kHz의 차단주파수를 가지면 표 19-5의 각 극 주파수에 7.5를 곱해 주면 된다.

체비셰프 필터

체비셰프 필터에서도 우리는 스태거된 Q와 f_p 및 리플의 크기가 기록된 표를 가져야 한다. 표 19-6에 체비셰프 필터의 각 단에서 Q와 f_p를 나타내었다. 예를 들어 리플 크기 2 dB을 가지는 6차 체비셰프 필터는 $Q = 0.9$, $f_p = 316$ Hz인 첫째 단과 $Q = 10.7$, $f_p = 983$ Hz인 둘째 단 및 $Q = 2.84$, $f_p = 730$ Hz인 셋째 단이 필요하다.

필터의 설계

앞의 설명에서 고차 필터의 설계 이면의 기본적인 사고가 주어졌다. 지금까지는 살렌-키 단위이득 2차단과 같은 가장 간단한 회로실현만을 설명했다. 스태거된 Qs와 극 주파수를 가지는 살렌-키 단위이득 단에 종속 접속하므로 버터워스, 베셀, 체비셰프 근사의 고차 필터를 실현시킬 수가 있다.

앞에서 본 표들은 서로 다른 설계에서 요구되는 스태거된 Qs와 극 주파수들이 얼마인가를 나타내고 있다. 더 크고 포괄적인 표는 필터의 핸드북에서 입수할 수 있다. 능동필터의 설계는 매우 복잡하고, 특히 20차 이상을 갖는 필터의 설계가 요구될 때는 더 복잡하므로 회로의 복잡성, 부품의 감도 및 동조의 용이성 간의 상반교환도 고려해야 한다.

다양한 필터의 설계는 연산이 너무 어렵고 손으로 하기에는 시간이 너무 소비되므로 모두 컴퓨터로 행한다. 능동필터 컴퓨터 프로그램에는 모든 식, 표 및 앞서 설명한 다섯

요점정리 표 19-6		체비셰프 저역통과 필터에서의 A_p, Q, f_p ($f_p = 1000$ Hz)							
차수	A_p, dB	Q_1	f_{p1}	Q_2	f_{p2}	Q_3	f_{p3}	Q_4	f_{p4}
2	1	0.96	1050						
	2	1.13	907						
	3	1.3	841						
4	1	0.78	529	3.56	993				
	2	0.93	471	4.59	964				
	3	1.08	443	5.58	950				
6	1	0.76	353	8	995	2.2	747		
	2	0.9	316	10.7	983	2.84	730		
	3	1.04	298	12.8	977	3.46	722		
8	1	0.75	265	14.2	997	4.27	851	1.96	584
	2	0.89	238	18.7	990	5.58	842	2.53	572
	3	1.03	224	22.9	987	6.83	839	3.08	566

가지 근사(버터워스, 체비셰프, 역 체비셰프, 타원형, 베셀)를 실현하는 데 필요한 회로들이 기억되어 있다. 필터설계에 사용되는 회로는 간단한 1개의 연산증폭기 단으로부터 복잡한 5개의 연산증폭기 단까지 다양하게 분류된다.

19-7 VCVS와 동일한 구성을 갖는 저역통과 필터

그림 19-31에 또 다른 살렌-키 2차 저역통과 필터를 나타내었다. 여기서 두 저항과 두 커패시터의 값은 동일하다. 이것이 이 회로를 **살렌-키와 동일한 구성을 갖는 필터**(Sallen-

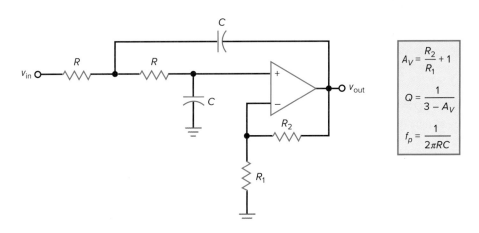

$$A_V = \frac{R_2}{R_1} + 1$$

$$Q = \frac{1}{3 - A_V}$$

$$f_p = \frac{1}{2\pi RC}$$

| 그림 19·31 | VCVS와 동일한 구성을 갖는 단

Key equal-component filter)라고 부르는 이유이다. 이 회로는 중간대역의 전압이득이 다음과 같다.

$$A_V = \frac{R_2}{R_1} + 1 \tag{19-29}$$

회로의 동작은 전압이득의 효과를 제외하고는 살렌-키 단위이득 필터와 거의 같다. 전 압이득은 귀환 커패시터를 통하여 더 큰 정귀환을 발생시킬 수 있으므로 단의 Q는 전 압이득의 함수가 되고 다음과 같이 주어진다.

$$Q = \frac{1}{3 - A_V} \tag{19-30}$$

A_V는 1보다 적지 않기 때문에 최소 Q는 0.5이다. A_V가 1에서 3까지 증가할 때 Q는 0.5에서 ∞까지 변화한다. 따라서 A_V의 허용범위는 1과 3 사이이다. 만일 A_V를 3 이상에서 동작시킨다면 정귀환이 너무 커지기 때문에 발진을 방해한다. 실제로 전압이득을 거의 3으로 접근시켜 사용하면 부품의 오차와 드리프트 때문에 전압이득이 3을 초과할 수 있으므로 위험하다. 다음의 예제에서 이 점을 더 분명하게 밝혀 줄 것이다.

그림 19-31에 나타낸 식에서 A_V, Q, f_p를 계산한 다음, 버터워스 필터가 $Q = 0.707$, $K_c = 1$을 가지기 때문에 나머지에 대해서는 앞에서와 같은 해석을 한다. 베셀 필터는 $Q = 0.577$, $K_c = 0.786$을 가진다. 또 Qs에 대해서는 표 19-3으로부터의 삽입이나 그림 19-26을 사용하여 근사 K와 A_p 값을 얻을 수가 있다.

응용예제 19-6 　　　　　　　　　　　　　　　　　　　ⅠⅠⅠ MultiSim

그림 19-32에서 필터의 Q와 극 주파수는 얼마인가? 또 차단주파수는 얼마인가? MultiSim Bode Plotter를 사용한 주파수응답을 보여라.

풀이　A_V, Q, f_p는 다음과 같다.

$$A_V = \frac{30\ \text{k}\Omega}{51\ \text{k}\Omega} + 1 = 1.59$$

$$Q = \frac{1}{3 - A_V} = \frac{1}{3 - 1.59} = 0.709$$

$$f_p = \frac{1}{2\pi RC} = \frac{1}{2\pi(47\ \text{k}\Omega)(330\ \text{pF})} = 10.3\ \text{kHz}$$

0.77인 Q는 0.1 dB의 리플을 발생시킨다. 따라서 0.709인 Q는 0.003 dB보다 적은 리 플을 발생시킨다. 이론이 어떻든 실제적으로 계산된 0.709인 Q는 버터워스 응답에 매 우 접근되는 근사를 가진다.

버터워스 필터의 차단주파수는 10.3 kHz인 극 주파수와 같다. 그림 19-32*b*에서 알 수 있듯이 극 주파수가 약 1 dB이다. 이 값은 4 dB의 통과대역 이득으로부터 3 dB 낮다.

연습문제 19-6　응용예제 19-6에서 47 kΩ의 저항들을 22 kΩ으로 바꾼 후 A_V, Q, f_p 를 구하라.

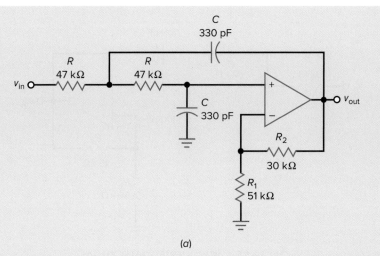

(a)

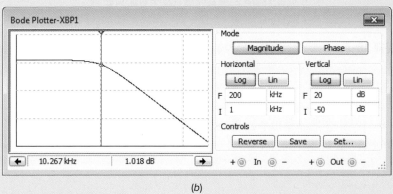

(b)

Courtesy of National Instruments.

| **그림 19-32** | (a) 버터워스와 동일한 구성을 갖는 예; (b) MultiSim 극 주파수

예제 19-7

그림 19-33에서 극 주파수와 Q는 얼마인가? 또 차단주파수는 얼마인가?

풀이 A_V, Q, f_p는 다음과 같다.

$$A_V = \frac{15 \text{ k}\Omega}{56 \text{ k}\Omega} + 1 = 1.27$$

$$Q = \frac{1}{3 - A_V} = \frac{1}{3 - 1.27} = 0.578$$

$$f_p = \frac{1}{2\pi RC} = \frac{1}{2\pi (82 \text{ k}\Omega)(100 \text{ pF})} = 19.4 \text{ kHz}$$

이것이 베셀 2차 응답의 Q이다. 따라서 $K_c = 0.786$이고 차단주파수는 다음과 같다.

$$f_c = 0.786 f_p = 0.786(19.4 \text{ kHz}) = 15.2 \text{ kHz}$$

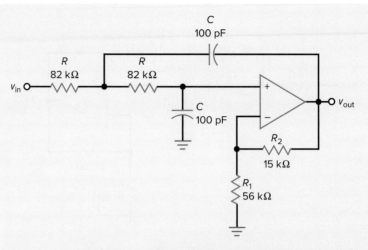

| 그림 19·33 | 베셀과 동일한 구성을 갖는 예

연습문제 19-7 커패시터는 330 pF, 저항 R은 100 kΩ으로 하여 예제 19-7을 다시 풀어라.

예제 19-8

그림 19-34에서 Q와 극 주파수는 얼마인가? 공진주파수, 차단주파수 및 3 dB 주파수는 얼마인가? 또 리플의 데시벨 크기는 얼마인가?

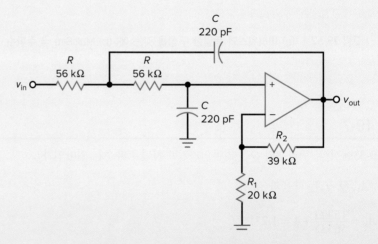

| 그림 19·34 | $Q > 0.707$인 동일 구성 예

풀이 A_V, Q, f_p는 다음과 같다.

$$A_V = \frac{39 \text{ k}\Omega}{20 \text{ k}\Omega} + 1 = 2.95$$

$$Q = \frac{1}{3 - A_V} = \frac{1}{3 - 2.95} = 20$$

$$f_p = \frac{1}{2\pi RC} = \frac{1}{2\pi(56 \text{ k}\Omega)(220 \text{ pF})} = 12.9 \text{ kHz}$$

그림 19-26은 1과 10 사이의 Qs만을 가진다. 이때 K와 Q의 값을 얻기 위해서는 식 (19-25)~(19-28)의 사용이 요구된다.

$$K_0 = 1$$

$$K_c = 1.414$$

$$K_3 = 1.55$$

$$A_p = 20 \log Q = 20 \log 20 = 26 \text{ dB}$$

공진주파수는,

$$f_0 = K_0 f_p = 12.9 \text{ kHz}$$

차단 또는 에지 주파수는,

$$f_c = K_c f_p = 1.414 \,(12.9 \text{ kHz}) = 18.2 \text{ kHz}$$

3 dB 주파수는,

$$f_{3\text{dB}} = K_3 f_p = 1.55(12.9 \text{ kHz}) = 20 \text{ kHz}$$

이 회로는 12.9 kHz에서 공진하고, 26 dB 피크를 발생한다. 차단주파수에서 0 dB로 강하하고, 20 kHz에서 3 dB 감소한다.

이것은 살렌-키 회로처럼 Q가 너무 크기 때문에 비실용적이다. 전압이득이 2.95이기 때문에 R_1과 R_2에서의 어떤 오차도 Q를 크게 증가시키는 원인이 된다. 예를 들어 만일 저항이 ±1%의 오차를 갖는다면 전압이득은 다음과 같이 커질 것이다.

$$A_V = \frac{1.01(39 \text{ k}\Omega)}{0.99(20 \text{ k}\Omega)} + 1 = 2.989$$

이 전압이득은 다음과 같은 Q를 발생시킨다.

$$Q = \frac{1}{3 - A_V} = \frac{1}{3 - 2.989} = 90.9$$

Q는 설계값 20으로부터 근사값 90.9로 변화된다. 이것은 계획한 응답과는 주파수 응답이 급격히 달라졌음을 의미한다.

비록 살렌-키와 동일한 구성을 갖는 필터는 다른 필터와 간단히 비교할 수 있다 할지라도 큰 Qs가 사용될 때는 부품의 감도에 대한 단점을 가진다. 이것이 보다 더 복잡한 회로가 일반적으로 큰 Q단에 사용되는 이유이다. 복잡성이 더해지면 부품의 감도는 감소된다.

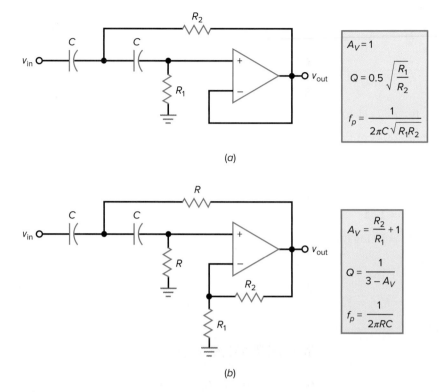

| 그림 19-35 | 2차 VCVS 고역통과단 (a) 단위이득 고역통과 필터; (b) 단위이득보다 큰 전압이득을 갖는 고역통과 필터

19-8 VCVS 고역통과 필터

그림 19-35*a*에 살렌-키 단위이득 고역통과 필터와 그 회로의 식들을 나타내었다. 저항과 커패시터의 위치가 바뀐 것에 주목하라. 또한 Q는 커패시턴스보다는 오히려 저항의 비에 의존함에 주목하라. 계산은 극 주파수를 값으로 나눈다는 것을 제외하고는 저역통과 필터에서 설명한 것과 비슷하다. 고역통과 필터에서 차단주파수를 계산하기 위해 다음 식을 사용한다.

$$f_c = \frac{f_p}{K_c} \tag{19-31}$$

마찬가지로 다른 주파수들에 대해서는 극 주파수를 K_0 또는 K_3로 나누면 된다. 예를 들어 만일 그림 19-26에서 극 주파수는 2.5 kHz이고 $K_c = 1.3$으로 읽었다면 고역통과 필터에 대한 차단주파수는,

$$f_c = \frac{2.5 \text{ kHz}}{1.3} = 1.92 \text{ kHz}$$

그림 19-35*b*에 살렌-키와 동일한 구성을 갖는 고역통과 필터와 그들의 식들을 나타내었다. 모든 식은 저역통과 필터에서와 같다. 저항과 커패시터의 위치만 바뀌었다. 다

음의 예제들에 고역통과 필터를 해석하는 방법을 나타내었다.

응용예제 19-9 ||||| MultiSim

그림 19-36a에 나타낸 필터의 Q와 극 주파수는 얼마인가? 또 차단주파수는 얼마인가?
MultiSim Bode Plotter를 사용한 주파수응답을 보여라.

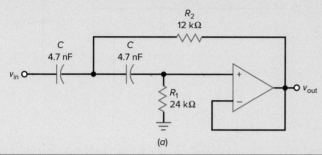

(a)

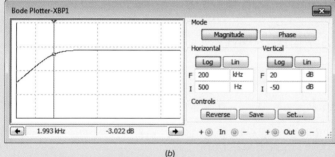

Courtesy of National Instruments.

(b)

| 그림 19·36 | (a) 고역통과 버터워스의 예; (b) MultiSim 차단주파수

풀이 Q와 극 주파수는 다음과 같다.

$$Q = 0.5\sqrt{\frac{R_1}{R_2}} = 0.5\sqrt{\frac{24 \text{ k}\Omega}{12 \text{ k}\Omega}} = 0.707$$

$$f_p = \frac{1}{2\pi C\sqrt{R_1 R_2}} = \frac{1}{2\pi(4.7 \text{ nF})\sqrt{(24 \text{ k}\Omega)(12 \text{ k}\Omega)}} = 2 \text{ kHz}$$

$Q = 0.707$이기 때문에 필터는 버터워스 2차 응답을 가지고, 차단주파수는 다음과 같다.

$$f_c = f_p = 2 \text{ kHz}$$

필터는 2 kHz에서 꺾이는 고역통과 응답을 가지고, 2 kHz 이하에서는 40 dB/decade
로 강하된다. 그림 19-36b에 MultiSim 주파수응답을 도시하였다.

연습문제 19-9 그림 19-36에서 두 저항값을 2배로 한 후, 회로의 Q, f_p, f_c의 값을 구하라.

예제 19-10

그림 19-37에서 Q와 극 주파수는 얼마인가? 공진주파수, 차단주파수, 3 dB 주파수는 얼마인가? 또 피킹과 리플의 크기는 데시벨로 얼마인가?

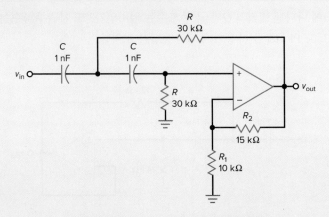

| 그림 19·37 | Q > 1일 때 고역통과의 예

풀이 A_V, Q, f_p는 다음과 같다.

$$A_V = \frac{15 \text{ k}\Omega}{10 \text{ k}\Omega} + 1 = 2.5$$

$$Q = \frac{1}{3 - A_V} = \frac{1}{3 - 2.5} = 2$$

$$f_p = \frac{1}{2\pi RC} = \frac{1}{2\pi(30 \text{ k}\Omega)(1 \text{ nF})} = 5.31 \text{ kHz}$$

그림 19-26에서 $Q = 2$일 때 다음과 같은 근사값을 가진다.

$$K_0 = 0.94$$
$$K_c = 1.32$$
$$K_3 = 1.48$$
$$A_p = 20 \log Q = 20 \log 2 = 6.3 \text{ dB}$$

공진주파수는,

$$f_0 = \frac{f_p}{K_0} = \frac{5.31 \text{ kHz}}{0.94} = 5.65 \text{ kHz}$$

차단주파수는,

$$f_c = \frac{f_p}{K_c} = \frac{5.31 \text{ kHz}}{1.32} = 4.02 \text{ kHz}$$

3 dB 주파수는,

$$f_{3\text{dB}} = \frac{f_p}{K_3} = \frac{5.31 \text{ kHz}}{1.48} = 3.59 \text{ kHz}$$

이 회로의 응답은 5.65 kHz에서 6.3 dB의 피크를 발생시키고, 4.02 kHz의 차단주파수에서 0 dB로 강하되고, 3.59 kHz에서 3 dB 감소한다.

연습문제 19-10 예제 19-10에서 15 kΩ의 저항을 17.5 kΩ의 저항으로 바꾼 후, 예제 19-10을 다시 풀어라.

19-9 MFB(다중귀환) 대역통과 필터

대역통과 필터는 중심주파수와 대역폭을 가진다. 대역통과 응답에서의 기본식을 다시 한번 기억하자.

$$\text{BW} = f_2 - f_1$$
$$f_0 = \sqrt{f_1 f_2}$$
$$Q = \frac{f_0}{\text{BW}}$$

Q가 1 이하일 때 필터는 광대역 응답을 가진다. 이때 대역통과 필터는 항상 저역통과단과 고역통과단을 종속 접속하여 구성한다. Q가 1 이상일 때 필터는 협대역 응답을 가지고 다른 접근이 사용된다.

광대역 필터

300 Hz의 저역 차단주파수와 3.3 kHz의 고역 차단주파수를 가지는 대역통과 필터를 구성하기를 원한다고 가정하자. 이 필터의 중심주파수는,

$$f_0 = \sqrt{f_1 f_2} = \sqrt{(300 \text{ Hz})(3.3 \text{ kHz})} = 995 \text{ Hz}$$

대역폭은,

$$\text{BW} = f_2 - f_1 = 3.3 \text{ kHz} - 300 \text{ Hz} = 3 \text{ kHz}$$

Q는,

$$Q = \frac{f_0}{\text{BW}} = \frac{995 \text{ Hz}}{3 \text{ kHz}} = 0.332$$

Q가 1 이하이기 때문에 그림 19-38과 같이 저역통과단과 고역통과단을 종속으로 사용할 수 있다. 고역통과 필터는 300 Hz의 차단주파수를 가지고, 저역통과 필터는 3.3 kHz의 차단주파수를 가진다. 두 데시벨 응답이 합쳐졌을 때, 차단주파수 300 Hz와 3.3 kHz를 갖는 대역통과 응답을 얻는다.

Q가 1 이상이면 차단주파수는 그림 19-38에 나타낸 것보다 훨씬 좁아진다. 이 때문에 통과대역 감쇄의 합은 차단주파수에서 3 dB보다 더 크다. 이것이 협대역 필터에서 또 다른 접근을 사용하는 이유이다.

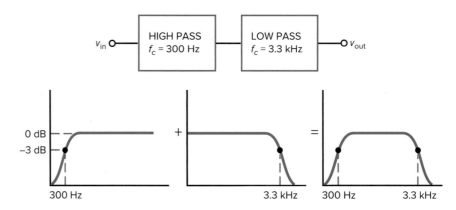

| 그림 19·38 | 저역통과단과 고역통과단의 종속접속을 사용한 광대역 필터

협대역 필터

Q가 1 이상일 때는 그림 19-39에 나타낸 **다중귀환**(multiple-feedback: MFB) 필터를 사용할 수 있다. 첫째, 입력신호가 비반전입력보다는 오히려 반전입력에 가해짐에 주목하라. 둘째, 회로가 커패시터를 통하는 것과 저항을 통하는 2개의 귀환로를 가진다.

저주파수에서 커패시터는 개방처럼 동작한다. 따라서 입력신호는 연산증폭기에 도달할 수 없고 출력은 0이 된다. 고주파수에서 커패시터는 단락처럼 동작한다. 이때 전압이득은 귀환 커패시터가 0인 임피던스를 가지므로 0이다. 가장 낮고 가장 높은 주파수 사이에 이 회로가 반전증폭기처럼 동작하는 주파수 대역이 있다.

중심주파수에서 전압이득은

$$A_V = \frac{-R_2}{2R_1} \tag{19-32}$$

이것은 분모의 2를 제외하고는 반전증폭기의 전압이득과 거의 같다. 이 회로의 Q는

$$Q = 0.5\sqrt{\frac{R_2}{R_1}} \tag{19-33}$$

이며, 이것은 다음 식과 같다.

$$Q = 0.707\sqrt{-A_V} \tag{19-34}$$

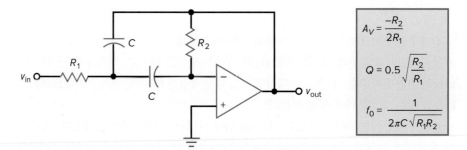

| 그림 19·39 | 다중귀환 대역통과단

예를 들어 만일 $A_V = -100$이면,

$$Q = 0.707\sqrt{100} = 7.07$$

식 (19-34)는 전압이득이 더 크고, Q도 더 크다는 것을 말한다.

중심주파수는 다음과 같이 주어진다.

$$f_0 = \frac{1}{2\pi\sqrt{R_1R_2C_1C_2}} \qquad (19\text{-}35)$$

그림 19-39에서 $C_1 = C_2$이므로 이 식을 간단히 하면 다음과 같이 된다.

$$f_0 = \frac{1}{2\pi C\sqrt{R_1R_2}} \qquad (19\text{-}36)$$

입력임피던스를 증가시키는 회로

식 (19-33)은 Q가 R_2/R_1의 평방근에 비례함을 의미한다. 큰 Qs를 얻기 위해서는 큰 R_2/R_1의 비를 사용할 필요가 있다. 예를 들어 $Q = 5$를 얻기 위해서는 R_2/R_1은 100으로 해야 한다. 입력오프셋과 바이어스전류 문제를 피하기 위해 R_2는 항상 100 kΩ 미만을 유지해야 하는데 이것은 R_1이 1 kΩ 이하를 가져야 함을 의미한다. Qs를 5 이상으로 하려면 R_1은 더 작게 해야 한다. 이것은 Qs가 클수록 그림 19-39의 입력임피던스가 훨씬 더 작아짐을 의미한다.

그림 19-40a에 입력임피던스를 증가시키는 MFB 대역통과 필터를 나타내었다. 이

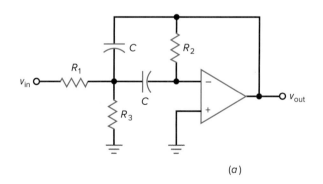

$$A_V = \frac{-R_2}{2R_1}$$

$$Q = 0.5\sqrt{\frac{R_2}{R_1 \parallel R_3}}$$

$$f_0 = \frac{1}{2\pi C\sqrt{(R_1 \parallel R_3)R_2}}$$

(a)

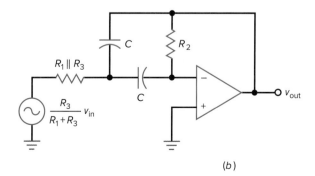

(b)

| 그림 19·40 | MFB단의 입력임피던스를 증가시키는 회로

회로는 새로운 저항인 R_3를 제외하고는 앞서의 MFB 회로와 동일하다. R_1과 R_3는 전압 분배기형임에 주목하라. 테브난 정리를 적용하면 회로는 그림 19-40b와 같이 간단화할 수 있다. 이 그림은 그림 19-39에 나타낸 회로와 거의 같으나 몇 개의 식이 다르다. 처음의 전압이득은 여전히 식 (19-32)로 주어지나 Q와 중심주파수는 다음과 같이 달라진다.

$$Q = 0.5\sqrt{\frac{R_2}{R_1 \parallel R_3}} \tag{19-37}$$

$$f_0 = \frac{1}{2\pi C\sqrt{(R_1 \parallel R_3)R_2}} \tag{19-38}$$

이 회로는 주어진 Q에서 R_1을 크게 할 수 있으므로 큰 입력임피던스를 갖는다는 이점이 있다.

일정한 대역폭을 갖는 동조 가능한 중심주파수 회로

대부분의 응용에서 전압이득은 항상 다른 단에도 유효하기 때문에 1 이상을 갖는 것은 불필요하다. 만일 단위 전압이득으로 만족한다면 대역폭을 일정하게 유지하면서 중심주파수를 변화시킬 수 있는 편리한 회로를 사용할 수 있다.

그림 19-41에 $R_2 = 2R_1$과 R_3 가변인 변형된 MFB 회로를 나타내었다. 이 회로에서 해석에 사용되는 식들은 다음과 같다.

$$A_V = -1 \tag{19-39}$$

$$Q = 0.707\sqrt{\frac{R_1 + R_3}{R_3}} \tag{19-40}$$

$$f_0 = \frac{1}{2\pi C\sqrt{2R_1(R_1 \parallel R_3)}} \tag{19-41}$$

$BW = f_0/Q$이기 때문에 대역폭에 대하여 다음 식을 유도할 수 있다.

$$BW = \frac{1}{2\pi R_1 C} \tag{19-42}$$

식 (19-41)은 R_3를 변화시키므로 다양한 f_0를 얻을 수 있음을 나타내었고, 식 (19-42)는 대역폭이 R_3와 독립적임을 나타내고 있다. 따라서 이 회로는 다양한 중심주파수를

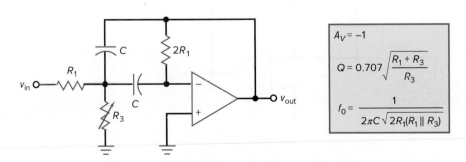

| 그림 19·41 | 가변 중심주파수와 일정한 대역폭을 갖는 MFB단

가질 수 있는 반면, 대역폭은 일정하게 유지된다.

그림 19-41의 가변저항 R_3는 가끔 13-9절에서 설명한 전압제어 저항으로 사용되는 JFET를 사용하기도 한다. 게이트전압에 따라 JFET의 저항이 변화하므로 회로의 중심주파수는 전자적으로 동조시킬 수 있다.

예제 19-11

그림 19-42의 게이트전압은 JFET 저항을 15 Ω에서 80 Ω까지 변화시킬 수 있다. 대역폭은 얼마인가? 최소, 최대 중심주파수는 얼마인가?

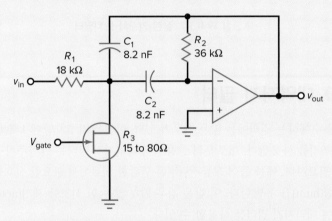

| 그림 19·42 | 전압제어 저항을 갖는 동조 MFB 필터

풀이 식 (19-42)에서 대역폭은,

$$BW = \frac{1}{2\pi R_1 C} = \frac{1}{2\pi (18 \text{ k}\Omega)(8.2 \text{ nF})} = 1.08 \text{ kHz}$$

식 (19-41)에서 최소 중심주파수는,

$$f_0 = \frac{1}{2\pi C \sqrt{2R_1(R_1 \parallel R_3)}}$$

$$= \frac{1}{2\pi (8.2 \text{ nF}) \sqrt{2(18 \text{ k}\Omega)(18 \text{ k}\Omega \parallel 80 \text{ }\Omega)}}$$

$$= 11.4 \text{ kHz}$$

또 최대 중심주파수는,

$$f_0 = \frac{1}{2\pi (8.2 \text{ nF}) \sqrt{2(18 \text{ k}\Omega)(18 \text{ k}\Omega \parallel 15 \text{ }\Omega)}} = 26.4 \text{ kHz}$$

연습문제 19-11 그림 19-42에서 R_1을 10 kΩ, R_2를 20 kΩ으로 바꾼 후, 예제 19-11을 다시 풀어라.

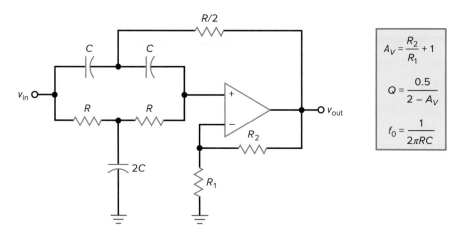

| 그림 19·43 | 살렌-키 2차 노치필터

19-10 대역저지 필터

대역저지를 수행하는 필터에는 많은 회로가 있다. 이것은 각 2차단에 1개에서 4개까지의 연산증폭기를 사용한다. 대부분의 응용에서 대역저지 필터는 단일주파수만을 차단하는 것이 필요하다. 예를 들어 교류전력선은 민감한 회로에서 필요한 신호를 방해하는 60 Hz의 험(hum)을 유발한다. 이 같은 경우 원치 않는 험 신호를 제거(notch out)시키기 위해서는 대역저지 필터를 사용할 수 있다.

그림 19-43에 **살렌-키 2차 노치필터**(Sallen-Key second-order notch filter)와 이 회로의 해석을 위한 식들을 나타내었다. 저주파수에서 모든 커패시터는 개방된다. 그 결과 모든 입력신호는 비반전입력에 도달한다. 이 회로는 다음과 같은 통과대역 전압이득을 가진다.

$$A_V = \frac{R_2}{R_1} + 1 \tag{19-43}$$

매우 높은 주파수에서 커패시터는 단락된다. 다시 모든 입력신호는 비반전입력에 도달한다.

매우 낮고, 높은 주파수 사이에 다음과 같은 중심주파수가 있다.

$$f_0 = \frac{1}{2\pi RC} \tag{19-44}$$

이 주파수에서 귀환신호는 비반전입력에 교정된 진폭과 위상을 갖는 감쇄된 신호로 되돌아온다. 이 때문에 출력전압은 매우 낮은 값으로 떨어진다.

회로 Q의 값은 다음과 같이 주어진다.

$$Q = \frac{0.5}{2 - A_V} \tag{19-45}$$

살렌-키 노치필터의 전압이득은 발진을 방지하기 위해 2 이하로 해야 한다. R_1과 R_2 저

항의 오차 때문에 회로의 Q는 10보다 훨씬 적게 해야 한다. Qs가 커지면 이들 저항의
오차는 전압이득을 2 이상이 되도록 하므로 발진을 발생시킬 것이다.

예제 19-12 |||**MultiSim**

만일 R = 22 kΩ, C = 120 nF, R_1 = 13 kΩ, R_2 = 10 kΩ이라면, 그림 19-43에 나타낸 대역저지 필터에서 전압이득, 중심주파수 및 Q는 얼마인가?

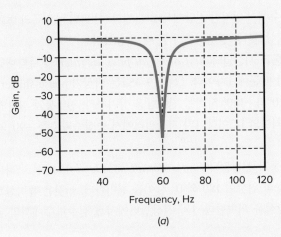

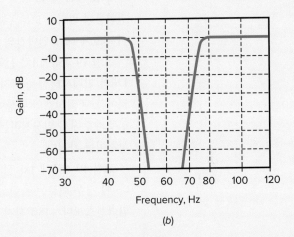

| 그림 19-44 | (a) 60 Hz에서 2차 노치필터; (b) n = 20을 갖는 노치필터

풀이   식 (19-43)~(19-45)에서 다음을 얻을 수 있다.

$$A_V = \frac{10\ \text{kΩ}}{13\ \text{kΩ}} + 1 = 1.77$$

$$f_0 = \frac{1}{2\pi(22\ \text{kΩ})(120\ \text{nF})} = 60.3\ \text{Hz}$$

$$Q = \frac{0.5}{2 - A_V} = \frac{0.5}{2 - 1.77} = 2.17$$

그림 19-44a에 응답을 나타내었다. 2차 노치필터가 얼마나 날카로운지에 주목하라.

필터의 차수가 증가함에 따라 노치를 넓힐 수 있다. 예를 들어 그림 19-44b에 n = 20을 갖는 노치필터의 주파수응답을 나타내었다. 넓어진 노치는 부품의 감도와 엄격하게 감쇄시켜야 할 60 Hz의 험에 대한 보증을 감소시킨다.

연습문제 19-12   그림 19-43에서 Q = 3을 얻기 위한 R_2와 중심주파수 120 Hz를 얻기 위한 C의 값을 구하라.

19-11 전역통과 필터

19-1절에서 **전역통과 필터**(*all-pass filter*)의 기본 개념을 설명했다. 비록 산업계에서는 전역통과 필터란 용어가 널리 사용되고 있으나, 보다 더 기술적인 이름은 크기의 변화 없이 출력신호의 위상을 천이하는 필터이기 때문에 **위상필터**(*phase filter*)라고 한다. 또 다른 기술적인 이름은 시간지연이 위상천이와 관련되기 때문에 **시간지연 필터**(*time-delay filter*)라고도 한다.

1차 전역통과 필터

전역통과 필터는 모든 주파수에서 일정한 전압이득을 가진다. 이 필터는 진폭의 변화 없이 신호에 대해 얼마간의 위상천이를 발생시키려 할 때 유용하다.

그림 19-45a에 1차 **전역통과 지상필터**(*first-order all-pass lag filter*)를 나타내었다. 1개의 커패시터만을 가지기 때문에 1차이다. 그림 19-45a는 이상기(phase shifter) 회로이다. 출력신호의 위상이 0°와 −180° 사이를 천이함을 상기하라. 전역통과 필터의 중심주파수에서 위상천이는 최대의 1/2이다. 1차 지상필터에서 중심주파수는 −90°의 위상천이를 가진다.

그림 19-45b에 1차 **전역통과 진상필터**(*first-order all-pass lead filter*)를 나타내었다. 이 경우 회로는 출력신호의 위상이 180°와 0° 사이를 천이한다. 이것은 출력신호가 입력신호보다 +180°까지 앞섬을 의미한다. 1차 진상필터에서 중심주파수에서의 위상

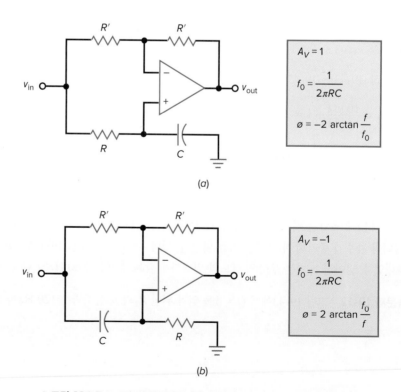

$$A_V = 1$$

$$f_0 = \frac{1}{2\pi RC}$$

$$\phi = -2 \arctan \frac{f}{f_0}$$

(a)

$$A_V = -1$$

$$f_0 = \frac{1}{2\pi RC}$$

$$\phi = 2 \arctan \frac{f_0}{f}$$

(b)

| 그림 19·45 | 1차 전역통과단 (a) 출력위상 뒤짐; (b) 출력위상 앞섬

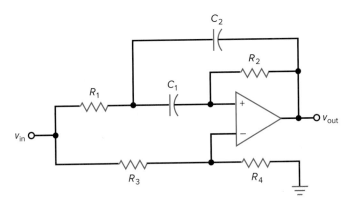

| 그림 19·46 | 2차 전역통과단

천이는 +90°이다.

2차 전역통과 필터

2차 전역통과 필터는 적어도 1개의 연산증폭기, 2개의 커패시터 및 여러 개의 저항을
가지며, 위상이 0°와 ±360° 사이를 천이할 수 있다. 더 나아가 이것은 0°와 ±360° 사이
의 위상응답의 형태를 변화시켜 2차 전역통과 필터의 Q를 조정하는 것이 가능하다. 2
차 필터의 중심주파수에서의 위상천이는 ±180°이다.

그림 19-46에 2차 MFB 전역통과 지상필터(*second-order MFB all-pass lag filter*)
를 나타내었다. 이것은 1개의 연산증폭기, 4개의 저항, 2개의 커패시터를 가지는 가장
간단한 구성이다. 더 복잡한 구성은 2개 또는 그 이상의 연산증폭기, 2개의 커패시터,
그리고 여러 개의 저항을 사용한다. 2차 전역통과 필터에서 회로의 중심주파수와 Q는
고정시킬 수 있다.

그림 19-47a는 Q = 0.707을 갖는 2차 전역통과 지상필터의 위상응답을 보여 준다.
출력위상이 0°에서 −360°까지 어떻게 증가하는지에 주목하라. Q가 2로 증가하면 그림
19-47b와 같은 위상응답을 얻을 수 있다. Q가 더 커지면 중심주파수는 변하지 않으나
중심주파수 부근에서 위상변화가 더 빨라진다. Q가 10이면 그림 19-47c와 같은 경사가
아주 급한 위상응답을 발생시킨다.

선형 위상천이

디지털신호(직각펄스)의 왜곡을 방지하기 위해 필터는 기본파와 모든 중요한 고조파
들에 대해 선형 위상천이를 해야 한다. 등가 필요조건은 통과대역의 모든 주파수에서
시간지연이 일정해야 한다. 베셀 근사는 거의 선형인 위상천이와 일정한 시간지연이
발생한다. 그러나 어떤 응용에서는 베셀 근사의 느린 강하율은 충분하지 못하다. 때
로는 요구되는 강하율을 얻기 위해 다른 근사 중 하나를 사용하는 것이 유일한 해법
이 되고 또 전체 선형 위상천이를 얻는 데 필요한 만큼의 정확한 위상천이를 위해 전
역통과 필터를 사용한다.

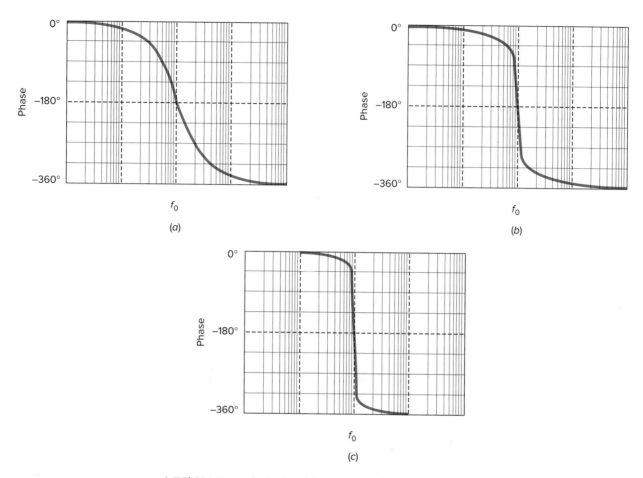

| 그림 19·47 | 2차 위상응답 (a) Q = 0.707; (b) Q = 2; (c) Q = 10

베셀응답

예를 들어 A_p = 3 dB, f_c = 1 kHz, A_s = 60 dB, f_s = 2 kHz를 가지고, 통과대역의 모든 주파수에서 선형 위상천이를 갖는 저역통과 필터가 요구된다고 가정하자. 만일 10차 베셀 필터를 사용한다면 그림 19-48a의 주파수응답, 그림 19-48b의 위상응답, 그림 19-48c의 시간지연 응답, 그림 19-48d의 스텝응답이 발생할 것이다.

우선 그림 19-48a에서 얼마나 느리게 강하되느냐에 주목하라. 차단주파수는 1 kHz 이다. 1옥타브 증가에 감쇄는 다만 12 dB뿐이므로 이는 요구되는 사양인 A_s = 60 dB, f_s = 2 kHz에는 미치지 못한다. 그러나 그림 19-48b의 위상응답은 얼마나 선형인가를 보라. 이것은 디지털신호에 대한 거의 완전한 위상응답의 일종이다. 선형 위상천이와 일정시간 지연은 같은 뜻이다. 이것은 그림 19-48c에서 시간지연이 일정한 이유이다. 마지막으로 그림 19-48d의 스텝응답이 얼마나 날카로운지를 보라. 이 응답은 완벽하진 않으나 거의 근접한다.

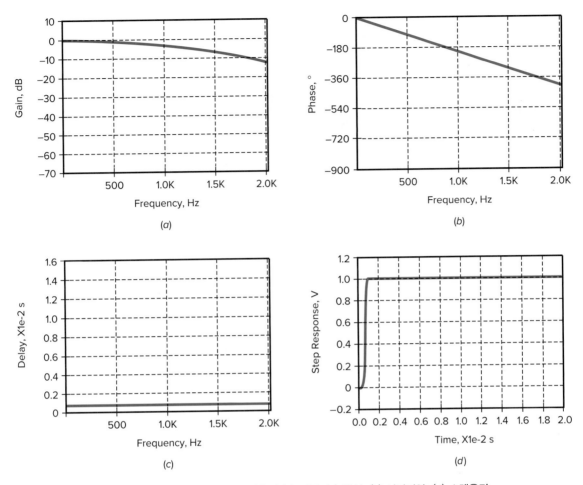

| 그림 19·48 | n = 10일 때 베셀응답 (a) 이득; (b) 위상; (c) 시간지연; (d) 스텝응답

버터워스 응답

사양과 일치시키기 위해 10차 버터워스 필터와 전역통과 필터를 종속 접속했다. 버터워스 필터는 요구되는 강하율을 발생시킬 것이고, 전역통과 필터는 선형 위상응답을 얻기 위해 버터워스 위상응답을 보완하는 위상응답을 발생시킬 것이다.

　10차 버터워스 필터는 그림 19-49a와 같은 주파수응답과, 그림 19-49b와 같은 위상응답, 그림 19-49c와 같은 시간지연 응답 및 그림 19-49d와 같은 스텝응답을 발생할 것이다. 그림 19-49a에서 보다시피 A_s = 60 dB, f_s = 2 kHz인 사양과 일치하는 2 kHz에서 60 dB의 감쇠이다. 그러나 그림 19-49b의 위상응답이 비선형인 것은 어떻게 볼 것인가? 이것은 디지털신호에 왜곡이 발생하는 위상응답의 일종이다. 따라서 그림 19-49c에서 피크가 발생하는 시간지연을 볼 수 있고, 그림 19-49d의 스텝응답에서는 오버슈트를 볼 수 있다.

지연평형기

전역통과 필터의 주된 사용 중 하나는 전체 위상응답을 선형화하기 위해 각 주파수에

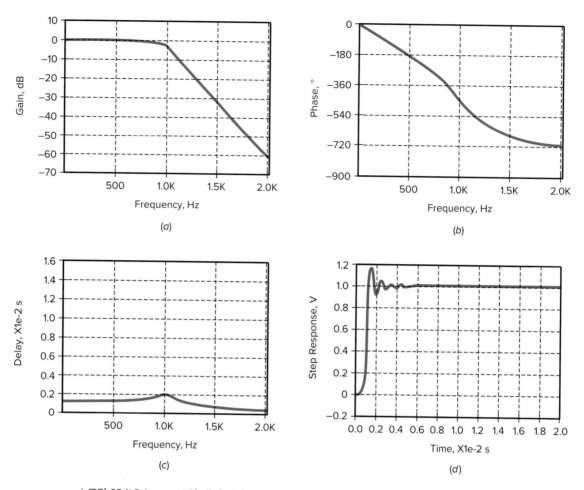

│ 그림 19·49 │ *n* = 10일 때의 버터워스 응답 (a) 이득; (b) 위상; (c) 시간지연; (d) 스텝응답

서 필요로 하는 위상천이를 더해 주므로 전체 위상응답을 교정하는 것이다. 이렇게 했을 때 시간지연은 일정하게 되고 오버슈트가 사라지게 된다. 다른 필터의 시간지연에 대한 보상으로 사용될 때 전역통과 필터를 흔히 **지연평형기**(delay equalizer)라 부른다. 지연평형기는 원래 시간지연의 형상이 반전된 것처럼 보이는 시간지연을 갖는다. 예를 들어 그림 19-49*c*의 시간지연에 대한 보상을 위한 지연평형기는 그림 19-49*c*의 뒤집힌 모양을 가지는 것이 요구된다. 전체 시간지연은 두 지연의 합이기 때문에 전체 시간지연은 평탄 또는 일정할 것이다.

지연평형기를 설계할 때의 문제는 극히 복잡하다는 것이다. 어려운 계산을 해야 하기 때문에 컴퓨터만이 적당한 시간값을 찾을 수가 있다. 전역통과 필터의 통합을 위해 컴퓨터는 여러 개의 2차 전역통과단과 종속 접속해야 하고, 그나음 최종 설계값을 얻는 데 필요한 만큼의 중심주파수와 *Q*s를 스태거한다.

예제 19-13

||| **MultiSim**

그림 19-45*b*에서 $R = 1$ kΩ, $C = 100$ nF이다. $f = 1$ kHz일 때 출력전압의 위상천이는 얼마인가?

풀이 그림 19-45*b*에 차단주파수에 대한 식이 주어져 있다.

$$f_0 = \frac{1}{2\pi(1 \text{ k}\Omega)(100 \text{ nF})} = 1.59 \text{ kHz}$$

위상천이는 다음과 같다.

$$\phi = 2 \arctan \frac{1.59 \text{ kHz}}{1 \text{ kHz}} = 116°$$

19-12 4차 필터와 상태변수 필터

지금까지 설명한 모든 2차 필터는 1개의 연산증폭기만을 사용했다. 이들 단일 연산증폭기 단은 대부분의 응용에서는 충분하다. 그러나 극히 엄격한 응용에서는 더 복잡한 2차단이 사용된다.

4차 필터

그림 19-50에 **2차-4차 대역통과/저역통과 필터**(second-order biquadratic band-pass/low-pass filter)를 나타내었다. 이것은 3개의 연산증폭기, 2개의 동일한 커패시터와 6개의 저항을 가진다. 저항 R_2와 R_1은 전압이득을 결정한다. 저항 R_3와 R_3', R_4와 R_4'은 동일한 공칭값을 갖는다. 회로에 관련된 식도 그림 19-50에 나타내었다.

4차 필터는 일명 TT(*Tow-Thomas*) 필터라고도 한다. 이 필터는 R_3를 변화시키므로 동조시킬 수 있다. 이 변화는 전압이득에 영향을 미치지는 않는다는 이점이 있다. 또한 그림 19-50의 4차 필터는 저역통과 출력을 가진다. 어떤 응용에서 대역통과와 저역통과 응답을 동시에 얻으려 할 때는 이점이 된다.

4차 필터의 또 다른 이점은 다음과 같다. 그림 19-50에서 볼 수 있듯이 4차 필터의 대역폭은 다음과 같이 주어진다.

$$\text{BW} = \frac{1}{2\pi R_2 C}$$

그림 19-50의 4차 필터에서 전압이득은 R_1을, 대역폭은 R_2를, 또 중심주파수는 R_3를 조절하므로 각기 독립적으로 변화시킬 수 있다. 즉 전압이득, 중심주파수, 대역폭 모두를 독립적으로 조정할 수 있다는 것이 가장 큰 이점이고 이것이 4차 필터가 널리 사용되는 이유 중 하나이다.

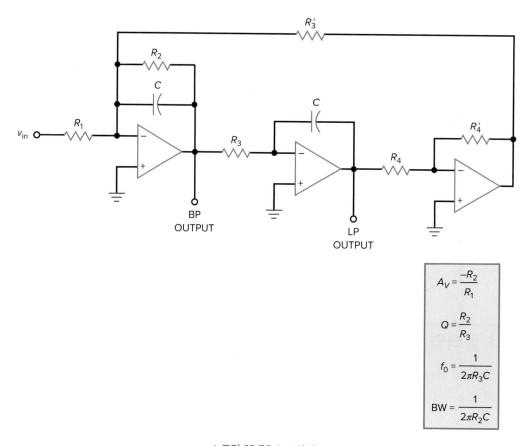

$$A_V = \frac{-R_2}{R_1}$$

$$Q = \frac{R_2}{R_3}$$

$$f_0 = \frac{1}{2\pi R_3 C}$$

$$BW = \frac{1}{2\pi R_2 C}$$

| 그림 19·50 | 4차단

또한 네 번째의 연산증폭기와 몇 개의 부품을 더 부가하여 4차 고역통과, 대역저지 및 전역통과 필터도 구성할 수가 있다. 부품의 오차가 문제시될 때 4차 필터는 흔히 살렌-키나 MFB 필터에서 사용하는 것보다 부품값에서 변화의 감도가 적은 것을 사용한다.

상태변수 필터

상태변수 필터(state-variable filter)는 일명 발명자의 이름을 따서 KHN(*Kerwin, Huelsman, Newcomb*) 필터라고 부르기도 한다. 반전과 비반전, 두 회로를 사용할 수 있다. 그림 19-51은 2차 상태변수 필터이다. 이것은 동시에 저역통과, 고역통과 및 대역통과의 3개의 출력을 가지고 있다. 이것이 어떤 응용에서는 이점이 된다.

네 번째 연산증폭기와 몇 개의 부품을 부가함으로써 회로의 *Q*는 전압이득과 중심주파수와 독립적이 된다. 이것은 중심주파수가 변화될 때 *Q*가 일정함을 의미한다. *Q*가 정수란 것은 대역폭이 중심주파수의 고정된 피센트임을 의미한다. 예를 들어 만일 *Q* = 10이라면 대역폭은 f_0의 10%일 것이다. 이것은 중심주파수가 변화되는 어떤 응용에서도 바람직하다.

4차 필터처럼 상태변수 필터는 VCVS와 MFB 필터보다 더 많은 부분에 사용된다. 그러나 부가된 연산증폭기와 몇 개의 부품들은 이 필터를 고차 필터와 임계적인 응용

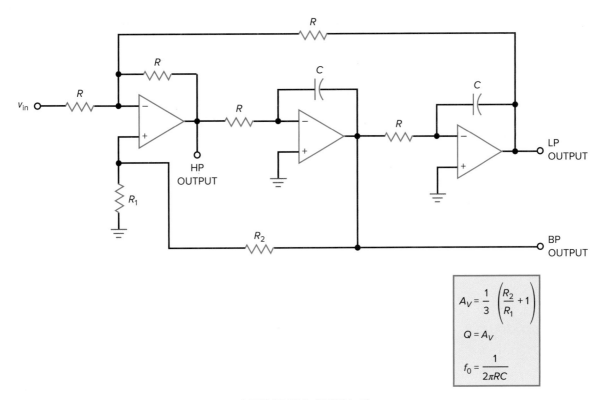

| 그림 19-51 | 상태변수 단

에 더 적합토록 만든다. 더 나아가 4차 필터와 상태변수 필터는 더 적은 부품감도를 나타내므로 그 결과 이 필터는 제작하기가 쉽고 더 적은 조정이 요구된다.

결론

표 19-7에 서로 다른 근사를 실행하는 데 사용되는 네 가지 기본필터 회로에 대해 요약했다. 보는 바와 같이 살렌-키 필터는 VCVS 필터의 일반적인 종류에 포함되고, 다중귀환 필터는 MFB로 요약되며, 4차 필터는 일명 TT 필터라고 하기도 하고, 상태변수 필터는 KHN 필터로 알려져 있다. VCVS와 MFB 필터는 1개의 연산증폭기만을 사용하므로 덜 복잡한 반면에 TT와 KHN 필터는 2차단에 3~5개의 연산증폭기를 사용하므

요점정리 표 19-7	기본필터 회로들				
형식	다른 이름	복잡성	감도	동조	이점
살렌-키	VCVS	적음	높음	어려움	간단성, 비반전
다중귀환	MFB	적음	높음	어려움	간단성, 반전
4차	TT	큼	낮음	쉬움	안정성, 여분의 출력, BW 일정
상태변수	KHN	큼	낮음	쉬움	안정성, 여분의 출력, Q 일정

요점정리 표 19-8	근사와 회로들		
형식	통과대역	저지대역	사용할 수 있는 단
버터워스	평탄	모노토닉	VCVS, MFB, TT, KHN
체비셰프	리플	모노토닉	VCVS, MFB, TT, KHN
역 체비셰프	평탄	리플	KHN
타원형	리플	리플	KHN
베셀	평탄	모노토닉	VCVS, MFB, TT, KHN

로 더욱 복잡하다.

VCVS와 MFB 필터는 부품오차에 대해 높은 감도를 가지는 반면 TT와 KHN 필터는 극히 낮은 부품감도를 가진다. VCVS와 MFB 필터는 전압이득, 차단과 중심주파수 및 Q 간의 상호작용 때문에 동조시키기가 약간 어렵다. TT 필터는 전압이득, 중심주파수 및 대역폭을 독립적으로 조정할 수 있으므로 동조시키기가 쉽다. KHN은 전압이득, 중심주파수 및 Q를 독립적으로 조정할 수 있다. 결국 VCVS와 MFB 필터는 단순함을 제공하고, TT와 KHN 필터는 안정성과 부가적인 출력을 제공한다. 대역통과 필터의 중심주파수가 변할 때 TT 필터는 일정한 대역폭을 가지고, KHN 필터는 일정한 Q를 가진다.

비록 5개의 기본 근사(버터워스, 체비셰프, 역 체비셰프, 타원형, 베셀)는 어떤 것이라도 연산증폭기 회로로 구현할 수 있으나, 더 복잡한 근사(역 체비셰프, 타원형)는 VCVS 또는 MFB 회로로 구현할 수가 없다.

표 19-8에 이들을 사용할 수 있는 5개의 근사와 단의 형식을 나타내었다. 보다시피 역 체비셰프와 타원형 근사의 리플을 갖는 저지대역 응답은 그 실현을 위해 KHN(상태 변수)과 같은 복잡한 필터가 요구된다.

이 장은 표 19-7에 나타낸 가장 기본적인 필터회로 네 가지에 대해 설명했다. 이들 기본회로는 아주 인기 있고 널리 사용된다. 그러나 실제 필터설계에서는 컴퓨터 프로그램을 이용해야 하는 회로가 더 많음을 알아야 한다. 이들 2차단에는 다음과 같은 것들, 즉 Akerberg-Mossberg, Bach, Berha-Herpy, Boctor, Dliyannis-Friend, Fliege, Mikhael-Bhattacharyya, Scultety, twin-T 등이 포함된다. 오늘날 사용되는 모든 능동필터회로는 각기 장단점을 가지고 있기 때문에 응용 시에 설계자가 최상의 절충점을 선택해야 한다.

요점 __ *Summary*

19-1 이상적인 응답
응답의 기본 형식은 저역통과, 고역통과, 대역통과, 대역저지, 전역통과 다섯 가지이다. 처음 4개는 통과대역과 저지대역을 가진다.

이상적으로 감쇄는 통과대역에서 0, 저지대역에서 ∞이어야 하고 전환영역은 벽돌담 전환특성을 가져야 한다.

19-2 근사응답
통과대역은 적은 감쇄와 에지주파수로 확인한다. 저지대역은 큰 감쇄와 에지주파수로 확인한다. 필터의 차수는 리액턴스를 나타내는 부품의 수이다. 능동필터에서 그것은 항상 커패시터의 수이다. 다섯 가지의 근사에는 버터워스(최대평탄 통과대역), 체비셰프(리플을 포함하는 통과대역), 역 체비셰프(평탄 통과대역과 리플을 갖는 저지대역), 타원형(리플을 갖는 통과대역과 저지대역) 및 베셀(최대평탄 시간지연)이 있다.

19-3 수동필터

저역통과 LC필터는 공진주파수 f_0와 Q를 가지고 있다. 응답은 $Q = 0.707$일 때 최대평탄이다. Q가 증가함에 따라 응답에는 피크가 나타나고 공진주파수가 중앙에 있다. 체비셰프 응답은 Q가 0.707 이상일 때 나타나고, 베셀응답은 $Q = 0.577$일 때 나타난다. Q가 크면 클수록 전환영역에서의 강하도 더 빨라진다.

19-4 1차단

1차단은 1개의 커패시터와 1개 또는 그 이상의 저항을 가진다. 모든 1차단은 2차단에서만 가능한 피킹 때문에 버터워스 응답을 발생시킨다. 1차단은 저역통과 또는 고역통과 응답 중 하나를 발생시킬 수 있다.

19-5 VCVS 단위이득 2차 저역통과 필터

2차단은 실현과 해석이 쉽기 때문에 가장 일반적인 단이다. 단의 Q는 서로 다른 K값을 발생시킨다. 저역통과단의 극 주파수는 만일 피크, 차단주파수, 3 dB 주파수가 주어지면 공진주파수를 얻기 위해서는 K값을 곱하면 된다.

19-6 고차 필터

고차 필터는 전체 차수가 기수일 때는 2차단 또는 1차단을 종속 접속하여 만들 수 있다. 필터 단이 종속 접속되었을 때 전체 데시벨 이득을 얻기 위해서는 각 단의 데시벨 이득을 합하면 된다. 고차 필터에서 버터워스 응답을 얻기 위해서는 단의 Qs를 스태거해야 한다. 체비셰프와 또 다른 응답을 얻기 위해서는 극 주파수와 Qs를 스태거해야 한다.

19-7 VCVS와 동일한 구성을 갖는 저역통과 필터

살렌-키와 동일한 구성을 갖는 필터는 전압이득을 일정하게 하면서 Q를 제어한다. 발진을 피하기 위해 전압이득은 3 이하로 해야 한다. 보다 큰 Qs는 이 회로에서는 얻기 어렵다. 왜냐하면 부품의 오차가 전압이득과 Q를 결정하는 데 극히 중요하게 되기 때문이다.

19-8 VCVS 고역통과 필터

VCVS 고역통과 필터는 저항과 커패시터가 서로 바뀐 것 이외에는 저역통과 필터와 같은 구성이다. 또 Q의 값은 K의 값으로 결정된다. 공진주파수, 차단주파수, 3 dB 주파수를 얻기 위해서는 극 주파수를 K값으로 나누어야 한다.

19-9 MFB(다중귀환) 대역통과 필터

Q를 1 이하로 제공하는 대역통과 필터를 얻기 위해서는 저역통과 필터와 고역통과 필터를 종속 접속해야 한다. Q가 1 이상일 때

는 광대역 필터라기보다는 오히려 협대역 필터가 된다.

19-10 대역저지 필터

대역저지 필터는 교류전력선에 의해 회로에 유도되는 60 Hz의 험(hum)과 같은 특정한 주파수를 제거(notch out)하는 데 사용할 수 있다. 살렌-키 노치필터에서 전압이득은 회로의 Q를 제어한다. 발진을 피하기 위해 전압이득은 2 이하로 해야 한다.

19-11 전역통과 필터

전역통과 필터는 감쇄 없이 모든 주파수를 통과시킨다. 이 필터는 출력신호의 위상을 제어하도록 설계된다. 특히 중요한 것은 위상 또는 시간지연평형기를 전역통과 필터에 사용하는 것이다. 요구되는 주파수응답을 발생하는 다른 필터 하나와 요구되는 위상응답을 발생하는 전역통과 필터로 구성하는 전체 필터는 최대평탄 시간지연과 등가인 선형 위상응답을 가진다.

19-12 4차 필터와 상태변수 필터

4차 또는 TT 필터는 3개 또는 4개의 연산증폭기를 사용한다. 상당히 복잡하기는 하지만 4차 필터는 부품의 감도가 낮고 동조시키기가 쉽다. 또한 이 필터는 저역통과와 대역통과 출력 또는 고역통과와 대역저지 출력을 동시에 가진다. 또 상태변수 또는 KHN 필터도 3개 또는 그 이상의 연산증폭기를 사용한다. 네 번째 연산증폭기를 사용했을 때 전압이득, 중심주파수 및 Q는 모두 독립적으로 조정할 수 있기 때문에 동조시키기가 쉽다.

중요 수식 __ *Important Formulas*

(19-1) 대역폭 :

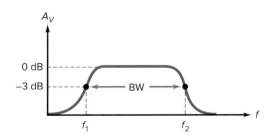

(19-2) 중심주파수 :

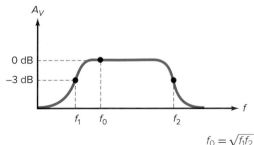

$$f_0 = \sqrt{f_1 f_2}$$

(19-3) 단의 Q:

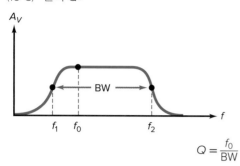

$$Q = \frac{f_0}{BW}$$

(19-4) 필터의 차수:

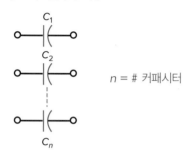

n = # 커패시터

(19-5) 리플의 수:

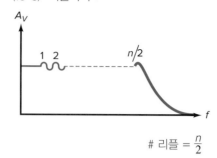

$$\text{\# 리플} = \frac{n}{2}$$

(19-22) ~ (19-24) 중심, 차단, 3 dB 주파수:

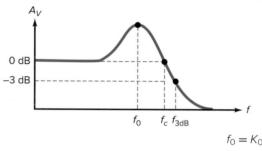

$$f_0 = K_0 f_p$$
$$f_c = K_c f_p$$
$$f_{3dB} = K_3 f_p$$

연관 실험 __ *Correlated Experiments*

실험 50
　　능동 저역통과 필터

실험 51
　　능동 버터워스 필터

복습문제 __ *Self-Test*

1. 통과대역과 저지대역 사이의 영역을 무슨 영역이라고 부르는가?
   a. 감쇄　　　　b. 중심
   c. 전환　　　　d. 리플

2. 대역통과 필터의 중심주파수는 항상 무엇과 같은가?
   a. 대역폭
   b. 차단주파수의 기하학적 평균
   c. 대역폭을 Q로 나눈 것
   d. 3 dB 주파수

3. 협대역 필터의 Q는 항상 _____.
   a. 적다
   b. BW를 f_0로 나눈 값과 같다

   c. 1 이하이다
   d. 1 이상이다

4. 대역저지 필터는 흔히 무엇이라 부르는가?
   a. 스너버(snubber)
   b. 이상기
   c. 노치필터
   d. 시간지연 회로

5. 전역통과 필터는 _____.
   a. 통과대역을 갖지 않는다
   b. 하나의 저지대역을 가진다
   c. 전체 주파수에서 동일한 이득을 가진다

   d. 차단 이상에서 빠른 강하를 가진다

6. 최대평탄 통과대역을 가지는 근사는?
   a. 체비셰프
   b. 역 체비셰프
   c. 타원형(elliptic)
   d. 카우어(Cauer)

7. 리플이 발생하는 통과대역을 가지는 근사는?
   a. 버터워스　　b. 역 체비셰프
   c. 타원형　　　d. 베셀

8. 왜곡된 디지털신호를 가장 적게 발생하는 근사는?
   a. 버터워스　　b. 체비셰프

c. 타원형   d. 베셀

9. 만일 필터가 6차단과 1차단을 가진 다면 몇 차 필터인가?
   a. 2   b. 6
   c. 7   d. 13

10. 만일 버터워스 필터가 9차단을 가진 다면 강하율은?
    a. 20 dB/decade
    b. 40 dB/decade
    c. 180 dB/decade
    d. 360 dB/decade

11. 만일 $n = 10$이라면 전환영역에서 가장 빠른 강하를 가지는 근사는?
    a. 버터워스   b. 체비셰프
    c. 역 체비셰프   d. 타원형

12. 타원형 근사는 무엇을 가지는가?
    a. 카우어 근사와 비교하여 느린 강하율
    b. 리플이 발생하는 저지대역
    c. 최대평탄 통과대역
    d. 모노토닉 저지대역

13. 선형 위상천이는 무엇과 등가인가?
    a. 0.707의 Q
    b. 최대평탄 저지대역
    c. 일정한 시간지연
    d. 리플이 발생하는 통과대역

14. 가장 느린 강하율을 가지는 필터는?
    a. 버터워스
    b. 체비셰프
    c. 타원형
    d. 베셀

15. 1차 능동필터단은 무엇을 가지는가?
    a. 1개의 커패시터
    b. 2개의 연산증폭기
    c. 3개의 저항
    d. 큰 Q

16. 1차단은 무엇을 가질 수 없는가?
    a. 버터워스 응답
    b. 체비셰프 응답
    c. 최대평탄 통과대역

d. 20 dB/decade의 감소율

17. 살렌-키 필터는 일명 무엇으로 부르는가?
    a. VCVS 필터   b. MFB 필터
    c. 4차 필터   d. 상태변수 필터

18. 10차 필터를 구성하기 위해서는 어떻게 종속 접속해야 하는가?
    a. 10개의 1차단
    b. 5개의 2차단
    c. 3개의 3차단
    d. 2개의 4차단

19. 8차 필터에서 버터워스 응답을 얻기 위해서는 단은 무엇을 가지는 것이 필요한가?
    a. 동일한 Qs
    b. 동일하지 않은 중심주파수
    c. 인덕터
    d. 스태거된 Qs

20. 12차 필터에서 체비셰프 응답을 얻기 위해서는 단은 무엇을 가지는 것이 필요한가?
    a. 동일한 Qs
    b. 동일한 중심주파수
    c. 스태거된 대역폭
    d. 스태거된 중심주파수와 Qs

21. 살렌-키와 동일한 구성을 갖는 2차단의 Q는 무엇에 의존하는가?
    a. 전압이득
    b. 중심주파수
    c. 대역폭
    d. 연산증폭기의 GBW

22. 살렌-키 고역통과 필터에서 극 주파수는 어떻게 해야 하는가?
    a. K값에 더해야 한다.
    b. K값에서 빼야 한다.
    c. K값으로 곱해야 한다.
    d. K값으로 나누어야 한다.

23. 만일 대역폭이 증가하면 _____ .
    a. 중심주파수가 증가한다
    b. Q가 감소한다
    c. 강하율이 증가한다

d. 저지대역에서 리플이 나타난다

24. Q가 1보다 클 때 대역통과 필터는 무엇으로 구성해야 하는가?
    a. 저역통과 및 고역통과 단
    b. MFB 단
    c. 노치 단
    d. 전역통과 단

25. 전역통과 필터는 어떤 경우에 사용되는가?
    a. 큰 강하율이 필요할 때
    b. 위상천이가 중요할 때
    c. 최대평탄 통과대역이 필요할 때
    d. 리플이 발생되는 저지대역이 중요할 때

26. 2차 전역통과 필터는 출력위상이 무엇에서 무엇까지 변할 수 있는가?
    a. $90° \sim -90°$
    b. $0° \sim -180°$
    c. $0° \sim -360°$
    d. $0° \sim -720°$

27. 전역통과 필터는 흔히 무엇이라 부르기도 하는가?
    a. TT(Tow-Thomas) 필터
    b. 지연평형기
    c. KHN 필터
    d. 상태변수 필터

28. 4차 필터는 _____ .
    a. 낮은 부품감도를 가진다
    b. 3개 또는 그 이상의 연산증폭기를 사용한다
    c. 일명 TT 필터라고 부른다
    d. 위의 보기 모두이다

29. 상태변수 필터는 _____ .
    a. 저역통과, 고역통과 및 대역통과 출력을 가진다
    b. 동조시키기 어렵다
    c. 높은 부품감도를 가진다
    d. 연산증폭기를 3개보다 더 적게 사용한다

30. 만일 GBW가 제한된다면 단의 *Q*는 _____ .

   a. 그대로이다

   b. 2배이다

   c. 감소한다

   d. 증가한다

31. 제한된 GBW를 교정하기 위해 설계자들은 무엇을 사용해야 하는가?

   a. 일정한 시간지연

   b. 전치왜곡

   c. 선형 위상천이

   d. 리플이 발생하는 통과대역

기본문제 __ *Problems*

19-1 이상적인 응답

19-1 대역통과 필터가 저역과 고역 차단주파수를 각각 445 Hz 및 7,800 Hz를 가진다. 대역폭, 중심주파수 및 *Q*는 얼마인가? 이것은 광대역 필터인가, 협대역 필터인가?

19-2 만일 대역통과 필터가 20 kHz와 22.5 kHz인 차단주파수를 가진다면 대역폭, 중심주파수 및 *Q*는 얼마인가? 이것은 광대역 필터인가, 협대역 필터인가?

19-3 다음 필터가 협대역인지, 광대역인지를 확인하라.

   a. f_1 = 2.3 kHz와 f_2 = 4.5 kHz

   b. f_1 = 47 kHz와 f_2 = 75 kHz

   c. f_1 = 2 Hz와 f_2 = 5 Hz

   d. f_1 = 80 Hz와 f_2 = 160 Hz

19-2 근사응답

19-4 7개의 커패시터를 가진 능동필터가 있다. 이 필터는 몇 차인가?

19-5 만일 버터워스 필터가 10개의 커패시터를 포함하고 있다면, 강하율은 얼마인가?

19-6 14개의 커패시터를 가진 체비셰프 필터가 있다. 통과대역은 얼마나 많은 리플을 가지는가?

19-3 수동필터

19-7 그림 19-17의 필터에서 *L* = 20 mH, *C* = 5 μF, *R* = 600 Ω을 가진다. 공진주파수와 *Q*는 얼마인가?

19-8 만일 문제 19-7에서 인덕턴스가 2배 감소한다면, 공진주파수와 *Q*는 얼마인가?

19-4 1차단

19-9 그림 19-21*a*에서 R_1 = 15 kΩ, C_1 = 270 nF이라면 차단주파수는 얼마인가?

19-10 **|||| MultiSim** 그림 19-21*b*에서 R_1 = 7.5 kΩ, R_2 = 33 kΩ, R_3 = 20 kΩ이고 C_1 = 680 pF이다. 차단주파수는 얼마인가? 통과대역에서 전압이득은 얼마인가?

19-11 **|||| MultiSim** 그림 19-21*c*에서 R_1 = 2.2 kΩ, R_2 = 47 kΩ이고 C_1 = 330 pF이라면 차단주파수는 얼마인가? 또 통과대역에서 전압이득은 얼마인가?

19-12 그림 19-22*a*에서 R_1 = 10 kΩ, C_1 = 15 nF이다. 차단주파수는 얼마인가?

19-13 그림 19-22*b*에서 R_1 = 12 kΩ, R_2 = 24 kΩ, R_3 = 20 kΩ이고 C_1 = 220 pF이다. 차단주파수는 얼마인가? 또 통과대역에서의 전압이득은 얼마인가?

19-14 그림 19-22*c*에서 R_1 = 8.2 kΩ, C_1 = 560 pF, C_2 = 680 pF이다. 차단주파수는 얼마인가? 또 통과대역에서 전압이득은 얼마인가?

19-5 VCVS 단위이득 2차 저역통과 필터

19-15 **|||| MultiSim** 그림 19-24에서 *R* = 75 kΩ, C_1 = 100 pF, C_2 = 200 pF이다. 극 주파수와 *Q*는 얼마인가? 또 차단과 3 dB 주파수는 얼마인가?

19-16 그림 19-25에서 *R* = 51 kΩ, C_1 = 100 pF, C_2 = 680 pF이다. 극 주파수와 *Q*는 얼마인가? 또 차단 및 3 dB 주파수는 얼마인가?

19-7 VCVS와 동일한 구성을 갖는 저역통과 필터

19-17 그림 19-31에서 R_1 = 51 kΩ, R_2 = 30 kΩ, *R* = 33 kΩ, *C* = 220 pF이다. 극 주파수와 *Q*는 얼마인가? 또 차단 및 3 dB 주파수는 얼마인가?

19-18 그림 19-31에서 R_1 = 33 kΩ, R_2 = 33 kΩ, *R* = 75 kΩ, *C* = 100 pF이다. 극 주파수와 *Q*는 얼마인가? 또 차단 및 3 dB 주파수는 얼마인가?

19-19 그림 19-31에서 R_1 = 75 kΩ, R_2 = 56 kΩ, *R* = 68 kΩ, *C* = 120 pF이다. 극 주파수와 *Q*는 얼마인가? 또 차단 및 3 dB 주파수는 얼마인가?

19-8 VCVS 고역통과 필터

19-20 그림 19-35*a*에서 R_1 = 56 kΩ, R_2 = 10 kΩ, *C* = 680 pF이다. 극 주파수와 *Q*는 얼마인가? 또 차단 및 3 dB 주파수는 얼마인가?

19-21 **|||| MultiSim** 그림 19-35*a*에서 R_1 = 91 kΩ, R_2 = 15 kΩ, *C* = 220 pF이다. 극 주파수와 *Q*는 얼마인가? 또 차단 및 3 dB 주파수는 얼마인가?

19-9 MFB(다중귀환) 대역통과 필터

19-22 그림 19-39에서 $R_1 = 2$ kΩ, $R_2 = 56$ kΩ, $C = 270$ pF이다. 전압이득, Q 및 중심주파수는 얼마인가?

19-23 그림 19-40에서 $R_1 = 3.6$ kΩ, $R_2 = 7.5$ kΩ, $R_3 = 27$ Ω, $C = 22$ nF이다. 전압이득, Q 및 중심주파수는 얼마인가?

19-24 그림 19-41에서 $R_1 = 28$ kΩ, $R_3 = 1.8$ kΩ, $C = 1.8$ nF이다. 전압이득, Q 및 중심주파수는 얼마인가?

19-10 대역저지 필터

19-25 ▎▎▎**MultiSim** 그림 19-43에 나타낸 대역저지 필터에서 만일 $R = 56$ kΩ, $C = 180$ nF, $R_1 = 20$ kΩ, $R_2 = 10$ kΩ이라면 전압이득, 중심주파수 및 Q는 얼마인가? 또 대역폭은 얼마인가?

19-11 전역통과 필터

19-26 그림 19-45a에서 $R = 3.3$ kΩ, $C = 220$ nF이다. 중심주파수는 얼마인가? 또 중심주파수 이상에서 1옥타브당 위상천이는 얼마인가?

19-27 ▎▎▎**MultiSim** 그림 19-45b에서 $R = 47$ kΩ, $C = 6.8$ nF이다. 중심주파수는 얼마인가? 중심주파수 이하에서 1옥타브당 위상천이는 얼마인가?

19-12 4차 필터와 상태변수 필터

19-28 그림 19-50에서 $R_1 = 24$ kΩ, $R_2 = 100$ kΩ, $R_3 = 10$ kΩ, $R_4 = 15$ kΩ, $C = 3.3$ nF이다. 전압이득, Q, 중심주파수 및 대역폭은 얼마인가?

19-29 문제 19-28에서 R_3는 10 kΩ에서 2 kΩ까지 변화한다. 최대 중심주파수와 최대 Q는 얼마인가? 또 최소, 최대 대역폭은 얼마인가?

19-30 그림 19-51에서 $R = 6.8$ kΩ, $C = 5.6$ nF, $R_1 = 6.8$ kΩ, $R_2 = 100$ kΩ이다. 전압이득, Q, 중심주파수는 얼마인가?

응용문제 __ *Critical Thinking*

19-31 50 kHz의 중심주파수와 20인 Q를 가지는 대역통과 필터가 있다. 차단주파수는 얼마인가?

19-32 84.7 kHz의 고역 차단주파수와 12.3 kHz의 대역폭을 가지는 대역통과 필터가 있다. 저역 차단주파수는 얼마인가?

19-33 $n = 10$, $A_p = 3$ dB, $f_c = 2$ kHz의 사양을 가지는 버터워스 필터를 테스트하고자 한다. 주파수 4, 8, 20 kHz에서의 감쇄는 얼마인가?

19-34 살렌-키 단위이득 저역필터가 5 kHz의 차단주파수를 가진다. 만일 $n = 2$이고 $R = 10$ kΩ일 때 버터워스 응답을 갖도록 하려면 C_1과 C_2는 얼마로 해야 하는가?

19-35 체비셰프 살렌-키 단위이득 저역통과 필터가 7.5 kHz의 차단주파수를 가진다. 리플의 크기는 12 dB이다. 만일 $n = 2$이고 $R = 25$ kΩ이라면 C_1과 C_2는 얼마로 해야 하는가?

MultiSim 고장점검 문제 __ *MultiSim Troubleshooting Problems*

멀티심 고장점검 파일들은 http://mhhe.com/malvino9e의 온라인학습센터(OLC)에 있는 멀티심 고장점검 회로(MTC)라는 폴더에서 찾을 수 있다. 이 장에 관련된 파일은 MTC19-36~MTC19-40으로 명칭되어 있다.

각 파일을 열고 고장점검을 실시한다. 결함이 있는지 결정하기 위해 측정을 실시하고, 결함이 있다면 무엇인지를 찾아라.

19-36 MTC19-36 파일을 열어 고장점검을 실시하라.

19-37 MTC19-37 파일을 열어 고장점검을 실시하라.

19-38 MTC19-38 파일을 열어 고장점검을 실시하라.

19-39 MTC19-39 파일을 열어 고장점검을 실시하라.

19-40 MTC19-40 파일을 열어 고장점검을 실시하라.

직무 면접 문제 __ *Job Interview Questions*

1. 네 개의 벽돌담(brick wall) 응답을 그려라. 각각의 통과대역, 저지대역 및 차단주파수를 분명히 하라.

2. 필터설계에서 사용되는 다섯 가지 근사를 설명하라. 통과대역과 저지대역에서 어떤 것이 발생되는지를 볼 수 있도록 스케치하라.

3. 디지털시스템에서 필터는 선형 위상응답 또는 최대 평탄시간 지연이 요구된다. 이것은 무엇을 의미하고, 이것이 왜 중요한가?

4. 10차 저역통과 체비셰프 필터는 어떻게 실현할 수 있는지에 대해 말하라. 설명 중에는 단의 중심주파수와 Qs를 포함시켜야 한다.

5. 빠른 강하와 선형 위상응답을 얻기 위해서는 전역통과 필터에 버터워스 필터를 종속 접속해야 한다. 이 필터들은 각각 어떤 작용을 하는가?

6. 통과대역과 저지대역에서 응답의 뚜렷한 특징은 무엇인가?

7. 전역통과 필터는 무엇인가?

8. 필터의 주파수응답은 무엇을 측정 또는 표시하는가?

9. 능동필터에서 감소율(/decade와 /octave)은 무엇인가?

10. MFB 필터는 무엇이고, 어디에 사용하는가?

11. 필터의 형식 중에서 지연평형에 사용되는 것은 무엇인가?

복습문제 해답 __ *Self–Test Answers*

1.	c	**9.**	d	**17.**	a	**25.**	b
2.	b	**10.**	d	**18.**	b	**26.**	c
3.	d	**11.**	d	**19.**	d	**27.**	b
4.	c	**12.**	b	**20.**	d	**28.**	d
5.	c	**13.**	c	**21.**	a	**29.**	a
6.	b	**14.**	d	**22.**	d	**30.**	d
7.	c	**15.**	a	**23.**	b	**31.**	b
8.	d	**16.**	b	**24.**	b		

연습문제 해답 __ *Practice Problem Answers*

19-1 $f_c = 34.4$ kHz

19-2 $f_c = 16.8$ kHz

19-3 $Q = 0.707$; $f_p = 13.7$ kHz; $f_c = 13.7$ kHz

19-4 $C_2 = 904$ pF

19-5 $Q = 3$; $f_p = 3.1$ kHz; $K_0 = 0.96$; $K_c = 1.35$; $K_3 = 1.52$; $A_p = 9.8$ dB; $f_c = 4.19$ kHz; $f_{3dB} = 4.71$ kHz

19-6 $A_V = 1.59$; $Q = 0.709$; $f_p = 21.9$ kHz

19-7 $A_V = 1.27$; $Q = 0.578$; $f_p = 4.82$ kHz; $f_c = 3.79$ kHz

19-9 $Q = 0.707$; $f_p = 998$ Hz; $f_c = 998$ Hz

19-10 $A_V = 2.75$; $Q = 4$; $f_p = 5.31$ kHz; $K_0 = 0.98$; $K_c = 1.38$; $K_3 = 1.53$;

$A_p = 12$ dB; $f_0 = 5.42$ kHz; $f_c = 3.85$ kHz; $f_{3dB} = 3.47$ kHz

19-11 BW = 1.94 kHz; $f_{0(min)} = 15$ kHz; $f_{0(max)} = 35.5$ kHz

19-12 $R_2 = 12$ kHz; $C = 60$ nF

20

비선형 연산증폭기 회로 응용

Nonlinear Op-Amp Circuit Applications

모놀리식 연산증폭기는 값이 싸고 호환성과 신뢰성이 있다. 이것은 전압증폭기, 전류원 및 능동필터와 같은 선형회로에서뿐만 아니라 비교기, 파형 정형 회로 및 능동 다이오드 회로와 같은 **비선형회로**(nonlinear circuit)에도 사용할 수 있다. 비선형 연산증폭기 회로의 출력은 입력신호와 늘 다른 모양을 갖게 되는데 이는 연산증폭기가 입력 사이클의 일정기간 동안 포화되기 때문이다. 이 때문에 전체 사이클 동안에 어떤 일이 발생되는가를 알아보기 위해서는 2개의 서로 다른 동작모드에 대해 분석해야 한다.

Ryan McVay/Getty Images

학습목표

이 장을 공부하고 나면

- 비교기의 동작 및 기준점의 중요성을 설명할 수 있어야 한다.
- 정귀환을 갖는 비교기에 대한 설명과 이들 회로의 트립점과 히스테리시스를 계산할 수 있어야 한다.
- 파형 변환 회로에 대해 설명할 수 있어야 한다.
- 파형 발생 회로에 대해 설명할 수 있어야 한다.
- 여러 가지 능동 다이오드 회로의 동작을 설명할 수 있어야 한다.
- 적분기와 미분기에 대해 설명할 수 있어야 한다.
- D급 증폭기 회로의 동작을 설명할 수 있어야 한다.

목차

주요 용어

D급 증폭기(class-D amplifier)

가속커패시터(speed-up capacitor)

개방컬렉터 비교기(open-collector comparator)

능동 반파정류기(active half-wave rectifier)

능동 양의 클램퍼(active positive clamper)

능동 양의 클리퍼(active positive clipper)

능동 피크검출기(active peak detector)

리사주 도형(Lissajous pattern)

미분기(differentiator)

발진기(oscillator)

비교기(comparator)

비선형회로(nonlinear circuit)

슈미트 트리거(Schmitt trigger)

임계값(문턱값, threshold)

열잡음(thermal noise)

영점통과 검출기(zero-crossing detector)

이완발진기(relaxation oscillator)

적분기(integrator)

전달특성(transfer characteristic)

창 비교기(window comparator)

트립점(trip point)

펄스폭 변조(pulse-width-modulated: PWM)

풀업저항(pullup resistor)

히스테리시스(hysteresis)

20-1 기준전압이 0 V인 비교기

참고사항

그림 20-1에서 비교기의 출력은 항상 출력이 +V_{sat}에서 고(high), −V_{sat}에서 저(low)라는 의미에서 **디지털**처럼 묘사할 수 있다.

우리는 흔히 한 전압과 또 다른 전압을 놓고 어느 것이 더 큰지를 비교해 보아야 할 때가 있다. 이때 **비교기**(comparator)는 완벽한 해답을 줄 것이다. 비교기는 2개의 입력전압(비반전과 반전)과 하나의 출력전압을 가지기 때문에 연산증폭기와 흡사하다. 이것은 저(low) 또는 고(high)의 전압인 2상태 출력을 갖기 때문에 선형 연산증폭기 회로와는 다르다. 이 때문에 비교기는 아날로그와 디지털 회로 간의 인터페이스로 흔히 사용된다.

기본 개념

비교기를 설계하는 가장 간단한 방법은 그림 20-1a와 같이 귀환저항이 없는 연산증폭기를 사용하는 것이다. 큰 개방루프 전압이득 때문에 양의 입력전압은 양의 포화를 발생시키고 음의 입력전압은 음의 포화를 발생시킨다.

그림 20-1a의 비교기는 입력전압이 0을 통과할 때마다 출력전압은 저(low)에서 고(high)로 또는 그 반대로 이상적으로 스위치되기 때문에 **영점통과 검출기**(zero-crossing detector)라고 부른다. 그림 20-1b에 영점통과 검출기의 입력-출력 응답을 나타내었다. 포화를 발생시키는 최소 입력전압은

$$v_{in(min)} = \frac{\pm V_{sat}}{A_{VOL}} \tag{20-1}$$

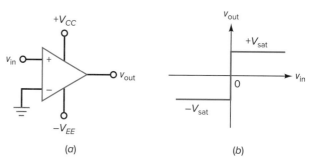

(a)   (b)

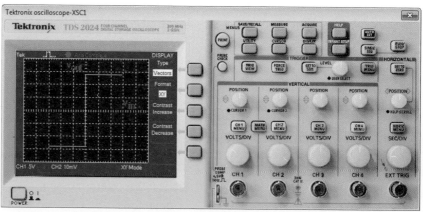

(c)

Courtesy of National Instruments.

| 그림 20-1 | (a) 비교기; (b) 입력-출력 응답; (c) 741C 응답

만일 $V_{sat} = 14$ V이면 비교기의 출력스윙은 거의 -14 V에서 $+14$ V이다. 만일 개방루프 전압이득이 100,000이라면 포화를 발생시키는 데 필요한 입력전압은

$$v_{in(min)} = \frac{\pm 14 \text{ V}}{100,000} = \pm 0.14 \text{ mV}$$

이것은 입력전압이 $+0.140$ mV보다 더 큰 양의 전압이면 비교기가 양의 포화로 구동되고, 입력전압이 -0.140 mV보다 더 음이면 음의 포화로 구동됨을 의미한다.

입력전압이 항상 ± 0.140 mV보다 더 크면 비교기로 사용된다. 이것은 출력전압이 $+V_{sat}$이거나 $-V_{sat}$인 2상태 출력이기 때문이다. 출력전압을 봄으로써 즉시 입력전압이 0보다 큰지, 작은지를 알 수 있다.

리사주 도형

리사주 도형(Lissajous pattern)은 수직축과 수평축 입력에 인가한 신호가 조화로운 관계에 있을 때 오실로스코프상에 나타난다. 어떤 회로의 입-출력 응답을 화면에 나타내는 편리한 방법 중 하나가 리사주 도형인데 이 도형상에 조화로운 관계에 있는 두 신호가 회로의 입력과 출력 전압이다.

예를 들어 그림 20-1c는 ± 15 V의 공급전압을 가지는 741C에 대한 입-출력 응답을 나타낸다. 채널 1(수직축)은 5 V/Div의 감도를 가진다. 이 그림에서와 같이 출력전압은 비교기가 음의 포화인지 양의 포화인지에 따라 -14 V이거나 $+14$ V이다.

채널 2(수평축)는 10 mV/Div의 감도를 가진다. 그림 20-1c에서 전환은 수직으로 나타난다. 이것은 아주 적은 양의 입력전압이 양의 포화를 발생시키고, 아주 적은 음의 입력이 음의 포화를 발생시킴을 의미한다.

반전 비교기

때때로 그림 20-2a와 같은 반전 비교기를 사용하기도 한다. 비반전입력은 접지된다. 입

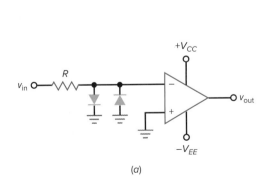

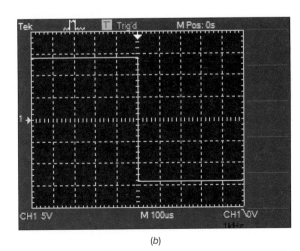

Courtesy of National Instruments.

| **그림 20-2** | (a) 클램핑 다이오드를 갖는 반전 비교기; (b) 입-출력 응답

력신호는 비교기의 반전입력을 구동한다. 이 경우에 약간의 양의 입력전압은 그림 20-2*b*와 같이 최대 음의 출력을 발생시킨다. 한편 약간의 음의 입력전압은 최대 양의 출력을 발생시킨다.

다이오드 클램프

앞 장에서 민감한 회로를 보호하기 위한 다이오드 클램프(*diode clamp*)의 사용에 대해 설명했다. 그림 20-2*a*는 실제 예이다. 여기서는 지나치게 큰 입력전압에 대해 비교기를 보호하는 2개의 다이오드 클램프를 볼 수 있다. 예를 들어 LM311은 절대 최대입력 정격이 ±15 V를 가지는 IC 비교기이다. 만일 입력전압이 이 제한을 넘으면 LM311은 파손될 것이다.

어떤 비교기는 최대 입력전압이 ±5 V만큼 적은 것도 있는 반면 또 어떤 것은 ±30 V 이상인 것도 있다. 어떤 경우이든 그림 20-2*a*에 나타낸 다이오드 클램프를 사용하여 파손시킬 만큼 큰 입력전압에 대해 비교기를 보호할 수 있다. 이 다이오드는 입력전압의 크기가 0.7 V 이하인 한 회로 동작에 영향을 미치지 않는다. 입력전압이 0.7 V 이상의 크기일 때는 다이오드 중 하나가 도통되어 약 0.7 V의 반전된 입력전압의 크기로 클램프한다.

어떤 IC들은 비교기로 사용하기에 최적이다. 이들 IC 비교기는 대부분 그들 입력단에 다이오드 클램프가 구성되어 있다. 이들 비교기 중 하나를 사용할 때는 입력단자에 직렬로 외부저항을 부가해야 한다. 이 직렬저항은 안전한 레벨까지 내부 다이오드 전류를 제한한다.

정현파를 구형파로 변환

비교기의 **트립점**(trip point)(**임계값**(문턱값, threshold) 또는 기준(*reference*)이라고도 한다)은 입력전압을 스위치 상태(저(low)에서 고(high) 또는 고에서 저로)의 출력전압으로 전환하는 점이다. 앞서 설명한 비반전과 반전 비교기에서의 트립점은 0이다. 왜냐하면 출력 스위치 상태가 발생되는 곳의 입력전압값이 0이기 때문이다. 영점통과 검출기는 2개의 **출력상태**(*two-state output*)를 가지기 때문에 주기적인 입력신호는 0 임계값을 통과할 때마다 구형파 출력신호를 발생시킬 것이다.

예를 들어 만일 정현파가 0 V의 임계값을 가지는 비반전 비교기에 입력되면 출력은 그림 20-3*a*와 같은 구형파가 될 것이다. 보다시피 영점통과 검출기의 출력은 입력전압이 0인 임계값을 지날 때마다 스위치 상태를 나타낸다.

그림 20-3*b*에 0의 임계값을 가지는 반전 비교기에서의 입력 정현파와 출력 구형파를 나타내었다. 이 영점통과 검출기에서 출력 구형파는 입력 정현파에 대해 180°의 위상차를 가진다.

선형영역

그림 20-4*a*에 영점통과 검출기를 나타내었다. 만일 이 비교기가 ∞의 개방루프 이득을 가진다면 음과 양의 포화 사이의 전환은 수직이 될 것이다. 그림 20-1*c*에서 전환은 채널 2가 10 mV/Div이기 때문에 수직적으로 나타난다.

채널 2의 감도를 200 µV/Div으로 바꾸면 그림 20-4*b*처럼 전환이 수직이 되지 않고,

양 또는 음의 포화를 얻기 위해서는 약 ±100 μV가 걸림을 볼 수 있을 것이다. 이것이
일반적인 비교기 특성이다. 거의 −100에서 +100 μV 사이의 좁은 입력영역을 비교기의

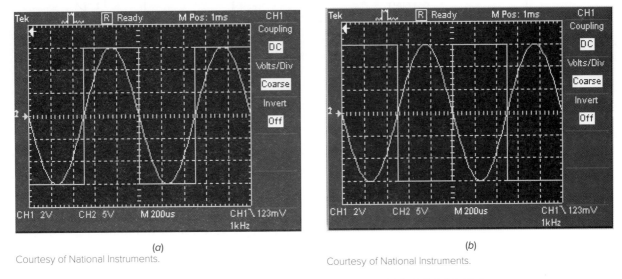

(a)
Courtesy of National Instruments.

(b)
Courtesy of National Instruments.

| 그림 20·3 | 정현파를 구형파로 변환하는 비교기 (a) 비반전; (b) 반전

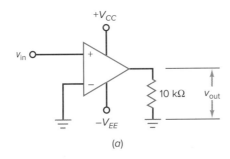

(a)

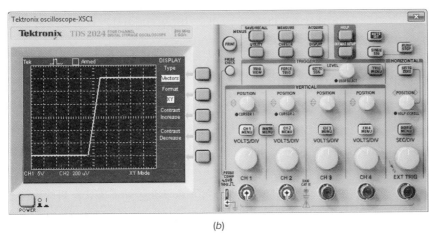

(b)

Courtesy of National Instruments.

| 그림 20·4 | 일반적인 비교기의 좁은 선형영역

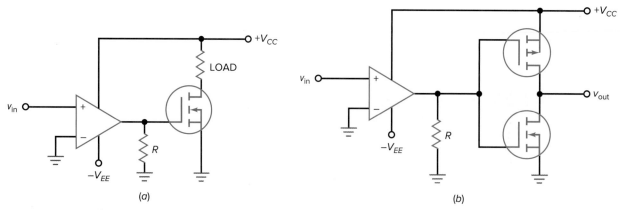

| 그림 20·5 | (a) 전력용 FET; (b) CMOS와 인터페이스하는 비교기

선형영역(*linear region of the comparator*)이라고 부른다. 0을 통과하는 동안 입력신호의 변화는 양과 음의 포화 사이 또는 그 반대의 경우, 갑자기 점프하는 것같이 보일 만큼 매우 빠르게 선형영역을 통과한다.

아날로그와 디지털 회로의 인터페이싱

비교기는 CMOS, EMOS, TTL과 같은 디지털회로의 출력과 항상 인터페이스할 수 있다.

그림 20-5*a*는 어떻게 영점통과 검출기가 EMOS회로와 인터페이스할 수 있는지를 보여 준다. 입력전압이 0보다 클 때마다 비교기의 출력은 고(high)가 된다. 이것은 전력용 FET를 도통시키고 큰 부하전류를 발생한다.

그림 20-5*b*는 CMOS 반전기와 인터페이싱된 영점통과 검출기를 나타낸다. 이것의 기본 개념은 같다. 비교기의 입력이 0보다 크면 CMOS 반전기에 고(high) 입력이 인가된다.

대부분의 EMOS 소자는 ±15 V 이상의 입력전압을 취급할 수 있고, 또 대부분의 CMOS 소자는 ±15 V까지의 입력전압을 취급할 수 있다. 그러므로 일반적인 비교기의 출력은 레벨시프트나 클램핑 없이 인터페이스할 수 있다. 반면에 TTL 논리는 낮은 입력전압에서 동작한다. 이 때문에 TTL을 갖는 비교기의 인터페이싱은 다음 절에서 논의될 다른 접근방법이 요구된다.

클램핑 다이오드와 보상용 저항

전류제한 저항이 클램핑 다이오드와 함께 사용될 때는 그림 20-6에서 보는 바와 같이 같은 크기의 보상용 저항을 비교기의 다른 입력에 사용해야 한다. 이것은 입력 바이어스전류의 효과를 제거하기 위한 보상용 저항을 갖는 것을 제외하고는 여전히 영점통과 검출기이다.

앞에서와 같이 다이오드는 평상시-off 상태이고 회로의 동작에 영향을 미치지 않는다. 입력이 ±0.7 V를 초과할 때만 클램핑 다이오드 중 하나가 도통되어 지나친 입력전압에 대해 비교기를 보호한다.

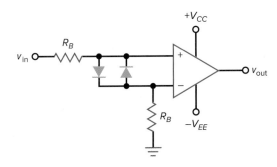

| 그림 20·6 | $I_{in(bias)}$의 효과를 최소화하기 위해 사용하는 보상용 저항

제한된 출력

어떤 응용에서는 영점통과 검출기의 출력스윙이 너무나 크게 된다. 만일 이럴 경우에는 그림 20-7a에서 보다시피 서로 마주보는 제너 다이오드를 사용하여 **출력을 제한**(*bound of output*)할 수 있다. 이 회로에서 반전 비교기의 다이오드 중 하나는 순방향으로 도통되고, 또 하나는 항복영역에서 동작하기 때문에 제한된 출력을 가지게 된다.

예를 들어 1N4731A는 4.3 V의 제너전압을 가진다. 그러므로 두 다이오드 양단전압은 거의 ±5 V일 것이다. 만일 입력전압이 25 mV의 피크값을 갖는 정현파라면 출력전압은 5 V의 피크를 갖는 구형파로 반전될 것이다.

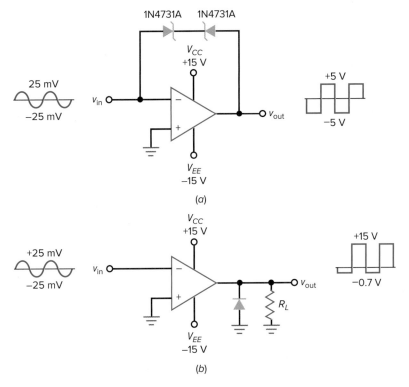

| 그림 20·7 | 제한된 출력 (a) 제너 다이오드; (b) 정류기 다이오드

그림 20-7b에 제한된 출력의 또 다른 예를 나타내었다. 이때 출력 다이오드는 출력전압의 부(−)의 반사이클을 클립할 것이다. 25 mV의 피크를 가진 입력 정현파가 주어진다면 그림에서 보다시피 출력은 −0.7 V와 +15 V 간으로 제한된다.

출력을 제한하는 세 번째의 접근은 출력양단에 제너 다이오드를 접속하는 것이다. 예를 들어 만일 그림 20-7a의 출력양단에 마주 보는 제너 다이오드를 접속한다면 출력은 ±5 V로 제한될 것이다.

응용예제 20-1 ||| MultiSim

그림 20-8의 회로 동작을 설명하라.

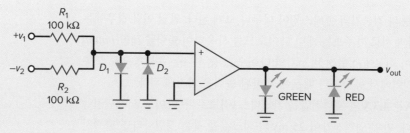

| 그림 20·8 | 서로 다른 극성의 비교기 전압

풀이   이 회로는 반대극성의 두 전압 중 어느 쪽이 더 큰지를 비교함에 따라 동작이 결정되는 회로이다. 만일 v_1의 크기가 v_2의 크기보다 더 크면 비반전입력은 양이 되고 비교기의 출력도 양이 되어 녹색 LED가 켜진다. 한편, 만일 v_1의 크기가 v_2의 크기보다 적으면 비반전입력은 음이 되고 비교기 출력도 음이 되어 적색 LED가 켜진다. 만약 741C 연산증폭기를 사용한다면, 최대 출력전류가 약 25 mA가 될 것이기 때문에 출력에 있는 LED들은 전류제한 저항이 필요하지 않다. D_1과 D_2는 입력 클램핑 다이오드이다.

응용예제 20-2

그림 20-9의 회로 동작을 설명하라.

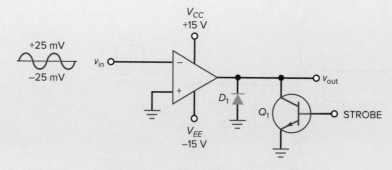

| 그림 20·9 | 스트로브를 갖는 제한된 비교기

풀이 먼저 출력다이오드 D_1은 음의 반사이클을 클립한다. 또 그림 20-9에는 **스트로브**(*strobe*)라 부르는 신호를 포함하고 있다. 스트로브가 양일 때 Q_1은 포화되고, 출력전압은 거의 0으로 감소된다. 스트로브가 0일 때 트랜지스터는 차단되고, 비교기 출력은 양으로 스윙한다. 따라서 비교기의 출력은 스트로브가 저(low)일 때 -0.7 V에서 $+15$ V까지 스윙할 수 있다. 스트로브가 고(high)일 때는 출력이 억제된다. 이 회로에서 스트로브는 어떤 시간 또는 어떤 조건하에서 출력을 바꾸는 데 사용되는 신호이다.

응용예제 20-3

그림 20-10의 회로 동작을 설명하라.

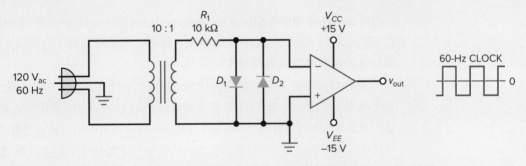

| 그림 20·10 | 60 Hz 클럭 발생 회로

풀이 이 회로는 디지털 클럭에 대한 기본적인 타이밍 메커니즘으로 사용되는 60 Hz 클럭 구형파 신호를 발생시키는 것 중 하나이다. 변압기는 입력전압을 12 V_{ac}로 감소시킨다. 그리고 다이오드 클램프는 입력을 ±0.7 V로 제한한다. 반전 비교기는 60 Hz의 주파수를 갖는 출력 구형파를 발생시킨다. 출력신호는 초, 분, 시간을 나타내는 데 사용할 수 있는 주파수를 가지기 때문에 **클럭**(*clock*)이라고 부른다.

1초 주기를 갖는 구형파를 얻기 위해 60 Hz를 60으로 나눌 수 있는 디지털회로를 **주파수 분배기**(*frequency divider*)라고 부른다. 또 1분 주기를 갖는 구형파를 얻기 위해 이 신호를 또다시 60으로 나누는 회로를 사용할 수 있다. 마지막으로 1시간의 주기를 갖는 구형파를 얻기 위해 이 신호를 또다시 60으로 나누는 회로를 사용할 수 있다. 이 같은 서로 다른 디지털회로에서 발생되는 3개의 구형파(1초, 1분, 1시간)와 7-세그먼트 LED 표시기를 사용하여 숫자로 매일의 시간을 나타낼 수가 있다.

20-2 기준전압이 0 V가 아닌 비교기

어떤 응용에서는 0이 아닌 문턱전압을 사용하기도 한다. 입력바이어스를 달리 하므로 우리가 필요로 하는 문턱전압으로 변화시킬 수 있다.

트립점의 이동

그림 20-11a에서 전압분배기는 반전입력에 대한 다음과 같은 기준전압을 발생시킨다.

$$v_{\text{ref}} = \frac{R_2}{R_1 + R_2} V_{CC}$$

$$(20\text{-}2)$$

v_{in}이 v_{ref}보다 크면 차동 입력전압은 양이 되고 출력전압은 고(high)가 된다. v_{in}이 v_{ref}보다 적으면 차동 입력전압은 음이 되고 출력전압은 저(low)가 된다.

일반적으로 그림 20-11a와 같이 반전입력에는 바이패스 커패시터가 사용된다. 이렇게 하면 반전입력에 나타나는 공급전원의 리플과 그 외의 잡음을 감소시킨다. 이때 바이패스회로의 차단주파수는 공급전원의 리플주파수보다 충분히 적게 하는 것이 효과적이다. 차단주파수는 다음과 같이 주어진다.

$$f_c = \frac{1}{2\pi(R_1 \parallel R_2)C_{BY}}$$

$$(20\text{-}3)$$

그림 20-11b에 **전달특성**(transfer characteristic)(입력-출력 응답)을 나타내었다. 트립점은 v_{ref}이다. v_{in}이 v_{ref}보다 클 때 비교기의 출력은 양의 포화가 되고, v_{in}이 v_{ref}보다 적을 때 출력은 음의 포화가 된다.

이 같은 비교기를 흔히 **제한 검출기**(*limit detector*)라 부르는데 이것은 양의 출력전압이 특정하게 제한된 입력전압값을 초과하는 순간을 가리키기 때문이다. R_1과 R_2의 값을 변화시키므로 양의 제한점을 0에서 V_{CC} 사이의 임의의 점으로 설정할 수가 있다. 만일 음의 제한점을 설정하려면 그림 20-11c와 같이 전압분배기에 $-V_{EE}$를 접속시키면

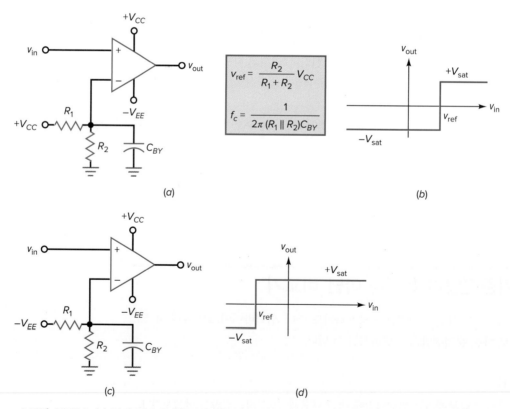

| 그림 20·11 | (a) 양의 임계값; (b) 양의 입력-출력 응답; (c) 음의 임계값; (d) 음의 입력-출력 응답

된다. 지금 음의 기준전압이 반전입력에 인가되었다고 하자. v_{in}이 v_{ref}보다 더 양이면 차동 입력전압은 양이 되고 그림 20-11d와 같이 출력은 고(high)가 된다. v_{in}이 v_{ref}보다 더음이면 출력은 저(low)가 된다.

참고사항

저전류 응용에서는 R1과 R2 값은 매우 낮은 대기 전류를 갖는 전압기준 IC로 대체될 수 있다. 이럴 경우 전체 시스템 전력소비를 줄이는 데 도움이 된다.

단일 공급전원 비교기

741C와 같은 일반적인 연산증폭기는 그림 20-12a와 같이 $-V_{EE}$의 핀을 접지시키므로 단일 양의 공급전원으로 동작시킬 수가 있다. 출력전압은 단일극성만을 가지고, 저(low) 또는 고(high)의 양의 전압 중 어느 하나가 된다. 예를 들어 $V_{CC} = +15$ V이면 출력스윙은 약 +1.5 V(저(low)상태)에서 +13.5 V(고(high)상태) 부근까지이다.

그림 20-12b에 나타내었듯이 v_{in}이 v_{ref} 이상이면 출력은 고(high)가 되고, v_{in}이 v_{ref} 이하이면 출력은 저(low)가 된다. 이 두 경우 모두에서 출력은 양의 극성을 가진다. 대부분의 디지털 응용에서는 이 같은 양의 출력이 이용된다.

IC 비교기들

741C와 같은 연산증폭기는 비교기로도 사용할 수는 있으나 슬루율(slew rate) 때문에 속도에 제한이 있다. 741C에서의 출력은 0.5 V/μs보다 빨리 변화할 수가 없다. 이 때문에 741C는 공급전원 ±15 V에서 출력의 상태를 스위치하는 데 50 μs 이상이 걸린다. 이 같은 슬루율 문제를 해결하는 방법 중 하나로 LM318과 같은 고속 슬루율을 가진 연산증폭기를 사용하는 방법이 있다. 이것은 70 V/μs의 슬루율을 가지기 때문에 약 0.3 μs 이내에 $-V_{sat}$에서 $+V_{sat}$까지 스위치할 수 있다.

또 다른 해결방법은 일반적인 연산증폭기에서 볼 수 있는 보상 커패시터를 제거하는 것이다. 비교기는 항상 비선형회로로 사용되기 때문에 보상 커패시터를 필요로 하지 않는다. 제조회사에서는 보상 커패시터를 제거하고 슬루율을 특별히 증가시킬 수 있다. IC를 비교기로 사용할 수 있도록 최적화한 경우, 이 소자는 제조업체의 자료집에 별도항목으로 기록하고 있다. 이것이 일반적인 참고자료집에서 연산증폭기 항목과 별도의 비교기 항목을 볼 수 있는 이유이다.

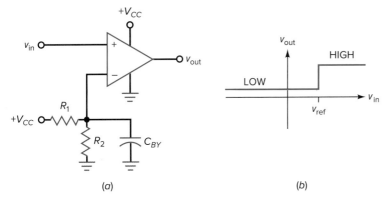

| 그림 20·12 | (a) 단일 전원공급 비교기; (b) 입력-출력 응답

개방컬렉터 소자

그림 20-13*a*는 **개방컬렉터 비교기**(open-collector comparator)에 대한 간략화된 구성도이다. 단일 양의 공급전원으로 동작시킴에 주목하라. 입력단은 차동증폭기(Q_1과 Q_2)이다. 전류원 Q_6는 꼬리전류를 공급한다. 차동증폭기는 능동부하 Q_4를 구동한다. 출력단은 개방컬렉터를 가진 단일트랜지스터 Q_5이다. 이 개방컬렉터는 사용자가 비교기의 출력스윙을 제어할 수 있도록 하고 있다.

일반적인 연산증폭기는 B급 푸시풀 접속에 포함된 두 소자 때문에 **능동 풀업단**(*active-pullup stage*)이라고 말할 수 있는 출력단을 가진다. 능동 풀업에서 상측 소자는 도통되어 출력은 고(high) 출력상태로 풀업한다. 한편 그림 20-13*a*의 개방컬렉터 출력단은 그곳에 접속할 외부 소자를 필요로 한다.

출력단의 적절한 동작을 위해 사용자는 그림 20-13*b*와 같이 개방컬렉터에 하나의 외부저항과 공급전원을 접속해야 한다. 이 저항을 **풀업저항**(pullup resistor)이라 부르는데 왜냐하면 Q_5가 차단상태로 되었을 때 출력전압을 공급전압까지 풀업하기 때문이다. Q_5가 포화되었을 때 출력전압은 저(low)가 된다. 출력단은 트랜지스터가 스위치로 동작하기 때문에 비교기는 2상태 출력을 발생시킨다.

회로에서 보상 커패시터가 없으면 그림 20-13*a*의 출력은 회로에 작은 표유용량만이 남아 있기 때문에 회전(slew)이 매우 빨라질 수 있다. 스위칭 속도의 주된 제한은 Q_5 양단의 용량값이다. 이 출력용량은 내부의 컬렉터용량과 외부의 배선 표유용량의 합이다.

출력시정수는 풀업저항과 출력용량을 곱한 값이다. 이 때문에 그림 20-13*b*의 풀업저항이 적을수록 출력전압은 더 빨리 변화할 수 있다. 일반적으로 R은 수백에서 수천 Ω이다.

IC 비교기의 예로 LM311, LM339 및 NE529가 있다. 이들 모두는 개방컬렉터 출력

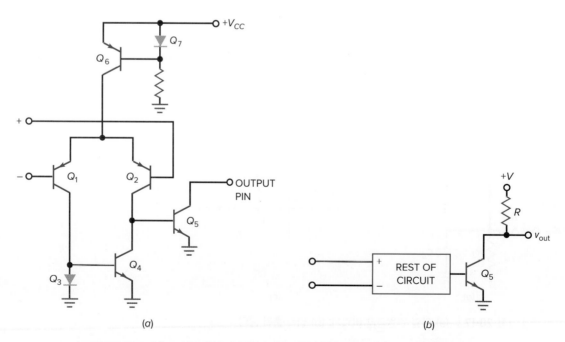

| 그림 20-13 | (a) IC 비교기의 간단한 구성도; (b) 개방컬렉터 출력단에 풀업저항을 사용

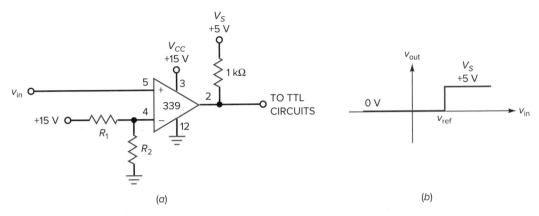

| 그림 20·14 | (a) LM339 비교기; (b) 입력-출력 응답

단을 가지고 있어 출력 핀에 풀업저항과 양의 공급전압을 공급해야 한다. 이 IC 비교기들은 고속 슬루율을 가지고 있기 때문에 수 μs 이내로 출력상태를 스위치할 수 있다.

LM339는 단일 IC 패키지 속에 4개의 비교기가 포함된 **쿼드비교기**(*quad comparator*)이다. 이것은 단일 공급전원 또는 2공급전원으로 동작시킬 수 있다. 가격이 싸고 사용이 편리하기 때문에 LM339는 일반목적의 응용에서 가장 인기 있는 비교기이다.

IC 비교기 전부가 개방컬렉터 출력단을 가지고 있는 것은 아니다. LM360, LM361 및 LM760과 같은 것은 능동컬렉터 출력단을 가지고 있다. 능동 풀업은 더 빠른 스위칭을 발생시킨다. 이들 고속 IC 비교기는 2공급전원을 요구한다.

TTL의 구동

LM339는 개방컬렉터 소자이다. 그림 20-14*a*에 LM339와 TTL 소자를 인터페이스하기 위한 접속방법을 나타내었다. +15 V의 양의 공급전원은 비교기를 위해 사용되나, LM339의 개방컬렉터는 1 kΩ의 풀업저항을 거쳐 +5 V의 공급전원에 접속된다. 이 때문에 출력은 그림 20-14*b*처럼 0과 +5 V 사이를 스윙한다. 이 출력신호는 TTL 소자가 +5 V의 공급전원에서 동작하도록 설계되어 있기 때문에 이상적이다.

응용예제 20-4 |||| MultiSim

그림 20-15*a*에서 입력전압은 10 V의 피크값을 가지는 정현파이다. 이 회로의 트립점은 얼마인가? 바이패스회로의 차단주파수는 얼마인가? 출력파형은 어떻게 동작한다고 볼 수 있는가?

풀이   +15 V의 전압이 3:1의 전압분배기에 공급되므로 기준전압은

$$v_{ref} = +5 \text{ V}$$

이것이 비교기의 트립점이다. 정현파가 이 레벨을 통과할 때 출력전압은 스위치 상태가 된다.

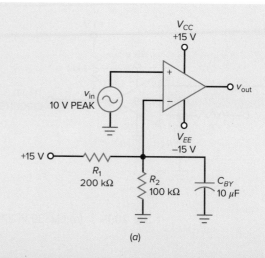

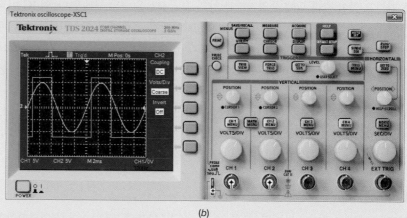

Courtesy of National Instruments.

| 그림 20-15 | 듀티사이클의 계산

식 (20-3)에서 바이패스회로의 차단주파수는 다음과 같다.

$$f_c = \frac{1}{2\pi(200\ \text{k}\Omega \parallel 100\ \text{k}\Omega)(10\ \mu\text{F})}$$

$$= 0.239\ \text{Hz}$$

이렇게 낮은 차단주파수는 기준 공급전압상의 60 Hz 리플을 크게 감쇄시킬 수 있음을 말해 준다.

그림 20-15b에 10 V의 피크값을 가지는 입력 정현파를 나타내었다. 구형파 출력은 약 15 V의 피크값을 가진다. 입력 정현파가 +5 V의 트립점을 통과할 때 출력전압의 스위치상태가 어떠한지 주목하라.

연습문제 20-4 그림 20-15a에서 200 kΩ의 저항을 100 kΩ으로 바꾸고, 10 μF의 커패시터를 4.7 μF으로 바꾼 후, 회로의 트립점과 차단주파수를 구하라.

응용예제 20-5

그림 20-15b에서 출력파형의 듀티사이클(duty cycle)은 얼마인가?

풀이 앞 장에서 듀티사이클은 펄스폭을 주기로 나눈 것으로 정의했다. 듀티사이클은 전도각을 360°로 나눈 것과 같다.

그림 20-15b에서 정현파는 10 V의 피크값을 갖는다. 따라서 입력전압은 다음과 같이 주어진다.

$$v_{in} = 10 \sin \theta$$

입력전압이 +5 V를 통과할 때 구형파 출력은 상태가 바뀌게 된다. 이 점에서 앞의 식은,

$$5 = 10 \sin \theta$$

여기서 스위칭이 발생되는 곳의 각 θ에 대해 풀면

$$\sin \theta = 0.5$$

또는

$$\theta = \arcsin 0.5 = 30° \text{와} 150°$$

첫 번째의 해인 $\theta = 30°$는 출력이 저(low)에서 고(high)로 바뀌는 곳이고, 두 번째 해인 $\theta = 150°$는 출력이 고(high)에서 저(low)로 바뀌는 곳이다. 듀티사이클은

$$D = \frac{\text{전도각}}{360°} = \frac{150° - 30°}{360°} = 0.333$$

그림 20-15b에서 듀티사이클은 33.3%로 표시할 수 있다.

20-3 히스테리시스를 가지는 비교기

만일 비교기의 입력에 많은 양의 잡음이 포함되어 있다면, v_{in}이 트립점 부근일 때 출력은 엉뚱한 결과를 낳는다. 잡음의 영향을 감소시키는 한 방법으로 정귀환을 가지는 비교기를 사용한다. 정귀환은 트립점을 둘로 분리하기때문에 잡음 입력으로 인한 잘못된 전환을 방지한다.

잡음

잡음(*noise*)은 원치 않는 여러 가지 신호인데 입력신호에 유도되거나 조화관계를 갖지 않아야 한다. 전기모터, 네온사인, 전력선, 자동차의 점화장치, 조명 등과 같은 전기장을 발생하는 장치는 전자회로에 잡음전압을 유도할 수 있다. 또한 공급전원 리플도 입력신호에는 관련되지 않지만 잡음으로 분류한다. 안정된 공급전원이나 차폐를 사용하여 일반적으로 허용 가능한 수준의 유도잡음과 리플을 감소시킬 수 있다.

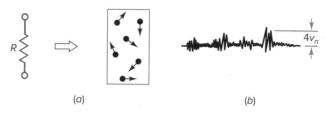

(a)   (b)

| 그림 20·16 | 열잡음 (a) 저항에서의 랜덤한 전자운동; (b) 오실로스코프상에서의 잡음

한편, **열잡음**(thermal noise)은 그림 20-16a에서 볼 수 있듯이 저항 내부에서 자유전자의 랜덤운동에 기인한다. 이 전자운동의 에너지는 주위 공기의 열에너지로부터 전도된다. 주위온도가 높아질수록 전자운동은 더욱 활발해진다.

저항 내의 무수한 자유전자의 운동은 너무나 불규칙적이다. 어떤 순간에는 많은 전자가 위에서 아래로 운동하여 저항양단에 음의 전압을 발생시키고, 또 어떤 순간에는 많은 전자가 아래에서 위로 운동하여 양의 전압을 발생시킨다. 만일 이 같은 잡음을 증폭하여 오실로스코프로 관측한다면 그림 20-16b와 흡사할 것이다. 이 같은 전압은 실효치를 갖는 잡음이다. 근사적으로 가장 큰 잡음피크는 실효치의 거의 4배 정도이다.

저항 내부에서 전자운동의 불규칙성은 사실상 전체 주파수에 걸친 잡음의 분포를 발생한다. 이 잡음의 실효치는 온도, 대역폭 및 저항에 따라 증가한다. 여기서는 이 잡음이 비교기의 출력에 어떠한 영향을 미치는지 알 필요가 있다.

잡음 트리거링

20-1절에서 설명했듯이, 비교기의 큰 개방루프 이득은 100 μV 정도의 입력으로도 출력을 한 상태에서 다른 상태로 스위치하기에 충분하다. 만일 입력에 100 μV 이상의 피크를 가진 잡음이 포함된다면 비교기는 잡음 때문에 발생하는 영점통과(zero crossing)들이 검출될 것이다.

그림 20-17은 잡음만 있고 입력신호가 없는 비교기의 출력을 보여 준다. 잡음의 피크

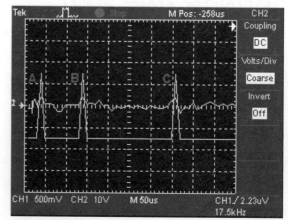

Courtesy of National Instruments.

| 그림 20·17 | 비교기에서 가짜 트리거링을 발생시키는 잡음

가 충분히 클 때 비교기의 출력에 원하지 않는 변화가 발생된다. 예를 들어 A, B, C에서 잡음피크는 저(low)에서 고(high)로 원치 않는 전환을 발생시킨다. 입력신호가 존재할 때 잡음은 입력신호에 겹쳐지고 출력에는 쓸데없는 트리거링을 발생시킨다.

슈미트 트리거

잡음이 섞인 입력에 대한 대표적인 해법으로 그림 20-18*a*와 같은 비교기를 사용한다. 입력전압은 반전입력에 인가된다. 비반전입력에 귀환전압이 입력전압에 더해지므로 **정귀환** (*positive feedback*)이다. 이같이 정귀환을 사용하는 비교기를 **슈미트 트리거**(Schmitt trigger)라고 부른다.

비교기가 양으로 포화되었을 때 양의 전압은 비반전입력으로 귀환되고, 이 양의 귀환 전압은 출력을 고(high)의 상태로 유지한다. 마찬가지로 출력전압이 음으로 포화되었을 때 이 음의 전압은 비반전입력으로 귀환되고 출력을 저(low)의 상태로 유지시킨다. 어느 경우에나 정귀환은 현재 유지되고 있는 출력상태를 더욱 강화시켜 준다.

귀환율은 다음과 같다.

$$B = \frac{R_1}{R_1 + R_2} \tag{20-4}$$

출력이 양으로 포화되었을 때, 비반전입력에 인가되는 기준전압은 다음과 같다.

$$v_{\text{ref}} = +BV_{\text{sat}} \tag{20-5a}$$

출력이 음으로 포화되었을 때 기준전압은 다음과 같다.

$$v_{\text{ref}} = -BV_{\text{sat}} \tag{20-5b}$$

출력전압은 입력전압이 기준전압을 초과할 때까지 주어진 그 상태를 그대로 유지할 것이다. 예를 들어 만일 출력이 양으로 포화되었다면 기준전압은 $+BV_{\text{sat}}$이다. 그림 20-18*b* 와 같이 출력전압이 양에서 음으로 변환되기 위해서는 입력전압은 $+BV_{\text{sat}}$보다 약간 더

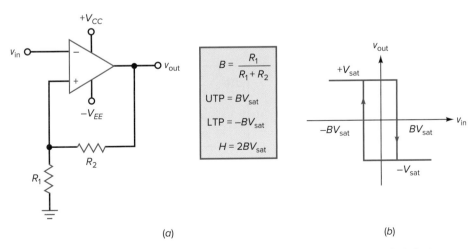

| 그림 20·18 | (a) 반전슈미트 트리거; (b) 히스테리시스를 가지는 입-출력 응답

증가해야 할 것이다. 한편 출력이 음의 상태가 되면 이 상태는 무한히 지속되다가 입력전압이 $-BV_{sat}$보다 더 음이 되었을 때 출력은 그림 20-18*b*처럼 음에서 양으로 변환된다.

히스테리시스

그림 20-18*b*의 특수한 응답은 **히스테리시스**(hysteresis)라고 부르는 유용한 성질을 가지고 있다. 이 개념을 이해하기 위해 $+V_{sat}$이라 적힌 그래프의 상단에 손가락을 올려 놓아 보라. 이것을 출력전압값이라 하자. 수평선을 따라 오른쪽으로 손가락을 옮겨 보라. 이 수평선을 따라 입력전압은 변화하지만 출력전압은 여전히 $+V_{sat}$이다. 오른쪽 상단에 도달하면 v_{in}은 $+BV_{sat}$이 된다. v_{in}이 $+BV_{sat}$보다 약간 더 증가하면 출력전압은 고(high)와 저(low) 상태 사이의 전환영역으로 들어간다.

만일 손가락을 수직선을 따라 아래로 내려 보면 고(high)에서 저(low)로의 출력전압의 전환을 볼 수 있을 것이다. 손가락이 하측 수평선상에 있으면 출력전압은 음으로 포화되어 $-V_{sat}$과 같아진다.

다시 고(high) 출력상태로 되돌려 스위치하기 위해서는 손가락이 왼쪽 하단 모서리에 도달할 때까지 옮겨 보라. 이 점에서 v_{in}은 $-BV_{sat}$과 같다. v_{in}이 $-BV_{sat}$보다 약간 더 음이 되면 출력전압은 저(low)에서 고(high)로의 전환에 들어간다. 만일 손가락을 수직선을 따라 위로 옮겨 보면 출력전압이 저(low)에서 고(high)로 변환되는 것을 볼 수 있을 것이다.

그림 20-18*b*에서 트립점은 출력전압의 상태가 변화하는 곳의 두 입력전압으로 정의된다. 상측 트립점(*upper trip point: UTP*)은 다음의 값을 갖는다.

$$\textbf{UTP} = BV_{sat} \tag{20-6}$$

또, 하측 트립점(*lower trip point: LTP*)은 다음의 값을 갖는다.

$$\textbf{LTP} = -BV_{sat} \tag{20-7}$$

이 두 트립점 간의 차를 데드밴드(*deadband*)라 부르는 히스테리시스로 정의한다.

$$H = \textbf{UTP} - \textbf{LTP} \tag{20-8}$$

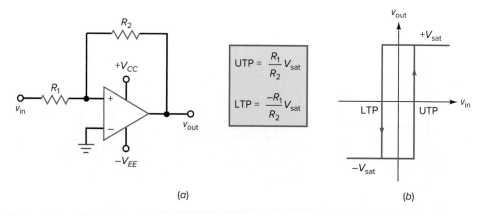

| **그림 20-19** | (a) 비반전 슈미트 트리거 회로; (b) 입력-출력 응답

식 (20-6)과 (20-7)에서

$$H = BV_{sat} - (-BV_{sat})$$

즉,

$$H = 2BV_{sat} \qquad \text{(20-9)}$$

과 같다.

정귀환은 그림 20-18b의 히스테리시스를 발생시킨다. 만일 정귀환이 없다면 두 트립점이 모두 0이기 때문에 B는 0과 같고 히스테리시스는 없어진다.

히스테리시스는 잡음 때문에 발생하는 가짜 트리거링을 방지해 주므로 슈미트 트리거에서는 반드시 필요하다. 만일 잡음전압 피크-피크가 히스테리시스보다 적으면 잡음은 가짜 트리거링을 발생시킬 수가 없다. 예를 들어 만일 UTP = +1 V이고, LTP = −1 V라면 H = 2 V가 된다. 이때 슈미트 트리거는 피크-피크 잡음전압이 2 V보다 작은 동안 가짜 트리거링은 무시된다.

비반전회로

그림 20-19a에 비반전 슈미트 트리거(*noninverting Schmitt trigger*)를 나타내었다. 그림 20-19b에서와 같이 입력-출력 응답은 히스테리시스 루프를 가진다. 여기서 이 회로의 동작을 살펴보자. 만일 그림 20-19a에서 출력이 양으로 포화되었다고 가정하면 비반전입력에서의 귀환전압은 양이 되고, 양의 포화는 더욱 강화된다. 마찬가지로 만일 출력이 음으로 포화되었다고 가정하면 비반전입력의 귀환전압은 음이 되고, 음의 포화는 더욱 강화된다.

출력이 음으로 포화되었다고 가정하자. 입력전압이 UTP보다 약간 더 클때까지 귀환전압은 출력을 음의 포화전압으로 유지시킬 것이다. 약간 더 크게 되면 출력은 음에서 양의 포화로 변환된다. 한편 양의 포화이면 입력전압이 LTP보다 약간 더 적게 될 때까지 출력은 그 상태를 유지하다가 약간 더 작게 된 이후에는 음의 상태로 변화한다.

비반전 슈미트 트리거의 트립점에 대한 식은 다음과 같이 주어진다.

$$UTP = \frac{R_1}{R_2} V_{sat} \qquad \text{(20-10)}$$

$$LTP = \frac{-R_1}{R_2} V_{sat} \qquad \text{(20-11)}$$

슈미트 트리거의 히스테리시스가 얼마나 큰가는 R_1과 R_2의 비로 결정된다. 설계 시에 원치 않는 잡음 트리거를 방지하기 위해 충분히 큰 히스테리시스를 만들 수 있다.

가속커패시터

정귀환은 잡음의 영향을 억제시키는 것 이외에도 출력상태의 스위칭을 가속화시키는 작용도 한다. 출력전압이 변하기 시작할 때 이 변화는 비반전입력으로 귀환되고 증폭되어 출력의 변화를 더 빠르게 한다. 흔히 그림 20-20a에서와 같이 커패시터 C_2는 R_2와 병렬로 접속된다. **가속커패시터**(speed-up capacitor)로 알려진 이것은 R_1양단의 표유

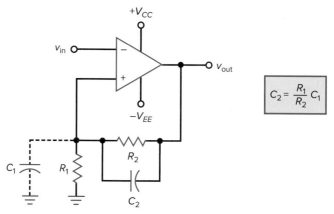

$$C_2 = \frac{R_1}{R_2} C_1$$

| 그림 20·20 | 표유용량을 보상하는 가속커패시터

용량 때문에 형성된 바이패스회로를 상쇄하는 데 도움을 준다. 이 표유용량 C_1은 비반전 입력전압이 변화되기 전에 충전되어 있다. 그 가속커패시터는 이 전하를 공급한다.

표유용량을 중화시키기 위한 최소 가속용량은 적어도 다음 식을 만족시켜야 한다.

$$C_2 = \frac{R_1}{R_2} C_1 \tag{20-12}$$

C_2가 식 (20-12)에서 주어지는 값과 같거나 더 큰 동안에는 출력은 최대속도로 상태를 변환할 것이다. 설계자들은 흔히 이 표유용량 C_1을 제거하기 위해 식 (20-12)에 의해 주어지는 값보다 적어도 2배 이상인 C_2를 설계한다. 일반적인 회로에서 C_2는 10~100 pF인 커패시터가 사용된다.

응용예제 20-6

만일 V_{sat} = 13.5 V이면, 그림 20-21에서 트립점과 히스테리시스는 얼마인가?

풀이 식 (20-4)에서 귀환비는

$$B = \frac{1 \text{ k}\Omega}{48 \text{ k}\Omega} = 0.0208$$

식 (20-6)과 (20-7)에서 트립점은

$$UTP = 0.0208(13.5 \text{ V}) = 0.281 \text{ V}$$
$$LTP = -0.0208(13.5 \text{ V}) = -0.281 \text{ V}$$

식 (20-9)에서 히스테리시스는

$$H = 2(0.0208 \text{ V})(13.5 \text{ V}) = 0.562 \text{ V}$$

이것은 그림 20-21의 슈미트 트리거가 0.562 V의 피크-피크 잡음전압까지는 가짜 트리거링의 발생을 억제할 수 있음을 의미한다.

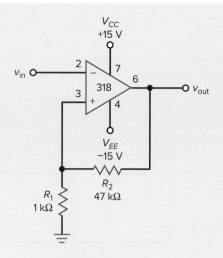

| 그림 20-21 | 예제

연습문제 20-6 47 kΩ의 저항을 22 kΩ으로 바꾼 후, 응용예제 20-6을 다시 풀어라.

20-4 창 비교기

일반적인 비교기는 입력전압이 어떤 제한값 또는 임계값을 초과하는 때를 나타낸다. 양단제한검출기(*double-ended limit detector*)라고도 하는 **창 비교기**(window comparator)는 입력전압이 창(window)이라고 불리는 2개의 제한된 값 사이를 검출한다. 창 비교기를 구성하기 위해서는 임계값이 서로 다른 2개의 비교기를 사용해야 한다.

제한된 값 사이의 저(low)출력 검출

그림 20-22a에 입력전압이 하측과 상측 제한값 사이에 있을 때 저(low) 출력전압을 발생시키는 창 비교기를 나타내었다. 이 회로는 LTP와 UTP를 가진다. 기준전압은 전압분배기, 제너 다이오드 또는 다른 회로들로부터 얻을 수 있다. 그림 20-22b에 창 비교기의 입-출력 응답을 나타내었다. v_{in}이 LTP보다 적거나 또는 UTP보다 크면 출력은 고(high)가 된다. v_{in}이 LTP와 UTP 사이일 때는 출력은 저(low)가 된다.

여기서 동작을 좀 더 상세히 살펴보자. 이 설명에서는 LTP = 3 V, UTP = 4 V로 양의 트립점을 가정했다. v_{in} 3 V일 때, 비교기 A_1은 양의 출력을 가지고 A_2는 음의 출력을 가진다. 다이오드 D_1은 도통(on)되고 D_2는 차단(off)된다. 따라서 출력전압은 고(high)가 된다. 마찬가지로 v_{in} > 4 V일 때, 비교기 A_1은 음의 출력을 가지고 A_2는 양의 출력을 가진다. 다이오드 D_1은 차단(off), D_2는 도통(on)되어 출력전압은 고(high)가 된다. 3 V v_{in} 4 V일 때, A_1은 음의 출력을 가지고 A_2도 음의 출력을 가지며, D_1은 차단(off), D_2도 차단(off)되어 출력전압은 저(low)가 된다.

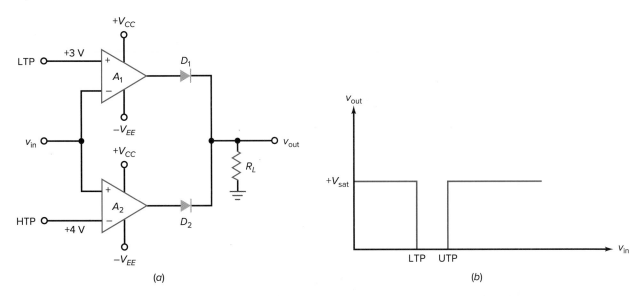

| 그림 20·22 | (a) 반전 창 비교기; (b) 입력이 창 내에 있을 때 출력은 저(low)가 된다.

제한된 값 사이의 고(high)출력 검출

그림 20-23a에 또 다른 창 비교기를 나타내었다. LM339를 사용한 이 회로는 4개의 비교기가 있고 외부에 풀업저항을 필요로 한다. +5 V의 풀업 공급전원을 사용할 때 출력은 TTL 회로를 구동할 수 있다. +15 V 풀업 공급전원은 파워 MOSFET 회로를 구동할 때 사용될 수 있다. 그림 20-23b에 입-출력 응답을 나타내었다. 보다시피 입력전압이

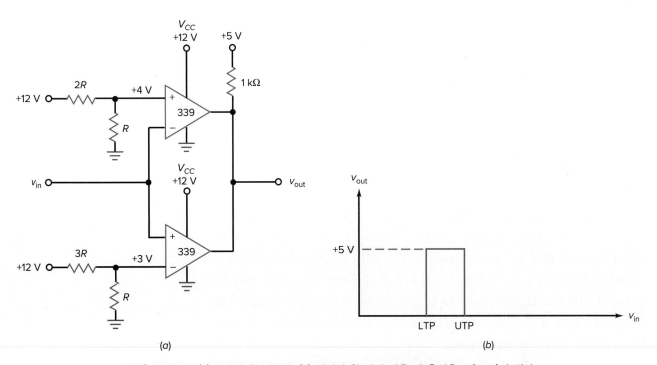

| 그림 20·23 | (a) 비반전 창 비교기; (b) 입력이 창 내에 있을 때 출력은 고(high)가 된다.

두 제한값 사이일 때 출력전압은 고(high)가 된다.

이 설명에서도 앞의 예에서와 같은 기준전압으로 가정한다. 입력전압이 3 V보다 적을 때 하측 비교기의 출력은 0이 된다. 입력전압이 4 V보다 클 때 상측 비교기의 출력은 0이 된다. v_{in}이 3 V와 4 V 사이일 때 각 비교기의 출력트랜지스터는 차단되어 출력은 +5 V로 상승한다.

20-5 적분기

적분기(integrator)는 **적분**(*integration*)이라는 수학적 동작을 수행하는 회로이다. 적분기의 대부분의 응용은 출력전압이 선형적으로 증가하거나 감소하는 전압인 **램프파**(*ramp*)를 얻는 것이다. 적분기는 발명자의 이름을 따 **밀러적분기**(*Miller integrator*)라고도 한다.

기본회로

그림 20-24a는 연산증폭기 적분기이다. 보다시피 귀환성분은 저항 대신에 커패시터이다. 적분기에 유효한 입력은 그림 20-24b에서와 같은 구형파 펄스이다. 이 펄스의 폭은 T이다. 펄스가 저(low)일 때 $v_{in} = 0$이다. 펄스가 고(high)일 때는 $v_{in} = V_{in}$이다. 이 펄스가 R의 좌측단에 인가된다고 가정하자. 반전입력의 가상접지 때문에 입력전압이 고(high)일 경우 다음과 같은 입력전류를 발생시킨다.

$$I_{in} = \frac{V_{in}}{R}$$

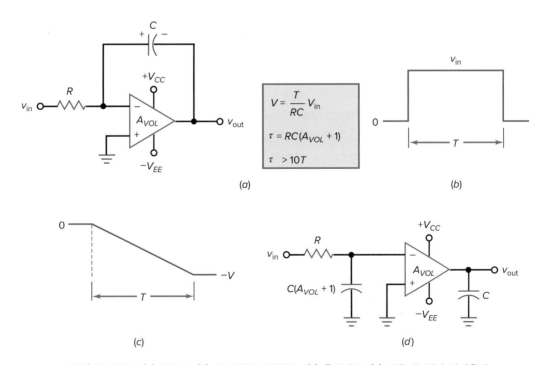

| 그림 20·24 | (a) 적분기; (b) 대표적인 입력펄스; (c) 출력램프; (d) 매우 큰 입력 밀러용량

이 모든 입력전류는 커패시터로 흐른다. 그 결과 커패시터는 충전되고 그 양단전압은 그림 20-24*a*와 같은 극성으로 증가한다. 가상접지는 출력전압이 커패시터양단 전압과 같음을 의미한다. 양의 입력전압에 대해 출력전압은 그림 20-24*c*에서처럼 음으로 증가해 갈 것이다.

커패시터로 흐르는 전류는 일정하기 때문에 전하 Q는 시간에 대해 선형적으로 증가한다. 이것은 커패시터전압이 선형적으로 증가함을 의미하고 그림 20-24*c*에 나타낸 출력전압인 부(−)의 램프와 등가임을 의미한다. 그림 20-24*b*의 펄스주기의 끝에서 입력전압은 다시 0이 되고 커패시터의 충전은 정지된다. 커패시터는 그 전하를 그대로 유지하므로 출력전압은 −V인 음의 전압으로 일정값을 유지한다. 이 전압은 다음과 같이 주어진다.

$$V = \frac{T}{RC} V_{\text{in}} \tag{20-13}$$

마지막으로, 밀러효과 때문에 귀환 커패시터는 그림 20-24*d*와 같이 2개의 등가커패시터로 분리할 수가 있다. 입력 바이패스회로에서 폐루프 시정수 τ는 다음과 같다.

$$\tau = RC(A_{VOL} + 1) \tag{20-14}$$

적분기가 적절히 동작하기 위해서는 폐루프 시정수가 입력펄스의 폭보다 훨씬 커야 한다(최소 10배 이상). 이를 식으로 표현하면 다음과 같다.

$$\tau > 10T \tag{20-15}$$

전형적인 연산증폭기 적분기에서 폐루프 시정수는 극히 길기 때문에 이 조건을 쉽게 만족시킬 수가 있다.

출력오프셋의 제거

그림 20-24*a*의 회로는 실제 사용 시에는 약간의 변형이 필요하다. 직류신호에 대해 커패시터는 개방되기 때문에 0의 주파수에서 부귀환은 없어진다. 부귀환이 없으면 회로는 입력오프셋 전압이 유용한 입력전압처럼 취급된다. 그 결과 입력오프셋이 커패시터를 충전시키고 출력은 명확치 않은 곳에서 양 또는 음의 포화상태로 들어간다.

입력오프셋 전압의 효과를 감소시키는 한 가지 방법은 그림 20-25*a*와 같이 커패시터에 병렬로 저항을 삽입하여 0의 주파수에서 전압이득을 감소시키는 것이다. 이 저항은 입력저항보다 최소한 10배 이상 커야 한다. 만일 부가된 저항이 10*R*이라면 폐루프 전압이득은 10이고 출력오프셋 전압은 수용할 수 있을 만한 레벨까지 감소한다. 유용한 입력전압만이 존재할 때 부가저항은 커패시터의 충전에 대해서는 거의 영향을 미치지 않으므로 출력전압은 여전히 거의 완전한 램프가 된다.

입력오프셋 전압을 억제시키는 또 다른 방법은 그림 20-25*b*와 같이 JFET 스위치를 사용하는 것이다. JFET의 게이트에 인가되는 리셋전압은 0 V 또는 JFET를 차단시키기에 충분한 전압 −V_{CC}이다. 그러므로 적분기가 동작하지 않을 때는 JFET를 동작(세트)시켜 저저항으로 만들 수 있고, 적분기가 동작 중일 때는 JFET를 차단시켜 고저항으로 만들 수 있다.

JFET는 다음 입력펄스에 대비하여 커패시터를 방전한다. 다음 입력펄스가 시작되

참고사항

그림 20-25에서 귀환저항은 2개의 등가저항으로 분리할 수 있다. 입력 측에서 $Z_{\text{in}} = R_f/(1 + A_{VOL})$이다.

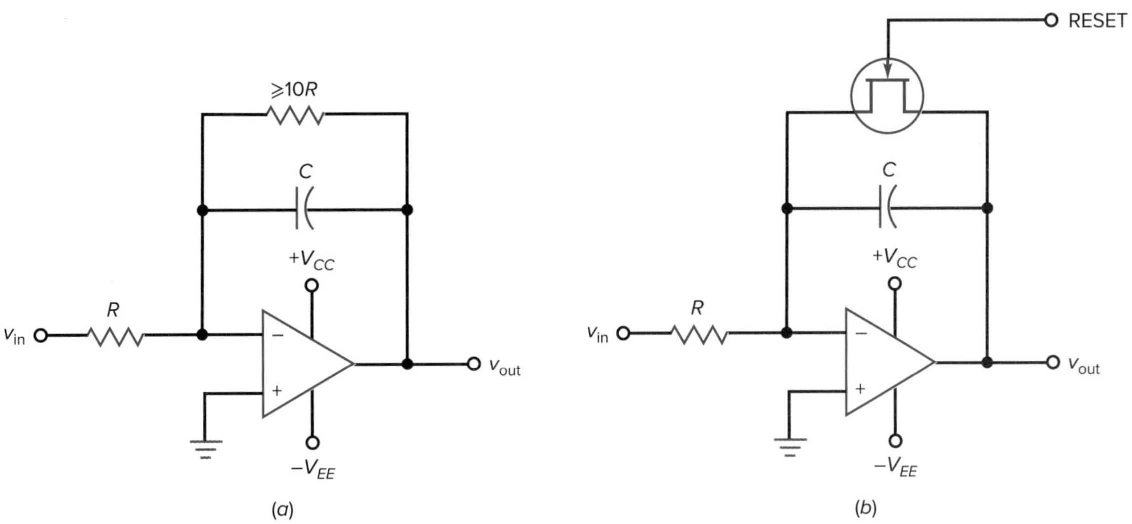

| 그림 20-25 | (a) 출력오프셋 전압을 감소시키는 커패시터 양단저항; (b) 적분기 리셋에 사용되는 JFET

기 직전에는 리셋전압은 0 V가 된다. 이것이 커패시터의 방전이다. 다음 펄스가 시작되는 순간에 리셋전압은 $-V_{CC}$가 되고 JFET는 차단된다. 이때 적분기는 출력전압으로 램프를 발생시킨다.

응용예제 20-7

그림 20-26에서 입력펄스의 끝에서의 출력전압은 얼마인가? 만일 741C가 100,000의 개방루프 전압이득을 가진다면 적분기의 폐루프 시정수는 얼마인가?

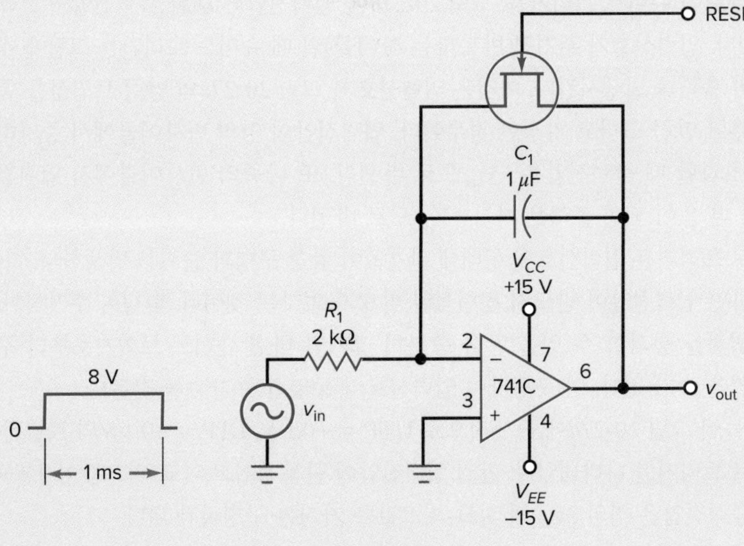

| 그림 20-26 | 예제

풀이 식 (20-13)에서 펄스의 끝에서의 부(−)의 출력전압은

$$V = \frac{1 \text{ ms}}{(2 \text{ k}\Omega)(1 \text{ }\mu\text{F})}(8 \text{ V}) = 4 \text{ V}$$

이고 식 (20-14)에서 폐루프 시정수는 다음과 같다.

$$\tau = RC(A_{VOL} + 1) = (2 \text{ k}\Omega)(1 \text{ }\mu\text{F})(100,001) = 200 \text{ s}$$

1 ms의 펄스폭은 폐루프 시정수보다 훨씬 적기 때문에 지수함수의 맨 앞부분만 커패시터 충전에 포함된다. 지수함수의 초기부분은 거의 선형이기 때문에 출력전압은 거의 완벽한 램프가 된다. 선형램프의 발생을 위해 적분기를 사용하면 오실로스코프에서 선형 스위프전압을 발생시킬 수가 있다.

연습문제 20-7 그림 20-26에서 2 kΩ의 저항을 10 kΩ으로 바꾼 후, 응용예제 20-7을 다시 풀어라.

20-6 파형 변환

연산증폭기를 사용하여 파형을 변환할 수 있다. 즉, 정현파를 구형파로, 구형파를 삼각파로 변환할 수 있다. 이 절에서는 입력파형을 다른 형태의 출력파형으로 변환하는 몇 가지 기본회로들에 대해 고찰해 보기로 한다.

정현파를 구형파로 변환

그림 20-27a에 슈미트 트리거를, 그림 20-27b에 입력전압에 대한 출력전압의 그래프를 나타내었다. 입력신호가 **주기적**(반복하는 사이클)일 때 슈미트 트리거는 그림에서와 같이 구형파 출력을 발생시킨다. 이것은 입력신호가 그림 20-27c의 양쪽 트립점을 통과하기에 충분할 만큼 크다고 가정한 경우이다. 입력전압이 양의 반사이클에서 증가하다가 UTP를 초과할 때 출력전압은 −V_{sat}으로 바뀐다. 또 나중의 반사이클에서 입력전압이 LTP보다 더 음이 되면 출력은 다시 +V_{sat}으로 바뀐다.

슈미트 트리거는 입력신호의 형태에 관계없이 항상 구형파 출력을 발생한다. 다른 말로 표현하면 입력전압이 반드시 정현적일 필요가 없다는 것이다. 파형이 주기적이고 진폭이 트립점을 통과할 수 있을 만큼 충분히 크기만 하면 슈미트 트리거로부터 구형파 출력을 얻을 수가 있다. 이 구형파는 입력신호와 동일한 주파수를 갖는다.

예를 들어 그림 20-27d에 근사적으로 UTP = +0.1 V, LTP = −0.1 V의 트립점을 갖는 슈미트 트리거를 나타내었다. 만일 입력전압이 반복적이고 피크-피크값이 0.2 V보다 크다면 출력전압은 거의 2V_{sat}의 피크-피크값을 가지는 구형파가 된다.

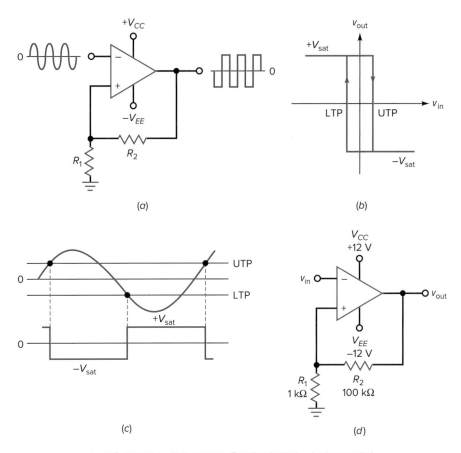

| 그림 20-27 | 항상 구형파 출력을 발생하는 슈미트 트리거

구형파를 삼각파로 변환

그림 20-28a에서 구형파는 적분기의 입력이다. 입력전압은 직류 또는 0인 평균치를 가지므로 출력의 직류 또는 평균치 또한 0이다. 그림 20-28b에 나타낸 것처럼 램프파는 입력전압의 양의 반사이클 동안은 감소하고 음의 반사이클 동안은 증가한다. 따라서 출력은 입력과 같은 주파수를 가지는 삼각파가 된다. 삼각파 출력은 다음과 같은 피크-피크값을 가짐을 볼 수 있다.

$$v_{\text{out(p-p)}} = \frac{T}{2RC}\,V_p \qquad\qquad (20\text{-}16)$$

여기서 T는 신호의 주기이다. 주파수로 표현하면 다음과 같다.

$$v_{\text{out(p-p)}} = \frac{V_p}{2fRC} \qquad\qquad (20\text{-}17)$$

여기서 V_p는 피크 입력전압이고, f는 입력주파수이다.

삼각파를 펄스로 변환

그림 20-29a는 삼각파 입력을 구형파 출력으로 변환하는 회로이다. R_2를 조정하므로

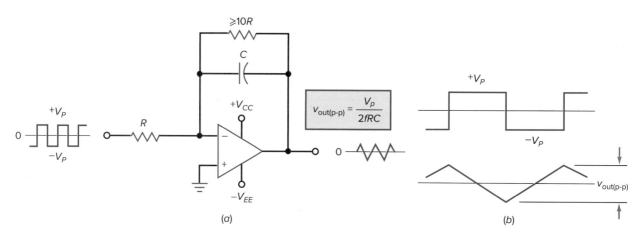

| 그림 20·28 | (a) 적분기에서 구형파는 삼각파 출력을 발생시킨다; (b) 입력과 출력 전압 파형

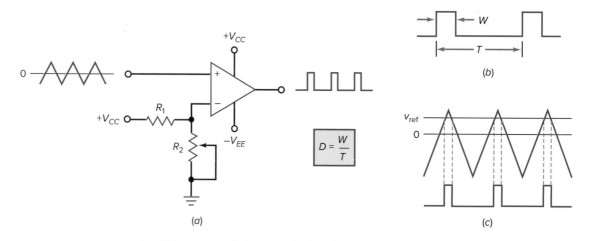

| 그림 20·29 | 제한검출기에서 삼각파 입력은 구형파 출력을 발생

출력펄스의 폭을 변화시킬 수가 있는데 이것은 듀티사이클을 변화시킬 수 있다는 것과 같은 말이다. 그림 20-29*b*에서 *W*는 펄스의 폭, *T*는 주기를 나타낸다. 앞서 설명했듯이 듀티사이클 *D*는 펄스의 폭을 주기로 나눈 것이다.

몇 가지 응용에 있어서 듀티사이클이 다양하게 변화하기를 원한다. 그림 20-29*a*의 조정 가능한 제한검출기는 이 같은 목적에 이상적이다. 이 회로에서 트립점은 0에서 정 (+)의 레벨까지 이동시킬 수 있다. 그림 20-29*c*와 같이 삼각파 입력전압이 트립점을 넘어서면 출력은 고(high)가 된다. v_{ref}를 조정할 수 있기 때문에 출력펄스의 폭을 변화시킬 수 있는데 이는 듀티사이클을 변화시킬 수 있다는 것과 같은 말이다. 이 같은 회로에서는 듀티사이클은 거의 0%에서 50%까지 변화시킬 수 있다.

응용예제 20-8

그림 20-30에서 만일 입력주파수가 1 kHz라면 출력전압은 얼마인가?

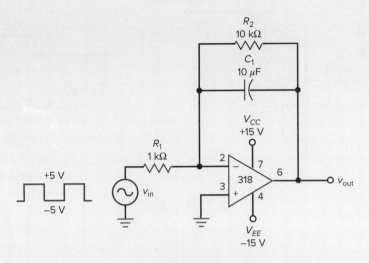

| 그림 20-30 | 예제

풀이 식 (20-17)에서 출력은 다음과 같은 피크-피크 전압을 갖는 삼각파이다.

$$v_{out(p-p)} = \frac{5 \text{ V}}{2(1 \text{ kHz})(1 \text{ k}\Omega)(10 \text{ } \mu\text{F})} = 0.25 \text{ V}_{p-p}$$

연습문제 20-8 그림 20-30에서 1 V_{p-p}의 출력전압을 발생시키는 데 필요한 커패시터의 값은 얼마인가?

응용예제 20-9

삼각파 입력이 그림 20-31a의 회로를 구동한다. 가변저항은 10 kΩ의 최대값을 갖는다. 만일 삼각파 입력이 1 kHz의 주파수를 가진다면, 가변저항의 와이퍼를 중간레인지에 놓았을 때 듀티사이클은 얼마인가?

풀이 와이퍼가 레인지의 중앙에 있을 때, 그 저항값은 5 kΩ이다. 이것은 기준전압이 다음과 같음을 의미한다.

$$v_{ref} = \frac{5 \text{ k}\Omega}{15 \text{ k}\Omega} 15 \text{ V} = 5 \text{ V}$$

신호의 주기는

$$T = \frac{1}{1 \text{ kHz}} = 1000 \text{ } \mu\text{s}$$

이다. 그림 20-31b에 이 값을 나타내었다. 입력전압의 −7.5 V에서 +7.5 V까지의 증가가 반사이클이기 때문에 걸리는 시간은 500 μs이다. 비교기의 트립점은 +5 V이다. 이것은 출력펄스가 그림 20-31b에서와 같이 폭 W를 가짐을 의미한다.

그림 20-31b를 기하학적으로 고찰하면, 전압과 시간 사이에는 다음과 같은 비례관계가 성립한다.

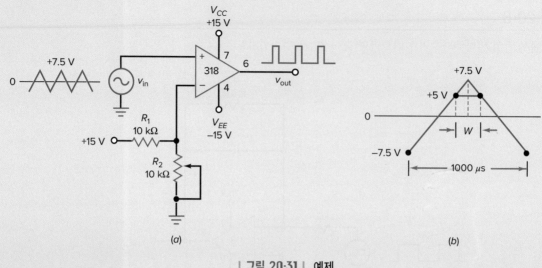

| 그림 20·31 | 예제

$$\frac{W/2}{500 \ \mu s} = \frac{7.5 \ V - 5 \ V}{15 \ V}$$

W에 대해 풀면 다음과 같다.

$$W = 167 \ \mu s$$

듀티사이클은

$$D = \frac{167 \ \mu s}{1000 \ \mu s} = 0.167$$

이다.

그림 20-31a에서 와이퍼를 아래쪽으로 돌리면 기준전압은 증가하고 출력의 듀티사이클은 감소한다. 한편 와이퍼를 위쪽으로 돌리면 기준전압은 감소하고 출력의 듀티사이클은 증가한다. 그림 20-31a에 주어진 값으로는 듀티사이클을 0%에서 50%까지 변화시킬 수 있다.

연습문제 20-9 입력주파수를 2 kHz로 하여 응용예제 20-9를 다시 풀어라.

20-7 파형 발생

정귀환으로는 외부의 입력신호 없이 출력신호를 발생시키는 회로인 **발진기**(oscillator)를 구성할 수 있다. 이 절에서는 비정현파 신호를 발생시키는 몇 가지 연산증폭기 회로에 대해 고찰해 보기로 한다.

이완발진기

그림 20-32a에서 입력신호는 없다. 그럼에도 불구하고 이 회로는 출력에 구형파를 발생시킨다. 이 출력은 $-V_{sat}$에서 $+V_{sat}$ 사이를 스윙하는 구형파이다. 이것이 어떻게 가능할까? 그림 20-32a의 출력이 정(+)의 포화에 있다고 가정하자. 귀환저항 R 때문에 커패시터는 지수적으로 $+V_{sat}$을 향해 충전할 것이다. 그러나 커패시터의 전압은 이 전압이 UTP와 만나기 때문에 결코 $+V_{sat}$에는 도달하지 못한다. 이 같은 경우 출력 구형파는 $-V_{sat}$으로 스위치된다.

이때 출력은 부(−)의 포화에 들어가고 그림 20-32b처럼 커패시터는 방전한다. 커패시터 전압이 0을 통과할 때 커패시터는 $-V_{sat}$을 향해 부(−)로 충전을 시작한다. 커패시터 전압이 LTP와 만날 때 출력 구형파는 다시 $+V_{sat}$으로 스위치된다. 이후 이 사이클은 반복된다.

커패시터의 계속적인 충전과 방전 때문에 출력은 50%의 듀티사이클을 갖는 구형파가 된다. 커패시터의 지수적인 충전과 방전에 대해 분석해 봄으로써 구형파 출력의 주기에 대한 식을 다음과 같이 유도할 수 있다.

$$T = 2RC \ln \frac{1 + B}{1 - B} \qquad\qquad (20\text{-}18)$$

여기서 B는 다음과 같이 주어지는 귀환비이다.

$$B = \frac{R_1}{R_1 + R_2}$$

식 (20-18)은 **자연대수**(*natural logarithm*)를 사용하는데 기수가 e인 대수이다. 이 식은 계산기나 자연대수표를 사용해야 한다.

그림 20-32a는 주파수가 커패시터의 충전에 의존하는 출력신호를 발생하는 회로로 정의되는 **이완발진기**(relaxation oscillator)이다. 만일 RC시정수가 증가하면 커패시터 전압이 트립점에 도달하는 시간은 더 오래 걸려 주파수는 더 낮아진다. R을 조정함으로써 쉽게 50:1의 동조 범위를 얻을 수가 있다.

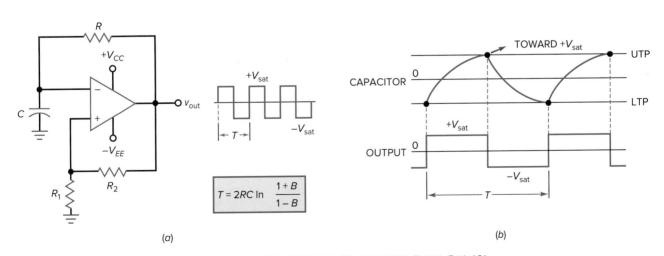

| 그림 20-32 | (a) 이완발진기; (b) 커패시터의 충전과 출력파형

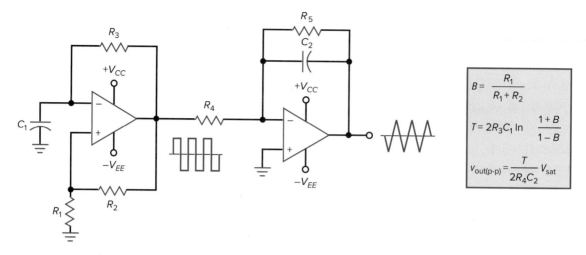

| 그림 20·33 | 삼각파 발생을 위한 적분기를 구동하는 이완발진기

삼각파 발생

이완발진기와 적분기를 종속접속하면 그림 20-33과 같은 삼각파 출력을 발생하는 회로를 얻을 수 있다. 이완발진기의 구형파 출력이 적분기를 구동하여 삼각파의 출력파형이 발생된다. 구형파는 $+V_{sat}$과 $-V_{sat}$ 사이를 스윙한다. 식 (20-18)에서 주기를 계산할 수 있다. 삼각파는 이 구형파와 동일한 주기와 주파수를 가진다. 식 (20-16)에서 피크-피크 값을 계산할 수 있다.

응용예제 20-10 　　　　　　　　　　　　　　　　　　　　|||| MultiSim

그림 20-34에서 출력신호의 주파수는 얼마인가?

풀이 귀환비는 다음과 같다.

$$B = \frac{18 \text{ k}\Omega}{20 \text{ k}\Omega} = 0.9$$

식 (20-18)에서 다음 식을 얻을 수 있다.

$$T = 2RC \ln\frac{1 + B}{1 - B} = 2(1 \text{ k}\Omega)(0.1 \text{ } \mu\text{F}) \ln\frac{1 + 0.9}{1 - 0.9} = 589 \text{ } \mu\text{s}$$

주파수는 다음과 같다.

$$f = \frac{1}{589 \text{ } \mu\text{s}} = 1.7 \text{ kHz}$$

구형파 출력전압은 1.7 kHz의 주파수와 그림 20-34의 회로에서 $2V_{sat}$의 피크-피크값인 약 27 V를 가진다.

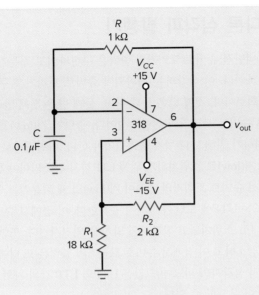

| 그림 20-34 | 예제

연습문제 20-10 그림 20-34에서 18 kΩ의 저항을 10 kΩ으로 바꾼 후, 새로운 출력 주파수를 구하라.

응용예제 20-11 **|||| MultiSim**

응용예제 20-10의 이완발진기는 그림 20-33에서 적분기를 구동하는 데 사용된다. 이완 발진기의 피크 출력전압을 13.5 V로 가정하자. 만일 적분기가 $R_4 = 10$ kΩ과 $C_2 = 10$ μF을 가진다고 하면 삼각파 출력의 피크-피크값은 얼마인가?

풀이 그림 20-33에 나타낸 식으로부터 이 회로를 해석할 수 있다. 응용예제 20-10에 서 귀환비 0.9와 주기 589 μs가 계산되었다. 따라서 삼각파 출력의 피크-피크값을 다 음과 같이 계산할 수 있다.

$$v_{out(p-p)} = \frac{589\ \mu s}{2(10\ k\Omega)(10\ \mu F)}(13.5\ V) = 39.8\ mV_{p-p}$$

이 회로는 약 27 V의 피크-피크값을 가지는 구형파와 39.8 mV의 피크-피크값을 가지 는 삼각파를 발생시킨다.

연습문제 20-11 그림 20-34에서 저항 18 kΩ을 10 kΩ으로 바꾼 후, 응용예제 20-11 을 다시 풀어라.

20-8 또 다른 삼각파 발생기

그림 20-35*a*에서 비반전 슈미트 트리거의 출력은 구형파이고 적분기를 구동한다. 적분기의 출력은 삼각파이다. 이 삼각파는 귀환되어 슈미트 트리거를 구동한다. 이 회로는 너무나 흥미로운 회로이다. 첫째 단은 둘째 단을, 둘째 단은 첫째 단을 구동한다.

그림 20-35*b*는 슈미트 트리거의 전달특성이다. 출력이 저(low)일 때 입력은 출력을 고(high)로 스위치하기 위해 UTP까지 증가되어야 한다. 마찬가지로 출력이 고(high)일 때 입력은 출력을 저(low)로 스위치하기 위해 LTP까지 감소되어야 한다.

그림 20-35*c*에서 슈미트 트리거의 출력이 저(low)일 때 적분기는 양의 램프를 발생시키고, 이 양의 램프는 UTP에 도달할 때까지 증가한다. 이 점에서 슈미트 트리거의 출력은 고(high)의 상태로 스위치되고 삼각파의 방향을 역전시킨다. 또한 음의 램프는 LTP에 도달할 때까지 감소하고 이 점에서 슈미트 트리거의 출력은 또 다른 변화를 일으킨다.

그림 20-35*c*에서 삼각파의 피크-피크값은 UTP와 LTP 간의 차와 같다. 주파수에 대한 식은 다음과 같이 유도할 수 있다.

$$f = \frac{R_2}{4R_1R_3C}$$

(20-19)

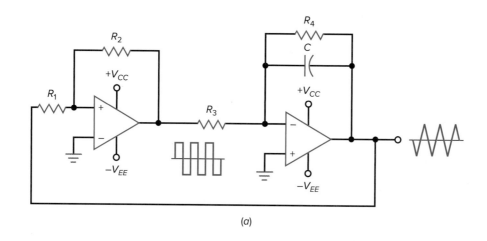

(*a*)

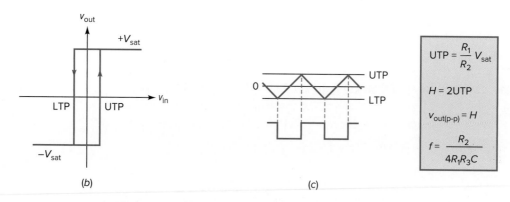

$$UTP = \frac{R_1}{R_2}V_{sat}$$

$$H = 2UTP$$

$$v_{out(p\text{-}p)} = H$$

$$f = \frac{R_2}{4R_1R_3C}$$

(*b*)   (*c*)

| 그림 20·35 | 구형파와 삼각파를 발생하는 슈미트 트리거와 적분기

그림 20-35c에 다른 해석을 위한 식과 더불어 이 식도 나타내었다.

응용예제 20-12

그림 20-35a의 삼각파 발생기는 다음과 같은 소자의 값을 가진다. 즉, $R_1 = 1\ \text{k}\Omega$, $R_2 = 100\ \text{k}\Omega$, $R_3 = 10\ \text{k}\Omega$, $R_4 = 100\ \text{k}\Omega$, $C = 10\ \mu\text{F}$이다. 만일 $V_{\text{sat}} = 13\ \text{V}$라면 피크-피크 출력은 얼마인가? 또 삼각파의 주파수는 얼마인가?

풀이 그림 20-35c에 나타낸 식에서 UTP는 다음의 값을 가진다.

$$\text{UTP} = \frac{1\ \text{k}\Omega}{100\ \text{k}\Omega}(13\ \text{V}) = 0.13\ \text{V}$$

삼각파 출력의 피크-피크값은 히스테리시스와 같다.

$$v_{\text{out(p-p)}} = H = 2\text{UTP} = 2(0.13\ \text{V}) = 0.26\ \text{V}$$

주파수는 다음과 같다.

$$f = \frac{100\ \text{k}\Omega}{4(1\ \text{k}\Omega)(10\ \text{k}\Omega)(10\ \mu\text{F})} = 250\ \text{Hz}$$

연습문제 20-12 그림 20-35a에서 R_1은 $2\ \text{k}\Omega$, C는 $1\ \mu\text{F}$으로 바꾼 후, $v_{\text{out(p-p)}}$와 출력 주파수를 구하라.

20-9 능동 다이오드 회로

연산증폭기는 다이오드 회로의 성능을 향상시킨다. 즉, 부귀환을 가진 연산증폭기는 무릎전압(knee voltage)의 영향을 감소시키고, 정류, 피크 검출, 클립 및 저레벨 신호의 클램프(진폭이 무릎전압 이하의 진폭을 갖는 것) 등을 할 수 있다. 그리고 완충작용을 할 수 있기 때문에 연산증폭기는 다이오드 회로에서 전원과 부하의 영향을 제거할 수 있다.

반파정류기

그림 20-36은 **능동 반파정류기**(active half-wave rectifier)이다. 입력신호가 양이면 출력도 양이 되고 다이오드는 도통된다. 그래서 이 회로는 전압폴로어처럼 동작하고 양의 반사이클 전압이 부하저항 양단에 나타난다. 그러나 입력이 음이 되면 연산증폭기의 출력도 음이 되고 다이오드는 차단된다. 이 때문에 다이오드는 개방되고 부하저항 양단에는 전압이 나타나지 않는다. 최종출력은 거의 완벽한 반파신호이다.

　여기는 2개의 서로 다른 형식(mode) 또는 동작영역이 있다. 첫째, 입력전압이 양이면, 다이오드는 도통되고 동작은 선형이다. 이때 출력전압은 입력으로 귀환되고 앞에서와 같이 부귀환이 걸린다. 둘째, 입력전압이 음이면, 다이오드는 차단되고 귀환로는 개

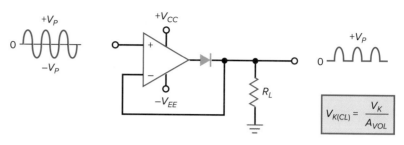

| 그림 20·36 | 능동 반파정류기

방된다. 이때 연산증폭기의 출력은 부하저항으로부터 절연된다.

연산증폭기의 큰 개방루프 전압이득은 무릎전압의 영향을 대부분 제거시킨다. 예를 들어 만일 무릎전압이 0.7 V이고 A_{VOL}이 100,000이면, 다이오드를 도통시키는 순간의 입력전압은 7 μV이다.

폐루프 무릎전압은 다음과 같이 주어진다.

$$V_{K(CL)} = \frac{V_K}{A_{VOL}}$$

여기서 실리콘 다이오드의 $V_K = 0.7$ V이다. 폐루프 무릎전압이 너무 적기 때문에 능동 반파정류기는 밀리볼트 영역의 저레벨 신호에서도 사용할 수가 있다.

능동 피크검출기

소신호 피크를 검출하기 위해서는 그림 20-37*a*와 같은 **능동 피크검출기**(active peak

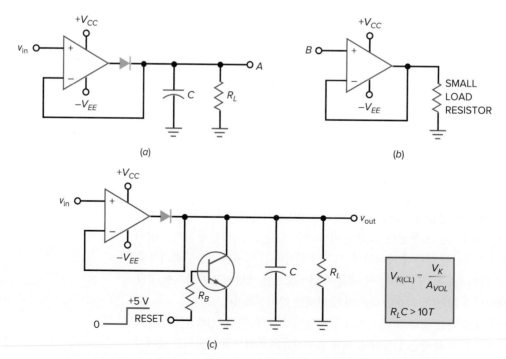

| 그림 20·37 | (a) 능동 피크검출기; (b) 완충증폭기; (c) 리셋을 가지는 피크검출기

detector)를 사용할 수 있다. 즉, 폐루프 무릎전압은 마이크로볼트 영역 이내이므로 저레벨 신호의 피크를 검출할 수 있음을 의미한다. 다이오드가 도통될 때 부귀환은 거의 0인 테브난 출력 임피던스를 발생시킨다. 이것은 충전시정수가 극히 적음을 의미하므로 커패시터는 양의 피크값으로 급하게 충전될 수 있다. 그러나 다이오드가 차단될 때는 커패시터가 R_L을 통해 방전한다. 방전시정수 $R_L C$는 입력신호의 주기보다 훨씬 길게 만들 수 있기 때문에 저레벨 신호의 거의 완벽한 피크 검출을 얻을 수가 있다.

여기는 2개의 서로 다른 동작영역이 있다. 첫째, 입력전압이 양일 때는, 다이오드가 도통되고 동작은 선형이다. 이때 커패시터는 입력전압의 피크까지 충전된다. 둘째, 입력전압이 음일 때는, 다이오드는 차단되고 귀환로는 개방된다. 이때 커패시터는 부하저항을 통해 방전한다. 방전시정수가 클수록 입력신호의 주기는 훨씬 더 커지고 출력전압은 입력전압의 피크값과 거의 같아진다.

만일 피크 검출된 신호가 적은 부하를 구동한다면 연산증폭기 버퍼를 사용하므로 부하효과를 피할 수 있다. 예를 들어 만일 그림 20-37a의 A점과 그림 20-37b의 B점을 접속한다면 전압폴로어는 피크검출기로부터 적은 부하저항을 절연시킬 수가 있다. 이것은 커패시터의 너무 빠른 방전으로부터 적은 부하저항을 보호하는 것이다.

시정수 $R_L C$는 적어도 최소 입력주파수의 주기 T보다 10배 이상 길어야 한다. 기호로 나타내면

$$R_L C > 10T \qquad\qquad\qquad (20\text{-}20)$$

만약 이 조건이 만족된다면 출력전압은 피크입력의 5% 이내가 될 것이다. 예를 들어 만일 최소주파수가 1 kHz이면 주기는 1 ms이다. 이때 $R_L C$인 시정수는 5% 이내의 오차를 얻기 위해서는 최소 10 ms는 되어야 한다.

흔히 그림 20-37c와 같은 리셋(reset)이 포함된 능동 피크검출기를 볼 수 있다. 리셋입력이 저(low)일 때 트랜지스터 스위치는 개방된다. 이때 회로는 앞에서와 같은 동작을 한다. 리셋입력이 고(high)일 때 트랜지스터 스위치는 단락되고 커패시터는 급히 방전한다. 리셋이 필요한 이유는 방전시정수가 크면 비록 입력신호가 제거되었을지라도 커패시터가 오랫동안 충전을 유지할 것이기 때문이다. 리셋입력을 고(high)로 함으로써 커패시터를 빨리 방전시켜 다른 피크값을 갖는 또 다른 입력값에 대하여 준비할 수 있다.

능동 양의 클리퍼

그림 20-38a는 **능동 양의 클리퍼**(active positive clipper)이다. 와이퍼를 완전히 왼쪽으로 돌리면 v_{ref}는 0이 되고 비반전입력은 접지된다. v_{in}이 양이 될 때 연산증폭기의 출력은 음이 되고 다이오드는 도통된다. 다이오드의 저임피던스는 귀환저항이 거의 0이기 때문에 큰 부귀환을 발생시킨다. 이 조건에서 입력 v_{in}의 모든 양의 값에서 가상접지가 된다.

v_{in}이 음이 될 때 연산증폭기의 출력은 양이 되어 다이오드는 차단되고 루프는 개방된다. 루프가 개방되었을 때 가상접지는 없어지고 v_{out}은 입력전압의 음의 반사이클과 같다. 이것이 그림에서 주어진 것처럼 출력에 음의 반사이클이 나타나는 이유이다.

v_{ref}의 서로 다른 값을 얻기 위해 와이퍼를 변화시키므로 클리핑 레벨을 조정할 수 있다. 이 방법으로 그림 20-38a에 나타낸 출력파형을 얻는다. 기준레벨은 0과 +V 사이

로 변화시킬 수 있다.

그림 20-38*b*는 2개의 반사이클 모두에서 클리핑이 발생되는 능동회로를 나타내었다. 귀환루프에 제너 다이오드가 서로 반대방향으로 접속되어 있음에 주목하라. 제너전압 이하에서 회로는 R_2/R_1인 폐루프이득을 가진다. 만일 출력이 제너전압과 순방향 다이오드전압강하의 합을 초과할 때 제너 다이오드는 항복되고 출력전압은 가상접지와 관계없이 $V_Z + V_K$가 된다. 이것은 그림과 같이 출력이 클리핑되는 이유이다.

능동 양의 클램퍼

그림 20-39는 **능동 양의 클램퍼**(active positive clamper)이다. 이 회로는 입력신호에 직류성분이 부가되어 있다. 결과적으로 출력은 직류레벨의 변동을 제외하고는 입력신호와 크기와 모양이 같다.

이 회로의 동작을 살펴보자. 처음 음의 입력 반사이클은 충전되지 않은 커패시터를 통해 결합되고 양의 연산증폭기 출력을 발생시켜 다이오드를 도통시킨다. 가상접지 때문에 커패시터는 그림 20-39에 보이는 극성으로 음의 입력 반사이클의 피크값으로 충전된다. 음의 입력피크를 지나가게 되면 다이오드는 차단되고, 루프는 개방되어 가상접

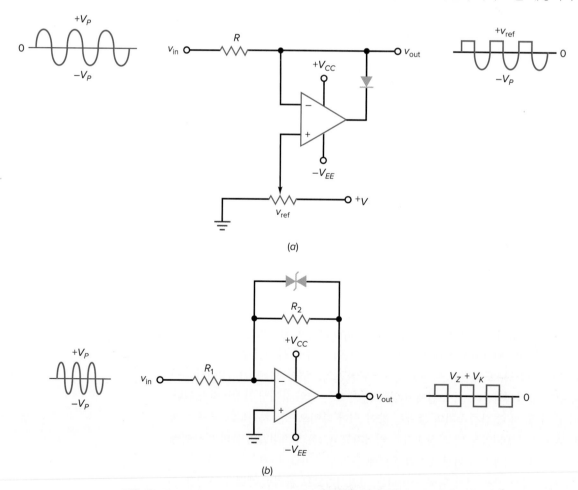

| 그림 20·38 | (a) 능동 양의 리미터; (b) 구형파를 발생하는 제너 다이오드

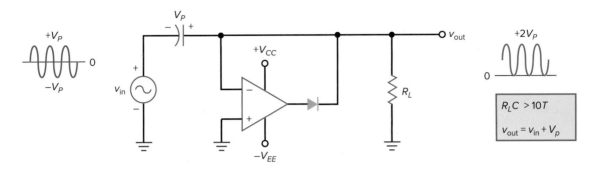

| 그림 20·39 | 능동 양의 클램퍼

지가 없어지게 된다. 이때 출력전압은 입력전압과 커패시터전압의 합이 된다. 즉

$$v_{\text{out}} = v_{\text{in}} + V_p \qquad\qquad (20\text{-}21)$$

V_p가 정현파 입력전압에 더해지기 때문에 최종 출력파형은 그림 20-39와 같이 V_p만큼 양으로 천이된다. 양으로 클램프된 파형은 0에서 $+2V_p$까지 스윙하는데, 이것은 입력전압과 같은 $2V_p$인 피크-피크값을 가짐을 의미한다. 또 부귀환은 대략적으로 A_{VOL}인 계수에 의해 무릎전압을 감소시키는데, 이것은 저레벨 입력에서 훌륭한 클램퍼를 설계할 수 있음을 의미한다.

그림 20-39에 연산증폭기 출력을 나타내었다. 대부분의 사이클 동안 연산증폭기는 음의 포화에서 동작한다. 그러나 음의 입력피크에서 연산증폭기는 양으로 가는 날카로운 펄스를 발생시키고 음의 입력피크 사이에서 클램핑 커패시터에 의해 잃어버린 전하를 복구시킨다.

20-10 미분기

미분기(differentiator)는 소위 **미분**(*differentiation*)이라는 연산을 수행하는 회로이다. 이것은 입력전압 변화의 순시율에 비례하는 출력전압을 발생시킨다. 미분기의 일반적인 응용은 구형파의 선단(leading edge)과 후단(trailing edge)을 검출하거나 또는 램프 입력으로부터 구형파 출력을 발생시키는 것이다.

RC미분기

그림 20-40*a*와 같은 회로는 입력신호를 미분하는 데 사용된다. 일반적으로 입력신호는 그림 20-40*b*처럼 구형파 펄스이다. 회로의 출력은 양과 음의 스파이크 열이다. 양의 스파이크는 입력의 선단과 동시에 발생하고, 음의 스파이크는 후단과 동시에 발생한다. 이 같은 스파이크는 구형파 입력의 시작과 끝을 지적해 주기 때문에 유용한 신호이다.

RC미분기가 어떻게 동작하는지를 이해하기 위해 그림 20-40*c*를 살펴보자. 입력전압이 0에서 +V로 변할 때 커패시터는 그림과 같이 지수적으로 충전하기 시작하고, 시

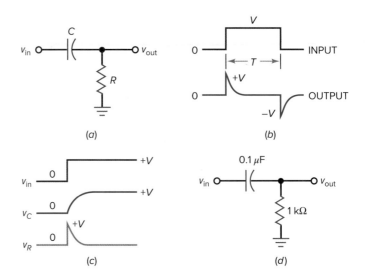

| 그림 20·40 | (a) *RC*미분기; (b) 구형파 입력은 스파이크파 출력을 발생시킨다; (c) 충전파형; (d) 예제

정수의 5배 정도의 시간이 경과한 후에 커패시터전압은 최종전압의 1% 이내가 된다. 키르히호프의 전압법칙을 만족시키기 위해서는 그림 20-40*a*의 저항 양단전압은

$$v_R = v_{in} - v_C$$

v_C는 초기에는 0이고, 출력전압은 0에서 V로 갑자기 점프하며 이후 그림 20-40*b*와 같이 지수적으로 감소한다. 마찬가지로 구형파 펄스의 후단은 음의 스파이크를 발생시킨다. 덧붙여 그림 20-40*b*의 각 스파이크는 전압스텝의 크기가 거의 *V*인 피크값을 가진다.

만일 *RC*미분기에서 좁은 스파이크를 발생시키려면 시정수는 적어도 펄스폭 *T*보다 10배 이상 작아야 한다.

$$RC < 10T$$

만일 펄스폭이 1 ms라면 *RC*시정수는 0.1 ms 이하가 되어야 한다. 그림 20-40*d*는 시정수 0.1 ms를 갖는 미분기이다. 만일 *T*가 1 ms 이상인 구형파로 이 회로를 구동한다면 출력에는 날카로운 양과 음의 전압 스파이크의 열이 발생할 것이다.

연산증폭기 미분기

그림 20-41*a*에 연산증폭기 미분기를 나타내었다. 연산증폭기 적분기와 비슷함에 주목하라. 차이점은 저항과 커패시터의 위치가 바뀌었다는 것이다. 가상접지 때문에 커패시터의 전류는 귀환저항을 통해 흐르고 이 저항 양단에 전압을 발생시킨다. 커패시터전류는 다음 식으로 주어진다.

$$i = C\frac{dv}{dt}$$

*dv/dt*는 입력전압의 기울기와 같다.

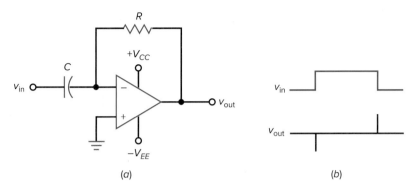

| 그림 20·41 | (a) 연산증폭기 미분기; (b) 구형파 입력은 스파이크 출력을 발생시킨다.

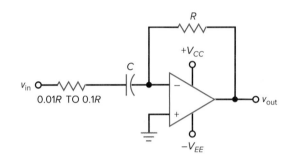

| 그림 20·42 | 발진을 방지하기 위해 입력에 부가하는 저항

연산증폭기 미분기의 일반적인 응용은 그림 20-41b와 같이 극히 좁은 스파이크를 발생시키기 위한 것이다. 간단한 RC미분기에 비해 이 연산증폭기 미분기의 이점은 일반적인 부하저항을 쉽게 구동할 수 있는 저임피던스원에서 발생되는 스파이크이다.

실제의 연산증폭기 미분기

그림 20-41a의 연산증폭기 미분기는 발진하는 경향이 있다. 이를 피하기 위해 실제의 연산증폭기 미분기는 그림 20-42와 같이 항상 커패시터에 직렬로 저항을 접속시킨다. 부가되는 저항의 일반적인 값은 0.01R에서 0.1R 사이이다. 이 저항으로 주어지는 폐루프 전압이득은 10에서 100 사이이다. 이것은 발진문제가 야기되는 고주파수에서 폐루프 전압이득을 제한하는 효과가 있다.

20-11 D급 증폭기

많은 오디오 증폭기 설계자들은 주로 B급 또는 AB급 증폭기를 선택한다. 이 선형증폭기의 구성은 요구되는 보편적인 성능과 적절한 가격을 제공할 수 있다. 오늘날 평면 스크린 TV, 데스크톱 PC 같은 제품들은 형식을 유지하거나 축소하는 동안 비용의 증가 없이 더 큰 전력 출력이 요구된다. PDA, 휴대폰, 노트북 PC 같은 휴대 전력장비들은 고효율 회로가 요구되고 있다. AB급 증폭기는 전체 출력 수준으로 사용될 때 약 78%의 최대효율을 가진다. 그러나 보통 청취 출력 수준 이하에서는 효율성이 급격히 떨어진다. D급 증폭기의 효율성은 출력전력 구간에서 90% 이상 될 수 있다. 고효율과 낮은 열방출로 인해 오늘날 많은 응용에서는 AB급 증폭기 대신에 **D급 증폭기**(class-D amplifier)를 더 선호한다. D급 증폭기는 우리가 지금껏 논의해 온 많은 회로와 장치들의 실용적인 응용에서 증명되고 있다.

이산 D급 증폭기

선형동작을 위한 바이어스 대신 D급 증폭기는 스위치로 동작하는 출력트랜지스터로 사용한다. 이것은 각 트랜지스터를 각기 차단 또는 포화 모드로 동작할 수 있게 한다. 차단일 때 전류는 0이다. 포화일 때 그 양단전압은 저(low)이다. 각 모드에서 전력소비는 극히 적다. 이 개념은 회로의 효율을 증가시킨다. 그러므로 전력공급장치로부터 적은 전력이 요구되며 증폭기에 보다 작은 방열판(heat sink)을 사용할 수 있게 한다.

그림 20-43에 하프-브리지 출력 구조를 사용한 기본 D급 증폭기를 나타내었다. 증폭기는 스위치로 동작하는 2개의 MOSFET를 구동하는 비교기 연산증폭기로 구성되어 있다. 비교기는 2개의 입력신호를 가진다. 하나의 입력신호는 음성신호 V_A, 그리고 다른 하나의 입력신호는 매우 큰 주파수를 가지는 삼각파 V_T이다. 비교기의 출력전압값 V_C는 대략 $+V_{DD}$이거나 $-V_{SS}$이다. $V_A > V_T$일 때 $V_C = +V_{DD}$이고, V_A V_T일 때 $V_C = -V_{SS}$이다.

비교기의 양 또는 음의 출력전압은 2개의 상보형 공통소스(CS) MOSFET를 구동한다. V_C가 양일 때 Q_1은 도통(on)되고 Q_2는 차단(off)된다. V_C가 음일 때 Q_2는 도통(on)되고 Q_1은 차단(off)된다. 각 트랜지스터의 출력전압은 공급전원값 $+V_{DD}$, $-V_{SS}$보다 약간 적을 것이다. L_1과 C_1은 저역통과 필터로 동작한다. D급 증폭기를 위한 대부분의 LC필터는 2차 저역통과 필터로 설계한다. 전형적인 필터는 40~50 kHz에서 차단주파

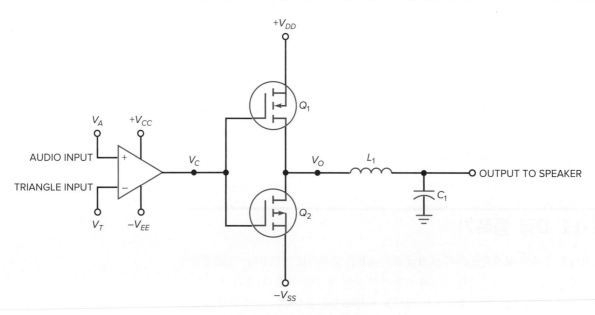

| 그림 20·43 | 기본 D급 증폭기

수를 갖는 버터워스 응답을 가진다. 이들 값을 적절히 선택하면 이 필터는 스위칭 트랜지스터 출력의 평균값을 스피커로 전달한다. 만일 음성 입력신호 V_A가 0이면 V_O는 0 V의 평균값을 갖는 대칭 구형파가 될 것이다.

이 회로의 동작 예로서 그림 20-44를 살펴보자. V_A입력에 1 kHz의 정현파를 인가하고 V_T입력에 20 kHz의 삼각파를 인가한다. 실제로는 삼각파 입력주파수는 이 예에서 보다 몇 배나 더 큰 250~300 kHz의 주파수를 흔히 사용한다. 주파수는 최소출력왜곡을 위한 L_1C_1의 차단주파수 f_c와 비교 가능할 만큼 커야 할 것이다. 또한 V_A의 최대전압은 V_T의 약 70%임에 주의하라.

결과적으로 스위칭 트랜지스터의 출력 V_O는 **펄스폭 변조**(pulse-width modulation: PWM)된 파형이다. 파형의 듀티사이클은 음성 입력신호에 따라 그 평균치인 출력을 보여 준다. 이것을 그림 20-45에 나타내었다. V_A가 양의 피크에 있으면 출력펄스의 폭이 최대 양의 값이 되므로 높은 양의 평균출력을 생성한다. V_A가 음의 피크에 있을 때 출력펄스의 폭은 최대 음의 값이 되므로 높은 음의 평균출력을 생성한다. V_A가 0일 때 출력은 양의 값과 음의 값이 같기 때문에 평균값은 0 V가 된다.

그림 20-46은 풀-브리지(H-bridge) 구조를 사용한 예를 보여 준다. 이러한 구조는 브리지-결합 부하(bridge-tied load: BTL)로 알려져 있다. 풀-브리지는 필터에 반대 극성의 펄스를 공급하는 2개의 하프-브리지를 필요로 한다. 주어진 V_{DD}와 V_{SS} 전력공급기에 의하여, 풀-브리지는 하프-브리지 구조에 비하여 출력신호의 2배 그리고 출력전력의 4배를 공급할 수 있다. 하프-브리지는 단순하고 덜 복잡한 게이트 드라이버 회로를 필요로 하지만, 풀-브리지는 더 나은 오디오 성능을 만들 수 있다. 브리지 구조의 차동 출력은 짝수-차 고조파왜곡 성분 및 직류 오프셋을 없애는 기능을 갖는다. 풀-브리지는 큰 결합 커패시터를 필요로 하지 않고 단일 전력공급기(V_{DD})에서 작동할 수 있다는 추가적인 장점이 있다.

하프-브리지 구조에서 출력 에너지의 일부는 스위칭 동안 증폭기에서 전원공급기로 다시 돌아간다. 이 에너지는 주로 저역통과 필터의 권선에 저장된 에너지 때문이다. 이

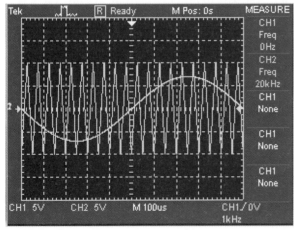

| 그림 20·44 | 입력파형

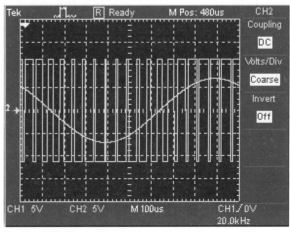

| 그림 20·45 | 입력에 따른 출력파형

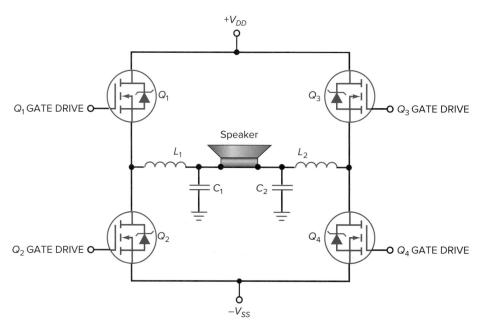

| 그림 20·46 | 풀-브리지 D급 출력

것은 버스 전압 변동과 출력 왜곡을 초래한다. 반면에 풀-브리지의 상호보완적인 스위치는 다른 쪽으로부터 에너지를 소비할 수 있다. 이것은 전원공급기로 적은 에너지를 되돌려 주는 결과를 초래한다.

어떠한 구조든 스위칭 시간 오차는 PWM 신호의 비선형성을 일으킬 수 있다. **슛-스루**(*shoot-through*)를 막기 위해서는 짧은 "데드타임"은 풀-브리지의 한쪽 면의 전력 FET 2개가 동시에 단락되지 않도록 사용되어야 한다. 만약 이 시간간격이 너무 크면 출력에서 총고조파왜곡이 현저히 증가될 수 있다. 또한 출력회로의 고주파 스위칭은 전자기간섭(EMI)을 일으킬 수 있다. 그러므로 가능한 한 짧은 리드, 회로 트레이스 및 연결선을 유지하는 것이 중요하다.

D급 증폭기의 변형은 **필터리스 D급 증폭기**(*filterless class-D amplifier*)라고 부른다. 이 증폭기는 앞에서 설명한 것과 다른 형태의 변조 기술을 사용한다. 이 증폭기에서 입력신호가 양일 경우 출력은 0 V에서 $+V_{DD}$ 사이를 스위칭하는 PWM 펄스열이다. 입력신호가 음일 경우에는 출력 변조된 펄스열은 0 V에서 $-V_{SS}$ 사이를 스위칭한다. 입력신호가 0일 때 출력은 대칭적인 구형파보다는 오히려 0이다. 이는 스피커에 연결된 저역통과 필터의 필요성을 없앨 수 있다.

IC D급 증폭기

저전력 D급 증폭기를 위하여, 하나의 집적회로에 필요한 모든 회로를 묶는 것은 많은 이점이 있다. LM48511은 고효율 D급 오디오 증폭기와 함께, 스위칭 전류모드 부스트 컨버터를 결합한 D급 IC 증폭기의 일례이다. D급 증폭기는 8 Ω 스피커에 3 W의 연속적인 전력을 공급할 수 있으며, 출력 *LC* 저역통과 필터를 제거한 저잡음 PWM 구조를 사용한다. LM48511은 GPS, 휴대폰, MP3 플레이어와 같은 휴대용 장치를 위해 설계되었다. 5 V 효율 등급에서 그것의 80%가 AB급 증폭기에 비해 배터리 수명을 연장할 수 있다. 그렇다면 IC는 어떤 식으로 작동되는 것일까?

그림 20-47은 오디오 증폭기에 적용된 LM48511의 간략화된 블록다이어그램을 나타낸다. 여러 가지 내부 기능블록이 IC 내부에 보인다. 특별한 입력 신호 제어 연결과 함께 이 블록은 +3.0 V에서 +5.5 V의 외부 파워 공급 V_{DD}와 작동을 위한 최소한의 외부 부품이 요구된다.

LM48511 상단의 절반은 스위칭 전압 레귤레이터를 구성한다. 이러한 유형의 레귤레이터는 적용된 공급전압 V_{DD}의 레벨을 증가시킬 수 있기 때문에 **부스트 컨버터**(*boost converter*)라고 불린다. 스위칭 레귤레이터의 세부사항은 나중의 장에서 설명되겠지만 우선 기본동작을 살펴보도록 하자.

스위칭 부스터 전압 레귤레이터는 외부 부품인 L_1, D_1, C_2 그리고 R_1에서 R_3로의 전압분배기 네트워크와 함께, 내부 발진기, 변조기와 FET로 구성되어 있다. 상부 발진기 블록은 1 MHz의 주파수로 변조기를 구동한다. 그런 다음 모듈레이터는 듀티사이클이 가변되는 1 MHz 파형으로 내부 스위칭 소자인 FET를 구동한다. 변조기 피드백 신호 *FB*는 출력전압이 더 필요할지 덜 필요한지 여부에 따라 듀티사이클이 변경된다. FET가 단락될 때, 전류는 L_1을 통해 흐르고, 에너지는 자기장에 저장된다. FET가 스위치 오프되면 자기장을 가로지르는 전압을 유발하여 L_1을 둘러싼 자기장은 붕괴한다. 이 전압은 직렬로 입력전압 V_{DD}와 더해진다. 콘덴서 C_2는 쇼트키 다이오드 D_1을 통해서 $(V_{DD} + V_L) + V_{diode}$ 값까지 충전된다. 사용되는 피드백 저항 R_1 또는 R_2에 따라 승압된 전압이 C_2에 의해서 필터링될 것이고 증폭기 전압 입력점인 V_1과 PV_1에 연결될 것이다. V_{DD}가 5 V일 때 승압된 출력전압은 약 7.8 V이다. 배터리 전력을 아끼려면 부스터 회로는 변조기의 제어신호에 의해 동작하지 않을 수 있다. 이러한 상황은 오직 작은 출력전력 레벨이 필요할 때에만 발생한다. 그러므로 승압 전압은 필요치 않다. 높은 스위칭 주파수 때문에 컨버터에 사용되는 낮은 등가 직렬저항(equivalent series resistance : ESR)을 갖는 다층 세라믹 콘덴서와 개별적으로 등가 직렬저항이 낮은 탄탈 콘덴서 C_2로 사용하는 것을 권장한다.

그림 20-47에 나타낸 것과 같이 LM48511의 하반부는 D급 증폭기이다. 이 IC는 입력과 출력에 완전한 차동증폭기를 사용한다. 이는 73 dB의 전형적인 공통모드제거비(CMRR)를 가지게 된다. 차동증폭기의 이득은 4개의 외부저항에 의해 설정된다. 이것은 입력저항 R_5, R_7, 그리고 피드백저항 R_6, R_8이다. IC의 전압이득은 아래 식에 의해 결정된다.

$$A_V = 2x\,\frac{R_f}{R_{in}}$$

증폭기의 총고조파왜곡(THD)의 퍼센트를 감소시키고 공통모드제거비(CMRR)를 증가시키기 위해서는 1% 또는 더 좋은 허용오차를 갖는 정밀 저항들이 사용되어야 한다. 또한 증폭기의 노이즈 제거를 증가시키기 위해 이러한 저항기들은 가능하면 IC의 입력 연결과 최대한 가까이 배치하여야 한다. 필요할 경우 2개의 입력커패시터인 C_{in}들은 입력 오디오 신호원의 직류성분을 막기 위해 사용된다.

차동증폭기의 출력은 하부 변조기 블록을 구동한다. LM48511은 **고정주파수**(*fixed*

frequency: FF) 모드와 **확산스펙트럼**(*spread spectrum: SS*) 모드인 두 가지 펄스폭 변조 방식을 사용한다. 이 모드는 내부 발진기로 연결되어 있는 $SS/\overline{FF}$ 제어라인을 통하여 설정된다. 이 제어라인이 접지되면 변조기 출력은 300 kHz의 일정한 비율로 스위치된다. 그때 증폭기의 출력 스펙트럼은 300 MHz 기본 주파수와 그것과 연관된 고조파로 구성된다.

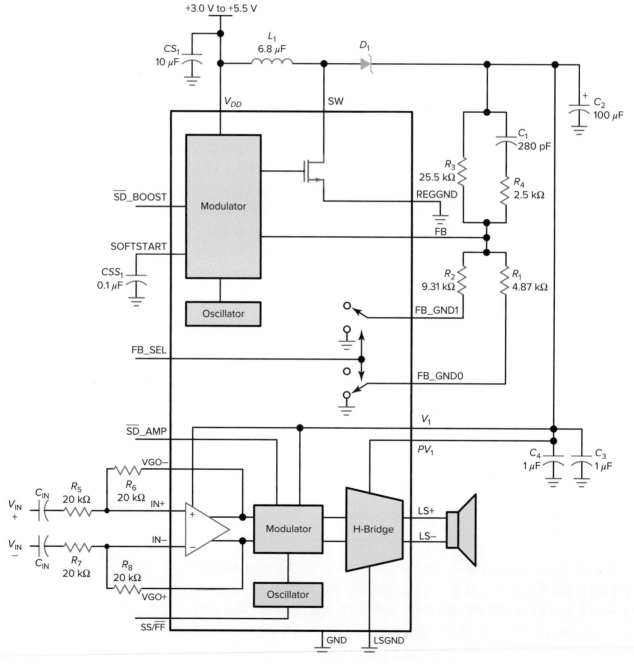

| 그림 20·47 | 전형적인 LM48511 오디오 증폭기 적용 회로

SS/FF 제어선이 +V_{DD}에 연결될 때 변조기는 확산스펙트럼 모드에서 동작한다. 변조기의 스위칭 주파수는 330 kHz의 중심주파수가 약 10%까지 임의로 달라질 것이다. 고정된 변조 주파수는 기본 주파수의 스펙트럼 에너지 및 스위칭 주파수의 배수 고조파를 생성한다. 확산 스펙트럼 변조는 음성 재생에 영향을 주지 않으면서 더 큰 대역폭에 걸쳐 에너지를 확산한다. 이 모드는 기본적으로 출력 필터가 필요하지 않다.

변조기의 출력은 내부의 풀-브리지 파워 스위칭 소자를 구동한다. 만약 고정된 주파수 모드로 동작하는 경우, 출력은 300 kHz의 스위칭 주파수로 PV1(조절된 입력전압)에서 접지로 바뀐다. 입력신호가 0일 때, 출력 V_{LS+}과 V_{LS-}은 50%의 듀티사이클 비율을 갖고 변화해서 결국에는 2개의 출력은 상쇄된다. 스피커 양단에 실제적인 전압이 걸리지 않으며 부하전류가 없다. 인가된 입력신호 레벨이 증가할 때 V_{LS+}의 듀티사이클이 증가하고 V_{LS-}의 듀티사이클이 감소한다. 인가된 입력신호가 감소할 때 V_{LS-}의 듀티사이클이 증가하면서 V_{LS+}의 듀티사이클은 감소한다. 각 출력에서의 듀티사이클 비율의 차이는 스피커를 통해 전류의 레벨 및 방향을 결정한다.

요점 __ *Summary*

20-1 기준전압이 0 V인 비교기

기준전압 0 V를 가지는 비교기를 영점통과 검출기라고 한다. 다이오드 클램프는 과대한 입력전압에 대하여 비교기를 보호하기 위해 가끔 사용된다. 비교기 출력은 항상 디지털회로와 인터페이스한다.

20-2 기준전압이 0 V가 아닌 비교기

어떤 응용에서는 0이 아닌 문턱전압을 사용하기도 한다. 0이 아닌 기준전압을 가지는 비교기를 제한검출기라고 부른다. 연산증폭기가 비록 비교기로 사용되기도 하지만 IC 비교기는 내부의 보상용 커패시터를 제거했기 때문에 이 응용을 위해서는 최적이다. 이것은 스위칭 속도를 증가시킨다.

20-3 히스테리시스를 가지는 비교기

잡음은 여러 가지 원치 않는 신호로, 입력신호에 유도되거나 조화관계를 가져서는 안 된다. 잡음은 비교기에 가짜 트리거링을 발생시키므로 정귀환은 히스테리시스 발생에 사용된다. 이것은 잡음이 가짜 트리거링을 발생시키는 것을 방지한다. 또한 정귀환은 출력상태 간의 스위칭 속도를 상승시킨다.

20-4 창 비교기

창 비교기는 일명 양단제한검출기라고도 부르는데 그 이유는 입력전압이 2개의 제한된 값 사이일 때를 검출하기 때문이다. 창을 만들기 위해서는 2개의 서로 다른 트립점을 가지는 2개의 비교기를 사용하는 창 비교기가 필요하다.

20-5 적분기

적분기는 구형파 펄스를 선형램프파로 변환하는 데 유용하다. 큰 입력 밀러용량 때문에 지수적인 충전의 초기부분만을 사용한다. 초기부분은 거의 선형이기 때문에 출력램프파는 거의 완벽하다. 적분기는 오실로스코프의 시간기준(time bases)을 만드는 데도 사용된다.

20-6 파형 변환

정현파를 구형파로 변환시키기 위해 슈미트 트리거를 사용하고, 구형파를 삼각파로 변환하는 데는 적분기를 사용한다. 제한검출기에서 듀티사이클은 가변저항으로 조절할 수 있다.

20-7 파형 발생

정귀환을 이용하여 외부 입력신호 없이 출력신호를 발생시키는 회로인 발진기를 만들 수 있다. 이완발진기는 출력신호를 발생시키기 위해 커패시터의 충전을 이용한다. 이완발진기와 적분기를 종속 접속하여 삼각파 출력파형을 발생시킬 수 있다.

20-8 또 다른 삼각파 발생기

비반전 슈미트 트리거의 출력은 적분기를 구동하는 데 사용할 수 있다. 만일 적분기의 출력을 슈미트 트리거의 입력으로 사용한다면 구형파와 삼각파를 동시에 발생하는 발진기를 만들 수가 있다.

20-9 능동 다이오드 회로

연산증폭기로 능동 반파정류기, 피크검출기, 클리퍼 및 클램퍼를 만들 수가 있다. 이 모든 회로에서 폐루프 무릎전압은 무릎전압을 개방루프 전압이득으로 나눈 것이다. 이 때문에 저레벨 신호를 처리할 수 있다.

20-10 미분기

구형파가 RC미분기를 구동할 때 출력은 폭이 좁은 양(1), 음(2) 전압 스파이크의 열이 된다. 연산증폭기로 미분을 개선하고 저출력 임피던스를 얻을 수 있다.

20-11 D급 증폭기

D급 증폭기는 선형영역의 동작 대신 스위치로 동작하는 출력트랜지스터를 사용한다. 이 트랜지스터들은 비교기 회로의 출력신호에 의해 교대로 포화, 차단으로 동작

한다. D급 증폭기는 고효율 회로이고 오디오 증폭이 필요한 휴대장비에 인기가 있다.

중요 수식 __ *Important Formulas*

(20-8)   히스테리시스:

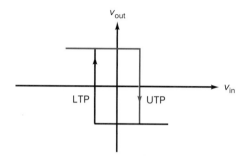

$$H = UTP - LTP$$

여기에 없는 유도식은 이 장에 있는 적절한 그림을 참조하라.

(20-9)   히스테리시스:

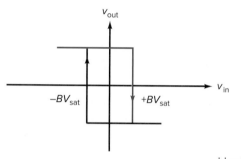

$$H = 2BV_{sat}$$

(20-12)   가속커패시턴스:

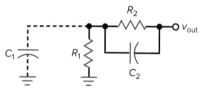

$$C_2 = \frac{R_1}{R_2}C_1$$

연관 실험 __ *Correlated Experiments*

실험 52

능동 다이오드 회로와 비교기

실험 53

파형 정형 회로

시스템 응용 6

공급전원 모니터링 회로

복습문제 __ *Self–Test*

1. 비선형 연산증폭기 회로에서 _____.
  a. 연산증폭기는 결코 포화되지 않는다
  b. 귀환루프는 결코 개방되지 않는다
  c. 출력의 형태는 입력의 형태와 같다
  d. 연산증폭기는 포화될 수 있다

2. 입력이 특정한 값보다 클 때를 검출하기 위해서는 무엇을 사용해야 하는가?
  a. 비교기
  b. 클램퍼
  c. 리미터
  d. 이완발진기

3. 슈미트 트리거의 출력전압은?
  a. 저(low)전압이다.
  b. 고(high)전압이다.
  c. 저(low) 또는 고(high) 중 어느 하나이다.
  d. 정현파이다.

4. 히스테리시스는 무엇에 관계되는 가짜 트리거링을 방지하는가?
   a. 정현파 입력   b. 잡음전압
   c. 표유용량   d. 트립점

5. 만약 입력이 구형파라면, 적분기의 출력은?
   a. 정현파   b. 구형파
   c. 램프파   d. 구형파 펄스

6. 큰 정현파가 슈미트 트리거를 구동할 때, 출력은?
   a. 구형파
   b. 삼각파
   c. 정류된 정현파
   d. 램프파의 열

7. 만일 펄스폭은 감소하고 주기는 변함이 없다면, 듀티사이클은?
   a. 감소한다.
   b. 변함없다.
   c. 증가한다.
   d. 0이다.

8. 이완발진기의 출력은?
   a. 정현파   b. 구형파
   c. 램프파   d. 스파이크파

9. 만일 A_{VOL} = 100,000일 때 실리콘 다이오드의 폐루프 무릎전압은?
   a. 1 μV   b. 3.5 μV
   c. 7 μV   d. 14 μV

10. 피크검출기의 입력은 8 V의 피크-피크값과 0 V의 평균값을 가지는 삼각파이다. 출력은?
    a. 0 V
    b. 4 V
    c. 8 V
    d. 16 V

11. 양의 리미터의 입력은 8 V의 피크-피크값과 0 V의 평균값을 가지는 삼각파이다. 만일 기준 레벨이 2 V라면 출력은 몇 V의 피크-피크값을 갖는가?
    a. 0 V   b. 2 V
    c. 6 V   d. 8 V

12. 피크검출기의 방전시정수가 100 ms이다. 사용할 수 있는 최저 주파수는?
    a. 10 Hz   b. 100 Hz
    c. 1 kHz   d. 10 kHz

13. 0 V인 트립점을 가지는 비교기를 일명 무엇이라 부르는가?
    a. 문턱전압 검출기
    b. 영점통과 검출기
    c. 양의 리미터 검출기
    d. 반파검출기

14. 적절한 동작을 위해 대부분의 IC 비교기는 외부에 무엇을 필요로 하는가?
    a. 보상용 커패시터
    b. 풀업저항
    c. 바이패스회로
    d. 출력단

15. 슈미트 트리거는 무엇을 사용하는가?
    a. 정귀환
    b. 부귀환
    c. 보상용 커패시터
    d. 풀업저항

16. 슈미트 트리거는 _____ .
    a. 영점통과 검출기이다
    b. 2개의 트립점을 가진다
    c. 삼각출력파를 발생한다
    d. 잡음전압에 대해 트리거하도록 설계한다

17. 이완발진기는 무엇을 통한 커패시터의 충전에 의존하는가?
    a. 저항   b. 인덕터
    c. 커패시터   d. 비반전입력

18. 램프파의 전압은?
    a. 항상 증가한다.
    b. 구형파 펄스이다.
    c. 선형적으로 증가 또는 감소한다.
    d. 히스테리시스에 의해 발생한다.

19. 연산증폭기 적분기는 무엇을 사용하는가?
    a. 인덕터

b. 밀러효과
c. 정현입력
d. 히스테리시스

20. 무엇을 발생시키는 입력전압을 비교기의 트립점이라고 하는가?
    a. 회로의 발진
    b. 입력신호의 피크검출
    c. 출력의 스위치 상태
    d. 클램핑의 발생

21. 연산증폭기 적분기에서 입력저항을 통하는 전류는 무엇으로 흐르는가?
    a. 반전입력
    b. 비반전입력
    c. 바이패스 커패시터
    d. 귀환 커패시터

22. 능동 반파정류기는 얼마의 무릎전압을 가지는가?
    a. V_k
    b. 0.7 V
    c. 0.7 V 이상
    d. 0.7 V보다 훨씬 적음

23. 능동 피크검출기에서 방전시정수는?
    a. 주기보다 훨씬 길다.
    b. 주기보다 훨씬 짧다.
    c. 주기와 같다.
    d. 충전시정수와 같다.

24. 만일 기준전압이 0이라면, 능동 양의 리미터의 출력은?
    a. 양(+)
    b. 음(−)
    c. 양(+) 또는 음(−) 중 하나
    d. 램프

25. 능동 양의 클램퍼의 출력은?
    a. 양(+)
    b. 음(−)
    c. 양(+) 또는 음(−) 중 하나
    d. 램프

26. 양의 클램퍼는 무엇이 부가되는가?
    a. 입력에 양의 직류전압

b. 입력에 음의 직류전압

c. 출력에 교류신호

d. 출력에 트립점

27. 창 비교기는 _____ .

a. 사용 가능한 임계값이 하나뿐이다

b. 가속응답에 히스테리시스가 사용된다

c. 입력을 양으로 클램프한다

d. 두 제한된 값 사이의 입력전압을 검출한다

28. *RC*미분기 회로는 입력 _____의 순시변화율과 관련된 출력전압을 발생시킨다.

a. 전류　　　　b. 전압

c. 저항　　　　d. 주파수

29. 연산증폭기 미분기는 무엇을 발생시키는 데 사용하는가?

a. 출력 구형파

b. 출력 정현파

c. 출력전압 스파이크

d. 출력직류레벨

30. D급 증폭기는 무엇 때문에 고효율인가?

a. 차단 또는 포화된 출력트랜지스터

b. 직류전압원을 요구하지 않기 때문

c. RF동조단을 사용하기 때문

d. 입력전압의 360° 전도 때문

기본문제 __ *Problems*

20-1　기준전압이 0 V인 비교기

20-1 그림 20-1*a*에서 비교기는 106 dB의 개방루프 전압이득을 가진다. 만일 공급전압이 ±20 V라면 양의 포화를 발생하는 입력전압은 얼마인가?

20-2 그림 20-2*a*에서 입력전압이 50 V이면, R = 10 kΩ일 때 왼쪽 클램핑 다이오드를 흐르는 전류는 대략 얼마인가?

20-3 그림 20-7*a*에서 각 다이오드는 1N4736A이다. 만일 공급전압이 ±15 V이면 출력전압은 얼마인가?

20-4 그림 20-7*b*의 2공급전원을 ±12 V로 감소시키고 다이오드의 극성을 반대로 했다. 출력전압은 얼마인가?

20-5 그림 20-9의 다이오드 극성을 반대로 하고 공급전원을 ±9 V 변화시켰다면, 스트로브가 고(high)일 때와 저(low)일 때의 출력은 얼마인가?

20-2　기준전압이 0 V가 아닌 비교기

20-6 그림 20-11*a*의 2공급전원이 ±15 V이다. 만일 R_1 = 47 kΩ, R_2 = 12 kΩ이라면 기준전압은 얼마인가? 만일 바이패스 커패시터가 0.5 μF이라면 차단주파수는 얼마인가?

20-7 그림 20-11*c*에서 2공급전원이 ±12 V이다. 만일 R_1 = 15 kΩ, R_2 = 7.5 kΩ이라면 기준전압은 얼마인가? 만일 바이패스 커패시터가 1.0 μF이라면 차단주파수는 얼마인가?

20-8 그림 20-12에서 V_{CC} = 9 V, R_1 = 22 kΩ, R_2 = 4.7 kΩ이다. 만일 입력이 7.5 V 피크를 가지는 정현파라면, 출력 듀티사이클은 얼마인가?

20-9 그림 20-48에서 만일 입력이 5 V의 피크를 가지는 정현파라면, 출력 듀티사이클은 얼마인가?

20-3　히스테리시스를 가지는 비교기

20-10 그림 20-18*a*에서 R_1 = 2.2 kΩ, R_2 = 18 kΩ이다. 만일 V_{sat} = 14 V라면, 트립점은 얼마인가? 또 히스테리시스는 얼마인가?

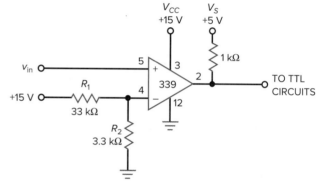

| 그림 20·48 |

20-11 만일 R_1 = 1 kΩ, R_2 = 20 kΩ이고 V_{sat} = 15 V라면, 그림 20-19*a* 회로에서 가짜 트리거링이 발생되지 않는 최대 피크-피크 잡음전압은 얼마인가?

20-12 그림 20-20의 슈미트 트리거는 R_1 = 1 kΩ, R_2 = 18 kΩ이다. 만일 R_1양단의 표유용량이 3.0 pF이라면, 가속커패시터의 용량은 얼마가 되어야 하나?

20-13 그림 20-49에서 V_{sat} = 13.5 V이다. 트립점과 히스테리시스는 얼마인가?

20-14 그림 20-50에서 만일 V_{sat} = 14 V이면 트립점과 히스테리시스는 얼마인가?

20-4　창 비교기

20-15 그림 20-22*a*에서 LTP와 UTP가 +3.5 V와 +4.75 V로 바뀌었다. 만일 V_{sat} = 12 V이고 입력이 10 V의 피크를 가지는 정현파라면, 출력 전압 파형은 어떠한가?

20-16 그림 20-23*a*에서 2*R* 저항이 4*R*로 바뀌고, 3*R* 저항이 6*R*로 바뀌었다. 새로운 기준전압은 얼마인가?

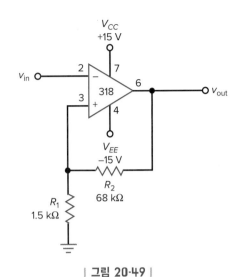

| 그림 20·49 |

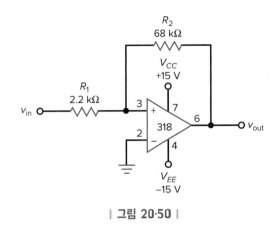

| 그림 20·50 |

20-5 적분기

20-17 입력펄스가 고(high)일 때, 그림 20-51에서 커패시터 충전 전류는 얼마인가?

20-18 그림 20-51에서 출력전압이 펄스 시작 직전에 리셋되었다. 펄스의 끝에서 출력전압은 얼마인가?

20-19 그림 20-51에서 입력전압이 5 V에서 0.1 V로 바뀌었다. 그림 20-51의 용량은 다음의 값, 즉 0.1, 1, 10, 100 μF 등으로 변경된다. 펄스의 시작에서 리셋했다. 각 용량값에 대한 펄스의 끝에서의 출력전압은 얼마인가?

20-6 파형 변환

20-20 그림 20-52에서 출력전압은 얼마인가?

20-21 그림 20-52에서 용량이 0.068 μF으로 변경되었다면, 출력전압은 얼마인가?

20-22 그림 20-52에서 만일 주파수가 5 kHz로 변경되었다면, 출력전압에는 어떤 일이 발생하는가? 또 20 kHz로 변경되었다면 어떠한가?

20-23 ▎▎▎ **MultiSim** 그림 20-53에서 와이퍼가 가장 큰 값 위치에 있을 때 듀티사이클은 얼마인가? 또 와이퍼가 가장 적은 값의 위치에 있을 때 듀티사이클은 얼마인가?

20-24 ▎▎▎ **MultiSim** 그림 20-53에서 와이퍼가 가장 큰 값의 1/2 위치에 있을 때 듀티사이클은 얼마인가?

20-7 파형 발생

20-25 ▎▎▎ **MultiSim** 그림 20-54에서 출력신호의 주파수는 얼마인가?

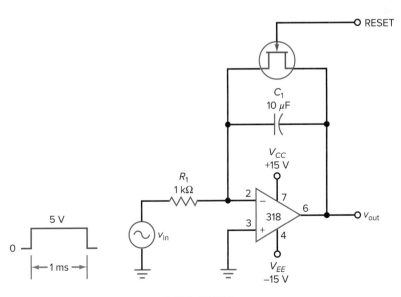

| 그림 20·51 |

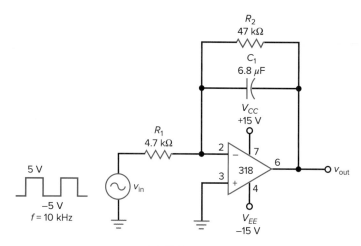

| 그림 20·52 |

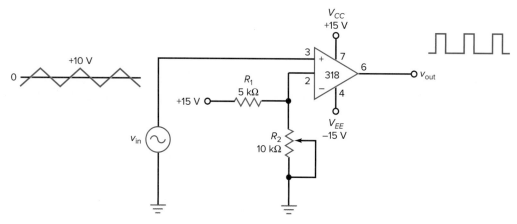

| 그림 20·53 |

20-26 ▐▌▌**MultiSim** 그림 20-54에서 만일 모든 저항이 2배가 되었다면, 주파수에는 어떤 일이 발생하는가?

20-27 그림 20-54의 커패시터를 0.47 μF으로 바꾸었다. 새로운 주파수는 얼마인가?

20-8 또 다른 삼각파 발생기

20-28 그림 20-35*a*에서 R_1 = 2.2 kΩ, R_2 = 22 kΩ이다. 만일 V_{sat} = 12 V라면 슈미트 트리거의 트립점은 얼마인가? 또 히스테리시스는 얼마인가?

20-29 그림 20-35*a*에서 R_3 = 2.2 kΩ, R_4 = 22 kΩ이고, C = 4.7 μF이다. 만일 슈미트 트리거의 출력이 28 V의 피크-피크값과 5 kHz의 주파수를 가지는 구형파라면 삼각파 발생기의 피크-피크 출력은 얼마인가?

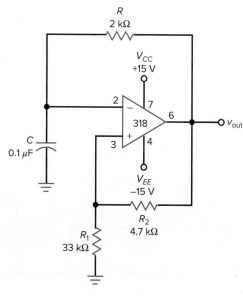

| 그림 20·54 |

| 그림 20·55 |

20-9 능동 다이오드 회로

20-30 그림 20-36에서 입력 정현파는 100 mV의 피크를 가진다. 출력전압은 얼마인가?

20-31 그림 20-55에서 출력전압은 얼마인가?

20-32 그림 20-55에서 최저 권장 주파수는 얼마인가?

20-33 그림 20-55에서 다이오드 방향이 반대로 된다고 가정하자. 출력전압은 얼마인가?

20-34 그림 20-55의 입력전압이 75 mV_{rms}에서 150 mV_{p-p}로 바뀌었다. 출력전압은 얼마인가?

20-35 그림 20-39에서 만일 피크 입력전압이 100 mV라면 출력전압은 얼마인가?

20-36 그림 20-39와 같은 양의 클램퍼는 R_L = 10 kΩ, C = 4.7 μF을 가진다. 이 클램퍼에서 최저 권장 주파수는 얼마인가?

20-10 미분기

20-37 그림 20-40에서 입력전압은 10 kHz의 주파수를 가지는 구형파이다. 미분기는 1초 동안 얼마나 많은 양과 음의 스파이크를 발생시키는가?

20-38 그림 20-41에서 입력전압은 1 kHz의 주파수를 가지는 구형파이다. 양과 음의 출력 스파이크 간의 시간은 얼마인가?

응용문제 __ *Critical Thinking*

20-39 그림 20-48에서 1 V의 기준전압을 얻기 위해 하나 또는 그 이상의 변경을 제시하라.

20-40 그림 20-48에서 출력양단의 표유용량은 50 pF이다. 출력이 저(low)에서 고(high)로 스위치될 때 출력파형의 상승시간은 얼마인가?

20-41 그림 20-48의 3.3 kΩ 양단에 47 μF의 바이패스 커패시터가 접속되어 있다. 바이패스회로의 차단주파수는 얼마인가? 만일 공급전원 리플이 1 V_{rms}라면 반전입력에서의 리플은 대략 얼마인가?

20-42 만일 입력이 5 V의 피크를 갖는 정현파라면. 그림 20-14a의 1 kΩ을 흐르는 평균전류는 얼마인가? R_1 = 33 kΩ, R_2 = 3.3 kΩ으로 가정하라.

20-43 그림 20-49의 저항은 ±5%의 오차를 가진다. 최소 히스테리시스는 얼마인가?

20-44 그림 20-23a에서 LTP와 UTP는 +3.5 V와 +4.75 V로 변경되었다. 만일 V_{sat} = 12 V이고 입력이 10 V의 피크를 가지는 정현파라면 출력 듀티사이클은 얼마인가?

20-45 그림 20-51에서 0.1, 1, 10 ms의 시간을 갖고 0에서 +10 V까지 스윙하는 램프 출력전압을 발생시키기를 원한다. 이 회로에서 무엇을 변화시키면 이를 수행할 수 있는가? (가능한 한 많은 답을 적어라.)

20-46 그림 20-54의 출력주파수를 20 kHz로 하기를 원한다. 이 회로에서 무엇을 변화시키면 이를 수행할 수 있는가?

20-47 그림 20-50의 입력에서 잡음전압은 1 V_{p-p}만큼 크다. 만약 R_2가 82 kΩ으로 변환된다면, 회로에서 하나 이상을 변화시켜 잡음전압이 무시될 수 있는 회로를 제시하라.

20-48 XYZ사는 이완발진기를 대량 생산한다. 출력전압은 최소 10 V_{p-p}로 가정한다. 출력을 최소 10 V_{p-p}로 보고 각 유닛(unit)의 출력을 점검하기 위한 방법들을 제시하라. (답이 여러 개일 수 있으므로 많은 방법을 생각하라. 본 장이나 앞의 장들에서 사용한 소자나 회로를 이용하라.)

20-49 어두울 때 불을 켜고, 밝을 때 불을 끄는 회로를 설계하라. (본 장이나 앞의 장들에 있는 소자나 회로를 사용하여 다양하게 답을 생각해 보라.)

20-50 전력선 전압이 너무 낮을 때 작동하지 않는 어떤 전자장치가 있다. 전력선 전압이 105 V_rms일 때 소리 알람(alarm)이 동작하는 회로를 몇 가지 제시하라.

20-51 레이더파는 186,000 mi/s로 전파된다. 지구에 있는 송신기로 달을 향해 레이더파를 보내면 이 레이더파의 반사파는 지구로 되돌아온다. 그림 20-51에서 1 kΩ을 1 MΩ으로 바꾸었다. 입력 구형파 펄스는 레이더파를 달로 보내는 순간 시작되고 레이더파가 지구로 되돌아오는 순간 펄스가 끝난다. 만일 출력램프가 최종전압 −1.23 V까지 감소했다면 달까지의 거리는 얼마나 되는가?

고장점검 __ *Troubleshooting*

문제 20-52에서 20-55에 대하여 그림 20-56을 사용하라. 각 시험점 *A*에서 *E*까지의 출력은 오실로스코프를 통해 관측할 수 있을 것이다. 회로와 파형들의 지식을 기초로 하여 더 많은 시험을 행하여 가장 의심스러운 블록을 찾아라. OK측정을 사용하여 정상동작에 익숙해지도록 하라. 고장수리 준비가 되었을 때 다음 문제를 해결하라.

20-52 *T*1과 *T*2의 고장을 진단하라.

20-53 *T*3~*T*5의 고장을 진단하라.

20-54 *T*6과 *T*7의 고장을 진단하라.

20-55 *T*8~*T*10의 고장을 진단하라.

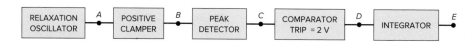

Trouble	V_A	V_B	V_C	V_D	V_E
OK	K	I	H	J	L
T1	K	N	M	S	P
T2	K	I	H	J	O
T3	M	M	M	S	P
T4	R	I	M	S	P
T5	K	M	M	S	P
T6	K	I	H	S	P
T7	K	I	H	J	J
T8	K	I	Q	S	P
T9	R	I	H	J	S
T10	K	I	H	M	M

WAVEFORMS

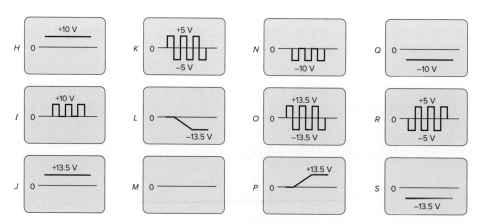

| 그림 20·56 |

MultiSim 고장점검 문제 __ *MultiSim Troubleshooting Problems*

멀티심 고장점검 파일들은 http://mhhe.com/malvino9e의 온라인학습센터(OLC)에 있는 멀티심 고장점검 회로(MTC)라는 폴더에서 찾을 수 있다. 이 장에 관련된 파일은 MTC20-56~MTC20-60으로 명칭되어 있고 모두 그림 20-56의 회로를 바탕으로 한다.

각 파일을 열고 고장점검을 실시한다. 결함이 있는지 결정하기 위해 측정을 실시하고, 결함이 있다면 무엇인지를 찾아라.

20-56 MTC20-56 파일을 열어 고장점검을 실시하라.

20-57 MTC20-57 파일을 열어 고장점검을 실시하라.

20-58 MTC20-58 파일을 열어 고장점검을 실시하라.

20-59 MTC20-59 파일을 열어 고장점검을 실시하라.

20-60 MTC20-60 파일을 열어 고장점검을 실시하라.

직무 면접 문제 __ *Job Interview Questions*

1. 영점통과 검출기를 그리고, 동작의 이론을 설명하라.

2. 잡음 입력이 비교기의 트리거링을 어떻게 방해하는가? 도식도를 그리고, 임의 파형을 그려 설명하라.

3. 적분기의 회로도를 그리고, 임의 파형에 대한 동작방법을 설명하라.

4. 3 V와 4 V 사이의 직류 출력전압을 가지는 회로를 대량 생산하려 한다. 어떤 종류의 비교기를 사용해야 하는가? 또 비교기 출력에 옳고 그름을 지적하는 녹색과 적색 LED는 어떻게 접속하면 되는가?

5. "bounded output"이란 말은 무엇인가? 어떻게 하면 작업을 쉽게 완수할 수 있는가?

6. 슈미트 트리거와 영점통과 검출기는 어떻게 다른가?

7. 지나치게 큰 입력전압으로부터 비교기의 입력을 보호하는 방법은 무엇인가?

8. 일반적인 연산증폭기와 IC 비교기의 차이는 무엇인가?

9. 만일 구형펄스가 적분기를 구동한다면 기대할 수 있는 출력의 형태는 어떠한가?

10. 무릎전압상에서 능동 다이오드 회로가 가지는 효과는 무엇인가?

11. 이완발진기의 동작은 어떠한가? 이 동작방법을 개략적으로 설명하라.

12. 만일 구형파 펄스가 미분기를 구동한다면, 기대되는 출력의 형태는 어떠한가?

복습문제 해답 __ *Self-Test Answers*

1. d	**6.** a	**11.** c	**16.** b	**21.** d	**26.** a
2. a	**7.** a	**12.** b	**17.** a	**22.** d	**27.** d
3. c	**8.** b	**13.** b	**18.** c	**23.** a	**28.** b
4. b	**9.** c	**14.** b	**19.** b	**24.** b	**29.** c
5. c	**10.** b	**15.** a	**20.** c	**25.** a	**30.** a

연습문제 해답 __ *Practice Problem Answers*

20-4 $V_{ref} = 7.5$ V;
$f_C = 0.508$ Hz

20-6 $B = 0.0435$;
UTP $= 0.587$ V;
LTP $= -0.587$ V;
$H = 1.17$ V

20-7 $V = 0.800$ V;
시정수 $= 1,000$ sec

20-8 $C = 2.5$ μF

20-9 $W = 83.3$ μs;
$D = 0.167$

20-10 $T = 479$ μs;
$f = 2.1$ kHz

20-11 $v_{out(p-p)} = 32.3$ mV$_{p-p}$

20-12 $v_{out(p-p)} = 0.52$ V;
$f = 2.5$ kHz

1 MHz 이하의 주파수에서 거의 완벽한 정현파를 발생시키기 위해 *RC* 발진기를 사용할 수 있다. 이 저주파 발진기는 발진주파수를 결정하기 위해 연산증폭기와 *RC* 공진회로를 사용한다. 1 MHz 이상에서는 *LC* 발진기가 사용된다. 이 고주파 발진기는 트랜지스터와 *LC* 공진회로를 사용한다. 또한 이 장에서는 555 타이머라 부르는 많이 사용되는 칩에 대해서도 설명한다. 이것은 시간지연, 전압제어 발진기 및 변조된 출력신호 등을 발생시키는 경우를 비롯하여 많은 응용에 사용된다. 또 이 장에서는 위상동기루프(PLL)라 부르는 중요한 통신회로에 대해서 설명하고 인기 있는 함수발생기 IC인 XR-2206으로 마무리한다.

Artit Thongchuea/Shutterstock

목차

학습목표

이 장을 공부하고 나면

■ 루프이득과 위상 및 이들이 정현파 발진기와 어떤 관련이 있는지에 대해 설명할 수 있어야 한다.

■ 여러 가지 *RC* 정현파 발진기의 동작에 대해 설명할 수 있어야 한다.

■ 여러 가지 *LC* 정현파 발진기의 동작에 대해 설명할 수 있어야 한다.

■ 수정제어 발진기의 동작방법에 대해 설명할 수 있어야 한다.

■ 555 타이머 IC의 동작모드와 발진기로의 사용방법에 대해 검토할 수 있어야 한다.

■ 위상동기루프(PLL)의 동작을 설명할 수 있어야 한다.

■ XR-2206 함수발생기(function generator)의 동작을 설명할 수 있어야 한다.

주요 용어

고정범위(lock range)

공진주파수(resonant frequency) f_r

기본파 주파수(fundamental frequency)

노치필터(notch filter)

단안정(monostable)

멀티바이브레이터(multivibrator)

변조신호(modulating signal)

비안정(astable)

수정발진기(quartz-crystal oscillator)

쌍안정 멀티바이브레이터(bistable multivibrator)

암스트롱 발진기(Armstrong oscillator)

압전효과(piezoelectric effect)

위상검출기(phase detector)

위상동기루프(phase-locked loop: PLL)

위상천이 발진기(phase-shift oscillator)

윈-브리지 발진기(Wien-bridge oscillator)

자연대수(natural logarithm)

장치용량(mounting capacitance)

전압제어 발진기(voltage-controlled oscillator: VCO)

전압-주파수 변환기(voltage-frequency converter)

주파수변조(frequency modulation: FM)

주파수 편이변조(frequency-shift keying: FSK)

진상-지상회로(lead-lag circuit)

캐리어(carrier)

콜피츠 발진기(Colpitts oscillator)

클랩 발진기(Clapp oscillator)

트윈-티 발진기(twin-T oscillator)

펄스위치 변조(pulse-position modulation: PPM)

펄스폭 변조(pulse-width modulation: PWM)

포착범위(capture range)

피어스 수정발진기(Pierce crystal oscillator)

하틀리 발진기(Hartley oscillator)

21-1 정현파 발진의 이론

정현파 발진기를 설계하기 위해서는 정귀환을 가지는 증폭기를 사용할 필요가 있다. 이 생각은 입력신호 대신에 귀환신호를 사용한다는 것이다. 만일 귀환신호가 충분히 크고 정확한 위상을 가진다면 비록 외부의 입력신호가 없을지라도 출력신호는 존재한다.

루프이득과 위상

그림 21-1*a*에 증폭기의 입력단자를 구동하는 교류전압원을 나타내었다. 증폭된 출력전압은

$$v_{out} = A_V(v_{in})$$

이 전압은 항상 공진회로(resonant circuit)인 귀환회로를 구동한다. 이 때문에 한 주파수에서 최대 귀환을 얻는다. 그림 21-1*a*에서 *x*점으로 되돌아오는 귀환전압은 다음과 같이 주어진다.

$$v_f = A_VB(v_{in})$$

여기서 *B*는 귀환비이다.

만일 증폭기와 귀환회로를 통한 위상천이(phase shift)가 0°라면 $A_VB(v_{in})$은 v_{in}과 동위상(in phase)이다.

지금 *x*점과 *y*점을 접속하고 동시에 전압원 v_{in}을 제거했다고 가정하자. 그러면 그림 21-1*b*와 같이 귀환전압 $A_VB(v_{in})$은 증폭기의 입력을 구동한다.

출력전압으로는 무엇이 발생할까? 만일 A_VB가 1 이하이면, $A_VB(v_{in})$이 v_{in} 이하가 되어 출력신호는 그림 21-1*c*와 같이 소멸되어 버릴 것이다. 그러나 만일 A_VB가 1 이상이면, $A_VB(v_{in})$이 v_{in} 이상이 되어 출력전압은 그림 21-1*d*와 같이 점점 커진다. 만일 A_VB가 1이면 $A_VB(v_{in})$은 v_{in}과 같아지고 출력전압은 그림 21-1*e*에서와 같은 안정된 정현파가 된다. 이때 회로는 스스로 입력신호를 공급한다.

참고사항

거의 모든 발진기의 귀환전압은 출력전압의 일부이다. 이 같은 경우 전압이득 A_V는 $A_VB = 1$을 확보하기 위해 충분히 커야 한다. 다시 말해 증폭기의 전압이득은 적어도 귀환로에서의 손실을 만회할 만큼 충분히 커야 한다. 그러나 만일 이미터 폴로어가 증폭기로 사용된다면 $A_VB = 1$을 확보하기 위해 귀환로는 약간의 이득만을 제공해야 한다. 예를 들어 이미터 폴로어의 전압이득 A_V가 0.9라면 *B*는 1/0.9 또는 1.11이어야 한다. RF통신회로에 가끔 증폭기로 이미터 폴로어가 포함된 발진기가 사용된다.

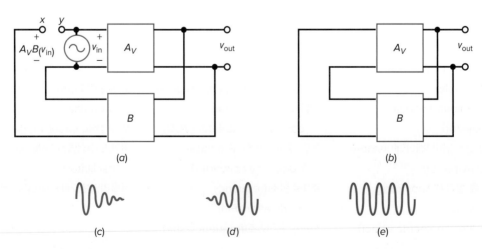

| **그림 21-1** | (a) *x*점에서 되돌아온 귀환전압; (b) *x*와 *y*점의 접속; (c) 발진이 사라짐; (d) 발진이 증가함; (e) 진폭이 고정된 발진

발진기에서 처음 전원을 인가할 때 루프이득 $A_V B$는 1 이상이다. 그러므로 적은 기동전압(starting voltage)이 입력단자에 인가되고 출력전압은 그림 21-1d와 같이 점점 커진다. 그리고 출력전압이 어떤 레벨에 도달한 후에 $A_V B$는 자동적으로 1로 감소되고 피크-피크 출력은 그림 21-1e와 같이 일정하게 된다.

열잡음이 기동전압

기동전압은 어떻게 얻어지는가? 모든 저항은 약간의 자유전자를 갖는데, 주위온도 때문에 이들 자유전자는 서로 다른 방향으로 불규칙적(random)으로 운동하면서 저항양단에 잡음전압을 발생시킨다. 이 운동은 너무나 불규칙하기 때문에 1,000 GHz 이상의 주파수를 포함한다. 그래서 각 저항을 모든 주파수를 발생시키는 적은 교류전압원으로 생각할 수 있다.

그림 21-1b에서 무엇이 발생할까? 먼저 전원을 켜면 시스템에서의 신호는 저항에 의해 발생된 잡음전압뿐이다. 이 잡음전압은 증폭되어 출력단자에 나타난다. 모든 주파수를 포함하는 증폭된 잡음은 공진 귀환회로를 구동한다. 정확한 설계에 의해 루프이득을 1 이상으로 하고 공진주파수에서 루프 위상천이를 0°로 할 수 있다. 공진주파수 이상과 이하에서의 위상천이는 0°가 아니다. 이 결과, 귀환회로의 공진주파수에서만 발진이 일어난다.

$A_V B$가 단위이득(1)으로 감소

$A_V B$를 1로 감소시키는 방법으로는 A_V를 감소시키거나 B를 감소시키는 두 가지 방법이 있다. 어떤 발진기에서는 포화와 차단 때문에 클리핑이 발생할 때까지 신호가 커지도록 허용하는데 이때는 전압이득 A_V를 감소시키는 방법을 사용한다. 또 어떤 발진기는 신호를 키우면서 클리핑이 발생하기 전에 B를 감소시키는 방법을 사용한다. 어떤 경우라도 $A_V B$를 곱한 값이 1이 될 때까지 감소시켜야 한다.

귀환발진기의 기본 사고는 다음과 같다.

1. 우선 루프이득 $A_V B$는 루프 위상천이가 0°인 주파수에서 1보다 커야 한다.
2. 요구되는 출력레벨에 도달한 후 A_V나 B 둘 중 어느 하나를 감소시켜 $A_V B$가 1이 되도록 감소시켜야 한다.

21-2 윈-브리지 발진기

윈-브리지 발진기(Wien-bridge oscillator)는 약 5 Hz에서 1 MHz 범위 내의 적당한 저주파수를 얻기 위한 대표적인 발진기이다. 이것은 상업용 저주파(audio) 발생기나 그 외 저주파의 응용에 항상 사용된다.

지상회로

그림 21-2a의 바이패스회로의 전압이득은

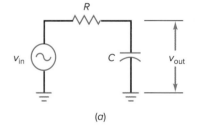

(a)

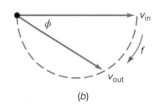

(b)

| 그림 21-2 | (a) 바이패스 커패시터; (b) 페이저 다이어그램

$$\frac{v_{\text{out}}}{v_{\text{in}}} = \frac{X_C}{\sqrt{R^2 + X_C{}^2}}$$

이고, 위상각은 다음과 같다.

$$\phi = -\arctan\frac{R}{X_C}$$

여기서 ϕ는 출력과 입력 간의 위상각이다.

위상각의 식에서 −부호에 주목하라. 이것은 그림 21-2b에서와 같이 출력전압이 입력전압에 비해 위상이 뒤짐을 의미한다. 이 때문에 바이패스회로를 흔히 **지상회로**(*lag circuit*)라고 부른다. 그림 21-2b에서 반원은 출력 페이저전압이 존재할 수 있는 위치를 나타낸다. 이것은 출력 페이저가 입력 페이저보다 0°에서 −90° 사이의 각만큼 뒤짐을 나타내고 있다.

진상회로

그림 21-3a에 결합회로를 나타내었다. 이 회로의 전압이득은

$$\frac{v_{\text{out}}}{v_{\text{in}}} = \frac{R_C}{\sqrt{R^2 + X_C{}^2}}$$

이고, 위상각은 다음과 같다.

$$\phi = \arctan\frac{X_C}{R}$$

위상각이 +임에 주목하라. 이것은 그림 21-3b와 같이 출력전압이 입력전압보다 위상이 앞섬을 의미한다. 이 때문에 결합회로를 흔히 **진상회로**(*lead circuit*)라고 부른다. 그림 21-3b에서 반원은 출력 페이저전압이 존재할 수 있는 위치를 나타낸다. 이것은 출력 페이저가 입력 페이저보다 0°에서 +90° 사이의 각으로 앞섬을 나타내고 있다.

결합회로와 바이패스회로는 위상 천이회로의 한 예이다. 이 회로들은 입력신호에 대해 출력신호의 위상을 양(진상) 또는 음(지상) 둘 중 어느 하나로 천이시킨다. 정현파 발진기는 특정 주파수에서 발진이 일어나도록 하기 위해 항상 많은 종류의 위상 천이회로들을 사용한다.

진상-지상회로

원-브리지 발진기는 그림 21-4와 같이 **진상-지상회로**(lead-lag circuit)라고 불리는 공진 귀환회로를 사용한다. 매우 낮은 주파수에서는 직렬커패시터가 입력신호에 대해 개방되므로 출력신호는 없고, 매우 높은 주파수에서는 병렬형 커패시터가 단락되므로 출력이 없다. 이 사이에서 출력전압은 그림 21-5a와 같이 최대값에 도달한다. 출력이 최대일 때의 주파수를 **공진주파수**(resonant frequency) f_r이라 부른다. 이 주파수에서 귀환비 B는 최대값이 ⅓이 된다.

그림 21-5b에 입력전압에 대한 출력전압의 위상각을 나타내었다. 매우 낮은 주파수

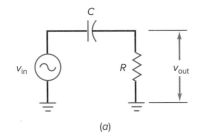

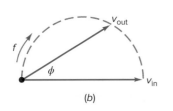

| **그림 21-3** | (a) 결합회로; (b) 페이저 다이어그램

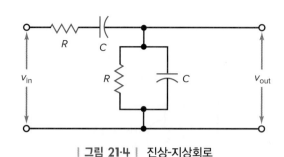

| 그림 21·4 | 진상-지상회로

에서 위상각은 양(진상)이 되지만, 매우 높은 주파수에서의 위상각은 음(지상)이 된다. 공진주파수에서 위상천이는 0°이다. 그림 21-5c에 입력과 출력 전압의 페이저 다이어그램을 나타내었다. 페이저의 화살표는 점선으로 된 원의 어떤 곳에나 놓일 수 있다. 이 때문에 위상각은 +90°에서 -90°까지 변할 수 있다.

그림 21-4의 진상-지상회로는 공진회로처럼 동작한다. 공진주파수 f_r에서 귀환비 B는 최대값이 ⅓이 되고 위상각은 0°가 된다. 공진주파수 이상과 이하에서의 귀환비는 ⅓보다 적고 위상각은 더 이상 0°가 아니다.

공진주파수에 대한 식

복소수로 그림 21-4를 해석하면 다음 두 식을 얻을 수 있다.

$$B = \frac{1}{\sqrt{9 - (X_C/R - R/X_C)^2}} \tag{21-1}$$

$$\phi = \arctan \frac{X_C/R - R_C/X}{3} \tag{21-2}$$

이 식을 그래프화하면 그림 21-5a와 b가 얻어진다.

식 (21-1)에서 주어진 귀환비는 공진주파수에서 최대값을 가진다. 이 주파수에서 X_C = R이기 때문에

$$\frac{1}{2\pi f_r C} = R$$

이고, f_r에 대해 풀어 보면 다음과 같다.

$$f_r = \frac{1}{2\pi RC} \tag{21-3}$$

동작방법

그림 21-6a에 윈-브리지 발진기를 나타내었다. 이것은 귀환로가 2개이므로 양과 음의 귀환을 이용한다. 출력에서 진상-지상회로를 거쳐 비반전입력으로 정귀환의 경로가 주어지고, 또 출력으로부터 전압분배기를 거쳐 반전입력으로 부귀환의 경로가 주어진다.

회로가 처음 동작할 때는 부귀환보다 정귀환이 더 크다. 이것은 앞서 말한 것처럼 발진을 키운다. 출력신호가 요구되는 레벨에 도달한 후 부귀환은 루프이득 $A_V B$가 1로 감

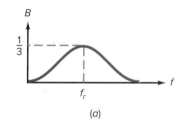

(a)

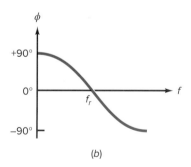

(b)

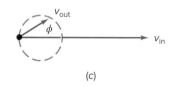

(c)

| 그림 21·5 | (a) 전압이득; (b) 위상응답; (c) 페이저 다이어그램

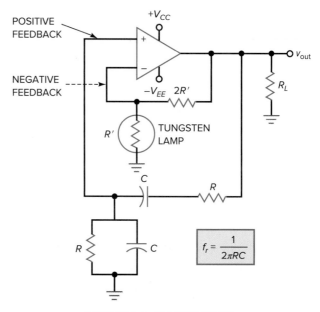

| 그림 21-6 | 윈-브리지 발진기

소할 만큼 충분히 크게 된다.

왜 $A_V B$가 1로 감소하는가? 전원이 투입되면 텅스텐 램프는 적은 저항을 가지고 부귀환도 적다. 이 때문에 루프이득은 1보다 커지게 되고 공진주파수에서 발진이 커질 수 있다. 발진이 커짐에 따라 텅스텐 램프는 약간 가열되고 그 저항이 증가한다. 대부분의 회로에서 램프를 통하는 전류는 램프에 빛을 발생시키기에는 충분치 못하나 저항은 충분하게 증가시킨다.

어느 정도 큰 출력레벨에서 텅스텐 램프는 정확히 R'인 저항을 가진다. 이 점에서 비반전입력에서 출력까지의 폐루프 전압이득은 다음과 같이 감소한다.

$$A_{V(CL)} = \frac{2R'}{R'} + 1 = 3$$

진상-지상회로는 B값이 ⅓이므로 루프이득은 다음과 같이 된다.

$$A_{V(CL)}B = 3(⅓) = 1$$

전원이 처음 투입되었을 때 텅스텐 램프의 저항은 R'보다 적다. 그 결과, 비반전입력에서 출력까지의 폐루프 전압이득은 3보다 크고 $A_{V(CL)}B$는 1보다 크다.

발진이 성장함에 따라 피크-피크 출력은 텅스텐 램프의 저항을 증가시키기에 충분할 만큼 커진다. 이 저항이 R'값과 같을 때 루프이득 $A_{V(CL)}B$는 정확히 1이 된다. 이 점에서 발진은 안정하게 되고, 출력전압은 일정한 피크-피크값을 가지게 된다.

기동조건

선원이 투입되면 출력전압은 0이고, 그림 21-7과 같이 텅스텐 램프의 저항은 R'보다 적다. 출력전압이 증가할 때 그래프에서 보다시피 램프의 저항은 증가한다. 텅스텐 램프

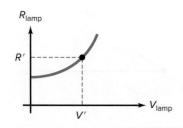

| 그림 21-7 | 텅스텐 램프의 저항

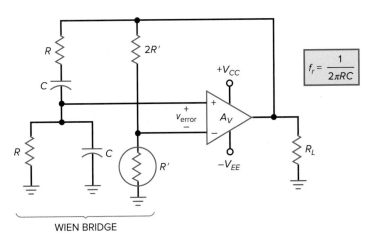

| 그림 21·8 | 원-브리지 발진기의 또 다른 구성

양단의 전압이 V'일 때 텅스텐 램프는 R'인 저항을 가진다. 이것은 $A_{V(CL)}$이 3이고 루프이득이 1이 됨을 의미한다. 이러한 경우, 출력진폭 레벨이 커지는 것은 멈추고 출력이 일정하게 된다.

노치필터

그림 21-8은 원-브리지 발진기의 또 다른 구성을 나타낸 것으로, 진상-지상회로는 브리지의 좌측에 있고 전압분배기는 오른쪽에 있다. 이 교류브리지를 흔히 원-브리지(*Wien bridge*)라고 부르고 발진기 이외에 또 다른 응용에도 사용된다. 오차전압은 브리지의 출력이다. 브리지가 평형상태에 도달하면 오차전압은 0에 접근한다.

　원 브리지는 특정한 주파수에서 0의 출력을 가지는 회로인 **노치필터**(notch filter)처럼 동작한다. 원 브리지에서 노치주파수는 다음과 같다.

$$f_r = \frac{1}{2\pi RC} \tag{21-4}$$

연산증폭기에서 요구되는 오차전압은 너무 적기 때문에 원 브리지는 거의 완전하게 평형상태가 되고 발진주파수는 거의 f_r과 같아진다.

응용예제 21·1

그림 21-9에서 최소 및 최대 주파수를 계산하라. 2개의 가변저항은 **연동**(*ganged*)되므로 함께 변화하고 어떠한 와이퍼의 위치에서도 같은 값을 갖는다.

풀이　식 (21-4)에서 발진의 최소주파수는

$$f_r = \frac{1}{2\pi(101 \text{ k}\Omega)(0.01 \text{ } \mu\text{F})} = 158 \text{ Hz}$$

이고, 발진의 최대주파수는 다음과 같다.

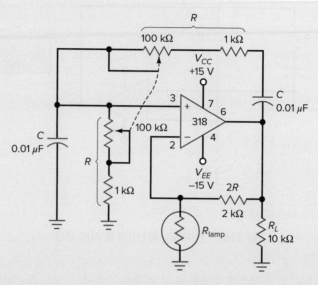

| 그림 21·9 | 예제

$$f_r = \frac{1}{2\pi(1\ \text{k}\Omega)(0.01\ \mu\text{F})} = 15.9\ \text{kHz}$$

연습문제 21-1 그림 21-9에서 1,000 Hz의 출력주파수를 얻기 위한 가변저항값을 구하라.

응용예제 21-2

그림 21-10에 램프전압에 대한 그림 21-9의 램프저항을 나타내었다. 만일 램프전압이 rms전압으로 표현된다면, 발진기의 출력전압은 얼마인가?

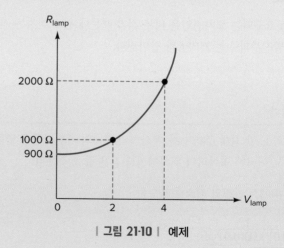

| 그림 21·10 | 예제

풀이 그림 21-9에서 귀환저항은 2 kΩ이다. 그러므로 발진기 출력신호는 램프저항이 1 kΩ일 때 일정하게 된다. 왜냐하면 이때 3인 폐루프이득을 발생하기 때문이다.

그림 21-10에서 1 kΩ의 램프저항은 2 V_{rms}의 램프전압과 일치하므로 램프전류는

$$I_{lamp} = \frac{2\,V}{1\,k\Omega} = 2\,mA$$

이다. 이 2 mA의 전류는 2 kΩ의 귀환저항을 통해 흐르므로, 발진기의 출력전압은 다음과 같음을 의미한다.

$$v_{out} = (2\,mA)(1\,k\Omega + 2\,k\Omega) = 6\,V_{rms}$$

연습문제 21-2 귀환저항 3 kΩ을 사용하여 응용예제 21-2를 다시 풀어라.

21-3 그 외의 *RC* 발진기

비록 윈-브리지 발진기가 1 MHz까지의 주파수에 대한 산업계 표준이라 할지라도, 또 다른 *RC* 발진기도 다른 응용에 사용할 수 있다. 이 절에서는 기본 설계가 서로 다른 **트윈-티 발진기**(twin-T oscillator)와 **위상천이(이상) 발진기**(phase-shift oscillator)로 불리는 2개의 발진기에 대해 고찰해 보기로 한다.

트윈-티 필터

그림 21-11*a*는 트윈-티 필터(twin-T filter)이다. 이 회로의 수학적인 해석은 그림 21-11*b*와 같은 위상각의 변화를 갖는 진상-지상회로처럼 동작함을 나타낸다. 여기서 위상천이가 0°인 곳의 주파수가 f_r이다. 그림 21-11*c*에서 저주파수와 고주파수에서의 전압이득은 1이고, 이 사이에 전압이득이 0으로 감소하는 주파수가 있다. 트윈-티 필터는 f_r 부근의 주파수에서 이득을 제거(notch out)할 수 있으므로 노치필터의 또 다른 예라고 할 수 있다. 트윈-티 필터의 공진주파수에 대한 식은 윈-브리지 발진기와 같다.

$$f_r = \frac{1}{2\pi RC}$$

트윈-티 발진기

그림 21-12에 트윈-티 발진기를 나타내었다. 비반전입력에는 전압분배기를 통해 정귀환이 걸리고, 트윈-티 필터를 통해 부귀환이 걸린다. 처음 전원을 인가하면 램프저항 R_2는 적어지고 정귀환은 최대가 된다. 발진이 성장함에 따라 램프저항은 증가하고 정귀환은 감소한다. 귀환이 감소함에 따라 발진레벨은 커지는 것이 중단되고 일정해지는데, 이 같은 방법으로 램프는 출력전압의 레벨을 안정화시킨다.

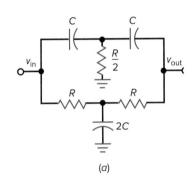

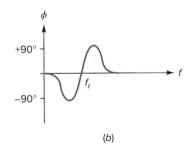

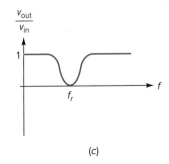

| 그림 21-11 | (a) 트윈-티 필터; (b) 위상응답; (c) 주파수응답

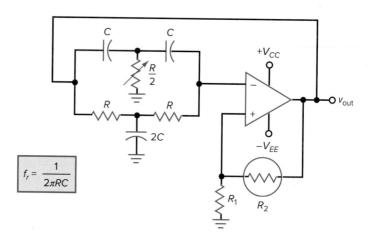

$$f_r = \frac{1}{2\pi RC}$$

| 그림 21·12 | 트윈-티 발진기

트윈-티 필터에서 저항 $R/2$은 조정되어야 하는데 이것은 이상적인 공진주파수로부터 약간 벗어난 주파수에서도 회로가 발진해야 하기 때문에 필요하다. 발진주파수와 노치주파수를 근접시키기 위해 전압분배기의 R_2는 R_1보다 훨씬 크게 해야 한다. 일반적으로 R_2/R_1은 10에서 1,000의 범위에 있어야 한다. 이렇게 함으로써 이 발진기는 노치주파수 부근의 주파수에서 동작시킬 수 있다.

트윈-티 발진기는 이따금씩 사용되기는 하나 특정한 주파수에서만 잘 동작하기 때문에 즐겨 사용되는 회로는 아니다. 즉, 이 회로는 윈-브리지 발진기와는 달리 넓은 주파수 범위에 걸친 조정이 쉽지가 않다.

위상천이(이상) 발진기

그림 21-13은 귀환로에 3개의 진상회로를 가지는 위상천이(이상) 발진기(phase-shift oscillator)이다. 상기해 보면 진상회로는 주파수에 따라 0°와 90° 사이의 위상천이를 발생시킨다. 어떤 주파수에서 3개의 진상회로의 전체 위상천이는 180°(각기 거의 60°씩)가 된다. 증폭기는 신호가 반전입력을 구동하기 때문에 180°의 위상천이를 가진다. 그 결과 전체 루프의 위상천이는 360°, 즉 0°가 될 것이다. 만일 이 특정 주파수에서 $A_V B$가 1보다 더 크면 발진이 될 수 있다.

그림 21-14는 조금 달리 설계한 것이다. 여기서는 3개의 지상회로를 사용했는데 그

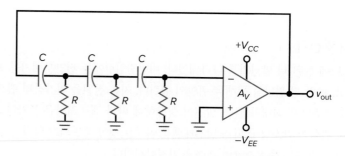

| 그림 21·13 | 3개의 진상회로를 가지는 위상천이 발진기

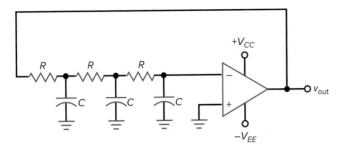

| 그림 21-14 | 3개의 지상회로를 가지는 위상천이 발진기

동작은 진상회로를 사용한 경우와 유사하다. 증폭기에서 180°의 위상천이를 발생하고, 지상회로도 루프 위상천이 0°를 얻기 위해 어떤 높은 주파수에서 −180°를 제공한다. 만일 이 주파수에서 $A_V B$가 1보다 더 크면 발진이 시작된다. 위상천이 발진기도 많이 사용되는 회로는 아니다. 이 회로의 가장 큰 문제는 넓은 주파수 범위에서 쉽게 조정할 수 없다는 것이다.

21-4 콜피츠 발진기

윈-브리지 발진기는 저주파에서는 특성이 매우 좋으나, 1 MHz 이상의 고주파에서는 적합하지 않다. 가장 큰 문제는 연산증폭기의 제한된 대역폭(f_{unity})이다.

LC 발진기

고주파 발진을 발생시키는 한 방법으로 *LC* 발진기가 있다. 이 회로는 1에서 500 MHz 사이의 주파수용으로 사용할 수 있다. 이 주파수 범위는 대부분 연산증폭기의 f_{unity}보다 넓기 때문에 이 발진기의 증폭부에 바이폴라 트랜지스터나 FET를 사용하는 이유가 된다. 증폭기와 *LC*탱크회로를 조합하여 발진을 유지하기 위한 진폭과 위상을 가지는 신호를 귀환시킬 수 있다.

고주파 발진기의 해석과 설계는 어렵다. 왜냐하면 고주파에서는 표유용량과 배선의 인덕턴스가 발진주파수, 귀환비, 출력전력 및 그 외의 교류량들을 결정하는 데 있어 매우 중요하기 때문이다. 이것이 많은 설계자들이 컴퓨터 근사치를 사용하고 있는 이유이고, 원하는 성능을 얻기 위해 필요에 따라 내장 발진기를 조정하는 이유이다.

CE 접속

그림 21-15에 **콜피츠 발진기**(Colpitts oscillator)를 나타내었다. 전압분배 바이어스로 정지동작점을 설정한다. RF초크는 매우 큰 유도성 리액턴스를 가지므로 교류신호에 대해 개방된다. 이 회로는 $r_c/r_e{'}$인 저주파 전압이득을 가지는데, 여기서 r_c는 교류 컬렉터저항이다. RF초크는 교류신호에 대해 개방되기 때문에 교류 컬렉터저항은 주로 공진 탱크회로의 교류저항이다. 이 교류저항은 공진 시 최대값을 가진다.

우리는 많은 다양한 콜피츠 발진기를 볼 수 있을 것이다. 콜피츠 발진기를 인지하는

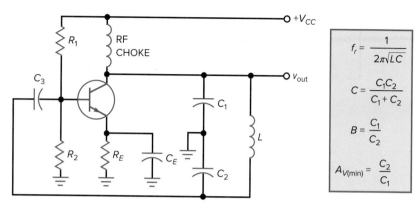

| 그림 21·15 | 콜피츠 발진기

한 방법은 C_1과 C_2로 구성된 용량성 전압분배기이다. 이것은 발진에 필요한 귀환전압을 발생한다. 또 다른 종류의 발진기에서는 변압기, 유도성 전압분배기 등에 의해 귀환전압이 발생된다.

교류 등가회로

그림 21-16은 콜피츠 발진기의 간단한 교류 등가회로이다. 탱크회로에서 순환 또는 루프 전류는 C_2와 직렬인 C_1을 통해 흐른다. v_{out}이 C_1양단의 교류전압과 같음에 주목하라. 또 귀환전압 v_f는 C_2양단전압이다. 이 귀환전압은 베이스를 구동하고, 탱크회로 양단에 나타나는 발진을 안정화시키며 발진주파수에서 충분한 전압이득을 제공한다. 이미터가 교류접지되었기 때문에 이 회로는 CE접속이다.

공진주파수

대부분의 LC 발진기는 Q가 10 이상인 탱크회로를 사용한다. 이 때문에 공진주파수는 다음과 같이 근사적으로 계산할 수 있다.

$$f_r = \frac{1}{2\pi \sqrt{LC}}$$ (21-5)

이것은 Q가 10 이상일 때 오차 1% 미만의 정확한 값이다.

식 (21-5)에 사용하는 커패시턴스는 순환전류가 지나는 등가 커패시턴스이다. 그림 21-16의 콜피츠 탱크 회로에서 순환전류는 C_2와 직렬인 C_1을 통해 흐른다. 그러므로 등가 정전용량은 다음과 같다.

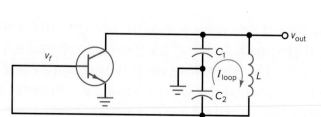

| 그림 21·16 | 콜피츠 발진기의 등가회로

$$C = \frac{C_1 C_2}{C_1 + C_2} \tag{21-6}$$

예를 들어 만일 C_2와 C_1이 각각 100 pF이라면 식 (21-5)에 50 pF을 사용할 수 있다.

기동조건

어떤 발진기에서나 요구되는 기동조건은 탱크회로의 공진주파수에서 $A_V B > 1$이다. 이 것은 $A_V > 1/B$과 등가이다. 그림 21-16에서 출력전압은 C_1양단에 나타나고 귀환전압은 C_2양단에 나타난다. 이 같은 형의 발진기에서 귀환비는 다음과 같다.

$$B = \frac{C_1}{C_2} \tag{21-7}$$

발진기가 기동되기 위한 최소 전압이득은 다음과 같다.

$$A_{V(min)} = \frac{C_2}{C_1} \tag{21-8}$$

A_V는 무엇과 같은가? 이것은 증폭기의 상측 차단주파수에 따른다. 바이폴라 증폭기 에서는 베이스와 컬렉터의 바이패스회로가 있다. 만일 A_V가 바이패스회로에서의 차단 주파수가 발진주파수보다 크다면 A_V는 r_c/r_e'과 거의 같다. 만일 차단주파수가 발진주 파수보다 작다면 전압이득은 r_c/r_e'보다 작게 되고 증폭기를 통하는 위상천이가 부가적 으로 발생한다.

출력전압

적은 귀환(적은 B)에서 A_V는 $1/B$보다 약간 클 뿐이고 동작은 거의 A급이다. 처음 전원 을 인가했을 때 발진은 커지고 신호는 교류부하선상에서 점점 더 크게 스윙하게 된다. 이 신호스윙의 증가에 따라 동작은 소신호에서 대신호로 변화된다. 이 같은 경우 전압이득 은 조금 감소한다. 적은 귀환에서 $A_V B$의 값은 과대한 클리핑 없이 1로 감소될 수 있다.

큰 귀환(큰 B)에서 큰 귀환신호는 그림 21-15의 베이스를 포화와 차단으로 구동한 다. 이는 커패시터 C_3를 충전하여 베이스에 음의 직류 클램핑을 발생시킨다. 음의 클램 핑은 자동적으로 $A_V B$의 값을 1로 조정한다. 만일 귀환이 너무 크면 표유전력 손실 때 문에 출력전압의 일부가 손실될 것이다.

발진기를 제작할 때 출력전압이 최대가 되도록 귀환을 조정하기도 한다. 이 생각은 모든 조건(서로 다른 트랜지스터, 온도, 전압 등)하에서 기동을 위한 충분한 귀환을 사 용해야 한다는 것인데, 그러나 출력신호에 손실이 발생할 만큼 너무 커서는 안 된다. 대 부분의 설계자들은 컴퓨터를 사용하여 고주파 발진기를 모델링한다.

부하의 결합

발진의 정확한 주파수는 다음과 같이 회로의 Q에 의존한다.

$$f_r = \frac{1}{2\pi\sqrt{LC}} \sqrt{\frac{Q^2}{Q^2 + 1}} \tag{21-9}$$

Q가 10 이상일 때, 이 식은 식 (21-5)에서 주어진 이상적인 값으로 간단화된다. 만일 Q가 10 이하이면 주파수는 이상적인 값보다 작게 된다. 더 나아가 작은 Q는 고주파 전압이득이 $1/B$인 기동값 이하로 감소하기 때문에 발진기의 기동을 방해한다.

그림 21-17a에 부하저항에 발진기 신호를 결합시키는 한 방법을 나타내었다. 만일 부하저항이 크면 공진회로의 부하만 적게 될 것이고 Q는 10 이상이 될 것이다. 만일 부하저항이 적으면 Q는 10 이하로 감소되고 발진이 시작되지 못한다. 적은 부하저항에 대한 한 해결책으로 X_C가 부하저항보다 큰 작은 커패시터 C_4를 사용하는 것이다. 이것은 탱크회로의 과대부하를 방지할 수 있다.

그림 21-17b에 적은 부하저항에 신호를 결합시키는 또 다른 방법인 링크결합(link coupling)을 나타내었다. 링크결합이란 RF 변압기의 2차 권선에 약간의 권선만을 사용하는 것을 의미한다. 이러한 소결합(light coupling)은 부하저항이 발진이 시작될 수 없는 점까지 탱크회로의 Q가 작아지지 않도록 보장할 것이다.

커패시터결합이나 링크결합 중 어느 것을 사용하더라도 부하효과는 가능한 한 적은 값을 유지해야 하는데, 이렇게 되면 탱크의 높은 Q는 확실한 발진이 시작될 때 왜곡이 없는 정현파 출력을 보장하게 된다.

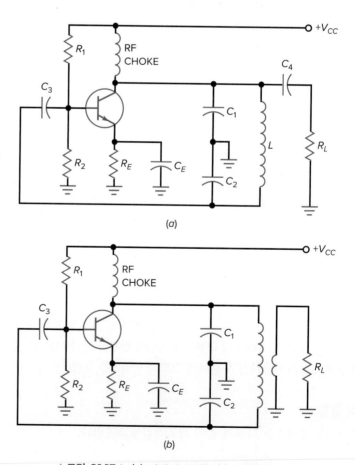

| 그림 21·17 | (a) 커패시터결합; (b) 링크결합

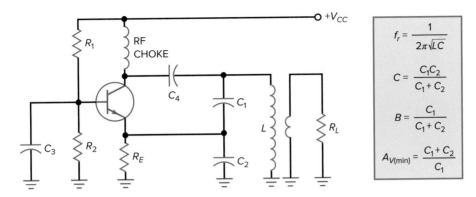

| 그림 21·18 | CE 발진기보다 더 높은 주파수에서 발진할 수 있는 CB 발진기

CB 접속

발진기에서 귀환신호가 베이스를 구동할 때, 입력양단에는 큰 밀러용량이 나타난다. 이 것은 비교적 낮은 차단주파수를 발생시키는데, 이는 전압이득이 요구되는 공진주파수 에서 너무 낮게 됨을 의미한다.

높은 차단주파수를 얻기 위해서는 그림 21-18과 같이 귀환신호를 이미터에 인가해 야 한다. 커패시터 C_3는 베이스를 교류접지시키므로 트랜지스터는 CB 증폭기처럼 동 작한다. 이 같은 회로는 CE 발진기에 비해 고주파 이득이 더 크기 때문에 고주파에서 발진할 수가 있다. 출력을 링크결합하면 탱크에 적은 부하가 걸리고 공진주파수는 식 (21-5)로 주어진다.

CB 발진기에서 귀환비는 조금 달라진다. 출력은 C_1과 C_2의 직렬양단에 나타나고 귀 환전압은 C_2양단에 나타난다. 귀환비는 이상적으로 다음과 같다.

$$B = \frac{C_1}{C_1 + C_2} \tag{21-10}$$

발진이 시작되기 위해서는 A_V가 $1/B$보다 커야만 하는데 이것은 근사적으로 다음을 의 미한다.

$$A_{V(min)} = \frac{C_1 + C_2}{C_1} \tag{21-11}$$

이것은 C_2의 병렬인 이미터의 입력임피던스를 무시했기 때문에 근사값이다.

FET 콜피츠 발진기

그림 21-19는 귀환신호를 게이트에 인가한 FET 콜피츠 발진기의 한 예이다. 게이트는 큰 입력저항을 가지므로 탱크회로에서의 부하효과는 바이폴라 트랜지스터에 비해 훨 씬 적다. 이 회로의 귀환비는

$$B = \frac{C_1}{C_2} \tag{21-12}$$

FET 발진기에서 기동에 필요한 최소이득은

참고사항

정전식 근접 센서는 근처의 물체에 의해 발생하는 정전용량 변화로 인한 발진기 주파수 변화의 원리를 사용한다. 23장에 더 많은 정보가 제시되어 있다.

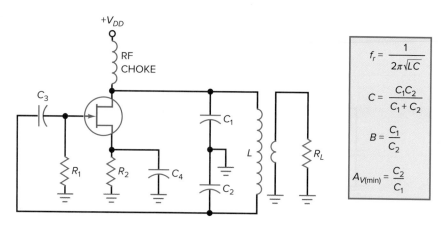

| 그림 21-19 | 탱크회로에 적은 부하효과를 가지는 JFET 발진기

$$A_{V(\min)} = \frac{C_2}{C_1} \tag{21-13}$$

FET 발진기에서 저주파 전압이득은 $g_m r_d$이다. FET 증폭기의 차단주파수 이상에서 전압이득은 감소한다. 식 (21-13)에서 $A_{V(\min)}$은 발진주파수에서의 전압이득이다. 결과적으로 발진주파수는 FET 증폭기의 차단주파수보다 낮게 유지해야 한다. 한편, 증폭기를 통한 부가적인 위상천이는 발진기의 기동을 방해한다.

예제 21-3   ▐▐▌ MultiSim

그림 21-20에서 발진주파수는 얼마인가? 귀환비는 얼마인가? 이 회로의 발진기동에 필요한 전압이득은 얼마인가?

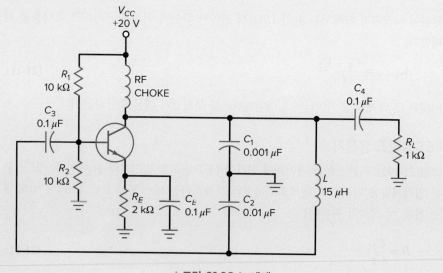

| 그림 21-20 | 예제

풀이 이것은 트랜지스터의 CE접속을 사용한 콜피츠 발진기이다. 식 (21-6)에서 등가용량은

$$C = \frac{(0.001\ \mu\text{F})(0.01\ \mu\text{F})}{0.001\ \mu\text{F} + 0.01\ \mu\text{F}} = 909\ \text{pF}$$

인덕턴스는 15 μH이다. 식 (21-5)에서 발진주파수는

$$f_r = \frac{1}{2\pi\sqrt{(15\ \mu\text{H})(909\ \text{pF})}} = 1.36\ \text{MHz}$$

식 (21-7)에서 귀환비는

$$B = \frac{0.001\ \mu\text{F}}{0.01\ \mu\text{F}} = 0.1$$

발진기가 시동되기 위해 이 회로는 다음과 같은 최소 전압이득이 요구된다.

$$A_{V(\text{min})} = \frac{0.01\ \mu\text{F}}{0.001\ \mu\text{F}} = 10$$

연습문제 21-3 그림 21-20에서 1 MHz의 출력주파수가 요구된다면 인덕터 L의 근사값은 얼마인가?

21-5 그 외의 *LC* 발진기

콜피츠 발진기는 LC 발진기로 가장 널리 사용된다. 공진회로에서 용량성 전압분배기는 귀환전압을 얻기에 편리한 방법이다. 그러나 또 다른 여러 종류의 발진기들도 사용된다.

암스트롱 발진기

그림 21-21은 **암스트롱 발진기**(Armstrong oscillator)의 예이다. 이 회로에서 컬렉터는 LC공진탱크를 구동한다. 귀환신호는 권선수가 적은 2차 권선에서 주어지고 베이스로 귀환한다. 변압기에서 180°의 위상천이가 있으므로 루프 전체의 위상천이는 0°임을 의미한다. 만일 베이스의 부하효과를 무시한다면 귀환비는 다음과 같다.

$$B = \frac{M}{L} \tag{21-14}$$

여기서 M은 상호인덕턴스이고, L은 1차의 인덕턴스이다. 암스트롱 발진기가 시동되려면 전압이득은 $1/B$보다 커야 한다.

　암스트롱 발진기는 귀환신호를 결합하기 위해 변압기를 사용한다. 이로부터 이 기본 회로의 변화를 알 수 있다. 적은 양의 2차 권선은 발진을 안정시키는 신호를 귀환하기

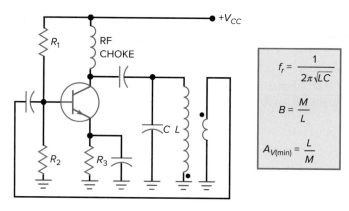

| 그림 21·21 | 암스트롱 발진기

때문에 흔히 재생코일(*tickler coil*)이라 부른다. 공진주파수는 그림 21-21에 주어진 L과 C를 사용하여 식 (21-5)로 구할 수 있다. 대부분의 제작자들이 가능하면 변압기의 사용을 회피하기 때문에 암스트롱 발진기의 사용은 그다지 많이 볼 수가 없다.

하틀리 발진기

그림 21-22는 **하틀리 발진기**(Hartley oscillator)의 한 예이다. LC탱크가 공진할 때 순환전류는 L_2와 직렬인 L_1을 통해 흐른다. 따라서 식 (21-5)에 사용하는 등가 L은

$$L = L_1 + L_2 \tag{21-15}$$

이다. 하틀리 발진기에서 귀환전압은 유도성 전압분배기인 L_1과 L_2에 의해 주어진다. 출력전압은 L_1양단에 나타나고 귀환전압은 L_2양단에 나타나므로 귀환비는

$$B = \frac{L_2}{L_1} \tag{21-16}$$

이다. 통상적으로 이것은 베이스의 부하효과를 무시한다. 발진을 기동시키기 위해서는 전압이득이 $1/B$ 이상이어야 한다.

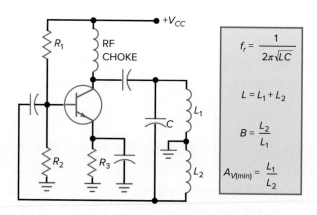

| 그림 21·22 | 하틀리 발진기

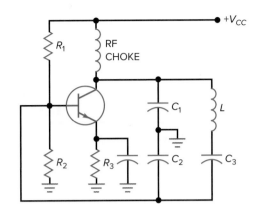

| 그림 21-23 | 클랩 발진기

가끔 하틀리 발진기는 2개의 분리된 인덕터 대신에 단일 탭을 가진 인덕터를 사용한다. 또 다른 변형으로 귀환신호를 베이스 대신에 이미터로 보내는 방법이 있다. 또 바이폴라 트랜지스터 대신에 FET를 사용한 것도 볼 수 있을 것이다. 출력신호는 용량성결합이나 링크결합으로 한다.

클랩 발진기

그림 21-23의 **클랩 발진기**(Clapp oscillator)는 콜피츠 발진기를 개선한 것이다. 용량성 전압분배기는 앞서와 같이 귀환신호를 발생시킨다. 부가적인 커패시터 C_3는 인덕터에 직렬로 주어진다. 순환 탱크전류가 C_1, C_2, C_3의 직렬을 통해 흐르므로 공진주파수 계산에 사용되는 등가커패시턴스는 다음과 같다.

$$C = \frac{1}{1/C_1 + 1/C_2 + 1/C_3} \qquad (21\text{-}17)$$

클랩 발진기에서 C_3는 C_1, C_2보다 훨씬 적다. 결과적으로 C는 C_3와 거의 같고 공진주파수는 다음 식으로 구할 수 있다.

$$f_r \cong \frac{1}{2\pi\ \sqrt{LC}} \qquad (21\text{-}18)$$

이것이 왜 중요할까? C_1과 C_2는 트랜지스터와 표유 정전용량에 의해 연결되기 때문에 이러한 추가의 커패시턴스는 C_1과 C_2의 값을 약간 변화시킨다. 그러므로 콜피츠 발진기에서 공진주파수는 트랜지스터와 표유 정전용량에 의존한다. 그러나 클랩 발진기에서는 트랜지스터와 표유 정전용량은 C_3에 영향을 미치지 않으므로 발진주파수는 더욱 안정하고 정확하다. 이것이 이따금씩 클랩 발진기가 사용되는 이유이다.

수정발진기

발진주파수의 정확성과 안정성이 중요할 때는 **수정발진기**(quartz-crystal oscillator)를 사용한다. 그림 21-24에서 귀환신호는 용량성 탭으로부터 주어진다. 다음 절에서 논의되겠지만 수정(약해서 *XTAL*)은 적은 커패시터와 큰 인덕터가 직렬인 것처럼 동작한다

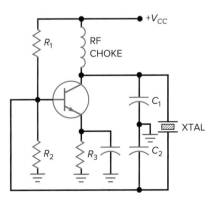

| 그림 21-24 | 수정발진기

(클랩과 유사). 이 때문에 공진주파수는 전체적으로 트랜지스터와 표유 정전용량에 영향을 거의 받지 않는다.

예제 21-4 　　　　　　　　　　　　　　　　　　　**▌▌▌ MultiSim**

만일 50 pF이 그림 21-20의 15 μH인 인덕터에 직렬로 부가되면 회로는 클랩 발진기가 된다. 발진주파수는 얼마인가?

풀이 　식 (21-17)에서 등가용량을 계산하면 다음과 같다.

$$C = \frac{1}{1/0.001\ \mu F + 1/0.01\ \mu F + 1/50\ pF} \cong 50\ pF$$

50 pF은 다른 용량보다 너무 적기 때문에 1/50 pF 외에 다른 값은 무시함에 주목하라. 발진주파수는 다음과 같다.

$$f_r = \frac{1}{2\pi\sqrt{(15\ \mu H)(50\ pF)}} = 5.81\ MHz$$

연습문제 21-4 　커패시터를 50 pF 대신 120 pF으로 하여 예제 21-4를 다시 풀어라.

21-6 수정진동자

발진주파수가 정확하고 안정할 필요가 있을 때 수정발진기를 일반적으로 선택한다. 전자 손목시계나 그 외 정확한 시간의 응용에는 정확한 클럭주파수를 제공하기 때문에 수정발진기를 사용한다.

압전효과

어떤 수정은 자연적으로 **압전효과**(piezoelectric effect)가 존재함을 볼 수 있다. 수정의 양단에 교류전압을 인가하면 공급된 전압의 주파수로 진동을 한다. 역으로 만일 기계적인 힘으로 수정을 진동시키면 동일한 주파수의 교류전압이 발생한다. 이 압전효과를 발생시키는 주된 물질로는 수정, 로셸염, 전기석 등이 있다.

　로셸염은 가장 큰 압전기 기능을 갖는데 주어진 교류전압에서 수정이나 전기석보다 더 큰 진동을 한다. 기계적으로는 이것은 깨지기 쉬우므로 가장 약하다. 로셸염은 마이크로폰, 포노그래프(phonograph) 픽업, 헤드셋, 스피커 등에 사용된다. 전기석은 압전 기능은 가장 약하나 셋 중에서 가장 단단하다. 가격이 비싸므로 극히 높은 주파수에서 가끔 사용된다.

　수정은 로셸염의 압전기능과 전기석의 강도의 중간쯤의 특성을 가지고 있다. 또한 가격이 싸고 자연적으로 수집이 가능하므로 RF 발진기나 필터에 널리 사용된다.

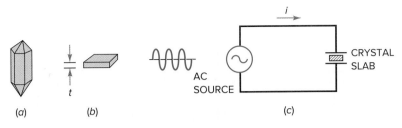

| 그림 21·25 | (a) 자연수정; (b) 수정편; (c) 공진 시 입력전류가 최대

수정편

수정의 자연적인 형태는 그림 21-25*a*에서와 같이 끝부분이 뾰족탑처럼 된 육각프리즘 모양이다. 유용한 수정을 얻기 위해서는 자연수정을 직각의 편(slab)으로 잘라야 하는데 그림 21-25*b*는 이것을 두께 *t*로 자른 것이다. 자연수정으로부터 얻을 수 있는 수정편의 수는 편의 크기와 자르는 각도에 달려 있다.

전자회로에서 수정편은 그림 21-25*c*와 같이 2개의 금속판 사이에 끼워져 사용되며, 이 회로에서 수정의 진동수는 인가된 전압의 주파수에 의존한다. 주파수를 변화시킴으로써 수정의 진동이 최대가 되는 공진주파수를 찾을 수가 있다. 진동을 위한 에너지는 교류전원에 의해 공급되기 때문에 교류전류는 각 공진주파수에서 최대가 된다.

기본파 주파수와 오버톤

대부분의 수정은 여러 공진주파수 중 하나인 **기본파 주파수**(fundamental frequency) 또는 최저주파수에서 진동이 최대가 되도록 절단되고 삽입된다. 오버톤(*overtone*)이라 불리는 높은 공진주파수는 거의 정확히 기본파 주파수의 배수가 된다. 예를 들어 1 MHz의 기본파 주파수를 갖는 수정은 거의 2 MHz인 1차 오버톤을 가지고 거의 3 MHz인 2차 오버톤 등을 가진다.

수정의 기본파 주파수에 대한 식은 다음과 같다.

$$f = \frac{K}{t} \tag{21-19}$$

여기서 K는 정수이고, t는 수정의 두께이다. 기본파 주파수는 두께에 반비례하기 때문에 최고의 기본파 주파수에는 제한이 있다. 수정은 얇으면 얇을수록 약해져서 진동에 의해 파손되기 쉽다.

수정의 기본파 주파수로는 10 MHz까지 공정이 가능한데, 더 높은 주파수가 요구될 때에는 수정의 오버톤 진동을 사용할 수 있다. 이 같은 방법으로 100 MHz까지의 주파수를 얻을 수가 있다. 보통 그 이상의 주파수에서는 가격은 비싸나 내구성이 좋은 전기석을 사용한다.

교류 등가회로

교류전원이 접속되면 수정은 어떻게 보아야 할까? 그림 21-26*a*의 수정이 진동하지 않을 때 수정은 절연체로 분리된 2개의 금속판을 가지고 있으므로 용량 C_m과 등가이다.

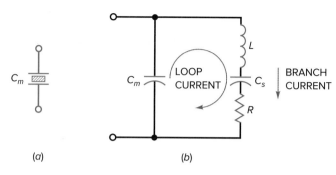

| 그림 21·26 | (a) 장치용량; (b) 진동하는 수정의 교류 등가회로

이 용량 C_m을 **장치용량**(mounting capacitance)이라 한다.

수정이 진동할 때 그것은 동조회로처럼 동작한다. 그림 21-26b에 기본파 주파수에서 진동하는 수정의 교류 등가회로를 나타내었다. 대표값으로 L은 수 H, C_s는 수분의 1 pF, R은 수백 Ω, C_m은 수 pF이다. 예를 들어 수정은 $L = 3$ H, $C_s = 0.05$ pF, $R = 2$ kΩ, $C_m = 10$ pF과 같은 값을 가진다.

수정은 매우 높은 Q를 가진다. 위에 주어진 값으로는 Q가 거의 4,000이다. 일반적인 수정의 Q값은 10,000 이상이다. 수정의 Q가 극히 높다는 것은 수정발진기가 매우 안정한 주파수를 가짐을 의미한다. 왜 그러한가는 공진주파수에 대한 정확한 식인 식 (21-9)를 고찰하여 이해할 수 있을 것이다.

$$f_r = \frac{1}{2\pi\sqrt{LC}}\sqrt{\frac{Q^2}{Q^2 + 1}}$$

Q가 무한대에 접근할 때 공진주파수는 수정의 정확한 L과 C 값에 의해 결정되는 이상적인 값에 접근한다. 비교가 되는 것이 콜피츠 발진기의 L과 C는 큰 오차를 가지므로 이 주파수의 정확성이 적다.

직렬과 병렬 공진

수정의 **직렬 공진주파수**(*series resonant frequency*) f_s는 그림 21-26b에서 LCR지로의 공진주파수이다. 이 주파수에서 L이 C_s에 공진되기 때문에 가지전류(*branch current*)는 최대값이 된다. 이 공진주파수의 식은 다음과 같다.

$$f_s = \frac{1}{2\pi\sqrt{LC_s}} \tag{21-20}$$

수정의 **병렬 공진주파수**(*parallel resonant frequency*) f_p는 그림 21-26b의 순환 또는 루프 전류가 최대값을 나타낼 때의 주파수이다. 이 루프전류는 C_s와 C_m의 직렬조합을 통해 흐르므로 등가 병렬용량은

$$C_p = \frac{C_m C_s}{C_m + C_s} \tag{21-21}$$

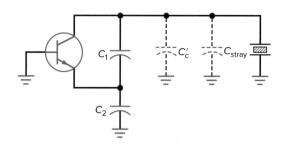

| 그림 21-27 | 장치용량을 병렬로 갖는 표유용량

이고, 병렬 공진주파수는 다음과 같다.

$$f_p = \frac{1}{2\pi \sqrt{LC_p}}$$

(21-22)

보통 수정에서 C_s는 C_m보다 훨씬 적다. 이 때문에 f_p는 f_s보다 약간 클 뿐이다. 수정을 그림 21-27과 같은 교류 등가회로로 사용할 때는 C_m에 병렬로 부가적인 회로용량들이 나타난다. 이 때문에 발진주파수는 f_s와 f_p 사이에 놓이게 된다.

수정의 안정성

발진기의 주파수는 시간에 따라 약간 변화하려는 경향이 있다. 이 같은 **변동**(*drift*)은 온도, 노화 및 그 외의 원인에 의해 발생된다. 수정발진기에서 주파수의 변동은 일반적으로 하루에 $1/10^6$ 이하로 극히 적다. 전자 손목시계에서는 수정발진기가 기본적인 시간 조절 소자이기 때문에 이 같은 안정성은 극히 중요하다.

온도제어가 가능한 오븐에서 수정발진기를 사용할 때 수정발진기는 하루에 $1/10^{10}$ 이하의 주파수 변동을 얻을 수 있다. 이 같은 변동을 가지는 시계는 300년에 ±1초의 오차가 발생한다. 이 같은 안정성은 주파수와 시간표준으로 반드시 필요하다.

수정발진기

그림 21-28a에 콜피츠 수정발진기를 나타내었다. 용량성 전압분배기는 트랜지스터의 베이스로 귀환전압을 발생한다. 수정은 C_1과 C_2에 공진되는 인덕터처럼 동작한다. 발진주파수는 수정의 직렬과 병렬 공진주파수 사이의 값이다.

그림 21-28b는 콜피츠 수정발진기의 변형이다. 귀환신호는 베이스 대신에 이미터에 인가된다. 이렇게 할 경우 회로를 더 높은 공진주파수에서 동작할 수 있게 해 준다.

그림 21-28c는 FET 클랩 발진기이다. 이것은 표유 정전용량의 영향을 감소시켜 주파수 안정성을 개선한 것이다. 그림 21-28d는 **피어스 수정발진기**(Pierce crystal oscillator)라고 하는 회로인데 주된 이점은 단순하다는 것이다.

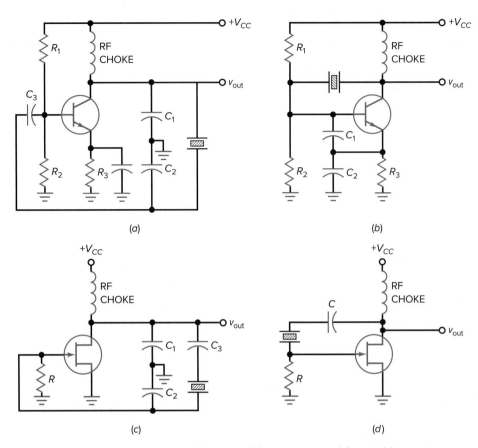

| 그림 21·28 | 수정발진기 (a) 콜피츠; (b) 콜피츠의 변형; (c) 클랩; (d) 피어스

예제 21-5

수정이 $L = 3$ H, $C_s = 0.05$ pF, $R = 2$ kΩ, $C_m = 10$ pF의 값을 갖는다. 수정의 직렬, 병렬 공진주파수는 얼마인가?

풀이 직렬 공진주파수는 식 (21-20)에서 다음과 같다.

$$f_s = \frac{1}{2\pi\sqrt{(3 \text{ H})(0.05 \text{ pF})}} = 411 \text{ kHz}$$

등가 병렬용량은 식 (21-21)에서 다음과 같다.

$$C_p = \frac{(10 \text{ pF})(0.05 \text{ pF})}{10 \text{ pF} + 0.05 \text{ pF}} = 0.0498 \text{ pF}$$

병렬 공진주파수는 식 (21-22)에서 다음과 같다.

$$f_p = \frac{1}{2\pi\sqrt{(3 \text{ H})(0.0498 \text{ pF})}} = 412 \text{ kHz}$$

보다시피 수정의 직렬과 병렬 공진주파수는 매우 근접한 값이다. 만일 이 수정을 발진기에 사용한다면 발진주파수는 411 kHz와 412 kHz 사이에 존재한다.

연습문제 21-5 $C_s = 0.1$ pF, $C_m = 15$ pF으로 하여 예제 21-5를 다시 풀어라.

표 21-1에 RC와 LC 발진기의 여러 가지 특성을 나타내었다.

21-7 555 타이머

NE555(또는 LM555, CA555, MC1455)는 널리 사용되는 IC 타이머(*IC timer*)인데, **단안정**(monostable : 한 번의 안정상태) 또는 **비안정**(astable : 안정상태 없음)의 두 모드로 동작시킬 수 있는 회로이다. 단안정모드에서는 수 마이크로초(μs)에서 수 시간(hour)까지의 정확한 시간지연을 발생시킬 수 있고, 비안정모드에서는 변화 가능한 듀티사이클을 가진 구형파를 발생시킬 수 있다.

단안정 동작

그림 21-29는 단안정 동작 설명을 보여 준다. 초기에는 555 타이머는 출력전압이 낮아 무한정 유지될 수 있다. A점의 시간에서 555 타이머에 **트리거**(*trigger*)가 인가되면 출력전압은 그림에서와 같이 저(low)에서 고(high)의 상태로 스위치된다. 한동안 출력은 고(high)를 유지한 후 W만큼의 시간지연 후 저(low)의 상태로 되돌아간다. 출력은 또 다른 트리거가 도달할 때까지 저(low)의 상태를 유지할 것이다.

멀티바이브레이터(multivibrator)는 2상태 회로로 0, 1 또는 2개의 안정적인 출력상태를 갖는다. 555 타이머가 단안정모드로 사용될 때는 한 번의 안정상태만을 가지므로 흔히 단안정 멀티바이브레이터(*monostable multivibrator*)라고 부른다. 이것은 출력의 상태를 순간적으로 고(high)로 변화시키는 트리거를 받을 때까지는 저(low)의 상태를 유지한다. 그러나 이 고(high)의 상태는 펄스가 끝날 때 출력이 저(low)의 상태로 되돌아가기 때문에 안정적인 상태가 아니다.

단안정모드로 동작할 때 555 타이머는 각 입력트리거에 대해 하나의 출력펄스만을 발생하기 때문에 원숏 멀티바이브레이터(*one-shot multivibrator*)라고도 부른다. 이 출

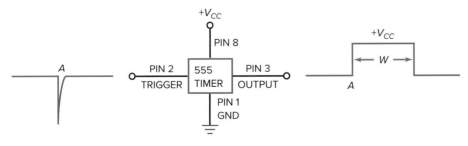

| 그림 21-29 | 단안정(원숏)모드로 사용되는 555 타이머

요점정리 표 21-1 | 발진기

형식		특성
	***RC* 발진기**	
윈-브리지(Wien-bridge)		• 진상-지상 귀환회로를 사용 • 동조를 위해 Rs 집단 필요 • 5 Hz에서 1 MHz까지 적은 왜곡출력(제한된 대역폭) • $f_r = \dfrac{1}{2\pi RC}$
트윈-티(Twin-T)		• 노치필터 회로 사용 • 특정 주파수에서 잘 동작함 • 넓은 출력주파수에 걸쳐 조정 곤란 • $f_r = \dfrac{1}{2\pi RC}$
위상천이(이상)(Phase-shift)		• 3~4개 진상 또는 지상 회로 사용 • 넓은 주파수 범위에 걸쳐 조정할 수 없음
	***LC* 발진기**	
콜피츠(Colpitts)		• 탭 커패시터의 쌍 사용 $C = \dfrac{C_1 C_2}{C_1 + C_2} \qquad f_r = \dfrac{1}{2\pi\sqrt{LC}}$ • 널리 사용됨
암스트롱(Armstrong)		• 귀환을 위해 변압기 사용 • 많이 사용하지 않음 • $f_r = \dfrac{1}{2\pi\sqrt{LC}}$
하틀리(Hartley)		• 탭 인덕터의 쌍 사용 • $L = L_1 + L_2 \qquad f_r = \dfrac{1}{2\pi\sqrt{LC}}$
클랩(Clapp)		• 탭 커패시터와 인덕터와 직렬인 커패시터 사용 • 안정하고 정확한 출력 • $C = \dfrac{1}{\dfrac{1}{C_1} + \dfrac{1}{C_2} + \dfrac{1}{C_3}} \qquad f_r = \dfrac{1}{2\pi\sqrt{LC}}$
수정(Crystal)		• 수정 사용 • 매우 정확하고 안정함 • $f_p = \dfrac{1}{2\pi\sqrt{LC_p}} \qquad f_s = \dfrac{1}{2\pi\sqrt{LC_s}}$

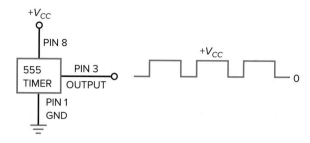

| 그림 21-30 | 비안정(자주) 모드로 사용되는 555 타이머

력펄스의 지속시간은 외부저항과 커패시터로 정확하게 제어할 수 있다.

555 타이머는 8핀 IC이다. 그림 21-29에 핀 4개를 나타내었는데, 핀 1은 접지에 접속하고 핀 8은 양의 공급전원에 접속한다. 555 타이머는 공급전압 +4.5 V에서 +18 V 사이의 값에서 동작한다. 트리거는 핀 2에 인가되고 출력은 핀 3에서 얻는다. 나머지 핀들은 여기서는 나타내지 않았지만 출력의 펄스폭을 결정하는 외부 소자를 접속하는 데 사용된다.

비안정 동작

또한 555 타이머는 비안정 멀티바이브레이터(*astable multivibrator*)로 동작하도록 접속할 수도 있다. 이 방법을 사용할 때 555 타이머는 안정상태를 갖지 않는데, 이는 어떤 상태도 무한히 지속될 수 없음을 의미한다. 비안정모드로 동작할 때 발진은 구형파 출력신호를 발생시킨다.

그림 21-30에 비안정모드로 사용되는 555 타이머를 나타내었다. 보다시피 출력은 구형파 펄스의 열이 된다. 출력을 얻기 위해 입력트리거가 필요 없기 때문에 비안정모드로 동작하는 555 타이머를 흔히 자주 멀티바이브레이터(*free-running multivibrator*)라고 부르기도 한다.

기능적인 블록다이어그램

555 타이머의 구성도는 다이오드, 전류미러, 트랜지스터와 같은 수십 개의 부품들로 구성되어 있어 복잡하다. 그림 21-31에 555 타이머의 기능적 다이어그램을 나타내었다. 이 다이어그램은 555 타이머 설명에 필요한 모든 핵심 아이디어를 담고 있다.

그림 21-31에서 보듯이 555 타이머는 전압분배기, 2개의 비교기, 1개의 *RS* 플립-플롭 및 *npn* 트랜지스터를 포함하고 있다. 전압분배기는 동일저항을 가지므로 상측 비교기의 트립점은

$$\text{UTP} = \frac{2V_{CC}}{3} \tag{21-23}$$

이고, 하측 비교기의 트립점은 다음과 같다.

$$\text{LTP} = \frac{V_{CC}}{3} \tag{21-24}$$

그림 21-31에서 핀 6은 상측 비교기에 접속된다. 핀 6의 전압을 문턱전압(*threshold*

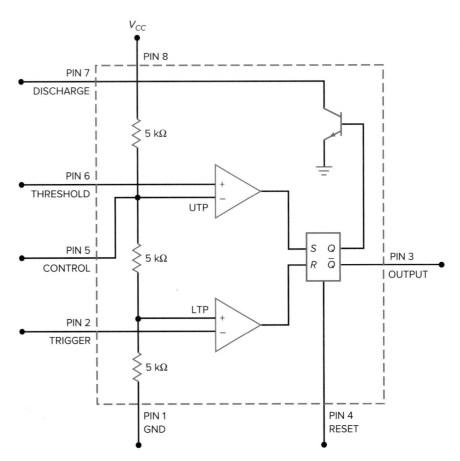

| 그림 21-31 | 555 타이머의 단순화된 기능적인 블록다이어그램

voltage)이라 부른다. 이 전압은 여기에 나타내지는 않았지만 외부 소자로부터 유도된다. 문턱전압이 UTP 이상이면 상측 비교기는 고(high)출력을 가진다.

핀 2는 하측 비교기에 접속된다. 핀 2의 전압을 트리거(*trigger*)라 부른다. 이 트리거 전압은 555 타이머의 단안정 동작을 위해 사용된다. 타이머가 동작하지 않을 때 트리거 전압은 고(high)가 된다. 트리거전압이 LTP 이하로 떨어질 때 하측 비교기는 고(high) 출력을 발생한다.

핀 4는 출력전압을 0으로 리셋시키는 데 사용된다. 핀 5는 555 타이머가 비안정모드로 사용될 때 출력주파수 제어용으로 사용된다. 대부분의 응용에서 이 두 핀은 다음과 같이 고정시킨다. 즉, 핀 4는 +V_{CC}에 접속하고, 핀 5는 커패시터를 통해 접지(GND)로 바이패스시킨다. 나중에 보다 고급회로에서 핀 4와 핀 5를 어떻게 사용하는지 설명할 것이다.

RS 플립-플롭

외부 소자를 가지는 555 타이머가 어떻게 동작하는가를 이해하기 전에 $S, R, Q, \overline{Q}$가 포함된 블록에 대한 설명이 필요하다. 이 블록을 RS 플립-플롭(*RS flip-flop*)이라 하는데 이 회로는 두 번의 안정상태를 가진다.

그림 21-32에 *RS* 플립-플롭을 구성하는 한 방법을 나타내었다. 이 회로에서 트랜지

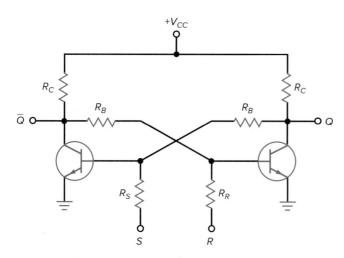

| 그림 21·32 | 트랜지스터 *RS* 플립-플롭 회로의 구성

스터 하나는 포화되고 또 하나는 차단된다. 예를 들어 만일 오른쪽 트랜지스터가 포화되면 그 컬렉터전압은 거의 0이 된다. 이것은 왼쪽 트랜지스터의 베이스전류가 없음을 의미한다. 그 결과 왼쪽 트랜지스터는 차단되고 큰 컬렉터전압이 발생한다. 이 큰 컬렉터전압은 큰 베이스전류를 발생시켜 오른쪽 트랜지스터의 포화상태를 유지시킨다.

 RS 플립-플롭은 Q와 $\overline{Q}$ 2개의 출력을 가진다. 이 출력의 두 상태는 저(low)전압이거나 고(high)전압 중 하나이다. 또한 두 출력은 항상 서로 상태가 반대이다. Q가 저(low)일 때 $\overline{Q}$는 고(high)이고, Q가 고(high)일 때 $\overline{Q}$는 저(low)이다. 이 때문에 $\overline{Q}$를 Q의 상보(*complement*)라고 부른다. $\overline{Q}$의 위쪽 바(bar) 표시는 Q의 상보임을 나타낸다.

 입력 S와 R로써 출력의 상태를 제어할 수 있다. 만일 입력에 큰 양의 전압을 인가하면 왼쪽 트랜지스터는 포화로 구동되고 오른쪽 트랜지스터는 차단될 것이다. 이때 Q는 고(high), $\overline{Q}$는 저(low)가 될 것이다. 포화된 왼쪽 트랜지스터가 오른쪽 트랜지스터의 차단을 유지시키기 때문에 고(high)입력은 제거할 수 있다.

 마찬가지로 R입력에 큰 양의 전압을 인가할 수 있다. 이때는 오른쪽 트랜지스터가 포화되고 왼쪽 트랜지스터가 차단된다. 이 상태에서 Q는 저(low), $\overline{Q}$는 고(high)가 된다. 이러한 전환이 발생된 후 고(high) R입력은 더 이상 필요없기 때문에 제거할 수 있다.

 이 회로는 두 상태 중 어느 한 상태에서 안정하기 때문에 흔히 **쌍안정 멀티바이브레이터**(bistable multivibrator)라고 부른다. 쌍안정 멀티바이브레이터는 두 상태 중 하나가 래치(latch)된다. 고(high) S입력은 Q가 고(high)상태가 되게 하고, 고(high) R입력은 Q를 저(low)상태로 되돌린다. 출력 Q는 반대의 상태로 트리거될 때까지 주어진 상태를 유지한다.

 덧붙여 흔히 S입력은 Q출력을 고(high)로 세트시키기 때문에 세트입력(*set input*)이라 부르고, R입력은 Q출력을 저(low)로 리셋시키기 때문에 리셋입력(*reset input*)이라 부른다.

단안정 동작

그림 21-33에 단안정 동작을 하도록 접속된 555 타이머를 나타내었다. 이 회로는 외부저항 R과 커패시터 C를 가진다. 커패시터 양단전압은 핀 6에 문턱전압으로 사용된다. 핀 2에 트리거가 가해졌을 때 회로는 핀 3에서 구형파 출력펄스를 발생시킨다.

여기서 회로의 동작을 살펴보자. 처음에 RS 플립-플롭의 Q출력은 고(high)라고 하자. 이 경우에서는 트랜지스터가 포화되고 커패시터전압이 접지로 클램프되어 있다. 이 상태는 트리거가 인가될 때까지 유지될 것이다. 전압분배기 때문에 트립점은 앞서 설명한 것처럼 다음과 같다. 즉, UTP = $2V_{CC}/3$, LTP = $V_{CC}/3$.

트리거 입력이 $V_{CC}/3$보다 약간 적게 감소할 때, 하측 비교기는 플립-플롭을 리셋한다. Q가 저(low)로 바뀌기 때문에 트랜지스터는 차단되어 커패시터는 충전을 시작한다. 이때 $\overline{Q}$는 고(high)로 바뀐다. 또 커패시터는 그림에서와 같이 지수함수적으로 충전된다. 커패시터전압이 $2V_{CC}/3$보다 약간 클 때, 상측 비교기는 플립-플롭을 세트한다. 이 경우 Q는 고(high)가 되어 트랜지스터를 도통시키고 커패시터는 거의 순간적으로 방전하게 된다. 동시에 $\overline{Q}$는 저(low)상태로 되돌아가고 출력펄스는 끝난다. $\overline{Q}$는 또 다른 입

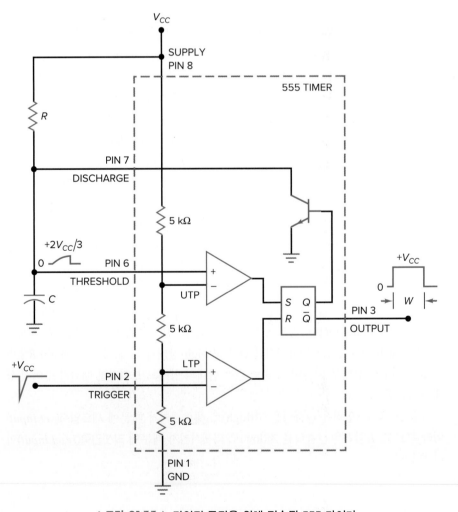

| 그림 21-33 | 단안정 동작을 위해 접속된 555 타이머

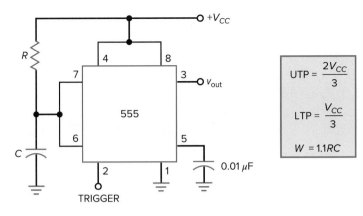

| 그림 21-34 | **단안정 타이머회로**

력트리거가 도달할 때까지 저(low)의 상태를 유지한다.

상보출력 $\overline{Q}$는 핀 3에서 얻는다. 구형파 펄스의 폭은 저항 R을 통한 커패시터의 충전에 걸리는 시간에 따라 결정된다. 시정수가 길수록 $2V_{CC}/3$의 충전전압에 도달하는 시간이 길어진다. 시정수의 시간에서 커패시터는 V_{CC}의 63.2%까지 충전된다. $2V_{CC}/3$가 V_{CC}의 66.7%이므로 커패시터전압이 $2V_{CC}/3$에 도달하는 데는 시정수보다 약간 더 걸린다. 지수함수적인 충전식을 풀어 보면 다음과 같은 펄스폭을 유도할 수 있다.

$$W = 1.1RC \tag{21-25}$$

그림 21-34는 일반적으로 표현하는 단안정 555 회로의 도식적 다이어그램으로, 핀들과 외부 소자만을 나타내었다. 핀 4(리셋)가 $+V_{CC}$에 접속됨에 주목하라. 앞서 설명한 대로 이렇게 할 경우 핀 4는 회로에 영향을 미치지 않는다. 어떤 응용에서 핀 4는 동작의 중지를 위해 순간적으로 접지한다. 핀 4에 고(high)가 주어지면 동작은 다시 시작된다. 뒤의 설명에서 이 같은 리셋형에 대해 더 상세하게 다룬다.

핀 5(제어)는 특별한 입력이고 펄스폭을 변화시키는 UTP의 변화에 사용할 수 있다. 뒤에 펄스폭을 변화시키기 위해 핀 5에 외부 전압을 인가하는 **펄스폭 변조**(*pulse-width modulation*)에 대해 설명할 것이다. 여기서는 보이는 바와 같이 핀 5를 접지로 바이패스한다. 핀 5를 교류접지시킴으로써 전자적인 잡음이 555 타이머 동작에 장애를 일으키는 것을 방지한다.

요약하면 단안정 555 타이머는 그림 21-34에서 사용된 외부 R과 C에 의해서 결정되는 폭을 가지는 단일펄스를 발생한다. 펄스는 입력트리거의 선단(leading edge)에서 시작한다. 이 같은 원숏 동작은 디지털과 스위칭 회로에서 많이 응용된다.

예제 21-6   ▐▐▐ MultiSim

그림 21-34에서 $V_{CC} = 12$ V, $R = 33$ kΩ, $C = 0.47$ μF이다. 출력펄스를 발생하는 최소 트리거전압은 얼마인가? 최대 커패시터전압은 얼마인가? 출력펄스의 폭은 얼마인가?

풀이 그림 21-33에서 보다시피, 하측 비교기는 LTP인 트립점을 가진다. 그러므로 핀 2의 입력트리거는 $+V_{CC}$에서 LTP보다 약간 적게 감소한다. 그림 21-34에 나타낸 식에서

$$LTP = \frac{12\ V}{3} = 4\ V$$

트리거가 인가된 후, 커패시터는 0 V에서 다음과 같은 UTP의 최대까지 충전된다.

$$UTP = \frac{2(12\ V)}{3} = 8\ V$$

원숏의 출력 펄스폭은

$$W = 1.1(33\ k\Omega)(0.47\ \mu F) = 17.1\ ms$$

이것은 트리거펄스가 인가된 17.1 ms 후에 출력펄스의 하강단(falling edge)이 발생함을 의미한다. 출력펄스의 하강단은 또 다른 회로의 트리거에 사용될 수 있으므로 이 17.1 ms는 시간지연으로 생각할 수도 있다.

연습문제 21-6 그림 21-34에서 V_{CC}를 15 V, R을 100 kΩ으로 바꾼 후, 예제 21-6을 다시 풀어라.

예제 21-7

만일 R = 10 MΩ이고 C = 470 μF이라면, 그림 21-34에서 펄스폭은 얼마인가?

풀이

$$W = 1.1(10\ M\Omega)(470\ \mu F) = 5170\ s = 86.2\ min = 1.44\ hr$$

이것은 1시간 이상의 펄스폭을 가진다. 1.44시간의 시간지연 후에 펄스의 하강단이 발생한다.

21-8 555 타이머의 비안정 동작

단안정 동작은 많은 응용에서 수 마이크로초에서 수 시간까지의 시간지연을 발생시키는 데 유효하다. 또한 555 타이머는 비안정 또는 자주 멀티바이브레이터로 사용할 수 있다. 이 모드에서는 발진주파수를 세트시키기 위해 2개의 외부저항과 1개의 커패시터가 요구된다.

비안정 동작

그림 21-35에 비안정 동작을 위해 접속한 555 타이머를 나타내었다. 트립점은 단안정 동작에서와 같다.

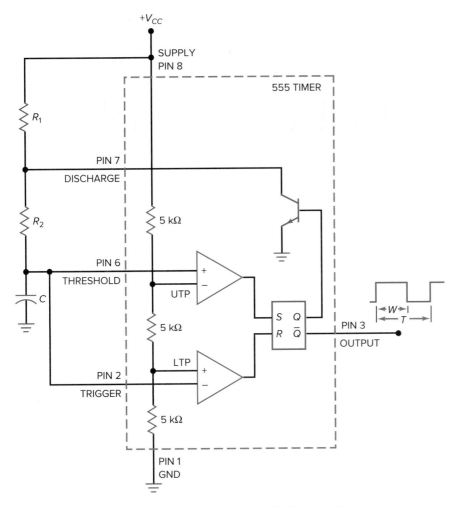

| 그림 21-35 | 비안정 동작으로 접속된 555 타이머

$$UTP = \frac{2V_{CC}}{3}$$

$$LTP = \frac{V_{CC}}{3}$$

Q가 저(low)일 때 트랜지스터는 차단되고 커패시터는 다음과 같은 전체 저항을 통해 충전된다.

$$R = R_1 + R_2$$

이 때문에 충전시정수는 $(R_1 + R_2)C$가 된다. 커패시터가 충전됨에 따라 문턱전압(핀 6)은 증가한다.

결국 이 문턱전압이 $+2V_{CC}/3$를 초과하고, 상측 비교기가 플립-플롭을 세트시킨다. 고(high) Q에서 트랜지스터는 포화되고 핀 7은 접지된다. 이때 커패시터는 R_2를 통해 방전하는데 방전시정수는 R_2C이다. 커패시터전압이 $V_{CC}/3$보다 약간 적게 감소되면 하

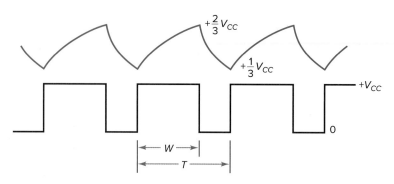

| 그림 21-36 | 비안정 동작에서 커패시터와 출력의 파형

측 비교기가 플립-플롭을 리셋시킨다.

그림 21-36에 파형의 예를 나타내었다. 타이밍 커패시터는 지수함수적으로 증가, 감소하는 UTP와 LTP 사이의 전압을 가지고, 출력은 0과 V_{CC} 사이를 스윙하는 구형파이다. 충전시정수가 방전시정수보다 크면 출력은 대칭이 되지 않고 저항 R_1과 R_2에 따라 50에서 100 사이인 듀티사이클을 가진다.

충전과 방전에 대한 식을 수학적으로 해석하면 다음과 같은 식을 유도할 수가 있다. 펄스의 폭은 다음과 같다.

$$W = 0.693(R_1 + R_2)C \tag{21-26}$$

출력의 주기는 다음과 같다.

$$T = 0.693(R_1 + 2R_2)C \tag{21-27}$$

출력주파수는 주기의 역수이므로

$$f = \frac{1.44}{(R_1 + 2R_2)C} \tag{21-28}$$

이고, 듀티사이클은 펄스폭을 주기로 나누면 되므로 다음과 같다.

$$D = \frac{R_1 + R_2}{R_1 + 2R_2} \tag{21-29}$$

R_1이 R_2보다 훨씬 적으면 듀티사이클은 약 50%이다. 역으로 R_1이 R_2보다 훨씬 크면 듀티사이클은 거의 100%이다.

그림 21-37에 도식적 다이어그램상에 일반적으로 표현하는 비안정 555 타이머를 나타내었다. 핀 4(리셋)가 전원에 접속된 것과 핀 5가 0.01 μF을 통해 접지로 바이패스되어 있음에 주목하라.

그림 21-37은 듀티사이클이 50% 이하가 되도록 변형할 수 있다. R_2에 병렬로 다이오드를 접속(핀 7에 애노드접속)하면 커패시터는 실제 R_1과 다이오드를 통해 충전하고 R_2를 통해 방전한다. 따라서 듀티사이클은 다음 식과 같이 된다.

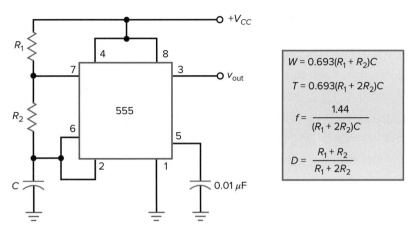

| 그림 21-37 | 비안정 멀티바이브레이터

$$D = \frac{R_1}{R_1 + R_2} \qquad (21\text{-}30)$$

VCO의 동작

그림 21-38a에 555 타이머의 또 다른 응용인 **전압제어 발진기**(voltage-controlled oscillator: VCO)를 나타내었다. 때로는 이 회로를 입력전압이 출력주파수를 변화시킬 수 있기 때문에 **전압-주파수 변환기**(voltage-frequency converter)라고 부르기도 한다.

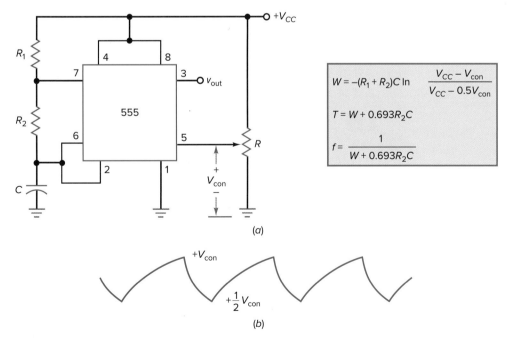

| 그림 21-38 | (a) 전압제어 발진기; (b) 커패시터 전압파형

이 회로의 동작을 알아보자. 핀 5(제어)가 상측 비교기의 반전입력에 접속되어 있음을 상기하라(그림 21-31). 일반적으로 핀 5는 커패시터를 통해 접지로 바이패스되고 있으므로 UTP는 $+2V_{CC}/3$이다. 그러나 그림 21-38a에서는 안정된 전위차계 전압이 내부 전압보다 우선한다. 다시 말해 V_{con}과 같다. 전위차계를 조정함으로써 UTP를 0에서 V_{CC}까지의 값으로 변화시킬 수 있다.

그림 21-38b에 타이밍 커패시터 양단의 전압파형을 나타내었다. 파형의 최소치가 $+V_{con}/2$이고 최대치가 $+V_{con}$임에 주목하라. 만일 V_{con}이 증가하면 커패시터의 충전과 방전은 더 길어진다. 그러므로 주파수는 감소한다. 그 결과 제어전압을 변화시켜 회로의 주파수를 변화시킬 수가 있다. 덧붙여 제어전압은 전위차계 또는 트랜지스터회로의 출력, 연산증폭기 또는 그 외의 소자로부터 얻을 수가 있다.

지수함수적인 커패시터의 충전과 방전을 해석함으로써 다음 식을 유도할 수 있다.

$$W = -(R_1 + R_2)C \ln \frac{V_{CC} - V_{con}}{V_{CC} - 0.5V_{con}} \tag{21-31}$$

이 식을 사용하기 위해서는 기저가 e인 대수, 즉 **자연대수**(natural logarithm)를 알 필요가 있다. 만일 계산기를 가졌다면 ln키를 찾아 해석하면 된다. 주기는 다음과 같이 주어진다.

$$T = W + 0.693R_2C \tag{21-32}$$

따라서 주파수는 다음과 같다.

$$f = \frac{1}{W + 0.693R_2C} \tag{21-33}$$

예제 21-8 ▐▐▐ **MultiSim**

그림 21-37의 555 타이머는 $R_1 = 75 \text{ k}\Omega$, $R_2 = 30 \text{ k}\Omega$, $C = 47 \text{ nF}$을 가진다. 출력신호의 주파수는 얼마인가? 듀티사이클은 얼마인가?

풀이 그림 21-37에 나타낸 식에서

$$f = \frac{1.44}{(75 \text{ k}\Omega + 60 \text{ k}\Omega)(47 \text{ nF})} = 227 \text{ Hz}$$

$$D = \frac{75 \text{ k}\Omega + 30 \text{ k}\Omega}{75 \text{ k}\Omega + 60 \text{ k}\Omega} = 0.778$$

이것은 77.8%와 같다.

연습문제 21-8 R_1과 R_2를 모두 75 kΩ으로 하고, 예제 21-8을 다시 풀어라.

예제 21-9

그림 21-38a의 VCO는 예제 21-8에서와 같은 R_1, R_2, C를 가진다. V_{con}이 11 V일 때, 주

파수와 듀티사이클은 얼마인가? V_{con}이 1 V일 때, 주파수와 듀티사이클은 얼마인가?

풀이 그림 21-38의 식을 사용하면

$$W = -(75\ k\Omega + 30\ k\Omega)(47\ nF)\ \ln\frac{12\ V - 11\ V}{12\ V - 5.5\ V} = 9.24\ ms$$

$$T = 9.24\ ms + 0.693(30\ k\Omega)(47\ nF) = 10.2\ ms$$

이고, 듀티사이클은

$$D = \frac{W}{T} = \frac{9.24\ ms}{10.2\ ms} = 0.906$$

이며, 주파수는

$$f = \frac{1}{T} = \frac{1}{10.2\ ms} = 98\ Hz$$

이다. 마찬가지로 계산하여, V_{con} = 1 V일 때는 다음의 결과가 주어진다.

$$W = -(75\ k\Omega + 30\ k\Omega)(47\ nF)\ \ln\frac{12\ V - 1\ V}{12\ V - 0.5\ V} = 0.219\ ms$$

$$T = 0.219\ ms + 0.693(30\ k\Omega)(47\ nF) = 1.2\ ms$$

$$D = \frac{W}{T} = \frac{0.219\ ms}{1.2\ ms} = 0.183$$

$$f = \frac{1}{T} = \frac{1}{1.2\ ms} = 833\ Hz$$

연습문제 21-9 V_{CC} = 15 V, V_{con} = 10 V로 하여 예제 21-9를 다시 풀어라.

21-9 555 회로 응용

555 타이머의 출력단은 200 mA를 공급할 수 있다. 이는 출력이 고(high)일 경우 최대 200 mA의 부하전류를 공급할 수 있음을 의미한다. 이 때문에 555 타이머는 릴레이, 램프, 스피커와 같은 비교적 큰 부하를 구동시킬 수 있다. 또한 555 타이머의 출력단은 200 mA의 싱크(*sink*)로 사용할 수도 있다. 이것은 출력이 낮을 경우 최대 200 mA까지 접지로 흐르도록 허용할 수 있음을 의미한다(싱킹). 예를 들어 555 타이머가 TTL 부하를 구동할 때, 출력이 고(high)일 때는 타이머는 전류를 공급하고, 출력이 저(low)일 때는 전류를 싱크한다. 이 절에서는 555 타이머의 몇몇 응용에 대해 설명한다.

시작과 리셋

그림 21-39에 앞서 살펴본 단안정 타이머의 몇 가지 변형 회로를 나타내었다. 시작되기 위해서는 트리거입력(핀 2)은 푸시버튼 스위치(START)에 의해 제어된다. 스위치가 정

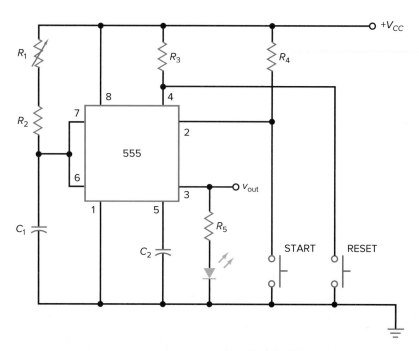

| 그림 21-39 | START와 RESET 버튼으로 펄스폭을 조정할 수 있는 단안정 타이머

상적으로 개방되어 있을 때는 핀 2가 고(high)가 되고, 회로는 동작하지 않는다.

START 스위치를 눌렀다 떼었을 때 핀 2는 순간적으로 접지로 접속된다. 따라서 출력은 고(high)가 되고 LED가 켜진다. 커패시터 C_1은 앞서 설명한 대로 양으로 충전된다. 충전시정수는 R_1으로 변화시킬 수 있다. 이 방법에서 수 초에서 수 시간의 시간지연을 얻을 수 있다. 커패시터전압이 $2V_{CC}/3$보다 약간 클 때 회로는 리셋되고 출력은 저(low)가 되어 LED가 꺼진다.

RESET 스위치에 주목하자. 출력펄스가 지속되는 동안 언제든 회로를 리셋시키는 데 사용될 수 있다. 정상적인 경우 스위치가 개방되어 있기 때문에 핀 4는 고(high)가 되어 타이머 동작에 어떤 영향을 미치지 않는다. 그러나 RESET 스위치가 단락되면, 핀 4는 접지로 완전히 떨어지고(full-down), 출력은 0으로 리셋된다. RESET은 사용자가 출력이 고(high)인 상태를 끝내기를 원할 때도 포함된다. 예를 들어 만일 출력펄스폭이 5분으로 세트되어 있을 때 사용자가 RESET을 누름으로써 펄스폭보다 훨씬 짧은 시간에 펄스를 끝내게 할 수 있다.

덧붙여 출력신호 v_{out}은 릴레이, 전력용 FET, IGBT, 버저 등의 구동에 사용할 수 있다. LED는 다른 회로로 인도하는 고(high)출력의 표시기로서 제공된다.

사이렌과 경보

그림 21-40에 사이렌(siren)과 경보(alarm)에 비안정 555 타이머를 사용하는 방법을 나타내었다. 일반적으로 경보(ALARM) 스위치는 단락되어 있어 핀 4는 접지로 접속된다. 이때 555 타이머는 동작하지 않으므로 출력이 없다. 그러나 경보스위치가 개방되었을 때 회로는 R_1, R_2, C_1에 의해 결정되는 주파수를 갖는 구형파 출력을 발생시킬 것이다.

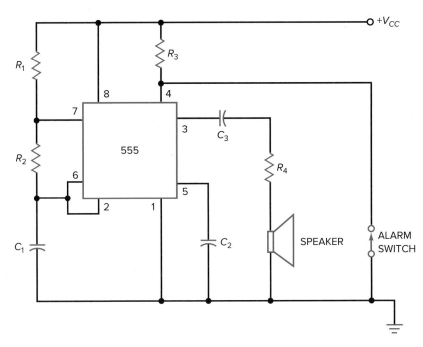

| 그림 21·40 | 사이렌 또는 경보를 위해 사용되는 비안정 555회로

핀 3으로부터 출력은 R_4 저항을 통하는 스피커를 구동한다. 이 저항의 크기는 공급 전압과 스피커의 임피던스에 따른다. R_4와 스피커의 합성 임피던스는 출력전류를 200 mA 또는 그 이하로 제한해야 한다. 왜냐하면 이것이 555 타이머가 공급할 수 있는 최대전류이기 때문이다.

그림 21-40의 회로는 스피커를 위해 더 큰 전력을 발생할 수 있도록 변형할 수도 있다. 예를 들어 핀 3의 출력이 B급 푸시풀 전력증폭기를 구동하도록 사용하면 이 증폭기의 출력이 스피커를 구동하게 된다.

펄스폭 변조기

그림 21-41에 **펄스폭 변조**(pulse-width modulation: PWM)로 사용되는 회로를 나타내었다. 555 타이머는 단안정 모드로 접속되었다. R, C, UTP, V_{CC}로 결정되는 출력펄스의 폭은 다음과 같다.

$$W = -RC \ln \left(1 - \frac{\text{UTP}}{V_{CC}} \right) \tag{21-34}$$

변조신호(modulating signal)라 부르는 저주파 신호는 핀 5와 용량성으로 결합되어 있다. 이 변조신호는 음성이나 컴퓨터 데이터이다. 핀 5는 UTP값으로 제어되기 때문에 v_{mod}는 정지 UTP에 더해져야 한다. 그러므로 순간적인 UTP는 다음과 같이 주어진다.

$$\text{UTP} = \frac{2V_{CC}}{3} + v_{\text{mod}} \tag{21-35}$$

예를 들어 만일 $V_{CC} = 12$ V이고, 변조신호가 1 V의 피크값을 갖는다면 식 (21-31)

은 다음과 같이 주어진다.

$$\text{UTP}_{max} = 8\text{ V} + 1\text{ V} = 9\text{ V}$$
$$\text{UTP}_{min} = 8\text{ V} - 1\text{ V} = 7\text{ V}$$

이것은 순간적으로 UTP가 7과 9 V 사이를 연속적으로 변화함을 의미한다.

클럭(*clock*)이라 불리는 트리거의 열은 핀 2에 입력된다. 각 트리거는 출력펄스를 발생시킨다. 트리거의 주기가 T이기 때문에 출력은 주기 T를 갖는 구형파 펄스의 열이 될 것이다. 변조신호는 주기 T에는 영향을 미치지 않으나 각 출력펄스의 폭을 변화시킨다. 변조신호의 양의 피크인 A점에서는 보다시피 출력펄스가 넓어지고, 변조신호의 음의 피크인 B점에서는 출력펄스가 좁아진다.

PWM은 통신에 사용된다. 이것은 저주파 변조신호(음성, 데이터)가 **캐리어**(carrier)라고 불리는 고주파 신호의 펄스폭을 변화시킨다. 변조된 캐리어는 동선이나 광섬유 케이블 또는 공간을 통해 수신 측으로 송신할 수 있다. 수신 측에서는 변조신호를 복원하여 스피커(음성) 또는 컴퓨터(데이터)를 구동한다.

펄스위치 변조

PWM에서 펄스폭은 변화되었지만 주기는 일정했다. 왜냐하면 주기는 입력트리거의 주파수에 의해 결정되기 때문이었다. 주기가 일정하기 때문에 각 펄스의 위치가 같은데, 이것은 펄스의 선단(leading edge)이 항상 일정한 시간간격 후에 발생하기 때문이다.

펄스위치 변조(pulse-position modulation : PPM)는 다르다. 이 변조 형식에서는 각 펄스의 위치(선단)가 변한다. PPM에서는 펄스의 폭과 주기 모두 변조신호에 의해 변화한다.

그림 21-42a에 **펄스위치 변조기**(*pulse-position modulator*)를 나타내었다. 이것은 앞서 설명한 VCO와 흡사하다. 변조신호가 핀 5에 결합되었을 때 순시적인 UTP는 식 (21-35)에 의해 다음과 같이 주어진다.

$$\text{UTP} = \frac{2V_{CC}}{3} + v_{mod}$$

변조신호가 증가할 때 UTP가 증가하고 펄스폭도 증가한다. 변조신호가 감소할 때 UTP가 감소하고 펄스폭도 감소한다. 이것은 그림 21-42b에서와 같이 펄스폭이 변하기 때문이다.

펄스폭과 주기에 대한 식은 다음과 같다.

$$W = -(R_1 + R_2)C \ln \frac{V_{CC} - \text{UTP}}{V_{CC} - 0.5\text{ UTP}} \tag{21-36}$$

$$T = W + 0.693R_2C \tag{21-37}$$

식 (21-37)에서 두 번째 항이 펄스 간 간격(*space*)이다.

$$\text{간격} = 0.693R_2C \tag{21-38}$$

이것은 한 펄스의 후단(trailing edge)과 다음 펄스의 선단(leading edge) 사이의 시간간격이다. 식 (21-38)에서 V_{con}이 포함되지 않으므로 그림 21-42b에 나타내었듯이 펄스 간의 간격은 일정하다.

간격이 일정하기 때문에 펄스의 선단의 위치는 뒤따르는 펄스가 얼마나 넓은가에 따라 결정된다. 이것이 이 같은 형식의 변조를 **펄스위치 변조**(*pulse-position modulation*)라 부르는 이유이다. PPM은 PWM처럼 음성이나 데이터를 전송하는 통신시스템에 사용된다.

램프 발생

저항을 통한 커패시터의 충전은 지수함수적인 파형을 발생한다. 그러나 만일 커패시터의 충전에 저항 대신 정전류원을 사용한다면 커패시터의 전압은 램프(ramp)가 된다. 이것이 그림 21-43*a* 회로의 기본 개념이다. 지금 단안정 회로의 저항 대신 *pnp* 전류원으로 대체시키면 다음과 같은 일정한 충전전류가 발생한다.

$$I_C = \frac{V_{CC} - V_E}{R_E} \qquad \text{(21-39)}$$

그림 21-43*a*에서 트리거가 단안정 555 타이머를 구동시킬 때 *pnp* 전류원은 커패시터로 일정한 충전전류를 흘린다. 그러므로 커패시터 양단전압은 그림 21-43*b*와 같은 램프가 된다. 램프의 기울기 *S*는 다음과 같다.

$$S = \frac{I_C}{C} \qquad \text{(21-40)}$$

만일 커패시터전압이 방전이 일어나기 전에 최대치 $2V_{CC}/3$에 도달한다면 그림 21-43*b*에서 램프의 피크전압은

$$V = \frac{2V_{CC}}{3} \qquad \text{(21-41)}$$

이고, 이 램프의 지속시간 *T*는 다음과 같다.

$$T = \frac{2V_{CC}}{3S} \qquad \text{(21-42)}$$

응용예제 21-10

그림 21-41과 같은 펄스폭 변조기가 $V_{CC} = 12$ V, $R = 9.1$ kΩ, $C = 0.01$ μF을 가진다. 클럭주파수는 2.5 kHz이다. 만일 변조신호가 2 V의 피크값을 가진다면, 출력펄스의 주기는 얼마인가? 정지펄스폭은 얼마인가? 최소, 최대 펄스폭은 얼마인가? 최소, 최대 듀티사이클은 얼마인가?

풀이 출력펄스의 주기는 클럭펄스의 주기와 같다.

$$T = \frac{1}{2.5 \text{ kHz}} = 400 \, \mu s$$

정지펄스폭은

$$W = 1.1RC = 1.1(9.1 \text{ k}\Omega)(0.01 \, \mu\text{F}) = 100 \, \mu s$$

이고, 식 (21-35)에서 최소, 최대 UTP를 계산하면,

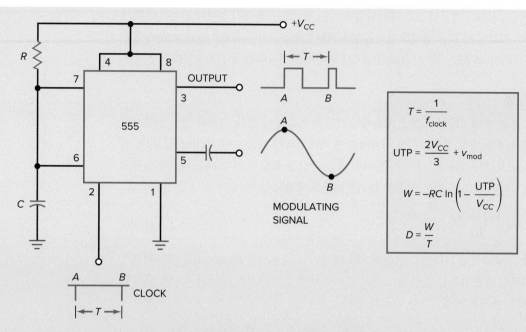

| 그림 21·41 | 펄스폭 변조기로 접속된 555 타이머

$$UTP_{min} = 8\ V - 2\ V = 6\ V$$
$$UTP_{max} = 8\ V + 2\ V = 10\ V$$

이다. 또 식 (21-34)에서 최소, 최대 펄스폭을 계산하면 다음과 같다.

$$W_{min} = -(9.1\ k\Omega)(0.01\ \mu F)\ ln\left(1 - \frac{6\ V}{12\ V}\right) = 63.1\ \mu s$$

$$W_{max} = -(9.1\ k\Omega)(0.01\ \mu F)\ ln\left(1 - \frac{10\ V}{12\ V}\right) = 163\ \mu s$$

최소, 최대 듀티사이클은 다음과 같다.

$$D_{min} = \frac{63.1\ \mu s}{400\ \mu s} = 0.158$$

$$D_{max} = \frac{163\ \mu s}{400\ \mu s} = 0.408$$

연습문제 21-10 응용예제 21-10에서 V_{CC}를 15 V로 바꾸어라. 최대 펄스폭과 최대 듀티사이클을 계산하라.

응용예제 21-11

그림 21-42와 같은 펄스위치 변조기에서 V_{CC} = 12 V, R_1 = 3.9 kΩ, R_2 = 3 kΩ, C = 0.01 μF이다. 출력펄스의 정지폭과 주기는 얼마인가? 만일 변조신호가 1.5 V의 피크값을 가진다면 최소, 최대 펄스폭은 얼마인가? 펄스 간 간격은 얼마인가?

풀이 변조되지 않은 신호에서 출력펄스의 정지주기는 비안정 멀티바이브레이터로 사용한 555 타이머의 주기와 같다. 식 (21-26)과 (21-27)에서 정지폭과 주기를 다음과 같이 계산할 수 있다.

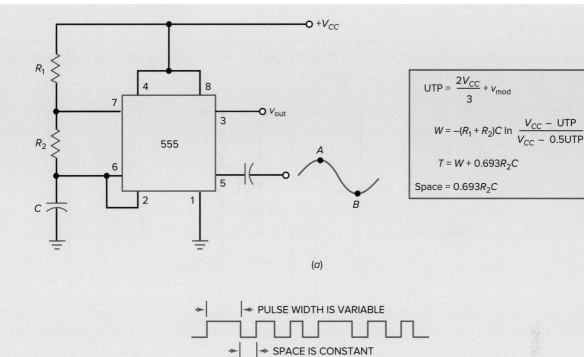

(a)

(b)

| 그림 21·42 | 펄스위치 변조로 접속된 555 타이머

$$W = 0.693(3.9 \text{ k}\Omega + 3 \text{ k}\Omega)(0.01 \text{ }\mu\text{F}) = 47.8 \text{ }\mu\text{s}$$
$$T = 0.693(3.9 \text{ k}\Omega + 6 \text{ k}\Omega)(0.01 \text{ }\mu\text{F}) = 68.6 \text{ }\mu\text{s}$$

식 (21-35)에서 최소, 최대 UTP를 계산하면,

$$\text{UTP}_{\text{min}} = 8 \text{ V} - 1.5 \text{ V} = 6.5 \text{ V}$$
$$\text{UTP}_{\text{max}} = 8 \text{ V} + 1.5 \text{ V} = 9.5 \text{ V}$$

식 (21-36)에서 최소, 최대 펄스폭은,

$$W_{\text{min}} = -(3.9 \text{ k}\Omega + 3 \text{ k}\Omega)(0.01 \text{ }\mu\text{F}) \ln \frac{12 \text{ V} - 6.5 \text{ V}}{12 \text{ V} - 3.25 \text{ V}} = 32 \text{ }\mu\text{s}$$

$$W_{\text{max}} = -(3.9 \text{ k}\Omega + 3 \text{ k}\Omega)(0.01 \text{ }\mu\text{F}) \ln \frac{12 \text{ V} - 9.5 \text{ V}}{12 \text{ V} - 4.75 \text{ V}} = 73.5 \text{ }\mu\text{s}$$

식 (21-37)에서 최소, 최대주기는,

$$T_{\text{min}} = 32 \text{ }\mu\text{s} + 0.693(3 \text{ k}\Omega)(0.01 \text{ }\mu\text{F}) = 52.8 \text{ }\mu\text{s}$$
$$T_{\text{max}} = 73.5 \text{ }\mu\text{s} + 0.693(3 \text{ k}\Omega)(0.01 \text{ }\mu\text{F}) = 94.3 \text{ }\mu\text{s}$$

간격은 한 펄스의 후단과 다음 펄스의 전단 사이이므로 다음과 같다.

$$간격 = 0.693(3 \text{ k}\Omega)(0.01 \text{ }\mu\text{F}) = 20.8 \text{ }\mu\text{s}$$

응용예제 21-12

그림 21-43의 램프발생기는 1 mA의 일정한 컬렉터전류를 가진다. 만일 $V_{CC} = 15$ V, $C = 100$ nF이라면 출력램프의 기울기는 얼마인가? 그 피크값은 얼마인가? 그 지속시간은 얼마인가?

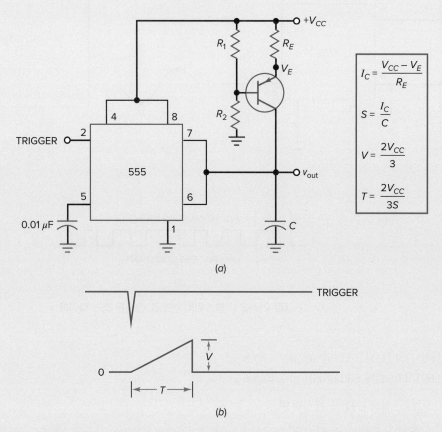

$$I_C = \frac{V_{CC} - V_E}{R_E}$$

$$S = \frac{I_C}{C}$$

$$V = \frac{2V_{CC}}{3}$$

$$T = \frac{2V_{CC}}{3S}$$

| 그림 21·43 | (a) 램프출력을 발생하는 바이폴라 트랜지스터와 555 타이머; (b) 트리거와 램프파형

풀이 기울기는

$$S = \frac{1\text{mA}}{100 \text{ nF}} = 10 \text{ V/ms}$$

이고, 피크값은 다음과 같다.

$$V = \frac{2(15 \text{ V})}{3} = 10 \text{ V}$$

램프의 지속시간은 다음과 같다.

$$T = \frac{2(15 \text{ V})}{3(10 \text{ V/ms})} = 1 \text{ ms}$$

연습문제 21-12 그림 21-43에서 $V_{CC} = 12$ V, $C = 0.2$ μF으로 한 후, 응용예제 21-12를 다시 풀어라.

21-10 위상동기루프(PLL)

위상동기루프(phase-locked loop: PLL)는 위상검출기, 직류증폭기, 저역통과 필터 및 전압제어 발진기(VCO)를 포함한다. PLL이 f_{in}의 주파수를 갖는 입력신호를 가질 때, 그 VCO는 f_{in}과 같은 출력주파수를 발생할 것이다.

위상검출기

그림 21-44a에 PLL의 첫 단인 **위상검출기**(phase detector)를 나타내었다. 이 회로는 두 입력신호 간의 위상차에 비례하는 출력전압을 발생한다. 예를 들어 그림 21-44b는 $\Delta\phi$의 위상차를 가지는 두 입력신호를 나타낸다. 위상검출기는 위상차에 따라 직류 출력전압을 만들어 내는데 이는 그림 21-44c처럼 $\Delta\phi$에 비례한다.

그림 21-44b에서와 같이 v_1이 v_2보다 앞설 때 $\Delta\phi$는 양이다. 만일 v_1이 v_2보다 뒤질 때 $\Delta\phi$는 음이다. 일반적으로 위상검출기는 그림 21-44c에서 보다시피 −90°와 +90° 사이의 선형응답을 발생한다. 잘 알다시피 위상검출기의 출력은 $\Delta\phi = 0$°일 때 0이다. $\Delta\phi$가 0°와 90° 사이일 때 출력은 양의 전압이다. $\Delta\phi$가 0°와 −90° 사이일 때 출력은 음의 전압이다. 여기서 가장 중요한 개념은 위상검출기가 두 입력신호 간의 위상차에 직접적으로 비례하여 출력전압을 발생한다는 것이다.

VCO

그림 21-45a에서 입력전압 v_{in}은 VCO의 출력주파수 f_{out}을 결정한다. 일반적으로 VCO는 주파수 범위를 10 : 1 이상으로 변화시킬 수 있다. 또한 이 변화는 그림 21-45b와 같이 선형이다. VCO에 대한 입력전압이 0일 때 VCO는 정지주파수 f_0에서 자주발진(free-running)한다. 입력전압이 양일 때 VCO주파수는 f_0보다 크다. 만일 입력전압이 음이면 VCO주파수는 f_0보다 적다.

PLL의 블록다이어그램

그림 21-46은 PLL의 블록다이어그램이다. 위상검출기는 두 입력신호의 위상차에 비례하는 직류전압을 발생한다. 위상검출기의 출력전압은 일반적으로 작다. 이것이 두번째

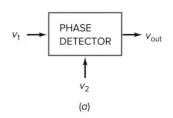

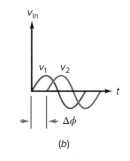

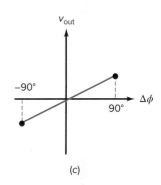

| **그림 21·44** | (a) 2개의 입력신호와 1개의 출력신호를 가지는 위상검출기; (b) 위상차를 갖는 동일주파수의 정현파; (c) 위상검출기의 출력은 위상차에 직접 비례한다.

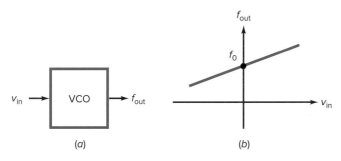

| **그림 21·45** | (a) 입력전압이 VCO의 출력주파수를 제어한다; (b) 출력주파수는 입력전압에 직접 비례한다.

참고사항

VCO의 전달함수 또는 변환이득 K는 직류 입력전압에서의 ΔV 또는 단위변화에 대한 주파수의 변화량 Δf의 양으로 표현할 수 있다. 수학적으로 표현하면 $K = \Delta f/\Delta V$인데 여기서 K는 단위 Hz/V로 표현되는 입력/출력 전달함수이다.

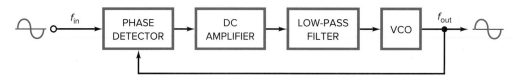

| 그림 21·46 | 위상동기루프의 블록다이어그램

단을 직류증폭기로 구성하는 이유이다. 증폭된 위상차는 VCO에 인가되기 전에 필터링된다. VCO의 출력이 위상검출기로 귀환됨에 주목하라.

입력주파수는 자주발진 주파수와 같다

PLL 동작을 이해하기 위해 입력주파수가 VCO의 자주발진 주파수 f_0와 같은 경우로 시작하자. 이때 위상검출기에 대한 두 입력신호는 동일한 주파수와 위상을 가진다. 이 때문에 위상차 $\Delta\phi$는 0°이고 위상검출기의 출력은 0이다. 결과적으로 VCO에 대한 입력전압은 0인데 이는 VCO가 f_0인 주파수로 자주발진함을 의미한다. 입력신호의 주파수와 위상이 같게 유지되는 한 VCO에 대한 입력전압은 0일 것이다.

입력주파수는 자주발진 주파수와 다르다

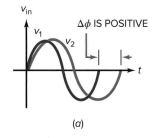

입력과 자주발진 VCO주파수가 각각 10 kHz라고 하자. 지금 입력주파수가 11 kHz로 증가했다고 가정하면 이 증가는 그림 21-47a에서와 같이 첫 사이클의 끝에서 v_1이 v_2보다 위상이 앞서는 것으로 나타난다. 입력신호가 VCO신호보다 앞서기 때문에 $\Delta\phi$는 양이다. 이때 그림 21-46의 위상검출기는 양의 출력전압을 발생한다. 증폭되고 필터된 후이 양의 전압은 VCO의 주파수를 증가시킨다.

VCO의 주파수는 입력신호의 주파수인 11 kHz와 같아질 때까지 증가할 것이다. VCO주파수와 입력주파수가 같을 때 VCO는 입력신호에 고정(*lock on*)된다. 비록 위상검출기에 대한 두 입력신호 각각이 11 kHz의 주파수를 가지더라도 신호는 그림 21-47b와 같은 위상차를 가진다. 이 양의 위상차는 VCO의 주파수를 자주발진 주파수보다 약간 높게 유지하는 데 필요한 전압을 발생시킨다.

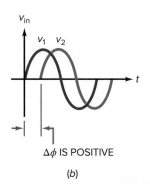

| 그림 21·47 | (a) v_1의 주파수가 증가하면 위상차가 발생한다; (b) VCO주파수 증가 후에 위상차가 존재한다.

만일 입력주파수가 더 증가하면 VCO의 주파수 또한 고정(lock)을 유지하는 데 필요한 만큼 증가한다. 예를 들어 만일 입력주파수가 12 kHz로 증가하면 VCO주파수도 12 kHz로 증가한다. 두 입력신호의 위상차는 VCO에서 정확한 제어전압을 발생시키는 데 필요한 만큼 증가시킬 것이다.

고정범위

PLL의 **고정범위**(lock range)는 VCO가 입력주파수로 고정을 유지할 수 있는 입력주파수 범위이다. 이것은 검출 가능한 최대위상차와 관련이 있다. 앞서 설명에서 위상검출기가 −90°와 +90° 사이의 $\Delta\phi$에 대해 출력전압을 발생할 수 있다고 가정했다. 이 같은 제한에서 위상검출기는 음이든지 양이든지 간에 최대 출력전압을 발생한다.

만일 입력주파수가 너무 크거나 작으면 위상차는 −90°와 +90°의 범위를 벗어난다.

그러므로 위상검출기는 고정을 유지하기 위해 VCO에 필요한 부가적인 전압을 발생시킬 수가 없다. 따라서 이 같은 제한에서 PLL은 입력신호를 고정시키지 못한다.

고정범위는 항상 VCO주파수의 몇 %로 명기된다. 예를 들어 만일 VCO주파수가 10 kHz이고 고정범위가 ±20%라면 PLL은 8과 12 kHz 사이의 어떤 입력주파수에서도 고정을 유지할 수 있다.

포착범위

포착범위는 다르다. 입력주파수가 고정범위를 벗어났다고 가정하자. 그러면 VCO는 10 kHz에서 자주 발진한다. 지금 입력주파수가 VCO주파수로 변경된다고 가정하자. 어떤 시점에서 PLL은 입력주파수로 고정될 것이다. PLL이 고정을 회복할 수 있는 입력주파수의 범위를 **포착범위**(capture range)라고 부른다.

포착범위도 자주발진 주파수의 몇 %로 명기된다. 만일 f_0 = 10 kHz이고 포착범위가 ±5%라면, PLL은 9.5와 10.5 kHz 사이의 입력주파수에 대해 고정할 수 있다. 일반적으로 포착범위는 고정범위보다 적다. 왜냐하면 포착범위는 저역통과 필터의 차단주파수에 관계되기 때문이다. 차단주파수가 낮을수록 포착범위도 작아진다.

저역통과 필터의 차단주파수는 VCO에 도달하는 잡음이나 원치 않는 신호와 같은 높은 주파수성분을 방지하기 위해 낮게 유지한다. 필터의 차단주파수가 낮을수록 VCO를 구동하는 신호는 깨끗하다. 그러므로 설계자들은 VCO에서 깨끗한 신호를 얻기 위해 저역통과 대역폭과 포착범위를 절충해야 한다.

응용

PLL은 기본적으로 두가지 방법으로 사용될 수 있다. 첫째로, 입력신호를 고정시키는 데 사용할 수 있다. 이때 출력주파수는 입력주파수와 같다. 이것은 저역통과 필터가 고주파 잡음과 그 외의 성분들을 제거할 수 있기 때문에 입력의 잡음성분을 깨끗이 제거할 수 있다는 이점이 있다. 출력신호가 VCO로부터 나오기 때문에 최종출력은 안정되고 거의 잡음이 없다.

둘째로, PLL은 FM 복조기로 사용할 수 있다. **주파수변조**(freguency modulation : FM) 이론은 통신과정에서 익히 알고 있을 것이므로 여기서는 간단히 말하겠다. 그림 21-48a의 LC 발진기는 가변커패시턴스를 가진다. 만일 변조신호가 이 커패시턴스값을 제어한다면 발진기의 출력은 그림 21-48b에 나타낸 주파수변조가 될 것이다. 최소에서 최대로 변하는 이 FM파의 주파수가 변조신호의 최소, 최대 피크와 어떤 관련이 있

| **그림 21·48** | (a) LC 발진기의 공진주파수를 변화시키는 가변용량; (b) 주파수변조를 가지고 있는 정현파

는지에 주목하라.

만일 FM신호가 PLL에 입력되면 VCO주파수는 FM신호에 고정될 것이다. VCO의 주파수가 변하기 때문에 $\Delta\phi$도 변조신호의 변화에 따른다. 그러므로 위상검출기의 출력은 원래의 변조신호의 복제인 저주파 신호가 될 것이다. 이 같은 방법을 사용할 때 PLL은 FM파로부터 변조신호를 복구하는 회로인 FM 복조기(*FM demodulator*)로 사용할 수 있다.

PLL은 모놀리식 IC로 활용된다. 예를 들어 NE565는 위상검출기, VCO, 직류증폭기를 포함하는 PLL이다. 사용자들은 VCO의 자주발진 주파수를 맞추기 위한 시간조절용 저항과 커패시터와 같은 외부 소자를 접속하여 사용한다. 또 다른 외부 커패시터는 저역통과 필터의 차단주파수를 맞춘다. NE565는 FM 복조기, 주파수합성, 원격수신기, 모뎀, 음성복호 등에 사용할 수 있다.

21-11 함수발생기 IC들

지금까지 논의한 많은 개별 회로 기능을 결합한 특수함수발생기(special function-generator) IC들이 개발되어 왔다. 이 IC들은 정현파, 구형파, 삼각파, 램프파 및 펄스신호를 포함한 파형 발생을 제공할 수 있다. 출력파형은 외부저항과 커패시터 값의 변화나 외부에 전압을 인가하므로 진폭과 주파수를 변화시킬 수 있다. 이 외부 전압은 IC가 전압-주파수(V/F) 변환, AM과 FM 신호발생, 전압제어발진(VCO)과 주파수편이변조(FSK)와 같은 응용을 유용하게 수행할 수 있게 해 준다.

XR-2206

특수함수발생기 IC의 예로서 XR-2206이 있다. 이 모놀리식 IC는 0.01 Hz에서 1 MHz 이상의 외부제어 주파수를 제공할 수 있다. 이 IC의 개념도를 그림 21-49에 나타내었다. 개념도에는 VCO를 포함한 아날로그 배율기, 정현파 정형회로, 단위이득 완충증폭기 및 전류스위치 세트의 4개의 주요 기능별 블록이 주어진다.

VCO의 출력주파수는 외부 타이밍 저항 세트에 의해 결정되는 입력전류에 비례한다. 이 저항들은 각기 핀 7, 8과 접지에 접속된다. 2개의 타이밍 핀이 있기 때문에 2개의 개별 출력주파수를 얻을 수 있다. 핀 9의 고(high) 또는 저(low)의 입력신호는 전류스위치를 제어한다. 그리고 전류스위치는 사용할 수 있는 타이밍 저항 중 하나를 선택한다. 만일 핀 9의 입력신호가 고(high)에서 저(low)로 교대로 변한다면 VCO의 출력주파수는 한 주파수에서 다른 주파수로 바뀔 것이다. 이 같은 동작을 **주파수 편이변조**(freguency-shift keying: FSK)라 하고 이것은 전자통신 응용에 사용된다.

VCO의 출력은 출력 스위칭트랜지스터와 함께 배율기와 정현파 정형회로 블록을 구동한다. 출력 스위칭트랜지스터는 차단과 포화로 동작하여 핀 11에 구형파 출력신호를 제공한다. 배율기와 정현파 정형회로 블록의 출력은 단위이득 완충증폭기에 연결되어 IC의 출력전류 용량과 출력 임피던스를 결정한다. 핀 2에서의 출력은 정현파 또는 삼각파 중 하나이다.

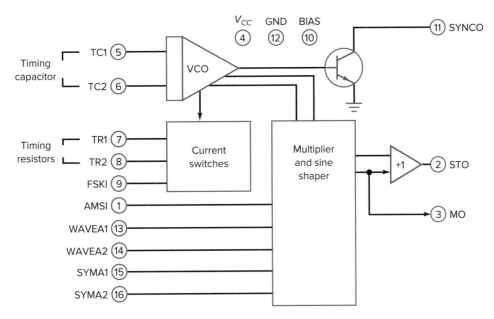

| 그림 21·49 | XR-2206 블록다이어그램(Exar Corporation의 허락하에 수록)

정현파와 삼각파의 출력

그림 21-50a는 정현파와 삼각파를 발생시키기 위한 외부회로의 연결과 부품을 보여 준다. 발진주파수 f_0는 핀 7, 8에 연결된 타이밍저항 R과 핀 5, 6에 걸쳐 연결된 외부 커패시터 C에 의해 결정된다. 발진주파수는 다음과 같이 구할 수 있다.

$$f_0 = \frac{1}{RC} \tag{21-43}$$

R은 최대 2 MΩ까지 가능하지만 4 kΩ R 200 kΩ일 때 최대온도 안정성이 발생한다. 그림 21-50b에 R과 발진주파수 간의 그래프를 나타내었다. 또 C의 값은 1,000 pF에서 100 μF까지가 권장값이다.

그림 21-50a에서 스위치 S_1이 단락되면 핀 2에서 출력은 정현파일 것이다. 핀 7에서 전위차계 R_1은 원하는 주파수 동조를 제공한다. 조정 가능한 저항기 R_A, R_B를 사용하면 적절한 파형대칭과 왜곡레벨에 맞게 출력파형을 수정할 수 있다. 스위치 S_1이 개방되면 핀 2 출력은 정현파에서 삼각파로 변한다. 핀 3에 접속된 저항 R_3는 출력파형의 진폭을 조절한다. 그림 21-50c에 나타낸 바와 같이 출력진폭은 R_3의 값에 직접 비례한다. 삼각파의 값은 주어진 R_3 설정에 대해 정현파 출력의 거의 2배이다.

펄스와 램프파 발생

그림 21-51에 톱니파(램프파)와 펄스출력을 발생시키는 데 사용하는 회로의 외부접속을 나타내었다. 핀 11에서 구형파 출력은 핀 9의 FSK단자로 단락되어 있음에 주의하라. 이 회로는 2개의 개별주파수 간에 자동적인 주파수천이를 허용한다. 이 주파수천이는 핀 11의 출력이 고(high)레벨 출력에서 저(low)레벨 출력으로, 저(low)레

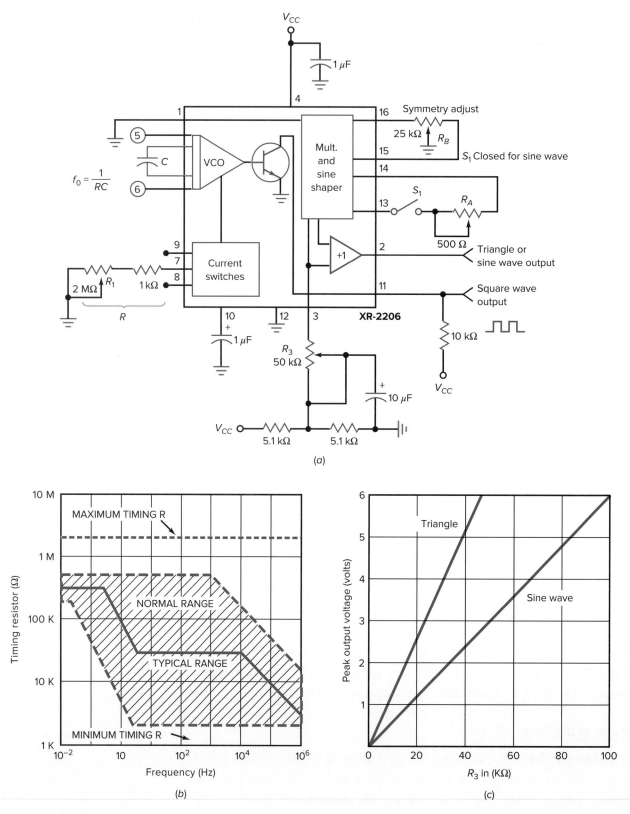

| 그림 21-50 | 정현파와 삼각파 발생 (a) 회로; (b) *R*과 발진주파수 관계; (c) 출력진폭(XR-2206 Monolithic Function Generator—Exar Corporation의 허락하에 수록)

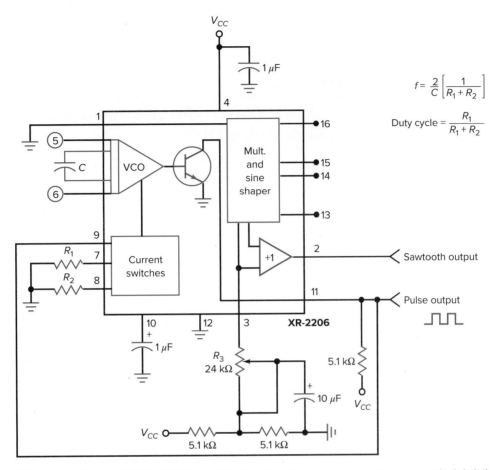

$$f = \frac{2}{C}\left[\frac{1}{R_1 + R_2}\right]$$

$$\text{Duty cycle} = \frac{R_1}{R_1 + R_2}$$

| 그림 21·51 | 펄스와 램프파 발생(XR-2206 Monolithic Function Generator—Exar Corporation의 허락하에 수록)

벨 출력에서 고(high)레벨 출력으로 변화할 때 발생한다. 출력주파수는 다음과 같
이 구할 수 있다.

$$f = \frac{2}{C}\left[\frac{1}{R_1 + R_2}\right] \tag{21-44}$$

또, 회로의 듀티사이클은 다음과 같이 구할 수 있다.

$$D = \frac{R_1}{R_1 + R_2} \tag{21-45}$$

그림 21-52에 XR-2206의 데이터시트를 나타내었다. 만일 단일 양의 공급전압으로
동작한다면 공급전원은 10 V에서 26 V의 범위로 할 수 있다. 만일 분할 또는 2전원 공
급전압을 사용한다면 ±5 V에서 ±13 V의 범위 내의 값임에 주의해야 한다. 또한 그림
21-52에 최대, 최소 출력주파수를 발생시키기 위해 추천된 R과 C의 값을 나타내었다.
또 대표적인 2,000 : 1의 스위프범위를 열거했다. 데이터시트에서 볼 수 있듯이 삼각파
와 정현파출력은 600 Ω의 출력 임피던스를 가진다. 따라서 XR-2206 함수발생기 IC는

많은 전자통신 응용에 매우 적합하다.

응용예제 21-13

그림 21-50에서 $R = 10\ k\Omega$, $C = 0.01\ \mu F$이다. S_1을 단락했을 때 핀 2와 핀 11에서 출력파형과 출력주파수는 얼마인가?

풀이 S_1이 단락되었기 때문에 핀 2에서 출력은 정현파일 것이고, 핀 11에서의 출력은 구형파일 것이다. 또 출력파형은 둘 다 동일한 주파수를 가질 것이다. 출력주파수는 다음과 같다.

$$f_0 = \frac{1}{RC} = \frac{1}{(10\ k\Omega)(0.01\ \mu F)} = 10\ kHz$$

연습문제 21-13 $R = 20\ k\Omega$, $C = 0.01\ \mu F$이고, S_1을 개방했을 때 응용예제 21-13을 다시 풀어라.

응용예제 21-14

그림 21-51에서 $R_1 = 1\ k\Omega$, $R_2 = 2\ k\Omega$, $C = 0.1\ \mu F$이다. 구형파 출력주파수와 듀티사이클을 구하라.

풀이 식 (21-44)에서 핀 11에서 출력주파수는 다음과 같다.

$$f = \frac{2}{0.1\ \mu F}\left[\frac{1}{1\ k\Omega + 2\ k\Omega}\right] = 6.67\ kHz$$

식 (21-45)에서 듀티사이클은 다음과 같다.

$$D = \frac{1\ k\Omega}{1\ k\Omega + 2\ k\Omega} = 0.333$$

연습문제 21-14 R_1과 R_2는 모두 $2\ k\Omega$이고 $C = 0.2\ \mu F$일 때, 응용예제 21-14를 다시 풀어라.

XR-2206

DC ELECTRICAL CHARACTERISTICS

Test Conditions: **Vcc = 12V, T$_A$ = 25°C, C = 0.01µF, R$_1$ = 100kΩ, R$_2$ = 10kΩ, R$_3$ = 25kΩ**
Unless Otherwise Specified. S$_1$ open for triangle, closed for sine wave.

Parameters	XR-2206M/P Min.	XR-2206M/P Typ.	XR-2206M/P Max.	XR-2206CP/D Min.	XR-2206CP/D Typ.	XR-2206CP/D Max.	Units	Conditions
General Characteristics								
Single Supply Voltage	10		26	10		26	V	
Split-Supply Voltage	±5		±13	±5		±13	V	
Supply Current		12	17		14	20	mA	R$_1$ ≥ 10kΩ
Oscillator Section								
Max. Operating Frequency	0.5	1		0.5	1		MHz	C = 1000pF, R$_1$ = 1kΩ
Lowest Practical Frequency		0.01			0.01		Hz	C = 50µF, R$_1$ = 2MΩ
Frequency Accuracy		±1	±4		±2		% of f$_o$	f$_o$ = 1/R$_1$C
Temperature Stability Frequency		±10	±50		±20		ppm/°C	0°C ≤ T$_A$ ≤ 70°C R$_1$ = R$_2$ = 20kΩ
Sine Wave Amplitude Stability[2]		4800			4800		ppm/°C	
Supply Sensitivity		0.01	0.1		0.01		%/V	V$_{LOW}$ = 10V, V$_{HIGH}$ = 20V, R$_1$ = R$_2$ = 20kΩ
Sweep Range	1000:1	2000:1			2000:1		f$_H$ = f$_L$	f$_H$ @ R$_1$ = 1kΩ f$_L$ @ R$_1$ = 2MΩ
Sweep Linearity								
10:1 Sweep		2			2		%	f$_L$ = 1kHz, f$_H$ = 10kHz
1000:1 Sweep		8			8		%	f$_L$ = 100Hz, f$_H$ = 100kHz
FM Distortion		0.1			0.1		%	±10% Deviation
Recommended Timing Components								
Timing Capacitor: C	0.001		100	0.001		100	µF	
Timing Resistors: R$_1$ & R$_2$	1		2000	1		2000	kΩ	
Triangle Sine Wave Output[1]								
Triangle Amplitude		160			160		mV/kΩ	S$_1$ Open
Sine Wave Amplitude	40	60	80		60		mV/kΩ	S$_1$ Closed
Max. Output Swing		6			6		Vp-p	
Output Impedance		600			600		Ω	
Triangle Linearity		1			1		%	
Amplitude Stability		0.5			0.5		dB	For 1000:1 Sweep
Sine Wave Distortion								
Without Adjustment		2.5			2.5		%	R$_1$ = 30kΩ
With Adjustment		0.4	1.0		0.5	1.5	%	

Notes
[1] *Output amplitude is directly proportional to the resistance, R$_3$, on Pin 3.*
[2] *For maximum amplitude stability, R$_3$ should be a positive temperature coefficient resistor.*
Bold face parameters *are covered by production test and guaranteed over operating temperature range.*

| 그림 21-52 | XR-2206 데이터시트(Exar Corporation의 허락하에 수록)

DC ELECTRICAL CHARACTERISTICS (CONT'D)

Parameters	XR-2206M/P			XR-2206CP/D			Units	Conditions
	Min.	Typ.	Max.	Min.	Typ.	Max.		
Amplitude Modulation								
Input Impedance	50	100		50	100		kΩ	
Modulation Range		100			100		%	
Carrier Suppression		55			55		dB	
Linearity		2			2		%	For 95% modulation
Square-Wave Output								
Amplitude		12			12		Vp-p	Measured at Pin 11.
Rise Time		250			250		ns	C_L = 10pF
Fall Time		50			50		ns	C_L = 10pF
Saturation Voltage		0.2	**0.4**		0.2	0.6	V	I_L = 2mA
Leakage Current		0.1	**20**		0.1	100	μA	V_{CC} = 26V
FSK Keying Level (Pin 9)	0.8	1.4	**2.4**	0.8	1.4	2.4	V	See section on circuit controls
Reference Bypass Voltage	2.9	3.1	**3.3**	2.5	3	3.5	V	Measured at Pin 10.

| 그림 21-52 | (계속)

요점 __ *Summary*

21-1 정현파 발진의 이론

정현파 발진기를 설계하기 위해서는 정귀환을 가지는 증폭기를 사용해야 한다. 발진기의 시동을 위해서는 루프의 위상천이가 0°일 때 루프이득은 1보다 커야 한다.

21-2 윈-브리지 발진기

이것은 5 Hz에서 1 MHz의 범위에 걸친 낮거나 중간 정도의 주파수를 발생시키는 표준 발진기이다. 이는 거의 완전한 정현파를 발생한다. 텅스텐 램프 또는 그 외의 비선형 저항은 루프이득을 1로 감소시키는 데 사용한다.

21-3 그 외의 *RC* 발진기

트윈-티 발진기는 증폭기와 공진주파수에서 요구되는 루프이득과 위상천이를 발생하는 *RC*회로를 사용한다. 이것은 특정한 주파수에서는 잘 동작하나 가변주파수 발진기로는 부적절하다. 또한 위상천이 발진기는 발진을 발생시키기 위해 증폭기와 *RC* 회로를 사용한다. 증폭기는 각 단의 표유 (stray) 진상 및 지상 회로 때문에 위상천이 발진기처럼 동작한다.

21-4 콜피츠 발진기

발진기는 증폭기 내의 부가적인 위상천이 때문에 1 MHz 이상에서는 잘 동작하지 못한다. 이것이 1과 500 MHz 사이의 주파수에서 *LC* 발진기가 사용되는 이유이다. 이 주파수 범위는 대부분 연산증폭기의 f_{unity} 이상인데 이것이 바이폴라 트랜지스터나 FET가 증폭용 소자로서 흔히 사용되는 이유이다. 콜피츠 발진기는 가장 널리 사용되는 *LC* 발진기의 일종이다.

21-5 그 외의 *LC* 발진기

암스트롱 발진기는 귀환신호를 발생시키기 위해 변압기를 사용한다. 하틀리 발진기는 귀환신호를 발생시키기 위해 유도성 전압분배기를 사용한다. 클랩 발진기는 공진회로의 유도성 지로에 적은 직렬커패시터를 가진다. 이것은 공진주파수가 갖는 표유용량의 영향을 감소시킨다.

21-6 수정진동자

대부분의 수정은 압전기 효과를 가진다. 이 효과 때문에 수정의 진동은 극히 높은 Q를 가지는 *LC*공진회로처럼 동작한다. 수정은 압전효과를 발생시키는 대단히 중요한 결정체이다. 정밀하고 신뢰가 필요한 주파수가 요구될 때는 수정발진기를 사용한다.

21-7 555 타이머

555 타이머는 2개의 비교기, 1개의 *RS*플립-플롭과 1개의 *npn* 트랜지스터를 포함한다. 이것은 상측, 하측 트립점을 갖는다. 단안정모드로 사용할 때 동작을 시작하기 위한 입력트리거는 LTP 이하로 감소시켜야 한다. 커패시터전압이 UTP를 약간 넘으면 방전트랜지스터는 커패시터를 방전시킨다.

21-8 555 타이머의 비안정 동작

단안정모드로 사용될 때 555 타이머는 50에서 100% 사이의 듀티사이클을 가지는 구형파 출력을 발생한다. 커패시터는 $V_{CC}/3$와 $2V_{CC}/3$ 사이를 충전한다. 제어전압이 사용될 때 UTP는 V_{con}까지 충전된다. 이 제어전압은 주파수를 결정한다.

21-9 555 회로 응용

555 타이머는 시간지연, 경보 및 램프출력을 만드는 데 사용된다. 또한 제어입력에 변조신호를 인가하고 트리거입력에 음으로 향

하는 트리거의 열을 인가하므로 펄스폭 변조기를 구성할 수가 있다. 또 555 타이머는 타이머가 비안정모드로 동작할 때 제어입력에 변조신호를 인가하므로 펄스위치 변조기도 구성할 수가 있다.

21-10 위상동기루프(PLL)

PLL은 위상검출기, 직류증폭기, 저역통과 필터 및 VCO를 포함한다. 위상검출기는 두 입력신호 간의 위상차에 비례하는 제어전압을 발생한다. 그리고 증폭되고 필터된 제어전압은 입력신호를 고정하는 데 필요한 만큼 VCO의 주파수를 변화시킨다.

21-11 함수발생기 IC들

함수발생기 IC들은 정현파, 구형파, 삼각파, 펄스 그리고 톱니파형을 발생시킬 수 있다. 외부에 저항과 커패시터를 접속하므로 출력파형의 주파수와 진폭을 변화시킬 수 있다. AM/FM발생, 전압-주파수변환, 주파수 편이변조와 같은 특수기능도 이 IC들로 수행할 수 있다.

중요 수식 __ *Important Formulas*

(21-1)과 (21-2) 진상-지상회로의 귀환비와 위상각:

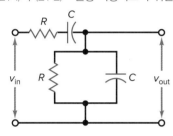

$$B = \frac{1}{\sqrt{9 - (X_C/R - R/X_C)^2}}$$

$$\phi = \arctan \frac{X_C/R - R/X_C}{3}$$

(21-21) 등가 병렬용량:

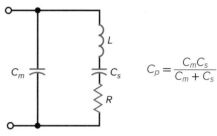

$$C_p = \frac{C_m C_s}{C_m + C_s}$$

(21-9) 정확한 공진주파수:

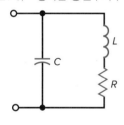

$$f_r = \frac{1}{2\pi\sqrt{LC}}\sqrt{\frac{Q^2}{Q^2 + 1}}$$

(21-22) 수정의 병렬공진:

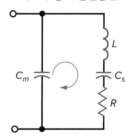

$$f_p = \frac{1}{2\pi\sqrt{LC_p}}$$

(21-19) 수정의 주파수:

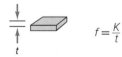

$$f = \frac{K}{t}$$

(21-20) 수정의 직렬공진:

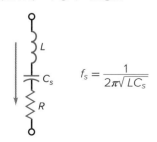

$$f_s = \frac{1}{2\pi\sqrt{LC_s}}$$

(21-23)과 (21-24) 555 타이머의 트립점:

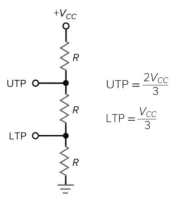

$$UTP = \frac{2V_{CC}}{3}$$

$$LTP = \frac{V_{CC}}{3}$$

연관 실험 __ *Correlated Experiments*

실험 54
원-브리지 발진기

실험 55
LC 발진기

실험 56
연산증폭기 응용: 신호발생기

실험 57
555 타이머

실험 58
555 타이머 응용

복습문제 __ *Self-Test*

1. 발진기는 항상 어떤 특징의 증폭기를 필요로 하는가?
　a. 정귀환
　b. 부귀환
　c. 정, 부귀환 모두
　d. *LC*탱크회로

2. 발진기의 기동전압은 무엇으로 발생시키는가?
　a. 공급전원에서의 리플
　b. 저항에서의 잡음전압
　c. 신호발생기에서의 입력신호
　d. 정귀환

3. 원-브리지 발진기는 무엇에서 유용한가?
　a. 저주파　　b. 고주파
　c. *LC*탱크회로　d. 적은 입력신호

4. 지상회로는 얼마의 위상각을 가지는가?
　a. 0°와 +90° 사이의
　b. 90° 이상의
　c. 0°와 −90° 사이의
　d. 입력전압과 동일함

5. 결합회로는 무슨 회로인가?
　a. 지상회로
　b. 진상회로
　c. 진상-지상회로
　d. 공진회로

6. 진상회로는 얼마의 위상각을 가지는가?
　a. 0°와 +90° 사이의
　b. 90° 이상의
　c. 0°와 −90° 사이의
　d. 입력전압과 동일함

7. 원-브리지 발진기는 무엇을 사용하는가?
　a. 정귀환
　b. 부귀환
　c. 정, 부귀환 모두
　d. *LC*탱크회로

8. 처음 원-브리지 발진기의 루프이득은?
　a. 0　　　　b. 1
　c. 적다　　d. 크다

9. 원-브리지 발진기를 흔히 무엇이라 부르는가?
　a. 노치필터
　b. 트윈-티 발진기
　c. 이상기(phase shifter)
　d. 휘트스톤 브리지

10. 원-브리지 발진기의 주파수를 변화시키기 위해 무엇을 변화시켜야 하나?
　a. 1개의 저항
　b. 2개의 저항
　c. 3개의 저항
　d. 1개의 커패시터

11. 위상천이 발진기는 항상 무엇을 가지는가?
　a. 2개의 진상 또는 지상 회로
　b. 3개의 진상 또는 지상 회로
　c. 진상-지상회로
　d. 트윈-티 필터

12. 회로에서 발진이 시동되기 위해서는 루프 전체의 위상천이가 몇 도일 때 루프이득이 1 이상 되어야 하는가?
　a. 90°　　　　b. 180°

　c. 270°　　　d. 360°

13. *LC* 발진기로서 가장 널리 사용되는 것은?
　a. 암스트롱　　b. 클랩
　c. 콜피츠　　　d. 하틀리

14. *LC* 발진기에서 큰 귀환은 _____ .
　a. 회로의 시동을 방해한다
　b. 포화와 차단을 발생한다
　c. 최대 출력전압을 발생한다
　d. *B*가 적음을 의미한다

15. 콜피츠 발진기에서 *Q*가 감소할 때 발진주파수는?
　a. 감소한다.
　b. 같은 값을 유지한다.
　c. 증가한다.
　d. 엉뚱한 값이 된다.

16. 링크결합은 무엇을 말하는가?
　a. 용량성 결합　　b. 변압기 결합
　c. 저항성 결합　　d. 전력결합

17. 하틀리 발진기는 무엇을 사용하는가?
　a. 부귀환
　b. 2개의 인덕터
　c. 텅스텐 램프
　d. 재생(tickler) 코일

18. *LC* 발진기의 주파수를 변화시키기 위해서는 무엇을 변화시켜야 하는가?
　a. 1개의 저항
　b. 2개의 저항
　c. 3개의 저항
　d. 1개의 커패시터

19. 다음 발진기 중에서 가장 안정한 주파수를 갖는 발진기는?

   a. 암스트롱   b. 클랩

   c. 콜피츠   d. 하틀리

20. 압전기 효과를 갖는 재료는?

   a. 수정(석영)   b. 로셸염

   c. 전기석   d. 위의 것 모두

21. 수정은 _____ 을 가진다.

   a. 낮은 Q

   b. 높은 Q

   c. 작은 인덕턴스

   d. 큰 저항

22. 수정의 직렬과 병렬 공진주파수는 _____ .

   a. 매우 가깝게 존재한다

   b. 매우 멀리 존재한다

   c. 같다

   d. 낮은 주파수이다

23. 전자 손목시계에서 볼 수 있는 발진기는?

   a. 암스트롱   b. 클랩

   c. 콜피츠   d. 수정

24. 단안정 555 타이머는 안정한 상태를 몇 번 가지는가?

   a. 0   b. 1

   c. 2   d. 3

25. 비안정 555 타이머는 안정한 상태를 몇 번 가지는가?

   a. 0   b. 1

   c. 2   d. 3

26. 원숏 멀티바이브레이터는 어떤 경우에 펄스폭이 증가하는가?

   a. 공급전압의 증가

   b. 타이밍 저항의 감소

   c. UTP의 감소

   d. 타이밍 용량의 증가

27. 555 타이머의 출력파형은?

   a. 정현파   b. 삼각파

   c. 구형파   d. 타원형

28. 펄스폭 변조기에서 일정하게 유지되는 것은?

   a. 펄스폭

   b. 주기

   c. 듀티사이클

   d. 간격

29. 펄스위치 변조기에서 일정하게 유지되는 것은?

   a. 펄스폭

   b. 주기

   c. 듀티사이클

   d. 간격

30. PLL이 입력주파수에 고정될 때, VCO의 주파수는?

   a. f_0보다 적다.

   b. f_0보다 크다.

   c. f_0와 같다.

   d. f_{in}과 같다.

31. PLL에서 저역통과 필터의 대역폭은 무엇을 결정하는가?

   a. 포착범위

   b. 고정범위

   c. 자주발진 주파수

   d. 위상차

32. XR-2206의 출력주파수는 무엇으로 변화시킬 수 있는가?

   a. 외부저항

   b. 외부 커패시터

   c. 외부 전압

   d. 상기 모두 아님

33. FSK는 출력의 무엇을 제어하기 위한 방식인가?

   a. 함수   b. 진폭

   c. 주파수   d. 위상

기본문제 __ *Problems*

21-2 윈-브리지 발진기

21-1   그림 21-53*a*의 윈-브리지 발진기는 그림 21-53*b*의 특성을 갖는 램프를 사용한다. 출력전압은 얼마인가?

21-2   그림 21-53*a*에서 위치 *D*는 발진기의 최고의 주파수 범위이다. 연동 가변 저항기를 조절하여 주파수를 변화시킬 수 있다. 이 범위에서 발진의 최소 및 최대 주파수는 얼마인가?

21-3   그림 21-53*a*의 연동스위치의 각각의 위치에서 최소 및 최대의 발진주파수를 계산하라.

21-4   그림 21-53*a*의 출력전압을 6 V_{rms}로 변화시키기 위해서는 무엇을 변화시키면 되는가?

21-5   그림 21-53*a*에서 부귀환을 갖는 증폭기의 차단주파수는 최고 발진주파수보다 적어도 1 decade 이상이다. 차단주파수는 얼마인가?

21-3 그 외의 *RC* 발진기

21-6   그림 21-12의 트윈-티 발진기가 $R = 10$ kΩ $C = 0.01$ μF을 가진다. 발진주파수는 얼마인가?

21-7   만일 문제 21-6의 값들이 2배로 되었다면 발진주파수는 어떻게 되겠는가?

21-4 콜피츠 발진기

21-8   그림 21-54에서 직류 이미터전류의 값은 대략 얼마인가? 컬렉터에서 이미터까지의 직류전압은 얼마인가?

21-9   그림 21-54에서 발진주파수는 대략 얼마인가? *B*의 값은? 또 발진기가 시동될 때 A_V의 최소값은 얼마인가?

21-10   만일 그림 21-54의 발진기를 그림 21-18과 같은 CB 증폭기를 얻기 위해 재설계했다면 귀환비는 얼마인가?

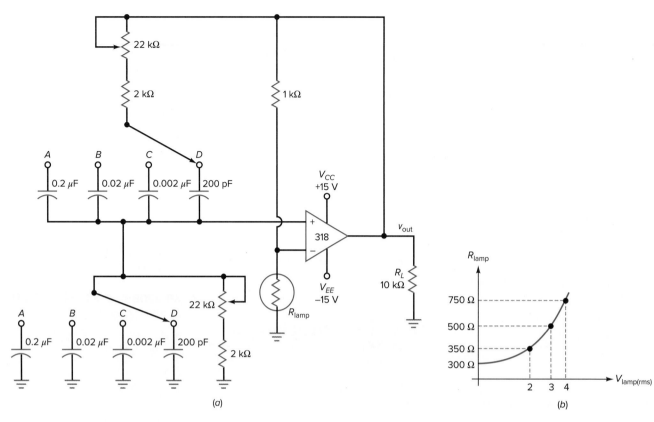

| 그림 21-53 |

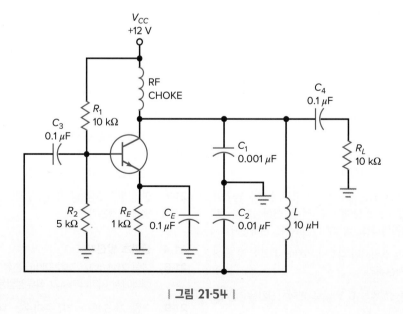

| 그림 21-54 |

21-11 만일 그림 21-54에서 L의 값이 2배가 되었다면, 발진주파수는 얼마인가?

21-12 그림 21-54의 발진주파수를 2배로 하기 위해 인덕턴스는 얼마로 해야 하는가?

21-5 그 외의 *LC* 발진기

21-13 만일 47 pF이 그림 21-54의 10 μH에 직렬로 접속되었다면 회로는 클랩 발진기가 된다. 발진주파수는 얼마인가?

21-14 그림 21-22의 하틀리 발진기가 L_1 = 1 μH, L_2 = 0.2 μH를 가진다. 귀환비는 얼마인가? 만일 C = 1,000 pF이라면 발진주파수는? 발진의 시동에 필요한 최소 전압이득은?

21-15 암스트롱 발진기가 M = 0.1 μH, L = 3.3 μH를 가진다. 귀환비는 얼마인가? 발진의 시동에 필요한 최소 전압이득은 얼마인가?

21-6 수정진동자

21-16 수정이 5 MHz의 기본파 주파수를 가진다. 첫 번째 오버톤 주파수의 값은 대략 얼마인가? 두 번째, 세 번째 오버톤 주파수의 값은 얼마인가?

21-17 수정은 두께 t를 가진다. 만일 t가 1% 감소한다면 주파수에는 어떤 변화가 일어나겠는가?

21-18 수정이 L = 1 H, C_s = 0.01 pF, R = 1 kΩ, C_m = 20 pF의 값을 가진다. 직렬 공진주파수는 얼마인가? 병렬 공진주파수는? 각 주파수에서 Q는?

21-7 555 타이머

21-19 555 타이머가 단안정 동작으로 접속되어 있다. 만일 R = 10 kΩ이고 C = 0.047 μF이라면, 출력펄스의 폭은 얼마인가?

21-20 그림 21-34에서 V_{CC} = 10 V, R = 2.2 kΩ, C = 0.2 μF이다. 출력펄스를 발생하기 위한 최소 트리거전압은 얼마인가? 최대 커패시터전압은 얼마인가? 출력펄스의 폭은 얼마인가?

21-8 555 타이머의 비안정 동작

21-21 비안정 555 타이머는 R_1 = 10 kΩ, R_2 = 2 kΩ, C = 0.0022 μF이다. 주파수는 얼마인가?

21-22 그림 21-37의 555 타이머는 R_1 = 20 kΩ, R_2 = 10 kΩ, C = 0.047 μF을 가진다. 출력신호의 주파수는 얼마인가? 듀티사이클은 얼마인가?

21-9 555 회로 응용

21-23 그림 21-41과 같은 펄스폭 변조기는 V_{CC} = 10 V, R = 5.1 kΩ, C = 1 nF을 가진다. 클럭은 10 kHz의 주파수를 가진다. 만일 변조신호가 1.5 V의 피크값을 갖는다면, 출력펄스의 주기는 얼마인가? 정지펄스폭은 얼마인가? 최소, 최대 펄스폭은 얼마인가? 최소, 최대 듀티사이클은 얼마인가?

21-24 그림 21-42와 같은 펄스위치 변조기는 V_{CC} = 10 V, R_1 = 1.2 kΩ, R_2 = 1.5 kΩ, C = 4.7 nF을 가진다. 출력펄스의 정지폭과 주기는 얼마인가? 만일 변조신호가 1.5 V의 피크를 가진다면, 최소, 최대 펄스폭은 얼마인가? 펄스 간의 간격은 얼마인가?

21-25 그림 21-43의 램프발생기는 0.5 mA의 일정한 컬렉터전류를 가진다. 만일 V_{CC} = 10 V이고 C = 47 nF이라면, 출력램프의 기울기는 얼마인가? 그 피크값은 얼마인가? 그 지속시간은 얼마인가?

21-11 함수발생기 IC들

21-26 그림 21-50에서 S_1은 단락되고 R = 20 kΩ, R_3 = 40 kΩ, C = 0.1 μF이다. 핀 2에서 출력파형은 무엇이며, 주파수와 진폭은 얼마인가?

21-27 그림 21-50에서 S_1은 개방되고 R = 10 kΩ, R_3 = 40 kΩ, C = 0.01 μF이다. 핀 2에서 출력파형은 무엇이며, 주파수와 진폭은 얼마인가?

21-28 그림 21-51에서 R_1 = 2 kΩ, R_2 = 10 kΩ, C = 0.1 μF이다. 핀 11에서 출력주파수와 듀티사이클은 얼마인가?

고장점검 ___ *Troubleshooting*

21-29 그림 21-53*a*의 윈-브리지 발진기의 출력전압이 증가, 감소, 고정으로 측정되었다. 이들 각각에 대한 고장은?

    a. 램프의 개방

    b. 램프의 단락

    c. 상측 전위차계의 단락

    d. 공급전압 20% 감소

    e. 10 kΩ 개방

21-30 그림 21-54의 콜피츠 발진기가 시동되지 않는다. 가능한 고장 세 가지 이상을 말해 보라.

21-31 증폭기를 설계하여 제작하였다. 입력신호가 증폭은 되었으나 오실로스코프상에서 출력이 희미하게 나타났다. 회로에 손을 대면 희미한 것이 사라지고 완전한 신호가 나타난다. 무엇이 고장이라고 생각하며, 제거할 수 있는 방법은 무엇인가?

응용문제 __ *Critical Thinking*

21-32 그림 21-53*a*와 같은 윈-브리지 발진기를 다음의 사양에 맞추어 설계하라: 5 V_{rms}의 출력전압을 가지고 20 Hz에서 20 kHz까지의 3 decade 주파수 범위를 발생시킬 수 있는 발진기.

21-33 그림 21-54에서 2.5 MHz의 발진주파수를 얻기 위한 L의 값을 선택하라.

21-34 그림 21-55에 연산증폭기 위상천이 발진기를 나타내었다. 만일 $f_{2(CL)}$ = 1 kHz라면 15.9 kHz에서의 루프 위상천이는 얼마인가?

21-35 주파수 1 kHz, 듀티사이클 75%로 자주발진(free-running)하는 555 타이머를 설계하라.

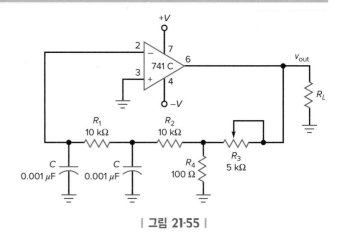

| 그림 21-55 |

MultiSim 고장점검 문제 __ *MultiSim Troubleshooting Problems*

멀티심 고장점검 파일들은 http://mhhe.com/malvino9e의 온라인학습센터(OLC)에 있는 멀티심 고장점검 회로(MTC)라는 폴더에서 찾을 수 있다. 이 장에 관련된 파일은 MTC21-36~MTC21-40으로 명칭되어 있고 모두 그림 21-37의 회로를 바탕으로 한다.

각 파일을 열고 고장점검을 실시한다. 결함이 있는지 결정하기 위해 측정을 실시하고, 결함이 있다면 무엇인지를 찾아라.

21-36 MTC21-36 파일을 열어 고장점검을 실시하라.

21-37 MTC21-37 파일을 열어 고장점검을 실시하라.

21-38 MTC21-38 파일을 열어 고장점검을 실시하라.

21-39 MTC21-39 파일을 열어 고장점검을 실시하라.

21-40 MTC21-40 파일을 열어 고장점검을 실시하라.

디지털/아날로그 실습 시스템 __ *Digital/Analog Trainer System*

문제 21-41에서 21-45는 부록 C에 있는 디지털/아날로그 실습 시스템의 회로도에 대한 것이다. 모델 XK-700 실습기용 전체 설명 매뉴얼은 www.elenco.com에서 찾을 수 있다.

21-41 회로도에 표시된 위치로 SW$_3$를 설정할 경우 XR2206이 LM318(U10)로 전송하는 신호의 유형은 무엇인가?

21-42 10 μF 콘덴서 C$_{22}$에 SW$_2$가 연결되어 있을 때, 무엇이 출력주파수와 같아야 하는가?

21-43 적절한 출력주파수를 얻기 위하여 RV$_7$을 대략 어떤 값으로 조정해야 하는가?

21-44 XR2206으로부터 LM318(U10)로 보내지는 신호레벨을 결정하는 두 조정자는 무엇인가?

21-45 XR2206의 어떤 핀이 구형파 신호를 출력하고 어디로 그 신호가 가는가?

직무 면접 문제 __ *Job Interview Questions*

1. 입력신호 없이 출력신호를 발생하는 정현파 발진기는 어떻게 동작하는가?

2. 5 Hz에서 1 MHz까지의 범위에서 많은 응용에 사용되는 발진기는 무엇인가? 왜 출력이 클립되기보다는 오히려 정현파인가?

3. 1에서 500 MHz까지의 범위에서 가장 흔히 사용되는 발진기의 형은 무엇인가?

4. 정밀하고 신뢰성 있는 주파수 발진을 발생시키기 위해서는 어떤 종류의 발진기가 가장 많이 사용되는가?

5. 555 타이머는 타이머로서 일반 응용에 널리 사용된다. 단안정과 비안정 멀티바이브레이터의 회로구성 간의 차이는 무엇인가?

6. PLL의 간단한 블록다이어그램을 그리고, 입력되는 주파수에 대해 고정을 유지시키는 방법의 기본 개념을 설명하라.

7. **펄스폭 변조**는 무엇을 의미하는가? **펄스위치 변조**는 무엇을 의미하는가? 파형을 그리면서 예를 들어 설명하라.

8. 3단 증폭기를 제작했다고 가정하자. 이를 시험하던 중 입력신호 없이 출력신호가 발생됨을 발견했다. 이것이 어떻게 가능한

지 설명하라. 원치 않는 신호를 제거할 수 있는 방법 몇 가지를 말하라.

9. 만일 입력신호가 없다면 발진기의 시동은 어떻게 하는가?

복습문제 해답 ___ *Self–Test Answers*

1.	a	**8.**	d	**15.**	a	**22.**	a	**29.**	d
2.	b	**9.**	a	**16.**	b	**23.**	d	**30.**	d
3.	a	**10.**	b	**17.**	b	**24.**	b	**31.**	a
4.	c	**11.**	b	**18.**	d	**25.**	a	**32.**	d
5.	b	**12.**	d	**19.**	b	**26.**	d	**33.**	c
6.	a	**13.**	c	**20.**	d	**27.**	c		
7.	c	**14.**	b	**21.**	b	**28.**	b		

연습문제 해답 ___ *Practice Problem Answers*

21-1 $R = 14.9 \text{ k}\Omega$

21-2 $R_{lamp} = 1.5 \text{ k}\Omega$; $I_{lamp} = 2 \text{ mA}$; $v_{out} = 9 \text{ V}_{rms}$

21-3 $L = 28 \text{ μH}$

21-4 $C = 106 \text{ pF}$; $f_r = 4 \text{ MHz}$

21-5 $f_S = 291 \text{ kHz}$; $f_p = 292 \text{ kHz}$

21-6 LPT = 5 V; UTP = 10 V; $W = 51.7 \text{ ms}$

21-8 $f = 136 \text{ Hz}$; $D = 0.667$ 또는 66.7%

21-9 $W = 3.42 \text{ ms}$; $T = 4.4 \text{ ms}$; $D = 0.778$; $f = 227 \text{ Hz}$

21-10 $W_{max} = 146.5 \text{ μs}$; $D_{max} = 0.366$

21-12 $S = 5 \text{ V/ms}$; $V = 8 \text{ V}$; $T = 1.6 \text{ ms}$

21-13 핀 2에서 삼각파
핀 11에서 구형파
두 파형의 주파수는 모두 500 Hz

21-14 $f = 2.5 \text{ kHz}$; $D = 0.5$

22

안정된 전원공급장치

Regulated Power Supplies

제너 다이오드로 간단한 전압 조정기(voltage regulator)를 제작할 수 있다. 지금 우리는 전압 레귤레이션을 개선하기 위한 부귀환의 사용에 대한 설명을 원한다. 이 설명은 선형영역에서 동작하는, 여러 종류의 안정화 소자가 포함된 선형 조정기로부터 시작한다. 선형 조정기로는 병렬형과 직렬형의 두 가지 형식이 있다. 이 장은 스위칭 조정기로 마무리를 짓는데, 이 장치는 전력효율을 높이기 위하여 안정화를 위한 소자를 도통(on)과 차단(off)으로 동작시킨다.

학습목표

이 장을 공부하고 나면

- 병렬형 조정기의 동작방법에 대해 설명할 수 있어야 한다.
- 직렬형 조정기의 동작방법에 대해 설명할 수 있어야 한다.
- IC 전압 조정기의 동작과 특성에 대해 설명할 수 있어야 한다.
- 직류-직류 변환기의 동작방법에 대해 설명할 수 있어야 한다.
- 전류부스터와 전류제한회로의 목적과 기능에 대해 설명할 수 있어야 한다.
- 스위칭 조정기의 세 가지 기본 토폴로지에 대해 설명할 수 있어야 한다.

목차

주요 용어

IC 전압 조정기(IC voltage regulator)

고주파 간섭(radio-frequency interference: RFI)

단락회로 보호(short-circuit protection)

드롭아웃 전압(dropout voltage)

벅-부스트 조정기(buck-boost regulator)

벅 조정기(buck regulator)

부스트 조정기(boost regulator)

부하 레귤레이션(load regulation)

병렬형 조정기(shunt regulator)

스위칭 조정기(switching regulator)

열차단(thermal shutdown)

외부설치 트랜지스터(outboard transistor)

위상분할기(phase splitter)

전력선 레귤레이션(line regulation)

전류감지 저항(current-sensing resistor)

전류부스터(current booster)

전류제한(current limiting)

전자적 간섭(electromagnetic interference: EMI)

직류-직류 변환기(dc-to-dc converter)

토폴로지(topology: 형식)

패스트랜지스터(pass transistor)

폴드백 전류제한(foldback current limiting)

헤드룸 전압(headroom voltage)

22-1 공급전원의 특성

전원공급장치의 품질은 부하 레귤레이션, 전력선 레귤레이션 및 출력저항에 따라 결정된다. 이 절에서는 이러한 특성들을 살펴보게 되는데 이는 전원공급장치를 구체화하기 위하여 데이터시트에서 자주 사용되기 때문이다.

부하 레귤레이션

그림 22-1에 커패시터입력 필터를 가지는 브리지 정류기를 나타내었다. 부하저항이 변하면 부하전압이 변화할 것이다. 만일 부하저항이 감소하면 변압기의 권선과 다이오드 양단에 더 많은 리플과 부가적인 전압강하가 주어진다. 이 때문에 항상 부하전류는 증가하고 부하전압은 감소한다.

  부하 레귤레이션(load regulation)은 부하전류가 변화할 때 부하전압이 얼마만큼 변화하는가를 나타낸다. 부하 레귤레이션을 정의하면 다음과 같다.

$$\text{부하 레귤레이션} = \frac{V_{NL} - V_{FL}}{V_{FL}} \times 100\% \tag{22-1}$$

여기서 V_{NL} = 무부하(no load) 전류에서의 부하전압
  V_{FL} = 전부하(full load) 전류에서의 부하전압

이 정의에서 V_{NL}은 부하전류가 0일 때 발생하고, V_{FL}은 부하전류가 설계상 최대값일 때 발생한다. 예를 들어 그림 22-1의 공급전원이 다음의 값을 갖는다고 가정하자.

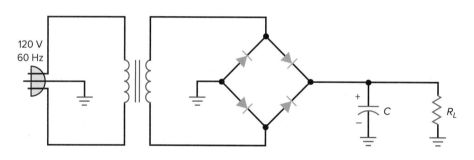

Load regulation $= \dfrac{V_{NL} - V_{FL}}{V_{FL}} \times 100\%$

V_{NL} = Load voltage with no-load current

V_{FL} = Load voltage with full-load current

Line regulation $= \dfrac{V_{HL} - V_{LL}}{V_{LL}} \times 100\%$

V_{LL} = Load voltage with low line voltage

V_{HL} = Load voltage with high line voltage

| 그림 22·1 | 커패시터입력 필터를 가지는 공급전원

$$I_L = 0 \text{ A에서 } V_{NL} = 10.6 \text{ V}$$

$$I_L = 1 \text{ A에서 } V_{FL} = 9.25 \text{ V}$$

이때 부하 레귤레이션은 식 (22-1)에서,

$$부하 레귤레이션 = \frac{10.6 \text{ V} - 9.25 \text{ V}}{9.25 \text{ V}} \times 100\% = 14.6\%$$

부하 레귤레이션이 적을수록 공급전원은 더 우수하다. 예를 들어 정말 안정된 공급전원은 1% 이하의 부하 레귤레이션을 가진다. 이것은 부하전류의 전체 범위에 걸쳐 부하전압의 변화가 1% 이하임을 의미한다.

전력선 레귤레이션

그림 22-1에서 입력 선전압은 120 V의 정상값을 가진다. 그러나 실제 전압은 하루의 시간, 지역 및 그 외의 요인에 의해 105~125 V_{rms}까지 변화하면서 변전소로부터 유입되게 된다. 2차전압은 선전압에 직접 비례하므로 그림 22-1에서 부하전압은 선전압이 변화하면 따라서 변화하게 된다.

공급전원의 질을 사양에 나타내는 또 다른 방법은 다음과 같이 정의되는 **전력선 레귤레이션**(line regulation)이다.

$$전력선 \ 레귤레이션 = \frac{V_{HL} - V_{LL}}{V_{LL}} \times 100\% \qquad (22-2)$$

여기서 V_{HL} = 높은 선전압에서의 부하전압
V_{LL} = 낮은 선전압에서의 부하전압

예를 들어 그림 22-1에서 측정된 공급전원의 값이 다음과 같다고 가정하자.

$$선전압 = 105 \text{ } V_{rms}\text{에서 } V_{LL} = 9.2 \text{ V}$$

$$선전압 = 125 \text{ } V_{rms}\text{에서 } V_{HL} = 11.2 \text{ V}$$

이때 전력선 레귤레이션은 식 (22-2)로부터 다음과 같다.

$$전력선 \ 레귤레이션 = \frac{11.2 \text{ V} - 9.2 \text{ V}}{9.2 \text{ V}} \times 100\% = 21.7\%$$

부하 레귤레이션과 같이 전력선 레귤레이션도 작을수록 공급전원이 더 우수하다. 예를 들어, 정말 안정화된 공급전원은 0.1% 이하의 전력선 레귤레이션을 가진다. 이것은 선전압이 105~125 V_{rms}로 변할 때 부하전압은 0.1% 이하의 변화를 가짐을 나타낸다.

출력저항

공급전원의 테브난 또는 출력 저항은 부하 레귤레이션을 결정한다. 만일 공급전원이 작은 출력저항을 가지면 부하 레귤레이션 또한 낮다. 다음 식은 출력저항을 계산하는 한 방식이다.

$$R_{TH} = \frac{V_{NL} - V_{FL}}{I_{FL}} \qquad (22-3)$$

참고사항

식 (22-3)은 다음과 같이 표현할 수 있다.

$$R_{TH} = \frac{V_{NL} - V_{FL}}{V_{FL}} \times R_L$$

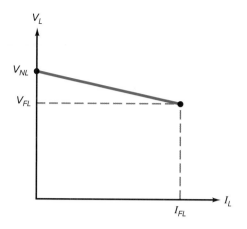

| 그림 22·2 | 부하전류 대 부하전압의 그래프

예를 들어 그림 22-1에 대해 앞서 주어진 값이 다음과 같다.

$$I_L = 0 \text{ A에서 } V_{NL} = 10.6 \text{ V}$$
$$I_L = 1 \text{ A에서 } V_{FL} = 9.25 \text{ V}$$

이와 같은 공급전원에서 출력저항은 다음과 같다.

$$R_{TH} = \frac{10.6 \text{ V} - 9.25 \text{ V}}{1 \text{ A}} = 1.35 \text{ }\Omega$$

그림 22-2에 부하전류에 대한 부하전압의 그래프를 나타내었다. 이 그림에서 볼 수 있듯이 부하전류가 증가할 때 부하전압은 감소한다. 부하전압의 변화($V_{NL} - V_{FL}$)를 전류의 변화(I_{FL})로 나눈 값이 공급전원의 출력저항과 같다. 출력저항은 이 그래프의 기울기와 관련된다. 그래프가 수평으로 주어질수록 출력저항은 더 적어진다.

그림 22-2에서 부하저항이 최소일 때 최대 부하전류 I_{FL}이 발생한다. 이 때문에 부하 레귤레이션에 대한 등가적인 표현은 다음과 같다.

$$\textbf{부하 레귤레이션} = \frac{R_{TH}}{R_{L(\text{min})}} \times 100\% \tag{22-4}$$

예를 들어 만일 공급전원이 1.5 Ω의 출력저항을 가지고 최소 부하저항이 10 Ω이라면 부하 레귤레이션은 다음과 같다.

$$\text{부하 레귤레이션} = \frac{1.5 \text{ }\Omega}{10 \text{ }\Omega} \times 100\% = 15\%$$

22-2 병렬형 조정기

불안정한 공급전원의 전력선 레귤레이션과 부하 레귤레이션은 대부분의 응용에서 너무도 중요하다. 공급전원과 부하 사이에 전압 조정기(voltage regulator)를 사용하므로 전력선 레귤레이션과 부하 레귤레이션을 크게 개선할 수 있다. 선형 전압 조정기는 일

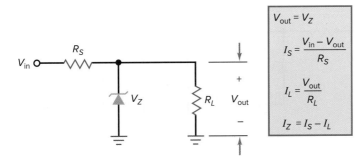

| 그림 22-3 | 병렬형 조정기인 제너 조정기

정한 부하전압을 유지하기 위해 소자를 선형영역에서 동작시켜 사용한다. 선형 조정기 (linear regulator)의 기본형은 병렬형과 직렬형의 두 종류가 있다. 병렬형에서는 안정화 시키는 소자를 부하에 병렬로 삽입한다.

제너 조정기

그림 22-3의 제너 다이오드 회로는 가장 간단한 **병렬형 조정기**(shunt regulator)이다. 제너 다이오드는 항복영역에서 동작하여 출력전압을 제너전압과 같게 유지한다. 부하전류가 변화되었을 때 제너전류는 증가 또는 감소하여 R_S에 흐르는 전류를 일정하게 유지한다. 어떠한 병렬형 조정기라도 부하전류의 변화는 병렬형 전류의 변화와 반대가 되어 상호 보완된다. 만일 부하전류가 1 mA 증가하면 병렬형 전류는 1 mA 감소한다. 역으로 만일 부하전류가 1 mA 감소하면 병렬형 전류는 1 mA 증가한다.

그림 22-3에서 보다시피 직렬저항을 흐르는 전류의 식은 다음과 같다.

$$I_S = \frac{V_{in} - V_{out}}{R_S}$$

이 직렬전류는 병렬형 조정기에서 **입력전류**와 같다. 입력전압이 일정할 때 부하전류가 변화하더라도 입력전류는 거의 일정하다. 이것이 대부분의 병렬형 조정기가 동작하는 방식이다. 부하전류의 변화는 입력전류에 거의 영향을 미치지 않는다.

마지막으로, 그림 22-3에서 조정기가 갖는 최대 부하전류는 제너전류가 거의 0일 때 발생한다. 그러므로 그림 22-3에서 최대 부하전류는 입력전류와 같다. 이것은 모든 병렬형 조정기에서 같다. 안정화된 출력전압을 가지는 최대 부하전류는 입력전류와 같다.

제너전압 더하기 다이오드 1개의 전압강하

부하전류가 커졌을 때 제너저항을 통하는 전류의 변화가 출력전압을 크게 변화시키기 때문에 그림 22-3과 같은 제너 조정기에서는 부하 레귤레이션은 나빠진다(증가). 더 큰 부하전류에서 부하 레귤레이션을 개선하기 위한 한 방법은 그림 22-4와 같이 회로에 트랜지스터를 부가하는 것이다. 이 병렬형 조정기에서 부하전압은 다음과 같다.

$$V_{out} = V_Z + V_{BE} \tag{22-5}$$

여기서 이 회로가 어떻게 출력전압을 일정하게 유지하는지에 대해 알아보자. 만일 출

참고사항

그림 22-3에서 제너전류가 변화할 때 V_{out}이 약간 변한다는 것은 중요하므로 기억해야 한다. V_{out}에서의 변화는 $\Delta V_{out} = \Delta I_Z R_Z$로 정의할 수 있고, 여기서 R_Z는 제너임피던스를 나타낸다.

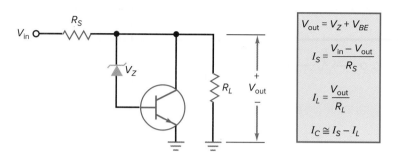

| 그림 22-4 | 개선된 병렬형 조정기

력전압이 증가하면, 이 증가된 출력전압은 제너 다이오드를 통해 트랜지스터의 베이스로 결합된다. 큰 베이스전압은 R_S를 통하는 큰 컬렉터전류를 발생시킨다. R_S양단의 큰 전압은 증가하려는 대부분의 출력전압을 상쇄할 것이다. 극히 큰 변화만이 부하전압을 약간 증가시킬 것이다.

역으로 만일 출력전압이 감소하면 베이스로 귀환한 전압은 컬렉터전류를 감소시켜 R_S 양단 전압강하가 줄어들게 된다. 다시 말해서, 출력전압의 변화는 직렬저항 양단의 전압이 반대로 변화하여 상쇄된다. 이때에도 현저히 큰 변화만이 출력전압을 약간 감소시킨다.

큰 출력전압

그림 22-5에 또 다른 병렬형 조정기를 나타내었다. 이 회로는 낮은 온도계수 제너전압(5~6 V 사이)에 사용할 수 있다는 이점이 있다. 안정된 출력전압은 제너 다이오드와 거의 같은 온도계수를 가지나 전압은 더 높아질 것이다.

부귀환은 앞서 설명한 조정기에서와 흡사하다. 출력전압에 어떤 변화가 주어져도 트랜지스터로 귀환하여 변화되는 출력전압을 거의 완벽하게 상쇄한다. 그 결과 출력전압은 부귀환이 없는 경우에 비해 훨씬 적게 변화된다.

베이스전압은 다음과 같이 주어진다.

$$V_B \cong \frac{R_1}{R_1 + R_2} V_{\text{out}}$$

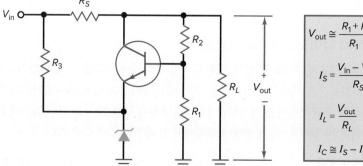

| 그림 22-5 | 높은 출력을 갖는 병렬형 조정기

이것은 전압분배기의 베이스전류의 부하효과를 포함하지 않았기 때문에 근사치이다. 일반적으로 베이스전류는 충분히 적기 때문에 무시한다. 위의 식에서 출력전압을 구해 보면,

$$V_{out} \cong \frac{R_1 + R_2}{R_1} V_B$$

이다. 그림 22-5에서 베이스전압은 제너전압과 다이오드 전압강하 V_{BE}의 합이다.

$$V_B = V_Z + V_{BE}$$

이를 위의 식에 대입하면, 출력전압은 다음과 같다.

$$V_{out} \cong \frac{R_1 + R_2}{R_1} (V_Z + V_{BE}) \tag{22-6}$$

그림 22-5에 회로를 해석하기 위한 식을 나타내었다. 컬렉터전류에 대한 식은 전압분배기(R_1과 R_2)를 통하는 전류를 포함하지 않았기 때문에 근사치이다. 조정기의 효율을 가능한 한 높게 유지하기 위해, 설계 시에는 일반적으로 R_1과 R_2를 부하저항보다 훨씬 크게 한다. 그 결과 전압분배기를 통하는 전류는 항상 충분히 적으므로 앞서의 해석에서와 같이 무시한다.

이 조정기의 단점은 V_{BE}에서의 변화까지도 출력전압의 변화로 바뀐다는 것이다. 그림 22-5의 회로는 비록 간단한 응용에서는 유용하나 개선해야 한다.

개선된 안정

출력전압의 V_{BE}의 효과를 감소시키는 한 방법으로 그림 22-6의 병렬형 조정기를 사용한다. 제너 다이오드는 일정한 전압으로 연산증폭기의 반전입력을 고정시킨다. R_1과 R_2로 구성된 전압분배기는 부하전압을 검출하여 비반전입력으로 귀환전압을 되돌린다. 연산증폭기의 출력은 병렬형 트랜지스터의 베이스를 구동한다. 부귀환 때문에 출력전압은 전력선과 부하의 변화에도 불구하고 거의 일정치를 유지한다.

예를 들어 만일 부하전압이 증가하면 비반전입력으로 귀환신호가 증가한다. 연산증폭기의 출력은 베이스를 강하게 구동하고 컬렉터전류를 증가시킨다. R_S를 통하는 큰 컬렉터전류는 R_S양단에 큰 전압을 발생시키고, 증가하려는 대부분의 부하전압을 상쇄한다. 부하전압이 감소하려고 할 때도 비슷한 보정이 발생된다. 간단히 말해 변화하려는 어떠한 출력전압도 부귀환에 의해 상쇄된다.

그림 22-6에서 연산증폭기의 높은 전압이득으로 인해 식 (22-6)의 V_{BE}는 무시된다. 이전 장에서 설명한 능동 다이오드 회로와 유사한 상황이다. 이 때문에 부하전압은 다음과 같이 주어진다.

$$V_{out} = \frac{R_1 + R_2}{R_1} V_Z \tag{22-7}$$

단락회로 보호

병렬형 조정기의 이점 중 하나는 **단락회로 보호**(short-circuit protection) 기능이 내장

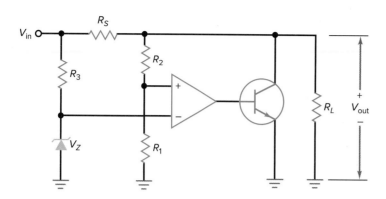

| 그림 22·6 | 큰 부귀환을 가지는 병렬형 조정기

되어 있다는 것이다. 예를 들어 만일 그림 22-6에서 부하단자 양단을 고의로 단락하더라도 병렬형 조정기 내의 어떤 부품도 손상을 입지 않는다. 이때 입력전류는 다음과 같이 증가한다.

$$I_S = \frac{V_{\text{in}}}{R_S}$$

이 전류는 일반적인 병렬형 조정기 내의 어떤 부품이라도 파손시킬 만큼 충분히 크지는 않다.

효율

서로 다르게 설계된 조정기를 비교하는 한 방법으로 다음과 같이 정의되는 **효율**(*efficiency*)을 사용한다.

$$\textbf{효율} = \frac{P_{\text{out}}}{P_{\text{in}}} \times 100\% \tag{22-8}$$

여기서 P_{out}은 부하전력($V_{\text{out}} I_L$)이고, P_{in}은 입력전력($V_{\text{in}} I_{\text{in}}$)이다. P_{in}과 P_{out}의 차는 P_{reg}이고, 조정기에서의 전력손실 성분이다.

$$P_{\text{reg}} = P_{\text{in}} - P_{\text{out}}$$

그림 22-4에서 22-6까지의 병렬형 조정기에서는 R_S와 트랜지스터에서의 전력손실이 조정기에서 일어나는 전력손실의 대부분이다.

예제 22-1   **||| MultiSim**

그림 22-4에서 $V_{\text{in}} = 15$ V, $R_S = 10\ \Omega$, $V_Z = 9.1$ V, $V_{BE} = 0.8$ V, $R_L = 40\ \Omega$이다. 출력전압, 입력전류, 부하전류 및 컬렉터전류는 얼마인가?

풀이 그림 22-4의 식으로부터 다음과 같이 계산할 수 있다.

$$V_{\text{out}} = V_Z + V_{BE} = 9.1\ \text{V} + 0.8\ \text{V} = 9.9\ \text{V}$$

$$I_S = \frac{V_{in} - V_{out}}{R_S} = \frac{15\text{ V} - 9.9\text{ V}}{10\text{ }\Omega} = 510\text{ mA}$$

$$I_L = \frac{V_{out}}{R_L} = \frac{9.9\text{ V}}{40\text{ }\Omega} = 248\text{ mA}$$

$$I_C \cong I_S - I_L = 510\text{ mA} - 248\text{ mA} = 262\text{ mA}$$

연습문제 22-1 $V_{in} = 12$ V와 $V_Z = 6.8$ V로 하여 예제 22-1을 다시 풀어라.

예제 22-2

그림 22-5의 병렬형 조정기가 $V_{in} = 15$ V, $R_S = 10\text{ }\Omega$, $V_Z = 6.2$ V, $V_{BE} = 0.81$ V, $R_L = 40\text{ }\Omega$의 값을 갖는다. 만일 $R_1 = 750\text{ }\Omega$, $R_2 = 250\text{ }\Omega$이라면 출력전압, 입력전류, 부하전류 및 컬렉터전류는 대략 얼마인가?

풀이   그림 22-5의 식으로부터 다음과 같이 계산할 수 있다.

$$V_{out} \cong \frac{R_1 + R_2}{R_1}(V_Z + V_{BE})$$

$$V_{out} = \frac{750\text{ }\Omega + 250\text{ }\Omega}{750\text{ }\Omega}(6.2\text{ V} + 0.81\text{ V}) = 9.35\text{ V}$$

정확한 출력전압은 R_2를 통하는 베이스전류 때문에 이 값보다 약간 더 클 것이다. 근사 전류값은 다음과 같다.

$$I_S = \frac{V_{in} - V_{out}}{R_S} = \frac{15\text{ V} - 9.35\text{ V}}{10\text{ }\Omega} = 565\text{ mA}$$

$$I_L = \frac{V_{out}}{R_L} = \frac{9.35\text{ V}}{40\text{ }\Omega} = 234\text{ mA}$$

$$I_C \cong I_S - I_L = 565\text{ mA} - 234\text{ mA} = 331\text{ mA}$$

연습문제 22-2 $V_Z = 7.5$ V로 하여 예제 22-2를 다시 풀어라.

예제 22-3

앞의 예제에서 효율은 대략 얼마인가? 조정기에서 전력소비는 얼마인가?

풀이   부하전압은 약 9.35 V, 부하전류는 약 234 mA이었다. 부하전력은

$$P_{out} = V_{out}I_L = (9.35\text{ V})(234\text{ mA}) = 2.19\text{ W}$$

이고, 그림 22-5에서 입력전류는 다음과 같다.

$$I_{in} = I_S + I_3$$

잘 설계된 모든 병렬형 조정기에서는 효율을 높게 유지하기 위해 I_3는 I_S보다 훨씬 크게 되도록 한다. 그러므로 입력전력은

$$P_{in} = V_{in}I_{in} \cong V_{in}I_S = (15\text{ V})(565\text{ mA}) = 8.48\text{ W}$$

이고, 조정기의 효율은 다음과 같다.

$$효율 = \frac{P_{out}}{P_{in}} \times 100\% = \frac{2.19\text{ W}}{8.48\text{ W}} \times 100\% = 25.8\%$$

이 효율은 뒤에서 설명할 다른 조정기(직렬형 조정기나 스위칭 조정기)의 효율과 비교할 때 낮다. 이 저효율이 병렬형 조정기의 단점 중 하나이다. 저효율은 직렬저항과 병렬형 트랜지스터에서의 전력소비 때문에 발생하는데 이 전력소비는 다음과 같이 계산된다.

$$P_{reg} = P_{in} - P_{out} \cong 8.48\text{ W} - 2.19\text{ W} = 6.29\text{ W}$$

연습문제 22-3 $V_Z = 7.5$ V로 하여 예제 22-3을 다시 풀어라.

예제 22-4

그림 22-6의 병렬형 조정기는 다음의 회로값, 즉 $V_{in} = 15$ V, $R_S = 10\ \Omega$, $V_Z = 6.8$ V, $R_L = 40\ \Omega$을 갖는다. 만일 $R_1 = 7.5$ kΩ, $R_2 = 2.5$ kΩ이라면 출력전압, 입력전류, 부하전류 및 컬렉터전류의 근사치는 얼마인가?

풀이 그림 22-6의 식에서 다음 식을 얻을 수 있다.

$$V_{out} \cong \frac{R_1 + R_2}{R_1} V_Z = \frac{7.5\text{ kΩ} + 2.5\text{ kΩ}}{7.5\text{ kΩ}}(6.8\text{ V}) = 9.07\text{ V}$$

$$I_S = \frac{V_{in} - V_{out}}{R_S} = \frac{15\text{ V} - 9.07\text{ V}}{10\ \Omega} = 593\text{ mA}$$

$$I_L = \frac{V_{out}}{R_L} = \frac{9.07\text{ V}}{40\ \Omega} = 227\text{ mA}$$

$$I_C \cong I_S - I_L = 593\text{ mA} - 227\text{ mA} = 366\text{ mA}$$

연습문제 22-4 예제 22-4에서 V_{in}을 12 V로 바꾸고, 트랜지스터의 컬렉터전류와 R_S에 의한 소비전력을 근사계산하라.

예제 22-5

예제 22-1, 22-2, 22-4에서 최대 부하전류를 계산하라.

풀이 앞서 설명했듯이, 어떤 병렬형 조정기라도 최대 부하전류는 R_S를 흐르는 전류와 거의 같다. 예제 22-1, 22-2, 22-4에서는 이미 계산했기 때문에 최대 부하전류는 다

음과 같다.

$$I_{max} = 510 \text{ mA}$$

$$I_{max} = 565 \text{ mA}$$

$$I_{max} = 593 \text{ mA}$$

예제 22-6

그림 22-5의 병렬형 조정기를 제작하여 측정한 결과 V_{NL} = 9.91 V, V_{FL} = 9.81 V, V_{HL} = 9.94 V, V_{LL} = 9.79 V라는 측정치가 주어졌다. 부하 레귤레이션은 얼마인가? 전력선 레귤레이션은 얼마인가?

풀이

$$부하\ 레귤레이션 = \frac{9.91 \text{ V} - 9.81 \text{ V}}{9.81 \text{ V}} \times 100\% = 1.02\%$$

$$전력선\ 레귤레이션 = \frac{9.94 \text{ V} - 9.79 \text{ V}}{9.79 \text{ V}} \times 100\% = 1.53\%$$

연습문제 22-6 V_{NL} = 9.91 V, V_{FL} = 9.70 V, V_{HL} = 10.0 V, V_{LL} = 9.68 V이다. 이 값을 사용하여 예제 22-6을 다시 풀어라.

22-3 직렬형 조정기

병렬형 조정기의 단점은 효율이 낮다는 것인데, 이는 직렬저항과 병렬형 트랜지스터에서 전력손실이 크게 발생되기 때문이다. 효율이 중요하지 않을 때는 단순하다는 이점을 가지고 있기 때문에 병렬형 조정기를 사용하기도 한다.

참고사항
직렬 및 병렬 전압 조정기는 스위칭 조정기와 비교하여 선형 조정기라고도 하는데 이는 반도체 소자가 일반적으로 선형 영역에서 동작하기 때문이다.

더 좋은 효율

효율이 중요시될 때는 직렬형 조정기(series regulator)나 스위칭 조정기(switching regulator)를 사용한다. 스위칭 조정기는 모든 전압 조정기 중에서 가장 효율이 좋다. 이것은 전부하(full load)에서 효율이 약 75에서 95% 이상이다. 그러나 스위칭 조정기는 약 10에서 100 kHz 이상의 주파수로 트랜지스터를 도통(on)과 차단(off)의 스위칭으로 인해 **고주파 간섭**(radio-frequency interference: RFI)이 발생하기 때문에 잡음이 크다. 스위칭 조정기의 또 다른 단점은 설계 및 제작이 가장 복잡하다는 것이다.

한편 직렬형 조정기는 트랜지스터가 항상 선형영역에서 동작하기 때문에 잡음이 적다. 또한 직렬형 조정기는 스위칭 조정기에 비해 설계 및 제작이 비교적 간단하다. 마지막으로 직렬형 조정기는 전부하 효율이 50에서 70%로 부하전력이 10 W 이하인 경우 대부분의 응용에서 충분히 사용된다.

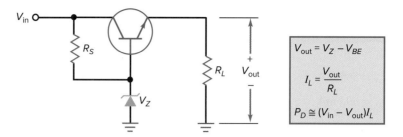

$$V_{out} = V_Z - V_{BE}$$

$$I_L = \frac{V_{out}}{R_L}$$

$$P_D \cong (V_{in} - V_{out})I_L$$

| 그림 22-7 | 직렬형 조정기인 제너 폴로어

이러한 이유 때문에 직렬형 조정기는 부하전력이 너무 큰 것이 필요치 않은 대부분의 응용에서 가장 선호하는 방식이다. 직렬형 조정기는 비교적 간단하고 잡음이 적은 동작을 하며 트랜지스터의 전력소비도 적당하므로 대부분의 응용에서 쉽게 선택한다. 이 절의 나머지 부분에서는 직렬형 조정기에 대해 설명하겠다.

제너 폴로어

가장 간단한 직렬형 조정기는 그림 22-7의 제너 폴로어(zener follower)이다. 이전 장에서 설명했듯이 제너 다이오드는 항복영역에서 동작하여 베이스전압을 제너전압과 같게 해준다. 트랜지스터는 이미터 폴로어로 접속되어 있다. 그러므로 부하전압은 다음과 같다.

$$V_{out} = V_Z - V_{BE} \tag{22-9}$$

만일 선전압 또는 부하전류가 변하면, 제너전압과 베이스-이미터 간 전압은 아주 작게 변할 것이다. 이 때문에 선전압 또는 부하전류의 큰 변화에 대해 출력전압은 아주 작은 변화를 보일 것이다.

직렬형 조정기에서 R_S를 흐르는 전류는 너무 적어 무시할 수 있기 때문에 부하전류는 거의 입력전류와 같다. 직렬형 조정기의 트랜지스터는 모든 부하전류가 이 트랜지스터를 통해 흐르기 때문에 **패스트랜지스터**(pass transistor)라고 부른다.

직렬형 조정기는 직렬저항 대신 패스트랜지스터를 가지기 때문에 병렬형 조정기보다 큰 효율을 가진다. 이는 유일한 전력손실은 트랜지스터에서 발생되기 때문이다. 큰 부하전류가 필요할 때 병렬형 조정기보다 직렬형 조정기를 더 선호하는 주된 이유 중 하나는 큰 효율이다.

상기해 보면, 병렬형 조정기는 부하전류가 변할 때 일정한 입력전류를 가졌다. 직렬형 조정기는 입력전류가 부하전류와 거의 같기 때문에 다르다. 직렬형 조정기에서 부하전류가 변할 때 입력전류는 같은 양만큼 변한다. 이것이 설계 시 병렬형과 직렬형 조정기에서 무엇이 어떻게 변화하는지 알아야 할 사항이다. 병렬형 조정기에서는 부하전류가 변할 때 입력전류는 일정한 반면 직렬형 조정기에서는 부하전류가 변할 때 입력전류도 변한다.

두 개의 트랜지스터를 이용한 조정기

그림 22-8에 2개의 트랜지스터를 사용한 직렬형 조정기를 나타내었다. 만일 선전압의

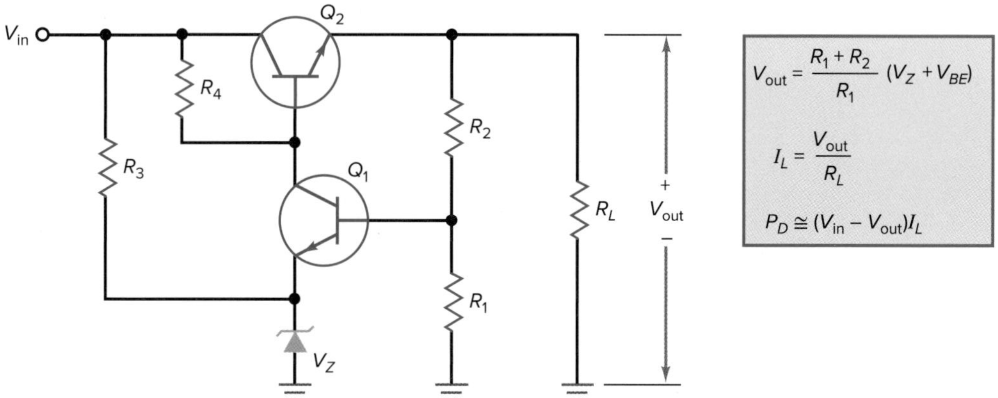

$$V_{out} = \frac{R_1 + R_2}{R_1}(V_Z + V_{BE})$$

$$I_L = \frac{V_{out}}{R_L}$$

$$P_D \cong (V_{in} - V_{out})I_L$$

| 그림 22·8 | 개별소자를 사용한 직렬형 조정기

증가 또는 부하저항의 증가 때문에 V_{out}이 증가하려고 하면, Q_1의 베이스로 더 큰 전압이 귀환된다. 이것은 R_4를 통해서 흐르는 Q_1 컬렉터전류를 더 많이 흐르게 하여 Q_2에 더 작은 베이스전압이 걸리게 한다. 이미터 폴로어 Q_2에 인가되는 감소된 베이스전압은 출력전압이 증가하려는 것을 거의 상쇄시킨다.

마찬가지로 만일 선전압의 감소나 부하저항의 감소 때문에 출력전압이 감소하려고 하면 Q_1의 베이스에서의 귀환전압이 적게 된다. 이로 인해 Q_2 베이스에 더 큰 전압이 걸리게 되어 출력전압이 감소하려고 하는 것을 거의 완벽하게 상쇄시킨다. 최종 효과는 출력전압이 약간 감소할 뿐이다.

출력전압

그림 22-8의 출력전압은 다음과 같다.

$$V_{out} = \frac{R_1 + R_2}{R_1}(V_Z + V_{BE}) \tag{22-10}$$

그림 22-8과 같은 직렬형 조정기에서 온도계수가 거의 0인 낮은 제너전압(5∼6 V)을 사용할 수 있다. 출력전압은 제너전압과 거의 같은 온도계수를 갖는다.

헤드룸 전압, 전력소비 및 효율

그림 22-8에서 **헤드룸 전압**(headroom voltage)은 입력과 출력 전압의 차로 정의한다.

$$\text{헤드룸 전압} = V_{in} - V_{out} \tag{22-11}$$

그림 22-8의 패스트랜지스터에 흐르는 전류는 다음과 같다.

$$I_C = I_L + I_2$$

여기서 I_2는 R_2를 흐르는 전류이다. 효율을 높게 유지하기 위해서는 설계 시 I_2를 전부하값인 I_L보다 훨씬 작게 해야 할 것이다. 따라서 큰 부하전류에 대해 I_2를 무시할 수 있으므로,

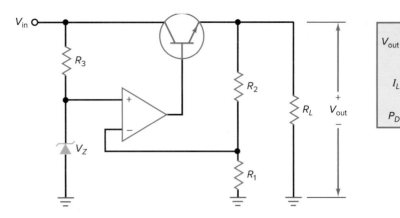

$$V_{out} = \frac{R_1 + R_2}{R_1} V_Z$$

$$I_L = \frac{V_{out}}{R_L}$$

$$P_D \cong (V_{in} - V_{out})I_L$$

| 그림 22-9 | 큰 부귀환을 가지는 직렬형 조정기

$$I_C \cong I_L$$

부하전류가 많이 흐를 경우 패스트랜지스터의 전력소비는 헤드룸 전압과 부하전류의 곱으로 주어진다.

$$P_D \cong (V_{in} - V_{out})I_L \tag{22-12}$$

일부 직렬형 조정기에서 패스트랜지스터의 전력소비는 매우 크다. 이때는 큰 방열판(heat sink)을 사용한다. 때로는 밀착된 설비 내의 과잉 열을 제거하기 위해 팬(fan)을 필요로 한다.

전부하전류에서 대부분 조정기의 전력소비는 패스트랜지스터에서 발생한 것이다. 패스트랜지스터의 전류는 부하전류와 거의 같고, 효율은 다음과 같이 주어진다.

$$\text{효율} \cong \frac{V_{out}}{V_{in}} \times 100\% \tag{22-13}$$

이 근사식에서 출력전압과 입력전압이 거의 같을 때 최대효율이 발생한다. 헤드룸 전압이 적을수록 효율은 더 좋아진다.

직렬형 조정기의 동작을 개선하기 위해 패스트랜지스터 대신에 가끔 달링턴 접속이 사용되기도 한다. 이는 저전력 트랜지스터를 사용하여 전력용 트랜지스터 구동을 가능하게 해 준다. 달링턴 접속은 효율을 개선하기 위해 R_1에서 R_4까지의 큰 저항값을 사용하는 것이 허용된다.

개선된 안정

그림 22-9는 더 좋은 안정을 얻기 위해 연산증폭기를 어떻게 사용할 수 있는지를 보여준다. 만일 출력전압이 증가하면 더 큰 전압이 반전입력으로 귀환된다. 이것은 연산증폭기의 출력인 패스트랜지스터의 베이스전압을 감소시키고, 증가하려고 하는 출력전압도 감소시킨다. 만일 출력전압이 감소하려고 하면 연산증폭기로 적은 전압이 귀환되어 패스트랜지스터의 베이스전압을 증가시키므로 감소하려고 하는 출력전압을 거의 완벽

하게 상쇄시킨다.

연산증폭기의 높은 전압이득으로 인해 수식에서 V_{BE}가 무시되는 것을 제외하고는, 출력전압의 유도는 그림 22-8의 조정기에서와 거의 같다. 이 때문에 부하전압은 다음과 같이 주어진다.

$$V_{out} = \frac{R_1 + R_2}{R_1} V_Z \qquad (22\text{-}14)$$

그림 22-9에서 연산증폭기는 다음과 같은 폐루프 전압이득을 가지는 비반전증폭기로 사용된다.

$$A_{V(CL)} = \frac{R_2}{R_1} + 1 \qquad (22\text{-}15)$$

증폭된 입력전압은 제너전압이다. 따라서 때때로 식 (22-14)를 다음과 같이 표현한다.

$$V_{out} = A_{V(CL)} \, V_Z \qquad (22\text{-}16)$$

예를 들어 만일 $A_{V(CL)} = 2$이고 $V_Z = 5.6$ V이면 출력전압은 11.2 V일 것이다.

전류제한

병렬형 조정기와는 달리 그림 22-9의 직렬형 조정기는 **단락회로 보호**(*short-circuit protection*)를 갖지 않는다. 만일 우연히 부하단자가 단락되면 부하전류는 거의 무한대가 되어 패스트랜지스터를 파손시킬 것이다. 또한 직렬형 조정기를 구동하는 불안정한 공급전원 때문에 하나 또는 그 이상의 다이오드를 파손할 것이다. 부하양단의 우연한 단락에 대한 보호를 위해 직렬형 조정기는 일반적으로 몇몇 형태의 **전류제한**(current limiting) 회로를 포함한다.

그림 22-10에 부하전류를 안전한 값으로 제한하는 한 가지 방법을 보여 준다. R_4는 **전류감지 저항**(current-sensing resistor)이라 부르는 작은 저항이다. 설명을 위해 R_4로 1 Ω을 사용하겠다. 부하전류가 R_4를 통과할 때 전류감지 저항은 Q_1에 베이스-이미터 전압을 발생시킨다.

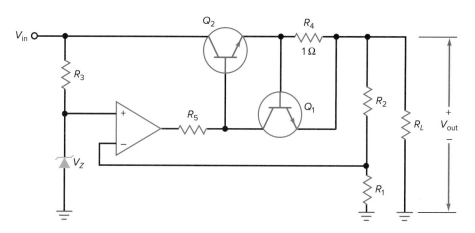

$$V_{out} = \frac{R_1 + R_2}{R_1} V_Z$$

$$I_{SL} = \frac{V_{BE}}{R_4}$$

| 그림 22·10 | 전류제한을 가지는 직렬형 조정기

부하전류가 600 mA 이하일 때 R_4 양단전압은 0.6 V 이하이다. 이때 Q_1은 차단되고 조정기는 앞에서 설명한 대로 동작한다. 부하전류가 600과 700 mA 사이일 때 R_4 양단 전압은 0.6과 0.7 V 사이이다. 이때 Q_1은 도통된다. Q_1의 컬렉터전류는 R_5를 통해 흐른다. 이로 인해 Q_2의 베이스전압은 감소되고 부하전압과 부하전류를 감소시킨다.

부하가 단락되었을 때 Q_1은 크게 도통되고 Q_2의 베이스전압을 약 1.4 V(접지에 대해 2개의 V_{BE} 만큼의 전압강하)로 감소시킨다. 패스트랜지스터를 지나는 전류는 일반적으로 700 mA로 제한된다. 두 트랜지스터의 특성에 따라 이보다 약간 크거나 작을 수가 있다.

덧붙여 저항 R_5는 연산증폭기의 출력 임피던스가 매우 적기 때문에(대표적으로 75 Ω) 회로에 부가된다. R_5가 없으면 전류감지 트랜지스터는 민감한 전류제한을 생성하기에 충분한 전압이득을 갖지 못한다. 설계자는 전류감지 트랜지스터에서 전압이득을 생성할 만큼 충분히 큰 R_5값을 선택해야 하지만, 연산증폭기가 패스트랜지스터를 구동하지 못할 만큼 커서도 안 된다. R_5의 대표적인 값은 수백~수천 Ω 정도이다.

그림 22-11에 전류제한에 대한 개념을 요약했다. 근사적으로 전류제한 시작전압을 0.6 V로, 단락부하 상태하에서의 전압을 0.7 V로 그래프에 나타내었다. 부하전류가 적을 때 출력전압은 안정되고 V_{reg}의 값을 갖는다. I_L이 증가할 때 부하전압은 거의 0.6 V의 V_{BE}까지 일정하게 유지된다. 이 점을 지나면 Q_1은 도통되고 전류제한이 시작된다. I_L이 더 증가하면 부하전압이 감소하고 안정을 잃게 된다. 부하가 단락되었을 때 부하 전류는 **단락부하 단자**(*shorted-load terminal*)로 부하전류인 I_{SL}의 값으로 제한된다.

그림 22-10에서 부하단자가 단락되었을 때 부하전류는 다음과 같이 주어진다.

참고사항

상업용으로 안정된 전원공급인 그림 22-10의 R_4는 흔히 가변저항이다. 이것은 사용자가 특별한 응용에서 최대 출력 전류를 세트시킬 수 있도록 허용한다.

$$I_{SL} = \frac{V_{BE}}{R_4} \tag{22-17}$$

여기서 V_{BE}는 0.7 V로 근사화할 수 있다. 큰 부하전류에서 전류감지 저항의 V_{BE}는 다소더 높을 것이다. 이 설명에서는 R_4로 1 Ω을 사용했다. R_4의 값을 변화시키면 다른 레벨에서 전류제한을 시킬 수 있다. 예를 들어 만일 $R_4 = 10$ Ω이라면 약 70 mA의 단락부하 전류를 가지며 전류제한은 약 60 mA에서 시작될 것이다.

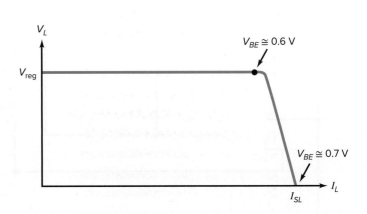

| 그림 22-11 | 간단한 전류제한을 가지는 조정기의 부하전류에 대한 부하전압 그래프

폴드백 전류제한

전류제한 기능은 크게 개선된 사항으로, 이는 부하단자가 우연히 단락되었을 때 패스트랜지스터와 정류기 다이오드를 보호할 수 있기 때문이다. 그러나 이것은 부하단자가 단락되었을 때, 패스트랜지스터에서의 전력소비가 크다는 단점을 가지고 있다. 부하양단이 단락되면 거의 모든 입력전압이 패스트랜지스터 양단에 걸리게 된다.

단락부하 상태하에서 패스트랜지스터의 과대한 전력소비를 피하기 위해 설계 시 그림 22-12와 같은 **폴드백 전류제한**(foldback current limiting) 기능을 부가할 수 있다. 감지저항 R_4 양단전압은 전압분배기(R_6와 R_7)에 걸리게 되어 Q_1의 베이스를 구동하게 된다. 대부분의 부하전류 범위에서 Q_1의 베이스전압은 이미터전압보다 작게 되고 V_{BE}는 음이 된다. 이것이 Q_1의 차단을 유지한다.

그러나 부하전류가 충분히 클 때 Q_1의 베이스전압은 이미터전압보다 커진다. V_{BE}가 0.6에서 0.7 V 사이일 때 전류제한이 시작된다. 이 지점을 벗어나게 되면 부하저항에서 좀 더 많은 전압강하가 발생하여 전류는 폴드백(감소)하게 된다. 그 결과 단락된 부하전류는 폴드백 제한이 없는 경우보다 훨씬 적게 된다.

그림 22-13은 부하전류에 따라 출력전압이 어떻게 변하는지를 나타낸다. 부하전압은 최대치 전류 I_{max}까지 일정하다. 이 점에서 전류제한이 시작된다. 부하저항이 더 감소할 때 전류는 폴드백된다. 부하단자 양단이 단락되었을 때 부하전류는 I_{SL}과 같다. 폴드백 전류제한의 주된 이점은 부하단자가 우연히 단락되었을 때 패스트랜지스터에서의 전력소비가 감소한다는 것이다.

그림 22-13에서, 전부하 상태하에서 트랜지스터의 전력소비는 다음과 같다.

$$P_D = (V_{in} - V_{reg})I_{max}$$

단락부하 상태하에서 전력소비는 대략 다음과 같다.

$$P_D \cong V_{in}I_{SL}$$

일반적으로 설계자는 I_{max}보다 2~3배 적은 I_{SL}을 사용한다. 이렇게 함으로써 패스트랜지스터의 전력손실을 전부하 조건에서의 수준으로 낮출 수 있다.

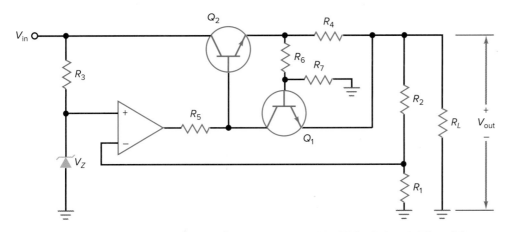

$$V_{out} = \frac{R_1 + R_2}{R_1} V_Z$$

$$K = \frac{R_7}{R_6 + R_7}$$

$$I_{SL} = \frac{V_{BE}}{KR_4}$$

$$I_{max} = I_{SL} + \frac{(1 - K)V_{out}}{KR_4}$$

| 그림 22-12 | 폴드백 전류제한을 가지는 직렬형 조정기

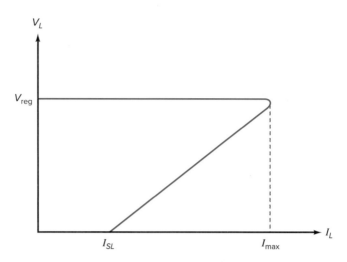

| 그림 22·13 | 폴드백 전류제한에서 조정기의 부하전류에 대한 부하전압 그래프

예제 22-7 ▐▐▐ MultiSim

그림 22-14에서 근사적인 출력전압을 계산하라. 패스트랜지스터에서 전력소비는 얼마인가?

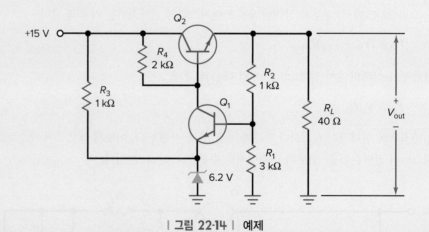

| 그림 22·14 | 예제

풀이 그림 22-8의 식에서

$$V_{out} = \frac{3\ k\Omega + 1\ k\Omega}{3\ k\Omega}(6.2\ V + 0.7\ V) = 9.2\ V$$

이고, 트랜지스터전류는 근사적으로 부하전류와 같다.

$$I_C = \frac{9.2\ V}{40\ \Omega} = 230\ mA$$

트랜지스터 전력소비는 다음과 같다.

$$P_D = (15 \text{ V} - 9.2 \text{ V})(230 \text{ mA}) = 1.33 \text{ W}$$

연습문제 22-7 그림 22-14에서 입력전압을 +12 V, V_Z를 5.6 V로 바꾼 후 V_{out}과 P_D를 계산하라.

예제 22-8

예제 22-7에서 근사효율은 얼마인가?

풀이 부하전압 9.2 V, 부하전류가 230 mA이다. 따라서 출력전력은

$$P_{out} = (9.2 \text{ V})(230 \text{ mA}) = 2.12 \text{ W}$$

입력전압은 15 V이고 입력전류는 부하전류값인 약 230 mA이다. 그러므로 입력전력은

$$P_{in} = (15 \text{ V})(230 \text{ mA}) = 3.45 \text{ W}$$

이고, 효율은 다음과 같다.

$$효율 = \frac{2.12 \text{ W}}{3.45 \text{ W}} \times 100\% = 61.4\%$$

또한 식 (22-13)을 사용하여 직렬형 조정기의 효율을 계산할 수도 있다.

$$효율 = \frac{V_{out}}{V_{in}} \times 100\% = \frac{9.2 \text{ V}}{15 \text{ V}} \times 100\% = 61.3\%$$

이것은 예제 22-3의 병렬형 조정기의 효율인 25.8%보다 훨씬 좋다. 일반적으로 직렬형 조정기는 병렬형 조정기보다 약 2배의 효율을 가진다.

연습문제 22-8 V_{in} = +12 V, V_Z = 5.6 V로 하여 예제 22-8을 다시 풀어라.

응용예제 22-9 ‖‖‖ MultiSim

그림 22-15에서 근사적인 출력전압은 얼마인가? 왜 달링턴 트랜지스터가 사용되는가?

풀이 그림 22-9의 식에서 다음을 얻을 수 있다.

$$V_{out} = \frac{2.7 \text{ k}\Omega + 2.2 \text{ k}\Omega}{2.7 \text{ k}\Omega} (5.6 \text{ V}) = 10.2 \text{ V}$$

부하전류는 다음과 같다.

$$I_L = \frac{10.2 \text{ V}}{4 \text{ }\Omega} = 2.55 \text{ A}$$

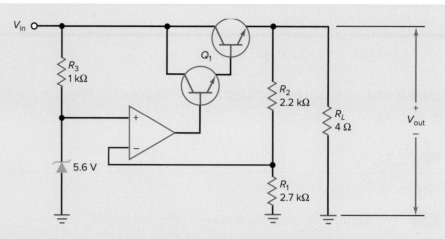

| 그림 22·15 | 달링턴 트랜지스터를 가지는 직렬형 조정기

만일 전류이득 100을 가지는 일반 트랜지스터가 패스트랜지스터로 사용되었다면 요구되는 베이스전류는 다음과 같을 것이다.

$$I_B = \frac{2.55 \text{ A}}{100} = 25.5 \text{ mA}$$

이것은 일반적인 연산증폭기에서는 너무 큰 출력전류이다. 만일 달링턴 트랜지스터를 사용한다면 패스트랜지스터의 베이스전류는 아주 작은 값으로 감소한다. 예를 들어 전류이득 1,000을 가지는 달링턴 트랜지스터는 2.55 mA의 베이스전류만이 필요할 것이다.

연습문제 22-9 그림 22-15에서 제너전압이 6.2 V로 바뀌었다고 가정하고 출력전압을 구하라.

응용예제 22-10

그림 22-15의 직렬형 조정기를 제작하여 측정한 결과, $V_{NL} = 10.16$ V, $V_{FL} = 10.15$ V, $V_{HL} = 10.16$ V, $V_{LL} = 10.07$ V의 값들이 측정되었다. 부하 레귤레이션은 얼마인가? 전력선 레귤레이션은 얼마인가?

풀이

$$부하\ 레귤레이션 = \frac{10.16 \text{ V} - 10.15 \text{ V}}{10.15 \text{ V}} \times 100\% = 0.0985\%$$

$$전력선\ 레귤레이션 = \frac{10.16 \text{ V} - 10.07 \text{ V}}{10.07 \text{ V}} \times 100\% = 0.894\%$$

이 예제는 전력선과 부하 변화의 효과를 감소시키는 데 부귀환이 얼마나 효과적인가를 보여 준다. 두 경우에서 안정된 출력전압의 변화는 1% 이내이다.

응용예제 22-11

그림 22-16에서 V_{in}은 17.5에서 22.5 V까지 변화할 수 있다. 최대 제너전류는 얼마인가? 최소, 최대 안정화 출력전압은 얼마인가? 만일 안정된 출력전압이 12.5 V라면, 전류제한이 시작되는 곳에서의 부하저항은 얼마인가? 단락부하전류는 대략 얼마인가?

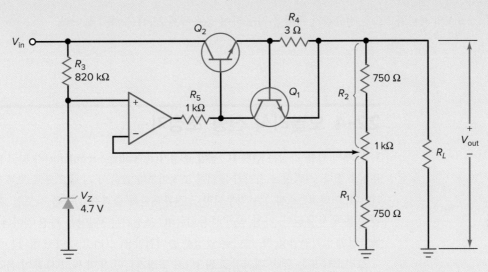

| 그림 22-16 | 예제

풀이 최대 제너전류는 입력전압이 22.5 V일 때 발생한다.

$$I_Z = \frac{22.5 \text{ V} - 4.7 \text{ V}}{820 \text{ }\Omega} = 21.7 \text{ mA}$$

안정된 최소 출력전압은 1 kΩ 전위차계의 와이퍼가 위쪽으로 완전히 돌려졌을 때이다. 이때 $R_1 = 1,750$ Ω, $R_2 = 750$ Ω이고, 출력전압은 다음과 같다.

$$V_{out} = \frac{1750 \text{ }\Omega + 750 \text{ }\Omega}{1750 \text{ }\Omega} (4.7 \text{ V}) = 6.71 \text{ V}$$

안정된 최대 출력전압은 1 kΩ 전위차계의 와이퍼가 아래쪽으로 완전히 돌려졌을 때이다. 이때 $R_1 = 750$ Ω, $R_2 = 1,750$ Ω이고, 출력전압은 다음과 같다.

$$V_{out} = \frac{750 \text{ }\Omega + 1750 \text{ }\Omega}{750 \text{ }\Omega} (4.7 \text{ V}) = 15.7 \text{ V}$$

전류제한은 전류제한 저항양단의 전압이 약 0.6 V일 때 시작한다. 이때 부하전류는

$$I_L = \frac{0.6 \text{ V}}{3 \text{ }\Omega} = 200 \text{ mA}$$

이다. 12.5 V의 출력전압에서 전류제한이 시작되는 곳의 부하저항은 대략 다음과 같다.

$$R_L = \frac{12.5 \text{ V}}{200 \text{ mA}} = 62.5 \text{ } \Omega$$

부하단자 양단이 단락되었을 때 전류감지 저항 양단전압은 약 0.7 V이고, 단락부하전류는 다음과 같다.

$$I_{SL} = \frac{0.7 \text{ V}}{3 \text{ } \Omega} = 233 \text{ mA}$$

연습문제 22-11   3.9 V의 제너와 2 Ω의 전류감지 저항을 사용하여 응용예제 22-11을 다시 풀어라.

22-4 모놀리식 선형 조정기

3~14개의 핀을 가지는 선형 **IC 전압 조정기**(IC voltage regulator)가 넓고 다양하게 사용되고 있다. 직렬형 조정기가 병렬형 조정기보다 효율이 더 좋으므로 모두 직렬형 조정기이다. 어떤 IC 조정기는 외부저항이 전류제한과 출력전압 등을 세트할 수 있는 특별한 응용에 사용된다. 가장 널리 사용되는 IC 조정기는 3핀만을 가진 것이다. 즉, 하나는 불안정한 입력전압용, 또 하나는 안정한 출력전압용, 그리고 나머지 하나는 접지용이다.

플라스틱 또는 금속 패키지로 된 3단자 조정기는 비용이 싸고 사용이 쉬워서 가장 인기가 있다. 3단자 IC 전압 조정기는 선택 가능한 2개의 바이패스 커패시터를 제외하고는 요구되는 외부 소자가 없다.

IC 조정기의 기본형

대부분의 IC 전압 조정기는 다음 중 하나의 출력전압 형태를 가진다. 즉 고정된 양, 고정된 음, 조정 가능한 것 등이다. 고정된 양의 출력 또는 음의 출력을 가지는 IC 조정기는 5에서 24 V의 다양한 고정 전압을 얻기 위해 제작회사에서 조정된다. 조정 가능한 출력을 가지는 IC 조정기는 안정된 출력전압을 2 V 이하에서 40 V 이상까지 변화시킬 수 있다.

또한 IC 조정기는 표준, 저전력, 저드롭아웃(low dropout)으로 분류한다. 표준 IC 조정기(standard IC regulator)는 간단하고 그다지 특별치 않은 응용을 위해 설계되었다. 방열판을 가진 표준 IC 조정기는 1 A 이상의 부하전류를 공급할 수 있다.

만일 100 mA까지의 부하전류로 충분할 때는, 2N3904와 같은 소신호 트랜지스터로 사용되는 것과 같은 크기인 저전력 IC 조정기(low-power IC regulator)인 TO-92 패키지를 사용할 수 있다. 이 조정기는 방열판을 필요로 하지 않으므로 편리하고 쉽게 사용할 수 있다.

IC 조정기의 **드롭아웃 전압**(dropout voltage)은 안정에 필요한 최소 헤드룸 전압으로 정의된다. 예를 들어 표준 IC 조정기는 2에서 3 V의 드롭아웃 전압을 가진다. 이것은 입력전압이 칩 안정의 사양에서 안정된 출력전압보다 최소 2~3 V 이상 커야 함을 의미한다. 응용 시에는 헤드룸 전압 2~3 V는 이용할 수 없으므로 저드롭아웃 IC 조정기(*low dropout IC regulator*)를 사용해야 한다. 이 조정기는 일반적으로 100 mA의 부하전류에 대해 0.15 V의 드롭아웃 전압과 1 A의 부하전류에 대해 0.7 V의 드롭아웃 전압을 가진다.

온-카드 안정과 단일점 안정의 비교

단일점 안정(*single-point regulation*)에서는 큰 전압 조정기를 가지는 공급전원을 제작할 필요가 있고, 이로부터 시스템의 모든 서로 다른 **카드**(프린트기판: PCB)에 안정된 전압을 배분할 필요가 있다. 이것은 다음과 같은 문제를 야기한다. 첫째, 단일 조정기는 모든 카드전류의 합과 같은 큰 부하전류를 공급해야 한다. 둘째, 잡음 또는 기타 **전자적 간섭**(electromagnetic interference: EMI)이 안정된 공급전원과 카드 사이를 연결하는 선에 포함될 수 있다.

IC 조정기는 가격이 싸기 때문에, 많은 카드를 가지는 전자시스템에서는 흔히 온-카드 조정기를 사용한다. 이것은 각 카드의 부품에 사용되는 전압을 공급하기 위해 각 카드가 각기 자신의 3단자 조정기를 갖고 있는 것을 의미한다. 온-카드 레귤레이션(*on-card regulation*)을 사용함으로써 전원공급장치에서 각 카드로 공급되는 전압이 불안정하더라도 로컬 IC 조정기로 인해 각각의 카드에 안정된 전압을 공급할 수 있다. 이것이 단일점 안정과 관련된 큰 부하전류와 잡음 발생에 대한 문제점을 없애는 방책이 된다.

부하 레귤레이션과 전력선 레귤레이션의 재정의

지금까지 부하 레귤레이션과 전력선 레귤레이션에 대해 원래의 정의를 사용했다. 고정된 IC 조정기 제조업체에서는 부하와 라인 조건 범위에 대한 부하전압의 변화를 명시하는 것을 선호한다. 다음은 고정된 조정기의 데이터시트상에 사용되는 부하 레귤레이션과 전력선 레귤레이션에 대한 정의이다.

부하 레귤레이션 = 부하전류의 범위에 대한 ΔV_{out}

전력선 레귤레이션 = 입력전압의 범위에 대한 ΔV_{out}

예를 들어 LM7815는 고정된 양의 전압 15 V를 발생하는 IC 조정기이다. 데이터시트에는 다음과 같이 대표적인 부하 레귤레이션과 전력선 레귤레이션만을 기록하고 있다.

부하 레귤레이션: I_L = 5 mA~1.5 A에 대해 12 mV

전력선 레귤레이션: V_{in} = 17.5 V~30 V에 대해 4 mV

부하 레귤레이션은 측정조건에 의존한다. 앞서의 부하 레귤레이션은 T_J = 25°C와 V_{in} = 23 V에 대한 것이고, 마찬가지로 앞서의 전력선 레귤레이션은 T_J = 25°C와 I_L = 500 mA에 대한 것이다. 각 경우에 소자의 접합온도는 25°C이다.

LM78XX시리즈

LM78XX시리즈(여기서 XX는 05, 06, 08, 10, 12, 15, 18, 24)는 대표적인 3단자 전압 조정기이다. 7805는 +5 V의 출력전압, 7806은 +6 V의 출력전압, 7808은 +8 V의 출력전압을 발생시키며, 같은 모양으로 7824는 +24 V의 출력전압을 발생시킨다.

그림 22-17에 78XX시리즈에 대한 기능적 블록다이어그램을 나타내었다. 일정한 기준전압 V_{ref}가 증폭기의 비반전입력력에 인가된다. 전압 레귤레이션은 앞서 설명한 것과

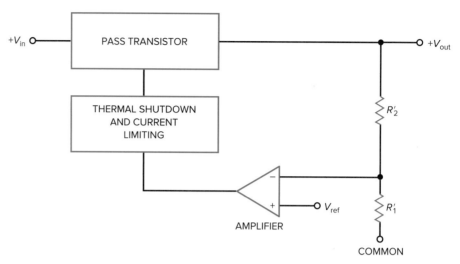

| 그림 22-17 | 3단자 IC 조정기의 기능적인 블록다이어그램

흡사하다. R_1'과 R_2'으로 구성된 전압분배기에서 출력전압을 샘플하여 고이득 증폭기의 반전입력으로 귀환전압이 인가된다. 출력전압은 다음과 같다.

$$V_{out} = \frac{R_1' + R_2'}{R_1'} V_{ref}$$

이 식에서 기준전압은 앞서 설명한 바와 같이 제너전압과 같다. 무엇보다 먼저 알아야 하는 것이 R_1'과 R_2'은 외부저항이 아니라 IC 자신의 내부저항이란 것이다. 78XX시리즈에서 이 저항들은 서로 다른 출력전압(5에서 24 V)을 얻기 위해 공장에서 각기 공정된다. 출력전압의 허용오차는 ±4%이다.

LM78XX는 1 A의 부하전류를 흘릴 수 있는 패스트랜지스터가 포함되어 있고, 적절한 방열판도 사용이 가능하다. 또한 열차단회로와 전류제한회로가 포함되어 있다. **열차단**(thermal shutdown)은 내부온도가 거의 175°C 정도로 너무 높아졌을 때 동작하여 조정기의 동작을 멈추게 한다. 이것은 주위온도, 방열판의 형태, 그 외의 요인에 의존하는 과잉전력 소비에 대한 방지회로이다. 열차단회로와 전류제한회로가 있기 때문에 78XX시리즈는 거의 파손될 염려가 없다.

고정된 조정기

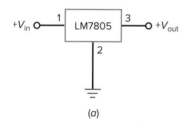

그림 22-18*a*에 고정된 전압 조정기로 접속된 LM7805를 나타내었다. 핀 1은 입력이고, 핀 3은 출력이며 핀 2는 접지이다. LM7805는 +5 V의 출력전압을 가지고 1 A 이상의 최대 부하전류를 가진다. 대표적인 부하 레귤레이션은 5 mA와 1.5 A 사이의 부하전류에 대해 10 mV이다. 대표적인 전력선 레귤레이션은 7에서 25 V의 입력전압에 대해 3 mV이다. 또한 80 dB로 리플제거(ripple rejection)를 할 수 있는데 이것은 입력리플을 10,000배 감소시킴을 의미한다. 약 0.01 Ω의 출력저항을 가지므로 LM7805는 전류비율 이내에서 모든 부하에 대해 매우 안정한 전압원이다.

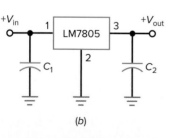

| 그림 22-18 | (a) 전압 레귤레이션을 위해 7805를 사용함; (b) 발진을 방지하기 위한 입력커패시터와 주파수응답을 개선하기 위한 출력커패시터

IC가 불안정한 공급전원의 필터 커패시터로부터 6인치 이상 떨어져 있을 때 접속선

의 인덕턴스로 인해 IC 내부에 발진을 일으킬 수 있다. 이것이 그림 22-18b의 핀 1에 바이패스 커패시터 C_1을 사용하는 이유이다. 안정된 출력전압의 과도응답을 개선하기 위해 흔히 핀 3에 바이패스 커패시터 C_2를 사용한다. 이들 바이패스 커패시터의 대표적인 값은 0.1 μF에서 1 μF이다. 78XX시리즈의 데이터시트에서는 0.33 μF 또는 그 이상의 탄탈룸, 마일라 또는 고주파수에서 내부임피던스가 낮은 기타 커패시터를 입력커패시터에 사용하고, 출력커패시터로는 0.1 μF을 사용할 것을 제안하고 있다.

78XX시리즈에서는 어떤 조정기라도 출력전압에 따라 2 V에서 3 V의 드롭아웃 전압을 가져야 한다. 이것은 입력전압이 출력전압보다 적어도 2 V에서 3 V 커야 함을 의미한다. 그렇지 않으면 칩은 안정한 동작을 중지한다. 또한 과잉 전력소비 때문에 조정기가 안정하게 동작할 수 있는 최대 입력전압이 주어진다. 예를 들어 LM7805는 약 8에서 20 V의 입력범위에서는 안정하다. 78XX시리즈의 데이터시트에는 서로 다르게 사전에 설정된 출력전압에 대해 최소 및 최대 입력전압이 주어진다.

LM79XX시리즈

LM79XX시리즈는 −5, −6, −8, −10, −12, −15, −18, −24 V로 미리 세트한 음의 전압 조정기 그룹이다. 예를 들어 LM7905는 −5 V의 안정된 출력전압을 발생한다. 또한 LM7924는 −24 V의 출력을 발생한다. LM79XX시리즈에서 부하전류는 적절한 방열판을 사용하면 1 A 이상 수용할 수 있다. LM79XX시리즈는 78XX시리즈와 흡사하며 전류제한회로, 열차단회로를 포함하고 우수한 리플 제거능력을 가진다.

안정화 2공급 전원

그림 22-19에 나타내었듯이 LM78XX와 LM79XX를 조합해서 안정된 2공급 전원 출력을 얻을 수가 있다. LM78XX는 양의 출력을 안정화하고 LM79XX는 음의 출력을 안정화한다. 입력커패시터는 발진을 방지하고, 출력커패시터는 과도응답을 개선한다. 제조회사의 데이터시트에는 모든 동작조건하에서 두 조정기를 확실히 도통시키기 위해 2개의 다이오드를 추가할 것을 권고한다.

2개의 공급전원을 얻기 위한 또 다른 해결책으로는 이중통로 조정기(dual-tracking regulator)를 사용하는 것이다. 이것은 단일 IC 패키지에 양과 음의 조정기가 포함된 하나의 IC이다. 출력전압 조정이 필요한 경우 이 IC의 형은 하나의 가변저항으로 2공급 전원을 변화시킬 수가 있다.

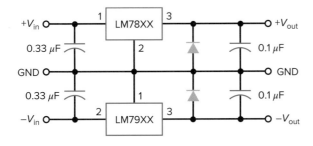

| 그림 22-19 | 2개의 출력을 얻기 위해 LM78XX와 LM79XX를 사용함

조정 가능한 조정기

IC 조정기 중 일부(LM317, LM337, LM338, LM350)는 출력전압 조정이 가능하다. 이들은 1.5에서 5 A의 최대 부하전류를 가진다. 예를 들어 LM317은 3단자 양의 전압 조정기인데, 부하에 1.5 A의 부하전류가 공급되고 1.25에서 37 V 범위의 출력전압을 조정할 수 있다. 리플제거는 80 dB이다. 이것은 입력리플이 IC 조정기의 출력에서 10,000배 적어짐을 의미한다.

또 제조회사에서는 IC 조정기의 특성에 적합한 부하 레귤레이션과 전력선 레귤레이션을 다시 정의한다. 조정이 가능한 조정기의 데이터시트에서 부하 레귤레이션과 전력선 레귤레이션에 대한 정의는 다음과 같다.

부하 레귤레이션 = 부하전류 변화 범위에 대한 V_{out}의 퍼센트 변화

전력선 레귤레이션 = 입력전압의 1 V 변화에 대한 V_{out}의 퍼센트 변화

예를 들어 보면, LM317의 데이터시트에 다음과 같은 대표적인 부하 레귤레이션과 전력선 레귤레이션이 기록되어 있다.

부하 레귤레이션: I_L = 10 mA~1.5 A에 대해 0.3%

전력선 레귤레이션: 0.02%/V

출력전압은 1.25에서 37 V 사이를 조정할 수 있으므로 퍼센트로 부하 레귤레이션을 나타내어야 한다. 예를 들어 만일 안정된 전압이 10 V로 조정되었다면, 위의 부하 레귤레이션은 부하전류가 10 mA에서 1.5 A까지 변할 때 출력전압은 10 V의 0.3%(30 mV) 이내를 유지할 것임을 의미한다.

전력선 레귤레이션은 0.02%/V이다. 이것은 출력전압의 변화가 각 입력전압의 변화에 대해 0.02%만 변화함을 의미한다. 만일 안정된 출력이 10 V로 세트되고 입력전압이 3 V만큼 증가했다면, 출력전압은 0.06% 즉 60 mV만큼 증가할 것이다.

그림 22-20에 LM317회로를 구동하는 불안정한 공급전원을 나타내었다. LM317의 데이터시트에 출력전압에 대한 식이 다음과 같이 주어진다.

$$V_{out} = \frac{R_1 + R_2}{R_1} V_{ref} + I_{ADJ}R_2 \tag{22-18}$$

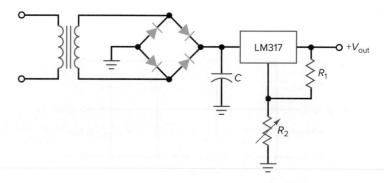

| 그림 22·20 | LM317을 사용한 안정한 출력전압 조정가능 회로

이 식에서 V_{ref}는 1.25 V이고, I_{ADJ}는 50 μA의 대표값을 갖는다. 그림 22-20에서 I_{ADJ}는 중간핀(입력핀과 출력핀 사이의 핀)을 통해 흐르는 전류이다. 이 전류는 온도, 부하전류, 그 외의 요소에 따라 변할 수 있기 때문에 설계 시에는 항상 식 (22-18)의 첫째 항은 둘째 항보다 충분히 크게 한다. 이러한 이유로 LM317의 모든 예비분석에서 다음 식을 사용할 수 있다.

$$V_{out} \cong \frac{R_1 + R_2}{R_1} (1.25 \text{ V}) \tag{22-19}$$

참고사항

그림 22-20에서 필터 커패시터 C의 값은 V_{out}과 I_L이 모두 최대값일 때, V_{in}이 V_{out}보다 적어도 2 또는 3 V 더 큰 것을 확보할 수 있을 만큼 충분히 큰 값을 가진다. 이것은 C가 매우 큰 필터 커패시터를 가져야 함을 의미한다.

리플제거

IC 전압 조정기의 리플제거는 약 65에서 80 dB로 크다. 이것은 전원공급장치에서 리플을 최소화하기 위해 큰 LC 필터를 사용하지 않아도 된다는 의미에서 커다란 이점이다. 공급전원으로부터 발생되는 불안정한 전압의 약 10%로 피크-피크 리플을 감소시키기 위해서는 반드시 커패시터입력 필터가 필요하다.

예를 들어 LM7805는 80 dB의 일반적인 리플제거를 가진다. 만일 브리지 정류기와 커패시터입력 필터가 1 V의 피크-피크 리플을 가지는 10 V의 불안정한 출력전압을 발생한다고 하면, 0.1 mV만의 피크-피크 리플을 가지는 5 V의 안정된 출력전압을 발생시키는 LM7805를 사용할 수 있다. 이 IC 전압 조정기를 사용함으로써 불안정한 전원공급장치에서 사용되는 큰 LC 필터를 제거할 수 있다.

대표적인 조정기들

널리 사용되는 IC 조정기를 표 22-1에 정리했다. 첫째 그룹인 LM78XX시리즈는 5 V에서 24 V의 양의 출력전압으로 고정된다. 이 조정기들은 방열판을 사용하여 1.5 A까지의 부하전류를 발생할 수 있다. 부하 레귤레이션은 10 mV에서 12 mV 사이이다. 전력선 레귤레이션은 3 mV에서 18 mV 사이이다. 리플제거는 최저전압에서 가장 좋고(80 dB), 최고전압에서 가장 나쁘다(66 dB). 드롭아웃 전압은 이 시리즈 전체가 2 V이다. 최저와 최고 출력전압 간에 출력저항은 8 mΩ에서 28 mΩ까지 증가한다.

LM78L05와 LM78L12는 표본인 LM7805와 LM7812의 저전력 버전이다. 이들 저전력 IC 조정기(*low-power IC regulator*)들은 방열판을 필요로 하지 않는 TO-92 패키지에 유용하다. 표 22-1에서 보다시피, LM78L05와 LM78L12는 100 mA까지의 부하전류를 공급할 수 있다.

LM2931은 저 드롭아웃 조정기의 예에 포함된다. 이와 같은 조절 가능한 조정기는 출력전압을 3에서 24 V까지 가변할 수 있고 최대 100 mA까지 부하전류를 공급할 수 있다. 드롭아웃 전압이 단 0.3 V임에 주목하라. 이것은 입력전압이 안정한 출력전압보다 단 0.3 V만 더 클 필요가 있음을 의미한다.

LM7905, LM7912, LM7915는 널리 사용되는 음의 조정기이다. 이들의 파라미터는 LM78XX의 파라미터와 유사하다. LM317과 LM337은 조정 가능한 양과 음의 조정기로서 부하전류를 1.5 A까지 공급할 수 있다. 마지막으로 LM338은 조정 가능한 양의 조정기로서 5 A까지의 부하전류를 공급할 수 있고 1.2~32 V 사이의 부하전압을 발

요점정리 표 22-1			널리 사용되는 IC 전압 조정기의 25℃에서의 대표적인 파라미터					
Number	V_{out}, V	I_{max}, A	Load Reg, mV	Line Reg, mV	Rip Rej, dB	Dropout, V	R_{out}, mΩ	I_{SL}, A
LM7805	5	1.5	10	3	80	2	8	2.1
LM7806	6	1.5	12	5	75	2	9	0.55
LM7808	8	1.5	12	6	72	2	16	0.45
LM7812	12	1.5	12	4	72	2	18	1.5
LM7815	15	1.5	12	4	70	2	19	1.2
LM7818	18	1.5	12	15	69	2	22	0.20
LM7824	24	1.5	12	18	66	2	28	0.15
LM78L05	5	100 mA	20	18	80	1.7	190	0.14
LM78L12	12	100 mA	30	30	80	1.7	190	0.14
LM2931	3~24	100 mA	14	4	80	0.3	200	0.14
LM7905	−5	1.5	10	3	80	2	8	2.1
LM7912	−12	1.5	12	4	72	2	18	1.5
LM7915	−15	1.5	12	4	70	2	19	1.2
LM317	1.2~37	1.5	0.3%	0.02%/V	80	2	10	2.2
LM337	−1.2~−37	1.5	0.3%	0.01%/V	77	2	10	2.2
LM338	1.2~32	5	0.3%	0.02%/V	75	2.7	5	8

생할 수 있다.

표 22-1에 기록된 모든 조정기들은 **열차단**(*thermal shutdown*) 회로를 가진다. 이것은 만일 칩의 온도가 너무 높아지면 패스트랜지스터와 열차단회로가 작동하여 조정기를 차단시킴을 의미한다. 소자가 식으면 다시 동작이 시작된다. 설사 과잉온도가 발생했다 하더라도 그것이 제거되면 조정기는 정상적인 기능을 할 것이다. 만일 그렇지 못하면 다시 열차단회로가 동작할 것이다. 열차단회로는 안전한 동작을 위해 모놀리식 조정기가 제공하는 장점 중의 하나이다.

응용예제 22-12　　　　　　　　　　　　　　　　　　　　|||| MultiSim

그림 22-21에서 부하전류는 얼마인가? 출력리플은 얼마인가?

풀이　LM7812는 +12 V의 안정한 출력전압을 발생한다. 그러므로 부하전류는

$$I_L = \frac{12\ V}{100\ \Omega} = 120\ mA$$

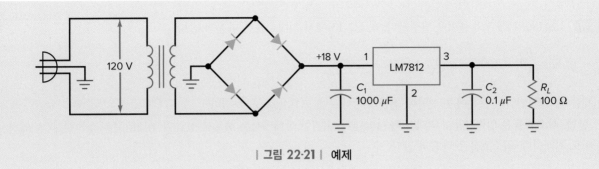

| 그림 22·21 | 예제

이고, 4장에서 주어진 식으로부터 피크-피크 입력리플을 계산할 수 있다.

$$V_R = \frac{I_L}{fC} = \frac{120 \text{ mA}}{(120 \text{ Hz})(1000 \text{ }\mu\text{F})} = 1 \text{ V}$$

표 22-1에 LM7812는 72 dB의 대표적인 리플제거를 나타낸다. 72 dB은 (60 dB + 12 dB)이므로 약 4,000이 얻어진다. 계산기로 정확한 리플제거를 구하면 다음과 같다.

$$RR = \text{antilog} \frac{72 \text{ dB}}{20} = 3981$$

피크-피크 출력리플은 근사적으로 다음과 같다.

$$V_R = \frac{1 \text{ V}}{4000} = 0.25 \text{ mV}$$

연습문제 22-12   전압 조정기로 LM7815와 2,000 μF의 커패시터를 사용했을 때, 응용예제 22-12를 다시 풀어라.

응용예제 22-13

그림 22-20에서 만일 $R_1 = 2$ kΩ, $R_2 = 22$ kΩ이라면 출력전압은 얼마인가? 만일 R_2를 46 kΩ으로 증가시키면 출력전압은 얼마인가?

풀이   식 (22-19)에서

$$V_{\text{out}} = \frac{2 \text{ k}\Omega + 22 \text{ k}\Omega}{2 \text{ k}\Omega} (1.25 \text{ V}) = 15 \text{ V}$$

이고, R_2를 46 kΩ으로 증가시키면 출력전압도 다음과 같이 증가한다.

$$V_{\text{out}} = \frac{2 \text{ k}\Omega + 46 \text{ k}\Omega}{2 \text{ k}\Omega} (1.25 \text{ V}) = 30 \text{ V}$$

연습문제 22-13   그림 22-20에서 만일 $R_1 = 330$ Ω, $R_2 = 2$ kΩ이면 출력전압은 얼마인가?

응용예제 22-14

LM7805는 입력전압 7.5 V에서 20 V 사이에서 사양과 같이 안정하다. 최대, 최소 효율은 얼마인가?

풀이   LM7805는 5 V의 출력을 발생한다. 식 (22-13)에서 최대효율은 다음과 같다.

$$효율 \cong \frac{V_{out}}{V_{in}} \times 100\% = \frac{5\ V}{7.5\ V} \times 100\% = 67\%$$

이것은 헤드룸 전압이 드롭아웃 전압에 접근하기 때문에 고효율로 볼 수 있다.

한편, 최소효율은 입력전압이 최대일 때 나타난다. 이러한 상태에서는 헤드룸 전압이 최대이고 패스트랜지스터에서 전력소비도 최대이다. 최소효율은 다음과 같다.

$$효율 \cong \frac{5\ V}{20\ V} \times 100\% = 25\%$$

조정되지 않은 입력전압은 일반적으로 입력전압의 극단 사이 어딘가에 있으므로 LM7805에서 기대할 수 있는 효율은 40~50%의 범위 내에 있다.

22-5 전류부스터

표 22-1에서 78XX 조정기는 1.5 A의 최대 부하전류를 갖는다고 되어 있으나, 대부분의 데이터시트에는 1 A에서 측정된 파라미터가 제시된다. 예를 들어 1 A의 부하전류가 전력선 레귤레이션, 리플제거 및 출력저항 측정 시 사용된다. 이 때문에 78XX 소자를 사용할 때 실제 부하전류 제한은 1 A로 설정한다.

외부설치 트랜지스터

더 큰 부하전류를 얻기 위한 한 방법으로 **전류부스터**(current booster)의 사용이 있다. 이것은 연산증폭기의 출력전류를 증가(boost)시키는 것과 유사한 개념이다. 아주 큰 출력전류를 발생시키기 위해 연산증폭기를 사용하여 외부 트랜지스터에 베이스전류를 공급한 것을 상기해 보자.

그림 22-22는 출력전류를 증가시키기 위해 외부 트랜지스터를 사용할 수 있는 방법을 보여 준다. **외부설치 트랜지스터**(outboard transistor)라 불리는 외부 트랜지스터는 전력용 트랜지스터이다. R_1은 0.7 Ω의 전류감지 저항이다. 0.6 Ω 대신에 0.7 Ω을 사용하는데 주목하라. 전력용 트랜지스터는 앞선 설명에서 사용한 소신호 트랜지스터보다 더 큰 베이스전압을 필요로 하기 때문에 0.7 Ω을 사용한다.

전류가 1 A 이하일 때, 전류감지 저항 양단전압은 0.7 V 이하이고 트랜지스터는 차단된다. 부하전류가 1 A 이상일 때, 트랜지스터는 도통되어 1 A 이상의 거의 모든 부하전류를 공급한다. 왜 그런가? 부하전류가 증가할 때, 78XX를 통하는 전류는 약간 증가한다. 이것은 전류감지 저항양단에 더 큰 전압을 발생시키고 외부설치 트랜지스터를 충분히 도통시킨다.

부하전류가 증가할 때마다 78XX 소자를 통하는 전류는 약간씩 증가하고 전류감지 저항양단에는 더 큰 전압을 발생시킨다. 이러한 방식으로 외부설치 트랜지스터는 1 A를 초

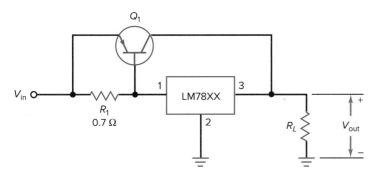

| 그림 22·22 | 부하전류를 증가시키는 외부설치 트랜지스터

과하는 부하전류 증가분 대부분을 공급하고 78XX가 공급하는전류는 약간만 증가한다.

부하전류가 많이 흐르게 되면 외부설치 트랜지스터의 베이스전류 역시 많이 흐르게 된다. 78XX 칩은 부하전류뿐만 아니라 이 베이스전류도 공급해야 한다. 큰 베이스전류가 문제시될 때는 설계 시 외부설치 트랜지스터로 달링턴 접속을 사용해야 한다. 이때 전류감지 전압은 약 1.4 V인데 이는 R_1을 약 1.4 Ω으로 증가시켜야 함을 의미한다.

단락회로 보호

그림 22-23은 회로에 단락회로 보호(short-circuit protection)를 부가하는 방법을 나타낸다. 2개의 전류감지 저항을 사용하는데, 첫 번째 저항은 외부설치 트랜지스터 Q_2를 구동하기 위한 것이고, 두 번째 저항은 단락회로 보호를 위해 Q_1을 도통시키는 데 사용된다. 여기서 1 A는 Q_2가 도통되는 시점이고, 10 A는 Q_1이 단락보호를 제공하는 시점이다.

이 회로의 동작을 살펴보자. 부하전류가 1 A 이상일 때, R_1 양단전압은 0.7 V 이상이다. 이것은 외부설치 트랜지스터 Q_2를 도통시켜 1 A가 넘는 모든 부하전류를 공급하게 한다. 외부설치 트랜지스터로 흐르는 전류는 R_2를 통해서 흐른다. R_2는 다만 0.07 Ω이기 때문에 그 양단전압은 외부설치 전류가 10 A 이하인 한 0.7 V 이하이다.

외부설치 전류가 10 A일 때 R_2 양단전압은

$$V_2 = (10\ A)(0.07\ \Omega) = 0.7\ V$$

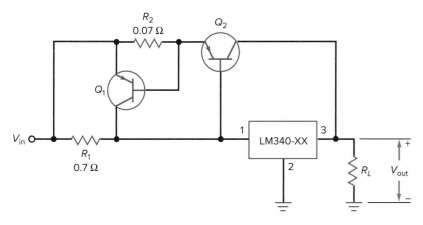

| 그림 22-23 | 전류제한을 가지는 외부설치 트랜지스터

이다. 이것은 전류제한 트랜지스터 Q_1이 도통하기 직전임을 의미한다. 외부설치 전류가 10 A 이상일 때 Q_1은 크게 도통된다. Q_1의 컬렉터전류가 78XX를 통해서 흐르기 때문에, 소자는 과열되고 열차단이 발생한다.

결론적으로, 외부설치 트랜지스터를 사용한다고 해서 직렬형 조정기의 효율은 개선되지 못한다. 일반적인 헤드룸 전압으로 인해 효율은 40~50% 부근이다. 큰 헤드룸 전압으로 더 높은 효율을 얻으려면 전압 레귤레이션에 대해 근본적으로 다른 접근방법을 사용해야 한다.

22-6 직류-직류 변환기

참고사항

스위칭 조정기는 설계하기가 복잡하다. Texas Instruments의 WEBENCH와 같은 설계 도구를 이용하면, 원하는 사양만 입력하면 완전한 설계를 얻을 수 있다.

때로는 어떤 값의 직류전압을 다른 값의 직류전압으로 바꾸기를 원할 때가 있다. 예를 들어 만일 +5 V의 양의 전원공급시스템을 가진 경우, 이를 +15 V의 출력으로 바꾸려고 한다면 **직류-직류 변환기**(dc-to-dc converter)를 이용할 수가 있다. 이때 이 시스템은 +5 V와 +15 V의 2개의 공급전압을 가진다.

직류-직류 변환기는 매우 효율적이다. 스위치 트랜지스터의 도통(on), 차단(off)은 트랜지스터 전력소비를 크게 감소시킨다. 일반적으로 효율은 65~85%이다. 이 절에서는 제어되지 않는 직류-직류 변환기에 대해 설명하고, 다음 절에서는 펄스폭 변조를 사용하는 제어되는 직류-직류 변환기에 대해 설명하겠다. 이들 직류-직류 변환기를 통상 **스위칭 조정기**(switching regulator)라고 부른다.

기본 개념

일반적으로 제어되지 않는 직류-직류 변환기에서 입력 직류전압은 구형파 발진기에 인가된다. 구형파의 피크-피크값은 입력전압에 비례한다. 구형파는 그림 22-24에 나타내었듯이 변압기의 1차 권선을 구동한다. 주파수가 높아질수록 변압기의 크기와 필터요소들은 더 적어진다. 그리고 만일 주파수가 너무 높아지면 수직전환의 구형파를 발생시키기가 어렵다. 항상 구형파의 주파수는 10 kHz에서 100 kHz 사이이다.

효율을 개선하기 위해 값비싼 직류-직류 변환기에 특별한 종류의 변압기가 사용된다. 변압기는 구형의 히스테리시스 루프를 가지는 토로이달 코어(toroidal core)도 있다. 이것은 2차 전압으로 구형파를 발생한다. 2차 전압은 직류 출력전압을 얻기 위해 정류와 필터 과정을 거친다. 변압기의 턴수비를 조절함에 따라 2차측 전압을 높이거나 낮출 수가 있다. 이런 식으로 해서 직류-직류 변환기를 만들어서 직류 입력전압을 높이거나 낮출 수가 있다.

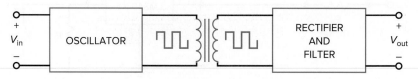

| 그림 22-24 | 제어되지 않는 직류-직류 변환기의 기능적 블록다이어그램

보통 직류-직류 변환은 +5 V에서 ±15 V를 만들어 낸다. 디지털시스템에서 +5 V는 대부분 IC들의 표준 공급전원이다. 그러나 연산증폭기와 같은 선형 IC들은 ±15 V를 요구한다. 이 같은 요구로 인해 입력 +5 V 직류를 2개의 출력인 ±15 V 직류로 변환하는 저전력 직류-직류 변환기를 흔히 볼 수 있다.

한 가지 설계의 예

바이폴라 접합 트랜지스터 또는 전력용 FET들에 의한 직류-직류 변환기의 설계는 입력전압이 단계적으로 상승 또는 하강하는 등의 스위칭 주파수가 사용된다. 그림 22-25는 바이폴라 전력 트랜지스터를 사용한 설계의 한 예를 보여 준다. 이 회로의 동작을 살펴보자. 이완발진기(relaxation oscillator)는 R_3와 C_2로 세트되는 주파수를 가진 구형파를 발생한다. 이때의 주파수는 kHz의 범위에 있고, 일반적으로 20 kHz 정도이다.

구형파는 **위상분할기**(phase splitter) Q_1을 구동하고, 회로는 크기는 같고 위상이 반대인 2개의 구형파를 발생한다. 이들 구형파는 B급 푸시풀 스위칭 트랜지스터인 Q_2와 Q_3에 인가된다. 트랜지스터 Q_2는 반사이클 동안 도통되고, Q_3는 나머지 반사이클 동안 도통된다. 변압기의 1차 전류는 구형파이다. 이것은 앞서 설명한 대로 2차 권선에 구형파를 유도한다.

2차 권선의 구형파 전압은 브리지 정류기와 커패시터입력 필터에 인가된다. 이 신호는 수 kHz 이내의 정류된 구형파이기 때문에 필터하기가 쉽다. 최종출력은 직류전압으로 입력전압과 크기가 틀리다.

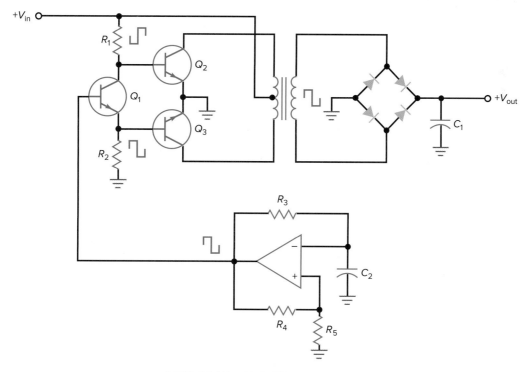

| 그림 22-25 | 불안정한 직류-직류 변환기

상품용 직류-직류 변환기

그림 22-25에서 직류-직류 변환기의 출력이 제어되지 않는 데 주목하라. 이것은 가격이 싼 대표적인 직류-직류 변환기이다. 제어되지 않는 직류-직류 변환기는 약 65%에서 85% 이상의 효율을 가지므로 상품용으로는 이용할 수가 있다. 예를 들어 값싼 직류-직류 변환기는 375 mA에서 +5 V를 ±12 V로, 200 mA에서 +5 V를 ±9 V 직류로, 250 mA에서 +12 V를 ±5 V 등으로 변환하는 데 이용할 수 있다. 이들 모든 변환기는 전압 레귤레이션을 포함하지 않기 때문에 고정된 입력전압을 요구한다. 또한 이들은 10 kHz와 100 kHz 사이의 스위칭 주파수를 사용한다. 이 때문에 RFI 차폐를 포함한다. 어떤 것은 200,000시간의 *MTBF*를 가진다. (주: MTBF는 "평균 무고장 시간"을 의미한다.)

22-7 스위칭 조정기

스위칭 조정기(*switching regulator*)는 하나의 직류 입력전압을 적거나 큰 다른 직류 출력전압으로 변환할 수 있기 때문에 직류-직류 변환기의 일반급이 된다. 그러나 스위칭 조정기는 트랜지스터의 on-off 시간을 제어하는 일반적인 펄스폭 변조인 전압 레귤레이션을 역시 포함한다. 듀티사이클을 변화시켜 스위칭 조정기는 입력전압과 부하조건이 변화하더라도 일정한 출력전압을 유지할 수 있다.

패스트랜지스터

직렬형 조정기에서 패스트랜지스터의 전력소비는 헤드룸 전압과 부하전류를 곱한 것과 거의 같다.

$$P_D = (V_{in} - V_{out})I_L$$

만일 헤드룸 전압이 출력전압과 같다면, 효율은 거의 50%이다. 예를 들어 만일 7805의 입력이 10 V, 부하전압이 5 V이면, 효율은 거의 50%이다.

3단자 직렬형 조정기는 부하전력이 약 10 W 이하일 때 사용하기가 쉽고 필요로 하는 거의 대부분을 만족시켜 주기 때문에 널리 사용된다. 부하전력이 10 W이고 효율이 50%일 때 패스트랜지스터의 전력소비 또한 10 W이다. 이것은 설비 내부에 열이 많이 발생하여 소비전력이 크다는 것을 의미한다. 10 W 부근의 부하전력은 방열판이 극히 커지고, 밀폐된 설비의 온도를 불쾌한 수준까지 상승시킬 것이다.

스위칭 패스트랜지스터의 전도와 차단

저효율과 고설비 온도에 대한 문제의 궁극적인 해법은 앞서 간단히 설명한 스위칭 조정기이다. 이런 형태의 조정기에서 패스트랜지스터는 차단과 포화 간을 스위치한다. 트랜지스터가 차단되었을 때 전력소비는 사실상 0이다. 트랜지스터가 포화되었을 때 전력소비는 여전히 매우 적은데 이는 $V_{CE(sat)}$이 직렬형 조정기에서 헤드룸 전압보다 훨씬 적기 때문이다. 앞서 말한 바와 같이 스위칭 조정기는 약 75~95% 이상의 효율을 가질 수 있다. 높은 효율과 작은 크기 때문에 스위칭 조정기는 널리 사용된다.

요점정리 표 22-2		스위칭 조정기의 토폴로지					
형식	전압스텝	초크	변압기	다이오드	트랜지스터	전력, W	복잡성
Buck	강압	있다	없다	1	1	0-150	적다
Boost	승압	있다	없다	1	1	0-150	적다
Buck-boost	승압, 강압	있다	없다	1	1	0-150	적다
Flyback	승압, 강압	없다	있다	1	1	0-150	중간
Half-forward	승압, 강압	있다	있다	1	1	0-150	중간
Push-pull	승압, 강압	있다	있다	2	2	100-1000	크다
Half bridge	승압, 강압	있다	있다	4	2	100-500	크다
Full bridge	승압, 강압	있다	있다	4	4	400-2000	매우 크다

토폴로지

토폴로지(topology)란 용어는 스위칭 조정기에 관련된 문헌에 흔히 사용된다. 이것은 설계기술 또는 회로의 기본적인 설계(layout)를 말한다. 대부분의 토폴로지는 다른 것보다 응용에 더 적합하기 때문에 스위칭 조정기에 대해 적용하고 있다.

표 22-2에 스위칭 조정기에 사용되는 토폴로지들을 나타내었다. 처음부분에 있는 3개가 가장 기본이다. 이들은 가장 적은 부품들을 사용하고 약 150 W까지 부하에 전력을 공급할 수 있다. 복잡하기 않기 때문에 특히 IC 스위칭 조정기로 널리 사용된다.

변압기로 절연이 필요할 때는 150 W의 부하전력까지 사용할 수 있는 플라이백(flyback)과 하프포워드(half-forward) 토폴로지를 택한다. 부하전력이 150 W에서 2,000 W까지일 때는 푸시풀(push-pull), 반브리지(half bridge), 전브리지(full bridge) 토폴로지가 사용된다. 마지막 3개의 토폴로지는 상당히 많은 부품을 사용하기 때문에 회로의 복잡성이 크다.

벅 조정기

그림 22-26*a*에 스위칭 조정기의 가장 기본 토폴로지인 **벅 조정기**(buck regulator)를 나타내었다. 벅 조정기는 항상 전압이 강압된다. 바이폴라 접합 트랜지스터나 전력용 FET가 스위칭 소자로 사용된다. 펄스폭 변조기로부터 출력된 구형파 신호는 스위치를 단락, 개방시킨다. 비교기는 펄스의 듀티사이클을 조절한다. 예를 들어 펄스폭 변조기는 제어입력을 구동하는 비교기가 있는 원숏 멀티바이브레이터일 것이다. 앞서 21장의 단안정 555 타이머의 설명처럼, 제어전압이 증가하면 듀티사이클이 증가한다.

펄스가 고(high)일 때 스위치는 단락된다. 다이오드는 역방향 바이어스되었으므로 모든 입력전류는 인덕터를 통해 흐른다. 이 전류는 인덕터 주위에 자장을 발생시킨다. 자장에 축적된 에너지의 양은 다음과 같다.

에너지 $= 0.5Li^2$　　　　　　　　　　　　　　　　　　　　**(22-20)**

또한 인덕터를 흐르는 전류는 커패시터를 충전시키고 부하에 전류를 공급한다. 스위

참고사항

매우 낮은 턴온 저항 $R_{DS(on)}$값과 높은 스위칭 속도 때문에 SiC 및 GaN FET와 같은 HEMT 장치가 스위칭 파워 서플라이에 사용되어 효율을 높이고 회로 공간을 더 작게 만든다.

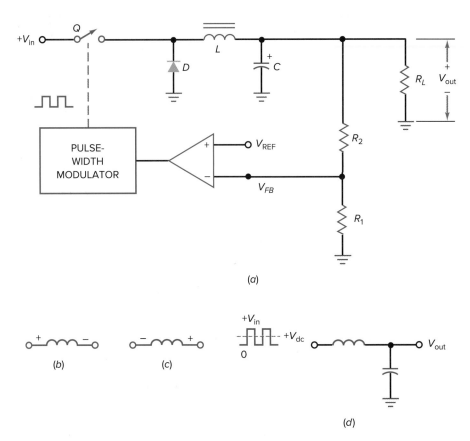

| 그림 22-26 | (a) 벅 조정기; (b) 단락스위치에서의 극성; (c) 개방스위치에서의 극성; (d) 출력으로 직류치를 통과시키는 초크입력 필터

치가 단락된 동안 인덕터 양단의 전압은 그림 22-26b처럼 극성(양-음)을 가진다. 인덕터에 흐르는 전류가 증가하면 자장에도 더 큰 에너지가 축적된다.

펄스가 저(low)가 되었을 때 스위치는 개방된다. 이와 동시에 인덕터 주위의 자장은 감소하기 시작하고 그림 22-26c에서와 같이 인덕터 양단에는 역전압이 유도된다. 이 역전압을 유도성 킥(*inductive kick*)이라 부른다. 유도성 킥 때문에 다이오드는 순방향 바이어스되고 인덕터를 통하는 전류는 동일방향으로 계속 흐르게 된다. 동시에 인덕터는 회로에 축적된 에너지를 되돌린다. 다시 말해 인덕터가 전류원처럼 동작하여 부하로 전류를 계속 공급한다.

인덕터에서 회로로 모든 축적된 에너지를 되돌릴 때까지(불연속모드) 또는 스위치가 다시 단락될 때까지(연속모드) 인덕터를 통하는 전류는 흐르고, 어느 쪽이든지 처음부터 시작한다. 또한 어느 경우에나 커패시터는 스위치가 개방되어 있는 시간 동안은 전원으로서 부하에 전류를 공급할 것이다. 이 방법에서 부하양단의 리플은 최소가 된다.

스위치는 계속해서 단락과 개방을 반복할 것이다. 이 스위칭 주파수는 10 kHz에서 100 kHz 이상(어떤 IC 조정기는 1 MHz 이상에서 스위치된다)이다. 인덕터를 통하는 전류는 항상 같은 방향이고, 사이클의 다른 시간에서 스위치 또는 다이오드를 통해 흐른다.

안정한 입력전압과 이상적인 다이오드에서 그림 22-26d와 같은 구형파 전압파형이 초크입력 필터(choke-input filter)의 입력에 나타난다. 초크입력 필터의 출력은 필터입력의 직류 또는 평균치와 같다. 평균치는 듀티사이클에 관련되고 다음과 같이 주어진다.

$$V_{out} = DV_{in} \tag{22-21}$$

듀티사이클이 클수록 직류 출력전압도 크다.

전원이 처음 인가되었을 때 출력전압은 없고 전압분배기 R_1, R_2로부터의 귀환전압도 없다. 그러므로 비교기 출력은 매우 크고, 듀티사이클은 거의 100%이다. 그러나 출력전압이 커지면 귀환전압 V_{FB}는 비교기 출력을 감소시켜 듀티사이클을 감소시킨다. 어느 지점에 도달하면 출력전압은 평형값에 도달하게 되는데 이때 귀환전압은 동일한 출력전압을 발생시키는 듀티사이클을 발생시킨다.

비교기의 큰 이득 때문에 비교기 입력단자 간은 가상단락으로 간주한다.

$$V_{FB} \cong V_{REF}$$

이로부터 출력전압에 대한 식을 유도할 수 있다.

$$V_{out} = \frac{R_1 + R_2}{R_1} V_{REF} \tag{22-22}$$

평형이 설정된 후, 선전압 또는 부하의 변동으로 출력전압이 변화되려고 하면 부귀환에 의해 거의 완벽하게 상쇄될 것이다. 예를 들어 만일 출력전압이 증가하려고 하면 귀환전압은 비교기 출력을 감소시킨다. 이것은 듀티사이클과 출력전압을 감소시킨다. 최종효과는 부귀환이 없을 때보다 훨씬 적은 약간의 출력전압의 증가뿐이다.

마찬가지로, 만일 출력전압이 선전압 또는 부하변화 때문에 감소하려고 하면 귀환전압은 작아지고 비교기 출력은 커진다. 이로 인해 듀티사이클이 커지게 되어서 출력전압이 커지게 되고 이로 인해 출력전압이 감소하려는 경향을 상쇄시킨다.

부스트 조정기

그림 22-27a에 스위칭 조정기와 기본 토폴로지가 다른 **부스트 조정기**(boost regulator)를 나타내었다. 부스트 조정기는 항상 전압을 승압한다. 동작에 대한 이론은 벅 조정기와 어떤 점에서는 비슷하나 어떤 점에서는 매우 다르다. 예를 들어 펄스가 고(high)일 때는 앞서 설명한 것처럼 스위치는 단락되고 자장에 에너지가 축적된다.

펄스가 저(low)로 갈 때 스위치는 개방된다. 다시 인덕터 주위의 자장은 사라지고 그림 22-27b와 같이 인덕터 양단에는 역전압이 유도된다. 이때 입력전압에 유도성 킥(inductive kick)이 부가됨에 주목하라. 이것은 인덕터의 오른쪽 끝에서의 피크전압을 의미한다.

$$V_p = V_{in} + V_{kick} \tag{22-23}$$

유도성 킥은 자장 내에 축적된 에너지량에 의존한다. 달리 표현하면 V_{kick}은 듀티사이클에 비례한다.

가파른 입력전압을 가지는 구형파 전압파형이 그림 22-27c의 커패시터입력 필터(*capacitor-input filter*)의 입력에 인가된다. 따라서 구형파 출력전압은 식 (22-23)에서 주어진 피크전압과 거의 같다. V_{kick}이 항상 0보다 크기 때문에 V_p는 항상 V_{in}보다 크다.

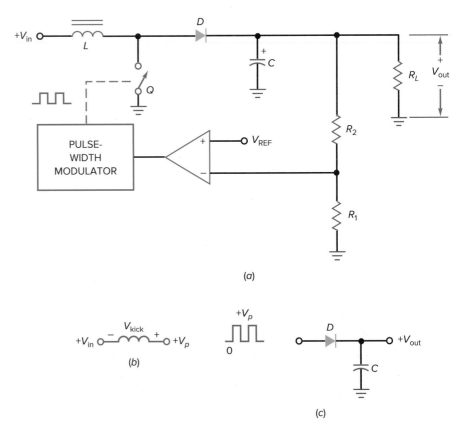

| 그림 22-27 | (a) 부스트 조정기; (b) 스위치 개방 시 입력에 킥 전압이 더해짐; (c) 피크입력과 같은 출력전압을 발생시키는 커패시터입력 필터

이것이 부스트 조정기가 항상 전압을 승압하는 이유이다.

초크입력 필터 대신 커패시터입력 필터를 사용한 것을 제외하고는 부스트 토폴로지가 가지는 안정은 벅 토폴로지가 가지는 안정과 흡사하다. 비교기의 고이득 때문에 귀환은 기준전압과 거의 같다. 그러므로 안정된 출력전압은 여전히 식 (22-22)로 주어진다. 만일 출력전압이 증가하려고 하면 귀환전압이 감소하고 비교기 출력이 감소하며 듀티사이클이 작아지고 유도성 킥이 감소한다. 이 피크전압의 감소는 출력전압의 증가경향을 상쇄시킨다. 만일 출력전압이 감소하려고 하면 귀환전압이 적어지고 그 결과 피크전압이 커져 출력전압의 감소경향을 상쇄한다.

벅-부스트 조정기

그림 22-28*a*에 스위칭 조정기의 세 번째 가장 기본이 되는 토폴로지인 **벅-부스트 조정기**(buck-boost regulator)를 나타내었다. 벅-부스트 조정기는 양의 입력전압으로 구동했을 때 항상 음의 출력전압을 발생한다. PWM 출력이 고(high)일 때, 스위치는 단락되고 에너지가 자장 내에 축적된다. 이때 인덕터 양단의 전압은 그림 22-28*b*에 나타낸 극성으로 V_{in}과 같다.

펄스가 저(low)로 가면, 스위치는 개방된다. 다시 인덕터 부근의 자장은 사라지고 그

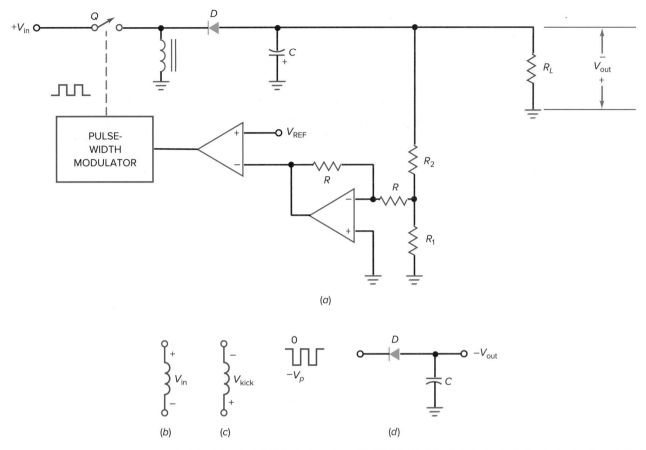

| 그림 22-28 | (a) 벅-부스트 조정기; (b) 단락스위치에서 극성; (c) 개방스위치에서 극성; (d) 커패시터입력 필터는 음의 피크와 같은 출력을 발생한다.

림 22-28c에 나타낸 바와 같이 인덕터 양단의 킥 전압은 감소한다. 킥 전압은 자장 내에 축적된 에너지에 비례하고 듀티사이클에 의해 제어된다. 만일 듀티사이클이 적으면 (low) 킥 전압은 0에 근접하고, 크면(high) 킥 전압은 자장 내에 축적된 에너지가 얼마인가에 따라 V_{in}보다 더 클 수도 있다.

그림 22-28d에서 피크전압의 크기는 입력전압보다 적을 수도 클 수도 있다. 다이오드와 커패시터입력 필터의 출력전압은 $-V_p$와 같다. 이 출력전압의 크기는 입력전압보다 적을 수도 클 수도 있기 때문에 이 토폴로지를 **벅-부스트**(*buck-boost*)라고 부른다.

그림 22-28a의 반전증폭기는 비교기의 반전입력에 귀환신호가 도달하기 전에 귀환신호를 반전시키기 위해 사용된다. 그리고 전압 레귤레이션은 앞서 설명한 바와 같이 동작한다. 출력전압이 증가하려고 하면 듀티사이클이 감소하고 이는 피크전압을 감소시킨다. 출력전압이 감소하려고 하면 듀티사이클이 증가한다. 이 같은 방법으로 부귀환은 출력전압을 거의 일정하게 유지한다.

모놀리식 벅 조정기

몇몇 IC 스위칭 조정기는 5개의 외부 핀을 가진다. 예를 들어 LT1074는 벅 토폴로지를 사용한 모놀리식 바이폴라 스위칭 조정기이다. 이것은 2.21 V의 기준전압, 스위칭 소자, 내부 발진기, 펄스폭 변조기 및 비교기와 같은 앞서 설명한 대부분의 성분을 포함하고 있다. 100 kHz의 스위칭 주파수에서 동작하고, +8 V에서 +40 V까지의 직류 입력 전압을 취급할 수 있고, 1 A에서 5 A까지의 부하전류에서 75~90%의 효율을 가진다.

그림 22-29에 벅 조정기로 접속된 LT1074를 나타내었다. 핀 1(FB)은 귀환전압용이고, 핀 2(COMP)는 고주파에서 발진을 방지하기 위한 주파수 보상용이고, 핀 3(GND)은 접지이다. 핀 4(OUT)는 내부 스위칭 소자의 스위치 출력이고, 핀 5(IN)는 직류 입력 전압용이다.

D_1, L_1, C_1, R_1, R_2는 벅 조정기의 앞서 설명에서 말한 바와 같은 동일한 기능을 제공한다. 그러나 조정기의 효율을 개선하기 위해 쇼트키 다이오드를 사용하고 있음에 주목하라. 쇼트키 다이오드는 낮은 무릎전압(knee voltage)을 가지기 때문에 전력소비가 적다. LT1074의 데이터시트에 전력선 필터링을 위한 입력양단에 200 μF에서 470 μF까지의 커패시터 C_2를 부가할 것을 권고하고 있다. 또한 귀환루프의 안정(발진방지)을 위해 2.7 kΩ의 R_3와 0.01 μF의 C_3를 부가할 것도 권고하고 있다.

LT1074는 널리 사용된다. 그림 22-29를 보게 되면 그 이유를 알 수 있다. 이 회로는 개별회로 형태로 설계 및 제작하기가 가장 어려운 회로 중 하나인 스위칭 조정기를 고려한다면 믿을 수 없을 만큼 간단하다. 다행히도 LT1074가 집적화할 수 없는 요소(초크와 필터 커패시터)와 사용자가 선택하는 나머지 요소(R_1과 R_2)를 제외한 모든 것을 포함하고 있기 때문에 IC 설계자는 어려운 작업이 모두 해결된다. 선택하는 R_1과 R_2의 값에 따라 약 2.5 V에서 38 V까지의 안정화된 출력전압을 얻을 수가 있다. LT1074의 기준전압이 2.21 V이므로 출력전압은 다음과 같이 주어진다.

$$V_{\text{out}} = \frac{R_1 + R_2}{R_1}(2.21\ \text{V}) \tag{22-24}$$

헤드룸 전압은 *npn* 달링턴을 구동하는 *pnp* 트랜지스터로 되어 있는 내부 스위칭 소자 때문에 적어도 2 V는 되어야 한다. 전체 스위치에서의 전압강하는 큰 전류에서 2 V 정도는 되어야 한다.

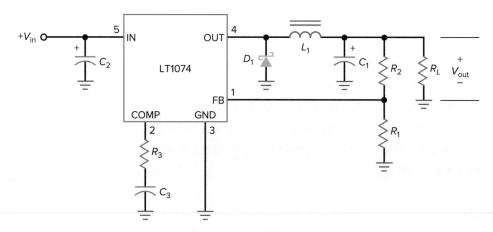

| **그림 22·29** | LT1074를 사용한 벅 조정기

모놀리식 부스트 조정기

MAX631은 안정한 출력을 발생하기 위해 부스트 토폴로지를 사용한 모놀리식 CMOS 스위칭 조정기이다. 이 저전력 IC 스위칭 조정기는 50 kHz의 스위칭 주파수를 가지고 2 V에서 5 V의 입력전압과 약 80%의 효율을 가진다. MAX631은 단 2개의 외부요소만을 요구하기 때문에 가장 간단하다.

예를 들어 그림 22-30에 +2 V에서 +5 V의 입력전압으로 +5 V의 고정된 출력전압을 발생하는 부스트 조정기로 접속된 MAX631을 나타내었다. 이 IC 조정기는 휴대용 기기 내에서 응용하는 것 중 하나이므로 흔히 전지로부터 입력전압이 인가된다. 데이터시트에는 330 μH의 인덕터와 100 μF의 커패시터를 권고하고 있다.

MAX631은 8핀 소자인데, 사용하지 않는 핀은 접지시키거나 접속하지 않고 내버려 둔다. 그림 22-30에서 핀 1(LBI)은 저배터리전압 검출에 사용된다. 접지했을 때는 아무런 효과가 없다. MAX631은 일반적으로 고정된 출력 조정기로 사용하나, 핀 7(FB)에 귀환전압을 제공하기 위해 외부 전압분배기를 사용할 수 있다. 그림과 같이 핀 7을 접지하였을 때의 출력전압은 제조업체에서 미리 세팅한 +5 V의 값이다.

MAX631 이외에도 +12 V의 출력전압을 발생하는 MAX632와 +15 V의 출력전압을 발생하는 MAX633이 있다. MAX631에서 MAX633 조정기들은 **전하펌프**(*charge pump*)라 불리는 핀 6을 가지는데, 이것은 구형파 출력신호를 발생하는 저임피던스 버퍼이다. 이 신호스윙은 발진주파수에서 0에서 V_{out}까지이며, 음으로 클램프할 수 있다. 또한 음의 출력전압을 얻기 위해 피크검출도 할 수 있다.

예로서 그림 22-31a에 MAX633에서 약 −12 V의 출력을 얻기 위한 전하펌프를 어떻게 사용하는가를 나타내었다. C_1과 D_1은 음의 클램퍼이다. D_2와 C_2는 음의 피크검출기이다. 여기서 전하펌프의 동작을 살펴보자. 즉, 그림 22-31b에 핀 6으로부터 발생되는 이상적인 전압파형을 나타내었다. 음의 클램퍼 때문에 D_1 양단의 이상적인 전압파형은 그림 22-31c의 음으로 클램프되는 파형이다. 이것은 20 mA에서 약 −12 V의 출력을 발생하기 위해 음의 피크검출기를 구동하는 파형이다. 이 전압의 크기는 두 다이오드(D_1과 D_2)의 전압강하와 버퍼(30 Ω 부근)의 출력 임피던스 양단 전압강하 때문에 출력전압보다 적은 약 3 V이다.

만일 선형 조정기에 배터리를 사용하여 입력전압을 공급한다면 출력전압은 입력전

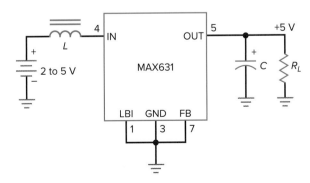

| 그림 22·30 | MAX631을 사용하는 부스트 조정기

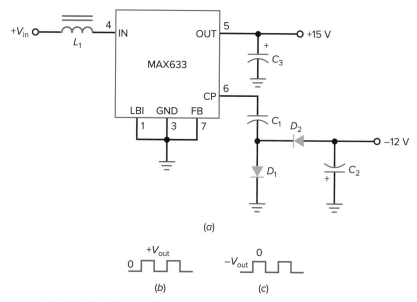

│ 그림 22·31 │ (a) 음의 출력전압을 발생시키기 위한 MAX633의 전하펌프 사용; (b) 음의 클램퍼를 구동하는 핀 6의 출력; (c) 음의 피크검출기에 대한 입력

압보다 항상 더 적다. 부스트 조정기는 선형 조정기보다 효율이 더 높을 뿐만 아니라, 배터리전원시스템에서 전압을 승압시킬 수도 있다. 이것은 매우 중요하고 모놀리식 부스트 조정기가 왜 그렇게 널리 사용되는가를 설명하는 것이다. 저가의 재충전 사용 가능한 배터리의 유용성으로 배터리전원시스템에서 모놀리식 부스트 조정기를 기본 선택으로 만들었다.

MAX631에서 MAX633까지의 소자는 1.31 V의 내부 기준전압을 가지고 있다. 이 스위칭 조정기가 외부 전압분배기와 함께 사용될 때, 안정화된 출력전압은 다음 식으로 주어진다.

$$V_{out} = \frac{R_1 + R_2}{R_1}(1.31\ \text{V}) \tag{22-25}$$

모놀리식 벅-부스트 조정기

LT1074의 내부설계는 벅-부스트 외부접속에 지원할 수 있다. 그림 22-32에 벅-부스트 조정기로 접속된 LT1074를 나타내었다. 효율을 개선하기 위해 쇼트키 다이오드를 사용하고 있다. 앞서 설명했듯이 내부스위치가 단락되었을 때 에너지가 인덕터의 자장에 축적된다. 스위치가 개방되었을 때 자장은 사라지고 다이오드가 순방향 바이어스된다. 인덕터 양단의 음의 킥 전압은 $-V_{out}$을 발생하는 커패시터입력 필터에 의해 피크검출된다.

그림 22-28a의 벅-부스트 토폴로지의 설명에서 전입분배기로부터의 출력샘플이 음이므로 양의 귀환전압을 얻기 위해 반전증폭기를 사용했다. LT1074의 내부설계는 이 문제를 해결했다. 데이터시트에는 그림 22-32에 나타내었듯이 음의 출력전압을 GND로 되돌리도록 권고한다. 이것은 펄스폭 변조기를 제어하는 비교기에 정확한 오차전압을 발생한다.

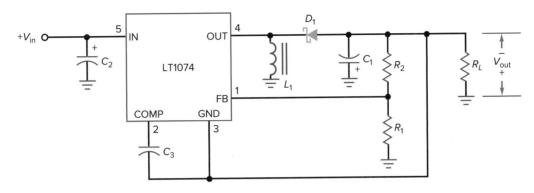

| 그림 22-32 | LT1074를 사용한 벅-부스트 조정기

응용예제 22-15

그림 22-29의 벅 조정기에서 $R_1 = 2.21 \text{ k}\Omega$, $R_2 = 2.8 \text{ k}\Omega$이다. 출력전압은 얼마인가? 출력전압으로 사용할 수 있는 최소 입력전압은 얼마인가?

풀이 식 (22-24)에서 다음을 계산할 수 있다.

$$V_{\text{out}} = \frac{R_1 + R_2}{R_1} V_{\text{REF}} = \frac{2.21 \text{ k}\Omega + 2.8 \text{ k}\Omega}{2.21 \text{ k}\Omega} (2.21 \text{ V}) = 5.01 \text{ V}$$

LT1074의 스위칭 소자 양단의 전압강하 때문에 입력전압은 출력전압 5 V보다 적어도 2 V는 커야 한다. 이것은 최소 입력전압이 7 V임을 의미한다. 보다 충분한 헤드룸은 8 V의 입력전압을 사용해야 한다.

연습문제 22-15 응용예제 22-15에서 R_2를 5.6 kΩ으로 바꾸고, 새로운 출력전압을 계산하라. 또 $R_1 = 2.2$ kΩ일 때, 10 V의 출력을 발생시키는 데 필요한 R_2의 값은 얼마인가?

응용예제 22-16

그림 22-32의 벅-부스트 조정기에서 $R_1 = 1 \text{ k}\Omega$, $R_2 = 5.79 \text{ k}\Omega$이다. 출력전압은 얼마인가?

풀이 식 (22-24)에서 다음과 같이 계산할 수 있다.

$$V_{\text{out}} = \frac{R_1 + R_2}{R_1} V_{\text{REF}} = \frac{1 \text{ k}\Omega + 5.79 \text{ k}\Omega}{1 \text{ k}\Omega} (2.21 \text{ V}) = 15 \text{ V}$$

연습문제 22-16 그림 22-32에서 만일 $R_1 = 1 \text{ k}\Omega$, $R_2 = 4.7 \text{ k}\Omega$이면 출력전압은 얼마인가?

LED 구동기 응용

직류-직류 모놀리식 변환기는 다양한 용도에 사용될 수 있다. 이러한 용도 중 하나는 효율적으로 LED를 구동할 수 있는 기능이다. CAT4139는 LED 문자열을 구동할 때 일정한 전류를 공급하도록 설계된 일명 직류/직류 스텝업 변환기라고 불리는 부스트 조정기이다. 그림 22-33은 CAT4139의 단순화된 블록다이어그램이다. 단지 5개의 핀 연결과 최소한의 외부 부품만으로 LED 구동기는 750 mA까지 스위칭 전류를 공급할 수 있으며, 22 V까지 LED 문자열을 구동할 수 있다.

이러한 IC의 기본 기능을 살펴보자. V_{IN}은 IC의 전원공급 입력연결부이다. 입력전압은 정전류 출력 동작을 위해 2.8 V에서 5.5 V까지의 구간이면 가능하다. 만약 V_{IN}이 1.9 V 이하로 떨어지면 저전압차단기능(under-voltage lock out: UVLO)이라는 현상이 발생하고 장치는 스위칭을 멈춘다. 셧다운 로직 입력핀($\overline{SHDN}$)에 저레벨(< 0.4 V) 논리가 입력되면 CAT4139는 셧다운 모드로 들어간다. 이 시간 동안 IC는 입력 전원전압으로부터 전류를 소비하지 않는다. $\overline{SHDN}$ 핀 전압이 1.5 V보다 높은 경우, 이 장치는 활성화된다. $\overline{SHDN}$ 입력은 정상적인 I_{LED} 출력전류 레벨의 0에서 100%까지 출력전류를 제어하는 PWM 신호에 의해 구동될 수도 있다. 접지핀인 GND는 접지기준 핀이고, 이 표면실장부품(SMD)을 위한 인쇄회로기판의 접지면에 직접 연결되어야 한다.

스위치 SW는 내부 MOSFET의 드레인과 연결되어 있고, 직렬 인덕터와 쇼트키 다이오드의 접속점에 연결된다. MOSFET는 PWM과 논리블록으로부터 가변 듀티사이클을 갖는 1 MHz 주파수로 스위칭된다. 전류감지 저항 R_S는 MOSFET의 소스 측에 접속되어 있다. MOSFET 전류는 평균전류 레벨에 비례하는 저항양단의 전압강하를 생성

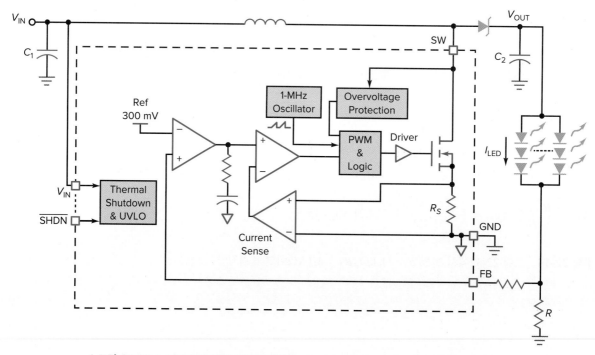

| 그림 22·33 | 단순화된 블록다이어그램(ON Semiconductor SCILLC의 허락하에 수록)

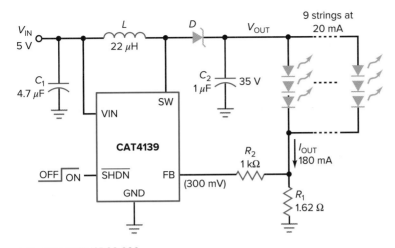

L: Sumida CDRH6D28-220
D: Central CMSH1-40 (rated 40 V)

| 그림 22·34 | 일반적인 응용회로(ON Semiconductor SCILLC의 허락하에 수록)

한다. 이 전압은 전류제한 및 제어를 위한 전류감지 연산증폭기에 적용된다. 이 IC는 부스트 컨버터이기 때문에 SW 핀에서의 전압은 입력 전원전압보다 높을 것이다. 이 전압이 24 V에 도달하면 과전압 보호회로로 인해 저전력 동작모드로 장치를 바꾼다. 이로 인해 SW전압이 최대 정격전압 40 V를 초과하는 것을 방지할 수 있다.

그림 22-33에서 효율적인 직렬저항이 LED 문자열 부하의 음극에서 접지 사이에 연결되어 있다. 이 저항양단의 전압이 IC의 피드백 FB에 인가된다. 이 전압은 내부 기준전압인 300 mV와 비교된다. 내부스위치의 온/오프 듀티사이클은 양단의 저항에서 일정하게 안정된 전압을 유지하도록 조정되고 제어된다. LED를 통과하는 전류는 역시 이러한 직렬저항을 통과하여 흐르기 때문에, 출력전류는 다음과 같이 쓸 수 있다.

$$I_{OUT} = \frac{0.3\ V}{R}$$ (22-26)

예를 들어 직렬저항이 10 Ω인 경우 출력전류는 30 mA로 설정된다. 만약 저항이 1 Ω으로 변경될 경우, 출력전류는 300 mA가 된다.

그림 22-34는 CAT4139의 일반적인 응용을 보여 준다. 5 V의 입력전압이 V_{IN}에 인가된다. 4.7 μF 입력커 패시터 C_1은 가능한 한 가깝게 입력전압 핀에 연결한다. 1 μF 커패시터 C_2는 쇼트키 다이오드의 출력에 접속된다. C_1과 C_2는 모두 온도범위 안정성 때문에 X5R 또는 X7R 등급의 세라믹 커패시터가 권장된다. 그림 22-34에는 22 μH 인덕터가 있다. 인덕터는 750 mA 이상 흘릴 수 있어야 하고, 낮은 직렬 직류저항을 가져야 한다. 사용된 쇼트키 다이오드는 그것을 통해 흐르는 피크전류를 안전하게 흘릴 수 있어야 한다. 효율이 높은 회로를 위해 다이오드는 낮은 순방향 전압강하와 1 MHz의 스위칭 속도를 처리할 수 있는 주파수응답을 가져야 한다.

그림 22-34에 보이는 바와 같이 LED를 부하로 사용 시 여러 개의 LED 스트링을 직렬/병렬로 배치할 수 있다. 이 경우 9개의 문자열이 사용되었다. LED의 각 문자열은 전체 부하전류가 180 mA이므로 각각 20 mA가 필요하다. 식 (22-26)을 정리하면 직렬저

참고사항

슈퍼커패시터(SC)는 매우 높은 커패시턴스와 낮은 전압 한계를 가진 이층 구조의 전기화학 커패시터이다. 한 셀의 전압은 일반적으로 2.7 V이다. 슈퍼커패시터 구성의 발전과 더불어 향상된 전압 조율기로 인해 SC는 적층되고 수천 번 사이클링되며 심박 조율기부터 하이브리드 차량까지 여러 응용분야에서 사용된다.

항 R_1의 값은 아래와 같다.

$$R_1 = \frac{0.3 \text{ V}}{I_{OUT}} = \frac{0.3 \text{ V}}{180 \text{ mA}} = 1.66 \text{ } \Omega$$

그림 22-34에서 1.62 Ω 저항이 사용된다. 20 mA LED의 직렬/병렬 배열을 사용하는 대신에 이 승압 컨버터는 또한 수백 mA가 요구되는 중-고출력 LED도 구동할 수 있다.

응용예제 22-17

그림 22-35의 회로는 어떤 기능을 수행하는가?

풀이 그림 22-35의 회로는 태양광 LED램프 응용회로이다. 이것은 배터리를 충전하는 태양전지 패널에 사용한다. 배터리는 LED 문자열을 구동할 정전류 구동기 CAT4139에 입력전압을 공급한다. 그러면 어떻게 이 회로가 작동하는가?

태양전지 패널은 직렬로 연결된 10개의 셀로 구성된 태양전지 모듈로 구성되어 있다. 각 셀은 태양광의 주위조건에 따라 약 0.5~1.0 V를 생성한다. 이것은 무부하 시 SOLAR+ 출력과 접지 GND 사이에 5~10 V의 출력전압을 생성한다.

태양전지 모듈의 출력이 충분히 높을 때 다이오드(D_2)를 통해 3.7 V 리튬이온전지를 충전한다. 리튬이온전지(필요한 경우 병렬로 배열)는 과충전 전류/전압 또는 방전전류에 대한 보호기능이 내장되어 있다. SOLAR+에서의 전압은 또한 트랜지스터 Q_1의 입력베이스 바이어스를 제공한다. Q_1이 도통될 때 컬렉터는 접지에 연결되어 R_1 양단에 전압강하가 발생되며, CAT4139 컨버터는 셧다운 모드로 들어간다.

주위 광이 낮은 경우, 태양전지 모듈의 출력이 현저히 떨어진다. SOLAR+에서의 낮은 출력전압은 더 이상 Q_1을 순방향 바이어스하지 못한다. 이 트랜지스터는 꺼지고 컬렉터전압은 BAT+ 레벨까지 상승한다. 만약 리튬이온전지가 충분한 레벨로 충전되는 경우, 컨버터는 스위칭 모드로 전환되고 BAT+의 전압은 컨버터의 입력 핀 V_{IN}에 입력전압을 공급한다. 이 시간 동안 D_2는 배터리로부터 태양전지 모듈로 흐르는 역전류를 방지하기 위해 사용된다. 직류-직류 부스트 컨버터는 현재 LED 문자열에 필요한 출력 전압 및 전류를 공급한다. LED를 통한 일정한 전류는 저항 R_4에 의해 제어된다. $I_{LED} = 0.3$ V / 3.3 Ω = 91 mA.

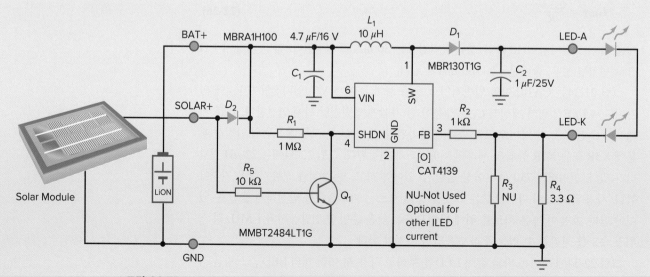

| 그림 22·35 | CAT4139 태양광 램프 개략도(ON Semiconductor SCILLC의 허락하에 수록)

표 22-3은 다양한 전압 조정기와 그들의 몇 가지 특성을 정리한 것이다.

요점정리 표 22-3	전압 조정기들
형식	**특성**

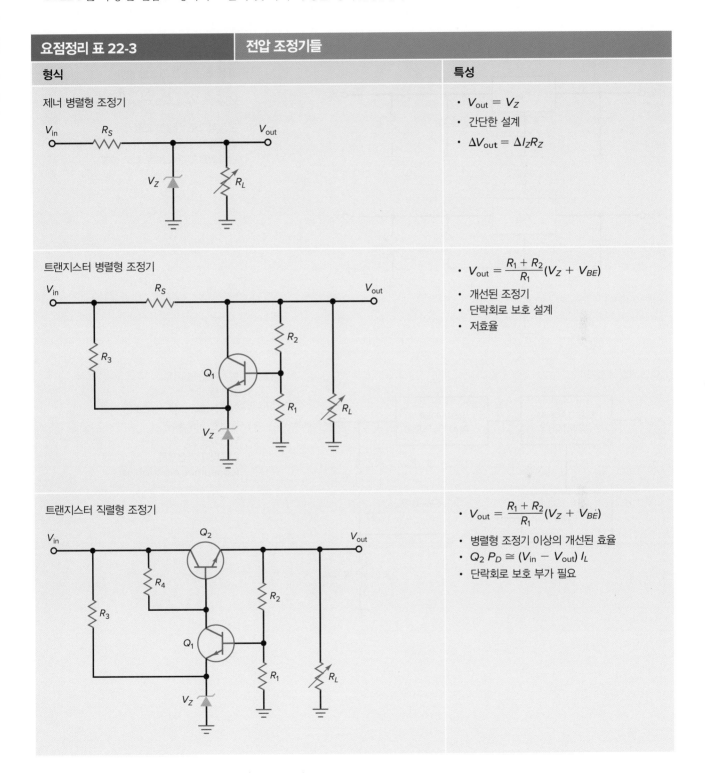

제너 병렬형 조정기

- $V_{out} = V_Z$
- 간단한 설계
- $\Delta V_{out} = \Delta I_Z R_Z$

트랜지스터 병렬형 조정기

- $V_{out} = \dfrac{R_1 + R_2}{R_1}(V_Z + V_{BE})$
- 개선된 조정기
- 단락회로 보호 설계
- 저효율

트랜지스터 직렬형 조정기

- $V_{out} = \dfrac{R_1 + R_2}{R_1}(V_Z + V_{BE})$
- 병렬형 조정기 이상의 개선된 효율
- $Q_2\, P_D \cong (V_{in} - V_{out})\, I_L$
- 단락회로 보호 부가 필요

요점정리 표 22-3	(계속)

형식	특성

IC 선형 조정기

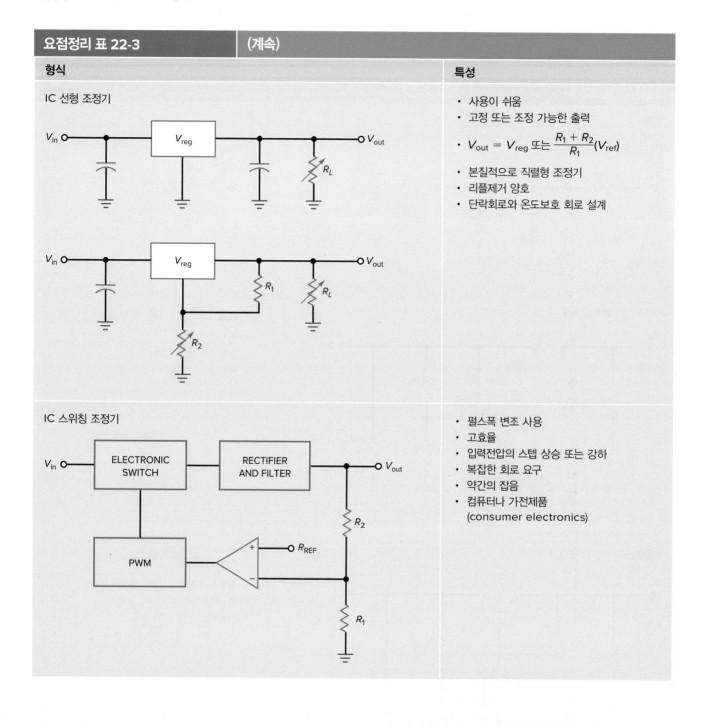

- 사용이 쉬움
- 고정 또는 조정 가능한 출력
- $V_{out} = V_{reg}$ 또는 $\dfrac{R_1 + R_2}{R_1}(V_{ref})$
- 본질적으로 직렬형 조정기
- 리플제거 양호
- 단락회로와 온도보호 회로 설계

IC 스위칭 조정기

- 펄스폭 변조 사용
- 고효율
- 입력전압의 스텝 상승 또는 강하
- 복잡한 회로 요구
- 약간의 잡음
- 컴퓨터나 가전제품
  (consumer electronics)

요점 __ *Summary*

22-1 공급전원의 특성
부하 레귤레이션은 부하전류가 변화할 때 출력전압이 얼마나 변화하는가를 나타낸다. 전력선 레귤레이션은 전력선 전압이 변화할 때 부하전압이 얼마나 변화하는가를 나타낸다. 출력저항은 부하 레귤레이션을 결정한다.

22-2 병렬형 조정기
제너 조정기가 병렬형 조정기의 가장 간단한 예이다. 트랜지스터와 연산증폭기를 부가하므로 우수한 전력선 및 부하 레귤레이션을 가지는 병렬형 조정기를 설계할 수 있다. 병렬형 조정기의 주된 단점은 직렬저항과 병렬형 트랜지스터에서의 전력손실 때문에 발생하는 저효율이다.

22-3 직렬형 조정기
직렬저항 대신에 패스트랜지스터를 사용하므로 병렬형 조정기보다 더 높은 효율을 가지는 직렬형 조정기를 설계할 수 있다. 제

너폴로어는 직렬형 조정기의 가장 간단한 예이다. 트랜지스터와 연산증폭기를 부가하므로 우수한 전력선 및 부하 레귤레이션과 전류제한을 가지는 직렬형 조정기를 설계할 수 있다.

22-4 모놀리식 선형 조정기
IC 전압 조정기는 고정된 양의 전압, 고정된 음의 전압 또는 조정 가능한 전압 중 하나를 가진다. 또 IC 조정기는 표준, 저전력, 저 드롭아웃으로 분류한다. LM78XX시리즈는 5 V에서 24 V까지의 출력전압을 가지는 대표적인 고정된 조정기이다.

22-5 전류부스터
78XX 소자와 같은 IC 조정기의 안정된 부하전류를 증가시키려면 1 A 이상의 대부분의 전류를 통과시키기 위해 외부설치 트랜지스터를 사용할 수 있다. 또 다른 트랜지스터를 부가하므로 단락회로 보호도 할 수 있다.

22-6 직류-직류 변환기
입력 직류전압을 또 다른 값의 출력 직류전압으로 변환시키기를 원할 때는 직류-직류 변환기가 유용하다. 불안정한 직류-직류 변환기는 출력전압이 입력전압에 비례하는 발진기를 가진다. 일반적으로 트랜지스터의 푸시풀 배치와 변압기는 이 전압을 승압 또는 강압한다. 그리고 입력전압과 서로 다른 출력전압을 얻기 위해 정류하고 필터한다.

22-7 스위칭 조정기
스위칭 조정기는 안정한 출력전압을 얻기 위해 펄스폭 변조를 사용한 직류-직류 변환기이다. 패스트랜지스터를 도통(on)과 차단(off)으로 스위칭하므로 스위칭 조정기는 70~95%까지의 효율을 얻을 수 있다. 기본 토폴로지로는 벅(강압), 부스트(승압), 벅-부스트(반전)가 있다. 이 조정기의 형식은 컴퓨터와 휴대전자시스템에서 매우 인기가 있다.

중요 수식 __ *Important Formulas*

(22-4) 부하 레귤레이션:

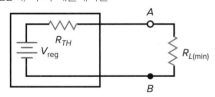

$$\text{Load regulation} = \frac{R_{TH}}{R_{L(min)}} \times 100\%$$

(22-8) 효율:

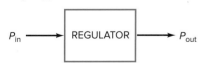

$$\text{Efficiency} = \frac{P_{out}}{P_{in}} \times 100\%$$

(22-11) 헤드룸:

$$\text{Headroom voltage} = V_{in} - V_{out}$$

(22-12) 패스트랜지스터의 전력소비:

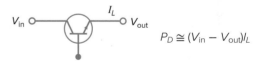

$$P_D \cong (V_{in} - V_{out})I_L$$

(22-13) 효율:

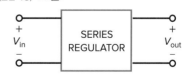

$$\text{Efficiency} \cong \frac{V_{out}}{V_{in}} \times 100\%$$

(22-17) 단락부하전류:

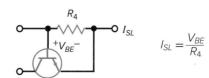

$$I_{SL} = \frac{V_{BE}}{R_4}$$

(22-19) LM317 출력전압:

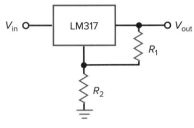

$$V_{out} = \frac{R_1 + R_2}{R_1}(1.25\ V)$$

(22-20) 자장 내 축적된 에너지:

Energy $= 0.5Li^2$

(22-21) 필터에서의 입력 평균치:

$$V_{out} = DV_{in}$$

(22-22) 스위칭 조정기의 출력:

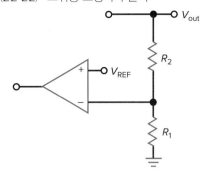

$$V_{out} = \frac{R_1 + R_2}{R_1}V_{REF}$$

(22-23) 부스트 피크전압:

$$V_p = V_{in} + V_{kick}$$

연관 실험 __ *Correlated Experiments*

실험 59
병렬형 조정기

실험 60
직렬형 조정기

실험 61
3단자 IC 조정기

복습문제 __ *Self-Test*

1. 전압 조정기는 일반적으로 무엇을 사용하는가?
   a. 부귀환
   b. 정귀환
   c. 무귀환
   d. 위상제한

2. 안정한 동안, 패스트랜지스터의 전력소비는 컬렉터-이미터 전압에 무엇을 곱한 것과 같은가?
   a. 베이스전류
   b. 부하전류
   c. 제너전류
   d. 폴드백전류

3. 전류제한이 없는 단락된 부하는 아마 _____ .
   a. 0인 부하전류를 발생할 것이다
   b. 다이오드와 트랜지스터를 파손할 것이다
   c. 제너전압과 같은 부하전압을 가질 것이다
   d. 너무 적은 부하전류를 가질 것이다

4. 전류감지 저항은 항상 _____ .
   a. 0이다
   b. 적다
   c. 크다
   d. 개방이다

5. 간단한 전류제한은 무엇에서 너무 큰 열을 발생시키는가?
   a. 제너 다이오드
   b. 부하저항
   c. 패스트랜지스터
   d. 주위온도

6. 폴드백 전류제한에서 부하전압은 0에 접근하고, 부하전류는 무엇에 접근하는가?
   a. 작은 값
   b. 절대치
   c. 제너전류
   d. 파괴적인 레벨

7. 개별전압 조정기에서 커패시터는 무엇을 방지하기 위해 필요한가?

   a. 부귀환
   b. 과잉 부하전류
   c. 발진
   d. 전류감지

8. 만일 최소, 최대 부하전류 사이에서 전압 조정기의 출력이 15에서 14.7 V로 변했다면, 부하 레귤레이션은 _____ 이다.

   a. 0
   b. 1%
   c. 2%
   d. 5%

9. 만일 전력선 전압의 변화가 사양의 범위를 넘었을 때, 전압 조정기의 출력이 20에서 19.8 V까지 변화했다면, 전원(source) 안정은 _____ 이다.

   a. 0
   b. 1%
   c. 2%
   d. 5%

10. 전압 조정기의 출력 임피던스는 ___ .

    a. 매우 적다
    b. 매우 크다
    c. 부하전압을 부하전류로 나눈 값과 같다
    d. 입력전압을 출력전류로 나눈 값과 같다

11. 전압 조정기로 입력되는 리플은 출력되는 리플과 _____ .

    a. 같은 값이다
    b. 훨씬 크다
    c. 훨씬 적다
    d. 단정하기가 불가능하다

12. 전압 조정기가 260 dB의 리플제거를 가진다. 만일 입력리플이 1 V이면, 출력리플은?

    a. −60 mV
    b. 1 mV
    c. 10 mV

d. 1,000 V

13. IC 조정기에서 열차단은 만일 무엇이 어떠할 때 발생하는가?

    a. 전력소비가 너무 적을 때
    b. 내부 열이 너무 높을 때
    c. 소자를 통하는 전류가 너무 적을 때
    d. 상기 모든 경우에 발생

14. 만일 선형 3단자 IC 조정기가 필터 커패시터로부터 수 인치 이상 떨어져 있으면, 무엇을 사용하지 않아야 발진이 일어나겠는가?

    a. 전류제한
    b. 입력 핀에 바이패스 커패시터
    c. 출력 핀에 결합 커패시터
    d. 안정한 입력전압

15. 전압 조정기의 78XX시리즈는 어떤 출력전압을 발생하는가?

    a. 양(+)
    b. 음(−)
    c. 양(+) 또는 음(−)
    d. 불안정한

16. LM7812는 얼마의 안정된 출력전압을 발생하는가?

    a. 3 V
    b. 4 V
    c. 12 V
    d. 78 V

17. 전류부스터는 어떤 트랜지스터인가?

    a. IC 조정기에 직렬인
    b. IC 조정기에 병렬인
    c. 직렬 또는 병렬 중 하나
    d. 부하에 병렬인

18. 전류부스터를 전도시키기 위해 무엇 양단전압을 가지는 베이스-이미터 단자를 구동해야 하는가?

    a. 부하저항
    b. 제너임피던스
    c. 또 다른 트랜지스터
    d. 전류감지 저항

19. 위상분할기는 두 출력전압에 무엇을 발생하는가?

    a. 같은 위상
    b. 같지 않은 진폭
    c. 반대 위상
    d. 매우 적음

20. 직렬형 조정기는 무엇의 예인가?

    a. 선형 조정기
    b. 스위칭 조정기
    c. 병렬형 조정기
    d. 직류-직류 변환기

21. 벅 스위칭 조정기로부터 더 큰 출력 전압을 얻기 위해서는 무엇을 해야 하는가?

    a. 듀티사이클의 감소
    b. 입력전압의 감소
    c. 듀티사이클의 증가
    d. 스위칭 주파수의 증가

22. 공급전원에서 전력선 전압의 증가는 항상 무엇을 발생하는가?

    a. 부하저항의 감소
    b. 부하전압의 증가
    c. 효율의 감소
    d. 정류기 다이오드에서 적은 전력소비

23. 저출력 임피던스를 가지는 공급전원은 저(low) 무엇을 가지는가?

    a. 부하 레귤레이션
    b. 전류제한
    c. 전력선 레귤레이션
    d. 효율

24. 제너 다이오드 조정기는 무엇인가?

    a. 병렬형 조정기
    b. 직렬형 조정기
    c. 스위칭 조정기
    d. 제너폴로어

25. 병렬형 조정기에서 입력전류는 ___ .

    a. 가변이다
    b. 일정하다
    c. 부하전류와 같다
    d. 자장 내에 축적된 에너지를 사용한다

26. 병렬형 조정기의 이점은 무엇인가?
   a. 단락회로 방지 구성
   b. 패스트랜지스터에서의 저전력소비
   c. 고효율
   d. 적은 전력소비

27. 어떤 때 전압 조정기의 효율이 높은가?
   a. 입력전력이 적을 때
   b. 출력전력이 클 때
   c. 전력소비가 적을 때
   d. 입력전력이 클 때

28. 병렬형 조정기는 무엇 때문에 비효율적인가?
   a. 전력소비
   b. 직렬저항과 병렬형 트랜지스터
   c. 출력전력과 입력전력의 낮은 비
   d. 상기 모두

29. 스위칭 조정기는 _____.
   a. 단조롭다
   b. 잡음이 많다
   c. 비효율적이다
   d. 선형적이다

30. 제너폴로어는 무엇의 예인가?
   a. 부스트 조정기
   b. 병렬형 조정기
   c. 벅 조정기
   d. 직렬형 조정기

31. 직렬형 조정기는 무엇 때문에 병렬형 조정기보다 효율이 더 좋은가?
   a. 직렬저항을 가지기 때문에
   b. 전압을 승압(boost)할 수 있으므로
   c. 직렬저항 대신에 패스트랜지스터를 사용하기 때문에
   d. 패스트랜지스터의 on-off 스위치 때문에

32. 선형 조정기의 효율은 어떠할 때 높은가?
   a. 헤드룸 전압이 낮을 때
   b. 패스트랜지스터가 큰 전력소비를 가질 때
   c. 제너전압이 낮을 때
   d. 출력전압이 낮을 때

33. 만일 부하가 단락되었다면, 조정기가 무엇을 가질 때 패스트랜지스터가 최소 전력소비를 가지는가?
   a. 폴드백 제한   b. 저효율
   c. 벅 토폴로지   d. 큰 제너전압

34. 표준 모놀리식 선형 조정기의 드롭아웃 전압은 무엇에 가장 가까운가?
   a. 0.3 V   b. 0.7 V
   c. 2 V   d. 3.1 V

35. 벅 조정기에서 출력전압은 무엇으로 필터되는가?
   a. 초크입력 필터
   b. 커패시터입력 필터
   c. 다이오드
   d. 전압분배기

36. 가장 높은 효율을 가지는 조정기는 무엇인가?
   a. 병렬형 조정기
   b. 직렬형 조정기
   c. 스위칭 조정기
   d. 직류-직류 변환기

37. 부스트 조정기에서 출력전압은 무엇으로 필터되는가?
   a. 초크입력 필터
   b. 커패시터입력 필터
   c. 다이오드
   d. 전압분배기

38. 벅-부스트 조정기는 다른 말로 무엇이라 부르는가?
   a. 강압(step-down) 조정기
   b. 승압(step-up) 조정기
   c. 반전 조정기
   d. 상기 모두

기본문제 __ *Problems*

22-1 공급전원의 특성

22-1 공급전원이 V_{NL} = 15 V와 V_{FL} = 14.5 V를 가진다. 부하 레귤레이션은 얼마인가?

22-2 공급전원이 V_{HL} = 20 V와 V_{LL} = 19 V를 가진다. 전력선 레귤레이션은 얼마인가?

22-3 만일 전력선 전압이 108에서 135 V까지 변하고, 부하전압이 12에서 12.3 V까지 변한다면, 전력선 레귤레이션은 얼마인가?

22-4 공급전원이 2 Ω의 출력저항을 가진다. 만일 최소 부하저항이 50 Ω이라면, 부하 레귤레이션은 얼마인가?

22-2 병렬형 조정기

22-5 그림 22-4에서 V_{in} = 25 V, R_S = 22 Ω, V_Z = 18 V, V_{BE} = 0.75 V, R_L = 100 Ω이다. 출력전압, 입력전류, 부하전류 및 컬렉터전류는 얼마인가?

22-6 그림 22-5의 병렬형 조정기가 다음의 값을 갖는다. 즉 V_{in} = 25 V, R_S = 15 Ω, V_Z = 5.6 V, V_{BE} = 0.77 V, R_L = 80 Ω이다. 만일 R_1 = 330 Ω, R_2 = 680 Ω이라면, 출력전압, 입력전류, 부하전류 및 컬렉터전류는 대략 얼마인가?

22-7 그림 22-6의 병렬형 조정기는 다음의 값을 갖는다. 즉, V_{in} = 25 V, R_S = 8.2 Ω, V_Z = 5.6 kV, R_L = 50 Ω이다. 만일 R_1 = 2.7 Ω, R_2 = 6.2 kΩ이라면, 출력전압, 입력전류, 부하전류 및 컬렉터전류는 대략 얼마인가?

22-3 직렬형 조정기

22-8 그림 22-8에서 V_{in} = 20 V, V_Z = 4.7 V, R_1 = 2.2 kΩ, R_2 = 4.7 kΩ, R_3 = 1.5 kΩ, R_4 = 2.7 kΩ, R_L = 50 Ω이다. 출력전압은 얼마인가? 패스 트랜지스터에서 전력소비는 얼마인가?

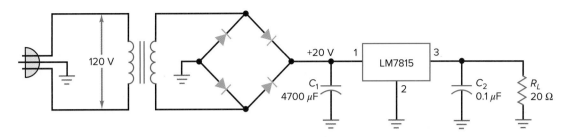

| 그림 22·36 | 예제

22-9 문제 22-8에서 효율은 대략 얼마인가?

22-10 그림 22-15에서 제너전압이 6.2 V로 바뀌었다. 출력전압은 대략 얼마인가?

22-11 그림 22-16에서 V_{in}은 20에서 30 V까지 변할 수 있다. 최대 제너전류는 얼마인가?

22-12 만일 그림 22-16의 1 kΩ의 전위차계가 1.5 kΩ으로 바뀌었다면, 최소, 최대 안정한 출력전압은 얼마인가?

22-13 만일 그림 22-16에서 안정한 출력전압이 10 V라면, 전류제한이 시작되는 부하저항은 얼마인가? 단락부하전류는 대략 얼마인가?

22-4 모놀리식 선형 조정기

22-14 그림 22-36에서 부하전류는 얼마인가? 헤드룸 전압은? LM7815의 전력소비는 얼마인가?

22-15 그림 22-36에서 출력리플은 얼마인가?

22-16 그림 22-20에서 만일 R_1 = 2.7 kΩ, R_2 = 20 kΩ이라면, 출력전압은 얼마인가?

22-17 LM7815는 18 V에서 25 V까지 변화시킬 수 있는 입력전압을 사용한다. 최대효율과 최소효율은 얼마인가?

22-6 직류-직류 변환기

22-18 직류-직류 변환기가 5 V의 입력전압과 12 V의 출력전압을 가진다. 만일 입력전류가 1 A이고 출력전류가 0.25 A라면, 직류-직류 변환기의 효율은 얼마인가?

22-19 직류-직류 변환기가 12 V의 입력전압과 5 V의 출력전압을 가진다. 만일 입력전류가 2 A이고 효율이 80%라면, 출력전류는 얼마인가?

22-7 스위칭 조정기

22-20 벅 조정기는 V_{REF} = 2.5 V, R_1 = 1.5 kΩ, R_2 = 10 kΩ을 갖는다. 출력전압은 얼마인가?

22-21 만일 듀티사이클이 30%이고 초크입력 필터에 펄스의 입력 피크가 20 V라면, 안정된 출력전압은 얼마인가?

22-22 부스트 조정기는 V_{REF} = 1.25 V, R_1 = 1.2 kΩ, R_2 = 15 kΩ을 갖는다. 출력전압은 얼마인가?

22-23 벅-부스트 조정기는 V_{REF} = 2.1 V, R_1 = 2.1 kΩ, R_2 = 12 kΩ을 갖는다. 출력전압은 얼마인가?

응용문제 __ *Critical Thinking*

22-24 그림 22-37은 전자적 차단을 가지는 LM317 조정기를 나타낸다. 차단전압이 0일 때 트랜지스터는 차단되고 동작에 아무런 영향을 주지 않는다. 그러나 차단전압이 약 5 V이면 트랜지스터는 포화된다. 차단전압이 0 V일 때 출력전압의 조정 가능한 범위는 얼마인가? 차단전압이 5 V일 때 출력전압은 무엇과 같은가?

22-25 그림 23-37의 트랜지스터는 차단이다. 18 V의 출력전압을 얻기 위해서는 조정 가능한 저항값은 얼마가 되어야 하는가?

22-26 브리지 정류기와 커패시터입력 필터가 전압 조정기를 구동할 때, 방전 동안 커패시터전압은 거의 완전한 램프가 된다. 왜 통상의 지수함수 파형 대신 램프가 얻어지는가?

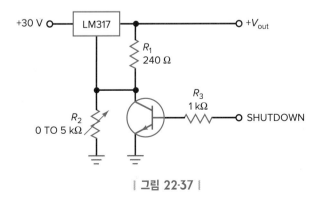

| 그림 22·37 |

22-27 만일 부하 레귤레이션이 5%이고 무부하전압이 12.5 V라면, 전부하전압은?

22-28 만일 전력선 레귤레이션이 3%이고 저전력선 전압이 16 V이면, 고전력선 전압은 얼마인가?

22-29 공급전원은 1%의 부하 레귤레이션과 10 Ω의 최소 부하저항을 가진다. 공급전원의 출력저항은 얼마인가?

22-30 그림 22-6의 병렬형 조정기는 35 V의 입력전압과 60 mA의 컬렉터전류, 140 mA의 부하전류를 가진다. 만일 직렬저항이 100 Ω이라면, 부하저항은 얼마인가?

22-31 그림 22-10에서 약 250 mA에서 전류제한이 시작되기를 원한다. R_4로 사용해야 할 값은 얼마인가?

22-32 그림 22-12는 10 V의 출력전압을 가진다. 만일 전류제한 트랜지스터의 V_{BE}가 0.7 V이면, 단락부하전류의 값과 최대 부하전류는 얼마인가? $K = 0.7$, $R_4 = 1\,\Omega$을 사용하라.

22-33 그림 22-38에서 $R_5 = 7.5\ \text{k}\Omega$, $R_6 = 1\ \text{k}\Omega$, $R_7 = 9\ \text{k}\Omega$, $C_3 = 0.001\ \mu\text{F}$이다. 벅 조정기의 스위칭 주파수는 얼마인가?

22-34 그림 22-16에서 와이퍼는 중앙에 놓여 있다. 출력전압은 얼마인가?

고장점검 __ _Troubleshooting_

문제 22-35에서 22-43에 대하여 그림 22-38을 이용하라. 이 고장점검 문제는 스위칭 조정기에 관한 것이다. 시작하기 전에 고장점검표의 OK행을 보고 피크값으로 표시된 정확한 정상 파형을 관찰하라. 이 문제에서의 대부분의 고장은 저항에서라기보다는 IC의 결함이다. IC가 고장나면 어떤 일도 발생할 수 있다. 핀이 내부적으로 개방, 단락 등이 발생할 수 있다. IC 내부에 어떤 문제가 발생하더라도 가장 일반적인 증상은 일정출력(stuck output)이 나온다는 것이다. 이것은 출력전압이 양 또는 음의 포화로 고정되는 것을 의미한다. 만약 입력신호가 정상인데 출력이 고정되어 나온다면 IC를 교체해야 한다. 다음 문제들은 출력이 +13.5 V 또는 −13.5 V 둘 중에서 어디에 고정되는지를 알아볼 수 있는 기회도 제공할 것이다.

22-35 $T1$의 고장을 진단하라.

22-36 $T2$의 고장을 진단하라.

22-37 $T3$의 고장을 진단하라.

22-38 $T4$의 고장을 진단하라.

22-39 $T5$의 고장을 진단하라.

22-40 $T6$의 고장을 진단하라.

22-41 $T7$의 고장을 진단하라.

22-42 $T8$의 고장을 진단하라.

22-43 $T9$의 고장을 진단하라.

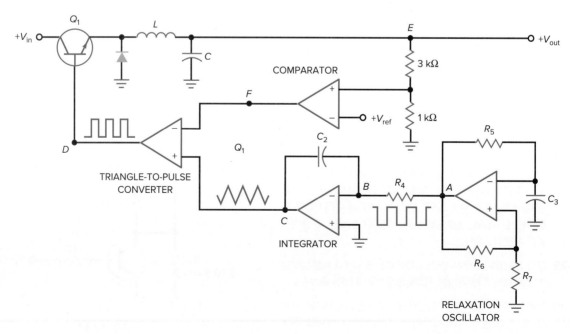

| 그림 22-38 |

Troubleshooting

Trouble	V_A	V_B	V_C	V_D	V_E	V_F
OK	N	I	M	J	K	H
T1	P	I	U	T	I	L
T2	T	L	V	O	R	O
T3	N	Q	M	V	I	T
T4	P	N	L	T	Q	L
T5	O	V	L	T	I	L
T6	N	Q	M	O	R	T
T7	P	I	U	I	Q	L
T8	P	I	U	L	Q	V
T9	N	Q	M	O	R	V

Waveforms

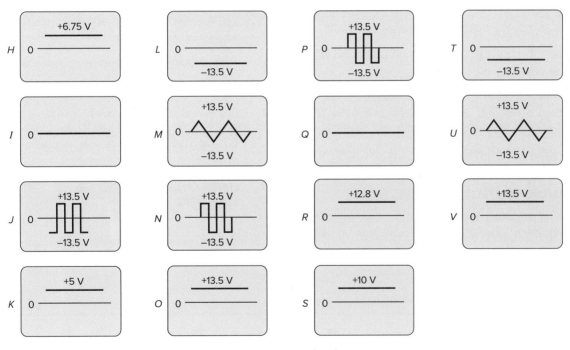

| 그림 22·38 | (계속)

MultiSim 고장점검 문제 __ *MultiSim Troubleshooting Problems*

멀티심 고장점검 파일들은 http://mhhe.com/malvino9e의 온라 인학습센터(OLC)에 있는 멀티심 고장점검 회로(MTC)라는 폴더에 서 찾을 수 있다. 이 장에 관련된 파일은 MTC22-44~MTC22-48 로 명칭되어 있고 모두 그림 22-16의 회로를 바탕으로 한다.

각 파일을 열고 고장점검을 실시한다. 결함이 있는지 결정하기 위해 측정을 실시하고, 결함이 있다면 무엇인지를 찾아라.

22-44 MTC22-44 파일을 열어 고장점검을 실시하라.

22-45 MTC22-45 파일을 열어 고장점검을 실시하라.

22-46 MTC22-46 파일을 열어 고장점검을 실시하라.

22-47 MTC22-47 파일을 열어 고장점검을 실시하라.

22-48 MTC22-48 파일을 열어 고장점검을 실시하라.

디지털/아날로그 실습 시스템 __ *Digital/Analog Trainer System*

문제 22-49에서 22-53은 부록 C에 있는 디지털/아날로그 실습 시스템의 회로도에 대한 것이다. 모델 XK-700 실습기용 전체 설명 매뉴얼은 www.elenco.com에서 찾을 수 있다.

22-49 3단자 전압 조정기(U1)에서 공급기(U5)까지 각각의 직류 출력전압값은?

22-50 만약 LM7805(U3)의 출력 부하전류가 100 mA인 경우, 그 입력에 대한 대략적인 피크-피크 리플 입력전압은 얼마인가?

22-51 (U2)를 적절히 안정화시키려면, 요구되는 직류 입력전압의 최소 수준은 얼마인가?

22-52 (U3)에 입력리플이 피크-피크 200 mV인 경우, 표 22-1에 주어진 평가 리플 제거율을 이용하여 근사 출력리플을 결정하라.

22-53 LM317(U1)의 요구되는 출력전압이 +10 V가 필요하다면, I_{ADJ} 전류를 무시하고, +10 V 출력을 얻기 위한 VR1의 저항값은?

직무 면접 문제 __ *Job Interview Questions*

1. 모든 병렬형 조정기를 그리고, 동작방법에 대해 말하라.

2. 모든 직렬형 조정기를 그리고, 동작방법에 대해 말하라.

3. 직렬형 조정기의 효율이 병렬형 조정기의 효율보다 더 좋은 이유를 설명하라.

4. 스위칭 조정기의 세 가지 기본형식은 무엇인가? 전압을 승압하는 것은 무엇인가? 양의 입력으로부터 음의 출력을 발생하는 것은 어느 것인가? 전압을 강압하는 것은 무엇인가?

5. 직렬형 조정기에서 헤드룸 전압은 무엇을 의미하는가? 효율과 헤드룸 전압 간의 관계는 어떠한가?

6. LM7806과 LM7912의 차이는 무엇인가?

7. 전력선 레귤레이션과 부하 레귤레이션이 무엇인지 설명하라. 만약 양질의 전력공급을 원한다면 이것들은 높아야 하는가, 낮아야 하는가?

8. 부하 레귤레이션에 관련되는 공급전원의 테브난 저항과 출력 저항은 어떠한가? 양질의 전력공급을 위해서는 출력저항이 커야 하는가, 적어야 하는가?

9. 단순한 전류제한과 폴드백 전류제한의 차이는 무엇인가?

10. **열차단**은 무엇을 의미하는가?

11. 만일 IC가 불안정한 공급전원으로부터 6인치 이상 떨어져 있을 경우, 3단자 조정기의 제조회사에서는 입력에 바이패스 커패시터를 사용할 것을 권고한다. 이 커패시터의 목적은 무엇인가?

12. LM78XX시리즈에서 대표적인 드롭아웃 전압은 얼마인가? 이것은 무엇을 의미하는가?

복습문제 해답 __ *Self-Test Answers*

1. a	**9.** b	**17.** b	**25.** b	**33.** a
2. b	**10.** a	**18.** d	**26.** a	**34.** c
3. b	**11.** c	**19.** c	**27.** c	**35.** a
4. b	**12.** b	**20.** a	**28.** d	**36.** c
5. c	**13.** b	**21.** c	**29.** b	**37.** b
6. a	**14.** b	**22.** b	**30.** d	**38.** d
7. c	**15.** a	**23.** a	**31.** c	
8. c	**16.** c	**24.** a	**32.** a	

연습문제 해답 __ *Practice Problem Answers*

22-1 $V_{out} = 7.6$ V;

$I_S = 440$ mA;

$I_L = 190$ mA;

$I_C = 250$ mA

22-2 $V_{out} = 11.1$ V;

$I_S = 392$ mA;

$I_L = 277$ mA;

$I_C = 115$ mA

22-3 $P_{out} = 3.07$ W;

$P_{in} = 5.88$ W;

% Eff. = 52.2%

22-4 $I_C = 66$ mA;

$P_D = 858$ mW

22-6 부하 레귤레이션 = 2.16%;

전력선 레귤레이션 = 3.31%

22-7 $V_{out} = 8.4$ V;

$P_D = 756$ mW

22-8 효율 = 70%

22-9 $V_{out} = 11.25$ V

22-11 $I_Z = 22.7$ mA;

$V_{out(min)} = 5.57$ V;

$V_{out(max)} = 13$ V;

$R_L = 41.7$ Ω;

$I_{SL} = 350$ mA

22-12 $I_L = 150$ mA;

$V_R = 198$ μV

22-13 $V_{out} = 7.58$ V

22-15 $V_{out} = 7.81$ V;

$R_2 = 7.8$ kΩ

22-16 $V_{out} = 7.47$ V

23 인더스트리 4.0
Industry 4.0

오늘날의 제조 환경에서 스마트 센서를 사용한 데이터 획득은 전체 제조 과정을 통해 의사결정을 하는 데 중요한 역할을 한다. 스마트 센서의 빌딩 블록에는 트랜스듀서, 아날로그 인터페이스, 마이크로프로세서, 그리고 데이터 교환의 방법이 포함된다. 트랜스듀서는 수동센서이거나 능동센서일 수 있다. 아날로그 인터페이스는 큰 전압 이득과 큰 입력임피던스를 갖는 증폭기를 포함한다. 또한 능동필터를 사용해 신호를 조절하는 것을 포함한다. 마이크로프로세서는 아날로그를 디지털로 변환하면서 보드 내에서 의사결정을 하는 능력을 제공한다. 마지막 블록은 다른 스마트 센서, 프로그래머블 로직 컨트롤러, 중앙 집중식 컴퓨터 시스템들과 디지털 데이터의 공유를 용이하게 하는 회로와 소프트웨어를 제공한다.

Shutterstock/asharkyu

이 장을 공부하고 나면

- 각 산업혁명의 중요성과 그 시대 주요 기술의 역할을 설명할 수 있어야 한다.
- 스마트 센서의 도해를 그리고 각 부분의 명칭을 붙일 수 있어야 한다.
- 수동센서와 능동센서의 차이점을 설명할 수 있어야 한다.
- 저항성 온도 감지기(RTD)를 설명하고 그것으로 온도를 어떻게 측정하는지 사용방법의 예를 제공할 수 있어야 한다.
- 버퍼 입력과 차동증폭기와 함께 휘트스톤 브리지를 사용하여, 어떻게 저항성 온도 감지기의 전기적 특성을 이용해 저항 변화로부터 온도 변화를 측정할 수 있는지 설명할 수 있어야 한다.
- 압전 결정의 전기적 특성을 이용해 기준전압이 0이 아닌 비교기 회로가 어떻게 움직임을 측정할 수 있는지 설명할 수 있어야 한다.
- 압전센서를 이용해 물체의 존재를 감지하는 세 가지 방법을 설명하고, 각 방법이 사용된 예를 제시할 수 있어야 한다.
- 초음파 센서가 어떻게 작동하는지 설명할 수 있어야 한다.
- 초음파 센서를 사용해서 물체와의 거리를 계산할 수 있어야 한다.
- 정전식 근접 센서가 어떻게 작동하는지 설명할 수 있어야 한다.
- 아날로그신호가 디지털신호로 어떻게 변환되는지 설명할 수 있어야 한다.
- 센서들, 기계들, 프로그래머블 로직 컨트롤러들, 그리고 중앙 컴퓨터 시스템들 사이에 데이터가 교환되는 여러 가지 방법을 설명할 수 있어야 한다.

목차

주요 용어

M2M 통신(machine-to-machine communication)

RFID 리더기(RFID reader)

RFID 비콘(RFID beacon)

RFID 트랜스폰더(RFID transponder)

광전센서(photoelectric sensor)

나이퀴스트율(Nyquist rate)

능동센서(active sensor)

능동형 RFID 태그(active RFID tag)

무선주파수 식별(radio-frequency identification: RFID) 리더기

바코드 리더기(bar-code reader)

비전시스템(vision system)

산업용 사물 인터넷(Industrial Internet of Things: IIoT)

수동센서(passive sensor)

수동형 RFID 태그(passive RFID tag)

스마트 센서(smart sensor)

아날로그-디지털 변환(analog-to-digital conversion: ADC)

안티-앨리어싱 필터(anti-aliasing filter)

압전 트랜스듀서(piezoelectric transducer)

저항성 온도 감지기(resistance temperature detector: RTD)

정전식 근접 센서(capacitive proximity sensor)

초음파 센서(ultrasonic sensor)

투과 방식(through-beam method)

프로그래머블 로직 컨트롤러(programmable logic controller)

확산 방식(diffuse method)

회귀반사 방식(retroreflective method)

23-1 인더스트리 4.0: 개요

오늘날의 제조 환경에서 전자공학은 그 어느 때보다 기대가 되고 있다. 자동화 시스템에 통합된 스마트 기술을 사용하여 제조 공정의 모든 단계를 실시간으로 모니터링하고 조정한다. **스마트 센서**(smart sensor)들은 전 제조 공정을 통해 데이터를 모은다. **프로그래머블 로직 컨트롤러**(programmable logic controller)는 이 데이터를 사용하여 제조 공정을 정밀하게 조정한다. 제조 현장의 각 스마트 센서에서 수집된 데이터는 대규모 데이터 세트로 컴파일되어 현명한 의사결정을 하는 데에 사용된다. 데이터 처리 시스템을 스마트 센서에 통합하면 센서 보정 드리프트를 자가진단하고 조정할 수 있다. 대규모 데이터 세트의 분석을 기반으로 하는 예측 유지보수를 통해 제조업체는 실제로 고장이 발생하기 전에 제조 공정에서 기계를 수리할 수 있다.

1차 산업혁명

각 산업혁명에서 기술의 채택과 사용은 제품의 품질과 생산 효율성을 향상시켰다. 1차 산업혁명 동안 제품 생산이 중앙 집중화되었다. 집에서 손으로 만들던 물건들이 이제는 공장에서 만들어졌다. 1712년 토머스 뉴커먼(Thomas Newcomen)의 증기기관 발명은 물품 제조 방식에 변화를 가져왔다. 사람들은 더 이상 모든 작업을 손으로 하지 않았다. 그들은 이제 증기기관의 힘을 활용하여 상품 제조를 지원할 수 있게 되었다.

2차 산업혁명

2차 산업혁명은 1900년대 초반에 일어났다. 동력을 증기기관에 의존하는 대신 이제 전기를 사용할 수 있게 되었다. 전기 모터의 사용은 제조 공정에서 증기기관을 대체했다. 또한 헨리 포드(Henry Ford)는 전체 공정을 수행하는 대신 제조 공정에서 특정 작업을 수행하는 작업자의 개념을 도입했다. 생산 중인 물품이 조립 라인을 따라 이동하고, 물품이 작업자 옆을 지나갈 때 작업자는 특정 작업을 수행했다. 헨리 포드는 조립 라인을 도입하여 제품 제조 시간을 단축한 것으로 알려져 있다. 이렇게 하면 시간이 단축되어 제조 비용이 절감된다.

3차 산업혁명

3차 산업혁명은 1960년대 후반 산업 자동화의 유입과 함께 일어났다. 컴퓨터 수치 제어(CNC) 기계는 가공 공정의 효율성과 정확성을 향상시켰다. 그다음 50년 동안 자동화 수준이 향상되었다. 그러나 여전히 기계 또는 공정에 따라 달랐다. 장치를 제어하고 센서와 스위치의 입력을 받아들이도록 설계된 산업용 컴퓨터인 프로그래머블 로직 컨트롤러(programmable logic controller: PLC)는 공정 자동화를 위한 제어 센터였으며 지금도 마찬가지이다. 이 제어 시스템은 장치 또는 공정에 국한되었다. 프로그래머블 로직 컨트롤러는 산업 환경에서 작동하고 지속적으로 동작하도록 구성된다. 프로그래머블 로직 컨트롤러의 예는 그림 23-1에 나와 있다.

로봇 셀도 이 시기에 개발되었다. 특정 셀 내에서 전체 제조 공정을 수행한 다음 제품

Hein Nouwens/Shutterstock

Photo Researchers/Science History Images/Alamy Stock Photo

Doris Thomas/Fairfax Media Archives/Getty Images

Olga Serdyuk/Microolga/123RF

산업혁명의 진화

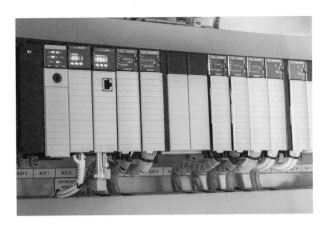

| 그림 23-1 | 프로그래머블 로직 컨트롤러

을 다른 로봇 셀로 전달할 수 있다. 불행히도 개별 로봇 셀 사이에는 통신이 거의 없었다. 자동화된 공정의 설정은 시간이 많이 소요되어 대규모 생산 작업에만 사용되었다. 프로그래머블 로직 컨트롤러가 프로그래밍된 후에도 로봇 셀은 장비의 적절한 작동을 보장하기 위해 작업자가 제조 공정을 감독해야 했다.

4차 산업혁명

현재 수준의 센서 기술과 제조 환경 전반에 걸쳐 데이터를 공유하는 로봇 셀의 능력은 4차 산업혁명(Industry 4.0)을 이끌었다. 스마트 센서는 프로그래머블 로직 컨트롤러에 센서에서 데이터를 수집할 수 있는 기능을 제공한다. 또한 프로그래머블 로직 컨트롤러는 센서를 조정하고 센서의 상태를 실시간으로 확인할 수 있다. 데이터는 기계 상태를 모니터링하고 생산의 모든 측면을 추적하여 기계 가동시간을 개선하는 데 사용된다. 이러한 대규모 데이터 세트를 빅 데이터라고 한다. 대규모 제조시설에서는 작업 교대당 수백 기가바이트의 데이터를 생성하는 것이 일반적이다.

스마트 센서와 로봇 셀을 연결하여 프로그래머블 로직 컨트롤러가 자동화 라인에서 실시간으로 제조 매개변수를 변경할 수 있는 기능을 갖도록 한다. 예를 들어, 특정 회로 기판의 생산 작업 후 픽-앤-플레이스(pick-and-place) 로봇과 다양한 자재 취급 로봇은 여러 가지 부품 요구사항에 따라 다양한 크기의 회로 기판에 대해 자동적으로 재구성될 수 있다. 자동화 라인의 첫 번째 자재 취급 로봇은 **바코드 리더기**(bar-code reader), **무선주파수 식별**(radio-frequency identification: RFID) **리더기**, 또는 **비전시스템**(vision system)을 통해 새로운 크기와 유형의 인쇄 회로 기판을 감지한다. 첫 번째 자재 취급 로봇의 데이터를 모니터링하는 프로그래머블 로직 컨트롤러는 새로운 인쇄 회로 기판의 새로운 부품 배치 요구사항을 픽-앤-플레이스 로봇으로 보낸다. 새로운 인쇄 회로 기판의 매개변수는 나머지 자재 취급 로봇 및 관련 컨베이어 시스템과도 공유된다. 컨베이어 시스템은 새로운 인쇄 회로 기판의 이동을 용이하게 하기 위해 자동으로 조정된다. 공정 전반에 걸쳐 비전시스템은 적절한 부품 배치를 보장하기 위해 사용할 새 매개변수로 업데이트된다.

로봇 셀의 상호 연결은 **M2M 통신**(machine-to-machine communication) 네트워

크, **산업용 사물 인터넷**(Industrial Internet of Things: IIoT), 또는 두 가지 방법의 조합을 통해 촉진된다. 이러한 상호 연결 방법은 제조 현장에서 제조 공정의 분산된 지능적 제어를 제공한다.

23-2 스마트 센서

센서는 물리적 환경에서 특정 특성을 감지하는 장치 또는 회로이다. 예를 들면 온도, 압력, 상대 위치, 움직임 및 주변광이 있다. 센서의 응답은 저항, 전압 또는 전류일 수 있다. 이 세 가지 전기량은 모두 원래의 양을 다른 전기 시스템에서 사용할 수 있는 신호로 변환하는 전기 회로의 입력으로 사용될 수 있다. 스마트 센서에는 전기 신호를 증폭하고 조절하는 회로가 포함되어 있다. 신호가 조절되면 마이크로프로세서에 의해 디지털화된다. 그런 다음 디지털신호는 네트워크의 다른 장치와 공유될 수 있으며, 센서에 대해 설정된 매개변수 모니터링에서 마이크로프로세서에 의해 내부적으로 사용될 수 있다. 그림 23-2는 스마트 센서의 블록다이어그램이다.

안정 전압원의 중요성은 1장의 1-2절 "전압원"에서 처음 소개되었다. 안정 전압원을 보장하려면 부하의 임피던스가 소스 임피던스보다 100배 이상 커야 한다. 입력임피던스가 큰 증폭기는 트랜스듀서의 신호를 회로로 가져오는 데 사용된다. 트랜스듀서의 출력 임피던스와 증폭기의 입력임피던스는 전압분배기를 형성한다. 증폭기의 큰 입력임피던스는 트랜스듀서가 안정한 전압원이 되도록 하여 전체 전기 신호가 증폭기로 잘 전달되도록 한다. 아날로그신호가 회로에 들어오면 증폭되고 필터링되어 디지털신호로 변환된다. 내부 마이크로프로세서는 디지털신호를 사용하여 센서의 상태를 확인한다. 또한 디지털신호는 산업용 네트워크를 통해 프로그래머블 로직 컨트롤러와 공유된다. 스마트 센서와 프로그래머블 로직 컨트롤러 간의 통신은 양방향이다. 감지 매개변수는 센서에서 수신하는 데이터와 자체 내부 프로그래밍을 기반으로 프로그래머블 로직 컨트롤러에 의해 조정될 수 있다.

가정에서 사용되는 스마트 센서의 예로는 스마트 온도조절 장치가 있다. 온도조절기의 센서는 주변 실내온도를 감지한다. 만약 사용자가 온도조절기를 더 높은 온도로 설정하면, 온도조절기 근처의 공기가 미리 설정된 온도 값에 도달할 때까지 노(**furnace**)가 켜지고 작동한다. 미리 설정된 그 온도 시점에서 노가 꺼지고, 온도가 설정점 아래로 떨

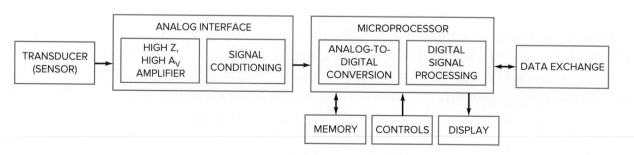

| **그림 23-2** | 스마트 센서 블록다이어그램

어질 때까지 기다리게 되고, 이런 주기가 반복될 것이다. 만약 온도가 사전에 설정한 값 아래로 떨어지자마자 노가 다시 켜진다면 노는 계속해서 켜졌다 꺼졌다를 반복하게 될 것이다. 이것은 노의 수명을 단축시킨다. 제어장치는 히스테리시스를 고려하도록 설계된다. 히스테리시스는 노의 켜짐과 꺼짐 시간 사이에 허용 가능한 온도 변동의 양이다. 스마트 온도조절기는 컴퓨터, 스마트폰 또는 태블릿에서 액세스할 수 있는 안전한 인터넷기반 애플리케이션과 통신한다. 이 인터넷기반 애플리케이션을 사용하면 집 거주자가 원격으로 난방 및 냉방 요구사항을 모니터링하고 제어할 수 있다. 스마트 온도조절기는 설정을 로컬로 제어할 수 있는 입력 화면도 제공한다. 스마트 센서의 데이터를 사용하여 이러한 분석 요구사항의 이력을 작성할 수 있다.

23-3 여러 종류의 센서

센서는 수동 및 능동 두 가지 범주로 나눌 수 있다. **수동센서**(passive sensor)는 작동하기 위해 전원이 필요하지 않다. 수동센서가 제공하는 전기적 특성은 항상 존재한다. 예를 들어 **저항성 온도 감지기**(resistance temperature detector: RTD)는 외부 전원이 필요 없이 온도에 따라 저항을 변경한다. 저항의 변화는 일반적으로 휘트스톤 브리지 회로를 통해 모니터링된다. 휘트스톤 브리지는 18장 18-4절 "차동증폭기"에서 소개하였다.

    능동센서(active sensor)가 작동하려면 전압원이 필요하다. **광전센서**(photoelectric sensor) 내부의 발광다이오드와 광 트랜지스터는 다이오드가 빛을 방출하고 광 트랜지스터를 올바르게 바이어스하려면 전압원이 필요하다. 일부 스마트 센서는 수동 트랜스듀서를 입력으로 사용할 수 있다. 그러나 마이크로프로세서가 포함되어 있기 때문에 이는 능동센서 범주에 속한다.

23-4 수동센서

저항성 온도 감지기(RTD)

RTD는 온도에 따라 저항을 변경하는 온도 센서이다. RTD는 정확성과 일관되게 반복 가능한 측정 일관성 때문에 수년 동안 온도 측정의 주류였다. 센서의 구조가 간단하여 다양한 환경에서 사용할 수 있다.

    RTD는 그림 23-3과 같이 일반적으로 세라믹 또는 유리 코어 주위를 감싼 와이어로 만들어진다. 와이어의 저항 대 온도 관계는 선형이므로 예측 가능성이 높다. RTD에 사용되는 일반적인 재료는 백금, 니켈, 구리이다. 백금은 정확성과 반복성으로 인해 가장 인기 있는 금속이다. 가는 백금 와이어가 코어에 감긴 다음 보호덮개로 덮여 있다. 덮개는 센서를 마모로부터 보호한다. 덮개는 또한 센서가 물, 액체 또는 화학물질에 잠기는 것을 허용한다.

    그림 23-4와 같은 휘트스톤 브리지는 18장 18-4절 "차동증폭기"에서 소개되었다. 이

> **참고사항**
>
> 일부 저항성 온도 감지기는 600℃까지 온도를 측정할 수 있다.

회로는 RTD의 저항을 결정하는 데 사용된다. 저항 R_1 및 RTD는 저항 R_2 및 R_3와 마찬가지로 전압분배기를 형성한다. 전압 V_A는 RTD에서 측정된 전압이고, 전압 V_B는 R_3에서 측정된 전압이며, 각각 식 (23-1) 및 (23-2)로 표현된다. 출력전압 V_{AB}는 점 B에 대한 점 A의 전압으로, 식 (23-3)과 같다.

$$V_A = V_1 \left(\frac{\text{RTD}}{R_1 + \text{RTD}} \right) \tag{23-1}$$

$$V_B = V_1 \left(\frac{R_3}{R_2 + R_3} \right) \tag{23-2}$$

$$V_{AB} = V_A - V_B$$

$$V_{AB} = V_1 \left(\frac{\text{RTD}}{R_1 + \text{RTD}} \right) - V_1 \left(\frac{R_3}{R_2 + R_3} \right) \tag{23-3}$$

RTD는 2선식 또는 3선식 구성으로 연결된다. RTD의 작동은 온도 변화에 따라 저항이 변하는 능력을 기반으로 한다. 정확성을 보장하기 위해 RTD를 제어회로에 연결하는 케이블의 저항이 측정된 저항을 변경시키지 않아야 한다. 2선식 구성에서 케이블의 저항은 RTD의 전체 저항에 추가된다. 센서의 위치에 따라 케이블의 길이가 달라질 수 있으므로 이 방법은 일반적으로 사용되지 않는다.

케이블의 영향 없이 RTD에서 측정된 전압(V_{AB})은 식 (23-3)과 같이 계산될 수 있다. $R_2 = R_3$인 경우 식 (23-3)은 단순화될 수 있고, 차동증폭기의 입력전압(V_{AB})은 식 (23-4)

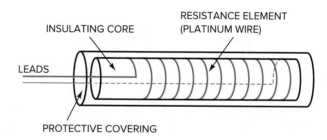

| 그림 23·3 | 저항성 온도 감지기

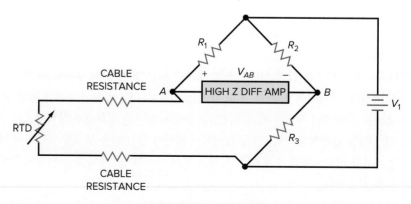

| 그림 23·4 | 2선식 구성

를 사용하여 계산할 수 있다.

$$V_{AB} = V_1 \left(\frac{\text{RTD}}{R_1 + \text{RTD}} \right) - V_1 \left(\frac{R_3}{R_2 + R_3} \right)$$

$$R_2 = R_3$$

$$V_{AB} = V_1 \left(\frac{\text{RTD}}{R_1 + \text{RTD}} \right) - V_1 \left(\frac{1}{2} \right) \tag{23-4}$$

예제 23-1

$V_1 = 10 \text{ V}$, $R_1 = 100 \text{ }\Omega$, $R_2 = 100 \text{ }\Omega$, $R_3 = 100 \text{ }\Omega$이며, RTD는 0°C일 때의 100 Ω에서부터 100°C일 때의 138.5 Ω까지 변할 것이다.

케이블 저항은 무시하라. 그림 23-5를 사용하여 RTD = 107.79 Ω인 20°C일 때와 RTD = 138.5 Ω인 100°C일 때 V_{AB}를 구하라.

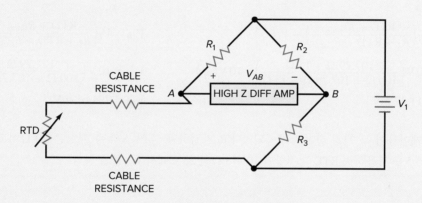

| 그림 23-5 | 2선식 구성

Temperature = 20°C

$$V_{AB} = V_A - V_B$$

$$V_{AB} = V_1 \left(\frac{\text{RTD}}{R_1 + \text{RTD}} \right) - V_1 \left(\frac{R_3}{R_2 + R_3} \right)$$

$$R_2 = R_3 \therefore$$

$$V_{AB} = V_1 \left(\frac{\text{RTD}}{R_1 + \text{RTD}} \right) - V_1 \left(\frac{1}{2} \right)$$

$$V_{AB} = 10 \text{ V} \left(\frac{107.79 \text{ }\Omega}{100 \text{ }\Omega + 107.79 \text{ }\Omega} \right) - 10 \text{ V} \left(\frac{1}{2} \right)$$

$$V_{AB} = 187.45 \text{ mV}$$

Temperature = 100°C

$$V_{AB} = V_A - V_B$$

$$V_{AB} = V_1 \left(\frac{\text{RTD}}{R_1 + \text{RTD}} \right) - V_1 \left(\frac{R_3}{R_2 + R_3} \right)$$

$$R_2 = R_3 \therefore$$

$$V_{AB} = V_1 \left(\frac{\text{RTD}}{R_1 + \text{RTD}} \right) - V_1 \left(\frac{1}{2} \right)$$

$$V_{AB} = 10 \text{ V} \left(\frac{138.5 \text{ }\Omega}{100 \text{ }\Omega + 138.5 \text{ }\Omega} \right) - 10 \text{ V} \left(\frac{1}{2} \right)$$

$$V_{AB} = 807.13 \text{ mV}$$

연습문제 23-1 케이블의 저항을 무시하라. 그림 23-5를 사용하여 RTD = 109.73 Ω인 25°C일 때와 RTD = 119.42 Ω인 50°C일 때 V_{AB}를 구하라.

케이블의 저항을 고려하기 위해 식 (23-4)는 케이블 저항을 포함하도록 수정된다. V_{AB}를 풀기 위해 수정된 계산은 식 (23-5)와 같다.

$$V_{AB} = V_1\left(\frac{\text{RTD} + R_{Cable}}{R_1 + \text{RTD} + R_{Cable}}\right) - V_1\left(\frac{1}{2}\right) \tag{23-5}$$

예제 23-2

예를 들어 케이블이 두 가지 길이로 제공된다고 가정하자. 길이 A의 총 저항은 15 Ω이고 길이 B의 총 저항은 30 Ω이다. 20°C에서 RTD의 저항은 107.79 Ω이다. 그림 23-5에서 케이블의 영향을 받는 전압(V_{AB})은 다음과 같이 계산할 수 있다.

Temperature = 20°C, Length A at 15 Ω

$$V_{AB} = V_A - V_B$$

$$V_{AB} = V_1\left(\frac{\text{RTD} + R_{Cable}}{R_1 + \text{RTD} + R_{Cable}}\right) - V_1\left(\frac{R_3}{R_2 + R_3}\right)$$

$$R_2 = R_3 \therefore$$

$$V_{AB} = V_1\left(\frac{\text{RTD} + R_{Cable}}{R_1 + \text{RTD} + R_{Cable}}\right) - V_1\left(\frac{1}{2}\right)$$

$$V_{AB} = 10\,\text{V}\left(\frac{107.79\ \Omega + 15\ \Omega}{100\ \Omega + 107.79\ \Omega + 15\ \Omega}\right) - 10\,\text{V}\left(\frac{1}{2}\right)$$

$$V_{AB} = 511.47\ \text{mV}$$

Temperature = 20°C, Length B at 30 Ω

$$V_{AB} = V_A - V_B$$

$$V_{AB} = V_1\left(\frac{\text{RTD} + R_{Cable}}{R_1 + \text{RTD} + R_{Cable}}\right) - V_1\left(\frac{R_3}{R_2 + R_3}\right)$$

$$R_2 = R_3 \therefore$$

$$V_{AB} = V_1\left(\frac{\text{RTD} + R_{Cable}}{R_1 + \text{RTD} + R_{Cable}}\right) - V_1\left(\frac{1}{2}\right)$$

$$V_{AB} = 10\,\text{V}\left(\frac{107.79\ \Omega + 30\ \Omega}{100\ \Omega + 107.79\ \Omega + 30\ \Omega}\right) - 10\,\text{V}\left(\frac{1}{2}\right)$$

$$V_{AB} = 794.61\ \text{mV}$$

연습문제 23-2 케이블이 두 가지 길이로 제공되었다고 가정하자. 길이 A의 총 저항은 20 Ω이고 길이 B의 총 저항은 35 Ω이다. 그림 23-5를 사용하여 RTD의 저항이 109.73 Ω인 25°C에서 V_{AB}를 구하라.

케이블의 길이는 제어장치에서 RTD까지의 거리에 따라 달라지므로, 제어장치에서 측정하는 전압도 달라진다. 최적의 구성은 케이블 길이와 무관하다는 것은 합리적이다.

그림 23-6에 표시된 3선식 구성은 브리지의 두 다리에 도선 저항을 배치하여 저항을 상쇄함으로써 도선 저항의 영향을 줄인다. 이것은 케이블에 있는 3개의 와이어의 저항

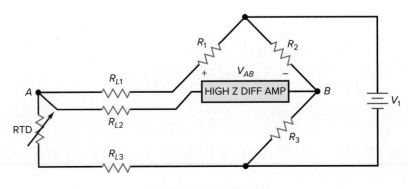

| 그림 23-6 | 3선식 구성

이 비교적 유사하다고 가정한다. 3개의 와이어 길이가 같기 때문에 이것은 안전한 가정이다. 이 구성에는 입력임피던스가 높은 차동증폭기가 필요하다. A지점과 B지점 사이의 전압 차는 차동증폭기에 의해 증폭된다.

리드번호 2는 전압 감지 도선이며, 차동증폭기의 높은 입력임피던스로 인해 전류가 흐르지 않는다. 3선식 구성은 센서가 제어장치에서 멀리 떨어져 있는 산업 응용 분야에 사용된다.

응용예제 23-3

그림 23-7에 표시된 RTD의 저항은 0~100°C에서 1~1.1 kΩ 범위이다. 사용된 741 연산증폭기의 값은 A_{VOL} = 100,000, R_{in} = 2 MΩ, R_{CM} = 200이다. 18장 18-4절 "차동증폭기"에 소개된 버퍼 입력을 갖는 차동증폭기를 사용하여, 100°C에서 차동증폭기의 폐루프 입력임피던스와 차동 출력전압을 구하라.

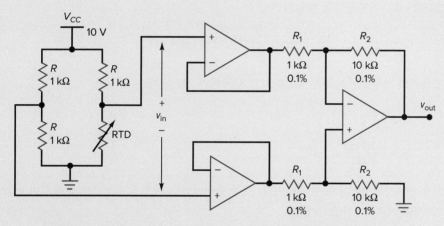

| 그림 23·7 | RTD를 포함한 브리지는 버퍼 입력을 갖는 차동증폭기를 구동한다.

풀이 버퍼 증폭기는 차동 증폭기에 매우 큰 입력임피던스를 제공한다. 식 (17-8)을 사용하여 폐루프 입력임피던스는 다음과 같이 계산된다.

$$Z_{in(CL)} = (1 + A_{VOL}B)R_{in} \parallel R_{CM}$$

전압폴로어에서 귀환율 "B"는 1이다. 이것은 이전 방정식을 다음과 같이 축소시킨다.

$$Z_{in(CL)} = (1 + A_{VOL})R_{in} \parallel R_{CM}$$

741 연산증폭기에 대해 A_{VOL}, R_{in}, R_{CM} 값을 다음과 같이 대입한다: A_{VOL} = 100,000, R_{in} = 2 MΩ, R_{CM} = 200 MΩ.

$$Z_{in(CL)} = (1 + 100,000)\ 2\ \text{MΩ} \parallel 200\ \text{MΩ}$$

$$Z_{in(CL)} = \frac{1}{\dfrac{1}{200 \text{ G}\Omega} + \dfrac{1}{200 \text{ M}\Omega}} = 199.8 \text{ M}\Omega$$

$$Z_{in(CL)} \cong R_{CM}$$

트랜스듀서의 ΔR은 100 Ω이고, 브리지 R값은 1 kΩ이다.

$$4 \times R = 4 \text{ k}\Omega$$
$$2 \times \Delta R = 200 \text{ }\Omega$$

$$\frac{4R}{2\Delta R} = \frac{4(1 \text{ k}\Omega)}{2(100 \text{ }\Omega)} = 20$$

$4R$값은 $2\Delta R$보다 단지 20배 크다. 따라서 식 (18-12)는 입력전압을 구하는 데 사용된다.

$$v_{in} = \frac{\Delta R}{4R + 2\Delta R} V_{CC}$$

그림 23-7의 저항값들을 대입하면

$$v_{in} = \frac{100 \text{ }\Omega}{(4 \times 1 \text{ k}\Omega) + (2 \times 100 \text{ }\Omega)} (10 \text{ V}) = 238.1 \text{ mV}$$

증폭기의 차동전압이득은 식 (18-4)를 사용하여 계산된다.

$$A_V = \frac{-R_2}{R_1}$$

$$A_V = \frac{-10 \text{ k}\Omega}{1 \text{ k}\Omega} = -10$$

차동증폭기의 전압이득은 −10이다. 차동 출력전압은 차동 입력전압에 증폭기의 전압이득을 곱하여 계산할 수 있다.

$$v_{out} = A_V \times v_{in}$$

$$v_{out} = -10 (238.1 \text{ mV}) = -2.381 \text{ V}$$

연습문제 23-3 그림 23-7에 표시된 RTD는 0~200°C에서 1~1.2 kΩ 범위의 저항을 갖는다. 사용된 741 연산증폭기의 값은 A_{VOL} =100,000, R_{in} = 2 MΩ, R_{CM} = 200 MΩ 이다. 버퍼 증폭기의 폐루프 입력임피던스와 200°C에서 차동 출력전압을 구하라.

압전 트랜스듀서

1880년 자크 퀴리(Jacques Curie)와 피에르 퀴리(Pierre Curie)는 석영, 전기석, 로셸(Rochelle)소금을 포함한 특정 결정질 광물이 압축되거나 강제로 모양이 변할 때 그림 23-8과 같이 결정질 광물이 전기적으로 분극된다는 것을 발견했다. 이 동작으로 인해 결정 표면에 전압이 존재하게 된다. 이듬해 그들은 그 반대도 또한 진실임을 발견했다.

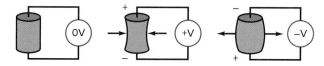

| 그림 23-8 | 압전 효과

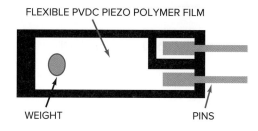

FLEXIBLE PVDC PIEZO POLYMER FILM

WEIGHT   PINS

| 그림 23-9 | 압전센서

결정에 전류가 가해지면 결정의 모양이 바뀐다. 이러한 독특한 특징으로 인해 수정은 최초의 **압전 트랜스듀서**(piezoelectric transducer)에 사용되었다.

압전 트랜스듀서는 힘을 전기 신호로 변환하는 장치이다. 압전 트랜스듀서에 사용된 원래 재료는 수정이었다. 결정에 대한 압축 또는 장력은 반대 극성의 전압을 생성했다. 나중에 같은 양의 인가된 힘에 대해 더 큰 전압을 생성할 수 있는 능력을 가진 압전 재료가 수정을 대체하였다. 트랜스듀서에 사용되는 두 가지 일반적인 압전 재료는 압전 세라믹과 유연한 폴리염화비닐리덴(polyvinylidene chloride: PVDC) 폴리머 필름이다.

기계의 과도한 진동을 감지하여, 마모된 베어링, 부적절한 윤활, 움직이는 부품의 부적절한 균형을 비롯한 광범위한 문제를 예측하는 데 사용할 수 있다. 압전 트랜스듀서는 기계의 주요 지점 근처에 배치할 수 있으며, 작동 중 진동 수준을 모니터링할 수 있다. 압전 트랜스듀서는 사용방법 때문에 측정 중인 장치와 물리적으로 접촉해야 한다.

압전 트랜스듀서는 지속적인 진동과 갑작스러운 충격을 감지할 수 있다. 압전 트랜스듀서의 일반적인 형식은 폴리에스터 기판에 적층된 압전 세라믹 필름의 박막을 사용하는 것이다. 미리 정의된 무게는 그림 23-9와 같이 세라믹 스트립의 끝에 부착된다. 센서는 센서의 굴곡 정도에 정비례하는 전압을 생성한다. 무게가 직접 접촉하여 편향되면, 센서가 스위치 역할을 한다. 생성된 전압 스파이크는 **MOSFET** 또는 연산증폭기를 트리거하는 데 사용할 수 있다. 편향 각도가 클수록 그림 23-10에 표시된 영교차 검출기 회로에서 생성된 전압이 더 커지고 펄스폭도 더 넓어진다. 제로 크로싱 검출기는 20장 20-1절 "기준전압이 0 V인 비교기"에서 소개되었다.

만약 센서가 접점에 의해 부착되고 수평으로 매달린 상태로 두면, 부착된 기계의 움직임 때문에 자유 공간에서 진동하므로, 진동 센서로 작동할 것이다. 센서는 유연한 스트립의 자유 길이와 스트립의 질량에 기반한 고유 공진주파수를 갖는다. 진동의 굽힘 응력은 전압을 생성한다. 이 구성에서 압전센서는 그림 23-11과 같이 높은 입력임피던스와 높은 이득전압을 갖는 증폭기를 구동한다.

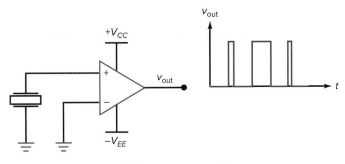

| 그림 23·10 | 영교차 감지기

그림 23-11에서 U_1과 U_2에는 LM741C 연산증폭기를 사용하고, U_3에는 LM318C 연산증폭기를 사용한다. LM741C 연산증폭기의 R_{in}은 2 MΩ, R_{CM}은 200 MΩ, 개방 루프 전압이득은 100,000이다.

버퍼 증폭기는 고이득 전압 증폭기에 매우 높은 입력임피던스를 제공한다. 식 (17-8) 을 사용하면 폐루프 입력임피던스는 다음과 같다.

$$Z_{in(CL)} = (1 + A_{VOL}B)R_{in} \| R_{CM}$$

전압폴로어에서 귀환율 "B"는 1이다. 이것은 이전 방정식을 다음과 같이 축소시킨다.

$$Z_{in(CL)} = (1 + A_{VOL})R_{in} \| R_{CM}$$

741 연산증폭기에 대해 A_{VOL}, R_{in}, R_{CM} 값을 다음과 같이 대입한다: $A_{VOL} = 100{,}000$, $R_{in} = 2$ MΩ, $R_{CM} = 200$ MΩ.

$$Z_{in(CL)} = (1 + 100{,}000)\ 2\ \text{MΩ} \| 200\ \text{MΩ}$$

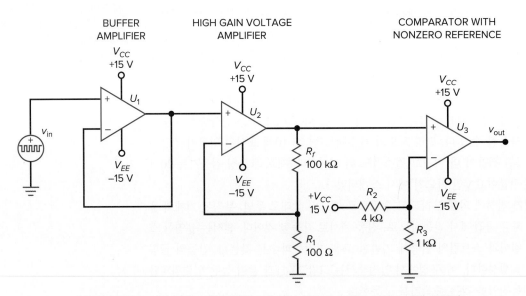

| 그림 23·11 | 버퍼 입력, 기준전압이 0이 아닌 비교기가 있는 고이득 전압 증폭기

$$Z_{in(CL)} = \cfrac{1}{\cfrac{1}{200 \text{ G}\Omega} + \cfrac{1}{200 \text{ M}\Omega}} = 199.8 \text{ M}\Omega$$

$$Z_{in(CL)} \cong R_{CM}$$

고이득 전압 증폭기의 폐루프 전압이득은 식 (16-12)를 사용하면 다음과 같다.

$$A_{V(CL)} = \frac{R_f}{R_1} + 1$$

$$A_{V(CL)} = \frac{100 \text{ k}\Omega}{100 \text{ }\Omega} + 1$$

$$A_{V(CL)} = 1001$$

비교기의 트립 포인트는 연산증폭기의 반전 입력에 존재하는 dc 전압 레벨에 의해 결정된다. 그림 23-11에서 R_2와 R_3에 의해 형성된 전압분배기는 dc 기준전압을 제공한다. 기준전압을 구하기 위한 방정식은 식 (20-2)에 처음 소개되었다.

$$v_{ref} = \frac{R_2}{R_1 + R_2} V_{CC}$$

그림 23-11의 회로에서 저항을 지정하고 값들을 대입하면 다음과 같다.

$$v_{ref} = \frac{R_3}{R_2 + R_3} V_{CC}$$

$$v_{ref} = \frac{1 \text{ k}\Omega}{4 \text{ k}\Omega + 1 \text{ k}\Omega} (15 \text{ V})$$

$$v_{ref} = 3 \text{ V}$$

응용예제 23-4

그림 23-12에 사용된 연산증폭기는 R_{in}이 3 MΩ, R_{CM}이 200 MΩ, 그리고 개방루프 전압이득이 175,000이다. $Z_{in(CL)}$, $A_{V(CL)}$, 그리고 v_{ref}를 구하라.

풀이

$$Z_{in(CL)} = (1 + A_{VOL}B)R_{in} \parallel R_{CM}$$

전압폴로어에서 귀환율 "B"는 1이다. 이것은 이전 방정식을 다음과 같이 축소시킨다.

$$Z_{in(CL)} = (1 + A_{VOL})R_{in} \parallel R_{CM}$$

$$Z_{in(CL)} = \cfrac{1}{\cfrac{1}{525 \text{ G}\Omega} + \cfrac{1}{200 \text{ M}\Omega}} = 199.9 \text{ M}\Omega$$

$$Z_{in(CL)} \cong R_{CM}$$

증폭기의 폐루프 전압이득은 식 (16-12)에 의해 계산된다.

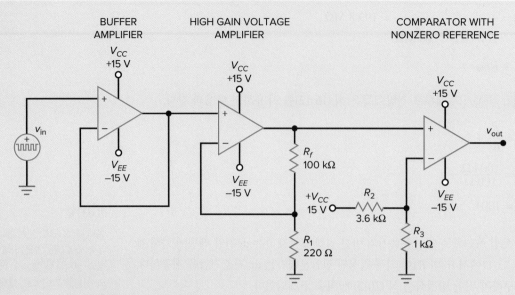

BUFFER
AMPLIFIER

HIGH GAIN VOLTAGE
AMPLIFIER

COMPARATOR WITH
NONZERO REFERENCE

| 그림 23·12 | 버퍼 입력, 기준전압이 0이 아닌 비교기가 있는 고이득 전압 증폭기

$$A_{V(CL)} = \frac{R_f}{R_1} + 1$$

$$A_{V(CL)} = \frac{100 \text{ k}\Omega}{220 \text{ }\Omega} + 1$$

$$A_{V(CL)} = 455.5$$

비교기의 트립 포인트는 연산증폭기의 반전 입력에 존재하는 dc전압 레벨에 의해 결정된다. R_2 및 R_3에 의해 형성된 전압분배기는 dc 기준전압을 제공한다. 기준전압을 구하기 위한 방정식은 식 (20-2)에 처음 소개되었다.

$$v_{\text{ref}} = \frac{R_2}{R_1 + R_2} V_{CC}$$

그림 23-12의 회로에서 저항을 지정하고 값들을 대입하면 다음과 같다.

$$v_{\text{ref}} = \frac{R_3}{R_2 + R_3} V_{CC}$$

$$v_{\text{ref}} = \frac{1 \text{ k}\Omega}{3.6 \text{ k}\Omega + 1 \text{ k}\Omega} (15 \text{ V})$$

$$v_{\text{ref}} = 3.26 \text{ V}$$

연습문제 23-4 그림 23-12에 사용된 연산증폭기는 R_{in}이 3.5 MΩ, R_{CM}이 250 MΩ, 그리고 개방루프 전압이득이 200,000이다. 저항값은 $R_1 = 330 \text{ }\Omega$, $R_2 = 4.7 \text{ k}\Omega$, $R_3 = 1 \text{ k}\Omega$, 그리고 $R_f = 100 \text{ k}\Omega$이다. $Z_{\text{in}(CL)}$, $A_{V(CL)}$, v_{ref}를 구하라.

23-5 능동센서

광전센서

광전센서는 다양한 물체 감지 응용 분야에서 널리 사용된다. 광전센서는 빛을 사용하여 물체의 존재를 감지한다. 빛을 사용한다는 것은 비접촉 방식을 의미하며 검출 시 물체의 오염이나 손상이 발생하지 않는다. 다음에 논의되는 다양한 방법으로 반사 및 비반사 물체를 모두 감지할 수 있다. 빛은 멀리까지 전달될 수 있다. 따라서 센서는 물체가 센서 근처에 있지 않은 적용에서 사용할 수 있다. 이는 비접촉식 센서이다. 비접촉식 센서의 장점은 감지되는 재료의 오염이 없고, 센서가 감지되는 재료에 저항할 필요가 없다는 것이다. 비접촉 센서는 식품산업에서 광범위하게 사용된다. 예를 들어 베이커리 품목이 들어 있는 투명한 플라스틱 용기를 검사하여 모든 구운 제품을 물리적인 접촉 없이 확인할 수 있다.

그림 23-13은 광전센서의 블록다이어그램이다. 광전센서는 특정 파장의 빛을 방출한다. 방출되는 빛의 파장에 민감한 해당 검출기는 빛의 유무를 감지한다. 잘못된 판독을 제거하기 위해 발광체와 검출기를 공통 클록 회로에 연결할 수 있다. 감지기가 활성화됨과 동시에 빛이 펄스로 발생되고 일반 실내조명과 차별화된 빛이 수신된다. 오늘날의 스마트 센서에는 두 번째 송신기와 수신기가 통합되어 있고, 두 세트의 결과가 프로그래머블 로직 컨트롤러에 의해 지속적으로 모니터링된다. 한 송신기/수신기 세트의 데이터가 다른 세트와 다르기 시작하면 센서가 신호를 생성하여 기술자에게 센서 창이 더러울 수 있음을 경고한다. 이를 통해 기술자는 센서 창이 완전히 덮이고 시스템이 고장 난 센서를 감지해서 자동화 라인을 중지하기 전에 센서를 청소할 수 있는 충분한 시간을 갖게 된다.

확산 방식

광전센서를 사용하는 방법에는 확산형, 투과형, 회귀반사형의 세 가지가 있다. **확산 방식**(diffuse method)에서는 광 송신기와 수신기가 같은 패키지에 들어 있다. LED에서 방출된 빛은 그림 23-14와 같이 물체에 부딪친 다음 검출기로 다시 반사된다. 이 접근 방식을 사용하려면 감지되는 물체의 표면에서 빛이 반사되어야 한다. 이 탐지 방법은 통

> **참고사항**
>
> LED 제조에 사용되는 반도체 재료는 LED에서 방출되는 빛의 파장을 결정한다. LED에서 방출되는 빛의 파장은 LED의 색상과 사람의 눈에 보이는지 여부를 결정한다.

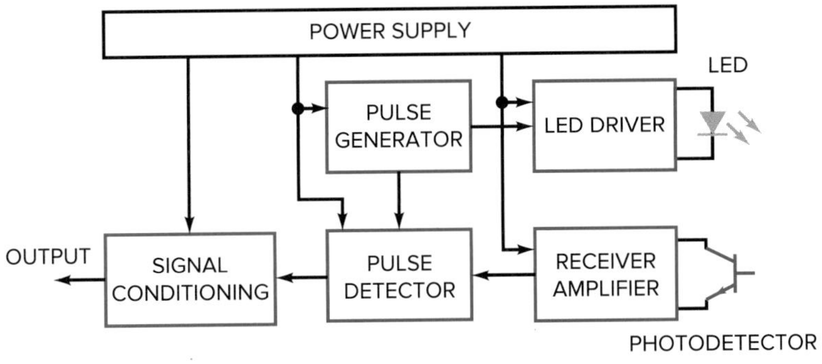

| 그림 23·13 | 광전센서 블록다이어그램

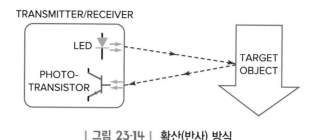

| 그림 23-14 | 확산(반사) 방식

조립산업에서 매우 잘 작동한다. 금속의 반사 표면은 광전센서 앞을 지나갈 때 빛을 수신기로 다시 반사시킬 수 있다.

투과 방식

투과 방식(through-beam method)(반사 방식(reflective method)이라고도 함)에서 광 송신기와 검출기는 별도의 위치에 분리되어 있다. 대상 물체는 그림 23-15와 같이 그 둘 사이를 지나며 광선의 양을 차단하거나 변경한다. 이 방법은 반사되지 않는 물체를 감지할 수 있다. 또한 이 방법은 불투명한 물체를 감지할 수 있다. 빛이 완전히 차단되든지 수신기에 닿는 빛의 양이 변하는 것이 감지될 수 있다. 물체가 광선 사이를 통과할 때 광선이 끊어지거나 강도가 감소한다. 수신기에서 빛의 소멸 또는 감소가 수신기에 의해 감지된다. 차고의 자동문 개폐 응용에 사용되는 광전센서는 투과 빔 방식의 좋은 예이다. 송신기는 문 개구부의 한쪽에 있고 수신기는 다른 쪽에 있다. 문 개구부에 물체가 있으면 광선이 끊어지고 차고 문이 닫히지 않는다.

회귀반사 방식

회귀반사 방식(retroreflective method)에서는 광 송신기와 수신기가 같은 패키지에 들어 있다. 광선은 별도의 반사판에서 반사된다. 물체가 센서와 반사판 사이를 지나가면 그림 23-16과 같이 광선이 끊어지고 물체가 감지된다. 회귀반사 방법은 반사되지 않는 물체에 사용된다.

근접 센서

근접 센서는 비접촉 센서이다. 그들은 물체까지의 거리를 측정하거나 단순히 물체의 존재를 감지하는 데 사용된다. 산업계에서 흔히 볼 수 있는 세 가지 근접 센서는 초음파,

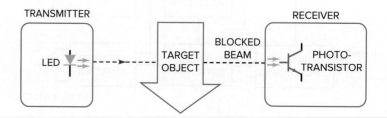

| 그림 23-15 | 투과 방식

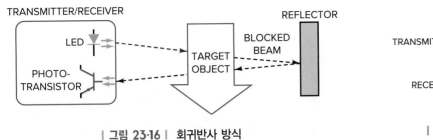

| 그림 23-16 | 회귀반사 방식

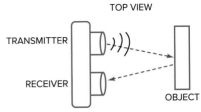

| 그림 23-17 | 초음파 센서

전자기장, 또는 전기장을 사용하여 물체의 위치를 감지한다.

초음파 센서

초음파 센서(ultrasonic sensor)는 음파를 사용하여 거리를 측정한다. 초음파 센서에는 송신기와 수신기가 모두 포함되어 있다. 송신기는 고주파 음파의 짧은 펄스열을 방출한 다음 그림 23-17과 같이 센서에 다시 반사될 때 이를 감지한다. 수신기는 특정 고주파수 신호를 수신하도록 조정된다. 짧은 펄스열 후의 오프시간은 음파가 물체에 도달하고 수신기로 돌아올 시간을 제공한다. 이 주기가 지속적으로 반복된다. 초음파 센서는 비접촉 센서이다.

음파 왕복에 경과된 시간을 측정한다. 음속을 기반으로 물체까지의 거리를 결정할 수 있다. 경과시간에는 물체까지의 이동시간과 수신기로의 왕복시간이 모두 포함된다. 따라서 총 경과시간을 2로 나누어야 한다.

$$물체까지의\ 거리 = 음파\ 속도 \times \left(\frac{경과시간}{2} \right) \qquad \textbf{(23-6)}$$

> **참고사항**
> 공기 중에서 음속은 공기의 온도에 따라 달라진다. 온도가 증가함에 따라 속도도 증가한다.

예를 들어 소리는 (20℃) 실온에서 초당 1,126 ft로 이동한다. 경과시간이 2 ms인 경우 물체는 센서에서 13.51 in 떨어져 있다.

$$물체까지의\ 거리 = 1126\ \tfrac{ft}{sec} \times \frac{2\ ms}{2} = 1.126\ ft$$

$$피트를\ 인치로\ 변환:\ 1.126\ ft \times \frac{12\ in}{1\ ft} = 13.51\ in$$

$$물체까지의\ 거리 = 1.126\ ft\ 또는\ 13.51\ in$$

초음파 센서는 물체를 오염시키지 않고 물체까지의 거리를 측정할 수 있는 기능으로 인해 식품산업에서 일반적으로 사용된다. 예를 들어 초음파 센서는 그림 23-18과 같이 우유로 채워진 탱크의 수위를 감지하는 데 사용된다. 우유가 올라감에 따라 초음파 빔이 되돌아오는 데 필요한 시간이 줄어든다.

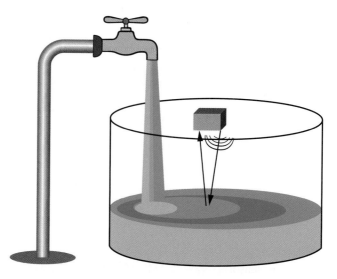

| 그림 23·18 | 초음파 센서 응용

응용예제 23-5

그림 23-18과 같은 혼합탱크에 용액이 채워져 있다. 초음파 센서는 탱크 상단에 있다. 탱크의 지름은 10 ft, 높이는 15 ft이다. 탱크 내 혼합 공정에는 1,021 ft³의 용액이 필요하다. 탱크에 필요한 용액의 높이와 이 특정 높이에서 초음파가 가질 왕복시간을 구하라. 탱크와 용액이 모두 실온에 있다고 가정한다. 탱크는 실린더로 모델링할 수 있다.

풀이 실린더 부피 $V = \pi r^2 h$이다. 여기서 r은 반경(ft)이고 h는 높이(ft)이다. 이 공식은 부피를 알 때 실린더 높이를 구하기 위해 다시 쓸 수 있다.

$$V = \pi r^2 h$$

$$h = \frac{V}{\pi r^2}$$

$$h = \frac{1021 \text{ ft}^3}{\pi (5 \text{ ft})^2}$$

$$h = 12.999 \text{ ft}$$

초음파는 실온에서 공기를 통해 초당 1,126 ft로 이동한다. 용액 표면까지 2.001 ft(15 ft − 12.999 ft)를 이동한 다음 센서로 다시 돌아오는 데 필요한 시간은 다음과 같이 계산된다.

$$t_{Round\text{-}trip} = \frac{\text{물체까지의 거리}}{\text{초음파 속도}} = \text{편도 여행 시간} \times 2$$

$$t_{Round\text{-}trip} = \frac{2.001 \text{ ft}}{1126 \dfrac{\text{ft}}{\text{sec}}} = 1.777 \text{ ms} \times 2$$

$$t_{Round\text{-}trip} = 3.554 \text{ ms}$$

연습문제 23-5 초음파는 실온에서 공기를 통해 초당 1,126 ft로 이동한다. 혼합탱크 (그림 23-18과 같은)에는 용액이 채워져 있다. 초음파 센서는 탱크 상단에 있다. 탱크의 지름은 12 ft, 높이는 15 ft이다. 탱크의 혼합 공정에는 1,527 ft³의 용액이 필요하다. 탱크에 필요한 용액의 높이와 이 특정 높이에서 초음파가 가질 왕복시간을 구하라. 탱크와 용액이 모두 실온에 있다고 가정한다. 탱크는 실린더로 모델링할 수 있다.

정전식 근접 센서

정전식 근접 센서(capacitive proximity sensor)는 정전용량의 변화를 사용하여 물체를 감지한다. 센서는 금속 및 비금속 물체를 모두 감지할 수 있다. 복습하면 커패시터는 유전체로 분리된 2개의 플레이트로 구성된다. 커패시턴스 공식은 다음과 같다.

$$C = 8.85 \times 10^{-12} \left(K_\varepsilon \times \frac{A}{d} \right) \tag{23-7}$$

여기서

K_ε는 유전 상수(비유전율),

A는 판 면적(m²),

d는 판 사이 간격(m)이다.

정전식 근접 센서를 구성하여 물체의 존재를 감지할 수 있는 방법에는 여러 가지가 있다. 첫 번째 구성은 특정 거리에서 금속 물체를 감지하는 데 사용된다. 이것이 사용되는 예는 병을 사용하는 산업이다. 정전식 근접 센서를 사용하여 병에 금속 캡이 있는지 감지할 수 있다. 센서는 하나의 판을 형성하고 병 뚜껑은 다른 판을 형성하며 판 사이의 공기는 유전체이다. 병이 센서 아래를 지나갈 때, 커패시터가 형성되고 금속 캡이 감지된다. 그림 23-19는 정전식 근접 센서의 예이다.

두 번째 구성은 나란히 배치된 2개의 플레이트를 사용한다. 그들 사이와 그 앞에 놓인 물질은 유전체를 형성하고 전체 커패시턴스에 영향을 미친다. 전기장은 그림 23-20

Олександр Федюк/123RF.com

| 그림 23-19 | 정전식 근접 센서

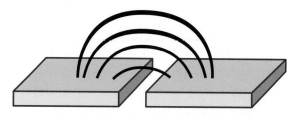

| 그림 23·20 | 정전식 센서로부터의 전기장

과 같이 형성된다. 물체가 전기장 속으로 이동하면 유전체가 변경되어 전체 커패시턴스가 변경된다.

커패시턴스가 형성되면 몇 가지 일반적인 회로 구성을 사용하여 커패시턴스의 변화를 감지한다. 첫 번째 접근 방식은 옴의 법칙을 사용한다. 알려진 ac신호가 커패시턴스를 통과할 때, ac신호의 주파수와 커패시턴스 값을 기반으로 특정 커패시턴스 리액턴스가 존재한다.

$$X_C = \frac{1}{2\pi f C} \tag{23-8}$$

여기서

f는 ac신호의 주파수,

C는 커패시턴스 값이다.

정전식 센서의 전기적 모델을 그림 23-21에 나타냈다.
여기서

R_1과 R_2는 리드선의 저항,

C_1은 근접 센서의 커패시턴스,

f는 ac전원의 주파수이다.

$$R_T = R_1 + R_2$$
$$X_C = \frac{1}{2\pi f C_1}$$
$$Z_T = \sqrt{R_T^2 + X_C^2}$$
$$i = \frac{v_{ac}}{Z_T}$$

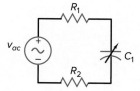

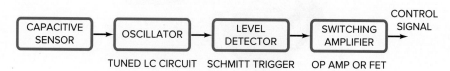

| 그림 23·21 | 정전식 센서의 전기적 모델 | 그림 23·22 | 정전식 근접 센서의 블록다이어그램

리드선이 짧으면 저항을 무시할 수 있고 R_T는 0에 접근한다. 리드선의 저항을 무시할 수 있으면 Z_T에 대한 식을 단순화할 수 있다.

$$Z_T = \sqrt{R_T^2 + X_C^2}$$

$$Z_T = \sqrt{0^2 + X_C^2} = \sqrt{X_C^2} = X_C$$

ac 전류에 대한 식은 식 (23-9)로 축소된다.

$$i = \frac{v_{ac}}{Z_T} \quad Z_T = X_C \therefore \quad i = \frac{v_{ac}}{X_C}$$

$$i = \frac{v_{ac}}{X_C} \tag{23-9}$$

용량성 리액턴스와 전류는 서로 반비례한다. 용량성 리액턴스가 변하면 전류도 반대로 변한다. 전류의 변화는 물체의 존재를 결정하는 데 사용된다.

또 다른 일반적인 회로 구성은 LC 동조회로이다. LC 동조회로를 사용하는 정전식 근접 센서의 블록다이어그램을 그림 23-22에 나타냈다. 처음에 공기는 정전식 근접 센서의 유전체이다. 물체가 정전식 근접 센서에 의해 생성된 정전기장에 들어가면 유전값이 변경된다. 유전값의 변화는 LC 발진기 회로의 전체 커패시턴스의 변화를 일으킨다. 커패시턴스가 증가하면 내부 LC 동조회로가 발진한다. 20장 20-3절 "히스테리시스를 가지는 비교기"에서 소개된 슈미트 트리거는 발진이 미리 설정된 수준(트립 포인트)에 도달할 때를 감지하는 데 일반적으로 사용된다. 슈미트 트리거의 출력상태 변화는 스위칭 증폭기를 구동하고, 제어신호는 PLC 또는 제어장치로 전송된다. 물체가 정전기장을 벗어나면 발진이 멈춘다. 슈미트 트리거가 상태를 변경하고, 차례로 제어신호가 상태를 변경한다.

예를 들어 2개의 판이 탱크 측면에 배치된다. 탱크가 채워지면 탱크의 액체가 공기를 대체하고 유전 상수가 변경된다. 센서에 의해 생성된 커패시턴스의 양을 모니터링하여 그림 23-23과 같이 액체의 특정 수위를 얻을 수 있다.

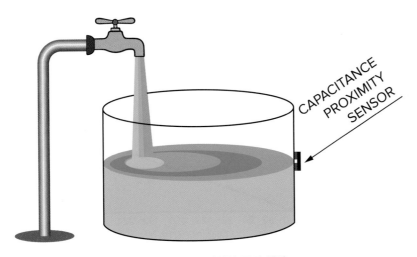

| 그림 23-23 | 정전식 근접 센서

23-6 데이터 변환

아날로그-디지털 변환(ADC)

인더스트리 4.0에서 자동화는 자동화 셀 간의 데이터 공유에 크게 의존한다. 센서의 증폭기에서 아날로그 전압이 수집되면, 디지털화되고 PLC로 전송되어, 폐쇄 피드백 루프에서 사용되고 전체 시스템과 공유된다. 전압 유형에 따라 필요한 **ADC**(analog-to-digital conversion, 아날로그-디지털 변환) 유형이 결정된다. dc전압에서 디지털신호로의 변환은 ac전압을 디지털신호로 변환하는 것보다 덜 복잡하다.

이진수

요약하면, 디지털신호는 이진수 시스템을 기반으로 한다. 디지털신호는 LOW 및 HIGH의 두 가지 논리 상태로 구성된다. 논리 LOW는 0으로 표시되고 논리 HIGH는 1로 표시된다. 트랜지스터-트랜지스터 논리(transistor-transistor-logic: TTL)의 전압 범위는 논리 LOW의 경우 0~0.8 V이고, 논리 HIGH의 경우 2.0~5.0 V이다. 이진수에서 1 또는 0은 각각 비트로 간주된다. 4비트 그룹을 니블(nibble)이라고 하고, 8비트 그룹을 바이트(byte)라고 한다. 가장 오른쪽 비트는 가장 작은 값을 나타내므로 최하위 비트(least significant bit: LSB)라고 한다. 가장 왼쪽의 비트는 그림 23-24와 같이 가장 큰 값을 나타내므로 최상위 비트(most significant bit: MSB)라고 한다.

MSB   LSB
1 1 1 1 1 1 1 1
2^7 2^6 2^5 2^4 2^3 2^2 2^1 2^0

┃ 그림 23-24 ┃ 이진수에서 비트의 위치

dc 아날로그-디지털 변환

dc전압을 디지털신호로 변환할 때, dc전압은 특정 수의 스텝으로 나뉜다. 각 스텝은 특정 전압 증가를 나타낸다. 스텝에는 0에서 ($2^{\text{\# of Bits}} - 1$)까지의 이진수가 할당된다. 스텝 수는 ADC 회로가 제공하는 비트 수를 기반으로 한다. 예를 들어 8비트 ADC는 2^8 또는 256 스텝을 제공하며, 이는 2진수로 00000000에서 11111111에 해당한다. dc전압 범위가 0~1 V인 경우, 각 스텝은 3.9 mV를 나타낸다. 비트 수가 많을수록 전압 스텝 크기는 작아진다. 비트 수를 해상도라고 한다. 8비트 ADC는 그림 23-25와 같이 256 스텝을 가지고 있다.

$$\frac{\text{최대 dc 전압}}{2^{\text{\# of Bits}}} = \text{전압 스텝}$$

(23-10)

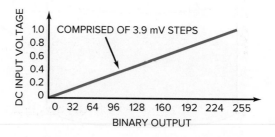

┃ 그림 23-25 ┃ 8비트 아날로그-디지털 변환

$$\frac{1\ V}{2^8} = \frac{1\ V}{256} = 3.9\ mV$$

응용예제 23-6

12비트 ADC 시스템은 0~5 V 아날로그 dc전압을 디지털화하는 데 사용된다. ADC 시스템의 분해능과 전압 스텝 크기를 구하라.

풀이

분해능 = 비트 수

분해능 = 12, 4,096스텝을 제공

$$\frac{\text{최대 dc 전압}}{2^{\#\ of\ Bits}} = \text{전압 스텝}$$

$$\frac{5\ V}{2^{12}} = 1.22\ mV$$

연습문제 23-6 10비트 ADC 시스템은 0~3 V 아날로그 dc전압을 디지털화하는 데 사용된다. ADC 시스템의 분해능과 전압 스텝 크기를 구하라.

ac 아날로그-디지털 변환

ac신호를 디지털신호로 변환하려면 추가 신호처리가 필요하다. 아날로그 ac신호는 원래 신호 주파수의 최소 2배 주파수로 샘플링되어야 한다. 이것을 **나이퀴스트율**(Nyquist rate)이라고 한다. 나이퀴스트는 아날로그신호의 정확한 표현을 보장하기 위해, 아날로그신호가 아날로그신호의 최고 주파수의 2배로 샘플링되어야 한다고 결정했다.

아날로그-디지털 변환 회로의 최대 입력전압 레벨은 ADC의 분해능에 따라 스텝으로 나뉜다. 전압은 나이퀴스트 샘플링 속도로 측정되며, 관련 이진수가 저장된다. 아날로그신호가 샘플링되기 전에 **안티-앨리어싱 필터**(anti-aliasing filter)를 통과하는 것이 일반적이다. 안티-앨리어싱 필터는 일반적으로 나이퀴스트율의 절반인 코너 주파수를 갖는 저역통과 필터이다. 안티-앨리어싱 필터는 원래 신호의 주파수보다 높은 모든 신호를 제거시킨다. 저역통과 필터는 19장 19-1절 "이상적인 응답"에서 소개되었다.

아날로그-디지털 변환에 사용되는 회로는 개별 회로에서 단일 집적회로로 발전했다. 표 23-1에 나와 있는 것처럼 제조업체가 집적회로 설계에 사용하는 특정 응용프로그램을 기반으로 한 여러 접근방식이 있으며, 각각 장단점이 있다.

ADC114S06B 16비트 델타-시그마 ADC의 기능 블록다이어그램을 그림 23-26에 나타냈다. 이 ADC 집적회로는 구성 가능한 디지털 대역저지 필터를 사용하여 50 Hz 또는 60 Hz 잡음을 제거한다. 이 디지털 대역저지 필터는 전력선 노이즈가 있는 산업 환경에서 매우 중요하다. 대역저지 필터는 19장 19-1절 "이상적인 응답"에서 소개되었다.

1~128 범위의 전압이득은 프로그래머블 이득 증폭기(programmable gain amplifier: PGA)에서 가능하다. 이 저잡음, 고전압 이득 증폭기는 저항성 온도 감지기(RTD)와 함

전자공학 혁신가

나이퀴스트 박사는 열잡음을 설명하는 데 사용되는 수학 방정식을 개발했다. 또한 나이퀴스트 샘플링 정리는 통신 분야에 크게 기여했다. 그의 작업은 전자공학의 많은 영역에서 계속해서 중요한 역할을 하고 있다. 해리 테오도르 나이퀴스트(Harry Theodor Nyquist, 1889~1976)는 스웨덴에서 태어나 18세에 미국으로 이주했다. 그는 노스다코타대학교에서 전기공학으로 1914년에 B.S. 학위를 받았고, 1915년에 M.S. 학위를 받았다. 2년 후에는 예일대학교에서 물리학 박사 학위를 받았다.

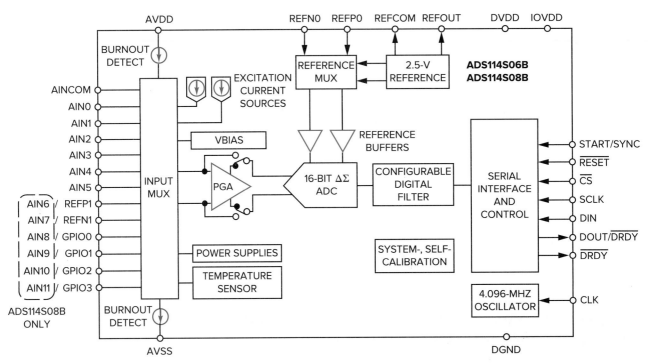

Courtesy of Texas Instruments

| 그림 23-26 | ADS114S06B 기능 블록다이어그램

께 사용하기에 적합하다. 집적회로에는 10~2,000 μA의 전류를 제공하는 RTD와 함께 사용하기 위한 2개의 정합 프로그래머블 전류원이 포함되어 있다.

멀티플렉싱은 11장 11-9절 "여러 가지 JFET 응용"에 소개되었다. ADC114S06B는 멀티플렉싱을 사용하여 증폭을 위해 PGA에 6개의 아날로그 입력을 연결한다. 신호가 증폭된 후 아날로그에서 디지털로 변환된다. 신호가 변환되면 직렬 주변장치 인터페이스(serial peripheral interface: SPI)가 있는 경우 프로그래머블 로직 컨트롤러 또는 마이크로 컨트롤러에 직렬로 전송된다.

표 23-1	아날로그-디지털 변환 비교	
형태	**장점**	**단점**
플래시 ADC	매우 빠름, 큰 대역폭	낮은 분해능, 고전력 소모, 8비트 분해능에 제한됨
델타-시그마 ADC	높은 분해능, 뛰어난 안티-앨리어싱	과잉 샘플링 때문에 높은 클럭 비율이 필요
연속-근사-레지스터 ADC	높은 분해능, 저전력, 작은 폼팩터(form factor)	낮은 샘플링 비율

23-7 데이터 교환

인더스트리 4.0의 중심 테마는 정보 수집 및 공유이다. 원자재의 위치, 조립되는 부품, 장비의 작동 매개변수 및 제조되는 환경을 설명하는 데이터가 지속적으로 수집되고 분석된다. 이러한 광범위한 데이터 수집은 작업과 환경에 따라 다양한 방식으로 수행된다. 가장 일반적인 방법은 무선주파수 식별(radio-frequency identification: RFID), 기계 간(M2M) 및 산업용 사물 인터넷(Industrial Internet of Things: IIoT)을 포함한다. 많은 경우 이러한 방법을 조합하여 사용한다.

무선주파수 식별(RFID)

바코드는 수년 동안 품목을 추적하는 데 사용되었다. 그러나 바코드를 읽기 위해서는 바코드 스캐너에 맞대고 있어야 한다. 바코드를 읽으려면 스캐너의 명확한 시야와 함께 물체의 방향을 제대로 맞추는 것이 필요하다. 무선주파수 식별은 전파를 사용하여 RFID 태그에서 디지털 데이터를 읽는 무선 시스템이다. RFID 태그가 안테나에 맞대고 있어야 할 필요는 없다. RFID 태그와 안테나 사이에 다른 품목이나 재료가 있을 수 있다. 광학 스캐너 대신 무선 기술을 사용하여 산업 환경에서 응용을 확장했다. RFID 시스템은 일반적으로 900~915 MHz의 주파수에서 작동한다. 바코드 태그와 RFID 태그의 예를 그림 23-27에 나타냈다.

Huseyinbas/Shutterstock;
Kritchanut/123RF.com

┃ 그림 23-27 ┃ 바코드 태그와 RFID 태그

수동형 RFID 태그

태그는 수동 및 능동 두 가지 범주로 나뉜다. **수동형 RFID 태그**(passive RFID tag)는 전파에서 에너지를 수집하여 태그 내부의 작은 회로에 전원을 공급하는 데 사용한다. 이 회로는 **RFID 리더기**(RFID reader)에 의해 판독되는, 사전 프로그래밍된 디지털 식별 신호를 보낸다. RFID 리더는 데이터를 수신해서 그림 23-28과 같이 컴퓨터 시스템에 전달하여 데이터베이스에 저장한다. RFID 태그는 자동화된 조립 공정을 시작할 때 제품에 부착된다. 각 자동화 셀에는 RFID 리더가 있다. 이를 통해 컴퓨터 시스템은 제품이 조립 라인에 있는 위치를 추적할 수 있다. RFID 태그는 스티커로 부착하거나 플라스틱 하우징에 내장할 수 있다. 수동형 RFID 태그의 작동 거리는 30 ft 이하이다.

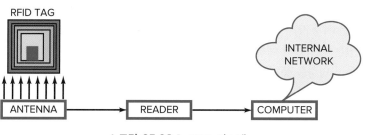

┃ 그림 23-28 ┃ RFID 시스템

능동형 RFID 태그

능동형 RFID 태그(active RFID tag)는 수동형 RFID 태그에 전원공급장치 및 부가 전자장치의 두 섹션을 추가한다. 전원공급장치는 일반적으로 배터리이다. 그러나 때때로 배터리 대신 작은 태양 전지판이 사용된다. 부가 전자장치에는 마이크로컨트롤러, 메모리, 센서 및 입력/출력 포트가 포함될 수 있다.

능동형 RFID 태그에 센서와 마이크로컨트롤러를 추가하면 태그의 용도를 더 늘릴 수 있다. 제품을 추적하는 데 사용할 수 있을 뿐만 아니라 온보드 센서로 제품 상태를 모니터링할 수도 있다. 능동형 RFID 태그의 작동 거리는 300 ft를 초과한다.

능동형 RFID 태그는 비콘과 트랜스폰더의 두 가지 형태로 가능하다. **RFID 비콘** (RFID beacon) 스타일 태그는 몇 초마다 특정 정보가 포함된 신호를 전송한다. 비콘 RFID 태그가 리더기 범위 내에 있으면 해당 정보가 잡히게 된다. 반복적인 전송으로 인해 배터리 수명이 단축된다. 감소를 상쇄하기 위해 송신기의 출력 전력은 일반적으로 트랜스폰더의 출력 전력보다 낮다.

RFID 트랜스폰더(RFID transponder) 구성에서 일단 RFID 태그가 리더기로부터 신호를 받으면 신호가 시작된다. 이 형식은 배터리 수명을 절약하고 전송된 신호에 대해 더 높은 출력을 허용한다. 트랜스폰더는 비콘 구성보다 더 큰 범위를 갖는다.

수동형과 능동형 태그는 모두 읽기 전용 및 읽기-쓰기 형태로 사용할 수 있다. 읽기 전용 RFID 태그는 한번 프로그래밍되면 데이터는 변경될 수 없다. 읽기-쓰기 태그를 사용하면 태그가 사용되는 동안 RFID 태그의 데이터를 업데이트할 수 있다.

사물 인터넷

사물 인터넷(Internet of Things: IoT)은 사전에 인터넷에 연결되지 않은 장치들을 인터넷을 통해 함께 연결한 것이다. 좋은 예가 가정용 온도 조절 장치이다. 가정의 온도를 조절하는 온도 조절기는 정적 장치에서 인터넷에 액세스할 수 있는 프로그래밍 가능한 장치로 진화했다. 온도 조절 장치를 프로그래밍하거나 조정하기 위해 실제적으로 존재하지 않아도 이제 인터넷을 통해 프로그래밍하고 제어할 수 있다. IoT 온도 조절기는 모두 스마트폰용 앱과 함께 제공된다. 이 앱을 통해 온도 조절기를 직접 프로그래밍하고 제어할 수 있다. IoT 장치의 가정용 사용에는 전구, 온도 조절기, 초인종, 벽면 콘센트, 스마트 TV, 스마트 스피커 및 차고 문 오프너가 포함된다. 집밖의 장치도 인터넷에 추가되고 있다. 장치 목록에는 가로등, 보안 카메라 및 전기 계량기가 포함된다. 인터넷에 액세스할 수 있는 프로그래밍 가능 장치 목록은 매일 계속해서 확장되고 있다. IoT 장치의 주요 목적은 사용자가 공통 작업을 쉽게 수행할 수 있도록 하는 것이다. IoT 장치로 수행할 수 있는 작업들의 예를 들자면, 실내 온도를 변경하고, 차고 문이 열려 있는지 확인하고, 음성 명령을 통해 실내 조명을 제어하는 등이다.

M2M 통신

프로그래머블 로직 컨트롤러, 스마트 센서, 로봇, 컨베이어 라인 및 머시닝 센터는 다른 장치에서 수신한 정보에 따라 작동하도록 프로그래밍할 수 있다. 이러한 유형의 통신을 M2M(machine-to-machine) 통신이라고 한다. 자동화된 공정에서 대부분의 통신은 사

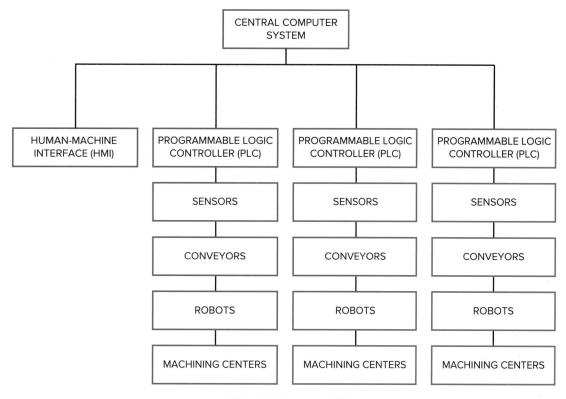

| 그림 23·29 | M2M 통신

람의 상호작용 없이 기계 간에 이루어진다. M2M 네트워크는 프로그래머블 로직 컨트롤러, 센서, 로봇 및 제조 현장의 머시닝 센터 간에 정보 교환을 수행하도록 설계되었다. M2M 네트워크는 유선 또는 무선일 수 있다. 그림 23-29와 같이 중앙 컴퓨터 시스템은 프로그래머블 로직 컨트롤러와 함께 통신하며, 이는 차례로 관련 센서, 컨베이어, 로봇, 머시닝 센터와 통신한다. 중앙 컴퓨터 시스템은 네트워크에 있는 장치의 상태를 추적하고, 이러한 장치의 데이터에 액세스할 수 있는 수단을 제공한다.

원격 장치 및 자동화 시스템의 중앙 집중식 프로세스 관리 시스템은 풍부한 데이터를 제공하고, 제조 공정에서 정보에 입각한 의사결정을 용이하게 한다.

장치와 중앙 컴퓨터 시스템 간의 유선연결 요구사항은 제한 요인이었다. 무선통신의 발전은 중앙 컴퓨터 시스템과 장치 간의 통신수단을 제공했다. 현재 M2M 통신은 IIoT(산업용 사물 인터넷)를 통해 이루어진다.

산업용 사물 인터넷

산업용 사물 인터넷(IIoT)을 통한 상호연결을 위해서는 장치가 안전한 네트워크 연결을 유지해야 한다. IIoT는 내부 클라우드를 사용하여 프로토콜이 다른 장치 간에 데이터를 공유할 수 있다. 제조 데이터의 엄격한 보안 요구 사항은 IIoT를 IoT와 차별화시킨다. 높은 수준의 데이터 보안을 유지하기 위해 IIoT는 제조시설에 의해 유지 관리되는 내부 클라우드를 활용한다. 이에 비해 IoT는 외부 클라우드를 활용하여 데이터를 교환하고 보관한다.

IIoT가 제공하는 보안 네트워크는 자동화 시스템이 제조 플랫폼 간에 통신할 수 있는 무선 네트워크 환경을 제공한다. 수집된 모든 데이터를 분석하여 효율성 향상, 리소스의 효율적인 사용, 작업자의 안전하고 효율적인 사용, 데이터기반 의사결정을 제공할 수 있다. IIoT 장치는 다양한 기술을 활용하여, 연결된 다른 장치와 데이터를 공유한다. 이러한 장치에는 높은 수준의 네트워크 보안이 필요하다. 데이터는 일반적으로 제조시설 내의 여러 부서에서 사용할 수 있도록 내부 클라우드에 저장된다. IIoT 장치와 제조시설의 산업용 네트워크 간의 네트워크 연결은 네트워크에 대한 무단 액세스를 방지하기 위해 안전하게 유지되어야 한다. 산업 제조 데이터는 산업 네트워크에 대한 액세스와 함께 안전하게 유지되어야 한다. 만약 컴퓨터 해커가 산업 네트워크에 액세스하게 된다면, 생산을 중단하고 몸값을 요구하거나 회사의 경쟁업체에 데이터를 판매할 수 있다.

인더스트리 3.0에서 로봇, 센서 및 제어장치와 같은 장치는 원래 한 쌍의 와이어로 프로그래머블 로직 컨트롤러에 연결되었다. 각 장치에는 프로그래머블 로직 컨트롤러로 다시 연결되는 고유한 와이어 세트가 있다. 이것은 로컬 네트워크에 연결된 프로그래머블 로직 컨트롤러로 발전했다. 로봇, 센서 및 제어장치는 모두 동일한 네트워크에 연결되어, M2M 통신을 통해 프로그래머블 로직 컨트롤러와 정보를 공유한다.

인더스트리 4.0에서 이는 네트워크의 모든 장치 간에 데이터를 공유하는 것으로 발전했다. 개별 프로그래머블 로직 컨트롤러는 네트워크의 장치들과 통신할 수 있을 뿐만 아니라 제조 공정 내에서 다른 프로그래머블 로직 컨트롤러와도 통신할 수 있다. 자동화 시스템에 사용되는 스마트 센서에는 다양한 상황에 대응하도록 프로그래밍할 수 있는 내부 처리 회로가 포함되어 있다. 예를 들어 중복 센서 시스템을 사용하는 광전센서가 센서 중 하나에 오염된 렌즈가 있다고 판단하면 프로그래머블 로직 컨트롤러에 경고를 보낸다. 프로그래머블 로직 컨트롤러가 전사 네트워크를 통해 작업지시를 내리고, 센서 렌즈 청소를 위해 기술자가 파견된다. 스마트 센서는 두 번째 광전센서를 사용하여 계속 작동하여, 제조 공정이 계속 작동하도록 한다. 스마트 센서는 기계 가동 중지 시간을 줄이는 데 도움이 된다.

이러한 자동화 시스템에서 생성된 모든 데이터는 내부 클라우드를 통해 회사 내 다른 부서와 공유된다. 이를 통해 하나의 주요 관리 시스템을 통해 전체 제조 공정을 모니터링하고 상호작용할 수 있다.

산업용 사물 인터넷은 공급망 정보를 주요 관리 시스템에 쉽게 연결할 수 있다. 자재 및 공급품의 리드 타임을 지속적으로 모니터링할 수 있다. 공급품은 선적된 시간부터 제조시설의 자동화된 공정에 투입될 때까지 인터넷을 통해 실시간으로 추적된다. 이를 통해 공급품으로 가득 찬 대형 창고가 필요 없이 정확한 생산 일정을 잡을 수 있다.

요점 __ *Summary*

23-1 인더스트리 4.0: 개요

인더스트리 4.0은 로봇 제조 셀과 중앙 집중식 컴퓨터 시스템 간의 상호 연결 및 통신이다. 데이터는 제조 공정의 모든 측면에서 수집되고 효율성을 개선하는 데 사용된다. 이 시스템은 또한 생산되는 물체의 요구 사항에 따라 실시간으로 제조 매개변수를 변경할 수 있는 기능을 제공한다.

23-2 스마트 센서

스마트 센서는 물리적 환경의 특정 특성에 대한 정보를 수집한다. 트랜스듀서는 전기 신호를 생성하며, 이는 스마트 센서 내에서 증폭, 조절 및 필터링된다. 내부 마이크로프로세서는 이 신호를 사용하여 센서의 상태를 확인한다. 데이터, 센서 매개변수 및 센서 상태가 산업 네트워크를 통해 제어 시스템과 통신된다.

23-3 여러 종류의 센서

센서는 수동 및 능동 두 가지 범주로 나눌 수 있다. 수동센서는 전압원이 필요하지 않지만, 능동센서는 작동하려면 전압원이 필요하다. 수동센서는 작동하기 위해 전압원이 필요하지 않지만, 생성되는 전기량은 일반적으로 증폭 및 조절이 필요하다. 이러한 기능을 제공하는 회로는 전압원을 필요로 한다.

23-4 수동센서

수동센서는 전압원이 필요하지 않다. 그들의 전기적 특성은 항상 존재한다. 수동센서의 두 가지 예는 저항성 온도 감지기(RTD)와 압전 트랜스듀서이다. RTD 내의 와이어 저항은 온도에 따라 다르다. 압전 트랜스듀서는 힘을 전기 신호로 변환한다. 이 센서는 센서의 굴곡 정도에 정비례하는 전압을 생성한다.

23-5 능동센서

능동센서가 작동하려면 전압원이 필요하다. 능동센서의 몇 가지 예는 광전센서, 근접 센서 및 초음파 센서이다. 광전센서는 빛을 사용하여 물체의 존재를 감지한다. 근접 센서는 비접촉 센서이다. 그들은 물체까지의 거리를 측정하거나 단순히 물체의 존재를 감지하는 데 사용된다. 초음파 센서는 음파를 사용하여 물체까지의 거리를 측정한다.

23-6 데이터 변환

센서의 증폭기 단계에서 획득한 아날로그 전압은 디지털화되어 PLC(프로그래머블 로직 컨트롤러)로 전송되어 폐쇄 피드백 루프에서 사용되며 전체 시스템과 공유된다. dc 및 ac 전압에는 서로 다른 ADC(아날로그-디지털 변환) 방법이 필요하다.

23-7 데이터 교환

작업과 환경에 따라 다양한 방식으로 광범위한 데이터 수집이 이루어진다. 가장 일반적인 방법은 무선주파수 식별(RFID), 기계 간(M2M) 및 산업용 사물 인터넷(IIoT)을 포함한다. 이러한 대규모 데이터 세트를 빅 데이터라고 한다. 대규모 제조시설에서는 작업 교대당 수백 기가바이트의 데이터를 생성하는 것이 일반적이다.

중요 수식 __ *Important Formulas*

$$V_A = V_1 \left(\frac{\text{RTD}}{R_1 + \text{RTD}} \right) \tag{23-1}$$

$$V_B = V_1 \left(\frac{R_3}{R_2 + R_3} \right) \tag{23-2}$$

$$V_{AB} = V_1 \left(\frac{\text{RTD}}{R_1 + \text{RTD}} \right) - V_1 \left(\frac{R_3}{R_2 + R_3} \right) \tag{23-3}$$

$$V_{AB} = V_1 \left(\frac{\text{RTD}}{R_1 + \text{RTD}} \right) - V_1 \left(\frac{1}{2} \right) \tag{23-4}$$

$$V_{AB} = V_1 \left(\frac{\text{RTD} + R_{Cable}}{R_1 + \text{RTD} + R_{Cable}} \right) - V_1 \left(\frac{1}{2} \right) \tag{23-5}$$

$$\text{물체까지의 거리} = \text{음파 속도} \times \left(\frac{\text{경과시간}}{2} \right) \tag{23-6}$$

$$C = 8.85 \times 10^{-12} \left(K_\varepsilon \times \frac{A}{d} \right) \tag{23-7}$$

$$X_C = \frac{1}{2\pi f C} \tag{23-8}$$

$$i = \frac{v_{ac}}{X_C} \tag{23-9}$$

$$\frac{\text{최대 dc 전압}}{2^{\# \text{ of Bits}}} = \text{전압 스텝} \tag{23-10}$$

연관 실험 __ *Correlated Experiments*

실험 14
광전 소자

실험 18
LED 드라이버 및 광 트랜지스터 회로

실험 52
능동 다이오드 회로 및 비교기

복습문제 __ *Self–Test*

1. 무엇이 1차 산업혁명에 기인했는가?
   a. 중앙 집중화된 생산
   b. 조면기(cotton gin)
   c. 작업을 손으로 했다.
   d. 물건이 집에서 만들어졌다.

2. 무엇이 2차 산업혁명에 기인했는가?
   a. 전기 모터
   b. 조립 라인
   c. 작업자는 특정 작업을 수행했다.
   d. 앞의 보기가 모두 답이다.

3. 무엇이 3차 산업혁명에 기인했는가?
   a. 전기 모터
   b. 조립 라인
   c. 산업 자동화
   d. 로봇 셀 간의 공유된 데이터

4. 무엇이 4차 산업혁명에 기인했는가?
   a. 컴퓨터 수치 제어(CNC) 기계
   b. 프로그래머블 로직 컨트롤러(PLC)
   c. 로봇 셀
   d. 전체 제조 환경을 통해 스마트 센서로부터 공유된 데이터

5. 스마트 센서는 _____ 데이터를 공유한다.
   a. 산업 네트워크 전반
   b. 오직 로봇 셀 내
   c. 오직 기계 운영자와 함께
   d. 매일 한 번

6. 센서의 응답은 무엇이 될 수 있는가?
   a. 저항
   b. 전압
   c. 전류
   d. 앞의 보기가 모두 답이다.

7. 스마트 센서 내 증폭기에는 어떤 유형의 입력임피던스가 필요한가?
   a. 유도성   b. 높은
   c. 용량성   d. 낮은

8. 스마트 센서와 프로그래머블 로직 컨트롤러 간의 통신은?
   a. 양방향성이다.
   b. 단방향성이다.
   c. 필요하지 않다.
   d. 앞의 보기가 모두 답이다.

9. 센서는 어떤 두 가지 범주로 나눌 수 있는가?
   a. 내부 및 외부
   b. 수동 및 능동
   c. 먼지 방지 및 방수
   d. 접촉 및 비접촉

10. 이 유형의 센서는 작동하기 위해 전압원이 필요하지 않다.
    a. 수동   b. 능동
    c. 접촉   d. 먼지 방지

11. 이 유형의 센서는 작동하기 위해 전압원이 필요하다.
    a. 수동   b. 능동
    c. 접촉   d. 먼지 방지

12. RTD는 무엇의 변화를 감지하는가?
    a. 위치   b. 각도
    c. 온도   d. 주변 광

13. 압전 트랜스듀서는 무엇을 감지하는가?
    a. 운동   b. 저항
    c. 온도   d. 주변광

14. 압전 트랜스듀서는 무엇에 비례하는 전압을 생성하는가?
    a. 주변 온도
    b. 그것을 때리는 빛의 양
    c. 그것의 유전 상수
    d. 센서의 휘는 정도

15. 광전센서는 무엇을 감지하는가?
    a. 운동   b. 저항
    c. 온도   d. 빛

16. 광전센서는 무엇을 방출하는가?
    a. 특정 파장의 빛
    b. 빛의 넓은 스펙트럼
    c. 소리
    d. 초음파

17. 확산 방식에서, 광 방출기와 검출기는?
    a. 각도가 45°이다.
    b. 각도가 90°이다.
    c. 분리된 장소에 위치한다.
    d. 같은 패키지 내에 위치한다.

18. 투과 방식에서, 광 송신기와 검출기는?
    a. 서로 이웃하여 위치한다.
    b. 각도 90°로 위치한다.
    c. 분리된 장소에 위치한다.
    d. 같은 패키지 내에 위치한다.

19. 투과 방식에서, 검출될 물체는 어떠해야만 하는가?
    a. 반사가 되는
    b. 가깝게 위치한
    c. 빛을 차단하는
    d. 빛나는

20. 확산 방식에서, 검출될 물체는 어떠해야만 하는가?
   a. 반사가 되는
   b. 가깝게 위치한
   c. 빛을 차단하는
   d. 깨끗한

21. 회귀반사 방식은 무엇을 사용해야 하는가?
   a. 두 번째 광원
   b. 반사판
   c. 프리즘
   d. 분리된 검출기

22. 회귀반사 방식에서, 광 방출기와 검출기는?
   a. 서로 이웃하여 위치한다.
   b. 각도 90°로 위치한다.
   c. 분리된 장소에 위치한다.
   d. 같은 패키지 내에 위치한다.

23. 근접 센서는?
   a. 비접촉 센서이다.
   b. 접촉 센서이다.
   c. 진동 센서이다.
   d. 습도 센서이다.

24. 근접 센서는 무엇을 활용하는가?
   a. 초음파
   b. 전자기파
   c. 전기장
   d. 앞의 보기가 모두 답이다.

25. 초음파 센서는 무엇을 측정하기 위해 음파를 활용하는가?
   a. 거리   b. 저항
   c. 온도   d. 빛

26. 초음파 센서는 무엇을 포함하고 있나?
   a. 송신기
   b. 수신기
   c. 송신기 및 수신기
   d. 광원

27. 초음파 센서는?
   a. 비접촉 센서이다.
   b. 접촉 센서이다.
   c. 진동 센서이다.
   d. 습도 센서이다.

28. 정전식 근접 센서는 물체의 존재를 검출하기 위해 어떤 변화를 이용하는가?
   a. 전압   b. 전류
   c. 커패시턴스   d. 저항

29. dc전압을 디지털신호로 변환시키는 것을 무엇이라 하는가?
   a. 수치 변환
   b. 외삽
   c. 선형화
   d. 아날로그-디지털 변환

30. 8비트 아날로그-디지털 변환은 아날로그신호를 몇 스텝으로 나누는가?
   a. 64스텝   b. 128스텝
   c. 256스텝   d. 512스텝

31. 아날로그-디지털 변환에서 스텝의 수는 무엇이라 하는가?
   a. 나이퀴스트수 b. 분해능
   c. 스텝 비율   d. 슬루율

32. 아날로그 ac신호는?
   a. 원래 신호와 같은 비율로 샘플되어야 한다.
   b. 원래 신호의 2배 비율로 샘플되어야 한다.
   c. 원래 신호의 절반 비율로 샘플되어야 한다.
   d. 원래 신호의 1/3 비율로 샘플되어야 한다.

33. 샘플 속도를 무엇이라 부르는가?
   a. 나이퀴스트율 b. 앨리어싱 속도
   c. 분해능 속도   d. 클럭 속도

34. 안티-앨리어싱 필터는 일반적으로 무슨 필터인가?
   a. 고역통과 필터
   b. 대역통과 필터
   c. 대역저지 필터
   d. 저역통과 필터

35. 무선주파수 식별(RFID)은 어떤 시스템인가?
   a. 유선 시스템
   b. 무선 시스템
   c. 광 스캐너 시스템
   d. 앞의 보기가 모두 답이다.

36. RFID 태그는 어떤 두 가지 범주로 나눌 수 있는가?
   a. 아날로그 및 디지털
   b. 용량성 및 유도성
   c. 수동형 및 능동형
   d. 접촉 및 비접촉

37. 어떤 형태의 RFID 태그가 라디오파로부터 에너지를 모아서 태그의 내부 회로에 전력을 공급하는가?
   a. 능동형   b. 수동형
   c. 유도성   d. 접촉

38. 어떤 형태의 RFID 태그가 작은 배터리를 사용해서 태그의 내부 회로에 전력을 공급하는가?
   a. 능동형   b. 수동형
   c. 유도성   d. 접촉

39. 어떤 형태의 RFID 태그가 비콘과 트랜스폰더의 두 형태가 가능한가?
   a. 능동형   b. 수동형
   c. 유도성   d. 접촉

40. 비콘 형태에서 RFID 태그는?
   a. 데이터를 매일 전송한다.
   b. 데이터를 매주 전송한다.
   c. 데이터를 몇 초마다 전송한다.
   d. 리더기로부터 신호를 받을 때 데이터를 전송한다.

41. 트랜스폰더 형태에서 RFID 태그는?
   a. 데이터를 매일 전송한다.
   b. 데이터를 매주 전송한다.
   c. 데이터를 몇 초마다 전송한다.
   d. 리더기로부터 신호를 받을 때 데이터를 전송한다.

42. M2M 통신은?
   a. 인간의 상호작용이 필요하다.

b. 기계 사이에서 발생한다.

c. 유선 시스템이 필요하다.

d. 무선 시스템이 필요하다.

43. M2M 시스템으로부터 데이터는?

a. HMI 인터페이스를 통해서만 접근 가능하다.

b. PLC를 통해서만 접근 가능하다.

c. 중앙 집중식 공정관리 시스템으로 부터 접근 가능하다.

d. PLC에 국한된다.

44. 산업용 사물 인터넷은?

a. 사물 인터넷과 동일한 보안 요구 사항을 갖는다.

b. 사물 인터넷보다 더 엄격한 보안 요구 사항을 갖는다.

c. 보안 요구 사항이 없다.

d. 최소한의 보안 요구 사항을 갖는다.

45. 산업용 사물 인터넷은?

a. 데이터를 저장하고 공유하기 위해 내부 클라우드를 활용한다.

b. 데이터를 저장하고 공유하기 위해 외부 클라우드를 활용한다.

c. 데이터를 저장하고 공유하기 위해 공공 클라우드를 활용한다.

d. 데이터를 저장하고 공유하기 위해 아날로그 클라우드를 활용한다.

기본문제 __ *Problems*

23-1　인더스트리 4.0: 개요

23-1　1차 산업혁명의 시작이라고 간주되는 이 발명은?

23-2　1차 산업혁명 시대에는 더 이상 손으로 물건을 만들지 않았고 집에서 물건을 만들지 않았다. 이제 물건이 만들어졌던 장소는 어디인가?

23-3　2차 산업혁명이라고 인정받게 된 중요한 발견은?

23-4　헨리 포드(Henry Ford)가 발명한 것으로 인정된 중요한 제조 공정은?

23-5　3차 산업혁명 때 유입된 중요한 제조 공정은?

23-6　이러한 기계의 개발로 가공 공정이 개선되었다. 이 기계는 무엇인가?

23-7　어떤 형태의 컴퓨터가 산업 자동화를 제어했는가?

23-8　제조 환경 전반에 걸쳐 데이터를 공유하는 로봇 셀의 능력은 어떤 혁명의 도래를 알렸는가?

23-2　스마트 센서

23-9　센서가 감지할 수 있는 물리적 환경의 특성에 대한 예를 나열하라.

23-10　제조 환경 센서의 응답이 될 수 있는 세 가지 전기량은?

23-11　증폭기의 높은 입력임피던스는 트랜스듀서가 어떤 형태의 전원임을 보장하는가?

23-12　스마트 센서와 PLC 간의 통신에 대해 설명하라.

23-13　스마트 센서의 4 스테이지를 열거하라.

23-3　여러 종류의 센서

23-14　스마트 센서의 두 범주를 열거하라.

23-15　수동센서는 이 장치가 작동할 필요가 없다. 이 장치는?

23-16　능동센서는 이 장치가 작동해야 한다. 이 장치는?

23-4　수동센서

23-17　저항성 온도 검출기(RTD)가 온도 변화를 감지할 때 어떤 전기량이 변화하는가?

23-18　RTD 제조에 일반적으로 사용되는 금속 유형을 나열하라.

23-19　RTD의 저항을 결정하는 데 일반적으로 사용되는 회로 구성을 나열하라.

23-20　그림 23-30에서 케이블의 저항을 무시하라. RTD = 119.25 Ω인 50°C에서 V_{AB}를 구하라. $V_1 = 10$ V, $R_1 = 100$ Ω

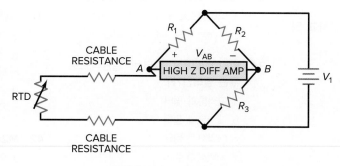

| 그림 23·30 | 2선식 구성

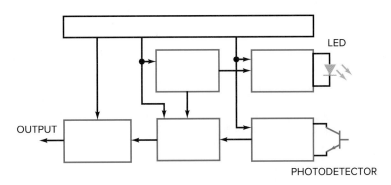

| 그림 23-31 | 광전센서 블록다이어그램

R_2 = 100 Ω, R_3 = 100 Ω이고, RTD는 0°C의 100 Ω에서 100°C의 138.5 Ω까지 변화한다. 케이블의 저항은 25 Ω이 다.

23-21 문제 20에서 케이블 저항을 포함하라. RTD = 119.25 Ω인 50°C에서 V_{AB}를 구하라.

23-22 결정에 가해진 압축력 또는 인장력은 어떤 유형의 전기량을 생성하는가?

23-23 일반적으로 지속적인 진동과 갑작스러운 충격을 감지하는 데 사용되는 트랜스듀서의 유형은?

23-5 능동센서

23-24 그림 23-31에 표시된 광전센서 블록다이어그램의 블록에 레이블을 지정하라.

23-25 음속은 20°C에서 초당 1,126 ft를 이동한다. 초음파 센서는 탱크의 액체 표면에서 고주파 음파의 짧은 파열을 방출한다. 음파가 센서로 되돌아오는 데 7 ms가 걸린다. 액체까지의 거리를 인치와 피트로 구하라.

23-26 그림 23-18과 같은 혼합탱크에 용액이 채워져 있다. 초음파 센서는 탱크 상단에 있다. 탱크의 직경은 12 ft, 높이는 16 ft이다. 탱크의 혼합 공정에는 1,500 ft³의 용액이 필요하다. 탱크에 필요한 용액의 높이와 이 특정 높이에서 초음파가 가질 왕복시간을 구하라. 탱크와 용액이 모두 실온에 있다고 가정한다. 탱크는 실린더로 모델링할 수 있다.

23-6 데이터 변환

23-27 dc전압이 0~3 V까지 변한다고 가정한다. 8비트 ADC에 대한 스텝 수와 전압 스텝의 크기를 구하라.

23-28 아날로그신호의 주파수는 2 kHz이다. 이 신호를 샘플링하기 위한 나이퀴스트율을 구하라.

23-29 ADC 집적회로가 이 특정 주파수를 제거하기 위해. 일반적으로 구성 가능한 디지털 대역저지 필터를 활용한다. 주파수는 얼마인가? 제거된 이유는 무엇인가?

23-30 아날로그신호가 샘플링되기 전에 안티-앨리어싱 필터를 통과하는 것이 일반적이다. 안티-앨리어싱 필터는 어떤 종류의 필터이며, 그 용도는 무엇인가?

23-7 데이터 교환

23-31 RFID 시스템의 일반적인 주파수 범위는 얼마인가?

23-32 수동형 RFID 태그는 어디에서 그 전력을 얻는가?

23-33 능동형 RFID 태그는 어디에서 그 전력을 얻는가?

23-34 M2M 통신에서 의사결정 공정은 어디에서 발생하는가?

23-35 M2M 통신에서 중앙 집중식 공정 관리 시스템의 목적을 설명하라.

23-36 IIoT 환경에서 일반적으로 데이터는 어디에 저장되는가?

응용문제 __ *Critical Thinking*

23-37 컨베이어 시스템에서 검은색 플라스틱 케이스의 존재를 감지하기 위해 광전센서 시스템을 선택할 때. 어떤 유형의 시스템이 가장 잘 작동하는가? 이 시스템이 최고의 선택인 이유를 설명하라.

23-38 탱크의 유체 레벨을 측정하려면 어떤 유형의 센서가 가장 좋은 선택인가? 이것이 최선의 선택인 이유를 설명하라.

23-39 탱크의 수위가 특정 지점에 도달했을 때 확인하는 데 가장 적합한 센서 시스템은 무엇인가? 이것이 최선의 선택인 이유를 설명하라.

23-40 그림 23-6의 리드번호 2는 전압 감지 리드이며 전류가 흐르지 않는다. 그 리드에 전류가 없는 이유를 설명하라.

고장점검 __ *Troubleshooting*

23-41 그림 23-32 및 고장점검표를 사용하여 T1~T3에 대한 회로고장을 진단하라. 고장은 저항 중 하나가 열려 있거나, 저항 중 하나가 단락되었거나, 연산증폭기에 오류가 발생했거나, 연산증폭기 피드백 경로가 열려 있거나, 공급 전압이 없다는 것이다.

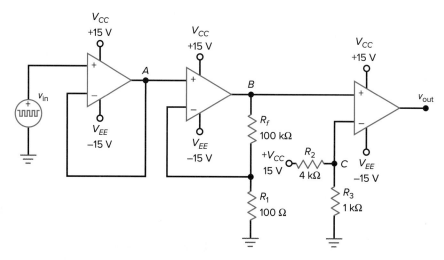

| 그림 23·32 | 버퍼 입력, 기준전압이 0이 아닌 비교기가 있는 고이득 전압 증폭기

입력신호는 2 ms의 켜짐 시간과 8 ms의 꺼짐 시간이 있는 0~10 mV 펄스열이다.

Condition	V_A	V_B	V_C	v_{out}
Ok	0–10 mV Pulse On time: 2 ms Off time: 8 ms	0–10 V Pulse On time: 2 ms Off time: 8 ms	3 V	−13.3 V to 13.3 V Pulse On time: 2 ms Off time: 8 ms
T1	0–2 mV Pulse On: 2 ms Off: 8 ms	0–2 mV Pulse On: 2 ms Off: 8 ms	3 V	−13.3 V
T2	0–10 mV Pulse On: 2 ms Off: 8 ms	0–10 mV Pulse On: 2 ms Off: 8 ms	0 V	13.3 V
T3	0–10 mV Pulse On: 2 ms Off: 8 ms	0–10 mV Pulse On: 2 ms Off: 8 ms	15 V	−13.3 V
T4	0 V	0 V	3 V	0 V
T5	0–10 mV Pulse On: 2 ms Off: 8 ms	13.3 V	3 V	13.3 V
T6	0–10 mV Pulse On: 2 ms Off: 8 ms	0 V	3 V	0 V
T7	0–10 mV Pulse On: 2 ms Off: 8 ms	0–10 mV Pulse On: 2 ms Off: 8 ms	3 V	0 V
T8	0 V	0 V	3 V	0 V
T9	13.3 V	13.3 V	3 V	13.3 V

23-42 *T4~T6*의 고장을 진단하라.　　　　　　　　　　**23-43** *T7~T9*의 고장을 진단하라.

MultiSim 고장점검 문제 __ *MultiSim Troubleshooting Problems*

멀티심 고장점검 파일들은 http://mhhe.com/malvino9e의 온라인학습센터(OLC)에 있는 멀티심 고장점검 회로(MTC)라는 폴더에서 찾을 수 있다. 이 장에 관련된 파일은 MTC23-44~MTC23-48로 명칭되어 있고 모두 그림 23-32의 회로를 바탕으로 한다.

각 파일을 열고 고장점검을 실시한다. 결함이 있는지 결정하기 위해 측정을 실시하고, 결함이 있다면 무엇인지를 찾아라.

23-44 MTC23-44 파일을 열어 고장점검을 실시하라.

23-45 MTC23-45 파일을 열어 고장점검을 실시하라.

23-46 MTC23-46 파일을 열어 고장점검을 실시하라.

23-47 MTC23-47 파일을 열어 고장점검을 실시하라.

23-48 MTC23-48 파일을 열어 고장점검을 실시하라.

직무 면접 문제 __ *Job Interview Questions*

1. 인더스트리 4.0이 인더스트리 3.0과 어떻게 다른지 설명하라.

2. 수동센서와 능동센서의 차이점은 무엇인가? 수동센서와 능동센서의 예를 들어 보라.

3. 광전센서를 사용하는 세 가지 방법은 무엇인가?

4. 초음파 센서는 물체까지의 거리를 어떻게 감지하는가?

5. 스마트 광전센서는 청소가 필요한지 어떻게 감지하는가?

6. 아날로그-디지털 변환에서 dc전압은 어떻게 이진수로 변환되는가?

7. 데이터가 일반적으로 IIoT 시스템의 내부 클라우드에 저장되는 이유는 무엇인가?

복습문제 해답 __ *Self–Test Answers*

1.	a	9.	b	17.	d	25.	a	33.	a	41.	d
2.	d	10.	a	18.	c	26.	c	34.	d	42.	b
3.	c	11.	b	19.	c	27.	a	35.	b	43.	c
4.	d	12.	c	20.	a	28.	c	36.	c	44.	b
5.	a	13.	a	21.	b	29.	d	37.	b	45.	a
6.	d	14.	d	22.	d	30.	c	38.	a		
7.	b	15.	a	23.	a	31.	b	39.	a		
8.	a	16.	a	24.	d	32.	b	40.	c		

연습문제 해답 __ *Practice Problem Answers*

23-1 25°C, V_{AB} = 231.965 mV
50°C, V_{AB} = 442.53 mV

23-2 Cable = 20 Ω,
V_{AB} = 647.064 mV
Cable = 35 Ω,
V_{AB} = 913.864 mV

23-3 $Z_{in(CL)}$ = 199.8 MΩ
$A_{V(CL)}$ = –10

v_{in} = 454.54 mV
v_{out} = –4.545 V

23-4 $Z_{in(CL)}$ = 249.9 MΩ
$A_{V(CL)}$ = 304.03
v_{ref} = 2.632 V

23-5 탱크 내 유체의 높이 = V/
(π × radius^2) = 1527 ft^3/(π × 6^2)
= 13.5 ft

왕복시간 = 운행 거리/초음파 속도
왕복시간 = 3 ft/1126 ft/sec =
2.664 ms

23-6 분해능 = 10
전압 스텝 = 3V/2^{10}
= 2.93 mV

Appendix A

아래 나열한 것은 이 책에서 사용된 반도체 소자들이다. 제조사의 데이터시트는 http://mhhe.com/malvino9e의 OLC(Online Learning Center)에 있는 Instructor Resources에서 찾을 수 있다. 더 자세한 사항은 담당 교수에게 문의하기 바란다.

1N4001~1N4007 (정류 다이오드류)

1N5221B 시리즈 (제너 다이오드류)

1N4728A 시리즈 (제너 다이오드류)

TLDR5400 (LED)

LUXEON TX (고출력 LED 이미터)

2N3903, 2N3904 (범용 실리콘 트랜지스터: *npn*)

2N3906 (범용 실리콘 트랜지스터: *pnp*)

TIP 100/101/102 (실리콘 달링턴 트랜지스터)

MPF102 (JFET *n*채널 RF 증폭기)

2N7000 (MOSFET *n*채널 증가형)

MC33866 (H-브리지 집적회로)

2N6504 (실리콘제어 정류기)

FKPF8N80 (3극 사이리스터)

FGL60N100BNTD (NPT-Trench IGBT)

LM741 (범용 연산증폭기)

LM118/218/318 (정밀 고속 연산증폭기)

LM48511 (D급 오디오 파워앰프)

LM555 (타이머)

XR-2206 (함수발생기 IC)

LM78XX 시리즈 (3단자 전압조정기)

CAT4139 (직류/직류 스텝업 변환기)

수학적 유도

이 부록에서는 교재 내의 많은 식 중에서 몇 가지만을 선택하여 유도해 본다.

식 (8-10)의 증명

이 식은 다음과 같이 주어지는 쇼클리(Shockley)에 의해 도출된 직사각형 pn접합 식에서 유도를 시작해 본다.

$$I = I_s(\varepsilon^{Vq/kT} - 1) \tag{B-1}$$

여기서 I = 다이오드 전체 전류

　　　I_s = 역포화전류

　　　V = 공핍층 양단의 전체 전압

　　　q = 전자전하

　　　k = 볼츠만상수

　　　T = 절대온도, $°C + 273$

식 (B-1)은 접합 양단에 존재하는 벌크저항을 포함하지 **않는다.** 이 때문에 이 식은 벌크저항 양단전압을 무시할 수 있을 때만 전체 다이오드에 적용할 수 있다.

실온에서 q/kT는 거의 40이므로 식 (B-1)은

$$I = I_s(\varepsilon^{40V} - 1) \tag{B-2}$$

(어떤 책에서는 $39V$로 되어 있으나 별 차이가 없다.) r_e'을 구하기 위해 V에 대해 I를 미분하면

$$\frac{dI}{dV} = 40I_s\varepsilon^{40V}$$

식 (B-2)를 사용하여 이 식을 다시 쓰면

$$\frac{dI}{dV} = 40\,(I + I_s)$$

역수를 취하면 r_e'은 다음과 같다.

$$r_e' = \frac{dV}{dI} = \frac{1}{40(I + I_s)} = \frac{25\text{ mV}}{I + I_s} \tag{B-3}$$

식 (B-3)은 역포화전류의 영향을 포함한다. 실제 선형증폭기에서 I는 I_s보다 극히 크므로(만일 그렇지 않으면 바이어스가 불안정하게 됨) r_e'의 실제 값은 다음과 같다.

$$r_e' = \frac{25 \text{ mV}}{I}$$

여기서는 이미터 공핍층에 대해 논의하므로 I에 아래첨자 E를 부가하면 다음과 같이 된다.

$$r_e' = \frac{25 \text{ mV}}{I_E}$$

식 (10-27)의 증명

그림 10-18a에서 트랜지스터의 도통시간 동안 순시 전력소비는 다음과 같다.

$$p = V_{CE}I_C$$
$$= V_{CEQ}(1 - \sin \theta)I_{C(\text{sat})} \sin \theta$$

이것은 트랜지스터가 도통되는 반사이클 동안의 소비전력이고, 차단되는 반사이클 동안에는 이상적으로 $p = 0$이다.

평균 전력소비는 다음과 같다.

$$p_{\text{av}} = \frac{\text{area}}{\text{period}} = 21\pi \int_0^\pi V_{CEQ}(1 - \sin \theta)I_{C(\text{sat})} \sin \theta \, d\theta$$

0에서 π까지의 반사이클 범위에 걸쳐 한정된 적분의 값을 구한 후 주기 2π로 나누어 주면 한 트랜지스터의 전 사이클에 걸친 평균전력을 구할 수 있다.

$$p_{\text{av}} = \frac{1}{2\pi} V_{CEQ}I_{C(\text{sat})} \left[-\cos \theta - \frac{\theta}{2} \right]_0^\pi$$

$$= 0.068 \, V_{CEQ}I_{C(\text{sat})} \tag{B-4}$$

이것은 교류 부하선상에서 100% 스윙한다는 가정하에서 전 사이클에 걸친 각 트랜지스터에서의 전력소비이다.

만일 신호가 전체 부하선에 걸쳐 스윙하지 않는다면 순시전력은 다음과 같다.

$$p = V_{CE}I_C = V_{CEQ}(1 - k \sin \theta)I_{C(\text{sat})}k \sin \theta$$

여기서 k는 0과 1 사이의 정수인데, 이 k는 사용되는 부하선의 한 부분을 나타낸다. 적분을 하면

$$p_{\text{av}} = \frac{1}{2\pi} \int_0^\pi p \, d\theta$$

따라서 다음과 같은 결과를 얻는다.

$$p_{\text{av}} = \frac{V_{CEQ}I_{C(\text{sat})}}{2\pi} \left(2k - \frac{\pi k^2}{2} \right) \tag{B-5}$$

p_{av}는 k의 함수이므로 미분할 수 있고, k의 최대값을 구하기 위해 dp_{av}/dk를 0으로 놓으면,

$$\frac{dp_{\text{av}}}{dk} = \frac{V_{CEQ}I_{C(\text{sat})}}{2\pi}(2 - k\pi) = 0$$

k는 다음과 같이 구해진다.

$$k = \frac{2}{\pi} = 0.636$$

이 k의 값을 이용하면 식 (B-5)는 다음과 같이 간소화된다.

$$p_{av} = 0.107 V_{CEQ} I_{C(sat)} \cong 0.1 V_{CEQ} I_{C(sat)}$$

$I_{C(sat)} = V_{CEQ}/R_L$와 $V_{CEQ} = $ MPP/2이므로 다음과 같이 쓸 수 있다.

$$P_{D(max)} = \frac{\text{MPP}^2}{40 R_L}$$

식 (11-15)와 (11-16)의 증명

다음의 전달컨덕턴스 식에서 시작한다.

$$\boldsymbol{I_D = I_{DSS} \left[1 - \frac{V_{GS}}{V_{GS(off)}} \right]^2} \tag{B-6}$$

이 식을 미분하면

$$\frac{dI_D}{dV_{GS}} = g_m = 2 I_{DSS} \left[1 - \frac{V_{GS}}{V_{GS(off)}} \right] \left[- \frac{1}{V_{GS(off)}} \right]$$

또는

$$\boldsymbol{g_m = - \frac{2 I_{DSS}}{V_{GS(off)}} \left[1 - \frac{V_{GS}}{V_{GS(off)}} \right]} \tag{B-7}$$

$V_{GS} = 0$일 때, 다음 식을 얻는다.

$$\boldsymbol{g_{m0} = - \frac{2 I_{DSS}}{V_{GS(off)}}} \tag{B-8}$$

이를 다시 정리하면,

$$V_{GS(off)} = - \frac{2 I_{DSS}}{g_{m0}}$$

이것이 식 (11-15)를 증명한다. 식 (B-8)을 식 (B-7)에 대입하면

$$g_m = g_{m0} \left[1 - \frac{V_{GS}}{V_{GS(off)}} \right]$$

이것이 식 (11-16)을 증명한다.

식 (16-2)의 증명

정현전압의 식은

$$v = V_P \sin \omega t$$

시간에 대한 미분은

$$\frac{dv}{dt} = \omega V_P \cos \omega t$$

$t = 0$에서 최대변화율이 발생한다. 더 나아가 주파수가 증가하면 슬루율(slew rate)과 동일한 최대변화율 점에 도달한다. 이 임계점에서,

$$S_R = \left(\frac{dv}{dt}\right)_{\max} = \omega_{\max} V_P = 2\pi f_{\max} V_P$$

S_R을 이용하여 $f_{\max}$를 구하면 다음과 같다.

$$f_{\max} = \frac{S_R}{2\pi V_P}$$

식 (17-10)의 증명

이것은 폐루프 출력 임피던스의 유도이다. 다음 식에서 시작해 본다.

$$A_{V(CL)} = \frac{A_{VOL}}{1 + A_{VOL}B}$$

이 식을 다음과 같이 대체하자.

$$A_V = A_u \frac{R_L}{r_{\text{out}} + R_L}$$

여기서 A_V는 R_L이 접속된 부하이득이고, A_u는 R_L이 접속되지 않은 무부하이득이다. A_V로 대체한 후 폐루프이득을 간략화한다.

$$A_{V(CL)} = \frac{A_u}{1 + A_u B + r_{\text{out}}/R_L}$$

$$1 + A_u B = \frac{r_{\text{out}}}{R_L}$$

$A_{V(CL)}$은 반으로 감소할 것이고, 부하저항이 귀환증폭기의 테브난 출력저항과 정합될 것이다. R_L에 대해 풀면,

$$R_L = \frac{r_{\text{out}}}{1 + A_u B}$$

이 부하저항값은 폐루프 전압이득을 반으로 감소시킬 것이고, 이 값은 폐루프 출력 임피던스와 동일하다고 말할 수 있다.

$$r_{\text{out}(CL)} = \frac{r_{\text{out}}}{1 + A_u B}$$

실제 귀환증폭기에서 r_{out}은 R_L보다 너무나 적기 때문에 A_{VOL}은 A_u와 거의 같다. 이것이 출력 임피던스를 일반적으로 다음과 같이 표현하는 이유이다.

$$r_{\text{out}(CL)} = \frac{r_{\text{out}}}{1 + A_{VOL}B}$$

여기서 $r_{\text{out}(CL)}$ = 폐루프 출력 임피던스

r_{out} = 개방루프 출력 임피던스

$A_{VOL}B$ = 개방루프 이득

식 (17-23)의 증명

그림 17-12에서 가상접지 때문에 반드시 입력전류 전부가 R_1을 통해 흐른다. 회로 주변의 전압을 합하면,

$$-v_{\text{error}} + i_{\text{in}}R_2 - (i_{\text{out}} - i_{\text{in}})R_1 = 0 \tag{B-9}$$

v_{error}와 v_{out}은 다음과 같이 대체할 수 있다.

$$v_{\text{error}} = \frac{v_{\text{out}}}{A_{VOL}}$$

$$v_{\text{out}} = i_{\text{out}}R_L + (i_{\text{out}} - i_{\text{in}})R_1$$

따라서 식 (B-9)는 다음과 같이 재정리할 수 있다.

$$\frac{i_{\text{out}}}{i_{\text{in}}} = \frac{A_{VOL}R_2 + (1 + A_{VOL})R_1}{R_L + (1 + A_{VOL})R_1}$$

A_{VOL}은 항상 1보다 극히 크므로 이 식은 다음과 같이 정리할 수 있다.

$$\frac{i_{\text{out}}}{i_{\text{in}}} = \frac{A_{VOL}(R_1 + R_2)}{R_L + A_{VOL}R_1}$$

또, $A_{VOL}R_2$는 항상 R_L보다 극히 크므로 다음과 같이 간략화할 수 있다.

$$\frac{i_{\text{out}}}{i_{\text{in}}} = \frac{R_2}{R_1} + 1$$

식 (20-17)의 증명

커패시터전압의 변화는 다음 식으로 주어진다.

$$\Delta V = \frac{IT}{C} \tag{B-10}$$

그림 20-28a에서 입력전압의 양의 반사이클 동안 커패시터 충전전류는 이상적으로

$$I = \frac{V_P}{R}$$

T는 출력램프의 정지시간이기 때문에 출력주기의 반을 나타낸다. 만일 입력 구형파의 주파수를 f라고 한다면 $T = 1/2f$이다. 이를 식 (B-10)에서 I와 T에 대입하면,

$$\Delta V = \frac{V_P}{2fRC}$$

입력전압은 V_P의 피크값을 가지는 반면 출력전압은 ΔV의 피크-피크값을 가진다. 그러므로 이 식은 다음과 같이 쓸 수 있다.

$$v_{\text{out(p-p)}} = \frac{V_P}{2fRC}$$

식 (20-18)의 증명

UTP는 $+BV_{\text{sat}}$의 값을, LTP는 $-BV_{\text{sat}}$의 값을 가진다. 일반적인 RC회로에 적용하는 기본 스위칭 식에서 시작해 보자.

$$v = v_i + (v_f - v_i)(1 - e^{-t/RC}) \tag{B-11}$$

여기서 v = 순시 커패시터전압
  v_i = 초기 커패시터전압
  v_f = 목표 커패시터전압
  t = 충전시간
  RC = 시정수

그림 20-32b에서 커패시터의 충전은 $-BV_{\text{sat}}$인 초기값에서 시작하여 $+BV_{\text{sat}}$값에서 끝난다. 커패시터전압의 목표전압은 $+V_{\text{sat}}$이고, 커패시터 충전시간은 한 주기의 반, 즉 $T/2$이다. 이를 식 (B-11)에 대입하면,

$$BV_{\text{sat}} = -BV_{\text{sat}} + (V_{\text{sat}} + BV_{\text{sat}})(1 - e^{-T/2RC})$$

이를 간략화하면,

$$\frac{2B}{1+B} = 1 - e^{-T/2RC}$$

역로그(antilog)를 취해 재정리하면 다음 식을 얻을 수 있다.

$$T = 2RC \ln \frac{1+B}{1-B}$$

식 (21-25)의 증명

일반적인 RC회로의 스위칭 식인 식 (B-11)에서 시작하자. 그림 21-33에서 초기 커패시터전압은 0이고, 목표 커패시터전압은 $+V_{CC}$, 최종 커패시터전압은 $+2V_{CC}/3$이다. 이를 식 (B-11)에 대입하면,

$$\frac{2V_{CC}}{3} = V_{CC}(1 - e^{-W/RC})$$

이를 간략화하면,

$$e^{-W/RC} = \frac{1}{3}$$

W에 대해 풀면,

$$W = 1.0986RC \cong 1.1RC$$

식 (21-28)과 (21-29)의 증명

그림 21-36에서 커패시터를 상승전압으로 충전하는 데 걸리는 시간은 W이다. 커패시터 전압은 $+V_{CC}/3$에서 시작하여 목표전압 $+V_{CC}$를 가지나 $+2V_{CC}/3$에서 끝난다. 이를 식 (B-11)에 대입하면,

$$\frac{2V_{CC}}{3} = \frac{V_{CC}}{3} + \left(V_{CC} - \frac{V_{CC}}{3}\right)(1 - e^{-W/RC})$$

이를 간략화하면,

$$e^{-W/RC} = 0.5$$

또는

$$W = 0.693RC = 0.693(R_1 + R_2)C$$

　방전 식은 $R_1 + R_2$ 대신 R_2를 사용한 것을 제외하고는 같다. 그림 21-36에서 방전시간 $T - W$는,

$$T - W = 0.693R_2C$$

그러므로 주기는,

$$T = 0.693(R_1 + R_2)C + 0.693R_2C$$

그리고 듀티사이클(duty cycle)은,

$$D = \frac{0.693(R_1 + R_2)C}{0.693(R_1 + R_2)C + 0.693R_2C} \times 100\%$$

또는

$$D = \frac{R_1 + R_2}{R_1 + 2R_2} \times 100\%$$

주파수를 구하기 위해 주기 T의 역수를 취하면,

$$f = \frac{1}{T} = \frac{1}{0.693(R_1 + R_2)C + 0.693R_2C}$$

또는

$$f = \frac{1.44}{(R_1 + 2R_2)C}$$

Appendix C

디지털/아날로그 실습 시스템

부록 C에는 많은 장들의 말미에 수록된 문제에서 언급되는 XK-700 디지털/아날로 그 실습 시스템의 회로도를 나타내었다. 이 회로도는 http://mhhe.com/malvino9e의 OLC(Online Learning Center)에 있는 Instructor Resources에서도 확인할 수 있다. 더 자세한 사항은 담당 교수에게 문의하기 바란다. 모델 XK-700 실습기용 전체 설명 매뉴 얼은 www.elenco.com에서 찾아볼 수 있다.

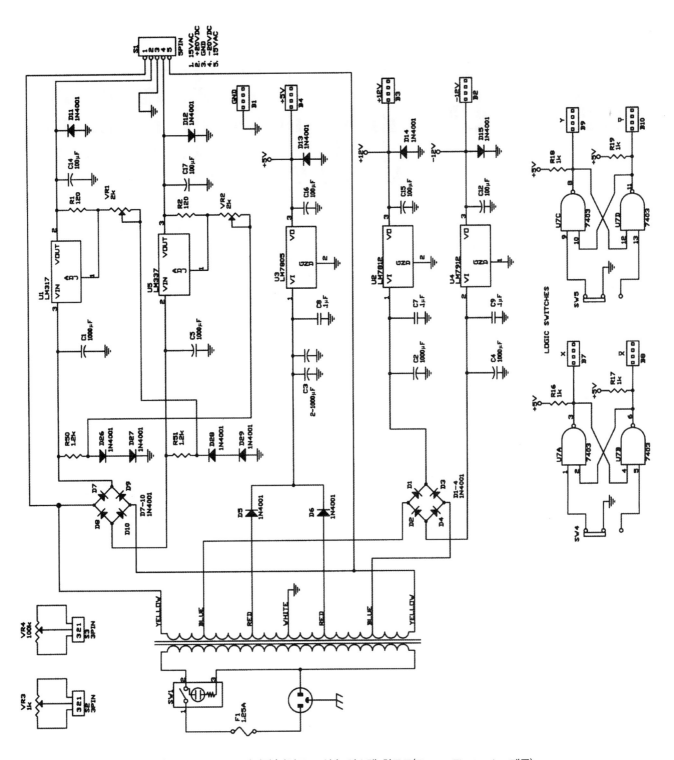

| 그림 C-1 | XK-700 디지털/아날로그 실습 시스템 회로도(Elenco Electronics 제공)

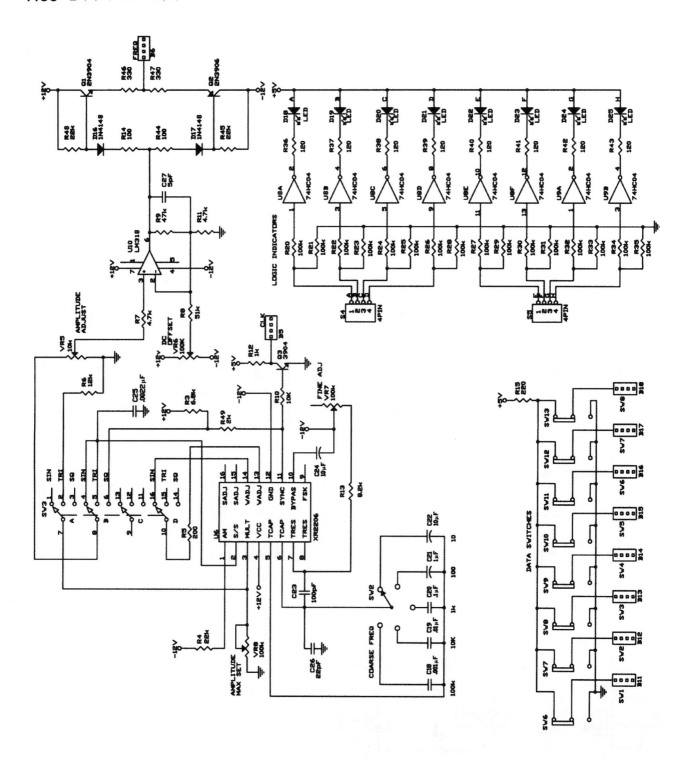

| 그림 C-1 | (계속)

R/2R D/A변환기 테브난 해석

스위치 $D_0 \sim D_4$에는 그림 D-1a와 같이 $D_0 = 1$, $D_1 = 0$, $D_2 = 0$, $D_3 = 0$인 2진 입력이 연결되어 있다. 먼저 D_0를 향해 회로의 A점에 테브난 정리를 적용해 보자. 이때 R_5(20 kΩ)는 R_1(20 kΩ)과 병렬이므로 등가저항은 10 kΩ이 된다. A점에서의 테브난 등가전압은 V_{ref}의 1/2이므로 +2.5 V이다. 이 등가회로를 그림 D-1b에 나타내었다.

다음, 그림 D-1b의 B점에서 테브난 정리를 적용해 본다. R_{TH}(10 kΩ)는 R_6(10 kΩ)와 직렬이다. 이 20 kΩ의 값은 R_2(20 kΩ)와 병렬이므로 테브난 등가저항은 10 kΩ이다. B점에서 본 테브난 등가전압은 1/2로 감소하여 1.25 V가 된다. 이 등가회로를 그림 D-1c에 나타내었다.

또, 그림 D-1c의 C점에서 테브난 정리를 적용한다. R_{TH}(10 kΩ)는 R_7(10 kΩ)과 직렬이므로 20 kΩ이 되고 이것과 R_3(10 kΩ)가 병렬이므로 테브난 등가저항은 10 kΩ이 된다. V_{TH}는 0.625 V이다. 이 V_{TH}는 매 단계마다 1/2로 감소함에 주목하라. 이로부터 테브난의 등가회로는 그림 D-1d와 같이 단순화된다.

그림 D-1d에서 연산증폭기의 반전입력과 R_4(20 kΩ)의 상단은 가상접지이다. 이 점에서의 전압은 0 V와 같다. 이것은 R_{TH}와 R_8(10 kΩ) 양단에 V_{TH} = 0.625 V가 전부 걸린다는 것이다. 이 결과 입력전류 I_{in}은,

$$I_{\text{in}} = \frac{0.625 \text{ V}}{20 \text{ k}\Omega} = 31.25 \ \mu\text{A}$$

또 가상접지 때문에 이 입력전류는 R_f(20 KΩ)를 통해 전부 흐르므로 다음과 같은 출력전압을 발생시킨다.

$$V_{\text{out}} = -(I_{\text{in}} R_f) = -(31.25 \ \mu\text{A})(20 \text{ k}\Omega) = -0.625 \text{ V}$$

이 출력전압은 0 V 이상에서의 최저 증분(increment)이고, 회로의 출력 분해능과 관련이 있다.

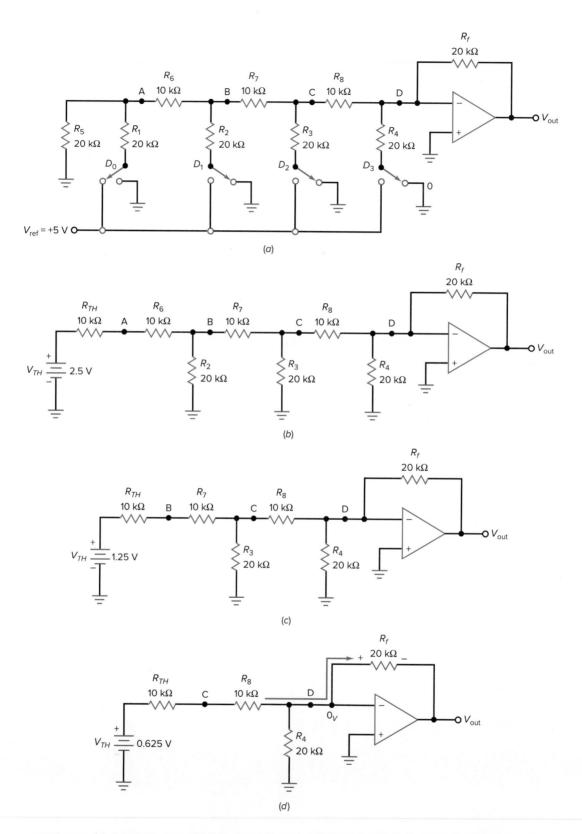

| 그림 D-1 | (a) 원래 회로; (b) A점에서의 테브난 해석; (c) B점에서의 테브난 해석; (d) C점에서의 테브난 해석

Appendix E

요점정리 표 목록

요점정리 표는 http://mhhe.com/malvino9e의 OLC(Online Learning Center)에 있는 Instructor Resources에서도 찾아볼 수 있다. 더 자세한 사항은 담당 교수에게 문의하기 바란다.

CHAPTER 1

1-1. $R_L \geq 10\ \Omega$
1-3. $R_L \geq 5\ \text{k}\Omega$
1-5. 0.1 V
1-7. $R_L \leq 100\ \text{k}\Omega$
1-9. 1 kΩ
1-11. 4.80 mA and not stiff
1-13. 6 mA, 4 mA, 3 mA, 2.4 mA, 2 mA, 1.7 mA, 1.5 mA
1-15. V_{TH} is unchanged, and R_{TH} doubles
1-17. $R_{TH} = 10\ \text{k}\Omega$; $V_{TH} = 100\ \text{V}$
1-19. Shorted
1-21. The battery or interconnecting wiring
1-23. 0.08 Ω
1-25. Disconnect the resistor and measure the voltage.
1-27. Thevenin's theorem makes it much easier to solve problems for which there could be many values of a resistor.
1-29. $R_S > 100\ \text{k}\Omega$. Use a 100-V battery in series with 100 kΩ.
1-31. $R_1 = 30\ \text{k}\Omega$, $R_2 = 15\ \text{k}\Omega$
1-33. First, measure the voltage across the terminals—this is the Thevenin voltage. Next, connect a resistor across the terminals. Next, measure the voltage across the resistor. Then calculate the current through the load resistor. Then subtract the load voltage from the Thevenin voltage. Then divide the difference voltage by the current. The result is the Thevenin resistance.
1-35. 1. R_1 shorted
2. R_1 open or R_2 shorted
3. R_3 open
4. R_3 shorted
5. R_2 open or open at point C
6. R_4 open or open at point D
7. open at point E
8. R_4 shorted
1-37. R_2 open
1-39. R_4 open

CHAPTER 2

2-1. -2
2-3. *a.* semiconductor;
b. conductor;
c. semiconductor;
d. conductor
2-5. *a.* 5 mA; *b.* 5 mA; *c.* 5 mA
2-7. Minimum = 0.60 V, maximum = 0.75 V
2-9. 100 nA
2-11. Reduce the saturation current, and minimize the R_C time constant.
2-13. R_1 open
2-15. D_1 open

CHAPTER 3

3-1. 27.3 mA
3-3. 400 mA
3-5. 10 mA
3-7. 12.8 mA
3-9. 19.3 mA, 19.3 V, 372 mW, 13.5 mW, 386 mW
3-11. 24 mA, 11.3 V, 272 mW, 16.8 mW, 289 mW
3-13. 0 mA, 12 V
3-15. 9.65 mA
3-17. 12 mA
3-19. Open
3-21. The diode is shorted or the resistor is open.
3-23. The <2.0 V reverse diode reading indicates a leaky diode.
3-25. Cathode, toward
3-27. 1N914: forward $R = 100\ \Omega$, reverse $R = 800\ \text{M}\Omega$; 1N4001: forward $R = 1.1\ \Omega$, reverse $R = 5\ \text{M}\Omega$; 1N1185: forward $R = 0.095\ \Omega$, reverse $R = 21.7\ \text{k}\Omega$
3-29. 23 kΩ
3-31. 4.47 μA
3-33. During normal operation, the 15-V power supply is supplying power to the load. The left diode is forward-biased, allowing the 15-V power supply to supply current to the load. The right diode is reverse-biased because 15 V is applied to the cathode and only 12 V is applied to the anode; this blocks the 12-V battery. Once the 15-V power supply is lost, the right diode is no longer reverse-biased and the 12-V battery can supply current to the load. The left diode will become reverse-biased, preventing any current from going into the 15-V power supply.
3-35. D_1 is open
3-37. R_3 is shorted
3-39. 1N4001 silicon rectifier
3-41. Cathodes
3-43. Normally reverse biased.

CHAPTER 4

4-1. 70.7 V, 22.5 V, 22.5 V
4-3. 70.0 V, 22.3 V, 22.3 V
4-5. 20 V_{ac}, 28.3 V_p
4-7. 21.21 V, 6.74 V
4-9. 15 V_{ac}, 21.2 V_p, 15 V_{ac}
4-11. 11.42 V, 7.26 V
4-13. 19.81 V, 12.60 V
4-15. 0.5 V
4-17. 21.2 V, 752 mV
4-19. The ripple value will double.
4-21. 18.85 V, 334 mV
4-23. 18.85 V
4-25. 17.8 V; 17.8 V; no; higher
4-27. *a.* 0.212 mA; *b.* 2.76 mA
4-29. 11.99 V
4-31. The capacitor will be destroyed.
4-33. 0.7 V, −50 V

4-35. 1.4 V, −1.4 V
4-37. 2.62 V
4-39. 0.7 V, −59.3 V
4-41. 3393.6 V
4-43. 4746.4 V
4-45. 10.6 V, −10.6 V
4-47. Find the sum of each voltage value in 1° steps, then divide the total voltage by 180.
4-49. Approximately 0 V. Each capacitor will charge up to an equal voltage but opposite polarity.
4-51. C_1 is open
4-53. C_1 is shorted
4-55. XFMR secondary winding open.
4-57. 15 V_{ac}
4-59. Approximately 8.1 V

CHAPTER 5

5-1. 19.1 mA
5-3. 20.2 mA
5-5. $I_S = 19.2$ mA, $I_L = 10$ mA, $I_Z = 9.2$ mA
5-7. 43.2 mA
5-9. $V_L = 12$ V, $I_Z = 12.2$ mA
5-11. 15.05 V to 15.16 V
5-13. Yes, 167 Ω
5-15. 783 Ω
5-17. 0.1 W
5-19. 14.25 V, 15.75 V
5-21. $a.$ 0 V; $b.$ 18.3 V; $c.$ 0 V; $d.$ 0 V
5-23. A short across R_S
5-25. 5.91 mA
5-27. 13 mA
5-29. 15.13 V
5-31. Zener voltage is 6.8 V and R_S is less than 440 Ω.
5-33. 27.37 mA
5-35. 7.98 V
5-37. Trouble 5: Open at A; Trouble 6: Open at R_L; Trouble 7: Open at E; Trouble 8: Zener is shorted.
5-39. Power supply failed (0 V)
5-41. R_L is shorted
5-43. Common anode
5-45. 25 mA
5-47. 470 Ω ½ W

CHAPTER 6

6-1. 0.05 mA
6-3. 4.5 mA
6-5. 19.8 μA

6-7. 20.8 μA
6-9. 350 mW
6-11. Ideal: 12.3 V; 27.9 mW
Second: 12.7 V; 24.8 mW
6-13. −55 to +150°C
6-15. Possibly destroyed
6-17. 30
6-19. 6.06 mA, 20 V
6-21. The left side of the load line would move down and the right side would remain at the same point.
6-23. 10.64 mA, 5 V
6-25. The left side of the load line will decrease by half, and the right will not move.
6-27. Minimum: 10.79 V; maximum: 19.23 V
6-29. 4.55 V
6-31. Minimum: 3.95 V; maximum: 5.38 V
6-33. $a.$ not in saturation; $b.$ not in saturation; $c.$ in saturation; $d.$ not in saturation.
6-35. $a.$ increase; $b.$ increase; $c.$ increase; $d.$ decrease; $e.$ increase; $f.$ decrease.
6-37. 165.67
6-39. 463 kΩ
6-41. 3.96 mA
6-43. No collector supply
6-45. R_B is shorted
6-47. R_B is open
6-49. Synch input: clock output
6-51. Saturated

CHAPTER 7

7-1. 10 V, 1.8 V
7-3. 5 V
7-5. 4.36 V
7-7. 13 mA
7-9. R_C could be shorted; the transistor could be open collector-emitter; R_B could be open keeping the transistor in cutoff; open in the base circuit; open in the emitter circuit.
7-11. Shorted transistor; R_B value very low; V_{BB} too high.
7-13. Open emitter resistor
7-15. 3.81 V, 11.28 V
7-17. 1.63 V, 5.21 V
7-19. 4.12 V, 6.14 V
7-21. 3.81 mA, 7.47 V
7-23. 31.96 μA, 3.58 V

7-25. 27.08 μA, 37.36 μA
7-27. 1.13 mA, 6.69 V
7-29. 6.13 V, 7.18 V
7-31. $a.$ decreases; $b.$ increases; $c.$ decreases; $d.$ increases; $e.$ increases; $f.$ remains the same
7-33. $a.$ 0 V; $b.$ 7.26 V; $c.$ 0 V; $d.$ 9.4 V; $e.$ 0 V
7-35. −4.94 V
7-37. −6.04 V, −1.1 V
7-39. The transistor will be destroyed.
7-41. Short R_1, increase the power supply value.
7-43. 9.0 V, 8.97 V, 8.43 V
7-45. 8.8 V
7-47. 27.5 mA
7-49. R_1 shorted
7-51. Trouble 3: R_C is shorted; trouble 4: transistor terminals are shorted together.
7-53. Trouble 7: open R_E; trouble 8: R_2 is shorted
7-55. Trouble 11: power supply is not working; trouble 12: emitter-base diode of the transistor is open
7-57. R_C is shorted
7-59. No V_{CC}

CHAPTER 8

8-1. 3.39 Hz
8-3. 1.59 Hz
8-5. 4.0 Hz
8-7. 18.8 Hz
8-9. 0.426 mA
8-11. 150
8-13. 40 μA
8-15. 11.7 Ω
8-17. 2.34 kΩ
8-19. Base: 207 Ω, collector: 1.02 kΩ
8-21. Min $h_{fe} = 50$; max $h_{fe} = 200$; current is 1 mA; temperature is 25° C.
8-23. 234 mV
8-25. 212 mV
8-27. 39.6 mV
8-29. 269 mV
8-31. 10
8-33. No change (dc), decrease (ac)
8-35. Voltage drop across resistor due to capacitor leakage current.
8-37. 2700 μF
8-39. 72.6 mV

8-41. Trouble 7: open C_3; trouble 8: open collector resistor; trouble 9: no V_{CC}; trouble 10: open B-E diode; trouble 11: shorted transistor; trouble 12: R_G or C_1 open

8-43. C_1 is open

8-45. Transistor is installed upside down

CHAPTER 9

9-1. 0.625 mV, 21.6 mV, 2.53 V

9-3. 3.71 V

9-5. 12.5 kΩ

9-7. 0.956 V

9-9. 0.955 to 0.956 V

9-11. $Z_{in(base)}$ = 1.51 kΩ; $Z_{in(stage)}$ = 63.8 Ω

9-13. A_V = 0.992; v_{out} = 0.555 V

9-15. 0.342 Ω

9-17. 3.27 V

9-19. A_V drops to 31.9

9-21. 9.34 mV

9-23. 0.508 V

9-25. V_{out} = 6.8 V; I_Z = 16.1 mA

9-27. Up = 12.3 V; down = 24.6 V

9-29. 64.4

9-31. 56 mV

9-33. 1.69 W

9-35. Both are 5 mV; opposite polarity signals (180° out of phase)

9-37. V_{out} = 12.4 V

9-39. 1.41 W

9-41. 337 mV$_{p-p}$

9-43. Trouble 1: C_4 open; Trouble 2: open between F and G; trouble 3: C_1 open.

9-45. C_3 is shorted

9-47. Q_1 B-E short

9-49. R_2 shorted

CHAPTER 10

10-1. 680 Ω, 16.67 mA

10-3. 10.62 V

10-5. 10.62 V

10-7. 50 Ω, 277 mA

10-9. 100 Ω

10-11. 500

10-13. 15.84 mA

10-15. 2.2 percent

10-17. 237 mA

10-19. 3.3 percent

10-21. 1.1 A

10-23. 24 V$_{p-p}$

10-25. 7.03 W

10-27. 31.5 percent

10-29. 1.13 W

10-31. 9.36

10-33. 1685

10-35. 10.73 MHz

10-37. 15.92 MHz

10-39. 31.25 mW

10-41. 15 mW

10-43. 85.84 kHz

10-45. 250 mW

10-47. 72.3 W

10-49. Electrically, it would be safe to touch, but it may be hot and cause a burn.

10-51. No, the collector could have an inductive load.

10-53. C_2 is shorted

10-55. V_{CC} is now 20 V

10-57. R_6 is shorted

10-59. Approx. 24 V$_{p-p}$

10-61. 511 μA

CHAPTER 11

11-1. 15 GΩ

11-3. 20 mA, −4 V, 200 Ω

11-5. 500 Ω, 1.1 kΩ

11-7. −2 V, 2.5 mA

11-9. 1.5 mA, 0.849 V

11-11. 0.198 V

11-13. 20.45 V

11-15. 14.58 V

11-17. 7.43 V, 1.01 mA

11-19. −1.5 V, 11.2 V

11-21. −2.5 V, 0.55 mA

11-23. −1.5 V, 1.5 mA

11-25. −5 V, 3200 μS

11-27. 3 mA, 3000 μS

11-29. 7.09 mV

11-31. 3.06 mV

11-33. 24.55 mV$_{p-p}$, 0 mV$_{p-p}$, ∞

11-35. 8 mA, 18 mA

11-37. 8.4 V, 16.2 mV

11-39. 2.94 mA, 0.59 V, 16 mA, 30 V

11-41. Open R_1

11-43. Open R_D

11-45. Open G-S

11-47. Open C_2

11-49. R_2 is shorted

11-51. C_3 is shorted

11-53. Q_1 is shorted from D-S

CHAPTER 12

12-1. 2.25 mA, 1 mA, 250 μA

12-3. 3 mA, 333 μA

12-5. 381 Ω, 1.52, 152 mV

12-7. 1 MΩ

12-9. *a.* 0.05 V; *b.* 0.1 V; *c.* 0.2 V; *d.* 0.4 V

12-11. 0.23 V

12-13. 0.57 V

12-15. 19.5 mA, 10 A

12-17. 12 V, 0.43 V

12-19. A square-wave +12 V to 0.43 V

12-21. 12 V, 0.012 V

12-23. 1.2 mA

12-25. 1.51 A

12-27. 30.5 W

12-29. 0 A, 0.6 A

12-31. 20 s, 2.83 A

12-33. 14.7 V

12-35. 5.48 × 10^{-3} A/V^2, 26 mA

12-37. 104 × 10^{-3} A/V^2, 84.4 mA

12-39. 1.89 W

12-41. 14.4 μW, 600 μW

12-43. 0.29 Ω

12-45. C_1 is open

12-47. Q_1 has failed

12-49. R_1 is shorted

CHAPTER 13

13-1. 4.7 V

13-3. 0.1 msec, 10 kHz

13-5. 12 V, 0.6 ms

13-7. 7.3 V

13-9. 34.5 V, 1.17 V

13-11. 11.9 ms, 611 Ω

13-13. +10°, +83.7°

13-15. 10.8 V

13-17. 12.8 V

13-19. 22.5 V

13-21. 30.5 V

13-23. 10 V

13-25. 10 V

13-27. 980 Hz, 50 kHz

13-29. T1: DE open; T2: no supply voltage; T3: transformer; T4: fuse is open.

13-31. Fuse is open

13-33. Open XFMR secondary

13-35. V_S is 0 V

CHAPTER 14

14-1. 196, 316

14-3. 19.9, 9.98, 4, 2

14-5. −3.98, −6.99, −10, −13

14-7. −3.98, −13.98, −23.98

14-9. 46 dB, 40 dB

14-11. 31.6, 398

14-13. 50.1

14-15. 41 dB, 23 dB, 18 dB
14-17. 100 mW
14-19. 14 dBm, 19.7 dBm,
36.9 dBm
14-21. 2
14-23. See Fig. 1.
14-25. See Fig. 2.
14-27. See Fig. 3.
14-29. See Fig. 4.
14-31. 1.4 MHz
14-33. 119 Hz
14-35. 284 Hz
14-37. 5 pF, 25 pF, 15 pF
14-39. gate: 30.3 MHz;
drain: 8.61 MHz
14-41. 40 dB
14-43. 0.44 μs
14-45. R_G changed to 500 Ω
14-47. C_{in} is 0.1 μF instead of 1 μF
14-49. V_{CC} at 15 V, not 10 V

CHAPTER 15

15-1. 55.6 μA, 27.8 μA, 10 V
15-3. 60 μA, 30 μA, 6 V (right),
12 V (left)
15-5. 518 mV, 125 kΩ
15-7. −207 mV, 125 kΩ
15-9. 4 V, 1.75 V
15-11. 286 mV, 2.5 mV
15-13. 45.4 dB
15-15. 237 mV
15-17. Output will be high; needs
a current path to ground for
both bases.
15-19. C
15-21. 0 V
15-23. 2 MΩ
15-25. 10.7 Ω, 187
15-27. Q_1 open C-E
15-29. V_{CC} at 25 V, not 15 V
15-31. Q_2 open C-E

CHAPTER 16

16-1. 170 μV
16-3. 19,900, 2000, 200
16-5. 1.59 MHz
16-7. 10, 2 MHz, 250 mV$_{p-p}$,
49 mV$_{p-p}$; see Fig. 5.
16-9. 40 mV
16-11. 42 mV
16-13. 50 mV$_{p-p}$, 1 MHz
16-15. 1 to 51, 392 kHz to 20 MHz
16-17. 188 mV/μs, 376 mV/μs
16-19. 38 dB, 21 V, 1000
16-21. 214, 82, 177
16-23. 41, 1
16-25. 1, 1 MHz, 1, 500 kHz
16-27. Go to positive or negative
saturation.
16-29. 2.55 V$_{p-p}$
16-31. R_f is 9 kΩ, not 18 kΩ
16-33. R_1 is 4.7 kΩ, not 470 Ω

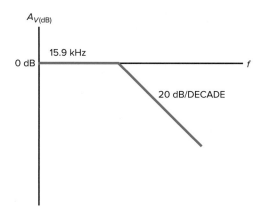

| Figure 1 |

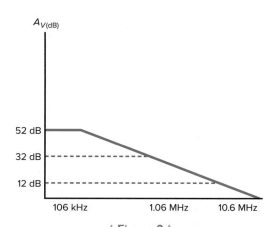

| Figure 2 |

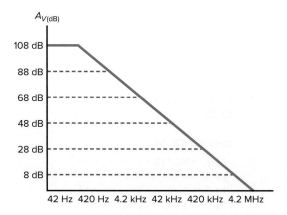

| Figure 3 |

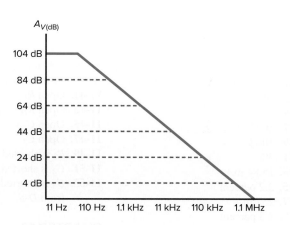

| Figure 4 |

16-35. Op amp has failed

16-37. Push-pull Class-B/AB power amp

16-39. 10

CHAPTER 17

17-1. 0.038, 26.32, 0.10 percent, 26.29

17-3. 0.065, 15.47

17-5. 470 MΩ

17-7. 0.0038 percent

17-9. $-0.660\ V_p$

17-11. 185 mA$_{rms}$, 34.2 mW

17-13. 106 mA$_{rms}$, 11.2 mW

17-15. 834 mA$_{p-p}$, 174 mW

17-17. 2 kHz

17-19. 15 MHz

17-21. 100 kHz, 796 mV$_p$

17-23. 1 V

17-25. 510 mV, 30 mV, 15 mV

17-27. 110 mV, 14 mV, 11 mV

17-29. 200 mV

17-31. 2 kΩ

17-33. 0.1 V to 1 V

17-35. T1: open between C and D; T2: shorted R_2; T3: shorted R_4

17-37. T7: open between A and B; T8: shorted R_3; T9: R_4 open

17-39. R_2 is 500 Ω, not 1 kΩ

17-41. R_2 is 10 kΩ, not 1 kΩ

CHAPTER 18

18-1. 2, 10

18-3. -18, 712 Hz, 38.2 kHz

18-5. 42, 71.4 kHz, 79.6 Hz

18-7. 510 mV

18-9. 4.4 mV, 72.4 mV

18-11. 0, -10

18-13. 15, -15

18-15. -20, ± 0.004

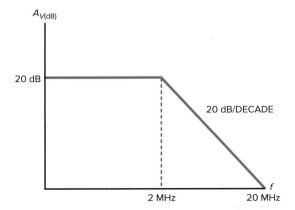

| Figure 5 |

18-17. No

18-19. -200 mV, 10,000

18-21. 1 V

18-23. 19.3 mV

18-25. -3.125 V

18-27. -3.98 V

18-29. 24.5, 2.5 A

18-31. 0.5 mA, 28 kΩ

18-33. 0.3 mA, 40 kΩ

18-35. 0.02, 10

18-37. -0.018, -0.99

18-39. 11, f_1: 4.68 Hz; f_2: 4.82 Hz; f_3: 32.2 Hz

18-41. 102, 98

18-43. 1 mA

18-45. T4: K-B open; T5: C-D open; T6: J-A open

18-47. R_1 is 10 kΩ, not 1 kΩ

18-49. R_f is open

18-51. Open feedback loop on U_2

18-53. Adjusts the output to zero when the input is zero.

18-55. $A_V = A_{VOL}$; output signal would be clipped at ± 12 V.

CHAPTER 19

19-1. 7.36 kHz, 1.86 kHz, 0.25, wideband

19-3. *a.* narrowband; *b.* narrowband; *c.* narrowband; *d.* narrowband

19-5. 200 dB/decade, 60 dB/octave

19-7. 503 Hz, 9.5

19-9. 39.3 Hz

19-11. -21.4, 10.3 kHz

19-13. 3, 36.2 kHz

19-15. 15 kHz, 0.707, 15 kHz

19-17. 21.9 kHz, 0.707, 21.9 kHz

19-19. 19.5 kHz, 12.89 kHz, 21.74 kHz, 0.8

19-21. 19.6 kHz, 1.23, 18.5 kHz, 18.5 kHz, 14.8 kHz

19-23. -1.04, 8.39, 16.2 kHz

19-25. 1.5, 1, 15.8 Hz, 15.8 Hz

19-27. 127°

19-29. 24.1 kHz, 50, 482 Hz (max and min)

19-31. 48.75 kHz, 51.25 kHz

19-33. 60 dB, 120 dB, 200 dB

19-35. 148 pF, 9.47 nF

19-37. U_1 has failed

19-39. C_3 is open

CHAPTER 20

20-1. 100 μV

20-3. ± 7.5 V

20-5. Zero, between 0.7 V and -9 V

20-7. -4 V, 31.8 Hz

20-9. 41 percent

20-11. 1.5 V

20-13. 0.292 V, -0.292V, 0.584 V

20-15. Output voltage is low when the input voltage is between 3.5 and 4.75 V.

20-17. 5 mA

20-19. 1 V, 0.1 V, 10 mV, 1.0 mV

20-21. 0.782 V$_{p-p}$ triangular waveform

20-23. 0.5, 0

20-25. 923 Hz

20-27. 196 Hz

20-29. 135 mV$_{p-p}$

20-31. 106 mV

20-33. -106 mV

20-35. 0 V to 100 mV peak

20-37. 20,000

20-39. Make the 3.3-kΩ resistor variable.

20-41. 1.1 Hz, 0.001 V

20-43. 0.529 V

20-45. Use different capacitors of 0.05 μF, 0.5 μF, and 5 μF, plus an inverter.

20-47. Increase R_1 to 3.3 kΩ.

20-49. Use a comparator with hysteresis and a light dependent resistor in a voltage divider as the input.

20-51. 228,780 miles

20-53. T3: relaxation oscillator circuit; T4: peak detector circuit; T5: positive clamper circuit

20-55. T8: peak detector circuit; T9: integrator circuit; T10: comparator circuit

20-57. D_1 is shorted

20-59. U_1 has failed

CHAPTER 21

21-1. 9 V_{rms}
21-3. *a.* 33.2 Hz, 398 Hz;
  b. 332 Hz, 3.98 kHz;
  c. 3.32 kHz, 39.8 kHz;
  d. 33.2 kHz, 398 kHz
21-5. 3.98 MHz
21-7. 398 Hz
21-9. 1.67 MHz, 0.10, 10
21-11. 1.18 MHz
21-13. 7.34 MHz
21-15. 0.030, 33
21-17. Frequency will increase by 1 percent.
21-19. 517 μs
21-21. 46.8 kHz
21-23. 100 μs, 5.61 μs, 3.71 μs, 8.66 μs, 0.0371, 0.0866
21-25. 10.6 V/ms, 6.67 V, 0.629 ms
21-27. Triangular waveform, 10 kHz, 5 V_p
21-29. *a.* decrease;
  b. increase;
  c. same;
  d. same;
  e. same
21-31. The fuzz is probably oscillations. To correct this, make sure that the leads are short and are not running close to each other. Also, a ferrite bead in the feedback path may dampen them out.
21-33. 4.46 μH
21-35. Pick a value for R_1. If $R_1 = 10$ kΩ, $R_2 = 5$ kΩ and $C = 72$ nF
21-37. V_{CC} has failed
21-39. R_2 is shorted
21-41. Sine wave
21-43. $RV_7 = 1.8$ kΩ
21-45. Output of pin 11 to Q_3

CHAPTER 22

22-1. 3.45 percent
22-3. 2.5 percent
22-5. 18.75 V, 484 mA, 187.5 mA, 96.5 mA
22-7. 18.46 V, 798 mA, 369 mA, 429 mA
22-9. 84.5 percent
22-11. 30.9 mA
22-13. 50 Ω, 233 mA
22-15. 421 μV
22-17. 83.3 percent, 60 percent
22-19. 3.84 A
22-21. 6 V
22-23. 14.1 V
22-25. 3.22 kΩ
22-27. 11.9 V
22-29. 0.1 Ω
22-31. 2.4 Ω
22-33. 22.6 kHz
22-35. T1: Triangle-to-pulse converter
22-37. T3: Q_1
22-39. T5: Relaxation oscillator
22-41. T7: Triangle-to-pulse converter
22-43. T9: Triangle-to-pulse converter
22-45. R_4 is open
22-47. D_1 is shorted
22-49. U_1: 0 to +20 V; U_2: +12 V; U_3: +5 V; U_4: −12 V; U_5: 0 to −20 V
22-51. 14–15 V
22-53. 840 Ω

CHAPTER 23

23-1. Steam engine by Thomas Newcomen in 1712
23-3. Electricity
23-5. Industrial automation
23-7. Programmable logic controller (PLC)
23-9. Temperature, pressure, relative location, motion, and ambient light
23-11. Stiff voltage source
23-13. Transducer, analog interface, microprocessor, data exchange
23-15. Voltage source
23-17. Resistance
23-19. Wheatstone bridge
23-21. 905.8 mV
23-23. Piezoelectric transducer
23-25. 3.941 feet or 47.29 inches
23-27. 11.7 mV
23-29. 50 or 60 Hz, because it is power line noise.
23-31. RFID systems typically operate at frequencies between 900 and 915 MHz.
23-33. The active RFID tag typically has a battery.
23-35. The centralized process management system of remote devices and automated systems provides a wealth of data and facilitates informed decision making in the manufacturing process.
23-37. The black case would absorb the light beam, not reflect it. Either the through-beam method or retroreflective method would detect the black plastic case.
23-39. A capacitive proximity sensor can be mounted on the side of a tank. When the fluid in the tank reaches the sensor, the fluid changes the capacitance of the sensor, and this change is detected.
23-41. Trouble 1: The source decreased to a 0-V to 2-mV pulse. The pulse entering U_3 is 2 V. The reference voltage is 3 V (Point C). The output remains at −13.3 V.
  Trouble 2: R_3 is shorted
  Trouble 3: R_3 is open
23-43. Trouble 7: U_3 failed
  Trouble 8: U_1 failed
  Trouble 9: The feedback loop of U_1 is open
23-45. Resistor R_3 is open.
23-47. The op amp U_3 failed.
23-49. Industry 4.0 is the interconnection of and the communication between robotic manufacturing cells and a centralized computer system. Data from the entire network are used to improve efficiency of the overall manufacturing process.
23-51. There are three methods in which the photoelectric sensor is used: diffuse (this is sometimes referred to as the reflective method), through-beam, and retroreflective.
23-53. In smart sensors, a second transmitter and receiver are incorporated, and the results of both sets are constantly monitored by the programmable logic controller. If the data from one transmitter/receiver set begin to differ from the other, the sensor will generate a signal to alert a technician that a sensor window may be dirty.
23-55. The data are typically stored in an internal cloud in an IIoT system to keep the network and associated data secure from hackers.

찾아보기